KUHMINSA

한 발 앞서나가는 출판사, 구민사
독자분들도 구민사와 함께 한 발 앞서나가길 바랍니다.

구민사 출간도서 中 수험서 분야

- 용접
- 자동차
- 조경/산림
- 품질경영
- 산업안전
- 전기
- 건축토목
- 실내건축

- 기술사
- 기계
- 금속
- 환경
- 보일러
- 가스
- 공조냉동
- 위험물

전문가를 위한 첫걸음, 구민사는 그 이상을 봅니다!

전국 도서판매처

• 일산남부서점   • 안산대동서적   • 대전계룡서점   • 대구북앤북스   • 대구하나도서
• 포항학원사   • 울산처용서림   • 창원그랜드문고   • 순천중앙서점   • 광주조은서림

자격증 시험 접수부터 자격증 수령까지!

1. 필기 원서 접수
큐넷(www.q-net.or.kr)
필기 시험은 회원 가입 후
인터넷 접수만 가능
(사진 파일, 접수비(인터넷 결제) 필요)
응시자격 요건 반드시 확인

2. 필기 시험
입실 시간 미준수 시 시험 **응시 불가**
준비물 : 수험표, 신분증, 필기구 지참

5. 실기 시험
필답형과 작업형으로 분류
원서 접수 시 선택한 장소와
시간에 맞게 시험을 봅니다.
준비물 : 수험표, 신분증,
필기구 지참!

6. 최종합격 확인
큐넷(www.q-net.or.kr)
사이트에서 확인

전문가를 위한 첫걸음, 구민사는 그 이상을 봅니다!

상시시험 12종목
굴삭기운전기능사, 지게차운전기능사, 미용사(일반), 미용사(피부), 미용사(네일)
미용사(메이크업), 조리기능사(양식, 일식, 중식, 한식), 제과·제빵기능사

3. 필기 합격 확인
큐넷(www.q-net.or.kr) 사이트에서 확인

4. 실기 원서 접수
큐넷(www.q-net.or.kr)
응시 자격 서류는
실기시험 접수기간(4일 내)에 제출해야만 접수 가능

7. 자격증 신청
인터넷으로 신청
(상장형 자격증 발급을 원칙으로 하며,
희망 시 수첩형 자격증 발급 신청
/ 발급 수수료 부과)

8. 자격증 수령
인터넷으로 발급(출력)
(수첩형 자격증 등기 수령 시
등기 비용 발생)

전국 산업인력공단 안내

안내전화 1644-8000

기관명 / 지역번호		주소	기술자격 검정안내	전문/상시자격 검정안내	자격증 발급
서울지역본부 / 02	02512	서울특별시 동대문구 장안벚꽃로 279 (휘경동 49-35)	서류제출심사 2137-0503~6, 12 실기 2137-0521~4, 02	전문자격 2137-0551~9, 0561 상시(필기/실기) 2137-0566~7 2137-0562, 4~5, 8	우편 배송 2137-0516 방문 2137-0509
서울서부지사 (舊서울동부지사) / 02	03302	서울 은평구 진관3로 36(진관동 산100-23)	필기, 서류제출심사 2024-1705, 7~8, 10, 29 실기 2024-1702, 4, 6, 9, 11, 12	상시 CBT 2024-1725 실기(네일, 메이크업) 2024-1723 실기(제과 제빵) 2024-1718	2024-1729
서울남부지사 / 02	07225	서울특별시 영등포구 버드나루로 110	대표번호 876-8322~4 필기, 실기 6907-7133~9, 7151~156	상시 6907-7191~7193 전문(공인중개사) 6907-7191, 7 전문(행정사) 6907-7193	6907-7137
경기지사 / 031	16626	경기도 수원시 권선구 호매실로 46-68	대표번호 249-1201 기술자격 249-1212~7, 19, 21, 26~7	상시 249-1222, 57, 60, 62~3 전문 249-1223, 33, 65, 83	249-1228
경기북부지사 / 031	11780	경기도 의정부시 추동로 140	필기 850-9122~3, 7~8 실기 850-9123, 73	상시 850-9174, 28~9	850-9127~8
경기동부지사 (舊성남지사) / 031	13313	경기도 성남시 수정구 성남대로 1217 (SK코원에너지(주) 건물 4~5층)	기술자격/응시자격서류 750-6222~9, 16	–	750-6226, 15
경기남부지사 / 031	17561	경기도 안성시 공도읍 공도로 51-23	–	–	–
인천지역본부 (舊중부지역본부) / 032	21634	인천시 남동구 남동서로 209	대표번호 820-8600 기술자격 820-8619, 22~35	상시 820-8692~6 전문 820-8670~6, 8	820-8679
강원지사 / 033	24408	강원도 춘천시 동내면 원창고개길 135	대표번호 248-8500 기술자격 248-8512~3, 8515~9	전문 248-8511 상시 248-8552, 4, 6, 13	248-8516
강원동부지사 (舊강릉지사) / 033	25440	강원도 강릉시 사천면 방동길 60	대표번호 650-5700 응시자료서류제출심사 650-5714	상시 650-5750~1	650-5711
충남지사 / 041	31081	충남 천안시 서북구 천일고1길 27	대표번호 041-620-7600 기술자격 041-620-7632~9	상시 620-7641 전문 620-7690~1	620-7636, 9
대전지역본부 / 042	35000	대전시 중구 서문로 25번길 1	기술자격 580-9131~7, 9	상시 580-9141~3 전문 580-9151~7	
(신설)세종지사 / 042	35000	세종특별자치시 한누리대로 296 밀레니엄 빌딩 5층	대표번호 042-580-9173		
충북지사 / 043	28456	충북 청주시 흥덕구 1순환로 394번길 81	대표번호 279-9000 기술자격 279-9041~6	상시/전문 279-9091~4	
부산지역본부 / 051	46519	부산광역시 북구 금곡대로 441번길 26	대표번호 330-1910 기술자격 330-1918, 22, 25~6, 28, 30~2, 53	상시 330-1942~3, 5~6 전문 330-1962~4	330-1910
부산남부지사 / 051	48518	부산광역시 남구 신선로 454-18	기술자격 620-1910~9	상시(필기/실기) 620-1953 / 4	620-1910
울산지사 / 052	44538	울산광역시 중구 종가로 347	기술자격 220-3223~4 / 3210-8	상시(필기/실기) 220-3282, 11	220-3223
대구지역본부 / 053	42704	대구광역시 달서구 성서공단로 213	대표번호 580-2300 기술자격 580-2351~61	상시 580-2371, 3, 5, 7 전문/과정평가형 580-2381~4	580-2300
경북지사 / 054	36616	경북 안동시 서후면 학가산온천길 42	대표번호 840-3000 기술자격 840-3030~9	–	840-3000
경북동부지사 (舊포항지사) / 054	37580	경북 포항시 북구 법원로 140번길 9	기술자격 230-3251~8	–	230-3202
경남지사 / 055	51519	경남 창원시 성산구 두대로 239	대표번호 212-7200 기술자격 212-7240-5, 8, 50	상시 212-7260~4	212-7200
전남지사 / 061	57948	전남 순천시 순광로 35-2	대표번호 720-8500 기술자격(정기/전문) 720-8531~2, 4~6, 9, 61	상시 720-8533, 5, 6	720-8500
전남서부지사 (舊목포지사) / 061	58604	전남 목포시 영산로 820	기술자격 288-3321	상시 288-3322~4 전문 288-3327	288-3321
광주지역본부 / 062	61008	광주광역시 북구 첨단벤처로 82	대표번호 970-1700~5 기술자격 970-1761~9	상시 970-1776~9 전문 970-1771~5	970-1768
전북지사 / 063	54852	전북 전주시 덕진구 유상로 69	대표번호 210-9200 기술자격 210-9221~7	상시 210-9282~3 전문 210-928	210-9225, 8~9
제주지사 / 064	63220	제주 제주시 복지로 19	기술자격 729-0701~2	상시/전문 729-0713~4, 6	729-0701~2

침투비파괴검사기능사를 펴면서…

최근 조선, 자동차, 항공, 해양 플랜트, 풍력 발전 설비, 원자력 발전 설비 등의 산업이 매우 빠른 속도로 발전함에 따라 생산 공정에서 제품의 종류도 다양해지고 생산량 또한 급속한 증가 추세에 있다. 글로벌 시대에 발맞추어 품질 향상 및 불량률을 최소화로 경쟁력을 확보하는 것이 가장 중요한데, 아직도 산업 현장에는 작업자의 기량 부족, 품질 검사 전문 기능(술)인의 부족으로 불량도 늘고 용접 구조물의 붕괴 사고도 늘고 있어 비파괴 검사의 중요성이 대두되고 있다.

따라서 깊은 지식이나 현장 경험 없이 단순히 침투비파괴검사 자격증만 취득하는 것이 아닌 체계적인 교육 훈련을 받고 철저히 시험하여 경험을 충분히 쌓은 전문 기술인이 절실히 필요하다.

침투 탐상 검사는 재질에 상관없이 적용 범위가 넓고 조작도 간단하며, 많은 장비가 필요하지 않아 경제적이다. 또한 검사 시간이 빠르며, 휴대가 간편하여 용접 구조물이나 제품, 주조, 단조 제품, 항공기 부품 등의 검사에 많이 사용되고 있다.

따라서 본 교재는 침투비파괴검사 기능사 시험 출제 기준에 의거하여 PART 1 비파괴 검사 일반, PART 2 금속 재료 일반, PART 3 용접 일반, PART 4 침투 탐상 시험법, 부록(과년도 기출문제 및 CBT 기출 복원 문제 수록)으로 구성하였다. 각 PART의 각 장별로 출제 예상 문제를 수록하였고, 예상 문제 및 기출 문제의 해설을 이해하기 쉽게 풀어내는 것에 중점을 두어 수험자들이 체계적으로 학습하는 데 도움이 될 것이라 생각한다.

최고의 침투비파괴검사기능사 수험서로 거듭나기 위해 최선을 다해 감수하였지만, 오탈자 및 오류 등 부족한 부분이나 개선할 부분을 꾸준히 연구하여 다음 개정 증보판에서 수정 보완할 것을 약속드린다.

끝으로 이 책의 출판을 위해 적극적으로 후원해주신 도서출판 구민사 조규백 대표님과 직원 여러분께 깊은 감사를 드리며, 좋은 자료를 제공해주시고 지도와 조언을 해주신 선후배, 동료 분들께도 감사드린다.

저자 일동

CONTENTS

PART 01 비파괴 검사 일반

#키워드 ※ p : 키워드 페이지

SECTION 01. #라미네이션 p.4 #비금속 개재물 p.5 #기공 p.5 #균열 p.6 #응력부식 균열 p.6

SECTION 02. #방사선 투과 검사 p.15 #방사성 동위원소 p.16 #광전 효과 p.18 #톰슨 산란 p.18 #X-선 필름 p.22 #투과도계 p.24 #필름 배지 p.26 #유효선량 p.27 #방사선 방호의 3원칙 p.27

SECTION 03. #초음파 p.38 #종파 p.39 #스넬의 법칙 p.40 #탐촉자 p.41 #산란 p.42 #펄스 반사법 p.43 #표준 시험편(STB) p.45 #대비 시험편(RB) p.46

SECTION 04. #자분 탐상 p.61 #자기이력 곡선 p.63 #원형 자장 p.65 #선형 자장 p.65 #자화 p.66

SECTION 05. #와전류 탐상 p.80 #누설 검사 p.82 #스니퍼법 p.83 #헬륨 질량 분광 시험법 p.83 #음향 검사 p.83

SECTION 01. 비파괴 검사 일반
01. 비파괴 검사 기초
 1. 비파괴 검사 개요 3
 2. 비파괴 검사의 종류 4
 3. 결함의 종류와 발생원인 4
 ◆ 단원별 출제예상문제 7

SECTION 02. 방사선 투과 검사
01. 비파괴 검사 기초
 1. 방사선 투과 검사의 개요 15
 2. 물질의 구조와 방사선 물질 16
 3. X-선 발생 장치 19
 4. 감마선 발생 장치 21
 5. 방사선 투과 검사기기 22
 6. 방사선 사진 영상 25
 7. 방사선 안전관리 26
 ◆ 단원별 출제예상문제 28

SECTION 03. 초음파 탐상 검사
 1. 초음파 탐상 검사의 기초 38
 2. 초음파 이론 39
 3. 초음파의 탐상기와 탐촉자 40
 4. 초음파 탐상방법 43
 ◆ 단원별 출제예상문제 47

SECTION 04. 자분 탐상 검사
 1. 자분(자기) 탐상 검사의 기초 61
 2. 자기 및 전기 기초이론 62
 3. 자장과 자화 방법 65
 4. 자분 탐상 검사 방법 65
 ◆ 단원별 출제예상문제 69

SECTION 05. 기타 시험법
 1. 와전류 탐상 80
 2. 누설 검사 82
 3. 음향 검사 83
 ◆ 단원별 출제예상문제 84

PART 02 금속재료 일반

#키워드 ※ p : 키워드 페이지

SECTION 01. #금속의 공통적인 성질 p.99 #자성체 p.100 #주상 조직 p.101 #고용체 p.101 #금속간 화합물 p.101 #격자 상수 p.102 #체심 입방 격자 p.102 #재결정 p.103

SECTION 02. #전로 제강법 p.108 #킬드강 p.109 #순철 p.109 #동소변태 p.110 #자기변태 p.110 #펄라이트 p.111 #청열 취성(메짐) p.111 #고속도강 p.114 #18-8강의 입계 부식 p.115 #불변강 p.115 #주철의 성장 p.116 #마우러 조직도 p.117 #칠드(냉경)주철 p.118

SECTION 03. #풀림 p.134 #TTT 곡선 p.135 #심랭 처리 p.135 #액체 침탄법 p.136 #질화법 p.136 #금속 침투법 p.136

SECTION 04. #순동 p.144 #황동 p.144 #톰백 p.145 #주석 황동 p.145 #하이드로날륨 p.147 #두랄루민 p.147 #모넬메탈 p.148 #인바 p.148 #저융점 합금 p.150 #베어링 합금 p.150 #함유 베어링 p.151 #형상기억 합금 p.151 #제진 재료 p.151 #비정질 금속 p.152 #초소성 재료 p.153 #입자강화 복합재료 p.154

SECTION 01. 금속재료 개요
1. 금속과 합금   99
2. 금속재료의 특성   99
3. 금속의 응고 조직   100
4. 금속의 결정   102
5. 금속의 변형과 재결정   102
◆ 단원별 출제예상문제   104

SECTION 02. 철강재료
1. 철강의 제조법   108
2. 철강의 분류   109
3. 금속의 상률과 변태, 상태도   110
4. 탄소강   111
5. 특수(합금)강   113
6. 주철   116
◆ 단원별 출제예상문제   120

SECTION 03. 열처리 및 표면 경화
1. 열처리 개요   133
2. 향온 열처리 및 서브제로 처리   134
3. 강의 표면 경화법   136
◆ 단원별 출제예상문제   138

SECTION 04. 비철 금속재료, 신소재
1. 구리와 그 합금   144
2. 알루미늄과 그 합금   147
3. 기타 비철 금속재료   148
4. 신소재 및 기타 합금   151
◆ 단원별 출제예상문제   155

CONTENTS

PART 03 용접 일반

#키워드 ※ p : 키워드 페이지

SECTION 01. #야금학적 접합법 p.171 #용접 자세 p.171 #용접 열원 p.172

SECTION 02. #용접 회로 p.175 #극성 p.175 #용접 입열 p.176 #용적 이행 p.176 #수하 특성 p.177 #허용 사용률 p.178
#피복제 역할 p.180 #아크 쏠림 p.182 #언더컷 p.183

SECTION 03. #아세틸렌 가스 p.197 #중성불꽃 p.198 #팁의 능력 p.199 #용제 p.200 #전진법 p.200 #역류 p.201 #역화 p.201

SECTION 04. #연납땜 p.212 #경납땜 p.212 #은납 p.212 #용제의 구비 조건 p.213

SECTION 05. #절단의 조건 p.217 #드래그 p.218 #분말 절단 p.219 #산소창 절단 p.219 #스카핑 p.220 #아크 에어 가우징 p.220

SECTION 01. 용접 개요
1. 용접의 원리와 종류 　　　　　 171
2. 용접의 특징 　　　　　　　　　 171
3. 용접 자세와 열원의 종류 　　　 171
4. 용접 재료와 적용 용접법 　　　 172
◆ 단원별 출제예상문제 　　　　　 173

SECTION 02. 피복 아크 용접
1. 피복 아크 용접 원리와 특성 　　175
2. 피복 아크의 성질과 극성 　　　 175
3. 용접 입열과 용융 속도, 용적 이행 176
4. 피복 아크 용접용 설비 및 기구 　177
5. 피복 아크 용접봉 　　　　　　　179
6. 피복 아크 용접 작업 　　　　　 182
◆ 단원별 출제예상문제 　　　　　 184

SECTION 03. 가스용접
1. 가스(산소)용접의 개요 　　　　 196
2. 가스 및 불꽃 　　　　　　　　　196
3. 가스용접 장치 및 기구 　　　　 198
4. 가스용접 재료 　　　　　　　　 200
5. 가스용접 작업 　　　　　　　　 200
◆ 단원별 출제예상문제 　　　　　 202

SECTION 04. 납땜
1. 납땜의 개요 　　　　　　　　　 212
2. 연납땜과 경납땜 　　　　　　　 212
3. 납땜법 　　　　　　　　　　　　213
◆ 단원별 출제예상문제 　　　　　 214

SECTION 05. 가스 절단 및 가공
1. 가스 절단 　　　　　　　　　　 217
2. 산소 – LP 가스 절단 　　　　　 218
3. 특수 절단 및 가스 가공 　　　　219
4. 아크 절단 　　　　　　　　　　 220
◆ 단원별 출제예상문제 　　　　　 221

PART 03 용접 일반

#키워드   ※ p : 키워드 페이지

SECTION 06. #소결형 용제 p.225 #혼성형 용제 p.225 #텅스텐 전극봉 p.226 #솔리드(실체) 와이어 p.228 #후락스(복합 와이어) p.228 #플라스마 아크 용접 p.229 #레이저 용접 p.231 #전자 빔 용접 p.231 #테르밋 용접 p.232

SECTION 07. #발열량 p.245 #저항 용접의 3요소 p.245 #심 용접의 종류 p.246 #프로젝션 용접 p.246 #업셋 용접 p.247 #플래시 용접 p.247

SECTION 08. #용접 설계상 주의 사항 p.252 #필릿 용접 p.253 #용접 홈의 종류 p.253 #응력집중 p.254

SECTION 09. #가용접 p.260 #용접 지그 p.260 #용접 우선 순위 p.261 #용착법 p.262 #예열 p.262 #저온 응력 완화법 p.263 #회전 변형 p.264 #각 변형 p.264 #형제(형강)에 대한 직선 수축법 p.264

SECTION 10. #용접 전 검사 p.271 #인장 시험 p.272 #초음파 탐상검사 p.272 #용접부 연성 시험 p.274 #노치 취성 시험 p.274

SECTION 06. 특수(기타) 용접

1. 서브머지드 아크 용접	225
2. 불활성 가스 텅스텐 아크(TIG) 용접	226
3. 불활성 가스 금속 아크(MIG) 용접	227
4. 탄산가스(CO_2) 아크 용접	228
5. 플라스마 아크 용접	229
6. 일렉트로 슬래그 용접	229
7. 일렉트로 가스용접	230
8. 레이저 용접	231
9. 전자 빔 용접	231
10. 기타 특수용접	232
11. 압접	232
◆ 단원별 출제예상문제	234

SECTION 07. 전기 저항 용접

1. 전기 저항 용접의 개요	245
2. 점 용접	245
3. 심 용접	246
4. 프로젝션 용접	246
5. 기타 전기 저항 용접	247
◆ 단원별 출제예상문제	248

SECTION 08. 용접 설계

1. 용접 설계시 주의사항과 기본이음	252
2. 용접 이음에 영향을 주는 요소	254
◆ 단원별 출제예상문제	256

SECTION 09. 용접 시공

1. 용접 준비	260
2. 용접 작업(본용접)	261
3. 용접 후 처리	263
◆ 단원별 출제예상문제	265

SECTION 10. 용접 검사와 시험

1. 작업 검사와 완성 검사	271
2. 용접 재료 시험법	272
3. 용접성 시험	273
◆ 단원별 출제예상문제	275

CONTENTS

PART 04 침투 탐상 시험법

#키워드 ※ p : 키워드 페이지

SECTION 01. #침투 탐상 검사 p.281 #표면장력 p.282 #적심성 p.282 #모세관 현상 p.283 #유화 p.284

SECTION 02. #침투제의 요구 조건 p.296 #형광 침투액 p.296 #염색 침투액 p.296 #유화제 p.297 #현상제의 특성 p.298 #침투 탐상장치의 구비조건 p.299 #자외선 조사 장치 p.300 #침투제 점검 p.302

SECTION 03. #전처리의 필요성 p.325 #증기 세척 p.325 #침투액 적용방법 p.326 #유화처리 p.327 #건식 현상법 p.329 #습식 현상법 p.329 #속건식 현상법 p.329 #후유화성 침투 탐상 검사 p.334 #용제 제거성 염색 침투 탐상 검사 p.334

SECTION 04. #용접 후 검사 p.365 #수축공 p.365 #슬래그 개재물 p.366 #겹침 p.366 #침투 지시모양 p.368 #독립 침투 지시모양 p.368 #연속 침투 지시모양 p.369

SECTION 05. #현상처리 p.380 #현상제 p.383 #용제 제거성 침투액 적용 p.384

SECTION 01. 비파괴 검사 일반
1. 침투 탐상 검사의 개요 — 281
2. 침투 탐상 기본 이론 — 282
◆ 단원별 출제예상문제 — 285

SECTION 02. 침투 탐상 검사 재료 및 장치
1. 탐상제 — 296
2. 침투 탐상 검사 장치 — 299
3. 대비 시험편 — 300
4. 탐상제 관리 — 302
◆ 단원별 출제예상문제 — 304

SECTION 03. 침투 탐상 검사 방법
1. 침투 탐상 검사 절차 — 325
2. 침투 탐상 검사 — 331
3. 침투 탐상 검사 방법의 특징 — 334
4. 기타 침투 탐상 검사 방법 — 335
◆ 단원별 출제예상문제 — 336

SECTION 04. 침투 탐상 검사의 적용과 평가
1. 침투 탐상 검사의 적용 — 364
2. 침투 지시 모양의 검출과 평가 — 366
3. 검사의 기록 — 369
◆ 단원별 출제예상문제 — 371

SECTION 05. 침투 탐상 실무
1. 강판 용접부의 침투 탐상 시험 — 379
2. 배관 용접부의 침투 탐상 시험 — 381
3. 항공 우주용 기기의 침투 탐상 시험 — 383
◆ 단원별 출제예상문제 — 386

DIY 부록 – 침투비파괴검사 기능사 필기 시행문제

2012
1회 2012년 2월 12일 시행 · 399
2회 2012년 7월 22일 시행 · 407
5회 2012년 10월 20일 시행 · 416

2013
1회 2013년 1월 27일 시행 · 425
2회 2013년 4월 14일 시행 · 434
4회 2013년 7월 21일 시행 · 442
5회 2013년 10월 12일 시행 · 450

2014
1회 2014년 1월 26일 시행 · 458
2회 2014년 4월 6일 시행 · 466
4회 2014년 7월 20일 시행 · 475
5회 2014년 10월 11일 시행 · 483

2015
1회 2015년 1월 25일 시행 · 491
2회 2015년 4월 4일 시행 · 499
4회 2015년 7월 19일 시행 · 508
5회 2015년 10월 10일 시행 · 517

2016
1회 2016년 1월 24일 시행 · 526
2회 2016년 4월 2일 시행 · 534
4회 2016년 7월 10일 시행 · 542

※ 기출복원문제란?
2016년 5회부터 반영되는 CBT시행에 따라 저자께서 수검자들의 도움으로 최대한 유형에 가깝게 복원한 문제입니다.
앞으로도 높은 적중률을 위해 노력하겠습니다.

2017 CBT 기출 복원 문제
1회 · 550

2018 CBT 기출 복원 문제
1회 · 558

D-DAY 60 — 침투비파괴검사기능사 필기 D-60 합격 플랜

(위의 플랜은 가장 이상적인 것이므로 참고하여 개인의 입장과 일정에 맞춰 준비하시기 바랍니다.)

월요일	화요일	수요일	목요일	금요일	토요일	일요일
D-60	D-59	D-58	D-57	D-56	D-55	D-54
PART 1 학습 및 복습							
D-53	D-52	D-51	D-50	D-49	D-48	D-47
PART 2 학습 및 복습							
D-46	D-45	D-44	D-43	D-42	D-41	D-40
PART 3 학습 및 복습							
D-39	D-38	D-37	D-36	D-35	D-34	D-33
PART 4 학습 및 복습							
D-32	D-31	D-30	D-29	D-28	D-27	D-26
필기 시행 문제 풀이							

D-DAY 60 — 놓친 부분 다시보기

월요일	화요일	수요일	목요일	금요일	토요일	일요일
D-25	D-24	D-23	D-22	D-21	D-20	D-19
		이론복습 (O/X)				문제풀이 (O/X)
D-18	D-17	D-16	D-15	D-14	D-13	D-12
		이론복습 (O/X)				문제풀이 (O/X)
D-11	D-10	D-9	D-8	D-7	D-6	D-5
		이론복습 (O/X)				문제풀이 (O/X)
D-4	D-3	D-2	D-1			
		이론복습 (O/X)				

시험장 가기 전에 Tip

Q 계산기를 따로 가져가야 하나요?
A 시험을 치르는 PC에 설치된 계산기를 이용하실 수 있습니다.(개인 계산기 지참 가능)

Q PC로 시험을 치르면 종이는 못 쓰나요?
A 시험장에서 필요한 사람에 한해 종이를 제공합니다. 시험장마다 상황이 다를 수 있으니 전화로 해당 시험장의 상황을 파악해보시길 권장합니다. 이 때 시험이 끝나고 종이 반납은 필수입니다.

원소주기율표

이 책의 구성과 특징

01 체계적인 핵심 요약

각 단원마다 체계적인 핵심요약과 예상문제를 기반으로 이론을 탄탄하게 구성하였습니다.
PART 01에서는 비파괴 검사 일반 이론 및 예상문제를 상세히 수록하였습니다.
PART 02에서는 금속재료 일반 이론 및 예상문제를 상세히 수록하였습니다.
PART 03에서는 용접 일반 이론 및 예상문제를 상세히 수록하였습니다.
PART 04에서는 침투 탐상 시험법 이론 및 예상문제를 상세히 수록하였습니다.
부록에서는 최근 기출문제 수록 및 CBT 복원문제까지 반영하여 실전 시험에 대비하였습니다.

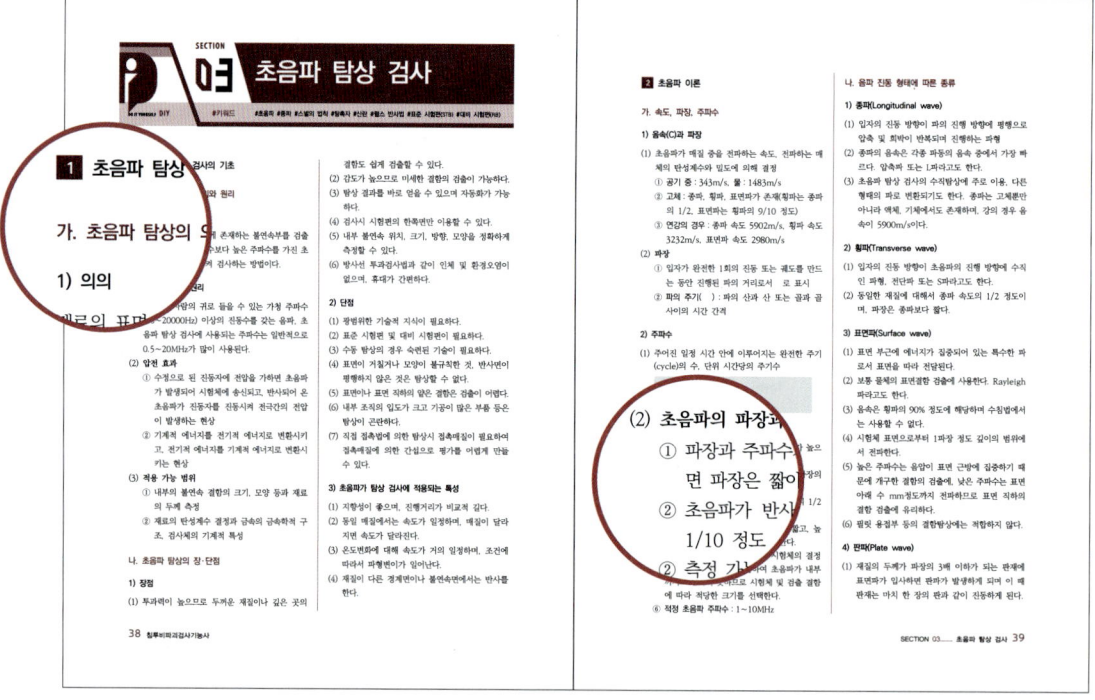

02 알고 공부하면 편한 #키워드

각 단원마다 빠르고 정확하게 이론을 습득하기 위한 핵심가이드 편으로 #키워드를 추출하여 학습효과에 도움을 줍니다.

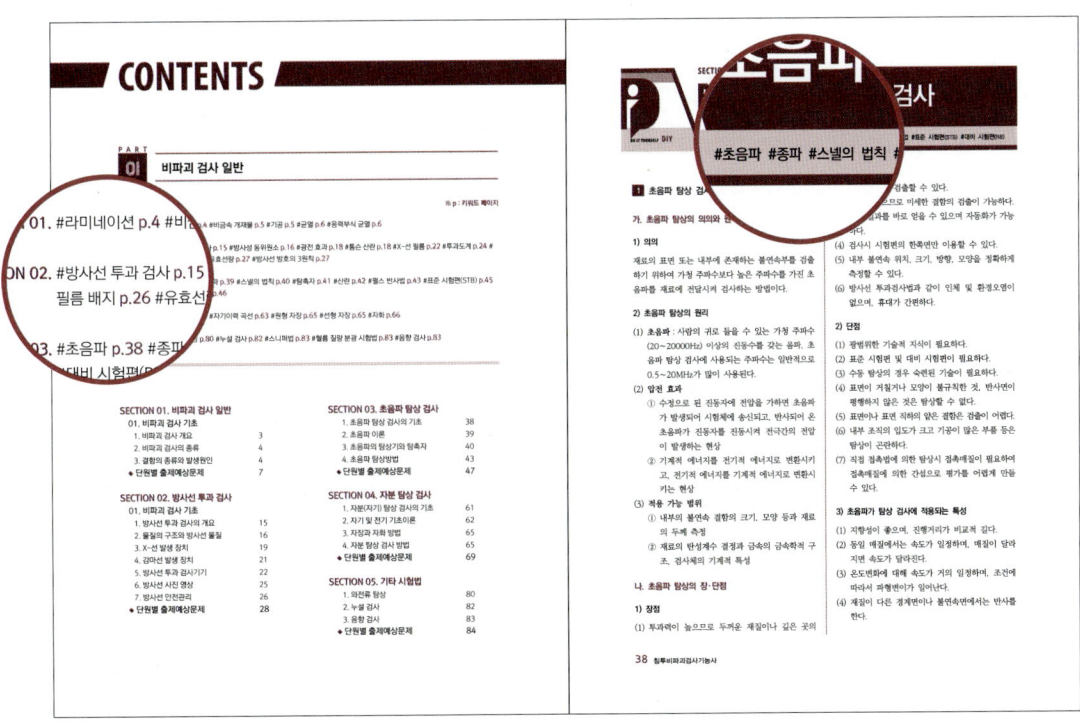

이 책의 구성과 특징

03 이론+예상문제+기출문제 및 CBT문제 수록

각 단원마다 이론을 중심으로 예상문제 및 기출문제를 수록하여, 읽고 풀어보고 학습하기 좋은 3단 구성을 하였습니다.

이론

예상문제

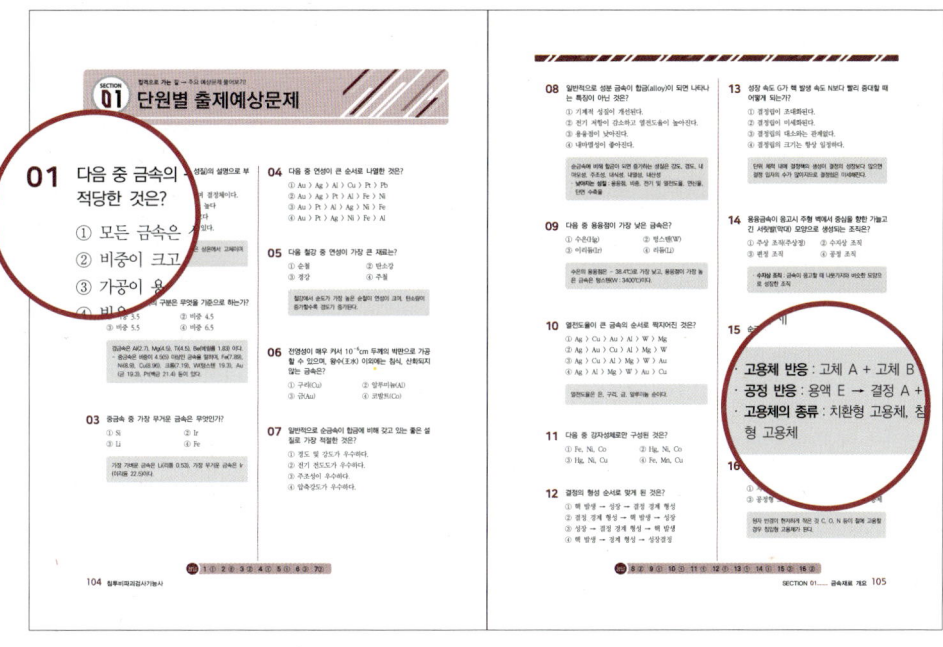

기출문제

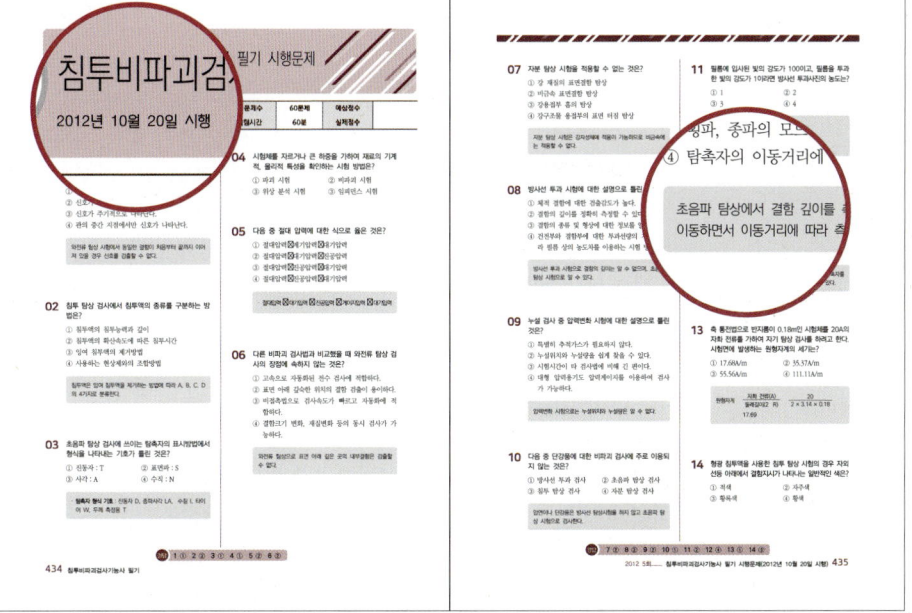

출제기준 – 침투비파괴검사기능사 필기

직무분야	안전관리	중직무분야	비파괴검사	자격종목	침투비파괴검사기능사	적용기간	2020.1.1~2023.12.31
직무내용	침투비파괴검사에 대해 주로 현장실무를 담당하며 적절한 도구를 이용하여 검사 방법 및 절차에 따라 실제적인 비파괴검사 업무를 수행하는 직무이다.							
필기검정방법	객관식	문제수	60	시험시간	1시간 정도			

필기과목명	문제수	주요항목	세부항목
침투탐상시험법, 침투탐상 관련 규격, 금속재료일반 및 용접일반	60	1. 비파괴 검사의 기초원리와 종류 및 특성	1. 비파괴 검사의 기초 원리
			2. 비파괴 검사의 종류와 특성
		2. 침투탐상검사 이론	1. 검사 원리
			2. 침투탐상검사의 기초지식
		3. 검사장비 및 재료	1. 침투탐상검사장치·기구
			2. 탐상제
			3. 대비시험편
		4. 검사방법	1. 침투탐상검사의 종류
			2. 안전관리
		5. 검사 결과의 해석 및 판정	1. 지시모양 및 결함의 분류
		6. 관련 국내규격	1. 검사 조건
			2. 검사방법
			3. 지시모양 및 결함의 분류
		7. 금속재료 기초	1. 금속의 결정과 변태
			2. 금속의 물리, 화학, 기계적 성질
		8. 금속재료의 조직	1. 평형상태도
			2. 재료시험 기초
		9. 철과 강	1. 열처리 개요
			2. 탄소강
			3. 합금강
		10. 비철금속재료	1. 구리 및 합금
			2. 알루미늄 및 그 합금
			3. 기타 비철금속재료와 그 합금
		11. 용접방법과 용접결함	1. 아크용접
			2. 가스용접
			3. 기타 용접법 및 절단
			4. 용접시공 및 검사

시험정보 - 침투비파괴검사기능사 필기

• **개요**

생산공정에서의 제품의 불량을 줄이고 완제품의 보수점검 등을 목적으로 비파괴검사를 실시함으로써 보다 완벽하게 품질관리를 실시하려는 업체가 증가하였고 비파괴검사에 관한 숙련기능을 소지한 인력의 필요성이 대두되었다. 이에 따라 재질에 상관없이 적용범위가 넓은 침투비파괴검사에 대한 숙련기능인력을 양성하고자 자격제도 제정

• **수행직무**

침투비파괴 검사에 대해 주로 현장실무를 담당하며 검사 방법 및 절차에 따라 적절한 도구를 이용하여 실제적인 비파괴 검사업무를 수행

• **취득방법**

① 시행처 : 한국산업인력공단
② 관련학과 : 실업계 고등학교의 기계, 전기, 전자, 금속, 재료, 화공 관련학과
③ • **필기 : 1. 침투탐상시험법 2. 침투탐상관련규격 3. 금속재료일반 및 용접일반**
   • 실기 : 침투탐상작업
⑤ 검정방법
   • **필기 : 객관식 4지 택일형 60문항(60분)**
   • 실기 : 작업형(30~60분 정도, 100점)
⑥ 합격기준
   • 필기·실기 : 100점을 만점으로 하여 60점 이상

• **시험수수료**

• 필기 : 14,500원
• 실기 : 37,800원

DO IT
YOURSELF

비파괴 검사 일반

#SECTION 01
#키워드
#라미네이션 #비금속 개재물 #기공 #균열 #응력 부식 균열

#SECTION 02
#키워드
#초음파 #종파 #스넬의 법칙 #탐촉자 #산란 #펄스반사법 #표준 시험편(STB) #대비 시험편(RB)

#SECTION 03
#키워드
#방사선 투과 검사 #방사성 동위원소 #광전 효과 #톰슨 산란 #X선 필름 #투과도계 #필름 배지 #유효선량 #방사선 방호의 3원칙

#SECTION 04
#키워드
#자분 탐상 #자기이력 곡선 #원형 자장 #선형 자장 #자화

#SECTION 05
#키워드
#와전류 탐상 #누설 검사 #스니퍼법 #헬륨 질량 분광 시험법 #음향 검사

SECTION 01 비파괴 검사 일반

01 비파괴 검사 기초

1 비파괴 검사 개요

가. 비파괴 검사의 정의
(1) 재료, 제품, 구조물 등에 대하여 시험 대상물을 손상, 분리, 파괴시키지 않고 원형 그대로 유지한 상태에서 시험체의 표면이나 내부에 대한 정보, 상태, 내부 결함 등을 알아내기 위한 검사
(2) 구조물의 품질 관리(QC), 품질 보증(QA) 수단으로 이용되는 계측 기법

나. 비파괴 검사의 특성
(1) **검사법간 비교** : 재료의 물리적 · 기계적 · 화학적 성질, 표면 및 내부 결함 등에 대한 정확한 판단을 하기 위해 비파괴 시험과 파괴 시험을 실시하여 비교해야 한다.
(2) **적정 검사 실시 시기** : 제조공정 진행 전, 진행 중, 진행 후 공정에서 품질에 영향을 미칠 수 있는 시점을 기준으로 시점 전의 평가 결과와 시점 후에 평가 결과가 다를 수 있으므로 평가 시점 선정에 신중을 기해야 한다.
(3) **검사의 신뢰성** : 시험 결과에 이상이 없어도 실제로 결함이 전혀 없다고는 볼 수 없으며, 결함 종류, 형상, 크기, 방향성, 검사 방법에 따라 시험 결과도 달라질 수 있다.
(4) **검사 방법 및 조건 선택** : 검사 방법이나 시험 조건이 재료의 특성과 맞지 않을 경우 시험 결과의 신뢰성이 적게 되므로 적정 검사 방법 및 조건을 선택해야 한다.
(5) **검사 결과 평가** : 검사 결과로 품질, 수명 평가 시 하나의 검사 결과로 판단하지 말고, 여러 시험 방법의 병행 등 많은 정보의 수집을 통해 평가해야 한다.

다. 비파괴 검사의 목적
(1) 제품의 결함 유무 또는 결함의 정도를 파악, 신뢰성을 향상시킨다.
(2) 시험 결과를 분석·검토하여 제조 조건을 보완하므로 제조기술을 발전시킬 수 있다.
(3) 적절한 시기에 불량품을 조기 발견하여 수리 또는 교체를 통해 제조 원가를 절감한다.

라. 비파괴 검사(test) 기본과 평가 가능 성질

1) 비파괴 검사 기본 사항
(1) 시험편 내의 불연속, 물성 변화 상태가 적용 에너지와의 상호작용으로 시험 에너지의 크기나 강도, 분포 등의 변화 발생
(2) 적당한 크기와 강도 및 분포를 가진 에너지를 시험 부위에 적용
(3) 시험 에너지의 크기, 강도, 분포 등의 변화에 감응할 수 있는 적절한 감도를 가진 변환자를 시험 에너지의 측정에 사용
(4) 측정치를 근거로 결과 해석과 내용 판정
(5) 변환자에 의해 얻어진 신호 해석 및 평가하는데 유용한 형태로 지시 표시나 기록

2) 비파괴 검사에 의해 평가 가능한 성질
(1) **기계적 성질** : 시편의 변형량, 탄성계수, 응력, 소성 변형, 경도 등의 측정 가능
(2) **물리적 성질** : 시편의 입도, 조성, 밀도, 굴절지수, 마찰계수, 내부조직 등의 성질 결정 가능
(3) **열적 성질** : 열에 의한 팽창 및 수축응력, 열구배, 열전도도, 열 및 전기적 성질 결정

(4) **전자기적 성질** : 자기투자율 및 전기전도도, 와전류의 분포 상태와 손실, 자기수축 등의 성질 측정 가능

(5) **기하학적 성질** : 기공, 수축공, 공극 균열, 라미네이션(Lamination) 등 내부 불연속이나 결함 검색 가능, 치수(길이, 두께, 곡률 등) 측정 가능

예제 1

다음 중 비파괴 검사(시험, NDT)에 관한 설명으로 옳지 않은 것은?

① 차후 사용에 영향을 주지 않고 대상체를 시험하는 것이다.
② 검사 대상물을 원형 그대로 유지한 상태에서 검사할 수 있다.
③ 재료, 제품, 구조물 등에 대하여 물리적·화학적 성질에 대한 정보, 내부 결함 등을 알아낼 수 있는 검사법이다.
④ 용접면을 절단하여 용접 상태를 알아보는 것이다.

정답 ④

절단 등 형상을 변형시키는 방법의 시험은 파괴 시험에 해당한다.

예제 2

다음 중 비파괴 검사를 통하여 평가할 수 있는 항목과 가장 거리가 먼 것은?

① 시험체 내의 결함 검출
② 시험체의 내부 구조 평가
③ 시험체의 물리적 특성 평가
④ 시험체 내부의 결함 발생 시기

정답 ④

결함의 발생 시기는 비파괴 검사로 알 수 없다.

---

2 비파괴 검사의 종류

가. 표면 결함 검사

(1) **육안(외관) 검사(VT, Visual Inspection)** : 눈(육안) 또는 저배율의 확대경, 전용 게이지 등을 사용하여 균열, 오버랩, 언더컷, 피트, 돋움살(육성) 높이 등 검사

(2) **침투 탐상 검사(PT, Penetrant Test)** : 표면의 불연속 개구부 등 표면 결함 검사

(3) **자분 탐상 검사(MT, Magnetic Test)** : 강자성체의 표면 및 표면 직하(얕은 내부) 결함 검사

(4) **와전류 탐상 검사(ET, Eddy-current Test)** : 전자 유도 작용을 이용하여 표면 및 표면 직하(얕은 내부)의 결함 검사, 봉재나 관재의 자동 탐상에 사용한다.

나. 내부 결함 검사

(1) **방사선 투과 검사(RT, Radiographic Test)** : X선, γ선 등의 투과력을 이용하여 방사선의 조사 방향에 나란히 있는 결함 검출에 사용되며, 결함의 종류 및 형상 판독에 우수하다.

(2) **초음파 탐상 검사(UT, Ultrasonic Test)** : 0.5~15MHz의 초음파를 투과하여 균열 등의 결함을 검출하며, 검출 능력은 방사선 시험보다 우수하지만 기공이나 구상의 결함 등 결함 종류나 형상 판독은 곤란하다.

다. 기타 시험

(1) 누설 검사(시험), 음향 방출 검사(시험)
(2) 적외선 탐상 검사, 변형량 측정 검사

예제 1

다음 중 비파괴 검사법의 종류가 아닌 것은?

① 누설 시험   ② 굽힘 시험
③ 초음파 두께 측정   ④ 육안 시험

정답 ②

굽힘 시험은 파괴 시험의 일종이다.

> **예제 2**
>
> 다음 비파괴 검사법 중 표면 결함 검출에 가장 적합한 것은?
>
> ① 초음파 탐상 시험   ② 침투 탐상 시험
> ③ 방사선 투과 시험   ④ 중성자 투과 시험
>
> 정답 ②
>
> 표면 결함은 침투 탐상 시험, 자분 탐상 시험으로 검출하며, 내부 결함은 ①, ③, ④ 방법이 적합하다.

> **예제 3**
>
> 다음 비파괴 검사법 중에서 표층부에 나타난 결함의 정보를 얻기 위한 검사법이 아닌 것은?
>
> ① 침투 탐상 검사   ② 자분 탐상 검사
> ③ 와전류 탐상 검사   ④ 음향 방출 검사
>
> 정답 ④
>
> **표면부 결함 검사** : 침투 탐상, 자분 탐상, 와전류 탐상

3 결함의 종류와 발생 원인

가. 용접 중에 발생하기 쉬운 결함

1) 대분류

치수상 결함, 구조상 결함, 성질상 결함

2) 구조상 결함의 종류

용착 불량, 융합 불량, 언더 컷, 오버 랩, 선상 조직

나. 압연 시 발생하기 쉬운 결함

1) 압연강판에 생기기 쉬운 결함

(1) **균열(두 장 터짐)** : 강괴 속에서 기공(blow hole), 파트, 슬래그, 내화물 등이 잔류되어 압출 불충분으로 발생된 균열, 단면이 선상의 형태로 두 장으로 터져 나간 것

(2) **종 균열(세로 터짐)** : 강괴 또는 강편에 존재하고 있던 균열이 남아서 압연 방향으로 나타난 선상 균열

(3) **횡 균열(가로 터짐)** : 세로 균열과 같은 원인에 의해 가로 방향의 전광상으로 생긴 균열

(4) **잔주름 균열** : 강괴에 다수의 블로 홀이나 가열 조건의 부적당 또는 강 속에 구리 등 취성화 원소가 많이 함유될 경우 표면에 거북등상 또는 잔주름으로 보이는 균열

(5) **라미네이션(lamination)** : 강괴 내에 수축공, 기공, 슬래그 등이 압착되어 압연 방향으로 얇은 층이 형성된 내부 결함

(6) **선상 홈** : 강괴 표면층의 블로 홀(blow hole)이 압연에 의해서 압연 방향으로 생긴 얇고 짧은 홈

(7) **부풀음** : 강괴에 존재한 파이프, 블로 홀 등이 압착되지 못하면 표면이 부풀어 내부에 공동이 발생한다.

2) 강관에 생기기 쉬운 결함

(1) **종 균열** : 가열, 열처리, 가공법의 불량에 의해서 발생하는 균열

(2) **열처리 균열** : 열처리 불량으로 발생되는 균열

(3) **외면 랩** : 철강재료 내부에 비금속 개재물 또는 불순물 편석, 강괴나 봉강 표면에 끼어 들어간 흠, 균열 흠 등이 있을 경우 구멍을 뚫는 과정에서 생기는 겹침

(4) **가로 홈** : 구리 성분의 과다, 압연 조건의 불량시, 과열 또는 냉간 가공도가 지나치게 심할 경우 발생한다.

(5) **외형 긁힘** : 가공할 때 다이스의 형상 불량 또는 타고 나서 발생되는 긁힘

3) 봉강에 생기기 쉬운 결함

(1) **세로 균열** : 열 변형이나 시효 및 재료 불량이며, 특히 핀홀, 블로 홀 등이 원인이 되어 발생하며, 비교적 깊은 선상으로 된 균열

(2) **선상 홈** : 철강 내부에 잔류하고 있는 블로 홀, 핀홀, 표면의 심한 요철이 원인이 되어 압연작업 시 늘어나서 직선상으로 생긴 홈

(3) **소지 홈** : 압연이나 인발에 의해 강괴(철강) 내부에 개재물이 발생된 홈

(4) 파이프 흠 : 압연에 의해서 철강(강괴)의 파이프가 표면에 압연 방향으로 나타난 선상의 흠
(5) 벽돌 흠 : 주조 또는 가열 시에 벽돌 등이 재료 표면에 붙거나 내부에 섞여 생긴 흠
(6) 주름살 : 압연 방향의 부적당 또는 재질 불량으로 생긴 자유 압축면에 발생한 흠
(7) 파괴되어 혼입(섞임) : 압연 롤러나 가이드 조정 불량으로 파괴된 것이 겹쳐서 발생한 흠

다. 단조 작업 시 발생하기 쉬운 결함

(1) 거북등 균열(터짐) : 단조 작업한 강재의 표면에 소재 성분의 부적당, 소재 표면의 불량, 가열 온도 및 시간의 부적당으로 인하여 거북등 모양으로 생긴 비교적 얇은 표면 균열
(2) 연마(연삭) 균열 : 연마 시에 발생하며, 거북등 상으로 미세하고 얇은 균열
(3) 구어 균열 : 재질 불량, 담금질 조작의 불량 등에 의해서 발생하며, 형상은 비교적 간단하나 격렬한 균열
(4) 수축공(파이프) : 주조 때 압탕 위치 불량, 주형 설계 불량, 주조 조건의 불량에 의해서 발생한 수축공이 남아 있는 결함
(5) 은(백)점 : 용강 속에 혼입된 수소, 단련 중에 생긴 잔류 응력, 열간 작업 후에 생긴 변태 응력과 열 응력 등에 의해서 발생한 미세한 조직
(6) 단조 주름 : 단조 작업 및 가열 상태의 부적당으로 발생한 흠

라. 주조 작업 시 발생하기 쉬운 결함

주조품이나 강괴의 제조는 그 방법이 유사하며, 발생하는 결함도 거의 같다.

1) 균열(Crack)
(1) 원인 : 응고 시 발생하는 주물의 수축과 팽창, 주물의 냉각 속도의 차이, 주형의 구속도 등에 의해 발생
(2) 방지 대책 : 단면 변화를 적게, 각 부의 온도 차이를 적게 하고 급랭 방지, 각진 부분의 라운딩, 재가열하여 내부 응력 제거, 주물의 후열처리 시 충격 방지 등이 필요함

2) 기공(Blow hole), 핀홀
(1) 원인 : 주형과 코어에서 발생된 수증기의 잔류나 용융금속에 흡수된 가스의 방출 불량, 주형 내부의 공기 등이 주입된 용탕과 혼입된 후 응고 시 외부로 방출되지 못하여 발생하며, 표면 또는 내부에 생긴 둥근 구멍, 직경 2~3mm까지의 홀을 핀홀, 그 이상의 것을 블로 홀이라 한다.
(2) 방지 대책 : 주형의 건조, 통기성 개선, Riser(압탕구) 설치, 용융금속의 주입온도 낮춤 등이 필요함

3) 수축공(Shrinkage hole)
(1) 원인 : 압탕량의 부족, 용융금속의 체적 수축으로 인해 두꺼운 부분의 상부나 압탕 부분에 용탕이 수축되어 깊고 오목하게 들어간 결함
(2) 방지 대책 : Sprue 설치, Feeder 및 냉각쇠 설치, 압탕의 크기 및 개수와 위치를 적당히 선정, 주입 온도 낮춤 등이 필요하다.

4) 편석(Segregation)
(1) 원인 : 주물 일부분에 불순물이 집중되거나 주물 성분의 비중 차이에 의한 성분 간 경계, 응고온도 차이에 의한 결정 간 경계로 형성된 편중된 결정체
(2) 방지 대책 : 용탕의 양호한 교반, 합금원소의 보충, 용융금속의 급랭, 모합금 원소 첨가

5) 강괴(주철, 주강) 표면 불량
(1) 원인 : 흑연 또는 도포제에서 발생하는 가스, 주탕 시 용융금속의 압력, 주물사의 내열도 및 통기도, 점결력 부족, 주물사 입도의 불균일에 의해 표면이 거칠거나 불량함
(2) 방지 대책 : 적당한 첨가제 및 점결제, 주물사 선택, Vent 설치, 용탕 운반 시 이물질 침입 방지 등이 필요함

6) 기타 주조 결함
(1) 유동성 불량 : 용탕의 주입 온도의 부적정에 의해

주형 내에 용탕이 잘 들어가지 못하고 탕계 등의 결함이 발생하는 결함
(2) **주포** : 주물 속에 냉각용 셀 등이 남아 있거나 부착된 흠
(3) **모래 흠** : 주조 때 슬래그, 내화물 또는 개재물이 증가하여 잔류한 것
(4) **벽돌 흠** : 주조 또는 가열시 주물사, 벽돌, 몰타르가 끼어들어 부착하고 압연할 때 늘어나면서 생긴 흠
(5) **비금속 개재물, 이물질 혼입** : 제강 작업 중에 정련, 주조 불량 등에 의해 산화물, 황화물 등의 비금속 개재물 등이 떨어져서 혼입된 결함
(6) **콜드 셧(cold shut)** : 용융금속을 주형에 주입 시 먼저 주입된 용융금속 표면이 응고 중에 다른 용융금속과 겹쳐져서 층을 형성하게 되는 결함
(7) **치수불량**

마. 기타 결함

(1) **응력 부식 균열** : 부식된 금속 재료 표면에 높은 인장응력이 정적으로 가해져서 생긴 균열
(2) **피로 균열** : 작은 응력의 반복작용에 의해서 생긴 균열로 접촉 응력 피로 균열, 열 응력 피로 균열, 부식 피로 균열 등이 있다.
(3) **기포 침식(Cavitation Corrosion)** : 일종의 응력 부식, 액체 중에서 발생한 기포가 터지면서 표면에 충격을 주어 발생한 침식
(4) **마찰 부식(Fretting Corrosion)** : 작은 진동 마찰하는 표면의 미소 부분이 용착 마모를 되풀이하면서 분위기와 화학적인 반응을 일으켜서 발생한다.

예제 1

다음 중 단조 작업에서 주로 발견되는 결함이 아닌 것은?
① 구어 균열   ② 거북등 균열
③ 피로 균열   ④ 겹침

 정답 ③

피로 균열은 작은 반복 작용에 의해 생긴 균열이다.

예제 2

용금(熔金)의 두 흐름이 만나서 완전히 용융되지 않아 생긴 불완전한 접합부(결함의 일종)를 무엇이라고 하는가?
① 블로우 홀(blow hole)
② 클로즈 오버(close over)
③ 콜드 셧(cold shut)
④ 코어 로드(core rod)

 정답 ③

콜드 셧
주형에 용융금속을 주입시 용탕이 튀는 경우 생기는 주조 결함, 이때 먼저 주입된 용융금속 표면이 산화된 위에 용탕이 튀어서 포개지면 용탕금속의 층을 형성하게 되는 결함

01 단원별 출제예상문제

SECTION

DIY쌤이 **콕! 찝어주는** 주요 예상문제 풀어보기!

01 다음 중 비파괴 검사의 종류에 따른 원리 또는 특성이 올바르게 짝지어진 것은?

① 침투 탐상 시험 : 모세관 현상
② 초음파 탐상 시험 : 표면 균열 검출
③ 방사선 투과 시험 : 플러그라이트 검출
④ 스트레인 측정 : 누설 자속 측정

> **PT**
> 모세관 현상, 젖음성의 원리를 이용한 시험법

02 다음 중 물리적 현상의 원리에 따른 비파괴 검사 방법을 분류한 것 중 옳지 않은 것은?

① 광학 : 육안 검사
② 열 : 누설 검사
③ 투과 : 방사선 검사
④ 전자기 : 와류 탐상 검사

> **누설 검사**
> 기체의 압력, 흐름을 이용한 시험

03 비파괴 시험법과 그 기본 원리가 다르게 연결된 것은?

① 와전류 탐상 시험 : 전자 유도 작용
② 중성자 투과 시험 : 투과성
③ 초음파 탐상 시험 : 펄스 반사
④ 음향 방출 시험 : 유체 흐름

> **음향 방출시험** : 소리 전달

04 비파괴 검사의 목적에 대한 설명으로 옳지 않은 것은?

① 결함이 존재하지 않는 완벽한 제품을 생산한다.
② 적정시기에 불량품을 조기 발견하여 수리 또는 교체를 통해 제조원가를 절감한다.
③ 제품의 결함 유무 또는 결함의 정도를 파악, 신뢰성을 향상시킨다.
④ 시험 결과를 분석·검토하여 제조 조건을 보완하므로 제조기술을 발전시킬 수 있다.

> 비파괴 검사의 목적은 완벽한 제품을 생산하기 위한 것이 아니다.

05 비파괴 검사를 하는 이유와 직접적인 관련이 없는 것은?

① 제품을 평가하기 위하여
② 제품원가를 정확하게 산출하기 위하여
③ 용접 후에 발생한 결함을 찾기 위하여
④ 사용 후에 발생하는 결함을 찾기 위하여

> 비파괴 검사는 품질 평가를 위한 검사이며, 제품원가는 산출할 수 없다.

06 다음 중 비파괴 검사의 신뢰도 향상에 대한 설명으로 옳지 않은 것은?

① 비파괴 검사를 수행하는 기술자의 기량 향상
② 제품(부품)에 적합한 비파괴 검사법 선정
③ 부품에 적합한 평가 기준의 선정 및 적용
④ 검출 가능한 모든 지시, 불연속을 제거 및 폐기

> 검출 가능한 지시 및 불연속은 검출 대상이지, 폐기 대상이 아니다.

정답 01 ① 02 ② 03 ④ 04 ① 05 ② 06 ④

07 비파괴 검사를 했을 때 알 수(얻을 수) 있는 것이 아닌 것은?

① 품질 평가 ② 수명 평가
③ 누설 탐지 ④ 인장강도

> 비파괴 검사로 생산기술 향상, 제품 신뢰도 증가, 제품의 안전성 확보는 가능하나, 인장강도나 생산성 자동화는 비파괴 검사로 파악할 수 없다.

08 다음 중 비파괴 검사의 적용에 대한 설명으로 옳은 것은?

① 구조재 재질의 적합 여부 및 규정된 내부 결함의 합부를 판정하기 위해서는 주로 육안 시험을 이용한다.
② 알루미늄 합금의 재질이나 열처리 상태를 판별하기 위해서는 누설 시험이 유용하다.
③ 담금질 경화층의 깊이나 피막 두께 측정에는 와전류 탐상 시험을 이용한다.
④ 구조상 분해할 수 없는 전기용품 내부의 배선 상황을 조사하는 데에는 침투 탐상 시험이 유용하다.

> • **와전류 탐상** : 담금질 경화층 깊이, 피막 두께, 도금층 두께, 침탄층 두께의 측정이 가능하다.
> • **방사선 탐상** : 내부 결함 조사
> • **초음파 탐상** : 분해할 수 없는 전기용품 배선 상황
> • **스트레인 검사** : 재질 적합 여부나 막 처리 검사.

09 다음 각종 비파괴 검사의 특징에 대한 설명으로 옳지 않은 것은?

① 초음파 시험은 방사선 투과 시험보다 결함의 깊이 측정에 대한 검출 능력이 우수하다.
② 와전류 탐상 시험은 도금층의 두께나 표층부의 결함 검출에 적용할 수 있다.
③ 미세 표면 결함의 검출에 침투 탐상 시험이 자분 탐상 시험에 비해 검출 능력이 우수하나 강자성체 재료에만 적용이 가능하다.
④ 침투 탐상 시험은 표면이 열린 결함 검출만 가능하나, 자분 탐상 시험은 표면 바로 밑의 열려 있지 않은 결함 검출도 가능하다.

> 침투 탐상 시험은 강자성체뿐만 아니라 거의 모든 재료의 표면 결함 검사에 적용 가능하다.

10 다음 비파괴 검사의 특성 중 옳지 않은 것은?

① 초음파 탐상 검사는 방사선 투과 검사보다 두꺼운 것까지 검사할 수 있다.
② 방사선 투과 검사는 원리적으로 투과법이다.
③ 침투 탐상 검사에서 표면이 개구되지 않은 결함은 검출이 어렵다.
④ 초음파 탐상 검사 시 초음파의 입사 방향과 결함의 방향이 평행일 때 탐상감도가 가장 좋다.

> 초음파의 입사 방향과 결함의 방향이 수직일 때 탐상감도가 우수하다.

11 다음 중 금속의 균열을 침투 탐상 시험할 때 검사 결과에 가장 큰 영향을 주는 것은?

① 검사물의 경도   ② 침투제의 색깔
③ 검사물의 열전도도 ④ 검사물의 표면조건

> 침투 탐상 검사는 검사물의 표면조건에 따라 검출 결과가 달라진다.

12 다음 중 비파괴 검사 결과의 신뢰성 확보를 위한 대책과 거리가 먼 것은?

① 자동화 시험의 수동화 유도
② 정기적인 기기의 성능 관리
③ 검사 인력의 주기적 훈련 관리
④ 정량화된 결함 평가 기술의 개발

> 수동화보다는 자동화로 결과의 신뢰성을 확보할 수 있다.

13 침투 탐상 시험의 신뢰성을 유지하기 위한 조치사항이 아닌 것은?

① 사용 중인 탐상제의 점검을 정기적으로 시행한다.
② 투과도계를 이용하여 탐상 결과의 신뢰성을 점검한다.
③ 탐상제 구입 시 기준 탐상제를 채취 보존한다.
④ 자외선 조사 장치의 자외선 강도를 정기적으로 점검한다.

> 투과도계는 방사선 탐상에 사용하는 부품의 일종이다.

14 다음 중 침투 탐상 검사의 신뢰성을 높일 수 있는 방법이 아닌 것은?

① 공인자격 보유자에 의한 시험을 수행하고 주기적으로 재교육한다.
② 침투 탐상 시험 공정을 자동화하여 시험 결과의 재현성을 높여준다.
③ 주기적으로 사용 중인 침투 탐상제를 표준 탐상제와 비교 점검한다.
④ 대비 시험편을 사용하여 탐상제 성능과 조작 방법의 적합성을 조사한다.

15 다음 중 전원이 없는 곳에서 이용할 수 있는 비파괴 검사법은?

① 수세성 형광 침투 탐상 검사, X선을 이용한 방사선 투과 검사
② 용제 제거성 염색 침투 탐상 검사, γ선을 이용한 방사선 투과 검사
③ 코일법을 이용한 자분 탐상 검사, 관통법을 이용한 와전류 탐상 검사
④ 수침법을 이용한 초음파 탐상 검사, 전기저항을 이용한 응력 측정

염색 침투 탐상, γ선 방사선 탐상은 전원이 없어도 검사가 가능하다.

16 각종 비파괴 검사에 대한 설명 중 옳지 않은 것은?

① 자분 탐상 시험은 일반적으로 핀홀과 같은 점 모양의 검출은 곤란하다.
② 초음파 탐상 시험은 두꺼운 강판의 내부 결함 검출이 방사선 투과 시험보다 우수하다.
③ 침투 탐상 시험은 검사할 시험체의 온도와 침투액의 온도에 영향을 크게 받는다.
④ 육안 검사는 인간 시감을 이용한 시험으로 보어스코프나 소형 TV 등을 사용할 수 없어 파이프 내면의 검사는 할 수 없다.

파이프 내면 검사는 소형 카메라를 투입하여 육안 검사를 할 수 있다.

17 비파괴 검사의 종류와 이에 따른 설명으로 옳지 않은 것은?

① 초음파 탐상 시험은 용접부의 블로 홀 검출 등 시험체 내부 결함 검출에 적합하다.
② 누설 시험은 시험체 내부 및 외부 결함 검출에 적합하다.
③ 자분 탐상 시험은 강자성체의 표층부 결함 검출에 적합하다.
④ 방사선 투과 시험은 용접부 블로 홀(blow hole) 등의 검출에 적합하다.

누설 시험법은 내부 결함 검출은 어렵고 누설 여부를 알 수 있다.

18 각종 비파괴 시험에 대한 설명 중 옳지 않은 것은?

① 압력용기 용접부의 슬래그 혼입을 검출하는데 효과적인 방법은 방사선 투과 시험이다.
② 초음파 시험에서 시험체의 양쪽 면에 접근할 수 없는 경우 사각 탐상법을 적용하면 된다.
③ 열교환기 배관의 응력 부식 균열의 검출에는 방사선 투과 시험이 가장 효과적이다.
④ 관, 선재 등의 표면 결함을 고속으로 검출할 수 있는 효과적인 방법은 자기 탐상 시험이다.

열교환기 배관의 응력 부식 균열 검출에는 침투 탐상 검사, 누설 검사가 효과적이다.

19 비파괴 검사의 안전관리에 대한 설명으로 옳지 않은 것은?

① 방사선의 사용은 일정한 교육을 이수한 유자격자가 취급해야 된다.
② 방사선 투과 시험에 사용되는 방사선이 강하지 않은 경우 안전 측면에 특별히 유의할 필요는 없다.
③ 초음파 탐상 시험에 사용되는 초음파가 강력한 경우 유자격자에 의한 관리가 좋다.
④ 침투 탐상 시험의 세정 처리 등에 사용된 폐액의 경우에는 환경 보건에 주의한다.

방사선 취급은 유자격자가 안전관리를 해야 하며, 작은 방사선이라도 안전에 유의해야 된다.

  14 ③ 15 ② 16 ④ 17 ② 18 ③ 19 ②

20 강구조물의 파괴에 대해 설명한 것으로 옳지 않은 것은?

① 피로 균열은 반복 하중하에서 일정 반복 회수 후에 생긴다.
② 결함부에 생기는 응력 집중은 구조물의 강도를 저하시킨다.
③ 응력 부식 균열은 용접 후 일정 시간이 경과 후 일어나는 수소에 의한 균열이다.
④ 용접 결함이 존재하면 그 곳에 높은 천이온도 영역이 발생하고 취성 파괴 사고의 원인이 된다.

> 응력 부식 균열은 높은 인장응력이 정적으로 가해져 발생한다.

21 철강재의 용접으로 발생되는 냉간 균열을 찾아내기 위한 비파괴 검사 시기로 가장 적합한 것은?

① 용접 후 즉시
② 용접 후 약 3시간 후
③ 용접 후 약 12시간 후
④ 용접 후 약 24시간 후

> 냉간 균열은 지연 균열의 일종으로 용접 후 최소 24시간이 지난 후 검사해야 한다.

22 다음 비파괴 검사법 중 시험체의 열 분포 상태를 나타내는 열화상을 이용하는 검사법은?

① 홀로그래피
② 서모그래피
③ 스트레인 측정
④ 초음파 홀로그래피

23 비파괴 검사의 적용에 대한 내용 중 가장 부적절한 것은?

① 직경 100mm, 두께 6mm, 길이 600mm인 배관 2개를 용접하여 방사선 투과 검사를 하고 내부는 침투 탐상 검사를 하였다.
② 직경 50mm, 두께 6mm인 강관의 용접 부위 표면을 침투 탐상 검사와 자분 탐상 검사를 하였다.
③ 저장탱크를 만들기 위해 구입한 평판(plate)을 초음파 탐상 검사를 하였다.
④ 직경 100mm인 축(Shaft)을 초음파 탐상 검사를 하였다.

> 침투 탐상 시험은 표면 결함 검출에 적용된다.

24 다음 비파괴 검사법과의 연결이 옳지 않은 것은?

① 누수 검사 - 수압 또는 공기압 이용
② 침투 검사 - 초음파 침투
③ 자분 검사 - 누설 자속 이용
④ 방사선 투과 검사 - X선 투사

25 크롬 몰리브덴 합금강 재료를 절삭하고 표면을 매끈하게 연삭하였다. 다음 중 이 연삭 공정에서 발생한 결함 검출에 적합한 비파괴 검사법은?

① 방사선 투과 검사와 초음파 탐상 검사
② 초음파 탐상 검사와 누설 검사
③ 자분 탐상 검사와 침투 탐상 검사
④ 침투 탐상 검사와 방사선 투과 검사

26 디젤 엔진의 크랭크축을 제작하는 가공 공정 중에서 고주파 열처리를 시행한 후에 고주파 열처리에서 발생된 결함을 검출하고자 한다. 가장 적합한 비파괴 검사법의 조합은?

① 방사선 투과 검사와 초음파 탐상 검사
② 초음파 탐상 검사와 자분 탐상 검사
③ 자분 탐상 검사와 침투 탐상 검사
④ 방사선 투과 검사와 침투 탐상 검사

> 열처리에 의한 표면 결함은 자분 탐상이나 침투 탐상을 적용한다.

27 일반적으로 오스테나이트 계열의 스테인리스강 용접부 검사에 조합된 모두가 적용하기 곤란한 비파괴 검사법은?

① 방사선 투과 검사(RT)와 초음파 탐상 검사(UT)
② 초음파 탐상 검사(UT)와 자분 탐상 검사(MT)
③ 자분 탐상 검사(MT)와 침투 탐상 검사(PT)
④ 방사선 투과 검사(RT)와 침투 탐상 검사(PT)

> 오스테나이트계 스테인리스강은 비자성체이므로 자분 탐상 검사로는 결함 검출을 할 수 없다.

28 맞대기 용접부의 덧살(Reinforcement)을 그라인더로 제거해서 판 형태로 만들었다. 덧살이 제거된 용접부 검사에 가장 적합한 비파괴 시험 방법은?

① PT와 UT
② UT와 MT
③ MT와 PT
④ PT와 LT

> 맞대기 용접부의 판에 대한 검사는 UT(초음파 탐상 검사)와 MT(자분 탐상 검사)가 가장 적합하다.

29 표면 결함 검출을 위한 각종 비파괴 검사에 대한 설명 중 옳지 않은 것은?

① 표층부 결함의 검출에 적합한 비파괴 검사는 자분 탐상 시험, 침투 탐상 시험, 와전류 탐상 시험 등이 있다.
② 침투 탐상 시험은 내부 결함 검출에 적합하고, 자성 비자성 관계없이 적용할 수 있다.
③ 자분 탐상 시험은 강자성 시험체에 적용 가능하다.
④ 자분 탐상 시험은 결함에 의한 누설 자장에서의 자분의 흡착 현상을 이용하고, 비자성 재료에만 적용이 가능하며 개구해 있지 않은 표층부 결함은 검출이 어렵다.

> MT는 강자성체에 적용, PT(침투 탐상 시험)는 다공질 재료를 제외한 거의 모든 재료에 적용 가능하다.

30 다음 중 시험체의 표면 및 표면 직하 결함을 검출하기에 적합한 비파괴 검사법만으로 나열된 것은?

① 방사선 투과 시험, 누설 검사
② 초음파 탐상 시험, 침투 탐상 시험
③ 자분 탐상 시험, 와전류 탐상 시험
④ 중성자 투과 시험, 초음파 탐상 시험

> **표면 및 표면 직하 결함 검사**
> 자분 탐상 시험, 와전류 탐상 시험

31 다음 중 시험체의 내부 결함을 검출하기에 적합한 비파괴 검사법만으로 나열된 것은?

① 방사선 투과 시험, 침투 탐상 시험, 누설 검사
② 초음파 탐상 시험, 자분 탐상 시험, 침투 탐상 시험
③ 방사선 투과 시험, 침투 탐상 시험, 와전류 탐상 시험
④ 방사선 투과 시험, 초음파 탐상 시험, 중성자 투과 시험

> • 내부 결함 검출 : RT(중성자 투과 시험), UT
> • 표면 결함 검출 : MT, PT, ET
> • 표면 직하 결함 검출 : MT, UT, RT, ET

32 비파괴 시험에 의해 내부 결함을 검출하는 것에 대한 설명으로 올바른 것은?

① 방사선 투과 시험은 방사선의 조사 방향에 평행하게 있는 결함의 검출에 우수하다.
② 초음파 탐상 시험에는 균열면에 가능한 한 평행하게 초음파가 부딪치도록 탐상 조건의 선정에 주의할 필요가 있다.
③ 초음파 탐상 시험은 일반적으로 블로 홀(blow hole)과 같은 구(球)형 결함의 검출에 우수하다.
④ 초음파 탐상 시험은 라미네이션이나 경사진 균열 등을 검출하기가 어렵다.

> 방사선 투과 시험은 방사선의 조사 방향에 평행한 결함은 검출이 우수하나 수직 방향 결함 검사는 어렵다.

33 용접부의 완성 검사법 중 비파괴 검사에 해당되지 않는 것은?

① 비중 검사
② 외관 검사
③ 와류 검사
④ X선 검사

> 비중 검사는 파괴 시험의 일종이다.

정답 28 ② 29 ④ 30 ③ 31 ④ 32 ① 33 ①

34 단강품에 대한 비파괴 검사에 주로 이용되지 않는 것은?
① 방사선 투과 검사 ② 초음파 탐상 검사
③ 침투 탐상 검사 ④ 자분 탐상 검사

> 단강품은 주로 표면 또는 표면 직하의 결함이 많으므로 방사선 탐상으로는 검출이 곤란하다.

35 철강 재료의 결함 검사법이 아닌 것은?
① 파면 검사법 ② 자기 탐상법
③ 접촉열 기전력법 ④ 설퍼 프린트법

> 접촉열 기전력법
> 온도 측정, 성분 검사에 사용

36 다음 중 비금속 재료의 비파괴 시험으로 적합하지 않은 검사법은?
① 방사선 투과 시험 ② 초음파 탐상 시험
③ 자분 탐상 시험 ④ 침투 탐상 시험

> 비금속 재료는 자성체가 아니므로 자분 탐상 시험을 할 수 없다.

37 침투 탐상 시험을 방사선 투과 시험과 비교할 때 침투 탐상 시험의 장점이 아닌 것은?
① 시험 결과를 빠르게 얻을 수 있음
② 내부 결함 검출 가능
③ 전면을 100% 시험할 수 있음
④ 표면 개구 결함 검출 가능

> 침투 탐상 시험으로는 내부 결함을 검출할 수 없다.

38 고온의 열에 방치되었던 세라믹 제품에 나타난 지시로서 망사 모양(그물 모양)으로 서로서로 교차한 선으로 나타나는 지시는?
① 피로 균열 ② 수축 균열
③ 연삭 균열 ④ 열충격 지시

39 비파괴 검사에서 봉(bar) 내의 비금속 개재물을 무엇이라 하는가?
① 겹침(lap) ② 용락(burn through)
③ 언더컷(under cut) ④ 스트링거(stringer)

> 환봉 내의 개재물을 스트링거(stringer)라 한다.
> ①, ②, ③은 용접 불량이다.

40 다음 무관련 지시가 발생되는 것 중 발생 유형이 서로 다른 한 가지는?
① 주조품의 거친 표면 ② 프레스 압입부
③ 키 홈부 ④ 스플라인

> 무관련 지시(의사 지시) 중 프레스 압입부, 키 홈부, 스플라인 등은 가공에 의한 홈이며, 주조품의 거친 표면은 표면 전체에 걸쳐 미세하게 나타나는 것이다.

41 다음 결함 중 발생 생성 요인이 다른 것은?
① 용입 부족 ② 고온 균열
③ 텅스텐 혼입 ④ 콜드 셧

> ④는 주조 불량, 나머지는 용접 불량이다.
> ① 용접 결함 : 언더컷, 용입 부족, 융합 불량, 텅스텐 혼입, 블로 홀, 슬래그 혼입, 지단 균열, 고온 균열, 크레이터 균열
> ② 주조 결함 : 기포(핀홀), 수축공, 모래 개재물, 슬래그 개재물, 콜드 셧, 수축 균열, 열간 균열
> ③ 단조 결함 : 단조 터짐, 백점, 단조 겹침, 미세 수축공, 연마 균열
> ④ 압연 결함 : 라미네이션, 겹침, 선상 편석

42 용금(熔金)의 두 흐름이 만나서 완전히 용융되지 않아 생긴 불완전한 접합부(결함의 일종)를 무엇이라고 하는가?
① 블로 홀(blow hole)
② 클로즈 오버(close over)
③ 콜드 셧(cold shut)
④ 코어 로드(core rod)

> **콜드 셧**
> 주형에 용융금속을 주입시 용탕이 튀는 경우 생기는 주조 결함, 이때 먼저 주입된 용융금속 표면이 산화된 위에 용탕이 튀어서 포개지면 용탕금속의 층을 형성하게 되는 결함

43 다음 중 단조물에서 주로 발견되는 불연속은?

① 수축 균열　　② 용입 부족
③ 냉각 균열　　④ 겹침

44 다음 중 최종 가공이 완료된 후 나타날 수 있는 불연속은?

① 피로 균열　　② 라미네이션
③ 응력 부식 균열　④ 열처리 균열

> 열처리 균열은 최종 가공이 완료된 후 나타난다.

45 다음 중 주강품에서 용탕의 응고 직후에 결정립계에 존재하는 불순물이 취약하게 되어 결정립 간에 인장력이 작용하면 생기는 결함은?

① 퀜칭 균열　　② 냉간 균열
③ 수축공　　　 ④ 열간 균열

> **열간 균열**
> 불순물로 인하여 고온에서 응고 직후 결정립계 간에 인장력이 작용하여 발생하는 균열

정답　43 ④　44 ④　45 ④

02 초음파 탐상 검사

1 초음파 탐상 검사의 기초

가. 초음파 탐상의 원리

(1) 고주파수의 음파의 빔을 재료의 표면 또는 내부로 보내어 표면이나 내부에 존재하는 불연속부를 검출하는 검사법이다.
(2) 초음파는 에너지의 손실을 가지면서 재질 내부를 진행하며 계면에서 반사, 흡수, 통과하게 되며, 반사된 빔은 탐촉자를 통해서 검출되고 이를 분석하여 결함의 존재 유무 및 위치를 판별하게 된다.
(3) **초음파** : 소리는 크게 가청음파(사람의 귀로 들을 수 있는 음파(가청 주파수 20~20000Hz)와 초음파로 구분하며, 초음파는 가청음파(20kHz) 이상의 진동수를 갖는 음파를 말한다.
(4) 초음파 탐상 검사에 사용되는 주파수는 일반적으로 0.5~20MHz가 많이 사용된다.
(5) 초음파 탐상의 적용
  ① 내부의 불연속 결함의 크기, 모양 등과 재료의 두께 측정
  ② 재료의 탄성계수 결정과 금속의 금속학적 구조, 검사체의 기계적 특성

나. 초음파 탐상의 특징과 장·단점

1) 음파와 전파의 특징

(1) 진공 중에서 음파는 진행할 수 없으나, 전파는 진행할 수 있다.
(2) 음파는 전파에 비해 속도가 느리며, 파장도 짧다.
(3) 음파와 전파는 공기 중에서 진행하지만, 주파수가 높은 초음파(약 1MHz)는 공기 중에서 진행하지 못한다.
(4) 수중에서 음파는 진행할 수 있으나, 극히 낮은 주파수(30kHz 이하)의 전파가 아니면 진행하지 못한다.
(5) 금속 중에 음파는 멀리까지(후판) 잘 진행하나, 극히 파장이 짧은 전자파(약 1nm 이하, 방사선 등)가 아니면 진행하지 못한다.

2) 장점

(1) 초음파는 멀리까지 진행할 수 있어(투과력이 높으므로) 후판이나 깊은 곳의 결함 검출이 용이하다.
(2) 탐상 감도가 매우 높아서 미세한 결함 검출능이 우수하다.
(3) 탐상 결과를 바로 알 수 있으며 자동화도 가능하다.
(4) 내부 결함(불연속)의 크기나 위치, 방향, 형상을 정확하게 판별할 수 있다.
(5) 시험편의 한쪽 면에서도 탐상할 수 있다.
(6) 방사선 투과 검사법과 같이 인체에 장애를 일으킬 위험이나, 환경오염이 없으며, 휴대가 간편하다.
(7) 초음파 에너지가 생체에 영향을 주기 위해서는 $0.1mw/cm^2$ 이상의 에너지가 필요하지만, 비파괴 검사, 의료 진단에 사용되는 것은 그 이하이므로 인체에 장애를 주지 않는다.

3) 단점

(1) 숙련된 기술이 필요하다.(수동 탐상 시)
(2) 표면 또는 표면 직하의 얕은 결함은 검출이 곤란하다.
(3) 광범위한 기술적 지식이 필요하다.
(4) 모양이 불규칙하거나, 반사면이 평행하지 않은 것, 표면이 거친 것은 탐상하기 곤란하다.
(5) 직접 접촉법에 의한 탐상 시 접촉 매질에 의한 간섭으로 평가가 곤란할 수 있다.
(6) 조직의 입도가 크고 기공이 많은 부품 등은 탐상이 곤란하다.
(7) 표준 시험편 및 대비 시험편이 필요하다.

다. 초음파가 탐상 검사에 적용되는 특성

(1) 진행 거리가 비교적 길며, 지향성이 우수하다.
(2) 재질이 다른 경계면이나 불연속면에서는 반사를 한다.
(3) 동일 매질에서는 속도가 일정하나, 매질이 달라지면 속도도 달라진다.
(4) 온도 변화에 대해 속도가 거의 일정하며, 조건에 따라서 파형 변이가 일어난다.

예제 1

일반적으로 초음파란 다음 중 어느 것을 말하는가?
① 가청 진동수의 범위를 넘는 20KHz 이상의 음파
② 20MHz 이상의 음파
③ 20KHz 이하의 음파
④ 음파 중 전자파와 같은 성질인 낮은 주파수의 음파

정답 ①

• 가청 주파수 : 20~20,000Hz
• 초음파 : 가청 주파수 이상의 진동수를 갖는 음파

예제 2

다음 중 초음파 탐상 검사의 장점이 아닌 것은?
① 감도가 높으므로 미세한 결함 검출이 가능하다.
② 검사 시 시험편 한쪽만 사용한다.
③ 표준 시험편, 대비 시험편이 필요하다.
④ 표면이나 표면 직하의 결함 검출이 용이하다.

정답 ④

표면이나 표면 직하의 결함 검출이 곤란하다.

---

2 초음파 이론

가. 음파

1) 음속(C)과 파장

(1) 소리의 속도는 공기 중에서 340m/s이며, 전달 매질에 따라 그 속도는 달라진다. 그 이유는 물질의 입자 간 결합력이 모두 달라 입자 진동 시 관성과 탄성이 모두 다르기 때문이다.

(2) 초음파가 매질 중을 전파하는 속도는 전파 매체의 탄성계수와 밀도에 의해 결정된다.
  ① 공기 중 : 343m/s, 물 : 1483m/s
  ② 고체 : 종파, 횡파, 표면파가 존재(횡파는 종파의 1/2, 표면파는 횡파의 9/10 정도)
  ③ 연강의 경우 : 종파 속도 5902m/s, 횡파 속도 3232m/s, 표면파 속도 2980m/s

(3) 파장(λ)
  ① 한 입자의 1회 진동 시 또는 궤도를 만드는 동안 음파가 진행한 거리이며, λ로 표시한다. 1회 진동이란 입자가 본래 위치를 벗어나 진동하다가 다시 본래 위치로 돌아가는 상태를 말한다.
  ② 파의 주기(T) : 파의 산과 산 또는 골과 골 사이의 시간 간격

2) 주파수(f)

(1) 주파수란
  ① 1초간 반복되는 입자의 진동수
  ② 주어진 일정 시간 안에 이루어지는 완전한 주기(cycle)의 수, 단위시간당의 주기 수

$$-f = \frac{1}{T} = \frac{w}{2\pi}$$

(2) 파장과 주파수의 관계
  ① 초음파의 반사원 크기는 파장의 1/10 정도이다.
  ② 파장과 주파수는 반비례한다. 즉 주파수가 높으면 파장은 짧아진다.
  ③ 미세 결함 검출에는 짧은 파장에 주파수가 높은 초음파를 사용해야 한다.
  ④ 측정 가능한 결함의 최소 크기는 파장의 1/2 정도이다.
  ⑤ 주파수가 너무 높으면 시험체의 결정입계 등에서 산란하여 초음파가 내부까지 통과하지 못하므로 시험체 특성이나 결함 종류에 따라 적당한 크기를 선택한다.

⑥ 적정 초음파 주파수 : 1~10MHz

나. 진동 형태에 따른 음파의 종류

1) 종파(Longitudinal wave)

(1) 입자가 파의 진행 방향과 평행하게 진동하는 파, 즉 진행 방향에 평행으로 압축 및 희박이 반복되며 진행하는 파
(2) 종파는 음파의 종류 중에서 가장 빠르다.
(3) 압축파, 소밀파, 수평파, L파라고도 한다.
(4) 초음파 탐상 검사 시 주로 수직 탐상에 이용되며, 다른 형태의 파로 변환되기도 한다.
(5) 종파는 고체뿐만 아니라 액체, 기체에서도 진행할 수 있다.(강재 내의 음속 : 5900m/s)

2) 횡파(Transverse wave)

(1) 입자가 파의 진행 방향과 수직으로 진동하는 파로 종파와 달리 고체에서만 진동한다.(액체, 기체의 경우 결합력이 약해 입자의 횡 방향으로는 진동 전달이 잘 안 되기 때문)
(2) 전단파, 수직파, 가로파, S파라고도 한다.
(3) 횡파의 속도 : 동일한 재질에 대해서 종파 속도의 약 1/2(강 : 3230m/s, Al : 3080m/s) 정도이며, 파장은 종파보다 짧다.
(4) 종파가 접촉매질을 통과한 후 시험체 내에서 횡파로 파형 변환한다.

3) 표면파(Surface wave)

(1) 종파와 횡파의 혼합 형태로 강탄성재와 저탄성재의 계면에서 존재하는 파
(2) 철과 공기의 계면이나, 얇게 도포된 접촉 매질과 고체 계면에서 존재하는 파
(3) 종파의 좌우운동과 횡파의 상하운동이 겹쳐지면서 입자의 진동 방향이 타원형이 되어 표면의 약 1파장 정도 깊이를 침투하여 진행한다.
(4) 보통 물체의 표면 결함 검출에 사용되나, 표면 거칠기, 결함, 그리스, 먼지, 오물 등에 의해 반사될 수 있으므로 주의해야 된다.
(5) 레일리파(Rayleigh wave)라고도 한다.

(6) 음속은 횡파의 90% 정도에 해당하며 수침법에서는 사용할 수 없다.
(7) 높은 주파수는 음압이 표면 근방에 집중하기 때문에 개구한 결함의 검출에, 낮은 주파수는 표면 아래 수 mm 정도까지 전파하므로 표면 직하의 결함 검출에 유리하다.
(8) 필릿 용접부 등의 결함 탐상에는 적합하지 않다.

4) 판파(Plate wave)

(1) 표면파와 마찬가지로 입자의 운동 방향이 타원형으로, 속도가 판 두께 및 주파수에 따라 변한다.
(2) 재질의 두께가 파장의 3배 이하가 되는 판재에 표면파가 입사하면 판파가 발생하게 되며 이때 박판 전체가 한 장의 판과 같이 진동하며 진행하게 된다.
(3) 유도 초음파, 램 파(Lamb wave)라고도 하며, 판파(plate wave)의 진행 모양은 대칭형과 비대칭형으로 나눌 수 있다.
(4) 주로 박판의 결함 검출에 사용한다.

5) 파의 변환과 스넬의 법칙

(1) **파의 변환** : 입사각에 따라서 전체 또는 부분적으로 파의 형태가 변하는 현상

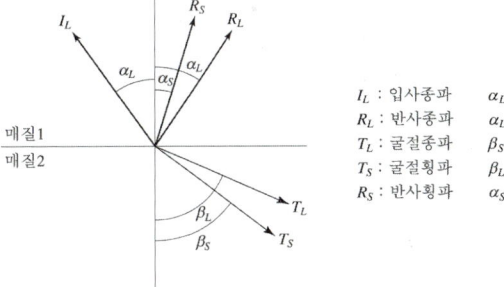

그림 2.1 파형 변환과 명칭

(2) **입사파** : 초음파가 경계면으로 입사한 초음파 빔 에너지
(3) **굴절파** : 두 매질의 경계면에서 음파가 파형 변환과 굴절이 발생하여 진행되는 파
(4) **반사파** : 경계면에서 초음파가 반사되어 되돌아 나오는 파

(5) 스넬의 법칙
① 굴절은 물질의 음속차에 의해 생기는 것
② 음파가 두 매질의 경계면에 입사하면 파의 입사각, 굴절각, 음속과의 관계에서 반사와 굴절이 발생되는 것을 정량적으로 나타내는 법칙

$$\frac{\sin \alpha}{\sin \beta} = \frac{V_1}{V_2}$$

$\sin \alpha$: 입사각
$\sin \beta$: 굴절각
V_1 : 제1매질에서의 음속
V_2 : 제2매질에서의 음속

6) 시험체와 음파 진행 관계

(1) 표면 거칠기 불량 시
① 불연속부 및 저면 반사의 손실이 생기며, 파의 직선성이 저하된다.
② 표면파에 의한 의사지시가 나타나거나 송신 펄스의 폭을 증가시켜 분해능을 저하시킨다.

(2) 시험체의 형상
① 표면과 저면의 평행도 불량시 반사파가 탐촉자로부터 각도를 갖고 벗어나 수신 감도가 저하되거나, 반사파를 잃어버릴 수 있다.
② 굴곡이 심한 표면의 경우 불연속부의 탐상이 되지 않을 수 있다.

(3) 결정 입자(내부 구조)의 영향
① 결정입자가 조대하면 음이 통과하기 매우 어려워서 불규칙한 다중 반사파를 나타낸다.
② 다중 반사파 : Grass, Hash, 금속잡음(Metal noise) 등 불규칙한 반사파가 나타난다.

(4) 불연속의 거리에의 영향
① 거리가 탐상 표면으로부터 멀어짐에 따라 에코의 진폭은 초기에는 최대값까지 증가하나 거리에 따라 지수함수적으로 감소하며 이를 그래프로 표현한 것을 거리진폭 교정곡선(DAC Carve)이라 한다.

예제 1

매질에서 입자의 운동 방향이 파의 진행 방향과 같을 때 이 매질로 진행하는 파의 형태는?

① 종파 ② 횡파
③ 표면파 ④ Lamb파

정답 ①

② 횡파 : 운동 방향이 파의 진행 방향과 수직인 파
③ 표면파 : 표면을 따라 진행하는 파
④ Lamb파(판파) : 재질의 전 두께를 통하여 진행하는 파

예제 2

초음파 검사 시 강 중의 초음파 속도는 얼마인가?

① 330m/sec ② 1500m/sec
③ 3300m/sec ④ 5900m/sec

정답 ④

• 초음파 속도 : 공기 중 약 330m/sec
• 물 속 : 1500m/sec

예제 3

다음 중 초음파의 종파 속도가 가장 빠르게 진행하는 대상물은?

① 철강 ② 알루미늄
③ 글리세린 ④ 아크릴수지

정답 ②

종파 속도
• 알루미늄 : 6300m/s   • 아크릴 수지 : 2700m/s
• 글리세린 : 1900m/s   • 기름 : 1400m/s
• 물 : 1340m/s   • 공기 : 340m/s

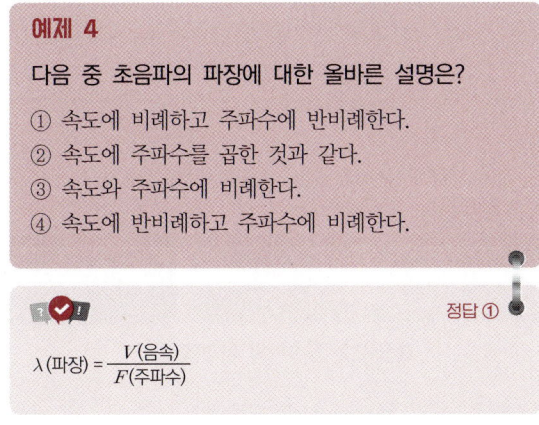

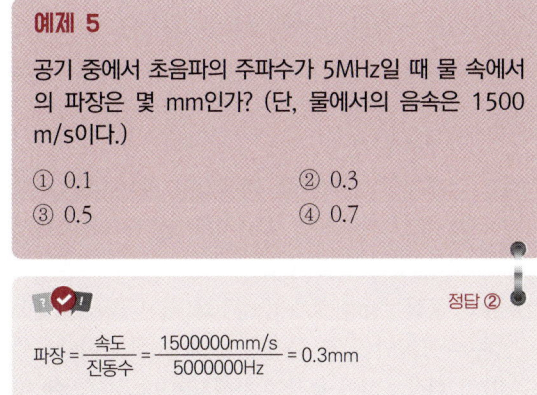

3 초음파 탐상 장치

가. 초음파 탐상기의 구성

1) 동기부

(1) 모든 탐상기의 상태를 시간적으로 조정하는 제어 장치, 송신, 시간축 및 Gate 등이 시간적으로 정확히 발생하도록 제어한다.
(2) 1초에 몇 회의 송신을 할 것인지, 영상을 만들 것인지를 결정하는 장치
(3) 동기 신호는 송신부와 시간축부에 거의 동시에 보내지므로 펄스 주파수가 높을 경우 화면을 만드는 횟수가 많게 되고, 화면 밝기가 밝아지며, 탐상 속도가 빨라진다.

2) 송신부

(1) 진동자에 전기적 펄스를 보내어 진동자를 진동시켜 약 500V 이상(수백V~1kV)의 높은 전압의 펄스를 발생시키는 곳이다.
(2) 송신부에서 발생된 전기 펄스는 탐촉자 내부의 진동자에 가해져 초음파를 발생시킨다.
(3) 송신부의 전력은 평균 0.5W이며, 송신 순간은 10KW이다.
(4) **펄스 폭 조정 손잡이** : 송신 펄스의 에너지를 제어하는 손잡이
(5) **코일 및 콘덴서** : 시험 주파수에 대하여 효율 좋게 탐촉자에 전기 에너지를 공급하는 역할
(6) **펄스 동조회로** : 펄스의 발생을 도와주는 역할을 하는 회로
(7) 전기 펄스가 클수록 진동자의 진동을 강하게 하므로 음파의 세기가 강해진다.

3) 수신부

(1) 수신부는 초음파를 수신하여 전압으로 변환시키고 검출된 전압을 증폭한다.
(2) 결함 에코에 의해 진동자에 발생하는 전압은 수 mV 정도로 약하기 때문에 결함 에코를 브라운관에 나타내기 위해 전압을 증폭한다.
(3) **게인 조정기(감쇠기)** : 에코 높이에 따라 언제나 브라운관에 나타낼 수 있도록 하는 것
(4) 리젝션, 필터의 손잡이가 있다.

4) 브라운관(CRT)

(1) 브라운관은 수직축과 수평축(시간축)으로 구성되어 있다.
(2) **수직축** : 수신부에 의한 에코 높이를 표시하여 0~100%로 나타낸다.
(3) **수평축(시간축)** : 음파가 반사원까지 왕복 진행하는데 걸리는 시간(반사원까지의 거리), 소인의 전압을 부과하는데 가해진 전압에 따라 스폿은 편향된다.
(4) **시간축부** : 브라운관의 스폿을 등속도로, 수평으로 움직이기 위한 전압을 만드는 부분

(5) **반복 주파수** : 1초동안에 발생하는 송신 펄스의 회수

5) 보조 회로부

(1) **DAC 회로** : 동일 크기의 결함에 대하여 거리에 관계없이 동일한 에코 높이를 갖도록 전기적으로 보상하는 거리진폭 보상회로
(2) **Gate 회로** : 결함 에코를 나타내기 위한 것, 아날로그식은 브라운관상에 시간축을 계단식으로 나타내며, 디지털식은 평면상으로 설정한다.

나. 탐촉자

1) 탐촉자의 구성

(1) **탐촉자(probe)** : 탐상기에서 송신된 전기신호를 초음파로 바꾸어 송신하며, 반사원에서 반사되어 되돌아온 음파를 전기신호로 바꾸어 탐상기로 보내는 역할을 한다.
(2) **구성** : 진동자, 댐퍼(Damper), 쐐기로 구성

2) 탐촉자의 종류

(1) **탐촉자의 형태에 따라** 수직 탐촉자형, 사각 탐촉자형, 분할 탐촉자형, 페인트 브러시형 등이 있다.
(2) **수직 탐촉자** : 직접 접촉용, 국부 수침용, 수침용, 타이어 탐촉자, 집속 탐촉자
(3) **사각 탐촉자** : 초음파가 시험체에 입사하는 각도(굴절각)가 탐상 감도에 중요한데 굴절각은 일반적으로 45°, 60°, 70°가 주로 제작 판매되고 있다.
(4) **분할형 탐촉자** : 2개의 진동자를 사용하는 탐촉자, 탐촉자 내에 송수신용 진동자를 분리하여 송신펄스를 제거할 수 있도록 한 탐촉자

3) 탐촉자 형태별 구조

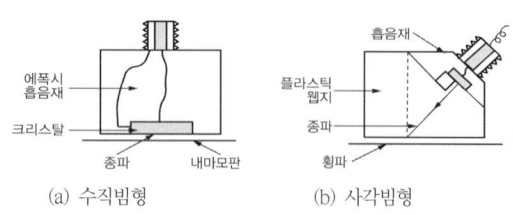

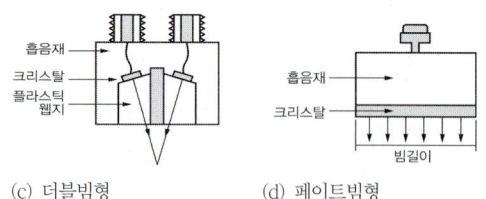

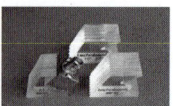

그림 2.2 탐촉자의 형태별 종류

4) 압전 효과(Piezoelectric Effect)

(1) **압전 효과**
① 진동자(수정 등)에 전압을 가하면 초음파가 발생되어 시험체에 송신되고, 반사되어 온 초음파가 진동자를 진동시켜 전극 간의 전압이 발생하는 현상
② 전기적인 에너지를 기계적인 에너지로 변형시키고, 기계적인 에너지를 전기적인 에너지로 변형시키는 현상
(2) **압전 물질** : 압전 효과의 성질을 지닌 물질을 말하며, 대표적인 압전 물질은 수정(Quartz)이다.
(3) **압전 현상** : 힘이 물질에 가해지면 힘의 크기에 비례하여 전압이 생기는 현상
(4) **역압전 현상** : 전압을 가하면 가해진 전압에 비례하여 변형이 생기는 현상

5) 진동자

(1) 판형의 압전소자 양면에 전극이 붙어있는 것으로 탐촉자에서 가장 중요한 역할을 한다.
(2) **재질** : 수정, 지르콘-티타늄산 납, 티타늄산 바륨, 니오비움산 납, 황산리튬

종류	특징	용도(기호)
니오비움산 납	• 진동감쇠가 내부에서 크다. • 기계적 댐핑을 걸기 쉽다. • 고주파수 탐촉자의 제작이 불리하다.	고분해능 탐촉자 (C)
니오비움산 리튬	• 고온에서 사용이 가능하다. • 고주파수 탐촉자의 제작이 유리하다. • 분해능은 좋지 않다.	고분해능 탐촉자 (C)

황산리튬	• 수신 효율이 가장 우수하고, 수명이 길다. • 음향 임피던스가 낮다. • 내부 댐핑이 커 분해능 증가가 쉽다. • 수용성이라 수침용에 적당하나 사용할 때 방수처리가 필요하다.	고분해능 탐촉자 (M)
수정	• 액체에 용해되지 않고 단단하며, 수명이 길다. • 기계적, 전기적, 화학적으로 안정하다. • 송신 효율이 가장 나쁘다. • 저주파수에 고전압이 필요하다. • 종류(X-Cut, Y-Cut)	기준 탐촉자 (Q)
지르콘 티타늄산 납	• 송신 및 변환 효율이 높다. • 수신 효율이 나쁘며, 댐핑 효과가 나쁘다.	고감도가 요구되는 탐촉자 (Z)

6) 탐촉자의 공통 성능

(1) **감도(sensitivity)** : 탐상기의 증폭 직선성이 유지되는 범위 내에서 검출할 결함으로부터 에코를 어느 정도의 감도 여유를 가지고 브라운관에 나타낼 수 있는가의 정도. 높으면 좋으나, 너무 높으면 분해능이 손상될 수 있다.

(2) **분해능(resolution)** : 탐상면에서 빔 진행 거리가 거의 동일한 위치에 있는 복수 반사원을 어느 정도로 명료하게 브라운관에 분리하여 나타낼 수 있는가의 능력. 주파수가 높을수록(파장이 짧을수록) 좋다.

(3) **탐촉자의 주파수(frequency)**
  ① **공칭 주파수** : 탐촉자에 표시되는 주파수
  ② **시험 주파수** : 실제 탐상에 사용되는 주파수
  ③ 시험 주파수는 탐상기의 성능, 시험체의 음향 특성 등의 영향을 받기 때문에 공칭 주파수와 일치하지 않는다.

(4) **불감대** : 송신 펄스 폭이나 쐐기 내 에코(사각 탐촉자의 경우)에 탐상이 불가능한 영역으로, 근거리 음장 내에 포함된다. 불감대는 짧을수록 좋다.

(5) **빔 중심축 편심** : 초음파가 본래 송신해야 할 방향과 실제 초음파 빔 중심축과의 각도차. 이 차가 클 경우 반사원 추정 위치의 오차가 크므로 그 차는 ±2°를 초과해선 안 된다.

(6) **굴절각(사각 탐촉자의 경우)** : 공칭 굴절각과 실제 굴절각의 차가 ±2°를 초과할 경우 보수하거나, 탐촉자를 교환해야 한다.

(7) **접근 한계길이(사각 탐촉자의 경우)** : 실측한 입사점으로부터 탐촉자 선단까지의 길이. 덧살 용접부 탐상 시 탐촉자의 근접이 불가능한 한계이며, 짧을수록 좋다.

다. 접촉 매질(copulant)

1) 접촉 매질(copulant)의 역할

(1) 탐촉자로부터 송신된 초음파의 전달 효율을 향상시키기 위해 탐상면과 탐촉자 사이에 도포하는 액체로, 탐촉자와 시험편 사이로부터 공기를 제거하는 것이 주목적이다.

(2) 시험편 표면에 채워서 불균일한 표면을 평평하게 하는 것이다.

(3) 시험편과 탐촉자 사이에 공기층 등이 존재하면 초음파 음에너지는 입사할 수 없기 때문에 접촉 매질이 공기층을 없게 하는 역할을 한다.

2) 접촉 매질의 요구 조건

(1) 초음파 전달 효율이 좋으며, 입수가 용이할 것
(2) 인체나 탐상장치에 해가 없을 것
(3) 시험체에 부식 등의 나쁜 영향이 없을 것
(4) 작업성이 양호하며, 경제적일 것

3) 접촉 매질의 종류

(1) **물** : 양호한 매질은 아니지만 어느 정도 평평한 표면에서 젖음 시약(Wetting Agent) 및 방식제를 섞어서 사용하면 효과적이고, 경제적이며 입수가 쉽다.

(2) **기계유** : 시험 표면이 비교적 매끄러운 경우에는 맑은 기름이 적당하다.

(3) **글리세린, 글리세린 페이스트** : 거친면이나 곡면이 있는 표면의 경우 사용하나 탐상면과의 접촉이 나쁘다. 침투성이 강하고, 장치의 고장 원인이 되기 쉬워 표준 시험체에는 적합하지 않다.

(4) **그리스** : 수직인 표면이나 거친 표면에는 그리스 또는 중유를 사용한다.

라. 초음파의 특성

1) 산란(Scattering)

(1) 재질 구성의 불균일(개재물이나 기공 등)에 따라 다른 음향 임피던스 값을 갖는 계면이 존재하거나 재질을 구성하고 있는 입계면에 의해 발생한다.

(2) 주철과 같이 밀도와 탄성률이 아주 다른 철강입자와 탄소입자로 구성되어 있는 비균질 재질의 경우, 재질 내 각 입자들의 음향 임피던스 차이로 인해 초음파가 재질을 통과할 때 산란이 일어난다.

(3) 산란은 반사 에코의 강도와 많은 미세한 에코를 발생시켜 초음파 탐상 시 결함 지시의 판독에 영향을 미치게 된다.

2) 감쇠(Beam Attenuation)

(1) **초음파 감쇠** : 초음파가 재질을 통해 진행되면 확산, 결정립에 의한 산란 등 필연적으로 에너지 손실(감쇠)이 발생하며, 저면에서 반사에 의한 감쇠(반사 손실), 금속의 내부 마찰에 의한 감쇠가 일어난다.

① 진행에 따른 감쇠 : 흡수 및 산란, 경계면에서의 서로 다른 두 재질의 음향 임피던스 차이에 의해 발생한다.

② 간섭에 의한 감쇠 : 회절 등의 요인으로 인해 파의 줄무늬, 주파수 변이, 위상 변이 등이 나타난다.

③ 빔의 분산에 의한 감쇠 : 평면파가 원통형파 또는 구형파로 형성되어 퍼진다.

(2) **감쇠계수** : 재질의 종류, 초음파의 주파수에 따라 주파수가 높아지면 감쇠계수가 커지므로 거리에 따른 초음파의 감쇠율이 매우 높아진다. 따라서 두께가 두꺼운 시험체를 검사할 때는 주파수가 낮은 초음파를 사용해야 투과력이 커져 시험체 전체를 검사할 수 있다.

3) 흡수(Absorption)

(1) **초음파 흡수** : 가장 대표적인 현상이 초음파가 재질을 진행하는 동안 초음파의 기계적인 에너지가 열로 바뀌는 현상이다.

(2) 입자의 진동이 커질수록 제동현상이 커지게 되는데 입자의 진동이 커진다는 것은 주파수가 높아진다는 것을 의미하고 결국 고주파수를 사용하면 초음파 에너지의 흡수가 커져 투과력이 약해지게 된다.

(3) 온도 증가에 따라 열에 의한 입자의 운동이 활발해진다.

4) 회절(Diffraction)

초음파 또는 빛이 장애물을 통과할 때 장애물이 비교적 작아 초음파 또는 빛의 파장과 어울릴 정도가 되면 장애물 근처에서 굽어지며 진행하는 현상

5) 반사(Reflection)

(1) **초음파 반사** : 음파가 경계면에서 부딪힐 때 다시 되돌아오는 현상

(2) 굴절각에 관계 없이 반사각은 항상 입사각과 동일하다.

(3) 반사량은 입사각에 따라 달라지며, 매질의 음향 임피던스에 1차적인 영향을 받는다.

6) 손실

(1) **전달 손실**

① 표면 거칠기의 영향 : 거친 시험체 표면에는 주파수가 높은 것보다 낮은 것(파장이 긴 것)이 감도가 좋다.

② 곡률의 영향 : 작은 탐촉자는 곡률이 있는 시험체의 탐상에 유효하다.

③ 이면 및 탐상면에서의 반사 손실 : 반사면이 거칠수록 또는 파장이 짧을수록 반사 손실이 커진다.

(2) **확산 손실** : 근거리 음장 한계거리를 넘으면 초음파가 확산하기 때문에 거리가 증가할수록 에코 높이가 낮아진다.

7) 특수한 경로에 의한 에코

(1) **에코 높이에 영향을 주는 인자**

① 결함의 크기와 형상, 기울기

② 표면 거칠기, 전달 손실, 확산 손실(음장), 초음파의 감쇠(산란, 점성), 주파수

(2) **원주면 에코** : 별 모양 오각형으로 종파가 반사할 경우에 나타나는 에코
(3) **지연 에코** : 초음파 빔의 퍼짐에 비교하여 탐촉자를 좁은 시험체나 시험체 표면의 주변부에 닿게 하면 측면에 초음파 빔이 닿게 되어 모드 변환을 일으켜 지연 에코가 나타난다.

예제 1
다음 중 초음파 탐상 시험에 사용되는 진동자의 압전 재료가 아닌 것은?
① 실리콘(Si)
② 리드메타니오베이트($PbNb_2O_6$)
③ 티탄산 바륨($BaTiO_3$)
④ 수정(SiO_2)

 정답 ①

실리콘은 접촉 매질로 사용되는 재료이다.

예제 2
전기적 펄스가 기계적 진동으로 변환하는 것을 무엇이라 하는가?
① 압전 효과
② 변환율
③ 반사율
④ 역압전 효과

 정답 ①

진동자
압전 효과에 의해 전기적 에너지와 기계적 에너지 사이에서 에너지 형태를 변환시켜 준다.

예제 3
탐촉자 중 수정 진동자의 특징은?
① 광범위하게 사용된다.
② 고온 사용이 불가능하다.
③ 사용 수명이 짧다.
④ 전기적으로 불안정하다.

 정답 ①

수정 진동자
수명이 길며 안정도가 높고, 고온에서도 사용이 가능하여 폭넓게 사용한다.

예제 4
수침법에 가장 널리 사용되는 접촉 매질은?
① 물
② 기름
③ 알코올
④ 글리세린

 정답 ①

접촉 매질로 가장 많이 사용하는 것은 물이다.

예제 5
초음파 탐상 시험에서 주파수를 증가시키면 일반적으로 파장은 어떻게 변하는가?
① 길어진다.
② 짧아진다.
③ 길어지다가 짧아진다.
④ 짧아지다가 길어진다.

 정답 ②

주파수가 증가하면 파장은 짧아진다.

---

4 초음파 탐상 방법

가. 초음파 탐상 방법의 종류

1) 원리에 따라

(1) **펄스반사법**
① 펄스와 펄스 주파수 : 펄스란 1개의 음파가 아니라 한 무리의 음파이며, 펄스 주파수란 1초 동안 펄스가 발생하는 횟수이다.
② 측정 대상에 초음파를 투과시켜 음향 임피던스나, 불연속부가 다른 두 매질의 경계면에서 반사되어 수신된 반사파가 음극선관(CRT)에 나타나게 하는 방법이다.
③ 가장 일반적으로 사용하는 방법이며, 수신된 파의 모양에 의해 불연속부의 크기와 위치를 알 수 있다.
④ 종류 : 수직 탐상과 사각 탐상법이 있다.

(2) **투과법**
① 2개의 탐촉자 중 하나는 송신용으로, 다른 하나는 수신용으로 사용된다.

② 송신 탐촉자에서 송신한 초음파가 재료를 통과한 파를 수신 탐촉자에서 받아 초음파의 손실된 양에 의해 재료의 상태를 알아내는 방법이다.
(3) **공진법** : 공진 현상을 이용하여 총 불연속부 탐상이나 재료의 두께 측정, 등에 사용된다.

2) 진동 방식에 따라

(1) **표면파 탐상법** : 표면파를 이용한 진동 방식으로 두께가 얇은 물체의 흠이나 부식, 표면 결함 탐상에 사용된다.
(2) **판파 탐상법** : 판파를 이용한 진동 방식, 박판의 결함 탐상의 용도로 사용된다.
(3) **사각 탐상법** : 시험체의 표면에 경사각을 갖고 입사한 초음파를 사용하는 방법. 횡파를 이용한 진동 방식이다.
(4) **수직 탐상법** : 시험체의 표면에 수직으로 입사하는 초음파를 사용하는 방법. 종파를 이용한 진동 방식이다.

3) 탐촉자 수에 따라

(1) **1 탐촉자법** : 가장 일반적으로 사용되는 방법으로 한 개의 탐촉자가 송신, 수신을 겸하는 것
(2) **2 (분할형) 탐촉자법** : 두 개의 탐촉자 즉, 한쪽은 송신용, 다른 쪽은 수신용으로 사용하는 방법
(3) **다수 탐촉자법** : 압력 용기, 원자로 등 후판 용접부의 결함 검출을 위해 4개 이상의 탐촉자를 사용하는 방법

4) 접촉 방법에 따라

(1) **직접 접촉법**
  ① 탐촉자를 시험체의 표면에 직접 접촉하여 검사하는 방법으로 접촉 매질을 사용한다.
  ② 종류 : 펄스 방사법, 투과법을 이용한 수직 탐상법과 사각 탐상법 등이 있다.
(2) **수침법**
  ① 액체 접촉 매질 속에 탐촉자와 시험할 재료를 모두 침전시켜 초음파의 진동을 액체를 통해 시험편에 적용하는 방법. 탐촉자가 시험편에 접촉되지 않는다.
  ② 종류 : 국부 수침법, 전몰 수침법이 있다.

5) 표시 방법에 따라

(1) **A-Scan법** : 가장 일반적인 방법으로, CRT 스크린의 수평축은 경과 시간을 나타내고 수직축은 에코의 높이를 나타내도록 하여 반사된 에코의 높이와 위치로서 결함의 깊이와 대략적인 크기를 알아낼 수 있다.
(2) **B-Scan법** : 일반적으로 의학 진단용으로 사용하는 방법. 물체의 표면과 저면, 결함의 반사체가 나타나므로 피검사체 내의 불연속부의 깊이와 길이를 단면으로 나타낸다.
(3) **C-Scan법** : X선 사진과 비슷하게 평면으로 표시 방법. 물체의 내부를 평면으로 투영하기 때문에 불연속부가 존재하면 그 윤곽이 나타난다.

나. 사각 탐상법

1) 사각 탐상의 일반

(1) **탐상 범위 선정**
  ① 가능한 한 측정 범위는 필요 범위 내에서 최소한으로 선정한다.
  ② 사각 탐상에서는 방해 에코나 결함에코를 식별하기 위해 정확하게 빔 노정을 읽어야 한다.
(2) **탐상의 기하**
  ① CRT 눈금상에서 읽은 빔 노정과 미리 측정한 탐촉자의 입사점 및 굴절각에 의한 결함의 위치를 삼각 함수의 관계를 사용하여 계산해야 한다.
  ② 저면 에코가 나타나지 않기 때문에 CRT에 에코가 나타나도 결함의 위치를 바로 알 수 없다.
(3) **주파수 선정**
  ① 판 두께가 두껍거나, 음파의 감쇠가 클 경우에는 2MHz 이하를 사용한다.
  ② 보통 2~5MHz를 사용하며, 용접부의 탐상에는 5MHz를 사용한다.

(4) 굴절각 선정
　① 과도한 감쇠를 유발하지 않도록 가급적 짧은 빔 노정이 되도록 선정한다.
　② 시험편의 형상, 치수 또는 예상되는 결함의 방향에 따라 적절히 선정한다.
(5) **장치 조정** : 입사점, 굴절각, 측정 범위의 종합 체크 및 탐상 각도 조정
(6) **시험편 준비**
　① 고소 작업 등에는 STB-A3 또는 적당한 크기의 소형 대비 시험편이 필요하다.
　② 사각 탐상에는 STB-A1, STB-A2 또는 RB-4 시험편이 꼭 필요하다.

다. 수직 탐상법

1) 탐상 준비

(1) **탐상 범위 선정** : 시험체에서 검출할 결함의 종류, 크기, 방향, 재료 사용상의 영향도 및 탐상의 경제성을 고려하여 선정한다.
(2) **탐상 방향** : 결함 투영 면적이 최대가 되는 방향 즉 결함을 검출하기 쉬운 방향은 에코 높이가 가장 높게 나타나는 방향이다.
(3) **주파수 선정**
　① 시험체의 두께가 5mm 이하에서는 10Mhz 혹은 그 이상의 주파수를 사용한다.
　② 시험체의 두께가 40mm 이상에서는 2MHz, 그 이하에서는 5MHz를 사용한다.
　③ 규격 및 시방서에 정해진 규정대로 하면 된다.

2) 탐상 방법

(1) **탐상 범위**
　① 감쇠 상황에 의한 평가 때문에 저면 에코를 B2까지 나타내는 것이 좋다.
　② 일반적으로 수직 탐상 시 저면 에코가 2~5회 나타내도록 조정한다.
　③ 결함 에코는 제1회 저면 에코(B1) 이내에서 평가한다.
(2) **탐상면 전처리** : 표면에 불규칙한 요철이 많을 경우 탐상이 어려워지므로 표면을 그라인더, 줄, 와이어 브러시, 숫돌, 기계가공 등으로 마무리한다.
(3) **탐상 감도를 정하는 방법**
　① 시험편 방식 : 표준 시험편을 사용하여 감도를 조정한다.
　② 저면 에코 방식 : 건전부의 저면 에코를 사용하여 감도를 조정한다.

라. 시험편

한국산업규격(KS)이나 IIW 등의 규격에 근거하여 제작되고 권위 있는 기관에서 검정된 시험편으로, 탐상 장소, 탐상 시기가 달라도 탐상 결과를 상호 비교할 수 있는 보편성을 가져야 한다.

1) 표준 시험편(STB : Standard Test Block)

(1) **표준 시험편의 사용 목적**
　① 시험 시 모든 불연속의 지시 모양을 표준 시험편과 비교해야 된다.
　② 표준 시험편 : 인공적으로 결함을 만들어 놓은 시험편으로, 탐상기의 측정 범위의 조정과 감도 조정을 하여 정확한 정보를 얻고 이것에 의해 결함을 판정하는 것이다.

(2) **KS B 0831에 의한 표준 시험편의 종류**
　① A1 표준 시험편(STB-A1) : 국제용접학회(IIW)에서 IIW-1형으로 제안되어 ISO에서 공인된 시험편이다. 주로 용접부 및 관 등 측정, 측정 범위 조정, 분해능 측정, 사각 탐상의 굴절각 측정, 입사점 측정 등에 사용한다.
　② A2 감도 표준 시험편(STB-A2) : 용접부 및 관 등 측정, 탐상기의 감도 조정 및 분해능의 점검 등에 사용한다.
　③ A3 표준 시험편(STB-A3) : STB-A1과 A2의 부표준 시험편으로 야외 현장 또는 고소 작업에서 사용하기 위한 소형의 시험편, 용접부 측정용
　④ N1형 감도 표준 시험편(STB-N1) : 주로 STB-G형 시험편으로 탐상하기 어려운 곳이나, 강판(두께 13~40mm)의 수직 탐상용 감도 표준 시험편으로서 주로 수침법에 사용한다.

⑤ G형 감도 표준 시험편(STB-G) : 탐촉자의 성능시험 또는 수직 탐상의 감도 조정과 특성 시험, 아주 두꺼운 판, 조강 및 단조품 등의 시험에 주로 사용한다.

2) 대비 시험편(RB)

대비 시험편은 시험체 또는 시험체와 초음파 특성이 동일한 재료를 가공하고 제작한 것이다.
수직 또는 사각 탐촉자의 감도 교정 곡선(DAC 곡선) 작성용으로 사용되며, 주로 탐상 감도의 조정에 활용된다.
이 시험편을 이용하여 탐상 감도를 조정하면 표면 상태의 차나 내부 조직의 영향을 받지 않고 시험체의 초음파 특성에 따라 평가가 가능하다.

(1) 대비 시험편의 사용 목적
① 시험체와 동일 또는 유사 재질로 제작하며, 시험체의 내부 결함을 평가하기 위해서 비교 평가할 수 있는 시험편이다.
② 결함의 판정을 위한 대비 표준치를 얻기 위함이다.

(2) 대비 시험편의 종류
① RB-4 : 탐상 각도의 조정 및 용접부의 수직 탐상, 사각 탐상의 거리, 진폭 특성 곡선의 작성에 사용한다.
② RB-A5 : 스트레들 주사 또는 템던 주사의 경우 탐상 각도의 조정에 사용한다.
③ RB-A6 : 곡률형 시험체의 원주 용접부를 탐상할 때 감도 조정, 입사점, 굴절각에 대한 추정과 거리 진폭 특성 곡선의 작성에 사용한다.

예제 1
초음파 탐상기에서 수신부로서의 역할만 하는 것은?
① 탐촉자   ② 증폭기
③ 고주파 케이블   ④ 펄스 발진기

정답 ②

• 수신부 : 증폭
• 송신부 : 발진

예제 2
초음파 탐상 시험 방법에 속하지 않는 것은?
① 공진법   ② 외삽법
③ 투과법   ④ 펄스반사법

정답 ②

외삽법은 자기 탐상 시험법의 일종이다.

예제 3
공진법에서 재질의 두께는 진동수와 어떤 관계에 있는가?
① 진동수에 비례한다.
② 진동수에 반비례한다.
③ 진동수의 제곱에 비례한다.
④ 진동수의 제곱에 반비례한다.

정답 ②

예제 4
초음파 탐상법에서 사용되는 경사각 탐촉자가 갖는 성질은?
① 교축점   ② 분해능
③ 불감대   ④ 굴절각

정답 ④

02 단원별 출제예상문제

DIY쌤이 콕! 찝어주는 주요 예상문제 풀어보기!

01 초음파에 대한 설명으로 올바른 것은?
① 초음파의 전파 속도는 전달되는 물질의 종류와 초음파의 종류에 관계 없이 일정하다.
② 물체 내의 원거리에서도 초음파는 강도가 일정하다.
③ 고체와 액체의 경계면에서 반사, 굴절 등의 성질이 있다.
④ 파장은 짧으나 빛과 달리 직진성이 없다.

> **초음파의 특징**
> 직진성이 있으나, 거리가 멀어지면 강도가 약해진다. 물질의 경계면에서 반사, 굴절하며, 물질 종류에 따라 전파 속도가 달라진다.

02 초음파의 성질에 대한 설명 중 옳지 않은 것은?
① 동일한 매질 내에서 속도는 일정하다.
② 동일한 매질에서도 시험 주파수가 변하면 속도도 변한다.
③ 경계면이나 불연속면에서 반사한다.
④ 진행 거리가 비교적 길다.

> 매질 내에서 초음파의 속도는 일정하다.

03 초음파 탐상 시험 방법에 대한 설명으로 옳지 않은 것은?
① 주강품 검사에는 고주파수를 사용하는 것이 좋다.
② 용접부 탐상에는 경사각 탐촉자를 사용한다.
③ 두께가 두꺼운 시험체는 저주파수를 사용하는 것이 좋다.
④ 접촉 매질은 시험체의 특성에 따라 적당한 것을 사용한다.

> 주강품 등의 큰 물체는 저주파를 사용한다.

04 초음파 탐상 시험에 대해 기술한 것으로 올바른 것은?
① 부식량 계측에 반사형 두께계는 적합하지 않다.
② 평면 결함의 면에 수직하게 초음파가 입사한 경우는 검출이 곤란하다.
③ 두꺼운 강판의 탐상에는 수직 탐상보다 경사각 탐상이 유용하게 적용되고 있다.
④ 기공과 같은 미세한 구형의 결함은 초음파 탐상 검사로 검출하기가 비교적 어렵다.

> 기공 등 미세한 구형 결함은 반사파의 에코 높이가 크지 않고 변하지 않으므로 다수의 미세 지시로 나타난다. 결함 크기가 작기 때문에 목돌림 주사, 전후 주사 또는 좌우 주사를 하는 경우 반사파의 에코 높이가 급변하거나 CRT 화면상에서 사라질 수 있다.

05 초음파 탐상 검사가 방사선 투과 검사보다 유리한 장점은?
① 기록 보존의 용이성
② 결함의 종류 식별력
③ 균일 등 면상 결함의 검출 능력
④ 금속 조직 변화의 영향 파악이 용이

> 초음파 탐상 검사는 방사선 투과 검사보다 면상의 결함을 검출하는데 효과적이다.

06 다음 비파괴 검사법 중 일반적으로 결함의 깊이를 가장 정확히 측정할 수 있는 시험 방법은?
① 방사선 투과 시험
② 초음파 탐상 시험
③ 자분 탐상 시험
④ 침투 탐상 시험

> 초음파 탐상 검사는 내부 결함의 위치와 깊이를 검출하는데 가장 효과적이다.

정답 01 ③ 02 ② 03 ① 04 ④ 05 ③ 06 ②

07 시험체 표면에서 결함까지의 깊이 측정에 가장 적합한 검사법은?

① 방사선 투과 사진의 결함 농도 측정법
② 초음파 탐상 시험의 펄스반사법
③ 자분 탐상 시험의 자분 농도 측정법
④ 와전류 탐상 시험의 출력전압 진폭법

08 다음 중 점(Spot) 용접한 용접부의 접합성 검사에 가장 적합한 비파괴 검사법은?

① 초음파 탐상 시험　② 침투 탐상 시험
③ 자분 탐상 시험　　④ 방사선 투과 시험

09 다음 중 압연 강판에 내재된 비금속 개재물을 검출하는데 가장 효과적인 비파괴 검사법은?

① 침투 탐상 시험　② 초음파 탐상 시험
③ 자분 탐상 시험　④ 와전류 탐상 시험

초음파 탐상이나 방사선 탐상은 내부 결함 검출에 적합하다.

10 대상물 내부에서 반사된 빔(beam)을 검출하여 분석하고, 결함의 길이 및 위치를 알아낼 수 있는 비파괴 검사법은?

① 누설 검사　　　② 굽힘 시험
③ 초음파 탐상 시험　④ 와전류 탐상 시험

11 재료 두께가 100mm인 강철판의 용접부를 비파괴 검사하려 한다. 내부 균열의 위치와 깊이를 검출하는데 다음 중 가장 이상적인 검사법은?

① 침투 탐상 검사　② 초음파 탐상 검사
③ 자분 탐상 검사　④ 방사선 투과 검사

내부 결함의 위치와 깊이 검출은 초음파 탐상 검사가 가장 효과적이며, 방사선 탐상법은 결함의 깊이를 알 수 없다.

12 다음 중 구상흑연 주철의 구상화율 정도 파악에 활용되는 비파괴 검사법은?

① 방사선 투과 시험　② 자분 탐상 시험
③ 초음파 탐상 시험　④ 침투 탐상 시험

구상흑연의 크기는 초음파 탐상을 통해 알 수 있다.

13 다음 중 초음파 탐상 시험으로 발견하기 가장 쉬운 결함은?

① 금속 내부에 개재된 슬래그
② 구형으로 된 공동
③ 초음파의 진행 방향과 평행한 결함
④ 초음파의 진행 방향과 직각으로 확대된 결함

14 약 1mm 정도 두께의 자동차용 다듬질 강판에 존재하는 라미네이션 결함을 검사하고자 할 때 다음 중 가장 적합하게 적용할 수 있는 비파괴 검사법은?

① 자분 탐상 검사　② 침투 탐상 시험
③ 누설 탐상 시험　④ 초음파 탐상 시험

초음파의 판파를 이용하여 라미네이션을 검출할 수 있다.

15 다음 중 조도(빛의 밝기)와 직접적으로 관련이 없는 비파괴 검사법은?

① 방사선 투과 시험　② 침투 탐상 시험
③ 자분 탐상 시험　　④ 초음파 탐상 시험

초음파 탐상 시험은 빛의 밝기(조도)를 요구하지 않는다.

16 인간의 최대 가청 주파수는 얼마 정도인가?

① 2kHz　　② 20kHz
③ 200kHz　④ 2000kHz

가청 주파수
사람의 귀로 들을 수 있는 주파수, 20Hz~20kHz

정답　07 ②　08 ①　09 ②　10 ③　11 ②　12 ③　13 ④　14 ④　15 ④　16 ②

17 초음파 탐상법에 사용되는 초음파는?
① 0.1~0.5MHz ② 1~50MHz
③ 0.5~15MHz ④ 100~500MHz

18 금속 재료의 결함 탐상에 일반적으로 사용되는 초음파 탐상 시험의 주파수 범위로 적당한 것은?
① 0.5kHz ② 1kHz
③ 20kHz   ④ 2MHz

> 초음파 탐상 시험의 적정 주파수
> 1~10MHz

19 다음 주파수 중에서 침투력이 가장 좋은 것은?
① 1MHz   ② 2.25MHz
③ 5MHz   ④ 10000kHz

> 주파수 크기가 작을수록 침투력은 높아진다.

20 다음 초음파 탐상 시험법 중 일반적으로 결함 검출에 가장 많이 사용되는 것은?
① 연속파법 ② 공진법
③ 투과법   ④ 펄스반사법

> 펄스반사법
> 결함의 크기, 위치 측정, 시험편의 두께도 측정이 가능하여 가장 많이 사용하는 방법이다.

21 다음 중 초음파 탐상 검사법을 원리에 의해 분류한 것이 아닌 것은?
① 투과법   ② 공진법
③ 표면파법 ④ 펄스반사법

> 원리에 따라 : 투과법, 공진법, 펄스반사법
> · 진동 방식에 따라 : 수직 탐상법, 사각 탐상법, 표면파 탐상법, 판파 탐상법
> · 탐촉자 수에 따라 : 일탐촉자법, 이탐촉자법(분할형 탐촉자법), 다탐촉자법
> · 접촉 방법에 따라 : 직접 접촉법, 수침법

22 다음 중 초음파 탐상 시험에서 표면파와 같은 의미를 갖는 용어는?
① 레일리 파 ② 압축파
③ 램 파   ④ 전단파

> · **종파** : L파   · **횡파** : S파
> · **표면파** : 레일리 파   · **판파** : 램 파

23 초음파 탐상법에서 공진법에 대한 다른 명칭은?
① 펄스반사법 ② 연속파법
③ 투과법   ④ 표면파법

24 시험체의 두께를 측정할 수 있는 초음파 탐상 시험 방법으로만 짝지어진 것은?
① 관통법, 공명법
② 연속파법, 투과법
③ 펄스반사법, 관통법
④ 펄스반사법, 공진법

25 다음 중 결함의 깊이를 알 수 없는 초음파 탐상법은?
① 투과 탐상법 ② 수직 탐상법
③ 사각 탐상법 ④ 수침 탐상법

> 투과 탐상은 초음파가 모재를 투과한 후 감쇠되는 정도만 알 수 있으며, 위치는 알 수 없다.

26 초음파 탐상 시험 시 부식도 측정에 알맞은 시험법은?
① 투과법   ② 판파법
③ 공진법   ④ 펄스에코법

> 공진법은 두께 측정, 부식도 측정이 가능하다.

정답 17 ③ 18 ④ 19 ① 20 ④ 21 ③ 22 ① 23 ② 24 ④ 25 ① 26 ③

27 판재를 사각 탐상할 때 검출하기 어려운 것은?

① 불규칙하게 산재되어 있는 개재물
② 선상으로 놓여 있는 미세한 결함
③ 탐상면에 평행하게 놓인 라미네이션
④ 초음파와 수직을 이루는 균열

> 탐상면에 평행한 라미네이션의 탐상은 경사각 탐촉자를 사용하는 사각 탐상법에서는 검출이 곤란하고, 수직법으로 검사를 해야 한다.

28 수조를 사용하지 않고 물이 채워져 있는 타이어를 통하여 시험체에 초음파를 입사시키는 방법은?

① 공진법
② 접촉 탐상법
③ 투과 탐상법
④ 국부 수침법

> 수침법 : 전몰 수침법, 국부 수침법
> • 국부 수침법 : 버블법, 휠(wheel) 탐촉자법이 있다.
> • 휠 탐촉자법은 물이 채워져 있는 타이어를 통하여 시험체에 초음파를 입사시키는 법이다.

29 초음파 탐상 시험에서 직접 접촉법과 비교하여 수침 탐상의 장점이라 할 수 있는 것은?

① 휴대하기 편리하다.
② 초음파의 산란 현상이 커진다.
③ 저주파수가 사용된다.
④ 초음파의 음향 전달 효율이 우수하다.

> 수침법
> 탐촉자와 시험체 사이가 물로 채워져 공간이 없으므로 표면의 접촉 상태가 균일하고, 탐촉자와 시험체가 비접촉식이므로 접촉 압력에 의한 반사파의 강도가 변하지 않는다.

30 전몰 수침법을 이용하여 초음파 탐상을 할 경우의 장점과 거리가 먼 것은?

① 주사 속도가 빠르다.
② 결함의 표면 분해능이 좋다.
③ 탐촉자 각도의 변형이 용이하다.
④ 부품의 크기에 관계 없이 검사가 가능하다.

> 전몰 수침법은 부품이 크면 수침이 어려울 수 있으므로 작은 부품에 유리하다.

31 다음 중 판파를 적용할 수 있는 제품은?

① 주조품
② 원형 제품
③ 박판
④ 단조품

> 판파는 파장이 몇 배 이내의 두께 내에서만 존재, 박판 제품의 탐상에 적용

32 판파는 어떠한 결함을 검출하는데 사용되는가?

① 주조품의 내부 결함
② 후판 용접부의 이음매 탐상
③ 박판 재료의 표면 근처에 있는 라미네이션 형태의 결함
④ 두꺼운 강판의 두께 변화 측정

33 주조품에 초음파 탐상 검사가 어려운 이유는 무엇 때문인가?

① 결정입자가 조대하기 때문에
② 초음파의 속도가 일정하기 때문에
③ 용탕 흐름선이 일정하기 때문에
④ 극히 미세한 입자구조 때문에

> 주조품은 단조품, 압연품에 비해 조대한 주상정이 많으므로 초음파의 산란이 심하여 초음파의 검사 능력이 떨어진다.

34 종파속도가 6000m/s이고 주파수가 5MHz인 경우 파장은 몇 mm인가?

① 0.12
② 1.2
③ 12
④ 120

> 파장 = $\dfrac{\text{속도}}{\text{주파수}}$ = $\dfrac{6000000}{5000000}$ = 1.2mm

정답 27 ③ 28 ④ 29 ④ 30 ④ 31 ③ 32 ③ 33 ① 34 ②

35 어떤 재질에서 초음파의 속도가 4.0 × 10⁵cm/sec이고 탐촉자의 주파수가 10MHz일 때 파장은 얼마인가?

① 0.08cm ② 0.8cm
③ 0.04cm ④ 0.4cm

$$\lambda = \frac{V}{f} = \frac{4.0 \times 100000 \text{cm/sec}}{10000000 \text{Hz}} = 0.04\text{cm}$$

36 다음 파형 중 금속 내에서 속도가 가장 빠른 것은?

① 종파 ② 횡파
③ 표면파 ④ 판파

- **종파** : 가장 빠름
- **횡파** : 종파의 1/2
- **표면파** : 횡파의 90%

37 다음 중 주로 액체 내에만 존재할 수 있는 파는?

① 표면파 ② 종파
③ 횡파 ④ 판파

종파는 기체, 액체에서만 존재하며, 물과 같은 액체는 탄성계수가 0이므로 종파 외 다른 파는 전파되지 않는다.

38 횡파의 특성에 대한 설명 중 옳지 않은 것은?

① 횡파의 속도는 표면파 속도의 90% 정도이다.
② 속도는 종파의 약 1/2이다.
③ 액체와 기체에는 존재하지 않는다.
④ 파의 진행 방향과 입자의 진동 방향이 수직이다.

표면파의 속도가 횡파의 90% 정도이다.

39 다음 중 횡파의 특성을 올바르게 나타낸 것은?

① 물 속을 지날 때 파장이 길기 때문에 감쇠가 적어 감도면에서 뛰어나다.
② 입자 운동은 전달 방향과 수평이며, 파의 전달 속도는 종파의 90% 정도이다.
③ 접촉 매질을 지날 때 표면의 변화에 덜 민감하기 때문에 초음파의 전달 접촉성이 뛰어나다.
④ 입자 운동은 전달 방향과 수직이며, 파의 전달 속도는 종파의 1/2 정도이다.

횡파는 종파 속도의 절반 정도이고, 표면파는 횡파 속도의 약 90% 정도이다.

40 횡파에서 입자의 운동을 올바르게 설명한 것은?

① 파의 전달 방향과 수직이다.
② 파의 전달 방향과 평행이다.
③ 파의 전달 방향과 45°를 이룬다.
④ 파의 전달 방향과 관련이 없다.

횡파는 진행 방향에 수직으로 입자의 진동이 일어나고, 종파는 진행 방향에 평행으로 진동이 일어난다.

41 동일한 주파수 및 동일한 시편 내에서는 종파보다 횡파가 작은 결함의 검출 성능이 우수한 이유는?

① 횡파 파장이 종파의 파장보다 길기 때문에
② 횡파 파장이 종파의 파장보다 짧기 때문에
③ 매질 내에서의 횡파가 분산이 잘 안 되기 때문에
④ 매질 내에서의 횡파의 반사가 잘 되기 때문에

파장이 짧은 음파가 작은 결함에 더 민감한 반응을 나타내므로 횡파가 미세한 결함 검출에 효과적이다.

42 횡파가 90°로 굴절하여 내부로 전파하여 진행될 때 발생되는 초음파의 파형은?

① 종파 ② 크리핑파
③ 횡파 ④ 표면파

90° 횡파가 굴절에 의해 파형 변환을 하여 표면파가 내부로 진행하게 된다.

정답 35 ③ 36 ① 37 ② 38 ① 39 ④ 40 ① 41 ② 42 ④

43 두께가 두꺼운 강판 용접부에 존재하는 결함 검출을 위해 가장 효과적인 초음파 탐상 시험 방법은?

① 횡파를 이용한 경사각 탐상법
② 종파를 이용한 수직 탐상법
③ 판파를 이용한 경사각법
④ 표면파를 이용한 수직 탐상법

> 횡파를 이용한 경사각 탐상법은 용접부, 튜브 및 배관에 존재하는 불연속의 검출에 사용한다.

44 초음파 탐상기에서 파형을 평활히 하여 에코를 원활하게 만드는 것은?

① gain
② gate
③ filter
④ contrast

- **gain** : 수신기의 입력 전압을 증폭하는 것
- **gate** : 흠집, 에코 등 필요한 에코만을 뽑아 낼 목적으로 시간적으로 한정한 범위

45 불연속에서 초음파 빔이 반사될 면의 각도와 탐상 표면과의 관계를 무엇이라고 하는가?

① 입계각
② 임사각
③ 불연속의 종류
④ 불연속의 방향

> **불연속 방향**
> 초음파 빔이 반사될 면의 각도와 탐상 표면의 관계

46 초음파의 진동자가 만드는 음장을 설명한 것 중 옳은 것은?

① 가까운 거리에서는 단순한 모양을 나타내지만 먼 거리에서는 비교적 복잡하다.
② 가까운 거리에서는 복잡한 모양을 나타내지만 먼 거리에서는 비교적 단순하다.
③ 가까운 거리에서나 먼 거리에서나 비교적 복잡하다.
④ 가까운 거리에서나 먼 거리에서나 비교적 단순하다.

> **음장**
> 진동자가 매질 내에 만드는 초음파 분포 영역. 가까운 거리에서는 복잡한 모양이고, 거리가 멀어지면 단순해진다.

47 초음파 탐상 시험 시 결함을 탐지하기 위해 탐상면을 따라 수동 혹은 자동으로 탐촉자(transducer)를 이동시키는 것을 무엇이라 하는가?

① 공진(resonating)
② 감쇠(attenuating)
③ 사각(angulating)
④ 주사(scanning)

48 초음파가 두 매질의 경계면에 입사할 때 발생되는 음파의 거동으로 적당하지 않은 것은?

① 반사
② 굴절
③ 공진
④ 파형 변환

> 음파는 두 매질 사이에서 반사, 굴절, 파형 변환이 발생한다. 공진은 주파수의 송신 방법이다.

49 초음파 탐상 시험에서 초음파의 진행에 영향을 미치는 요인 중 그 효과가 가장 적은 것은?

① 표면 거칠기
② 시험편의 크기
③ 결정입자의 크기
④ 불연속의 방향과 위치

> **초음파에 영향을 주는 인자**
> 시험편의 형상과 표면 상태 및 거칠기, 내부 구조(결정입자) 및 불연속부의 측정 위치, 불연속부의 거리

50 초음파 탐상 시험 시 진동 주파수를 변화시킬 수 있는 적절한 진동자를 사용하여 재료의 두께를 측정하는 방법은?

① 투과법
② 공진법
③ 경사각법
④ 자화수축법

- **투과법** : 재료의 상태 검출
- **펄스반사법** : 결함의 크기와 위치 검출

정답 43 ① 44 ③ 45 ④ 46 ② 47 ④ 48 ③ 49 ② 50 ②

51 초음파 탐상 시험 시 일반적인 조건에서 직접 접촉법으로 검사할 때 진동자에 플라스틱 쐐기를 붙이지 않는 경우는?

① 판파 접촉법
② 경사각 접촉법
③ 표면파 접촉법
④ 수직 접촉법

52 초음파 탐상 시험 시 진동자의 직경이 일정할 때 주파수가 증가함에 따라 빔(beam)의 분산각은?

① 증가한다.
② 감소한다.
③ 변하지 않는다.
④ 지수함수적으로 증가하다가 일정해진다.

> 분산각은 진동자가 클수록, 주파수가 높을수록 작아진다.

53 전기적 에너지와 기계적 에너지 사이에서 에너지 변환을 하는 진동자는 어떤 성질 때문인가?

① 압전 효과
② 산란 효과
③ 굴절 효과
④ 감쇠 효과

> **압전 현상**
> 전기적 에너지와 기계적 에너지 사이에서 에너지 형태를 변환하는 것. 물질에 힘을 가하면 전압이 발생하는 현상

54 초음파 탐상 시험에서 수직 탐촉자의 직경이 크면 지향각은 어떻게 되는가?

① 직경에 비례한다.
② 직경에 반비례한다.
③ 직경의 제곱에 비례한다.
④ 직경의 제곱에 반비례한다.

> 지향각은 진동자의 직경에 반비례하고, 파장에 비례한다.
> 지향각$(\phi_0) \fallingdotseq 70\dfrac{\lambda}{D}$
> λ : 파장 D : 직경

55 경사각 탐촉자에 플라스틱 쐐기를 붙이는 가장 근본적인 이유는?

① 초음파를 시험체에 경사지게 전달하기 위해서
② 탐촉자를 견고하게 만들기 위하여
③ 시험시 손에 잡기 쉽게 하기 위해서
④ 내마모성을 좋게 하기 위하여

> 쐐기는 각 각 탐촉을 위해 사용 된다.

56 다음 물질 중 초음파 탐상 시험에서 진동자로서 가장 높은 수신 능력을 가진 것은?

① 황산리튬
② 티탄산바륨
③ 수정
④ 납

> 황산리튬 > 티탄산바륨 > 수정

57 초음파 탐상 시험에서 소거장치(Reject)에 관한 설명으로 옳지 않은 것은?

① 작은 에코를 더 크게 하므로 결함 평가에 더 좋다.
② 장치의 증폭 직선성에 영향을 미친다.
③ 장치의 작동 범위를 변화시킨다.
④ 시간축에서 잡음 신호를 제거한다.

> **소거장치**
> 탐상기에서 어느 일정 높이 이하의 작은 에코 또는 노이즈를 억제하는 장치

58 A 스코프(Scope) 초음파 탐상기로 작은 불연속에서 얻을 수 있는 지시의 최대 높이를 무엇이라고 하는가?

① 탐상기의 분해능
② 탐상기의 감도
③ 탐상기의 투과력
④ 탐상기의 선별도

> A 스코프의 에코 높이는 탐상기의 감도와 관계가 있다.

59 초음파 탐상기의 성능 중 반사원에 대하여 화면상에 반사 에코가 나타나는 위치가 반사원의 실제 위치와 동일한지 확인할 수 있는 것은?

① 거리 진폭 특성
② 증폭 직선성
③ 시간축 직선성
④ 분해능

> **거리 진폭 특성**
> 흠이 위치하는 거리에 따라 에코 높이가 변화하는 양상을 관찰하는 것

60 다음 중 일정한 거리에서 음파의 감쇠량이 가장 큰 물질은?

① 압출품
② 거친 입자의 주조품
③ 단조품
④ 모든 물질에서 음의 감쇠는 같다.

> 입자 표면이 거칠면 음파의 감쇠량이 커진다.

61 초음파 탐상 시험 시 송신펄스만 정상적으로 나타나고 수신신호가 나타나지 않았다면 이 때의 고장 원인으로 옳은 것은?

① 송신관 고장
② 전원 전압 저하
③ 동축 케이블 접선 불량
④ 송신기의 퓨즈가 끊어짐

> 송신은 정상이나 수신이 불량하다면 원인은 동축 케이블의 접촉 불량으로 에코 피크가 잘 나타나지 않는다.

62 초음파 탐상 시험 시 우수한 분해능을 얻기 위해 어떤 성질이 만족되어야 하는가?

① 진동의 댐핑이 커야 한다.
② 파장이 길어야 한다.
③ 펄스 폭이 넓어야 한다.
④ 주파수가 높아야 한다.

> 주파수가 높아야 분해능이 커진다.

63 공진법에서 재질의 두께는 진동수와 어떤 관계에 있는가?

① 진동수에 비례한다.
② 진동수에 반비례한다.
③ 진동수의 제곱에 비례한다.
④ 진동수의 제곱에 반비례한다.

64 CRT에 나타난 에코의 높이가 스크린 높이의 80%일 때 이득 손잡이를 조정하여 6dB을 낮추면 에코 높이는 CRT 스크린 높이의 약 몇 %로 낮아지는가?

① 16.7%
② 20%
③ 40%
④ 50%

> 6dB drop법은 최대 결함 에코 높이의 1/2 에코 높이로 나타내므로 80%는 40%로 낮아진다.

65 초음파 탐상 시험 시 감쇠기(attenuator)는 언제 사용하는가?

① 검사 범위를 결정할 때 사용한다.
② 탐상 감도를 증가시키기 위하여 사용한다.
③ 펄스 반복비를 결정하기 위하여 사용한다.
④ 에코의 높이를 대비 높이와 비교할 때 사용한다.

> **감쇠기**
> 에코 높이를 변화시키는 장치

66 다음 중 탐상면에 수직한 방향으로 존재하는 결함의 깊이를 측정하는데 유리한 주사 방법은?

① 탠덤 주사
② 종 방향 주사
③ 횡 방향 주사
④ 지그재그 주사

> **탠덤법**
> 판면에 대해 수직 방향으로 존재하는 결함의 깊이를 측정하는 방법

67 초음파 탐상에서 음향 임피던스란?
① 공진값을 정하는데 이용되는 함수이다.
② 일반적으로 초음파가 물질 내를 진행할 때 물질에 가하는 힘의 크기를 말한다.
③ 매질을 통과하는 음속과 밀도의 차를 말한다.
④ 초음파가 물질 내에 진행하는 것을 방해하는 저항을 말한다.

> 음향 임피던스는 초음파가 전파하는 매질의 밀도(ρ)와 음속(C)의 곱 즉, $Z = \rho \cdot C$로 나타내는 매질 고유의 값으로 초음파의 진행을 방해하는 저항

68 음향 임피던스에 대한 설명 중 옳지 않은 것은?
① 재질에 따라 값이 다르다.
② 음파의 진행을 방해한다.
③ 임피던스 차가 클수록 계면에서 더 많이 반사한다.
④ 속도와 부피의 곱으로 구한다.

69 어떤 재료 내의 초음파 속도와 그 재료의 밀도를 곱한 값을 무엇이라 하는가?
① 탄성률
② 음압 투과율
③ 음향 임피던스
④ 초음파의 전달 속도

70 음파가 한 매질에서 다른 매질로 진행할 때, 경계면에서 반사해 영향을 미치는 가장 중요한 인자는?
① 두 매질의 음향 임피던스
② 초음파의 주파수
③ 진동자의 압전효과
④ 초음파의 속도

> 음향 임피던스는 음향 속도와 매질의 곱이므로 매질에 따라 임피던스가 달라진다.
> • 음향 임피던스 = 초음파의 속도 × 재질의 밀도

71 재료의 음향 임피던스는 무엇을 결정하는데 사용되는가?
① 경계면에서 통과 및 반사된 에너지의 양
② 재료 내에서의 감쇠
③ 경계면에서의 굴절각
④ 재료 내에서의 빔 분산

> 재료의 음향 임피던스의 차이는 계면에서 음파의 반사량과 투과량을 결정한다.

72 다음 물질 중에서 음향 임피던스가 가장 높은 것은?
① 철
② 물
③ 공기
④ 알루미늄

73 초음파 탐상 시험에 관계되는 Snell의 법칙은 무엇을 정하는데 이용되는가?
① 각의 상관 관계
② 상의 속도
③ 음향 임피던스
④ 반사음 에너지의 총량

> **스넬의 법칙**
> 매질이 다른 경계면에서 파의 반사와 굴절의 관계를 나타낸 것이다.

74 일반적인 초음파 탐상 검사에서 결함을 검출하기 위해 측정하는 것은?
① 초음파의 주파수
② 초음파의 음속
③ 초음파의 파장
④ 초음파의 반사 강도

75 초음파 탐상 검사 방법 중 수침법은 어떤 분류 기준에 의한 방법인가?
① 진동 방법에 의한 분류
② 표시 방법에 의한 분류
③ 원리에 의한 분류
④ 접촉 방법에 의한 분류

> **접촉에 의한 분류**
> 직접 접촉법, 수침법

정답 67 ④ 68 ④ 69 ③ 70 ① 71 ① 72 ① 73 ① 74 ④ 75 ④

76 초음파 탐상 검사에서 보통 10mm 이상의 초음파빔 폭보다 큰 결함 크기 측정에 적합한 기법은?

① DGS 선도법 ② 20dB 드롭법
③ 6dB 드롭법 ④ TOF법

> 초음파빔 폭보다 큰 결함 크기 측정에는 6dB 드롭법을 사용한다.

77 초음파 탐상 시험 시 접촉 매질을 사용하는 이유 중 가장 중요한 사항은?

① 탐촉자의 움직임을 원활히 하기 위해
② 탐촉자 보호막의 마모를 방지하기 위해
③ 시험재의 부식을 방지하기 위해
④ 탐촉자와 시험체 사이의 공기층을 없애기 위해

> 탐촉자와 시험체 사이의 공간을 없애기 위해 접촉 매질을 사용한다.

78 초음파 탐상 시험에서 탐촉자와 시험편 사이에 접촉 매질을 사용할 때 시험관의 표면 상태가 나쁜 경우 사용하기 가장 어려운 것은?

① 물 ② 인공 풀
③ 녹말 풀 ④ 글리세린

> 매끄러운 면의 접촉 매질에 물이 적합하며, 표면이 거칠수록 접촉 매질은 점성이 있어야 한다.

79 초음파 탐상 시험의 접촉 매질이 반드시 지녀야 할 요건이라 볼 수 없는 것은?

① 부식성, 유독성이 없어야 한다.
② 쉽게 적용 및 제거할 수 있어야 한다.
③ 탐촉자 내부로 쉽게 흡수될 수 있어야 한다.
④ 균질해야 한다.

> **접촉 매질이 지녀야 할 요건**
> • ①, ②, ④ 외에 인체 및 시험체에 해롭지 않을 것
> • 초음파의 전달 효율이 좋을 것
> • 탐상장치에 해가 없을 것

80 서로 다른 두 매질이 접촉하고 있는 면을 무엇이라 하는가?

① 반사면 ② 굴절면
③ 계면 ④ 입사면

81 서로 다른 두 매질의 경계에서 반사되는 초음파 에너지 비(比)는?

① 입사각에 따라 다르다.
② 두 매질의 음향 임피던스 비(比)에 따라 다르다.
③ 탐촉자의 크기에 따라 다르다.
④ 두 매체와 초음파 에너지 비는 관계 없다.

> 스넬의 법칙에 따라 초음파가 두 매질의 경계에서 반사되는 에너지 비는 입사각에 따라 결정된다.

82 초음파 탐상 중에서 용접부의 결함 검사법에 적용하지 않는 것은?

① 스테레오법 ② 펄스반사법
③ 투과법 ④ 공진법

83 초음파 탐상 시험에 대한 분류가 잘못 설명된 것은?

① 초음파 진동 방식에 따라 수직, 경사각, 표면파, 판파 탐상법 등으로 분류한다.
② 탐상도형의 표시 방식에 따라 A, B, C 스코프 등으로 분류한다.
③ 탐촉자의 형태에 따라 펄스반사법, 투과법, 공진법 등으로 분류한다.
④ 접촉 방법에 따라 직접 접촉법과 수침법 등으로 분류한다.

> ③은 초음파 송수신 방식에 따라 분류한 것이다.

정답 76 ③ 77 ④ 78 ① 79 ③ 80 ③ 81 ① 82 ① 83 ③

84 A - 스캔 탐상법에서 스크린상의 지시의 진폭은 무엇을 나타내는가?

① 피검체의 두께
② 초음파가 발생 후 경과 시간
③ 초음파가 진행한 거리
④ 탐촉자로 되돌아오는 초음파 반사 에너지의 양

> 지시의 진폭은 반사된 초음파 빔의 강도를 나타낸다.

85 초음파 탐상 결과에 대한 표시 방법 중 초음파의 진행시간과 반사량을 화면의 가로와 세로축에 표시하는 방법은?

① A - scan   ② B - scan
③ C - scan   ④ D - scan

> • A - scan : 결함의 위치, 형태, 크기 등을 나타내는 방법
> • B - scan : 시험체의 단면을 나타내는 표시 방법. 의료용으로 사용하며, 시험체의 두께 및 불연속의 깊이 및 길이를 나타내므로 결함의 분포를 확인하는 방법
> • C - scan : 시험체의 내부를 평면으로 표시하는 방법, 내부결함의 윤곽(크기와 위치)을 나타내지만 깊이와 방향은 나타나지 않는 방법

86 결함을 평면으로 나타내므로 결함의 깊이나 방향은 알 수 없는 주사 표시법은?

① S scan   ② B scan
③ C scan   ④ D scan

> 물체의 내부를 평면으로 투영하므로 결함의 깊이나 방향은 알 수 없는 주사법은 C scen법이다.

87 다음은 STB-A1의 그림을 나타낸 것이다. 여기서 x는 얼마인가?

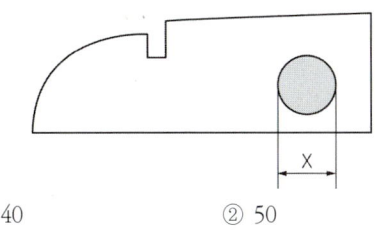

① 40   ② 50
③ 60   ④ 70

88 경사각 탐상 시험 시 경사각 탐촉자의 굴절각 및 입사점의 교정이나, 탐상기의 시간축의 측정 범위 조정은 무슨 시험편을 사용하는가?

① STB - A1   ② STB - A2
③ STB - G   ④ STB - N

시험편의 종류와 사용 목적

표준 시험편의 종류	종류 기호	탐상 방법	탐상 대상물
G형 표준 시험편 (G형 STB)	STB - G V 계열	수직	아주 두꺼운 판, 조강 및 단조품
N1형 표준 시험편 (N1형 STB)	STB - N1	수직	두꺼운 판
A1형 표준 시험편 (A1형 STB)	STB - A1	수직 및 경사각	용접부 및 관
A2형계 표준 시험편 (A2형계 STB)	STB - A2 계열	경사각	용접부 및 관
A3형계 표준 시험편 (A3형계 STB)	STB - A3 계열	경사각	용접부

89 STB-A1 표준 시험편의 용도가 아닌 것은?

① 사각 탐촉자의 입사점 측정
② 사각 탐촉자의 굴절각 측정
③ 사각 탐촉자의 측정법 측정
④ 사각 탐촉자의 분해능 측정

> 수직 탐촉자의 분해능 측정이 가능하며, 사각 탐촉자의 분해능은 STB-A2 시험편을 사용한다.

90 초음파 탐상 시험 시 표준시험편으로 장치를 비교하는 과정을 무엇이라 하는가?

① 진동   ② 주사
③ 진폭   ④ 보정

> **조정(보정)**
> 표준 시험편으로 탐상기의 측정 범위와 감도 등을 조정하는 작업

정답 84 ④ 85 ① 86 ③ 87 ② 88 ① 89 ④ 90 ④

03 방사선 투과 검사

SECTION

01 방사선 투과 검사 기초

1 방사선 투과 검사의 개요

가. 원리

(1) **방사선 투과 검사(RT, Radiographic Testing)**
X선이나 감마선을 대상물에 투과시킨 후 결함의 존재 유무를 필름 등의 이미지로 판단하는 비파괴 검사 방법

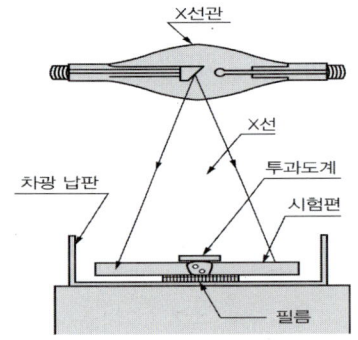

그림 3.1 방사선 탐상의 원리

(2) **기본 원리** : 방사선은 시험체를 투과할 때 시험체를 구성하고 있는 물질과의 상호작용으로 흡수되어 강도가 약해지는데, 이때 투과 강도는 시험체의 내부 구조에 따라 변하며 시험체의 내부에 존재하는 흠집에 의한 강도 변화를 필름에 담아 사진 농도의 차이로 흠집의 상을 검사한다.

나. 특징 및 적용

1) 장점

(1) 시험체의 부피, 내부의 흠집(기공, 개재물 및 수축공, 슬래그 섞임, 균열)을 검사할 수 있다.
(2) 금속, 비금속 등 모든 종류의 재료에 적용할 수 있으며, 객관성과 기록성이 우수하다.

2) 단점

(1) 아주 미세한 균열은 위치에 따라 검출이 안 될 수 있다.
(2) 방사선 투과에 한계가 있어 두꺼운 시험체는 검사하기 곤란하며, 인체에 해롭다.
(3) 검사 장치의 가격이 고가이며 필름을 사용하고 사진 처리를 해야 되므로 검사비가 높다.
(4) 방사능이 높은 곳, 고온 환경에서는 X선 장치나 필름을 사용할 수 없어 검사가 어렵다.
(5) 다른 비파괴 검사에 비해 높은 초기 투자와 공간이 필요하므로 비용이 많이 든다.
(6) 총 검사 시간의 60% 정도를 검사 준비 시간으로 소비하기도 하여 검사가 길어진다.

3) 적용

(1) 압력용기, 배관, 다리, 배, 건축물 등 각종 구조물의 용접 이음부와 주조품 검사
(2) 콘크리트 내부 구조의 시험 및 조사, 전자부품, 문화재, 고 미술품, 곤충의 해부학, 과일

다. 방사선 투과 검사의 종류

(1) **방사선의 종류에 따라** : X선 투과 검사, 감마선 투과 검사, 중성자 투과 검사
(2) **방사선 에너지의 크기에 따라** : 저 에너지 X선 투과 검사, 고 에너지 X선 투과 검사
(3) **선원의 종류에 따라** : 감마선 투과 검사, 중성자 투과 검사
(4) **시험 방법에 따라**
   ① **직접 촬영법** : 직접 투과선의 강도의 차를 시험체의 뒷면에 놓은 X선 필름의 농도차로 검출하는 방법

② 간접 촬영법 : X선 필름 대신에 방사선에 의한 형광작용을 이용하여 투과상을 형광체에서 가시상으로 바꾸고 이 상을 카메라로 촬영하는 방법

(5) 초음파 탐상 검사와 비교

시험 방법		방사선 투과 검사 (직접 촬영법)	초음파 탐상 검사 (펄스반사법)
원리		건전부와 결함부에 대한 투과선량에 따른 필름상의 농도차	결함에 의한 초음파의 반사
대상 결함	체적 결함	◎	○
	면상 결함	○ (조사 방향에 깊이가 있는 것) △ (조사 방향에 경사가 있는 것)	◎ (초음파빔에 직각한 넓이가 있는 것) ○ (초음파빔에 대해 경사가 있는 것)
결함에 관한 정보	형상	◎	△ (여러 방향에서 탐상)
	치수 - 길이	◎(체적 결함), ○(면상 결함)	○
	치수 - 높이	△ (조사 방향을 변화시키는 방법, 농도차에 의한 방법)	○
	위치 (깊이)	△ (조사 방향을 변화시키는 방법)	◎
적용 예		• 용접부 • 전조품	• 용접부, 압연품 • 단조품, 전조품

예제 1

방사선 투과 검사의 장점으로 옳지 않은 것은?

① 모든 용접 재질에 적용할 수 있다.
② 모재가 두꺼워지면 검사가 곤란하다.
③ 내부 결함 검출에 용이하다.
④ 검사의 신뢰성이 높다.

 정답 ②

예제 2

다음 중 시험체의 내부 결함 검출에 가장 용이한 비파괴 검사법은?

① 침투 탐상 검사 ② 자분 탐상 검사
③ 방사선 투과 검사 ④ 와전류 탐상 검사

 정답 ③

내부 결함 검사
방사선 탐상, 초음파 탐상

예제 3

다음 중 원자력법 시행령에서 규정하고 있는 "방사선"에 해당되지 않는 것은?

① 중성자선
② 감마선 및 엑스선
③ 1만 전자볼트 이상의 에너지를 가진 전자선
④ 알파선, 중양자선, 양자선, 베타선, 기타 중전자입자선

정답 ③

방사선의 종류
• 알파선, 중양자선, 양자선, 베타선, 기타 중전자입자선
• 중성자선
• 감마선 및 X-선
• 5만 전자볼트 이상의 에너지를 가진 전자선

2 물질의 구조와 방사선 물질

가. 물질의 기본 구성 입자

1) 원자(Atom)

(1) 양전하, 중성자, 전자들이 각각 일정한 수를 이루고 있는 것, 완전한 원자는 동일 수의 양자와 전자로 구성되어 전기적으로 중성이다.

① 양자(Proton) : 양전하를 갖고 있는 비교적 무거운 입자
② 전자(Electron) : 양자나 중성자보다 약 1/1840 정도 가벼우며, 음전하를 갖고 있다.
③ 중성자(Neutron) : 양자와 크기, 무게가 거의 같은 입자이나 전기적으로 중성이다.

(2) 원소의 명칭은 각각 원자수에 따라 주어지며, 원자핵은 양성자와 중성자로 이루어진다.(수소는 예외)

2) 원자수와 원자량

(1) **원자수(Atomic Number)** : 원자를 이루고 있는 핵 속에 양자의 수를 원자번호로 나타내며, 동일한 원자수를 갖는 원소는 존재하지 않는다.

(2) **원자량(질량수 : Mass Number)** : 원자를 이루고 있는 핵 속의 양성자의 수와 중성자의 수를 더한 수로 동일한 원소라도 질량수가 다른 경우가 존재한다.

나. 방사선 물질

1) 방사성 동위원소(RI : Radioactive Isotope)

(1) **방사성 원자**
  ① 핵 반응이나 방사성 붕괴에 의해 큰 내부 에너지나 운동에너지를 갖는 원자
  ② 안정한 원소에 중성자가 추가되어 균형을 이루지 못한 불안정한 상태의 원자
  ③ 원자는 분열 및 붕괴하여 안정한 상태로 변하려는 성질이 있다.

(2) **방사성 동위원소와 방사선**
  ① 동위원소(Isotope) : 원소 가운데 원자수는 같으나 질량수가 다른 원소
  ② 방사성 동위원소 : 방사성 원자를 갖는 동위원소, 일정한 에너지를 방출한다.
  ③ 방사선 : 방사성 원자의 붕괴 시 핵으로부터 나오는 방사선

(3) **입자 방사선 종류**
  ① α 입자 : 방사선 입자 중 가장 무겁고 크며, 2개의 양자와 2개의 중성자로 구성
  ② β 입자 : 고속의 전자이며, 매우 가벼운 입자이다.
  ③ 중성자 : 물질을 투과하는 성질이 있다. 중성자 투과 검사(NRT)가 있다.

(4) **전리 전자파 방사선** : 적외선, 가시광선, 자외선, X선, γ선
  ① 에너지가 높아 물질 투과가 잘되고 물질을 이온화시키는 성질을 가지고 있다.

② γ 선 : 에너지의 파형으로 입자가 아닌 가장 강력한 방사선이다.

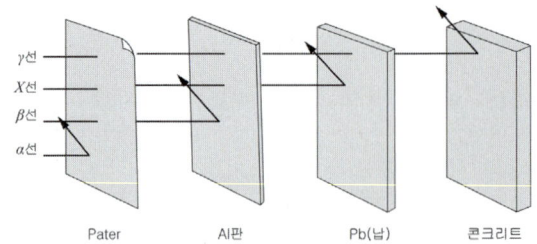

그림 3.2 방사선의 종류와 투과력

2) 방사선(X선, γ선)의 특징

(1) 눈 또는 감각 등으로 탐지할 수 없고, 인체에 유해하므로 안전관리가 중요하다.

(2) **X선** : 고전압 전자관에서 인공적으로 만들어진 선, 튜브에 적용하는 전압에 좌우되고, 강도는 전류, 전류량에 의해 결정된다.

(3) **γ선** : 핵이 분열 또는 붕괴 시 발생하며, γ선 에너지는 동위원소의 종류에 의해 결정되고, 강도는 퀴리의 강도에 따라 결정된다.

(4) X선, γ선 모두 같은 종류의 전자기 방사선으로, 무게와 질량이 없는 에너지 파형이다.

(5) 매우 짧은 파장과 매우 높은 주파수를 가지며, 에너지는 keV나 MeV로 측정하고, 침투 능력을 결정한다.

3) 반감기(Half-Life)

(1) 방사성 동위원소가 붕괴하여 최초 원자수의 반으로 줄어드는데 걸리는 시간으로 방사성 동위원소가 붕괴하는 율을 측정하는데 사용한다.

(2)
$$T_{\frac{1}{2}} = \frac{0.693}{\lambda}$$

$T_{\frac{1}{2}}$: 반감기
λ : 붕괴상수

(3) **퀴리(Curie : Ci)** : 방사능 물질의 양, 즉 1초당 3.7×10^{10}의 원자가 붕괴함을 나타낸다.
1Ci = 3.7×10^{10} dps(disintegration per second)

다. 물질의 이온화

1) 물질의 이온화 과정

(1) **이온화** : 중성인 원자나 분자에서 물리적 과정을 통해 전자를 잃거나 얻어 전자의 이동이 일어나 전하를 띠는 반응
  ① 음이온 : 중성의 원자가 전자를 얻어 음전자 전하를 갖는 입자
  ② 양이온 : 중성의 원자가 전자를 잃어 양전하를 갖는 입자. α 입자, 헬륨핵
(2) 방사선은 물질과의 상호작용에 의해 에너지를 잃게 된다.
(3) 원자번호가 큰 원자는 무겁고 밀도가 크므로 투과되는 방사선이 물질 속에 있는 전자와 충돌할 때 에너지가 전자로 변환하고 원자 속의 전자를 때려 쫓아내는 현상이다.

2) 입자에 의한 이온화

(1) 중성자
  ① 전하가 없으며, 직접 이온화하지 않고 물질을 통과하는 중성자는 물질의 원자 안에 궤도 전자의 영향이 무시된다.
  ② 원자의 핵과 충돌하여 중성자를 흡수하고 입자를 방출하여 이온화한다.
(2) **베타 입자** : 크기가 매우 작고, α 입자보다 적은 전기적 전하를 가지며, 같은 에너지의 α 입자보다 물질 안에서 더 멀리, 매우 빠른 속도로 이동한다.

3) 방사선 투과사진을 만드는 기본 원리

(1) 방사선이 시험편을 투과하며, 이 방사선은 직선으로 이동한다.
(2) 방사선은 필름과 작용하여 감광시킨다.

라. 방사선의 상호 작용

1) 톰슨 산란(Rayleigh 산란)

(1) X선이 물질에 입사한 후 방향을 바꾸어도 X선의 파장이 변하지 않는 산란, 각각의 전자에 의해서 산란된 X선이 서로 간섭을 일으키므로 간섭성 산란이라 한다.
(2) 광양자의 에너지가 변하지 않기 때문에 탄성 산란이고도 한다.
(3) 결정체에 의한 X선의 회절은 이 산란선의 간섭의 결과이다.
(4) 톰슨 산란이 일어나는 정도는 원자번호에 비례한다.

2) 콤프턴 산란(Compton Scattering)

(1) 2차 방사선 또는 산란 방사선이라고 하며, 최외각 전자에 의해 광자가 산란하여 입사한 에너지보다 낮은 에너지의 γ선이 방출되고 동시에 전자도 방출되는 현상
(2) 0.1~1.0Mev의 에너지 범위에서 발생한다.

3) 광전 효과(Photoelectric Effect)

(1) 물질이 빛을 흡수하여 광기전력이 생기는 현상
(2) 낮은 에너지의 γ선 또는 X선 광자가 물질에 침투 시 최내각 전자와 충돌하는 과정에서 광전자(광자)의 흡수를 수반하는 현상
(3) 0.1Mev 이하의 낮은 에너지 범위에서 발생하는 광자 에너지는 이온쌍 생성에 사용함

4) 전자쌍 생성(Electron pair Production)

(1) 고속도의 전자가 원자핵 옆의 쿨롱 장에 의해 멈추거나 속도가 떨어져 이 쿨롱 장에 흡수된 에너지가 음전자와 양전자의 쌍을 방출하는 현상
(2) 콤프턴 산란과 광전 효과를 수반하며, 1.02Mev 이상의 높은 에너지에서 발생한다.

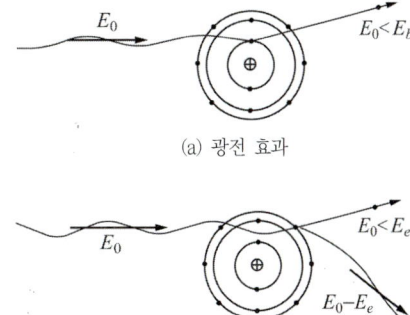

(a) 광전 효과

(b) 콤프턴 산란

그림 3.3 방사선의 상호 작용

마. 방사선 흡수와 감쇠

1) 거리에 대한 감쇠(역자승의 법칙)

방사선 선원을 제한하면 강도는 선원으로부터 거리 제곱에 반비례한다.

$$\frac{I}{Io} = \left(\frac{do}{d}\right)^2 \quad \text{또는} \quad I = Io \times \left(\frac{do}{d}\right)^2$$

I : 거리 d에서의 방사선 강도
Io : 거리 do에서의 최초 방사선 강도
do : 선원으로부터 최초 거리
d : 강도가 I가 되는 거리

(1) 방사선을 흡수 또는 산란하는 공기나 고체 물질이 없는 곳에서 점선원(Point source)인 경우에만 정확히 성립된다.
(2) 10m 거리에서의 측정치를 100%로 할 경우, 20m 거리에서는 25%의 측정치를 나타낸다.
(3) 감마선에 의한 방사선 투과 검사의 경우 선원과 검출기가 외부에 있고 공기 중 30m 이내로 떨어져 있는 경우에 적용한다.

2) 물체에 의한 감쇠

방사선이 물질을 통과함에 따라 흡수 또는 산란을 거치면서 방사선의 세기는 지수함수적으로 줄어든다.

3) 반가층(HVL : Half Value Layer)

(1) **반가층** : 물질 후면에 투과된 방사선의 강도가 투과되기 전 표면에서의 강도의 1/2로 감소하는 수준의 두께. 무겁고 밀도가 큰 물질이 가벼운 물질보다 적다.
(2) **10가층** : 최초의 방사선의 강도가 1/10로 감소하는 수준의 두께

$$t(1/2) = \frac{\ln 2}{\mu} = \frac{0.693}{\mu}$$
$$(1/10) = \frac{\log 10}{\mu} = \frac{2.303}{\mu} \quad (\mu : \text{선형흡수계수})$$

4) 전리 작용

기체에 방사선을 조사하면 전기적으로 중성이던 기체 원자나 분자가 이온으로 분리되는 작용으로, 조사선량 측정이 가능하며, 전리 기체 분자의 수는 조사된 방사선량에 비례한다.

5) 형광 작용

방사선은 눈으로 관찰할 수 없으나, 형광 물질에 방사선을 쪼이면 형광 물질은 방사선의 에너지를 흡수하여 여기(들뜨게) 되며, 안정한 상태로 되돌아 올 때에 황색, 청색 등의 형광을 발하는 작용

6) 사진 작용

(1) 필름에 방사선을 쪼이면 빛을 쬐었을 때와 마찬가지로 필름의 사진유제 속의 할로겐화은에 방사선이 흡수되어 현상 전의 상, 즉 잠상을 만드는 작용
(2) 방사선에 의한 사진 작용은 보통 빛에 의한 경우보다 작다.
(3) 노출된 필름을 현상, 정착의 사진 처리를 하면 잠상이 생겼던 부분이 화학반응을 일으켜 검은색의 황화은으로 변하여 사진 상이 된다.

예제 1

원자핵의 분류 중 ^1_1H와 ^2_1H는 무엇으로 분류되는가?

① 동중핵　　② 동위원소
③ 동중성자핵　④ 핵이성체

 정답 ②

동위원소
원자번호는 같고 질량수가 다른 원소를 말한다.

예제 2

시험체 내부결함이나 구조적인 이상 유무를 판별하는데 이용되는 방사선의 특성은?

① 회절 특성　② 분광 특성
③ 진동 특성　④ 투과 특성

 정답 ④

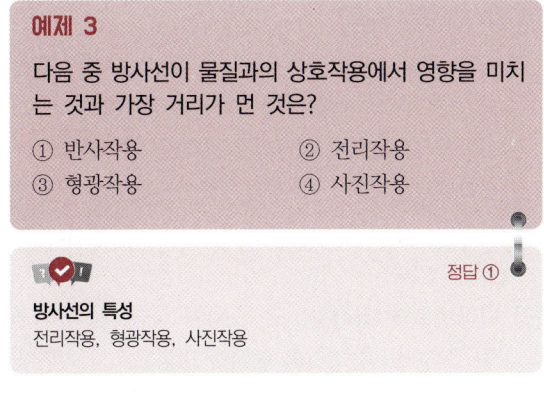

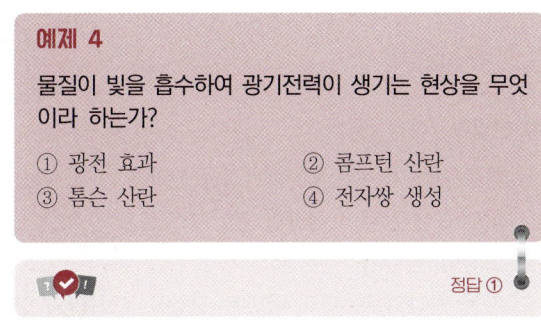

3 방사선 장치

가. X선 장치

1) X선원의 작동원리

(1) 전류에 의해 음극의 필라멘트가 가열되면 여기서 전자가 발생되고, 필라멘트의 온도가 높아지면 전자의 방출량이 증가하여 양극 쪽으로 이동하며, 양극에 전압을 걸어주면 전자의 이동이 가속된다.
(2) 가속 전자가 양극의 타케트(표적)에 충돌하여 파장이 짧고 큰 투과력을 갖는 X선을 발생시킨다.

2) 특성 X선

가속 전자가 표적 쪽으로 이동하여 핵 주위의 궤도전자와 충돌할 경우 궤도전자가 원자로부터 분리되면서 발생되는 방사선. 에너지가 매우 낮아 방사선 투과 시험에는 사용하지 않는다.

3) 백색 X선

(1) 연속 스펙트럼과 다양한 파장을 가지는 X선의 집합체이다.

(2) 관전압이 높을수록 최단파장은 짧은 쪽으로 이동하며, X선의 전 강도는 커지며, 그 크기는 관전압의 제곱에 비례한다.
(3) 관전압이 일정한 경우 X선의 강도는 관전류에 비례한다.
(4) 방사선 투과 시험용 X선관의 표적으로 원자번호가 높고, 융점이 높은 텅스텐을 사용하면 X선의 발생효율을 높일 수 있다.

4) 연속 X선

음극에서 방출되어 표적으로 이동한 가속 전자는 원자의 중심으로 이동하면서 전자가 핵에 접근하면 핵의 양전하와 상호작용으로 인해 원자핵 쪽으로 굴절하며 에너지가 감소된다.

나. X선 발생 장치

1) X선 관(Tube)의 구조

(1) **X선 관** : 발생 장치에서 X선이 발생되는 부분으로 진공 상태의 유리관 안에 양극과 음극의 전극이 있으며, 음극에는 필라멘트(Filament)의 포커싱 컵(Focusing Cup), 양극에는 특수 금속을 삽입한 전극봉인 표적(Target)이 있다.

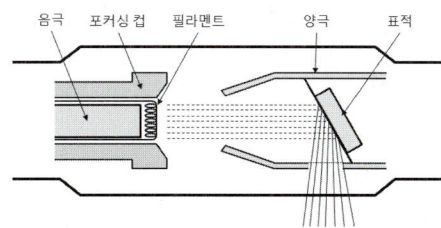

그림 3.4 X선 관의 구조도

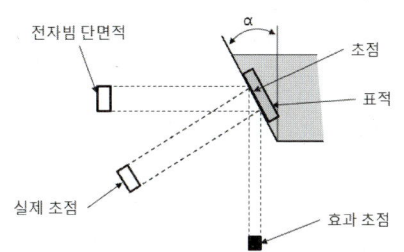

그림 3.5 실제 초점과 효과 초점과의 관계

(2) 초점(Focal Spot)
   ① 사진 영상의 섬세도는 이 방사선 선원의 크기(초점)에 의해 결정된다.
   ② 초점 : X선 관 안에서 전자가 충돌하여 X선이 발생되는 부위의 면적
   ③ 초점이 작을수록 사진의 섬세도가 증가하고, 사진의 질이 좋아지나 너무 작으면 열에 의해 파괴된다.
(3) 양극(Anode) : 열전도성과 전기전도성이 좋은 금속을 전극으로 하며, 보통 구리(Cu)가 쓰이며, 음극을 향한 면쪽에 표적 물질을 포함하고 있다.
   ① 표적 물질 : 용융점과 열전도성이 높고, 낮은 증기압을 가진 텅스텐(W), 금(Au), 플래티늄(Pt) 등이 쓰이며, 최근에는 구리 전극봉 안에 텅스텐을 사용한다.
(4) 음극(Cathode)
   ① 필라멘트 : 음극에서 전자를 방출하는 선원·전기적·열적 특성이 좋은 텅스텐 선(직선, 코일 형태)을 사용하며, 필라멘트에 전류가 흐르면 전자가 발생될 수 있는 온도까지 가열되며, 이때 적용 전압을 바꾸면 필라멘트 전류가 변하며 전자가 방출된다.
   ② 포커싱 컵 : 순철, 니켈 등을 사용하며, 방출된 전자를 양극으로 이동할 수 있도록 정전기적 렌즈의 기능을 가지고 있다.

2) X선 관 창(X ray tube windows)

(1) X선 튜브에서 가장 중요한 부분 : 초점의 크기, X선 튜브의 창, 대부분 외부가 금속틀로 싸여 있다.
(2) X선 관 창의 역할
   ① 저전압 및 고전압의 전원을 연결하며, 작업자를 고전압에 의한 충격으로부터 보호해준다.
   ② 작업자나 기타 외부인들에 대해 불필요한 방사선으로부터 차폐의 역할을 한다.
   ③ X선 광선 중 필요한 부분으로만 방출시킬 수 있도록 한다.

3) 집속관(정전 집속)

(1) 역할 : 필라멘트의 외부에 위치, 필라멘트에서 발생되는 열전자의 이탈을 방지하여 안정하게 양극으로 이동할 수 있도록 전자빔(열전자)을 집속한다.
(2) 필라멘트의 길이 : 초점의 크기를 변경시키는 인자이며, 잘 집속된 전자빔은 초점의 크기를 작게 할 수 있다.
(3) 필라멘트의 집속관 : Fe + Ni계 합금, 음극의 필수 장비이며 음전자를 중심축 방향으로 집속한다.
(4) 전자의 집속 : 전자빔의 단면적을 작게 하므로 유효 초점 크기가 작게 되어 투과사진의 선명도를 증가시킬 수 있다.

4) 변압기

(1) 자동 변압기 : 통상의 불안정한 전압을 보정, 변경하여 X선 장비에 적합한 전압이 흐르도록 해준다.
(2) 고전압 변압기 : 전자의 가속을 위한 필수 장비로, 자동 변압기로부터 공급받은 전압을 X선 관의 양극에 적합한 전압으로 승압시켜 준다.
(3) 필라멘트 변압기 : 자동 변압기에서 공급된 전압을 X선 관의 필라멘트가 필요로 하는 전압으로 강하시킨다.

5) X선 제어장치

(1) 제어장치의 중요 기능 : 관전류 및 관전압, 노출 시간의 조절
(2) X선 장비의 제어장치 구성 : 전류전압 조절장치, 계시기, 지시등이 포함되어 있어 X선의 발생을 조절할 수 있다.
(3) 고전압에 의한 손상을 입지 않도록 보호회로가 준비되어 있다.

6) 고에너지 X선 장치

(1) 선형 가속장치
   ① 사용범위는 5~25Mev, 전자총, 가속자 선원, 관형의 파 유도로 등으로 구성된다.
   ② 매우 높은 주파수(5~25MHz)를 갖는 파가 가속 전자를 표적으로 향하게 한다.

③ 철판 투과능력 : 406mm(16인치)
(2) 공진 변압기형 X선 장치(동조 변압 X선 발생 장치)
① 사용 전압은 250~4000KVP이며, 전자가 중간 전극에 의해 매우 높은 속도로 가속된다.
② 초점 조정 코일에 의해 자력으로 집중되며, 철판 투과 능력은 203mm(8인치)이다.
(3) 밴 더 그래프(Van de Graaff)형 발생 장치
① 가열된 필라멘트에서 방출되는 전자에 고전압을 걸어 주면 전자는 (+)극 쪽으로 가속되고, 가속된 전자는 브라운관의 형광막에 부딪혀 빛을 낸다.
② 이 가속기에서는 전자나 양성자와 같은 전하 입자를 수백만 전자볼트까지 가속시킬 수 있다.
(4) 베타트론 가속장치
① 자석과 변압기의 결합을 이용해서 전자를 회전 궤도에 매우 높은 에너지로 가속시킨 전자 유도형 전자 가속장치
② 사용 범위는 10Mev 정도이다.

다. γ(감마)선

1) γ선 발생
(1) γ선은 방사성의 원자핵이 붕괴할 때 방사되는 전자파이며, X선과 동일하다.
(2) **방사선 투과 시험에 사용하는 선원** : Co 60, Ir 192, Cs 137, Tm 170, Ra 226

2) 방사능의 측정
(1) **선원의 붕괴를 측정하는 단위인 큐리(Ci)** : 라듐 1g의 방사능에 해당하는 단위로서 초당 3.7×10^{10}개의 붕괴를 의미한다.
(2) **현재는 Bq(베크렐)을 사용**
 : $1Ci = 3.7 \times 10^{10}$초 $= 3.7 \times 10^{10}Bq$

3) X선 에너지와 γ선 에너지
(1) 에너지 표시 : X선 에너지는 관전압인 kVp로, γ선 에너지는 keV 또는 MeV로 표시한다.
① eV : 전자볼트(Electron volt)의 단위, 1개의 전자가 1V의 전기장에 의해 가속된 크기의 에너지
② kVp : X선 관에 의해 발생된 X선의 최대 에너지, X선 관에 의해 방출되는 X선의 평균 에너지는 최대 에너지의 약 40%가 되는 곳에 분포한다.
(2) γ선원은 동위원소의 종류에 따라 고유한 에너지를 가진다.

4) γ선원
(1) 방사선 사진에 사용되는 대부분의 동위원소는 그 직경과 길이가 거의 같은 원통형으로 되어 있어 어느 면을 사용해도 된다.
(2) γ선에서는 방사성 물질이 방사선을 방출하므로 초점은 방사성 물질의 전표면이 되어 가능한 한 선원의 크기를 적게 해야 한다.

5) 방사선 사진용 동위원소의 종류

동위원소명	반감기	평균에너지	철판 적용두께	기타
Ra 226	1,620년	.24 ~ 2.20Mev	5인치(127mm)	
Tm-170	127일	0.084Mev	½인치(12.7mm)	
Ir 192	75일	0.35Mev	3인치(76mm)	주로 사용
Cs 137	33년	0.66Mev	3½인치(89mm)	
Co 60	5.3년	1.25Mev	9인치(229mm)	주로 사용

6) γ선의 특징(장·단점)
(1) 투과 능력이 매우 크며, 외부 전원이 필요 없어 이동성이 좋다.
(2) 일반적으로 초점이 적어 짧은 초점 - 필름 거리(FFD)가 필요한 경우에 사용이 적당하다.
(3) 동일 범위의 에너지일 경우 X선 장비보다 저렴하다.
(4) 360° 또는 일정 방향으로 투사의 조절이 가능하며, 열려 있는 적은 직경에서도 사용할 수 있다.
(5) 장비의 취급과 보수가 간단하다.
(6) 짧은 반감기의 동위원소를 교환하는데 비용이 비싸다.
(7) 안전관리를 철저히 해야 한다.
(8) 투과 능력은 사용하는 동위원소에 따라 달라지며, X선에 비해 조도가 떨어진다.

7) γ선 주요 장치

(1) 주요 장치의 종류
① γ선원의 출입 등을 원격 조작하는 원격 조작 장치
② γ선원을 정해진 위치까지 보내기 위한 전송 케이블 및 선원 안내 튜브
③ γ선원을 담아두는 선원 보관 용기

(2) 차폐함
① 납 또는 우라늄으로 된 저장틀
② 피그테일은 이동 와이어(튜브 케이블)에 연결되며, 반대쪽은 선원의 위치를 인도하는 연장 튜브가 연결된다.

(3) 튜브 케이블
차폐함 양쪽 끝부분에 선원을 연결하여 조절할 수 있는 케이블

(4) 릴
선원을 자유로이 이동할 수 있도록 유도해주는 장치

예제 1

방사선 투과 시험에서 X선 발생 장치의 표적(target)이 가져야 할 특성과 거리가 먼 것은?

① 용융점이 높아야 한다.
② 원자번호가 커야 한다.
③ 열전도성이 낮아야 한다.
④ X선 발생효율이 높아야 한다.

 정답 ③

표적의 조건
증기압이 낮을 것, 열전도도가 높을 것

예제 2

방사선 투과 시험 시 공업용으로 쓰이는 X선 발생 장치의 초점의 크기는 대략 얼마인가?

① 0.25mm   ② 2.5mm
③ 25mm   ④ 250mm

 정답 ②

예제 3

다른 비파괴 검사법과 비교했을 때 방사선 투과 시험의 특징에 대한 설명으로 옳지 않은 것은?

① 반영구적인 기록이 가능하다.
② 모든 균열을 검출할 수 있다.
③ 내부 결함의 검출이 가능하다.
④ 방사선 안전관리가 요구된다.

 정답 ②

방사선 투과 시험으로 표면의 균열, 라미네이션, 방사선에 대한 수평 균열은 검출할 수 없다.

예제 4

다음 중 γ선의 장점이 아닌 것은?

① 투과 능력이 매우 크며, 외부 전원이 필요 없어 이동성이 좋다.
② 동일 범위의 에너지일 경우 X선 장비보다 저렴하다.
③ 짧은 반감기의 동위원소를 교환하는데 비용이 비싸다.
④ 장비의 취급과 보수가 간단하다.

 정답 ③

예제 5

다음 중 γ선원으로 사용되지 않는 원소는?

① 이리듐 192   ② 코발트 60
③ 세슘 134   ④ 몰리브덴 30

  정답 ④

X선보다 투과력이 강한 γ선을 사용하며, ①, ②, ③ 외에 라듐 등이 사용된다.

4 방사선 투과 검사기기

가. X선 필름과 증감지

1) 필름의 구조

(1) **필름의 구조**: 유연하고 투명한 폴리에스테르 필름 바탕의 양면에 사진 유제를 얇게 발라 놓고, 이 층을 다시 보호층으로 한 구조이다.

(2) **사진 유제**
  ① 방사선에 민감한 브롬화은(AgBr) 등의 할로겐화은의 미세한 입자를 젤라틴에 섞어 놓은 것
  ② 유제의 피막이 얇으면 사진 처리가 좋아진다.
  ③ 아주 선명한 상을 얻으려면 한쪽 면에만 사진 유제를 바른 필름이 좋다.

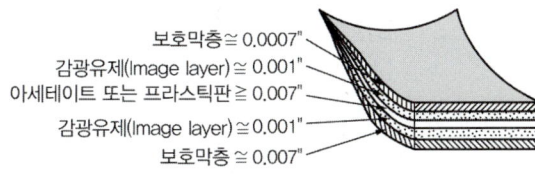

그림 3.6 필름의 구조

2) 필름용 젤라틴의 역할

(1) 유황을 함유한 아미노산 등이 있어 사진 유제의 감도를 높인다.
(2) 할로겐화은의 지지체로서 필름에 접착시킨다.
(3) 친수성이 있어 현상액, 정지액, 정착액과 친화성이 있다.
(4) 현상할 때 현상 속도에 영향을 가해 포그(Fog)를 방지한다.

3) 필름의 종류와 특성

필름의 종류	명암도	입도	속도
Type I	매우 높음	매우 낮음	낮음
Type II	높음	낮음	보통
Type III	보통	보통	빠름
Type IV	매우 높음 (형광 스크린, 연박 스크린 사용)	(사용한 형광 스크린의 종류에 따라 결정)	초고속 (형광 스크린, 연박 스크린 사용)

4) X선 필름의 선택 시 고려 사항

일반적으로 입상성이 미세하고, 필름 콘트라스트가 높으면 높은 상질의 투과 사진을 얻을 수 있지만, 이 필름은 감광 속도가 늦기 때문에 노출 시간이 길어지고 높은 강도의 방사선이 필요하게 되어 비용이 높아진다.

(1) 검사 목적에 적합한 필름을 선택한다.
(2) 시험 피검체의 형상 및 크기, 조성, 무게와 위치를 고려한다.
(3) X선 장치에서의 사용 전압 범위, 감마선의 강도를 생각한다.
(4) 단순한 전수검사인지, 특별히 중요한 부위에 대한 부분검사인지 등을 고려한다.
(5) 명암도, 농도, 선명도 및 노출 시간에 대해 상대적으로 강조되는 부분을 고려한다.

5) 필름의 취급 및 보관 방법

(1) 냉암소에 적당한 온도, 습도를 유지하여 보관하며, 외부의 다른 방사선에 주의한다.
(2) 노출이 안 된 필름은 운반 시 방사선 등으로부터 보호할 수 있도록 별도의 표지를 부착한다.
(3) 필름 통을 길이 방향으로 수직이 되게 보관한다.
(4) 각 필름에 따라 암적색, 등적색의 안전광하에서 취급하며, 유효기간 내에 사용한다.
(5) 암모니아, 과산화수소, 황화수소 등의 휘발성 가스에 주의한다.
(6) 기계적 압력이나 정전기 발생에 주의한다.
(7) 간지는 증감지에 로딩되기 전에 제거한다.
(8) 현상한 필름은 화학 증기나 온도, 습도, 태양광 등에 유의하여 관리한다.

6) 증감지의 종류

X선 필름의 감도를 높이기 위해 사용하는 것으로, 산화납 증감지, 금속박(연박) 증감지, 형광 증감지, 금속 형광 증감지 등이 있다.

(1) **산화납 증감지**
  ① 산화납을 종이에 입힌 형태이며, 증감지와 함께 필름이 포장되어 있다.

② 필름 카세트, 홀더가 없어, 필름을 공간 속에 넣어야 할 경우 유용하다.
③ 청결한 사진 시험을 할 수 있다.
④ 100~300kV의 전압 범위에서 사용되며, 산란 방사선의 제거 효과는 낮아진다.

(2) 연박 증감지
① 플라스틱, 마분지 등에 0.03~0.3mm 두께의 연박(박판 납)을 입힌 증감지로 사용할 방사선의 에너지에 따라 연박 두께를 선택한다.
② 120~150kV 이상의 높은 에너지에서만 사용된다.
③ 최초의 방사선보다 파장이 긴 산란 방사선을 흡수하고, 일차 방사선을 증가시킨다.
④ 필름과의 접촉 상태가 사진의 질을 결정하는 요인이 된다.
⑤ 사용 전에는 완전하게 건조시켜야 하며, 필름과 함께 고온 다습한 장소에서 장기간 보관하면 필름이 뿌옇게 변하므로 주의해야 한다.

(3) 형광 증감지
① 접착제로 혼합된 미세한 분말을 특수한 마분지나 플라스틱에 입힌 증감지
② 노출 시간을 1/10~1/60까지 줄일 수 있다.
③ 선명도가 떨어지고, 증감지에 의한 얼룩이 발생할 우려가 있다.

(4) 금속(연박) 형광 증감지
① 연박 위에 형광물질을 도포한 증감지, 상의 선명도는 연박 증감지에 비해 다소 낮다.
② 형광 증감지의 높은 증감률과 연박 증감지의 산란선 저감 효과가 있다.

나. 투과도계와 계조계

1) 투과도계란
(1) 방사선 투과 시험에 사용될 재질과 동일하거나 방사선적으로 유사한 재질로 제작한다.
(2) 방사선 투과 시험법의 적정성 점검을 위해 방사선 투과 사진상에 나타나도록 사용된다.
(3) 시험체 두께에 따라 두께, 구멍 및 와이어의 크기, 직경을 달리하여 구성된다.

2) 투과도계 사용 목적
(1) 지시 번호는 투과도계의 두께 또는 시험물의 두께를 나타내는 것
(2) 외형 윤곽선은 방사선의 사진 명암도를, 드릴 구멍의 윤곽선은 사진의 섬세도를 점검한다.

3) 투과도계 배치
(1) 시험체의 선원 쪽 면에 배치하는 것이 원칙이며, 불가능할 경우에만 필름 쪽에 배치한다.
(2) 놓는 위치는 시험부를 방해하지 않고, 불선명도가 가장 크게 나타날 곳에 놓는다.
(3) 선형 투과도계는 방사선 빔의 가장자리 쪽에 놓도록 규정하고 있다.
(4) 유공형 투과도계는 특별히 놓는 위치를 제한하지 않고 있다.

4) 투과도계의 종류
(1) KS형 및 JIS형 : 선(바늘)형 투과도계
① 일반형(04F) : 지름이 다른 7개의 선이 고분자 재료(X선 흡수가 적은 재료)속에 나란히 배치되어 있다. 04는 7개 선에서 제일 굵은 선의 지름이 0.4mm, 제일 가는 선은 이것의 1/4 굵기이다.
② 띠형(F040) : 같은 선 지름을 가지는 9개의 선으로 구성되어 있다.
㉠ 재질기호 표시 : F는 철, S는 스테인리스강, A는 알루미늄, T는 티타늄, C는 구리
㉡ 선의 지름 표시 : 40, 040은 0.4mm 또는 0.40mm를 의미한다.

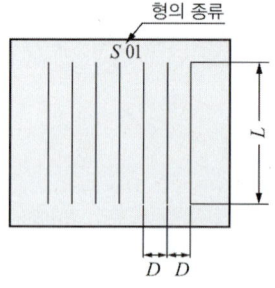

(a) 선(바늘)형 투과도계

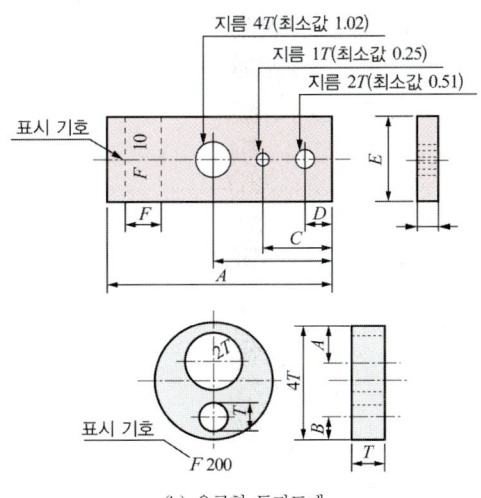

(b) 유공형 투과도계

그림 3.7 투과도계의 형상

(2) **ASTM형 : 유공형 투과도계**
① 각각의 고유번호(호칭번호)는 1/1000인치로 나타내는 투과도계의 두께를 표시한 것
② 직경이 1T, 2T, 4T의 크기를 갖는 3개의 관통 구멍이 있으며, 호칭번호 앞의 기호는 재질(FE, AL, CU, SS, MG 등)을, 숫자는 판의 두께이다.

5) 계조계
(1) 바늘형 투과도계 사용 시 검사하는 방사선 에너지가 검사에 알맞은 것인가를 확인, 투과 사진의 상질 점검을 위해 투과도계와 함께 사용한다.
(2) **종류** : 1단형의 판상, 2단형의 스텝상인 것이 있다.

6) 농도계, 필름 마커
(1) **농도계** : 사진 농도를 측정하는 기기. 검교정된 표준 농도 필름으로 교정하여 사용해야 한다.
(2) **필름 마커** : 투과 사진 식별을 위해 사진에 글자나 기호를 새겨 넣는데 사용하는 도구. 납 글자나 기호를 사용한다.

7) 필름 홀더, 카세트 및 관찰기
(1) **필름 홀더 및 카세트** : X선 필름을 보호하기 위해 이동 중 빛에 노출되지 않도록 담겨있는 장치

(2) **관찰기** : 투과사진 관찰을 위해 사진 뒷면에서 적절한 밝기의 균일한 빛을 비추어주는 장치

예제 1

방사선 투과 시험의 필름 콘트라스트에 대한 설명으로 옳은 것은?

① 저농도 필름일수록 크다.
② 감마치가 높을수록 크다.
③ 감마치와 무관하게 일정하다.
④ 피사체 콘트라스트가 클수록 크다.

 정답 ②

저감도 필름(감마값이 높음)은 콘트라스트가 강하고, 저농도 필름은 콘트라스트가 약하다.

예제 2

다음 중 필름을 개봉하여도 필름에 미치는 영향이 가장 적은 환경은?

① 황화수소가 발생하는 장소
② 헬륨 가스가 발생하는 장소
③ 포르말린 증기가 발생하는 장소
④ 암모니아 가스가 발생하는 장소

 정답 ②

필름은 헬륨가스와 반응하지 않는다.

예제 3

방사선 투과 검사 시 투과도계는 어떤 것을 측정하기 위하여 사용되는가?

① 필름의 농도
② 시험체 결함의 크기
③ 시험체 결함의 종류
④ 방사선 투과사진의 질

 정답 ④

투과도계
사진의 명암도, 섬세도, 식별도를 확인하는 것으로 사진의 질을 결정

5 방사선 사진 영상

가. 방사선 사진 촬영

1) 사진 촬영 원리와 감도

(1) **사진 형성 원리** : 방사선이 시험편을 투과하면 방사선은 직선으로 이동하여 필름과 작용해서 필름을 감광시킨다.

(2) **방사선 사진 감도(Sensitivity)** : 감도는 사진상에 나타난 상의 윤곽에 대한 선명도, 사진의 농도, 검고 흰 명암도가 조화된 상태를 나타내는 척도로서, 사진의 선명도와 명암도에 따라 결정된다.

2) 명암도 요인

(1) **시험물의 명암도** : 명암은 시험체에 투과된 방사선의 강도 범위에 따라 결정된다.

(2) **산란 방사선** : 후방 산란 방사선의 영향에 따라 명암도가 달라진다.

(3) **필름의 명암도** : 필름 자체가 가지고 있는 명암도의 특성을 말한다.

3) 방사선 사진의 선명도 요인

(1) **산란 방사선의 종류** : 내면 산란, 측면 산란, 후방 산란

(2) **산란 방사선의 감소 방법** : 필터 사용, 후면 스크린이나 마스크 사용, 콜리미터, 다이어프램, 콘 사용, 납 증감지 사용

(3) **고유 불선명도** : 영상이 자유 전자로 인해 불선명하게 되는 것

(4) **기하학적 불선명도** : 방사선 사진의 상의 형성이 선명하지 못하거나 시험물의 상이 늘어나 보이는 형태

(5) **기하학적 불선명도에 미치는 인자** : 선원의 크기, 선원과 필름의 거리, 시험물과 필름의 거리, 초점, 선원, 시험물, 필름의 배치 관계

(6) **필름의 입도** : 필름의 밀도(입도)가 적을수록 선명도가 좋아진다.

4) 촬영 배치

(1) 선원 - 필름 사이의 거리가 멀면 멀수록 선명도는 좋아지지만 노출 시간은 거리의 제곱에 비례하여 길어지게 되므로 선명도를 만족할 최소 거리를 정해야 한다.

(2) 선원 - 필름 사이에는 시험체가 놓이고, 선원이 있는 쪽 시험부의 표면에는 투과도계, 계조계 및 시험부의 범위 표지를 절차서에 규정된 위치에 배열한다.

(3) 선원 - 투과도계 사이의 거리는 멀게, 그리고 투과도계 - 필름 사이의 거리는 아주 가깝게 한다.

나. 현상처리

1) 현상

(1) **현상 순서**
① 현상 : 촬영된 방사선 필름에 감광유제가 침투되어 금속은과 반응하여 영상을 형성
② 정지 : 감광유제와 잔류 현상액이 작용하는 것을 방지하기 위해 물에 헹구는 공정
③ 정착 : 현상된 필름의 상을 영구 상으로 만드는 것
④ 세척 : 정착액을 물로 제거하는 작업
⑤ 건조 : 세척 시의 물을 말리는 것

(2) **현상에 필요한 물질** : 물, 현상액(알칼리성), 정지액, 정착액

(3) **현상 관계 온도와 시간**
① 현상액의 온도/시간 : 보통 20℃(17 ~ 24℃)에서 5 ~ 8분이 적당
② 정착액의 온도/시간 : 18 ~ 21℃에서 20 ~ 30분
③ 클리어링 시간 : 정착액에 필름을 넣었을 때부터 필름 유제가 확산되어 노란 우윳빛이 사라질 때까지 소요하는 시간

2) 현상처리 중 발생할 수 있는 결함

(1) **스크래치** : 필름 취급 부주의에 의해 생기는 자국

(2) **줄무늬(Chemical streak)** : 필름 현상 시 정지액을 거치지 않고 수세할 경우 발생, 현상 중 필름 행거를 충분히 교반하면 방지될 수 있음

(3) **오염 물질** : 먼지, 이물질 등이 용액에 있을 경우 발생

(4) **반점(Spotting, Air bell)** : 정착액, 정지액이 현

상처리 전 묻거나, 물방울, 기포에서 생김
(5) **주름(Frilling)** : 현상 온도가 너무 높을 경우 생기는 주름, 현상 중 온도가 갑자기 변할 때 발생하는 **망상형 주름(Reticulation)**이 있음

3) 정지, 정착, 수세, 건조
(1) **정지처리** : 필름을 현상처리 후 정지액에 넣어 현상작용을 정지시키고, 현상액이 정착액으로 들어가는 것을 방지하는 처리
   ① 정지처리를 안 하고 정착액에 넣을 경우 정착액을 급격히 피로시키며, 농도 유제막의 경화작용이 불충분해지고, 정착 얼룩을 만들기 쉽다.
   ② 빙초산 3% 수용액에 18~22℃에서 20~30초 동안 넣고 교반한다.
(2) **정착처리** : 필름의 감광유제에서 현상되지 않는 은 입자를 제거하고, 현상된 은 입자를 영구적인 상으로 남게 하는 처리
(3) **수세처리** : 정착 후 필름에 묻어 있는 정착액을 신속히 제거하기 위한 과정, 여름에는 10분, 겨울 60분 흐르는 물에서 예비 수세시 아황산소다의 2% 용액에 2분 담그면 수세시간을 1/3로 단축할 수 있다.
(4) **건조처리** : 필름을 수세 후 수적 방지 용액에 잠깐 담갔다가 꺼내 건조기에서 40℃(50℃를 넘지 않도록 한다.)로 30~45분 정도 건조한다.

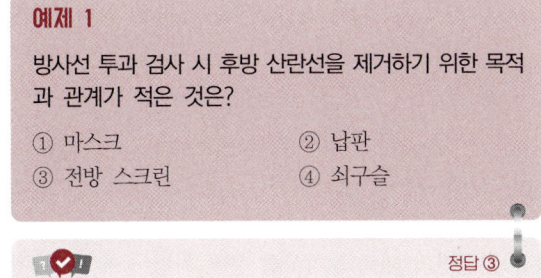

예제 1
방사선 투과 검사 시 후방 산란선을 제거하기 위한 목적과 관계가 적은 것은?
① 마스크   ② 납판
③ 전방 스크린   ④ 쇠구슬

정답 ③

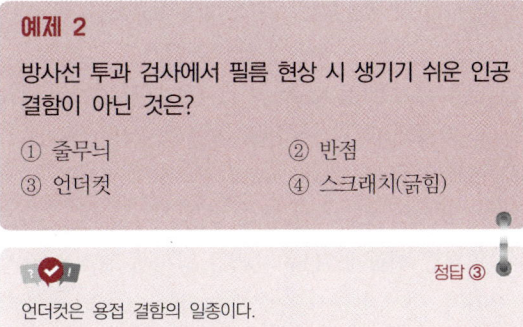

예제 2
방사선 투과 검사에서 필름 현상 시 생기기 쉬운 인공 결함이 아닌 것은?
① 줄무늬   ② 반점
③ 언더컷   ④ 스크래치(긁힘)

정답 ③
언더컷은 용접 결함의 일종이다.

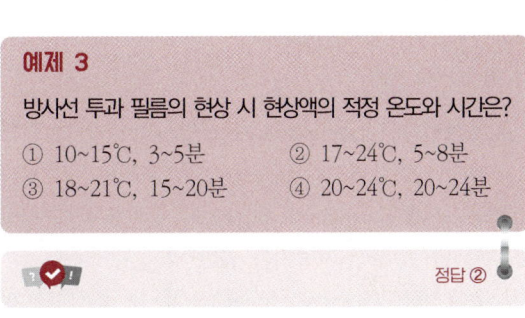

예제 3
방사선 투과 필름의 현상 시 현상액의 적정 온도와 시간은?
① 10~15℃, 3~5분   ② 17~24℃, 5~8분
③ 18~21℃, 15~20분   ④ 20~24℃, 20~24분

정답 ②

6 방사선 안전관리

가. 방사선 측정 기기

1) 방사선 측정 단위
(1) **렘(Rem)** : 모든 방사선에 의해 인체에 생물학적 효과를 발생하는 것을 나타내는 단위
(2) **뢴트겐(R : Roentgen)** : X선, 감마선 측정에 사용되는 방사선 조사선량의 표시 단위
(3) **라드(RAD)** : 방사선의 흡수선량 표시 단위, 물질 1g당 100ergs의 에너지를 흡수하는 방사선의 양
(4) **베크렐(Bq)** : 1초당 1번의 방사능 붕괴를 뜻함
(5) **RBE** : 방사선 효과의 개선에 필요한 단위
(6) **RHM(조사선량률 상수)** : 방사능의 위치에서 1m 떨어진 장소의 매 시간당 뢴트겐의 양을 나타내는 단위

2) 개인 피폭 측정기기
(1) **포켓선량계(Pocket Dosimeter)** : 만년필 형의 개인용 방사선 감시 장치, 사용 전에 미리 선량계 충전기로 선량계의 바늘을 어느 정도의 눈금이 되도록 조정한 후 충전해두고 일정 시간이 지난 후

방사선에 의한 방전으로 바늘이 움직인 것을 눈금으로 읽어서 피폭된 누적선량 측정
(2) **필름 배지(Film Badge)** : 방사선 투과 검사용 필름과 유사한 필름의 조각으로 피폭된 방사선량을 측정
(3) **알람 모니터** : 센서에 따라 방사선 피폭치가 일정치 이상이 되면 경보음을 발생
(4) **열형광 선량계(TLD)** : 일반 방사선 관리용 측정기기, 방사선 조사를 받아 여기(excitation) 상태로 된 열형광 물질을 가열하면 방사선량에 비례하는 빛을 방출하는 것을 측정하는 선량계

3) 방사선의 양
(1) **조사선량(Exposure dose)** : 방사선이 공기 중의 분자를 이온화시킨 정도를 양으로 표현
(2) **등가선량(Equivalent dose)** : 흡수선량에 대해 방사선의 방사선 가중치를 곱한 양
(3) **유효선량(Effective dose)** : 인체 내 조직 간 선량분포에 따른 위험 정도를 하나의 양으로 나타내기 위하여 각 조직의 등가선량에 대해 조직의 가중치를 곱하여 이를 모든 조직에 대해 합산한 양
(4) **흡수선량(Absorbed dose)** : 물질의 단위질량당 흡수된 방사선의 에너지
(5) **예탁선량** : 특정 시간에 섭취된 방사선 물질로 인하여 향후 50년간 장기나 조직에 피폭받게 될 총선량
(6) **집단선량** : 어떤 특정 집단의 방사선 위험을 평가할 때 사용하는 양

나. 방사선 장해

1) 방사선 방호의 3원칙
(1) **거리** : 선원과의 거리가 멀수록 피폭량이 감소된다.
(2) **시간** : 방사선 작업 시간이 짧을수록 감소된다.
(3) **차폐물** : 거리 및 시간을 관리할 수 없다면 차폐물을 이용하면 감소된다.

2) 방사선 감도 차이에 따른 체세포
백혈구 → 미완성 적혈구 → 위장 → 재생기관 → 표피 → 혈관 → 피부, 관절, 근육신경 세포 순으로 체세포의 감도가 저하된다.

3) 방사선 장해
(1) **방사선의 신체적 영향**
  ① 개인의 신체 및 유전적 작용, 신체적 작용, 돌연변이 등 자손에 영향을 준다.
  ② 피부 장해, 적담 장해, 조혈 장기 장해, 생식선 장해, 눈의 장해, 기타 장기의 장해
  ③ 백혈병, 폐암, 유방암, 갑상선암 등의 발암 장해
(2) **내부 방사선 장해** : 호흡, 섭취 등 방사성 물질이 인체 내부에 들어가서 생기는 장해
(3) **외부 방사선 장해** : 옷, 피부 등 인체의 외부로부터 조사되어 해를 가져오는 장해

4) 방사선이 인체에 영향을 주는 요소
(1) 방사선이 조사된 몸체 부분과 조사받은 기간
(2) 사람의 몸에 조사된 방사선의 총량
(3) 각 개인에 따른 생물학적 인체 구조의 차이
(4) 방사선을 조사받은 개개인의 나이

5) 피복 형태
(1) **자연 방사선** : 지각, 공기, 우주선 등의 천연 방사선 동위원소로부터 방출되는 방사선
연간 약 2mSv 정도 피폭
(2) **작업상 피폭** : 18세 미만은 방사선 작업장 근무 금지
  ① 공기 중 라돈 농도가 높은 작업 환경에서의 라돈 피폭
  ② 항공 승무원 등 우주선 피폭
  ③ 의료기관 직원의 피폭
(3) **의료상 피폭** : 환자, 보호자, 임상 실험자가 받는 피폭
(4) **일반인의 피폭** : 방사선 운반 차량 등에 의한 행인의 피폭, 원자력 시설 주변 주민의 피폭

예제 1
방사선 방어용 측정기 중 패용자의 자기 감시가 가능한 것은?
① 필름 배지 ② 포켓 선량계
③ 열형광 선량계 ④ 초자 선량계

정답 ②

포켓 선량계는 즉시 피폭선량을 알 수 있다.

예제 2
다음 중 개인 피폭선량 측정용만으로 사용하는 측정기가 아닌 것은?
① 서베이 메터 ② 필름 뱃지
③ 티엘디(TLD) ④ 포켓 도시메터

정답 ①

서베이미터
공간 방사선량률을 측정하는 장비

예제 3
외부방사선 피폭의 방어 3대 원칙은?
① 시간, 거리, 강도 ② 차폐, 시간, 거리
③ 강도, 차폐, 시간 ④ 거리, 강도, 차폐

정답 ②

피폭 방어 3원칙
차폐체, 피폭 시간, 선원과의 거리

예제 4
다음 중 방사선(X선, γ선) 방호용 차폐체로서 가장 효과적인 것은?
① 납 ② 철
③ 텅스텐 ④ 청동

정답 ③

차폐체는 원자번호가 크고 무거운 물질(비중이 큰 것)이 효과적이다.
비중 Pb(납) : 11.34, U(우라늄) : 19.05, W(텅스텐) : 19.1

03 단원별 출제예상문제

SECTION

DIY쌤이 **콕! 찝어주는 주요 예상문제** 풀어보기!

01 다음 중 시험물 표면에 방청유가 도포된 상태로도 검사가 가능하며 결과에도 큰 영향이 없는 비파괴 검사는?

① 방사선 투과 시험 ② 자분 탐상 시험
③ 침투 탐상 시험 ④ 누설 검사

> 방사선 탐상은 표면에 방청유가 존재해도 시험 결과에는 아무 영향을 미치지 않으며, 내부 결함 검출에 적합한 검사법이다.

02 비파괴 검사 중 일반적으로 검사비가 가장 많이 드는 것은?

① 초음파 탐상 시험 ② 침투 탐상 시험
③ 방사선 투과 시험 ④ 자분 탐상 시험

03 비파괴 검사법 중 체적검사에 적합한 것은?

① 육안 검사 ② 침투 탐상 검사
③ 자분 탐상 검사 ④ 방사선 투과 검사

> **체적(내부) 결함 검사법**
> 방사선 탐상, 초음파 탐상

04 다음 중 의료와 산업에 모두 폭넓게 이용되는 방사선 투과 시험은?

① 단층 촬영시험(Computerized Tomography)
② 중성자 투과 시험(Neutron radiography)
③ 제로 방사선 투과 시험(Zero radiography)
④ 전자 방사선 투과 시험(Electron radiography)

> 단층촬영시험(CT)은 의료와 산업계에 널리 사용하는 검사법이다.

05 다음 비파괴 검사법 중 시험체의 재질에 따른 제한을 가장 적게 받는 것은?

① 자분 탐상 시험 ② 방사선 투과 시험
③ 침투 탐상 시험 ④ 와전류 탐상 시험

> RT는 시험체 재질의 제한을 거의 받지 않는다.

06 검사품 내부의 기공 검출에 적합한 비파괴 검사법은?

① 방사선 투과 시험법 ② 와전류 탐상 시험법
③ 누설 검사법 ④ 자기 탐상 시험법

> **내부 기공, 슬래그 혼입 검사에 적합한 검사법**
> 방사선 탐상, 초음파 탐상

07 두꺼운 금속 용기 내부에 존재하는 경수소화합물을 검출할 수 있고, 특히 핵연료봉과 같이 높은 방사성 물질의 결함 검사에 적용할 수 있는 비파괴 검사법은?

① 감마선 투과 검사 ② 음향 방출 검사
③ 중성자 투과 검사 ④ 초음파 탐상 검사

> **중성자 투과 검사**
> 침투 깊이가 깊고 분해능도 뛰어나며, 화합물 등의 복합물질, 핵연료봉 등의 고방사성 물질의 결함 검사에 사용한다. 중성자가 원자핵과 반응하는 원리를 이용한 검사법의 일종

08 X선으로 투과하기 힘든 후판의 검사법으로 적합한 것은?

① 맴돌이전류 검사 ② 형광 침투 검사
③ 매크로 검사 ④ γ선 투과 검사

> X선보다 γ선의 파장이 짧고 투과력이 강해 후판 결함 검출에 적합하다.

정답 01 ① 02 ③ 03 ④ 04 ① 05 ② 06 ① 07 ③ 08 ④

09 다음 중 방사선 투과 시험과 초음파 탐상 시험에 대한 비교 설명으로 옳지 않은 것은?

① 방사선 투과 시험은 시험체 두께에 영향을 많이 받으며, 초음파 탐상 시험은 시험체 조직 크기에 영향을 받는다.
② 방사선 투과 시험은 방사선 안전관리가 필요하고, 초음파 탐상 시험은 방사선 안전관리가 필요하지 않다.
③ 방사선 투과 시험은 촬영 후 현상 과정을 거쳐야 판독 가능하고, 초음파 탐상 시험은 검사 중 판독이 가능하다.
④ 방사선 투과 시험은 결함의 3차원적 위치 확인이 가능하고, 초음파 탐상 시험은 2차원적 위치 확인만 가능하다.

> 초음파 탐상 시험은 3차원적 위치 확인이 가능하나, 방사선 투과 시험은 결함의 공간적인 정보를 얻을 수 없다.

10 시험체를 투과한 방사선에 대한 형광 투시법의 단점을 설명한 것으로 옳은 것은?

① 필름이나 현상액 등 약품이 필요하다.
② 암실에서 작업을 해야 하는 불편이 따른다.
③ 방사선 투과 시험보다 미세한 불연속의 검출이 어렵다.
④ 스크린에서 밝은 빛을 발산하여 육안으로 관찰하기가 어렵다.

> **형광 투시법**
> 필름과 약품 등이 필요하지 않고, 암실 처리가 불필요하기 때문에 경비가 현저히 절감되며, 시험 결과를 바로 알 수 있어 능률이 높지만, 상질은 직접 촬영법에 비해 약간 떨어지는 문제점이 있다.

11 방사선의 종류와 성질에 대한 설명으로 옳은 것은?

① α선과 중성자선은 전자파의 일종이다.
② X선과 β선은 물질 투과력이 강하다.
③ X선과 γ선은 물질의 원자번호나 밀도가 적을수록 흡수가 커져 투과하기 어렵다.
④ 중성자선은 텅스텐, 납 등의 원소에는 흡수가 적은 성질이 있다.

> ① 입자선 : α선, β선, 중성자선
> ② 전자기파 : γ선, X선
> ③ α선과 β선은 투과력이 좋지 않으며, γ선, X선, 중성자선은 투과력이 좋으며, 콘크리트로 막을 수 있다.

12 다음 방사선 투과 시험에 사용하는 감마선원 중 반감기가 가장 긴 것은?

① Co 60
② Cs 137
③ Ir 192
④ Tm 170

> ① Co 60 : 5.3년
> ② Cs(세슘) 137 : 33년
> ③ Ir 192 : 75일
> ④ Tm 170 : 127일

13 방사선 투과 시험의 X선 발생 장치에서 과전류는 무엇에 의하여 조정되는가?

① 표적에 사용된 재질
② 양극과 음극 사이의 거리
③ 필라멘트를 통하는 전류
④ X선 관구에 가해진 전압과 파형

14 가시광선이나 X선 또는 γ선에 노출되면 훌륭한 전기도체가 되는 원리를 이용하여 셀레늄(selenium) 판에 시험체의 상을 기록하여 건식 현상처리하는 방사선 투과 시험은?

① 자동(Auto) 방사선 투과 시험
② 제로(Zero) 방사선 투과 시험
③ 입체(Stereo) 방사선 투과 시험
④ 실시간(Realtime) 방사선 투과 시험

> **제로 방사선 투과 시험**
> 전기저항값이 빛에 의해 변화하는 광반도체를 이용한 전자전사 방식, 습기가 없는 건식 현상처리를 한다.

15 방사선 투과 시험에서 X선 관전압에 해당되는 동위원소에서의 동일한 투과 능력의 대등한 에너지를 무엇이라 하는가?

① 필요 에너지
② 최소 에너지
③ 등가 에너지
④ 최대 에너지

정답 09 ④ 10 ③ 11 ④ 12 ② 13 ③ 14 ② 15 ③

16 다음 중 방사선 투과 사진에 필요한 물리적 특성과 거리가 먼 것은?

① 투과
② 회절
③ 직진
④ 감광

> **방사선 투과 시험에 필요한 물리적 특성**
> ①, ③, ④ 외에 흡수성

17 X선을 시험체에 쪼여 결정 내의 원자 구조를 조사, 응력의 측정이나 결정입도 측정과 같은 품질관리나 재료시험이 가능한 것은 X선의 어떤 특성을 이용한 것인가?

① 투과 특성
② 회절 특성
③ 진동 특성
④ 분광 특성

> **X선**
> 물질에 대한 강한 투과력이 있어 응력 측정, 결정입도 측정, 원자 구조 조사 등이 가능하다.

18 방사선 투과 시험에서 X선 회절에 의한 반점을 감소시키거나 어느 정도 제거할 수 있는 방법으로 가장 적절한 것은?

① 전압을 올리거나 연박 스크린을 사용한다.
② 전류를 올리고 형광 스크린을 사용한다.
③ 전압을 낮추고 연박 스크린을 사용한다.
④ 전류를 낮추거나 형광 스크린을 사용한다.

> **반점 등 산란선 영향 감소법**
> 면 스크린 사용, 마스크 사용, 필터 사용, 납 증감지(연박 스크린) 사용, 전압 상승, 콜리미터, 다이어프램, 콘 등을 사용

19 방사선 투과 시험에서 방사선과 검사체의 상호 작용에 의해 발생되는 직접적인 효과가 아닌 것은?

① 전자쌍 생성(Pair production)
② 콤프톤 산란(Compton scattering)
③ 경사 효과(Heel effect)
④ 광전 효과(Photoelectric effect)

20 방사선의 강도와 거리와의 관계를 표시한 것이다. 올바른 것은? (단, T : 시간, I : 강도, D : 거리)

① $\dfrac{I_2}{I_1} = \dfrac{D_2 \times T_1}{D_1 \times T_2}$
② $\dfrac{I_1}{I_2} = \dfrac{D_2}{D_1}$
③ $\dfrac{I_1}{I_2} = \dfrac{(D_2)^2}{(D_1)^2}$
④ $\dfrac{I_1}{I_2} = \dfrac{(D_1)^2}{(D_2)^2}$

> 방사선의 강도와 거리의 관계는 역자승의 법칙에 따라서 강도는 선원으로부터 거리 제곱에 반비례한다.
> $\dfrac{I_1}{I_2} = \left(\dfrac{D_2}{D_1}\right)^2$ 또는 $I_1 = I_2 \times \left(\dfrac{D_2}{D_1}\right)^2$

21 방사선 발생 장치를 장시간 사용하지 않을 경우 보관 관리 시 조치할 행동은?

① 방사선 발생관을 기름칠하여 둔다.
② 발생 장치 전체를 방수처리하여 준다.
③ 저온창고에 보관하여 둔다.
④ 1개월에 1회 정도 예열하여 준다.

22 방사선 투과 시험에서 필름 현상 온도를 15.5℃에서 24℃로 상승시킴에 따라서 현상시간은 어떻게 해야 하는가?

① 15.5℃ 때보다 시간을 짧게 한다.
② 15.5℃ 때보다 시간을 길게 한다.
③ 항상 5분으로 한다.
④ 현상 온도와 현상시간은 서로 무관한 함수이므로 15.5℃ 때와 같은 시간으로 한다.

> 현상액의 온도가 상승하면 용액의 현상 속도가 빨라지므로 현상 시간은 짧게 해야 된다.

23 방사선 투과 시험한 필름을 현상액에 처음 넣을 때 최소한 얼마 동안 흔들어 주어야 하는가?

① 5분
② 1분
③ 30초
④ 10초

> **현상액처리**
> 7~24℃에서 초기 10초간 흔들어서 현상액을 고르게 작용시킨 후 5~8분 정도 지난 후에 꺼낸다.

정답 16 ② 17 ① 18 ① 19 ③ 20 ③ 21 ④ 22 ① 23 ④

24 방사선 투과 시험 시 관용도가 큰 필름을 사용했을 때 나타나는 현상은?

① 관전압이 올라간다.
② 관전압이 내려간다.
③ 콘트라스트가 높아진다.
④ 콘트라스트가 낮아진다.

> **필름의 관용도**
> 일정한 노출에 사진을 만들어내는 감광 범위를 나타내는 것. 관용도가 낮으면 콘트라스트는 높아지고, 관용도가 크면 콘트라스트는 낮아진다.

25 방사선 투과 사진 촬영에서 산란선 방지를 위한 조치로 다음 중 효과가 가장 작은 것은?

① 필름홀더에 연박 스크린을 넣었다.
② 필름 뒷면에 얇은 합판을 부착했다.
③ 방사구에 다이아프램을 설치하였다.
④ 시험체 주위에 마스크를 설치하였다.

> **18번 참조**
> : 반점 등 산란선 영향 감소법
> 면 스크린 사용, 마스크 사용, 필터 사용, 납 증감지(연박 스크린) 사용, 전압 상승, 콜리미터, 다이어프램, 콘 등을 사용

26 방사선 투과 시험에서 투과도계를 사용하는 목적은?

① 식별도를 측정하기 위함이다.
② 필름 입상성을 측정하기 위함이다.
③ 필름 콘트라스트를 측정하기 위함이다.
④ 피사체 콘트라스트를 측정하기 위함이다.

27 다음 중 방사선 투과 시험으로 가장 검출하기 어려운 경우는?

① 두께의 차이가 있을 때
② 주변 재질과 밀도의 차이가 있을 때
③ 이동하는 방사선 빔에 수직한 면상 결함일 때
④ 주변 재질과 1% 이상의 방사선 흡수차를 나타낼 때

> 방사선 빔에 수평한 결함은 검출이 잘 되지만, 방사선 빔에 수직한 결함(라미네이션)은 검출이 어렵다.

28 다음 중 방사선 투과 검사에서 판별하기 가장 어려운 결함은?

① 결함의 크기 ② 결함의 종류
③ 결함의 깊이 ④ 결함의 수

> 방사선 투과 시험은 내부 결함의 크기 및 형태 등 결함의 성질을 판단하기 용이하지만 필름의 평면에 의해 판별하므로 결함의 공간적인 정보를 얻을 수 없어 결함의 깊이를 추정하기 어렵다.

29 다음 비파괴 검사법 중 철강 제품의 표면에 생긴 미세한 균열을 검출하기에 부적합한 것은?

① 방사선 투과 시험 ② 와전류 탐상 시험
③ 침투 탐상 시험 ④ 자분 탐상 시험

30 X선 투과 시험 결과 필름상에 0.1~수mm 정도의 검은 둥근 점이 나타났다면 이 결함은 무엇이겠는가?

① 슬래그 섞임 ② 은점
③ 기공 ④ 스패터

31 다음 중 방사선 투과 검사로 검출하기 곤란한 결함은?

① 체적 결함
② 기공성 결함
③ 조사 방향에 평행한 균열
④ 조사 방향에 수직하게 깊이 차가 있는 균열

> 방사선 투과 시험은 방사선 조사 방향에 수직한 결함은 검출이 곤란하고, 체적 결함, 기공, 조사 방향에 평행한 결함은 검출이 가능하다.

32 방사선 검사로 발견할 수 없는 결함은?

① 블로 홀 ② 슬래그 혼입
③ 균열 ④ 라미네이션 변질층

> 방사선 투과 시험으로 검출이 곤란한 결함은 ④ 외에 미소 균열, 은점, 모재면에 평행한 라미네이션 등이 있다.

정답 24 ④ 25 ② 26 ① 27 ③ 28 ③ 29 ① 30 ③ 31 ④ 32 ④

33 용접부에 X선을 투과하였을 경우 검출되는 결함으로서 가장 관계가 적은 것은?
① 선상 조직
② 비금속 개재물
③ 언더컷
④ 용입 불량

> X선 검사는 두께 차이에 따른 필름의 감광 정도에 따라 판단하는 시험법이다.

34 다음 중 내부 기공의 결함 검출에 가장 적합한 비파괴 검사법은?
① 음향 방출 시험
② 방사선 투과 시험
③ 침투 탐상 시험
④ 와전류 탐상 시험

> **내부 기공 검사**
> 방사선 탐상, 초음파 탐상

35 X선 투과 검사에서 기공은 필름상에 어떻게 나타나는가?
① 검은 직선
② 백색 직선
③ 백색 둥근 점
④ 검은 둥근 점

> **방사선 필름 판독**
> 스패터는 백색 둥근 점, 기공은 검은 둥근 점으로 나타난다. 슬래그는 검은 반점, 용입 부족은 검은 직선, 언더컷은 가늘고 긴 검은 선으로 나타난다.

36 KS에서 규정한 방사선 투과 시험 필름 판독에서 제3종 결함은?
① 둥근 블로홀 및 이와 유사한 결함
② 슬래그 섞임 및 이와 유사한 결함
③ 갈라짐(균열) 및 이와 유사한 결함
④ 노치 및 이와 유사한 결함

① 1종 결함
② 2종 결함
③ 3종 결함

37 다음 중 방사선 안전관리의 목적과 관계가 적은 것은?
① 방사성 물질 제조시설의 입지 조건 선택
② 방사선 차폐 설계
③ 방사선 측정기의 교정
④ 원자력 발전소의 건설

> 발전소 건설은 안전관리의 목적이 아니고 안전관리 대상이다.

38 방사선 피폭에 의한 장해가 아닌 것은?
① 백혈병
② 탈모
③ 위산과다
④ 백내장

39 방사선 조사량에 따른 육체적 영향을 설명한 것 중 옳지 않은 것은? (단, 방사선 조사량은 rem/h일 때)
① 0 ~ 25 : 증세 없음
② 50 ~ 100 : 피로, 권태, 구토, 부분 탈모
③ 100 ~ 250 : 구토, 식욕 부진
④ 250 ~ 500 : 100% 사망

> **방사선 조사량(rem/h)**
> 250~500 : 골수, 조혈계 이상, 500~800 : 조혈계와 위장 관계 조직 손상, 800 이상 : 백혈구 손상, 혈소판 부족으로 한달 내 사망, 2000 이상 : 혼수상태 및 사망

40 Ir 192 10Ci 선원으로부터 5m 지점에서의 시간당 선량률은? (단, Ir192 1Ci당 1m 거리에서 1시간당 선량률은 0.5R/h로 간주한다.)
① 무시할 정도로 적다.
② 0.2R/h
③ 1R/h
④ 5R/h

> 선량률은 거리의 제곱에 반비례한다.
> $10(Ci) \times \frac{1}{5^2}(m) \times 0.5(R/h) = 10 \times 0.04 \times 0.5 = 0.2$

정답 33 ① 34 ② 35 ④ 36 ③ 37 ④ 38 ③ 39 ④ 40 ②

41 용접 후 X선 검사를 하는 경우 방사선 차단벽이 필요한데 다음 중 어떤 재료로 차단하여야 하는가?

① 납판　　② 주석판
③ 알루미늄판　　④ 특수 강판

> 납은 X선의 투과력이 가장 작은 금속재료이다.

42 방사선 투과 검사 시 공간 방사선량률을 측정하는 장비는?

① 필름 뱃지　　② 서베이미터
③ 포켓 도시메터　　④ 포켓 챔버

> ①, ③, ④는 개인 피폭선량기기이다.

43 외부 방사선 피폭 방어의 3가지 방법에 속하지 않는 것은?

① 방사선 강도는 거리에 정비례하여 증가하는 방법을 이용한다.
② 방사선이 피폭되는 양은 시간에 정비례하여 증가하므로 피폭 시간을 줄인다.
③ 방사선은 거리의 제곱에 반비례하여 감소하는 방법을 이용한다.
④ 방사선은 매질 내에서 지수함수적으로 감소하는 법칙을 이용한다.

> 방사선의 강도는 거리의 역제곱 법칙에 의해 반비례하여 멀어질수록 감소하는 성질을 이용한다.

44 방사선 오염 방지의 3대 원칙이 아닌 것은?

① 작업 시간 단축　　② 조기 발견
③ 오염 확대 방지　　④ 조기 제염

45 외부 방사선 피폭의 방어 원칙을 바르게 설명한 것은?

① 두껍게 차폐하고, 선원으로부터의 거리는 멀리 하며, 촬영 시간은 짧게 한다.
② 두껍게 차폐하고, 선원으로부터의 거리는 가깝게 하며, 촬영 시간은 짧게 한다.
③ 얇게 차폐하고, 선원으로부터의 거리는 가깝게 하며, 촬영 시간은 길게 한다.
④ 두껍게 차폐하고, 선원으로부터의 거리는 멀리 하며, 촬영 시간은 길게 한다.

46 어떤 방사성 동위원소(Co - 60)로부터 5m 떨어진 곳의 선량률이 100mR/h이었다면 10m 떨어진 곳의 선량률은?

① 50mR/h　　② 0.5R/h
③ 25mR/h　　④ 0.25R/h

> 거리가 2배 늘었으므로 $100 \times \frac{1}{2^2} = \frac{100}{4} = 25$이다.

47 어느 지점에서 서베이미터로 측정한 결과 방사선량률이 100mR/h이었다. 이 지점에 6분간 서 있었던 사람은 방사선에 얼마만큼 피폭이 되었겠는가?

① 1mR/h　　② 10mR/h
③ 50mR/h　　④ 100mR/h

> 6분은 1/10시간이므로 $100 \times \frac{1}{10} = 10$이다.

48 원자력법령에 따른 일반인에 대한 방사선의 연간 유효선량한도는 얼마인가?

① 100mSv　　② 10mSv
③ 1mSv　　④ 150mSv

> **유효선량한도**
> 방사선 작업 종사자는 연간 50Sv를 넘지 않는 범위에서 5년간 100Sv, 수시 출입자는 12Sv

정답 41 ① 42 ② 43 ① 44 ① 45 ① 46 ③ 47 ② 48 ③

49 방사선의 종류에 따른 차폐 방법을 설명한 것으로 옳지 않은 것은?

① β 입자는 제동복사를 고려한다.
② X선은 원자번호가 큰 물질로 차폐한다.
③ 중성자는 감속시켜 차폐체에 흡수시킨다.
④ γ선은 가벼운 원소로 차폐하는 것이 효과적이다.

> X선, γ(감마)선은 무겁고 원자번호가 큰 물질이 효과적이다.

50 방사성 동위원소 규정상 방사선 피폭에서 제외되는 것은?

① 감마선
② 고속전자
③ 중성자
④ 진료로 받는 X선

> 진료용으로 검사를 받는 X선은 환자의 경우 방사선 피폭에서 제외하고 있다.

51 인체 내에 피폭될 때 가장 큰 위험을 일으키는 방사선은?

① α선
② β선
③ γ선
④ X선

> α선은 투과력이 약하고, 비정거리가 짧아 내부까지 피폭은 안 되지만, 내부에 피폭되면 외부로 빠져나오기 어려워 내부 장기와 조직에 심각한 영향을 일으킨다.

52 방사선 작업자의 외부 피폭을 방어하기 위하여 다음 중 고려하지 않아도 되는 것은?

① 차폐 보강
② 적당한 거리
③ 표면의 청결도
④ 작업 시간

53 방사선 작업 종사자의 건강 진단 시 검사해야 할 항목이 아닌 것은?

① 적혈구
② 백혈구
③ 모발
④ 혈색소량

54 방사선에 의한 만성장해 및 급성장해에 관한 설명으로 옳은 것은?

① 유전적 영향은 급성장해이다.
② 방사선 피폭에 의한 암은 급성장해이다.
③ 홍반, 구토 등이 발생하면 급성장해라고 할 수 있다.
④ 손의 과피폭 시 화상이 발생하면 만성장해라고 할 수 있다.

55 원자력 안전법에서 정하는 방사선 발생장치에 속하지 않는 것은?

① 엑스선 발생장치
② 사이크로트론
③ GM 카운터
④ 선형 가속장치

정답: 49 ④ 50 ④ 51 ① 52 ③ 53 ③ 54 ③ 55 ③

04 자분 탐상 검사

1 자분(자기) 탐상 검사의 기초

가. 자분 탐상의 개요

1) 자분 탐상의 의의
(1) 철강재료 등 강자성체의 시험체 표면 또는 표면 직하의 불연속을 검출하기 위하여 자속을 흘려 자화시키고, 자분을 탐상면에 적용하여 자분이 결함부에 흡착하여 형성된 모양을 찾아내는 방법이다.
(2) 시험체 표면 또는 표면 가까이에 있는 불연속부의 윤곽을 형성하여 위치, 크기, 형태 및 넓이 등을 검사할 수 있다.

2) 자분 탐상의 대분류
(1) **자분 탐상 검사법** : 시험체에 자계를 유도시키거나 유도시킨 다음에 시험체의 표면에 자기인력을 가지는 매체(자분)를 뿌려 불연속을 찾아내는 방법
(2) **누설 자속 탐상 검사법** : 탄소강과 같은 철강재료를 자화하였을 때 불연속으로부터 자속이 누설되는 것을 자기 센서를 사용하여 직접 누설 자속을 측정함으로써 결함을 찾아내는 방법
(3) **자기 기록 탐상 검사법** : 시험체를 자화하면서 그 탐상면에 자기 테이프를 밀착시켜 결함 누설 자속을 자기 기록하고, 검출기로 전기 신호를 추출하여 결함을 찾아내는 방법

3) 검사 방법의 분류

분류의 조건	분류
자화 방법	축 통전법, 직각 통전법, 프로드법, 전류 관통법, 코일법, 극간법, 자속 관통법, 근접 도체법
자분의 종류	형광 자분, 비형광 자분
자분의 적용 시기	연속법, 잔류법
자분의 분산매	건식법, 습식법
자화전류의 종류	직류, 맥류, 교류, 충격 전류

나. 자분 탐상 검사의 특성

1) 장점
(1) 구조물 등에 존재하는 표면 또는 표면 직하 2~3mm 깊이의 결함 검출 능력이 우수하다.
(2) 시험편의 크기, 형상 등에 많은 제한을 받지 않으며, 탐상 결과가 정확하다.
(3) 작업 시간이 신속하며, 자분시험 전 특별한 전처리가 필요없어 자동화가 가능하다.
(4) 측정 방법(조작)이 간단하여 배우기 쉽고, 검사에 드는 비용이 저렴하다.
(5) 결함의 모양이 표면에 직접 나타나므로 쉽게 육안으로 관찰할 수 있다.
(6) 얇은 도장, 도금, 비자성 물질이 도포된 것도 검사가 가능하다.

2) 단점
(1) 결함 깊이나 내부의 불연속은 검사할 수 없으며, 핀홀, 기공 등은 검출이 어렵다.
(2) 강자성체의 재료만 검사가 가능하며, 탈자가 필요한 경우가 있다.
(3) 자속 방향에 불연속의 위치가 수직이어야 하며, 자분의 제거 처리가 필요하다.
(4) 대형 시험 제품에는 높은 자화 전류가 필요하다.
(5) 지시의 판독에 숙련과 경험이 필요하다.

3) 자분 탐상에 영향이 미치는 요인
(1) 시험편의 자화 특성, 자화 방법, 부품의 형태, 부품의 표면 특성, 불연속의 크기, 형태
(2) 자장의 방향과 감도, 자분의 특성 및 적용 방법
(3) 시험체 표면의 색과 대비가 잘되는 구별하기 쉬운 색의 자분을 선정

4) 자분 탐상의 적용

(1) 철강 제품, 압력 용기, 석유 화학 공장의 배관, 압연 제품 등에 많이 사용하고 있다.
(2) 검출 가능한 결함은 균열, 라미네이션, 탕계(cold shut), 시임(seam), 겹침 등이다.

예제 1

자분 탐상 시험에 대한 설명으로 옳지 않은 것은?
① 자분 탐상 시험은 강자성체에 적용된다.
② 비철재료의 내부 및 표면 직하 균열에 검출 감도가 높다.
③ 제한적이지만 표면이 열리지 않은 불연속도 검출할 수 있다.
④ 시험체가 매우 큰 경우 여러 번으로 나누어 검사할 수 있다.

 정답 ②

자분 탐상 시험은 강자성체만 적용이 가능하다.

예제 2

자분 탐상 시험 원리에 대해 기술한 것으로 올바른 것은?
① 비자성체의 시험체에 자속을 흐르게 하는 작업을 자화라 한다.
② 자분은 여러 가지 색을 지니고 있는 비자성체의 미립자이다.
③ 자분을 시험체 내에 침투시키는 작업을 자분의 적용이라 한다.
④ 결함부에 끌려 형성된 결함자분 모양을 찾아내는 작업을 관찰이라 한다.

 정답 ④

자분
강자성체의 미립자

예제 3

다음 중 자분 탐상 검사의 장점이 아닌 것은?
① 표면 균열 검사에 적합하다.
② 검사자가 쉽게 검사 방법을 배울 수 있다.
③ 교류 사용 시 표면하 결함도 검출이 가능하다.
④ 작업비가 비교적 저렴하다.

 정답 ③

고가의 장비가 요구되지 않는다. 자화전류가 교류일 경우 내부 결함의 검출은 곤란하다.

예제 4

자성체 재료의 검사 시 눈으로 볼 수 없는 표면의 균열이나 핀홀 등의 결함을 검사하는데 가장 적합한 것은?
① 침투 검사
② 초음파 검사
③ 자분 탐상 검사
④ X선 침투 검사

 정답 ③

---

2 자기 및 전기 기초이론

가. 자기 이론

1) 자성체 분류

(1) 반자성체
① 외부에서 자계를 가하면 궤도운동을 하는 전자의 상태가 조금 변화되어 작은 자구를 형성하여 외부 자계와 반대 방향이 되는 물체. 비금속재료와 같이 자장에 전혀 영향을 받지 않으므로 자분 탐상 검사할 수 없다.
② Au, Cu, Bi, Zn C, Si, Ag, Pb, Zn, S, Hg 등

(2) 상자성체
① 자계가 있을 때 양의 자화율을 가지며, 자장에 영향을 받지만 자계를 제거하면 곧 사라지는 재료
② Al, Mn, Mg, Ti, Sn, 오스테나이트계 스테인리스강은 검사 불가능

(3) 강자성체
　① 외부의 자계를 제거하여도 자계를 유지하거나 제거할 수 있으며, 자석에 강하게 작용하는 재료
　② 저탄소강 : 탄소량이 적을수록 투자율이 높아서 표면 직하(바로 아래)의 6.4mm (1/4인치) 정도까지 탐상 가능
　③ Co, Ni : 표면 검사에 주로 적용한다.

2) 자극(Magenetic Pole)
전 표면에 걸쳐 자력이 일정하지 않고 한 부분에 집중하게 되어 있는데, 이 부분을 자극이라 한다.

3) 자계와 자석, 자기
(1) 자계
　① 자계는 진공 속을 포함하여 모든 물체에 존재하며, 자석 주위에는 자계가 존재하나 육안으로는 볼 수 없다.
　② 물질 내 모든 분자는 S극 또는 N극의 자극을 가지고 있으며, 자석의 N극, S극을 일시적으로 분리하면 자극 사이에는 정전기의 경우와 같이 쿨롱의 법칙이 성립한다.
　③ 자력에 대한 쿨롱의 법칙 : 진공 중에서 두 자극 사이에 작용하는 자기력의 힘은 두 자극의 세기의 곱에 비례하고, 두 자극 사이의 거리의 곱에 반비례한다.
(2) 자석
　① 자화되어 있는 물질, 즉 철, 니켈과 같은 금속은 수평으로 매달아두면 남북을 가리키는 성질을 가지는데 이러한 성질을 자성 또는 자기라고 하며, 자기를 가진 물체이다.
　② 하나의 자석에서 N극과 S극의 자극의 강도는 서로 같으며, 자석을 절단하여도 절단된 자석 각각은 N극과 S극을 갖는다. 즉, 자석은 단독적인 자극은 존재하지 않는다.
(3) 자기(magnetism) : 자극은 자극 상호 간에도 힘이 미치는데 이 자극의 힘의 세기로 자극 세기를 비교한다. 자석의 상호작용, 단위는 웨버(Wb)를 사용한다.

4) 자력과 자력선
(1) 자력 : 철과 같은 금속을 잡아당기거나 반발하는 능력
(2) 자력선(magnetic line of force)
　① 자력선 : 자기력선이라고도 하며, 자극의 주위에 철분으로 나타난 선
　② 자력선의 방향 : 자계의 방향과 평행하고, N극에서 S극으로 향하는 방향이 +가 되며, 자석의 외부에서는 N→S의 경로로 이동하지만 내부에서는 S→N으로 이동하게 된다.
　③ 같은 극끼리는 반발력(척력)이 생기며 다른 극끼리는 흡인력(인력)이 생긴다.
　④ N극에서 나온 자력선은 반드시 S극에서 끝나며, 도중에 소멸되거나 발생하지 않는다.
　⑤ 자력선의 밀도는 그 점에서의 자계의 세기를 나타낸다.
　⑥ 자력선은 도중에 나누어지거나 2개의 자력선이 서로 만나지 않고 항상 연속적이고 회전 형태를 갖고 있다.
　⑦ 자력선의 간격이 촘촘할수록 자계의 세기가 세다.
　⑧ 자계의 방향에 대해 직각인 단위면적당을 통과하는 자력선 수에 따라 자계의 세기를 나타낸다.

5) B – H 곡선(자기이력 곡선)
(1) 자속 밀도(B)와 자력의 힘(H)의 관계를 나타낸 곡선
(2) B – H 곡선(자기이력 곡선)의 이동 순서
　① 잔류 자장 : 자력의 힘이 제로(0)가 되어도 약간의 자속이 남아 있는 상태
　② 자기적 포화 상태 : 자력의 힘(H)이 증가되어도 자장의 강도는 증가하지 않는 상태
　③ 포화점(Saturation Point) : 자기적 포화 상태가 존재하는 위치
　④ 보자력(항자력) : 자속 밀도(B)가 제로(0)가 되는 지점으로 자력의 힘(H)은 음(-)의 방향으로 감소한다.
　⑤ 음의 포화점 : 탈자되는 힘을 음(-)의 방향으로 계속 이동시키면 자속 밀도(B)가 음(-)의 포화점에 다다른다.

⑥ 음(−)의 포화점에 다다른 것에 다시 자력의 힘(H)을 양(+)의 방향으로 증가시키면 음(−)의 잔류 자장을 지나서 포화점에 다다른다.

6) 투자율(μ : Permeability)

(1) 물질이 자화되기 쉬움 정도를 나타낸 것으로, 투자율이 클수록 자속을 통과시키기 용이하기 때문에 자속에 대한 저항이 적어진다.
(2) 자속 밀도(B)와 자장의 세기(H)의 관계

$$\mu = \frac{B}{H}$$

7) 기타

(1) **반자계** : 시험체의 자화 시 시험체에 형성된 자극에 의해 발생하며 유효자장을 감소시키는 자장
(2) **보자성(Retentivity)** : 강자성체의 경우 자력을 제거한 후에도 재료 내에 잔류 자기가 존재하는 성질
(3) **유효 자계** : 시험 부분에 실제로 적용되고 있는 자장, 자화전류에 의해 가한 자장으로부터 자장을 뺀 값
(4) **표피 효과** : 교류에서 많이 발생하며, 시험체에 가한 교번전류나 교번자속이 시험체 표면에 집중되는 현상

나. 전기의 기초

1) 전도체(도체)와 반도체, 부도체

(1) **전도체(conductor)**
① 금, 은, 구리, 알루미늄 등과 같이 전기 또는 열에 대한 저항이 매우 작아 전기나 열을 잘 전달하는 도체
② 도체는 전기를 잘 통하는 전기전도체와, 열을 잘 전달하는 열전도체로 구분한다.
(2) **반도체(semi-conductor)** : 도체와 부도체의 양쪽 성질을 갖는 물체
(3) **부도체(non conductor)=절연체**
① 전기가 전혀 통하지 않는다거나 열이 전달되지 않는 물질은 없으므로, 도체나 부도체는 전달이 가능한지가 아니라 상대적인 전달의 정도로 구분한다.
② 고무, 나무 등의 물체는 전기나 열을 전달하지만 그 크기가 매우 작기 때문에 부도체라 한다.

2) 정전기(state electricity)

(1) 마찰로 인하여 발생하는 전기와 같이 물체 위에 정지하고 있는 전기, 마찰한 물체가 띠는 이동하지 않는 전기
(2) 유리막대나 플라스틱 자를 비단에 문지르면 물체 사이에 서로 끌어당기는 힘이 발생하여 종잇조각을 가까이 했을 때 잘 달라붙게 하는 힘
(3) **대전체(electrified body)** : 유리막대, 플라스틱, 비단과 같이 전기를 띠는 물질

3) 전하와 전류

(1) **전하(electric charge)**
① 일반적으로 물체는 전기적으로 중성을 띠고 있으나, 물체를 마찰하면 양전기(+) 또는 음전기(−)를 띠게 된다. 이와 같이 전기적으로 대전체가 가지는 전기
② **전하의 작용** : 전하는 + 또는 −의 값을 가지는데, 동일한 부호의 전하 사이에는 서로 밀어내는 반발력이 작용하고, 다른 부호의 전하 사이에는 서로 잡아당기는 흡인력이 작용한다. 이는 자석의 흡인력, 반발력과 비슷하다.
③ **가장 작은 대전체** : 음전기(−)의 전하를 갖는 전자이다. 전하는 e로 표시하며, $e = -1.602 \times 10^{-19} C$(Coulomb)의 값을 갖는다.
(2) **전류** : 전하는 도체 내에서 자유로이 움직일 수 있는데, 이 전하가 이동하는 것
① **1A(Ampere)** : 1초간에 1C(쿨롱)의 비율로 전하가 흐를 때의 전류

$$1A = 1C/sec \text{ (쿨롱/초)}$$

② **전류의 방향** : 양전하가 흐르는 방향이 +가 되고, 반대 방향이 −가 된다.

4) 전압

(1) **전압** : 전하는 전위가 높은 곳에서 낮은 곳으로 이동하는데 이때의 전위의 차이, 즉 도체 내에 있는 두 곳에서의 전위차(전기적인 위치 에너지 차이)

(2) 전압이 클수록(전위차가 클수록) 더 많은 전기 에너지를 갖고 있다. 전위차가 없으면 전압은 0이 되며 전류는 흐르지 않는다.

(3) **전압의 단위** : V(Volt)이며, 1V는 1C의 전하가 두 점 사이에서 이동하였을 때 하는 일이 1J(Joule)일 때의 전위차이다.

(4) **기전력** : 도체의 내부에 전위의 차이를 만들고 전하를 이동시켜 전류를 통하게 하는 원동력, 기전력의 단위는 J/C이며 볼트와 같다.

5) 저항과 옴의 법칙

(1) **전기 저항**
   ① 물체에 전류가 통과하기 어려운 정도를 나타내는 수치, 전기의 흐름에 대한 저항
   ② 전기 저항이 크면 전류가 잘 통하지 않고 전기전도율이 낮다.
   ③ 전기 저항의 크기 단위는 Ω(옴)이다.
   ④ 저항값은 물질의 종류에 따라 다르다. 금, 은, 구리 등 전기 저항이 작은 금속은 전선을 만드는데 많이 사용되고 있다.
   ⑤ 전기 저항은 길이에 비례하고 단면적에 반비례한다.

(2) **옴의 법칙** : 전기회로 내의 전류, 전압, 저항 사이의 관계를 나타내는 매우 중요한 법칙. 균일한 단면적을 가진 도체에서 두 점 사이의 전위차 V(V)가 있을 때 도체에 흐르는 전류가 I(A)라고 하면, V과 I사이에는 비례 관계가 있다.

$$V = I \cdot R$$

R : 비례상수(도체의 저항)

① 저항 R에 전압 V를 가하면 $I = \dfrac{V}{R}$의 전류가 흐른다.

② 저항 R에 전류 I가 흐르고 있을 때 그 저항의 양 끝에는 $V = I \cdot R$의 전압이 생긴다.

③ 1Ω : 1V의 전위차로 1A의 전류가 흐를 때의 저항의 단위

예제 1

철(Fe), 니켈(Ni), 코발트(Co)와 같은 천이 금속은 다음 중 어디에 속하는가?
① 반자성체 ② 상자성체
③ 강자성체 ④ 동소체

 정답 ③

철, 니켈, 코발트는 강자성체로 자분 탐상에 적합한 재료이다.

예제 2

자력선에 대하여 설명한 것으로 옳은 것은?
① 자극에서 밀도가 가장 낮다.
② 서로 교차하지 않는다.
③ 저항이 큰 쪽으로 몰린다.
④ 자석 내에서는 존재하지 않는다.

 정답 ②

자력선은 중간에 끊어지지 않고, 서로 교차하지 않으며, 늘어나지 않는다.

예제 3

자분 탐상 시험에서 시험체에 자속이 흘러 자기를 띤 상태가 되는 것을 무엇이라 하는가?
① 자화 ② 강사정
③ 누설자속 ④ 자분의 적용

 정답 ①

자화
자성체에 자속을 흐르게 하는 작업

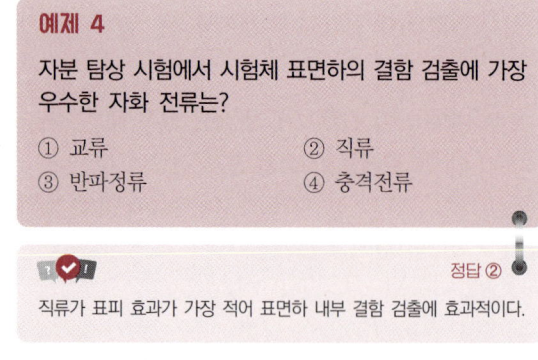

예제 4
자분 탐상 시험에서 시험체 표면하의 결함 검출에 가장 우수한 자화 전류는?
① 교류 ② 직류
③ 반파정류 ④ 충격전류

정답 ②
직류가 표피 효과가 가장 적어 표면하 내부 결함 검출에 효과적이다.

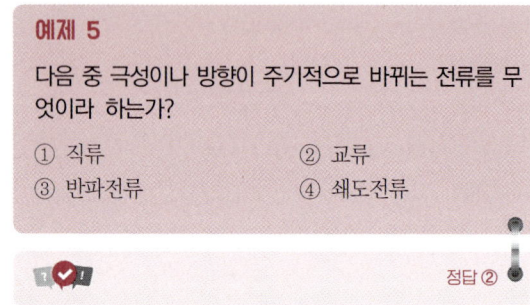

예제 5
다음 중 극성이나 방향이 주기적으로 바뀌는 전류를 무엇이라 하는가?
① 직류 ② 교류
③ 반파전류 ④ 쇄도전류

정답 ②

3 자기 탐상 검사법

가. 자장

1) 자장과 누설 자장

(1) **자장** : 자력선으로 형성된 자석의 주위에 존재하며, 영구자석은 내외부에, 전류가 흐르는 전도체의 경우는 내부 및 주위에 존재한다.

(2) **누설 자장**
  ① 결함(불연속)에 의해 외부로 형성된 자장
  ② 자장 밀도(자장 강도)는 모양, 크기, 재질에 의해서 결정된다.

나. 자장의 종류

1) 선형 자장(Longitudinal Magnetization)

(1) 솔레노이드 또는 코일 내에 시편을 넣어 전류를 가하면 시편 내부에 형성되는 자장
(2) 발생 자장은 종 방향이며, 자장 강도는 코일의 횟수 및 직경, 전류의 강도에 따라 달라진다.
(3) 솔레노이드 속의 시편에 불연속부가 자장과 수평 방향일수록 탐상이 쉽고, 45° 각도의 결함이나 종(세로)방향 결함은 검출이 곤란하다.

(4) **장점**
  ① 비접촉식으로 가능하며, 시편을 코일 속으로 통과시키므로 운반이 용이하다.
  ② 코일의 권수로 자장 강도의 조절이 가능하며, 사용이 간단하다.

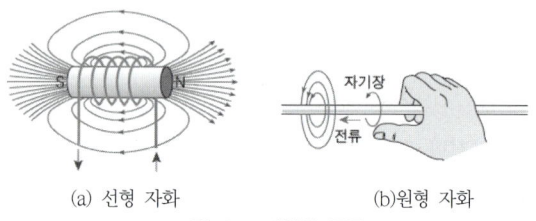

(a) 선형 자화   (b) 원형 자화

그림 4.1 자화의 종류

2) 원형 자장(Circular Magnetization)

(1) 강자성 전도체인 경우 도체 내외부에 자장이 원형으로 형성되는 것이다.
(2) 강(철)선, 환봉과 같은 직선 형태의 도체에 전류를 흘리면 도체 주위에 형성된다.
(3) 자장과 수직 방향일수록 결함 탐상이 쉽고, 45° 각도의 경사 결함까지도 탐상 가능하나 횡(가로)방향 결함은 잘 나타나지 않는다.
(4) **장점** : 강한 자장이 가능하며, 극이 필요하지 않고, 조작이 간단하다.

다. 자기 탐상 검사의 원리

(1) 강자성 시험체를 자화시키면 시험체의 표면 및 표면 직하에 균열 등의 결함이 있는 경우 그 근처에서는 자속이 표면 공간으로 결함에 의한 누설자속이 발생하고, 결함의 양쪽에는 N극과 S극의 자극이 나타나서 공간에 자계를 형성한다. 이곳에 미세한 자분(쇳가루)을 뿌려주면 자분은 결함부에 형성된 자계로 인해 자화되어 미세한 자분들의 양쪽 끝은 자극을 갖는 자석이 된다.
(2) 이 자분끼리 서로가 연결되어 결함부에 응집 및 흡착하여 자분에 의한 결함 자분 모양이 형성된다.
(3) 결함 자분 모양의 폭은 결함의 폭에 비하여 크

확대되기 때문에 육안으로는 식별할 수 없는 0.1mm 이하의 좁은 폭 결함도 식별할 수 있다.

(4) 시험체의 바탕색과 높은 대비(contrast)가 잘 되는 자분을 사용하면 자분 모양의 식별하기 매우 쉽다.

라. 자분 탐상 검사의 방법

1) 검사의 순서

(1) **자분 탐상 검사의 주요 3과정** : 검사할 시험체의 자화, 자분 적용, 지시 모양 관찰 및 기록

2) 전처리 작업

(1) **전처리란** : 시험체 표면에 부착되어 있는 기름, 그리스, 녹, 용접 플럭스, 용접 스패터 등과 같은 오염물을 제거하여 결함의 검출 능력을 높이기 위한 기본 공정

(2) **전처리의 목적**
① 결함부에 충분한 자분이 공급되게 하여 결함 자분 모양의 관찰과 미세 결함의 검출을 쉽게 한다.
② 시험체에 적당한 방향 및 크기를 가진 자속이 흐르게 하며, 전처리 조작 시에 시험체의 손상을 방지한다.
③ 결함 이외의 부분에는 자분 모양이 형성되지 않게 하여 결함 자분 모양의 관찰을 쉽게 한다.

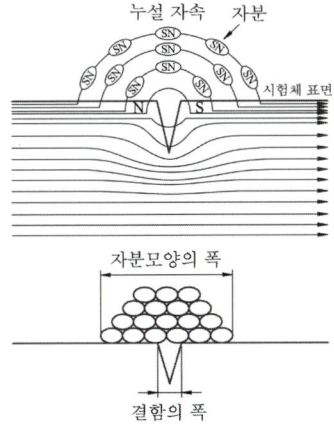

그림 4-2 자분 탐상의 원리

(3) **전처리 작업**
① 전처리에는 시험체 표면의 청소, 건조, 시험체의 분해 및 탈자 등이 포함된다.
② **전처리의 범위** : 검사할 범위보다 넓어야 하므로, 용접부의 경우는 검사 범위에서 모재 쪽으로 약 20mm 넓게 하여 처리하는 것이 원칙이다.
③ 조립된 시험체의 경우 원칙적으로 단일 부품으로 분해하여 검사해야 한다.
④ 시험체에 부착된 유지, 오염 등의 부착물을 깨끗이 제거해야 한다.
⑤ 검사 후 틈이나 구멍에 들어간 자분을 제거하기가 곤란한 부분은 미리 테이프 등으로 메워서 자분의 침입을 방지해야 한다.
⑥ 시험체에 직접 통전하여 자화하는 방법(축 통전법, 프로드법)의 경우는 스파크 등의 방지를 위하여 전극 및 전극과의 접촉 부위는 깨끗이 닦아야 한다.
⑦ 강한 잔류 자기가 남아 있는 시험체의 경우에는 탈자해야 된다.

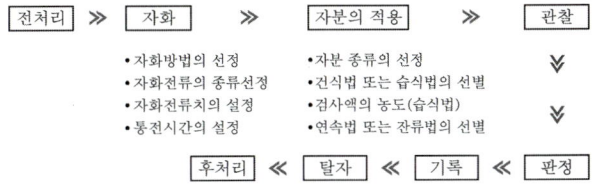

그림 4.3 자분 탐상 검사의 순서

3) 자화

일반적으로 자계 속에 다른 물체를 놓으면 자기를 띠게 되는데, 자극의 일부분 또는 전체가 S극과 N극으로 배열되는 현상을 자화라고 하며 자화되는 물질을 자성체라 한다.

(1) **자화 방법**
① **선형 자화법** : 코일 또는 솔레노이드 내에 시험체를 넣거나 자극 사이에 시험체를 놓고 자화하면 자력선은 시험체의 축방향에 따라 선형 자계가 발생하는데, 이와 같이 선형으로

형성되는 자화 방법
② **원형 자화법** : 시험체에 전극을 접촉시켜 통전(직접 자화)하거나, 시험체의 관통 구멍에 도체나 전선을 통과시키고 전류를 흐르게 하여 원형자계로 시험체를 자화(간접 자화)하는 방법

(2) **자계 형성 방식에 따른 분류**
① 자석의 철심에 자계를 주어 시험체에 접촉하는 방식 : 극간법
② 외부 도체를 통해 시험체에 자계를 형성 : 전류 관통법, 코일법
③ 전자유도를 이용해 시험체에 자계를 형성 : 자속 관통법
④ 시험체에 직접 통전시켜 자계를 형성 : 축 통전법, 직각 통전법, 프로드법

(3) **자계의 방향에 따른 분류**
① 원형 자화법(원형 자계를 발생시키는 방법) : 축 통전법, 직각 통전법, 전류 관통법, 프로드법, 자속 관통법
② 선형 자화법(선형 자계를 발생시키는 방법) : 코일법, 극간법

(4) **자화 방법의 선정 시 고려 사항**
① 전류의 선택 : 표면하 결함을 검출하고자 할 때는 침투 깊이가 좋은 직류를 사용하며, 표면 결함을 검사할 때는 표피 효과가 있는 교류를 사용하는 것이 좋다.
② 반자계 : 반자계가 발생하면 잔류 자속이 감소되어 결함 검출 성능이 낮아지거나, 유효자계의 양이 감소하므로 가능한 한 반자계가 나타나지 않는 방법을 선택한다.
③ 시험면의 손상 : 시험체의 재질, 시험면의 상태, 시험 후의 가공 공정 등을 고려할 필요가 있다.
④ 자계의 방향 : 가능한 한 검출할 결함과 직각으로 교차하도록 시험체를 자화시킨다.

마. 자화 방법의 종류

1) 축 통전법(EA)
(1) **방법** : 시험체의 축 방향으로 직접 전류를 흘려 원형 자계를 형성
(2) **장점** : 비교적 형상이 복잡한 시험체도 정밀하게 검사할 수 있으며, 반자계가 적다.
(3) **단점** : 전류가 직각 방향인 시험체의 굵기가 굵을수록 큰 자화 전류를 필요로 하며, 스파크 발생 우려가 있다.
(4) **검출 결함**
① 전류와 평행한 방향의 결함에 대해 가장 감도가 높다.
② 직각 방향의 결함은 검출할 수 없다.
(5) **적용** : 축류의 외경에 적용한다.

2) 직각 통전법(ER)
(1) **자화 방법** : 시험체의 축에 대해 직각 방향으로 직접 전류를 흘려 원형 자계를 형성
(2) **장점** : 비교적 형상이 복잡한 시험체도 정밀하게 검사할 수 있으며, 반자계가 적다.
(3) **단점** : 전류가 직각 방향인 시험체의 굵기가 굵을수록 큰 자화전류를 필요로 하며, 스파크 우려가 있다.
(4) **검출 결함** : 축의 직각 방향 결함에 대해 가장 감도가 높으며, 축 방향의 결함은 검출할 수 없다.
(5) **적용** : 축류의 끝면 및 끝부분 주변면에 적용한다.

3) 프로드법(P)
(1) **자화 방법** : 시험체의 국부에 2개의 전극(프로드)을 접촉시키고 전류를 흘려 원형 자계를 형성
(2) **장점** : 비교적 형상이 복잡한 시험체도 정밀하게 검사할 수 있으며, 큰 시험체의 검사에 알맞고, 반자계가 적다.
(3) **단점** : 전류가 높기 때문에 시험체에 전극(프로드) 자국이 남기 쉽다.
(4) **검출 결함** : 전극을 연결한 선과 평행인 방향의 결함에 대해 가장 감도가 높으나, 직각 방향의 결함은 검출할 수 없다.
(5) **적용** : 형상이 복잡한 것에도 적용할 수 있다.

4) 전류 관통법(B)
(1) **자화 방법** : 시험체의 구멍 등을 통과시킨 도체에

전류를 흘려 원형 자계를 형성
(2) **장점** : 관 등 속이 빈 모양의 내경과 측면 및 외경을 능률적으로 검사할 수 있으나, 반자계가 적어 스파크의 염려가 없다.
(3) **단점** : 외경이 클수록 큰 전류가 필요하다.
(4) **검출 결함** : 전류와 평행한 방향의 결함에 대해 가장 감도가 높으나, 직각 방향의 결함은 검출할 수 없다.
(5) **적용** : 관 및 관 이음매에 적용한다.

5) 코일법(C)

(1) **자화 방법** : 시험체를 코일 속에 넣고 코일에 전류를 흘려 선형 자계를 형성
(2) **장점** : 특별히 대전류를 흐르게 하는 장치를 필요로 하지 않고, 충분히 큰 자계를 걸어줄 수 있으며, 스파크 염려가 없다.
(3) **단점** : 반자계가 작용하므로 끝부분은 자극의 형성 때문에 탐상할 수 없다.
(4) **검출 결함** : 코일 감은 방향의 결함에 대해 가장 감도가 높으나, 코일과 직각 방향의 결함은 검출할 수 없다.
(5) **적용** : 축류 등의 표면 결함 검출에 효과적이다.

6) 극간법(M)

(1) **자화 방법** : 시험체 또는 검사할 부위를 전자석 또는 영구자석의 자극 사이에 놓아 선형 자계를 형성
(2) **장점** : 휴대형은 무게가 가벼워 취급하기 쉽고, 표면 결함을 검출하기 좋으며, 스파크 염려가 없다.
(3) **단점** : 전자속이 장치의 철심 단면적에 의해 정해지므로, 직류는 철심보다 단면적이 큰 것은 사용할 수 없고, 자극 주변은 누설자속이 많아 탐상할 수 없다.
(4) **검출 결함** : 자극을 연결한 선과 직각 방향의 결함에 대해 가장 감도가 높으나, 평행인 방향의 결함은 검출할 수 없다.
(5) **적용** : 일반적으로 표면 결함 검출에 효과적이다.

7) 자속 관통법(I)

(1) **자화 방법** : 시험체의 구멍 등을 통과시킨 자성체에 교류자속을 줌으로써 시험체에 유도전류를 흘린다.(원형 자계 형성)
(2) **장점** : 관 등 속이 빈 모양의 내경과 측면 및 외경을 능률적으로 검사할 수 있으며, 반자계가 적어 스파크의 염려가 없다.
(3) **단점** : 외경이 클수록 높은 교류 자계가 필요하다.
(4) **검출 결함** : 원주방향의 결함에 대해 가장 감도가 높으나, 지름 방향의 결함은 검출할 수 없다
(5) **적용** : 전류 관통법(B)과 동일하다.

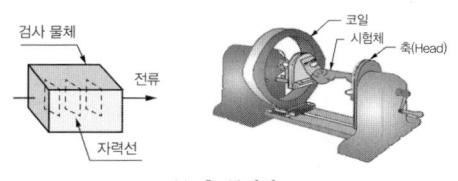

(a) 축 통전법

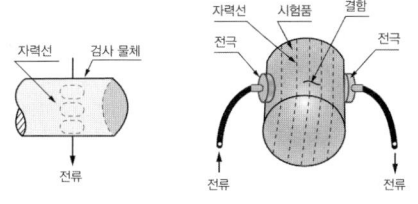

(b) 직각 통전법

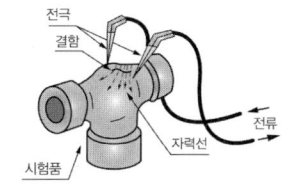

(c) 프로드 법

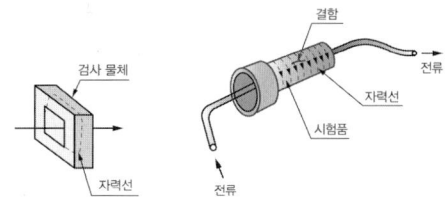

(d) 관통법

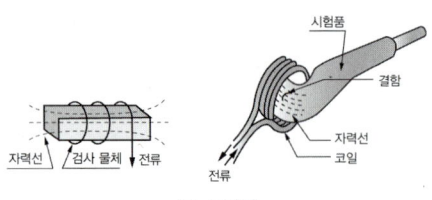

(e) 코일법

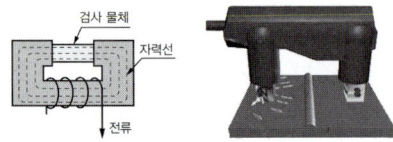

(f) 극간법

그림 4.3 자화 방법의 종류의 예

예제 1
자력선이 시험품의 길이 방향과 평행한 자화 방법은?
① 선형 자화법 ② 원형 자화법
③ 프로드 자화법 ④ 중심 도체법

 정답 ①

예제 2
다음 중 선형 자화의 장점이 아닌 것은?
① 접촉식으로 검출이 가능하다.
② 시편을 코일 속으로 통과시키므로 운반이 용이하다.
③ 자장 강도는 코일의 권수로 조절이 가능하다.
④ 사용이 간단하다.

 정답 ①

선형 자화는 비접촉식 검출이 가능하다.

예제 3
다음 중 원형 자화의 장점이 아닌 것은?
① 조작이 간단하다.
② 극이 필요하지 않다.
③ 강한 자장이 가능하다.
④ 횡 방향 결함 검출이 용이하다.

 정답 ④

원형 자화는 횡 방향 결함은 검출이 곤란하다.

예제 4
상온에서 자분 탐상 시험으로 검사체의 결함 검출이 어려운 것은?
① 철(Fe) ② 니켈(Ni)
③ 코발트(Co) ④ 비스무트(Bi)

 정답 ④

비스무트(Bi), 아연 등 반자성체는 자분 탐상 검사를 할 수 없다.

예제 5
자화 전류로서 내부 결함의 검출에 적합한 전류는?
① 교류 ② 자력선
③ 직류 ④ 교류나 직류 상관없다.

 정답 ③

예제 6
자분 탐상 시험시 표피 효과 등으로 인하여 표면 부근은 자화되지 않아 표면 결함만을 연속법으로 탐상하기 위한 자화전류로 적합한 것은?
① 교류 ② 직류
③ 맥류 ④ 충격전류

 정답 ①

교류는 표피 효과가 크게 나타난다.

예제 7

검사할 부위를 전자석의 자극 사이에 놓고 검사하는 자분 탐상 시험 중 가장 간편한 시험법은?

① 극간법　　　② 프로드 법
③ 직각 통전법　④ 전류 관통법

 정답 ①

극간법
코일법과 같이 신형자계를 형성할 수 있는 방법의 하나이다.

예제 8

원형 자화법(circular magnetization)에 속하지 않는 자화 방법은?

① 직각 통전법　② 자속 관통법
③ 프로드법　　　④ 코일법

 정답 ④

- 원형자화 : 축 통전법, 직각 통전법, 프로드법, 전류관통법, 자속 관통법
- 선형자화 : 코일법, 극간법

예제 9

자분 탐상 검사의 중요 3과정에 속하지 않는 것은?

① 전처리
② 자화
③ 자분 적용
④ 자분 모양에 의한 관찰 및 기록

 정답 ①

주요 3과정
자화 → 적용 → 관찰 및 기록

예제 10

자분 탐상 시험의 순서로 옳은 것은?

① 전처리 → 자화 → 자분의 적용 → 관찰 → 판정 → 기록 → 탈자 → 후처리
② 전처리 → 자분의 적용 → 자화 → 관찰 → 탈자 → 판정 → 후처리 → 기록
③ 전처리 → 자분의 적용 → 자화 → 판정 → 관찰 → 기록 → 탈자 → 후처리
④ 전처리 → 자화 → 전류의 선정 → 자분의 적용 → 관찰 → 판정 → 후처리 → 기록

정답 ①

04 단원별 출제예상문제

SECTION

DIY쌤이 콕! 찝어주는 **주요 예상문제** 풀어보기!

01 자분 탐상 검사에 대한 설명으로 옳지 않은 것은?
① 누설 자속 탐상 검사법은 누설 자속 밀도를 전기신호로 변화시켜 결함을 평가한다.
② 자분 탐상 검사법은 결함의 길이, 형상, 깊이에 대한 정보를 정확히 알 수 있다.
③ 철강 재료의 투자율은 비자성체에 비해 상당히 크다.
④ 표면 결함이 존재하면 자속의 일부가 외부 공간으로 누설된다.

> 자분 탐상 시험은 결함의 깊이나 길이, 형상 등을 정확히 알 수 없다.

02 다음 중 자기(분) 탐상 시험에 대한 설명으로 옳지 않은 것은?
① 시험체의 크기에는 크게 영향을 받지 않는다.
② 강자성체의 시험체에는 적용할 수 없다.
③ 침투 탐상 시험만큼 엄격한 전처리가 요구되지는 않는다.
④ 표면 균열 검사에 적합하다.

> 자분 탐상 시험은 강자성체에만 적용한다.

03 자분 탐상 시험 원리에 대해 기술한 것이다. 올바른 것은?
① 철강재료 등의 강자성체는 자화되면 알루미늄 등의 비자성체에 비해 많은 자속이 발생한다.
② 자속은 자기의 흐름으로 비자성체 중에는 매우 흐르기 쉬우나 강자성체 중에는 흐르기 어렵다.
③ 자속이 흐르고 있는 재료의 도중에 결함이 존재하면 그곳에는 기체나 비금속 개재물 등의 강자성체가 포함되어 있기 때문에 자속이 흐르기 어렵다.
④ 표면 또는 표면 직하에 있는 결함에서는 자속이 결함을 피하는 것처럼 퍼지며 흐르고 표층부의 자속이 비자성체 표면상의 공간에 결함 누설 자속이 된다.

> 강자성체는 자화하면 강한 자속이 발생하여 자분 탐상 검사에 적합하다.

04 강자성체의 자기적 성질과 자분 탐상 검사의 원리에 대한 설명으로 올바른 것은?
① 투자율은 재질에 따라 다르다.
② 투자율은 자계의 세기에 관계 없이 일정하다.
③ 강자성체의 투자율은 비자성체에 비해 매우 작다.
④ 자속밀도를 계측하여 전기신호로 변환시켜 결함을 평가한다.

> **투자율**
> 자계의 세기에 반비례하며, 재질의 종류에 따라 달라진다.

정답 01 ② 02 ② 03 ① 04 ①

05 다음 중 자분 탐상 검사의 특징에 대한 설명으로 옳지 않은 것은?

① 사용되는 자분은 시험체 표면의 색과 구별하기 쉬운 색을 선정하여야 대비가 잘 된다.
② 자속은 가능한 한 결함면에 수직이 되도록 하여야 검사에 유용하다.
③ 표면 및 표면 직하 균열의 검사에 적합하다.
④ 시험체의 두께 방향으로 발생된 결함 깊이와 형상에 관한 정보를 얻기가 쉽다.

> 자분 탐상 검사로는 결함의 깊이와 형상을 알 수 없다.

06 다른 비파괴 검사법과 비교했을 때 자분 탐상 시험의 장점이 될 수 없는 것은?

① 모든 시험체의 표면 결함 검출이 가능하다.
② 시험체의 크기 및 형상에 크게 구애받지 않는다.
③ 미세하고 얕은 표면 결함에 대하여 검출 감도가 높다.
④ 자분 모양이 표면에 직접 나타난다.

> 자분 탐상 시험은 강자성체의 시험체에 적용한다.

07 다음 중 침투 탐상 시험과 비교했을 때 자분 탐상 시험의 장점이 아닌 것은?

① 침투 탐상 시험에 비해 검사 표면이 다소 거칠어도 결함 검출이 가능하다.
② 침투 탐상 시험에 비해 검사 표면이 도금이 되어 있을 때에도 검사가 가능하다.
③ 침투 탐상 시험에 비해 검사 표면에서 이어진 미세한 기공(porosity)의 검출에 우수하다.
④ 침투 탐상 시험에 비해 표면 결함과 표면하에 존재하는 어느 정도의 결함 검출이 가능하다.

> 미세한 기공은 침투 탐상 시험이 더 우수한 검출 능력을 가진다.

08 자분 탐상 시험의 단점에 대한 설명으로 옳지 않은 것은?

① 전기 접점으로 인해 시험체에 손상을 주는 경우가 발생할 수 있다.
② 결함의 모양이 시험체 내부에만 존재하므로 육안으로는 관찰이 불가능하다.
③ 불연속의 방향과 자속 방향이 평행한 경우 검출이 어렵게 된다.
④ 시험체의 내부 결함 검출이 불가능하다.

> 자분 탐상은 표면부나 표면 직하 결함 검출이 가능하며 육안으로 관찰할 수 있다.

09 자분 탐상 시험과 와전류 탐상 시험을 비교한 내용 중 옳지 않은 것은?

① 검사 속도는 일반적으로 자분 탐상 시험보다는 와전류 탐상 시험이 빠른 편이다.
② 일반적으로 자동화의 용이성 측면에서 자분 탐상 시험보다는 와전류 탐상 시험이 용이하다.
③ 검사할 수 있는 재질로 자분 탐상 시험은 강자성체, 와전류 탐상 시험은 전도체이어야 한다.
④ 원리상 자분 탐상 시험은 전자기 유도의 법칙, 와전류 탐상 시험은 자력선 유도에 의한 법칙이 적용된다.

> 원리상 와전류 탐상 시험은 전자기 유도의 법칙이, 자분 탐상 시험은 자력선 유도의 법칙이 적용된다.

10 일반적으로 오스테나이트계 스테인리스강 용접부 검사에서 적용이 불가능한 시험 방법은?

① 방사선 투과 시험
② 자분 탐상 시험
③ 누설탐상 시험
④ 초음파 탐상 시험

> 오스테나이트계는 비자성체이며, 자분 탐상은 강자성체에만 적용이 가능하다.

정답 05 ④ 06 ① 07 ③ 08 ② 09 ④ 10 ②

11 전류를 통하여 자화가 될 수 있는 금속재료 즉, 철, 니켈과 같이 자기변태를 나타내는 금속 또는 그 합금으로 제조된 구조물이나 기계 부품의 표면부에 존재하는 결함을 검출하는 비파괴 시험법은?

① 맴돌이 전류 시험 ② 자분 탐상 시험
③ γ선 투과 시험 ④ 초음파 탐상 시험

12 비파괴 검사법 중 니켈 제품 표면의 피로 균열 검사에 가장 적합한 것은?

① 누설 검사 ② 초음파 탐상 검사
③ 자분 탐상 검사 ④ 방사선 투과 검사

> 강자성체의 표면 피로 균열 등에는 자분 탐상 검사가 가장 효율적이다.

13 자분 탐상 시험으로 발견될 수 있는 대상으로 가장 적합한 것은?

① 비자성체의 다공성 결함
② 철편에 있는 탄소 함유량
③ 강자성체에 있는 피로 균열
④ 배관 용접부 내의 슬래그 개재물

> 자분 탐상 시험은 재료의 성분이나 내부 결함 검출은 할 수 없지만, 표면의 균열 등의 검사에는 적합하다.

14 시험체 표면 및 표면 직하 결함을 검출하기에 적합한 비파괴 검사법만으로 나열된 것은?

① 방사선 투과 시험, 누설 시험
② 초음파 탐상 시험, 침투 탐상 시험
③ 자분 탐상 시험, 와전류 탐상 시험
④ 자분 탐상 시험, 초음파 탐상 시험

> 자분 탐상과 와전류 탐상은 표면 및 표면 직하의 내부 결함 검출이 가능하다.

15 자화 방법을 정할 때 탐상 시험에 고려하지 않아도 될 사항은?

① 시험품의 형상과 크기
② 시험품의 용도와 판로
③ 탐상 부위
④ 예측되는 결함의 방향

> 자분 탐상은 시험품의 용도와 판로와는 관계가 없다.

16 자분 탐상 검사에서 자화 방법을 선택할 때 고려해야 할 사항과 거리가 먼 것은?

① 검사 환경
② 검사원의 기량
③ 시험체의 크기
④ 예측되는 결함의 방향

> 자화 방법 선택 시 고려사항으로는 ①, ③, ④ 외에 시험체의 종류, 결함의 종류 등이 있으며, 검사원의 기량과는 관계가 없다.

17 다음 중 자분 탐상 시험으로 검사할 때 특별히 고려해야 할 사항은?

① 자속 밀도 ② 제품의 형태
③ 자장(자계)의 방향 ④ 제품의 크기

> 자계의 방향에 따라 원형자계와 선형자계로 나누어지고 시험법이 달라진다.

18 다음 중 자분 탐상 시험과 관련된 용어의 설명으로 옳지 않은 것은?

① 투자율이란 재료가 자화되는 정도를 말한다.
② "자분"이란 여러 가지 색을 지니고 있는 자성체의 미립자이다.
③ "자분의 적용"이란 시험체 내에 침투시키는 작업을 말한다.
④ "관찰"이란 결함부에 형성된 결함자분 모양을 찾아내는 작업을 말한다.

> • **자화** : 자성체에 자속을 흐르게 하는 작업
> • **자분의 적용** : 자분을 시험체의 표면에 부려주는 작업

정답 11 ② 12 ③ 13 ③ 14 ③ 15 ② 16 ② 17 ③ 18 ③

19 자분 탐상의 검사에서 자력선의 성질을 설명한 것 중 옳은 것은?

① 자력선의 방향은 자계 방향과 수직이다.
② 자력선의 간격이 촘촘할수록 자계의 세기가 약하다.
③ 자력선의 밀도는 그 점에서의 자계의 세기를 나타낸다.
④ 자력선은 도중에 나누어지거나 2개의 자력선이 서로 만날 수 있다.

> **자력선의 성질**
> • 자계의 방향에 대해 직각인 단위면적당 자력선의 수가 자계의 세기를 나타내며 자속밀도와 관계가 있다.
> • 자력선은 도중에 분리되거나 서로 교차하지 않는다.
> • 자력선 위의 한 점에서 접선의 방향은 벡터값에 대한 자계의 방향을 나타낸다.
> • 자력선은 N극에서 나와 S극으로 들어간다.
> • 자력선이 밀집되어 있는 자극 근처에서 자계가 가장 세다.

20 다음 중 자계의 특성을 설명한 것으로 옳지 않은 것은?

① 자계는 진공을 포함하여 거의 모든 물체 중에 존재한다.
② 자계의 방향은 N극에서 나와서 S극으로 향하는 방향이 (+)이다.
③ 자극 사이의 거리가 멀어지면 자속밀도는 증가한다.
④ 자계의 세기는 각각의 위치에서 크기와 방향을 갖는다.

> 자극 사이의 거리가 멀어지면 자속밀도는 감소한다.

21 자속(magnetic flux)에 대한 설명으로 옳은 것은?

① 자화된 물체에 자력이 미치는 공간
② 자기회로 내의 자력선의 총 수
③ 자기를 띤 물체가 쇠붙이 등을 끌어당기는 성질
④ 서로 끌어당기거나 밀어내는 자석의 힘

22 자석의 주위 공간에 자기력이 미치는 부분을 무엇이라 하는가?

① 자계　　　　② 강자성
③ 포화점　　　④ 상자성

> **자계(자장, 자기장)**
> 자기의 힘이 미치는 공간, 자화된 물질이나 전류가 흐르는 도체의 내외부 공간

23 다음 중 자극에 관련된 설명으로 옳지 않은 것은?

① 물질 내 자구는 자극을 갖고 있다.
② 같은 극끼리 반발하는 힘을 척력이라고 한다.
③ 다른 극끼리 잡아당기는 힘을 중력이라고 한다.
④ 자력선은 자석의 내부에서 S극에서 N극으로 이동한다.

> 다른 극끼리 잡아당기는 힘을 인력, 같은 극끼리 반발하는 능력을 반발력이라 한다.

24 강자성 물질에서 자화력을 증가시켜도 자계가 더 이상 증가되지 않는 점에 도달했을 때 이 검사체는 어떻게 되었다고 하는가?

① 보자력　　　② 자기 포화
③ 항자력　　　④ 자기 자력

> **자기 포화**
> 자력을 증가시켜도 자속 밀도(자계)가 증가하지 않는 상태

25 다음 중 비파괴 검사의 자기 탐상 시험과 관련한 용어로 옳은 것은?

① 투자율　　　② DAC 곡선
③ 스넬의 법칙　④ 음향 임피던스

> DAC 곡선, 스넬의 법칙, 음향 임피던스는 초음파 탐상 관련 용어이다.

정답 19 ③　20 ③　21 ②　22 ①　23 ③　24 ②　25 ①

26 자분 탐상 시험에서 히스테리시스 곡선의 종축과 횡축이 나타내는 것은?

① 자속밀도, 투자율
② 자계의 세기, 투자율
③ 자속밀도, 자계의 세기
④ 자화의 세기, 자계의 세기

> 히스테리시스 곡선의 종축(B)은 자속밀도, 횡축(H)은 자계의 세기(강도)를 나타낸다.

27 자분 탐상 시험 시 검사체를 선형 자화하는 방법은?

① 중심 도체에 전류를 흐르게 한다.
② 전류가 흐르고 있는 코일 안에 부품을 놓는다.
③ 부품의 길이 방향으로 전류를 흐르게 한다.
④ 접촉부 양면에 중심 도체를 연결한다.

> 선형 자화의 발생을 위해서는 코일이나 솔레노이드 속에 시험체를 넣거나, 자극 사이에 시험체를 놓고 자화한다.

28 다음 자분 탐상 검사법 중에서 선형(직선)자계가 형성되는 것은?

① 극간법
② 프로드법
③ 직각 통전법
④ 전류 관통법

- **선형 자화 형성**: 시험품의 길이 방향과 평행한 자화, 코일법, 극간법이 있다.
- **원형 자화 형성**: 프로드법, 직각 통전법, 전류 관통법, 축 통전법, 자속 관통법

29 야외 현장의 높은 곳에 위치한 용접부에 가장 적합한 자분 탐상 검사법은?

① 코일법
② 극간법
③ 프로드법
④ 전류 관통법

30 자분 탐상 시험에서 시험체 외부의 도체로 통전함으로써 자계를 주는 방법은?

① 전류 관통법
② 극간법
③ 자속 관통법
④ 축 통전법

> 전류 관통법은 속이 빈 튜브와 같은 시험체의 구멍 등을 통과한 도체에 전류를 흘리는 자화 방법이다.

31 시험체에 전극을 직접 접촉시켜 통전함으로써 시험체에 자계를 형성하는 자화 방법이 아닌 것은?

① 극간법
② 프로드법
③ 축 통전법
④ 직각 통전법

> 극간법은 전자석이나 영구자석의 철심에 자계를 주어 발생하는 자속을 시험체에 투입하는 방법, 전원이 필요 없고 휴대가 용이하여 야외 현장, 대형 구조물의 부분 탐상에 적합하다.

32 자분 탐상 검사에 사용되는 극간법에 대한 설명으로 옳은 것은?

① 두 자극과 직각인 결함 검출 감도가 좋다.
② 원형 자계를 형성한다.
③ 자속의 침투 깊이는 직류보다 교류가 깊다.
④ 잔류법을 적용할 때 원칙적으로 교류자화를 한다.

> 극간법은 선형 자계를 형성하며 두 자극과 결함이 직각일 때 검출 감도가 우수하며, 잔류법은 직류를 사용한다.

33 자분 탐상 시험에서 시험체에 전극을 접촉시켜 통전함에 따라 시험체에 자계를 형성하는 방식이 아닌 것은?

① 프로드법
② 자속 관통법
③ 직각 통전법
④ 축 통전법

- **자속 관통법**: 시험체의 구멍 등을 통과시킨 자성체에 교류 자속을 가함으로써 시험체에 유도전류로 자화시키는 방법
- **접촉에 의한 방법**: 축 통전법, 직각 통전법, 프로드법, 극간법
- **비접촉에 의한 방법**: 전류 관통법, 코일법, 자속 관통법

정답 26 ③ 27 ② 28 ① 29 ② 30 ① 31 ① 32 ① 33 ②

34 자기 검사에서 피검사물의 자화 방법은 물체의 형상과 결함의 방향에 따라 여러 가지로 분류할 수 있다. 해당되지 않는 것은?

① 공진법　　　② 극간법
③ 축 통전법　　④ 코일법

35 자분 탐상 시 지시 모양의 기록 방법 중 정확성이 다소 떨어지는 방법은?

① 전사에 의한 방법
② 사진 촬영에 의한 방법
③ 스케치에 의한 방법
④ 래커(lacquer)를 이용하여 고착시키는 방법

> **스케치에 의한 방법**
> 지시를 보고 그리는 것으로 정확성이 적다.

36 프로드법에 대한 설명으로 옳은 것은?

① 자화 전류 값이 간격이 넓게 됨에 따라 감소시켜야 한다.
② 대형 시험체를 1회 통전으로 전체를 자화시키는 방법이다.
③ 시험체의 넓은 두 점에 전극을 설정하여 전면적에 전류를 흘리는 방법이다.
④ 전극에 가까울수록 자계는 강하고 양쪽 전극으로부터 멀어질수록 약하게 된다.

> **프로드법**
> 두 개의 전극을 사용하는 것으로 전극에서 가까울수록 자계가 강해진다.

37 적은 전류값으로 한정된 부분검사에 필요한 자계를 형성시킬 수 있는 자화법은?

① 전류 관통법　　② 자속 관통법
③ 프로드법　　　④ 직각 통전법

> 프로드법은 시험체 표면의 국부에만 전류를 집중적으로 흘리기 때문에, 시험체 전체에 전류를 흘리는 경우와 비교했을 때 보다 적은 전류치로 필요한 세기의 자계를 작용시킬 수 있다.

38 자분 탐상 시험 중 시험체를 먼저 자화시킨 다음 자분을 뿌려 검사하는 방법을 무엇이라 하는가?

① 건식법　　② 잔류법
③ 습식법　　④ 연속법

> ① **건식법** : 공기를 분산매로 하여 건조된 자분을 사용하는 방법
> ③ **습식법** : 적당한 액체에 자분을 현탁시켜 사용하는 방법
> ④ **연속법** : 자화전류를 통하거나 영구자석을 접촉시켜 주면서 자분의 적용을 완료하는 방법

39 다음 중 직류 사용이 가장 곤란한 자화법은?

① 극간법　　　② 잔류법
③ 자속 관통법　④ 프로드법

> 자속 관통법은 교류자속을 사용한다.

40 자분 탐상 시험 시 표면 불연속부의 탐상에 가장 효과적인 전류는?

① 직류　　② 교류
③ 반파직류　④ 전파직류

> 교류는 표피 효과로 인하여 표면 결함 검출성이 우수하다.

41 다음 중 자분 탐상 시험 후 탈자에 일반적으로 사용하는 전류는?

① 교류　　② 직류
③ 반파적류　④ 충격전류

> 탈 자처리는 교류를 사용하는 것이 효율적이다.

42 미세하고 깊이가 얕은 표면 균열을 자분 탐상 시험으로 검사할 때 다음 방법 중 가장 효과가 높은 검사법은?

① 교류 - 건식법　② 건식 - 직류
③ 교류 - 습식법　④ 직류 - 습식

> 얕은 표면 균열을 검사하는 자분 탐상 검사에서는 교류를 사용한 습식법으로 한다.

정답 34 ① 35 ③ 36 ④ 37 ③ 38 ② 39 ③ 40 ② 41 ① 42 ③

43 다음 중 강자성체의 특성이라 할 수 없는 것은?

① 자기이력 곡선에 명확한 포화점이 있다.
② 높은 투자율을 가진다.
③ 자기이력 곡선을 가진다.
④ 자화가 잘 된다.

> 자기이력 곡선은 강자성체, 비자성체 모두 나온다.

44 비파괴 검사 방법에 따라 검출할 수 있는 결함의 종류로 옳은 것은?

① MT - 균열이나 표면 검사에 유리
② PT - 균열이나 체적 검사에 유리
③ UT - 미세한 기공 검출에 유리
④ ECT - 융합 불량, 개재물에 유리

> PT, MT, ECT는 균열이나 표면 검사에 유리하며, UT는 미세한 기공 검출이 어렵다.

45 강자성체의 자기적 성질에서 자계의 세기를 나타내는 단위는?

① T(Teslar)
② S(Stokes)
③ A/m(Ampere/meter)
④ N/m(newton/meter)

> 자계 단위 : A/m

46 진공보다 적은 투자율을 가지는 물질을 나타내는 용어는?

① 반자성(diamagnetic)체
② 상자성(paramagnetic)체
③ 강자성(ferromagnetic)체
④ 페리자성(ferrimagnetic)체

> 반자성체는 투자율이 $10^{-5} \sim 10^{-8}$ 범위로 극히 작다.

47 일반적으로 오스테나이트계 스테인리스강 용접부 검사에서 적용이 불가능한 시험 방법은?

① 방사선 투과 시험   ② 자분 탐상 시험
③ 누설탐상 시험   ④ 초음파 탐상 시험

> 자분 탐상 시험은 강자성체에만 적용이 가능하다.

48 자분 탐상 시험에서 강봉에 전류를 통했을 때 가장 잘 검출될 수 있는 불연속은?

① 전류 방향과 90° 각도를 갖는 불연속
② 지그재그식 날카로운 모양의 불연속
③ 불규칙한 모양의 개재물
④ 전류 방향과 평행한 불연속

> 강봉에 전류를 통하면 원형 자화가 형성되므로 전류 방향과 평행한 결함은 검출이 곤란하다.

49 다른 비파괴 검사법과 비교하여 강자성체의 자분 탐상 시험은 다음 중 어떤 결함을 검출하는데 가장 적합한 검사법인가?

① 표면과 표면 아래 약 10cm 정도에 있는 기공
② 미세한 표면 균열(Surface crack)
③ 내부 깊숙이 있는 균열
④ 두꺼운 막이 코팅되어 있는 시험체의 내부 결함

> 미세한 표면 균열은 자분 탐상이나 침투 탐상을 이용한다.

50 다음 중 자분 탐상 검사로 검출하기 가장 어려운 결함은?

① 자력선의 방향에 수직한 표면 균열
② 자력선의 방향에 평행한 표면 균열
③ 자력선의 방향에 수직한 표면 직하의 균열
④ 전류의 흐름 방향에 평행한 표면 직하의 균열

> 자력선에 수직한 결함 검출이 용이하다.

정답 43 ③ 44 ① 45 ③ 46 ① 47 ② 48 ① 49 ② 50 ②

51 자분 탐상 시험에서 가장 쉽게 발견될 수 있는 결함은?
① 표면의 미세한 기공
② 표면하의 융합 부족
③ 내부의 균열
④ 표면의 폭이 크고 긴 균열

52 자분 탐상 시험의 중요 3가지 분류에 적합하지 않은 것은?
① 검사할 시험편의 상자성화
② 검사할 시험편의 자화
③ 시험할 표면에 자분 적용
④ 자분에 의한 지시 모양의 관찰 및 기록

> 검사 방법의 분류 방법은 자화법, 자분의 종류, 자분 적용 시기, 자분의 분산매, 자화 전류의 종류 등으로 나눈다.

53 다음 중 자분 탐상 시험의 3가지 기본 탐상 순서가 맞게 나열된 것은?
① 관찰 → 자분 적용 → 탈자
② 탈자 → 자분 적용 → 관찰
③ 자화 조작 → 자분 적용 → 관찰
④ 자화 조작 → 전처리 → 관찰

> 전처리 → 자화 → 자분 적용 → 관찰 → 판정 → 기록 → 탈자 → 후처리

54 부품에 대하여 자분 탐상 검사 시 다음 중 고려되어야 할 사항으로 가장 중요한 것은?
① 자속밀도　　② 전류의 밀도
③ 자장의 방향　④ 부품의 크기

55 자분 탐상 시험의 순서에서 자화 공정에 해당하는 것은?
① 시험체에 강한 잔류자기가 남아있을 경우 전류자기를 없애주는 공정을 행한다.
② 시험체에 적용하는 전류치를 설정한다.
③ 시험체에 도포할 자분을 선정한다.
④ 시험체의 온도 및 조도를 측정한다.

> 자화란 시험체에 전류치를 조작하는 조작이다.

56 자분 탐상 시험에서 불연속의 위치가 표면에 가까울수록 나타나는 현상으로 옳은 것은?
① 자분 모양이 더 명확하게 된다.
② 자분 모양이 희미한 상태로 된다.
③ 누설 자속 자장이 더 희미하게 된다.
④ 표면으로부터 깊이와는 무관하다.

> MT는 표면 및 표면 직하의 결함 검출에 용이하므로 표면부로 갈수록 자분 모양이 선명해진다.

57 자분 탐상 시험 시 직류로 검사하여 나타난 지시가 표면 결함인지, 표면 아래 결함인지 확인하는 방법은?
① 탈자 후 교류로 다시 검사한다.
② 습식법을 적용 시 건식법으로 다시 검사한다.
③ 전류 자장을 측정해본다.
④ 표면 결함은 직류로 검출되지 않으므로 탈자 후 서지법으로 다시 검사한다.

58 자분 탐상 시험에서 다음 중 탈자를 실시해야 할 경우는?
① 보자성이 아주 낮은 부품일 때
② 검사 후 500℃ 이상의 온도에서 열처리할 때
③ 잔류자기가 무의미한 큰 주물일 때
④ 자분 탐상 검사 후 자분 세척을 방해할 때

> 탈자가 필요한 경우를 제외하고, 보자성이 낮은 것, 열처리를 할 경우, 대형 주물의 경우 탈자를 안해도 된다.

정답 51 ④　52 ①　53 ③　54 ③　55 ②　56 ①　57 ①　58 ④

59 자분 탐상 시험에서 결함의 검출에 영향을 미치는 인자가 아닌 것은?

① 시험면의 거칠기　② 자화
③ 검사 시기　　　　④ 자분의 적용

60 자분 탐상 검사 시 주의해야 할 사항으로 옳은 것은?

① 가연성 물질을 사용하므로 항상 추운 곳에서 검사를 실시해야 한다.
② 자외선은 인체의 눈에 치명적 손상을 주므로 검사체를 직접 눈으로 관찰하는 것은 금지되어야 한다.
③ 비형광 자분 탐상 검사는 어두워야 하므로 모든 빛을 차단하여야 한다.
④ 탐상 장치는 전기회로에 대한 절연 여부를 일상 점검하여야 한다.

59 ③　60 ④

05 기타 시험법
SECTION

1 누설 검사(LT : Leak Test)

가. 누설 검사의 개요

1) 의의

검사체 내·외부에 적용한 기체나 액체와 같은 유체가 검사체 내부와 외부의 압력 차이에 의해 검사 물체에 존재하는 결함을 통해 흘러 들어가거나 나오는 것을 적당한 검출 매체를 통해 결함의 존재 유무 및 위치를 확인하는 방법

2) 특징

(1) 검사할 시험품은 누출을 막을 수 있는 기름, 그리스, 페인트 등을 세척제로 깨끗이 닦아낸 후 검사 전에 반드시 건조 상태를 유지해야 한다.
(2) 설비는 압력 게이지가 부착된 압력 용기를 사용하며, 검사 압력은 $3.5kg/cm^2$이다.
(3) 압력 게이지 눈금은 측정하고자 하는 최대 압력의 두 배를 넘는 범위의 것이어야 한다.(1.5배 이하나 4배 이상은 안 된다)
(4) 모든 구멍은 플러그, 덮개 등으로 밀봉해야 한다.

3) 누설 검사의 목적

(1) 압력 용기 및 각종 부품 등의 관통 균열 여부를 검사하기 위해서
(2) 돌발적인 누설에 기인하는 유해한 환경요소를 방지하기 위해서
(3) 시스템 작동에 방해되는 재료의 누설 손실을 방지하기 위해서
(4) 규정에 어긋난 누설률과 부적절한 제품을 검출하기 위해서

나. 누설 검사 방법

1) 가압법과 진공법

(1) **가압법** : 시험체의 내부와 외부의 압력차를 만들 때 시험체 내에 압력을 높이는 방법
(2) **진공법** : 시험체 내의 압력을 감압하여 대기압보다 낮게 하는 방법

2) 스니퍼법(할로겐 다이오드 검출기에 의한 시험법)

(1) **방법** : 음극과 가열 백금 양극에 이온 수집관의 일반 원리를 이용한 검사법으로 할로겐 기체는 양극에서 이온화되어 음극에 수집된다.
(2) **측정용 기구** : 전류계, 전류는 이온 형성 속도에 비례한다.
(3) 할로겐의 상대 속도는 표준 가스 누출과 부품의 가스 누출에 나타난 것을 비교하여 측정한다.
(4) 추적 가스의 종류와 화학명

추적 가스 상품 명칭	화학명	화학식
메틸렌클로라이드	2-염소 메탄	CH_2Cl_2
냉동제 11	3-염소-1-불화메탄	CCl_2F
냉동제 21	2-염소-1-불소메탄	$CHClF$
냉동제 22	염소-2-불소메탄	$CHClF_2$
냉동제 114	2-염소-테트라 불소 메탄	$C_2Cl_2F_4$

3) 버블법(가스와 기포 형성 시험법)

(1) **방법** : 용액 속에 검사할 부분을 넣고 이것을 통해 가스가 지나감에 따라 거품을 일으키게 하며, 이 압력에 의해 분출되는 가스를 포착하여 결함 부위를 검출한다.
(2) **기포 형성 용액** : 시험 재료에 얇은 막을 생기게 하여야 하고, 표면장력이 작아야 급히 꺼지지 않는다.
(3) **사용 가스** : 질소, 헬륨, 공기

(4) 육안 검사할 때는 검사 표면에서 최소한 60cm 이내의 표면과 360° 이상의 각도에서 검사해야 하며, 육안 검사 시 조명은 350lux 이상이 적당하다.
(5) 정밀 검사가 필요할 경우 확대경 등의 보조 기구를 사용한다.
(6) 시험품을 용액에 담그는 시간 : 검사 전의 압력을 최소한 15분간 유지해야 한다.

4) 헬륨 질량 분광 시험법

(1) 검사기의 감도가 높으므로 압력 차이가 있는 경우 매우 작은 구멍을 통하여 헬륨의 흐름을 탐지할 수 있다.
(2) 휴대용 질량 분광기로 검출하며, 소량의 헬륨에 민감하게 작용한다.
(3) **종류** : 스니퍼법, 후드법

예제 1
시험체 주변에 압력차를 발생시켜 검사하는 비파괴 검사법은?
① 누설 검사법　　② 자분 탐상 검사법
③ 와전류 탐상법　　④ 중성자투과 시험법

정답 ①

예제 2
헬륨 질량 분석, 압력 변화 시험 등과 같은 종류의 비파괴 검사법에 속하는 것은?
① 육안 검사　　② 누설 검사
③ 음향 방출 검사　　④ 침투 탐상 검사

정답 ②

누설 검사
기포 누설 시험, 할로겐 누설 검사, 헬륨 질량 분석, 압력 변화 시험, 기체 방사선 동위원소법

예제 3
누설 검사의 한 방법인 내압시험에서 가압 기체로 가장 많이 사용되며 실용적인 것은?
① 공기　　② 질소
③ 헬륨　　④ 암모니아

정답 ①

예제 4
다음 중 누설 검사 시험 방법이 아닌 것은?
① 발포 시험　　② 압력 변화 시험
③ 헬륨 질량 분석 시험　　④ 아르곤 압력 변화 시험

정답 ②

압력 변화 시험은 추적 가스를 별도로 사용하지 않는다.

2 와전류 탐상(ECT : Eddy Current Test)

가. 와전류 탐상의 개요

1) 의의

(1) **와전류 탐상** : 교류가 흐르는 코일을 금속 등의 도체에 가까이 가져가면 도체의 내부에는 와(맴돌이) 전류가 발생하며, 이 와전류는 전도체의 불연속성 유무에 따라 달라지는 임피던스를 발생시키는데 이와 같은 와전류가 검사체 표면 근방의 균열, 부식공 등의 불연속에 의하여 변화하는 것을 관찰함으로써 검사체에 존재하는 결함을 찾아내는 검사 방법

2) 장점

(1) 비접촉 방법에 의해 시험 결과가 직접적으로 구해지므로 시험 속도가 빠르다.
(2) 파이프, 튜브, 환봉, 선 등에 대하여 고속 자동화로 능률이 좋은 On-line 생산의 전수 검사가 가능하다.

(3) 표면 결함의 검출에 적합하며, 지시의 크기로 결함의 크기를 추정할 수 있어 결함 평가에 유용하다.
(4) 재질 변화, 치수 변화, 결함 등 시험 적용 범위가 매우 넓다.
(5) 응용 분야가 넓고, 결과를 기록하여 보존할 수 있다.
(6) 고온하에서 측정, 얇은 시험체, 가는 선, 구멍의 내부 등 다른 비파괴 검사법으로 검사하기 곤란한 대상물에도 적용할 수 있다.
(7) 비접촉법으로 프로브(probe)를 접근시켜 검사뿐만 아니라 원격 조작으로 좁은 영역이나 홈이 깊은 곳의 검사가 가능하다.

3) 단점
(1) 강자성 금속에 적용이 어렵고 형상이 단순한 것이 아니면 적용할 수 없다.
(2) 표면에서 깊은 위치의 내부 결함 검출이 불가능하며, 검사의 숙련도가 요구된다.
(3) 시험에 의해 얻은 지시로부터 직접 결함 종류, 형상 등을 판별하기 어렵다.
(4) 검사 대상 이외의 재료적 인자의 영향에 의한 잡음이 검사에 방해되는 경우가 있다.
(5) 지시는 시험 코일이 적용되는 전 영역의 적분치가 얻어지므로 관통형 코일의 경우 관의 원주상 어느 위치에 결함이 있는지 알 수 없다.

4) 와전류 탐상의 적용 범위
(1) 용접부 표면 또는 표면에 가까운 균열, 기공, 개재물, 피트, 언더컷, 오버랩, 용입 불량, 융합 불량 등을 검출
(2) 결정립 크기, 경도 및 전기전도율, 물리적 치수 등 재료의 성질 측정
(3) 균열, 기공, Seam, Lap, 개재물 등의 검출
(4) 이종 재질의 구별과 그 조성 및 현미경 조직 등의 차이 검출
(5) 페인트, 도금층 등 비도체 도포물의 두께 측정
(6) 열처리 상태, 치수 변화, 홈 존재 여부

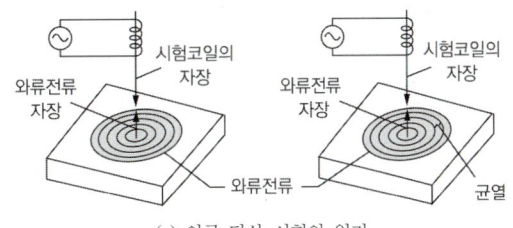
(a) 와류 탐상 시험의 원리

(b) 와류 탐상 시험기 형상
그림 5.1 와류 탐상법

나. 와전류 탐상 방법
1) 시험 코일 사용에 따른 분류
(1) 관통 코일을 이용한 시험법
  ① 시험체의 외면에 시험 코일이 위치하고 있어 코일의 전자기장이 외측에 작용하기 때문에 관이나 봉제품의 외부 표면 결함 검출에 우수
  ② 원통형 코일을 관통해서 시험체를 이송시켜 검사하는 방법
  ③ 관의 내부 표면을 검출할 경우 와전류의 침투 깊이를 증가시키기 위해 낮은 주파수를 사용한다.
  ④ 선, 환봉 등의 탐상에 사용
(2) 프로브형(표면형) 코일을 이용한 시험법
  ① 시험 코일을 시험체의 표면에 접근시켜 검사하는 방법
  ② 내삽형, 관통형에 비해 탐상 속도가 느리고 lift-off 효과 발생에 주의가 필요하다.
  ③ 판상의 형태 또는 규칙적인 형태가 아닌 기계 부품의 검사에 이용된다.
(3) 내삽형 코일을 이용한 시험 방법
  ① 파이프(관)의 중심에 동심의 원통형 코일(coil)을 넣어 내부 표면을 탐상하는 방법
  ② 내부 표면에 와전류가 집중하기 때문에 관의

내면 결함의 검출에 용이
③ 관통형과 같이 주파수를 낮게하여 사용
④ 열 교환기의 튜브 검사 등에 가장 많이 사용

다. 시험 코일의 임피던스 변화의 검출 방법에 따른 분류

(1) **임피던스 시험** : 재료 또는 시험체의 임피던스 변화를 측정하는 방법
(2) **변조 분석 시험** : 기록계를 이용한 방법으로 불연속부가 관찰될 때 종이 위에 펜이나 바늘 형태의 기록장치로 기록하는 방법
(3) **위상 분석 시험** : 벡터법(Vector Point Method), 타원법(Elipse Method), Linear Time Base Method

라. 시험 준비

1) 전처리와 시험 조건 설정

(1) **시험 조건의 설정** : 이송장치의 조정, 시험 주파수 설정, 감도의 설정, 위상의 설정,
(2) **전처리** : 불순물은 코일 손상, 기기 고장 등의 원인이 되며, 시험체에 부착된 산화 스케일, 금속 분말, 유지류 등 의사지시의 원인이 되는 것을 제거한다.

2) 탐상 장치 선정

(1) 시험체의 재질, 치수, 형상, 검출할 결함의 종류 등을 고려한다.
(2) 예비 시험을 실시하여 적합한 것을 선정하는 것이 좋다.

3) 시험 코일 선정

(1) 시험체, 장비 특성, 검출할 결함, 전기적 특성 등을 고려한다.
(2) **관, 선, 환봉** : 내삽형이나 관통형 코일 사용
(3) **판상 또는 불규칙한 시험체** : 표면형 코일 사용

마. 지시의 확인과 재시험

1) 의사 지시의 원인

(1) 이송장치의 조정 불량에 의한 진동
(2) 탐상기 내부나 외부에서 발생한 잡음

(3) **자기포화의 부족** : 자화 전류를 증가시켜 재시험 실시
(4) **시험체의 타흔, 잔류응력, 롤 마크, 재질 불균일** : 육안 검사 확인 및 재시험 필요
(5) 관의 끝단부

2) 지시 확인

(1) 시험에 의해 검출된 지시가 결함 지시인가, 의사 지시인가를 확인하는 것이 중요하다.
(2) 확인이 어려울 경우 재시험 또는 다른 방법을 통해서 확인한다.
(3) **보조 장비 활용** : 표면 미세결함은 확대경을 이용, 내부 표면의 확인은 내시경 이용한다.

3) 재시험

(1) 지시가 결함에 의한 것인지, 의사지시인지 구별이 어려울 때 실시한다.
(2) 정기적으로 시험 조건을 확인할 때 이상이 발견되었을 경우 실시한다.

바. 검사 기록

검사 일자, 검사자명, 시험체명, 시험체 치수, 검사 장치명, 대비 시험편의 종류 및 치수, 시험 코일의 표시, 검사 조건(시험 주파수, 위상각, 시험 각도, 시험 속도), 검사 결과 등을 기록한다.

예제 1

와전류 탐상 시험의 장점에 대한 설명 중 옳지 않은 것은?
① 두꺼운 재료의 내부 검사에 적합하다.
② 고온, 고압의 조건에서도 탐상이 가능하다.
③ 유지비가 저렴하고 결과의 기록 보존이 가능하다.
④ 비접촉법으로 시험 속도가 빠르고 자동화가 가능하다.

   정답 ①

와전류 탐상 시험으로 두꺼운 재료의 내부 결함은 검출할 수 없다.

예제 2
다른 비파괴 검사와 비교했을 때 와전류 탐상 시험의 장점으로 옳지 않은 것은?
① 결함 형상의 판별이 뛰어나다.
② 전도체의 표면 결함에 대한 감도가 높다.
③ 고속으로 자동화된 전수검사가 가능하다.
④ 시험체와 코일이 비접촉으로 검사가 가능하다.

 정답 ①

예제 3
다음 중 와전류 탐상 시험법으로 측정할 수 없는 것은?
① 피막 두께 측정　② 재질 검사
③ 표면 직하의 결함 위치　④ 내부 결함의 깊이

 정답 ④

예제 4
다음 중 시험체의 도금 두께 측정에 가장 적합한 비파괴 검사법은?
① 침투 탐상 시험법　② 음향 방출 시험법
③ 자분 탐상 시험법　④ 와전류 탐상 시험법

 정답 ④

와전류 탐상 시험으로 도금층 두께, 담금질 경화층 두께, 침탄층 두께, 피막 두께 측정이 가능하다.

3 음향 검사(Accoustic Emission test : AE)

가. 의의
(1) 하중을 받고 있는 물체의 균열 또는 국부적인 파단으로부터 방출되는 응력파(stress wave emission)를 분석하여 소성 변형, 균열의 생성 및 진전 감시 등 동적 거동을 파악하고 결함부의 유무 판정 및 재료의 특성 평가에 이용하는 기법

(2) 다른 비파괴 검사법이 신호를 발생시키고 그 응답을 분석하는 것과 다르게 피동적으로 신호를 수신하여 결함을 검출하는 비파괴 검사법이다.

나. 장·단점

1) 장점
(1) 국부적인 결함의 검출 이외에 전체 구조물의 상태를 모니터링할 수 있다.
(2) 실시간으로 결함의 진원지와 결함의 상태를 추적할 수 있다.

2) 단점
(1) 센서의 감도에 따라 결함의 검출 결과가 좌우된다.
(2) 안정화된 결함, 즉 진행이 멈춘 균열 등은 검출할 수 없다.
(3) 음향 방출이 구조물의 여러 구조 상태를 따라 전달될 때 결함의 정확한 위치를 찾기는 어렵다.
(4) UT 등과 같은 국부적인 결함 검출법을 병행하여야 한다.

예제 1
제품이나 부품의 동적 결함 발생에 대한 전체적인 모니터링(Monitoring)에 적합한 비파괴 검사법은?
① 육안 시험　② 적외선 검사
③ X선 투과 시험　④ 음향 방출시험

 정답 ④

예제 2
육안 검사에 대한 설명 중 옳지 않은 것은?
① 표면 검사만 가능하다.
② 검사의 속도가 빠르다.
③ 사용 중에도 검사가 가능하다.
④ 분해능이 좋고 가변적이지 않다.

 정답 ④

육안검사는 표면에 보이는 결함만 검출 가능한 단점이 있다.

05 단원별 출제예상문제

SECTION

DIY쌤이 콕! 찝어주는 **주요 예상문제** 풀어보기!

01 비파괴 검사의 목적이라 볼 수 없는 것은?
① 안전관리 ② 제품의 신뢰성 향상
③ 출하 가격의 인하 ④ 사용 기간의 연장

> 비파괴 검사는 제품의 결함을 찾아내어 신뢰성 향상과 수명 연장 등이 목적이다.

02 비파괴 검사의 신뢰도를 향상시킬 수 있는 내용을 설명한 것으로 옳지 않은 것은?
① 제품 또는 부품에 적합한 평가 기준의 선정 및 적용으로 검사의 신뢰도를 향상시킬 수 있다.
② 제품 또는 부품에 적합한 비파괴 검사법의 선정을 통해 검사의 신뢰도를 향상시킬 수 있다.
③ 비파괴 검사를 수행하는 기술자의 기량을 향상시켜 검사의 신뢰도를 높일 수 있다.
④ 검출 가능한 모든 지시 및 불연속을 제거함으로써 검사의 신뢰도를 향상시킬 수 있다.

> 검사의 신뢰도를 향상시키기 위해서는 지시 및 불연속을 제외한 판독 오류나 판독에 문제가 되는 것을 제거해야 한다.

03 최종 건전성 검사에 주로 사용되는 검사 방법으로서, 관통된 불연속만 탐지 가능한 검사 방법은?
① 방사선 투과 검사 ② 침투 탐상 검사
③ 음향 방출 검사 ④ 누설 검사

04 시험면을 사이에 두고 한 쪽의 공간을 가압하거나 진공이 되게 하여 양쪽 공간에 압력차를 만들어 시험하는 비파괴 검사법은?
① 육안 시험 ② 누설 시험
③ 음향 방출 시험 ④ 중성자 투과 시험

> 누설 시험은 기체나 액체를 담고 있는 용기 등에 주로 사용하는 방법으로 내·외부의 압력차를 이용한다.

05 비파괴 검사법 중 시험체의 내부와 외부에 압력차를 만들어 유체가 결함을 통해 흘러 들어가거나 나오는 것을 감지하는 방법으로 압력 용기나 배관 등에 주로 적용하는 시험법은?
① 자분 탐상 시험법 ② 누설 검사법
③ 침투 탐상 시험법 ④ 초음파 탐상 시험법

06 시험체의 내부와 외부 즉, 계와 주위의 압력차가 생길 때 주위의 압력은 대기압으로 두고, 계에 압력을 가압하거나 감압하여 결함을 탐상하는 비파괴 검사법은?
① 누설 시험 ② 침투 탐상 시험
③ 초음파 탐상 시험 ④ 와전류 탐상 시험

> 누설 시험은 기체나 액체를 담고 있는 용기 등에 주로 사용하는 방법으로 내·외부의 압력차를 이용한다.

07 누설 검사법에 대한 다음 설명 중 옳지 않은 것은?
① 기체 누설 시험 시 사용되는 기체는 일반적으로 건조하고 깨끗한 공기를 사용한다.
② 기체 누설 시험 시 사용되는 기체는 일반적으로 독성이 없는 것을 사용한다.
③ 수압 시험을 할 때는 시험하려는 용기 내부에 공기가 있는지 확인하여야 한다.
④ 내압 시험에 필요한 유체의 온도는 취성파괴가 일어나는 온도이어야 한다.

> 누설 검사의 표준 조건은 25℃를 기준으로 한다.

 01 ③ 02 ④ 03 ④ 04 ② 05 ② 06 ① 07 ④

08 누설 검사법 중 압력 변화 시험에 대한 설명으로 옳지 않은 것은?
① 누설 위치를 측정하기에 적합한 시험법이다.
② 압력 변화에 따라 누설량을 측정하는 방법이다.
③ 일정 시간 경과 후 압력 변화를 측정하므로 작업 시간이 긴 편이다.
④ 압력계로 측정이 가능하므로 누설 발생 여부를 알 수 있으며 특별한 추적가스가 필요하지 않다.

> 압력 변화 시험은 대형 용기나 저장 탱크에 적절한 방법으로 누설 위치를 측정하기에는 적합하지 않다.

09 누설 비파괴 검사법 중 헬륨 질량 분석 시험의 종류가 아닌 것은?
① 검출기 프로브 법
② 침지법
③ 진공 후드법
④ 압력 변화법

> **헬륨 질량 분석법**
> ①, ②, ③ 외에 추적 프로브 법(진공 분무법), 진공 적분법, 가압 적분법(스니퍼 프로브 법), 흡인법, 진공 용기법

10 누설 검사에 이용되는 헬륨 질량 분석기의 구성요소가 아닌 것은?
① 이온 포집 장치
② 필라멘트
③ 전자 포획 장치
④ 자장 영역

> 전자포획 장치는 할로겐 누설 검사에 사용한다.

11 누설 검사 시험 중 누설량의 값을 쉽게 알 수 있는 방법은?
① 발포법
② 헬륨법
③ 방치법
④ 암모니아법

> 헬륨법은 질량 분석기를 이용하여 헬륨의 누설량을 직접 측정하는 방법이다.

12 누설을 통한 기체의 흐름에 영향을 미치는 인자가 아닌 것은?
① 기체의 분자량
② 기체의 점도
③ 압력의 차이
④ 기체의 색

> 기체의 색은 기체의 흐름에 아무런 영향이 없다.

13 시험체에 가압 또는 감압을 유지한 후 발포 용액에 의해 기포를 형성하는 기포 누설 시험 검사 방법의 장점으로 옳지 않은 것은?
① 누설 위치의 판별이 신속하고 안전하다.
② 감도가 높다.
③ 프로브나 스니퍼가 필요 없다.
④ 기술의 숙련이나 경험이 크게 필요하지 않다.

> **기포 누설 검사의 장점**
> • 큰 누설을 쉽게 찾을 수 있다.
> • 한 번에 전면을 검사할 수 있다.
> • 장비가 충분히 갖추어지거나 기술이 숙련된다면 누설 감도를 증가시킬 수 있다.
>
> **기포 누설 검사의 단점**
> • 발포액의 특성에 좌우된다.
> • 정확한 교정 수단이 없다.

14 다른 누설 검사법들과 비교하여 발포 누설 검사의 단점에 대한 설명 중 옳지 않은 것은?
① 매우 크거나 작은 누설의 검사가 곤란하다.
② 주변 환경(온도, 습도, 바람)에 민감하다.
③ 감도가 높지 않다.
④ 한 번에 전면을 검사할 수 없다.

15 기포 누설 검사의 특징에 대한 설명으로 옳은 것은?
① 누설 위치의 판별이 빠르다.
② 경제적이나 안전성에 문제가 많다.
③ 기술의 숙련이나 경험을 크게 필요로 한다.
④ 프로브(탐침)나 스니퍼(탐지기)가 반드시 필요하다.

> 기포 누설 검사는 경제적이고 안정적이며, 특별한 기술이나 별도의 탐지 장치도 필요 없다.

정답 08 ① 09 ④ 10 ③ 11 ② 12 ④ 13 ② 14 ④ 15 ①

16 기포 누설 시험에 사용되는 발포액의 구비 조건으로 올바른 것은?

① 표면장력이 클 것
② 발포액 자체에 거품이 많을 것
③ 유황성분이 많을 것
④ 점도가 낮을 것

> **발포액의 구비 조건**
> 표면장력이 작을 것, 젖음성이 좋을 것, 진공하에서 증발하지 않을 것, 발포액 자체에 거품이 없을 것, 시험체에 영향이 없을 것, 온도에 의한 열화가 없을 것, 인체에 무해할 것

17 기포 누설 시험에 사용되는 발포액의 구비 조건으로 옳지 않은 것은?

① 점도가 높을 것
② 적심성이 좋을 것
③ 표면장력이 작을 것
④ 시험품에 영향이 없을 것

> 점도가 높으면 표면장력이 높아져 적심성이 낮아지므로 누설 시험에 적합하지 않다.

18 누설 검사법으로 할로겐 다이오드 검출 프로브 시험 시 검사 부위가 아닌 열린 구멍들은 모두 밀봉시켜야 하는데 이때 사용될 밀봉 재료로 적당치 않은 것은?

① 플러그
② 밀봉 왁스
③ 시멘트
④ 할로겐 포함물

> 밀봉제에 할로겐이 포함되어 있으면 의사지시가 나타난다.

19 시험체를 가압 또는 감압하여 일정한 시간이 지난 후 압력 변화를 계측하여 누설을 검사하는 방법은?

① 기포 누설 검사
② 전위차에 의한 누설 검사
③ 압력 변화에 의한 누설 검사
④ 암모니아 누설 검사

> 압력 변화 시험은 시험체를 가압 또는 감압하고 일정 시간 경과 후의 압력 변화에 따라 누설량을 측정하는 방법이다.

20 누설 검사법 중 대형 용기나 저장조 검사에 이용되지만, 누설 위치의 측정에는 적합하지 않은 검사법은?

① 기포 누설 시험
② 헬륨 누설 시험
③ 할로겐 누설 시험
④ 압력 변화 누설 시험

> **압력 변화 시험**
> 시험체를 가압 또는 감압하고 일정 시간 경과 후의 압력 변화에 따라 누설량을 측정하는 방법으로 누설 위치는 알 수 없다.

21 다음 중 누설 검사에 이용되는 가압 기체가 아닌 것은?

① 공기
② 질소
③ 황산가스
④ NH_3 가스

> **누설 시험에 사용하는 기체**
> ①, ②, ④ 외에 냉매가스, 헬륨

22 다음 누설 검사법 중 미세한 누설 검출율이 가장 높은 것은?

① 기포 누설 검사법
② 헬륨 누설 검사법
③ 할로겐 누설 검사법
④ 암모니아 누설 검사법

> 헬륨가스는 공기에 거의 존재하지 않고 다른 가스와 구별이 쉬우므로 미세한 결함의 검출률이 가장 높다.

23 누설 검사에서 다음 설명이 나타내는 용어로 옳은 것은?

> 기체의 실제 압력으로 완전진공인 때가 0이며 대기압과 게이지 압력을 더한 값이다.

① 계기 압력
② 진공 압력
③ 절대 압력
④ 표준 대기압

> **절대 압력**
> 기체의 실제 압력으로 완전진공인 때를 0으로 하고 표준대기압은 1.033이며, 게이지압과 대기압을 더한 값이다.

24 누설 검사 시 절대 압력, 게이지 압력, 대기 압력 및 진공 압력과의 상관 관계식으로 옳은 것은?

① 절대 압력 = 진공 압력 − 대기 압력
② 절대 압력 = 대기 압력 + 진공 압력
③ 절대 압력 = 대기 압력 − 게이지 압력
④ 절대 압력 = 게이지 압력 + 대기 압력

25 다음 검사 방법 중 누설 검사법에 속하지 않는 것은?

① 가압법   ② 감압법
③ 수침법   ④ 진공법

26 누설 탐상 검사를 할 때 여러 이상 기체 방정식을 알아야 한다. 이 중 물질의 압력에 따른 부피의 변화를 나타낸 법칙(원리)은?

① 보일의 법칙   ② 샤를의 법칙
③ 아보가드로의 원리   ④ 돌턴의 분압법칙

> **이상기체의 상태 방정식**
> • 보일의 법칙 : 압력에 따른 부피의 변화
> • 샤를의 법칙 : 온도에 따른 부피의 변화
> • 보일 – 샤를의 법칙 : 온도와 압력에 따른 부피의 변화

27 누설 시험과 관련하여 부피가 일정한 밀폐된 탱크 내 이상기체 온도가 0°C, 압력이 40psi일 때 다른 조건의 변화 없이 이상기체의 온도만 50°C로 상승할 때 탱크 내 기체의 압력은 약 몇 psi인가?

① 40.1   ② 42.5
③ 45.2   ④ 47.3

> 보일 – 샤를의 법칙 : $\dfrac{P_1 V_1}{T_1} = \dfrac{P_2 V_2}{T_2}$
>
> 문제에서 부피 변화는 없으므로 $\dfrac{P_1}{T_1} = \dfrac{P_2}{T_2}$
>
> (T는 절대온도 273)
>
> 따라서 $\dfrac{40}{273} = \dfrac{x}{273+50}$
>
> ∴ $x = \dfrac{40(273+50)}{273} = 47.326$

28 할로겐 누설 시험에서 가열 양극 할로겐법의 장점을 설명한 것으로 옳지 않은 것은?

① 사용이 간편하고 능률적이다.
② 할로겐 추적가스에만 응답한다.
③ 기름에 막혀 있는 누설도 검출할 수 있다.
④ 진공 상태에서도 일반적인 검출기를 이용하여 시험할 수 있다.

> **가열양극할로겐법의 장점**
> 대기압하에 작업할 수 있다.

29 누설 검사 시 1기압을 나타낸 것으로 옳지 않은 것은?

① 760mmHg   ② 760Torr
③ 980kg/cm²   ④ 1013mbar

> 1atm = 760mmHg = 760Torr = 1013mbar(hPa)
> = 1.033kgf/cm² = 14.696psi = 101.3kPa

30 누설 검사에 사용되는 단위인 1atm과 값이 다른 것은?

① 760mmHg   ② 760Torr
③ 10.33kg/cm²   ④ 1013mbar

> 1atm = 760mmHg = 760Torr
> = 1013mbar(hPa) = 1.033kgf/cm²
> = 14.696psi = 101.3kPa

31 다음 중 누설 검사법의 누설률에 대한 단위로 옳은 것은?

① $Pa/m^2 \cdot s$ ② $Pa \cdot m^2/s$
③ $Pa \cdot s/m^2$ ④ $m^2/Pa \cdot s$

> **누설률 단위**
> $Pa \cdot m^2/s$

정답 24 ③ 25 ③ 26 ① 27 ④ 28 ④ 29 ③ 30 ③ 31 ②

32 누설 검사 시 관련 규격의 온도가 화씨 온도(℉)로 규정되어 섭씨 온도(℃)로 환산하려고 할 때의 공식으로 옳은 것은?

① ℃ = 9/5(℉ + 32)
② ℃ = 9/5(℉ − 32)
③ ℃ = 5/9(℉ + 32)
④ ℃ = 5/9(℉ − 32)

- 화씨를 섭씨로 : ℃ = $\frac{5}{9}$(℉ − 32)
- 섭씨를 화씨로 : ℉ = $\frac{9}{5}$℃ + 32

33 섭씨 30℃는 화씨(℉) 온도로 몇 도인가?

① 13℉
② 46℉
③ 86℉
④ 248℉

℉ = $\frac{9}{5}$℃ + 32 = $\frac{9}{5}$30 + 32 = 86 ℉
절대 온도 : K = 273 + 대기압력 = 273 + ℃

34 와전류 탐상 시험에 대한 설명으로 옳은 것은?

① 자성인 시험체, 베크라이트란 목재가 적용 대상이다.
② 전자 유도 시험이라고도 하며 적용 범위는 좁으나 결함 깊이와 형태의 측정에 이용된다.
③ 시험체 와전류 흐름이나 속도가 변하는 것을 검출하여 결함의 크기, 두께 등을 측정하는 것이다.
④ 기전력에 의해 시험체 중에 발생하는 소용돌이 전류로 결함이나 재질 등의 영향에 의한 변화를 측정한다.

와전류 탐상의 특징
- 전도체만 가능하다.
- 응용 분야가 광범위하다.
- 결함의 종류, 형상, 치수를 정확하게 판별하기 어렵다.
- 결함이나 재질의 변화 등의 특성을 검사할 수 있다.
- 도금층, 피막 두께 등의 두께 측정이 가능하다.

35 다음 중 와전류 탐상 시험에 대한 설명으로 옳지 않은 것은?

① 와전류 탐상 검사는 강자성체나 비자성체인 전도체를 적용할 수 있다.
② 와전류 분포의 변화를 시험 코일의 임피던스 변화로 결함을 찾아낸다.
③ 전도성 시험체 내부에 발생한 유도전류를 이용한다.
④ 시험체 표면과 시험 코일과의 거리 변화를 이용하여 결함의 형상 및 크기를 알 수 있다.

와전류 탐상은 결함의 위치와 형상을 알 수 있지만 크기는 알 수 없다.

36 와전류 탐상 시험에 대한 설명 중 옳지 않은 것은?

① 시험체 표층부의 결함에 의해 발생된 와전류의 변화를 측정하여 결함을 식별한다.
② 접촉식 탐상법을 적용함으로써 표피 효과가 발생하지 않는다.
③ 철, 비철 재료의 파이프, 와이어 등 표면 또는 표면 근처 결함을 검출한다.
④ 시험 코일의 임피던스 변화를 측정하여 결함을 식별한다.

와전류 탐상에는 표피 효과가 발생하므로 표면부의 결함 검출이 용이하다.

37 와전류 탐상 검사에서 와전류의 특성을 설명한 것 중 옳지 않은 것은?

① 와전류는 코일의 가장 가까운 표면에서 가장 강하다.
② 와전류는 교번 전자기 안에서만 존재한다.
③ 와전류는 항상 연속적인 회로로 흐른다.
④ 와전류가 물체에 침투되는 깊이는 재료의 투자율과 비례적 관계를 갖는다.

시험체에 대한 와전류 침투 깊이는 시험 주파수, 전도율, 투자율과 반비례 관계에 있다.

38 와전류 탐상 시험의 특성에 관한 설명으로 옳은 것은?
① 신호 지시가 잡음 등의 인자에 영향을 받지 않는다.
② 탐상 데이터를 출력하여 보존하기 곤란하다.
③ 직접 접촉에 의한 탐상법으로만 이용한다.
④ 결함의 종류, 형상, 치수를 정확하게 판별하기 어렵다.

39 비접촉법으로 고속 자동탐상이 가능하고, 표면 결함의 검출 능력이 우수하며 전도성 재료에 적용할 수 있는 비파괴 시험법은?
① 자분 탐상 시험
② 음향 방출 시험
③ 와전류 탐상 시험
④ 초음파 탐상 시험

> 와전류 탐상 시험은 비접촉법으로 고속 탐상이 가능하다.

40 와전류 탐상 시험의 기본 원리로 옳은 것은?
① 인장강도의 원리
② 전자 유도의 원리
③ 누설 흐름의 원리
④ 잔류자계의 원리

41 전자기 원리를 이용한 비파괴 시험법은?
① 초음파 탐상 시험
② 침투 탐상 시험
③ 방사선 투과 시험
④ 와전류 탐상 시험

> 와전류 탐상은 전자기 원리를 이용한 비파괴 시험법이다.

42 다른 비파괴 검사법과 비교했을 때 와전류 탐상 검사의 장점에 속하지 않는 것은?
① 결함 크기 변화, 재질 변화 등의 동시 검사가 가능하다.
② 표면 아래 깊숙한 위치의 결함 검출이 용이하다.
③ 비접촉법으로 검사 속도가 빠르고 자동화에 적합하다.
④ 검사 결과의 기록이 용이하다.

> 와전류 탐상 시험은 표면부의 내부 결함은 가능하지만 깊은 결함은 검출이 어렵다.

43 와전류 탐상 검사의 장점이 아닌 것은?
① 표면부 결함의 탐상 감도가 우수하며 고온에서의 검사 및 얇고 가는 소재와 구멍의 내부 등을 검사할 수 있다.
② 결함지시가 모니터에 전기적 신호로 나타나므로 기록 보존과 재생이 용이하다.
③ 검사체의 표면으로부터 깊은 내부 결함 및 강자성 금속도 탐상이 가능하다.
④ 결함의 크기, 두께 및 재질의 변화 등을 동시에 검사할 수 있다.

44 다음 중 자분 탐상 검사, 침투 탐상 검사, 와전류 탐상 검사의 공통점은?
① 표면 직하의 결함에 대한 검출 감도가 높다.
② 비자성체 재료의 검사에 적용 가능하다.
③ 비금속 재료의 검사에 적용 가능하다.
④ 개구된 결함의 검출 감도가 우수하다.

> 자분 탐상, 침투 탐상, 와전류 탐상 검사는 표면에 열린 결함(개구부 결함)을 검출하는데 적합하다.

45 다음 중 와전류 탐상 시험으로 측정할 수 있는 것은?
① 절연체인 고무막 두께
② 액체인 보일러의 수면 높이
③ 전도체인 파이프 표면 결함
④ 전도체인 용접부의 내부 결함

46 와전류 탐상 시험에서 비전도성 막이나 비자성 금속의 막 두께를 측정할 수 있는 것은 어떤 현상을 이용한 것인가?
① 감쇠 효과(Attenuation effect)
② 산란 효과(Scattering effect)
③ 표피 효과(Skin effect)
④ 리프트 - 오프 효과(Lift - off effect)

> **lift-off 효과**
> 표면형 코일에서 발생하며, 시험체와 코일과의 간격이 변화할 때 출력지시도 변화하는 현상으로 도금층이나 피막의 두께 측정에 이용한다.

정답 38 ④ 39 ③ 40 ② 41 ④ 42 ② 43 ③ 44 ④ 45 ③ 46 ④

47 와전류 탐상 검사에서 신호 대 잡음비(S/N비)를 변화시키는 것이 아닌 것은?

① 주파수의 변화
② 필터(filter) 회로 부가
③ 모서리 효과(edge effect)
④ 충전율 또는 리프트 오프(lift-off)의 개선

> **신호 대 잡음비(S/N)를 증가시키는 방법**
> 주파수의 변화, 필터 효과 지정, 위상 식별, 충전율과 리프트 - 오프 개선, 잡음 요인 개선

48 전자 유도의 법칙을 이용해서 표면 또는 표면 가까운 부분(Sub-Surface)의 균열을 검사하는 시험법은?

① 자분 탐상 시험
② 초음파 투과 시험
③ 방사선 탐상 시험
④ 와전류 탐상 시험

> 와전류 탐상은 도체에 자기장을 적용시키면 유도전류가 형성되는 전자 유도 법칙을 이용한다.

49 시험체에 대한 와전류의 침투 깊이에 영향을 미치지 않는 것은?

① 전도율
② 투자율
③ 시험 주파수
④ 자속밀도

> **와전류에 영향을 많이 주는 변수**
> 전도율, 투자율, 주파수, 치수 변화

50 비파괴 검사법 중 내부 결함 검사와 관련이 있는 검사법은?

① 초음파 탐상 검사(UT), 방사선 투과 검사(RT)
② 초음파 탐상 검사(UT), 자기 탐상 검사(MT)
③ 초음파 탐상 검사(UT), 침투 탐상 검사(PT)
④ 초음파 탐상 검사(UT), 와전류 탐상 검사(ECT)

> 와전류 탐상으로 내부결함의 깊이와 형태는 알 수 없다.

51 자기 비교형 - 내삽 코일을 사용한 관의 와전류 탐상 시험에서 관의 처음에서 끝까지 동일한 결함이 연속되어 있을 경우 신호는 어떻게 되는가?

① 신호가 나타나지 않는다.
② 신호가 단속적으로 나타난다.
③ 신호가 주기적으로 나타난다.
④ 관의 중간 지점에서만 신호가 나타난다.

> 내삽형 코일을 사용하면 축 방향의 짧은 균열, 미세 균열, 롤 마크 등은 검출 가능하나, 축 방향으로 길게 늘어난 결함의 검출이 곤란하다. 길게 늘어난 결함의 검출은 표면형 코일을 이용한다.

52 와전류 탐상 검사를 수행할 때 시험 부위의 두께 변화로 인한 전도도의 영향을 감소시키기 위한 방법으로 가장 적합한 것은?

① 전압을 감소시킨다.
② 시험 주파수를 감소시킨다.
③ 시험 속도를 증가시킨다.
④ Fill factor(필 펙터)를 감소시킨다.

> 와전류 탐상에서 주파수와 침투 깊이는 반비례하므로, 주파수가 증가할수록 표면 부근에 와전류가 집중되고 내부로 들어갈수록 감소한다.

53 와전류 탐상 시험에서 와전류의 침투 깊이를 설명한 내용으로 옳지 않은 것은?

① 주파수가 낮을수록 침투 깊이가 깊다.
② 투자율이 낮을수록 침투 깊이가 깊다.
③ 전도율이 높을수록 침투 깊이가 얕다.
④ 표피 효과가 작을수록 침투 깊이가 얕다.

> 와전류 탐상에서는 와전류의 표피 효과로 인해 침투 깊이가 매우 얕아지므로 표피 효과가 작으면 침투 깊이는 깊어진다.

정답 47 ③ 48 ④ 49 ④ 50 ① 51 ① 52 ② 53 ④

54 와전류 탐상 장비에 일반적으로 사용되는 판독장치가 아닌 것은?

① 신호발생기
② 미터(meter)
③ 음극선관(CRT)
④ 레코더(strip chart recorder)

> 신호발생기는 탐상 장치에 속하며, 판독 기능은 없다.

55 와전류 탐상 시험 기기에서 게인(Gain)이란 조정 장치의 역할로 옳은 것은?

① 위상(phase) 조정
② 평형(balance) 조정
③ 감도(sensitivity) 조정
④ 진동수(frequency) 조정

> 게인(Gain)은 탐상기에 사용되는 증폭기의 감도를 조정한다.

56 다음 중 와전류 탐상 시험 시 직류 포화 코일로 검사하기 좋은 재료는?

① 철
② 알루미늄
③ 구리
④ 놋쇠

> 직류 포화 코일을 사용할 경우는 검사체가 강자성체이어야 한다.

57 와전류 탐상 검사에서 사용하는 시험 코일이 아닌 것은?

① 내삽형 코일
② 표면형 코일
③ 침투형 코일
④ 관통형 코일

> **코일의 종류**
> 내삽형, 관통형, 표면형(프로브형)

58 와전류 탐상 시험의 탐상 코일 중 외삽 코일과 같은 의미에 속하는 것은?

① 내삽 코일(inner coil)
② 표면 코일(surface coil)
③ 프로브 코일(probe coil)
④ 관통 코일(encircling coil)

> • **내삽 코일** : 이너 프로브, 보빈 코일
> • **표면 코일** : 프로브 코일, 팬케이크 코일

59 시험체를 시험 코일 내부에 넣고 시험을 하는 코일로서, 선 및 직경이 작은 봉이나 관의 자동 검사에 널리 이용되는 것은?

① 표면 코일
② 프로브 코일
③ 관통 코일
④ 내삽 코일

> 관이나 선 등의 자동 검사는 관통 코일을 사용하여 시험체를 통과시키면서 자동으로 검사하는 방법이다.

60 와전류 탐상 시험에서 검사 코일의 임피던스 변화에 미치는 영향이 제일 작은 것은?

① 시험 속도
② 시험 주파수
③ 시험체의 전도율
④ 시험체의 투자율

> **와전류에 영향을 많이 주는 변수**
> ②, ③, ④ 외에 치수 변화

61 내마모성이 요구되는 부품의 표면 경화층 깊이나 피막 두께를 측정하는데 쓰이는 비파괴 시험법은?

① 적외선 분석 검사(IRT)
② 방사선 투과 검사(RT)
③ 와전류 탐상 검사(ECT)
④ 음향 방출 검사(AE)

> 침탄, 질화 등 표면 경화 깊이나 피막 두께를 측정하는 데 와전류 탐상법을 주로 사용한다.

정답 54 ① 55 ③ 56 ① 57 ③ 58 ④ 59 ③ 60 ① 61 ③

62 다음 중 와전류 탐상 시험법으로 적용하기 곤란한 것은?

① 전도도 측정
② 내부 깊숙한 결함 검출
③ 도금의 두께 측정
④ 형상 변화의 판별

> 내부 깊은 결함은 와전류 탐상으로 검출하기 어렵다.

63 와전류 탐상 검사(ECT)법으로 검사할 수 없는 것은?

① 불연속부 검사
② 재질 검사
③ 도막 두께 검사
④ 내구성 검사

64 굴삭기의 몸체는 용접 구조물로 이루어져 있다. 이 몸체에 칠해진 페인트 도막 품질을 시험하기 위해 도막 두께를 측정하고자 한다. 가장 적합한 비파괴 검사법은?

① 방사선 투과 시험(RT)
② 자분 탐상 시험(MT)
③ 침투 탐상 시험(PT)
④ 와전류 탐상 시험(ET)

65 다음 중 알루미늄 합금의 재질을 판별하거나 열처리 상태를 판별하기에 가장 적합한 비파괴 검사법은?

① 적외선 검사
② 스트레인 측정
③ 와전류 탐상 검사
④ 중성자 투과 검사

> 와전류 탐상은 철강, 비철금속, 흑연 등 전도성 재질에 적용한다.

66 용접부의 검사에서 교류의 자장에 의한 금속 내부에 와류(eddy current) 작용을 이용하는 것은?

① 초음파 검사
② 방사선 검사
③ 자분 검사
④ 맴돌이 전류 검사

67 다음 비파괴 시험법 중 모서리 효과(Edge effect)와 표피 효과(Skin effect)의 영향이 가장 큰 것은?

① 누설 검사법
② 침투 탐상 시험법
③ 와전류 탐상 시험법
④ 방사선 투과 시험법

> 와전류 탐상은 모서리 효과와 표피 효과의 영향을 받는다.

68 다음 중 와전류 탐상 시험 방법이 아닌 것은?

① 펄스에코 검사
② 임피던스 검사
③ 위상 분석 시험
④ 변조 분석 시험

> 펄스에코 검사는 초음파 탐상법이다.

69 고체가 소성 변형하며 발생하는 탄성파를 검출하여 결함의 발생, 성장 등 재료 내부의 동적 거동을 평가하는 비파괴 검사법은?

① 누설 검사
② 음향 방출 시험
③ 초음파 탐상 시험
④ 와전류 탐상 시험

> **음향 방출 시험(AE)**
> 재료 내부에서 전위, 균열 등의 결함 생성이나 질량의 급격한 변화에 의해 탄성파(elasitc wave)가 발생하는데 이것을 변환자로 진동을 포착, 분석하여 재료의 내부 동적 거동을 파악하고 결함의 성질과 상태를 파악하여 전체적인 모니터링이 가능한 비파괴 시험 방법

70 음향 방출 시험 장치의 설정 기본 항목이 아닌 것은?

① 검사 시간
② 게인
③ 문턱값
④ 불감 시간

> **음향 방출시험 설정 기본 항목**
> 게인, 문턱값, 불감 시간 등이며, 검사 시간은 시험 항목이다.

정답 62 ② 63 ④ 64 ③ 65 ③ 66 ④ 67 ③ 68 ① 69 ② 70 ①

71 결함에 관한 정보를 파악하기 위한 비파괴 검사법으로서 다음 중 표면의 선형 결함 깊이를 측정하는데 가장 효과적인 방법은?

① 자분 탐상 시험   ② 침투 탐상 시험
③ 전자 유도 시험   ④ 방사선 투과 시험

> 전자 유도 시험은 도체 시험품에 전류를 통하게 하여 전류의 변화를 측정하는 시험으로 선형 결함의 깊이를 측정하는데 효과적인 방법이다.

72 다음 중 전자 유도 시험의 적용 분야로 적합하지 않은 것은?

① 철강 재료의 결함 탐상 시험
② 비철금속 재료의 재질 시험
③ 세라믹 내의 미세 균열
④ 비전도체의 도금막 두께 측정

> 전자 유도 시험은 도체 시험품에 전류를 통하게 하여 전류의 변화를 측정하는 시험으로 비도체인 세라믹 내의 균열은 검출할 수 없다.

73 시험체에 있는 도체에 전류가 흐르도록 한 후 형성된 시험체 중의 전위분포를 계측해서 표면부의 결함을 측정하는 시험법은?

① 광탄성 시험법
② 전위차 시험법
③ 응력 스트레인 측정법
④ 적외선 서모그래프 시험법

> ① **광탄성 시험법** : 실제의 건물이나 해석이 불가능한 경우에 행해지는 시험으로, 피측정물에 하중을 가해 내부 또는 표면의 응력을 측정하여 응력 집중 부분의 해석에 적용하는 방법
> ③ **응력 스트레인 측정법** : 스트레인 게이지를 물체 표면에 부착하여 변형량을 검사하는 방법
> ④ **적외선 서모그래프 시험법** : 적외선 발광체의 변화를 측정함으로써 시험체나 장면의 표면 위에 겉보기 온도의 변화를 표시하는 방법

74 육안 검사의 원리는 어떤 물리적 현상을 이용하는가?

① 방사원의 원리   ② 음향의 원리
③ 광학의 원리   ④ 열의 원리

> 육안 검사는 눈으로 검사를 하는 것이므로 광학의 원리가 적용된다.

75 용접부의 검사법 중 비파괴 시험으로 비드 외관(모양), 언더컷, 오버랩, 용입 불량, 표면 균열 등의 검사에 가장 적합한 것은?

① 부식 검사   ② 침투 검사
③ 초음파 검사 ④ 외관 검사

> **외관 검사**
> 육안 검사, 눈이나 저배율 확대경을 사용하여 시험편의 외관을 검사하는 방법

정답 71 ③ 72 ③ 73 ② 74 ③ 75 ④

DO IT
YOURSELF

금속재료 일반 / 02

#SECTION 01
#키워드
#금속의 공통적인 성질 #자성체 #주상 조직 #고용체 #금속간 화합물 #격자 상수 #체심 입방 격자 #재결정

#SECTION 02
#키워드
#전로 제강법 #킬드강 #순철 #동소변태 #자기변태 #펄라이트 #청열 취성(메짐) #고속도강 #18-8강의 입계 부식 #불변강 #주철의 성장 #마우러 조직도 #칠드(냉경)주철

#SECTION 03
#키워드
#풀림 #TTT 곡선 #심랭처리 #액체 침탄법 #질화법 #금속 침투법

#SECTION 04
#키워드
#순동 #황동 #톰백 #주석 황동 #하이드로날륨 #두랄루민 #모넬메탈 #인바 #저융점 합금 #베어링 합금 #함유 베어링 #형상기억 합금 #제진 재료 #비정질 금속 #초소성 재료 #입자강화 복합재료

01 금속재료 개요

1 금속과 합금

가. 금속의 분류와 공통적인 특성

1) 철강 및 비철 재료
(1) **철강재료** : 철을 주성분으로 하는 금속재료
  순철, 탄소강, 특수강, 주철 등
(2) **비철 재료** : 철을 제외한 금속
  망간, 코발트, 몰리브덴, 바나듐, 티타늄, 알루미늄, 구리, 마그네슘, 백금, 금, 은 등

2) 준금속과 비금속, 신금속
(1) **준금속** : 금속적 성질과 비금속적 성질을 불완전하게 구비한 것(B(붕소), Si(규소))
(2) **비금속** : 금속 공통 성질을 전혀 구비하지 않은 것 : 무기 재료와 유기 재료로 구분
(3) **신금속** : 정보, 전자, 에너지, 우주, 항공, 자동차 및 수송 기기, 의료 기기 등 첨단 산업 분야에 불가결한 요소가 되는 금속재료

3) 경금속과 중금속
(1) **경금속** : 비중이 4.5(5) 이하인 금속, Al(2.7), Mg(4.5), Ti(4.5), Be(베릴륨 1.83) 등
(2) **중금속** : 비중이 4.5(5) 이상인 금속, Fe(7.89), Ni(8.9), Cu(8.96), 크롬(7.19), W(텅스텐 19.3), Au(금 19.3), Pt(백금 21.4) 등
(3) 가장 가벼운 금속은 Li(리튬 0.53), 가장 무거운 금속은 Ir(이리듐 22.5)이다.

4) 합금
(1) **합금** : 한 가지 금속에 한 가지 이상의 금속 또는 비금속을 첨가하여 기계적, 물리적, 화학적 성질을 개선시킨 금속. 100% 순도의 순금속은 거의 실존하지 않는다.

(2) 합금이 되면 순금속에 비해 강도, 경도, 내마모성, 주조성, 내식성, 내열성, 내산성 등이 향상되며, 용융점, 비중, 전기 및 열전도율, 연신율, 단면 수축률 등은 낮아진다.

나. 금속의 특성

1) 금속의 공통적인 성질(구비 조건)
(1) 수은(Hg)을 제외하고 상온에서 고체이며 결정체이다.
(2) 비중이 크고 경도 및 용융점이 높고, 열과 전기의 양도체이다.
(3) 빛을 반사하고 고유의 광택이 있다.(금속적 광택을 갖는다.)
(4) 이온화하면 양(+)이온이 되므로 산화 방지를 위해 표면 처리나 도금이 가능하다.
(5) 가공이 용이하고 전연성이 크다.(소성 변형성이 있어 가공이 쉽다)

예제 1

경금속과 중금속의 구분은 무엇을 기준으로 하는가?
① 비중 3.5   ② 비중 4.5
③ 비중 5.5   ④ 비중 6.5

 정답 ②

경금속은 비중이 4.5(5) 이하인 금속을 말하며, Al(2.7), Mg(4.5), Ti(4.5), Be(1.83) 등이 있다.
중금속은 비중이 4.5(5) 이상인 금속을 말하며, Fe(7.89), Ni(8.9), Cu(8.96), Cr(7.19), W(19.3), Au(19.3), Pt(21.4) 등이 있다.

예제 2

다음 중 금속의 구비 조건(공통 성질)에 대한 설명으로 부적당한 것은?

① 모든 금속은 상온에서 고체이며 결정체이다.
② 비중이 크고 경도 및 용융점이 높다.
③ 가공이 용이하고 전연성이 크다.
④ 빛을 반사하고 고유의 광택이 있다.

정답 ①

수은(Hg : -38.4℃)을 제외한 금속은 상온에서 고체이며 결정체이다.

2 금속재료의 특성

가. 기계적 특성

(1) **강도** : 강함과 약함으로 외력에 저항하는 힘, 인장 강도, 굽힘 강도, 전단 강도, 압축 강도, 충격강도, 비틀림 강도, 피로 강도, 크리프 한도, 경도 등이 있다.

(2) **경도(hardness)** : 재료의 국부 소성 변형에 대한 재료의 저항성을 나타내는 정도, 일반적으로 공석강(0.85%C) 이하에서는 인장강도와 비례한다.
  - 경도(HB) = 인장강도(kgf/mm^2)/0.32~0.36

(3) **인성(toughness)** : 충격에 대한 재료의 저항, 연신율이 큰 재료가 일반적으로 충격 저항도 크다.

(4) **피로(fatigue)** : 작은 인장 또는 압축응력에서도 오랜 시간에 걸쳐 연속적으로 되풀이하여 작용시키면 결국 파괴되는 현상. 이때 파괴되지 않고 충분한 내구력을 가질 수 있는 최대 한계를 피로 한도라 한다.

(5) **크리프 한도(creep limit)** : 금속재료에 탄성 한도 내의 하중을 걸어 장시간 경과하면 변형이 증가하는 현상. 변형이 증대될 때의 한계 응력을 크리프 한도라 한다.

나. 물리적 특성

(1) **비중(Specific gravity)** : 4℃의 순수한 물을 기준으로 몇 배 무거우냐 가벼우냐를 수치로 표시

$$비중 = \frac{제품의\ 무게}{제품과\ 같은\ 체적의\ 물\ 무게}$$

(2) **비열(specific heat)** : 단위물질 1gf의 온도를 1℃ 올리는데 필요한 열량, 물 1gf을 1℃ 높이는데 필요한 열량은 1cal이다.
(단위 : cal/gf℃, kcal/kgf℃)

(3) **용융점(용융 및 응고점 : melting point)** : 고체 금속을 가열하면 어떤 온도에서 액체로 변하는 용융 현상이 생기며 냉각하면 응고 현상이 생기는 온도점
  ① 용융점이 가장 낮은 금속은 수은(Hg : -38.4℃), 가장 높은 금속은 텅스텐(W : 3400℃)

(4) **열전도율(heat conductivity)** : 길이 1cm에 대하여 1℃의 온도차가 있을 때 1cm^{2}의 단면적을 통하여 1초간에 전해지는 열량
(단위 : cal/cm·sec℃)
  ① 열전도율이 큰 금속의 순서
    Ag(은) > Cu(구리) > Au(금) > Al(알루미늄) > W(텅스텐) > Mg(마그네슘) > Mo(몰리브덴) > Zn(아연) > Ni(니켈) > Fe(철)

(5) **전기전도율** : 일반적으로 열전도율이 좋은 금속이 전기전도율도 좋다.
  ① 전기전도율이 큰 순서 : Ag(은) > Cu(구리) > Au(금) > V(바나듐) > Al(알루미늄) > Mg(마그네슘) > Mo(몰리브덴) > W(텅스텐) > Co(코발트) > Ni(니켈) > Fe(철)

(6) **선(열)팽창계수** : 단위 길이의 봉을 1℃ 증가시킬 때 팽창한 길이와 원래 길이에 대한 비율

$$열팽창계수 = \frac{\ell' - \ell}{\ell(t' - t)}$$

ℓ' : 늘어난 길이 ℓ : 처음 길이
t' : 가열된 온도 t : 처음 온도

(7) **자기적 특성(자성체)**
  ① 상자성체 : 자장의 강도와 자화의 강도가 같은 방향으로 작용하는 것, Fe, Ni, Co, Sn, Pt,

Mn, Al 등
② **강자성체** : 자화의 강도가 큰 것, Fe, Ni, Co
③ **반자성체** : Bi, Sb, Au, Hg, Cu 등

예제 1
다음 중 용융점이 가장 낮은 금속은?
① 수은(Hg) ② 텅스텐(W)
③ 이리듐(Ir) ④ 리듐(Li)

 정답 ①
수은의 용융점은 -38.4℃로 가장 낮고, 용융점이 가장 높은 금속은 텅스텐(W : 3400℃)이다.

예제 2
다음 중 강자성체로만 구성된 것은?
① Fe, Ni, Co ② Hg, Ni, Co
③ Hg, Ni, Cu ④ Fe, Mn, Cu

 정답 ①

예제 3
열전도율이 큰 금속의 순서로 짝지어진 것은?
① Ag > Cu > Au > Al > W > Mg
② Ag > Au > Cu > Al > Mg > W
③ Ag > Cu > Al > Mg > W > Au
④ Ag > Al > Mg > W > Au > Cu

 정답 ①
열전도율은 은, 구리, 금, 알루미늄 순으로 크다.

3 금속의 응고 조직

가. 금속의 응고

1) **순금속의 응고**
(1) **응고** : 금속을 용해 온도보다 높은 용융 상태로부터 상온까지 서서히 냉각하여 응고점에 도달하면 고체화되는 현상
(2) **1차 조직(응고 조직)** : 용융 상태로부터 응고가 끝난 그대로의 조직
(3) **2차 조직** : 응고 후 냉각하는 사이에 변태하거나 가공에 의한 소성 변형에 의해 1차 조직을 변화 파괴한 조직, 또는 열처리에 의해 새로운 결정 조직으로 변화시킨 조직

2) **냉각 곡선(cooling curve)**
금속을 용융 상태에서 냉각시킬 때 그 온도와 시간의 관계를 나타낸 곡선

나. 결정의 생성과 발달

(1) **결정의 형성 순서** : 핵 발생 → 성장 → 결정 경계 형성
(2) **결정립의 대소**
① 용융금속의 단위체적 중에 생성한 결정핵의 수 즉, 핵 발생 속도를 N, 결정 성장 속도를 G로 할 때 결정립의 크기 S와의 관계는

$$S = f \cdot G f / N$$

② **결정립의 대소** : 성장 속도 G에 비례하고 핵 발생 속도 N에 반비례한다.
③ 급랭하면 결정립이 미세화하고, 서랭하면 조대화된다.
(3) **G와 N의 관계** : G가 N보다 빨리 증대할 때는 소수의 핵이 성장해서 응고가 끝나므로 결정립이 조대화된다. N의 증대가 G보다 현저할 때는 핵 수가 많기 때문에 미세한 결정이 된다.

다. 응고 조직

(1) **주상 조직** : 주형에 주입된 용융금속이 냉각될 때 급랭 조직에 많이 생기며 중심을 향한 가늘고 긴 서릿발(막대) 모양으로 생성되는 조직, 모서리 부분이 취약하므로 주조 시 라운딩이 필요하다.
(2) **수지상 조직** : 금속이 응고할 때 핵으로부터 성장해가는 결정은 구형에 가까운 다면체의 형상으로 성장하여 나뭇잎과 비슷한 모양으로 성장한 조직

(3) **편석** : 큰 강괴 등에 응고 시 불순물이 나중에 응고하는 부분에 많이 몰리게 되는 조직, 편석 중에 P나 S 등의 불순물들이 띠를 형성하고 있는 모양을 고스트 라인이라 한다.

(4) **수축공** : 금속이 용융 상태에서는 체적이 크나 고체로 되면 수축이 생기게 되며, 최후에 응고하는 부분이 응고할 때에 생기는 수축 부분을 보충할 용액이 없으면 생기는 현상

라. 고용체와 공정, 공석, 금속 간 화합물

1) 고용체(solid solution)

순금속 A(용매)와 그 중에 들어간 B(용질)가 일정하게 분포되어 고용된 결정체로, 용융 상태나 고체 상태에서도 기계적 방법으로는 각 성분 금속을 구분할 수 없는 것

$$고체\ A + 고체\ B \rightleftarrows 고체\ C$$

(1) **침입형 고용체** : 두 원자의 원자 반경이 현저하게 차이가 있을 때 녹아 들어가는 원자(용질)가 모체의 원자(용매)의 공간격자 사이에 들어가 형성된 고용체(예 Fe - C)

(2) **치환형 고용체** : 두 원자의 원자 반경이 비슷할 경우 용질 원자가 용매 원자와 불규칙적으로 치환된 고용체(예 Fe(반경 1.23Å)과 Ni(반경 1.22Å)의 고용체)

(3) **규칙 격자형 고용체** : 치환 시 원자 배열이 규칙적으로 일어나는 고용체(예 Cu_3Au, Ni_3Fe)

2) 공정

2개의 성분 금속이 용해된 상태의 균일한 용액이 고체로 응고 후에는 각각 결정이 되어 분리 정출되어 기계적으로 혼합된 조직, 공정점이 합금 용융점 중 가장 낮은 용융점이 된다.

$$용액\ E \rightarrow 결정\ A + 결정\ B$$

3) 공석

고체 상태에서 고상의 조직이 석출하여 얻어진 조직,

철강의 공석점은 0.8(0.85)%C, 723℃ 부분에서 일어나며, 공석 조직은 펄라이트(페라이트와 시멘타이트의 층상 조직)이다.

4) 금속 간 화합물(intermetallic compounds)

성분 금속 간에 친화력이 클 때 화학적으로 결합되어 성분 금속과는 다른 성질을 가지는 독립된 화합물, 비금속성 성질을 띠며 경취하다.

예제 1

결정의 형성 순서로 옳은 것은?
① 핵 발생 → 성장 → 결정 경계 형성
② 결정 경계 형성 → 핵 발생 → 성장
③ 성장 → 결정 경계 형성 → 핵 발생
④ 핵 발생 → 경계 형성 → 성장 결정

 정답 ①

예제 2

용융 금속이 응고 시 주형 벽에서 중심을 향한 가늘고 긴 서릿발(막대) 모양으로 생성되는 조직은?
① 주상 조직(주상정)   ② 수지상 조직
③ 편정 조직   ④ 공정 조직

 정답 ①

수지상 조직
금속이 응고할 때 나뭇가지와 비슷한 모양으로 성장한 조직

예제 3

두 원자의 원자 반경이 현저하게 차이가 있을 때 형성되는 고용체는?
① 치환형 고용체   ② 침입형 고용체
③ 공정형 고용체   ④ 규칙 격자형 고용체

 정답 ②

원자 반경이 현저하게 작은 것 C, O, N 등이 철에 고용할 경우 침입형 고용체가 된다.

4 금속의 결정

가. 금속의 결정체

1) 결정체

(1) **결정** : 금속 원자가 입체적·규칙적으로 배열된 원자의 집합체. 결정입자란 결정체를 이루고 있는 작은 입자이며, 이들 결정입자와의 경계를 결정입계라 한다.

(2) **결정격자** : 공간격자라고도 하며, 결정립 내에 원자가 규칙적으로 배열된 격자

(3) **단위포(단위격자)** : 결정격자 중 소수의 원자를 택하여 간단한 기하학적 형태를 만들어 낸 것

(4) **격자 상수** : 단위포의 한 모서리의 길이, 단위포의 3축 방향의 길이, 크기는 수 Å(옹그스트롱) 정도이다.

* $1Å = 10^{-8}cm$(1/1억 cm)
  (금속의 격자 상수 : 2.5~3.3Å)

나. 순금속의 결정 구조

1) 브라베 격자

결정격자의 원자 배열은 금속의 종류와 온도 등에 따라 다르며 성질도 다르게 되는데, 브라베에 의해 광물학에서 7결정계로 나누고 다시 14결정 격자형으로 세분한 격자이다.

2) 체심 입방 격자(BCC : Body Centered Cubic lattice)

(1) 입방체의 각 모서리에 8개, 그 중심에 1개의 원자가 배열되어 있는 단위포의 결정 구조

(2) 배위수는 8, 격자 내의 총 원자수가 2개{(격자점의 원자 1/8 × 8) + (체심에 있는 원자 1)}, 원자 충진율은 68%이며, 전연성이 적고 용융점이 높으며, 강도가 크다.

(3) **금속의 종류** : Mo, W, Cr, V, α철, δ철, Na, Li

3) 면심 입방 격자(FCC : face centered cubic lattice)

(1) 입방체의 각 모서리에 8개, 6면체의 각 중심에 1개의 원자가 배열되어 있는 단위포의 결정 구조

(2) 배위수는 12, 격자 내의 총 원자수가 4개{(격자점의 원자 1/8 × 8) + (면심에 있는 원자 1/2 × 3)}, 원자 충진율은 74%이며, 전연성, 전기전도도가 크며 소성 가공성이 우수하다.

(3) **금속의 종류** : Ni, Cu, Al, Ag, Au, Pb, γ철, Pt

4) 조밀 육방 격자(HCP : Hexagonal Close Packed lattice)

(1) 배위수는 12, 귀속 원자 수는 2개이다.

(2) 전연성이 불량하여 소성 가공성이 좋지 않고, 접착성도 적다.

(3) **금속의 종류** : Mg, Zn, Ti, Cd, Be, Hg

(a) 체심 입방 격자

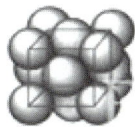 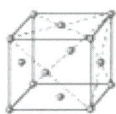

(b) 면심 입방 격자

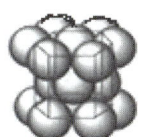 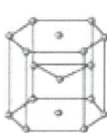

(c) 조밀 육방 격자

그림 1.1 결정격자의 종류

예제 1

단위포의 한 모서리의 길이, 단위포의 3축 방향의 길이를 의미하는 것은?

① 단위포 ② 격자 상수
③ 결정격자 ④ 브라베 격자

정답 ②

예제 2
다음 결정격자 중에 전연성이 적고 용융점이 높으며, 강도가 큰 특성을 가진 것은?
① 체심 삼방 격자　② 면심 입방 격자
③ 조밀 육방 격자　④ 체심 입방 격자

정답 ④

체심 입방 격자의 종류
Mo, W, Cr, V, α철, δ철

5 금속의 변형과 재결정

가. 금속의 변형

(1) **탄성** : 금속이 외력에 의해 변형이 생기다가 외력을 제거하면 원상태로 돌아가는 성질, 이 한계점을 탄성한계라 한다.
(2) **소성** : 탄성한계 이상 외력이 증가되면 변형된 상태가 외력을 제거해도 원상태로 돌아가지 못하고 변형이 남아 있는 영구 변형의 성질
(3) **슬립(slip)** : 금속의 규칙적인 결정과 결정이 탄성한도 이상의 외력에 의해 미끄럼을 갖는 변형, 슬립면은 원자밀도가 가장 높은 면에서 일어나며, 슬립 방향은 원자 간격이 가장 작은 방향에서 일어난다.
(4) **쌍정(twin)** : 특정의 결정면을 경계로 처음의 결정과 경(거울) 면적 대칭의 관계에 있는 원자 배열을 갖는 결정 부분, Sn, Sb, Bi, 오스테나이트계 스테인리스강, 구리, 아연, 마그네슘 등 비철 금속에 많이 형성된다.

나. 회복, 재결정 및 결정 입자의 성장

1) 회복(recovery)

상온 가공에 의하여 내부 응력(변형)을 일으킨 결정 입자가 가열에 의하여 그 모양은 변하지 않고 내부 응력이 감소되는 현상

2) 재결정

(1) **재결정** : 회복 구간 이상 가열하면 파괴된 결정에서 새로운 결정이 생성되는 것, 가공도가 클수록, 결정 입자가 미세할수록, 가열 시간이 길수록 재결정 온도는 낮아진다.

(2) **각종 금속 재결정 온도**
W : 1200℃, Fe : 450℃, Cu : 200~300℃,
은, 금 : 200℃, Al : 150℃, Pb : -3℃,
Sn : -7~25℃, Ni : 600℃

다. 소성 가공

1) 고온 가공과 냉간 가공

(1) **고온(열간) 가공** : 재결정 온도(A1 변태점) 이상에서 가공하는 것, 탄소량에 따라 1050~1200℃에서 시작하여 850~900℃에서 완성한다. 가공 온도가 너무 높으면 페라이트와 펄라이트 조직의 조대화, 너무 낮으면 표면 미려와 치수 정도는 좋아지나 가공 경화로 내부 변형 발생이 우려된다.
(2) **냉간(상온) 가공** : 재결정 온도 이하에서 가공하는 것이며, 조직의 미세화, 강도, 경도가 증가되고, 치수 정도가 좋고 표면이 매끄러워진다.

2) 소성 가공의 종류

(1) **압연 가공(rolling)** : 재료를 회전하는 롤러 사이에 통과시켜 성형하는 방법, 판, 봉, 형재, 레일 등 제조
(2) **인발(drawing)** : 다이(die)의 구멍을 통하여 재료를 축 방향으로 당겨 바깥 지름을 감소시키는 가공, 봉, 관, 선 등의 제조에 적용
(3) **압축 가공(extrusion)** : 금속을 실린더 모양의 컨테이너에 넣고 한쪽에 있는 램에 압력을 가하여 밀어내어 가공, 봉, 관, 형재 제조에 적용
(4) **프레스 가공** : 판재를 펀치와 다이 사이에서 압축하여 성형하는 방법, 전단 가공, 굽힘, 압축, deep drawing 등으로 분류한다.
(5) **단조 가공(forging)** : 잉곳의 소재를 단조 기계나 해머로 두들겨서 성형하는 가공, 자유 단조와 형 단조로 구분한다.
(6) **전조(roll forming)** : 압연과 비슷하며 전조 공구를 이용하여 나사나 기어 등을 성형하는 가공법

예제 1
상온 가공에 의하여 내부 응력을 일으킨 결정 입자가 가열에 의하여 그 모양은 변하지 않고 내부 응력이 감소되어 가는 과정을 무엇이라 하는가?
① 풀림 ② 쌍정
③ 회복 ④ 재결정

 정답 ③

예제 2
회복 구간 이상 가열하면 파괴된 결정에서 새로운 결정이 생성되는 현상은 무엇인가?
① 풀림 ② 쌍정
③ 회복 ④ 재결정

 정답 ④

예제 3
다음 중 재결정 온도의 표시가 옳지 않은 것은?
① W : 1200℃ ② Fe : 600℃
③ Cu : 200~300℃ ④ 은, 금 : 200℃

 정답 ②

재결정 온도
재결정이 1시간 이내에 이루어지는 온도. 일정하지 않으며, 가공도, 결정립자 크기, 가열시간 등에 따라 달라진다. Fe(철)의 재결정 온도는 450℃이다.

예제 4
다음 중 소성 가공의 종류가 아닌 것은?
① 압연 ② 인발
③ 절삭 ④ 단조

 정답 ③

소성의 성질을 이용하여 가공하는 방법으로 '①, ②, ④' 외에 전조, 압출, 프레스 등이 있다. 절삭은 기계 가공에 속한다.

예제 5
재료를 회전하는 롤러 사이에 통과시켜 성형하는 소성 가공법은?
① 압연 ② 압출
③ 인발 ④ 전조

 정답 ①

압연
판, 형강 등을 제조하는데 적합한 가공법

01 단원별 출제예상문제

SECTION

DIY쌤이 콕! 찝어주는 **주요 예상문제** 풀어보기!

01 순금속 A에 B 원소가 일정하게 고용되어 용융 상태나 고체 상태에서도 기계적 방법으로는 각 성분 금속을 구분할 수 없는 것을 무엇이라고 하는가?

① 공정체
② 고용체
③ 결정체
④ 공석체

- **고용체 반응** : 고체 A + 고체 B ⇌ 고체 C
- **공정 반응** : 용액 E → 결정 A + 결정 B
- **고용체의 종류** : 치환형 고용체, 침입형 고용체, 규칙 격자형 고용체

02 일반적으로 순금속이 합금에 비해 갖고 있는 좋은 성질로 가장 적절한 것은?

① 경도 및 강도가 우수하다.
② 전기전도도가 우수하다.
③ 주조성이 우수하다.
④ 압축 강도가 우수하다.

03 일반적으로 성분 금속이 합금(alloy)이 되면 나타나는 특징이 아닌 것은?

① 기계적 성질이 개선된다.
② 전기 저항이 감소하고 열전도율이 높아진다.
③ 용융점이 낮아진다.
④ 내마멸성이 좋아진다.

- **순금속에 비해 합금이 되면 증가하는 성질** : 강도, 경도, 내마모성, 주조성, 내식성, 내열성, 내산성
- **합금이 되면 낮아지는 성질** : 용융점, 비중, 전기 및 열전도율, 연신율, 단면 수축률

04 중금속 중 가장 무거운 금속은 무엇인가?

① Si
② Ir
③ Li
④ Fe

가장 가벼운 금속은 Li(리튬 0.53), 가장 무거운 금속은 Ir(이리듐 22.5)이다.

05 다음 중 연성이 큰 순서로 나열한 것은?

① Au > Ag > Al > Cu > Pt > Pb
② Au > Ag > Pt > Al > Fe > Ni
③ Au > Pt > Al > Ag > Ni > Fe
④ Au > Pt > Ag > Ni > Fe > Al

06 다음 철강 중 연성이 가장 큰 재료는?

① 순철
② 탄소강
③ 경강
④ 주철

철강에서 순도가 가장 높은 순철이 연성이 크며, 탄소량이 증가할수록 경도가 증가된다.

07 전연성이 매우 커서 10^{-6}cm 두께의 박판으로 가공할 수 있으며, 왕수(王水) 이외에는 침식, 산화되지 않는 금속은?

① 구리(Cu)
② 알루미늄(Al)
③ 금(Au)
④ 코발트(Co)

08 독성이 없어 의약품, 식품 등의 포장형 튜브 제조에 많이 사용되는 금속으로 탈색 효과가 우수하며, 비중이 약 7.3인 금속은?

① 아연(Zn)
② 백금(Pt)
③ 망간(Mn)
④ 주석(Sn)

정답 01 ② 02 ② 03 ② 04 ② 05 ① 06 ① 07 ③ 08 ④

09 성장 속도 G가 핵 발생 속도 N보다 빨리 증대할 때 어떻게 되는가?

① 결정립이 조대화된다.
② 결정립이 미세화된다.
③ 결정립의 대소와는 관계없다.
④ 결정립의 크기는 항상 일정하다.

> 단위체적 내에 결정핵의 생성이 결정의 성장보다 많으면 결정 입자의 수가 많아지므로 결정립은 미세해진다.

10 다음 중 2개의 성분 금속이 액체에서 고체로 정출되어 기계적으로 혼합된 조직을 무엇이라고 하는가?

① 고용체   ② 공정
③ 공석   ④ 금속 간 화합물

11 금속 간에 친화력이 클 때 화학적으로 결합되어 성분 금속과는 다른 성질을 가지는 독립된 화합물은?

① 공석   ② 금속 간 화합물
③ 고용체   ④ 공정

12 다음 결정격자 중에 전연성과 전기전도도가 크며 소성 가공성이 우수한 특성을 가진 것은?

① 체심 삼방 격자   ② 면심 입방 격자
③ 조밀 육방 격자   ④ 체심 입방 격자

> • **면심 입방 격자** : 전연성이 좋아 소성 가공이 잘 되는 결정 격자이다.(Ni, Cu, Al, Ag, Au, Pb, γ철)
> • 인접 원자 수를 다른 말로 배위수라 하며, 체심 입방 격자의 배위수는 8개이다.

13 청백색의 조밀 육방 격자 금속이며 비중이 7.18, 용융점이 420℃인 금속명은?

① P   ② Pb
③ Sn   ④ Zn

> Pb(납)의 비중은 11.34, 용융점은 327℃이며, Sn(주석)의 비중은 7.28, 용융점은 232℃이다.

14 특정의 결정면을 경계로 처음의 결정과 경(거울)면적 대칭의 관계에 있는 원자 배열을 갖는 소성 변형은 무엇인가?

① 슬립   ② 전위
③ 쌍정   ④ 공정

> **쌍정이 잘 일어나는 금속** : Sn, Sb, Bi, Zn, Cu, Mg 등 Fe, Cr은 쌍정이 일어나지 않음

15 풀림 처리 시 조대한 결정립이 형성되는 원인이 아닌 것은?

① 풀림 온도가 너무 높은 경우
② 풀림 시간이 너무 긴 경우
③ 냉간 가공도가 너무 적은 경우
④ 용질 원소의 분포가 양호한 경우

16 다음 중 재결정 온도가 상온 이하로 가공 경화가 일어나지 않는 금속은?

① 텅스텐   ② 구리
③ 알루미늄   ④ 납

> 납의 재결정 온도는 −3℃, 주석은 −7~25℃로 가공 즉시 재결정이 일어나므로 가공 경화가 일어나지 않는다.

17 가공도가 클수록, 결정 입자가 미세할수록, 가열 시간이 길수록 재결정 온도는?

① 높아진다.   ② 낮아진다.
③ 변화없다.   ④ 높아졌다 낮아진다.

18 냉간 가공을 할 경우 일어나는 특성이 아닌 것은?

① 조직의 미세화   ② 강도, 경도가 증가
③ 치수 정도가 좋다.   ④ 표면이 거칠어진다.

> **냉간 가공**
> 재결정 온도 이상에서 가공하는 것을 말하며, 냉간 가공하면 표면이 매끄러워진다.

정답 09 ① 10 ② 11 ② 12 ② 13 ④ 14 ③ 15 ④ 16 ④ 17 ② 18 ④

19 철사처럼 길이 방향으로 길게 뽑을 수 있는 성질을 무엇이라고 하는가?
① 전연성   ② 인성
③ 연성   ④ 취성

20 금속을 실린더 모양의 컨테이너에 넣고 한쪽에 있는 램에 압력을 가하여 밀어내어 가공하는 방법을 무엇이라 하는가?
① 압연   ② 압출
③ 단조   ④ 인발

19 ③   20 ②

02 철강재료

1 철강의 제조법

가. 제철법(선철 제조법)

1) 제선 재료

(1) **철광석** : 철 성분이 40~60% 이상 되어야 경제성이 있다.
(2) **연료** : 코크스가 가장 많이 사용되며, 유황분, 회분이 적고 강도가 커야 된다. 파이넥스법에서는 유연탄을 성형한 것이 사용되며, 비용 절감, 환경오염 물질 배출 감소 효과가 매우 높다.
(3) **용제** : 석회석(CaC), 형석 등이 쓰인다.

2) 선철의 제조

(1) **용광로(고로)법** : 소결한 괴상 철광석과 코크스 연료, 석회석 등을 장입시킨 후 용해 환원시켜 선철을 제조하는 로를 이용, 크기는 1일(24시간) 동안에 산출된 선철의 무게를 Ton(톤)으로 표시(T/day)
(2) **파이넥스(FINEX)기법** : 분광을 환원 유동로를 통해 얻어진 철을 성형한 것과 유연탄을 성형한 것을 사용하여 제조한다.
(3) **파단면에 따른 선철의 종류** : 회선철, 반선철, 백선철로 구분
(4) **선철 특성** : 융점이 낮고 유동성이 좋아 주조성은 양호하나, 탄소와 불순물이 많이 함유되어 있다. 90% 이상이 강 제조에, 10%는 주철 제조에 쓰인다.

나. 제강법

1) 제강법의 종류

(1) **전로 제강법**
① 용선 중에 공기(또는 산소)를 불어 넣어 불순물을 짧은 시간에 신속하게 산화시켜 산화열을 이용하여 외부의 열원 없이 정련하는 방법
② 종류와 특성 : 산성 전로법(베서머법), 염기성 전로법(토마스법)이 있다. 연료가 불필요하여 값싸게 대량 생산할 수 있으나, N, P, O 등이 많아서 강질이 나쁘고 고철을 이용할 수 없다.
③ 크기 표시 전로, 평로, 전기로 등 : 1회에 용해할 수 있는 선철의 무게를 톤으로 표시(T/회)

(2) **평로(반사로) 제강법(시멘스 마틴법)** : 축열식 반사로를 사용하여 가스나 중유로 용해·정련하는 제강법, 장시간이 소요되지만 성분을 조절할 수 있고 고철도 사용할 수 있어 대량 생산이 가능, 제강량 전체의 80%가 평로에서 용해된다.

(3) **전기로 제강법**
① 종류 : 저항식, 유도식, 아크식 등이 있으며 에루식 아크로가 많이 사용된다.
② 특성 : 온도 조절이 쉽고 고온을 얻을 수 있으며 용강의 산화가 적고, 정확히 성분 조절을 할 수 있어 공구강, 특수강의 제조에 적합하나, 전기와 탄소 전극 소모가 많다.

(4) **도가니로** : 흑연 도가니, 주철 도가니가 있으며, 크기는 1회에 용해할 수 있는 구리의 무게(kg)를 번호로 표시(예 500번로 : 1회에 500kg의 구리를 용해할 수 있는 로)

(5) **주조로(용선로 : 큐폴라)** : 주철 용해에 사용, 크기는 1시간에 용해할 수 있는 선철의 무게를 Ton으로 표시(T/h)

2) 강괴의 종류

제강로에서 얻어진 용강을 금속 주형이나 사형 주형에 주입하여 덩어리로 만든 것

(1) **킬드강(killed steel)** : 로 내에서 Fe-Si, 알루미늄 등 강한 탈산제로 완전히 탈산한 강, 기포, 편

석은 없으나 상부에 수축관이 생겨 10~20% 손실이 생긴다. 고급강에 쓰인다.
(2) **세미킬드강**(semi killed steel) : 킬드강과 림드강의 중간 정도 탈산한 강
(3) **림드강**(rimmed steel) : 제강 중 Fe - Mn 등으로 탈산을 불충분하게 한 강, 0.3% 이하 탄소강, 일반 강재, 용접봉의 제조에 쓰인다.
(4) **캡드강** : Fe - Mn을 첨가하여 가볍게 탈산한 용강을 주형에 주입한 후 다시 탈산제를 투입 또는 주형의 덮개를 덮고 비등 교반 운동을 하여 조용히 응고시킨 강, 내부 결함은 적으나 표면 결함이 많아 박판, 스트립, 주석 철판 및 형강 등에 사용된다.

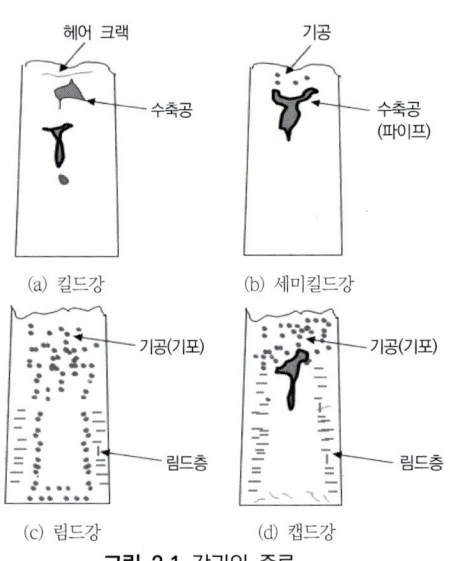

그림 2.1 강괴의 종류

예제 1
선철의 종류를 파단면에 따라 구분한 것이 아닌 것은?
① 회선철　② 백선철
③ 반선철　④ 청선철

정답 ④

예제 2
용광로(고로)의 크기는 어떻게 나타내는가?
① 1일(24시간)에 용해할 수 있는 선철의 량을 Ton으로 표시(Ton/day)
② 1회에 용해할 수 있는 선철의 무게를 Ton으로 표시(Ton/회)
③ 1회에 용해할 수 있는 구리의 무게 kgf을 번호로 표시
④ 1시간에 용해할 수 있는 선철의 무게를 Ton으로 표시(Ton/h)

정답 ①

② 전로, 반사(평)로, 전기로의 크기
③ 도가니로의 크기
④ 용선로(큐폴라)의 크기

예제 3
다음 중 제강법이 아닌 것은?
① 평로 제강법　② 도가니 제강법
③ 전기로 제강법　④ 용광로 제강법

정답 ④

용광로는 제철(선철 등 광석을 용해하는 작업)로이다.

예제 4
킬드강에 대한 설명 중 옳지 않은 것은?
① 로 내에서 강탈산제를 사용하여 충분히 탈산시킨 것이다.
② 헤어 크랙이 생기기 쉽다.
③ 수축관이 생겨 강괴의 10~20%를 제거한다.
④ 주로 전로에서 만들어지는 고급강이다.

정답 ④

킬드강
노에서 페로 실리콘, 알루미늄 등의 강한 탈산제로 충분히 탈산시킨 강괴, 평로, 전기로에서 만들어지며 고급강에 쓰인다.

2 철강의 분류

가. 순철(pure iron)

1) 순철의 성질

(1) **기계적 성질** : 0.025%C 이하의 철, 인장강도 18~25kg/mm², 브리넬 경도(HB) 60~65, 연신율 40~50% 정도로 강도가 낮아 기계 재료에는 부적당하나, 투자율이 높아 변압기, 발전기용 박철판, 전·자기 재료에 쓰임. 상온에서 전연성이 풍부하고 단접성, 용접성이 좋으나, 열처리가 안 된다.

(2) **물리적 성질** : 비중 7.89, 용융점 1538℃, 강자성체이나 768℃(A₂ 변태점)에서 자기변태한다.

(3) **화학적 성질** : 고온에서 산화 작용이 심하며, 해수, 산, 화학 약품에 약하나 알칼리에는 영향이 적다.

2) 순철의 종류

카보닐철, 전해철, 암코철 등이 있으며, 순철의 동소체는 α철(ferrite, 체심 입방 격자, BCC), γ철(austenite), 면심 입방 격자(FCC), δ철(ferrite, 체심 입방 격자, BCC)이 있다.

나. 탄소강과 합금강, 주철

1) 강(탄소강)

철에 탄소가 0.025~2.01(1.7)% 함유된 강(steel)

2) 탄소 함유량에 따른 분류

(1) **저탄소강** : 0.3%C 이하 함유, 용접성 양호, 열처리 불량, 용접 구조용에 주로 사용
(2) **중탄소강** : 0.3~0.5%C의 강, 기계 구조용으로 사용함. 열처리 가능함
(3) **고탄소강** : 0.5~0.8%C의 강, 기계 구조용
(4) **탄소 공구강** : 0.5~1.6%C의 강, 줄, 톱날 등에 사용

3) 합금(특수)강

(1) **구조용** : 강인강, 침탄강, 질화강, 스프링강 등
(2) **공구용** : 합금공구강, 고속도강, 소결 합금, 스텔라이트, 세라믹 등

(3) **특수목적(용도)용** : 베어링강, 자석강, 스테인리스강, 내열강, 규소강, 쾌삭강 등

4) 주철(cast iron)

(1) 1.7(2.01)~6.67%C의 철, 보통 4.5C까지의 것이 쓰이고 있다. 종류는 보통 주철, 고급 주철, 합금 주철, 특수 주철 등이 있다.

예제 1

순철에 관한 다음 사항 중 틀린 설명은?

① 순철에는 α철, γ철, δ철의 3개의 동소체가 있다.
② α철은 910℃ 이상에서 안정한 체심 입방 격자를 가진다.
③ δ철은 1400℃ 이상에서 α철과 같은 체심 입방 격자를 갖는다.
④ γ철은 안정한 면심 입방 격자를 갖는다.

 정답 ②

α철은 910℃ 이하에서 안정한 체심 입방 격자를 가진다.

예제 2

탄소강에 함유된 대표적인 5원소로 짝지어진 것은?

① C, Si, Mn, P, S   ② C, Si, Mo, Pb, S
③ C, Ni, Mn, P, Se   ④ C, Si, Mn, P, Cr

 정답 ①

예제 3

탄소량이 0.3~0.5% 함유된 강을 무엇이라고 하는가?

① 저탄소강   ② 중탄소강
③ 고탄소강   ④ 탄소 공구강

 정답 ②

① 0.3%C 이하, 연강 : 0.12~0.2%C
③ 0.5~0.8%
④ 0.8~1.5%C

3 금속의 상률과 변태, 상태도

가. 상률과 자유도

1) 상률(相律)

(1) **상률** : 계 중에 상이 평형을 유지하기 위한 자유도를 규정하는 법칙
(2) 기체, 액체, 고체는 하나의 상태이며, 기체는 몇 개의 물질이 존재해도 거의 균일하게 분산되어 있으므로 1상, 용액도 균일하면 1상, 물과 기름은 2상이다.

2) 자유도

(1) 불균일계의 평형 상태를 결정하는 상태량은 압력, 온도, 성분의 농도이며, 성분수를 n, 상의 수를 P, 자유도를 F라 하면 F는 $F=n+2-P$이다.
(2) 불균일계의 상태가 안정한 상태에 있을 때 서로 다른 상들이 평형 상태에 있다고 한다.

나. 철강의 변태

(1) **변태** : 물이 온도에 따라 고체(얼음), 액체(물), 기체(수증기)로 변하는 것과 같이 금속이 온도에 따라 결정격자의 모양, 조직, 성질이 변하는 상태
(2) **동소변태(격자변태)** : 같은 원소가 고체 상태에서의 원자 배열의 변화, 즉 고체 상태에서 서로 다른 공간격자 구조를 갖는 변태
(3) **순철의 동소(격자변태)**
   ① A_3 변태점 : 910℃를 말하며, 이 변태점을 경계로 α철 ↔ γ철로 변하는 변태
   ② A_4 변태점 : 1410℃를 말하며, 이 변태점을 경계로 γ철 ↔ δ철로 변하는 변태
(4) **자기변태**
   ① **자기변태** : 원자의 배열, 격자의 배열 변화는 없고 자성 변화만 일어나는 변태
   ② **순철의 자기변태점(A_2)** : 순철이 조직이나 상은 변하지 않고 768℃를 경계로 자기적 성질이 급격히 변하는 변태, 퀴리 포인트라고도 함
   ③ **강자성체 금속의 자기변태점** : Fe(768℃), Ni(358℃), Co(1160℃)

다. Fe-C계 평형 상태도

온도와 성분에 따라 일어나는 철과 탄소의 변화 관계를 그림으로 나타낸 것이 상태도이며, 철강의 종류와 특성을 이해하는데 매우 중요한 자료이다.

1) 공정 주철

(1) 상태도 상에서 탄소 함유량 4.3%, 온도 1130℃에서 용융금속이 γ철(오스테나이트)과 시멘타이트(Fe_3C)로 정출(레데브라이트 조직)된 주철
(2) **공정 주철의 종류** : 아공정 주철(4.3%C 이하), 공정 주철(4.3%C), 과공정 주철(4.3%C 이상)로 구분

2) 공석강

(1) 상태도 상에서 탄소 함유량 0.8(0.85)%, 온도 723℃에서 고체 금속에서 α철(페라이트)과 시멘타이트(Fe_3C)로 석출(펄라이트 조직)된 강
(2) **종류**
   ① **아공석강** : 철에 0.85%C 이하를 함유한 강, 페라이트 조직이 펄라이트보다 많음
   ② **공석강** : 철에 0.85%C를 함유한 강, 펄라이트 조직, 강인한 조직의 강
   ③ **과공석강** : 철에 0.85%C 이상 함유한 강, 시멘타이트 조직이 펄라이트 조직보다 많음

예제 1

순철이 910℃를 경계로 체심 입방 격자와 면심 입방 격자로 변태하게 되는데 이것을 무엇이라고 하는가?

① 자기변태　　　② 동소변태
③ 동일변태　　　④ 원소변태

 정답 ②

동소변태
동일 원소가 온도에 따라 결정격자의 상태가 변하는 변태, 순철은 A_3 변태점(910℃)에서 α철과 γ철로 동소변태한다.

예제 2

순철의 자기변태점은 얼마인가?
① 768℃
② 910℃
③ 1410℃
④ 1538℃

정답 ①

- Fe-C형 상태도에서 시멘타이트의 자기변태점은 A_0 변태점이며 210℃이다. ①은 A_2 변태점, ②는 A_3 변태점, ③은 A_3 변태점, ④는 용융점이다.
- 순철의 자기변태점을 큐리 포인트라고도 한다.

예제 3

철-탄소(Fe-C)계 평형 상태도에서 공정 주철의 탄소 함유량은 얼마인가?
① 0.11%
② 1.2%
③ 4.3%
④ 1.7%

정답 ③

공정 반응
Fe-C계 상태도에서 1145℃, 4.3%C 부분에서 액체에서 2가지의 고체로 검출하는 반응이며, 반응식은 다음과 같다.
L(용체) ⇌ α고용체 + β고용체

4 탄소강

가. 탄소강의 특성과 기본 조직

1) 특성

(1) 대량 생산이 가능하고 가격이 저렴하며, 기계적 성질이 우수하다.
(2) 상온 및 고온에서 가공성이 우수하여 소성가공이 용이하다.
(3) 탄소 함유량에 의해 현저한 성질 변화가 있으며 열처리가 용이하다.

2) 탄소(철)강의 기본 조직

(1) **오스테나이트(austenite)** : 최대 1.7(2.01)%C까지 고용한 γ고용체 조직, A_1 변태점(723℃) 이상에서 안정된 조직(비자성체임), 탄소강의 경우 상온에서는 거의 생성되지 않는다.

(2) **펄라이트(pearlite)**
① 723℃, 0.85%C에서 오스테나이트가 페라이트와 시멘타이트의 층상 조직, 강도, 경도는 페라이트보다 크며, 표준 조직 중 가장 강인성이 우수함
② 펄라이트 생성 과정 : γ고용체 결정 경계에서 시멘타이트 핵 생성 → 시멘타이트 핵 성장 → 시멘타이트 핵 주위에 α고용체 생성 → α고용체가 생긴 입자에 시멘타이트 생성

(3) **페라이트(ferrite)** : 0.025%C의 α고용체, 철강재료 중 전연성이 풍부함

(4) **시멘타이트(cementite)** : 6.67%C의 금속 간 화합물 조직, 철강 조직 중 가장 경도가 높고 취성이 큰 조직

(5) **레데브라이트** : 주철 중 4.3%C, 1130℃에서 용액에서 γ고용체와 Fe_3C의 혼합 조직으로 정출한 조직

표 2.1 강의 표준 조직의 기계적 성질

기계적 성질 조직 종류	인장강도 (kgf/mm²)	연신율 (%)	브리넬 경도 (HB)	특성
페라이트 (ferrite)	30~35	40	80~90	순철의 α고용체(체심 입방 격자) 조직, 매우 연하며 강자성체임
펄라이트 (pearlite)	90~100	10~15	200	매우 강인한 조직, 공석강의 조직, 검게 보이나 펄라이트 결정 경계에 흰색의 침상 조직인 시멘타이트가 석출되어 있음
시멘타이트 (cementite)	3.5 이하	0	800	백색의 침상 조직이며, 매우 경취한 조직, 210℃ 이하에서 강자성체임. 금속 간 화합물 (Fe_3C) 임

나. 탄소강의 성질

1) 제성질 변화

(1) **탄소량 증가** : 비중, 용융점, 열팽창계수, 열전도도, 연신율, 단면 수축률, 충격치, 내식성은 감소, 비열, 전기 저항, 항자력, 인장강도, 항복강도, 경도 등은 증가하며, 공석강에서 인장강도가 최대이다.

(2) 온도 변화에 따른 기계적 성질
  ① 저온 취성(메짐) : 강이 저온이 되면 인장강도, 탄성계수, 항복점 등은 증가하나 연율, 단면 수축률, 충격치 등은 감소하고 취성이 커지며 어떤 한계의 온도(천이온도)에서는 급격히 감소하여 -70℃ 부근에서 충격치가 0에 가깝게 되는 성질
  ② 청열 취성(메짐) : 철강이 200~300℃에서 푸른색을 띠게 되는데 이때 상온보다 메짐성(강도, 경도 증가, 연신율, 충격치 저하)이 커지는 성질
  ③ 적열(고온) 취성(메짐) : 유황이 많은 강재의 경우 고온(980℃)에서 메지게 되는 성질
(3) 인장강도 계산(0.8% C 이하의 아공석강에 적용됨)
  ① σ_b = 20 + 100 × C(탄소량)[kg/mm^2]
  ② 브리넬 경도(HB) = 2.8 × σ_b

2) 각종 원소가 미치는 영향
(1) 탄소(C) : 철에 탄소가 증가하면 항복점, 인장강도는 증가하고, 연신율, 수축률, 연성은 저하함. 더욱 많아지면 경취해진다.
(2) 망간 : 탄소 다음으로 중요한 원소, 탈산제, 합금제 역할, 강도, 경도, 인성, 점성, 담금질성 증가, 연성 감소, 황의 해 제거(FeS를 MnS로 만들어 슬래그화 함)로 고온 가공을 용이하게 하고, 주조성을 좋게 하며, 고온에서 결정의 성장을 감소시킨다.
(3) 규소(Si) : 경도, 강도, 고온 강도 향상, 내열성, 내산성, 주조성(유동성), 전자기적 성질은 증가하며, 연신율, 충격치 감소, 결정립 조대화로 냉간 가공성 나빠지고 용접성이 저하한다.
(4) 인(P) : 보통 0.05% 이하로 제한, 강도, 경도 증가, 연신율 감소, 결정립을 거칠게 하며, 편석 발생, 상온 이하에서 충격치의 급격한 저하로 저온 취성의 원인(냉간 가공성 저하)이 된다. Fe$_3$P, MnS, MnO$_2$ 등과 집합하여 고스트 라인(띠 모양 조직)이 형성될 수 있다.
(5) 유황(S) : 보통 0.05% 이하로 제한, 강도, 경도, 인성, 절삭성 증가, 연신율, 충격치, 용접성을 저하시키며, 적열(고온) 취성의 원인으로 고온 가공(압연, 단조, 용접, 열처리 등)성이 저하된다.
(6) 수소(H$_2$) : 강을 여리게 하고, 산, 알칼리에 약하며, 헤어 크랙, 은점의 원인이 된다.

다. 탄소강의 종류와 특성

1) 탄소강
(1) 구조용 탄소강 : 0.05~0.6%C 범위, 전로, 평로 제강에 의한 림드강이 많이 사용되며, 판, 봉, 관, 형강 등으로 제조되어 건축, 교량, 선박, 철도, 차량, 기타 구조물에 쓰인다.
(2) 판용강 : 박판은 두께 1mm 이하, 중판은 1~6mm, 후판은 6mm 두께 이상으로 구분
(3) 선재강 : 연강선재(0.06~0.25%C 강), 경강선재(0.25~0.8%C), 피아노선재(0.55~0.95%C 정도)

2) 쾌삭강, 스프링강, 탄소 공구강(STC)
(1) 쾌삭강 : 강에 P, S, Pb, Se 등을 첨가시켜 절삭(쾌삭)성을 향상시킨 강
(2) 스프링강 : 탄성 한계가 높고 충격 및 피로에 대한 저항성이 크며 급격한 진동을 완화하고 에너지 축적을 위해 사용하며, 소르바이트 조직이 좋다.
(3) 탄소 공구강
  ① 0.6~1.5%C의 강, 줄강, 다이스, 톱강 등 일반 공구에 쓰임, 200℃ 이상에서 경도 저하
  ② 경도, 강도가 크고, 고온에서도 경도가 유지될 것
  ② 내마멸성, 강인성이 있으며, 열처리가 쉽고, 가공이 용이하고 가격이 쌀 것
(4) 침탄용 강 : 0.2%C 이하 강재 표면에 C를 침투시켜 열처리한 강, 표면의 내마모성과 내부의 유연성을 얻을 수 있는 강, Ni, Cr, Mo 원소를 함유한 강이 침탄이 잘 된다.
(5) 질화용 강 : 강재 표면에 NH$_3$(암모니아)나 N$_2$로 질화시켜 표면 경도를 높인 강, Ni, Cr, Al 원소가 들어있는 강이 적당하다.

3) 주강

주조를 실시한 강, 주철로 강도 부족 시나, 단조강보다 가공 공정을 감소시킬 필요가 있을 때 사용한다. 수축률(20/1000~25/1000)이 주철의 2배 정도이며, 주철에 비하여 용융점이 높아 주조성이 나쁘므로 주조 후 반드시 풀림처리가 필요하다.

예제 1
다음 중 강의 기본 조직이 아닌 것은?
① 페라이트　　② 펄라이트
③ 시멘타이트　　④ 트루스타이트

 정답 ④

강의 기본(표준) 조직
①, ②, ③이며, 트루스타이트는 담금질 등의 열처리에서 생성되는 조직이다.
- 공석강은 723℃, 085%C 부분에서 공석변태가 일어나며 이때 고체 상태에서 페라이트와 시멘타이트의 층상 조직이 생기는데, 이 조직이 펄라이트(Pearlite) 조직이다.

예제 2
다음 중 중판의 두께는 얼마인가?
① 1mm 이하　　② 1~6mm
③ 6~9mm　　④ 9mm 이상

 정답 ②

- 박판 : 두께 1mm 이하
- 중판 : 1(3)~6mm
- 후판 : 6mm 두께 이상

예제 3
탄소강에서 탄소 함유량이 증가할 경우 기계적 성질은 어떻게 되는가?
① 경도 감소, 연성 감소　　② 경도 감소, 연성 증가
③ 경도 증가, 연성 감소　　④ 경도 증가, 연성 증가

 정답 ③

탄소량 증가
경도, 강도, 항복 강도, 전기 저항 등 증가, 연신율, 단면 수축률, 용융점, 비중, 전기 및 열전도율 저하

예제 4
다음 조직 중에서 가장 연성이 큰 것은?
① 페라이트　　② 레데브라이트
③ 펄라이트　　④ 시멘타이트

정답 ①

페라이트는 순철의 조직(α철)으로 탄소강의 기본 조직 중에 가장 연한 조직이다.
- 탄소강 중 아공석강의 조직 : 페라이트 + 펄라이트

예제 5
강은 200~300℃에서 인장강도와 경도가 최대로 되며, 연신율과 단면 수축률은 최소로 되는데 이 현상을 무엇이라고 하는가?
① 청열 취성　　② 냉간 취성
③ 고온 취성　　④ 상온 취성

정답 ①

- 청열 취성 : 탄소강이 200~300℃ 부근에서 상온보다 메지게 되는 성질
- 저온(상온) 취성(메짐) : 강철의 온도가 상온보다 낮아지면 충격값이 감소되는 성질로 인(P)의 영향이 크다.

5 특수(합금)강

가. 특수강(alloy steel)의 개요

1) 합금 정도에 따른 분류
합금강이란 탄소강에 특수 원소를 1종 또는 2종 이상 첨가시켜 탄소강에 비해 뛰어난 특징을 가지도록 제조된 강

(1) **저합금강** : 합금 원소 첨가량이 10% 미만인 강, 강도를 크게 요하지 않는 기계 부품, 표면 경화재 등에 사용
(2) **고합금강** : 합금 원소 첨가량이 10% 이상인 강, 내식, 내마모 등 특수 목적 재료로 사용

2) 특수원소의 강에 미치는 영향
(1) **Ni(니켈)** : 강도, 인성, 저온 충격 저항성, 내열성

증가, Cr과 합금 시 내열, 내식성 향상됨
(2) **Cr(크롬)** : Ni과 비슷하며, 내식성, 내열성, 담금질성 개선으로 내마모성 향상
(3) **W(텅스텐)** : 고온에서 강도, 경도 증가, 내열성, 내마멸성 향상
(4) **Mo(몰리브덴), V(바나듐)** : 고온 강도, 경도 증가, 뜨임 취성 방지, 내황산성 증가
(5) **Si(규소)** : 전자기 특성과 내열성 증가
(6) **Al, Ti** : 결정립 미세화, 인성 향상, 표면 경화(질화) 강에 쓰인다.
(7) **B(붕소)** : 미량 첨가로도 담금질(소입)성을 현저하게 향상

※ 특수 원소 대부분은 담금질 효과가 큼, 자경성(스스로 경화되려는 성질)이 있다.

나. 구조용 특수강

1) 강인강

(1) **강인강** : Cr강, Ni- Cr강(SNC), Ni- Cr- Mo강(SNCM), Cr- Mo강(SCM) 등 강도와 인성이 크고 담금질에 의하여 강인성이 높은 강
(2) **저망간강(고장력강)** : 1~2% Mn 함유 듀콜강, 펄라이트 망간강이라고도 부름. Mn계 강이 널리 사용, 주로 철탑, 기중기, 고압용기 등의 구조재로 쓰임
　① 고장력강 : 미량의 합금 원소 첨가와 열처리로 양호한 용접성과 내력 및 인장강도를 높인 강, 하이텐(high tensile steel : HT)이라고도 한다.
　② 고장력강의 특성
　　㉠ 항복 강도 294MPa(30kgf/mm^2), 인장강도 490MPa(50kgf/mm^2) 이상, 연신율 20% 이상의 강
　　㉡ 용접성, 저온 인성, 내후성, 내식성, 가공성이 우수하다.
　　㉢ 탄소강에 비해 내력이 높고 항복비가 크다.
　　㉣ 열처리 하지 않아도 사용할 수 있어야 한다.
(3) **고망간강** : 10~14% Mn 함유, 오스테나이트 망간강, 하드 필드강, 수인강, 내마멸성이 커서 기차 레일 교차점, 광산 기계, 칠 롤러 제작 등에 쓰임
(4) **초강인강** : 중량이 가볍고 강력한 부분(로켓, 미사일용 등)에 사용하며, Ni- Cr- Mo계에 Mn, Si, V 등을 첨가하여 인장강도를 150~200kgf/mm^{2}로 높인 강

다. 공구용 특수강

1) 합금 공구강(STS)

(1) **절삭용** : 경도 증가, 절삭성 증가를 위해 탄소량을 높이고, Mn, Cr, Ni, W, Co, V 등을 첨가한 강, Cr강, W강, W- Cr강 등, 바이트, 탭, 드릴, 절단기, 줄 등에 사용
(2) **내충격용(STS 4, 43)** : 정, 펀치, 스냅 등 내충격성과 인성이 필요한 강
(3) **내마모 불변강** : 게이지 등 정밀 측정 공구와 같이 경도와 내마모성이 크며 열처리 변형이나 경년 변형이 매우 적은 강
(4) **열간 가공용강(STD 61 등)** : 고온 강도와 내마모성이 요구되는 강, Cr, W, Mo, V계가 사용됨

2) 고속도강(SKH)

(1) 고탄소강에 Mo, Cr, W, V 등을 첨가한 강을 담금질- 뜨임하여 인성을 높인 강, 600℃까지 경도가 유지되며, 하이스(H.S.S.)라고도 함, 표준형은 18W- 4Cr- 1V강이 있다.
(2) **열처리** : 담금질 온도 1250~1350℃, 뜨임 온도 550~580℃
(3) **용도** : 드릴, 엔드밀 등 비교적 고속 절삭에 사용한다.

3) 주조 경질 합금

(1) Co를 주성분으로 한 Co- Cr- W- C의 합금, 스텔라이트가 대표적이다. 단조나 절삭이 안 되므로 주조 후 연마나 성형해서 사용
(2) 절삭 속도는 고속도강의 2배, 상온에서는 고속도강보다 연하나 600℃ 이상에서는 더 경하며, 800℃에서도 경도가 유지되나, 인성이 작다(열처리 불필요).

4) 초경 합금(소결 경질 합금)

(1) **특성** : WC, TiC, TaC 등의 금속 탄화물 분말에 Co를 첨가하여 용융점 이하로 소결 성형한 합금, 경도 크고, 내열성, 내마모성이 큼. 열처리가 불필요하며, 주철, 강철 등에서 고속도강에 비해 절삭 속도가 2배 이상 크다.
(2) **제조 과정** : 분말을 금형에서 성형 압축(예비 소결 : 800~1000℃)한 후 수소 분위기에서 소결 (2차 소결 : 1400~1450℃)한다.
(3) **종류** : S종(강 절삭용), D종(다이스용), G종(주철 절삭용)이 있으며, 상품명으로 카블로이(미국), 미디아(영국), 당갈로이(일본) 등이 있다.
(4) **용도** : 고속도강으로 가공이 곤란한 고Mn강, 칠드 주철, 경질 유리 절삭에 쓰인다.

5) 세라믹

Al_2O_3(알루미나)를 주성분으로 하여 1600℃에서 소결 성형한 합금, 무기질 고온 소결재의 총칭이며, 내열성, 고온 경도, 내마모성이 크며, 비자성체이다. 충격에 약하다. 용도는 고온 절삭, 고속 정밀 가공용, 강자성 재료의 가공용으로 쓰인다.

6) 5-4-8 합금

시효 경화 합금의 일종. 뜨임시효에 의해 크게 경화시킨 Fe-W-Co계 합금, SKH보다 수명이 길다.

라. 특수 용도(목적)용 특수강

1) 스테인리스강(stainless steel)

(1) 내식성 향상을 위해 철에 크롬을 11(12)% 이상 함유시킨 강(Cr 12% 이하는 내식강), 일명 불수 강이라고도 한다.

표 2.2 스테인리스강의 분류와 특성

조직상 분류	주성분	탄소 함유량	담금질 경화성	내식성	굴곡성	용접성
페라이트계	Cr 12~18%	0.2% 이하	전혀 없음	보통	보통	보통
마텐사이트계	Cr 12~14%	0.15% 이상	있음	나쁨	나쁨	불가
오스테나이트계	Cr 17~20% Ni 7~10%	0.2% 이하	없음	좋음	좋음	좋음

(2) 스테인리스강의 종류별 특성

① 페라이트계 스테인리스강 : 18% Cr계, STS 430이 대표적이다. 마텐사이트계에 비해 내식성이 크고, 강자성체이며 용접 구조용으로도 가능하다.

② 마텐사이트계 스테인리스강 : 13% Cr계, STS 410이 대표적이다. 열처리에 의해 경화하고 담금질성을 가지며, 강자성체이다.

③ 오스테나이트계 스테인리스강
  ㉠ 18Cr~8Ni강(STS 304)이 대표적이며, 비자성체이며 내산 및 내식성이 우수하다.
  ㉡ 인성과 전연성이 좋아 가공이 용이하며, 용접성이 좋으나 담금질이 안 된다.
  ㉢ 열팽창 계수가 탄소강의 1.5배, 열전도율은 약 60%로 열 가공 시 변형과 잔류응력이 문제되며, 탄화물이 결정입계에 석출하기 쉽다.
  ㉣ 염산, 묽은 황산, 염소가스, 황산염 용액에 대한 내산성이 약하다.
  ㉤ 용도 : 일반용품, 화학 공업, 항공기, 원자력 발전, 차량, 주방 기구, 식기, 의료용, 장식용, 건축용, 식품용, 기계 부품

④ 석출 경화형(Precipitation Hardening) 스테인리스강
  ㉠ Austenite계는 우수한 내열성, 내식성은 있으나 강도가 부족하고, Martensite계는 경화능은 있으나 내식성 및 가공성이 좋지 못한 점을 충족시키고, 좋은 특성을 살리기 위해 석출 경화시킨 강
  ㉡ 17-4PH강(STS 630) : 17%Cr-4%Ni-3~5%Cu-Nb-Ta 합금, Ms 변태점이 상온 위에 있기 때문에 고용화 열처리를 하면 Martensite 조직으로 되며, 우수한 내식성과 높은 강도, 경도를 갖춘 강
  ㉢ 17-7 PH강(STS 631) : 17%Cr-7%Ni-0.75~1.5%Al 합금, 변태점이 상온 이하에 있으므로 중간 열처리로 변태점을 상온 이상으로 끌어 올려 Austenite 상태에서 Martensite로 변태시킨 다음에 석출 경화한 강

(3) 18-8강의 입계 부식

① 원인 : 고온에서 급랭한 것을 재가열하면 고용되었던 탄소가 오스테나이트의 결정입계로 이동하여 탄화물(Cr_4C)이 석출해서 결정입계 부근의 Cr량 감소로 인해 결정입계가 쉽게 부식하게 되는 현상

② 방지법 : 탄소량 감소,(탄화 크롬 억제) Ti, Nb, Ta 등을 첨가해 Cr_4C 대신 TiC, NbC 등이 형성되게 한다.

2) 쾌삭강

S, Pb, 흑연 등을 첨가하여 절삭성을 향상시킨 강

3) 게이지강

내마모성이 크고 경도가 높으며, 담금질 변형이 적으며, 경년 변형이 없어야 된다. C 0.85~1.2%, W, Cr, Mn 등이 함유된 강이 사용됨

4) 베어링강

탄성 한도와 피로 한도가 높은 것이 요구되며, 고탄소 크롬강이 많이 쓰인다.

5) 초내열강

Fe, Cr, Ni, Co를 모체로 한 합금, 19-9DL(815℃), 팀켄 16-25-6(815℃), N-155(980℃), 인코넬X (980℃), 하이스 합금 21(980℃) 등이 있다.

6) 서멧(cermet)

초내열강은 900℃ 이상 고온에서 견딜 수 없어 경질 및 고융점을 가진 산화물(Al_2O_3), 탄화물(TaC, WC), 붕화물(TaB_2, CrB) 등과 Co, Ni 분말과의 복합체

7) 규소강

자기 감응도가 크고 잔류 자기 및 항자력이 작아 변압기나 용접기 철심용으로 많이 쓰인다.

8) 자석강

잔류 자기와 항자력이 크고, 온도 변화나 기계적 진동 등에 자장이 안정되야 한다. KS 자석강(Fe-Cr-Co-W계), OP 자석강(Fe-Ni-Al계), 큐니프(Fe-Ni-Co계), 비칼로이(Fe-Co-V계) 등

9) 불변강

(1) **인바(invar)** : Ni를 35~36% 함유한 Fe-Ni 합금, 열팽창계수가 매우 적어 온도에 따라 길이 불변, 내식성이 대단히 좋다. 줄자, 시계추, 정밀부품, 바이메탈에 쓰인다.

(2) **초인바(super invar)** : Ni 29~40% 함유. Co 5% 이하 함유한 합금, 인바보다 열팽창계수가 적다.

(3) **엘린바(elinvar)** : Ni 36%, Cr 12% 함유, 탄성이 매우 적으며 열팽창계수도 적다. 시계 바늘, 태엽, 스프링, 지진계 등에 쓰인다.

(4) **코엘린바** : 탄성이 극히 적고 공기나 물에 부식이 안 된다. 스프링, 태엽에 쓰인다.

(5) **폴레타나이트** : Ni 42~46%, Cr 18%의 Fe-Ni-Co 합금, 전구, 진공관용 도선에 쓰인다.

(6) **퍼어멀로이** : Fe-Ni 합금의 대표적인 것, 투자율이 큰 합금이다.

예제 1

강에 P, S, Pb, Se 등을 첨가시켜 절삭(쾌삭)성을 향상시킨 강을 무엇이라고 하는가?

① 공구강 ② 내식강
③ 쾌삭강 ④ 저온강

정답 ③

쾌삭강에 Mn을 첨가하면 메짐성을 막을 수 있다.

예제 2

공구강의 구비 조건으로 적합하지 않은 것은?

① 경도, 강도가 클 것
② 고온에서도 경도가 유지될 것
③ 내마멸성과 강인성이 있으며, 열처리가 쉬울 것
④ 가공이 힘들고 가격이 쌀 것

정답 ④

예제 3

고탄소강에 Mo, Cr, W, V 등을 첨가한 강으로 일명 하이스(H.S.S.)라고도 부르는 것은?

① 듀콜강 ② 고속도강
③ 스텔라이트 ④ 하드 필드강

 정답 ②

고속도강
합금 공구강으로 표준형은 18W - 4Cr - 1V강이다. 종류에는 W계, Mo계, Co계 외에 저탄소 고코발트계, 저텅스텐계가 있다.

예제 4

다음 중 초경 합금의 상품명이 아닌 것은?

① 카블로이(미국) ② 미디아(영국)
③ 당갈로이(일본) ④ 노듈러(독일)

 정답 ④

노듈러 주철은 구상 흑연 주철을 일본에서 부르는 상품명이다.

예제 5

다음은 오스테나이트계 스테인리스강의 특징을 나타낸 것이다. 옳지 않은 것은?

① 비자성체이다.
② 용접이 쉽다.
③ 고 Cr계 스테인리스강이다.
④ 내산성이 우수하다.

 정답 ③

오스테나이트계는 고 Cr-Ni계 스테인리스강으로, 18 - 8 스테인리스강이 대표적이며 열처리가 안 된다.

6 주철

가. 주철의 개요

1) 주철

(1) 선철과 고철을 용선로에서 용해하여 2.01~6.67%C 함유시킨 철 합금, 많이 사용되는 주철의 탄소량은 2.5~4.5%C, 탄소는 주철 중에 유리 탄소(흑연)나 화합 탄소로 펄라이트 또는 시멘타이트(Fe_3C)로 존재한다.
  - 전탄소량 = 흑연(유리 탄소) + 화합 탄소
(2) 담금질, 뜨임이 안 되나 주조 응력 제거 풀림 온도는 500~600℃로 6~10시간 풀림한다.

2) 주철의 장점

(1) 용융점이 낮고 유동성이 좋아 주조성이 우수하다.(복잡한 형상도 쉽게 주조할 수 있다.)
(2) 단위무게당 가격이 싸다.
(3) 마찰 저항이 좋고 절삭가공이 쉬우며, 압축 강도가 크다.(인장강도의 3~4배)
(4) 주물의 표면은 단단하고 녹이 잘 슬지 않으며 도색도 잘 된다.
(5) 흡진성이 있어 진동이 많은 곳(공작물 베드 등)에 적합하다.

3) 주철의 단점

(1) 인장강도는 강에 비해 적강에 비치가 낮다.(취성(메짐)이 큼)
(2) 연신율이 작고, 고온에서도 소성 변형이 안 된다.

나. 주철의 성질

1) 자연 시효와 탄소 당량

(1) **자연 시효** : 주조 후 장시간(1년 이상) 방치하면 주조 응력이 제거되는 현상
(2) **탄소 당량** : 탄소 이외의 원소를 탄소 함유량으로 환산한 것

$$탄소\ 당량 = C(\%) + 1/3\ Si(\%)$$

2) 주철의 성장

(1) **성장** : 고온(650~950℃)에서 가열과 냉각을 반복하면 부피가 증가하여 변형, 균열이 발생하는 현상이다.

(2) **성장 원인**
① Fe_3C의 흑연화(Al, Si, Ni, Ti 등의 원소에 의한 흑연화)에 의한 팽창
② A_1 변태에서 체적 변화에 따른 팽창
③ 불균일한 가열로 인한 팽창, 페라이트 중 고용 원소인 Si의 산화에 의한 팽창
④ 흡수되어 있는 가스의 팽창에 의해 재료가 항복되어 생기는 팽창

(3) **성장 방지법** : 흑연의 미세화(조직 치밀화), 흑연화 방지제 첨가, 탄화물 안정제 첨가(Mn, Cr, Mo, V 등 첨가로 Fe_3C의 분해 방지), Si의 함유량 감소 등이 있다.

다. 주철의 일반적인 조직

1) 주철의 기본 조직

바탕 조직(펄라이트, 시멘타이트, 페라이트)과 흑연의 혼합 조직, 주철 중에 탄소는 주로 흑연 상태로 존재한다.

(1) **유리 탄소(흑연)** : 규소가 많고 냉각 속도가 느릴 때 생성(회주철)함
(2) **화합 탄소(Fe_3C)** : 망간이 많고 냉각 속도가 빠를 때 생성(백주철)함
(3) **흑연화** : Fe_3C가 안정한 상태인 3Fe와 C(탄소)로 분리되는 현상. 흑연은 용융점을 낮게 하며, 강도가 작아진다.

2) 마우러 조직도

주철에서 탄소와 규소 성분 %에 따라 주철의 조직 변화 관계를 나타낸 조직도. 규소는 흑연의 정출, 석출에 큰 영향을 준다. 규소량이 많으면 흑연량이 많아진다.

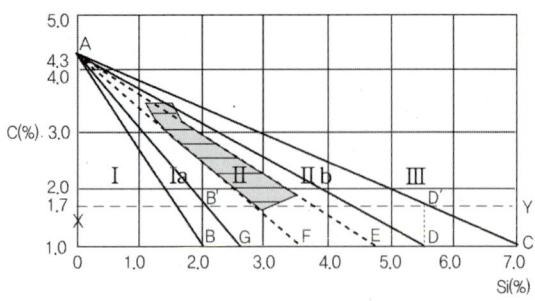

그림 2.2 마우러 주철 조직도

(1) **Ⅰ구역** : 백(극경) 주철(Pearlite + Fe_3C)
(2) **Ⅰa구역** : (경질) 주철(Pearlite + Fe_3C + 흑연)
(3) **Ⅱ구역** : 펄라이트(강력) 주철(Pearlite + 흑연)
(4) **Ⅱb구역** : 회(보통) 주철(Pearlite + Ferrite + 흑연)
(5) **Ⅲ구역** : 페라이트(연질) 주철(Ferrite + 흑연)

3) 각종 성분의 영향

(1) **탄소** : 시멘타이트와 흑연으로 존재, 냉각 속도, 화학 성분(Si, Mn)에 따라 달라지며, 냉각 속도가 늦을수록, Si양이 많을수록, Mn양이 적을수록 흑연량이 많아진다.
(2) **규소** : 흑연화 촉진 원소, 얇은 주물에는 규소 다량 첨가로 시멘타이트 생성을 저지해야 한다.
(3) **망간** : 흑연화 방해 원소. 망간은 MnS화해서 황의 해 제거와, 탈산 작용, 주철의 질을 강하고 단단하게 하여 절삭성을 나쁘게 하며 수축률이 크게 된다.
(4) **인** : 용융점 저하로 주조성 좋아져 얇은 주물 제조 시 많이 사용, 일부 스테다이트(페라이트 + Fe_3C + Fe_3P)로 존재하여 여리게 함.
(5) **황** : FeS, MnS로 존재하며, MnS는 결정입 안에 거친 결정을 만든다.
FeS는 결정 입자의 경계에 미립으로 분포하며, 유동성 저하, 수축률과 주조 응력을 크게 하며, 고온 취성의 원인이 된다.
(6) 흑연화 촉진 원소는 Si, Al, Ti, Ni, 흑연화 방해 원소는 Mn, Cr, Mo, V, S이다.

라. 주철의 종류와 특성

1) 파단면에 따른 주철의 종류

(1) **회주철** : 파면이 회색, Mn양이 적고 규소량이 많을 때, 냉각 속도가 느릴 때 생기며, 주조성과 절삭성이 좋아 각종 구조재로 공작 기계 베드, 내연 기관 실린더, 피스톤, 주조관, 가정용품 등에 사용됨

(2) **반주철** : 회주철과 백주철의 혼합된 조직의 주철

(3) **백주철** : 파면이 흰색, Si양이 적고 냉각 속도가 빠를 때 생기기 쉬우며 경도와 내마모성이 좋아 압연 롤러, 기차 바퀴 등에 쓰임

2) 보통 주철과 고급 주철

(1) **보통 주철** : 3~3.5%C의 회주철(GC 1~3종), 불순물이나 강도를 규정하지 않은 표준 주철로, 인장강도는 10~20kg/mm^{2}로, 일반 가정용품, 공작 기계 베드 등에 쓰임

(2) **고급 주철(회주철 : GC 4~6종)**
  ① 2.5~3.2%C이고 펄라이트와 미세한 흑연으로 된 인장강도 25kg/mm^2(250MPa) 이상인 강인 주철
  ② 국화상 흑연이며, C, Si(단, 1 < Si < 3) 양이 $\frac{(C+Si)}{1.5}$ = 4.2~4.4%가 되면 고급 주철이 된다.

3) 미하나이트 주철

(1) 저탄소 저규소 선철과 다량의 강 스크랩을 배합 용해하여 Fe-Si, Ca-Si를 접종시켜 흑연을 미세하고 균일하게 하여 미세한 펄라이트 조직으로 개량한 주철

(2) 인장강도 35~45kg/mm^2(343~441MPa), 담금질이 가능하며, 강력 구조용, 내마모용, 내부식용, 내열 기관용 등에 쓰인다.

4) 합금 주철

(1) **흑연화 경향** : Si를 1로 했을 때 Al은 0.5, Ni 0.3 ~0.4, Cu 0.35

(2) **합금 원소의 영향**

  ① **Ni(니켈)** : 흑연화 촉진, 0.1~10%만 첨가해도 흑연, 펄라이트 조직이 미세화하여 강도를 크게 하며, 두꺼운 부분의 억셈과 얇은 부분의 칠(chill) 발생 방지
  • 내열, 내산화, 내알칼리성을 갖게 하며 오스테나이트 주철을 만들 수 있다. (14~38% 첨가)

  ② **Cr(크롬)** : 흑연화 방지, 주철의 성장 방지, 탄화물 안정, 칠층을 깊게 한다.
  • 1.5~2% 첨가로 펄라이트 조직 미세화와 경도 증가, 내열성, 내부식성 향상

  ③ **Mo(몰리브덴)** : 다소 흑연화 방지, 0.25~1.25% 첨가 시 흑연이 미세화되며, 강도, 경도, 내마모성 증가, 두꺼운 주물 조직을 균일화한다.

  ④ **Ti(티타늄)** : 강한 탈산제, 흑연화 촉진제이나 다량 첨가 시는 방해한다. 고탄소 고규소 주철에 첨가 시 흑연의 미세화와 경도가 증가된다.

  ⑤ **V(바나듐)** : 강한 흑연화 방지원소, 0.1~0.5% 첨가 시 흑연 미세화와 경도 증가된다.

  ⑥ **Cu(구리)** : 0.25~2.5% 첨가 시 강도 증가, 내마모성 개선, 내식성이 좋아진다. 염산, 황산, 질산에 내식성이 상당히 좋다.

  ⑦ **Mn(망간)** : 비자성화 능력이 Ni의 2배이나 조직을 단단하게 하여 피절삭성이 나빠진다.

(3) **합금 주철의 종류**

  ① **페라이트계 주철** : Si 및 Cr을 다량으로 함유하는 주철, 대단히 단단하다.

  ② **오스테나이트계 주철** : Ni을 20% 이상 함유한 주철로, 내산, 내알칼리, 내열성 등이 높고 비자성체이며, 전기 저항이 크고 연성, 인성이 있으며, 주로 석유 화학, 기타 화학공업에 많이 사용된다.

  ③ **고규소 주철** : 규소를 14% 이상 함유한 주철, 진한 황산과 초산에는 사용 가능하나 진한 열염산에는 약하며, 내산주철은 절삭 가공이 안 되고 취성이 크다.

  ④ **고크롬 주철** : Cr을 15~30% 함유한 주철로, 산, 유황가스 등에 강하며 고온에서도 성장성

이 적으며, 아주 단단하여 절삭이 불가능하므로 연삭 가공한다. 풀림 상자나 로 재료로 사용된다.

5) 칠드(냉경) 주철

(1) 용탕을 금형 등에 주입하여 급랭시켜 접촉면을 백선화(펄라이트와 유리시멘타이트)하여 내마모성이 크며, 내부는 강인한 성질을 갖게 한 주철
(2) **흑연화로 칠층을 얇게 하는 원소** : C, Si, Al, Ti, Ni, P, Cu, Co
(3) **흑연화 방지로 칠층을 깊게 하는 원소** : S, V, Cr, Mn, Sn, W 등
(4) **용도** : 압연 롤러나 기차 바퀴 등의 제조

6) 구상 흑연 주철

(1) 연성 주철(닥타일 주철 : 미국), 구상 흑연 주철(영국), 노듈러 주철(일본)이라고도 한다.
(2) 흑연을 구상화시킴으로써 균열 발생이 어렵고 강도와 연성이 크게 된다.
(3) 펄라이트와 페라이트로 된 조직, 황소 눈 같다 해서 불스아이 조직이라고도 하며, 강도와 연성이 매우 좋다.(인장강도 : 50~70kg/mm^2)
(4) **구상화 방법** : S이 적은 용탕에 Mg, Ce(세슘) 등을 접종시켜 편상흑연을 구상화시킴

7) 가단 주철

(1) **가단 주철** : 백주철을 풀림처리하여 탈탄과 Fe$_3$C의 흑연화에 의해 연성(또는 가단성)을 크게 한 주철, 주강의 중간 정도의 특성을 가진 주철
(2) **백심 가단 주철(WMC)** : 백주철을 철광석, 밀 스케일 등과 함께 풀림 상자에 넣고 950~1000℃로 70~100시간 가열 풀림처리하여 표면을 탈탄 후 서랭시킨 주철
 • 강도는 흑심 가단 주철보다 다소 높으나 연신율은 낮다.
(3) **흑심 가단 주철(BMC)** : 저탄소, 저규소 백주철을 풀림하여 Fe$_3$C를 흑연화시킨 주철
(4) **펄라이트 가단 주철** : 흑심 가단 주철의 흑연화의 일부(제2단계 흑연화)를 생략하여 구상. 층상 펄라이트 또는 베이나이트, 소르바이트 조직으로 만든 주철

예제 1

다음 중 보통 주철의 인장강도는?

① 12~20kgf/mm^2　　② 20~30kgf/mm^2
③ 30~40kgf/mm^2　　④ 40~50kgf/mm^2

 정답 ①

보통 주철은 3~3.5%C의 회주철을 말한다.

예제 2

파면이 회색이며, Mn양이 적고 냉각 속도가 느릴 때 생기며, 주조성과 절삭성이 좋아 각종 구조재로 공작 기계 베드 등에 쓰이는 것은?

① 회주철　　② 백주철
③ 반주철　　④ 흑주철

 정답 ①

주철의 탄소 상태와 파면 색에 따라 백주철, 회주철, 반주철로 구분한다.
• 백주철 : 주철의 파단면이 백색으로 된 것은 규소량이 적고 Mn양이 많으며 냉각 속도가 빠를 때 탄소가 화합탄소(Fe$_3$C)로 되기 때문이다.

예제 3

주철의 전 탄소량이란?

① 화합탄소와 유리 탄소를 합한 것
② 유리탄소와 흑연을 합한 것
③ 탄화철과 편상 흑연을 합한 것
④ 화합탄소와 구상흑연을 합한 것

 정답 ①

탄소강에서는 탄소가 화합탄소((Fe$_3$C)로 존재하나 주철에서는 화합탄소와 유리탄소(흑연)로 존재한다. 따라서 주철의 전체 탄소량은 Fe$_3$C + C이다.

예제 4

주철이 온도 650~950℃에서 가열과 냉각을 반복하면 부피가 증가하여 변형, 균열이 발생하는 현상을 무엇이라고 하는가?

① 주철의 구상화   ② 주철의 성장
③ 주철의 흑연화   ④ 백주철 형성

 정답 ②

예제 5

용융 상태에서 금형 등에 주입하여 급랭시켜 접촉면을 백선화시켜 단단하고 내부는 강인한 성질을 갖게 한 주철은?

① 칠드 주철   ② 가단 주철
③ 닥타일 주철   ④ 노듈러 주철

 정답 ①

칠드 주철
냉경 주철이라고도 하며, 용탕을 금형에 주입하면 금형 벽에 가까운 부분의 용탕이 급랭되어 미세한 결정이 형성되며 경화되고 내부는 서랭되어 연한 조직이 유지된다.

02 단원별 출제예상문제

SECTION

DIY쌤이 콕! 집어주는 주요 예상문제 풀어보기!

01 다음 중 용광로에 대한 설명으로 옳지 않은 것은?

① 고로라고도 부른다.
② 1일에 생산하는 선철의 무게를 톤으로 표시한다.(Ton/day)
③ 종류로는 토마스법과 베서머법이 있다.
④ 철광석을 용해하여 선철을 얻는 로이다.

> 전로나 평로의 제강법에서 내화물의 종류가 염기성인 것을 사용하면 토마스(염기성)법, 산성 내화물을 사용하면 베서머(산성)법이라 한다.

02 제련용 철광석은 몇 % 이상의 철 성분을 함유해야 경제성이 있는가?

① 20~40%   ② 40~60%
③ 60~80%   ④ 80~100%

> 철광석의 종류에는 적철광, 자철광, 갈철광, 능철광, 사철 등이 있으며, 철광석에 철 성분이 40% 이상 함유해야 경제적이다.

03 철광석을 용해할 때 사용하는 용제에 대한 설명 중 옳지 않은 것은?

① 철과 불순물이 분리가 잘 되도록 하기 위해 첨가한다.
② 용제로 석회석, 형석 등을 사용한다.
③ 용제는 탈산제로 사용한다.
④ 용제는 제철할 때 염기성 슬래그가 되도록 한 성분 조성이다.

> 탈산제는 Fe Si, Fe Mn, Al 등이 사용된다. 석회석은 용탕이 염기성이 되도록 하기 위해 넣는다.

04 강의 탈산제로 적당하지 않은 것은?

① 페로 실리콘(Fe Si)
② 페로 망간(Fe Mn)
③ 페로 니켈(Fe Ni)
④ 알루미늄(Al)

> 탈산제는 Fe Mn(페로 망간, 망간철), Fe Si(페로 규소, 규산철), 알루미늄 등이 있으며, Fe Ni(페로 니켈)은 주로 합금제로 사용된다.

05 노안에 용융 선철을 주입하고 공기나 산소를 불어넣어 탄소, 규소, 그 밖의 불순물을 산화 제거하는 제강법은?

① 고주파 제강법   ② 평로 제강법
③ 전로 제강법   ④ 전기로 제강법

06 제강법 중 토마스법과 관계없는 것은?

① 페로 망간으로 산화한다.
② 로의 내면에 염기성 내화물을 사용한다.
③ 원료는 저규소 고인선을 사용한다.
④ 전로 제강법의 일종이다.

> **산성(베서머)법**
> 전로 제강법의 일종, 토마스법과 반대이며, P의 연소가 어려우므로 P가 적고 Si의 성분이 많은 고규소 저인 선철을 사용한다.

07 다음은 전기로 제강법에 관해 설명한 것이다. 관계가 적은 것은?

① 고온 정련이 가능하다.
② 정련 중 슬래그 성질은 변화가 불가능하다.
③ 산화성, 환원성이 적당하다.
④ 온도 조절이 가능하다.

정답 01 ③ 02 ② 03 ③ 04 ③ 05 ③ 06 ① 07 ②

08 다음 중 림드강에 대한 설명으로 옳지 않은 것은?
① 편석을 일으킨다.
② 기공이 생기며, 가스의 방출이 있다.
③ 탈산이 불충분하다.
④ 탄소가 1.7% 이하인 극연강 제조에 좋다.

> 림드강은 탄소량이 0.3% 이하 저탄소강에 사용되며, 0.3%C 이상 및 특수강에는 킬드강을 사용해야 된다.

09 순철의 기계적 성질을 가장 바르게 나타낸 것은 어느 것인가?
① 인장강도 $18 \sim 25 kg/mm^2$, 연신율 $40 \sim 50\%$
② 인장강도 $25 \sim 30 kg/mm^2$, 연신율 $50 \sim 60\%$
③ 인장강도 $30 \sim 35 kg/mm^2$, 연신율 $60 \sim 70\%$
④ 인장강도 $35 \sim 40 kg/mm^2$, 연신율 $70 \sim 80\%$

> **순철**
> 브리넬 경도 $60 \sim 65$, 인장강도 $18 \sim 25 kg/mm^2$, ($176.4 \sim 245 MPa$)로 매우 연한 페라이트 조직의 철

10 다음 중 순철의 용도로 부적합한 것은?
① 변압기   ② 발전기용 박철판
③ 전·자기 재료   ④ 기어, 볼트

11 탄소강에 관한 설명으로 옳지 않은 것은?
① 다량 생산 및 가공 변형이 쉽다.
② 기계적 성질이 우수하다.
③ 극연강, 연강, 반연강은 단접이 잘 된다.
④ 탄소량이 적은 것은 스프링, 연강, 공구강 등에 사용된다.

> **탄소강**
> $0.025 \sim 2.01\%C$의 강으로 탄소량이 적은 것은 용접 구조용, 리벳 등에 사용되고 탄소량이 많은 것은 기계 부품 등 기계 구조용에 사용된다.

12 탄소강에 함유된 원소 중 규소에 관한 설명으로 옳지 않은 것은?
① 용융금속의 유동성을 좋게 한다.
② 충격 저항을 감소시킨다.
③ 인장강도, 탄성 한계, 경도는 증가되나 충격치는 감소시킨다.
④ 단접성을 향상시킨다.

> 규소는 연신율 및 충격치, 단접성을 감소시킨다. 탄소강은 보통 $0.3 \sim 0.5\%$ 정도 규소를 함유하고 있다.

13 철 - 탄소의 평형 상태도에서 $910 \sim 1410°C$에서는 (　)격자이고 (　)철이라 한다. (　) 안에 맞는 말은?
① 면심 입방, γ ② 체심 입방, α
③ 체심 입방, δ ④ 면심 입방, β

14 강에서 펄라이트 조직에 대한 설명 중 옳지 않은 것은?
① 탄소가 $0.85(0.8)\%$ 함유된 강에 나타난다.
② 페라이트와 시멘타이트의 층상 조직이다.
③ $0.85\%C$, $723°C$에서 생긴 공석강 조직이다.
④ $4.3\%C$, $1130°C$에서도 생긴다.

> ④는 공정 조직인 레데브라이트가 생긴다.

15 시멘타이트(cementite) 조직이란?
① Fe와 C의 화합물
② Fe와 S의 화합물
③ Fe와 P의 화합물
④ Fe와 O의 화합물

> Fe_3C는 시멘타이트 조직의 화학기호 표시이다.

16 다음 중 레데브라이트는 어느 것인가?
① 시멘타이트의 용해 및 응고점
② δ 고용체가 석출을 끝내는 고상선
③ γ 고용체로부터 α 고용체와 시멘타이트가 동시에 석출한 조직
④ 포화하고 있는 $2.01\%C$의 γ 고용체와 $6.67\%C$의 Fe_3C의 공정

정답 08 ④　09 ①　10 ④　11 ④　12 ④　13 ①　14 ④　15 ①　16 ④

17 단조용 강에서 황의 함유량이 많을 때 다음의 무엇과 관계가 되는가?
① 저온 취성
② 적열 취성
③ 백열 취성
④ 청열 취성

> 황은 철과 화합하여 FeS를 형성하며 FeS의 용융점은 980℃ 정도로서 단조나 열처리 시 고온 크랙의 원인이 될 수 있다.

18 탄소강에서 헤어 크랙의 원인이 되는 원소는?
① 산소
② 수소
③ 질소
④ 탄소

19 차축, 레일, 기어, 스프링, 피아노선에 사용하는 탄소강의 탄소 함유량은?
① C 0.13~0.2%
② C 0.3~0.4%
③ C 0.4~0.7%
④ C 0.7~0.9%

> 0.4~0.5% 탄소강은 크랭크 축, 차축, 기어, 스프링, 피아노선, 캠, 레일, 볼트, 파이프 등의 제조에 사용된다.

20 인이나 황이 강괴 속에 긴 띠 모양으로 남아 있을 경우 압연, 단조 등의 작업 시 파손이 일어날 수 있다. 이 띠 모양은 무엇인가?
① 헤어 크랙
② 고스트 라인
③ 수축관
④ 헤어 라인

21 아공석강에서 탄소량이 0.4%인 탄소강의 브리넬 경도는 얼마인가?
① 128
② 148
③ 168
④ 188

> $6B$ = 20 + 100 × C(탄소량)[kg/mm²]
> = 20 + 100 × 0.4 = 60
> HB = 2.8 × $6B$ = 2.8 × 60 = 168

22 1.5%C가 들어 있는 고탄소강의 표준 조직은 무엇인가?
① 펄라이트
② 펄라이트 + 시멘타이트
③ 펄라이트 + 페라이트
④ 페라이트 + 시멘타이트

> 0.85%C 탄소강의 펄라이트 조직과 6.67%C의 시멘타이트 사이의 조직인 ②항의 조직이 생긴다.

23 탄성 한계가 높고 충격 및 피로에 대한 저항성이 크며 급격한 진동을 완화하고 에너지 축적을 위해 사용하는 강은?
① 쾌삭강
② 스프링강
③ 탄소 공구강
④ 내식강

> 스프링의 반복 하중에도 견딜 수 있어야 하므로 강하고 질긴 강인한 소르바이트 조직이 요구된다.

24 탄소 공구강(STC)의 탄소 함유량은?
① 0.2~0.3%
② 0.3~0.5%
③ 0.6~1.5%
④ 1.2~1.7%

25 질화강은 강재 표면에 NH_3(암모니아)를 사용하거나 질소를 사용하여 질화시켜 표면 경도를 높인 강이다. 여기에 적합하지 않은 원소는?
① Ni
② Cr
③ Al
④ Mo

> 침탄강에는 Ni, Cr, Mo이며, 질화강에는 Ni, Cr, Al이 적합하다.

26 고장력강은 얼마 이상의 인장강도를 말하는가?
① 294MPa(30kgf/mm²)
② 392MPa(40kgf/mm²)
③ 490MPa(50kgf/mm²)
④ 588MPa(60kgf/mm²)

정답 17 ② 18 ② 19 ③ 20 ② 21 ③ 22 ② 23 ② 24 ③ 25 ④ 26 ③

27 인장강도가 크고 전연성이 비교적 적은 듀콜강은 무슨 조직인가?

① 오스테나이트(austenite)
② 펄라이트(pearlite)
③ 페라이트(ferrite)
④ 시멘타이트(cementite)

> **저망간강**
> 듀콜강이라고도 하며, 1~2%Mn강으로 펄라이트 조직이며, 인장강도가 크고 전연성이 비교적 적은 고력강도 강이다.

28 망간 10~14%의 강은 상온에서 오스테나이트 조직을 가지며, 각종 광산 기계, 기차 레일의 교차점, 냉간 인발용의 드로잉 다이스 등의 용도로 이용되는 것은?

① 듀콜강
② 스테인리스강
③ 하드 필드강
④ 저망간강

> **고망간강**
> 다른 이름으로 하드 필드강, 오스테나이트 망간강, 수인강이라 하며, 망간의 강인성과 내마멸성을 얻기 위해 망간을 다량(10~14%) 함유시킨 강이다.

29 중량이 가볍고 강력한 부분에 사용하며, Ni-Cr-Mo계에 Mn, Si, V 등을 첨가하여 인장강도를 150~200kgf/mm²로 높인 강은?

① 저망간강
② 고망간강
③ 초강인강
④ 하드 필드 강

30 고속도강의 담금질 온도와 뜨임 온도는 얼마인가?

① 담금질 온도 : 1250~1350℃
   뜨임 온도 : 700~780℃
② 담금질 온도 : 950~1050℃
   뜨임 온도 : 550~580℃
③ 담금질 온도 : 950~1050℃
   뜨임 온도 : 700~780℃
④ 담금질 온도 : 1250~1350℃
   뜨임 온도 : 550~580℃

31 강인강은 탄소강에 특수 원소를 첨가해서 만드는데 다음 중 해당되지 않는 것은?

① Sn
② Ni
③ Cr
④ Mn

32 강에 첨가해서 강도, 인성, 저온 충격 저항성 증가, 내열성 등을 향상을 시키는데 적합한 원소는?

① Ni
② Cr
③ W
④ Mo

33 특수강에 첨가되는 Mo, W의 원소는 어떤 역할을 하는가?

① 공기 중에서 내산화성 증대
② 강인성, 저온 충격 저항 증가
③ 고온에서 강도, 경도 증가
④ 내열성, 전자기적 특성

> Cr, Mo, W은 탄소의 확산을 막고 경화능을 증가시키는 원소로, 이들 원소가 함유하는 강은 자경성(Self-hardening)이 있다. 또한, Mo는 고온 뜨임 취성을 방지하는 효과가 있다.
> • **자경성** : 오스테나이트 조직으로 가열한 후 공기 중에서 냉각해도 담금질과 같이 경화되는 성질

34 다음 중 800℃에서도 경도가 유지되며, 절삭 가공이 어려워 연삭 가공을 해서 사용하며, 열처리가 불필요한 것은?

① 초경 합금
② 스텔라이트
③ 세라믹
④ 고속도강

> **스텔라이트**
> 코발트를 주성분으로 한 Co-Cr-W-C의 합금으로 대표적인 주조 경질 합금, 절삭 속도가 고속도강보다 2배 빠르다.

정답 27 ② 28 ③ 29 ③ 30 ④ 31 ① 32 ① 33 ③ 34 ②

35 WC, TiC, TaC 등의 금속 탄화물 분말에 Co를 첨가하여 용융점 이하로 소결 성형한 합금을 무엇이라고 하는가?

① 스텔라이트 ② 초경 합금
③ 세라믹 ④ 5-4-8 합금

> **초경 합금**
> 분말 야금에 의한 소결 합금의 일종으로 탄화 텅스텐(WC), TiC(탄화 티타늄) 등과 점결제로 Co를 사용하여 제조한 것이다. 절삭 속도가 고속도강의 4배이다.

36 다음 중 초경 합금의 종류가 아닌 것은?

① S종(강 절삭용)
② D종(다이스용)
③ G종(주철 절삭용)
④ E종(세라믹용)

37 공구 재료 중 세라믹 공구가 가지고 있는 특성과 관계 없는 것은?

① 내부식성과 내산화성이 있다.
② 비자성체이고 비전도체이다.
③ 철과 친화력이 없다.
④ 초경 합금에 비해 항장력이 크다.

> **세라믹 특성**
> ①, ②, ③ 외에 고온 경도, 내마모성, 내열성은 좋으나 충격치와 항장력이 낮다.

38 Al_2O_3(알루미나)를 주성분으로 하여 1600℃에서 소결 성형한 합금으로, 무기질 고온 소결재의 총칭을 무엇이라 하는가?

① 초경 합금 ② 세라믹
③ 5-4-8 합금 ④ 스텔라이트

39 시효 경화 합금에 대한 설명이다. 옳지 않은 것은? (단, Fe-W-Co계 합금의 특징이다.)

① 내열성이 우수하고 고속도강보다 수명이 길다.
② 담금질 후의 경도가 낮아 기계 가공이 쉽다.
③ 석출 경화성이 크므로 자석강으로 좋은 성질을 갖고 있다.
④ 뜨임 경도가 낮아 공구 제작에 편리하다.

> **5-4-8 합금**
> Fe-W-Co계 합금으로, 뜨임 시효 경화에 의하여 크게 경도를 갖게 한 것으로, SKH보다 수명이 길다.

40 내열강(내열 재료)의 구비 조건으로 옳지 않은 것은?

① 열팽창 및 열응력이 클 것
② 고온에서 화학적으로 안정성이 있을 것
③ 고온에서 경도 및 강도 등의 기계적 성질이 좋을 것
④ 주조, 소성 가공, 절삭 가공, 용접 등이 쉬울 것

> **내열강**
> 주성분은 크롬, 니켈, 규소 등이며, 버너의 노즐이나 내연 기관의 밸브에 사용되는 강, 내열 재료는 열에 의한 팽창이나 열응력이 커서는 안 된다.

41 내연 기관의 피스톤 재료에 필요한 성질이 아닌 것은?

① 열전도도가 클 것
② 비중이 작을 것
③ 열팽창계수와 마찰계수가 클 것
④ 고온에서 강도가 클 것

> 내연기관 재료는 열팽창계수나 마찰계수가 커서는 안 된다.

42 다음 중 초내열 합금의 종류가 아닌 것은?

① 19-9DL(815℃)
② 팀켄 16-25-6(815℃)
③ N-155(980℃)
④ 하이스(980℃)

> • **내열 합금(재료)** : 인코넬-X, SUH-34, 하스텔로이-B
> • **초내열 합금** : 하이스(HSS)는 고속도강으로 내열강은 아니다.

정답 35 ② 36 ④ 37 ④ 38 ② 39 ④ 40 ① 41 ③ 42 ④

43 스테인리스강을 조직상으로 분류할 때 여기에 속하지 않는 것은?
① 페라이트계 ② 펄라이트계
③ 마텐사이트계 ④ 오스테나이트계

> **스테인리스강**
> Fe에 Cr 12% 이하로 함유한 강을 내식강, 그 이상을 스테인리스강이라 한다. 기본 조직으로 펄라이트 조직은 없다.

44 각종 스테인리스강 중 의료용 기구, 절삭 부품 등에 적합한 것은 어느 것인가?
① 18 - 8강
② 10 - 8강에 Ni이나 Mo을 첨가한 것
③ Cr 13% 정도와 C 0.25~0.4%의 것
④ Cr 13% 정도와 C 0.15% 이상의 것

45 내식성이 크고 강자성체이며, 일반용품, 건축용, 장식용, 식품공업, 기계 부품 등에 주로 사용되는 스테인리스강은?
① 페라이트계 ② 마텐사이트계
③ 펄라이트계 ④ 시멘타이트계

> **페라이트계 스테인리스강**
> 용접에 의해 경화가 심하므로 예열을 필요로 함

46 Cr 18%, Ni 8% 첨가된 18 - 8 스테인리스강의 상온에서의 조직은?
① 펄라이트 ② 오스테나이트
③ 페라이트 ④ 시멘타이트

> 18 - 8형 스테인리스강의 주성분은 철, 크롬, 니켈 등이다.

47 스테인리스강의 산화물 안정 요소가 아닌 것은?
① 크롬 ② 니오브
③ 티타늄 ④ 몰리브덴

> **몰리브덴**
> 스테인리스강의 내황산성을 높이기 위하여 첨가하는 원소

48 18Cr~8Ni 강(STS 304)이 대표적이며, 비자성체이며 내산 및 내식성이 우수한 스테인리스강은?
① 페라이트계 ② 마텐사이트계
③ 오스테나이트계 ④ 시멘타이트계

49 18 - 8강의 입계 부식 방지를 위해 첨가되는 원소가 아닌 것은?
① Ti ② Nb
③ Ta ④ Cr

50 경질 및 2000~3500℃ 부근의 고융점을 가진 산화물(Al_2O_3), 탄화물(TaC, WC), 붕화물(TaB_2, CrB) 등과 Co, Ni 분말과의 복합체로 된 것은?
① 서멧(cermet) ② 팀켄(timken)
③ 하인스 ④ 세라믹

51 자기 감응도가 크고 잔류 자기 및 항자력이 작으므로 변압기의 철심이나 교류 기계의 철심 등에 쓰이는 강은?
① 텅스텐강 ② 코발트강
③ 규소강 ④ 크롬강

52 Ni을 35~36% 함유한 Fe - Ni 합금으로, 열팽창 계수가 매우 적어 줄자, 시계추, 정밀 부품, 바이메탈 등에 쓰이는 것은?
① 인바(invar) ② 초인바(super invar)
③ 엘린바(elinvar) ④ 플레티나이트

> 초인바 Ni 29~40% 함유. Co 5% 이하 함유한 합금으로, 인바보다 열팽창계수가 더 적다.

53 Ni 36, Cr 12% 함유한 것으로 탄성이 매우 적으며 열팽창계수도 적어 시계 바늘, 태엽, 스프링, 지진계 등에 쓰이는 것은?
① 퍼멀로이 ② 초인바(super invar)
③ 엘린바(elinvar) ④ 플레티나이트

정답 43 ② 44 ④ 45 ① 46 ② 47 ④ 48 ③ 49 ④ 50 ① 51 ③ 52 ① 53 ③

54 열팽창계수가 유리나 백금과 같고 전구의 도입선, 진공관 도선용으로 사용되는 불변강은?

① 인바
② 코엘린바
③ 퍼멀로이
④ 플레티나이트

> **플레티나이트**
> Ni 42~46%, Cr 18%의 Fe-Ni-Co 합금으로, 전구, 진공관용 도선에 쓰인다.

55 주강품에 다량의 탈산제를 첨가하는 이유는?

① 불림처리를 위해
② 기포 발생 방지를 위해
③ 풀림처리를 위해
④ 조직이 억세고 메지므로

> 망간도 탈산제이며 합금제이므로 기포 발생 방지에 효과가 크다.

56 다음 중 주강품에 대한 설명으로 옳지 않은 것은?

① 형상이 복잡하여 단조로서는 만들기 곤란할 때 주강품을 사용한다.
② 주강의 수축률은 주철의 약 5배이다.
③ 주강품은 주조 상태로서 조직이 억세고, 메지다.
④ 주철로서 강도가 부족할 경우에는 주강품을 사용한다.

> 주강의 수축률은 주철의 2배(20/1000) 정도로 수축이 크다. 주조 후 반드시 풀림 열처리가 필요하다.

57 다음은 주강을 담금질할 때 얻어지는 결과이다. 이 중 옳지 않은 것은?

① 항복점, 인장강도가 증가된다.
② 합금 첨가 효율이 증가된다.
③ 경도가 감소한다.
④ 충격값이 증가된다.

58 다음은 주강품의 용도이다. 옳지 않은 것은?

① 기어, 차량 부품
② 조선재, 보일러 부품
③ 측정기, 게이지 부품
④ 운반 기계, 공작 기계 부품

> 측정기나, 게이지 부품은 불변강을 사용해야 한다.

59 주철의 장점으로 옳지 않은 것은?

① 주조성이 좋으며, 크고 복잡한 것도 제작할 수 있다.
② 인장강도, 휨 강도, 충격값은 크나 압축강도는 작다.
③ 금속재료 중에서 단위무게당의 값이 싸다.
④ 주물의 표면은 굳고 녹이 슬지 않으며, 칠도 잘 된다.

> **주철의 장·단점**
> • 장점 : ①, ③, ④ 외에 흡진성이 있어 진동이 많은 곳(공작물 베드 등)에 적합하며, 마찰 저항이 좋고 절삭 가공이 쉽다.
> • 단점 : 연신율이 적고 고온에서도 소성 변형이 안 된다.

60 주철이 주강보다 우수한 성질은?

① 주조성
② 인장강도
③ 경도
④ 충격값

61 다음 주철의 화학 성분 중 흑연화해서 공정상 흑연을 회주철화하는 것은?

① Si
② Mn
③ P
④ Mo

62 주철에서 탄소와 규소 성분 %에 따라 주철의 조직 변화 관계를 나타낸 조직도를 무엇이라고 하는가?

① 마우러 조직도
② Fe-C 상태도
③ 공정 상태도
④ 펄라이트 조직도

> 마우러 조직도는 탄소와 규소의 함유량에 따라 조직의 분포 상태를 알 수 있는 도표이다.

정답 54 ④ 55 ② 56 ② 57 ③ 58 ③ 59 ② 60 ① 61 ① 62 ①

63 주철은 담금질이나 뜨임은 안 되나 주조 응력 제거를 목적으로 풀림처리는 가능하다. 주조 응력 제거 풀림 방법은?

① 500~600℃로 6~10시간 풀림
② 600~700℃로 8~12시간 풀림
③ 700~800℃로 9~14시간 풀림
④ 800~900℃로 11~15시간 풀림

64 주철의 성장 원인으로 옳지 않은 것은?

① 시멘타이트(Fe_3C)의 흑연화에 의한 팽창
② A_1 변태에서 체적 변화에 따른 팽창
③ 불균일한 가열로 인한 팽창
④ 펄라이트 중 고용 원소인 Si의 산화에 의한 팽창

> **주철의 성장 원인**
> • 페라이트 중에 고용 원소인 Si의 산화에 의한 팽창,
> • Al, Si, Ni, Ti 등의 원소에 의한 흑연화에 의한 팽창
> • 흡수되어 있는 가스의 팽창에 의해 재료가 항복되어 생기는 팽창

65 다음은 주철의 성장을 방지하는 방법을 나타낸 것이다. 옳지 않은 것은?

① 흑연의 미세화(조직 치밀화)
② 흑연화 방지제 첨가
③ 탄화물 안정제 첨가(Mn, Cr, Mo, V 등 첨가로 Fe_3C의 분해 방지)
④ Si의 함유량 증가

66 다음 중 고급 주철의 바탕은 무엇인가?

① 페라이트 조직   ② 펄라이트 조직
③ 오스테나이트 조직   ④ 공정 조작

67 다음 중 저탄소 저규소 선철과 다량의 강 스크랩을 배합 용해하여 Fe-Si, Ca-Si를 접종시켜 제조하여 미세한 펄라이트 조직으로 개량 접종처리한 주철은?

① 미하나이트 주철   ② 칠드 주철
③ 흑심 가단 주철   ④ 백심 가단 주철

> **미하나이트 주철**
> 바탕이 펄라이트이고, 인장강도가 35~45kgf/mm²에 달하여 담금질할 수 있어 내마모성이 요구되는 공작 기계의 안내 면에 쓰이는 주철, 흑연의 형태는 구상임

68 S이 적은 선철을 용해하고 여기에 마그네슘, Ce(세슘) 등을 첨가해서 접종시켜 편상 흑연을 구상화시킨 주철은?

① 닥타일 주철   ② 가단 주철
③ 칠드 주철   ④ 내산 주철

> 닥타일 주철은 구상 흑연 주철 또는 연성 주철이라고도 한다.

69 다음 중 종류가 다른 하나는 어느 것인가?

① 연성 주철   ② 닥타일 주철
③ 구상 흑연 주철   ④ 칠드 주철

> **구상 흑연 주철**
> 나라에 따라 연성 주철(닥타일 주철 : 미국), 구상 흑연 주철(영국), 노듈러 주철(일본)이라고도 부른다. 구상 흑연의 형상이 황소 눈 같다는 뜻으로 불스 아이 조직이라고 한다.

70 구상 흑연 주철에 있어서 마그네슘(Mg)의 첨가가 많고 탄소, 특히 규소가 적을 때, 냉각 속도가 빠를 때 나타나는 조직은?

① 시멘타이트형   ② 펄라이트형
③ 페라이트형   ④ 오스테나이트형

> 규소는 흑연화 원소이며 냉각 속도가 빠르면 백선화가 커지게 되므로 조직은 시멘타이트가 생긴다.

71 구상 흑연 주철의 설명 중 옳지 않은 것은?

① 기계 부속품, 화학 기계 부속품, 주괴 주형 등에 쓰인다.
② 특히 내마모성이 우수하다.
③ 인장강도는 100~120kgf/mm²이다.
④ 조직에는 펄라이트, 시멘타이트, 페라이트가 있다.

> 구상 흑연 주철의 주조 상태의 인장강도는 50~70kgf/mm², 연신율 2~6%, 풀림 상태의 인장강도는 45~55kgf/mm², 연신율은 12~20%이다.

72 다음 중 기차의 바퀴, 압연 롤러, 분쇄기의 롤러에 많이 사용되는 주철은?

① 칠드 주철　　② 합금 주철
③ 가단 주철　　④ 구상 흑연 주철

> 기차 바퀴나 압연 롤러의 표면은 마찰력에 마모가 적고 내부는 충격에 견딜 수 있어야 한다. 칠드 주철은 표면은 경하고 내부는 연성이 크므로 용도에 적합하다.

73 주철에서 흑연화로 칠(chill) 층을 얇게 하는 원소가 아닌 것은?

① C, Si　　② Al, Ti
③ Ni, P　　④ Cr, V

> Cr, Mo, Mn, V 등은 흑연화 방지제이며, 탄화물 안정제로서 시멘타이트 생성이 많아지므로 칠층을 두껍게 하는 원소이다. ①, ②, ③은 흑연화 촉진 원소이다.

74 니켈의 흑연화 능력은 규소에 비해 어느 정도인가?

① 1/4~1/5　　② 1/3~1/4
③ 1/2~1/3　　④ 3/3~1

75 다음 중 스테다이트(steadite) 조직의 조성은 어느 것인가?

① 페라이트 + Fe₃C + Fe₃P
② 펄라이트 + Fe₃C + Fe₃P
③ 오스테나이트 + Fe₃C + Fe₃P
④ 마텐사이트 + Fe₃C + Fe₃P

76 백주철을 풀림처리하여 탈탄과 Fe_3C의 흑연화에 의해 연성(또는 가단성)을 크게 한 주철을 무엇이라 하는가?

① 가단 주철　　② 칠드 주철
③ 연성 주철　　④ 합금 주철

> 백주철을 풀림처리하여 탈탄시킨 주철은 흑심 가단 주철이 된다.

77 백주철을 철광석, 밀 스케일 등과 함께 풀림 상자에 넣고 950~1000℃로 70~100시간 가열 풀림처리하여 표면을 탈탄 후 서랭시킨 주철은?

① 백심 가단 주철(WMC)
② 흑심 가단 주철(BMC)
③ 청심 가단 주철(GMC)
④ 구상 흑연 주철(DC)

78 다음 중 어떤 부품에 가단 주철이 가장 많이 쓰이는가?

① 화학 기계 부품　　② 수도관
③ 잉곳 주형　　　　④ 관이음쇠

79 흑심 가단 주철의 흑연화를 완전히 하지 않기 위해 2단계 흑연화를 생략하거나, 열처리 중간에서 중지하여 제조한 주철은?

① 백심 가단 주철
② 흑심 가단 주철
③ 펄라이트 가단 주철
④ 시멘타이트 가단 주철

> 흑심 가단 주철의 2단계 풀림의 목적은 펄라이트 중의 시멘타이트의 흑연화이다.

80 규소의 함유량이 14% 정도인 고규소 주철로서 내산 주철로도 유명한 것은?

① 듀리론　　② 콜슨
③ 미하나이트　　④ 란쯔

정답　71 ③　72 ①　73 ④　74 ③　75 ①　76 ①　77 ①　78 ④　79 ③　80 ①

03 열처리 및 표면 경화

1 열처리 개요

재료에 가열과 냉각을 통해 원하는 특성을 얻는 방법, 즉 금속재료의 기능을 충분히 발휘하려면 합금만으로는 부족하므로 금속을 적당한 온도로 가열 및 냉각시켜 특별한 성질을 부여하는 열가공

가. 강의 열처리

1) 담금질(소입 : Quenching)

(1) **방법** : 탄소강을 A_1 또는 A_3 변태선 이상 30~50℃로 가열하여 오스테나이트(r) 조직으로 만든 후 급랭(유, 수랭)하여 마텐사이트로 변태시키는 열처리, 목적은 강화, 경화이며, 담금질 그대로보다는 뜨임하여 사용한다.

(2) **담금질 조직**
① 오스테나이트(austenite) : 일반 탄소강은 상온에서는 나타나지 않지만, 특수강에서는 나타날 수 있으며, 불안정하기 때문에 과랭에 의해 마텐사이트로 변태한다.
② 마텐사이트(martensite) : 오스테나이트화한 강을 수중 냉각했을 때 나타나는 침상 조직, 부식 저항, 경도(HB 600~700), 인장강도가 매우 크나 메짐이 있어 뜨임이 필요한 경우가 많다. 강자성체이며, 매우 단단하고 변태 시 체적 팽창을 수반하는 균열이 발생될 수 있다.
③ 트루스타이트(troostite) : 강을 유랭하여 냉각 속도가 수랭보다 느릴 때 나타나는 담금질 조직, 시멘타이트와 페라이트의 미세한 혼합물의 구상 조직, 부식이 잘 된다. 경도가 마텐사이트보다 작으나 인성은 크다.
④ 소르바이트(sorbite) : 큰 강재를 유랭했을 때 시멘타이트가 페라이트에 혼입되어 있고 트루스타이트보다 연하나 펄라이트보다 경도 및 강도가 큰 강인한 조직
⑤ 펄라이트(pearlite) : 오스테나이트를 서랭했을 때 A_1 변태가 700℃ 정도에서 완료된 페라이트와 시멘타이트의 층상 조직, 연성이 크며, 절삭 및 상온 가공성이 양호하다.

2) 뜨임(소려 : tempering)

(1) **방법** : 담금질 경화된 강을 변태가 일어나지 않는 A_1점 이하에서 가열한 후 서랭 또는 급랭하는 열처리

(2) **종류** : 저온 뜨임(150~200℃에서 급랭), 고온 뜨임(450~600℃)이 있다.

(3) **목적** : 담금질 시 잔류한 응력 제거로 균열 방지, 강도와 인성 유지

(4) **뜨임 조직** : 뜨임 조직 중에서 400℃로 뜨임한 것은 가장 부식되기 쉬운데 이 조직을 특히 오스몬다이트라고 하며, 트루스타이트의 일종이다.

마텐사이트 $\xrightarrow{400℃}$ 트루스타이트 $\xrightarrow{600℃}$ 소르바이트 $\xrightarrow{700℃}$ 입상 펄라이트

표 3.1 뜨임 온도에 따른 조직의 변화

온도	조직의 변화	온도	조직의 변화
150~300℃	오스테나이트 - 마텐사이트	560~650℃	트루스타이트 - 소르바이트
300~350℃	마텐사이트 - 트루스타이트	700℃	소르바이트 - 펄라이트

(5) **뜨임 취성**
① 저온 뜨임 취성 : 뜨임 온도가 200℃까지는 충격값이 증가하나 300~360℃ 정도에서 충격값이 저하하는 현상, 0.3%C 정도의 구조용강에서 흔히 볼 수 있다.

② **뜨임 시효 취성** : 500℃ 부근에서 뜨임 후 시간이 경과함에 따라 충격값이 저하되는 현상, 방지를 위해 Mo를 첨가한다.

③ **뜨임 서랭 취성** : 550~650℃ 부근에서 뜨임 후 서랭한 것이 유랭 또는 수랭한 것보다 취성이 크게 나타나는 현상, 저망간강, Ni - Cr 강 등에서 많이 나타난다.

3) 풀림(소둔 : annealing)

(1) **방법** : 강을 A_3~A_1 변태점 이상 30~50℃로 가열 후 로 내에서 서랭하는 열처리, 응력 제거 풀림이 필요한 제품에는 주조품, 기계 가공품, 담금질 경화품, 용접물 등이 있다.

(2) **목적** : 잔류응력 제거, 성분의 균일화, 요구 성질 부여, 연화, 구상화

(3) **풀림의 종류**
  ① **완전 풀림** : A_3 변태점 이상 30~50℃ 정도의 높은 온도에서 가열한 후 서랭
  ② **확산 풀림** : 주괴의 유화물에 의한 편석 제거를 위해 1050~1300℃로 가열한 후 서랭
  ③ **항온 풀림** : S 곡선의 코보다 높은 온도에서 항온 처리
  ④ **응력 제거 풀림** : A_1 이하의 온도(500~600℃)에서 잔류응력 제거 처리를 하는 열처리
  ⑤ **프로세스 풀림(중간 풀림)** : 냉간 가공에 의해 경화된 재료를 A_3보다 낮은 온도에서 일정 시간 유지하며 풀림
  ⑥ **재결정 풀림** : 재결정 온도보다 약간 높은 600℃에서 일정 시간 유지하여 풀림
  ⑦ **구상화 풀림** : 강재 속의 망상 시멘타이트(탄화물)를 구상화시키기 위하여 A_1 변태점 부근에서 일정 시간 유지한 다음 서랭시키는 열처리

4) 불림(소준 : normalizing)

(1) **방법** : 단조, 압연, 주조된 강에 상태도의 A_3선(Ac_3, Acm선) 이상 30~50℃로 가열 유지 후 공랭하는 열처리

(2) **목적** : 주조 및 단조 시 발생한 내부 응력 제거, 결정립의 미세화와 균일화, 강도와 인성 확보, 표준 조직화에 있다.

나. 열처리의 제 성질

(1) **경화능** : 강을 담금질할 때 경화하기 쉬운 정도, 즉 마텐사이트 조직을 얻기 쉬운 성질이며, C%에 의해 좌우된다.
  ① 담금질 최고 경도 : HRC = 30 + 50 × %C
  ② 담금질 임계 경도 : HRC = 24 + 40 × %C

(2) **질량 효과** : 강재가 클수록 표면은 경화되나 중심부는 냉각 속도가 늦어져 경화량이 적어지는 현상, 보통 탄소강은 질량 효과가 크나 Ni, Cr, Mo, Mn 등을 함유한 특수강은 임계 냉각 속도가 늦어져 질량 효과가 작다.(경화능이 크다)

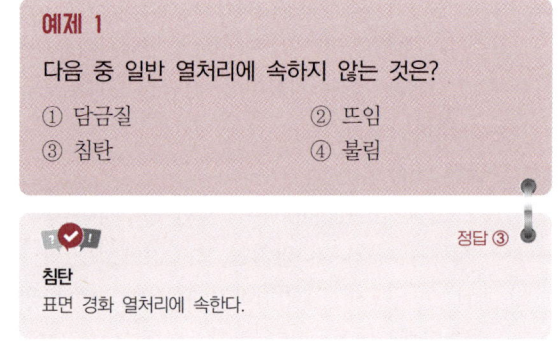

예제 1
다음 중 일반 열처리에 속하지 않는 것은?
① 담금질 ② 뜨임
③ 침탄   ④ 불림

정답 ③

침탄
표면 경화 열처리에 속한다.

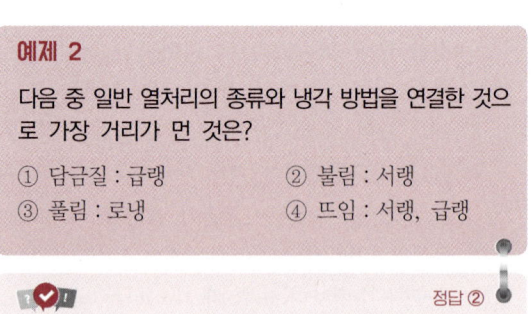

예제 2
다음 중 일반 열처리의 종류와 냉각 방법을 연결한 것으로 가장 거리가 먼 것은?
① 담금질 : 급랭   ② 불림 : 서랭
③ 풀림 : 로냉   ④ 뜨임 : 서랭, 급랭

정답 ②

예제 3

탄소강을 Ac_3 또는 Ac_1 변태점 이상 30~50℃로 가열하여 균일한 오스테나이트 조직으로 한 후 급랭하는 열처리법은 어느 것인가?

① 불림 ② 풀림
③ 담금질 ④ 뜨임

 정답 ③

담금질 시 아공석강은 Ac_3 이상, 공석강 이상은 Ac_1 이상 가열한다. 여기서 c는 가열을 뜻한다.

예제 4

열처리에 있어서 담금질의 목적이 되는 것은?

① 재질의 경도를 줄인다.
② 조직을 거칠게 한다.
③ 재질을 경화시킨다.
④ 재질을 연화시킨다.

 정답 ③

예제 5

강종의 크기에 따라 담금질할 때 내외부의 담금질 효과가 다르게 나타나는 현상은?

① 오스템퍼 ② 질량 효과
③ 담금 균열 ④ 노치 효과

 정답 ②

질량 효과가 크다는 것은 질량(무게 = 부피)이 크면 냉각이 늦게 되어 열처리가 잘 안 된다는 뜻이다.

2 항온 열처리 및 서브제로처리

가. 항온 열처리

1) 항온 열처리 방법

강을 오스테나이트 상태에서 냉각 도중 어떤 온도에서 냉각을 중지하고 항(등)온 유지시켜 변형과 균열이 적고 경도와 인성을 크게 하는 열처리

2) 항온 열처리(냉각 변태) 곡선

(1) **TTT 곡선(S 곡선, C 곡선)** : 공석강(0.8%C강)을 A_1 변태 온도 이상으로 가열 - 유지하여 오스테나이트화한 후에 A_1 변태 온도 이하로 항온 유지 후 냉각시켰을 때 얻어진 온도, 시간, 변태 관계를 나타낸 곡선

(2) **코(nose)** : 550℃ 부근에서 곡선이 왼쪽으로 돌출된 부분, 변태가 이 온도에서 가장 먼저 시작되며, 코 위에서 항온 변태시키면 펄라이트가 형성된다. 여기서 Ms는 마텐사이트 변태의 개시점, Mf는 완료점을 표시한다.

(3) **베이나이트 조직** : 항온 열처리에서 얻어지는 마텐사이트와 트루스타이트의 중간 조직, 약 550~350℃ 사이에서 상부 베이나이트, 350~250℃에서 하부 베이나이트가 생성된다.

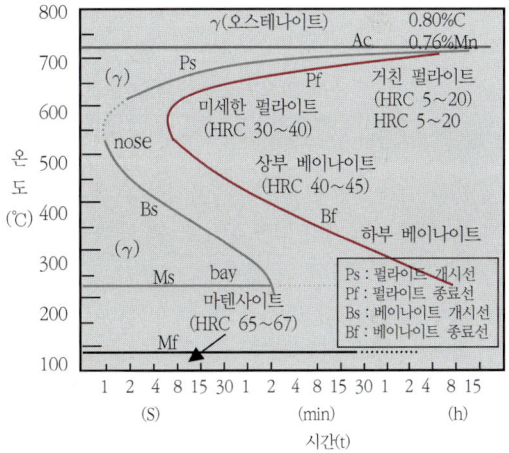

그림 3.1 공석강의 항온 변태선도
(Bain의 S 곡선, C 곡선 또는 TTT 곡선)

나. 항온 열처리(恒溫 熱處理 ; isothermal heat treatment)의 종류

1) 항온(등온) 풀림(ausannealing)

(1) **방법** : S 곡선의 코 혹은 그 이상의 온도(600~700℃)에서 짧은 시간에 실시하는 항온 열처리, 일반 풀림에 비해 항온 변태시킨 후 공랭 또는 수랭으로 30분~1시간 정도면 충분하다.

(2) **목적 및 적용** : 연화가 목적이며, 공구강, 특수강, 자경성이 있는 강의 풀림에 적합하다.

2) 오스템퍼링(austempering) = 하부 베이나이트 퀜칭

(1) **방법** : Ms점 상부의 과랭 오스테나이트에서 변태 완료까지 항온 유지하고 공랭하는 처리

(2) **목적 및 적용** : 베이나이트 조직 얻음, 뜨임이 불필요하며 강인성이 크고 변형, 담금질 균열이 적으나 큰 제품, 후판강재는 곤란하다.

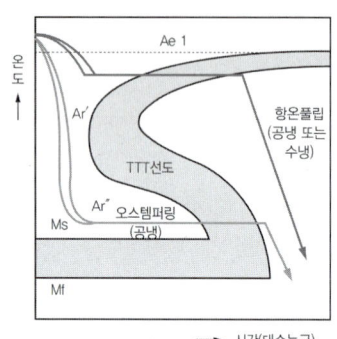

그림 3.2 오스템퍼링

3) 마퀜칭(marquenching)

(1) **방법** : 우선 Ms점 직상의 열욕에서 담금질한 후 재료의 내·외부가 동일한 온도로 될 때까지 항온 유지한 후 공랭하여 Ar″변태를 일으키게 하는 방법

(2) **목적** : 담금질 균열 저하

4) 마템퍼링(martempering)

(1) **방법** : Ar″점 부근 즉 Ms점~Mf점 사이에서 열욕 담금질하여 항온변태 후 공랭하는 열처리

(2) **목적** : 균열 방지, 강도 유지, 강인성 증대

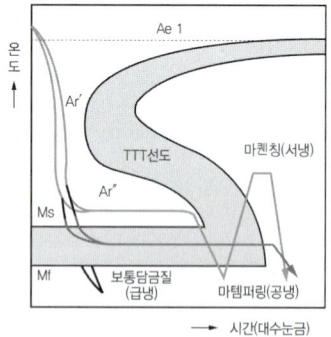

그림 3.3 마퀜칭, 마템퍼링

다. 심랭처리

서브제로처리, 0점 이하 처리라고도 하며, 담금질 경화강 중의 잔류 오스테나이트를 마텐사이트화 하는 열처리. 방법은 담금질 직후 -80℃(드라이아이스)나 -196℃(액체 질소)로 행하며, 곧 뜨임 작업이 필요하다.

> **예제 1**
> 다음 중 항온 열처리 곡선을 의미하는 것이 아닌 것은?
> ① TTT 곡선   ② S 곡선
> ③ C 곡선   ④ S-N 곡선
>
> 정답 ④
>
> S-N 곡선은 응력과 반복 회수를 뜻하며 피로 시험에서 얻어지는 곡선이다. S 곡선은 항온 열처리에서 얻어지는 TTT 곡선이 S자 형으로 되었다 해서 S 곡선 또는 C 곡선이라고도 한다.

> **예제 2**
> 연화를 목적으로 S 곡선의 코 또는 그 이상의 온도(600~700℃)에서 짧은 시간에 실시하는 항온 열처리법은?
> ① 오스템퍼   ② 항온 풀림
> ③ 마템퍼   ④ 마퀜칭
>
> 정답 ②
>
> **항온 풀림** : 오스어닐링이라고도 한다.

3 강의 표면 경화법

가. 표면 경화법의 개요

침탄법, 질화법, 화염 경화법, 고주파 경화법, 시멘테이션, 시안화법(침탄 질화법) 등에 의하여 강재의 표면을 경화시켜 표면의 내마모성과 내부의 인성을 얻기 위한 열처리

나. 침탄법

1) 침탄법 개요

(1) 연강 등을 가열하여 표면에 탄소를 침투시킨 후 담금질 열처리하여 표면의 경도를 높이는 열처리, 침탄 방지를 위해 Cu(구리) 도금을 한다.

(2) **침탄 깊이** : 침탄제의 종류, 강재 종류, 침탄 온도, 시간에 따라 결정된다.

2) 침탄법 종류

(1) **고체 침탄법**
   ① 침탄 상자 내에 침탄 부품과 목탄, 코크스 등을 넣고 900~950℃에서 3~4시간 가열하여 0.5~2mm 정도의 침탄층이 생기게 하는 열처리
   ② 침탄 촉진제로 탄산바륨 등이 쓰이며, 침탄 온도와 시간은 온도가 높을수록 속도가 빠르고 깊게 침탄되나, 1000℃ 이상에서는 재질이 불량하게 된다.

(2) **액체 침탄법(청화법 = 시안화법)** : 시안화칼륨(KCN), 시안화나트륨(NaCN) 등의 침탄제와 침탄 촉진제를 혼합한 용탕 속에 침탄할 부품을 넣고 790~850℃로 일정 시간 가열하여 침탄하는 처리

(3) **가스 침탄법** : 천연 가스나 석탄 가스 등의 분위기 속에서 가열하여 침탄층을 얻는 열처리, 작은 부품 열처리에 적당하다.

다. 질화법

(1) **방법** : 철강재료를 500~550℃의 암모니아(NH_3) 기류 중에서 50~100시간 가열하여 FeN 등 질화물을 형성시켜 0.4~0.8mm 정도의 질화층을 만드는 열처리

(2) **특성**
   ① 질화층이 얇고 경도는 침탄한 것보다 크며, 마모 및 부식 저항이 크다.
   ② 담금질할 필요가 없고 변형도 적다.
   ③ 600℃ 이하의 온도에서는 경도가 감소되지 않으며 산화도 잘 안 된다.

표 3.2 침탄과 질화 비교

구분	침탄	질화	구분	침탄	질화
처리 후 담금질	필요	불필요	처리 후 변형	생김	적음
처리 온도	600~950℃	500℃	처리 후 수정	가능	불가능
경도	낮음	높음	메짐 여부	적음	여림
경화층	깊음	낮음			

라. 기타 표면 경화법

1) 화염 경화법
0.4%C 이상 강재에 화염으로 표면을 가열 후 수랭하여 담금질하는 방법, 경화층의 깊이는 불꽃의 온도, 가열 시간, 불꽃 이동 속도로 조절한다.

2) 고주파 경화법
0.4% 이상 강재의 내·외부에 코일을 설치하고 고주파 전류를 통하면 와류에 의해 강재 표면을 가열하게 되며 가열 후 수랭하여 담금질하는 열처리

(1) 가열 시간 단축으로 산화 및 탈탄의 염려가 적으며, 값이 저렴하여 경제적이다.

(2) 응력을 최소한 억제할 수 있고 복잡한 형상에도 이용된다.

3) 금속 침투법(Metallic cementation)
부품을 가열하여 그 표면에 다른 금속을 피복시켜 합금층 및 금속 피막을 형성시켜 방식성, 내식성, 내고온 산화성 등의 향상과 경도, 내마모성을 증가시키는 방법

(1) **세라다이징(sheradizing)** : 철강 표면에 300메시 정도의 Zn 분말(청분) 속에 제품을 넣고 300~420℃로 1~5시간 가열하여 Zn을 확산 침투시켜 0.015mm의 내식층을 얻는 방법

(2) **크로마이징(chromizing)** : 내식성, 내열성, 내마모성을 목적으로 Cr 침투력을 위해서 0.2%C 이하의 연강 표면에 Cr 분말(20~25% Al_2O_3 포함)에 넣고 환원성 또는 중성 분위기 중에서 1000~1400℃로 가열하여 Cr을 확산 침투시키는 방법

(3) **칼로라이징(calorizing)** : 내식성, 고온 산화성, 내마모성을 목적으로 통 안에 Al 분말을 넣고 환원성 또는 중성 분위기 중에서 강재를 850~950℃로 4~6시간 가열하고 다시 900~1050℃로 확산 풀림하여 Al을 확산 침투시키는 방법이다.

(4) **보론나이징(Boronizing)** : 강재에 보통 용융 전해에 의해 900℃에서 붕소(B)를 침투 확산시켜 0.15mm 정도의 붕소(boron) 화합층을 만들어 HV 1400 이상 경도를 얻는 방법, 인발, 딥 드로

잉용 금형의 표면 처리에 이용된다.
(5) **실리코나이징(Siliconizing)** : 내열성, 내식성을 목적으로 규소 분말 중에 제품을 넣어 환원성 분위기에서 1000℃로 2시간 정도 가열하여 0.7mm 정도 규소를 침투시키는 방법

표 3.3 금속 침투법의 종류와 특성

종류	침투제	침투 방법	침투 목적
세라다이징	Zn(아연) 침투	용융 도금, 아연 용사	대기 중에서 부식 방지
실리코나이징	Si(규소) 침투	Si, Fe-Si와 후락스 속에서 가열	질산, 황산, 염산에 대한 내식성이 우수함
칼로라이징	Al (알루미늄) 침투	Al 용사, Fe-Al과 후락스 속에서 가열	고온 산화 방지, 고온 내식성이 강함
크로마이징	Cr(크롬) 침투	용사법, Cr, Fe-Cr과 후락스 분위기 속에서 가열	내식성이 우수, 경화
보론나이징	B(붕소) 침투	B, Fe-B 분말 속에서 가열	경질 피복

4) 쇼트 피닝

작은 강철불로 고속 분사시켜 강재의 피로 한도를 증가시키는 처리

예제 1

질화법에서 질화를 방지하기 위한 방법은 어느 것인가?
① Cr 도금   ② Cu 도금
③ Pb 도금   ④ Ni 도금

 정답 ④

질화 방지를 위해 Ni, Sn을 사용하여 도금한다.

예제 2

탄소강 표면에 산소-아세틸렌 화염으로 표면만을 가열하여 오스테나이트로 만든 다음 급랭하여 표면층만을 담금질하는 방법은?
① 화염 경화 열처리   ② 국부 풀림처리
③ 담금질   ④ 심랭처리

 정답 ①

화염 경화법은 불꽃에 의해 표면을 경화시키는 부분 담금질이므로 탄소량이 0.4% 전후가 적합하다.

예제 3

강재 표면에 Zn을 침투 확산시키는 방법을 세라다이징이라고 한다. 이것은 어떤 성질을 개선하기 위함인가?
① 내식성   ② 내열성
③ 전연성   ④ 내충격성

 정답 ①

03 단원별 출제예상문제

SECTION

DIY쌤이 **콕! 찝어주는** 주요 예상문제 풀어보기!

01 다음은 표면 경화법의 종류를 나타낸 것이다. 여기에 속하지 않는 것은?
① 고주파 열처리 ② 질화법
③ 화염 경화법 ④ 심랭처리

> **심랭처리**
> 열처리 중에 잔류하는 불안정한 오스테나이트를 마텐사이트로 변태시키기 위해 0℃ 이하의 냉각제에 담금질하는 열처리

02 탄소강을 Ac_3 또는 Acm선 이상 30~50℃로 가열한 후 공랭하는 열처리법은 무엇인가?
① 담금질(Quenching) ② 불림(normalizing)
③ 뜨임(tempering) ④ 풀림(annealing)

03 다음 중 노말라이징(normalizing)의 목적으로 가장 적합하지 않은 것은?
① 결정 조직, 기계적 성질, 물리적 성질 등의 표준화
② 주조 또는 과열 조직의 미세화
③ 냉간 가공, 단조 등에 대한 내부 응력의 제거
④ 절삭 가공, 소성 가공성을 증가시키기 위한 경도 저하

> 불림은 재료의 결정 입자를 미세하게 하고 조직을 균일하게 하는 열처리이다.

04 담금질과 가장 관계가 깊은 것은 무엇인가?
① 열전대 ② 고용체
③ 변태점 ④ 금속 간 화합물

05 동일 크기의 제품이라도 강종에 따라 담금질할 때 경화되는 깊이가 다르다. 이 경화 깊이를 지배하는 성능을 무엇이라 하는가?
① 질량 효과 ② 경화능
③ 시효 경화 ④ 변태

06 담금질한 후 시간이 경과함에 따라 경도가 높아지는 현상은?
① 표면 경화 ② 시효 경화
③ 가공 경화 ④ 담금질

07 담금질 온도로 가열한 후 공랭에 의해 경화되는 현상은?
① 자경성 ② 자화성
③ 질량 효과 ④ 석출 경화

> **자경성**
> 스스로 경화되는 성질. 특수 원소가 함유된 강은 S 곡선의 코 부분이 우측으로 많이 이동하므로 급랭하지 않고 공랭해도 경도가 올라가게 된다.

08 강을 급랭시켰을 때 나타나는 침상 조직으로 부식 저항이 크고 경도와 강도가 대단히 크나 여린 성질이 있고 연성이 적은 것은?
① 마텐사이트 ② 펄라이트
③ 트루스타이트 ④ 소르바이트

> 펄라이트는 철강의 기본 조직이며, 베이나이트는 항온 열처리 시 생기는 조직이다.

정답 01 ④ 02 ② 03 ④ 04 ③ 05 ② 06 ② 07 ① 08 ①

09 담금질 중 마텐사이트 조직에 관한 사항으로 옳지 않은 것은?
① 강을 수중에 담금질하였을 때 나타나는 급랭된 침상 조직이다.
② 비용적이 오스테나이트 또는 펄라이트 조직보다 크다.
③ α마텐사이트는 뜨임 상태에서 β마텐사이트의 담금질 조직을 볼 수 있다.
④ 수중 담금질하여 얻은 마텐사이트 조직은 130℃ 부근에서 급격한 수축이 생긴다.

> α마텐사이트는 뜨임 상태에서 트루스타이트의 담금질 조직을 볼 수 있다.

10 다음 중 강도와 탄성을 동시에 필요로 하는 구조용 강재에 가장 많이 사용되는 담금질 조직은?
① 마텐사이트   ② 소르바이트
③ 오스테나이트   ④ 트루스타이트

> 스프링은 작은 하중이라도 수없이 반복되므로 경도 강도가 너무 크면 피로 파괴가 생길 수 있으므로 적당한 강도와 탄성이 있어 강인한 소르바이트 조직이 적합하다.

11 다음 중 경도가 큰 순서로 표시한 것은? (단, 트루스타이트 : T, 마텐사이트 : M, 오스테나이트 : A, 소르바이트 : S, 펄라이트 : P)
① T > A > M > S > P
② T > M > P > A > S
③ M > P > S > A > T
④ M > T > S > P > A

> 오스테나이트 조직은 담금질 조직이 아니며 담금질 조직 중에는 소르바이트가 가장 경도가 낮다.

12 단접은 잘 되나 높은 온도에서 물이나 기름에 급히 담가 식혀도 단단해지지 않는 것은?
① 경강   ② 반경강
③ 초경강   ④ 반연강

> 순철은 열처리가 안 되며, 극연강, 연강, 반연강은 단접은 잘 되나 열처리 효과는 적다.

13 다음 금속 중 담금질할 수 없는 것은?
① 경강   ② 초경 합금
③ 크롬강   ④ 고속도강

> 초경 합금은 소결 합금으로 열처리하면 안 되며, 열처리를 하지 않아도 경도가 매우 높아 공구강으로 쓰인다.

14 다음에서 Ar" 변태를 나타낸 것은?
① 오스테나이트 → 소르바이트
② 오스테나이트 → 마텐사이트
③ 오스테나이트 → 트루스타이트
④ 트루스타이트 → 마텐사이트

15 0.9%C 탄소강을 오스테나이트 상태로 가열 후 각종 냉각 방법으로 냉각하였을 때의 조직 관계를 나타낸 것 중 옳지 않은 것은?
① 기름 냉각에서는 트루스타이트
② 수중 냉각에서는 오스테나이트
③ 로중 냉각에서는 펄라이트
④ 공기 중 냉각에서는 소르바이트

> 수중 냉각에서는 마텐사이트 조직이 나온다.

16 강철의 담금질에 있어서 잔류 오스테나이트를 소멸시키기 위해서 0℃ 이하의 냉각제 중에서 처리하는 담금질 작업은?
① 심랭처리   ② 염욕처리
③ 항온 변태처리   ④ 오스템퍼링

> 0℃ 이하에서 열처리 하는 것을 0점하 처리 또는 심랭처리, 서브제로처리라고도 한다. 심랭처리는 금형이나 펀치, 게이지, 베어링 등에 적용한다.

정답 09 ③ 10 ② 11 ④ 12 ④ 13 ② 14 ② 15 ② 16 ①

17 강을 Ac₃ 또는 Ac₁ 이상 30~50℃로 가열한 후 로 속에서 서랭하는 열처리는?

① 불림　　　　　② 풀림
③ 담금질　　　　④ 뜨임

> 아공석강은 Ac₃ 이상 30~50℃, 과공석강은 Ac₁ 이상 30~50℃이다.
> • 풀림은 기계 가공이 쉽도록 연화하는 방법과 용접, 단조 등으로 생긴 잔류응력을 제거하기 위한 풀림이 있다.

18 다음 중 저온 풀림에 해당하는 것은?

① 재결정 풀림　　② 항온 풀림
③ 완전 풀림　　　④ 확산 풀림

> 저온 풀림과 고온 풀림을 구분하는 변태점은 A₁이며, 저온 풀림에는 ①, 응력 제거 풀림, 프로세스 풀림, 구상화 풀림이 있다.
> • 고온 풀림에는 ②, ③, ④가 있다.

19 가공 경화된 것을 무르게 할 뿐 아니라 조직적으로도 가공의 영향을 완전히 없애기 위하여 오스테나이트 조직으로 가열한 후 서랭하는 풀림을 무엇이라고 하는가?

① 완전 풀림　　　② 중간 풀림
③ 재결정 풀림　　④ 저온 풀림

20 다음 중 용접부의 잔류응력 제거법으로 옳지 않은 것은?

① 예열법　　　　② 로 내 풀림법
③ 국부 풀림법　　④ 피닝법

> 예열법은 응력 제거법이 아니고 고탄소강의 용접 시 급랭에 의해 경화하는 현상을 방지하는 방법이다.

21 주조, 단조, 압연, 용접 등으로 생긴 내부 응력을 제거하는데 적합한 열처리는?

① 완전 풀림　　　② 연화 풀림
③ 응력 제거 풀림　④ 구상화 풀림

22 강재 속에 망상의 시멘타이트를 A₁ 변태점 부근에서 일정 시간 유지한 다음 서랭하여 구상화시키는 풀림을 무엇이라 하는가?

① 연화 풀림
② 완전 풀림
③ 잔류응력 제거 풀림
④ 구상화 풀림

23 담금질할 때 생긴 잔류응력을 제거하여 시효 균열 발생을 방지하고 강도, 인성을 유지하기 위해 실시하는 열처리는?

① 불림　　　② 침탄
③ 뜨임　　　④ 질화

> 뜨임 : 경도가 큰 재료에 인성만 부여할 목적으로 A₁ 변태점 이하로 가열하여 서랭하는 열처리법

24 담금질한 강을 100~250℃에서 실시하는 저온 뜨임의 목적이 아닌 것은?

① 내부 응력 완화　② 메짐성 경감
③ 경도 유지　　　④ 연성 증가

> 저온 뜨임은 경도는 그대로 유지하며 내부 응력 완화와 메짐성을 적게 하는 열처리이다.

25 다음 중 뜨임 취성을 방지할 목적으로 첨가하는 원소는?

① P　　　② S
③ Si　　　④ Mo

26 열처리할 때 가열 온도를 색으로 판단하는 것은?

① 담금질　　② 풀림
③ 뜨임　　　④ 불림

> **뜨임 온도에 따라**
> • 220℃ : 황색　　• 260℃ : 자주색
> • 280℃ : 보라색　• 300℃ : 청색
> • 350℃ : 회청색　• 400℃ : 회색으로 나타난다.

정답 17 ②　18 ①　19 ①　20 ①　21 ③　22 ④　23 ③　24 ④　25 ④　26 ③

27 주철 용접부의 경화층을 연화시키기 위한 가열 온도는?

① 90~120℃   ② 250~300℃
③ 500~650℃   ④ 800~960℃

28 상온(냉간) 가공에서 경화된 구리의 완전 풀림 방법은?

① 600~650℃에서 30분간 풀림 급랭
② 800~900℃에서 30분간 풀림 서랭
③ 500~600℃에서 1시간 풀림 급랭
④ 600~650℃에서 30분~1시간 풀림 서랭

> 가공 경화된 것은 600~650℃에서 30분 정도 풀림 또는 수랭하여 연화한다. 열간 가공은 750~850℃에서 행한다.

29 담금질한 침탄강을 뜨임하는데 적당한 온도는 몇 ℃인가?

① 100~130℃   ② 150~250℃
③ 250~350℃   ④ 350~450℃

> 침탄강은 표면 경도를 요구하는 열처리이기 때문에 저온 뜨임을 해야 한다.

30 스프링의 휨, 비틀림 등의 반복 응력에서 피로 한도를 향상시키는데 이용되는 방법은?

① 고주파 경화법   ② 쇼트 피닝
③ 침탄법   ④ 오스템퍼링

> **쇼트 피닝**
> 금속 재료의 표면에 고속력으로 작은 알맹이를 분사시켜 충격에 의한 표면을 경화시켜 주는 표면 경화법

31 S 곡선에서 Mf 점은 무엇을 표시하는가?

① 마텐사이트 변태가 시작되는 점
② 항온 변태가 시작되는 점
③ 마텐사이트 변태가 끝나는 점
④ 항온 변태가 끝나는 점

> Mf 점은 마텐사이트 변태가 끝나는 점, Ms는 마텐사이트 변태의 시작점을 의미한다.

32 다음 중 항온 열처리와 관계 없는 사항은?

① 담금질과 뜨임 공정을 동시에 할 수 있다.
② 강의 표준 조직을 얻을 때 하는 열처리법이다.
③ 담금질에서 오는 파손을 방지할 수 있다.
④ TTT 곡선을 이용한다.

> 강의 표준 조직을 얻기 위한 열처리는 불림이다.

33 오스테나이트 조직으로 가열한 강을 Ms 점과 Mf 점 사이에서 열욕 담금질하는 열처리법은?

① 오스템퍼   ② 항온 풀림
③ 마템퍼   ④ 마퀜칭

> 마템퍼링 열처리로 얻을 수 있는 조직은 베이나이트 + 마텐사이트이다.

34 다음 중 침탄법과 비교한 질화법의 특징을 설명한 것으로 적합하지 않은 것은?

① 처리 후 담금질이 필요하다.
② 처리 온도가 낮다.
③ 경화층의 깊이가 낮다.
④ 처리 후 변형이 적다.

> 질화법은 처리 후 담금질이 필요없다.

35 침탄법에서 침탄 깊이의 조정이 용이하고 열효율이 좋고 공정도 간단하므로 대량 생산의 침탄법에 적당한 것은?

① 고체 침탄법   ② 액체 침탄법
③ 가스 침탄법   ④ 질소 침탄법

> 침탄법에는 ①, ②, ③이 있으며, 질소 침탄법은 없으나, 액체 침탄에서 침탄 질화는 가능하다.

정답 27 ③ 28 ④ 29 ② 30 ② 31 ③ 32 ② 33 ③ 34 ① 35 ③

36 침탄강의 구비조건이 아닌 것은?

① 0.3%C 이상의 탄소강일 것
② 고온, 장시간 가열 시 결정입자가 성장하지 않을 것
③ 강재 주조 시 표면 결점이 없을 것
④ 강재 주조 시 완전을 기할 것

> 침탄강은 저탄소강이어야 된다.

37 다음 중 질화법의 종류가 아닌 것은?

① 가스 질화법　② 액체 질화법
③ 연질화법　　④ 고체 질화법

38 기어의 표면을 경화시키는 경우 어느 열처리가 적당한가?

① 불림　　② 담금질
③ 뜨임　　④ 고주파 열처리

> 기어의 표면은 내마모성이 커야 되며 내부까지 단단하면 깨지기 쉬우므로 겉은 경도, 내부는 인성이 필요하다.

39 다음 중 가장 고온에서 측정할 수 있는 열전대는?

① PR　　② CA
③ IC　　④ CC

> ① PR : 백금 – 백금 로듐 : 1600℃ 이상 측정
> ② CA : 크로멜 – 알루멜 : 1200℃ 이상 측정
> ③ IC : 철 – 콘스탄탄 : 800℃ 이상 측정
> ④ CC : 구리 – 콘스탄탄 : 600℃ 이상 측정

40 시멘테이션(cementation)에 의한 철강의 표면 경화 방법 중 옳지 않은 것은?

① 크로마이징 - 크롬 침투
② 칼로라이징 - 구리 침투
③ 실리코나이징 - 규소 침투
④ 보론나이징 - 붕소 침투

> **시멘테이션**
> 금속 침투법을 말하며, ②는 Al 침투법, 세라다이징은 아연 침투법이다.

정답 36 ① 37 ④ 38 ④ 39 ① 40 ②

04 비철 금속재료, 신소재

1 구리와 그 합금

가. 구리의 성질

1) 물리적 성질

(1) 전기전도율이 은(Ag) 다음으로 좋으며, 열의 양도체, 비자성체이다.
(2) 비중 8.96, 용융점 1083℃, 변태점이 없으며, 아름다운 광택과 귀금속적 성질이 있다.

2) 화학적 성질

(1) 부식이 잘 안 되나 해수에는 부식(부식률 0.05mm/년)되며, Zn, Sn, Ni과 합금이 쉽다.
(2) 수증기의 팽창으로 헤어 크랙, 수소 취성, 수소병, 환원 취성이 발생될 수 있다.

3) 기계적 성질

(1) 전연성이 좋아 가공성이 풍부하며, 인장강도는 가공도 70에서 최대이다.
(2) 경도는 가공 경화로 증가한다.
   (O : 연질, 1/2H : 1/2 경도, H : 경질)

나. 순동의 종류

(1) **거친 구리(조동)** : 적동광, 황동광 등을 용해시켜 20~40%의 Cu를 함유하는 황화 구리(CuS)와 황화철의 혼합물을 만든 후, 다시 전로에서 산화, 정련하여 얻은 순도 98~99.5%의 구리
(2) **전기 구리(전기동, electric copper)** : 조동을 전기 분해하면 음극에서 얻어지며, 순도가 99.95~99.99%로 높으나, 메짐성이 있어 가공이 곤란하므로 다시 정련하여 사용한다.
(3) **정련 구리(정련동, tough pitch copper)** : 전기동을 산화 및 환원 용해시켜 불순물을 제거하고 0.02~0.04% O_2 이하로 줄인 것, 전연성과 내식성이 우수하나 수소 취성의 우려가 있어 용접엔 부적당. 강도가 있어 전기 공업 재료로 사용된다.
(4) **탈산 구리(인탈산동)** : 정련 구리를 용해할 때 산소와 친화력이 강한 물질(P, Si, Mn, Li 등)을 첨가하여 0.01% O_2 이하로 낮춘 것, 고온의 환원성 기류 중에서도 수소 메짐성이 없으나, 전도율이 떨어진다. 용접용, 가스관, 열교환기, 증기관 등으로 이용
(5) **무산소 구리(OFHC)** : 고순도 전기 구리를 불활성 가스나 진공 중, CO 등의 환원성 분위기에서 용해하여 0.001~0.002% O_2 이하로 감소한 것, 수소 메짐성을 완전 방지한 구리. 전기전도율이 가장 좋으며 용접성, 내식성, 전연성이 뛰어나고, 내피로성과 유리와의 밀착성도 좋아 유리 봉입선, 진공관, 전자기기 재료에 사용된다.

다. 황동의 종류, 특성과 용도

1) 황동(brass : Cu-Zn계)

(1) **물리적 성질** : Cu와 Zn 합금, Zn 함유량에 따라 색이 변하며, 전기전도도가 저하한다. 실용 합금으로 45% Zn 이하가 쓰인다.
(2) **기계적 성질**
   ① 30% Zn 부근에서 연신율 최대이나, β상에 가까워질수록 급격히 저하하며, 인장강도는 45% Zn 부근에서 최대, 그 이상에는 급감한다. 6 : 4황동은 고온 가공성이 좋으나 7 : 3 황동은 고온 가공이 부적합하다.
   ② **저온 풀림 경화** : 황동을 재결정 온도 이하로 저온 풀림하면 가공 상태보다 오히려 경화되는 현상
   ③ **경년 변화** : 황동 가공재를 상온에서 방치할 경우 시간 경과에 따라 여러 성질이 약화되는

현상, 가공에 의한 불균일 변형이 균일화하는 데 기인한다.

(3) **화학적 성질**

① **탈아연 부식** : 불순물, 부식성 물질이 녹아있는 수용액의 작용에 의해 아연이 용해되는 현상, 방지법은 아연 조각 연결, 30% Zn 이하 황동 사용, 전류에 의한 방식 등이 있다.

② **자연 균열** : NH_3 가스 중에서 가공용 황동이 잔류응력에 의해 자연 균열이 발생하는 현상, 방지법은 200~300℃로 저온 풀림 또는 아연 도금한다.

③ **수소병** : 산화 구리를 환원성 분위기에서 가열할 때 수소가 동(Cu) 중에 확산 침투되어 균열이 발생하는 현상

③ **고온 탈아연** : 고온에서 증발에 의해 아연이 탈출하는 현상, 표면이 깨끗할수록 심하며, 방지법은 표면에 산화물 피막을 형성시킨다.

2) 실용 황동의 종류

(1) **톰백(tombac)** : 구리에 5~20%의 아연을 첨가한 합금. 색이 아름답고 연성이 커서 장식품, 금박 대용으로 쓰인다.

① Cu-5% Zn 합금(gilding metal) : 순동과 같이 연하고 압인가공이 쉬워 화폐, 메달 등에 사용

② Cu-10% Zn 합금(commercial bronze) : 단련동의 대표적인 것, 디프 드로잉용, 메달, 색깔이 청동과 비슷하여 청동 대용품으로 사용

③ Cu-15% Zn 합금(red brass) : 연하고 내식성이 좋으므로 건축용 소켓, 체결구로 사용

④ Cu-20% Zn 합금(low brass) : 전연성이 좋고 색이 아름다워 장식용 악기 등에 사용

(2) **7 : 3 황동(cartridge brass)** : 연신율이 최대이며, 가공용 황동의 대표적인 것, 고온 메짐 현상이 있다. α고용체, 판, 봉, 관으로 제조하여 자동차용 열교환기 부품, 소켓, 각종 열용품, 탄피, 장식품 등에 사용

(3) **Cu-35% Zn 합금(yellow brass)** : α 단상 합금으로 7 : 3 황동과 비슷하다.

(4) **6 : 4 황동(Muntz metal)** : 조직이 $(\alpha+\beta)$이므로 상온에서 전연성이 낮으나 강도는 크다. 아연 함유량이 많아 가격이 가장 싸며, 고온 가공하여 상온에서 완성, 내식성이 적고 탈아연 부식력이 크나 강력하기 때문에 기계 부품으로 용도가 넓고, 복수기용 판, 열간 단조품, 볼트, 너트 대포, 탄피 등에 쓰인다.

3) 특수 황동

(1) **아연 당량** : 제3원소를 가한 것이 아연량을 증감한 효과를 가지는 의미에서 합금원소의 1량이 아연의 X량에 해당할 때 그 X를 말한다.

- 아연 당량은 상온에서 40% 이하, 그 외는 45% 이상 넘어선 안 된다.

$$B' = \frac{B + t \cdot Tq}{A + B + t \cdot q} \times 100$$

B' : 아연 함유량 A : 구리 %
B : 아연 % q : 첨가원소 %
t : 아연 당량

(2) **주석 황동(tin brass)**

① 에드미럴티 황동(admiralty brass) : 7 : 3 황동에 주석 1%첨가한 것, 내식성, 내해수성, 전연성이 좋아 열교환기, 증발기 등에 사용

② 네이벌 황동(naval brass) : 6 : 4 황동에 주석 1% 첨가한 것, 내식성 목적, 용접봉, 파이프, 선박 기계에 사용

(3) **연입(립) 황동(leaded brass)** : 황동에 납을 첨가한 것, 쾌삭 황동, 또는 하드 브레스라 하여 정밀 절삭 가공을 요하는 기어, 나사 등에 이용

(4) **알루미늄 황동** : 황동에 Al을 첨가하면 결정입자가 미세하고 내식성이 커지므로 고온 가공으로 관을 만들어 열교환기 관, 증류기 관 등 제조에 쓰이며, 알브락(Cu-22% Zn-1.5~2% Al)이라고도 한다.

(5) **규소 황동(silicon bronze)** : 10~16% 아연 황동에 4~5% 규소를 넣은 것, 주조하기 쉽고 내해수성과 강도가 크며 우수하고 가격이 싸므로 선박 부품 주물에 사용

(6) **고강도 황동** : 6 : 4 황동에 Fe, Mn, Ni 등을 첨가하여 취약하지 않고 강력하며 내식성, 내해수성이 증가한 것
  ① 망간 청동 : 망간을 넣으면 β상이 증가하여 강도는 크나 경취해진다.
  ② 델타메탈(철 황동) : 6 : 4 황동에 Fe 1~2% 첨가한 것, 결정립 미세화, 연신율 저하 없이 강도가 증가한 것, 강도가 크고 내식성이 좋아 광산 기계, 선박 기계에 쓰인다.
  ③ 듀리나 메탈 : 7 : 3 황동에 2% Fe와 소량의 Sn, Al을 첨가한 것, 주조재, 가공재로 사용
  ④ NM 청동 : 6 : 4 황동에 Ni를 약 10% 첨가한 것, 고아연 합금에 많이 첨가하면 β상이 많지 않은 높은 경도를 얻을 수 있어 강성을 요하는 선박용 프로펠러재로 사용한다.
(7) **양은(백동)** : 7 : 3 황동 + Ni 15~20%의 합금, 은 대용품. 양백이라고도 하며, 전기 저항성, 장식품, 식기, 내열성 전기 접점, 바이메탈, 스프링 재료 등에 사용

라. 청동(tin bronze)의 종류, 특성과 용도

1) 청동의 성질
(1) 대기 중에서 내식성 양호, 강도와 내마멸성이 크며, 유동성이 좋고 수축률이 적어 주조성이 좋다.
(2) 연신율은 4% Sn에서 최대, 인장강도는 Sn양이 증가하면 크게 되며, 17~20% Sn에서 최대, 경도는 Sn 30%에서 최대이다.
(3) 15% Sn 이상이면 취성이 있어 상온 가공이 곤란하며, 550℃ 이상에서 가공할 수 있다.
(4) 해수 중에서 내식성이 우수하여 선박용 부품에 사용되나, 산화성 산에는 부식률이 높다.

2) 청동의 종류
(1) **포금** : Cu - 8~12% Sn - 1~2% Zn을 넣은 합금, 옛날 대포 포신용(현재는 Ni - Cr강 사용)으로 사용됐으며, 내해수성이 좋고 주물의 경우 수압, 증기압에도 견디므로 선박 등에 사용한다.
(2) **화폐용 청동** : Cu - 2~8% Sn - 1~2% Zn 함유 청동은 단조성이 좋아 프레스 작업이 쉽고 단단하고 강인하며 마모 부식에 잘 견디므로 화폐, 메달 등에 사용
(3) **알루미늄 청동** : Cu - 약 12% Al 첨가한 청동, 황동 또는 청동에 비하여 강도, 경도, 인성, 내마모성, 내피로성 등이 우수하고, 자생 보호 피막인 알루미늄 산화물에 의해 내마모성, 내피로성, 내식성이 매우 우수하다. 내열성, 내식성이 좋아 화학 공업용 기기, 선박, 항공기, 자동차 부품에 사용
(4) **인 청동** : 청동에 탈산제로 인을 첨가하여 내마멸성을 높인 것으로, 베어링, 밸브 시트용에 쓰임
(5) **연 청동** : 주석 청동에 납을 첨가한 것, 윤활성이 좋아 베어링, 패킹 등에 널리 이용
(6) **규소 청동** : 상온에서 구리에 규소가 4.7%까지 고용한 것, 인장강도를 증가시키고 내식성과 내열성을 좋게 하며, 전기전도율이 좋다.
  ① 에버듀르 : Cu-Si 3~4%-Mn 1~1.2%의 합금
  ② 실진 청동 : Cu-Si 3.2~5% -Zn 9~16%의 합금
  ③ 허큘로이 : Cu-Si 0.78~3.5% -Fe 1.6% -Sn 9~16%, Zn 1.5%의 합금
(7) **켈밋** : 구리에 30~40% Pb(납)를 첨가한 베어링 합금
(8) **오일리스 베어링** : 구리·주석·흑연 분말을 가압성형 소결시켜 만든 후 기름(30%)을 흡수시킨 합금으로, 주유가 곤란한 곳에 사용함
(9) **콘스탄탄** : Cu + Ni 45% 합금, 열전대용, 전기 저항성이 우수하다.
(10) **베릴륨 청동** : Cu + Be 2~3% 첨가한 합금, 인장강도는 133kg/mm^2 정도이며, 내식성, 내열성, 뜨임시효 경화성이 크다. 베어링, 스프링에 사용함

예제 1

구리의 성질을 설명한 것으로 옳지 않은 것은?

① 전기전도율이 Ag 다음으로 크다.
② 부식이 잘 되며, 강자성체이다.
③ 비중이 8.96, 용융점은 1083℃이다.
④ 불순물 등은 전기전도율을 저하시킨다.

 정답 ②

구리는 부식이 잘 안 되며, 자석에 붙지 않는 비자성체이다. 구리의 인장강도는 22~25kgf/mm² 이다.

예제 2

용접용으로 가장 적합하며 대부분 도관으로 제조되어 사용하는 구리는?

① 탈산 구리   ② 정련 구리
③ 무산소 구리   ④ 강인 구리

 정답 ①

정련 구리
전기 구리를 반사로에서 정련한 것으로 내식성, 전연성이 좋으며 강도가 있어 전기 공업용에 널리 사용된다.

예제 3

황동의 내식성을 개량하기 위해 6 : 4 황동이나 7 : 3 황동에 1% 정도의 주석을 넣은 특수 황동은?

① 연황동   ② 강력 황동
③ 주석 황동   ④ 델타메탈

 정답 ③

주석 황동에는 네이벌 황동(6 : 4 황동에 1~2%Sn 첨가), 에드미럴티 황동(7 : 3 황동에 1~2% Sn 첨가)이 있다.

예제 4

색깔이 금에 가까우며 연성이 대단히 크므로 금박 및 금분의 대용품으로 이용하고 문손잡이나 단추에 쓰이는 황동을 무엇이라 하는가? (단, 아연 5~20%)

① 문쯔메탈   ② 포금
③ 톰백   ④ 7 : 3 황동

 정답 ③

톰백
아연 8~20%의 황동, 장식용이나 전기용 밸브, 프레스용 등에 사용되는 구리 합금

예제 5

구리에 30~40% Pb(납)을 첨가한 것으로 베어링 등에 쓰이는 것은?

① 켈밋   ② 콘스탄탄
③ 네이벌 황동   ④ 연청동

 정답 ①

켈밋은 납청동의 다른 이름이다.

2 알루미늄과 그 합금

가. 알루미늄의 성질

1) 순 알루미늄의 성질

(1) 비중은 2.7, 용융점은 660℃, 전기 및 열의 양도체이며, 면심 입방 격자이다.
(2) 전연성이 좋고 주조가 용이하고 다른 금속과 합금성이 좋다. 400~500℃에서 연신율이 최대이다.
(3) 대기 중에서 내식성이 좋고 탄산염, 초산염 등에는 내식성이 있으나 염화물, 황산 염산에는 침식된다.

2) 알루미늄 합금의 성질

(1) **용체화처리** : Al은 변태점이 없어 성질 개선에 이용할 수 없다. Al - 4%Cu를 500℃로 가열하면 α 고용체가 되며 이 온도에서 담금질하면 θ가 석출할 시간이 없이 상온에서도 α고용체가 되는데 이 과포화 고용체 조직을 얻는 조작

(2) **시효** : 과포화 고용체를 상온 또는 고온에 유지함으로써 시간의 경과에 따라 성질이 변하는 현상, 시효 경화란 시효 현상에 의하여 경화되는 현상
  ① **자연 시효** : 실온에 방치하여 일어나는 시효
  ② **인공 시효** : 실온보다 높은 온도(100~160℃)에서 하는 시효

나. 주물용 Al 합금

(1) **Al-Cu 합금** : 담금질과 시효에 의하여 강도 증가, 내열성 우수, 고온 취성과 주조 시 수축균열이 있다. 알코아(Al-4~8%Cu 합금)가 대표적이며, 크랭크 케이스, 브레이크 슈, 자동차 부품, 다이 케스팅 등에 이용

(2) **Al-Si 합금** : 실루민(미국 : 알팩스)은 Al-Si계 대표적 합금, 내열성 크다. 금속 나트륨, 불화물, 가성 소다 등으로 개량 처리하여 조직을 미세화한 것, 피스톤 등에 이용

(3) **Al-Cu-Si 합금** : 라우탈이 대표적이며, 실루민의 결점인 가공 표면의 거침을 없앤 것, 주조성 양호, 압출재, 단조재, 주조재 등에 사용

(4) **내열용 Al 합금**
  ① **Y 합금** : Al-Cu 4%-Ni 2%-Mg 1.5% 합금, 고온 강도 크고 내열성이 있어 내연 기관의 피스톤, 실린더 헤드에 사용
  ② **로엑스(Lo-Ex)** : 특수 실루민, Na 처리한 내열 합금, 피스톤 재료에 사용
  ③ **코피탈륨** : Y 합금의 일종, Y 합금에 Ti, Cu를 약간 첨가한 것, 피스톤 재료에 쓰임

(5) **다이 캐스팅 Al 합금** : 유동성이 좋고 열간 취성이 없으며, 응고 수축에 대한 용탕 보급성이 좋고, 금형에 점착하지 않은 것이 좋다. Mg 함유 시 유동성을 해치며, Fe는 점착성, 내식성, 절삭성 등을 해치는 불순물로 최고 1%까지 허용된다.

(6) **하이드로날륨(마그날륨)** : Al-Mg계 대표적인 합금, 두랄루민의 내식성 향상을 위해 Al에 6% Mg 이하를 첨가한 Al-Mg계 합금, 내식성, 고온 강도, 절삭성, 연신율이 우수하고 비중이 작다.

(7) **두랄루민** : Al-4% Cu-0.5% Mg-0.5% Mn계로 시효 경화의 대표적인 합금, 대기 중에서는 내식성이 우수하나 해수에는 약하고 부식 균열이 생기기 쉽다. 비중이 작아 자동차나 항공기 부품에 이용

(8) **초두랄루민** : 보통 두랄루민에 Mg을 다소 증가하고, Si를 감소시켜 시효 경화시킨 합금, 인장강도가 50kgf/mm^2 이상으로 항공기의 구조재와 리벳, 일반 구조물 등에 이용

(9) **초강두랄루민** : 두랄루민에 Zn을 다량 함유시키고, 응력 부식에 의한 자연 균열 방지를 위해 Mn, Cu를 첨가시킨 것. 인장강도가 54kgf/mm^2 이상인 Al-Zn-Mg계 합금, 강도는 매우 크나, 내식성이 나빠서 바닷물에 대한 내식성은 순 Al의 1/3 정도이다.

다. 가공용 Al 합금

1) 가공용 Al 규격

(1) **A1000계(순수 Al, 99.00% 이상) 합금** : 가공성, 내식성, 표면처리성 등이 좋지만 낮은 강도 때문에 구조용으로는 부적합하므로 가정용품, 일용품, 전기 기구에 많이 이용된다.

(2) **A2000계(Al-Cu계) 합금** : 두랄루민, 초두랄루민인 2017, 2024가 대표적인 것, 철강재에 필적하는 강도가 있으나 비교적 구리를 많이 함유하고 있어 내식성이 낮다.

(3) **A3000계(Al-Mn계) 합금** : 3003이 대표적이다. Mn의 첨가에 의해 순Al의 가공성, 내식성의 저하 없이 강도를 증가시킨 것, 기물, 건축재 용기 등에 쓰임

(4) **A4000계(Al-Si계) 합금** : Al에 Si를 첨가하여 열팽창률을 억제하고 내마모성을 개선한 것, 미량의 Cu, Ni, Mg 등을 더 첨가하면 내열성이 향상되어 단조 피스톤 재료로 사용된다.

(5) **A5000계(Al-Mg계) 합금** : Mg 첨가량이 적은 합금, 장식용재, 고급 기물로 사용되는 5N01과 차량용 내장 천장재, 건축재, 기물재로 이용되는 5005가 대표적임

(6) A6000계(Al - Mg - Si계) 합금 : 강도, 내식성이 양호해 대표적인 구조재이지만, 용접한 그 상태로는 이음 효율이 낮아 피스, 리벳, 볼트 접합에 의해 철탑, 크레인 등의 구조에 이용됨
(7) A7000계(Al - Zn계) 합금 : 시효 경화성이 우수하며, AA 또는 JIS에 등록되어 항공기, 철도 차량, 스포츠 용품 등 일반적으로 높은 강도가 요구되는 구조재에 사용됨

예제 1
다음은 알루미늄의 특성을 설명한 것이다. 옳지 않은 것은?
① 유동성이 작고 수축률이 크며, 가스의 흡수와 발산이 크다.
② 열, 전기의 양도체이다.
③ 산화가 잘 되어 공기 중에 오래 두면 내부까지 녹이 침투되어 못쓰게 된다.
④ 공기나 깨끗한 물 속에서는 거의 침식되지 않으나 무기산에는 약하다.

 정답 ③

Al은 대기 중 표면에 안정된 산화 피막(Al_2O_3의 얇은 막)을 형성하여 내부까지 부식되지 않는다.

예제 2
대표적인 내식용 알루미늄 합금으로 단조용 재료로도 쓰이고, 주조용으로는 마그네슘 12% 이하의 것이 사용되는 것은?
① 라우탈   ② 하이드로날륨
③ 콜슨 합금   ④ 실루민

 정답 ②

라우탈의 성분은 Al-Cu 3~8%, Si 3~8%이며, 주조성이 좋고 시효 경화성이 있다.

예제 3
내열성이 좋아 내연 기관의 실린더, 피스톤, 실린더 헤드 등에 많이 사용되는 Al 합금은?
① 알드레이   ② Y 합금
③ 다우 메탈   ④ 모넬 메탈

정답 ②

Y 합금은 베어링, 피스톤, 실린더 블록 등에 쓰인다.

예제 4
다음 합금 중 시효 경화가 일어나는 것은?
① 황동   ② 청동
③ 화이트 메탈 ④ 두랄루민

정답 ④

두랄루민
대표적인 시효 경화 합금으로, Al-Cu 6%- Mg 3%- Mn 2% 성분 합금으로, 700~800℃에서 주조, 430~470℃에서 단조, 압연, 압출 가공하며, 비행기 몸체 등에 사용된다.

예제 5
Al - Cu - Si계의 대표적인 합금명은?
① 실루민   ② Y 합금
③ 라우탈   ④ 두랄루민

 정답 ③

3 기타 비철 금속재료

가. 니켈과 그 합금

1) 니켈의 성질
(1) 인성 우수, 면심 입방 격자, 용융점 1455℃, 비중 8.9, 상온에서 강자성체, 360℃에서 자기변태로 자성을 잃는다.
(2) 냉간 및 열간 가공(1000~1200℃)이 잘 되고 내식성, 내열성이 크며, 화폐, 식품 공업용, 진공관, 도금 등에 사용된다.

2) 니켈 합금

(1) **모넬메탈** : Ni 65~70% - Cu 20~25% - Fe 1~3% 합금, 내식성이 크고, 인장강도가 80kgf/mm² 정도로 크며, 내연 기관 밸브, 밸브 시트에 사용됨. 개량형으로 K모넬, H모넬, S모넬, R모넬 등이 있다.

(2) **콘스탄탄** : Ni 40~45% - Cu 합금, 열전쌍, 표준 전기 저항선용으로 사용된다.

(3) **어드벤스** : Ni 44%, Mn 1%, Cu 합금, 전기 저항 선용으로 쓰인다.

3) Ni - Fe계 합금

(1) **인바(invar)** : Ni 36%, Mn 0.4% 합금, 온도에 따라 길이가 불변하여 표준자, 바이메탈용으로 쓰인다.

(2) **초인바(super invar)** : Ni 30~32%, Co 4~6% 합금, 측정용으로 사용됨, 팽창계수가 20℃에서 0이다.

(3) **플레티나이트** : Ni 42~48%, 열팽창계수가 작다. 전구, 진공관 도선용으로 사용된다.

(4) **니칼로이** : Ni 50%, Fe 50%, 송전 어수 증가용으로 쓰인다.

(5) **퍼멀로이** : Ni 70~90%, 투자율이 높다. 자심 재료, 장하 코일용으로 쓰인다.

4) 내식, 내열용 합금

(1) **히스텔로이** : Ni - Mo계, 내식, 내열용에 쓰인다.

(2) **인코넬** : Ni에 Cr 12 - 21%, Fe 6.5%를 첨가한 것, 내식, 내열용에 쓰인다.

(3) **니크롬** : 79% 이하 Ni에 Cr을 첨가한 것, 내열성이 우수하여 절연선에 쓰인다.

(4) **알루멜** : Ni에 3% Al 첨가, 고온 측정용 열전대 재료, 최고 1200℃까지 사용한다.

(5) **크로멜** : Ni에 10% Cr 첨가, 고온 측정용 열전대 재료, 최고 1200℃까지 사용한다.

나. 마그네슘과 그 합금

1) 마그네슘의 성질

(1) 열 및 전기 전도율이 Cu, Al보다 낮고 강도도 작으나 절삭성은 좋다.

(2) 산, 염류에는 침식되나 대기 중이나 알칼리에는 내식성이 있으며, 불순물 중 Fe, Cu, Ni은 내식성을 해친다.

(3) 실용 금속 중 가장 가볍다(비중 1.74), 용융점은 650℃, 조밀 육방 격자임

(4) 고온에서 발화하기 쉽고, 열팽창 계수가 Fe의 2배 이상으로 대단히 크다.

(5) 냉간 가공성이 좋지 않아 350~450℃에서 열간 가공을 해야 한다.

2) 마그네슘 합금 종류

(1) **Mg-Al계 합금** : 인장강도는 6% Al에서 최대, 연신율과 단면 수축률은 4%에서 최대, 경도는 성분 함량 증가에 따라 비례적으로 증가. Al은 주조 조직의 미세화로 기계적 성질을 향상시키고, Mn은 내식성을 좋게 한다. 대표적인 것은 Mg에 4~6% Al을 첨가한 다우 메탈(dow metal)이 있다.

(2) **Mg-Zn계 합금** : Mg-Al계 합금보다 강력한 합금, 강도, 비중비는 금속 재료 중에 최대, 자동차의 피스톤, 크랭크 케이스 및 제트 기관의 구조에 사용됨

(3) **Mg-Al-Zn계 합금** : 대표적인 것은 Mg에 3~7% Al, 2~4% Zn을 함유한 엘렉트론(elektron)이 있다. Al이 많으면 고온 내식성이 향상되고, Al + Zn이 많으면 주조성이 좋으며, 내열성이 크므로 항공기, 내연 기관 등에 이용된다.

(4) **Mg-Mn계 합금** : Mg에 Mn을 1.2% 이상 함유하여 내식성을 향상시킨 것, 용접성이 비교적 좋아 판재, 봉 재료로 널리 이용되고 있다.

(5) **Mg-Al-Zn계 합금** : Mg에 3~7% Al, 소량의 Mn, 약 1% Zn을 함유한 엘렉트론 등이 있으며, 고온 내식성의 향상을 위해 Al의 증가와 Zn, Mn, Cd 등을 첨가하여 경도, 강도를 증가시킨 것, 주로 항공기, 자동차의 내장 부품 등에 이용됨

(6) **Mg-Zn-Zr계 합금** : Mg-Zn계 합금에 Zr을 첨가하여 결정 입자의 미세화와 열처리 효과의 향상, 압출재로서 우수한 성질이 있어 항공기 재료로 개발하고 있다.

다. 티타늄(Ti)과 그 합금

1) 티타늄의 성질

(1) **물리적 성질** : 고융점(1800±25℃)이며, 비중 4.5, 열팽창계수 및 탄성계수 등이 작고 전기 저항이 크다. 고온에서 O_2, N_2, C와 반응하기 쉬우므로 용해 주조가 어렵고 용접성도 나쁘다.

(2) **기계적 성질** : 철의 1/2 정도의 무게로 철과 유사한 수준의 인장강도($50kgf/mm^2$ 정도)를 얻을 수 있어 비강도가 크다.

(3) **화학적 성질** : 염산, 황산에는 침식되나 질산, 강 알칼리에는 강하며, 고온 강도와 내식성이 우수하여 바닷물 및 500℃의 고온에서도 스테인리스강보다 우수하다.

2) 티타늄 합금의 종류

(1) **Ti-Mn계 합금** : Ti, 6.5~9.0% Mn, 0.15% C 이하, 0.5% Fe 이하로, 약 300℃까지 사용이 가능하며, 판재, 구조재로 사용됨

(2) **Ti-Al계 합금** : Ti-Al에 Sn, Fe, V 등을 첨가하여 사용한다. 내열성이 좋아 300℃ 이상의 크리프 강도가 개선되지만 가공성은 나쁘므로 단조재로 이용한다.

(3) **Ti-Al-Sn계 합금** : Ti에 5% Al, 2.5% Sn 합금, 비중이 4.44로서 순금속보다 가볍고 항복점이 커서 70~$90kgf/mm^2$이며, 짧은 시간이면 600℃까지 견디므로 가스 터빈의 구조재로 사용됨

(4) **Ti-Al-V계 합금** : Ti-6% Al-4% V이며, Al에 의하여 강도를 얻고 V에 의하여 인성을 개선한 것, 420℃까지 고온 크리프 저항이 크므로 가스 터빈의 날개 및 디스크에 사용됨

라. 주석

1) 주석의 성질

(1) Pb 다음으로 연한 금속, 전연성이 좋으나, 너무 연하기 때문에 선으로 인발하기는 어렵다. 비중 7.3, 용융점 232℃, 13℃에서 동소변태한다.

(2) 백색을 띠며 내식성 우수하나 무기산류, 알칼리에는 서서히 침식되며, 재결정 온도가 상온으로 가공 경화가 일어나지 않아 소성 가공이 용이하다.

(3) 저융점 금속으로 독성이 없어 의약품, 식품 등의 포장용 튜브, 주석박, 식기, 장식기 등에 사용된다.

2) 주석 합금

(1) **Sn-Pb계 합금** : 연납으로 40~50% Sn이 가장 많이 사용된다. 불순물로서 Fe, Zn, Al, As 등은 유해하다.

(2) **Sn-Sb-Cu계 합금** : Sn에 4~7% Sb, 1~3% Cu를 함유하는 Sn 합금을 퓨터(pewter), 또는 브리타니아 메탈(britania metal)이라 하여 장식용품에 사용한다.

마. 아연 및 그 합금

1) 아연의 성질

비중 7.14, 용융점 419℃, 청백색을 띠고 조밀 육방 격자, 아연 도금, 건전지, 인쇄판, 다이 케스팅용 아연, 황동 및 기타 합금으로 사용함

2) 아연 합금

(1) **다이 캐스팅 합금** : Zn-Al-Cu계, Zn-Al-Cu-Mg계, Zn-Al계, Zn-Cu계 등이 있다. Cu, Al 등을 첨가하면 내식성 및 가공성이 나빠지나 강도는 증가, Zn에 4% Al을 함유한 것을 미국에서는 자마크(Zamak), 영국에서는 마자크(mazak), 일본에서는 ZAC, MAC 등으로 부른다.

(2) **가공용 Zn 합금** : Zn-Cu계, Zn-Cu-Mg계, Zn-Cu-Ti계 등이 있으며 봉재, 선재, 판재와 함께 건축용, 탱크용, 전기기기 부품, 자동차 부품, 일상용품 등에 널리 사용된다.

바. 저융점 합금, 기타 합금

1) 저융점 합금

(1) **특성 및 용도** : 가용 합금(fusible alloy), 일반적으로 Sn의 용융점(232℃)보다 낮은 융점을 가진 합금, 베어링용, 활자 금속, 다이 캐스팅용 금속, 땜납, 화재 경보기 및 보일러 안전밸브 및 전기용 퓨즈 등에 사용한다.

(2) **종류** : 우드 메탈(융점 68℃), 리포워츠 합금(융점 68℃), 뉴턴 합금(융점 94℃), 비스무스 땜납(융점 113℃), 로즈 합금(융점 100℃) 등

2) 베어링 합금

(1) **특성** : 경도와 인성, 항압력이 필요하고 마찰계수가 작으며, 하중에 잘 견딜 수 있어야 한다. 또 열전도율이 크고 주조성과 내식성이 우수하며, 소착에 대한 저항력이 커야 한다.

(2) **주석계 화이트 메탈(베빗 메탈(babbit metal))** : 조성은 75~90% Sn, 3~15% Sb, 3~10% Cu 등이다. Pb계보다 경도가 크고 큰 하중에 견디며, 인성이 있어 충격과 진동에도 잘 견디고, 열전도도가 크므로 고속도, 고하중의 기계용에 적합하다. 유동성과 주조성이 좋으므로 큰 베어링을 만들기 쉽다.

(3) **납계 화이트 메탈** : Pb-Sb-Sn계 합금, Sb, Sn%가 높을수록 항압력이 커지나, Sb가 너무 많으면 경취해짐. 납계가 피로 강도는 약간 나쁘지만 값이 저렴하여 많이 사용된다.

(4) **Cu계 베어링 합금** : Cu - Pb계 합금인 켈밋(kelmet)이 있으며, Pb 함유량이 많을수록 피로 강도는 낮으나 마모 효과는 커진다. 내소착성이 좋고, 화이트 메탈보다 내하중성이 크므로 고하중용 베어링으로 적합하여 자동차, 항공기 등의 주 베어링으로 쓰인다.

(5) **카드뮴계, 아연계 합금** : Cd은 고가이므로 별로 사용하지 않으나 Cd에 Ni, Ag, Cu 등을 넣어 경화한 합금은 고온 경도와 피로 강도가 화이트 메탈보다 우수하여 하중이 큰 고속 베어링에 사용된다. Zn계는 인청동과 비슷한 특성을 가지고 있으며, 화이트 메탈보다 경도가 크므로 전차용 베어링 등에 사용된다.

(6) **함유 베어링(oilless bearing)**
  ① 소결 함유 베어링 : 5~100μm의 Cu, 주석, 흑연 분말과 윤활제를 혼합한 후 가압 성형하여 환원 기류 중에서 400℃로 예비 소결 후 800℃로 본 소결해서 만든 것, 오일라이트(Oilite)라는 상품명으로 시판함.
  ② 주철 함유 베어링 : 주철에 가열 냉각을 반복시키면 내부에 미세한 균열이 형성되어 다공질화되고 흑연상이 크게 발달하며, 함유시키면 좋은 베어링이 되므로 고속 고하중에 잘 견디고 내열성이 있으므로 대형 베어링으로 제조가 가능하다.

예제 1

니켈(Ni)에 관한 설명으로 옳은 것은?

① 질산에 강하다.
② 황산 등에 잘 부식되지 않는다.
③ 알칼리에 대해서 저항력이 크다.
④ 내마멸성이 작다.

 정답 ③

니켈은 질산에 약하나 알칼리에 대해선 저항력이 크고 내마멸성도 우수하다.

예제 2

니켈 - 구리 합금으로 화폐, 자동차의 방열기 등의 재료로서 많이 사용되는 합금은?

① 베네딕트 메탈 ② 큐폴러 메탈
③ 콘스탄탄   ④ 백동

 정답 ④

백동은 큐프로닉 메탈이라고도 하며, 구리 - 니켈계 청동에 속한 것으로 니켈 15~20%, 아연 20~30%에 구리를 함유한 것이다. 양은(양백)은 구리 - 아연의 합금이다.

예제 3

도우 메탈은 무엇의 대표적인 합금인가?

① Mg - Al계   ② Al - Cu계
③ Mg - Mn계   ④ Sn - Al계

 정답 ①

예제 4

다음 중 티타늄의 성질을 설명한 것으로 옳지 않은 것은?

① 인장강도에 비하여 피로 강도가 작다.
② 바닷물에 강하다.
③ 비중이 철과 알루미늄의 중간이다.
④ 용융점이 대단히 높다.

 정답 ①

예제 5

주석보다 용융점이 더 낮은 합금의 총칭으로서 납, 주석, 카드뮴의 두 가지 이상의 공정 합금이라고 보아도 무관한 합금은?

① 저용융점 합금　② 베어링용 합금
③ 납청동 켈밋 합금　④ 땜용 합금 및 경납

 정답 ①

저용융점 합금
우드 메탈 68℃, 뉴턴 합금 94℃, 로즈 합금 100℃, 비스무트 땜납 113℃

4 신소재 및 기타 합금

가. 형상기억 합금

1) 형상기억 합금

재료를 상온까지 온도를 내려서 다른 형상으로 변형시켰다가 다시 온도를 상승시키면 어느 일정한 온도 이상에서 원래의 형상으로 변화하는 성질을 이용한 합금

2) 특징

(1) 마텐사이트 변태는 작은 구동력으로 생긴 열탄성 변태이다.
(2) 고온상은 대부분의 경우 규칙 구조를 갖고 저온상은 저대층의 결정 구조를 갖는다.

3) 형상기억 효과

(1) **일방향 형상 기억** : 고온상의 형상 하나만 기억하는 경우로 오스테나이트 상의 형상만 기억하는 경우
(2) **전방향 형상 기억** : 소성 변형을 준 상태에서 시효시킨 Ni, 과잉 Ti-Ni계 합금에서 나타나는 현상
(3) **변형 의탄성** : 변태 작용 시의 마텐사이트 변태 온도가 역변태 종료 온도보다 높은 경우에 생기는 현상으로 응력 유기 마텐사이트가 외부 응력 제거 시 오스테나이트로 변태가 일어나는 성질
(4) **가역형상 기억** : 일방향 형상기억 합금을 다시 냉각 시 변형시켰던 형상으로 되돌아가는 경우의 형상

4) 형상기억 합금의 종류

(1) Cu계 합금
　① 결정입자의 미세화를 위해 Ti 등의 첨가에 의한 성능 개선을 한다.
　② 소성가공이 좋아서 반복 사용하지 않는 이음쇠 등의 용도로 사용한다.
(2) Ti-Ni계 합금
　① 연성이 우수하고 내식성, 내마모성, 반복 피로성이 가장 우수하다.
　② 센서와 액추에이터를 겸비한 기능성 재료로서 기계, 전기관련 분야에 사용한다.

나. 제진 재료

1) 제진 재료

진동 감소에 사용되는 재료는 흡음 재료(吸音 材料), 차음 재료(遮音 材料), 제진 재료(制振 材料) 그리고 방진 재료(防振材料) 등이 있는데 넓은 의미에서 볼 때 이들의 모든 재료를 제진 재료(제진 합금)라고 할 수 있다.

2) 진동 및 소음의 방지 대책

(1) 진동원의 진동을 감소시키는 방법
(2) 발생한 진동이나 소리를 흡수하거나, 진동이나 소리를 차단하는 방법

3) 진동이나 소음 대책에 이용 가능한 재료

기능	대상	
	음	진동
에너지의 흡수(열에너지로 변환)	흡음 재료	제진 재료(흡진)
에너지 전파의 차단(에너지의 반사)	차음 재료	방진 재료

4) 제진 합금의 특징

(1) 고무, 플라스틱은 감쇠능이 높아 60% 정도의 SDC값을 나타낸다.
(2) 고감쇠능 구조용 재료는 SDC가 10% 이상이 요구된다.
(3) 강도가 높고 제진계수가 큰 것이 사용되며, 제진계수가 클수록 감쇠 속도가 증가된다.

다. 반도체

1) 반도체의 특성

(1) 전압 - 전류 특성 곡선에 비직선적이다.
(2) 자유 전자의 수가 적은 재료로서 전기저항은 온도가 상승함에 따라 감소한다.

2) 반도체용 금속 재료

(1) **전극 재료** : W, Mo, Ta, Ti 등이 있다.
(2) **집적회로의 배선 재료** : 집적재료 회로용 금속재료에는 전극 및 배선 재료인 Al, Si, Ti, Mo, Ta, W, Au 등이 있다.
(3) **리드 프레임(lead frame)** : 집적회로의 조립공정에서 필요한 대표적인 금속재료로 IC용, DIP용, LSI 등이 있다.
(4) **땜용 재료** : Sb, Ag, Cu 등을 함유한 합금, In-Pb-Sn계, In-Sn계 등의 합금이 이용된다.

3) 반도체 재료의 정제법

(1) 물리적 정제법
  ① 플로팅존법 : 도가니나 보트와 같은 용기를 사용하지 않는 정제법으로 다결정 Si 막대의 상하를 척으로 지지하여 수직으로 고정시키고 고주파 가열 코일에 의해 부분적으로 용융한다.
  ② 대역 정제법 : 편석법을 보완한 방법으로 Ge 등 많은 반도체와 금속의 정제에 이용된다.

(2) Ge, Si의 정제법
  ① 광석의 가루를 염소화하여 $GeCl_4$를 만들어 이를 증류하여 순도를 높게 하고 다시 가스 분해한 후 GeO_2를 만들며 고순도 산화 Ge은 고순도의 H 중에서 550℃로 1시간 정도 유지 후 700℃로 2시간 정도 환원시킨 Ge의 정제법이 있다.
  ② 실리콘 정제는 플로팅존법을 주로 이용한다.

라. 비정질 금속

1) 특성

(1) 전기 저항이 크고 그 값의 온도 의존성은 적으며 용접은 결정화 때문에 불가능하다.
(2) 열에 약하고 고온에서 결정화하여 완전히 다른 재료가 되며 얇은 재료에만 가능하다.
(3) 경도가 높고 연성이 양호하며 가공경화 현상이 나타나지 않고, 고주파 특성이 좋다.

2) 비정질 합금의 제조법

(1) 진공 증착법
  ① 진공 용기 속에서 금속을 가열하여 기체 상태의 원자로 만들어 용기 속의 세라믹기 판의 표면에 그 증기를 부착시켜 박막을 만든다.
  ② Ge 및 Si의 비정질막을 비교적 간단하게 얻을 수 있고, Fe, Ni도 쉽게 비정질화가 가능하다.

(2) 단롤법
  ① 모합금을 도가니에 넣어 용해하며 도가니의 압력을 높여 용탕을 고속 회전하는 롤 표면에 분출시켜 냉각하는 방법
  ② 이 방법으로 얻어진 비정질 합금은 보통 2~3mm 폭의 띠 모양의 리본 형태이다.

(3) 쌍롤법
  ① 회전하는 롤 사이에 용탕을 공급하여 리본을 만드는 방법
  ② 자기 헤드 철심 재료와 같은 정밀 부품의 제조에 적합하다.

(4) **sputter법** : 불활성가스 이온을 모합금에 충돌시켜 튀어 나온 원자를 기판 위에서 석출시키는 방법, 희토류 금속을 포함하는 비정질 시료의 제조에 많이 응용된다.

(5) **분무법** : 고속으로 분출하는 물의 흐름 중에 적당한 용융금속을 떨어뜨려 미분화하여 급랭, 응고시키는 방법, 분말상의 비정질을 얻으며 대량 생산에 적합하다.

(6) **원심 급랭법**
① 회전 냉각체의 회전수가 높을수록 용탕과의 밀착이 증대하여 비정질화하기 쉽다.
② 회전하는 상태에서 비정질 재료를 끄집어 내는 것이 매우 곤란하다.

마. 초소성 재료

1) 초소성 재료의 특징
(1) 초소성 영역에서 강도가 낮고 연성은 매우 크다.
(2) 초소성은 일정한 온도 영역과 변형 속도의 영역에서만 나타난다.
(3) 결정입자는 $10\mu m$ 이하의 크기로서 등방성이다.
(4) 재질은 결정입자가 극히 미세하며 외력을 받을 때 슬립 변형이 쉽게 일어난다.

2) 미세 결정입자 초소성의 조건
(1) 재료의 결정입자가 $10\mu m$ 이하인 것을 일정한 온도하에서 적당한 변형 속도를 가하면 나타난다.
(2) 변형 온도는 그 재료 용융점의 1/2 이상이어야 하며, 최적의 변형 속도가 존재하여야 한다.

3) 미세 결정입자의 초소성 변형 기구
(1) 초소성 변형에서는 각 결정입자가 경계를 미끄러지거나 회전하여 변형한다.
(2) 합금의 보통 소성에 알려진 슬립선의 운동으로 결정입자 자체가 변형되고 재료 전체가 소성 변형된다.

4) 초소성 재료의 성형법
(1) **gatorizing 단조법** : Ni계 초소성 합금으로 터빈 디스크를 제조하기 위하여 개발된 방법
(2) **blow 성형법** : 판상의 Al계 및 Ti계 초소성 재료를 15~300psi의 가스 압력으로 어느 형상에 양각 또는 음각하거나 금형이 필요 없이 자유 성형하는 방법
(3) **SPF/DB법** : 초소성 성형법과 고체 상태에서 용접하는 확산 접합법이 합쳐진 기술로서 고체 상태의 확산에 의해서 초소성 온도에서 용접이 가능하기 때문에 초소성 재료를 사용할 때만 가능하다.

바. 복합 재료

1) 분산 강화 복합 재료(PSM)
(1) 서멧의 일종으로 기지 금속 중에 $0.01~0.1\mu m$ 정도의 산화물 등의 미세입자를 균일하게 분포시킨 재료가 분산 강화 복합 재료이다.
(2) 분산된 미립자는 기지 중에서 화학적으로 안정하고 용융점이 높다.
(3) 초미립자의 제조 및 소성가공이 어렵고 값이 비싸다.

2) 입자 강화 복합 재료
(1) 내열성, 내마모성, 내식성이 우수하고 경도가 높고 압축강도가 크다.
(2) $1\mu m$ 이상의 비금속 성분의 입자가 20~80%의 넓은 범위에 걸쳐 금속, 합금 기지 중에 분산된 복합재료이다.

3) 섬유 강화 금속 복합재료(FRM)
(1) 금속모재 중에 대단히 강한 섬유상의 물질을 분산시켜 요구되는 특성을 가지도록 만든 것을 섬유강화금속 복합재료(FRM)라 한다.
(2) 최고 사용 온도가 377~527℃이며 모재와 섬유에 따라 제조법이 한정된다.
(3) 복합 과정이 일반적으로 고온이므로 복합화가 어렵다.
(4) 섬유강화 금속의 분류
① **고용융계 섬유 강화 금속** : 927℃ 이상의 고온에서 강도나 크리프 특성을 개선시키는 목적이다.
② **저용융계 섬유 강화 금속** : 최고 사용 온도가 377~527℃로 비강성, 비강도가 큰 것을 목적으로 한다.

4) 클래드 재료

(1) 2종 이상의 금속 또는 합금을 서로 합하여 각각 소재가 가진 특성을 복합적으로 얻는 복합재료로서 표면 피복 효과, 상호 보완 효과, 경제 효과가 있다.
(2) 공업적으로 대형 치수의 것을 연속적으로 생산이 가능하다.

5) 다공질 재료

(1) 소결체의 다공성을 이용한 함유 베어링이나 다공질 금속 필터가 있다.
(2) 단열성, 내화성, 가공성, 차음성이 우수하다.
(3) 가정용 기기, 자동차 부품, 토목기계 부품 등에 사용한다.

예제 1

재료를 상온까지 온도를 내려서 다른 형상으로 변형시켰다가 다시 온도를 상승시키면 어느 일정한 온도 이상에서 원래의 형상으로 변화하는 성질을 이용한 합금으로 대표적인 합금이 Ni-Ti계인 합금의 명칭은?

① 형상기억 합금 ② 비정질 합금
③ 클래드 합금   ④ 제진 합금

 정답 ①

형상기억 합금은 일정 온도에서 원래의 형상으로 변화하는 것으로 Ni-Ti(니티놀)이 대표적인 합금이다.

예제 2

다음 중 전기 저항이 0(zero)에 가까워 에너지 손실이 거의 없기 때문에 자기부상열차, 핵자기공명 단층 영상 장치 등에 응용할 수 있는 것은?

① 제진 합금   ② 초전도 재료
③ 비정질 합금   ④ 형상기억 합금

 정답 ②

초전도 재료
일정 온도에서 전기저항이 0에 가까워서 에너지 손실이 거의 없는 재료이다.

예제 3

초소성 재료의 특징에 대한 설명으로 옳지 않은 것은?

① 초소성은 일정한 온도 영역과 변형 속도의 영역에서만 나타난다.
② 초소성 영역에서 강도가 낮고 연성은 매우 크다.
③ 결정입자가 극히 미세하여 외력을 받을 때 슬립 변형이 쉽게 일어난다.
④ 결정입자는 10mm 이하의 등방성이다.

 정답 ④

결정입자는 $10\mu m$ 이하의 등방성이다.

예제 4

입자 강화 복합 재료의 특성으로 옳지 않은 것은?

① 내열성, 내마모성이 우수하다.
② 경도가 높고 압축강도가 크다.
③ $1\mu m$ 이상의 비금속 입자가 금속, 합금 기지 중에 분산되어 있다.
④ 초소성 성형법에 의해 제조한다.

 정답 ④

초소성 성형법은 초소성 재료 제조법의 일종이다.

예제 5

2종 이상의 금속 또는 합금을 서로 합하여 각각 소재가 가진 특성을 복합적으로 얻는 복합 재료를 무엇이라 하는가?

① 섬유 강화 금속 ② 클래드 재료
③ 소성 재료   ④ 제진 재료

 정답 ②

04 단원별 출제예상문제

SECTION

DIY쌤이 **콕! 집어주는 주요 예상문제** 풀어보기!

01 다음은 구리의 성질에 대한 사항이다. 옳지 않은 것은?

① 열과 전기의 양도체이다.
② 아연(Zn), 주석(Sn), 니켈(Ni), 은(Ag) 등과 함께 합금이 쉽다.
③ 상온 가공에서는 인장강도는 좋지만 연신율은 늘어난다.
④ 전연성이 풍부하고 유연하다.

> 구리를 상온 가공하면 가공률 70% 부근에서 인장강도가 최대이며, 연신율, 단면 수축률은 감소한다.

02 구리의 경도 표시에서 옳지 않은 것은?

① O : 연질
② 1/2H : 1/2 경도
③ H : 경질
④ T : 최경질

> 3/4 경질 등으로 표시하며, T는 템퍼링 열처리 표시이다.

03 산소를 0.01% 이하로 저하시키고 인(P)의 잔류를 0.02% 정도로 만든 것으로 용접용으로 적합하여 대부분 관으로 제조되어 가스관, 열 교환 기관, 기름과 같은 액체의 도관으로 쓰이는 것은?

① 탈산 구리
② 정련 구리
③ 무산소 구리
④ 거친 구리(조동)

> **거친 구리**
> 동광석을 용융로에서 제조한 후 다시 전로에서 산화 정련한 구리

04 다음 중 정련 구리의 산소 함유량은?

① 0.01~0.02%
② 0.02~0.04%
③ 0.07~0.09%
④ 0.1~0.2%

> 구리의 산소 함유량이 가장 적은 것부터 무산소 구리(0.001~0.002%), 탈산 구리(0.01% 이하), 그 다음이 정련 구리이다. 산소량이 0.02~0.04% 이상이면 고온 균열을 일으키게 된다.

05 6 : 4 황동에 대한 설명으로 옳지 않은 것은?

① 60Cu - 40Zn의 합금이다.
② 내식성이 다소 낮고, 탈 아연 부식을 일으키기 쉽다.
③ 일반적으로 판재, 선재, 볼트, 열교환기 등의 재료로 쓰인다.
④ 상온에서 7 : 3 황동에 비하여 전연성이 높고 인장강도가 크다.

> **6 : 4 황동**
> 문쯔메탈이라고도 하며, 상온에서 7 : 3 황동에 비해 인장강도가 크고 전연성이 낮다.

06 6 : 4 황동에 철을 1~2% 첨가한 것으로 일명 철황동이라 하며 강도가 크고 내식성도 좋아 광산 기계, 선박용 기계, 화학 기계 등에 사용되는 특수 황동은 어느 것인가?

① 에드미럴티 황동
② 네이벌 황동
③ 델타메탈
④ 쾌삭 황동

정답 01 ③ 02 ④ 03 ① 04 ② 05 ④ 06 ③

07 황동의 내식성을 개량하기 위하여 1% 정도의 주석을 첨가한 주석 황동의 용도로서 가장 적합한 것은?

① 시계용 기어, 볼트, 너트
② 콘덴서, 튜브 펌프축, 게이지
③ 복수기 판, 열 교환기
④ 스프링용, 선박 기계용

네이벌 황동의 경우 복수기 판, 용접봉에 사용된다.

08 6 : 4 황동에 Sn을 1% 첨가한 합금으로 내식성이 커 스프링 및 선박 기계용에 널리 사용되는 특수 황동은?

① 에드미럴티 황동   ② 네이벌 황동
③ 델타메탈   ④ 문쯔메탈

09 6 : 4 황동에 Fe, Mn, Ni 등을 첨가하여 취약하지 않고 강력하며 내식성, 내해수성을 증가시킨 황동은?

① 고강도 황동   ② 텔타메탈
③ NM 청동   ④ 듀리나 메탈

- **NM 청동** : 6 : 4 황동에 Ni를 약 10% 첨가한 것으로 선박 프로펠러재로 쓰이는 것
- **듀리나 메탈** : 7 : 3황동에 2% Fe와 소량의 Sn, Al을 첨가한 것, 주조재, 가공재로 쓰인다.

10 7 : 3 황동에 관한 설명으로 옳지 않은 것은?

① 상온에서도 전성이 있다.
② 가공이 쉬워 판재, 봉재, 관재 등을 만들 수 있다.
③ 열간 가공이 용이하다.
④ 냉간 가공에 의한 가공 경화가 크다.

7 : 3 황동
상온에서도 전연성이 있어 연신율이 커서 상온 가공성이 양호하므로 압연이나 드로잉 등의 가공이 용이하다. 725~850℃에서 고온 가공하면 메지므로 냉간 가공한다.

11 황동 중에서 Cu-20% Zn 합금으로 전연성이 좋고 색이 아름다워 장식용 악기 등에 사용되는 것은?

① 길딩 메탈   ② 로우 브레스
③ 레드 브레스 ④ 코모셜 브론즈

톰백의 일종
① Cu - 5% Zn 합금
② Cu - 20% Zn 합금
③ Cu - 15% Zn 합금
④ Cu - 10% Zn 합금

12 황동 가공재를 상온에서 방치하거나 또는 저온 풀림 경화된 스프링재는 사용 중 시간의 경과에 따라 강도 등 여러 성질이 나빠진다. 이러한 현상을 무엇이라 하는가?

① 경년 변화   ② 탈아연 부식
③ 자연 균열   ④ 저온 풀림 경화

- **황동의 자연 균열(season crack) 발생 원인** : 공기 중의 암모니아 또는 염류 등에 의한 입계 부식으로 인한 내부 응력 때문
- **자연 균열 방지법** : 도금이나 도장으로 표면을 보호하거나 200~300℃로 20~30분간 저온 풀림하여 잔류응력을 제거한다.

13 황동을 재결정 온도 이하의 저온에서 풀림하면 가공 상태보다 오히려 경화되는 현상을 무엇이라 하는가?

① 저온 풀림 경화   ② 경년 변화
③ 시효 경화   ④ 자연 균열

14 황동이 불순물, 부식성 물질이 녹아있는 수용액의 작용에 의해 아연이 용해되는 현상을 무엇이라 하는가?

① 경년 변화   ② 탈 아연 부식
③ 수소 취성   ④ 고온 탈 아연 부식

탈 아연 부식
황동이 해수 등에 장시간 접촉하면 황동의 표면부터 아연이 용해하여 부식되는 현상이다.

정답 07 ③ 08 ② 09 ② 10 ③ 11 ② 12 ① 13 ① 14 ②

15 다음 중 탈 아연 부식 방지법으로 적합하지 않은 것은?

① 아연 조각 연결
② 30% Zn 이하 황동 사용
③ 전류에 의한 방식
④ 고온 풀림처리

16 산화 구리를 환원성 분위기에서 가열할 때 수소가 구리 중에 확산 침투되어 균열이 발생하는 현상은?

① 수소 병
② 경년 변화
③ 시효 경화
④ 고온 탈 아연

> **고온 탈 아연**
> 고온에서 증발에 의해 아연이 탈출하는 현상은 표면이 깨끗할수록 심하며, 방지 방법은 표면에 산화물 피막을 형성한다.

17 청동의 성질을 설명한 것이다. 옳지 않은 것은?

① 황동에 비해 가공성이 불량하다.
② 15% Sn 이상이면 취성이 있어 상온 가공이 곤란하다.
③ 주조성, 내식성이 양호하며, 강도와 내마멸성이 크다.
④ 연신율은 아연 4%에서 최대이다.

> 연신율은 주석 4%에서 최대, 인장강도는 Sn양이 증가하면 크게 되며, 17~20% Sn에서 최대가 된다. 경도는 Sn 30%에서 최대이다.

18 청동은 주석이 (   )% 이상에서 경도가 급격히 커지며, 연신율은 (   )% 이상에서 최대이다. 괄호에 들어갈 내용으로 옳은 것은?

① 15, 4
② 4, 15
③ 18, 6
④ 6, 18

> 청동은 Sn 4%에서 연신율 최대, 15% 이상에서 함유량에 비례하여 강도, 경도 급격히 증가, 32%에서 최대값을 나타낸다.

19 구리 – 니켈계의 합금에 소량의 규소를 첨가하여 강도와 전기 전도도를 향상시킨 합금은 어느 것인가?

① 콜슨 합금
② 양은
③ 니켈 합금
④ 켈밋

20 7 : 3 황동에 Ni 15~20% 함유한 것으로 은 대용품, 전기 저항, 전기 접점, 스프링, 장식품 등에 쓰이는 것은?

① 양은
② 문쯔메탈
③ 톰백
④ 포금

> 포금의 성분은 Cu 90%, Sn 10%이며, 기계 부품에 사용되는 청동을 총칭하여 포금이라 부른다.

21 색깔이 아름답고 변색하지 않으며 가공성이 우수하여 담배 케이스 등으로 쓰이는 구리 합금의 명칭은?

① 6 : 4 황동
② 7 : 3 황동
③ 인청동
④ 양은 판

> 양은은 10~20%Ni, 15~30%Zn, Cu의 합금으로 양백이라고도 한다.

22 Cu + Ni 45% 합금으로 전기 저항성이 좋아 열전대용으로 사용되는 것은?

① 콘스탄탄
② 알루멜
③ 크로멜
④ 켈밋

> 콘스탄탄은 온도 측정용 열전쌍(열전대), 표준 전기 저항선용으로 쓰인다.

23 주석 청동에 납을 첨가하여 윤활성을 좋게 한 것으로 베어링, 패킹 등에 널리 이용되는 것은?

① 인청동
② 연청동
③ 에버듀르
④ 허큘로이

> • 에버듀르 : Cu-Si 3~4%-Mn 1~1.2%
> • 실진 청동 : Cu-Si 3.2~5%-Zn 9~16%
> • 허큘로이 : Cu-Si 0.78~3.5%-Fe 1.6%- 9~16%
> • 인청동은 청동에 탈산제로 첨가되어 잔류한 것으로 0.05~0.5% 정도 남게 한다.

정답 15 ④ 16 ① 17 ④ 18 ① 19 ① 20 ① 21 ② 22 ① 23 ②

24 뜨임 시효 경화성이 있어서 내식성, 내열성, 내피로성 등이 좋으므로 베어링이나 고급 스프링 등에 이용되며, 인장강도도 133kg/mm² 에 달하는 청동 합금은?

① 콜슨(colson) 합금
② 암스 청동(arm's bronze)
③ 베릴륨 청동(Be-bronze)
④ 에버듀르(evadur)

> **베릴륨 청동**
> 구리에 Be를 2~3% 첨가한 것으로 베어링, 스프링 등에 사용된다.

25 다음 중 호이슬러 합금의 주성분은?

① Cu-Mn에 Al, Si 등을 첨가한 것
② Cu-Ni에 Al, Be 등을 첨가한 것
③ Cu-Sn에 Sb, Pb 등을 첨가한 것
④ Cu-Si에 Zn, Ag 등을 첨가한 것

26 알루미늄에 대한 설명 중 옳지 않은 것은?

① 비중 2.7, 용융점이 약 660°C이며, 면심 입방 격자이다.
② 알루미늄 주물을 제일 많이 소비하는 곳은 자동차 공업이며, 이것은 무게를 경감시키고 타이어를 절약할 수 있다.
③ 산화 피막 때문에 부식이 잘 안되며, 염산이나 황산 등의 무기산에도 부식되지 않는다.
④ 대기 중에서 내식력이 강하고 전기와 열의 좋은 전도체이다.

> 알루미늄은 염산, 황산 등 무기산, 바닷물에 침식되나, 대기 중에는 내식력이 강하다.

27 다음은 알루미늄의 성질을 설명한 것이다. 옳지 않은 것은?

① 표면에 산화 피막이 생겨 내식성이 우수하다.
② 용융점이 높아 고온 강도가 크다.
③ 전기 및 열전도율이 은, 구리 다음으로 좋다.
④ 전연성이 우수하고 용접성이 좋다.

28 다음 중 알루미늄의 용도가 올바르지 않은 것은?

① 항공기 및 자동차의 구조 재료
② 의약품 및 식품 포장 재료
③ 송전선의 재료
④ 칼날 및 키의 재료

> 알루미늄은 매우 연해 칼날이나 키 등의 재료로는 사용이 곤란하다.

29 급랭으로 얻은 과포화 고용체에서 과포화된 용해물을 분석하여 물질을 분리 안정시키는 것은?

① 석출 경화   ② 돌출 경화
③ 열간 가공   ④ 냉간 가공

> 알루미늄에서 기계적 성질의 개선은 석출 경화나 시효 경화로 얻는다.

30 알루미늄의 산화 피막법으로 적합하지 않은 것은?

① 황산법   ② 크롬산법
③ 알루마이트법   ④ 접종법

> 알루미늄의 방식법에는 ①, ②와 수산법(알루마이트법)이 있다.

31 알루미늄의 양극 산화 피막법에 쓰이는 백색 수용액이 아닌 것은?

① 탄산염   ② 황화물
③ 초산염   ④ 염화물

> 양극 산화 피막법의 전해액은 ①, ②, ③ 외에 수산, 유산동 등이 있으며 염화물은 쓰이지 않는다.

32 알루미늄의 표면에 인공적으로 얇은 산화막을 만들어 내식성을 갖게 해준 것은?

① 두랄루민   ② 알루마이트
③ 실루민   ④ 하이드로날륨

정답 24 ③ 25 ① 26 ③ 27 ② 28 ④ 29 ① 30 ④ 31 ④ 32 ②

33 다음 중 내식성 알루미늄(Al) 합금에 속하지 않는 것은?

① 하이드로날륨　② 알민
③ 알드레이　　　④ 델타메탈

- **알민** : Al + Mn계, 내식성 우수
- **알드레이** : Al + Mg + Si계, 강인성 있고 큰 가공 변형에도 잘 견딤

34 알루미늄의 담금질 효과와 같이 강도와 경도가 시간의 경과와 더불어 증가되는 현상은?

① 시효 경화(age hardening)
② 탈아연 부식(dezincification)
③ 경년 변화(secular change)
④ 자연 균열(season cracking)

- **경년 변화** : 냉간 가공한 후 저온 풀림처리한 황동(스프링 등)이 사용 중 시간 경과와 더불어 경도값이 증가하는 현상
- 시효 현상을 촉진하는 것이 인공 시효이며 담금질된 재료를 160℃ 정도로 가열하는 것이다.

35 실루민의 주조 시 금속 나트륨을 0.05~0.1% 첨가하여 잘 교반하고 주입하면 규소가 미세한 공정으로 되어 기계적 성질이 개선되는데 이와 같은 방법을 무엇이라 하는가?

① 열처리　　② 자연 시효
③ 개량처리　④ 시효처리

36 알루미늄 - 규소계 합금으로 실루민이 대표적인 금속인데 이 금속의 "개량처리법" 중 옳지 않은 것은?

① 시안화법　　② 플루오르 화합물법
③ 금속 나트륨법　④ 수산화나트륨법

실루민
알팩스(alpax)라고도 하며 Al에 10~14% Si를 함유시킨 합금으로 수축이 비교적 적고 기계적 성질이 우수하다.

37 알루미늄에 Mg을 넣으면 다음 중 무엇이 좋아지는가?

① 열전도성　② 전연성
③ 내식성　　④ 내마모성

Al에 10%Mg까지 첨가하면 내식성이 좋아지고 강도와 연신성을 갖는 내식용 합금이 되며 대표적으로 하이드로날륨이 있다.

38 Y 합금에 대한 설명 중 옳지 않은 것은?

① 시효 경화성이 있어서 모래형 및 금형 주물에 사용된다.
② Y 합금은 공랭 실린더 헤드 및 피스톤 등에 많이 이용된다.
③ 알루미늄에 규소를 첨가하여 주조성과 절삭성을 향상시킨 것이다.
④ Y 합금은 내연 기관의 부품 재료로 사용된다.

- **Y 합금의 주성분** : Al 92.5%, Cu 4%, Ni 2%, Mg 1.5%
- 단련용 알루미늄 합금인 Y 합금의 조성 원소 구성은 알루미늄(Al), 구리(Cu), 니켈(Ni), 마그네슘(Mg)이다.

39 다음 설명 중 피스톤 재료로서 필요한 성질이 아닌 것은?

① 팽창계수가 클 것
② 비중이 작을 것
③ 열전도도가 클 것
④ 고온 강도와 경도가 클 것

내연 기관은 팽창계수가 작아야 된다.

40 다음 중 니켈(Ni)의 성질에 속하지 않는 것은?

① 상온에서 강자성체이다.
② 내식성이 크다.
③ 360℃(자기변태점) 이상에서 자성을 잃는다.
④ 질산에 강하다.

니켈은 360℃에서 자기변태를 하며, 질산에는 약하다.

정답　33 ④　34 ①　35 ③　36 ①　37 ③　38 ③　39 ①　40 ④

41 니켈과 크롬 합금으로 높은 전기 저항, 내산성, 내열성을 가진 합금은?

① 인바
② 엘린바
③ 니크롬
④ 퍼멀로이

42 니켈 합금 중 내식성이 우수하고 주조성과 단련이 잘 되어 화학 공업용으로 널리 사용되는 것은?

① 10~30% Ni 합금(백동)
② 40~50% Ni 합금(콘스탄탄)
③ 65~70% Ni 합금(모넬메탈)
④ Ni 30%, Co 2%, MnO 4%(Fe - Ni계)

43 모넬메탈(monel metal)의 종류 중 유황을 넣어 강도는 희생시키고 피삭성을 개선한 것은?

① KR-monel
② K-monel
③ R-monel
④ H-monel

- KR – 모넬 : C 28% 함유
- K – 모넬 : Co 4% 함유
- R – 모넬 : S 0.035% 함유로 피절삭성 개선
- H – 모넬 : Si 3% 함유
- S – 모넬 : Si 4% 함유

44 다음 중 Ni 36%, Cr 12% 나머지는 Fe과 소량의 C, Mn, Si, W을 갖는 니켈 – 철 합금으로서 열팽창계수가 적어 고급 시계의 부품에 쓰이는 것은?

① 엘린바
② 니콜라이
③ 퍼멀로이
④ 인바

- 엘린바 : 열팽창계수가 8×10^{-6}로 고급 시계, 정밀 저울 등의 스프링 및 정밀 기계 부품에 사용된다.
- 인바는 열팽창계수가 0.9×10^{-6} 정도이다.

45 열팽창계수가 9×10^{-6}으로 유리나 백금선과 비슷하여 전극의 봉입선에 사용되는 비철 금속은?

① 니칼로이
② 퍼멀로이
③ 플래티나이트
④ 엘린바

46 다음 중 진공관의 필라멘트 재료로 많이 사용되는 것은?

① 크로멜
② 인코넬
③ 니크롬
④ 모넬메탈

인코넬은 니켈에 Cr 13~21%, Fe 6.5% 첨가한 것으로 내식성이 우수하고 내열용에 사용된다.

47 다음 중 마그네슘의 원료가 되는 것이 아닌 것은?

① 간수
② 마그네시아
③ 마그네사이트
④ 보크사이트

보크사이크는 알루미늄 광석이다. 간수는 황산마그네슘(사리염), 염화마그네슘, 브롬화마그네슘 등의 화합물인 소금물에서 염화나트륨(식염)을 결정화(結晶化)시킨 뒤에 남는 액체이다.

48 마그네슘(Mg)에 관한 설명으로 옳지 않은 것은?

① 비중은 1.74로서 항공기, 그 밖의 가벼운 것을 요구하는 구조용 재료에 쓰인다.
② 고온에서 쉽게 발화한다.
③ 망간의 첨가로 철의 용해 작용을 어느 정도 막을 수 있다.
④ 산에 부식되지 않으나 알칼리에는 부식된다.

Mg는 융점 650℃, 조밀 육방 격자이며, 연신율 6%, 인장강도 17kgf/mm^{2}로 저온에서 소성 가공이 곤란하다. 알칼리에 강하나 해수에는 약하다.

49 비중이 1.75~2.0인데 비하여 인장강도는 15~35kgf/mm^{2}까지 도달하므로 강도 비중비가 커서 경합금 재료로 매우 적합한 특징을 가진 합금은?

① 알루미늄 합금
② 티타늄 합금
③ 니켈 합금
④ 마그네슘 합금

50 Mg – Al – Zn계 합금의 대표적인 것은?

① 일렉트론
② 도우메탈
③ 하이드로날륨
④ 실루민

정답 41 ③ 42 ③ 43 ③ 44 ① 45 ③ 46 ② 47 ④ 48 ④ 49 ④ 50 ①

51 티타늄과 그 합금에 관한 설명으로 옳지 않은 것은?

① 티타늄은 비중에 비해서 강도가 크며 고온에서 내식성이 좋다.
② 티타늄에 Mo, V 등을 첨가하면 내식성이 더욱 향상된다.
③ 티타늄 합금은 인장강도가 작고 또 고온에서 크리프(creep) 한계가 낮다.
④ 티타늄은 가스 터빈 재료로서 사용된다.

> Ti
> 용융점 1776℃, 비중 4.5 정도이며 해수와 염산, 황산의 내식성과 강도가 크며, 용융점이 높고 고온 저항 즉, 크리프 강도가 크다.

52 다음은 티타늄의 특성을 설명한 것이다. 옳지 않은 것은?

① 열팽창계수 및 탄성계수 등이 작다.
② 전기 저항이 크다.
③ 고온에서 O_2, N_2, C와 반응하기 쉬우므로 용해 주조가 쉽고 용접성도 좋다.
④ 염산, 황산에는 침식되나 질산, 강알칼리에는 강하다.

> 고온에서 O_2, N_2, C와 반응하기 쉬우므로 용해 주조가 어렵고 용접성도 나쁘다.

53 티타늄의 특징을 설명한 것으로 적합하지 않은 것은?

① 철의 1/2 무게로 철과 유사한 수준의 인장강도 ($50kgf/mm^2$ 정도)를 얻을 수 있다.
② 비강도가 크다.
③ 고온 강도와 내식성이 우수하다.
④ 바닷물 및 500℃의 고온에서는 스테인리스강보다 내식성이 나쁘다.

> 티타늄은 비중이 4.5 정도이며, 강도는 Al이나 Mg보다 크고 ($50kgf/mm^2$ 정도) 해수나 고온에서 스테인리스강보다 내식성이 우수하다.

54 다음은 아연에 대한 설명이다. 옳지 않은 것은?

① 조밀 육방 격자형이며, 백색의 연한 금속이다.
② 비중이 7.1, 용융점이 418℃이다.
③ 산, 알칼리, 해수 등에 부식되지 않는다.
④ 철판, 철선의 도금에 이용된다.

55 주석을 가장 잘 설명한 것은?

① 4%의 알루미늄을 포함하는 자마크계 합금이 널리 사용된다.
② 구리와 철의 표면 부식 방지에 주로 이용된다.
③ 구리, 니켈, 알루미늄 등과 합금을 만든다.
④ 다이캐스팅에 사용된다.

> • 주석(Sn) : 재결정 온도가 상온 이하이므로 가공 경화가 일어나지 않는다.
> • 자마크 : Zn에 4%Al 합금이다.

56 주석에서 백주석과 회주석을 구분하는 변태 온도는?

① 10℃ ② 14℃
③ 18℃ ④ 22℃

> 주석의 변태 온도는 문헌에 따라 13.2℃, 또는 18℃로 되어 있으며 정확한 답이 없다. 18℃ 이상은 백주석(β-Sn), 18℃ 이하는 회주석(α-Sn)

57 주석 도금 강판의 성질을 잘못 설명한 것은?

① 가공성이 풍부하다.
② 내식성이 강하다.
③ 인장강도가 높다.
④ 독성이 없어서 식기 등에 사용한다.

58 주석 30%, 납 70%이고 용융점이 260℃ 정도인 연납의 용도로서 가장 적합한 것은?

① 저용융 합금납
② 황동 주석판, 정밀 계기용
③ 건축, 큰 주석판의 세공용
④ 전기 및 가스 계기용

정답 51 ③ 52 ③ 53 ④ 54 ③ 55 ② 56 ③ 57 ③ 58 ③

59 납에 대한 다음 설명 중 옳지 않은 것은?
① 면심 입방 격자이며, 백색의 아주 연한 금속이다.
② 비중이 11.34, 용융점이 326℃이다.
③ 모든 산에 약하여 부식된다.
④ 인체에 유해하므로 식기에 함유되면 안 된다.

> **납**
> 비중이 크고 밀도가 높으며, 방사선을 투과할 수 없으나, 주조성은 나쁘다.

60 질산 및 고온의 진한 염산에는 침식되나 다른 산에는 저항이 크므로 내산용 기구로 사용되고 가용성 화합물이 인체에 해를 주는 비철 금속재료는?
① 아연　② 납
③ 니켈　④ 주석

61 Sn, Pb, Zn, Sb, Cu가 함유된 합금명은?
① 화이트 메탈　② 베빗 메탈
③ 콘스탄탄　④ 알루멜

62 Sn 및 Pb계 화이트 메탈의 베어링 합금에 필요한 조건으로 옳은 것은?
① 비중이 작고 열전도도가 클 것
② 마찰계수가 크고 마멸 저항이 클 것
③ 주조성이 크고 비쌀 것
④ 윤활유 등에 침식되지 않도록 내식성이 있을 것

> 화이트 메탈이란 융점이 낮은 백색의 합금으로 항압력, 점성, 인성 등이 커서 베어링에 적당하다.

63 다음 중 베빗 메탈의 장점이다. 옳지 않은 것은?
① 고온에서도 성능이 좋고 중하중의 기계용으로 적합하다.
② 비열이 작고 열전도도가 크다.
③ 유동성과 주조성이 좋지 않다.
④ 충격과 진동에 잘 견딘다.

> **베빗 메탈**
> Sn을 기지로 한 화이트 메탈, 마찰계수가 적고 고온, 고압에 견디는 주석을 주성분으로 한 베어링 합금

64 화이트 메탈(white metal)은 다음 중 어느 합금에 속하는가?
① 내열 재료 합금　② 내부식 재료 합금
③ 베어링 재료 합금　④ 내마모 재료 합금

65 다음 중 켈밋 메탈(kelmet metal)의 주성분은 어느 것인가?
① Cu, Pb, Zn　② Zn, Sn, Cu
③ Pb, Zn, Ni　④ Zn, Cu, Cr

> **켈밋 메탈**
> 구리에 납을 20~40% 정도 첨가하며, 고하중, 고속의 베어링 소재로 적합한 베어링용 합금

66 다음 중 베어링(Bearing)용 합금으로 사용되지 않는 것은?
① 베빗 메탈(Babbit metal)
② 오일리스(Oilless)
③ 화이트 메탈(White metal)
④ 자마크(Zamak)

> **자마크(마작)**
> 아연 + Al 4% 첨가한 것

67 오일리스 베어링과 관계 없는 것은?
① 구리와 납의 합금이다.
② 기름 보급이 곤란한 곳에 적당하다.
③ 너무 큰 하중이나 고속 회전부에는 부적당하다.
④ 구리, 주석, 흑연의 분말을 혼합 형성한 것이다.

> 오일리스 베어링은 구리와 주석의 합금이다.

68 오일리스 베어링의 주요 합금 원소는?
① Cu, Sn, Cd　② Cu, Sn, Pb
③ Cu, Sn, Si　④ Cu, Sn, C

> 오일리스 베어링은 다공질 재료에 윤활유가 들어있어 항상 급유할 필요가 없으며 구리, 주석, 흑연 분말을 혼합하여 휘발성 물질을 가한 후 가압 성형한 것이다.

정답 59 ③　60 ②　61 ①　62 ④　63 ③　64 ③　65 ①　66 ④　67 ①　68 ④

69 다음 중 소결 함유 베어링의 특성으로 옳지 않은 것은?

① 구리, 주석, 흑연을 분말 상태로 압축·성형하여 제조한다.
② 700~750℃의 NH_3 기류 중에서 소결하여 만든다.
③ 다공질이 잘 되므로 윤활유를 체적 비율로 20~40% 흡수할 수 있다.
④ 급유가 곤란한 정하중, 무급유 베어링으로 적당하다.

> 소결 베어링 합금(오일리스 베어링)
> Cu 분말에 Sn 분말 8~12%, 흑연 4~5%를 혼합하여 압축 성형하고 900℃의 수소 기류 중에서 소결한 다공질에 윤활유를 체적 비율로 20~40%를 흡수한 것

70 저온에서 어느 정도의 변형을 받은 마텐사이트를 모상이 안정화되는 특정 온도로 가열하면 오스테나이트로 역변태하여 원래의 고온 형상으로 회복되는 현상은?

① 석출경화 효과   ② 형상기억 효과
③ 시효경화 효과   ④ 자기변태 효과

> 형상기억 효과
> 고온에서 기억시킨 형상을 언제까지나 기억하고 있어, 저온에서 아무리 심한 변형을 가해도 조금만 가열하면 즉시 본래의 형상으로 돌아가는 현상으로, 마텐사이트의 역변태에 의해서 일어난다.

71 다음 중 형상기억 효과의 종류가 아닌 것은?

① 3방향 형상기억   ② 전방향 형상기억
③ 가역 형상기억   ④ 변형 의탄성

> 형상기억 효과 중 3방향 형상 기억 효과는 없고 1방향 형상 효과는 있다.

72 고온상의 형상 하나만 기억하는 경우로 오스테나이트 상의 형상만 기억하는 것을 무슨 효과라 하는가?

① 일방향 형상 기억   ② 전방향 형상 기억
③ 가역 형상 기억   ④ 변형 의탄성

73 기체 급랭법의 일종으로 금속을 기체 상태로 한 후에 급랭하는 방법으로 제조되는 합금으로서 대표적인 방법은 진공 증착법이나 스퍼터링법 등이 있다. 이러한 방법으로 제조되는 합금은?

① 제진 합금   ② 초전도 합금
③ 비정질 합금 ④ 형상기억 합금

> 비정질 합금은 급랭에 의해 원자 배열이 불규칙한 상태를 가지고 있어서 비정질이라고 한다.

74 제진 재료에 대한 설명으로 옳지 않은 것은?

① 제진 합금으로는 Mg-Zr, Mn-Cu 등이 있다.
② 제진 합금에서 제진 기구는 마텐사이트 변태와 같다.
③ 제진 재료는 진동을 제어하기 위하여 사용되는 재료이다.
④ 제진 합금이란 큰 의미에서 두드려도 소리가 나지 않는 합금이다.

> 제진은 외부에서 가해진 에너지를 열에너지로 흡수하는 것이다. 마텐사이트 변태는 형상기억 합금에 적용된다.

75 다음 중 진동 감소에 사용되는 재료가 아닌 것은?

① 전도 재료   ② 흡음 재료
③ 차음 재료   ④ 방진 재료

> 전도 재료는 전기전도도를 요하는 초전도 재료를 칭한다.

76 다음 중 반도체 제조용으로 사용되는 금속으로 옳은 것은?

① W, Co   ② B, Mn
③ Fe, P   ④ Si, Ge

> Si, Ge 등은 전자기적 특성이 우수하여 반도체 제조용으로 많이 사용한다.

정답 69 ② 70 ② 71 ① 72 ① 73 ③ 74 ② 75 ① 76 ④

77 다음 중 반도체 집적회로용 배선 재료에 사용되는 금속으로 부적당한 것은?

① Al, Si
② Ti, Mo
③ Fe, P
④ Ta, Au

78 반도체 정제법 중 실리콘의 정제에 주로 이용되는 정제법은?

① 대역 정제법
② Ge 정제법
③ 플로팅존법
④ 초소성 소결법

> **플로팅존법**
> 도가니 등의 용기를 사용하지 않고 다결정 규소 막대의 상하를 척으로 지지하여 수직으로 고정하고 고주파 가열 코일에 의해 부분적으로 용융하는 법

79 다음 중 비정질 합금에 대한 설명으로 옳지 않은 것은?

① 균질한 재료이고 결정 이방성이 없다.
② 강도는 높고 연성도 크나, 가공경화는 일으키지 않는다.
③ 제조법에는 단롤법, 쌍롤법, 원심 급랭법 등이 있다.
④ 액체 급랭법에서 비정질 재료를 용이하게 얻기 위해서는 합금에 함유된 이종원소의 원자 반경이 같아야 한다.

> 비정질 재료의 합금 원소는 원자 반경이 같을 필요가 없다.

80 다음 중 비정질 합금 제조법의 종류가 아닌 것은?

① 진공 증착법
② 초소성 소결법
③ Sputter법
④ 쌍롤법

> 비정질 합금 제조법에는 ①, ③, ④ 외에 단롤법, 원심 급랭법 등이 있다.

81 비정질 합금 제조법 중에서 진공 용기 속에서 금속을 가열하여 기체 상태의 원자로 만들어 용기 속의 세라믹기 판의 표면에 그 증기를 부착시켜 박막을 만드는 법은?

① Sputter법
② 진공 증착법
③ 원심 급랭법
④ 분무법

> **분무법**
> 고속으로 분출하는 물의 흐름 중에 적당한 용융금속을 떨어뜨려 미분화하여 급랭, 응고시키는 방법

82 미세 결정입자의 초소성 조건에 대한 설명으로 옳지 않은 것은?

① 재료 입자가 10㎛ 이하일 것
② 일정 온도에서 적당한 변형 속도를 가하면 소성될 것
③ 변형 온도는 그 재료 용융점보다 높을 것
④ 최적의 변형 속도가 존재할 것

> 미세입자의 초소성 시 변형 온도는 그 재료 용융점의 1/2 이상일 것

83 다음 중 초소성 재료의 성형법으로 부적절한 것은?

① blow 성형법
② gatorizing 단조법
③ SPF/DB법
④ 플로팅존법

> 플로팅존법은 반도체 정제법 중 실리콘의 정제에 주로 이용되는 방법이다.

84 분산 강화 금속 복합 재료에 대한 설명으로 옳은 것은?

① 고온에서 크리프 특성이 우수하다.
② 실용 재료로는 SAP, TD Ni이 대표적이다.
③ 제조 방법은 일반적으로 단접법이 사용된다.
④ Ti은 화학적으로 반응성이 없어 내식성이 나쁘다.

정답 77 ③ 78 ③ 79 ④ 80 ② 81 ② 82 ③ 83 ④ 84 ③

85 분산 강화 금속 복합 재료에 대한 설명으로 옳지 않은 것은?

① 분산된 미립자는 화학적으로 안정하고 용융점이 높다.
② 초미립자의 제조 및 소성가공이 어렵다.
③ 대체로 값이 싸다.
④ 기지 금속 중에 0.01~0.1㎛ 정도의 산화물 등의 미세입자를 균일하게 분포시킨 재료가 분산강화 복합 재료이다.

> 분산강화 복합 재료는 값이 비싸다.

86 1~5㎛ 정도의 비금속 입자가 금속이나 합금의 기지 중에 분산되어 있는 복합 재료로 서멧이라고도 불리는 것은?

① 클래드 금속 복합 재료
② 입자 강화 금속 복합 재료
③ 분산 강화 금속 복합 재료
④ 섬유 강화 금속 복합 재료

> **입자 강화 금속 복합 재료**
> 1~5㎛ 정도의 비금속, 금속 입자를 합금에 분산시킨 것이며 분산 강화 금속 복합 재료는 복합 재료로 분류하지 않고 분산 강화 합금으로 분류한다.

87 재료의 강도를 높이는 방법으로 휘스커(whisker) 섬유를 연성과 인성이 높은 금속이나 합금 중에 균일하게 배열시킨 복합 재료는?

① 클래드 복합 재료
② 분산강화 금속 복합 재료
③ 입자 강화 금속 복합 재료
④ 섬유 강화 금속 복합 재료

> 섬유 강화 금속 복합 재료는 금속 기지에 휘스커를 배열시킨 것이다.

88 다음 중 다공질 재료에 대한 설명으로 옳지 않은 것은?

① 소결체의 다공성을 이용한다.
② 가열성, 산화성, 차음성, 가공성이 우수하다.
③ 가정용 기기, 토목기계, 자동차 부품 등에 사용된다.
④ 함유 베어링이나 다공질 금속 필터가 있다.

> 다공질 재료는 단열성, 내화성, 가공성, 차음성이 있다.

89 고용융계 섬유 강화 금속은 몇 ℃ 이상의 고온에서 강도나 크리프 특성을 개선시키는 것이 목적인가?

① 927℃   ② 527℃
③ 377℃   ④ 227℃

> 저용융계 섬유 강화 금속은 377~527℃, 고용융계 섬유 강화 금속은 927℃ 이상에서 강도나 크리프 특성을 개선시키는 것이 목적이다.

90 다음 중 클래드 재료의 효과가 아닌 것은?

① 표면 피복 효과   ② 초소성 재진 효과
③ 상호 보완 효과   ④ 경제 효과

> 클래드 재료는 ①, ③, ④의 효과가 있으며, 공업적으로 대형 치수의 것도 연속적으로 생산이 가능하다.

정답 85 ③ 86 ② 87 ④ 88 ② 89 ① 90 ②

DO IT
YOURSELF

용접 일반 / 03

#SECTION 01
#키워드
#야금학적 접합법 #용접 자세 #용접 열원

#SECTION 02
#키워드
#용접 회로 #극성 #용접 입열 #용적 이행 #수하 특성
#허용 사용률 #피복제 역할 #아크 쏠림 #언더컷

#SECTION 03
#키워드
#아세틸렌 가스 #중성불꽃 #팁의 능력 #용제 #전진법
#역류 #역화

#SECTION 04
#키워드
#연납땜 #경납땜 #은납 #용제의 구비 조건

#SECTION 05
#키워드
#절단의 조건 #드래그 #분말 절단 #산소창 절단
#스카핑 #아크 에어 가우징

#SECTION 06
#키워드
#소결형 용제 #혼성형 용제 #텅스텐 전극봉 #솔리드(실체) 와이어
#후락스(복합 와이어) #플라스마 아크 용접 #레이저 용접
#전자 빔 용접 #테르밋 용접

#SECTION 07
#키워드
#발열량 #저항 용접의 3요소 #심 용접의 종류 #프로젝션 용접
#업셋 용접 #플래시 용접

#SECTION 08
#키워드
#용접 설계상 주의 사항 #필릿 용접 #용접 홈의 종류 #응력 집중

#SECTION 09
#키워드
#가용접 #용접 지그 #용접 우선 순위 #용착법 #예열
#저온 응력 완화법 #회정 변형
#각 변형 #형제(형강)에 대한 직선 수축법

#SECTION 10
#키워드
#용접 전 검사 #인장 시험 #초음파 탐상검사 #용접부 연성 시험
#노치 취성 시험

01 용접 개요

1 용접의 원리와 종류

가. 원리

(1) **원리** : 금속 등을 수 Å까지 원자 간 거리를 충분히 접근시켜 금속 원자 간 인력 작용에 의해 접합시키는 방법
(2) **불가능한 이유** : 금속 표면에는 매우 얇은 산화 피막과 요철이 있어 상온에서 스스로 결합할 수 없으므로 가열, 압력 등을 이용하여 원자 간 영구 결합시킨다.

나. 접합의 종류(분류)

(1) **기계적 접합** : 볼트 이음, 리벳 이음, 접어 잇기, 핀 이음, 코터 이음 등
(2) **야금학적 접합법(용접의 대분류)**
   ① 융접(fusion welding) : 두 물체의 접합부를 가열·용융시키고 여기에 용가재(용접봉, 와이어, 납 등)를 첨가하여 접합하는 방법(각종 아크 용접, 가스 용접, 테르밋 용접 등)
   ② 압접(pressure welding) : 접합부를 냉간 또는 적당한 온도로 가열 후 압력을 가하여 접합하는 방법(점 용접, 심 용접, 프로젝션 용접, 플래시 벗 용접, 냉간 압접, 단접 등)
   ③ 납접(땜)(brazing and soldering) : 모재를 용융시키지 않고 납을 첨가하여 확산과 표면 장력에 의해 접합하는 방법(연납땜은 450℃ 이하에서, 경납땜은 450℃ 이상에서 납땜)

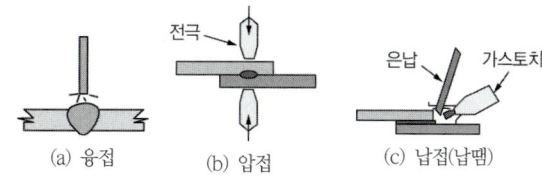

그림 1.1 용접법의 대분류

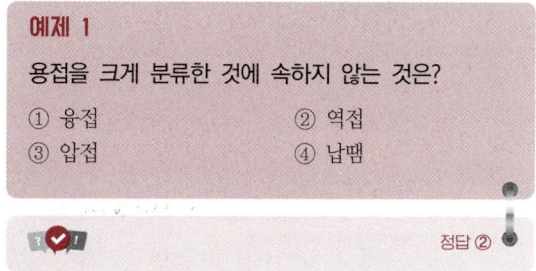

예제 1
용접을 크게 분류한 것에 속하지 않는 것은?
① 융접   ② 역접
③ 압접   ④ 납땜

정답 ②

2 용접의 특징

가. 장점(기계적 접합법, 주조법에 비해)

(1) 재료가 절약되며, 공수가 감소된다.
(2) 이음의 효율, 제품의 성능과 수명(기밀, 수밀, 유밀성이 우수)이 향상된다.
(3) 용접 준비 및 용접 작업이 비교적 간단하며, 작업의 자동화가 용이하다.
(4) 목형이나 주형이 필요 없어 제작비가 적게 든다.(주조에 비해)
(5) 복잡한 구조물의 제작이 용이하다.(주조에 비해)

나. 단점

(1) 품질 검사가 곤란하며, 용접 모재의 재질이 변질되기 쉽다.
(2) 용접공의 기술에 의해서 이음부의 성능이 좌우된다.
(3) 응력 집중에 대하여 극히 민감하며, 저온 취성(메짐)에 의해 파괴가 발생하기 쉽다.

예제 1

다음 중 용접의 장점이 아닌 것은?

① 재료가 절약되며, 공수가 감소된다.
② 이음, 효율, 제품 성능과 수명이 향상된다.
③ 용접 준비는 어려우나, 용접 작업이 비교적 간단하다.
④ 복잡한 구조물의 제작이 용이하다.

 정답 ③

용접 준비가 용이하다(쉽다).

예제 2

다음 중 용접의 단점이 아닌 것은?

① 재질의 변형 ② 품질 검사 곤란
③ 응력 집중 현상 발생 ④ 공정수 감소

 정답 ④

용접의 단점은 저온 취성 발생 우려, 용접사의 기량에 의해 좌우된다는 것이다. 공정수 감소는 장점이다.

예제 3

다음 중 주조법이나 단조법과 비교한 용접의 장점이 아닌 것은?

① 이종 재질을 조합시킬 수 있다.
② 작업 공정의 단축이 가능하다.
③ 품질 검사가 용이하다.
④ 무게가 가볍다.(제품의 중량 감소, 절약됨)

 정답 ③

용접은 품질 검사가 곤란하다.

3 용접 자세와 열원의 종류

가. 용접 자세

(1) **아래 보기 자세**(F : Flat position) : 용접할 재료를 수평으로 놓고 용접봉을 아래로 향하여 용접하는 자세(1G).
(2) **수평 자세**(H : Horizontal position) : 모재가 수평면과 90° 또는 45° 이상의 경사를 가지며, 용접선이 수평이 되게 하는 용접 자세(2G).
(3) **수직 자세**(V : Vertical position) : 모재가 수평면과 90° 또는 45° 이상의 경사를 가지며, 용접선이 수직이 되게 하는 용접 자세(3G).
(4) **위보기 자세**(O : Overhead position) : 모재가 눈 위로 들려 있는 수평면의 아래쪽에서 용접봉을 위로 향하여 용접하는 자세(4G).
(5) **전 자세**(AP : All position) : 위 자세의 2가지 이상을 조합하여 용접하거나 4가지 전부를 응용하는 자세(5G)
(6) **기타** : 파이프 45° 경사 전 자세(6G), 파이프 45° 경사 장애물 전 자세(6GR) 등이 있다.

(a) 아래 보기 자세   (b) 수평 자세
(c) 수직 자세   (d) 위 보기 자세

그림 1.2 용접 자세

나. 용접 열원

(1) **가스 에너지** : 가연성 가스와 지연성 가스를 적당히 혼합하여 연소할 때의 열을 이용
(2) **전기 에너지** : 모재와 전극 사이에 아크열 또는 전기 저항열을 이용하는 용접법
(3) **기계적 에너지** : 압력, 마찰, 진동에 의한 열을 이용
(4) **전자파 에너지** : 고주파 및 저주파, 레이저 열을 이용
(5) **화학적 에너지** : 테르밋제(산화철과 Al의 미세 분말)의 화학 반응열을 이용

예제 1
다음 중 용접 자세와 기호의 연결이 옳지 않은 것은?
① 아래 보기 자세 - F   ② 수평 자세 - H
③ 수직 자세 - V   ④ 위 보기 자세 - A

 정답 ④

용접자세 기호
- 위 보기 자세 : O
- 전 자세 : AP
일반적으로 파이프를 수평으로 놓은 상태에서 아래쪽은 위 보기, 양옆은 수직, 위쪽은 아래 보기 자세가 되는 자세로 All Position의 약자를 딴 것이다.

예제 2
다음 중 화학적 에너지를 이용한 용접법은 어느 것인가?
① 전기 저항 용접   ② 테르밋 용접
③ 레이저 용접   ④ 전자 빔 용접

 정답 ②

4 용접 재료와 적용 용접법

모재의 재질이나 사용 목적, 구조물의 형상 등에 따라 적합한 용접법을 선정해야 한다. 예를 들면 연강이나 저합금강에는 거의 모든 용접법이 일반적으로 적용되나, 경제성 등을 고려해서 선택해야 될 것이며, 구리나 알루미늄 및 그 합금의 용접에는 불활성 가스 아크 용접으로 우수한 용접 결과를 얻을 수 있다.

표 1.1 용접 재료와 적용 용접법

용접법\재료	연강	저합금강	고합금강	구리 합금	알루미늄 합금
피복 금속 아크 용접	●	●	●	▲	▲
서브머지드 아크 용접	●	●	●	×	×
탄산 가스 아크 용접	●	●	∨	×	×
불활성 가스 아크 용접	●	●	●	●	●
산소-아세틸렌 가스 용접	●	●	●	●	●

※ 양호 : ●, 보통 : ▲, 불가 : ×

예제 1
다음 중 용접법의 선택 사항으로 적당하지 않은 것은?
① 모재의 재질   ② 사용 목적
③ 구조물의 형상   ④ 가스의 종류

 정답 ④

예제 2
다음 금속 중 피복 아크 용접이 거의 안 되는 것은?
① 연강   ② 저합금강
③ 고합금강   ④ 알루미늄

 정답 ④

예제 3
탄산가스 아크 용접으로 가장 많이 사용되는 금속은?
① 연강   ② 고합금강
③ 구리 합금   ④ 알루미늄 합금

 정답 ①

01 단원별 출제예상문제

SECTION

DIY쌤이 콕! 찝어주는 주요 예상문제 풀어보기!

01 다음 중 용접을 가장 옳게 설명한 것은?
① 금속에 열을 주어 접합시키는 작업
② 접합할 금속을 충분히 접근시켜 원자 간의 인력으로 접합시키는 작업
③ 기계적 에너지에 의하여 접합시키는 작업
④ 금속 간에 자력에 의하여 접합시키는 작업

> 금속을 수 원자 간 거리(수 Å) 만큼 접근시키면 인력으로 접합된다고는 하나 표면의 요철과 산화막 등 때문에 그 접근이 어려워 가열 등이 필요하다.

02 금속과 금속 원자 간의 인력 범위는?
① 10^{-1}cm
② 10^{-3}cm
③ 10^{-5}cm
④ 10^{-8}cm

> 인력 범위는 10^{-8}cm이며, 이 범위에서 금속은 인력에 의하여 접합된다.

03 모재의 접합부를 용융시키고 여기에 용가재를 첨가하여 접합하는 방법은 무엇인가?
① 압접법
② 융접법
③ 납접법
④ 경납땜법

> 납접, 경납땜법도 용가재는 첨가시키나 모재를 용융시키지는 않는다.

04 다음 중 모재를 녹이지 않고 접합하는 용접법을 무엇이라고 하는가?
① 가스 압접
② 전기 저항 용접
③ 초음파 용접
④ 납땜법

> 납땜법은 두 모재 간의 확산 작용과 표면장력, 모세관 현상을 이용한 접합법이다.

05 다음 용접법 중 융접에 속하는 것은?
① 테르밋 용접
② 프로젝션 용접
③ 심 용접
④ 초음파 용접

> • 융접 : 각종 아크 용접, 가스 용접, 레이저 용접
> • 압접 : 전기 저항 용접(프로젝션 용접, 시임, 점 용접), 초음파 용접, 냉간 압접, 마찰 압접

06 다음 중 아크 용접에 해당되지 않는 것은?
① 일렉트로 슬래그 용접
② 가스 보호 스터드 용접
③ 원자 수소 용접
④ 불활성 가스 아크 용접

> 일렉트로 슬래그 용접은 모재와 용융 슬래그 사이의 전기 저항열을 이용하는 용접법이다.

07 금속의 화학 반응열을 이용하는 용접법은?
① 테르밋 용접
② 일렉트로 슬래그 용접
③ 플라스마 용접
④ 레이저 용접

> 테르밋 용접에서 사용되는 테르밋제는 알루미늄 분말과 산화철 분말이다.

08 다음 중 용접의 장점이 아닌 것은?
① 리벳 접합에 비하여 강도가 크다.
② 기밀, 수밀, 유밀을 좋게 할 수 있다.
③ 사용 재료가 많이 든다.
④ 제품의 성능과 수명이 향상된다.

정답 01 ② 02 ④ 03 ② 04 ④ 05 ① 06 ① 07 ① 08 ③

09 모재가 수평면과 90° 또는 45° 이상의 경사를 가지며 용접선이 수평인 용접 자세는?

① 아래 보기 자세   ② 수직 자세
③ 수평 자세   ④ 위 보기 자세

> 수직 자세는 여기서 용접선이 수직인 경우이다.

10 다음 중 용접 작업을 구성하는 주요 요소가 아닌 것은?

① 용접 재료(모재)   ② 열원
③ 용가재   ④ 슬래그

> 용접 작업을 하기 위해서는 용접 재료와 가열원, 용가재(용접봉, 와이어, 납 등)가 필요하다. 슬래그는 용접 후에 피복제 등이 녹아 형성된 비금속 물질이다.

정답 09 ③ 10 ④

02 피복 아크 용접

SECTION

1 피복 아크 용접의 원리와 특성

가. 원리

(1) 모재(피용접물)와 피복 용접봉 사이에 전류를 통하면 아크가 발생되며, 이 아크열을 이용해 용접하는 방법
(2) 아크 최고 열은 약 6000℃ 정도이나, 실제 용접 열은 3500~5000℃ 정도이다.
(3) **용도** : 철강, 비철 금속, 주철 및 표면경화강까지 사용된다.

나. 특성

1) 장점

(1) 열의 집중성이 좋아 효율적인 용접을 할 수 있다.
(2) 직접 용접에 이용되는 열효율이 높다.
(3) 가스 용접에 비해 용접 변형이 적고, 기계적 강도가 우수(양호)하다.

2) 단점

(1) 전격(감전)의 위험성이 있다.
(2) 가스 용접에 비해 유해 광선의 발생이 많다.

3) 용접 회로(welding cycle)

용접기(전원) → 전극 케이블 → 용접봉 홀더 → 피복 아크 용접봉 → 아크 → 모재 → 접지 케이블 → 용접기(전원)

예제 1

다음 중 피복 아크 용접의 불꽃 온도는 몇 ℃인가?
① 7500~9000℃ ② 5000~7000℃
③ 3500~5000℃ ④ 1500~3000℃

정답 ③

예제 2

다음 중 용접 회로의 순서로 옳은 것은?
① 용접기 - 전극 케이블 - 용접봉 홀더 - 용접봉 - 아크 - 모재 - 접지 케이블
② 용접기 - 접지 케이블 - 용접봉 홀더 - 용접봉 - 아크 - 모재 - 전극 케이블
③ 용접기 - 용접봉 홀더 - 전극 케이블 - 용접봉 - 아크 - 모재 - 접지 케이블
④ 용접기 - 용접봉 홀더 - 용접봉 - 모재 - 아크 - 전극 케이블 - 접지 케이블

정답 ①

---

2 피복 아크의 성질과 극성

가. 아크(arc)와 아크 특성

1) 아크 현상

(1) **아크** : 모재와 용접봉 사이에 전원을 걸고 용접봉 끝을 모재와 살짝 접촉시켰다가 적당한 간격으로 유지할 때 두 전극 사이에서 발생하는 강력한 불꽃 방전

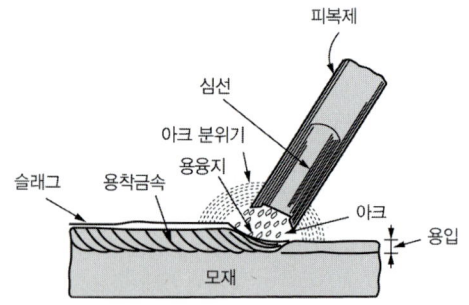

그림 2.1 피복 아크 용접 원리

(2) 아크를 통해 10~500A의 전류가 흐른다. 이때 양이온은 음극(-)으로, 음이온은 양극(+)으로 이동하기 때문에 아크 전류가 흐르게 된다.

2) 부저항 특성(부특성)

일반적으로 전기는 옴의 법칙에 따라 동일 저항에 흐르는 전류는 그 전압에 비례하지만, 아크는 전류가 커지면 저항이 작아져서 전압도 낮아지는 현상

나. 극성

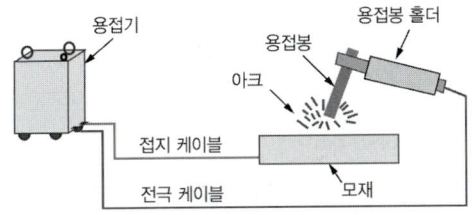

그림 2.2 용접 회로

직류 용접기는 일반적으로 (+)극 쪽에서 약 70%, (-)극 쪽에서 약 30%의 열이 발생하여 작업 상태가 달라지므로, 모재의 재질이나 형상에 따라 (+)나 (-)를 선택해야 한다.

(1) **직류 정극성**(DCEN, DCSP : DC straight polarity)
  : 직류 용접에서 모재를 (+)에 용접봉을 (-)에 연결한 극성
(2) **직류 역극성**(DCEP, DCRP ; DC reverse polarity)
  : 직류 용접에서 모재를 (-)에 용접봉을 (+)에 연결한 극성
(3) **교류(AC)** : 1/2 주기로 정극성, 역극성을 형성하며, 1초에 120회 단전 현상이 생기므로 용접 시 아크가 불안정하지만, 용접기 제작이 쉽고 고장이 적어 관리가 편하므로 많이 사용되고 있다. 봉의 용융, 용입, 비드 폭 등이 정극성과 역극성의 중간 정도이다.

표 2.1 정극성과 역극성의 비교

극성	그림	용접부 형상	특성
정극성 (DCSP DCEN)		열 분배 (-)에서 30% (+)에서 70%	• 용입이 깊고 비드 폭이 좁다. • 봉의 녹음이 느리다. • 일반적으로 많이 쓰인다.
역극성 (DCRP DCEP)		열 분배 (+)에서 70% (-)에서 30%	• 용입이 얕고 비드 폭이 넓다. • 봉의 녹음이 빠르다. • 박판 주철, 고탄소강, 합금강, 비철 금속의 용접에 쓰임

예제 1

모재와 용접봉 사이에 전류를 걸어서 접촉시켰다 약간 떼면 강력한 불꽃 방전이 일어나는데 이것을 무엇이라고 하는가?

① 스패터 ② 아크
③ 용입 ④ 아크 기둥

 정답 ②

- 용융지 : 아크 열에 의하여 용융된 쇳물 부분
- 스패터 : 용접 중에 용융 금속이 용융지에 옮겨지지 않고 비드나 모재 주위에 떨어진 작은 용적
- 용입 : 모재가 녹은 깊이

예제 2

피복 아크 용접 시 아크를 통하여 얼마의 전류가 흐르는가?

① 10~600A ② 10~500A
③ 10~400A ④ 10~300A

 정답 ②

예제 3

교류와 직류 용접 전원의 극성에서 용입 깊이가 깊은 순서로 옳은 것은?

① DCRP > AC > DCSP ② DCSP > DCRP > AC
③ DCSP > AC > DCRP ④ AC > DCRP > DCSP

정답 ③

- DCSP : 직류 정극성
- DCRP : 직류 역극성
- ACHF : 고주파 중첩 교류를 나타내는 기호

3 용접 입열과 용융 속도, 용적 이행

가. 용접 입열(weld heat input)

(1) 용접부의 외부에서 주어지는 열량
(2) 용접 입열이 부족하면 용입 불량, 용착 불량 등의 결함이 발생하기 쉽다.

$$H = \frac{60EI}{V} \text{(joule/cm)}$$

H : 입열 $E(V)$: 아크 전압
$I(A)$: 아크 전류 $V(cm/min)$: 용접 속도

나. 용접봉 용융 속도(welding rate)

단위시간당 소비되는 용접봉의 길이 또는 무게로 표시, 아크 전압과는 관계 없다.

용융 속도 = 아크 전류 × 용접봉쪽 전압 강하

다. 용적 이행

(1) **단락 이행**(short circuit transfer) : 용적이 용융지에 접촉되어 단락되고, 표면장력의 작용으로 모재에 옮겨가서 용착되는 현상, 비피복봉 사용 시 주로 일어난다.

(2) **분무 이행**(spray transfer) : 피복제의 일부가 가스화하여 가스를 뿜어내면서 미세한 용적이 모재에 옮겨가서 용착되는 현상, 일미나이트계, 고산화티타늄계 등에서 일어난다.

(3) **입상 이행**(globular transfer) : 핀치 효과형, 비교적 큰 용적이 단락되지 않고 모재에 옮겨가는 현상, 서브머지드 용접 등과 같이 대전류 사용 시 일어난다.

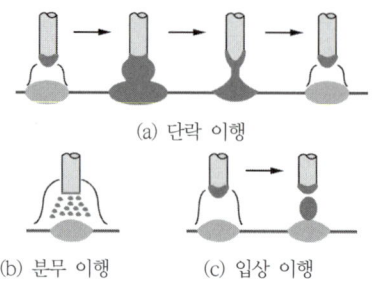

(a) 단락 이행

(b) 분무 이행 (c) 입상 이행

그림 2.3 용융 금속의 이행 형식

예제 1

아크 전류가 200A, 아크 전압이 25V, 용접 속도가 15cm/min인 경우 단위길이 1cm당 발생하는 입열(전기적 에너지)은 얼마인가?

① 15000J/cm ② 20000J/cm
③ 25000J/cm ④ 30000J/cm

정답 ②

용접 입열
용접기의 외부에서 주어지는 열량
$$H = \frac{60EI}{V} = \frac{60 \times 25 \times 200}{15} = 20000$$

- 용접 모재에 흡수되는 열량은 용접 입열의 75~85% 정도이다.

예제 2

다음 중 피복 아크 용접봉의 용적 이행 형식이 아닌 것은?

① 분무형 ② 핀치 효과형
③ 슬래그 생성형 ④ 단락형

정답 ③

용적 이행 형식은 크게 분무(스프레이)형, 단락형, 글로뷸러(핀치 효과)형으로 구분하고 있다.

4 피복 아크 용접용 설비 및 기구

가. 용접기의 특성

(1) **수하 특성** : 대부분 전기 기기는 전압이 높아지면 전류도 상승하여 더 큰 출력을 내게 되지만, 부하 전류가 증가하면 단자 전압이 낮아져 그 기계의 출력은 같게 하는 특성

(2) **정전류 특성** : 수하 특성 중에서도 아크 길이와 전압이 변하여도 전류는 거의 변하지 않고 아크가 지속되는 특성, 교류 용접기는 수하 특성인 동시에 정전류 특성을 갖는다.

(3) **상승 특성** : 부하 전류가 증가하면 단자 전압도 다소 높아지는 특성

(4) **정전압 특성** : CP 특성, 부하 전류가 변하여도 단자 전압은 거의 변하지 않는 특성
  - MIG 용접, 탄산가스 아크 용접, 서브머지드 아크 용접 등에 이용한다.

나. 피복 아크 용접기의 종류와 특성

1) 직류 아크 용접기(DC. arc welding machine)

종류	특징
발전기형 (전동 발전, 엔진 구동형)	• 완전한 직류를 얻는다. • 옥외나 교류 전원이 없는 장소에서 사용한다.(엔진형) • 회전하므로 고장나기 쉽고 소음이 난다.(엔진형) • 구동부, 발전기부로 되어 고가이며, 보수와 점검이 어렵다.
정류기형	• 소음이 없으며, 취급과 보수 점검이 간단하고, 가격이 싸다. • 교류를 직류로 정류하므로 완전한 직류를 얻지 못한다. • 정류기의 파손에 주의한다.(셀렌 80℃, 실리콘 150℃ 이상에서 파손 우려가 있음)

(a) 엔진 구동형 용접기 (b) 포터블 DC 용접기 (c) 교류 아크 용접기

그림 2.4 직류 및 교류 아크 용접기의 형상

2) 교류 아크 용접기(AC. arc welding machine)

종류	특징
가동 철심형	• 가동 철심으로 누설 자속을 가감하여 전류를 조정한다. • 미세한 전류 조정은 가능하나, 광범위한 전류 조절이 어렵다. • 현재 가장 많이 사용한다.(일종의 변압기의 원리를 이용한 것)
가동 코일형	• 1차, 2차 코일 중의 하나를 이동하여 누설 자속을 변화하여 전류를 조정한다. • 아크 안정도가 높고 소음이 없다. • 가격이 비싸며 현재는 거의 사용하지 않는다.
탭 전환형	• 코일의 감긴 수에 따라 전류를 조정한다. • 적은 전류 조정 시 무부하 전압이 높아 전격 위험이 크다. • 탭 전환부 소손이 심하다. • 넓은 범위의 전류 조정이 어렵고 주로 소형에 많다.
가포화 리엑터형	• 가변 저항의 변화로 용접 전류를 조정한다. • 전기적 전류 조정으로 소음이 없고 기계 수명이 길다. • 원격 조정이 간단하며, 원격 제어를 할 수 있다.

다. 용접기의 구비 조건

(1) 구조 및 취급이 간단하며, 전류 조정이 쉽고, 일정한 전류가 흘러야 한다.
(2) 능률이 좋고 가격이 저렴하며, 사용 경비가 적게 들어야 한다.
(3) 아크 발생이 쉽고 유지가 용이하며, 사용 중에 온도 상승이 적어야 한다.
(4) 전격 위험이 적어야 한다(무부하 전압을 높게 하지 않을 것).
(5) 절연이 완전하고 습기가 많거나 고온에서도 충분히 견뎌야 한다.
(6) 단락되었을 때 흐르는 전류가 너무 크지 않아야 하며, 역률 및 효율이 좋아야 한다.

라. 용접기의 사용률과 역률, 효율

(1) **사용률**(duty cycle) : 아크 시간과 휴식 시간의 합 10분을 기준으로 용접기가 용접하는 아크 시간과 발생하지 않는 휴식 시간의 비

$$사용률(\%) = \frac{아크\ 시간}{아크\ 시간 + 휴식\ 시간} \times 100$$

※ 사용률 40% : 정격 전류로 4분 용접하고, 6분은 휴식해야 용접기 소손 위험이 없다.

(2) **허용 사용률** : 실제 용접 작업에서는 정격 전류보다 낮은 전류로 용접하는 경우가 많으므로 허용 사용률을 적용한다.

$$허용\ 사용률(\%) = \frac{정격\ 전류^2}{실제\ 용접\ 전류^2} \times 정격\ 사용률(\%)$$

(3) **역률** : 전원 입력(2차 무부하 전압 × 아크 전류)에 대한 아크 입력(아크 전압 × 아크 전류)과 2차측의 내부 손실의 합인 소비 전력의 비율

$$역률(\%) = \frac{소비\ 전력(KW)}{전원\ 입력(KVA)} \times 100$$
$$= \frac{아크\ 출력 + 내부\ 손실}{2차\ 무부하\ 전압 \times 정격\ 전류} \times 100$$

(4) **효율** : 소비 전력에 대하여 순수 아크 출력의 비율

$$효율(\%) = \frac{아크\ 출력(KW)}{소비\ 전력(KW)} \times 100$$
$$= \frac{아크\ 전압 \times 아크\ 전류}{아크\ 전압 \times 아크\ 전류 + 내부\ 손실} \times 100$$

마. 직류 아크 용접기와 교류 아크 용접기의 비교

비교 항목	직류 아크 용접기	교류 아크 용접기
아크 안정성/가격	우수/고가	약간 불안함/저렴
극성 변화나 비피복봉 사용	가능	불가능
무부하 전압/전격 위험	약간 낮음(40~60V)/적음	높음(70~80V)/많음
구조 및 유지/고장	복잡, 약간 어려움/회전기에 많음	간단, 쉬움/적음
자기쏠림 방지/역률	불가능/매우 양호	가능(거의 없음)/불량
소음	회전기는 크고, 정류형은 조용	조용함

바. 용접기의 부속 장치

1) 고주파 발생 장치

(1) 아크 안정을 위하여 상용 아크 전류에 고전압 (2000~3000V)의 고주파(300~1000kc, 약전류)를 중첩하는 방식

(2) **이점** : 아크 손실이 적어 용접 작업이 쉽고, 용접봉을 접촉하지 않고 아크 발생을 할 수 있으며, 무부하 전압을 낮출 수 있다. 또한 전격의 위험이 적으며, 전원 입력을 적게 할 수 있으므로 용접기의 역률이 개선된다.

2) 전격 방지 장치

(1) 교류 아크 용접기는 무부하 전압이 높아(85~95V) 감전의 위험이 있기 때문에, 무부하 시 20~30V 이하로 유지하고, 용접봉 접촉 순간 용접 작업이 가능하도록 한 장치

(2) **사용 목적** : 감전으로부터 용접사를 보호하기 위함

사. 용접기의 취급 시 주의 사항

(1) 전환 탭 및 전환 나이프 끝 등 전기적 접속부는 샌드 페이퍼 등으로 자주 청소한다.

(2) 용접 케이블 등의 파손된 부분은 즉시 절연 테이프로 감아야 한다.

(3) 조정 핸들, 미끄럼 부분, 냉각팬 등은 때때로 주유를 해야 한다.

(4) 용접기를 설치해서는 안 되는 장소
   ① 수증기, 습기, 먼지가 많은 곳이나, 옥외의 비바람이 치는 곳
   ② 휘발성 기름이나 가스가 있는 곳이나, 유해한 부식성 가스가 존재하는 장소
   ③ 진동이나 충격을 받는 곳이나, 폭발성 가스가 존재하는 곳
   ④ 주위 온도가 −10℃ 이하인 곳

아. 아크 용접용 기구

1) 보호구

(1) 장갑, 앞치마, 팔 커버, 기타 보호구

(2) **용접 헬멧과 핸드 실드** : 용접 시 발생하는 적외선, 자외선 등 유해 광선으로부터 작업자를 보호하는 기구, 핸드 실드는 손으로 잡고 용접 작업하는 보호구

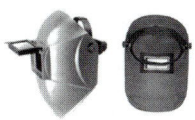  

(a) 용접 헬멧　　(b) 핸드 실드　　(c) 자동 용접 헬멧

그림 2.5 용접 헬멧과 핸드 실드

2) 용접 홀더와 케이블, 기타

(1) **용접 홀더** : 용접봉을 물고 전류를 통하게 하여 아크 열을 발생하게 하는 기구(KSC 9607에 규정), 해당 번호는 정격 전류를 A로 나타낸다.

(2) **용접 케이블** : 전원과 용접기를 연결하는 1차 케이블, 용접기와 모재나 홀더를 연결하는 2차 케이블이 있다.

표 2.2 케이블의 적정 크기

용접기의 용량	형상	200A	300A	400A
1차측 케이블 (지름)		5.5mm	8mm	14mm
2차측 케이블 (단면적)		38mm²	50mm²	60mm²

(3) **퓨즈** : 규정값보다 크거나 구리선 등을 사용해서는 안 되며, 용량 계산은 1차 입력(정격 전류 × 무부하 전압)(KVA)을 전원 전압(220V)으로 나누면 1차 전류값을 구할 수 있다.

(4) **차광 유리** : 용접할 때 발생하는 유해 광선을 차단하기 위하여 사용하는 유리, 차광 번호가 높으면 빛의 차단량이 많게 된다.

용접전류(A)	차광도	용접전류(A)	차광도
30 이하	6	30~45	7
45~75	8	75~100	9
100~200	10	150~250	11
200~300	12	300~400	13
400 이상	14		

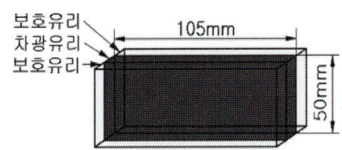

그림 2.6 차광 유리의 차광도와 차광 유리 구조

예제 1

AW 200인 교류 아크 용접기로 조정할 수 있는 정격 2차 전류 최대값은?

① 200A　　　② 220A
③ 240A　　　④ 260A

 정답 ②

교류 아크 용접기의 정격 2차 전류 조정 범위는 20~110%이므로 40~220A가 된다.

예제 2

교류 아크 용접기의 표시판에 AW 200이라고 표시되어 있을 때 200은 무엇을 나타내는가?

① 1차 전류값　　　② 2차 전류값
③ 정격 2차 전류값　④ 2차 최대 전류값

 정답 ③

예제 3

다음 중 직류 아크 용접기의 종류가 아닌 것은?

① 전동 발전형　　② 정류기형
③ 엔진 구동형　　④ 탭 전환형

 정답 ④

탭 전환형은 교류 아크 용접기이다.

예제 4

직류 아크 용접기와 비교한 교류 아크 용접기의 특징 중 옳지 않은 것은?

① 아크가 불안정하다.　② 값이 싸다.
③ 취급이 손쉽다.　　　④ 고장이 생기기 쉽다.

 정답 ④

교류 아크 용접기는 직류 아크 용접기에 비해 아크가 불안정하나 아크 쏠림 현상이 없으며, 고장 발생이 적다.

> **예제 5**
> 다음 중 교류 아크 용접기의 종류가 아닌 것은?
> ① 가포화 리액터형 ② 탭 전환형
> ③ 가동 코일형   ④ 정류기형
>
> 정답 ④

5 피복 아크 용접봉

가. 피복 아크 용접봉 개요

(1) **아크 용접봉** : 용가재(filler metal), 전극봉, 용접할 모재 사이의 틈을 메워 주는 재료
(2) **종류** : 피복 여부에 따라 피복 용접봉과 비피복 용접봉, 용접할 재질에 따라 연강용, 저합금강용, 스테인리스강용, 주철용 등 다양한 종류가 있다.
(3) **심선** : ∅1~10mm, 길이는 350~900mm까지 있으며 모재 재질과 같은 것을 많이 사용

나. 피복제의 역할과 배합제 성분

1) 피복제 역할

(1) 아크를 안정시키며, 중성 또는 환원성 분위기로 대기 중으로부터 산화, 질화 등의 해를 방지하여 용착 금속을 보호한다.
(2) 용융 금속의 용적을 미세화하여 용착 효율을 높인다.
(3) 용착 금속의 냉각 속도를 느리게 하여 급랭을 방지한다.
(4) 용착 금속의 탈산 정련 작용을 하며, 용융점이 낮고, 가벼운 슬래그를 만든다.
(5) 슬래그를 제거하기 쉽게 하고, 파형이 고운 비드를 만든다.
(6) 모재 표면의 산화물을 제거하고, 양호한 용접부를 만든다.
(7) 스패터 발생을 적게 하며, 용착 금속에 필요한 합금 원소를 첨가한다.
(8) 전기 절연 작용을 한다.

2) 피복 배합제의 성분

(1) **아크 안정제** : 아크에 부드러운 느낌을 주고 잘 꺼지지 않고 안정되는 성분
(2) **슬래그 생성제** : 융점이 낮은 가벼운 슬래그로 용융금속을 덮어 산화, 질화, 기공 방지와 냉각 속도를 느리게 하는 성분
(3) **가스 발생제** : 중성 또는 환원성 가스를 발생하여 용융 금속의 산화, 질화를 방지하는 성분
(4) **탈산제** : 용융 금속 중의 산화물을 탈산 정련하는 성분
(5) **고착제** : 심선에 피복제를 고착시키는 물질
(6) **합금 첨가제** : 용접 금속의 여러 성질을 개선하기 위한 성분

다. 연강용 피복 아크 용접봉의 표시(KSD 7004에 규정)

용접봉 표시의 첫 글자를 일본은 D, 미국과 한국은 E를 사용한다. 단, 미국은 lbs/in^2로 표시하므로, $43kgf/mm^2$는 $60000lbs/in^2$가 된다. 따라서 E4313은 E6013으로 표시한다.

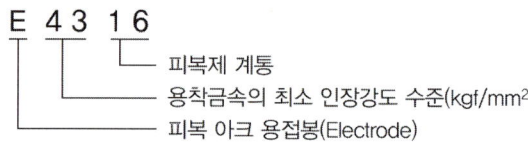

E 4 3 1 6
- 피복제 계통
- 용착금속의 최소 인장강도 수준(kgf/mm^2)
- 피복 아크 용접봉(Electrode)

라. 연강용 피복 아크 용접봉의 특성

1) 일미나이트계(E4301)

(1) **주성분** : 30% 이상의 일미나이트와 사철 등을 30% 이상 포함한 슬래그 생성계
(2) **특성** : 가격 저렴, 작업성과 용접성 우수, 전 자세 용접봉으로 용입 및 기계적 성질이 양호하며, 내부 결함이 적고, 슬래그 유동성이 좋아 각종 압력 용기, 조선, 철도 등에 사용
(3) **용도** : 한국, 일본에서 많이 생산, 일반 구조물의 중요 강도의 부재, 각종 압력 용기, 조선, 건축, 철도 차량 등에 사용

2) 라임티타니아계(E4303)

(1) **주성분** : 산화티타늄 30% 이상, 석회석을 포함한 슬래그 생성계
(2) **특성** : 슬래그 유동성이 좋고, 비드 외관이 깨끗하고 언더컷이 적다. 슬래그 제거가 쉽고 용입이 얕다.(피복제는 두껍다).
(3) **용도** : 기계, 차량, 일반 강재의 박판 용접에 적합하다.

3) 고셀룰로오스계(E4311)

(1) **주성분** : 유기물(셀룰로오스)을 30% 정도 함유한 가스 발생식
(2) **특성** : 산화, 질화를 막고, 피복제가 얇아 슬래그 생성이 적고 스패터가 심하며, 비드 파형이 거칠고 용입이 깊다. 위 보기 자세와 좁은 홈 용접이 가능하다.
(3) **용도** : 아연 도금 강판, 저장 탱크, 배관 용접에 많이 사용한다.

4) 고산화티타늄계(E4313, E6013)

(1) **주성분** : 산화티타늄을 30% 이상 포함한 슬래그 생성계
(2) **특성** : 아크 안정, 스패터가 적으며, 슬래그 제거 용이, 비드가 고우며 언더컷이 발생하지 않는다. 전 자세, 수직 하진 자세 및 접촉 용접이 가능하며, 작업성이 좋고, 용입이 얕다.
(3) **용도** : 고온 균열 발생이 크고, 기계적 성질이 나빠 경구조물, 박판 용접에 적합함

5) 저수소계(E4316, E7016)

(1) **주성분** : 석회석, 형석을 주성분으로 한 것으로, 용착 금속 중 수소 함유량이 다른 봉의 1/10 정도로 현저히 적다.
(2) **특성** : 인성과 연성이 풍부, 기계적 성질이 우수하나 아크가 다소 불안정하며, 작업성이 나쁘다. 시점에서 기공이 생기기 쉽다.
(3) **용도** : 중요 부재의 용접, 고압 용기 후판 중구조물, 탄소 당량이 높은 기계 구조용강, 구속이 큰 용접, 유황 함유량이 많은 강 용접에 이용된다.

6) 철분계

(1) 철분산화티타늄계(E4324), 철분저수소계(E4326, E7018), 철분산화철계(E4327) 등이 있다.

마. 기타 피복 아크 용접봉

1) 고장력강 봉

(1) SS41, SWS 41보다 항복점과 인장강도가 높은 저합금강 봉
(2) 판 두께를 얇게 할 수 있어 무게 경감과 재료의 절약, 내식성 향상 등을 목적으로 사용되며, KSD 7006에 $50 kgf/mm^2 (490 N/mm^2)$, $53 kgf/mm^2 (519 N/mm^2)$, $58 kgf/mm^2 (568 N mm^2)$급이 규정되어 있다.

2) 스테인리스강 피복 아크 용접봉

(1) **티타늄계** : 주성분은 루틸이며, 아크가 안정되고 스패터가 적고, 슬래그 제거성도 양호하며, 박판 용접에 적합하다. 우리나라는 거의 티타늄계를 사용한다.
(2) **라임계** : 형석, 석회석이 주성분이며, 비드가 볼록형으로 아래 보기 및 수평 필릿 용접 시 비드 외관이 나쁘고, 슬래그가 용융지를 거의 덮지 못하며, 아크가 불안정하다.

바. 용접봉 선택과 취급, 보관

1) 용접봉 선택

(1) 피용접물의 재질과 사용 목적에 따라 선택하고, 작업성과 용접성을 고려한다.
(2) **내균열성 순서** : E4316 > E4301 > E4311 > E4313
(3) 피복제의 염기도가 높을수록 내균열성이 우수하나 작업성은 떨어지며, 산성도가 높을수록 내균열성은 작아지나 작업성은 좋아진다.
(4) **용접봉 허용 편심률** : 3% 이내이며, 이보다 크면 아크 쏠림 등 아크가 불안정하다.

$$편심률(\%) = \frac{D' - D}{D} \times 100$$

2) 용접봉 보관 및 취급 시 주의 사항

(1) 건조한 장소에 진동이 없고 하중을 받지 않는 곳에 보관한다.
(2) 사용 중에 피복제가 떨어지지 않도록 통에 넣어서 사용한다.
(3) 전류, 용접 자세 등 용접봉 사용 조건에 대한 용접봉 제조자의 지시에 따른다.
(4) 일반 용접봉은 사용 전에 70~100℃에서 30분~1시간 정도, 저수소계 용접봉은 300~350℃에서 1~2시간 건조한 후 사용한다.

예제 1

연강용 피복 아크 용접봉의 심선은 주로 어떤 재료가 사용되는가?

① 저탄소강　　② 고탄소강
③ 특수강　　　④ 합금강

 　　　　　　　　　　　　정답 ①

피복 아크 용접봉의 재질은 용착 금속의 균열을 방지하기 위하여 저탄소 림드강을 사용한다.

예제 2

다음 중 피복제의 역할이 아닌 것은?

① 용적을 미세화하고 용착 효율을 높인다.
② 용착 금속의 응고와 냉각 속도를 빠르게 한다.
③ 피복제는 전기 절연 작용을 한다.
④ 용착 금속에 적당한 합금 원소를 첨가한다.

 　　　　　　　　　　　　정답 ②

예제 3

용접봉 피복제의 편심률은 KS에서 몇 % 이하로 규정하고 있는가?

① 1%　　　　② 2%
③ 3%　　　　④ 4%

 　　　　　　　　　　　　정답 ③

편심률(%) = $\dfrac{D-D'}{D} \times 100$

예제 4

다음 용접봉 중 습기의 영향이 다른 것보다 크므로 사용 전에 300~350℃로 1~2시간 건조가 필요한 용접봉은?

① E4316　　② E4313
③ E4301　　④ E4303

 　　　　　　　　　　　　정답 ①

예제 5

용접봉의 선택 시 가장 중요한 사항은?

① 아크의 안정성　　② 피복제 배합 관계
③ 심선의 재질　　　④ 용접봉 굵기

 　　　　　　　　　　　　정답 ③

6 피복 아크 용접 작업

가. 용접 작업에 영향을 주는 요소

1) 아크 발생

점찍기법과 긁기법이 있으며, 작업자의 편의에 따라 선택하면 된다.

2) 용접봉 각도

(1) **진행각** : 용접봉과 용접선이 이루는 각도로서 용접봉과 수직선 사이의 각도로 표시

(2) **작업각** : 용접봉과 이음 방향에 나란히 세워진 수직 평면(또는 수평 평면)과의 각도로 표시하며, 우수한 용접 품질을 얻기 위해서 중요하다.

3) 아크(용접) 전류
(1) **적정 전류** : 피용접물 재질, 크기, 이음 형상, 예열 유무, 용접봉 크기와 종류, 용접 속도, 용접사의 숙련도 등에 따라 결정된다.
(2) **아크 전류 밀도** : 용접봉 단면적 1mm^{2}에 대해 10~11A 정도를 표준으로 한다.

4) 용접(운봉) 속도
(1) 모재에 대한 용접선 방향의 아크 속도
(2) 모재의 재질, 이음 모양, 용접봉의 종류와 지름 및 전류값에 따라 다르다.
(3) 용접 속도가 빠르면 비드 폭이 좁아지고 용입도 얕아진다.
(4) 용입의 정도는 용접 전류값을 용접 속도로 나눈 값에 따라 결정된다.

5) 아크 길이
(1) **아크 길이** : 모재 표면에서 용접봉 끝까지의 거리, 적정 아크 길이는 보통 용접봉 심선 지름의 1배 정도이며, 짧은 아크를 사용하는 것이 좋다.
(2) 아크 길이가 너무 길면 아크가 불안정하고 용융금속이 산화 및 질화되기 쉬우며 용입 불량 및 스패터도 심하게 된다.
(3) 아크 전압은 아크 길이에 비례하여 증가하고, 용접 전류는 반대로 감소한다.

나. 아크 쏠림과 방지 대책

1) 아크 쏠림(자기 쏠림, 불림)
(1) 용접봉에 아크가 한쪽으로 쏠리는 현상
(2) 직류 용접에서 비피복봉 사용 시 심하며, 용접 전류에 의해 아크 주위에 발생하는 자장이 용접에 대하여 비대칭으로 나타나는 현상

2) 아크 쏠림 방지 대책
(1) 직류 대신 교류로 용접하며, 짧은 아크를 사용한다.
(2) 큰 가접부 또는 이미 용접이 끝난 용착부를 향하여 용접한다.
(3) 이음의 처음과 끝에 엔드탭을 사용하며, 용접부가 긴 경우 후퇴 용접법으로 한다.
(4) 접지점을 가능한 한 용접부에서 멀리하며, 접지점 2개를 연결한다.
(5) 용접봉 끝을 쏠림 반대 방향으로 기울인다.

다. 용접부의 결함과 방지 대책

1) 용접 결함의 대분류
(1) **치수상 결함** : 변형, 치수 불량(덧붙이 과부족, 목 길이 및 목 두께 과부족 등), 형상 불량
(2) **구조상 결함** : 기공, 피트, 은점, 슬래그 섞임, 용입 불량(부족), 융합 불량, 언더컷, 오버랩, 균열, 선상조직
(3) **성질상 결함** : 기계적 불량(인장강도, 피로 강도, 경도, 연성 등), 화학적 불량(성분 부적당, 내식성 등)

2) 용접 결함별 원인(방지 대책은 원인의 반대로 하면 됨)
(1) **용착(용입) 불량** : 이음 설계 불량, 이음부 또는 구석 부분의 용접시 용접봉이 너무 굵거나 용접 전류 과소, 용접 속도 과대로 발생되는 결함
(2) **융합(용융) 불량** : 용접 경계면이 충분히 용해를 했으나 합치지 못해서 생긴 결함
(3) **언더컷(Under Cut)** : 모재와 용착 금속의 경계면에서 움푹 파 들어간 것, 아크 길이 과대, 부적당한 봉 사용 시, 용접 속도 과대 등의 용접 조건 불량에 의해서 발생하는 결함
(4) **오버랩(Over lap)** : 이음부 용접 속도가 너무 느리거나, 용접 전류 과소 등 용접 조건 불량에 의해 발생
(5) **선상 조직** : 용착 금속의 냉각 속도가 빠를 때, 모재의 재질 불량

(6) 균열
① 발생 원인 : 이음 강성이 큰 경우(용착 금속의 인성 불량), 부적당한 봉 사용 시, 모재에 합금 원소 과대, 전류 및 속도 과대, 모재 또는 용접봉의 황 함유량 과다, 용접 조건 불량, 크레이터(Crater) 처리 불량, 용착 금속 중의 수소 함유량 과다 등에 의해 발생
② 용착 금속에 발생하는 것으로는 비드 균열, 크레이터 균열, 루트 균열, 설퍼(황) 균열 등이 있고 열 영향부에 발생하는 것으로는 루트 균열, 라미네이션 균열 등이 있다.

(7) 기공(blow hole) 및 피트 : 용접봉의 건조 불량, 용접 분위기 중 습기·녹·기름·페인트·불순물·각종 가스 과다, 용접부 급랭, 모재 중 유황 함량 많을 때, 아크 길이 및 전류, 용접 속도 과대, 용접 중의 용착금속과 외부 공기와의 차단 불량 등에 의해 발생된 것

(8) 슬래그 섞임 : 이전 층 슬래그 미제거 시, 전류 및 운봉 속도 과소, 운봉 불완전 시, 용접 이음부 및 봉 각도 부적당, 냉각 속도 과대

(9) 스패터 : 전류 및 아크 길이 과대, 봉에 습기가 많을 때

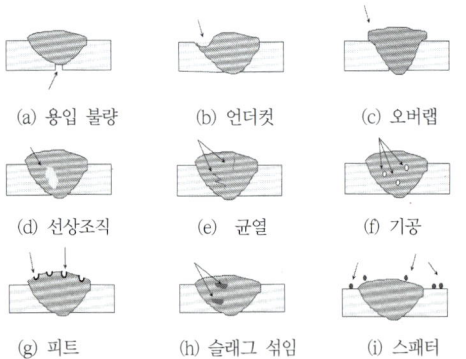

그림 2.7 각종 결함의 형상

예제 1
피복 아크 용접시 적당한 아크 길이는 얼마인가?
① 1mm　　② 3mm
③ 5mm　　④ 7mm

 정답 ②

아크 길이는 보통 3mm 정도 유지하며, 봉 지름 2.6mm 이하는 심선 지름과 거의 같게 하는 것이 좋다.

예제 2
용접봉 위빙 시 위빙 폭은 용접봉 심선의 몇 배가 좋은가?
① 0.5~1배　　② 2~3배
③ 4~5배　　④ 6~7배

 정답 ②

예제 3
용접 결함의 대분류가 아닌 것은?
① 구조상 결함　　② 성질상 결함
③ 치수상 결함　　④ 조직상 결함

 정답 ④

02 단원별 출제예상문제

SECTION

DIY쌤이 콕! 찝어주는 주요 예상문제 풀어보기!

01 금속 전극이 녹아 용접이 되는 용접법은?

① 용극식 ② 비용극식
③ 전극식 ④ 비소모식

> **용극(소모)식**
> 전극이 되어 아크를 발생시키고 녹아서 용착 금속을 만드는 방식, 대부분의 용접에 속하는 아크 용접이 이에 해당된다.

02 작은 범위에서는 아크 전류가 증가함에 따라 아크 저항이 작아져 결국 아크 전압이 낮아지는 특성은?

① 정전압 특성 ② 상승 특성
③ 부특성 ④ 수하 특성

> **부특성**
> 아크의 경우 전류가 커지면 저항이 작아져서 전압도 낮아지는 특성

03 피복 아크 용접에서 수하 특성이란 어떤 현상을 말하는가?

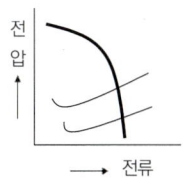

① 부하 전류가 증가하면 단자 전압이 저하하는 현상
② 부하 전류가 증가하면 단자 전압이 상승하는 현상
③ 아크 전류가 감소할 때 아크 전압은 일정한 현상
④ 아크 전류가 감소할 때 아크 전압이 감소하는 현상

> 수하 특성은 전류 – 전압의 특성이다.

04 수하 특성 중 경사가 급한 전원 특성 곡선에서 아크 전압이 다소 변동하여도 아크 전류가 크게 변하지 않는 특성은?

① 정전압 특성 ② 정전류 특성
③ 상승 특성 ④ 아크 드라이브 특성

> 피복 아크 용접기는 수동 용접에 해당되므로 정전류 특성 또는 수하 특성을 갖는 용접기이다.

05 서브머지드 아크 용접이나 불활성 가스 금속 아크 용접에 바람직한 특성은?

① 수하 특성 ② 정전류 특성
③ 정전압 특성 ④ 아크 드라이브 특성

> **정전압 특성**
> 부하 전류가 변하여도 단자 전압은 거의 변하지 않는 특성, CP 특성이라고도 한다.

06 직류 피복 아크 용접에서 모재를 (+)에, 용접봉(홀더)을 (-)에 연결한 경우의 극성은 무엇인가?

① 직류 정극성 ② 직류 역극성
③ 교류 정극성 ④ 교류 역극성

07 다음 중 직류 정극성의 특성은 어느 것인가?

① 모재의 발열량이 많다.
② 비드 폭이 넓다.
③ 용입이 얕다.
④ 용접봉의 녹음이 빠르다.

> 직류 역극성은 ②, ③, ④ 외에 박판, 주철, 고탄소강, 저합금강, 비철금속 용접에 적합하다.

정답 01 ① 02 ③ 03 ① 04 ② 05 ③ 06 ① 07 ①

08 양극(+)의 발생 열량은 얼마인가?

① 30~40% ② 40~50%
③ 60~70% ④ 80~90%

> 음극에서는 25~40%(약 30%), 양(+)극에서는 60~75%의 열이 발생한다.

09 AW-200, 무부하 전압 70V, 아크 전압 30V인 교류 아크 용접기의 역률은? (단, 내부 손실은 3kW 이다.)

① 약 64.29% ② 약 62.5%
③ 약 60.3% ④ 약 57.8%

> 역률 = $\dfrac{(\text{아크전압} \times \text{아크 전류}) + \text{내부 손실}}{2\text{차 무부하 전압} \times 2\text{차 전류}} \times 100$
> = $\dfrac{(30 \times 200) + 3000}{70 \times 200} \times 100 = 64.29\%$

10 AW-200에서 아크 전압 30V, 무부하 전압 80V인 교류 아크 용접기를 사용할 때 효율은 얼마인가? (단, 내부 손실은 4kW이다.)

① 70% ② 25%
③ 55% ④ 60%

> 효율 = $\dfrac{\text{아크 출력(kW)}}{\text{소비 전력(kW)}} \times 100$
> = $\dfrac{30 \times 200}{30 \times 200 + 4000} \times 100 = 60$

11 용접기의 사용률(duty cycle)을 나타내는 식으로 옳은 것은?

① 사용률 = $\dfrac{\text{아크 발생 시간}}{\text{아크 발생 시간} + \text{휴식 시간}} \times 100$

② 사용률 = $\dfrac{\text{아크 발생 시간} + \text{휴식 시간}}{\text{아크 발생 시간}} \times 100$

③ 사용률 = $\dfrac{\text{휴식 시간}}{\text{아크 발생 시간}} \times 100$

④ 사용률 = $\dfrac{\text{아크 발생 시간}}{\text{휴식 시간}} \times 100$

> 용접기의 정격 사용률 계산은 아크 발생 시간과 휴식 시간을 합한 길이 10분을 기준으로 한다.

12 피복 아크 용접기를 4분 사용하고 6분 정도 쉬었다면 이 용접기의 사용률은 얼마인가?

① 20% ② 40%
③ 60% ④ 80%

> 사용률 = $\dfrac{\text{아크 발생 시간}}{\text{아크 발생 시간} + \text{휴식 시간}} \times 100$
> = $\dfrac{4}{4+6} \times 40 = 40\%$
>
> • 허용 사용률이 100% 이상이면 용접기를 연속 사용해도 된다.
> – AW-300 용접기의 규정된 정격 사용률은 40%이다.

13 피복 아크 용접 시 실제 사용 전류가 120A, 정격 2차 전류가 300A일 때 허용 사용률은 얼마인가? (단, 정격 사용률은 40%이다.)

① 100% ② 150%
③ 250% ④ 360%

> 허용 사용률 = $\dfrac{\text{정격 2차 전류}^2}{\text{실제 용접 전류}^2} \times \text{정격 사용률}$
> = $\dfrac{300^2}{120^2} \times 40 = 250$
>
> • 허용 사용률이 100% 이상이면 용접기를 연속 사용해도 된다.

14 교류 아크 용접기의 1차 입력이 24kVA이고, 1차측 전원 전압이 200V일 때 퓨즈 용량으로 가장 적당한 것은?

① 48A ② 24A
③ 120A ④ 200A

> 퓨즈 용량 A = $\dfrac{1\text{차 전원 입력}}{1\text{차측 전원 전압}} = \dfrac{24000}{200} = 120$

정답 08 ③ 09 ① 10 ④ 11 ① 12 ② 13 ③ 14 ③

15 그림은 피복 아크 용접 시 용융 금속이 옮겨가는 상태를 그린 것이다. 어떤 형인가?

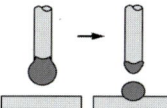

① 스프레이형　② 글로뷸러형
③ 연속형　　　④ 단락형

> **글로뷸러형**
> 비교적 큰 용적이 단락되지 않고 모재로 옮겨가는 용적 이행 상태

16 다음은 교류 아크 용접기에 대한 설명이다. 옳지 않은 것은?

① 보통 변압기와 같이 구조가 간단하고 가격도 싸며 보수가 쉽다.
② 용접 변압기의 1차 전압은 100V, 2차는 200~300V로 제작되어 있다.
③ 2차 단자 전압은 높은 무부하 전압에서 20~30V의 아크 전압으로 저하한다.
④ 용접 변압기와 병렬로 역률 개선용 콘덴서를 사용한다.

> 교류 아크 용접기의 1차 전압은 220V 또는 그 이상이며, 2차 무부하 전압은 용접기에 따라 80~95V이다.

17 가동 철심형의 단점이 아닌 것은?

① 취급이 용이하다.
② 아크가 직류에 비해 불안정하다.
③ 철심 부위에 간격이 있을 때 소음이 난다.
④ 광범위한 전류 조정이 어렵다.

18 용접기 케이스 내의 1차 코일과 2차 코일 중 하나를 이동시켜 누설 리액턴스의 값을 변화시켜 전류를 조절하는 용접기는?

① 가동 철심형 용접기
② 가동 코일형 용접기
③ 탭 전환형 용접기
④ 가포화 리액터형 용접기

19 가포화 리액터형의 장점이 아닌 것은?

① 용접기 고장이 많다.
② 전기적으로 전류 조정을 한다.
③ 원격 제어가 가능하다.
④ 기계 마멸이 적다.

> 가포화 리액터형은 가변 저항에 의해 전류를 조정하기 때문에 원격 전류 조정이 가능하다.

20 탭 전환형 교류 아크 용접기의 단점이 아닌 것은?

① 탭 전환부의 소손이 많다.
② 넓은 범위의 전류 조정이 용이하다.
③ 무부하 전압이 높다.
④ 소형 용접기에 좋다.

> 탭 전환형은 적은 전류 조정 시 무부하 전압이 높아진다.

21 다음은 직류 아크 용접기에 대한 설명이다. 옳지 않은 것은?

① 아크가 안정되며, 아크 쏠림이 없다.
② 무부하 전압이 낮으므로 감전의 위험이 적다.
③ 정류기형에서는 정류기의 소손 및 먼지, 수분 등에 의한 고장에 주의해야 한다.
④ 발전기형은 소음이 나고 회전부에 고장이 많다.

> 아크가 교류에 비해서 안정되나 아크 쏠림이 있다. 교류 아크 용접기보다 보수나 점검에 있어서 더 많은 노력이 필요하다.

22 다음 중 정류기형 직류 용접기에 사용되는 정류기의 종류가 아닌 것은?

① 셀렌 정류기　　② 실리콘 정류기
③ 게르마늄 정류기　④ 바륨 정류기

> 셀렌 정류기는 80℃, 실리콘 정류기는 150℃에서 파괴된다.

정답 15 ② 16 ② 17 ① 18 ② 19 ① 20 ② 21 ① 22 ④

23 직류 아크 용접기의 무부하 전압은 몇 V 정도인가?

① 60V ② 70V
③ 80V ④ 90V

> 직류 아크 용접기의 무부하 전압은 보통 40~60V 정도, 교류 아크 용접기의 무부하 전압은 70~80V 정도로 직류 아크 용접기에 비해 높아 감전의 위험이 크다.

24 피복 아크 용접봉의 피복제의 작용(역할)이 아닌 것은?

① 심선보다 빨리 녹으면서 산성 분위기를 만든다.
② 아크를 안정하게 한다.
③ 용융점이 낮은 적당한 점성의 가벼운 슬래그(slag)를 만든다.
④ 용착 금속의 탈산 정련 작용을 한다.

> 피복제의 작용(역할) 중 가장 중요한 것은 아크 안정화이다.

25 피복 아크 용접봉의 피복제가 연소한 후 생성된 물질을 용접부를 보호하는 방식에 따라 분류할 때 옳지 않은 것은?

① 스패터 발생식 ② 가스 발생식
③ 슬래그 생성식 ④ 반가스 발생식

26 피복 아크 용접봉의 피복 배합제 중 탈산제에 해당되는 것은?

① 석회석 ② 석면
③ 붕사   ④ 소맥분

> 피복제는 용접봉 전체 무게의 약 10% 정도이다.
> • 슬래그 생성제 : 석회석, 형석, 규사, 운모, 마그네사이트, 이산화망간, 석면 등이 있으며, 페로망간(Fe-Mn)은 합금 첨가제이다.
> • 가스 발생제 : 녹말, 톱밥(목재), 셀룰로오스
> • 고착제 : 규산칼륨, 소맥분, 젤라틴, 규산나트륨, 해초, 아교, 카세민, 아라비아 고무, 당밀 등

27 피복제 중에서 아크 안정제가 아닌 것은?

① 붕사   ② 석회석
③ 산화티타늄 ④ 규산칼륨

> ②, ③, ④ 외에 형석, 규사 등이 있으며, 붕사는 슬래그 생성제이다. 황산(H_2SO_4)은 피복제로 사용되지 않는다.

28 다음 중 피복 아크 용접봉이 갖추어야 할 조건으로 옳지 않은 것은?

① 아크를 안정하게 할 것
② 용착 금속의 탈산 정련 작용을 할 것
③ 용착 효율을 높일 것
④ 심선보다 피복제가 더 빨리 녹을 것

> **피복 아크 용접봉의 조건**
> 용접 작업을 용이하게 하고, 용착 금속의 성질을 우수하게 하며, 슬래그가 용이하게 제거되어야 한다.

29 연강용 피복 아크 용접봉 E4316에 대한 설명이다. 옳지 않은 것은?

① 43 : 전용착 금속의 최대 인장강도
② 16 : 피복제 계통
③ E : 피복 아크 용접봉
④ 피복 아크 용접봉의 표시로 우리나라나 미국은 E, 일본은 D를 사용한다.

> 피복 아크 용접봉 표시에서 E는 전극(전기 용접봉), 43은 최소(저) 인장강도 kgf/mm², 16은 피복제 계통을 나타낸다.

30 다음은 일미나이트계(E4301) 용접봉에 관한 사항이다. 옳지 않은 것은?

① 전 자세 용접에 사용한다.
② 슬래그는 비교적 유동성이 좋고 용입 및 기계적 성질도 양호하다.
③ 일미나이트 광석, 사철 등을 주성분으로 한 피복 용접봉이다.
④ 우리나라에서는 일미나이트가 생산되지 않으므로 꼭 필요한 현장에서 사용한다.

정답 23 ① 24 ① 25 ① 26 ④ 27 ① 28 ④ 29 ① 30 ④

31 피복제 중 셀룰로스를 20~30% 정도 포함한 용접봉으로 용입은 깊으나 스패터가 많고 표면이 거칠은 용접봉의 종류는?

① E4311
② E4316
③ E4324
④ E4340

> **고셀룰로스계(E4311)**
> 가스 발생식, 스프레이 이행형이며, 유기물질(셀룰로스, 펄프)이 가장 많이 포함된 용접봉이다.

32 용입이 비교적 얕아서 얇은 판의 용접에 적당하며, 용접 중에 고온 균열을 일으키기 쉬운 용접봉은?

① 고산화티타늄계
② 저수소계
③ 일미나이트계
④ 고셀룰로스계

> • 고산화티타늄계(E4313)는 산화티타늄(TiO_2)이 약 30% 포함되어 있으며 박판용에 사용한다.
> • E4303, E4313, E4324 등 티타늄계는 용입이 얕다.

33 균열에 대한 감수성이 좋아서 구속도가 큰 구조물의 용접이나 고탄소강 및 황이 많은 강의 용접에 적합한 봉은?

① 고산화티타늄계
② 라임티타늄계
③ 일미나이트계
④ 저수소계

34 다음은 저수소계 용접봉에 관한 사항이다. 옳지 않은 것은?

① 석회석($CaCO_3$) 등의 염기성 탄산염을 주성분으로 하고 여기에 형석(CaF_2), 페로 실리콘 등을 배합한 용접봉이다.
② 피복제 중에서 수소를 발생시키는 성분이 많다.
③ 피복제는 다른 종류보다 습기의 영향을 더 많이 받으므로 사용하기 전에 300~350℃에서 2시간 정도 건조시켜 사용해야 한다.
④ 용착금속은 인성이 좋으며, 기계적 성질도 좋다.

> 저수소계(E4316)는 용착 금속의 인성이 좋고 기계적 성질이 우수하며, 피복제 중 석회석 등의 염기성 탄산염을 주성분으로 하고 여기에 형석, 페로 실리콘 등을 배합한 용접봉이다.

35 다음 중 균열이 발생하기 쉬운 재료에 사용하는 용접봉은?

① E4301
② E4303
③ E4313
④ E4316

> 저수소계는 다른 봉에 비해 용착 금속의 충격값이 가장 높다.

36 보통 피복 아크 용접 시 발생하는 가스 중 가장 많이 발생하는 가스는?

① CO
② CO_2
③ H_2
④ H_2O

> E4316 용접봉의 건조 전 아크 분위기 조성 중 CO가 50.7%로 가장 많이 포함되어 있으며, CO_2가 23.6%, H_2가 6.9% 정도로 수소가 가장 적게 발생한다.

37 용접봉의 종류와 용도와의 관계가 잘못 짝지어진 것은?

① 일미나이트계 : 일반 기기 및 구조물
② 고산화티타늄계 : 박판용
③ 고셀룰로스계 : 후판용
④ 저수소계 : 중요한 구조물 고급 용접

38 다음 용접봉 중 아래보기 자세와 수평 필릿 용접에 가장 적합한 용접봉은?

① E4311
② E4316
③ E4301
④ E4324

> 철분계는 철분을 약 50% 정도 함유시킨 것으로, 아래 보기 및 수평 필릿 자세에 적합한 용접봉이다.

39 연강용 피복 아크 용접봉의 심선에 관한 설명으로 옳지 않은 것은?

① 망간은 용융 금속의 탈산 작용을 한다.
② 규소 양을 적게 한 림드강으로 제조한다.
③ 용접 금속의 균열을 방지하기 위하여 저탄소강을 사용한다.
④ 황이나 인과 같은 성분을 많게 한다.

정답 31 ① 32 ① 33 ④ 34 ② 35 ④ 36 ② 37 ③ 38 ④ 39 ④

40 철도 레일을 일미나이트계 용접봉으로 용접한 결과 열이 생겼다면 어떤 용접봉을 사용해야 되겠는가?

① 고산화티타늄계 ② 고셀룰로스계
③ 저수소계 ④ 철분 산화철계

41 고장력강용 피복 아크 용접봉에 대한 설명으로 옳지 않은 것은?

① 인장강도가 $480N/mm^2(50kgf/mm^2)$ 이상이다.
② 탄소 함유량을 적게 하여 노치 인성 저하와 메짐성을 방지한다.
③ 구조물 용접에 특히 적합하다.
④ 용착부의 항복점과 인장력을 높이기 위해 마그네슘, 주석 등을 첨가한다.

- 고장력강은 항복점 $392MPa(40kgf/mm^2)$, 인장강도 $490MPa(50kgf/mm^2)$ 이상을 말한다. $1kgf/mm^2 = 9.8N(MPa)$이므로 490/9.8 = 50이 된다.
- KSD 7006 규정에는 $50kgf/mm^2(490MPa)$, $53kgf/mm^2(520MPa)$, $58kgf/mm^2(569MPa)$가 있다.

42 연강용 피복 아크 용접봉의 규격이 아닌 것은?

① 2.0mm ② 2.2mm
③ 3.2mm ④ 4.0mm

용접봉 심선 지름은 1.0, 1.4, 2.0, 2.6, 3.2, 4.0, 4.5, 5.0, 5.5, 6.0, 6.4, 7.0~10.0까지 있으며, 심선 지름 굵기의 일반적인 허용 오차는 ±0.05mm이다.

43 용접봉의 품질로서 규격이 요구하고 있는 것이 아닌 것은?

① 피복제의 성질 ② 편심률
③ 심선의 치수 ④ 용착법

44 피복 아크 용접봉의 내균열성이 좋은 정도는?

① 피복제에 염기성이 높을수록 좋다.
② 피복제에 염기성이 낮을수록 좋다.
③ 피복제에 산성이 낮을수록 나쁘다.
④ 피복제에 산성이 높을수록 좋다.

45 다음은 용접봉의 저장 및 취급 시 주의 사항이다. 옳지 않은 것은?

① 종류별로 잘 구분하여 저장한다.
② 충분히 건조된 장소에 저장한다.
③ 저수소계는 건조하지 않고 바로 사용하여도 된다.
④ 사용 중 피복제가 떨어지지 않도록 한다.

46 아크 용접기의 용량은 무엇으로 나타내는가?

① 개로 전압 ② 정격 2차 전류
③ 정격 사용률 ④ 아크 전압

용접기 용량을 나타내는 것은 입력(kVA), 정격 2차 전류이다. A, V, R은 아니다.

47 다음은 용접기 취급상의 주의 사항이다. 옳지 않은 것은?

① 정격 사용률을 엄수하여 과열을 방지한다.
② 2차 측의 탭 전환은 반드시 아크를 발생시키면서 시행한다.
③ 가동 부분 및 냉각 팬(fan)은 점검을 충분히 한 후에 기름을 친다.
④ 정기적으로 점검하여 항상 사용 가능하도록 유지한다.

48 용접기는 주위 온도가 얼마인 장소에는 설치를 피해야 되는가?

① -10℃ 이하 ② -5℃ 이하
③ 0℃ 이하 ④ -3℃ 이하

용접기는 -10℃ 이하의 장소에는 설치를 피해야 한다.

정답 40 ③ 41 ④ 42 ② 43 ④ 44 ① 45 ③ 46 ② 47 ② 48 ①

49 전격 방지기에 대한 설명으로 가장 알맞은 것은?

① 아크가 증대되는 것을 방지하기 위해 사용한다.
② 전류를 낮추기 위해 사용한다.
③ 무부하 전압과 전류를 동시에 높이기 위해 사용한다.
④ 무부하 전압을 낮추기 위해 사용한다.

전격 방지기
용접을 하지 않을 때는 용접기의 무부하 전압이 20~30V 이하로 유지되다가 봉의 접촉 순간 무부하 전압으로 상승하여 아크를 발생하는 장치, 용접사의 감전(전격) 방지를 위하여 사용하는 장치이다.

50 핼멧이나 핸드 실드의 차광 유리 앞에 맨 유리를 끼우는 이유로 타당한 것은?

① 차광 유리만으로는 적외선을 차단할 수 없으므로
② 차광 유리(필터 렌즈)를 보호하기 위하여
③ 시력의 감소를 방지하기 위하여
④ 차광 유리만으로는 가시광선이 들어오므로

51 다음 중 탄소 아크 용접에 사용되는 차광도 번호는?

① 6~7
② 8~9
③ 10~12
④ 13~14

차광 렌즈 크기는 50.8 × 108mm이며, 차광도 번호 13~14번은 400A 이상에 연납땜에는 2~4번을 사용한다.

52 용접봉 안전 홀더를 사용하는 이유로 가장 옳은 것은?

① 홀더의 수명을 길게 한다.
② 용접기의 과대 전류를 방지한다.
③ 아크를 안정시켜 용접 작업 능률을 높인다.
④ 감전과 감전에 의한 사고를 방지한다.

53 다음 중 아크 용접 보호구가 아닌 것은?

① 앞치마
② 용접 홀더
③ 용접 장갑
④ 발 커버

용접 장갑, 앞치마, 발 커버 등의 재질은 가죽, 석면, 두꺼운 천 등이 적당하다.

54 용접기의 용량이 200A일 때 1차측과 2차측 케이블로 적합한 것은?

① 5.5mm, 38mm^2
② 5.5mm, 50mm^2
③ 8mm, 38mm^2
④ 8mm, 50mm^2

용접기 용량이 200A, 300A, 400A일 때 1차 측 전선의 굵기는 5.5mm, 8mm, 14mm를 사용하며, 2차 측에는 38mm^2, 50mm^2, 60mm^{2}를 사용한다.

55 2차측 캡 타이어 구리 전선의 지름은?

① 0.2~0.5mm
② 0.6~1mm
③ 1~1.5mm
④ 1.5~2.0mm

2차 케이블은 유연성이 좋아야 되므로 가는 구리선을 수백 선 내지 수천 선 꼬아서 튼튼한 종이로 감고 그 위에 고무 피복한 것을 사용한다.

56 용접봉 홀더 400호의 정격 용접 전류값은 얼마인가?

① 100A
② 200A
③ 300A
④ 400A

용접봉 홀더
피복 아크 용접 시 용접봉을 물리는 공구로, 호칭 번호는 정격 2차 전류값을 나타낸다.

57 용접기의 1차선에 대하여 2차선에 굵은 도선을 사용하는 이유는?

① 1차선과 2차선에 흐르는 전류 및 전압차를 만들기 위하여
② 2차선의 전압이 낮고 전류가 많이 흐르기 때문에
③ 2차선에 전류가 적게 흐르기 때문에
④ 1차선에 전압이 낮고 2차선에 전류가 적게 흐르기 때문에

아크 용접에서 가는 케이블을 사용하면 발열한다.

정답 49 ④ 50 ② 51 ④ 52 ④ 53 ② 54 ① 55 ① 56 ④ 57 ②

58 용접 전류는 대체로 용접봉 단면적 1mm² 에 대하여 몇 A 정도의 전류 밀도를 택해야 되는가?
① 5~8A ② 10~11A
③ 15~17A ④ 20~23A

59 피복 아크 용접봉 Ø4.0의 적정 전류는?
① 60~90A ② 80~120A
③ 120~180A ④ 180~220A

Ø3.2봉은 80~120A, Ø4.0봉은 120~180A 정도가 사용된다.

60 다음 사항 중 자기(아크) 쏠림(arc blow)에 관한 설명으로 적합하지 않은 것은?
① 용접 전류에 의해 아크 주위에 발생하는 자장이 용접봉에 대해 비대칭일 때 일어나는 현상이다.
② 자기 불림이라고도 하며, 아크 전류에 의한 자장에 원인이 있다.
③ 교류 아크 용접에서 발생하는 현상으로 짧은 용접선으로 작은 물건을 용접할 때 나타난다.
④ 아크 쏠림 현상은 주로 직류 아크 용접에서 일어난다.

자기(아크) 쏠림
직류 용접기형에 +극과 -극 사이에서 생성되는 자력에 의해 아크가 한쪽으로 쏠리거나, 용접봉 편심에 의해 생기는 현상이다.

61 다음 중 자기 불림 현상이 가장 강하게 일어나는 용접기는 어느 것인가?
① 정류기형 ② 탭 전환형
③ 가포화 리액터형 ④ 가동 코일형

정류기형은 직류 용접기이며, 아크 쏠림은 직류 용접 시 일어나기 쉽다. 교류 용접기는 자기 쏠림이 발생하지 않는다.

62 다음은 아크 쏠림(arc blow)의 방지 대책이다. 옳지 않은 것은?
① 교류 용접을 하지 말고 직류 용접을 사용할 것
② 접지점(earth)을 용접부에서 될 수 있는 대로 멀리 할 것
③ 짧은 아크를 쓸 것. 피복제가 모재에 접촉할 정도로 접근시켜 봉 끝을 아크 불로와 반대쪽으로 기울일 것
④ 용접선이 길 때에는 후퇴 용접법으로 용착할 것

63 아크 길이가 길 때 발생하는 현상이 아닌 것은?
① 스패터의 발생이 많다.
② 용착 금속의 재질이 불량해진다.
③ 오버랩이 생긴다.
④ 비드 외관이 불량해진다.

아크가 길어지면 아크 전압이 높아지며, 아크가 불안정하고 열량이 많아진다. 용입이 나빠지며, 블로 홀이 생길 수 있다.

64 피복 아크 용접에서 일반적인 아크 속도는?
① 8~30cm/min ② 30~60cm/min
③ 60~90cm/min ④ 90~100cm/min

65 용접봉의 용융 속도는 무엇에 따라 결정되는가?
① 아크 전류 × 용접봉쪽 전압 강하
② 무부하 전압 × 아크 전압
③ 아크 전류 × 무부하 전압
④ 아크 전류 × 아크 전압

용접봉의 용융 속도는 단위시간당 소비되는 용접봉의 길이 또는 무게로 나타낸다.

66 다음 중 구조상 결함의 종류가 아닌 것은?
① 오버랩 ② 부식
③ 기공 ④ 용착 불량

구조상 결함
①, ③, ④ 외에 언더컷, 슬래그 섞임, 용입 불량, 피트, 선상 조직 등이 있으며, 부식은 화학적 성질의 결함이다.

정답 58 ② 59 ③ 60 ③ 61 ① 62 ① 63 ③ 64 ① 65 ① 66 ②

67 다음 결함 중 성질상 결함이 아닌 것은?
① 강도 부족
② 언더컷
③ 충격치 부족
④ 선상 조직

68 다음 용접 결함의 분류에서 치수상 결함에 속하는 것은?
① 용입 불량
② 변형
③ 슬래그 섞임
④ 언더컷

치수상 결함
형상 불량, 각도 불량, 변형, 치수 오차 등

69 용접 결함과 그 원인을 조합한 것 중 옳지 않은 것은?
① 변형 - 홈 각도의 과대
② 기공 - 용접봉의 습기
③ 슬래그 섞임 - 전 층의 언더컷
④ 용입 부족 - 홈 각도의 과소

슬래그 섞임은 전 층의 슬래그를 완전히 제거하지 않아 생기는 결함이다.

70 용접부에 생기는 결함과 관계가 없는 것은?
① 언더컷
② 역변형
③ 기공
④ 은점

• **역변형** : 용접 후의 변형을 미리 예측하여 용접 전에 용접방향과 반대 방향으로 일정량의 변형을 주는 공정
• 은점은 용접에 의해 생기는 결함이 아니고 수소 등의 영향에 의하여 생긴 조직상의 결함이다.

71 용접 전류에 따라 일어나는 현상으로 옳지 않은 것은?
① 전류가 세면 스패터링이 많아진다.
② 전류가 높으면 용입이 얕아진다.
③ 전류가 높으면 용접봉이 가열되기 쉽다.
④ 전류가 높으면 언더컷이 생기기 쉽다.

용접 전류가 약해지거나 운봉 속도가 느릴 때, 운봉 각도가 불량하면 오버랩이 생길 수 있다.

72 언더컷의 발생 원인이 아닌 것은?
① 용접 속도가 느릴 때
② 용접 전류가 강할(높을) 때
③ 모재 온도가 높을 때
④ 운봉법이 틀렸을(불량할) 때

언더컷
비드 양끝이 오목하게 패인 현상으로, 전류가 높을 때(과대 전류 사용), 용접 속도가 너무 빠를 때, 아크 길이가 너무 길 때 일어난다.

73 아크 용접을 할 때 블로 홀 등의 발생으로 용접부의 외표면에 작은 홈이 나타난 것을 무엇이라 하는가?
① 오버랩
② 선상 조직
③ 피트
④ 치핑

피트
용착 금속 중의 기공이 외부로 배출 중에 용착 금속 표면에서 굳어진 결함

74 피복 아크 용접에서 용입 불량의 주요 원인으로 가장 관계가 적은 것은?
① 용접 전류가 너무 낮을 때
② 용접 속도가 너무 빠를 때
③ 모재 가운데 황 함유량이 많을 때
④ 이음 설계에 결함이 있을 때

75 용접부에 기공(블로 홀)이 발생하는 원인과 가장 관련이 없는 것은?
① 이음 설계에 결함이 있을 때
② 용접봉이 건조되었을 때
③ 용접봉에 습기가 많을 때
④ 아크 길이, 전류값 등이 부적당할 때

76 습기가 있는 용접봉을 사용하면 다음과 같은 단점이 있다. 해당되지 않는 것은?
① 피복제가 벗겨지기 쉽고 아크가 불안정하다.
② 용착 금속의 기계적 성질이 불량해진다.
③ 용접기를 손상시킨다.
④ 블로 홀(blow hole)이 생긴다.

정답 67 ② 68 ② 69 ③ 70 ② 71 ② 72 ① 73 ③ 74 ③ 75 ② 76 ③

77 아크 용접 중 스패터의 발생 원인으로 옳지 않은 것은?

① 용접 전류가 높을 때
② 아크 길이가 길 때
③ 운봉 각도가 부적당할 때
④ 모재의 온도가 높을 때

스패터는 모재가 차가울 때 많이 발생한다.

78 피복 아크 용접 시 균열이 발생하는 원인이 아닌 것은?

① 이음의 강성이 큰 경우
② 모재에 탄소, 망간 등 합금 원소가 많을 때
③ 과대 전류, 과대 속도일 때
④ 모재에 유황이 적을 때

79 용접부 내부 결함인 슬래그 섞임을 방지하는 방법은?

① 제 1층을 지름이 큰 봉으로 용접한다.
② 운봉 속도를 빠르게 한다.
③ 용접 전류를 적게 한다.
④ 운봉 속도를 느리게 한다.

80 아크 용접 중 오버랩 현상의 원인과 관계 없는 것은?

① 용접 전류가 낮을 때
② 운봉 속도가 느릴 때
③ 모재가 과열되었을 때
④ 운봉 각도가 불량할 때

정답 77 ④ 78 ④ 79 ④ 80 ③

03 가스 용접
SECTION

1 가스(산소) 용접의 개요

가. 원리

(1) 용접법의 하나로서, 아세틸렌 가스, 수소, LP(프로판) 가스 등의 가연성 가스와 산소의 혼합 가스의 연소열을 이용하여 금속을 가열하여 용접하는 방법
(2) **가스 용접의 종류** : 산소 - 아세틸렌 용접, 산소 - 수소 용접, 산소 - 프로판 용접, 공기 - 아세틸렌 용접 등이 있으나, 현재 가장 많이 사용되고 있는 용접은 산소 - 아세틸렌 용접이다.
(3) 1900~1901년경 프랑스의 푸세와 피카르가 토치를 처음 고안하였다.

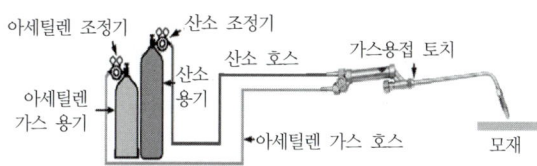

그림 3.1 가스용접 장치의 구성

나. 특징

1) 장점

(1) 전기가 필요 없으며 용접 장치를 쉽게 설치할 수 있고, 운반이 자유롭다.
(2) 가열할 때 열량 조절이 비교적 자유롭고, 응용 범위가 넓다.
(3) 유해 광선의 발생이 적으며, 박판 용접에 적당하다.

2) 단점

(1) 고압가스 사용 때문에 폭발, 화재 위험이 크며 금속이 탄화 및 산화될 우려가 많다.
(2) 열효율과 집중력이 낮아서 용접 속도가 느리다.
(3) 용접부의 기계적 강도가 떨어지며 일반적으로 아크 용접에 비해 신뢰도가 적다.
(4) 가열 범위와 열을 받는 범위가 넓어서 용접 응력이 크고, 용접 후에 변형이 심하다.

예제 1

다음 중 가스용접의 장점이 될 수 없는 것은?

① 응용 범위가 넓고 운반이 편리하다.
② 금속의 변질이나 폭발의 위험성이 적다.
③ 열량 조절이 비교적 자유로워 박판 용접에 적합하다.
④ 아크 용접에 비해 유해 광선이 적다.

 정답 ②

가스 용접의 단점
금속의 변질, 산화성이 크며, 폭발의 위험이 크다.

예제 2

다음 중 전기(아크) 용접에 비교한 가스 용접의 단점이 아닌 것은?

① 열량 조절이 자유로워 박판 용접이 쉽다.
② 가열 범위가 크고 가열 시간이 길다.
③ 아크 용접에 비해 불꽃 온도가 낮다.
④ 금속이 탄화 및 산화될 가능성이 많다.

 정답 ①

①은 장점에 해당된다.

2 가스 및 불꽃

가. 산소(oxygen, O_2)

1) 산소의 성질

(1) 공기 중에 약 21% 존재하며, 공업용 산소 순도는 99.5% 이상이다.
(2) 무색, 무미, 무취의 기체(비중 1.105)로 공기(비중 1)보다 약간 무거우며, 비등점 −182℃, 용융점 −219℃이다.
(3) 액체 산소(액산)는 연한 청색을 띠며, 1ℓ가 기화하면 약 900ℓ의 기체가 된다.
(4) 자신은 연소하지 않고 다른 물질의 연소를 돕는 조연성 가스이다.
(5) 금, 백금, 수은 등을 제외한 모든 물질과 화합할 때 산화물을 만든다.
(6) 1ℓ의 중량은 0℃, 1기압에서 1.429gf이다.

2) 제조 방법

(1) 물의 전기 분해, 공기에서 채취, 화학 약품에 의한 방법
(2) **기체 산소** : 액체 산소를 기화시켜 용기에 압축하여 충전한 산소
(3) **액체 산소** : 용기에 액체로 저장한 산소, 운반과 저장이 쉽고, 99.8% 이상 고순도 유지, 대량의 산소를 사용하는 곳에서 편리하며 경제적이다.

나. 아세틸렌(acetylene, C_2H_2)

1) 아세틸렌 가스의 성질

(1) 순수한 것은 무색, 무취의 기체이나, 인화수소(PH_3), 유화수소(H_2S), 암모니아(NH_3) 등이 함유되어 있어 악취가 난다.
(2) 비중은 0.906으로 공기보다 가벼우며, 15℃, 1기압에서 1ℓ의 무게는 1.176gf이다.
(3) 보통 물에 1배, 석유에 2배, 벤젠에 4배, 알코올에 6배, 아세톤에 25배 용해된다.
(4) C_2H_2을 800℃에서 분해시키면 C와 H_2로 나누어 지고 C_2H_2 카본블랙(잉크 원료)이 된다.

2) 아세틸렌 가스의 폭발성

(1) **온도** : 406~408℃에서 자연 발화, 505~515℃에서 폭발, 780℃가 되면 O_2 없어도 자연 폭발한다.
(2) **압력** : 15℃에서 1.5기압 이상 압축하면 충격이나 가열에 의해 분해 폭발할 위험이 있으며, 2.0기압 이상 압축하면 폭발할 수 있다.
(3) **혼합 가스** : C_2H_2 15%, O_2 85% 부근이나 인화수소가 0.02% 이상이면 폭발 위험성이 크고, 0.06% 이상이면 자연 발화하여 폭발한다.
(4) **외력** : 가압된 상태에서 마찰, 진동, 충격이 가해지면 폭발할 위험이 있다.
(5) **화합물 생성** : Cu, Cu 합금(62% Cu 이상), 은(Ag), 수은(Hg) 등과 접촉하면 120℃ 부근에서 폭발성 화합물을 생성하므로 가스 연결구나 배관에 사용해서는 안 된다.

3) 용해 아세틸렌

(1) 강철제 용기 내부에 규조토, 목탄 분말, 석면 등과 같은 다공질 물질로 채우고, 여기에 아세톤을 흡수시킨 후 C_2H_2를 15℃에서 15.5기압으로 충전 용해시킨 것
(2) **기화 아세틸렌 양 계산** : L = 905(실병 무게 − 빈병의 무게)

다. 기타 가스

(1) **도시가스** : 석탄을 가스화시킨 것, 주성분은 H_2, CH_4이며, CO, N_2 등도 함유되어 있다.
(2) **수소 가스** : C_2H_2보다 일찍 실용화 됨, 물을 전기 분해하여 고압 용기에 충전(35℃에서 150kgf/cm^2)시켜 공급한다. O_2 − H_2 불꽃은 불꽃 조절이 어렵고, 연소 시 탄소가 나오지 않음, 수중 절단, 납땜 등에 이용된다.
(3) **천연가스(LNG), 메탄가스** : 유전지대에서 분출되며, 주성분은 메탄(80~90%), S이 거의 없고, 폭발 범위가 좁아 도시 가스용으로 가장 알맞다.

라. 산소 - 아세틸렌 불꽃

1) 불꽃의 구성

(1) **불꽃심(백심)** : 팁에서 나오는 혼합 가스가 연소하여 형성된 환원성의 백색 불꽃
(2) **속불꽃(내염)** : 백심 부분에서 생성된 CO와 H_2가 공기 중의 O_2와 결합 연소하여 3200~3500℃의 높은 열을 발생하는 부분, 환원성 불꽃
(3) **겉불꽃(외염 : outer flame)** : 연소 가스가 다시 공기 중의 산소와 결합하여 완전 연소되는 부분, 약 2000℃의 열을 내게 된다.

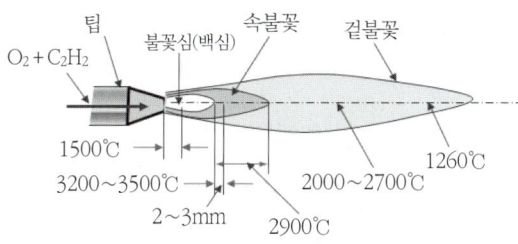

그림 3.2 산소 - 아세틸렌 불꽃 구성

2) 불꽃의 종류

(1) **탄화 불꽃(아세틸렌 과잉 불꽃)** : 속불꽃과 겉불꽃 사이에 청백색의 아세틸렌 페더가 있는 제3의 불꽃, 산화가 일어나지 않으므로 산화를 방지할 스테인리스강, 스텔라이트, 모넬메탈 등의 용접에 사용된다.
(2) **중성 불꽃(표준 불꽃)** : 산소와 아세틸렌 가스의 혼합비가 1 : 1(실제는 1.1~1.2) 정도의 불꽃, 백심 불꽃 끝에서 2~3mm 앞쪽에서 용접한다.
(3) **산화 불꽃(산소 과잉 불꽃)** : 철강 용접에는 사용하지 않고 구리, 황동 등의 가스 용접에 주로 이용

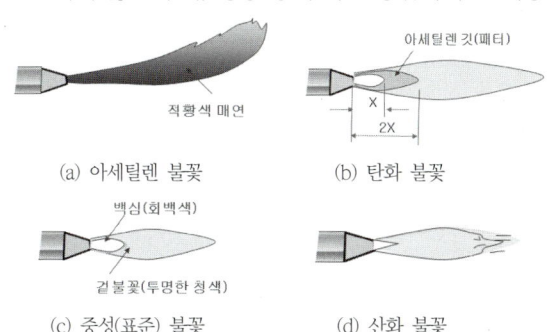

그림 3.3 산소 - 아세틸렌 불꽃의 종류

예제 1

다음 중 가스용접에 사용되는 가연성 가스가 아닌 것은?

① 산소
② 도시 가스
③ 아세틸렌
④ 프로판 가스

정답 ①

- 가연성 가스 : ②, ③, ④외에 메탄, 수소 등
- 산소는 조연(지연)성 가스이며, 공기 중에 약 21% 존재하며, 공업용 산소 순도는 99.5% 이상이다.
- 질소는 금속을 질화시키며, 가연성이 아니므로 열원이 될 수 없다.

예제 2

다음은 아세틸렌에 대한 설명이다. 옳지 않은 것은?

① 분자식은 C_2H_2이다.
② 금속을 접합하는데 사용한다.
③ 각종 액체에 잘 용해된다.
④ 산소와 화합하여 2000℃의 열을 낸다.

정답 ④

아세틸렌
비중이 0.906으로 공기보다 가벼우며, 산소와 화합 발열 온도는 3430℃이다.

예제 3

다음 중 산소 - 아세틸렌 불꽃의 3대 구성이 아닌 것은?

① 불꽃심
② 속불꽃
③ 겉불꽃
④ 중성불꽃

정답 ④

중성불꽃은 산소의 양에 따라 분류한 것으로, 산소와 아세틸렌의 혼합비가 1 : 1~1.2 : 1의 비율로 연소한 불꽃이다.

3 가스용접 장치 및 기구

가. 산소(oxygen) 용기

1) 산소 용기 제조와 크기

(1) **제조** : 만네스만 공법으로 이음매 없이 제조, 인장 강도 5.59MPa(57kgf/cm²) 이상, 연신율 18% 이상의 강재가 사용된다.
(2) **크기** : 내용적(대기 중에서 환산량)에 따라 33.7(5000ℓ), 40.7ℓ(6000ℓ), 46.7ℓ(7000ℓ)가 주로 사용된다.($L = V \times P$)

2) 산소 용기 취급상 주의 사항

(1) 병 밸브, 조정기, 도관, 취부구는 기름 걸레로 닦아서는 안 된다.
(2) 운반 시 충격을 주어서는 안 되며, 반드시 캡을 씌워 이동한다.
(3) 40℃ 이하에서 보관하고 각종 불씨로부터 멀리하며, 직사광선을 피해야 한다.
(4) 병 내에 다른 가스를 혼합하면 안 되며, 화기로부터 5m 이상 거리를 둔다.
(5) 비눗물로 가스 누설 점검을 수시로 한다.
(6) 용기 내의 압력이 상승(170kgf/cm² 이상)하지 않게 한다.

나. 아세틸렌 용기

1) 가스 충전

(1) 용접 용기에 다공물질(석회석, 목탄, 석면 등)을 넣고 건조 후 아세톤을 주입 후 C_2H_2을 충전한다.
(2) 용기 속 다공질 물질의 다공도는 75~92% 미만으로 한다.

2) 용해 아세틸렌의 이점

(1) 발생기와 부속 기구가 필요하지 않으며, 폭발할 위험성이 적다.
(2) 운반이 용이하며, 어디서나 간단히 작업할 수 있다.

3) 용해 아세틸렌 취급 시 주의 사항

(1) 비눗물을 사용하여 누설 검사하며, 동결 부분은 35℃ 이하의 온수로 녹인다.
(2) 저장소에는 화기를 엄금하고 휴대용 전등 외에는 사용해서는 안 된다.
(3) 저장실의 전기 스위치, 전등은 방폭 구조로 하며, 저장소는 통풍이 양호해야 한다.
(4) 용기는 반드시 세워 두어야 하며, 반드시 캡을 씌워 운반한다.
(5) 용기는 직사광선을 피하고 사용 시 용기 밸브는 1/4~1/2만 연다.
(6) 용기는 40℃ 이하의 저장실에 저장하고, 저장실은 불연 재료를 사용한다.
(7) 용기는 전락, 전도를 방지하고 충격을 가하지 않는다.
(8) 사용 후 용기 내 약간의 잔압(0.1kgf/cm²)을 남겨 둔다.
(9) 용기의 가용 전 안전밸브는 105±5℃에서 녹게 되므로 끓는 물, 증기를 쐬거나 난로 가까이에 두지 않는다.

다. 용기의 검사 및 각인, 도색

1) 가스 용기의 검사 및 각인

(1) 용기 제조자 명칭, 충전 가스명, 내압 시험 년월일, V : 내용적(ℓ),
(2) TP : 내압 시험 압력((kgf ; cm²), FP : 최고 충전 압력(kgf ; cm²), W : 용기 중량(kgf)

표 3.1 용기의 충전 및 내압 시험 압력, 도색

용기 명칭	도색	체결나사 방향	시험 압력	충전 또는 시험 온도와 압력
산소 용기/ 수소 용기	녹색/ 주황색	오른나사/ 왼나사	최고 충전 압력	35℃에서 150kgf/cm²로 압축 충전
			내압 시험압력	최고 충전압력 × 5/3배
LPG 용기	회색	왼나사	최고 충전량	20kgf, 50kgf
			내압 시험압력	30kgf/cm² 이상
아세틸렌 용기	황색	왼나사	최고 충전압력	15℃에서 15.5kgf/cm² (5kgf)
			내압 시험압력	최고 충전압력 × 3배
			기밀 시험 압력	최고 충전압력 × 1.8배

라. 가스 용접 기구

1) 가스 용접 토치

(1) **토치 구성** : C_2H_2와 O_2를 혼합 연소시켜 불꽃을 형성하여 용접 작업에 사용하는 기구로, 손잡이, 혼합실, 팁으로 구성되어 있다.

2) 가스 용접 토치 종류

(1) **저압식(인젝터식) 토치** : 고압의 O_2로 저압(발생기식은 0.07기압, 용해식은 0.2기압)의 C_2H_2을 빨아내는 인젝터 장치가 있다.
  ① 불변압식(독일식, A형) : 1개 팁에 1개의 인젝터가 있으나 니들 밸브가 없는 토치, 가스 흐름의 길이가 짧아 역화가 적다.
  ② 가변압식(프랑스식, B형) : 인젝터 부분에 니들 밸브로 유량, 압력을 조절한다.

(2) **중압(등압)식 토치** : C_2H_2 압력이 0.07~1.3기압(kgf/mm^2)에서 사용되는 토치, O_2와 C_2H_2 압력이 같거나 약간 높아 역류 우려가 없고 안정된 불꽃을 얻을 수 있다.

(3) **고압식 토치** : C_2H_2 압력이 1.3기압 이상에서 사용되는 토치, 요즘에는 거의 사용하지 않는다.

3) 팁의 능력

(1) **프랑스식** : 1시간에 표준 불꽃으로 용접 시 소비하는 C_2H_2 양(ℓ)
(2) **독일식** : 연강판 용접을 기준으로 팁이 용접할 수 있는 판 두께(mm)

4) 가스용접용 호스

(1) 천이 섞인 양질의 고무관으로 산소용은 흑색 또는 녹색, 아세틸렌이나 LPG는 적색 사용
(2) **크기** : 6.3, 7.9, 9.5mm의 3종류이고, 이 중 7.9mm가 많이 쓰이며, 길이는 보통 5m가 적당함

5) 압력(감압) 조정기

(1) **산소 압력 조정기** : 용기 내의 고압을 사용 압력으로 조정, 고압 - 저압 게이지로 구성, 프랑스식, 독일식이 있다.

(2) **아세틸렌 압력 조정기** : 산소 압력 조정기와 모양은 같으나 압력 조정 스프링의 압력이 훨씬 낮으며, 접속 나사는 왼나사로 되어 있다.

예제 1

아세틸렌 용기는 용접 용기를 사용한다. 이 때 용기 안에 다공질 물질을 채운 후 무엇을 흡수시킨 후 아세틸렌을 충전해야 되는가?

① 알코올　　② 아세톤
③ 물　　　　④ 벤젠

 정답 ②

아세톤은 아세틸렌 가스가 25배나 용해되므로 다공질 물질에 아세톤을 흡수시킨 후 아세틸렌을 충전한다.

예제 2

고압의 산소로 발생기 압력 $0.07kgf/cm^2$(용해식 : $0.2kgf/cm^2$) 이하의 아세틸렌 가스를 빨아내는 인젝터를 가지고 있는 토치는?

① 저압식　　② 중압식
③ 고압식　　④ 등압식

 정답 ①

가스 용접 토치는 아세틸렌 가스 압력에 따라 저압식은 $0.07kgf/cm^2$, 중압식은 $0.07~1.3kgf/cm^2$, 고압식은 $1.3kgf/cm^2$ 이상을 사용한다.

예제 3

가변압(프랑스)식 토치의 팁의 능력은?

① 용접할 수 있는 판의 두께
② 매 시간당 아세틸렌 가스의 소비량
③ 사용 용접봉의 지름
④ 매 시간당 산소의 분출량

 정답 ②

예제 4

중성불꽃으로 200번 팁을 사용하여 한 시간 용접하였다면 아세틸렌 가스 소비량은 얼마인가?

① 100ℓ ② 200ℓ
③ 300ℓ ④ 400ℓ

 정답 ②

예제 5

가스 용접 토치에 사용되는 산소 호스는 무슨 색을 사용해야 하는가?

① 녹색 ② 적색
③ 황색 ④ 갈색

 정답 ①

산소 호스의 색은 검은색이나 녹색을 사용해야 되며, 아세틸렌이나 LPG는 적색 호스를 사용해야 된다.

4 가스 용접 재료

가. 가스 용접봉 개요

1) 용접봉 선택 조건

(1) 가능하면 모재와 같은 재질이어야 하며, 모재에 충분한 강도를 줄 수 있을 것
(2) 기계적 성질에 나쁜 영향을 주지 않으며, 용융 온도가 모재와 같을 것
(3) 용접봉의 재질 중에 불순물을 포함하고 있지 않을 것
(4) **연강용**: 인, 유황 등이 적은 저탄소강을 사용한다.

2) 용접봉 종류와 표시

(1) **가스용접봉 종류**: GA 46, GA 43, GA 35, GB 46, GB 43, GB 35 등이 있다.
(2) **시험편의 처리**
   ① SR: 625 ±25℃에서 1시간 동안 응력을 제거함
   ② NSR: 용접한 그대로 응력을 제거하지 않음
(3) **봉 지름**: 1.0, 1.6, 2.0, 2.6, 3.2, 4.0, 5.0, 6.0
(4) **봉 굵기 선택**: 모재 두께가 1mm 이상일 때 공식

$$D = \frac{T}{2} + 1$$

나. 가스용접 용제

1) 용제

(1) **역할**: 용접 중에 생기는 산화물, 비금속 개재물을 용해하여 용융하여 온도가 낮은 슬래그로 만들고 표면에 떠올라 용착 금속을 양호하게 한다.
(2) **형상**: 분말, 페이스트, 봉에 도포된 것 등이며, 모재 용융점보다 낮아야 한다.

표 3.2 각종 금속에 적당한 용제

용접 금속	용제
연강	사용하지 않음
주철	탄산나트륨 15[%], 붕사 15[%], 중탄산나트륨 70[%]
반경강	중탄산소다 + 탄산소다
동합금	붕사 75[%], 염화리튬 25[%]
알루미늄	염화나트륨 30[%], 염화칼륨 45[%], 염화리튬 15[%], 플루오르화 칼륨 7[%], 황산칼륨 3[%]

예제 1

GA 46으로 표시된 가스용접봉에서 46은 무엇을 뜻하는가?

① 용접봉 재질 ② 최소 인장강도
③ 최대 인장강도 ④ 용접 자세

 정답 ②

GA는 봉의 재질, 46은 최소 인장강도를 뜻한다.

예제 2

판 두께가 3.2mm일 때 적당한 가스 용접봉 지름은?

① 1.6mm ② 2.6mm
③ 3.2mm ④ 4.0mm

 정답 ②

가스 용접봉 계산 공식
$$D = \frac{T}{2} + 1 = \frac{3.2}{2} + 1 = 2.6$$

예제 3

구리 및 구리 합금을 가스 용접할 때 적당한 용제는 어느 것인가?

① 사용하지 않음　② 붕사, 붕산
③ 염화칼륨　　　　④ 탄산나트륨

 정답 ②

연강의 가스 용접 시 용제를 사용하지 않으며, 구리 및 구리 합금에는 붕사, 붕산, 규산소다 등의 용제가 적합하다.

5 가스 용접 작업

가. 전진법과 후진법

1) 전진법(좌진법)

비드와 용접봉 사이에 팁이 있으며, 용융풀의 앞쪽을 가열하며 앞으로 진행하는 방법. 가스 용접은 주로 박판의 용접에 쓰이므로 전진법이 많이 적용된다.

2) 후진법(우진법)

용접봉을 팁과 비드 사이에서 녹이면서 토치가 후진하는 방법

표 3.3 전진법과 후진법의 비교

항목	전진법	후진법
열 이용률/산화 정도	나쁘다./심하다.	좋다./약하다.
용접 변형	크다.	작다.
용착 금속의 냉각	급랭된다.	서랭한다.
홈 각도	크다.(80°)	작다.(60°)
용접 가능 판 두께	얇다.(5mm 까지)	두껍다.
용착 금속의 조직	거칠어진다.	미세하다.
용접 속도/비드 모양	느리다./보기 좋다.	빠르다./매끈하지 못하다.

3) 역류, 역화, 인화

(1) **역류** : 토치 내부의 청소가 불량할 때 토치 내부가 막혀서 고압의 산소가 아세틸렌 호스로 흐르는 현상, 방지하기 위해서는 먼저 산소를 차단한 후 아세틸렌을 차단, 팁 청소를 한다.

(2) **역화** : 팁 끝이 모재에 닿아 팁 끝이 막히거나 과열, 사용 가스의 압력이 낮을 때, 팁의 죔이 완전치 않을 때 팁 속에서 폭발음과 함께 불꽃이 꺼졌다가 다시 나타나는 현상

(3) **인화** : 팁 끝이 순간적으로 막히면 가스의 분출이 나빠져 가스 혼합실까지 불꽃이 도달되어 토치가 빨갛게 달구어지는 현상, 방지법은 토치의 아세틸렌 밸브를 차단한 후 산소 밸브를 차단한다.

예제 1

다음 중 가스 용접 시 전진법의 특성이 아닌 것은?

① 용접 홈 각도가 크다.
② 용착 금속이 급랭된다.
③ 용접 변형이 크다.
④ 용착 금속의 조직이 미세하다.

 정답 ④

전진법은 비드 모양은 보기 좋으나 열 이용률이 나쁘고, 용접 속도가 느리며, 산화 정도가 심하고, 조직이 거칠어진다.

예제 2

가스 용접 시 전진법에 비해 후진법(우진법)의 특징이 아닌 것은?

① 용접 변형이 적다.
② 용접금속이 급랭된다.
③ 홈 각도가 적다.
④ 용접 가능한 판 두께가 두껍다.

 정답 ④

예제 3

역류 방지 대책으로 적당하지 않은 것은?

① 팁을 깨끗이 청소한다.
② 산소를 차단시킨다.
③ 아세틸렌을 차단시킨다.
④ 아세틸렌 호스를 끊어버린다.

 정답 ④

역류
토치 내부의 청소가 불량할 때 내부의 막힘이 생겨 고압의 산소가 압력이 낮은 아세틸렌 호스 쪽으로 흐르는 현상

예제 4

팁 끝이 순간적으로 막히면 가스의 분출이 나빠져 불꽃이 가스 혼합실까지 도달되어 토치가 빨갛게 달구어지는 현상을 무엇이라 하는가?

① 역류   ② 역화
③ 인화   ④ 점화

 정답 ③

03 단원별 출제예상문제

SECTION

DIY쌤이 콕! 찝어주는 주요 예상문제 풀어보기!

01 아크 용접과 비교한 가스 용접의 장점이 아닌 것은?
① 전기가 필요 없어 전원이 없는 곳에서도 설치가 가능하다.
② 용접부 가열 범위의 조정이 쉽다.
③ 유해 광선의 발생이 적다.
④ 열효율이 높고 속도가 빠르다.

> 가스 용접은 아크 용접보다 열효율이 낮고 용접 속도도 느리다.

02 불꽃의 최고 온도가 가장 높은 것은?
① 산소 - 아세틸렌 불꽃
② 산소 - 수소 불꽃
③ 산소 - 석탄 가스 불꽃
④ 산소 - 프로판 불꽃

> • 산소 - 아세틸렌 불꽃은 3430℃, 산소 - 수소 불꽃은 2900℃, 산소 - 프로판 불꽃은 2820℃, 산소 - 메탄 불꽃은 2700℃ 정도이다.
> • 열량이 높고 용착부에 나쁜 영향을 주지 않는 산소 - 아세틸렌 용접법이 가장 많이 사용된다.

03 다음은 산소의 성질을 설명한 것이다. 옳지 않은 것은?
① 액체 산소는 보통 연한 청색을 띤다.
② 기체의 비중은 0.906으로 공기보다 가볍다.
③ 자체는 연소하지 않는 조연성 가스이다.
④ 무미, 무색, 무취의 기체이다.

> 산소의 비중은 1.105로 공기보다 무겁고 비등점은 -183℃이며, 1ℓ의 중량은 0℃, 1기압에서 1.142gf이다.

04 다음 중 기체 산소와 비교한 액체 산소의 특성을 설명한 것으로 적당하지 않은 것은?
① 용기의 저장, 운반이 편리하다.
② 소비자 측면에서 경제적이다.
③ 99.8% 이상의 고순도를 유지할 수 있다.
④ 소량의 가스를 사용하는 곳에 편리하다.

05 7000ℓ의 산소를 150기압으로 충전하는데 필요한 용기는 어느 것인가?
① 46.7ℓ
② 53.6ℓ
③ 38.5ℓ
④ 93.2ℓ

> $L = P \times V, V = L/P = 7000/150 = 46.7$

06 아세틸렌 가스의 성질을 설명한 것으로 적당하지 않은 것은?
① 순수한 것은 무색, 무취의 기체이다.
② 비중은 0.906으로 공기보다 가볍다.
③ 15℃ 1기압에서 1.176gf이다.
④ 각종 액체에 잘 용해되며 알코올에 25배나 용해된다.

> 아세틸렌 가스는 물에 1배, 석유에 2배, 벤젠에 4배, 알코올에 6배, 아세톤에는 25배 용해된다.

정답 01 ④ 02 ① 03 ② 04 ④ 05 ① 06 ④

07 용해 아세틸렌의 용해량은 압력에 비례하나 15℃, 15기압에서 아세톤 1ℓ에 대하여 아세틸렌 몇 ℓ가 용해되는가?

① 285ℓ ② 375ℓ
③ 420ℓ ④ 450ℓ

> 15℃, 1기압에서 아세틸렌이 아세톤에 25배 용해되므로 15기압 × 25배 = 375가 된다.

08 아세틸렌 가스의 폭발과 관계없는 것은?

① 온도 ② 압력
③ 진동, 충격 ④ 탄소

09 아세틸렌 가스의 자연발화 온도는 얼마인가?

① 406~408℃ ② 505~515℃
③ 606~618℃ ④ 780℃ 이상

> ②는 폭발 온도, ④의 온도가 되면 산소가 없어도 자연 폭발한다.

10 아세틸렌 가스를 15℃에서 몇 기압(kgf/cm^2) 이상으로 압축하면 충격, 가열 등의 자극을 받아 분해 폭발할 수 있는가?

① $1.3 kgf/cm^2$ ② $1.5 kgf/cm^2$
③ $2.0 kgf/cm^2$ ④ $2.5 kgf/cm^2$

> 아세틸렌은 15℃에서 $1.5 kgf/cm^2$(0.15MPa) 이상으로 압축하면 충격이나 가열에 의해 분해 폭발할 위험이 있으므로 $1.3 kgf/cm^2$(0.13MPa) 이하의 압력으로 사용해야 되며, 2기압 이상이면 자연 폭발한다.

11 산소와 아세틸렌의 혼합비가 얼마일 때 폭발 위험이 가장 큰가? (단위 : %)

① 15 : 85 ② 85 : 15
③ 25 : 75 ④ 75 : 25

12 아세틸렌 가스와 접촉하였을 때 폭발성 화합물을 만드는 물질이 아닌 것은?

① 수은(Hg) ② 은(Ag)
③ 구리(Cu) ④ 철(Fe)

> 아세틸렌 가스가 흐르는 배관이나 토치, 연결구에 수은이나 은, 구리(62% 이상의 구리 합금)를 사용할 경우 폭발성 화합물을 생성하며, 120℃ 정도 되면 폭발 위험이 있다.

13 15℃ 1기압하에서 용해 아세틸렌 병 전체의 무게가 61kgf이고, 빈병의 무게가 56kgf일 때 아세틸렌 가스의 용적은 몇 ℓ인가?

① 4300ℓ ② 4525ℓ
③ 5000ℓ ④ 5250ℓ

> $C = 905(A-B) = 905(61-56) = 4525$
> 용해 아세틸렌 가스 1kgf이 기화하였을 때 905ℓ의 가스가 발생한다.

14 용해 아세틸렌이 발생기 아세틸렌보다 이점이 될 수 없는 것은?

① 가격이 싸다. ② 폭발 위험이 적다.
③ 운반이 편리하다. ④ 순도가 높다.

15 다음은 프로판(LP)의 성질을 설명한 것이다. 옳지 않은 것은?

① 폭발 한계가 좁아 안전도가 높다.
② 쉽게 기화하며 발열량이 높다.
③ 증발잠열이 크다.
④ 팽창률이 작고 물에 잘 녹는다.

> 프로판은 액화 석유 가스를 적당한 방법으로 제조한 것으로 공기보다 무거우며, 팽창률이 크고 물에 잘 녹지 않는다. 열효율이 높은 연소 기구 제작이 쉽다.

정답 07 ② 08 ④ 09 ① 10 ② 11 ② 12 ④ 13 ② 14 ① 15 ④

16 백심이 뚜렷한 불꽃을 얻을 수 없고 청색의 겉불꽃이 쌓인 무광의 불꽃은?
① 프로판 가스 불꽃　② 수소 불꽃
③ 아세틸렌 불꽃　　④ 에탄 불꽃

수소는 납땜, 인조보석 가공, 수중 절단 등에 사용된다. 응급 환자 의료용에는 의료용 산소를 사용한다.

17 다음 가스 중 산소와 반응 시 가장 발열량이 높은 것은?
① 아세틸렌　　② 프로판
③ 메탄　　　　④ 도시가스

① **아세틸렌** : 12750kcal/m²
② **프로판** : 20550kcal/m³
③ **메탄** : 14515kcal/m³
④ **도시가스** : 7120kcal/m³

18 백심에서 2~3mm 떨어진 속불꽃 부분의 온도는 얼마 정도인가?
① 2800~3000℃　② 3000~3200℃
③ 3200~3500℃　④ 3500~3800℃

가스 용접 시 백심 끝에서부터 약 2~3mm 정도의 간격이 이상적이다.

19 백심과 겉불꽃 사이에 연한 청색의 제3의 불꽃으로 아세틸렌 깃이 존재하는 불꽃은?
① 탄화불꽃　　② 중성불꽃
③ 산화불꽃　　④ 백심 불꽃

• O_2 - C_2H_2 용접 불꽃의 종류는 ①, ②, ③이 있으며, 중성불꽃은 일명 표준 불꽃이라고도 한다.
• 중성불꽃은 이론적으로 아세틸렌을 완전 연소시키려면 아세틸렌과 산소의 비율이 $1 : 2\frac{1}{2}$이 되어야 한다.

20 중성불꽃으로 용접이 잘 되는 재료는?
① 연강　　　　② 알루미늄
③ 스테인리스강　④ 황동

황동, 청동은 산화불꽃을 사용한다. 중성불꽃은 연강, 주강(중저탄소 주강), Al 등의 용접에 적당하다.

21 스테인리스강, 스텔라이트, 모넬메탈 등과 같은 금속을 가스용접할 때 사용해야 하는 불꽃은?
① 산화불꽃　　② 중성불꽃
③ 탄화불꽃　　④ 환원불꽃

Al은 중성이나 약한 탄화불꽃으로 용접한다.

22 산소 용기의 제조에 사용되는 강재는 인장강도가 얼마 이상 되어야 하는가?
① 4.6MPa(47kgf/cm²)　② 5.6MPa(57kgf/cm²)
③ 6.6MPa(67kgf/cm²)　④ 7.5MPa(77kgf/cm²)

산소병 재료는 인장강도 57kgf/cm², 연신율 18% 이상의 것을 사용해야 된다.

23 산소 용기의 크기를 내용적(대기 중 환산용적)에 따라 나타낸 것이 아닌 것은?
① 33.7(5000)ℓ　② 40.7(6000)ℓ
③ 46.7(7000)ℓ　④ 55.6(8000)ℓ

산소 용기에 압축된 가스의 대기 중의 환산량은 내용적 × 최고 충전 압력이므로 33.7ℓ × 150 = 5055ℓ가 되므로, 5000ℓ용으로 나타낸다.

24 산소 용기의 취급 시 주의 사항으로 적당하지 않은 것은?
① 운반 시 캡을 씌워서 이동할 것
② 충돌, 충격을 주지 말 것
③ 녹이 슬지 않도록 기름 걸레로 닦아 둘 것
④ 각종 화기로부터 5m 이상 거리를 둘 것

정답 16 ② 17 ② 18 ③ 19 ① 20 ① 21 ③ 22 ② 23 ④ 24 ③

25 산소 용기의 사용상 주의사항으로 적당하지 않은 것은?

① 밸브는 조용히 개폐할 것
② 통풍이 잘 되고 직사광선을 받는 곳에 보관할 것
③ 사용 전에 반드시 누설 검사를 할 것
④ 사용이 끝난 용기는 '빈 병'이라고 표시하여 실병과 구분할 것

26 아세틸렌 용기에 다공 물질과 아세톤을 침윤시키는 이유는?

① 아세틸렌 가스를 많이 넣으려고
② 아세틸렌 가스를 기체 상태로 압축하면 폭발할 위험이 있으므로
③ 기체 상태로 넣으면 충전이 안 되므로
④ 아세톤과 아세틸렌은 산화 반응이 안 일어나므로

27 발생기 아세틸렌에 비교한 용해 아세틸렌의 장점이 아닌 것은?

① 아세틸렌 발생기가 불필요하다.
② 폭발의 위험이 적다.
③ 순도가 적어 용접부가 양호하다.
④ 불순물에 의한 강도 저하가 적다.

> 용해 아세틸렌이 발생기 아세틸렌보다 순도가 높아 불순물에 의한 용접부의 강도 저하가 적다.

28 용해 아세틸렌 1kgf이 기화하였을 때 15℃, 1kgf/cm²에서 몇 ℓ의 가스가 나오는가?

① 705ℓ   ② 805ℓ
③ 905ℓ   ④ 1005ℓ

> 용해 아세틸렌 가스의 양은 무게로 측정한다. 용해 아세틸렌 1kgf가 기화하면 약 905ℓ의 아세틸렌 가스가 된다.

29 용해 아세틸렌 빈 병의 무게가 45kgf, 실병의 무게가 48kgf라면 아세틸렌 가스의 양은 얼마인가?

① 약 2100ℓ   ② 약 2400ℓ
③ 약 2700ℓ   ④ 약 3000ℓ

> 용해 아세틸렌 가스의 양 계산식은 $C = 905(A - B)$이므로, $C = 905(48 - 45) = 2715$가 된다.

30 용해 아세틸렌의 취급상 주의 사항으로 적합하지 않은 것은?

① 저장 장소는 통풍이 잘 되어야 한다.
② 저장 장소는 화기와 멀리 해야 한다.
③ 저장실의 전기 스위치, 전등 등은 방폭 구조여야 한다.
④ 용기는 40℃ 이상에서 보관한다.

31 다음 중 용해 아세틸렌의 취급 시 주의 사항이 될 수 없는 것은?

① 용기를 사용할 때는 안전을 위해 눕혀둔다.
② 용기 충전구가 얼었을 때는 35℃ 이하의 온수로 녹여야 한다.
③ 사용 전에 비눗물 누설 검사를 실시한다.
④ 사용 후 반드시 약간의 잔압(0.1kgf/cm²)을 남겨둔다.

> 용해 아세틸렌 용기 내에는 아세톤이 흡수되어 있으므로 눕혀서 사용하면 아세톤의 유출이 생길 수 있다.

32 가스 용접 토치의 구성이 아닌 것은?

① 손잡이   ② 혼합실
③ 팁   ④ 압력실

> 1900~1901년경 푸세와 피카르가 처음으로 토치를 고안하였다. 연소 가스와 산소를 혼합하는 부분을 혼합실이라 한다.

정답 25 ② 26 ② 27 ③ 28 ③ 29 ③ 30 ④ 31 ① 32 ④

33 다음 중 중압식 토치의 특징을 설명한 것으로 적당하지 않은 것은?

① 역류할 우려가 없다.
② 혼합 상태가 좋아 안정된 불꽃을 얻을 수 있다.
③ 0.07kgf/cm² 범위의 아세틸렌 압력을 사용한다.
④ 산소의 압력은 아세틸렌 압력과 같거나 약간 높다.

> **중압식 토치**
> 0.07~1.3kgf/cm²의 압력을 사용하며, 압력이 일정하므로 등압식이라고도 한다.

34 가스 용접 토치를 구조에 따라 구분할 때 다음 중 다른 것은?

① 프랑스식 토치　② B형 토치
③ 가변압식 토치　④ 불변압식 토치

> ②, ③은 프랑스식 토치의 다른 이름이며, 독일식은 A형, 불변압식 등으로 부른다.

35 저압식 토치 중 1개의 팁에 1개의 인젝터가 있으나 니들 밸브가 없는 토치는?

① 독일식 토치　② B형 토치
③ 프랑스식 토치　④ 가변압식 토치

> **독일식(A형, 불변압식) 토치**
> 팁의 분출 구멍이 일정하고 팁의 능력도 일정하여 불꽃의 능력을 변경할 수 없는 토치

36 다음은 토치의 취급상 주의 사항을 설명한 것이다. 적당하지 않은 설명은?

① 토치를 작업장 바닥에 방치하지 않는다.
② 점화되어 있는 토치를 아무데나 방치하지 않는다.
③ 토치를 망치 등 다른 용도로 사용해서는 안 된다.
④ 팁이 과열되었을 때는 아세틸렌 밸브를 약간 열고 물 속에서 냉각시킨다.

> 팁이 과열되면 역화 등의 위험이 있으므로 산소 밸브를 약간 열고 물에 냉각시켜야 하며 아세틸렌 밸브를 열고 냉각시키면 폭발, 화재 등의 위험이 크다.

37 독일식 팁 2번은 몇 mm의 강판을 용접할 수 있는가?

① 2mm　② 3mm
③ 4mm　④ 5mm

> 팁의 크기를 독일식은 용접 가능한 강판의 두께로, 프랑스식은 1시간에 소비되는 아세틸렌 가스의 양 ℓ를 번호로 나타낸다.

38 내용적 40ℓ의 산소 용기에 100기압의 산소가 들어 있다. 1시간에 100ℓ를 사용하는 토치로 중성불꽃으로 작업한다면 몇 시간 사용하겠는가?

① 4시간　② 10시간
③ 40시간　④ 100시간

> 40ℓ × 100기압/100ℓ = 40시간

39 아세틸렌 용기 및 도관에 몇 % 정도의 구리 합금을 사용할 수 있는가?

① 90% 이하　② 82% 이하
③ 72% 이하　④ 62% 이하

> 아세틸렌과 구리가 접촉하면 폭발성 화합물을 생성하므로 62%Cu 이하의 구리 합금을 사용해야 된다.

40 가스 용접용 호스의 내경 중 가장 많이 사용되는 호스 내경은?

① 6.3mm　② 7.9mm
③ 9.5mm　④ 10.2mm

> 가스 용접용 호스는 천이 섞인 고무관을 사용하며, 호스의 내경은 6.3, 7.9, 9.5mm가 있으며, 7.9mm가 가장 많이 사용된다. 길이는 5m 정도가 적당하다.

41 가스 용접용 호스 속을 청소할 때 사용하면 위험한 가스는 무엇인가?

① 공기　② 산소
③ 질소　④ 아르곤

정답 33 ③　34 ④　35 ①　36 ④　37 ①　38 ③　39 ④　40 ②　41 ②

42 가스를 작업 시 필요한 압력으로 낮추는데 필요한 것은?

① 토치
② 압력 조정기
③ 팁 클리너
④ 용접용 지그

> 아세틸렌이나 LPG 가스 용기에는 압력계가 필요하며, 토치나 압력계의 연결 나사는 모두 왼나사로 되어 있으며, 산소, 탄산가스, 아르곤 게이지 등은 오른 나사로 되어 있다.

43 보통 가스 용접을 할 때 산소의 압력은 얼마로 하는가?

① 0.1~0.3kgf/cm²
② 1~2kgf/cm²
③ 3~4kgf/cm²
④ 5~6kgf/cm²

> 산소의 압력은 0.3~0.4MPa(3~4kgf/cm²), 아세틸렌 가스 압력은 0.01~0.03MPa(0.1~0.3kgf/cm²) 정도로 한다.

44 가스 용접봉의 구비(선택) 조건으로 적합하지 않은 것은?

① 될 수 있는 대로 모재와 같은 재질일 것
② 모재에 충분한 강도를 줄 수 있을 것
③ 봉의 용융 온도가 모재보다 약간 높을 것
④ 기계적 성질에 나쁜 영향을 주지 않을 것

> **가스 용접봉**
> 주로 저탄소림드강을 사용하며, 봉 중에 S(황)은 기공 및 적열 취성의 원인, P(인)은 상온 취성의 원인이 되므로 0.04% 이하로 제한한다. 봉의 용융온도는 모재 용융온도와 같거나 약간 낮은 것이 좋다.

45 가스 용접봉 시험편의 처리에서 NSR은 무엇을 뜻하는가?

① 가스 용접봉의 최소 인장강도
② 625±25℃에서 1시간 동안 응력 제거한 것
③ 가스 용접봉의 성분 표시
④ 용접한 그대로 응력을 제거하지 않음

> SR은 625±25℃에서 1시간 동안 응력 제거(풀림)한 것을 뜻한다.

46 연강용 가스 용접봉의 지름을 mm로 나타낸 것 중 KSD 7005 규정에 없는 것은?

① 1.6
② 2.0
③ 3.2
④ 4.5

> 가스 용접봉의 표준 치수는 1.0, 1.6, 2.0, 2.6, 3.2, 4.0, 5.0, 6.0의 8종이 있으며, 길이는 1000mm이다.

47 가스 용접 용제의 작용에 해당되지 않는 것은?

① 모재 용융 온도보다 낮은 슬래그를 만든다.
② 모재가 빨리 녹도록 한다.
③ 용착 금속의 성질을 양호하게 한다.
④ 모재와 용착 금속의 융합을 돕는다.

48 다음 중 알루미늄의 가스 용접 시 사용하는 용제가 아닌 것은?

① 염화나트륨
② 염화리튬
③ 중탄산소다
④ 염화칼륨

> 알루미늄 용접에 사용하는 용제 : 염화칼륨 45%, 염화나트륨 30%, 염화리튬 15%, 풀루오르화칼륨 7%, 황산칼륨 3%

49 가스용접에서 용제를 사용하는 이유는?

① 용접봉의 용융 속도를 느리게 하기 위하여
② 모재의 용융 온도를 낮게 하기 위하여
③ 용접 중 산화물, 유화물 등을 제거하기 위하여
④ 침탄이나 질화 작용을 돕기 위하여

> 용제 사용 시 산화물, 유화물, 비금속 개재물 등을 용해하여 용융 온도가 낮은 슬래그를 만들고 표면에 떠오르게 하여 용착 금속의 성질을 양호하게 한다.

정답 42 ② 43 ③ 44 ③ 45 ④ 46 ④ 47 ② 48 ③ 49 ③

50 가스 용접기 설치 전후의 점검 및 주의 사항으로 적절하지 않은 것은?

① 모든 접속부에 비눗물로 가스 누설 검사를 한다.
② 가스의 종류에 맞는 색깔의 호스를 접속한다.
③ 용기의 고압 밸브는 3회전 이상 돌린다.
④ 고압밸브를 열 때 출구 쪽에 서지 않는다.

> 용기 고압 밸브는 보통 $1 \sim 1\frac{1}{2}$ 회전 정도 돌린다.

51 가스 용접 시 토치를 오른손에, 용접봉을 왼손에 잡고 오른쪽에서 왼쪽으로 용접해 나가는 방법을 무엇이라 하는가?

① 우진법 ② 전진법
③ 후진법 ④ 병진법

> 전진법을 좌진법, 후진법을 우진법이라고도 한다.

52 가스 용접시 판 두께 5mm 이하의 맞대기 용접에 쓰이는 용접법은 무엇인가?

① 전진법 ② 우진법
③ 후진법 ④ 병진법

> 전진법은 용융 풀의 앞쪽을 가열하기 때문에 용접부가 과열되기 쉽고 변형이 많으며, 기계적 성질도 떨어진다. 판 두께 5mm 이하의 맞대기 용접에 쓰이며, 비철 금속, 주철 덧붙이 용접 등에 쓰인다.

53 전진법과 비교한 후진법의 특성으로 옳지 않은 것은?

① 열 이용률이 좋다.
② 용접 속도가 빠르다.
③ 비드 모양이 보기 좋다.
④ 용접 변형이 적다.

> 전진법보다 후진법이 홈 각도가 작고 용접 가능한 판 두께가 두꺼우며, 냉각도 측면에서 서랭되고, 산화 정도가 약하며 용접부의 기계적 성질이 우수하나, 비드 모양은 매끈하지 못하다.

54 팁 끝이 모재에 닿아 순간적으로 팁 끝이 막히거나 과열 등으로 팁 속에서 폭발음이 나며 불꽃이 꺼졌다가 다시 나타나는 현상을 무엇이라고 하는가?

① 역류 ② 역화
③ 인화 ④ 점화

55 역화 시 방지 대책으로 적당하지 않은 것은?

① 산소 밸브를 차단한다.
② 팁을 물에 식힌다.
③ 토치의 기능을 점검한다.
④ 산소의 압력을 높인다.

> 가스 용접 중 역화 현상이 발생하면 제일 먼저 토치의 산소 밸브를 차단시킨다.

56 팁 끝이 순간적으로 막혀 가스 분출이 나빠지고 토치의 가스 혼합실까지 불꽃이 도달되어 토치가 빨갛게 달구어지는 현상은?

① 역류 ② 역화
③ 인화 ④ 점화

57 다음 중 역류, 역화, 인화의 원인이 아닌 것은?

① 팁 끝의 막힘
② 팁의 과열
③ 호스가 너무 길다.
④ 팁 시트의 접촉 불량

58 가스 용접 작업 중에 탁탁 소리가 날 경우 방지 대책으로 부적당한 것은?

① 불을 끄고 산소를 약간 열어 물에 식힌다.
② 아세틸렌 양의 상태를 조사한다.
③ 산소 양의 부족 여부를 조사한다.
④ 노즐을 모재에 살짝 닿게 한다.

정답 50 ③ 51 ② 52 ① 53 ③ 54 ② 55 ④ 56 ③ 57 ③ 58 ④

59 가스 용접 작업 중 고무 호스에 인화가 일어났을 때 제일 먼저 해야 할 일은?

① 호스를 꺾는다.
② 산소 밸브를 잠근다.
③ 아세틸렌 밸브를 잠근다.
④ 토치를 찬물에 담근다.

> 가스 용접 중 역화가 일어났을 때 제일 먼저 산소 밸브를 닫고, 인화 시에는 아세틸렌 밸브를 먼저 닫는다.

60 팁이 막혔을 때 청소하는 방법으로 옳은 것은?

① 철판 위에 가볍게 문지른다.
② 줄칼로 부착물을 제거한다.
③ 팁 클리너로 제거한다.
④ 내화 벽돌 위에 가볍게 문지른다.

> **팁 클리너**
> 팁 구멍을 청소하는 기구로 황동, 연강 등의 선으로 만들며, 팁 구멍보다 작은 것을 쓴다.

정답 59 ③ 60 ③

SECTION 04 납땜

1 납땜의 개요

가. 납땜의 원리와 종류

1) 원리
접합할 금속은 용융시키지 않고 모재를 가열한 다음 모재보다 용융점이 낮은 땜납을 녹여 두 모재 간의 모세관 현상을 이용하여 접합하는 방법이다.

2) 납땜의 종류
(1) **연납땜** : 융점이 450℃ 이하인 주석, 납의 합금 등의 용가재를 사용하여 납땜, 융점이 낮으며 작업하기 쉽다. 용제는 수지, 염화아연 등을 사용한다.
(2) **경납땜** : 융점이 450℃ 이상인 은납, 동납, 황동납 등의 용가재를 사용하여 납땜, 용융점이 높고 강도나 내식성이 크다. 용제는 붕사, 붕산 등이 쓰인다.

나. 땜납의 구비 조건
(1) 모재보다 용융점이 낮으며, 표면 장력이 적어 모재 표면에 잘 퍼질 것
(2) 유동성이 좋아서 틈이 잘 메워지며, 모재와 친화력이 있고 접합이 튼튼할 것
(3) 사용 목적에 적합할 것(강인성, 내식성, 내마멸성, 전기 전도도 등)

예제 1

납재의 융점이 450℃ 이하인 납땜을 무엇이라고 하는가?
① 연납땜 ② 경납땜
③ 담금 납땜 ④ 유도 납땜

정답 ①

납재의 융점이 450℃ 이하인 납을 연납땜, 450℃ 이상인 납땜을 경납땜이라 한다. 담금 납땜, 유도 납땜은 경납땜의 일종이다.

---

2 연납땜과 경납땜

가. 연납재
(1) **주석(Sn)-납(Pb)** : 대표적인 연납, Sn 40%, Pb 60%의 합금, 흡착 작용은 주석의 함유량에 따라 좌우된다.
(2) **납(Pb)-카드뮴(Cd) 납** : Cd 사용으로 인장강도를 높인 납으로 아연판, 구리, 황동 등에 이용된다.
(3) **납-은납** : 구리, 황동용 땜납으로 은(Ag)의 함유량이 2.5%일 때 공정점의 온도가 304℃가 된다.

나. 경납재

1) 은납(Cu-Ag-Zn)
(1) 융점이 낮고 유동성이 좋으며 인장강도, 전연성 등이 우수하다.
(2) **용도** : 구리와 그 합금, 철강, 스테인리스강 등에 사용, 불꽃 경납, 고주파 경납, 로 내 경납 등 모든 경납땜에 사용된다.

2) 황동납(Cu-Zn)
(1) 황동납은 아연 60% 이하까지가 적합하며, 융점은 820~935℃ 정도이다.
(2) 은납에 비해 값이 저렴하여 공업용으로 널리 사용된다.

3) 기타
(1) **인동납(Cu-P)** : 구리가 주성분이며 소량의 은, 인을 포함한 합금, 전기 전도와 기계적 성질이 좋으며, 황산에 대한 내식성이 우수하다.
(2) **망간납** : 구리-망간, 구리-망간-아연 합금, 융점은 810~890℃ 정도이다.
(3) **양은납** : 구리-아연-니켈 합금의 납

(4) **알루미늄납** : 알루미늄(Al)-규소(Si)-구리(Cu) 합금, 융점은 600℃ 정도이다.

다. 납땜용 용제

1) 용제의 구비 조건

(1) 모재의 산화 피막과 같은 불순물을 제거하고 유동성이 좋을 것
(2) 깨끗한 금속면의 산화를 방지하며, 납땜 후 슬래그 제거가 용이할 것
(3) 땜납의 표면장력을 맞추어서 모재와의 친화도를 높일 것
(4) 용제의 유효 온도 범위와 납땜 온도가 일치할 것
(5) 모재나 땜납에 대한 부식 작용이 최소한이며, 인체에 해가 없을 것
(6) 전기 저항 납땜에 사용되는 것은 전도체일 것

2) 연납용 용제의 종류

(1) **송진** : 부식 작용이 없음, 슬래그 제거에 문제가 있는 전자기기, 전기 절연이 요구되는 곳에 사용
(2) **염화아연($ZnCl_2$)** : 연납땜에 가장 보편적으로 사용되는 용제, 283℃에서 용융하지만 보통 염화암모늄에 섞어서 사용
(3) **염화암모니아(NH_4Cl)** : 가열해도 용융하지 않으므로 단독으로 사용할 수 없고, 염화아연에 혼합하여 사용. 가열하면 금속 산화물을 염화물로 변화시키는 작용을 한다.
(4) **인산(H_3PO_4)** : 인산의 알코올 용액은 구리 및 구리 합금의 납땜용 용제로 쓸 경우도 있으며 인산소다, 인산 암모늄과 혼합하여 쓰는 경우도 있다.
(5) **염산(HCl)** : 염산을 물과 1 : 1 정도로 섞어서 아연철판, 아연판 등의 납땜에 쓰인다.

3) 경납용 용제의 종류

(1) **붕사($Na_2B_4O_7 \cdot 10H_2O$)** : 금속 산화물을 녹이는 능력이 있지만 바륨, 알루미늄, 크롬, 마그네슘 등의 산화물은 녹이지 못한다. 은납, 황동땜에서는 붕사만을 쓰나, 보통 붕산이나 알칼리 금속의 불화물, 염화물 등과 혼합하여 사용한다.

(2) **붕산(H_3BO_3)** : 일반적으로 붕산 70%, 붕사 30%의 것이 많이 사용, 용해도가 875℃임
(3) **붕산염** : 붕산소다를 사용하며 작용은 붕사와 비슷하다.
(4) **불화물, 염화물** : 염화리튬, 칼륨, 나트륨 등의 염화물이나 불화물은 가열하면 거의 금속, 금속 산화물과 반응하여 용해 또는 변형하는 작용이 있으므로 크롬 알루미늄을 갖는 합금의 납땜에 없어서는 안 될 용제이다.
(5) **알칼리** : 몰리브덴 합금강의 땜에 유용하며 가성소다, 가성가리 등의 알칼리는 공기 중의 수분을 흡수 용해하는 성질이 강하다.

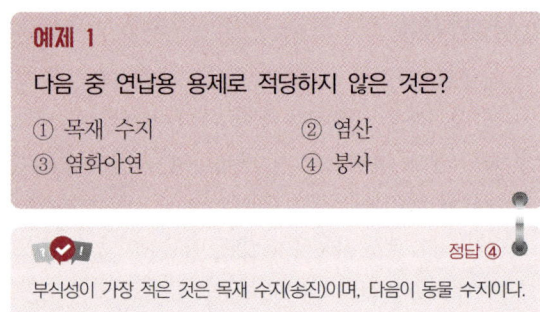

예제 1

다음 중 연납용 용제로 적당하지 않은 것은?
① 목재 수지   ② 염산
③ 염화아연   ④ 붕사

정답 ④

부식성이 가장 적은 것은 목재 수지(송진)이며, 다음이 동물 수지이다.

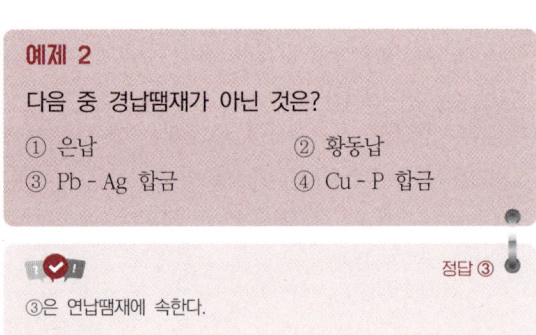

예제 2

다음 중 경납땜재가 아닌 것은?
① 은납   ② 황동납
③ Pb - Ag 합금   ④ Cu - P 합금

정답 ③

③은 연납땜재에 속한다.

3 납땜법

가. 연납땜

1) 인두 납땜(soldering iron brazing)

주로 연납땜을 하는 경우에 쓰이며, 구리 제품의 인두가 사용된다.

나. 경납땜

(1) **가스 납땜** : 기체나 액체 연료를 토치나 버너로 연소시켜 그 불꽃을 이용하여 납땜

(2) **담금 납땜** : 납땜부를 용해된 땜납 중에 접합할 금속을 담가 납땜하는 방법과 이음 부분에 압재를 고정시켜 납땜 온도로 가열 용융시켜 화학 약품에 담가 침투시키는 방법

(3) **저항 납땜** : 이음부에 납땜재와 용제를 발라 저항열로 가열하는 방법, 저항 용접이 곤란한 금속의 납땜이나 작은 이종 금속의 납땜에 적당하다.

(4) **로 내 납땜** : 가스 불꽃이나 전열 등으로 가열시켜 로 내에서 납땜. 온도 조정이 정확해야 하고 비교적 작은 부품의 대량 생산에 적당하다.

(5) **유도 가열 납땜** : 고주파 유도 전류를 이용하여 가열하는 납땜법. 가열 시간이 짧고 작업이 용이하여 능률적이다.

예제 1

용해된 땜납 또는 화학 약품이 녹아 있는 용기 속에서 납땜하는 방법은?

① 가스 경납땜　　② 로내 경납땜
③ 담금 경납땜　　④ 저항 경납땜

 　　　　　　　　　　　　　정답 ③

예제 2

이음부에 납땜제와 용제를 발라 저항열로 가열하는 납땜법을 무엇이라 하는가?

① 가스 납땜　　② 담금 납땜
③ 저항 납땜　　④ 로 내 납땜

 　　　　　　　　　　　　　정답 ③

04 단원별 출제예상문제

SECTION

DIY쌤이 콕! 찝어주는 주요 예상문제 풀어보기!

01 접합하려는 모재를 용융시키지 않고 모재보다 용융점이 낮은 금속을 용가재로 하여 두 모재 간의 모세관 현상을 이용하는 접합법을 무엇이라고 하는가?

① 납땜
② 가스용접
③ 융접
④ 압접

02 다음은 땜납의 구비 조건을 설명한 것이다. 적당하지 않은 것은?

① 모재보다 용융점이 높아야 한다.
② 유동성이 좋아야 한다.
③ 금속과 친화력이 있어야 한다.
④ 표면장력이 적어 표면에 잘 퍼져야 한다.

03 다음은 연납에 대한 설명이다. 옳지 않은 것은?

① 연납은 인장강도 및 경도가 낮고 용융점이 낮으므로 납땜 작업이 쉽다.
② 연납의 흡착 작용은 주로 아연의 함량에 의존되며 아연 100%의 것이 유효하다.
③ 연납땜의 용제로는 염화아연을 사용한다.
④ 페이스트는 염화아연 및 분말 연납땜재 등을 혼합하여 풀 모양으로 한 것이다.

- **연납** : 주석-납이 가장 많이 사용되며, 연납의 흡착 작용은 주로 주석의 함량에 의존되며 주석 100%의 것이 유효하다.
- 주석이 60%, 납이 40%일 때 액상선이 188℃로 최저 용융점이 된다.

04 주석-납에서의 흡착 작용은 주석의 함유량에 따라 좌우된다. 주석이 몇 %일 때 가장 흡착성이 좋은가?

① 40%
② 60%
③ 80%
④ 100%

주석 100%일 때 가장 흡착성이 좋으며 납 100%일 때 가장 흡착성이 없다.

05 다음 중 납땜 용제의 구비 조건이 될 수 없는 것은?

① 모재의 산화물 등을 제거하고 유동성이 좋을 것
② 금속면의 산화를 방지할 것
③ 모재와의 친화력을 높일 것
④ 납땜 후 슬래그 부착성이 좋을 것

06 다음은 납땜 용제가 갖추어야 할 조건을 설명한 것이다. 적당하지 않은 것은?

① 전기 저항 납땜에 사용되는 것은 전기가 통하는(도체) 물체일 것
② 모재에 부식 작용이 최소한일 것
③ 납땜 후 슬래그 제거가 용이할 것
④ 용제의 유효 온도 범위와 납땜 온도가 일치하지 않을 것

연납 시 용제의 역할
산화막 제거, 산화 방지, 녹은 납은 모재끼리 결합되게 한다.

정답 01 ① 02 ① 03 ② 04 ④ 05 ④ 06 ④

07 다음 납땜법 중에서 연납땜에 주로 사용하는 방법은?
① 인두 납땜
② 가스 납땜
③ 담금 납땜
④ 저항 납땜

> 납땜 인두의 머리 부분을 구리로 만드는 이유는 땜납과 친화력이 매우 크기 때문이다.
> 땜납의 온도가 높을 경우 납땜의 색깔은 회색을 띠며 작업이 안 된다. 납땜에 적당한 가열 온도는 300℃ 전후가 좋다.

08 다음 중 식기류의 납땜 시 납재의 함량은 얼마 정도가 적당한가?
① 10% 이하
② 20% 이하
③ 30% 이하
④ 40% 이하

09 염화아연을 사용하여 납땜을 하였더니 그 부분이 부식되기 시작했다. 다음 중 그 이유는?
① 땜납과 금속판이 화학 작용을 일으켰기 때문에
② 땜납에 납(Pb)의 양이 많기 때문에
③ 인두의 가열 온도가 높기 때문에
④ 납땜 후 염화아연을 닦아내지 않았기 때문에

> 용제는 거의가 부식성이 있으므로 납땜 후 물로 깨끗이 세척해야 한다.

10 경납땜에 관한 설명으로 옳지 않은 것은?
① 용융 온도가 450℃ 이상의 납땜법이다.
② 연납에 비해 높은 강도를 갖는다.
③ 가스 토치 등이 필요하다.
④ 용제가 필요없다.

11 다음 중 진유납이라고 부르는 납은?
① 놋쇠(황동)납
② 은납
③ 알루미늄납
④ 망간납

12 구리, 은, 아연이 주성분이며, 유동성, 인장강도, 전연성 등이 우수하여 구리 합금, 철강, 스테인리스강 등의 납땜에 사용되는 땜납재는?
① 황동납
② 은납
③ 양은납
④ 인동납

13 스테인리스 강판을 납땜하기 곤란한 이유는?
① 니켈을 함유하고 있으므로
② 강한 산화막이 있으므로
③ 경도가 높으므로
④ 재질이 강하므로

14 다음 중 황동의 용제로 사용되는 것은?
① 붕사, 붕산
② 소금
③ 빙정석
④ 송진

> 경납땜에 주로 사용되는 용제는 붕사이다. 염화암모니아, 염화아연, 염산 등은 연납용이다.

15 다음 중 알루미늄 경납땜에 사용되는 용제로 적당하지 않은 것은?
① 염화칼륨
② 염화리튬
③ 염화아연
④ 붕산

> 경납에 쓰이는 용제는 붕사가 대표적이며 붕산, 식염 등이 있다.

16 구리 및 구리 합금의 납땜 시 적당한 용제는 무엇인가?
① 붕사, 규산나트륨
② 염화리튬, 염산
③ 염화아연
④ 레진(송진)

17 다음 중 부식성이 가장 강한 용제는?
① 붕사
② 붕산
③ 염화아연
④ 염화나트륨

> 염화아연을 사용할 경우 반드시 깨끗이 세척해야 한다.

정답 07 ① 08 ① 09 ④ 10 ④ 11 ① 12 ② 13 ② 14 ① 15 ③ 16 ① 17 ③

18 납땜 작업 시 청강수가 피부에 튀었을 때의 응급조치는?

① 물로 빨리 세척한다.
② 그대로 둔다.
③ 손으로 가볍게 문지른다.
④ 소금물을 발라 중화시킨다.

청강수란 묽은 염산을 말한다.

19 가스 용접에 의해 경납땜을 할 경우 필터 유리의 차광 번호는 어느 것이 좋은가?

① 2~4번   ② 3~4번
③ 6~8번   ④ 8~10번

차광 렌즈는 용접 작업 중 유해한 자외선이나 적외선을 차단하는 것으로 연납땜은 2~4번, 가스용접과 가스 절단은 4~6번을 사용한다.

20 다음 그림과 같은 용기를 만들어 밑부분을 납땜하려고 할 때 접합법 중 어느 것이 가장 좋은가?

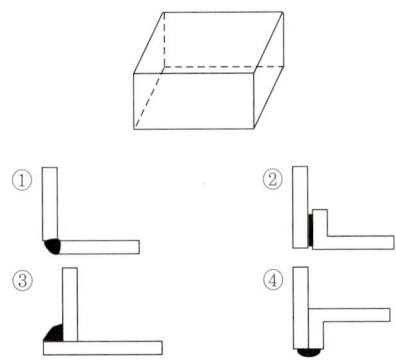

18 ① 19 ② 20 ②

SECTION 05 가스 절단 및 특수, 아크 절단

1 가스 절단

산소와 금속의 산화 반응을 이용한 절단법으로 종류에는 가스 절단, 분말 절단, 가스 가우징, 스카핑 등이 있으며 강 또는 합금강의 절단에 이용된다.

가. 가스 절단의 개요

1) 가스 절단의 원리

절단할 부분을 예열 불꽃으로 가열(800~900℃)한 후 고압 산소를 분출시키면 철과 산소가 화학 반응을 일으켜 산화철이 되면서 고압 산소의 기류에 밀려 절단된다.

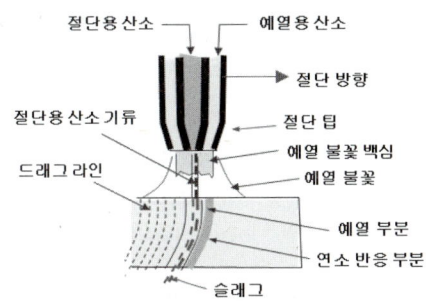

그림 5.1 가스 절단의 원리

2) 가스 절단이 곤란한 금속

주철, 비철 금속, 10% 이상 Cr 함유 스테인리스강, 고합금강 등은 산화물의 용융 온도가 슬래그의 용융점보다 낮아 가스 절단은 불가하다.

나. 가스 절단에 영향을 미치는 인자

1) 절단의 조건

(1) 드래그(drag)가 가능한 한 작고, 경제적인 절단이 이루어질 것
(2) 절단면이 평활하며 드래그의 홈이 낮고 노치(notch) 등이 없을 것
(3) 절단면 표면의 각이 예리하며, 슬래그 이탈이 양호할 것
(4) **절단의 재질** : 연강은 절단이 잘 되나 주철, 비철은 곤란하다.
(5) **절단재 두께** : 두께가 두꺼우면 절단 속도가 느리며, 얇으면 빨라진다.
(6) **팁(화구)의 크기와 형상** : 팁 구멍이 크면 두꺼운 판 절단이 쉽다.
(7) **산소의 압력** : 압력이 높을수록 절단 속도가 빠르다.
(8) **절단재의 예열 온도** : 절단재가 예열되면 절단 속도가 빨라진다.

2) 절단용 산소의 역할과 영향

(1) 산소 압력과 순도가 절단 속도에 큰 영향을 미치며, 산소 압력과 소비량에 거의 비례
(2) 산소의 순도(99.5 % 이상)가 높으면 절단 속도가 빠르며, 절단면이 양호하다.
(3) 산소에 불순물이 증가되면 미치는 영향
  ① 절단면이 거칠어지고 절단 속도가 늦어지며, 산소의 소비량이 많아진다.
  ② 절단 개시 시간이 길어지고, 슬래그 이탈성이 나빠지며, 절단 홈의 폭이 넓어진다.

3) 예열 불꽃(화염)

(1) 예열용 가스는 C_2H_2, C_3H_8, H_2, 천연가스 등이 있으나 C_2H_2가 가장 많이 사용된다.
(2) 프로판(C_3H_8) 가스는 발열량이 높고 가격이 싸므로 절단에 많이 사용된다.
(3) H_2는 고압에서도 액화하지 않고 완전 연소하므로 수중 절단 예열 가스로 사용된다.
(4) 예열 불꽃이 너무 세면 절단면 위의 기슭이 잘 녹고, 모재 뒤쪽에 슬래그가 많이 달라 붙으며, 필요 이상으로 불꽃이 세면 팁에서 불꽃이 떨어진다.

(5) 예열 불꽃이 너무 약하면 절단 속도가 느리고 절단이 중단되기 쉬우며, 역화를 일으키기 쉽고, 드래그가 커지고 뒷면까지 통과하기 어렵다.
(6) 완전 연소 시 이론적인 가스의 혼합 비율 : 산소 : 아세틸렌 → 1 : 1, 산소 : LPG → 4.5 : 1

4) 절단 속도

(1) 모재 온도가 높을수록, 절단 산소 압력이 높을수록, 산소 소비량이 많을수록 비례하여 증가하나, 산소의 순도나 팁의 모양에 따라 다르다.
(2) 다이버전트 노즐 : 고속 분출을 얻는데 적합하며, 보통 팁에 비해 산소 소비량이 같을 때 절단 속도를 20~25% 증가시킬 수 있다.

5) 절단 팁(tip)과 모재와의 거리

(1) 예열 불꽃의 백심 끝이 모재 표면에서 1.5~2.0mm 떨어진 정도가 적당하다.
(2) 너무 가까우면 절단면 윗 모서리가 용융되며, 심하게 타는 현상이 발생될 우려가 있다.

6) 드래그(drag)

(1) 드래그 길이

절단면에 일정한 간격의 곡선이 진행 방향으로 생기는 드래그 라인의 시작점에서 끝점까지의 수평 거리

(2) 표준 드래그 길이

절단 속도, 산소 소비량에 따라 변화하며, 절단면 말단부가 남지 않을 정도의 길이(판 두께의 20%, t/5 정도) : t12.7 : 2.4, t25.4 : 5.2, t51 : 5.6

$$드래그(\%) = \frac{드래그\ 길이(mm)}{판\ 두께(mm)} \times 100$$

7) 합금 원소의 가스 절단에 미치는 영향

(1) C : 0.25% 이하의 강은 절단이 쉬움, 그 이상은 경화나 균열을 방지하기 위해 예열 필요, 주철은 분말 절단해야 된다.
(2) Si : 함유량이 적을 때는 별로 영향이 없으나, 고규소 강판의 절단은 곤란하다.
(3) Mn : 보통 함유 정도는 별 문제가 없지만, 약 14% 망간과 탄소 1.5% 정도를 함유한 고망간강은 절단이 곤란하며 예열을 하면 절단이 가능하다.
(4) Ni : 탄소량이 적은 니켈강 절단은 용이하다.
(5) Cr : 크롬 5% 이하의 강은 표면이 깨끗하면 절단이 비교적 용이하다. 10% 이상의 고크롬강은 분말 절단을 해야 한다.
(6) MO : 크롬과 같고, 순수한 Mo은 절단이 곤란하다.
(7) W : 12~14%까지는 절단이 가능하지만, 20% 이상이 되면 절단이 곤란하다.
(8) Cu와 Al : 2%Cu까지는 영향이 없으며, 10%Al 이상은 절단이 곤란하다.

다. 수동 가스 절단 장치

(1) 종류 : 프랑스식과 독일식이 있으며, 압력에 따라 저압식 토치($0.07kg/cm^2$ 이하의 아세틸렌 압력을 사용)와 중압식 토치($0.07~0.4kg/cm^2$의 아세틸렌 압력 사용)가 있다.
(2) 팁의 형식 : 동심형(프랑스식), 이심형(독일식)

예제 1

가스 절단이 연속적으로 이루어질 수 있는 이유는?

① 예열을 하기 때문에
② 산화 시 연소하면서 발열하기 때문에
③ 가스가 가열되므로
④ 절단 토치를 사용하기 때문에

정답 ②

철 1kgf이 연소 시 철 65%가 FeO가 되었을 때, 약 750kcal의 발열을 가져오므로 연속 가열이 된다.

예제 2

가스 절단에 영향을 주는 요소로 적합하지 않은 것은?

① 절단재 및 산소의 예열 온도
② 아세틸렌의 압력과 온도
③ 팁의 형상과 구멍 크기
④ 절단 주행 속도와 산소의 순도

 정답 ②

가스 절단 시 병 속의 압력이나 아세틸렌 압력과는 무관하다.

예제 3

가스 절단으로는 절단이 잘 되지 않는 금속은 어느 것인가?

① 순철   ② 연강
③ 구리   ④ 주강

 정답 ③

- 주철, 스테인리스강, 구리, 황동, 청동, 알루미늄 등은 가스 절단이 곤란하므로 분말 절단이나 플라스마 아크 절단 등을 이용한다.
- 텅스텐 12~14%까지는 가스 절단이 가능하지만 20% 이상이 되면 절단이 곤란하다.

2 산소 – LP 가스 절단

가. 액화 석유 가스(LPG, liquefied petroleum gas)

(1) 프로판(C_3H_8), 부탄(C_4H_{10}), 프로필렌(C_3H_6), 부틸렌(C_4H_8) 등이 있으며, 석유나 천연가스를 적당히 분류하여 제조한 것
(2) 액화하기 쉽고, 용기에 넣어 수송(운반)이 편리하다.(체적을 1/250 정도로 압축)
(3) 온도 변화에 따른 팽창률이 크고 물에 잘 녹지 않으며, 기화하기 쉽다.
(4) 발열량이 높으나 증발 잠열이 크며, 폭발 한계가 좁아 안전도가 높고 관리가 쉽다.
(5) 연소할 때 필요한 산소의 양은 1 : 4.5로 산소가 4.5배 더 필요하다.

나. 아세틸렌 가스와 프로판 가스의 비교

아세틸렌 가스	프로판 가스
1. 점화하기 쉽다.	1. 절단 상부 기슭이 녹는 것이 적다.
2. 중성불꽃을 만들기 쉽다.	2. 절단면이 미세하며 깨끗하다.
3. 절단 개시까지 시간이 빠르다.	3. 슬래그 제거가 쉽다.
4. 표면 영향이 적다.	4. 포갬 절단 속도가 빠르다.
5. 박판 절단 시는 빠르다.	5. 후판 절단 시는 빠르다.

다. 프로판 가스용 절단 토치

(1) **절단 토치** : 아세틸렌보다 연소 속도가 느리므로 가스의 분출 속도를 느리게 하며, 토치의 혼합실을 크게 하여 팁에서도 충분히 혼합할 수 있게 되어 있다.
(2) **팁** : 팁 끝은 아세틸렌 팁 끝과 같이 평평하게 하지 않고 슬리브가 가공면보다 약 1.5mm 정도 깊게 되어 있다.

예제 1

프로판 가스 절단에서 프로판과 산소의 혼합 비율은?

① 프로판 : 산소 = 1 : 1
② 프로판 : 산소 = 2 : 1.5
③ 프로판 : 산소 = 1 : 4.5
④ 프로판 : 산소 = 2 : 1

 정답 ③

3 특수 절단 및 가스 가공

가. 특수 절단

1) 분말 절단(powder cutting)

철분 또는 용재를 고압 산소 기류 중에 공급하면서 발생되는 산화열 또는 용제의 화학 작용을 이용하여 절단하는 방법, 주철, 스테인리스강, 구리, 알루미늄, 청동 등 비철 금속의 절단

2) 산소창 절단(Oxygen lance cutting)

안지름 3.2~6mm, 길이 1.5~3mm의 강관 속으로 산소를 공급하여 강관 자체를 연소시키면서 절단하는 방법, 슬래그 제거, 강 천공, 후판 절단에 이용된다.

3) 수중 절단(underwater cutting)

(1) 팁에서 나오는 불꽃을 보호하기 위하여 팁 둘레에 압축 공기를 보내 불꽃 쪽으로 물이 들어오지 못하도록 장치된 팁을 사용하여 절단하는 방법
(2) **연료 가스** : 높은 수압에서 사용이 가능하고, 수중 절단 중 기포 발생이 적은 수소가 많이 사용된다. 아세틸렌은 높은 수압에서 폭발 위험이 있으며, 잘 기화되지 않는다.
(3) 절단부 냉각으로 공기 중보다 4~8배 예열 가스의 소모가 많다.
(4) 절단 산소 압력은 공기 중보다 1.5~2배, 절단 속도는 12~50mm/min 정도로 한다.
(5) **적용** : 절단 범위는 수심 45m 정도이며, 침몰선 해체, 교각 개조, 해저 공사 등에 이용

4) 포갬(겹치기) 절단(stack cutting)

6mm 이하 얇은 판을 여러 장 포개어 0.08mm 이하의 틈이 되게 압착한 후 산소 - 프로판 불꽃으로 한꺼번에 절단하는 방법으로, 판 사이가 깨끗하다.

5) 워터 제트 절단(water jet cutting)

물을 3500~4000bar 이상 초고압으로 압축한 후 0.75mm의 노즐로 음속 이상으로 분사시켜 절단한다. 연질 재료는 순수한 물을, 경질재는 연마재와 물을 분사시켜 절단하며, 모든 재료의 절단이 가능하다. 자동화가 가능하고, 열 변형이 없고 정밀도가 높아 후속처리가 거의 불필요하다.

나. 가스 가공

1) 가스 가우징(gas gouging)

(1) 가스 절단과 비슷한 토치를 사용해서 강재의 표면에 둥근 홈을 파내는 작업
(2) 가스 압력은 팁의 크기에 따라 다르나 보통 3~7kgf/cm^2(294~686kPa), 아세틸렌의 경우 0.2~0.3kgf/cm^2(19.6~29.4kPa)이 널리 쓰인다.

2) 스카핑(scarfing)

강재 표면의 흠이나 개재물, 탈탄층, 주름이나 균열, 주조 결함 등을 제거하기 위하여 표면을 얇게 깎아내는 가공법

예제 1

가스 절단 토치와 비슷한 토치를 사용하여 강재 표면에 깊고 둥근 홈을 파는 작업은?

① 가스 가우징 ② 스카핑
③ 산소창 절단 ④ 분말 절단가스

정답 ①

가스 가우징 홈의 깊이와 너비의 비는 1 : 1~1 : 3, 산소의 압력은 3~7기압, 아세틸렌의 경우 0.2~0.3기압이 쓰인다.

예제 2

용제 분말 절단에 주로 사용되는 것은?

① 스테인리스강 ② 주강
③ 주철 ④ 연강

정답 ①

용제 분말 절단은 산화막을 형성하여 절단이 곤란한 금속에 사용되며, 주성분은 탄산소다이다.

예제 3

다음 중 수중 절단에서 사용되지 않는 가스는?

① 수소 ② 아세틸렌
③ LPG ④ 벤젠

정답 ③

• 수중 절단 시 수소는 압력을 가해도 기포 발생이 적어 많이 사용되며, 아세틸렌은 수압에 의하여 폭발 가능성이 있다.
• LP 가스는 압력을 가하면 쉽게 액화되므로 잘 사용하지 않으며, 수중 절단은 수중 45m까지 가능하다.

4 아크 절단

가. 아크 절단 개요

(1) 아크열을 이용하여 절단하는 방법
(2) **종류** : 탄소 아크 절단, 금속 아크 절단, 산소 아크 절단, 불활성 가스 아크(티그, 미그) 절단, 플라스마 제트 절단법

나. 아크 절단의 종류와 특성

1) 탄소 아크 절단(carbon arc cutting)

표면에 구리 도금한 탄소 또는 흑연전극과 모재 사이에 아크를 일으켜 절단하는 방법. 직류, 교류 모두 사용되나 주로 직류 정극성이 사용되며, 주철, 고탄소강 등 가스 절단이 곤란한 재료에 사용된다. 고탄소강은 절단 영향부가 경화되기 쉽다.

2) 금속(피복 금속) 아크 절단(metal arc cutting)

교류 및 직류 용접기를 사용하여 절단 전용 피복 용접봉으로 절단하는 방법, 발열량이 많고 산화성이 풍부한 피복제를 사용하며 용융물은 유동성이 좋아야 한다.

3) 불활성 가스 아크 절단

(1) **TIG 절단** : 텅스텐 전극과 모재에 아크를 발생시켜 모재를 용융하여 절단, 비철 금속, 스테인리스강의 절단에 이용된다.
(2) **MIG 절단** : 금속 전극에 큰 전류를 흐르게 하여 절단, 10~15% 산소를 혼합한 아르곤 가스를 사용하고 직류 역극성을 사용하며, 모든 금속의 절단에 이용된다.

4) 플라스마 아크 절단

플라스마 아크의 바깥 둘레를 강제로 냉각하여 생성된 고온, 고속의 플라스마를 이용한 절단법으로 Al, 경금속에는 아르곤과 수소 혼합 가스를, 스테인리스강에는 질소와 수소 혼합 가스를 사용한다.

5) 산소 아크 절단(Oxygen arc cutting)

중공(속이 빈)의 피복 용접봉과 모재 사이에 아크를 발생시켜 용융시키고, 속이 빈 전극봉에 고압 산소를 분출하여 절단하는 방법, 직류 정극성이 사용되나 교류도 가능하다.

6) 아크 에어 가우징(arc air gouging)

(1) **원리** : 탄소 아크 절단에 압축 공기를 병용하는 방법, 용융 금속을 에어로 불어내어 홈을 파는 방법, 직류 용접기를 사용한다.
(2) **장점**
   ① 가스 가우징에 비해 작업 능률이 2~3배 높다.
   ② 용융 금속을 순간적으로 불어내므로 모재에 악영향을 주지 않는다.
   ③ 용접 결함부의 발견이 쉽고, 소음이 적고 조작이 간단하다.
   ④ 경비가 저렴하고 응용 범위가 넓어 철, 비철 금속에도 사용된다.
(3) **압축 공기** : 압력은 5~7kgf/cm^2 정도가 적당하며, 질소나 Ar도 가능하다.

예제 1

다음 중 아크 절단의 종류가 아닌 것은?
① 금속 아크 절단　② 탄소 아크 절단
③ MIG 절단　　　 ④ 가스 절단

 정답 ④

가스 절단은 아크를 일으켜 절단하는 것이 아니고 산소-아세틸렌이나 산소-프로판 가스를 이용하여 절단하는 방법이다.

예제 2

탄소 아크 절단에 주로 이용되는 전원은?
① 직류 역극성　② 직류 정극성
③ 극성 무관　　 ④ 교류

 정답 ②

주로 직류 정극성을 사용하며 교류도 사용된다.

예제 3

10000~30000℃의 높은 열 에너지로 아르곤과 수소, 질소와 수소 공기 등을 작동 가스를 사용하여 경금속, 철강, 주철, 구리 합금 등의 금속 재료와 콘크리트, 내화물 등의 절단에 사용되는 절단법은?

① 플라스마 아크 절단
② 아크 에어 가우징
③ 금속 아크 절단
④ 불활성 가스 아크 절단

 정답 ①

플라스마 아크 절단은 열적 핀치 효과를 이용한 절단법이다.

예제 4

다음 중 아크 에어 가우징의 장점으로 틀린 것은?

① 가스 가우징에 비해 작업능률이 2~3배 높다.
② 경비가 저렴하고 응용 범위가 넓다.
③ 용접 결함 발견이 쉽고 조작이 간단하다.
④ 석회석, 암석의 절단이 가능하다.

 정답 ④

철, 비철금속의 가우징은 가능하나, 석회석, 암석의 절단은 어렵다.

예제 5

아크 에어 가우징시 압축 공기의 압력은 얼마 정도가 적당한가?

① 2~3kgf/cm²
② 3~5kgf/cm²
③ 5~7kgf/cm²
④ 7~10kgf/cm²

 정답 ③

05 단원별 출제예상문제

DIY쌤이 콕! 찝어주는 **주요 예상문제** 풀어보기!

01 절단 시 사용하는 산소의 순도가 얼마 이상이 되어야 하는가?
① 88.5% ② 93.5%
③ 99.5% ④ 99.9%

> 절단 산소의 순도가 99.5%보다 낮으면 작업 능률이 급격히 저하된다.

02 절단 조건에 대한 설명으로 옳지 않은 것은?
① 절단재의 산화 연소 온도가 용융점보다 낮아야 한다.
② 생성된 산화물은 유동성이 좋아야 한다.
③ 절단재가 불연성 물질을 많이 품고 있어야 한다.
④ 산화 반응이 격렬하고 다량의 열을 발생해야 한다.

> 절단재에 불연성 물질을 많이 품고 있으면 절단이 안 되거나 곤란하다.

03 가스 절단 시 모재 표면과 백심과의 거리가 너무 가까울 때 일어나는 현상이 아닌 것은?
① 절단면 상부가 용융되어 둥글게 된다.
② 절단부가 현저하게 탄화한다.
③ 절단이 전혀 안 된다.
④ 절단 폭이 넓어진다.

> 가스 절단 팁의 백심과 모재 표면과의 거리는 1.5~2mm가 적당하다.

04 가스 절단에 이용되는 팁에는 동심형과 이심형이 있는데 이심형의 특징과 관계가 적은 것은?
① 전후, 좌우 및 곡선도 자유롭게 절단된다.
② 예열 불꽃용 팁과 절단 산소용 팁이 분리되어 있다.
③ 직선 절단에 있어 매우 능률적이다.
④ 절단면이 매우 아름답다.

> 이심형은 독일식이다.

05 가스 절단을 일정 속도로 실시할 때 절단 홈의 하부에 절단이 지연되는데 그 절단면을 보면 거의 일정 간격의 나란한 곡선들을 볼 수 있는데 이것을 무엇이라고 하는가?
① 데드라인 ② 드래그 라인
③ 트랙 라인 ④ 비딩 라인

06 가스 절단 시 드래그는 가스 절단의 양부를 결정한다. 다음 그림에서 드래그 길이는 어디인가?

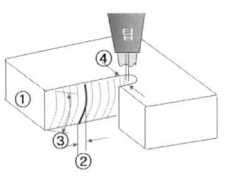

① ① ② ②
③ ③ ④ ④

> 그림에서 ①은 모재 두께, ③은 드래그 라인, ④은 절단 나비(gap)이다.

정답 01 ③ 02 ③ 03 ③ 04 ① 05 ② 06 ②

07 두께가 25mm인 강판을 가스 절단하려 할 때 가장 적합한 표준 드래그 길이는?

① 2.4mm ② 5.2mm
③ 6.6mm ④ 7.8mm

> 가스 절단 시 드래그 길이는 판 두께의 20%(1/5)를 표준으로 하고 있다.

08 연강판을 절단할 때 절단 부분의 예열 온도는 얼마가 적당한가?

① 약 500~600℃ ② 약 800~1000℃
③ 약 1200~1400℃ ④ 약 1600~1800℃

> 연강판 절단 시 예열 온도는 850~900℃가 적당하다.

09 아름다운 절단면을 얻기 위해서 산소 압력을 어느 정도로 하면 좋은가?

① $3kgf/cm^2$ 이상 ② $5kgf/cm^2$ 이상
③ $7kgf/cm^2$ 이상 ④ $10kgf/cm^2$ 이상

> 절단 산소의 압력은 $3kgf/cm^2$(29.4MPa) 이상 되어야 한다.

10 가스 절단 시 예열 불꽃이 세지면 어떤 결과가 생기는가?

① 절단면이 깨끗하다.
② 절단면이 거칠다.
③ 기슭이 녹아 둥글게 된다.
④ 절단 속도를 느리게 할 수 있다.

> • 예열 불꽃이 강하거나 산소 압력이 낮을 때, 절단 속도가 느리면 모재가 과열되어 기류에 의해 모서리가 둥글게 녹아내린다.
> • 예열 불꽃이 약할 때 절단이 잘 안 되며, 절단면이 더러워지거나, 밑부분에 노치가 많이 생긴다.

11 절단용으로 사용하는 LP 가스의 장점이 아닌 것은?

① 이동 수송이 편리하다.
② 안전도가 높으며 관리가 용이하다.
③ 폭발 한계가 높다.
④ 발열량이 높다.

12 가스 절단 작업에서 LP 가스와 아세틸렌 가스 사용 시의 비교 중 옳지 않은 것은?

① 점화는 아세틸렌 가스가 더 쉽다.
② 프로판 사용 시 슬래그 제거가 쉽다.
③ 후판 절단 속도는 프로판 가스가 빠르다.
④ 절단면은 아세틸렌 가스 사용 시 더 깨끗하다.

> • **아세틸렌** : 프로판보다 점화가 쉽고, 박판 절단 시 속도가 더 빠르다.
> • **프로판** : 포갬 절단, 후판 절단 시 우수하고 슬래그 제거도 쉬우며, 절단면도 더 깨끗하고 절단면 윗 모서리가 잘 녹아내리지 않는다.

13 절단 장치를 이용하여 강재 표면의 탈탄층 또는 흠을 제거하기 위하여 될 수 있는 대로 얇고 넓게 표면을 깎는 작업은 무엇인가?

① 가우징 ② 스카핑
③ 퀜칭   ④ 피닝

14 철 분말 또는 용제 분말을 자동적으로 또 연속적으로 절단용 산소에 혼입 공급하여 그 산화열 또는 용제 작용을 이용한 절단 방법은?

① 수중 절단 ② 산소창 절단
③ 분말 절단 ④ 가스 가우징

15 철분 분말 절단에 주로 사용되는 것 중 옳지 않은 것은?

① 주철
② 주강
③ 콘크리트
④ 오스테나이트계 스테인리스강

> 오스테나이트계 스테인리스강의 절단에 철분 분말 절단 사용 시 스테인리스강에 철분이 혼입될 위험성이 크므로 이 절단을 사용하지 않는다.

정답 07 ② 08 ② 09 ① 10 ③ 11 ③ 12 ④ 13 ② 14 ③ 15 ④

16 수중 절단에서 예열 가스의 양은 육상(공기 중)에서의 몇 배 정도로 하는가?

① 1.5~2배 ② 3~4배
③ 4~8배   ④ 8~10배

> 수중에서는 수압으로 인해 절단 산소는 공기 중보다 1.5~2배, 예열 가스는 4~8배 더 소요되며, 압력을 높게 한다.

17 다음 중 산소창에 의한 절단을 이용할 수 없는 것은?

① 평로의 탭(tap) 구멍의 천공
② 두꺼운 판의 절단
③ 주강 슬래그의 덩어리 절단
④ 알루미늄 판 절단

> 산소창에 의한 절단은 토치의 팁 대신에 내경이 작은 강관을 사용하여 금속을 절단하는 방법으로 용광로, 평로의 tap 구멍의 천공, 암석의 천공, 강괴 절단 등에 이용된다.

18 산소창 절단에 이용되는 강관의 안지름과 길이는?

① 안지름 3.2~6mm, 길이 1.5~3m
② 안지름 3.3~12mm, 길이 1.0~1.5m
③ 안지름 2.3~5mm, 길이 1.0~2m
④ 안지름 5.5~7mm, 길이 4.5~5m

19 보통 중공의 강 전극을 사용하여 전극과 모재 사이에 아크를 발생시키고 중심에서 산소를 분출시키면서 절단하는 절단법은?

① 탄소 아크 절단   ② 아크 에어 가우징
③ 플라스마 아크 절단 ④ 산소 아크 절단

> 산소 아크 절단 작업에 사용되는 전극봉은 중공의 강 전극봉을 사용한다.

20 다음 중 아크 에어 가우징의 특징에 해당되지 않는 사항은?

① 가스 가우징보다 모재에 악영향이 거의 없다.
② 가스 가우징보다 2~3배의 작업 능률을 얻을 수 있다.
③ 용접 결함 특히 균열의 발견이 쉽다.
④ 아크열을 이용한 것으로 압축 공기가 필요치 않아 효과적이다.

아크 에어 가우징
아크열로 용융시킨 금속을 압축 공기를 연속적으로 불어 넣어 금속 표면에 홈을 파는 방법, 직류 역극성을 사용하며, 조작법이 간단하고 응용 범위가 넓어 주강, 주물, 스테인리스강 경합금 절단에도 사용된다.

정답 16 ③ 17 ④ 18 ① 19 ④ 20 ④

SECTION 06 특수 및 기타 용접

1 서브머지드 아크 용접

가. 원리
모재 표면에 미리 미세한 입상의 용제(flux)를 살포한 후 용제 속에 비피복 와이어를 집어넣고 모재 및 전극 와이어를 용융시켜 용접부를 대기로부터 보호하면서 용접하는 방법. 잠호 용접, 유니언 멜트 용접, 링컨 용접, 불가시 용접이라고도 한다.

나. 장점
(1) 용접 속도와 용착 속도가 빠르며 용입이 깊고, 용접의 패스 수를 줄일 수 있다.
(2) 작업 능률이 수동 용접에 비해 판 두께 12mm에서 2~3배, 25mm에서 5~6배, 50mm에서 8~12배 빠르다.
(3) 인장강도, 연신율, 충격치 등 기계적 성질이 우수하며, 비드의 외관이 곱다.
(4) 유해 광선, 흄(fume) 등의 발생이 적어 작업 환경이 양호한 편이다.

다. 단점
(1) 장비의 가격이 고가이며, 아래 보기, 수평 필릿 자세의 용접에 한정된다.
(2) 개선 가공 및 루트 간격에 정밀을 요한다.(루트 간격 0.8mm 이하, 홈 각도 오차 ±5도)
(3) 용접 길이가 짧은 곳이나 좁은 공간에서 용접이 곤란하거나 비능률적이다.
(4) 용접부가 보이지 않으므로 용접 상태를 확인할 수 없다.(결함이 발생하면 대량 발생)
(5) 용접 입열이 커 변형 및 열 영향부가 넓다.
(6) 탄소강, 저합금강, 스테인리스강 등 한정된 재료의 용접에 사용된다.

라. 용접용 와이어와 용제

1) 용접 와이어
(1) **와이어** : 표면은 접촉팁과의 전기적 접촉을 원활하게 하고, 녹이 스는 것을 방지하기 위해 구리 도금한 것이 보통이며, 와이어 지름은 2.0, 2.4, 3.2, 4.0, 4.8, 6.4, 7.9, 12.7mm가 있다.
(2) **코일의 무게** : 작은 코일(약칭 S) : 12.5kgf, 중간 코일(M) : 25kgf, 큰 코일(L) : 75kgf, 초대형 코일(XL) : 100kgf

2) 용접용 용제
(1) **용융형** : 광물성 원료를 1300℃ 이상으로 용융 후 분쇄하여 적당한 입자로 만든 것, 유리와 같은 광택이 나고 고속 용접성이 양호하며, 흡습성이 없고 반복 사용성이 좋다.
(2) **소결형 용제** : 원료 광석 가루, 합금 가루 등을 규산나트륨과 같은 점결제와 함께 용융되지 않을 정도의 저온으로 소결하여 입도를 조정한 것. 큰 입열로 용접성이 양호하며 수소, 산소의 흡수가 적고, 합금 원소 첨가가 쉽다.
(3) **혼성형 용제** : 분말상 원료에 고착제(물유리 등)를 가하여 비교적 저온(300~400℃)에서 건조하여 제조한 것
(4) **용제의 구비 조건**
① 아크 발생이 잘 되고 안정한 용접 과정이 얻어질 것
② 합금 성분의 첨가, 탈산, 탈유 등 야금 반응의 결과로 양질의 용접 금속이 얻어질 것
③ 용접 후 슬래그 박리성이 양호하며, 양호한 비드를 형성할 것
④ 적당한 용융 온도 및 점성 온도 특성을 가질 것

마. 용접 작업

(1) **이음 홈의 가공**: 정밀한 홈 가공이 필요하며, 홈의 각도는 ±5°, 루트 간격은 0.8mm 이하(뒷받침이 없는 경우), 루트면은 ±1mm를 허용한다.
(2) **엔드탭**: 용접 시작 또는 끝나는 부분에 결함 방지를 위해 모재와 홈의 형상이나 두께, 재질 등이 동일한 규격의 엔드탭 부착이 필요하다.

예제 1

다음 중 서브머지드 아크 용접의 다른 명칭으로 옳지 않은 것은?

① 잠호 용접 ② 유니언 멜트 용접
③ 불가시 아크 용접 ④ 헬리 아크 용접

 정답 ④

SAW
아크가 용제 속에 잠겨서 발생된다 해서 잠호 용접, 개발회사의 명칭을 따서 링컨 용접이라고도 불리며, 용제 속에서 아크가 발생되므로 육안으로 용접 상태 식별이 불가능하여 불가시 용접이라고 부른다. 헬리 아크 용접은 티그 용접의 다른 이름이다.

예제 2

다음 중 서브머지드 아크 용접용 코일의 표준 무게에 해당되지 않는 것은?

① 25kgf ② 50kgf
③ 75kgf ④ 12.5kgf

 정답 ②

- 코일의 표준 무게는 작은 코일(S) 12.5kgf, 중간 코일(M) 25kgf, 큰 코일(L) 75kgf로 구분된다.
- 와이어 지름은 2.4, 3.2, 4.0, 4.8, 6.4, 7.9 등으로 분류된다.

예제 3

서브머지드 아크 용접용 와이어 표면에 구리를 도금한 이유로 옳지 않은 것은?

① 접촉팁과 전기 접촉을 좋게 한다.
② 와이어에 녹을 방지한다.
③ 송급 롤러와 접촉을 원활히 한다.
④ 용착금속의 강도를 높인다.

 정답 ④

용착금속의 강도를 높이기 위해서는 합금 원소를 첨가해야 한다.

---

2 불활성 가스 텅스텐 아크(TIG) 용접

가. TIG(Tungsten Inert Gas)의 개요

1) 원리와 상품명

헬리 아크, 헬리 웰드, 아르곤 아크라고도 부르며, 텅스텐 전극봉으로 발생시킨 아크로 모재와 용접봉을 녹이면서 용접하는 방법, 비용극식 또는 비소모식 용접법의 하나이며, 주로 3mm 이하의 박판에 이용된다.

2) 특성

(1) 피복제 및 용제가 불필요하다.
(2) 전 자세 용접이 용이하고, 열 집중성이 좋아 고능률적이다.
(3) 산화하기 쉬운 금속의 용접이 용이하고, 용착부의 제성질이 우수하다.
(4) 낮은 전압에서 용입이 깊고 용접 속도가 빠르며, 변형이 적다.

나. 극성 효과와 청정 작용

특성	직류 정극성(DCSP)	직류 역극성(DCRP)	고주파 교류(ACHF)
전자 및 이온의 흐름 용입현상	이온→ ←전자 +	이온→ ←전자 −	이온→ ←전자
발생 열	모재에 2/3, 전극에 1/3	모재에 1/3, 전극에 2/3	모재와 전극에 각각 1/2
용입	깊고 좁다.	얇고 넓다.	직류의 중간

특성	직류 정극성(DCSP)	직류 역극성(DCRP)	고주파 교류(ACHF)
전극 용량	우수 (3.2mm, 400A)	불량 (5.4mm, 120A)	양호 (3.2mm, 225A)
청정 작용	없다.	있다.	있다(1/2 사이클 마다 반복).
용도	후판 용접	박판 용접	경금속 용접

다. 텅스텐 전극봉

(a) 양호하게 가공함   (b) 경사 방향 불량

(c) 가공 방향 반대   (d) 방향, 끝단 떨어짐

그림 6.1 텅스텐 전극봉 가공

(1) **순텅스텐 전극** : 토륨 함유봉에 비해 전자 방사능력은 낮으나 교류는 불평형 전류가 감소된다.
(2) **토륨 텅스텐 전극** : 토륨을 1~2% 함유한 것으로 전자 방사 능력이 현저히 높으며, 불순물이 부착되어도 전자 방사가 잘 되며 아크가 안정하여 아크 발생이 쉽고 전극 소모도 적으나 교류에서는 좋지 않다. 주로 강, 스테인리스강 용접에 사용된다.
(3) **지르코늄 텅스텐 전극** : 지르코늄을 0.15~0.5% 함유한 것으로 Al, Mg 용접에서 순텅스텐의 단점을 보완한 것이다.

표 6.1 텅스텐 전극봉 종류별 특성 비교

KS 등급기호	AWS 등급기호	종류	식별용 색 KS	식별용 색 AWS	사용 전류	용도
YWP	EWP	순텅스텐	백색	녹색	ACHF	Al, Mg 합금
-	EWZr	지르코늄 텅스텐	-	갈색		
YWTh-1	EWTh1	1% 토륨 텅스텐	황색	황색	DCSP	강, 스테인리스강
YWTh-2	EWTh2	2% 토륨 텅스텐	적색	적색		

라. 보호 가스

(1) **아르곤** : 헬륨보다 무거워 보호 능력은 우수하나, 아크 전압은 낮기 때문에 경합금 후판 용접에는 적합하지 않다.

(2) **헬륨** : 아르곤보다 가벼우므로 아르곤 가스와 같은 보호 효과를 가지려면 아르곤보다 2배 정도의 유량을 분출해야 된다. 그러나 아크 전압이 아르곤보다 높아 용접입열이 크므로 경합금 후판 용접에 적합하다.

(3) **혼합 가스** : 아르곤과 헬륨의 혼합 비율은 25 : 75가 많이 쓰이며, 알루미늄과 동합금 용접에서 용입이 깊고 기공이 적게 발생한다. 스테인리스강의 용접에서는 아르곤에 산소를 1~5% 혼합하면 깊은 용입과 양호한 외관을 얻을 수 있다.

표 6.2 아르곤과 헬륨의 특성 비교

항목 \ 종류	아르곤 가스	헬륨 가스
아크 전압/아크 발생	낮다./쉽다.	높다./어렵다.
아크 길이/아크 안정성	길다./좋다.	짧다.(민감)/나쁘다.
가스 소모량/열 영향	적다./넓다.	많다.(1.5~3배)/좋다.
용입/청정 작용	얕다./있다.	길다./없다.
모재 두께/용접 자세	박판/아래 보기	후판/위 보기, 수직
가격/용도	싸다./알루미늄, 탄소강	비싸다./동 및 동합금
이종금속 접합	좋다.	나쁘다.

예제 1

불활성 가스 아크 용접을 하는데 가장 적당하지 않은 금속은?

① 주강   ② 스테인리스강
③ 알루미늄   ④ 내열강

정답 ①

주강은 피복 아크 용접이나 CO_2 용접 등으로도 용접성이 양호하므로 가격이 비싼 불활성 가스를 사용하는 용접법을 채용하면 비경제적이다.

예제 2

TIG 용접에서 토치를 수랭해주는 용접 전류의 범위는? (장시간 사용시)

① 100A 이상　　② 150A 이상
③ 200A 이상　　④ 212A 이상

정답 ①

학자에 따라 100A 이상 또는 200A 이상으로 논하고 있으나 장시간 사용할 경우 100A 이상은 수랭식을 사용하는 것이 안전하다.

예제 3

TIG 용접에서 텅스텐 전극봉은 가스 노즐의 끝에서부터 몇 mm 정도 도출시키는가?

① 1~2　　② 3~6
③ 7~9　　④ 10~12

정답 ②

예제 4

TIG 용접 시 같은 조건에서 역극성으로 용접할 때와 정극성으로 용접할 때와의 전극 굵기의 비는? (단, 역극성 : 정극성)

① 4 : 1　　② 1 : 4
③ 1 : 2　　④ 2 : 1

정답 ①

3 불활성 가스 금속 아크(MIG) 용접

가. MIG 용접의 개요

1) 원리와 상품명

에어 코메틱 용접법, 시그마 용접법, 필러 아크 용접법, 아르고노트 용접법 등으로 부르며, 불활성 가스로 용접부를 보호하면서 연속적으로 공급되는 와이어와 모재 사이에서 발생하는 아크열을 이용하여 용융 접합하는 용극식(소모식) 아크 용접법

2) 특징

(1) 주로 직류 역극성을 이용하여 청정 작용에 의해 알루미늄, 마그네슘 등의 용접이 쉽다.
(2) 전류 밀도가 높아 피복 아크 용접의 5~8배, TIG 용접에 비해 약 2배 정도 크다.
(3) 주용적 이행은 스프레이(분무)형이며, 3mm 이상의 후판에 사용된다.
(4) 용접기는 정전압 특성 또는 상승 특성을 이용한다.
(5) 비교적 아름답고 깨끗한 비드를 얻으며, CO_2 용접에 비해 스패터 발생이 적다.
(6) 바람의 영향을 받기 쉬우므로 방풍 대책이 필요하다.
(7) 박판 용접(3mm 이하)에는 적용이 곤란하다.

나. 용접 장치

(1) **와이어 송급 장치** : 푸시식(push type), 풀식(pull type), 푸시 풀식(push-pull type), 더블 푸시 풀식(Double push-pull type)이 있다.
(2) **용접 토치** : 전원 케이블, 가스 송급 호스, 스위치 케이블로 되어 있으며, 200A 이하에는 공랭식, 200A 이상은 수랭식이 사용된다.

다. 보호 가스

가스 종류	특성 및 용도
아르곤	전류 밀도가 크고 청정 능력이 좋다.
헬륨	용입이 비교적 얕고 비드 폭이 넓어진다. Al, Mg 등 비철 금속 용접에 이용된다.
아르곤+헬륨(25%)	용입이 깊고, 아크 안정성이 우수하다. 후판에 사용하며, 모재 두께가 두꺼울수록 헬륨 함량을 증가시키면 된다.
아르곤+탄산가스	아크가 안정되고 용융 금속의 이행을 빨리 촉진시켜 스패터를 줄일 수 있다. 연강, 저합금강, 스테인리스강 용접에 이용된다.
아르곤+헬륨(90%)+탄산가스	단락형 이행형으로, 주로 오스테나이트계 스테인리스강 용접에 사용된다.
아르곤+산소(1~5%)	언더컷을 방지할 수 있다. 스테인리스강 용접에 주로 사용된다.

예제 1

다음 중 불활성 가스 아크 용접에 주로 사용되는 가스는?

① CO_2 ② CO
③ Ne ④ Ar

 　　　　　　　　　　　정답 ④

불활성 가스에는 Ar(아르곤), He(헬륨), Ne(네온) 등이 있으나 주로 Ar이 많이 쓰이며 He도 사용된다.

예제 2

MIG 용접 시 와이어 송급 방식의 종류가 아닌 것은?

① 풀 방식 ② 푸시 방식
③ 푸시 풀 방식 ④ 푸시 언더 방식

 　　　　　　　　　　　정답 ④

와이어 송급 방식에는 ①, ②, ③ 외에 더블 푸시 방식이 있다. 용접 전원은 직류 역극성이 사용된다.

예제 3

불활성 가스 금속 아크 용접(MIG)에서 아크 길이는 어느 정도 유지하는가? (단, 반자동 용접에서)

① 2~3mm ② 3~4mm
③ 4~5mm ④ 6~8mm

 　　　　　　　　　　　정답 ④

토치의 노즐과 모재와의 거리는 10~15mm가 적당하며, 아크 길이는 6~8mm가 적당하다.

예제 4

청정 효과(cleaning action)는 어떤 용접에서 효과가 생기는가?

① 잠호 용접
② 불활성 가스 금속 아크 용접
③ 원자수소 용접
④ 이산화탄산가스 아크 용접

 　　　　　　　　　　　정답 ②

4 탄산가스(CO_2) 아크 용접

가. CO_2 용접의 개요

1) 원리

MIG 용접의 불활성 가스 대신에 CO_2 가스를 사용하는 것으로 용접 장치의 기능과 취급은 MIG 용접과 거의 동일하다.

2) 장점

(1) 전류 밀도가 높아 용입이 깊고 용접 속도가 빠르며, 전 자세 용접이 가능하다.
(2) 산화, 질화가 없고 수소 함유량이 적어 용착 금속의 기계적 성질이 우수하다.
(3) 단락 이행(솔리드 와이어 사용 시)에 의해 박판 용접이 가능하다.
(4) 가시 아크이므로 시공이 편리하며, 용제를 사용하지 않아 슬래그의 혼입이 없다.
(5) 용접 후의 처리가 간단하다.(솔리드 와이어 사용 시)

3) 단점

(1) 바람의 영향을 받으므로 풍속 2m/sec 이상에서는 방풍 장치가 필요하다.
(2) 비드 외관이 타 용접보다 약간 거칠며, 적용되는 재질이 철 계통에 한정되어 있다.

나. 용접 재료

1) 용접용 와이어

(1) **솔리드(실체) 와이어(solid wire)** : 단면 전체가 균일한 강으로 되어 있는 와이어, 녹슬음 방지와 통전성 향상을 위해 구리 도금하여 20kgf 정도의 릴이나 큰 통에 담겨져 시판한다.
(2) **플럭스(복합) 와이어(flux cord wire)** : 대상의 강판에 탈산제, 아크 안정제 등 용제를 넣어 둥글게 특수 가공한 와이어, 양호한 용착 금속을 얻을 수 있고 아크도 안정되어 스패터도 적으며, 비드 외관이 아름답다.

2) 보호 가스

주로 CO_2(이산화탄소 가스)를 사용하며, 중요 부분에는 CO_2 20~25%에 아르곤(Ar) 75~80%의 혼합 가스를 사용하고 있다.

3) 뒷댐 재료

맞대기 용접 시 표면 비드와 함께 이면 비드를 형성하여 이면 가우징 및 이면 용접을 생략할 수 있어 세라믹(가장 많이 사용), 수랭 동판, 글라스 테이프 등의 뒷댐재를 사용한다.

다. 용접 작업

1) 전진법과 후진법의 비교

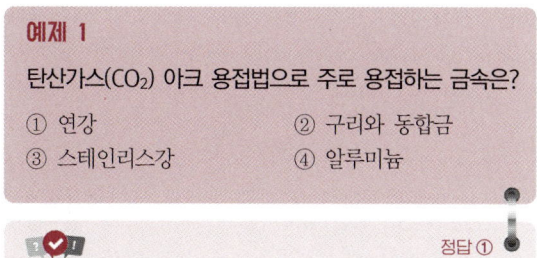

전진법	후진법
• 용접선이 잘 보이므로 운봉을 정확하게 할 수 있다. • 비드높이가 낮고 평탄한 비드가 형성된다. • 스패터가 비교적 많으며 진행 방향쪽으로 흩어진다. • 용착 금속이 아크보다 앞서기 쉬워 용입이 얕아진다.	• 용접선이 노즐에 가려서 운봉을 정확하게 하기 어렵다. • 비드 높이가 약간 높고 폭이 좁은 비드를 얻을 수 있다. • 스패터의 발생이 전진법보다 적다. • 용융 금속이 앞으로 나가지 않으므로 깊은 용입을 얻을 수가 있다. • 비드 형상이 잘 보이기 때문에 비드 폭, 높이 등을 억제하기 쉽다.

예제 1

탄산가스(CO_2) 아크 용접법으로 주로 용접하는 금속은?

① 연강 ② 구리와 동합금
③ 스테인리스강 ④ 알루미늄

 정답 ①

예제 2

액화 탄산 1kgf이 완전히 기화되면 상온 1기압 하에서 몇 ℓ의 가스가 발생되는가?

① 약 310ℓ ② 약 400ℓ
③ 약 510ℓ ④ 약 910ℓ

정답 ③

이산화탄산가스 아크 용접에서 일반적으로 사용되는 가스의 유량은 매분당 15ℓ이다.

예제 3

이산화탄소 아크 용접에서 허용되는 바람의 한계 속도는 얼마인가?

① 0.5~1m/sec ② 1~2m/sec
③ 2~3m/sec ④ 3~4m/sec

정답 ②

CO_2 용접 시에 바람이 1~2m/sec 이상이면 기공 발생 우려가 있으므로 방풍 장치를 설치해야 된다.

예제 4

이산화탄소 아크 용접의 저전류 영역(약 200A 미만)에서 팁과 모재 간의 거리는 약 몇 mm 정도가 가장 적합한가?

① 5~10 ② 10~15
③ 15~20 ④ 20~25

정답 ②

5 플라스마 아크 용접

가. 원리

(1) **플라스마** : 초고온 기체이며, 고체, 액체, 기체에 이어 제 4의 상태, 즉 기체가 수천 도의 높은 온도로 가열된 아크 열원 안을 통과할 때 고온에 의하여 기체의 원자가 원자핵(+ 양이온)과 전자(- 음이온)로 분해되는 상태

(2) **플라스마 아크 용접** : 10,000~30,000℃ 이상의 플라스마를 한쪽으로 분출시켜서 모재를 가열 용융하여 용접하는 법

나. 장점

(1) 열적, 자기적 핀치 효과에 의해 전류 밀도가 커서 용입이 깊고 비드 폭이 좁으며, 용접 속도가 빠르다.
(2) I형 맞대기 이음으로 단층으로 용접할 수 있어 능률적이다.
(3) 용접부의 금속학적, 기계적 성질이 좋으며, 변형이 적다.
(4) 각종 재료의 용접이 가능하며, 수동 용접도 쉽게 할 수 있고, 숙련을 요하지 않는다.

다. 단점

(1) 설비비가 많이 들고 무부하 전압이 높다.
(2) 용접 속도가 크므로 가스 보호가 불충분하며, 용접부에 경화 현상이 일어나기 쉽다.
(3) 모재 표면이 오염된 경우 플라스마 아크의 상태가 변화하여 비드가 불균일하고, 용접부의 품질 저하 등의 원인이 되므로, 화학용제로 깨끗이 청정해야 한다.

라. 보호 가스

(1) **아르곤** : 전극 보호 성능 우수, 모든 금속의 용접에 사용 가능, 열전도도가 낮아 불균일한 용접이 될 가능성이 있다.
(2) **아르곤 + 수소(혼입 시 효과)** : 수소(H_2)는 열전도율이 높고 가스 분출 속도를 증가시키는 기능이 있어 열적 핀치 효과가 생기며 용접 속도를 증진시킬 수 있으나, Ti, Zr과 같은 반응 금속에 수소가 미치는 나쁜 영향도 고려해야 한다.
(3) **헬륨** : 아르곤에 비해 25% 이상 용접 입열을 증대시키므로 열전도도가 높은 구리, 알루미늄 합금, 후판 티타늄 용접에 적합하다.
(4) **아르곤 + 헬륨** : 주로 반응 금속의 용접에 사용된다. He의 비율이 75% 이상이 되면 노즐이 과열될 위험이 크므로 낮은 범위의 부하(load) 상태에서만 가능하다.

예제 1

다음 중 플라스마 아크 용접의 단점이 아닌 것은?
① 설비비가 많이 든다.
② 무부하 전압이 높다.
③ 용접 속도가 크므로 가스의 보호가 불충분하다.
④ 1층으로 용접할 수 있어 용접 속도가 느리다.

 정답 ④

단점은 '①, ②, ③'이며, 모재 표면의 오염에 민감하나, 1층으로 용접할 수 있어 용접 속도는 빠르다.

예제 2

다음의 금속 중에서 플라스마 아크 용접 시 보호 가스로 수소를 혼입하여서는 안 되는 것은?
① 스테인리스강   ② 탄소강
③ 니켈 합금   ④ 구리

 정답 ④

티타늄이나 구리의 용접 시 약간의 수소를 혼입하여도 용접부가 약화될 위험성이 있어 수소 대신 헬륨 가스를 사용한다.

6 일렉트로 슬래그 용접

가. 원리

용융 금속이나 슬래그가 유출되지 않게 모재의 양측에 수냉 동판으로 막아 용융 슬래그 속에서 전극 와이어를 연속적으로 공급하여 용융 슬래그의 저항열에 의하여 와이어와 모재를 용융시키면서 단층 수직 상진 용접을 하는 방법

나. 장점

(1) 압력 용기, 조선 등 후판을 단일층으로 한 번에 용접할 수 있다.
(2) 용접시간 단축으로 능률적이고 경제적이며, 각(角) 변형이 적고 용접 품질이 우수하다.
(3) I형 그대로 사용되므로 용접 홈 가공 준비가 간단하다.

(4) 스패터 발생이 적으며, 조용하고 용융 금속의 용착량은 100%가 된다.
(5) 대형 용접에서는 서브머지드 용접에 비하여 용접 시간, 홈 가공비, 용접봉비, 준비 시간 등을 1/3~1/5 정도로 감소시킬 수 있다.
(6) 와이어 단위무게당 소비 전력은 송급 속도가 크게 되면 저하된다.
(7) 송급 속도가 2배가 되면 전기 에너지값은 20% 이상 감소된다.
(8) 용제 소비량은 서브머지드(잠호) 용접에 비하여 약 1/20 정도로 매우 적다.

다. 단점

(1) 박판 용접에는 적용할 수 없고, 용접부의 기계적 성질이 저하될 수 있다.
(2) 장비 설치가 복잡하고 냉각 장치가 요구되며 장비가 비싸다.
(3) 용접 중 용접부를 직접 관찰할 수 없고, 입열이 높아 횡 방향의 수축과 팽창이 크다.
(4) 용접 시간에 비하여 용접 준비 시간이 길다.
(5) 소모 노즐의 경우 자체의 저항 발열 때문에 길게 용접할 수 없다.(1m 이하에 적합)

라. 용접 재료와 전원

(1) **용접용 와이어** : 연강용은 서브머지드 아크 용접과 같은 것 사용, 주로 $\varphi 2.4~3.2$의 0.35~1.10% Mn의 저합금강을 사용한다.
(2) **용제** : 용접 금속 1kgf에 대한 용제 소비량은 약 50gf 정도로 매우 적다.
(3) **용접 전원** : 교류나 직류의 수하 특성 전원을 사용할 때 와이어 송급 장치는 전압 제어 방식으로 하고, 정전압 특성의 전원을 사용할 때는 정속도 와이어 송급 장치로 한다.

마. 용입에 영향을 주는 요소

(1) 일반적으로 전압이 높을수록 용입이 깊게 된다.
(2) 모재의 용입 폭은 슬래그욕 깊이가 증가하면 감소하나 지나치게 얕으면 안정된 용입 현상을 유지할 수 없다. 일반적으로 40~50mm의 슬래그 깊이가 적당하다.

예제 1
전류의 저항 발열로서 와이어와 모재 맞대기부를 용융시키는 것으로 연속 주조식 단층 용접법이라 하는 용접법은?
① 서브머지드 아크 용접법 ② 불활성가스 아크 용접
③ 일렉트로 슬래그 용접법 ④ 테르밋 용접법

 정답 ③

예제 2
두꺼운 판의 양쪽에 수랭동판을 대고 용융 슬래그 속에서 아크를 발생시킨 후 용융 슬래그의 전기 저항열을 이용하여 용접하는 방법은?
① 서브머지드 아크 용접 ② 불활성 가스 아크 용접
③ 일렉트로 슬래그 용접 ④ 전자 빔 용접

 정답 ③

일렉트로 슬래그 용접
용접의 일종, 선박, 보일러 등 두꺼운 판의 용접 시 용융 슬래그 속에서 전극 와이어를 연속적으로 공급하여 주로 용융 슬래그의 저항열에 의하여 와이어와 모재를 용융시키는 용접법

7 일렉트로 가스 용접

가. 원리

수직 전용 용접, 일렉트로 슬래그 용접과 유사하나, 슬래그 대신 CO_2 가스 분위기 속에서 플럭스 와이어를 송급하여 와이어 끝과 모재 간에 아크를 발생시켜 용접한다.

나. 장점

(1) 수동 용접에 비하여 약 4~5배의 용융 속도를 가지며, 용착 금속량은 10배 이상 된다.
(2) 판 두께에 관계 없이 단층으로 상진 용접하며, 판 두께가 두꺼울수록 경제적이다.

(3) 용접 홈의 기계 가공이 불필요하며 가스 절단 그대로 용접할 수 있다.
(4) 용접 장치가 간단하며, 취급이 쉽고 고도의 숙련을 요하지 않는다.

다. 단점

(1) 정확한 조립이 요구되며, 이동용 냉각 동판에 급수 장치가 필요하다.
(2) 스패터 및 가스의 발생이 많다.
(3) 용접 작업 시 바람의 영향을 많이 받으므로 풍속 3m/sec 이상시 방풍막이 필요하다.

예제 1

다음은 일렉트로 가스용접에 대한 설명이다. 옳지 않은 것은?

① 용접 홈의 루트 간격은 판 두께와 관계 없이 12~16mm 정도가 좋다.
② 용접 가능한 두께는 10~35mm이며, 다층 용접의 경우 60~80mm까지 가능하다.
③ 수동 용접에 비하여 용융 속도는 약 4배, 용착금속은 10배 이상이 된다.
④ 이산화탄소의 공급량은 25~30ℓ/min 정도가 적당하다.

 정답 ①

I형 홈의 루트 간격은 12~22mm, V형 홈은 1~7mm가 적당하다.

예제 2

일렉트로 가스 용접은 일렉트로 슬래그 용접의 슬래그 대신 탄산가스나 아르곤 가스로 보호하는 용접이다. 이 방법의 특징이 아닌 것은?

① 중후판(40~50mm)의 모재에 적용된다.
② 용접 속도가 빠르다.
③ 용접 변형이 크고 작업성이 좀 나쁘다.
④ 조선, 고압 탱크, 원유 탱크 등에 널리 쓰인다.

 정답 ③

탄산가스를 사용하므로 탄산가스 엔크로스 아크 용접이라고도 부른다.

---

8 레이저 용접

가. 원리

레이저(LASER)란 유도 방사에 의한 빛(전자파, 광)의 증폭 즉, 외부 에너지를 이용하여 유도 방출에 의해 빛 증폭으로 생기는 특수한 형태의 광선 또는 아주 짧은 파장의 전자기파를 증폭하거나 발진하는 장치를 말하며, 이 레이저에서 얻어진 강렬한 에너지를 가진 접속성이 강한 단색 광선을 이용한 용접법

나. 장점

(1) 용접 시 열영향부와 열 변형이 작으며, 대기 중에서 용접할 수 있어 진공실이 필요 없다.
(2) X선 방출이 없으며 자장의 영향을 받지 않는다.
(3) 입력 에너지의 제어성이 좋아서 미세한 용접이 가능하다.
(4) 아크 용접에 비해 열에너지가 높아 용접 속도가 빨라 고속 용접과 자동화가 가능하다.

다. 단점

(1) 장비 가격과 정밀한 지그 장치가 필요하므로 초기 투자 비용이 크다.
(2) 용접 중 모재 표면의 반사도, 모재 사이의 갭에 따라 크게 영향을 받는다.
(3) 재질에 따라 고온 균열이 발생할 우려가 있다.
(4) 열전도성이 좋은 재료(Cu, Al 등)는 반사율이 높아 용접이 어렵다.
(5) 금속 증기 및 실드 가스의 플라스마화에 의해 용입 깊이가 저하할 수 있다.

9 전자 빔 용접

가. 원리

전자빔 발생기의 음극에서 방출한 열전자가 고전압에 의해 양극으로 가속되며, 높은 에너지를 가진 전자 빔을 고진공(10^{-4}~10^{-6}mmHg) 속에서 용접물에 고속도로 조사시키면 광속의 약 2/3 속도로 이동한 전자가 용접물에 충돌하여 전자의 운동 에너지를 열 에너지로 변환시켜 국부적으로 고열을 발생하게 되며, 이 고에너지를 이용하여 용접물을 접합시키는 방법

나. 장점

(1) 에너지 밀도와 용접 효율이 매우 높고, 용접 속도도 빠르다.(같은 두께 용접 시 입열량이 피복 금속 아크 용접에 비해 1/50 정도, 용입 깊이와 폭의 비는 20 : 1)
(2) 용접 변형이 매우 적다.(두께 12mm 용접 시 수축량이 아크 용접은 0.5mm, 전자빔 용접은 0.1mm (아크 용접의 20%)
(3) 다층 투과 기능을 가지고 있어 다판 용접이 가능하다.
(4) 광범위한 이종 금속의 용접이 가능하다.
(5) 고진공 분위기에서의 용접으로 제품의 진공 밀폐가 가능하다.

다. 단점

(1) 일반 용접기에 비해서 전자빔 용접기의 장비 가격이 매우 고가이다.
(2) 일반 용접에 비해서 용접 단품과 치구의 보다 높은 가공 정밀도가 요구된다.
(3) 진공 분위기를 형성하기 위해서 진공 배기 시간이 필요하므로 생산성이 저하된다.
(4) 용접 시 발생되는 X - Ray가 인체에 해를 끼치므로 이의 차폐가 필요하며, 장비는 주기적으로 점검되어야 한다.
(5) 전자빔은 자장에 의해서 굴절되므로 일부 이종 금속 용접 시 용접에 장애가 있다.
(6) 강자성체 금속의 경우 탈자(脫磁) 없이는 용접이 불가능하다.

예제 1

다음은 전자 빔 용접의 단점을 열거한 것이다. 틀린 사항은?
① 배기 장치가 설치되어야 한다.
② 모재의 크기는 제한받지 않는다.
③ 설치비가 고가이다.
④ 기공 및 합금 성분의 감소 원인이 발생된다.

 정답 ②

진공 중에서 용접이 이루어지므로 모재의 크기가 제한된다.

예제 2

원자와 분자의 유도 방사 현상을 이용한 빛 에너지를 이용한 비접촉식 용접 방식으로 할 수 있는 용접법은?
① 전자빔 용접법   ② 플라스마 용접법
③ 레이저 용접법   ④ 초음파 용접법

 정답 ①

---

10 기타 특수용접

가. 아크 스터드 용접(arc stud welding)

1) 원리

심기 용접, 직경 10mm 이하의 강봉, 볼트 등을 직접 모재에 녹여서 접합하는 방법, 막대를 모재에 접촉시켜 두고 전류를 통한 다음 모재에서 떨어뜨려 아크열에 의해 적당히 용융한 후 스터드를 용융 풀에 눌러 붙여서 용착시키는 용접법

2) 특징

(1) 대체로 급열, 급랭을 받기 때문에 저탄소강에 적합하다.
(2) 주로 철골, 건축, 자동차의 볼트 용접에 이용된다.

나. 테르밋 용접(thermit welding)

1) 원리

테르밋제인 알루미늄과 산화철 분말을 1 : 3~4의 중량비로 도가니 속에 넣고 그 위에 과산화바륨, 마그네슘 등의 점화제를 넣어 점화하면 강렬한 테르밋 반응이 일어나 2800℃ 정도의 열이 나면서 슬래그와 용융 금속으로 분리되며, 이 용융 금속을 접합에 주입하여 용접하는 방법

2) 특징

(1) 전기가 필요하지 않으며, 용접 작업이 단순하다.
(2) 용접 시간이 짧고, 용접 후 변형이 적으며, 용접 결과의 재현성이 높다.
(3) 용접용 기구가 간단하며, 설비비도 싸다.

(4) 차축, 레일, 배 뒤의 플레임 등 큰 단면을 가진 모재의 맞대기 용접에 이용된다.

다. 단락 옮김 아크 용접(short arc welding)

1) 원리

가는 솔리드 와이어를 아르곤, 이산화탄소 또는 그 혼합 가스의 분위기 속에서 용접을 하는 불활성 가스 금속 아크 용접과 비슷한 방법, 보통 1초에 100회 이상 단락을 일으키며 용접이 이루어진다.

2) 마이크로 와이어

연강의 용접에서 규소-망간계로 지름이 0.76mm, 0.89mm, 1.14mm인 가는 와이어가 쓰인다.

예제 1

볼트나 환봉 등을 직접 강판이나 형강에 용접하는 방법으로 볼트나 환봉을 피스톤형의 홀더에 끼우고 모재와 볼트 사이에 순간적으로 아크를 발생시켜 용접하는 방법은?

① 테르밋 용접 ② 스터드 용접
③ 서브머지드 아크 용접 ④ 불활성 가스 용접

 정답 ②

스터드 용접은 넬슨 용접 또는 사이크 아크 용접이라고도 하며, 주로 직류 용접기를 사용한다.

예제 2

금속 산화물이 알루미늄에 의하여 산소를 빼앗기는 반응에 의해 생성되는 열을 이용하여 금속을 용접하는 것은?

① 테르밋 용접 ② 일렉트로 슬래그 용접
③ 서브머지드 아크 용접 ④ 마찰 용접

 정답 ①

테르밋 용접
산화철 분말(가루)과 알루미늄 분말을 약 3~4 : 1의 비율로 혼합한 테르밋제와 점화제로 마그네슘, 과산화바륨 등의 혼합 분말을 첨가하여 점화하면 반응열이 약 2800~3000℃ 정도의 열이 발생된다.

예제 3

다음 중 테르밋 용접의 특징이 아닌 것은?

① 전원이 필요하지 않다.
② 용접 시간이 짧다.
③ 특이한 모양의 홈을 요구한다.
④ 발열제의 작용으로 용접이 가능하다.

 정답 ③

특이한 모양의 홈을 요구하지 않으며 용접 결과가 매우 좋다.

---

11 압접

가. 초음파 용접(ultrasonic welding)

1) 원리

용접물을 겹쳐서 용접 팁과 하부 앤빌 사이에 놓고 압력을 가하면서 초음파(18kHz 이상) 주파수로 횡진동을 주어 그 진동 에너지에 의해 진동 마찰열을 발생시켜 압접하는 방법

2) 특징

(1) 냉간 압접에 비해 주어지는 압력이 작으므로 용접 변형도 작다.
(2) 용접물의 표면 처리가 간단하며 압연한 그대로의 재료도 용접이 쉽다.
(3) 극히 얇은 판(필름 등)도 쉽게 용접할 수 있다.
(4) 이종 금속의 용접도 가능하며, 판 두께에 따라 용접 강도가 현저하게 변화한다.
(5) 금속은 0.01~2mm, 플라스틱류는 1~5mm 정도의 얇은 판의 접합에 적합하다.

나. 고주파 용접(압접)(high frequency welding)

도체 표면에 집중적으로 흐르는 성질인 표피 효과(skin effect)와 전류의 방향이 반대인 경우에 서로 접근해서 흐르는 성질인 근접 효과를 이용해 용접부를 가열하여 용접하는 방법

다. 냉간 압접(cold pressure welding)

1) 원리

2개의 금속을 최대한 가까이 하면 전자의 공동화 현상에 의해 결정격자 금속 이온과 상호 작용으로 금속 원자가 결합되는 형식을 이용하여 상온에서 단순히 가압만의 조작으로 금속 상호 간의 확산을 일으켜 압접하는 방법

2) 특성

(1) 접합부의 열 영향이 없으며, 숙련이 필요하지 않다.
(2) 압접 공구가 간단하며, 접합부의 전기 저항은 모재와 거의 같다.
(3) 용접부가 가공 경화하며, 겹치기 압접은 눌린 흔적이 남으며, 철강 접합은 부적당하다.

라. 폭발 압접

1) 원리

화약의 폭발에 의해 생기는 순간적인 큰 압력을 이용하는 압접법

2) 특성

(1) 특수한 제작 설비가 필요 없으므로 경제적이며, 용접 작업이 비교적 간단하다.
(2) 이종 금속의 접합, 고용융점 재료의 접합이 가능하다.
(3) 접합이 견고하므로 성형이나 용접 등의 가공성이 양호하다.
(4) 화약을 사용하므로 위험하며, 압접 시 큰 폭발음을 낸다.

마. 마찰 용접(friction welding)

1) 원리

접합물을 맞대어 상대 운동을 시키고 그 접촉면에 발생하는 마찰열을 이용해 접합하는 방법

2) 특징

(1) 자동화가 용이하고, 숙련을 요하지 않으며, 압접면은 끝손질이 필요하지 않다.
(2) 경제성이 높으며, 국부 가열이므로 열 영향부의 너비가 좁고 이음 성능이 좋다.
(3) 피압접 재료의 단면은 원형으로 제한되며, 상대 각도를 필요로 하는 것은 곤란하다.
(4) 플래시 용접보다 용접 속도가 늦다.

예제 1

상온에서 강하게 압축함으로써 경계면을 국부적으로 소성 변형시켜 압접하는 방법은?

① 가스 압접　　② 마찰 압접
③ 냉간 압접　　④ 테르밋 압접

 정답 ③

예제 2

2개의 모재에 압력을 가해 접촉시킨 다음 접촉면에 상대 운동을 시켜 접촉면에서 발생하는 열을 이용하여 이음 압접하는 용접법을 무엇이라고 하는가?

① 초음파 용접　　② 냉간 압접
③ 마찰 용접　　　④ 아크 용접

 정답 ③

예제 3

도체의 표면에 집중적으로 흐르는 성질인 표피 효과와 전류의 방향이 반대인 경우에는 서로 근접해서 흐르는 성질인 근접 효과를 이용하여 용접부를 가열하여 용접하는 방법은?

① 플라스마 제트 용접　　② 고주파 용접
③ 초음파 용접　　　　　④ 맥동 용접

 정답 ②

예제 4

폭발 압접의 특징 중 옳지 않은 것은?

① 단시간 압접이므로 공기 중에서 활성 금속과 접합할 수 있다.
② 이종 금속의 접합이 가능하다.
③ 열 영향부가 없으므로 열처리한 재료에 적합하다.
④ 작업이 간단하며 매우 안전하나 폭음이 있다.

 정답 ④

예제 5

다음 중 폭발 압접의 특징으로 틀린 것은?

① 경제적이며, 용접 작업이 비교적 간단하다.
② 이종 금속의 접합, 고용융점 금속의 접합은 불가능하다.
③ 화약을 사용하므로 위험하며, 압접시 큰 폭발음을 낸다.
④ 접합이 견고하므로 성형이나 가공성이 양호하다.

 정답 ②

06 단원별 출제예상문제

SECTION

DIY쌤이 **콕! 찝어주는** 주요 예상문제 풀어보기!

01 서브머지드 아크 용접에 대한 설명으로 옳지 않은 것은?

① 가시 용접으로 용접 시 용착부를 육안으로 식별 가능하다.
② 용융 속도와 용착 속도가 빨라 고능률 용접이 가능하며, 용입이 깊다.
③ 용착 금속의 기계적 성질이 우수하다.
④ 비드 외관이 아름답다.

02 서브머지드 아크 용접의 특징에 대한 설명으로 옳지 않은 것은?

① 개선각을 작게 하여 용접 패스 수를 줄일 수 있다.
② 용접 중에 아크가 안 보이므로 용접부의 확인이 곤란하다.
③ 용접선이 구부러지거나 짧아도 능률적이다.
④ 유해 광선이나 흄(fume) 등이 적게 발생돼 작업 환경이 깨끗하다.

> **SAW 특성**
> 용접 속도가 수동 용접의 10~20배로 능률이 높고 기계적 성질이 우수하다. 용접선 길이가 짧거나 곡선인 경우는 용접하기 곤란하다.

03 다음 중 용제(flux)가 필요한 용접법은?

① MIG 용접
② 원자 수소 용접
③ CO_2 용접
④ 서브머지드 아크 용접

> 용제를 사용하는 용접에는 서브머지드 아크 용접, 일렉트로 슬래그 용접이 있다.

04 서브머지드 아크 용접 장치의 구성 부분이 아닌 것은?

① 수랭 동판
② 콘텍트 팁
③ 주행 대차
④ 가이드 레일

> • 수랭 동판은 일렉트로 슬래그 용접이나 일렉트로 가스용접, TIG 용접 백판 등으로 쓰이는 것으로 서브머지드 아크 용접에서는 거의 쓰이지 않는다.
> • SAW 용접 헤드 : 심선을 보내는 장치, 전압 제어 장치, 접촉 팁 및 그의 부속품

05 서브머지드 아크 용접에서 두 개의 전극 와이어를 독립된 전원에 접속하는 다전극 방식으로 비드 폭이 좁고 용입이 깊은 방식은?

① 텐덤식
② 횡병렬식
③ 횡직렬식
④ 유니언식

> • **텐덤식** : 독립된 전원으로 접촉하는 다전극 방식
> • **횡병렬식** : 두 개의 전극을 동일 전원에 접속하는 다전극 방식, 비드 폭이 넓고 용입이 깊어 능률이 매우 높다.

06 다음은 서브머지드 아크 용접의 용융형 용제에 대한 설명이다. 옳지 않은 것은?

① 원료 광석을 용해하여 응고시킨 다음 부수어 입자를 고르게 한 것이다.
② 입도는 12 × 150mesh 등이 잘 쓰인다.
③ 미국의 린데 회사의 것이 유명하다.
④ 낮은 전류에서는 입도가 큰 20 × D를 사용하면 기공 발생이 적다.

> • **용제** : 아크 안정과 용접부 보호(shield), 화학적, 금속학적 반응에 의한 정련 및 합금 원소 첨가 등이나, 와이어의 용융 속도를 증가시키는 효과는 없다.
> • 입도 20 × D는 입도가 큰 것이 아니라 20메시에서 미분(dust)의 표시이다.

정답 01 ① 02 ③ 03 ④ 04 ① 05 ① 06 ④

07 서브머지드 아크 용접에서 소결형 용제의 특징이 아닌 것은?

① 용제 중에 합금 성분이 많다.
② 용제 중에 탈산제가 들어 있다.
③ 원료 광석을 용해, 응고시킨 후에 부수어 입자를 고르게 한 것이다.
④ 용제의 소모량이 적고 경제적이다.

> ③은 용융형 용제를 설명한 것으로 흡습성이 가장 낮으며, 소결형은 흡습성이 가장 높다.

08 서브머지드 아크 용접기로 스테인리스강 용접, 덧살 붙임 용접, 조선의 대판계(大板繼) 등을 용접할 때 사용하는 용접용 용제(flux)는?

① 용융형 용제
② 혼성형 용제
③ 소결형 용제
④ 혼합형 용제

09 서브머지드 아크 용접의 용접 조건을 설명한 것 중 옳지 않은 것은?

① 용접 전류를 크게 증가시키면 와이어의 용융량과 용입이 크게 증가한다.
② 아크 전압이 증가하면 아크 길이가 길어지고 동시에 비드 폭이 넓어지면서 평평한 비드가 형성된다.
③ 용착량과 비드 폭은 용접 속도의 증가에 거의 비례하여 증가하고 용입도 증가한다.
④ 와이어 돌출 길이를 길게 하면 와이어의 저항열이 많이 발생하게 된다.

> 용접 속도가 증가하면 비드 폭과 용착량은 적어지며 용입도 감소한다.

10 서브머지드 아크 용접시 용접 전류가 증가하면 생기는 현상이다. 옳지 않은 것은?

① 아크가 잘 끊어진다.
② 용입이 증가한다.
③ 비드 높이가 높아진다.
④ 오버랩이 생긴다.

> 용접시 전류가 증가하면 용입이 급증하며 비드 높이도 높아지고 오버랩도 생긴다.
> • 아크 전압이 낮으면 ①~④의 현상이 생기며, 전압이 높으면 반대의 현상이 일어난다.
> • SAW 통전 방법 : 과거의 방법은 스틸 울을 놓고 통전시켜 아크를 발생하였으나 요즘은 고주파 발생 장치를 사용하고 있다.

11 서브머지드 아크 용접시 아크 길이가 길면 일어나는 현상은?

① 용입은 얕고 폭이 넓어진다.
② 오버랩이 발생한다.
③ 용입이 깊어진다.
④ 비드가 좁아진다.

> • 아크 길이가 길면 전달열이 확산되어 용입이 낮고 넓어진다.
> • 서브머지드 아크 용접에 알맞은 루트 간격은 0.8mm 이하, 루트면은 7~16mm, 홈 각도는 ±5°이다. 홈 각도가 크면 용입이 깊고, 작으면 용입은 얕아진다.

12 서브머지드 아크 용접에서 기공 발생의 원인으로 옳은 것은?

① 용접 속도 과대
② 용접부 표면, 이면 슬래그 제거 시
③ 용제의 양호한 건조
④ 150~200℃로 예열

> 모재의 예열 여부도 기공 발생과 관계된다. 모재의 예열 온도는 60~80℃가 적당하다. 기공은 모재나 와이어에 수분, 녹, 페인트 등이 있거나, 용접 속도가 과대할 때 생기기 쉽다.

정답 07 ③ 08 ③ 09 ③ 10 ① 11 ① 12 ①

13 불활성 가스 아크 용접의 장점이 아닌 것은?

① 산화하기 쉬운 금속의 용접이 쉽다.
② 모든 자세의 용접이 용이하며, 고능률적이다.
③ 피복제와 플럭스가 필요없다.
④ 전극이 2개 이상이다.

14 불활성 가스 텅스텐 아크 용접에 관한 사항 중 옳지 않은 것은?

① 아르곤(Ar) 가스를 사용한다.
② 전원은 교류나 직류를 다 사용할 수 있다.
③ 비소모식 불활성 가스 아크 용접법이라고도 한다.
④ 용접봉이 전극이 된다.

> 텅스텐봉을 전극으로 사용하는 비소모식(비용극식)이며 용접 봉은 전극이 아니라 용가재로 쓰인다.

15 TIG 용접의 단점에 해당되지 않는 것은?

① 모든 용접 자세가 불가능하며 박판 용접에 비 효율적이다.
② 바람의 영향으로 용접부 보호 작용이 방해가 되므로 방풍 대책이 필요하다.
③ 후판 용접에서는 다른 아크 용접에 비해 능률이 떨어진다.
④ 불활성 가스와 TIG 용접기의 가격이 비싸 운영 비와 설치비가 많이 소요된다.

> TIG 용접과 같이 전극봉이 직접 용가재로 사용되지 않고, 전극(용접봉, 와이어, 텅스텐 전극 등)이 소모되지 않아 비소모식, 용융이 되지 않아 비용극식이라 하며, 소모가 되면 소모식, 또는 용극식이라 한다.

16 알루미늄이나 스테인리스강, 구리와 그 합금의 용접에 가장 많이 사용되는 용접법은?

① 산소 - 아세틸렌 용접
② 탄산가스 아크 용접
③ 테르밋 용접
④ 불활성 가스 아크 용접

17 불활성 가스 텅스텐 아크 용접에서 중간 형태의 용입과 비드 폭을 얻을 수 있으며 청정 효과가 있어 알루미늄이나 마그네슘 등의 용접에 사용되는 전원은?

① 직류 정극성
② 직류 역극성
③ 고주파 교류
④ 교류 전원

> • **직류 정극성(DCSP)** : 탄소강, 스테인리스강 용접에 적합한 극성
> • **청정 효과(cleaning action)** : TIG 용접이나 MIG 용접시 직류 역극성이나 고주파 교류 사용시 가스 이온이 모재 표면에 충돌하여 산화막을 제거한다.

18 TIG 교류 용접시 용접 전류에 고주파 전류를 더하였을 때의 장점으로 적합하지 않은 것은?

① 전극을 모재에 접촉시키지 않고도 손쉽게 아크를 발생시킬 수 있다.
② 아크가 매우 안정되며 아크가 길어져도 끊어지지 않는다.
③ 전극을 모재에 접촉시키지 않고도 아크가 발생되므로 전극의 수명이 짧으나, 경제적이다.
④ 일정한 지름의 전극에 비해 광범위한 전류의 사용이 가능하다.

> **고주파 교류**
> 고주파는 200~3000V이며, 전극을 접촉시키지 않고 아크를 발생하므로 수명이 길어 경제적이다.

19 TIG 용접에 사용되는 토륨 텅스텐 봉은 순 텅스텐 봉에 비해 다음과 같은 장점을 갖고 있다. 다음 중 옳지 않은 것은?

① 과대 전류를 사용하면 텅스텐 전극의 수명을 길게 할 수 있다.
② 전자 방사 능력이 매우 커서 전극 온도가 낮아도 전류 용량을 크게 할 수 있다.
③ 저전류나 저전압에서도 아크 발생이 용이하다.
④ 전극의 동작 온도가 낮아도 접촉에 의한 오손이 적다.

> 토륨 함유 텅스텐 전극봉의 장점은 '②, ③, ④' 외에 오염의 염려가 적고 아크 발생이 용이하며, 전극의 소모가 적어 직류 정극성에는 좋으나 교류에는 좋지 않은 것으로 주로 강, 스테인리스강, 동합금 용접에 사용된다.

정답 13 ④ 14 ④ 15 ① 16 ④ 17 ③ 18 ③ 19 ①

20 불활성 가스 금속 아크 용접에 관한 설명으로 옳지 않은 것은?

① 박판 용접(3mm 이하)에 적합하다.
② 피복 아크 용접에 비해 용착 효율이 높아 고능률적이다.
③ TIG 용접에 비해 전류 밀도가 높아 용융 속도가 빠르다.
④ CO_2 용접에 비해 스패터 발생이 적어 비교적 아름답고 깨끗한 비드를 얻을 수 있다.

> 피복 아크 용접에 비해 용착 효율이 높으며, 정전압 특성, 상승 특성이 있는 직류 용접기이며, 반자동 또는 전자동 용접기로 속도가 빠르다.

21 불활성 가스 금속 아크 용접의 특징이 아닌 것은?

① 대체로 모든 금속의 용접이 가능하다.
② 수동 피복 아크 용접에 비해 용착 효율이 높아 고능률적이다.
③ 전류 밀도가 낮아 3mm 이상의 두꺼운 용접에 비능률적이다.
④ 바람의 영향을 받기 쉬우므로 방풍 대책이 필요하다.

> 불활성 가스 금속 아크(MIG) 용접은 TIG 용접에 비해 전류 밀도가 높아 3mm 이상의 후 판(두꺼운 판)의 용접에 능률적이다.

22 MIG 용접에서 용접 전류가 적은 경우 용융 금속의 이행 방식은?

① 스프레이형　　② 글로뷸러형
③ 단락 이행형　　④ 핀치 효과형

> MIG 용접의 정상적인 금속 이행은 스프레이형이나, 전류가 낮은 경우 단락 이행이 된다.

23 CO_2 가스 아크 용접에 대한 설명으로 옳지 않은 것은?

① 전류를 높게 하면 와이어의 녹아내림이 빠르고 용착률과 용입이 증가한다.
② 아크 전압을 높이면 비드가 넓어지고 납작해지며, 지나치게 아크 전압을 높이면 기포가 발생한다.
③ 아크 전압이 너무 낮으면 볼록하고 넓은 비드를 형성하며, 와이어가 잘 녹는다.
④ 용접 속도가 빠르면 모재의 입열이 감소되어 용입이 얕아지고 비드 폭이 좁아진다.

> 솔리드 와이어를 사용할 경우는 슬래그가 생성되지 않으나, 플럭스 코드 와이어를 사용할 경우는 와이어 속에 용제가 들어 있어 슬래그가 생성된다.

24 다음 중 탄산가스 아크 용접의 특징으로 옳지 않은 것은?

① 용착 금속의 성질이 매우 좋다.
② 가시 아크이므로 시공이 편리하다.
③ 아르곤 가스에 비하여 가스 가격이 저렴하다.
④ 용입이 얕고 전류 밀도가 매우 낮다.

> 전류 밀도가 높아 용입이 깊고, 가스 가격이 저렴하여 용접 경비가 절약된다.

25 이산화탄산가스(CO_2)에 대한 설명으로 옳지 않은 것은?

① 무색, 무취, 무미의 기체이다.
② 비중은 1.53 정도로 공기보다 가볍다.
③ 대기 중에서 기체로 존재한다.
④ 물에 잘 녹는다.

> 상온에서도 쉽게 액화되며, 공기보다 무겁다.

26 이산화탄소 아크 용접에서 아르곤과 이산화탄소를 혼합한 보호 가스를 사용할 경우에 대한 설명으로 가장 거리가 먼 것은?

① 스패터의 발생이 적다.
② 용착 효율이 양호하다.
③ 박판의 용접 조건 범위가 좁아진다.
④ 혼합비는 아르곤이 80%일 때 용착 효율이 가장 좋다.

정답　20 ①　21 ③　22 ③　23 ④　24 ④　25 ②　26 ③

27 CO_2 가스 아크 용접에서 솔리드 와이어에 비교한 복합 와이어의 특징을 설명한 것으로 옳지 않은 것은?

① 양호한 용착 금속을 얻을 수 있다.
② 스패터가 많다.
③ 아크가 안정된다.
④ 비드 외관이 깨끗하며 아름답다.

28 이산화탄소 아크 용접에 사용되는 와이어에 대한 설명으로 옳지 않은 것은?

① 용접용 와이어에는 솔리드 와이어와 복합 와이어가 있다.
② 복합 와이어는 실체(나체) 와이어라고도 한다.
③ 복합 와이어는 비드의 외관이 아름답다.
④ 복합 와이어는 용제에 탈산제, 아크 안정제 등 합금 원소가 포함되어 있다.

29 이산화산소가스 아크 용접에서 아크 전압이 높을 때 비드 형상으로 옳은 것은?

① 비드가 넓어지고 납작해진다.
② 비드가 좁아지고 납작해진다.
③ 비드가 넓어지고 볼록해진다.
④ 비드가 좁아지고 볼록해진다.

30 이산화탄소 아크 용접의 보호 가스 설비에서 저전류 영역의 가스 유량은 약 몇 ℓ/min 정도가 좋은가?

① 1~5   ② 6~9
③ 10~15 ④ 20~25

31 CO_2 가스 아크 용접에서의 기공과 피트의 발생 원인으로 맞지 않는 것은?

① 탄산가스가 공급되지 않는다.(부족하다)
② 노즐과 모재 사이의 거리가 작다.
③ 가스 노즐에 스패터가 부착되어 있다.
④ 모재의 오염, 녹, 페인트가 있다.

> 기공 발생의 원인은 바람에 의해 CO_2 가스가 날리는 경우이다.

32 CO_2 가스 아크 용접 결함에 있어서 다공성이란 무엇을 의미하는가?

① 질소, 수소, 일산화탄소 등에 의한 기공을 말한다.
② 와이어 선단에 용적이 붙어 있는 것을 말한다.
③ 스패터가 발생하여 비드의 외관에 붙어 있는 것을 말한다.
④ 노즐과 모재 간 거리가 지나치게 작아서 와이어 송급 불량을 의미한다.

> 다공성이란 기공이 많이 발생할 수 있는 성질을 말한다.

33 CO_2 용접 결함 중 기공의 방지 대책에 관한 설명으로 옳지 않은 것은?

① 오염, 녹, 페인트 등을 제거한다.
② 산소의 압력을 높인다.
③ 순도가 높은 CO_2 가스를 사용한다.
④ 노즐에 부착되어 있는 스패터를 제거한 후 용접한다.

34 CO_2 아크 용접에서 공기 중에 얼마 이상의 CO_2 가스가 있으면 두통이나 뇌빈혈의 증상이 일어나는가?

① 1%   ② 3~4%
③ 15%   ④ 10%

> CO_2의 체적이 0.1% 이상이면 건강에 유해하며, 3~4%이면 두통이나 뇌빈혈을 일으키며, 15% 이상이면 위험 상태, 30% 이상이면 치사량이 된다.

35 보호 가스의 공급 없이 와이어 자체에서 발생한 가스에 의해 아크 분위기를 보호하는 용접 방법은?

① 일렉트로 슬래그 용접
② 플라스마 용접
③ 논 가스 아크 용접
④ 테르밋 용법

> 논 가스 아크 용접은 보호 가스가 많아서 용접선이 잘 안 보이며, 아크 빛과 열이 강렬하다.

36 논 실드 아크 용접의 특징으로 옳지 않은 것은?
① 실드 가스나 용제가 필요하지 않다.
② 논 가스 아크법에는 직류만 사용한다.
③ 바람이 있는 옥외 작업이 가능하다.
④ 용접 비드가 아름답고 슬래그 박리성이 좋다.

> 저수소계 피복 아크 용접봉과 같이 수소의 발생이 적다. 직류 교류를 다 사용할 수 있고 용접 장치가 간단하며 운반이 편리하나, 와이어 가격이 비싸다.

37 플라스마 아크 용접의 장점에 대한 설명이다. 옳지 않은 것은?
① 핀치 효과에 의해 전류 밀도가 크므로 용입이 깊고 용접 속도가 빠르다.
② 1층으로 용접할 수 있으므로 능률적이다.
③ 용접부의 금속학적, 기계적 성질이 좋으며 변형도 적다.
④ 용접 속도가 크(빠르)므로 가스의 보호가 충분하다.

> **플라스마 아크 용접의 장점**
> 각종 재료의 용접이 가능하며, 열의 집중성이 좋기 때문에 I형 홈 용접이면 충분하고 용접봉 소모도 적다.

38 다음은 일렉트로 슬래그 용접의 장점을 설명한 것이다. 옳지 않은 것은?
① 다전극 사용이 가능하다.
② 몇 단계로 용접 작업이 이루어지므로 능률적이다.
③ 기공 생성 및 슬래그 섞임 등이 없다.
④ 용접부의 변형이 적다.

> 단 1회(1패스)로 후판 용접이 된다.

39 텅스텐, 몰리브덴 같은 대기에서 반응하기 쉬운 금속도 용이하게 용접할 수 있으며 고진공 속에서 용극으로부터 방출되는 전자를 고속으로 가속시켜 충돌 에너지를 이용하는 용접 방법은?
① 레이저 용접   ② 전자 빔 용접
③ 일렉트로 슬래그 용접   ④ 테르밋 용접

> 일렉트로 빔 용접은 전자 빔 용접을 뜻하며, 10^{-4}mmHg 이상의 높은 진공실 속에서 음극으로부터 방출된 전자를 고전압으로 가속시켜 피용접물과의 충돌에 의한 에너지로 용접을 행하는 용접이다.

40 다음 중 전자 빔 용접의 장점과 거리가 먼 것은?
① 고진공 속에서 용접을 하므로 대기와 반응되기 쉬운 활성 재료도 용이하게 용접된다.
② 두꺼운 판의 용접이 불가능하다.
③ 용접을 정밀하고 정확하게 할 수 있다.
④ 에너지 집중이 가능하기 때문에 고속으로 용접이 된다.

> 박판부터 후판까지, 고융점 재료, 활성 재료의 용접이 가능하며 용접부의 야금학적, 기계적 성질이 매우 좋다.

41 다음 중 레이저 용접의 특징으로 옳지 않은 것은?
① 모재의 열 변형이 거의 없다.
② 이종 금속의 용접이 가능하다.
③ 조대하고 거친 용접을 할 수 있다.
④ 비접촉식 용접으로 모재의 손상이 없다.

42 다음은 단락 옮김 아크 용접법의 원리이다. 옳지 않은 것은?
① 용접 중의 아크 발생 시간이 짧아진다.
② 모재의 열입력도 적어진다.
③ 용입이 얕아진다.
④ 2mm 이하 판 용접은 할 수 없다.

> **단락 옮김 아크 용접**
> 가는 솔리드 와이어를 아르곤, 이산화탄산가스 또는 그 혼합가스의 분위기 속에서 1초에 100회 이상 단락 옮김을 이용하는 용접법으로, 0.8mm 정도의 얇은 판 용접이 가능하다.

43 레일 및 선박의 프레임 등 비교적 큰 단면적을 가진 주조나 단조품의 맞대기 용접과 보수 용접에 용이한 용접은?
① 테르밋 용접   ② MIG 용접
③ TIG 용접   ④ 브레이징

정답 36 ②　37 ④　38 ③　39 ②　40 ②　41 ③　42 ④　43 ①

테르밋 용접은 주형을 이용하는 용접법이다.

44 다음 중 가스 압접법의 특징이 아닌 것은?

① 이음부 탈탄층이 전혀 없다.
② 장치가 간단하고 작업이 거의 기계적이다.
③ 원리적으로 전력이 불필요하다.
④ 이음부에 첨가 금속이 필요하나 설비비가 싸다.

가스 압접법은 용접봉(용가재)이나 용제가 필요 없으며, 이음부에 첨가 금속이 필요 없고, 설비비 등이 싸며, 숙련이 필요하지 않다.

45 다음은 냉간 압접의 장점을 설명한 것이다. 옳지 않은 것은?

① 접합부에 열 영향이 없다.
② 접합부의 전기 저항은 모재와 거의 같다.
③ 용접부가 가공 경화된다.
④ 숙련이 필요하지 않다.

냉간 압접은 상온에서 단순히 가압만의 조작으로 금속 상호 간의 확산을 일으켜 압접을 이루는 방법

46 다음 중 마찰 용접(friction welding)의 장점이 아닌 것은?

① 용접 작업시간이 짧아 작업 능률이 높다.
② 이종 금속의 접합이 가능하다.
③ 피용접물의 형상 치수, 길이, 두께의 제한이 없다.
④ 작업자의 숙련이 필요하지 않다.

장점
①, ②, ④ 외에 취급과 조작이 간단하며, 치수 정밀도가 높고 재료가 절약된다. 국부 가열이므로 열 영향부의 너비가 좁고 이음 성능이 좋다.

47 다음은 마찰 용접의 단점을 설명한 것이다. 옳지 않은 것은?

① 피용접물의 형상, 치수에 제한을 받는다.
② 단면 모양, 길이, 무게 등에 제한을 받는다.
③ 상대 각도를 필요로 하는 것은 용접이 곤란하다.
④ 국부 가열이므로 열 영향부가 넓다.

48 다음은 고주파 용접에 대한 설명이다. 옳지 않은 것은?

① 모재의 접합면 표면에 어느 정도 산화막이나 더러움이 있어도 지장 없다.
② 이종 금속의 용접이 가능하다.
③ 고주파 저항 용접은 고주파 유도 용접에 비해 전력의 소비가 다소 크다.
④ 가열 효과가 좋아 열 영향부가 적다.

고주파 저항 용접은 고주파 유도 용접에 비해 전력의 소비가 적으며, 열 영향부도 적다.

49 폭발 압접의 특징을 설명한 것 중 옳지 않은 것은?

① 이종 금속의 접합이 가능하고 다층 용접이 된다.
② 작업 장치가 불필요하므로 경제적이다.
③ 폭압에 의한 순간 압접이므로 고용융점 재료의 접합이 불가능하다.
④ 압접 시 큰 폭발음과 진동이 있다.

50 다음은 초음파 용접법의 특징이다. 옳지 않은 것은?

① 극히 얇은 판 즉, 필름도 쉽게 용접된다.
② 판 두께에 따라 강도가 현저하게 변화한다.
③ 이종 금속의 용접은 불가능하다.
④ 냉간 압접에 비하여 주어지는 압력이 작으므로 용접물의 변형도 작다.

두 금속의 경도가 크게 다르지 않는 한 이종 금속의 용접도 가능하다.

정답 44 ④ 45 ③ 46 ③ 47 ④ 48 ③ 49 ③ 50 ③

07 전기 저항 용접

1 전기 저항 용접의 개요

가. 원리와 발열량

1) 원리

용접부에 대전류를 통전시켜 생긴 줄 열을 열원으로 접합부를 가열하고 동시에 큰 압력을 주어 금속을 접합하는 용접법, 세탁기, 냉장고, 자동차, 오토바이 등 각종 제품 제조에 사용됨

2) 발열량

$$H = 0.24\, I^2\, R\, t$$

H : 발열량(cal) I : 전류(A)
R : 저항(Ω) t : 통전 시간(sec)

나. 전기 저항 용접의 특징

1) 장점

(1) 작업 속도가 빠르고 대량 생산에 적합, 작업자의 숙련도나 기량에 큰 관계가 없다.
(2) 이음 강도에 대한 효율이 높고 무게 감소, 자재 절약 등의 이점이 있다.
(3) 용접봉, 용제 등이 불필요하다.
(4) 열 손실이 적고 용접 후 산화 및 변질, 변형이나 잔류응력이 적다.

2) 단점

(1) 대전류를 필요로 하고, 설비가 복잡하고 비싸며, 급랭 경화로 후열처리가 필요하다.
(2) 재질, 판 두께 등 용접부의 위치, 형상에 대한 영향이 크며, 비파괴 검사가 어렵다.

3) 저항 용접의 3요소

(1) **용접 전류** : 교류(AC)를 사용하며, 전류는 판 두께에 비례하여 조정하고, Al, Cu 등 열전도가 큰 재료는 더 큰 전류가 필요하다. 너깃(nugget)은 용접 전류가 클수록 크게 된다.
(2) **통전 시간** : 같은 전류로 통전 시간을 배로 하면 발열량과 열 손실도 배가 되며, 강판의 경우 보통 전류로 통전 시간을 길게, Al, Cu 등은 대전류로 짧게 해야 한다.
(3) **가압력** : 가압력이 클수록 유효 발열량은 떨어지고 전극과 모재, 모재와 모재 사이의 접촉 저항은 작아진다. 전류값과 통전 시간이 클수록 유효 발열량이 증가한다.

예제 1

전기 저항 용접의 3대 주요 요소는?
① 전류, 통전 시간, 가압력 ② 전류, 전압, 통전 시간
③ 전압, 통전 시간, 가압력 ④ 전류, 전압, 가압력

  정답 ①

3대 요소는 통전 전류, 통전 시간, 가압력이다. 가압력이 크면 통전 시간이 짧아진다.

예제 2

저항 용접의 전원으로 무엇을 사용하는가?
① 직류   ② 교류
③ 초음파   ④ 교류, 직류 겸용

  정답 ②

2 점 용접

가. 원리와 특징, 종류

1) 원리

(1) 용접할 재료를 2개의 전극 사이에 끼워 놓고 가압 상태에서 통전하면 접촉면은 전기 저항열이 생기게 되는데 이 열을 이용하여 접합
(2) **너깃** : 용접 중 접합면의 일부가 녹아 바둑알 모양의 단면으로 용접이 되는 부분

2) 특징

(1) 재료가 절약되고 작업의 공정수가 감소하며, 작업에 숙련이 필요 없다.
(2) 작업 속도가 빠르고 용접 변형이 비교적 적으며, 조직이 치밀해진다.

3) 점 용접의 종류

직렬식, 다전극식, 인터랙식 등이 있다.

나. 각종 금속의 점 용접

(1) **저탄소강(연강) 용접** : 용접부는 주상의 주조 조직이며 그 외측의 열 영향부는 조대화된 과열 조직에서 점차로 열처리 조직으로 옮겨가는 조직이 된다.
(2) **고탄소강, 저합금강 용접** : 전기 저항이 커서 용접 전류는 연강의 90%, 전류치와 통전 시간은 연강보다 정확해야 하며 가압력은 연강보다 10% 증가시킨다. 용접부가 경화되기 쉽고 폭빈나 불티가 연강보다 심하다.
(3) **스테인리스강 용접** : 고탄소강보다 용접이 쉽고, 자성이 없어서 녹이 생기지 않으므로 표면 처리가 필요 없다.
(4) **알루미늄과 알루미늄 합금 용접** : 모두 점 용접이 가능, 표면 처리는 필요 없으나 전류는 연강보다 30~50% 세게 한다.
(5) **구리와 구리 합금** : 순 구리는 점 용접이 안 되나, 구리 합금은 가능하다. 통전 전류를 크게 하고 통전 시간은 연강보다 짧고 가압력도 연강보다 낮은 것이 좋다.

예제 1

Al을 점 용접으로 할 경우 전류는 연강보다 얼마나 더 세게 해야 하는가?

① 1~10% ② 20~30%
③ 30~50% ④ 70%

   정답 ③

Al은 열전도가 매우 크므로 통전 전류를 연강보다 30~50% 높이고, 통전 시간은 짧아야 된다.

예제 2

다음 중 점 용접의 전극의 재질로 쓰이는 것은?

① 텅스텐 ② 마그네슘
③ 알루미늄 ④ 구리 합금, 순구리

정답 ④

- 전극의 재질은 전기 및 열전도율이 크고 충격이나 연속 사용에 견디며 고온에서도 기계적 성질이 저하되지 않아야 한다.
- 구리 합금 점 용접에는 크롬, 티타늄, 니켈 등이 첨가된 구리 합금이 많이 쓰인다.

3 심 용접

가. 원리와 특징

1) 원리

원형 전극 사이에 용접물을 끼워 전극을 가압하면서 회전시켜 모재를 이동하면서 점 용접을 반복하는 방법, 기밀, 유밀이 요구되는 이음부에 이용된다.

2) 특징

(1) 기밀, 수밀, 유밀 유지가 용이하다.
(2) 점 용접에 비해 전류가 1.5~2배, 가압력은 1.2~1.6배가 요구된다.
(3) 얇은 판(0.2~4mm) 용접에 사용한다.
   (속도는 아크 용접보다 3~5배 빠름)
(4) 단속 통전법에서 연강은 통전 시간과 휴지 시간의 비를 1 : 1, 경합금은 1 : 3 정도로 한다.

나. 심 용접의 종류

(1) **매시 심(mash seam) 용접**: 심 이음부의 겹침을 판 두께 정도로 하고 겹쳐진 폭 전체를 가압하여 접합하는 방법이다.
(2) **포일 심(foil seam) 용접**: 모재를 맞대고 이음부에 같은 종류의 얇은 판(포일)을 대고 가압하는 법
(3) **맞대기 심(butt seam) 용접**: 주로 심 파이프를 만드는 방법이며, 판 끝을 맞대어 가압하고 2개의 전극 롤러로 맞댄 면을 통전하여 접합하는 방법이다.

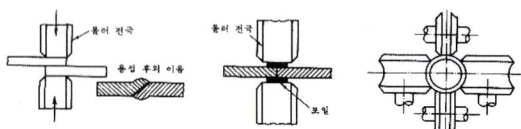

(a) 매시 심 용접　(b) 포일 심 용접　(c) 맞대기 심 용접

그림 7.1 심 용접의 종류

예제 1

모재를 맞대어 놓고 이음부에 같은 종류의 얇은 판을 대고 가압하는 심 용접법은?

① 매시 심 용접　② 포일 심 용접
③ 맞대기 심 용접　④ 인터랙트 심 용접

 정답 ②

예제 2

심 용접 시 전류 밀도는 점 용접의 몇 배로 하는가?

① 1.2~1.6배　② 1.5~2.0배
③ 2.0~3.0배　④ 3.9~4.9배

 정답 ②

같은 재료의 점 용접보다 용접 전류는 1.5~2.0배, 전극의 가압력은 1.2~1.6배 정도로 크다.

---

4 프로젝션 용접

가. 원리와 특징

1) 원리

모재의 한쪽 또는 양쪽에 작은 돌기(projection)를 만들어 이 부분에 대전류와 압력을 가해 압접하여 접합하는 방법

2) 장점

(1) 1개의 돌기보다는 2개 이상의 돌기부를 만들어 1회의 작동으로 여러 개의 점 용접을 할 수 있다.
(2) 얇은 판과 두꺼운 판, 열전도나 열 용량이 다른 것을 쉽게 용접할 수 있다.
(3) 용접 속도가 빠르고 용접 피치를 작게 할 수 있다.
(4) 전극의 수명이 길고 작업 능률이 높으며, 외관이 아름답다.
(5) 응용 범위가 넓고, 신뢰도가 높은 용접을 할 수 있다.

3) 단점

(1) 용접 설비비가 비싸다.
(2) 모재 용접부에 정밀도가 높은 돌기를 만들어야 정확한 용접이 된다.

나. 용접 조건

판 두께보다도 돌기 크기와 형상이 문제가 되며, 돌기 수에 따라 전류를 증가시켜야 된다.

(1) 통전하기 전 가압력에 견딜 수 있고, 상대 판이 충분히 가열될 때까지 녹지 않을 것
(2) 성형 시 일부에 전단 부분이 생기지 않을 것
(3) 성형에 의한 변형이 없으며 용접 후 양면의 밀착이 양호할 것

예제 1

다음 중 프로젝션 용접의 단점이 아닌 것은?

① 용접 설비가 고가이다.
② 용접부에 돌기부가 확실하지 않으며 용접 결과가 나쁘다.
③ 특수한 전극을 설치할 수 있는 구조가 필요하다.
④ 서로 다른 금속 및 모재 무게가 다른 용접을 할 수 있다.

 정답 ④

예제 2

프로젝션(돌기) 가공의 가장 적당한 높이는?

① 판 두께의 약 1/5
② 판 두께의 약 1/3
③ 판 두께의 약 1/4
④ 판 두께의 약 1/2

 정답 ②

5 기타 전기 저항 용접

가. 업셋(버트) 용접

1) 원리

용접재를 세게 맞대고 대전류를 통하여 이음부에서 발생하는 접촉 저항에 의해 발열되어 용접부가 적당한 온도에 도달했을 때 축 방향으로 큰 압력을 주어 접합하는 방법

2) 특징

(1) 단접 온도는 1100~1200℃이며, 불꽃 비산이 없고, 업셋이 매끈하다.
(2) 용접기가 간단하고 가격이 싸다.
(3) 큰 접합면은 산화하기 쉽고(16mm 이내의 가는 봉재에 적합), 용접부의 기계적 성질이 낮다. 용접 전에 깨끗이 청소해야 한다.
(4) 비대칭 형상, 얇은 판 등은 업셋 용접이 곤란하고, 기공 발생이 쉽다.
(5) 플래시 용접에 비해 열 영향부가 넓어지며 가열 시간이 길다.

나. 플래시(불꽃) 용접

1) 원리

용접할 2개의 면을 가볍게 접촉시키고 통전하여 면을 가열함과 동시에 약간 사이를 떼어 불꽃(플래시)을 발생시켜 그 열로 용접부의 일부분을 용융시키고 적당한 온도에 도달하였을 때 강한 압력을 주어 접합(플래시 용접 과정 : 예열 → 플래시 → 업셋)

2) 특징

(1) 가열 범위와 열 영향부가 좁고, 용접면에 산화물의 개입이 적다.
(2) 용접면을 정확하게 가공할 필요가 없으며, 신뢰도가 높고 이음 강도가 양호하다.
(3) 동일한 용량에 큰 물건의 용접이 가능하며, 이종 재료도 용접이 가능하다.
(4) 용접 시간이 짧고, 업셋 용접보다 전력 소비가 적다.
(5) 능률이 높고 강재, 니켈 합금 등에서 좋은 용접 결과를 얻는다.

다. 퍼커션(percussion, 충돌) 용접

직류 전원으로 극히 짧은 지름의 피용접물을 두 전극 사이에 끼운 후에 전류를 통전하면 고속도로 피용접물이 충돌하면서 접합이 이루어진다.

예제 1

다음은 버트 용접의 장점이다. 옳지 않은 것은?

① 불꽃의 비산이 없다.
② 업셋이 매끈하다.
③ 용접기가 간단하고 가격이 싸다.
④ 용접 전의 가공에 주의하지 않아도 된다.

 정답 ④

버트 용접은 업셋 용접이라고도 하며, 플래시 용접은 불꽃 용접이라고도 한다.

예제 2

다음 중 플래시 용접의 3단계는?

① 예열, 플래시, 업셋
② 업셋, 플래시, 후열
③ 예열, 플래시, 검사
④ 업셋, 예열, 후열

 정답 ①

예제 3

직류 전원으로 극히 짧은 지름의 피용접물을 두 전극 상이에 끼운 후에 용접하면 피용접물이 순간적으로 충돌하면서 접합되는 용접법은?

① 업셋 용접
② 퍼커션 용접
③ 플래시 용접
④ 프로젝션 용접

 정답 ②

예제 4

업셋 용접의 특징으로 틀린 것은?

① 용접기가 간단하고 가격이 싸다.
② 비대칭 형상, 얇은 판 등의 접합이 가능하다.
③ 플래시 용접에 비해 열영향부가 넓어지며, 가열 시간이 길다.
④ 큰 접합면은 산화하기 쉽고, 용접부의 기계적 성질이 낮다.

 정답 ②

07 단원별 출제예상문제

SECTION

DIY쌤이 콕! 찝어주는 주요 예상문제 풀어보기!

01 다음 중 저항 용접의 특징이 아닌 것은?

① 줄의 법칙을 응용하였다.
② 후판 용접에 매우 좋다.
③ 용접봉 및 용제가 필요없다.
④ 대전류, 저전압을 사용한다.

> 전기 저항 용접은 가열 부분의 금속의 저항이 작기 때문에 대전류를 필요로 하지만 전압은 매우 낮아 10V 이하이다.

02 다음 중 저항 용접의 장점이 아닌 것은?

① 용접 시간이 짧다.(단축된다.)
② 용접 정밀도가 높다.
③ 열에 의한 변형이 적다.
④ 가열 시간이 오래 걸린다.

> 저항 용접은 순간적인 대전류에 의해 짧은 시간에 용접된다.

03 전기 저항 용접을 아크 용접에 비교할 때 이점이 아닌 것은?

① 열 손실이 적고, 가열 열 영향부를 접합부에 한정시킬 수 있다.
② 용착 금속의 조직이 양호하며 정밀한 용접이 가능하다.
③ 큰 강도를 요하는 부품의 용접이 곤란하다.
④ 용접 시간이 짧아 대량생산에 적합하다.

04 다음 중 맞대기 저항 용접이 아닌 것은?

① 업셋 용접 ② 플래시 용접
③ 퍼커션 용접 ④ 프로젝션 용접

> 겹치기 저항 용접에 점 용접, 심 용접, 프로젝션 용접이 있다.

05 다음 전기 저항 용접법 중 주로 기밀, 수밀, 유밀성을 필요로 하는 탱크의 용접 등에 가장 적합한 용접법은?

① 점 용접법 ② 심 용접법
③ 프로젝션 용접법 ④ 플래시 용접법

06 다음 중 저항 용접의 용접 재료로 주로 사용되는 것은?

① 철강 ② 구리
③ 알루미늄 ④ 두랄루민

> 철강은 저항이 커서 저항열이 쉽게 발생하므로 연강의 90% 정도로 하며, 가압력은 10% 정도 증가시켜야 한다.

07 전기 저항 용접시 전류가 1000A, 전기 저항이 10Ω, 시간이 0.5초일 경우 전기 저항열은 얼마인가?

① 2400kJ ② 1200kJ
③ 600kJ ④ 300kJ

> 줄의 법칙은 $H(cal) = 0.24 \times I^2 \times R \times t$ 에 의해서
> $H = 0.24 \times 1000^2 \times 10 \times 0.5 = 1200kJ$이 된다.

08 다음 중 용접 전류가 작을수록 너깃(nugget)의 크기는 어떻게 되는가?

① 작게 된다. ② 크게 된다.
③ 전류와 무관하다. ④ 용락 현상이 없다.

> 점 용접 시 접합부의 일부분이 용융되어 바둑알 형태의 단면으로 된 것을 너깃(nugget)이라 한다.

정답 01 ② 02 ④ 03 ③ 04 ④ 05 ② 06 ① 07 ② 08 ①

09 다음은 점 용접의 통전 시간에 관한 사항이다. 옳지 않은 것은?

① 같은 전류로 통전 시간을 배로 하면 발열량도 배가 된다.
② 알루미늄과 같이 열전도도가 좋은 재료는 대전류를 사용하지 않고 통전 시간을 길게 하는 것이 좋다.
③ 대전류를 흐르게 하려면 전원과 용접기의 용량이 커야 된다.
④ 통전 시간의 제어는 용접기가 하는 방법과 타이머에 의해 자동적으로 제어하는 방법이 있다.

10 다음 중 심 용접의 특징이 아닌 것은?

① 기밀, 수밀, 유밀을 요구하는 이음에 사용한다.
② 점 용접에 비해 전류(2.5~4배), 가압력(2.2~2.6배)을 요구한다.
③ 0.2~4mm 정도의 박판에 사용한다.
④ 점 용접에 비해 판 두께는 얇다.

> 점 용접보다 용접 전류는 1.5~2.0배, 전극의 가압력은 1.2~1.6배 정도를 요구한다.

11 전류를 통하는 방법에 뜀 통전법, 맥동 통전법, 연속 통전법 등이 있는 전기 저항 용접법은?

① 심 용접법   ② 플래시 용접법
③ 업셋 용접법   ④ 점 용접법

12 다음 중 심 용접의 종류가 아닌 것은?

① 매시 심 용접   ② 맞대기 심 용접
③ 포일 심 용접   ④ 인터랙트 심 용접

13 심 용접법의 통전 방법이 아닌 것은?

① 단속   ② 관통
③ 연속   ④ 맥동

14 심 용접법에서 연강 용접의 경우 모재의 과열을 방지하기 위해 통전 시간과 중지 시간의 비율은 얼마 정도로 하는가?

① 1 : 1   ② 1 : 2
③ 1 : 3   ④ 2 : 3

15 심 용접의 용접 속도는 아크 용접(수동) 속도와 어떻게 다른가?

① 2~3배 느리다.   ② 거의 같다.
③ 3~5배 빠르다.   ④ 7~10배 빠르다.

> 수동 용접에 비해 3~5배 속도가 빠르다.

16 다음은 돌기 용접의 특징을 설명한 것이다. 옳지 않은 것은?

① 용접된 양쪽의 열 용량이 크게 다를 경우라도 양호한 열 평형이 이루어진다.
② 전극의 수명이 길고 작업 능력도 높다.
③ 용접부의 거리가 짧은 점 용접이 가능하다.
④ 동일한 전기 용량에 큰 물건의 용접이 가능하다.

17 프로젝션 용접에서 전류의 증가에 크게 영향을 주지 않는 조건은?

① 판 두께   ② 프로젝션 크기
③ 프로젝션 형상   ④ 프로젝션 수

> 프로젝션은 돌기를 만들어 돌기와 용접이 이루어지므로 판 두께와는 크게 관계가 없다.

18 다음 중 플래시 용접의 특징이 아닌 것은?

① 가열 범위가 좁고 열영향부가 좁다.
② 용접면에 산화물 개입이 많다.
③ 용접면의 끝맺음 가공을 정확하게 할 필요가 없다.
④ 종류가 다른 재료의 용접이 가능하다.

> 산화물 개입이 적고, 신뢰도가 높으며, 이음 강도가 적으며 전기 소모도 적다.

정답 09 ② 10 ② 11 ① 12 ④ 13 ② 14 ① 15 ③ 16 ④ 17 ① 18 ②

19 다음은 플래시 용접의 장점이다. 옳지 않은 것은?
① 접합부에 빠져 나옴이 없다.
② 용접 강도가 크다.
③ 전력이 작아도 된다.
④ 모재 가열이 작다.

20 피용접물이 상호 충돌되는 상태에서 용접되며 극히 짧은 용접물을 용접하는데 사용되는 용접법은?
① 퍼커션 용접   ② 맥동 용접
③ EH 용접   ④ 레이저 빔 용접

- **퍼커션 용접** : 콘덴서에 저축된 전기적 에너지를 사용하는 용접법
- **EH 용접** : Elin Hafergut welding의 약자로 횡치식 용접이라고도 하며, 모재 대신 구리로 제작된 금형으로 용접봉을 눌러 놓고 전류를 통과시켜서 저항열에 의해 용접하는 방법이다.

19 ① 20 ①

08 용접 설계

1 용접 설계시 주의 사항과 기본이음

가. 용접 설계상 주의 사항

(1) 용접 이음의 특성을 고려하고, 용접에 적합한 구조의 설계를 한다.
(2) 용접 길이는 될 수 있는 대로 짧게, 용착 금속량도 강도상 필요한 최소한으로 한다.
(3) 용접하기 쉽도록 설계(가능한 한 아래 보기 자세가 되게) 하고, 현장 용접보다 공장 용접이 될 수 있도록 한다.
(4) 결함이 생기기 쉬운 용접, 강도가 약한 필릿 용접은 가급적 피하고 맞대기 용접을 한다.
(5) 반복 하중을 받는 이음에서는 이음 표면을 편평하게 하며, 구조상 노치부를 피한다.
(6) 충격이나 반복 하중이 가해지는 구조물에는 이음 형상 선택에 신중을 기한다.
(7) 변형이 없도록 용접 순서를 결정하며, 용접에 지장을 주지 않도록 공간을 남긴다.(a)
(8) 용접 이음을 1개소로 집중시키거나 접근하여 설계하지 않도록 한다.(b)
(9) 판 두께가 다른 경우에 용접 이음은 단면의 변화를 주어서 하도록 한다.(c)
(10) 용접선은 가능한 한 교차하지 않게 하며 만일 교차하는 경우에는 스캘럽을 이용한다.(d), (e)

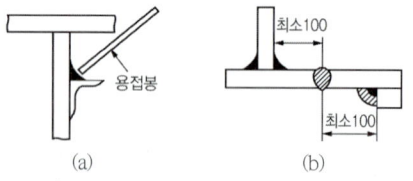

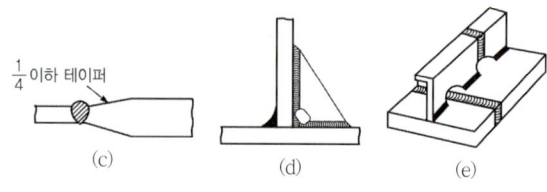

그림 8.1 용접 설계의 예

나. 용접 이음의 종류

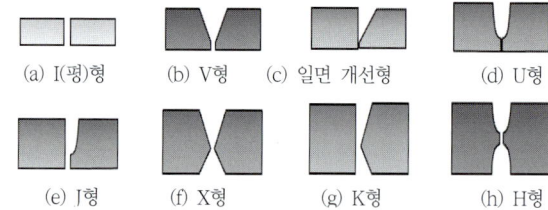

그림 8.2 맞대기 용접부의 홈 형상

1) 맞대기 이음

(1) 대략 동일 수평면에 있는 두 부재를 맞대어서 용접하는 이음
(2) 충분한 강도를 얻기 위해서는 용입 깊이와 덧살부, 비드 폭 등을 충분히 확보해야 한다.
(3) 홈(Groove)의 종류
I(평)형, V형, 일면 개선형, U형, J형, X형, K형, H형이 있다.

2) 필릿 용접

(1) **형상에 따라** : 연속 필릿 용접, 단속 지그재그 필릿 용접, 단속 병렬 필릿 용접

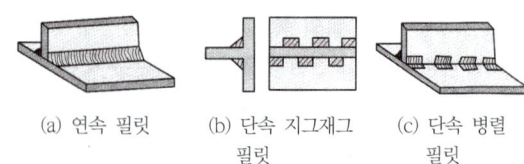

(2) **하중 방향에 따라** : 전면 필릿 용접, 측면 필릿 용접, 경사 필릿 용접

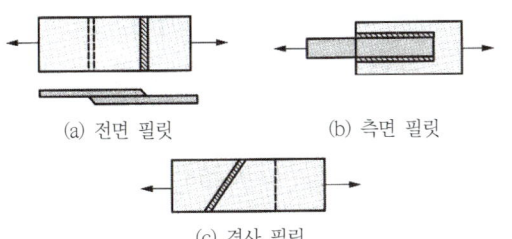

그림 8.3 필릿 용접부의 종류

3) 플러그 및 슬롯 용접

(1) **플러그 용접** : 접합하려는 두 부재를 겹쳐 놓고 한쪽의 부재에 드릴 머신이나 밀링 머신으로 둥근 구멍을 뚫고 그 곳을 용접하는 이음
(2) **슬롯 용접** : 접합하기 위하여 겹쳐 놓은 두 부재의 한쪽에 긴 홈을 만들어 놓고 그 곳을 용접하는 이음
(3) **플레어 용접** : 얇은 판 맞대기 용접 시 한쪽 끝을 J형으로 굽히고 휜 부분을 용접하는 것

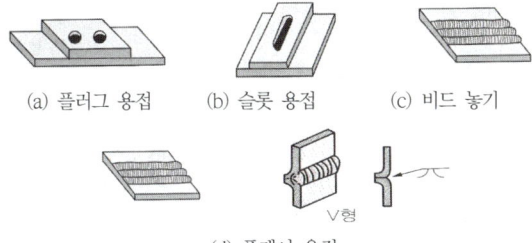

그림 8.4 플러그 및 슬롯 이음, 비드 놓기, 플레어 용접의 형상

다. 용접 홈의 종류와 특징, 선택

(1) **I형 홈** : 약 6mm 이하 판을 직각으로 절단 가공한 용접에 사용, 가공이 쉽다.
(2) **V형 홈** : 20mm 이하의 판을 한쪽 용접에 의해서 완전 용입을 얻으려고 할 때 사용, 홈 가공은 쉽지만 판 두께가 두꺼우면 용접 금속 증대로 각 변형이 크게 된다.
(3) **X형 홈** : 판 두께 15~40mm 정도에 사용, 양면 용접에 의해 완전 용입을 얻는 방법, 두꺼운 판에 매우 유리하다.
(4) **U형 홈** : 후판을 한쪽 용접으로 충분한 용입을 얻으려고 할 때 사용, V형에 비해 홈의 폭이 좁아도 되고 작업성과 용입이 좋으며 용착 금속의 양도 적으나 홈 가공이 어렵다.
(5) **H형 홈** : X형보다 용착 금속의 양과 패스 수를 줄일 목적으로 사용, 모재가 두꺼울수록 유리하고, 충분한 용입을 얻으려고 할 때 사용한다.

예제 1

다음은 용접 이음의 기본 형식이다. 이음의 종류가 아닌 것은?
① 맞대기 이음 ② 변두리 이음
③ 모서리 이음 ④ K형 이음

정답 ④

K형 이음은 맞대기 이음의 종류 중 홈의 형상 중에 하나이다.

예제 2

연강의 용접 이음에서 설계상 이음 강도가 가장 큰 것은?
① 맞대기 이음 ② 전면 필릿 이음
③ 플러그 이음 ④ 모서리 이음

정답 ①

맞대기 이음이 가장 강도가 크다.

예제 3

다음 중 변형이 가장 적은 용접 이음 형식은 어느 것인가?
① U형 ② V형
③ H형 ④ X형

정답 ③

맞대기 홈 중에서 양면 대칭 용접은 변형이 적으나 동일한 상태에서도 용착 금속의 양이 적으면 변형이 더 적게 된다. 따라서 H형은 X형보다 용착금속이 적으므로 H형이 가장 변형이 적다.

2 용접 이음에 영향을 주는 요소

가. 변형 및 잔류응력이 이음 성능에 미치는 영향

용접 시 발생하는 변형과 잔류응력은 구조물의 치수가 달라지고 또한 변형이 있으므로 외력을 받으면 의외로 큰 응력이 변형부에 집중해서 구조물이 약해지며, 미관을 해치기도 한다.

나. 용접 결함이 이음 강도에 미치는 영향

1) 용접 결함의 종류

(1) **언더컷, 기공** : 용접부 강도에 미치는 영향은 작지만 그 양이 많아지면 강도를 크게 저하시키게 된다.
(2) **균열** : 상당히 큰 영향을 미쳐 용접 이음 강도를 현저하게 저하시킨다.
(3) 용접부 결함은 피로강도, 충격강도, 인장강도 순으로 영향을 미침
  ① 원인 : 용접부가 다른 부분에 비해 단면 변화나 결함의 영향으로 응력 집중이 크기 때문
  ② 응력 집중 : 용접부 결함, 기계 부품의 홈 및 구멍과 같은 모양의 변화가 있는 부분에서 국부적으로 응력이 증가하는 현상

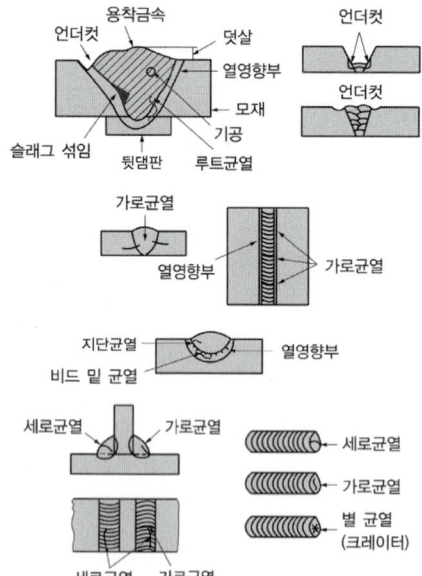

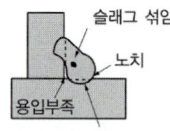
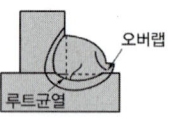

그림 8.5 용접부의 각종 용접 결함의 종류

2) 용접 이음과 하중 방향에 대한 영향

(1) **작용하는 하중** : 수직력(P), 굽힘 모멘트(M), 비틀림 모멘트(T), 용접 이음에 작용하는 하중 방향의 응력(S)

$$\sigma = S\sin\theta = \frac{P}{A} = \sin^2\theta$$

$$\tau = S\cos\theta = \frac{P}{A}\sin\theta \cdot \cos\theta = \frac{P}{2A}\sin\theta$$

$$\therefore S = \frac{P}{A\csc\theta} = \frac{P}{A}\sin\theta$$

(2) **용접선이 힘의 방향에 대해 수직**($\theta = 90°$) : 수직 응력만 작용, 수직 응력이 최대
(3) **용접선이 힘의 방향에 대해 평형**($\theta = 0°$) : 용접선에 응력이 작용하지 않음
(4) $\theta = 45°$: 전단 응력이 0~90° 사이에서 최대
(5) **결함 분류**
  ① 1급 : 결함이 없는 것
  ② 2~3급 : 적은 기공 또는 슬래그 섞임이 있는 것
  ③ 4급 이하 : 용입 부족, 융합 불량, 균열 등이 포함된 것

예제 1

모재의 홈 가공을 V형으로 했을 경우 엔드탭(end tap)은 어떤 조건으로 하는 것이 가장 좋은가?

① I형 홈 가공으로 한다.
② V형 홈 가공으로 한다.
③ X형 홈 가공으로 한다.
④ 홈 가공이 필요없다.

 정답 ②

엔드탭은 가능한 한 홈의 형상과 판 두께를 동일하게 해야 한다.

예제 2

용접 경비를 적게 하기 위해 고려할 사항으로 가장 거리가 먼 것은?

① 용접봉의 적절한 선정과 그 경제적 사용 방법
② 용접시 작업 능률의 향상
③ 고정구 사용에 의한 능률 향상
④ 용접 지그의 사용에 의한 전 자세 용접의 적용

 정답 ④

경비 절감 방법
합리적이고 경제적인 설계 및 대기 시간 최소화, 효과적인 재료 사용 계획 및 조립 정반 및 용접 지그의 활용으로 가능한 한 작업 능률이 좋은 아래 보기 자세로 용접, 가공 불량에 의한 용접의 손실 최소화와 실제 용접 작업의 효율 향상 등이 있다.

예제 3

용접 결함의 등급 분류 중 4급 결함에 속하지 않는 것은?

① 용집 부족   ② 융합 불량
③ 균열   ④ 기공

 정답 ④

예제 4

용접 결함은 어떤 성질에 가장 크게 영향이 미치는가?

① 피로 강도   ② 충격 강도
③ 인장 강도   ④ 전단 강도

 정답 ①

용접 결함은 피로 강도, 충격 강도, 인장 강도 순으로 영향이 미친다.

08 단원별 출제예상문제

SECTION

DIY쌤이 콕! 찝어주는 주요 예상문제 풀어보기!

01 피복 아크 용접봉으로 강판의 판 두께에 따라 맞대기 용접에 적용하는 개선 홈 형식 중 적합하지 않은 것은?

① I형 : 판 두께 6.0mm 정도까지 적용
② V형 : 판 두께 6.0~20mm 정도 적용
③ ✓형 : 판 두께 50mm까지 적용
④ X형 : 판 두께 10~40mm 정도 적용

> ✓형도 V형과 같이 적용하는 것이 일반적이다.

02 다음은 I형 홈에 대한 설명이다. 옳지 않은 것은?

① 용접 홈 가공이 쉽다.
② 루트 간격을 좁게 하면 용접 금속의 양도 적어져서 경제적인 면에서 우수하다.
③ 후판에서는 완전하게 이음부를 녹일 수 없다.
④ 수동 용접에서는 판 두께 3mm 이하의 경우에 사용된다.

> 맞대기 용접에서 용접 기호는 기선에 대하여 90°의 평행선을 그려 나타내며, 6mm 이하의 얇은 판에 많이 사용되는 홈이다.

03 X형 홈과 같이 양면 용접이 가능한 경우에 용착 금속의 양과 패스 수를 줄일 목적으로 사용되며 모재가 두꺼울수록 유리한 홈의 형상은?

① I형 홈   ② V형 홈
③ U형 홈   ④ H형 홈

04 맞대기 용접한 것을 그림과 같이 $P = 300N$의 하중으로 잡아당겼다면 인장응력은 몇 N/mm^2인가?

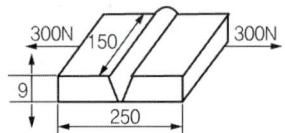

① 약 $5.1N/mm^2$ ② 약 $0.25N/mm^2$
③ 약 $0.22N/mm^2$ ④ 약 $3.2N/mm^2$

> 인장응력(σ) = $\dfrac{P}{A}$ = $\dfrac{300}{150 \times 9}$ = 0.22

05 다음 그림은 필릿 용접 이음의 홈의 각부 명칭을 나타낸 것이다. 필릿 용접의 목 두께에 해당하는 부분은?

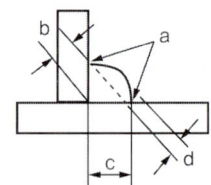

① a   ② b
③ c   ④ d

- **a** : 토우
- **c** : 각장(목 길이)
- **d** : 여성 높이

정답 01 ③ 02 ④ 03 ④ 04 ③ 05 ③

06 이음의 루트에서 필릿 용접 끝까지의 거리를 무엇이라 하는가?

① 각장 ② 베벨각
③ 용접변 끝 ④ 용접선

> • **각장** : 목 길이라고도 하며, 일반적으로 목 길이는 판 두께의 70%로 한다.
> • **이론 목 두께** : 필릿 용접부의 단면에서 용접부의 루트부터 표면까지의 최단 거리
>   - 목의 실제 두께
>   - 겹치기 이음
>   - 슬롯 용접
>   - 목의 이론 두께

07 필릿 용접에서 이론 목 두께 a와 용접 목 길이 z의 관계를 옳게 나타낸 것은?

① $a ≒ 0.3z$ ② $a ≒ 0.5z$
③ $a ≒ 0.7z$ ④ $a ≒ 0.9z$

> 목 두께는 목 길이(각장)의 약 70%로 하므로, $a × \cos 60°$ 이며, 비드 폭은 각장의 1.414배(각장 × $\cos 60°$)가 된다.

08 다음 중 필릿 용접의 3종류가 아닌 것은?

① 전면 필릿 용접 ② 측면 필릿 용접
③ 경사 필릿 용접 ④ 변두리 필릿 용접

> 용접부에 대한 하중의 방향에 따라 전면, 측면, 경사 필릿 용접으로 나눈다. 변두리 필릿 용접은 없다.

09 다음 그림은 어떤 필릿 용접에 해당하는가?

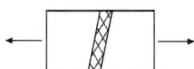

① 측면 필릿 용접 ② 경사 필릿 용접
③ 변두리 필릿 용접 ④ 전면 필릿 용접

10 필릿 용접의 인장강도 계산식으로 옳은 것은?

① 인장강도$(\sigma_t) = \dfrac{\text{용접부 최대 하중}(P)}{\text{목 두께의 단면적}(h\ell)}$

② 인장강도$(\sigma_t) = \dfrac{\text{목 두께의 단면적}(h\ell)}{\text{용접부 최대 하중}(P)}$

③ 인장강도$(\sigma_t) = \dfrac{\text{용접부 최소 하중}(P)}{\text{다리 길이 단면적}}$

④ 인장강도$(\sigma_t) = \dfrac{\text{다리 길이 크기}(h)}{\text{목 두께의 단면적}(h\ell)}$

11 용접봉의 소요량을 판단하거나 용접 작업 시간을 판단하는데 필요한 용접봉의 용착 효율을 구하는 식은?

① 용착 효율 $= \dfrac{\text{용착 금속의 중량}}{\text{용접봉 사용 중량}} × 100$

② 용착 효율 $= \dfrac{\text{용착 금속의 중량} × 2}{\text{용접봉 사용 중량}} × 100$

③ 용착 효율 $= \dfrac{\text{용접봉 사용 중량}}{\text{용착 금속의 중량}} × 100$

④ 용착 효율 $= \dfrac{\text{용접봉 사용 중량}}{\text{용착 금속의 중량} × 2} × 100$

> 피복 아크 용접봉은 피복제, 스패터, 슬래그, 홀더에 남은 잔봉 등으로 용착 효율은 50~60%이다.

12 맞대기 용접 이음에서 모재의 인장강도는 45kgf/mm², 용접시험편의 인장강도가 47kgf/mm²일 때 이음 효율은 약 몇 %인가?

① 104 ② 96
③ 60 ④ 69

> 이음 효율 $= \dfrac{\text{시험편 인장 강도}}{\text{모재 인장 강도}} × 100 = \dfrac{47}{45} × 100 = 104.4$

13 맞대기 양면 용접시의 기초 이음 효율은?

① 60% ② 70%
③ 80% ④ 90%

> • 한 면 받침쇠 사용 용접 : 80%
> • 받침쇠 없는 한면 용접 : 70%
> • 양면 전후 필릿 용접 : 70%

14 접합하는 두 부재의 한쪽에 구멍을 뚫고 판의 표면까지 가득하게 용접하여 다른 쪽 부재와 접합하는 용접은?

① 슬롯 용접 ② 덧붙이 용접
③ 필릿 용접 ④ 플러그 용접

> **겹 슬롯 용접**
> 겹쳐 놓은 두 부재의 한쪽에 좁고 긴 홈을 만들어 놓고 그 곳을 용접하는 이음

15 두께가 다른 판을 맞대기 용접할 때 응력 집중이 가장 적게 발생하는 것은?

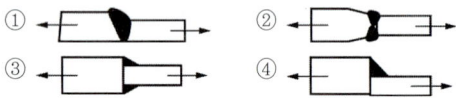

16 용접 설계 시 일반적인 주의 사항으로 가장 거리가 먼 것은?

① 용접에 적합한 구조로 한다.
② 용접하기 쉽도록 한다.
③ 결함이 생기기 쉬운 용접 방법은 피한다.
④ 용접 이음이 한 곳으로 집중되도록 한다.

> 용접하기에 적당한 이음 형식을 택하며, 용접선은 가능한 한 짧게, 용접하기 쉬운 자세(아래 보기)로 한다.
> • 필릿 용접은 강도가 약하므로 가능한 한 필릿 용접을 적게 하는 것이 좋다.
> • 용접 이음은 가능한 한 한 곳에 집중시키면 안 되며, 용접 강도 유지에 적합한 용착량만 되도록 한다.

17 기계나 구조물의 안전을 유지하는 정도로서 파괴(극한) 강도를 그 허용 응력으로 나눈 값을 무엇이라고 하는가?

① 허용 응력 ② 안전율
③ 용착 효율 ④ 이음 효율

> 안전율 = 인장강도/허용 응력

18 용착 금속의 인장강도 $40kgf/mm^2$에 안전율 8이라면 이음의 허용 응력은 몇 kgf/mm^2인가?

① 5   ② 10
③ 12 ④ 15

> • 안전율 = 인장강도/이음의 허용 응력, 이음의 허용 응력=인장강도/안전율 = 40/8=5
> • 안전율은 언제나 1보다 크다. 정하중 시 용접 이음의 연강의 안전율은 3으로 일반 강재의 경우 인장강도의 약 1/3값 정도로 한다.

19 다음 그림에서 루트 간격을 표시하는 것은?

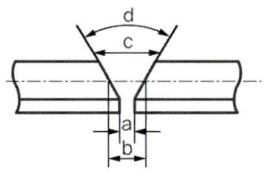

① a   ② b
③ c   ④ d

20 다음은 용접 종류별 용착 효율을 나타낸 것이다. 옳지 않은 것은?

① 피복 아크 용접봉 : 65%
② 플럭스 내장 와이어의 반자동 용접 : 75~85%
③ 가스 보호 반자동 용접 : 92%
④ 서브머지드 아크 용접, 일렉트로 슬래그 용접 : 90%

> 서브머지드 아크 용접, 일렉트로 슬래그 용접 등은 스패터 등이 거의 없어 용착 효율은 100%이다.

SECTION 09 용접 시공

1 용접 준비

가. 일반 준비

1) 용접 시공(Welding procedure)

용접 구조물 제작을 위한 모든 공정, 용접 설계나 사양서가 부적당하면 시공이 매우 곤란하고 양질의 구조물을 만들기 어렵다.

2) 용접 시공시 일반적인 주의 사항

(1) 모재의 재질 확인　　(2) 용접 기기의 선택
(3) 용접봉의 선택
(4) 용접공의 기량
(5) 용접 지그의 적절한 사용법
(6) 홈 가공과 청소
(7) 조립과 가용접

3) 용접 전 일반적인 준비 사항

(1) 도면을 잘 이해하고 작업 내용을 충분히 검토하고, 용접기와 필요한 설비를 확인한다.
(2) 사용 재료를 확인하고 재성질, 용접성, 용접 후처리 등을 파악한다.
(3) 용착 금속의 강도, 사용 목적 충족과 이음 홈의 선택을 결정한다.
(4) 이음부의 페인트, 녹, 기름 등의 불순물을 제거한다.
(5) 용접 조건, 용접 순서, 예열, 후열의 필요성을 결정한다.

나. 이음 준비

1) 홈 가공 및 설계

(1) 용입의 홈 각도를 적당하여 용착금 속량을 적게 한다.
　① 홈 각도가 작으면 시간 절약, 용접봉 소비량 감소, 모재 열영향이 감소된다.
　② 홈 각도 너무 적으면 용입 불량, 슬래그 섞임 등의 결함 발생 우려
(2) 용접 균열을 막기 위해서 루트 간격이 좁을수록 좋다.
(3) 루트 반지름의 r 값을 크게 하여 용입 및 아크 발생을 양호하게 한다.
(4) 루트 간격과 루트면을 만들어 용락을 방지하고 용입을 좋게 한다.
　① 서브머지드 아크 용접의 시공 조건 : 루트 간격 : 0.8mm 이하, 루트면 : 7~16mm
　② 피복 아크 용접 홈 각도 : 54~70°

2) 가접(tack weld) = 가용접

(1) 가접은 본용접을 실시하기 전에 홈 부분을 잠정적으로 고정하기 위한 짧은 용접이다.
(2) 가접부는 슬래그 섞임, 용입 불량, 균열, 기공 등의 결함이 발생하기 쉬우므로, 이음의 시점과 종점, 모서리, 강도상 중요한 부분엔 피한다. 다만, 필요한 경우는 본 용접 전에 갈아내는 것이 좋다.
(3) 가접에서는 본용접보다 지름이 가는 용접봉을 사용하는 것이 좋다.

3) 용접 지그

(1) **용접 지그** : 용접 구조물을 정확한 치수로 마무리하기 위하여 항상 아래보기 자세로 용접, 조립, 가접 및 본용접을 할 수 있도록 고정하거나 구속하는데 사용되는 도구
(2) 지그의 사용 목적
　① 용접 작업이 쉽고 작업 능률을 높일 수 있으며, 동일 제품을 다량 생산할 수 있다.
　② 제품의 정밀도와 용접부의 신뢰성을 높인다.
　③ 용접 변형을 억제하고 적당한 역변형을 주어 정밀도를 높인다.

(3) 지그의 구비 조건
① 변형을 막을 수 있으며, 구속력이 너무 크지 않을 것
② 제작비가 저렴하며, 구조가 간단하고 효과적인 결과를 가져올 것
③ 한 번 부품을 고정시키면 차후 수정 없이 정확하게 고정될 수 있을 것
④ 부품 간의 거리 측정이 필요 없으며, 부품의 고정과 이완이 신속히 이루어질 것
⑤ 모든 용접 부위가 아래 보기 자세로 용접이 가능하도록 회전할 수 있을 것

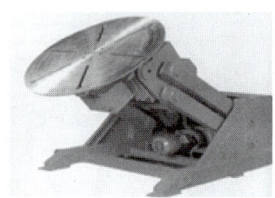

그림 9.1 포지셔너

(4) **지그의 종류** : 포지셔너(위치 결정용 지그), 회전 롤러 및 회전 테이블, 메인 플레이트, 고정구(정반 등) 등이 있다.

4) 맞대기 피복 아크 용접 보수 방법

루트 간격	보수 방법	도면
6mm 이하	한쪽 또는 양쪽을 덧살 올림 용접하여 깎아내고 규정 간격으로 수정 후 용접한다.	
6~16mm	6mm 정도의 뒷판을 대서 용접	
16mm 이상	판의 전부 또는 일부 (약 300mm)를 대체	

5) 필릿 이음 보수 방법

루트 간격	보수 방법	도면
1.5mm 이하	규정 각장으로 용접	
1.5~4.5mm	규정대로 용접하거나 넓혀진 만큼 각장을 증가시킨다.	
4.5mm 이상	라이너를 넣던지, 부족한 판을 300mm 이상 잘라내고 대체	

예제 1

피복 아크 용접에서 용접 작업 준비에 해당되지 않는 사항은?

① 용접 속도 ② 용접 전류 조정
③ 모재의 청소 ④ 환기 장치

 정답 ①

용접 속도는 용접 준비 사항이 아니고 용접 조건에 해당되며, 용접 중의 준비 사항에 속한다.

예제 2

다음은 가접(tack welding)에 대한 사항이다. 옳지 않은 것은?

① 가접은 본 용접을 실시하기 전에 좌우의 홈 부분을 잠정적으로 고정하기 위한 짧은 용접이다.
② 본 용접을 실시할 홈 안에 가접을 하는 것은 바람직하지 못하다.
③ 가접은 쉬운 용접이므로 기초공에 의하여 실시하여 용접 기량을 향상시킨다.
④ 가접에는 본 용접보다는 지름이 약간 가는 용접봉을 사용한다.

  정답 ③

가접은 중요한 용접이므로 기량이 낮은 용접사가 가접하면 용접 시공에 어려움이 많을 수 있다.

예제 3
지그의 사용 목적이 아닌 것은?
① 용접 작업을 쉽게 한다.
② 제품의 신뢰성과 정밀도를 높인다.
③ 용접 작업이 어려운 제품을 용접할 때 사용한다.
④ 대량생산할 때 사용한다.

 정답 ③

작업이 너무 복잡한 제품에 지그를 사용하면 오히려 작업 능률을 떨어뜨릴 수 있다.

예제 4
다음 중 용접 조립을 잘 하기 위해 잡아매는 공구는?
① C 클램프
② 회전 지그
③ 역변형용 지그
④ 용접 지그

 정답 ④

예제 5
비드 시점과 종점에 붙인 보조판을 무엇이라 하는가?
① 용접 금속
② 엔드탭(end tap)
③ 용적(녹은 쇳물 방울)
④ 용접부(weld zone)

 정답 ②

2 용접 작업(본 용접)

가. 용접 순서와 용착법

1) 용접 우선 순위
(1) 동일 평면 내에 많은 이음 부분이 있을 때는 수축이 되도록 자유단에 여유를 둔다.
(2) 물품의 중심에 대하여 항상 대칭적으로 용접을 진행한다.
(3) 수축이 큰 맞대기 이음을 가급적 먼저 용접하고 수축이 적은 이음은 후에 용접한다.
(4) 용접물의 중립축에 대한 용접 수축력의 모멘트의 합이 0이 되게 한다.
(5) 좌우는 가능한 한 동시에, 대칭으로 용접한다.(용접선의 횡 수축이 종 수축보다 크다)

2) 용착법

(1) 비드 놓는 순서에 의한 용착법

용착법	특 징	용착 순서
전진법	• 한쪽 끝에서 다른 끝으로 연속 진행하는 용접 • 변형이 크게 문제되지 않을 때 사용	→
후진법 (후퇴법)	• 용접 진행 방향과 용착 방향이 서로 반대 • 잔류응력은 다소 적으나 작업 능률이 떨어짐	5 4 3 2 1
대칭법	• 이음의 중앙에서 대칭으로 용접하는 방법 • 변형 및 잔류응력이 대칭으로 발생 • 이음 끝 부분의 수축 및 잔류응력 감소	4 2 1 3
비석법 (스킵법)	• 이음 전 길이를 뛰어 넘어서 용접하는 방법 • 얇은 판이나 용접 후 비틀림을 방지할 때 • 비드 시점과 종점에 결함이 많이 발생 • 잔류응력이 가장 적다.	1 5 2 6 3 7 4
교호법 (스킵 블럭법)	• 모재의 가열되지 않는 부분을 골라 좌우 교대로 용접하는 방법	2 5 7 3 6 4 1

(2) 다층 용착법의 종류

용착법	특징	용착 방식
빌드업법 (덧살 올림법)	• 각 층마다 전체 길이를 용접하며 쌓는 방법 • 한랭 시나 구속이 클 때, 판 두께가 두꺼울 때 첫 층에 균열 발생에 주의, 열영향을 많이 받으면 슬래그 혼입 발생	
캐스 케이드법	• 한. 부분의 몇 층을 용접하다가 이것을 다음 부분의 층으로 연속시켜 전체가 단계를 이루도록 용착시키는 방법 • 변형과 잔류응력을 제거하는데 이용	

용착법	특징	용착 방식
전진 블록법	• 일정한 길이의 비드를 층으로 덧댐하는 방법 • 첫 층에 균열이 발생하기 쉬운 곳에 이용	

나. 용접부의 열의 확산과 예열

1) 이음 종류별 열의 확산

(1) (a)는 열의 확산이 한 방향이며, 냉각 속도는 비교적 느리며, (b)는 평판 위에서는 확산이 두 방향이라서 (a)보다 냉각 속도가 빠르다.

(2) (c)는 모서리 이음의 경우 열의 확산이 두 방향이고 (b)와 같은 냉각 속도이며, (d)와 같이 후판일 경우 여러 방향으로 열이 확산되어 냉각 속도가 매우 빨라진다.

(3) (e)는 T형 필릿 이음의 경우 열이 세 방향으로 확산되어 맞대기 이음보다 냉각 속도가 빠르다. 냉각 속도는 얇은 판보다 두꺼운 판 맞대기 이음보다 T형 이음이 크다.

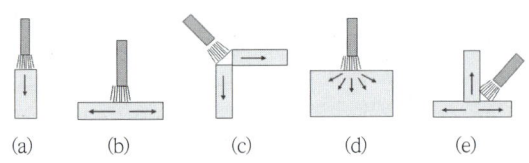

그림 9.2 이음 종류별 열의 확산 방향

2) 예열(pre-heating)

(1) **예열의 목적** : 용접 작업성 개선, 용접 금속 및 열 영향부 균열 방지, 수축 변형 감소, 용접 금속 및 열 영향부 연성 또는 노치 인성의 개선

(2) **연강(25mm 이상)** : 0℃ 이하에서 용접하면 저온 취성 및 균열을 일으키기 쉬우므로 용접이음 양쪽 약 100mm 폭을 40~100℃로 가열한다.

(3) **주철 및 고급 내열 합금**
① 500~550℃로 예열 후 용접하며, 두께 차에 따라 냉각 속도가 균일하도록 조절한다.
② 합금 원소가 많고 탄소 당량이 높은 것, 두꺼운 합금강은 예열한다.

③ 저수소계 용접봉을 사용하면 예열 온도를 낮출 수 있다.

④ 알루미늄 합금 및 구리 합금의 예열 : 200~400℃로 예열

(5) **탄소 당량(Ceg ; carbon equivalent)** : 강재에 들어 있는 각종 원소의 함유량을 탄소의 양으로 환산한 수치

$$Ceg. = C + 1/6Mn + 1/24Si + 1/40Ni + 1/5Cr + 1/4Mo + 1/14V(\%)$$

예제 1

다음 중 용접의 일반적인 순서를 나타낸 것으로 옳은 것은?

① 재료 준비 → 절단 가공 → 가접 → 본 용접 → 검사
② 절단 가공 → 본 용접 → 가접 → 재료 준비 → 검사
③ 가접 → 재료 준비 → 본 용접 → 절단 가공 → 검사
④ 재료 준비 → 가접 → 본 용접 → 절단 가공 → 검사

정답 ①

예제 2

다음 그림과 같은 용접 순서의 용착법을 무엇이라고 하는가?

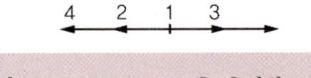

① 전진법   ② 후진법
③ 대칭법   ④ 비석법

정답 ③

예제 3

용접 비드층을 쌓아 올리는 다층 살 올림법으로 변형이나 잔류응력을 고려하지 않고 보통 사용하는 것은?

① 빌드업법(build-up sequence)
② 케스 케이드법
③ 전진 블럭법
④ 스킵법

정답 ①

- 빌드업법 : 덧살 올림법으로 다층 쌓기법 중에서 가장 많이 사용되는 방법
- 케스 케이드법 : 한 부분의 몇 층을 용접하다가 이것을 다른 부분의 층으로 연속시켜 전체가 계단 형태의 단계를 이루도록 용착시켜 나가는 방법

예제 4

용접 시 예열을 하는 목적으로 가장 거리가 먼 것은?

① 균열의 방지   ② 기계적 성질의 향상
③ 변형, 잔류응력의 감소   ④ 화학적 성질 향상

 정답 ④

연강 용접 시 기온이 0℃ 이하로 떨어졌을 때 용접 이음의 양쪽 약 100mm의 너비를 약 40~70℃로 가예열하는 것이 좋다.

예제 5

다음 그림 중에서 용접 열량의 냉각 속도가 가장 큰 것은?

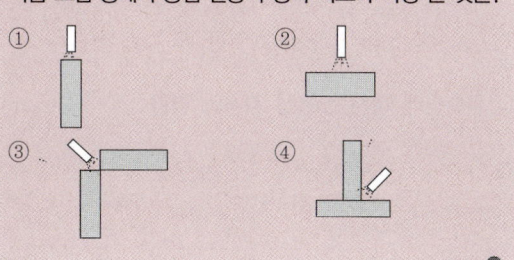

정답 ④

동일 재질과 동일 두께의 모재를 용접할 때 이음 모양에 따라 열의 확산이 다르므로 냉각 속도도 달라진다. 따라서 확산 방향이 가장 많은 T형이 가장 냉각 속도가 가장 빠르다.

3 용접 후처리

가. 응력 제거

1) 잔류응력 경감법

(1) 용착 금속량을 적게 하면 수축에 따른 변형량이 적어지며, 잔류응력의 크기도 적어진다.
(2) 용착 금속량을 줄이기 위해서는 용접 홈의 각도를 최대한 작게 만들고 루트 간격을 좁혀 용접부에서 발생되는 내부 구속을 경감시킨다.

2) 응력 제거의 종류

(1) 로 내 풀림법(furnace stress relief)
  ① 제품 전체를 로 내에 넣고 알맞은 온도에서 일정 시간 유지한 다음 로 내에서 서랭시키는 방법, 연강은 제품을 로 내에 출입시키는 온도는 300℃를 넘어서는 안 된다.
  ② 구조용 압연재, 탄소강 : 625±25℃에서 1시간 풀림 후 10℃ 내려가는데 20분 정도 되게 냉각한다.

(2) 국부 풀림법(local stress relief)
  ① 제품이 커서 로 내에 넣을 수 없는 대형 구조물에 적용
  ② 용접선의 좌우 양측 약 250mm의 범위 또는 판 두께의 12배 이상의 범위를 가열하여 일정한 온도와 시간을 유지한 다음 서랭한다.

(3) **기계적 응력 완화법** : 기계적인 하중을 가해 소성 변형으로 응력을 완화하는 방법

(4) **피닝(peening) 법** : 용접 직후 용착 금속이 냉각되기 전에 끝이 구면인 치핑 해머로 용접 표면을 연속 타격하는 방법, 잔류응력 완화, 변형 교정 및 용착 금속의 균열을 방지하는데 효과가 있다.

(5) **저온 응력 완화법** : 용접부 양측을 가스 불꽃으로 좌우 150mm의 범위를 150~200℃ 정도로 가열한 다음 수랭한다.

3) 응력 제거 풀림 효과

용접 잔류응력이 제거되며, 치수 안정화가 실현되고, 용접 열 영향부가 뜨임화 되어 연성을 갖는다. 응력

부식에 대한 저항력, 크리프 강도 및 충격 저항성이 증가하며, 용착 금속 중의 수소 가스가 제거되어 연성이 증가한다.

나. 변형의 방지와 교정, 경감

1) 변형의 종류

변형의 종류	비 고
횡 수축	용접선과 직각 방향으로의 변형
종 수축	용접선과 같은 방향으로의 변형
회전 변형	맞대기 용접에서 진행 방향에 따라 홈 간격이 벌어지거나 좁혀지는 변형
횡 굴곡 (각 변형)	용접 시의 온도 분포가 후판의 경우 판 두께 방향으로 불균일하기 때문에 모재가 용접부를 중심으로 꺾여 굽혀지는 변형으로 가로 굽힘 변형이라고도 함
종 굴곡	용접선과 같은 방향으로 완만한 곡선을 이루는 변형
좌굴 변형	박판 용접 시 용접선에 대한 압축 열 응력으로 인하여 일어나는 비틀림 변형

2) 회전 변형

맞대기 용접에서 홈 간격이 벌어지거나 좁혀지는 변형으로 용접 속도가 빠르고 용접 전류가 높을 경우에 일어난다. 서브머지드 아크 용접은 홈 간격이 벌어지고, 수동 용접은 홈 간격이 좁혀진다. 변형 방지 대책은 일정한 거리마다 가접을 하고 용접 속도를 크게 하며, 후퇴법이나 비석법으로 용접한다.

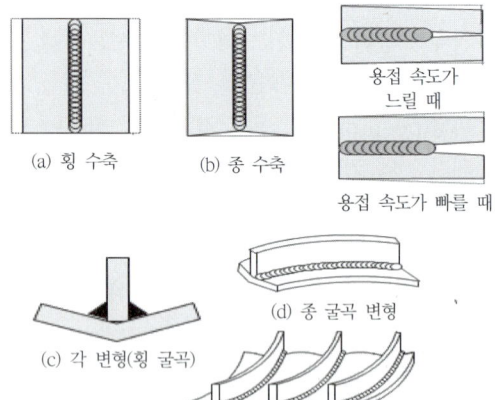

그림 9.3 용접 변형의 종류

3) 각 변형(가로 굽힘 변형)

(1) 두꺼운 판 용접 시 용착 금속의 표면과 뒷면이 비대칭이므로 온도 분포도 비대칭이 되어 판의 횡 수축이 표면과 이면이 다르게 되어 발생한다.
(2) 용접봉의 직경이 큰 것을 사용하면 층수가 적어 각 변형이 적다.
(3) X형 용접의 경우 1~2층에서는 각 변화가 거의 없으나 3층째부터 급격하게 각 변형이 일어나므로 홈의 형상을 상하 대칭보다는 6 : 4~7 : 3 정도로 하는 것이 각 변형을 줄일 수 있다.
(4) **대책** : 용접 전 역변형을 주고 패스의 수를 적게, 양쪽 용접을 동시에 번갈아가면서 하고, 대칭 용접을 한다.

4) 교정법의 종류

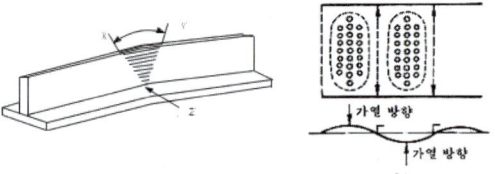

(a) 형재의 직선 수축법   (b) 점 수축법

그림 9.4 변형 교정법의 예

(1) **형재(형강)에 대한 직선 수축법** : 판 두께 방향으로 수축량이 다른 것을 이용하여 교정하는 방법
(2) **박판에 대한 점 수축법** : 가열 온도 500~600℃, 가열 시간 약 30초, 가열 지름 20~30mm, 피치 50~70mm 정도로 가열한 후 수랭한다.

5) 수축량에 미치는 용접 시공의 영향

시공 조건	영향	시공 조건	영향
루트 간격	루트 간격이 클수록 수축이 크다.	구속도	구속도가 크면 수축이 작다.
피복제 종류	영향 없음	운봉법	운봉을 하면 수축이 작다.
봉 지름	봉 지름이 클수록 수축이 작다.	피닝	피닝을 하면 수축이 감소된다.
홈 형상	V형 이음은 X형 이음보다 수축이 크다.	뒷면파기 (가우징)	수축은 변화 없고 재용접을 하면 뒷면 파기 이전과 거의 같은 경향으로 증가한다.

다. 결함의 보수

(1) **기공, 슬래그 섞임** : 연삭하여 재용접한다.
(2) **언더컷** : 가는 용접봉으로 언더컷 부분을 재용접한다.
(3) **오버랩** : 깎아내고 재용접한다.
(4) **균열** : 양단에 드릴 구멍(스톱 홀)을 뚫고 균열 부분을 연삭한 후 용접한다.

예제 1

용접부의 잔류응력 제거법에 해당되지 않는 것은?
① 응력 제거 풀림
② 기계적 응력 완화법
③ 고온 응력 완화법
④ 국부 가열 풀림법

 　　　　　　　　　　　　　　　　정답 ③

용접부 잔류응력 제거법
①, ②, ④ 외에 저온 응력 완화법, 피닝법, 로내 풀림법 등이 있다.

예제 2

용접에서 변형이 생기는 가장 큰 이유는?
① 용착 금속의 팽창과 구속
② 용착 금속의 경화
③ 용접 이음부의 높은 열량
④ 용착 금속의 용착 불량

 　　　　　　　　　　　　　　　　정답 ①

예제 3

수축과 팽창에 의한 변형은 무슨 결함에 해당되는가?
① 치수상의 결함
② 구조상의 결함
③ 성질상의 결함
④ 형태상의 결함

 　　　　　　　　　　　　　　　　정답 ①

수축과 팽창의 변형으로 치수상 결함인 각도, 치수 정도 등이 달라지게 된다.

예제 4

용접에서 변형이 생기는 가장 큰 이유는?
① 용착 금속의 팽창과 구속
② 용착 금속의 경화
③ 용접 이음부의 높은 열량
④ 용착 금속의 용착 불량

 　　　　　　　　　　　　　　　　정답 ②

예제 5

용접 결함의 보수 방법 중 옳지 않은 것은?
① 언더컷일 경우 가는 용접봉을 사용하여 재용접한다.
② 결함이 균열일 경우 가는 용접봉을 사용하여 재용접한다.
③ 결함이 오버랩일 경우 일부분을 깎아내고 재용접한다.
④ 결함이 균열일 경우 일부분을 깎아내고 재용접한다.

 　　　　　　　　　　　　　　　　정답 ②

균열의 경우 균열 양단에 드릴로 구멍을 뚫고 균열 부분을 깎아내어 규정의 홈으로 다듬질하여 재용접한다.

09 단원별 출제예상문제

SECTION

DIY쌤이 콕! 찝어주는 **주요 예상문제** 풀어보기!

01 다음은 용접에 대한 일반적인 준비 사항이다. 옳지 않은 것은?

① 모재 재질의 확인 ② 용접기의 선택
③ 용접봉의 선택 ④ 용접 비드 검사

> 용접 준비 사항에는 일반 준비 사항과 이음 준비 사항으로 구분할 수 있다. 일반 준비사항에는 '①, ②, ③' 외에 지그의 결정, 용접공 선임 등이 있으며, 용접 비드 검사는 용접 중의 검사이다.

02 용접 전 꼭 확인해야 할 사항으로 옳지 않은 것은?

① 예열, 후열의 필요성을 검토한다.
② 용접 전류, 용접 순서, 용접 조건을 미리 선정한다.
③ 양호한 용접성을 얻기 위해서 용접부에 물을 분무한다.
④ 이음부에 페인트, 기름, 녹 등의 불순물이 없는지 확인 후 제거한다.

03 다음은 이음 준비 사항으로서 홈 가공에 대한 설명이다. 옳지 않은 것은?

① 피복 아크 용접에서 홈 각도는 70~90°가 적당하다.
② 용접 균열은 루트 간격이 좁을수록 적게 발생된다.
③ 대전류를 사용하는 서브머지드 아크 용접에서 루트 간격은 0.8mm 이하, 루트면은 7~16mm로 하는 것이 좋다.
④ 홈 가공은 가스 절단법에 의하나 정밀한 것은 기계 가공에 의하기도 한다.

> 피복 아크 용접의 홈 각도는 보통 54~70° 정도가 적합하다.

04 피복 아크 용접 시 가접할 때의 주의 사항으로 옳지 않은 것은?

① 강도상 중요한 부분에는 가접을 피한다.
② 지름이 가는 것을 사용한다.
③ 용접의 시점과 종점이 되는 끝부분은 가접을 피한다.
④ 용접부가 교차되는 지점이나 본 용접을 실시할 홈 안에 가접을 한다.

> 가접부는 기공, 슬래그 섞임, 용입 불량 등의 결함이 발생하기 쉬우므로 교차 지점이나 본 용접부에 가접은 피해야 된다.

05 저온 균열이 일어나기 쉬운 재료에 용접 전에 균열을 방지할 목적으로 온도를 올리는 것을 무엇이라고 하는가?

① 도열 ② 예열
③ 후열 ④ 유도 가열

06 용접 순서를 결정하는 사항으로 옳지 않은 것은?

① 같은 평면 안에 많은 이음이 있을 때에는 수축은 되도록 자유단으로 보낸다.
② 물품의 중심에 대하여 항상 대칭으로 용접을 진행시킨다.
③ 수축이 작은 이음을 먼저 용접하고 큰 이음을 뒤에 용접한다.
④ 용접물의 중립축에 대하여 용접으로 인한 수축력 모멘트의 합이 0이 되도록 한다.

> 용접 순서 중 맞대기 용접 등 수축이 큰 이음을 먼저 하고, 수축이 작은 이음은 나중에 한다.

정답 01 ④ 02 ③ 03 ① 04 ④ 05 ② 06 ③

07 용착법에 대한 설명으로 옳지 않은 것은?

① 한 부분에 대해 몇 층을 용접하다가 다음 부분의 층으로 연속시켜 용접하는 것이 스킵법이다.
② 잔류응력이 다소 적게 발생하고 용접 진행 방향과 용착 방향이 서로 반대가 되는 방법이 후진법이다.
③ 각 층마다 전체의 길이를 용접하면서 다층 용접을 하는 방식이 덧살 올림법이다.
④ 한 개의 용접봉을 살을 붙일만한 길이로 구분해서 홈을 한 부분씩 여러 층으로 쌓아 올린 다음 다른 부분으로 진행하는 용접 방법이 전진 블록법이다.

①은 캐스 케이드법의 설명이다.

08 한 개의 용접봉을 살을 붙일만한 길이로 구분해서 홈을 한 부분씩 여러 층으로 쌓아올린 다음 다른 부분으로 진행하는 용착법은?

① 스킵법
② 빌드업법
③ 전진 블럭법
④ 캐스 케이드법

09 용접 이음이 짧다던지 변형 및 잔류응력이 별로 문제가 되지 않을 때에 사용하기 좋은 용착법은?

① 후퇴법
② 전진법
③ 덧살 올림법
④ 비석법

10 아래 그림과 같이 용접 길이를 짧게 나누어 간격을 두면서 용접하는 방법은?

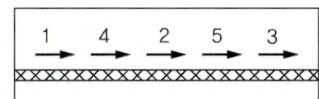

① 전진법
② 후진법
③ 대칭법
④ 스킵법(비석법)

비석법
스킵법이라고도 하며 다른 방법에 비해 잔류응력의 발생이나 변형, 뒤틀림이 적은 용착법이다.

11 용접 변형을 감소시키기 위한 용착법 중 가장 변형이 많은 용착법은?

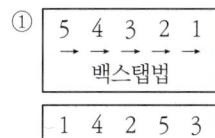 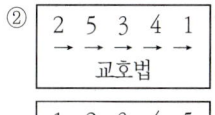

12 다음은 용접 시 냉각 속도(cooling rate)에 대한 사항이다. 옳지 않은 것은?

① 냉각 속도는 같은 열량을 주었다 하더라도 열이 확산하는 방향이 많을수록 냉각 속도는 커진다.
② 얇은 판보다 두꺼운 판이 냉각 속도가 크다.
③ T형 이음보다는 맞대기 이음이 냉각 속도가 크다.
④ 냉각 속도를 완만하게 하고 또 급랭을 방지하는 방법으로 예열 및 큰 열량으로 용접한다.

T형 이음이 맞대기 이음보다 냉각 속도가 크다.

13 다음 중 용접부의 부식 원인으로 옳은 것은?

① 용접에 의해 탄소량이 많아지므로
② 모재의 열 영향으로 응력이 집중했을 때
③ 열을 가했으므로
④ 용착 금속의 작용으로

14 잔류응력을 경감시키기 위한 다음 설명 중 옳지 않은 것은?

① 적당한 용착법과 용접 순서를 선정할 것
② 용착 금속의 양(量)을 될 수 있는 대로 증가시킬 것
③ 적당한 포지셔너(Positioner)를 이용할 것
④ 예열을 이용할 것

15 제품 전체를 가열로 안에 넣고 적당한 온도에서 일정 시간 유지한 다음 로 내에서 서랭하는 응력 제거 방법은?

① 국부 풀림법   ② 피닝법
③ 저온 응력 완화법   ④ 로 내 풀림법

16 용접 구조용 압연 강재(SWB) 로내 및 국부 풀림의 유지 온도와 시간은?

① 625±25℃, 판 두께 25mm에 대해 1h
② 725±25℃, 판 두께 25mm에 대해 1h
③ 625±25℃, 판 두께 25mm에 대해 2h
④ 725±25℃, 판 두께 25mm에 대해 2h

> 풀림 시 냉각 속도는 600℃에서 10℃씩 온도가 내려가는데 대해서 20분씩 길게 잡으면 된다.

17 국부 풀림법의 용접선 좌우 양측의 범위는?

① 약 100mm   ② 약 150mm
③ 약 200mm   ④ 약 250mm

> 저온 응력 완화법은 용접선 좌우 양측 약 150mm를 150~200℃로, 국부 풀림법은 용접선 좌우 양측 약 250mm 를 가열한다.

18 응력 제거 어닐링 효과가 될 수 없는 것은?

① 용접 잔류응력의 제거
② 치수 틀림의 방지
③ 응력 부식에 대한 저항력 증대
④ 예열이 용이

> 예열이 용이한 것과 annealing(풀림)의 효과는 무관하다.

19 용접부를 끝이 구면인 해머로 가볍게 때려 용착 금속부의 표면에 소성 변형을 주어 인장응력을 완화시키는 잔류응력 제거법은?

① 피닝법   ② 로 내 풀림법
③ 저온 응력 완화법   ④ 기계적 응력 완화법

> **피닝법(peening method)**
> 재료에 소성 변형을 주어 내부 응력을 완화하는 방법으로, 200℃ 이상에서 실시해야 효과가 있다.

20 그림과 같은 변형을 무슨 변형이라고 하는가?(필릿 용접에서)

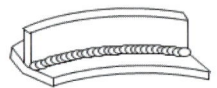

① 세로 수축   ② 회전 수축
③ 종굴곡 변형   ④ 좌굴 변형

21 용접 변형 방지법 중 용접 전 방지 대책을 강구하는 방법은?

① 스킵법   ② 후퇴법
③ 억제법   ④ 대칭법

> '①, ②, ④'는 용접 중의 대책이며, 억제법, 역변형법 등은 용접 전의 변형 방지 대책이다.

22 그림과 같은 맞대기 용접 판의 비드 수축은 무슨 수축인가?

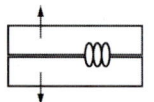

① 축 방향 수축   ② 세로 방향 수축
③ 가열부 수축   ④ 가로 방향 수축

> 가로 방향 수축을 횡 수축이라고도 하며, 용접선에 대하여 직각 방향의 수축을 말한다.

정답 15 ④ 16 ① 17 ④ 18 ④ 19 ① 20 ③ 21 ③ 22 ④

23 아래 그림에서 탄소강을 아크 용접한 메크로 조직 용접부 중 열 영향부를 나타낸 곳은?

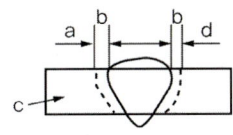

① a
② b
③ c
④ d

24 다음은 변형의 경감에 대하여 설명한 것이다. 모재에 대한 열전도를 막음으로써 변형을 경감하는 방법은?

① 도열법
② 역변형법
③ 후퇴법
④ 억제법

25 용접 변형의 교정 방법이 아닌 것은?

① 박판에 대한 점 수축법
② 형재에 대한 직선 수축법
③ 가열 후 해머링하는 방법
④ 정지 구멍을 뚫고 교정하는 방법

> 용접 변형 교정법은 '①, ②, ③' 외에 롤러에 거는 법 등이 있으며, '④'는 주철 등의 보수 용접 방법의 하나이다.

26 변형 교정법 중 얇은 판에 대한 점 수축법의 시공 조건에 적합하지 않은 것은?

① 가열 온도 : 100~200℃
② 가열 시간 : 30초
③ 가열 점의 지름 : 20~30mm
④ 가열 점의 중심 거리 : 판 두께 2.3mm인 경우 60~80mm

> 점 수축법의 가열 온도와 가열 시간은 500~600℃에서 30초 정도로 한다.

27 용접 변형과 잔류응력을 경감시키는 방법으로 틀린 것은?

① 용접 전 변형 방지책으로는 역변형법을 쓴다.
② 용접 시공에 의한 경감법으로는 대칭법, 후진법, 스킵법 등이 쓰인다.
③ 모재의 열전도를 억제하여 변형을 방지하는 방법으로는 도열법을 쓴다.
④ 용접금속부의 변형과 응력을 제거하는 방법으로는 담금질을 한다.

> 담금질은 일정 온도로 가열 후 급랭에 의해 경도를 증가시키는 일반 열처리법의 일종이다.

28 필릿 용접에서 루트 간격이 4.5mm 이상일 때 보수 요령은?

① 그대로 규정대로의 각장으로 용접한다.
② 그대로 용접하여도 좋으나 넓혀진 만큼 각장을 증가시킬 필요가 있다.
③ 각장을 3배수로 증가시켜 용접한다.
④ 라이너를 넣던지 부족한 판을 300mm 이상 잘라내서 대체한다.

> 루트 간격이 1.5~4.5mm일 때는 그대로 용접해도 좋으나 넓혀진 만큼 각장을 증가시킬 필요가 있다.

29 다음은 보수 용접에 대한 설명이다. 옳지 않은 것은?

① 마멸된 기계 부품은 덧살올림 용접을 하여 재생, 수리하는 것이다.
② 차축 등이 마멸되면 탄소강 계통의 용접봉을 사용하여 내마멸 용접으로 보수한다.
③ 용접 시 충분한 예열이나 열처리를 실시할 필요가 있다.
④ 서브머지드 아크 용접에서는 덧살올림 용접을 하여 보수하지 못한다.

30 맞대기 용접에서 홈 간격이 벌어지거나 좁아지는 변형을 무엇이라 하는가?

① 각 변형
② 회전 변형
③ 종 수축
④ 횡 수축

SECTION 10 용접 검사와 시험

1 작업 검사와 완성 검사

가. 작업 검사

1) 용접 전 검사

(1) **용접 설비** : 용접기기, 부속기구, 보호기구, 지그 및 고정구 적합성 검사
(2) **용접봉** : 형상과 치수, 용착 금속 성분, 이음부 성질, 작업성과 균열, 건조 상태 등 검사
(3) **모재** : 화학 성분, 기계적·물리적·화학적 성질 및 결함 유무와 표면 상태 등 검사
(4) **용접 준비** : 홈 각도, 루트 간격, 이음부 표면 상태, 가접 상태 등 검사
(5) **용접 시공법** : 홈 모양, 용접 조건, 예열과 후열처리 적합 여부 등 검사

2) 용접 중 검사

(1) 비드 형상, 융합 상태, 용입 부족, 슬래그 섞임, 균열, 크레이터 처리, 변형 상태 등 검사
(2) 용접 전류, 용접 순서, 용접 속도, 운봉법, 용접 자세 등 확인
(3) 예열이 필요한 재료는 예열 온도와 층간 온도 등 검사

3) 용접 후 검사

후열 처리, 변형 교정, 가열과 냉각 속도, 작업 조건 확인, 균열, 변형 치수 등을 검사

나. 완성 검사

용접 후에 제품이 요구대로 완성되었는지를 검사한다. 용접부의 결함 여부, 용접부 성능, 용접 구조물 전체의 결함 유무를 검사한다. 검사법으로는 파괴검사와 비파괴 검사가 있다.

다. 용접 결함과 검사법의 종류

용접 결함	결함 종류	대표적인 시험과 검사
치수상 결함	변형, 치수 불량, 형상 불량	게이지를 사용하여 외관 육안 검사
구조상 결함	기공	RT, MT, 와류 검사(ET), UT, 파단 검사, 현미경 검사, 마이크로 조직 검사
	슬래그 섞임	RT, MT, 와류 검사(ET), 초음파 검사, 파단 검사, 현미경 검사, 마이크로 조직 검사
	융합 불량	RT, MT, 와류 검사(ET), 초음파 검사(UT), 파단 검사, 현미경 검사, 마이크로 조직 검사
	용입 불량	외관, 육안 검사, 방사선 검사(RT), 굽힘 시험
	언더컷	외관, 육안 검사, 방사선 검사(RT), 초음파 검사(UT), 현미경 검사
	용접 균열 표면 결함	마이크로 조직 검사, 자기 검사(MT), 침투 검사(PT), 형광 검사, 굽힘 검사, 외관 검사
성질상 결함	기계적 성질 부족 화학적 성질 부족 물리적 성질 부족	기계적 시험 화학 분석 시험 물성 시험, 전자기 특성 시험

예제 1

용접 전의 작업 검사로서 해야 할 사항이 아닌 것은?

① 용접 기기, 보호 기구, 지그, 부속 기구 등의 적합성을 조사한다.
② 용접봉은 겉모양과 치수, 용착 금속의 성분과 성질 등을 조사한다.
③ 홈의 각도, 루트 간격, 이음부의 표면 상태 등을 조사한다.
④ 후열 처리, 변형 교정 작업, 치수의 잘못 등에 대해 검사한다.

 정답 ④

④항은 용접 후의 작업 사항에 해당된다.

> **예제 2**
> 용접 후에 제품이 요구대로 완성되었는지를 검사한다. 용접부의 결함 여부, 용접부 성능, 용접 구조물 전체의 결함 유무를 검사하는 시험을 무엇이라 하는가?
> ① 작업 전 검사　　② 완성 검사
> ③ 작업 후 검사　　④ 작업 검사
>
> 정답 ②

2 용접 재료 시험법

가. 파괴(기계적) 시험

(1) **인장 시험** : 여러 가지 모양의 고른 단면을 가진 시험편을 인장 파단시켜 항복점, 인장강도, 연신율, 단면 수축률 등을 측정하는 방법

$$인장강도(\sigma) = \frac{인장\ 최대\ 하중(P)}{시험편의\ 최초\ 단면적(A)}$$

(2) **굽힘 시험** : 굽힘 시험편을 자유 굽힘이나 형 굽힘에 의하여 용접부를 구부려 모재 및 용접부 표면에 나타나는 균열의 유무, 연성 등을 조사하는 시험

(3) **충격 시험** : 금속의 인성을 알기 위한 방법, V형, U형 등의 노치(notch)를 만든 시험편에 충격 하중을 주어서 파단시키는 시험법. 샤르피식, 아이조드식이 있다.

(4) **피로 시험** : 재료에 규정된 반복 횟수만큼 반복 하중을 가하여 피로한도를 구하는 시험법. 피로파괴는 안전한 하중 상태에서도 작은 힘이 계속적으로 반복하여 작용하면 파괴를 일으키는 것

(5) **경도 시험**
① **브리넬 경도 시험** : 일정한 지름의 강구를 일정한 하중으로 시험편 표면에 압입한 후 이때 생긴 오목 자국의 표면적을 하중으로 나눈 값으로 측정
② **로크웰 경도 시험** : 강구압자(B스케일)나 꼭지각이 120°인 원뿔형(C스케일)의 다이아몬드 압입자를 사용하여 하중을 가한 다음 제거하여 오목 자국의 깊이로 측정
③ **비커스 경도 시험** : 꼭지각이 136°인 다이아몬드 4각 추의 압입자를 시험편 표면에 압입한 후에 생긴 오목 자국으로 측정
④ **쇼어 경도 시험** : 일정한 높이에서 특수한 추를 낙하시켜 튀어 오르는 높이로 측정

나. 비파괴 검사

(1) **외관 검사(VT) 또는 육안 검사** : 용접부의 표면에 대하여 육안 또는 확대경 등으로 검사하는 방법, 언더컷, 용입 상태, 오버랩, 표면 균열, 피트, 슬래그 섞임, 용접 시점과 크레이터, 형상 불량, 변형 등을 검사한다.

(2) **누설 검사(LT)** : 기밀, 수밀, 유밀을 필요로 하는 제품에 적용, 수압 또는 공기압, 할로겐 가스, 헬륨 가스를 사용하여 검사

(3) **침투 탐상 검사(PT)**
① 검사부 표면에 침투액을 침투시킨 후 침투액을 씻어내고 현상액을 도포하면 결함 중에 남아 있는 침투액과 작용하여 표면에 나타나게 하는 방법
② 미세 균열, 기공 등을 검출할 수 있으며, 철, 비철 재료, 비자성 재료에도 잘 이용된다.
③ 종류 : 형광 침투 검사, 염색 침투 검사법 등

(4) **초음파 탐상 검사(UT)**
① 초음파(0.5~15MHz)를 검사물의 내부에 침입시켜 내부의 결함 또는 불균일층의 존재를 탐지하는 방법
② 특성 : 두께와 길이가 큰 물체 중의 탐상에 적합하며 검사원에게 위험이 없고 한쪽에서도 탐상할 수 있으나, 표면의 오목 볼록이 심한 것, 얇은 것의 검출이 곤란하다.
③ 종류 : 투과법, 펄스반사법, 공진법

(5) **자분 탐상 검사(MT, magnetic flux inspection)**
① 누설 자장에 자분이 부착되는 현상을 이용하여 결함을 검출하는 방법
② 자화 방법 : 축 통전법, 관통법, 직각 통전법, 코일법, 극간법 등이 있다.

(6) **와류(맴돌이 전류) 탐상 검사(ET)** : 금속 내에 유기되는 와류 전류의 작용을 이용하여 결함을 검사하는 방법, 자기 탐상이 되지 않는 비자성 금속의 결함, 표면이나 표면에 가까운 내부의 결함(균열, 기공, 언더컷, 오버랩, 용입 불량, 슬래그 혼입 등) 등 검출

(7) **방사선 투과 검사(RT)** : X선 또는 γ선 단파를 이용하여 용접부의 결함을 조사하는 방법, 비파괴 검사법 중에서 가장 신뢰도가 높다. 라미네이션 등의 검출이 곤란하다.

다. 화학적 시험

(1) **화학분석 시험** : 모재, 용착 금속 또는 합금 중에 포함되는 각 성분, 불순물, 가스 조성의 종류와 양, 슬래그 성분 등을 알기 위해 금속 분석 하는 시험

(2) **부식 시험**
  ① **습부식 시험** : 용접물이 청수나 해수, 유기산, 무기산, 알칼리 등에 접촉되어 받는 부식 상태에 대한 시험
  ② **건부식 시험(고온 부식 시험)** : 고온 증기, 가스 등과 반응하여 부식하는 상태를 시험
  ③ **응력 부식 시험** : 어떤 응력하에서 부식 분위기에 쌓일 경우에 받는 부식 상태를 시험, 스테인리스강, 구리 합금, 모넬메탈 등의 용접부에 적용한다.

(3) **수소 시험** : 용접부에 용해한 수소는 기공, 비드 균열, 은점, 선상 조직 등의 원인이 되므로, 용접 방법 또는 용접봉에 의해 용접 금속 중에 용해되는 수소량의 측정은 중요한 시험법이다. 수소량 함유의 측정은 45℃ 글리세린 치환법, 진공 가열법이 있다.

라. 금속학적 시험

(1) **파면 시험(육안 검사)(KSB 0843)** : 필릿 용접부의 모서리 용접부를 해머나 프레스로 굽힘 파단하여 그 파단면의 용입 부족, 결함, 결정의 조밀성, 선상 조직, 은점 등을 육안으로 검사하는 방법. 파면에서 은백색으로 빛나는 파면은 취성 파면, 쥐색의 치밀한 파면은 연성 파면이다.

(2) **마크로 조직 시험(육안 조직 시험)** : 용접부의 단면을 연마 후 부식시켜서 육안 또는 확대경으로 관찰하여 용입 상태, 다층 용접부 각 층의 양상, 열 영향부 범위, 결함 유무 등을 검사

(3) **현미경 시험** : 재료의 조직이나 결함 등을 수십 또는 수백 배로 확대 관찰하는 시험이다. 현미경 시험 순서는 시료 채취 → 연마 → 세척 → 부식 → 현미경 관찰 순으로 한다.

(4) **설퍼 프린터 법** : 철강재료에서 황(S)의 분포 상태를 알기 위한 방법으로 잘 연마한 단면에 9%의 희석 황산액에 적신 사진용 브로마이드 인화지(bromide paper)를 붙여 적당한 시간이 지난 후 떼어 내면 편석부에 해당하는 부분이 갈색으로 변하여 설퍼 프린트가 얻어진다.

예제 1

시험체를 자르거나 큰 하중을 가하여 재료의 기계적, 물리적 특성을 확인하는 시험 방법은?

① 비파괴 시험　　② 파괴 시험
③ 위상분석시험　　④ 임피던스 시험

　　　　　　　　　　정답 ②

파괴시험
재료를 자르거나 하중(외력)을 가하여 재료의 특성 등을 파악하여 기계 설계에 이상이 있는지를 증명하는 검사 방법이다.

예제 2

검사법과 검사 내용의 연결이 옳지 않은 것은?

① 경도 시험 - 용접에 의한 경화
② X선 시험 - 기공, 슬래그 섞임
③ 수압 시험 - 용접부 기밀, 수밀
④ 침투 검사 - 언더컷이나 오버랩

　　　　　　　　　　정답 ④

침투 검사는 용접부 표면 가까이의 기공, 피트, 균열 등을 검사하는 시험법이다.

예제 3

시험편을 인장 파단시켜 항복점, 인장강도, 연신율, 단면 수축률 등을 조사하는 시험법은?

① 경도 시험 ② 굽힘 시험
③ 인장 시험 ④ 충격 시험

 정답 ③

예제 4

B 스케일과 C 스케일이 있는 경도 시험법은?

① 로크웰 경도 시험 ② 쇼어 경도 시험
③ 브리넬 경도 시험 ④ 비커스 경도 시험

 정답 ①

예제 5

금속 재료 내부의 기공, 결정 입도, 개재물 등을 시험하기 위해 육안이나 10배 정도의 확대경 등으로 관찰하는 조직 시험법은?

① 매크로 조직 시험 ② 침투 탐상법
③ 자분 탐상법 ④ 현미경 조직 시험

 정답 ①

예제 6

시험하는 부분이 전부 용착 금속으로 되어 있는 시험편은 다음 중 어느 것인가?

① 전 용착 금속 시험편 ② 측면 굽힘 시험편
③ 표면 굽힘 시험편 ④ 루트 굽힘 시험편

 정답 ①

3 용접성 시험

가. 용접 균열 시험

(1) **T형 필릿 균열 시험** : 수직판의 양끝을 밑판에 가용접한 후 한쪽에 필릿 용접을 하고, 계속해서 반대편을 용접하면서 균열 상태를 관찰하는 시험법

(2) **리하이 구속(Lehigh restraint) 균열 시험** : 주변에 가공하는 슬리트(slit) 길이를 변경시킴으로써 시험 비드에 미치는 열적 조건을 같게 하면서 역학적 구속을 바꾸어 시험

(3) **바텔(Battelle) 비드 밑 균열 시험** : 소형 시험편 표면에 소정의 조건으로 비드를 붙이고 24시간 방치한 다음 절단하여 비드 길이에 대한 비(%)로 균열을 검사

(4) **휘스코(Fisco) 균열 시험** : 지그에 맞대기 용접 시험편을 볼트로 단단히 붙인 다음 비드를 놓아 균열 여부를 조사하는 방법, 고온 균열 시험에 적합한 방법, 재현성이 좋고 시험재를 절약할 수 있다.

(5) **분할형 원주 홈 균열 시험** : 한 변이 50mm인 정사각형 시편 4개를 가접한 후 원주 홈을 파서 지름 4mm 용접봉으로 S점에서 F점까지 속도 150mm/min으로 시계 방향으로 비드를 붙인 후 냉각시켰다가 나머지 원주를 용접한 다음 분할편을 찢어서 비드 파면 내의 균열을 조사하는 시험

나. 용접부 연성 시험

(1) **코머렐(Kommerell) 시험** : 규정 시험편의 판 중앙 홈에 용접 비드를 붙인 후 매분 75mm 속도로 롤러 굽힘을 하며 이 때 굽힘각에 비례하여 변형 발열하여 온도가 상승하며 용접 금속 또는 열영향부에 균열이 발생하게 된다.

(2) **킨젤((Kinzel) 시험** : 세로 비드 노치 굽힘 시험법, KS B 0862에 규정되어 있는 것, 용접하지 않은 모재도 시험할 수 있다. 시험 방법은 200 × 75 × 19mm의 표면에 세로 길이로 비드놓기를 하여 이에 직각으로 V 노치를 붙인 시험편을 굽혀 용접부의 연성이나 균열을 조사하는 시험이다.

(3) **재현 열 영향부 시험** : 저합금 고장력강 열 영향부의 연성을 조사하는 방법, 직경 7mm의 환봉 시험편에 대전류를 흐르게 하여 그 온도 변화가 아크 용접 열영향부 본드의 가열 냉각열 사이클과 동일하게 되도록 용접열 사이클 재현 장치를 써서 재현 열 영향부의 인장 시험을 하는 것이다.

(4) **연속 냉각 변태 시험(CCT 시험)** : 저합금 고장력강 열 영향부의 연성을 조사하는 방법, 급속 가열한 환봉 시험편을 여러 가지 속도로 냉각하여 변태의 생성과 종료 온도를 구하고 실온에서 경도와 조직 시험 및 굽힘 충격 시험을 하는 것

(5) **IIW 최고 경도 시험** : 강판 위에 용접 조건은 아크 전압 24V±4V, 아크 전류 170A±10A, 용접 속도 150±10mm/min으로 비드 용접을 하고, 그 직각 단면 내의 본드와 최고 경도를 측정하는 방법, 국제용접학회나, KS B 0893으로 규정되고 있다.

다. 노치 취성 시험

(1) **샤르피 충격 시험** : 구조용강의 노치 취성 시험에 V 노치(아이죠드 노치)가 세계 각국에서 공통적으로 쓰이고 있다.

(2) **슈나트(Schnadt) 시험** : 샤르피 충격 시험편의 압축 측을 일부 제거하고 그 대신 경도가 높은 원주로 바꾼 것이며, 노치 선단의 반경을 여러 가지로 바꾸어 예리한 것과 둔탁한 것이 쓰인다.

(3) **2중 인장 시험** : 시험편 좌측을 잡아당겨서 취성 균열을 발생시키고 균열이 우측의 본체를 관통하는지를 조사하는 시험, 균열 발생에 충격력을 쓰지 않아도 되며, 실제 취성 파괴 발생 조건에 가까운 방법의 하나이다.

(4) **카안 인열(Kahn tear) 시험** : 시험편을 판 구멍에 삽입한 핀으로 잡아당겨 파괴시켜서 파면 상황을 조사하는 것, 티퍼 시험과 같이 파면 천이 온도가 높게 나타나며, 대형 광폭 노치 시험편의 천이 온도와 거의 일치하는 것이 인정되고 있다.

(5) **로버트슨(Robertson) 시험** : 실제의 취성 파괴는 항복점보다 상당히 낮은 인장 하중에서 발생하고 전파하게 되는데 그 상태를 실험실 내에서 재현하는 시도로 시작된 시험이다. 시험 방법은 좌측 노치부를 액체 질소로 냉각하고 우측면을 가스열로 가열하여 거의 직선적으로 온도 구배를 주고 어떤 하중을 가한 상태에서 좌단 노치부에 충격을 가해서 취성 균열을 발생시켜서 우진하는 균열이 정지하는 위치를 조사하는 시험이다.

(6) **반데어 비인(Van der Veen) 시험** : 노치 굽힘 시험법, 판의 측면에 프레스 노치를 붙여 굽힘 시험하고, 최대 하중 시의 시험편 중앙의 처짐이 6mm가 되는 온도를 연성 천이 온도로 하고, 연성 파면의 깊이가 32mm(판 폭의 중앙)가 되는 온도를 파면 천이 온도로 하고 있다.

(7) **DWT(낙중) 시험** : 강판의 표면에 덧붙이용의 딱딱하고 부서지기 쉬운 비드를 용접하고 이것에 예리한 노치를 붙여 반대측에서 무게 27kgf의 중추를 1.83m 높이에서 낙하시켜 파단한다. 이때 뒷면에 스토퍼를 두어 굽힘각이 2°를 넘지 않도록 하여 그 범위 내에서 취성 파단이 일어나게 되는 한계 온도를 연성 천이 온도라고 부른다.

예제 1

다음 중 용접 균열 시험법이 아닌 것은?

① 리하이형 구속 균열 시험
② 피스코 균열 시험
③ CTS 균열 시험
④ 코메릴 균열 시험

 정답 ④

- 용접 균열 시험에는 ①, ②, ③ 외에 T형 필릿 균열 시험, 바텔 비드 밑 균열 시험 등이 있다.
- 코메릴 시험 : 용접부 연성 시험으로 중요한 세로 비드 굽힘 시험법이며, 규정 시험편의 판 중앙 홈에 용접 비드를 붙인 후 매분 75mm 속도로 롤러 굽힘을 하며 이 때 굽힘각에 비례하여 변형 발열하여 온도가 상승하며 용접금속 또는 열 영향부에 균열이 발생하게 된다.

예제 2

용접성 시험 중 노치 취성 시험 방법이 아닌 것은?

① 샤르피 충격 시험　② 슈나트 시험
③ 카안 인열 시험　④ 코메럴 시험

 정답 ④

노치 취성 시험 종류
①, ②, ③ 외에 2중 인열 시험, 로버트슨 시험, 반데어 비인 시험, DWT(낙중 시험) 등이 있다.

예제 3

다음 중 용접부 연성 시험의 종류가 아닌 것은?

① 코머렐 시험　② 제현 열 영향부 시험
③ IIW 최고경도 시험　④ DWT(낙중) 시험

 정답 ④

단원별 출제예상문제

SECTION 10

DIY쌤이 콕! 집어주는 주요 예상문제 풀어보기!

01 금속 재료 시험법과 시험 목적을 설명한 것으로 옳지 않은 것은?
① 인장 시험 : 인장강도, 항복 강도, 연신율 계산
② 경도 시험 : 외력에 대한 저항 크기 측정
③ 굽힘 시험 : 피로 한도값 측정
④ 충격 시험 : 인성과 취성의 정도 조사

> **굽힘 시험**
> 재료의 연성 유무, 안전성을 검사하는 시험 방법, 보통 180°로 굽히는 것이 일반적이다.

02 용접 작품의 평가에서 용접시험편의 터짐(균열)의 합계 길이, 기공 및 터짐(균열)의 개수를 판정하여 시험하는 방법은?
① 인장 시험법   ② 굽힘 시험법
③ 충격 시험법   ④ 피로 시험법

03 파괴 시험을 정적 시험과 동적 시험으로 나눌 때 동적 시험 방법에 해당되는 것은?
① 크리프 시험   ② 피로 시험
③ 굽힘 시험   ④ 인장 시험

> • 동적 시험은 하중 및 변형량이 시간의 흐름과 더불어 변화하는 시험으로 피로 시험과 충격 시험이 있다.
> • 정적 시험은 정적 하중을 가해서 점점 증가해가는 시험법으로 신속 시험과 장시간 시험으로 나누며, 신속 시험에는 인장 시험, 압축 시험, 굽힘 시험, 경도 시험 등이 있으며, 장시간 시험에는 크리프 시험이 있다.

04 지름 10mm 또는 5mm의 강구를 500~3000kgf의 하중으로 시험 표면에 압입한 후 이 때 생기는 오목 자국의 표면적을 측정하는 경도 시험법은?
① 로크웰 경도 시험   ② 비커스 경도 시험
③ 브리넬 경도 시험   ④ 쇼어 경도 시험

05 일정한 높이에서 어떤 무게의 추를 낙하시켜 탄성 변형에 대한 저항으로 경도를 나타내는 시험법은?
① 쇼어 경도 시험   ② 비커스 경도
③ 브리넬 경도   ④ 로크웰 경도

06 용접 재료 시험에서 꼭지각 136°의 다이아몬드 사각 추를 1~120kgf의 하중으로 밀어 넣어 시험하는 경도 시험법은?
① 브리넬 경도 시험   ② 로크웰 경도 시험
③ 비커스 경도 시험   ④ 쇼어 경도 시험

07 시험편에 V형 또는 U형 등의 노치(notch)를 만들고 충격적인 하중을 주어서 파단시키는 시험법은?
① 인장 시험   ② 피로 시험
③ 충격 시험   ④ 경도 시험

> **충격 시험**
> 시험편의 모양이 내다지보인 상태로 시험하는 것을 샤르피식, 단순보인 상태로 시험하는 것을 아이죠드식이라고 한다.

08 파괴 시험에서 충격 시험은 무엇을 알기 위한 시험인가?
① 연성   ② 취성
③ 연신율   ④ 피로

정답 01 ③ 02 ② 03 ② 04 ③ 05 ① 06 ③ 07 ③ 08 ②

09 시험편에 규칙적인 주기를 가지는 교번 하중을 걸고 하중의 크기와 파단이 될 때까지의 되풀이 횟수에 따라 강도를 측정하는 시험법은?

① 피로 시험 ② 충격 시험
③ 경도 시험 ④ 인장 시험

> 피로 강도 시험은 반복 하중에 의해 측정하며, 충격 하중은 충격 시험에 사용된다.

10 일반적으로 연강의 피로 시험 시 반복 하중은 얼마를 적용하고 있는가?

① $10^{5\sim6}$ ② $10^{6\sim7}$
③ $10^{7\sim8}$ ④ $10^{8\sim9}$

> 피로 시험시 반복 하중은 1백만 번 내지 천만 번을 적용한다.

11 S - N 곡선은 무슨 시험에서 얻어진 것인가?

① 인장 시험 ② 충격 시험
③ 피로 시험 ④ 굽힘 시험

> S는 응력, N은 반복 횟수를 의미하며, 피로 시험에 의해 얻어진 곡선이다.

12 다음은 화학 분석에 대한 설명이다. 옳지 않은 것은?

① 모재 용착 금속 등의 금속 또는 합금 중에 포함되는 각 성분을 분석하는 것이다.
② 금속 중에 포함된 불순물 가스 조성의 종류, 양 등도 화학 분석에 의해서 알 수 있다.
③ 화학 분석은 슬래그에 대해서는 실시할 수 없다.
④ 탄소강에 대해서는 보통 탄소, 규소, 망간 등을 분석한다.

13 다음은 수소 시험에 대한 설명이다. 옳지 않은 것은?

① 수소량의 측정에는 45℃ 글리세린 치환법과 진공 가열법이 있다.
② 일반적으로 수소량 그 자체에는 제한이 없다.
③ 저수소계 용접봉의 용접 금속의 수소량에 대해서는 제한이 있다.
④ 용접 전 모재 중에 있는 수소량을 알기 위해서는 가열하지 않고 수소를 포집하는 방법이 있다.

> 전수소량 또는 용접 전 모재 중의 수소량을 알기 위해서는 진공 중에서 800℃로 가열하여 수소를 포집하는 진공 가열법을 병용해야 된다.

14 용접부의 시험과 검사에서 부식 시험은 어느 시험법에 속하는가?

① 방사선 시험법 ② 기계적 시험법
③ 물리적 시험법 ④ 화학적 시험법

> 화학적 시험법에는 부식 시험, 수소 시험, 화학 분석 시험법이 있다.

15 철강에 주로 사용되는 부식액이 아닌 것은?

① 염산 1 : 물 1의 액
② 염산 3.8 : 황산 1.2 : 물 5.0의 액
③ 수산 1 : 물 1.5의 액
④ 초산 1 : 물 3의 액

> • 철강에 주로 사용되는 메크로 에칭(macro - etching) 액에서 염산 : 황산 : 물의 비는 3.8 : 1.2 : 5.00이다.
> • 현미경 시험을 위한 철강용 부식액 : 피크린산 알코올액(피크린산 4gf, 알코올 100cc), 초산 알코올액(진한 초산 1~5cc, 알코올 100cc)

16 다음 중 스테인리스강의 부식 시험에 사용되지 않는 것은?

① 황산 + 420cc의 증류수에 녹인 비등액
② 50gf의 결정 황산구리
③ 500cc의 염산
④ 65% 초산 비등액

> **스테인리스강 부식제**
> 65% 초산액, 50gf의 결정 황산구리, 500cc 황산 + 420cc 증류수

17 구리, 황동, 청동의 현미경 조직을 보기 위한 부식액으로 가장 적합한 것은?

① 질산
② 왕수
③ 염화 제2철 용액
④ 피크린산 알코올 용액

> 알루미늄 및 그 합금의 부식제는 수산화나트륨액과 수산화칼륨, 풀루오르화 수소액 등이 있다.

18 다음 중 메크로 조직 검사로 알 수 없는 결함은?

① 다층 용접 열 영향부의 범위
② 용입의 좋고 나쁨
③ 기공 및 비드 밑 균열
④ 다층 용접에서 각 층의 양상

19 시험편의 노치부를 액체 질소로 냉각하고 반대쪽을 가스 불꽃으로 가열하여 거의 직선적인 온도 구배를 주고, 시험편의 양 끝에 하중을 가한 상태로 노치부에 충격을 가하여 균열 상태를 알아보는 시험법은?

① 노치 충격 시험
② T형 용접 균열 시험
③ 슬릿형 용접 균열 시험
④ 로버트슨 시험

20 200×75×19mm의 표면에 세로 길이로 비드 놓기를 하여 이에 직각으로 V 노치를 붙인 시험편을 굽혀 용접부의 연성이나 균열을 조사하는 시험법은?

① 샤르피 충격 시험
② 슈나트 시험
③ 카안 인열 시험
④ 킨젤 시험

정답 16 ③ 17 ③ 18 ③ 19 ④ 20 ④

DO IT
YOURSELF

침투 탐상 시험법

04

#SECTION 01
#키워드
#침투 탐상 검사 #표면장력 #적심성 #모세관 현상 #유화

#SECTION 02
#키워드
#침투제의 요구 조건 #형광 침투액 #염색 침투액 #유화제 #현상제의 특성 #침투 탐상장치의 구비 조건 #자외선 조사 장치 #침투제 점검

#SECTION 03
#키워드
#전처리의 필요성 #증기 세척 #침투액 적용 방법 #유화처리 #건식 현상법 #습식 현상법 #속건식 현상법 #후유화성 침투 탐상 검사 #용제 제거성 염색 침투 탐상 검사

#SECTION 04
#키워드
#슬래그 개재물 #용접 후 검사 #수축공 #침투 지시 모양 #겹침 #독립 침투 지시 모양 #연속 침투 지시 모양

#SECTION 05
#키워드
#현상처리 #현상제 #용제 제거성 침투액 적용

01 SECTION 침투탐상 검사의 총론

1 침투 탐상 검사의 개요

가. 침투 탐상 검사의 의의와 원리

1) 침투 탐상 검사의 의의

침투 탐상 검사는 시험편 표면에 침투액을 적용시켜서 균열 등 불연속부에 침투시킨 후 과잉의 침투액을 제거하고 현상제를 적용시켜 침투된 침투액을 추출시켜 결함의 위치, 크기 및 모양을 검사하는 비파괴 검사 방법의 일종이다.

2) 침투 탐상 검사의 원리

전처리에 의해 시험체 표면의 오염물을 제거하고, 모세관 현상의 원리와 적심 능력이 있는 침투제를 결함의 개구부에 침투시킨 후 표면의 잔여 침투액을 제거하고 현상제를 적용하여 결함부에 남아 있는 침투제를 흡출 및 분산시켜 결함의 유무, 형상, 크기 등을 검사하는 시험법이다.

나. 침투 탐상 검사의 특징

1) 장점

(1) 시험 방법(원리, 적용)이 가장 간단하다.
(2) 철강 및 비철금속, 플라스틱, 유리, 세라믹 등 거의 모든 재질에 적용 가능하다.
(3) 검사 속도가 빠르며, 원리 및 적용이 쉽고 시험 방법이 간단하며 경제적이다.
(4) 제품의 크기, 형상(모양) 등에 크게 구애받지(문제 되지) 않고 대형 부품의 부분적인 탐상과 특정 부위의 재검사에 효과적이다.
(5) 소형 다품종이나 대형 부품도 1회의 탐상으로 쉽게 검사할 수 있다.
(6) 의사(거짓)지시가 거의 없어 불연속을 평가하기 쉽다.

2) 단점

(1) 미개구된 결함, 표면하 결함, 내부 결함, 표면 거칠기가 불량한 경우, 이물질 존재부 등은 검출하기 어렵다.
(2) 일반적인 침투 탐상 기법으로 흡수성 및 다공성 재질은 검사가 곤란하다.
(3) 주변 환경(온도, 습도)에 민감하여 영향을 크게 받는다.
(4) 침투제가 시험체와 화학 반응하여 제품에 손상을 입을 수 있는 경우 검사할 수 없다.
(5) 탐상제에 의한 환경오염, 인체 유해 등이 발생할 수 있기 때문에 많은 주의가 필요하다.
(6) 완전한 침투제 제거가 어려워서 결함에 잔류한 침투제가 제품이나 인체에 해를 줄 수 있다.
(7) 영구적인 검사체 보존이 어려워 반드시 기록서를 작성해야 한다.

3) 침투 탐상 검사의 적용

(1) 강, 스테인리스, 알루미늄, 세라믹, 유리, 플라스틱 등과 같은 대부분의 비다공질 재질에 적용할 수 있다.
(2) 주강품, 단조품, 용접품, 플라스틱, 세라믹 등 대부분의 재료, 대량 제조품과 제조 공정 중에 존재하는 미세한 표면 불연속부 검사에 적용한다.
(3) 적용 재질의 형상, 크기 등에 관계 없이 대부분의 재질에 적용할 수 있다.

다. 침투 탐상 검사 시 고려 사항

(1) 침투 탐상 검사는 표면 개구부에 한하여 거의 모든 재질의 검사가 가능하다.
(2) 침투 탐상의 중요한 과정은 침투제 적용 시간(Dwell Time)이며, 최소 침투 시간은 10분 이상

으로 하지만, 재질, 시험 방법, 결함의 종류에 따라 달라질 수 있다.
(3) 침투제의 오염이 문제가 된다.
(4) 염색 침투제는 형광 침투제의 형광성을 잃게 하므로 동시에 사용하지 않는다.
(5) 침투제의 침투 속도, 건조 및 증발 현상이 발생하므로 시험 온도(15 ~ 50℃)가 중요하다.
(6) 침투제 및 현상제 등은 환경 오염의 원인이 될 수 있으므로 적용 후처리는 물론 주기적인 관리가 필요하다.
(7) 검출 감도와 정확성을 높이기 위해서는 시설 및 장비의 우수한 성능의 조작 조건 및 방법의 적합성, 시험체의 재질 및 형상, 관찰 조건, 표면 상태, 예측되는 결함의 종류 및 크기, 작업성 등을 고려하여 선택한다.

예제 1
다음 중 침투 탐상 검사 원리와 가장 관계가 깊은 것은?
① 틴틸 현상 ② 삼투압 현상
③ 용융 현상 ④ 모세관 현상

 정답 ④

침투 탐상에 영향을 주는 인자
모세관 현상이 가장 큰 영향을 주며, 적심성, 시험면의 청결도, 결함 형상, 개구부의 크기, 침투액의 표면장력 등이 있다.

예제 2
다른 비파괴 검사법과 비교했을 때 침투 탐상 시험의 장점으로 볼 수 없는 것은?
① 고도의 숙련된 기술이 요구되지 않는다.
② 제품의 형상, 크기 등에 제한을 받지 않는다.
③ 다른 비파괴 검사법에 비해 시험 방법이 간단하다.
④ 온도에 영향을 받지 않으며 정밀한 표면의 균열 깊이를 측정하는데 이용된다.

 정답 ④

침투 탐상 시험은 균열 깊이를 측정할 수 없으며 온도에 영향을 받는다.(적정 시험 온도 : 15~50℃)

예제 3
침투 탐상 검사를 적용할 때 고려할 사항이 아닌 것은?
① 표면 개구(開口) 여부 ② 시험품의 표면 온도
③ 제거제의 형상, 크기 ④ 침투액의 적용 시간

 정답 ③

2 침투 탐상 기본 이론

침투에 미치는 요인은 침투액의 표면장력과 적심성, 모세관 현상 등이며, 모세관 현상을 결정하는 요인에는 응집력, 접착력, 표면장력, 점성 등이 있다. 또한 침투제의 침투력은 시험체 표면의 청결도와 결함의 형상, 개구부의 크기 등에 따라 다르다.

가. 표면장력과 젖음성

1) 표면장력(Surface Tension)
(1) **표면장력(계면장력)** : 표면장력은 침투액의 침투 성능을 좌우하는 가장 중요한 특성으로, 액체 속의 원자 간 거리를 스스로 줄여서 표면적을 작게 하려는 응집력, 즉 액체 스스로 수축하여 표면적을 작게 하려는 힘을 말한다.
(2) 표면장력이 어느 정도 작은 것이 침투 특성과 분산 특성을 동시에 만족할 수 있다.
(3) 모세관 속의 액체는 표면장력이 클수록 높이 올라간다.
(4) **표면장력 과대 시** : 시험체 표면과의 접촉각이 증가하여 접촉 면적이 작아지게 되고, 침투액 성분을 쉽게 분해하게 되므로 침투액이 시험체 표면에 잘 분산되지 않게 된다.

2) 적심성(젖음성)
(1) **적심성** : 침투액이 결함으로 침투하는데 중요한 성질로 액체가 고체 표면을 적시면서 퍼지는 능력
(2) 적심의 정도는 액체의 종류, 고체의 종류, 고체 표면 상태에 따라 다르다.
(3) 결함 속으로 침투하는 속도는 액체의 표면장력, 접촉각, 점성, 밀도, 모세관의 지름(결함 폭, 깊이)

등의 영향을 받으며, 온도에 크게 영향을 받는다.
(4) 적심 현상은 고체의 넓은 표면뿐만 아니라 미세한 틈(균열 등)에서도 일어나며, 접촉각이 작을수록 좋고, 침투가 잘 되기 위해서는 적심성이 좋아야 한다.
(5) **적심성 측정** : 접촉각으로 측정한다.
(6) θ가 180°일 때는 적심성이 없으며 접촉각 θ가 0°일 때 가장 이상적인 적심성을 가진다.
(7) 90° 이상일 경우 적심성이 나쁘고, 90° 미만일 경우는 적심성이 좋다.

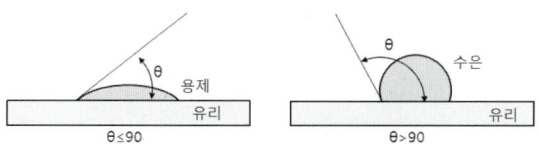

그림 1-1 접촉각과 적심성

나. 모세관 현상과 점성, 기타

1) 모세관 현상(capillarity)

(1) **모세관 현상** : 액체가 들어있는 통 속에 양끝이 막혀있지 않은 가는 관을 세웠을 때 액체가 관 내를 상승하여 액체의 면보다 높거나 낮게 되는 현상. 표면장력과 적심성의 영향을 받는다.
(2) 모세관 현상을 결정하는 요인 : 응집력, 점착력, 표면 상태 및 점성
(3) 표면장력 값 계산식
  ① $F = 2\pi r \times \Gamma \cos\theta$
    (관 내부 표면 원주 길이 : $2\pi r$, 내벽에 수직한 위쪽 방향의 힘 : $\Gamma\cos\theta$)
  ② 액체의 질량 $W = \pi\rho h r^2$
  ③ 액체면에는 중력이 작용하므로 (a), (b)에서 :
    $2\pi r \Gamma \cos\theta = \pi\rho h r^2 g$
  ④ 표면장력의 크기 $\Gamma = \dfrac{\rho g r h}{2\cos\theta}$
  ⑤ 대부분 물과 알코올이 유리관을 상승할 때에 접촉각 $\theta \fallingdotseq 0$으로 간주하면 $\cos\theta = 1$이므로 표면장력 값은

  $\Gamma = \dfrac{\rho g r h}{2}$
  ⑥ 액 기둥의 높이 $h = \dfrac{2\Gamma\cos\theta}{\rho g r}$

(4) 모세관 내 표면장력이 크면 액체를 끌어올리고 액면은 오목한 형상이 된다.

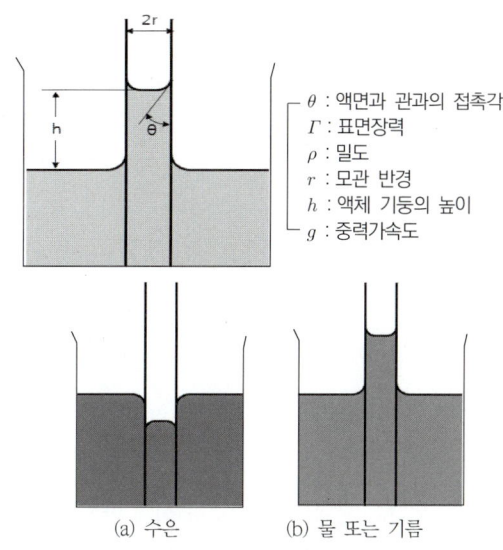

그림 1-2 모세관 현상

2) 밀도(density), 비중

(1) **밀도** : 액체의 침투성에 직접적인 영향은 없으며, 침투액의 대부분은 비중이 1보다 낮은 유기화합물로 되어 있다.
(2) **비중을 1 이하로 하는 이유** : 침투액에 물이 섞여도 물이 바닥에 가라앉게 되므로 침투제의 성능에 영향을 주지 않고, 제기능을 발휘할 수 있다.

3) 점성(viscosity)

(1) **점성** : 액체가 가지고 있는 고유 성질로, 접촉 액체끼리 떨어지지 않으려는 성질
(2) **침투 속도에 영향을 주는 요인** : 표면장력, 점성
(3) 점성이 높은 침투액은 유동성이 좋은 것보다 천천히 이동하며, 침투액을 결함 속으로 빨아들이는 힘에 대한 저항력이 크게 된다.
(4) 점성이 낮은 침투액이 침투 속도가 빠르다.
(5) 침투제(액)의 유동 속도와 결함 속으로 침투하는 속도가 중요하다.

(6) 침투제 및 시험체 표면온도의 영향이 커서 표면온도가 낮으면 점성이 높아지고 표면장력은 낮아져 침투 속도가 저하하여 침투제가 결함 속으로 침투하는 시간이 길어진다.

4) 휘발성(volatility)
(1) 바람직한 침투액은 비휘발성이어야 한다.
(2) 휘발성이 클 경우 용기의 침투액이 쉽게 증발되며, 시험체에 적용 시 시험 중에 건조되어 현상하여도 지시 모양을 형성할 수 없기 때문에 결함 검출에 어려움이 있다.

5) 인화점(flash point)
침투액은 인화점이 높아야 한다. 인화점이 낮으면 시험장소 주위나, 시험체 자체의 열에 의한 온도 상승으로 화재의 위험이 높다.

6) 유화(emulsification)
(1) 유화 : 기름과 물과 같이 서로 섞이지 않는 액체의 한쪽이 작은 입자가 되어 다른 쪽의 액체 속에 분산되어 있는 상태
(2) 유화능 : 유화제와 침투제가 반응이 잘 일어나고 충분히 치환되거나 확산되기 위해 세척 성능이 우수해야 한다.
(3) 유화 상태 : 서로 섞이지 않는 물과 기름이 들어있는 용기를 강하게 교반하면 전체가 하얗고 탁하게 되는 상태
(4) 유화제 : 유화 상태가 장시간 지나면 다시 본래 상태로 돌아가게 되는데 이때 계면활성제를 첨가하면 장시간 유탁액의 상태를 안정시키게 되는데 이 계면활성제를 말함

7) 불활성
시험체와 침투제는 화학적으로 안정하며 반응하지 않으며 금속에 해로운 불순물이 들어 있으므로 주의해야 한다.

예제 1

침투 탐상 시험에서 침투액이 가장 잘 침투되기 위한 그림의 접촉각 θ의 조건은?

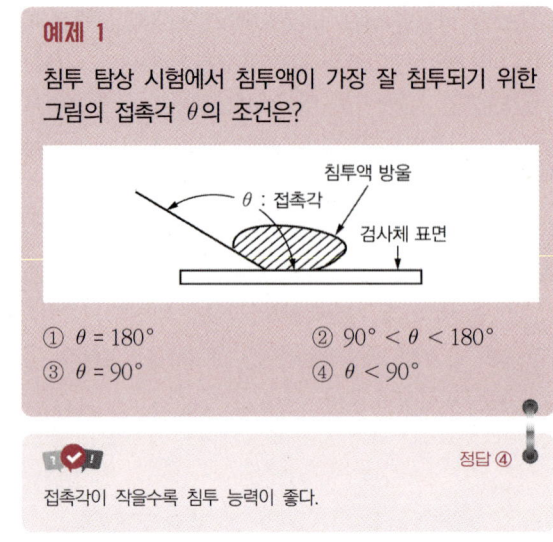

① $\theta = 180°$
② $90° < \theta < 180°$
③ $\theta = 90°$
④ $\theta < 90°$

정답 ④

접촉각이 작을수록 침투 능력이 좋다.

예제 2

적심성은 다음 중 어느 것에 의해 측정되는가?
① 비중
② 밀도
③ 접촉각
④ 표면장력

정답 ③

01 단원별 출제예상문제

SECTION

DIY쌤이 콕! 찝어주는 주요 예상문제 풀어보기!

01 침투 탐상 시험의 원리에 대한 설명으로 옳지 않은 것은?
① 결함 속의 침투액이 모두 세척되면 결함에서도 지시가 나타나지 않는다.
② 모든 침투 탐상 시험은 결함의 지시 모양을 발광시켜 자외선등을 사용하여 검출해야 한다.
③ 미세 결함은 평소보다 많은 침투 시간이 필요하다.
④ 침투액은 어떤 지시를 나타내기 위해 결함에 침투해야 한다.

> 염색 침투 탐상의 관찰은 백색광 또는 자연광에서 실시하므로 자외선등은 필요 없다.

02 침투 탐상 검사 중 탐상 방법 적용에 대한 고려 사항으로 가장 거리가 먼 것은?
① 시험체 표면의 거친 정도
② 시험 장소의 기압
③ 예측되는 결함의 종류
④ 시험 재료의 성질

03 침투 탐상 시험 방법 선택 시 고려할 사항 중 가장 중요한 것은?
① 시험체에 요구되는 신뢰성 및 안전도
② 제거 방법 및 적용
③ 현상제의 선택
④ 침투제의 감도

04 침투 탐상 시험 시 시험 결과의 신뢰성을 결정하는 주요 요소가 아닌 것은?
① 침투제의 감도   ② 현상제의 선택
③ 적용 방법   ④ 검사 비용

05 다음 중 침투 탐상 시험의 특징으로 적당하지 않은 것은?
① 시험체의 결함이 개구되어 있지 않으면 검출되지 않는다.
② 형태가 복잡한 시험체라도 한 번의 탐상조작으로 거의 전 표면의 탐상이 가능하다.
③ 큰 시험체의 탐상이 불가능하므로 작은 규모의 시험체만 적용한다.
④ 비철 재료, 도자기, 플라스틱 등의 표면 결함 검출이 가능하다.

> 침투 탐상 검사는 큰 시험체도 시험이 가능하다.

06 다음 중 침투 탐상 시험에 대한 설명으로 옳지 않은 것은?
① 전처리 시 폴리싱(polishing)하는 것은 좋은 방법이 아니다.
② 예상 불연속부의 종류에 따라 침투 시간은 5~30초 정도 내로 지시 모양을 형성한다.
③ 검사체의 표면 상태는 침투 시간 결정에 도움이 된다.
④ 침투액이 담긴 용기 내에 탐상 시험할 부품을 침적시켜 침투처리하는 경우도 있다.

> 침투 시간은 재질에 따라 5~10분으로 한다.

정답 01 ② 02 ② 03 ① 04 ④ 05 ③ 06 ②

07 침투 탐상 시험에 대한 설명 중 옳은 것은?
① 침투제는 시험체에 적용한 후 반드시 가열하여야 한다.
② 현상 시간은 침투 시간의 약 5배 이상이여야 한다.
③ 건조기의 온도가 너무 높으면 그 영향으로 침투효과가 저하된다.
④ 샌드블라스팅은 침투 탐상할 표면을 세척하는데 가장 일반적으로 사용되는 전처리 방법이다.

> 현상 시간은 7분으로 정해져 있으며, 침투제 적용 후 가열하면 침투 효과가 떨어지게 되며, 세척에 가장 많이 사용하는 방법은 트리클렌 증기 세척이다.

08 침투 탐상 시험의 특성에 대한 설명으로 옳지 않은 것은?
① 침투 물질의 종류나 적용 방법에 따라 민감도가 변할 수 있다.
② 표면의 개구(開口) 결함을 찾는데 효과적인 방법이다.
③ 불연속 또는 균열의 깊이를 정확하게 측정할 수 있는 방법이다.
④ 큰 부품의 일부분씩을 탐상할 수 있는 방법이다.

> 침투 탐상 시험으로 결함의 깊이는 측정이 불가능하다.

09 침투 탐상 시험에 대한 다음 설명 중 옳지 않은 것은?
① 다공질 재료의 탐상은 일반적으로 곤란하다.
② 대형 장치를 사용하지 않고도 탐상할 수 있는 방법도 있다.
③ 시험품의 표면 거칠기의 영향은 일반적으로 받지 않는다.
④ 시험품 표면에 벌어져 있는 흠이라도 검출이 안 될 경우도 있다.

> 침투 탐상은 표면의 거칠기 영향을 많이 받는다.

10 침투 탐상 시험에 대한 다음 설명 중 옳지 않은 것은?
① 이전 시험의 찌꺼기가 남아있는 검사물에 다른 형의 침투제로 재시험하면 검사 감도가 낮아진다.
② 다른 제조회사의 제품을 혼용해서는 안 된다.
③ 후유화성과 수세성은 동일 검사물에 사용해서는 안 된다.
④ 염색 침투제 찌꺼기가 남아있는 시험체는 형광 침투 탐상 시험법으로 재시험해도 좋다.

> 찌꺼기가 남아 있으면 제거를 하고 재시험한다.

11 침투 탐상 시험에 대한 설명으로 옳은 것은?
① 세척제로 지시 모양을 형성시켜서 미세한 결함까지 찾게 하는 시험법이다.
② 어두운 곳에는 적색의 염색 침투액을 사용하고 관찰이 쉽게 백지에 결함의 지시 모양을 확대하여 나타낸다.
③ 콘크리트나 목재 등과 같이 흡수성이 있는 것을 제외하고 거의 모든 재료에 적용이 가능하다.
④ 결함은 시험체의 표면에 열려 있을 필요는 없다.

> 침투 탐상 시험은 콘크리트나 목재 등 다공질이 있는 재료를 제외하고는 거의 모든 재료의 탐상이 가능하다.

12 자분 탐상 검사와 비교한 침투 탐상 검사의 장점이 아닌 것은?
① 결함에 대한 확대 비율이 높다.
② 결함 방향의 영향을 받지 않는다.
③ 비금속 재료에도 적용이 가능하다.
④ 온도의 영향이 적다.

> 침투 탐상 검사는 온도에 영향을 받는다.
> • 적정 시험온도 : 15~50℃

정답 07 ③ 08 ③ 09 ③ 10 ④ 11 ③ 12 ④

13 다음 중 침투 탐상 시험의 장점이 아닌 것은?

① 모든 종류의 결함을 검출할 수 있다.
② 검사체의 모양, 크기에 대한 제약 조건은 거의 없다.
③ 적용이 간단하다.
④ 원리가 간단하며 상대적으로 이해하기가 쉽다.

> 침투 탐상은 표면 결함만 검출이 가능하다.

14 침투 탐상 시험의 특성 중 단점에 해당하지 않는 것은?

① 검사체 온도에 영향을 받는다.
② 비철 재료나 다공질 세라믹 등은 적용이 어렵다.
③ 제품의 크기에 구애받지 않는다.
④ 이물질 등이 존재하면 검사가 불가능하다.

> ③은 장점에 해당된다.

15 다른 비파괴 검사법과 비교하였을 때 침투 탐상 시험의 단점에 대한 설명으로 옳은 것은?

① 대형 제품에는 사용할 수 없다.
② 금속 내부 결함에 사용할 수 없다.
③ 비금속 표면에 사용할 수 없다.
④ 원자번호가 큰 금속의 표면에는 사용할 수 없다.

> 침투 탐상 시험은 내부 결함은 검출할 수 없다.

16 다음 중 침투 탐상 검사법의 단점이 아닌 것은?

① 검사체의 표면이 침투제와 반응하여 손상되는 제품은 탐상할 수 없다.
② 후처리가 요구된다.
③ 표면의 균열이 열려있는 상태이어야 한다.
④ 비교적 시험 가격이 높다.

> 단점은 ①, ②, ③ 외에 표면이 너무 거칠거나 기공이 많으면 허위 지시상을 만들며, 주변 환경에 민감하고 침투제가 오염되기 쉽다.

17 다음 중 전기가 없어도 검사가 가능한 비파괴 시험은?

① X선 투과 검사
② 염색 침투 탐상 검사
③ 자분 탐상 검사
④ 중성자 투과 검사

> 염색 침투 탐상은 전기 시설이 필요 없다.

18 비파괴 검사법 중 비자성 재료의 표면 피로 균열 검사에 가장 적합한 검사법은?

① 방사선 투과 검사 ② 초음파 탐상 검사
③ 자분 탐상 검사 ④ 침투 탐상 검사

> 비자성체의 표면 결함 검사
> 침투 탐상

19 모세관 현상을 결정하는 중요 인자가 아닌 것은?

① 점성 ② 점착력
③ 응집력 ④ 자속밀도

> 모세관 현상 결정 인자
> ①, ②, ③ 외에 표면장력, 적심성

20 모세관 현상은 액체가 작은 틈으로 채워져 들어가는 현상을 이용한 것이다. 이러한 작용은 어떤 원리에 기인되는가?

① 화학 평형 ② 전자기력
③ 분자 인력 ④ 정전 현상

> 모세관 현상은 분자 간의 인력 즉, 분자의 응집력에 의해서 일어난다.

정답 13 ① 14 ③ 15 ② 16 ④ 17 ② 18 ④ 19 ④ 20 ③

21 모세관 내에서 액체가 상승한 높이는 액체의 표면장력과 접촉각과의 관계로 나타내는데, 모세관 현상으로 올라온 액체면이 오목할 경우 접촉각은?

① 관의 직경에 따라 달라진다.
② 90° 이다.
③ 90° 보다 작다.
④ 90° 보다 크다.

> 접촉각이 작을수록 관 속의 액면은 오목하다.

22 다음 중 침투 탐상 시험 시 침투액의 적심성이 가장 좋은 접촉각(θ)은?

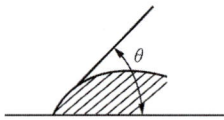

① θ와는 무관하다.
② θ가 100° 이상이 좋다.
③ θ가 90~100° 사이가 좋다.
④ θ가 45~60° 사이가 좋다.

> 적심성은 접촉각이 낮을수록 좋다.

23 침투제의 성능을 결정하는 중요한 특성 중에서 적심성이 의미하는 것은?

① 표면장력으로 측정하며 접촉각이 감소할수록 커진다.
② 점성의 기능으로서 표면장력이 감소할수록 커진다.
③ 접촉각으로 측정하며 표면장력이 증가할수록 커진다.
④ 접촉각으로 측정하며 표면장력과는 무관하다.

> **적심성**
> 액체가 기체를 밀어내면서 넓어지는 성질로 접촉각으로 측정하며 표면장력이 크면 적심성이 좋아진다.

24 침투제는 균열이나 갈라진 틈(Fissure)과 같은 미세한 개구부로 침투 및 흡출되는 액체의 성질을 이용한다. 이러한 성질은 무슨 현상에 기인하는 것인가?

① 포화 현상   ② 모세관 현상
③ 확장 현상   ④ 수적방지 현상

> **모세관 현상**
> 액체 중에 관을 집어넣었을 때 액체가 관 내를 상승하거나 하강하는 현상으로 침투 탐상에서 가장 중요한 원리이다.

25 침투액의 침투성은 침투 탐상 시험에서 어떤 물리적 현상을 이용한 것인가?

① 습도와 끓는 점   ② 압력과 대기압
③ 표면장력과 적심성   ④ 원자 변화 밀도 차

> **침투 탐상원리의 물리적 현상**
> 표면장력, 적심성, 모세관 현상

26 침투 탐상 시험에서 침투액의 침투성에 관계되는 물리적 현상이 아닌 것은 어느 것인가?

① 모세관 현상   ② 적심성
③ 표면장력   ④ 상대적 무게

27 침투 탐상 검사에 나쁜 영향을 미치는 표면 상태로 볼 수 없는 것은?

① 젖은 표면   ② 거친 용접면
③ 다듬질한 표면   ④ 기름기 있는 표면

> 침투 탐상 검사 시 표면에 이물이 있거나 거친 표면일 경우 의사지시가 나타날 가능성이 있다.

28 다음 중 침투 탐상 시험에서 표면결함 속으로 침투제가 침투하는 속도에 가장 크게 영향을 미치는 것은?

① 중력 가속도   ② 점성
③ 밀도   ④ 상대적인 무게

> **침투 속도에 영향을 주는 것**
> 표면장력, 적심성, 점성(유동성) 등

정답 21 ③ 22 ④ 23 ① 24 ② 25 ③ 26 ④ 27 ③ 28 ②

29 침투 탐상 시험의 적심성(wettability)과 깊은 관계가 있는 접촉각에 대한 설명으로 옳지 않은 것은?

① 액면에 작은 관을 세웠을 때 접촉각이 클수록 관 내에 올라가는 높이가 낮아진다.
② 침투액은 가능한 한 접촉각이 큰 값을 갖도록 만든다.
③ 접촉각이 90° 이상인 때에는 모세관 내부에서 하향의 힘이 작용된다.
④ 표면장력이 큰 수은(Hg)은 접촉각이 90° 이상이 된다.

> 침투액은 접촉각이 작아야 한다.

30 다음 중 침투 탐상 시험이 적합한지를 선택하는 조건과 관계가 적은 것은?

① 시험체의 표면 상태
② 시험체의 형상
③ 시험체의 재질
④ 시험체의 제작 공차

02 침투 탐상 재료 및 장치

1 탐상제

탐상제란 침투 탐상 시험에서 결함을 검출하기 위하여 사용하는 모든 침투액, 유화제, 세척제나 제거액, 현상제 등을 말한다.

가. 전처리제

1) 전처리

(1) 전처리란 결함 내부에 침투액이 들어가는 것을 방해하는 가벼운 오물, 기름 등을 세척액 등으로 제거한 후 검사면을 충분히 건조시켜서 침투액이 침투하기 쉽게 만드는 작업
(2) 기름에 대해 용해성이 높은 석유계 용제, 신너, 아세톤 등을 사용하거나, 용제 제거성 염색 침투 탐상 시험에서 사용하는 세척제(에어로졸 제품)를 사용하여 처리한다.

2) 세척액 종류

(1) **물** : 물에 녹는 것, 흙, 모래 등 제거하기 쉬운 것에 가장 알맞다.
(2) **계면활성제를 첨가한 세척수** : 유기질 등 물에 용해 가능한 것에 사용한다.
(3) **유기용제** : 고분자 화합물이나 유지류를 제거하기 위해 사용한다.

나. 침투제

1) 침투제의 역할

(1) 침투제는 불연속부의 지시 모양을 만들어내기 위해 불연속부에 침투시키는 유체
(2) 표면 적심성이 좋은 침투제가 우수한 침투제이다.
(3) 침투 탐상 검사에서 가장 중요한 역할을 한다.

2) 침투제의 요구 조건

가장 중요한 요인은 결함 내부로 침투가 얼마나 잘될 것인가 즉, 침투성이 얼마나 좋은가이다.

(1) 미세한 개구부에도 쉽게 침투되며, 비교적 거칠은 개구부에도 침투제가 남아 있을 것
(2) 온도에 대한 열화가 적고 침투성이 높은 유성 액체일 것
(3) 시험품에 화학 변화(부식, 변색 등)를 일으키지 않으며, 얇은 도포막을 형성할 것
(4) 열, 빛, 자외선에도 색체와 형광을 잃지 않으며, 불연소성이고 유독성이 없을 것
(5) 냄새(독성)가 없고, 인화점이 높고, 온도 변화에 민감하지 않을 것
(6) 침투제가 증발이나 건조가 빠르지 않으며, 시험면을 균일하고 충분하게 적실 수 있을 것
(7) 적용된 표면으로부터 잉여 침투제를 제거할 수 있도록 세척성이 좋을 것
(8) 현상제 적용 시 미세 개구부로부터의 흡출이 빠를 것

3) 세척 방법에 따른 침투액의 종류

(1) **수세성 침투액**
   ① 물 세척이 가능하도록 유성 침투액에 계면활성제를 첨가한 것
   ② 잉여 침투액을 물 세척에 의해 제거할 수 있다.
   ③ 계면활성제 함유로 점성이 높으므로 침투 시간 결정시 유의해야 된다.

(2) **용제 제거성 침투액**
   ① 침투성이 높은 유성 침투액으로 불용성(물에 녹지 않는 성질)의 유기용제 및 형광 염료 또는 적색 염료를 기름에 용해시킨 것

② 점성을 낮추어 침투성을 높이고 침투 속도를 빠르게 한다.
③ 현상 도막 속에서 지시 모양의 번짐을 방지하여 순도가 높은 적색의 지시 모양이 나타날 수 있다.

(3) 후유화성 침투액
① 시험편 표면에 별도의 순서로 유화제를 적용한 후 물로 세척할 수 있으며, 유화제를 포함하지 않은 침투제(PE 침투제)
② 용제 제거성과 유사하나, 개방형 용기에 넣어 사용할 경우가 많아 휘발성이 적은 용제를 사용한다.
③ 기본적으로 유성이기 때문에 유화처리 없이는 물 세척이 불가능하다.
④ 유화 시간 및 유화제의 열화 관리를 엄격히 실시해야 된다.

4) 관찰 방법에 따른 침투액의 분류
(1) 염색 침투액
① 적색 염료를 포함하고 있는 침투제로, 지시 모양의 색이 백색의 현상 도막과 침투액 색과의 조합에 의해 정해지므로 적색의 색조가 선명하고 밝은 것이 좋다.
② 지시 모양은 보통 가시광선이나 백색광 아래서 적색으로 나타난다.

(2) 이원성 침투액
① 밝은 장소나 어두운 장소 양쪽에서 관찰 필요 시 사용하며, 가시광선 아래서는 적색, 자외선 아래서는 오렌지색(주황)이나 핑크색을 나타내는 것이 일반적이다.
② 밝은 곳에서 관찰이 필요한 적색 형광 염료 사용 때문에 형광 침투액에 비해 결함 검출 성능이 낮아 거의 사용하지 않는다.

(3) 형광 침투액
① 형광 침투 탐상에 사용되는 액으로, 형광 휘도는 첨가된 유기 형광 염료의 특성에 따라 정해진다.

② 자외선을 조사하면 황록색의 형광을 나타내는 것으로, 성능 저하로 인해 검출 능력이 저하되지 않게 해야 된다.

다. 유화제
1) 유화제의 역할
(1) 후유화성 침투제가 수세능을 갖게 하는 것이 유화제 즉, 침투제와 혼합한 후 물로 표면을 세척할 수 있도록 시험편 표면의 침투제 위에 적용하는 물질이다.
(2) 계면활성제가 주성분이며, 침투제와 반응하여 수세척이 가능하도록 되어 있다.
(3) 후유화법은 과세척을 방지하여 결함 검출 감도를 높여 준다.

2) 유화제의 종류
유화제는 수성, 유성이 있으며, 침투액과 구별하기 위해 연노랑색이나 분홍색으로 착색되어 있다.

3) 유화제의 요구 조건
(1) 침투액과 서로 잘 반응하며, 수분이나 침투제가 혼입되어도 성능이 저하되지 않을 것
(2) 유화 성능 및 수세능이 좋아야 하며, 인화점이 높고, 온도 변화에 안정할 것
(3) 중성으로 부식성이나 독성이 없을 것

라. 세척제 또는 제거제
1) 세척제
(1) **세척제(액)** : 용제 제거성 침투 탐상 시험에서 표면의 잉여 침투액 제거를 위해 사용하는 휘발성 유기용제의 세척제
(2) 주로 휘발성이 강한 가연성 유기용제가 사용되며, 독성이 있다.
(3) 유기용제는 전처리제로 사용되는 세척제(액)과 동일한 것을 사용한다.

2) 세척액의 요구 조건

(1) 세척성이 좋아 남아 있는 침투제를 쉽게 제거할 수 있을 것
(2) 중성으로 시험체와 화학적 반응이나 부식성, 독성이 없거나 적을 것
(3) 휘발성이 적당히 있으며, 인화점이 높을 것

3) 세척제의 종류

(1) **전처리용 세척제**
  ① 증기 세척 : 무기 및 유기 오염물 제거에 사용하며 트리클렌 등을 사용한다.
  ② 산 세척 : 염산, 황산, 중크롬산소다 등을 사용하여 스케일 등을 제거한다.
  ③ 알칼리 세척 : 산화스케일 및 녹 제거를 사용하며 가성소다 등이 쓰인다.
(2) **가연성 용제** : 아세톤, 벤젠, 가솔린 등의 석유 계통의 용제
(3) **불연성 용제** : 불소와 염소 등 할로겐족 원소가 포함된 용제

마. 현상제

1) 현상제

(1) 결함 속에 침투되어 있는 침투액을 시험체 표면으로 흡출(bleed out), 확대시켜 침투액에 의한 지시 모양이 형성되도록 하기 위해 사용하는 물질
(2) 화학적으로 안정된 백색 금속 산화물의 미분말이 사용된다.

2) 현상제의 요구 조건

(1) 결함 부위가 침투제에 쉽게 젖어들 수 있을 것
(2) 결함 내 침투제의 흡출 능력이 강한 미세 분말로 되어 있을 것
(3) 주위 색깔과 구별될 수 있으며, 쉽고 균등하게 적용할 수 있을 것
(4) 가시성을 증가시키기 위해 흡출된 침투액을 분산시키는 능력이 있을 것
(5) 시험체 표면에 균일한 피막을 형성할 수 있을 것
(6) 후처리 시 현상제 피막의 제거가 용이하며, 시험면에 대한 부착성이 좋을 것
(7) 시험체 및 인체에 유해한 독성과 부식성이 없으며, 화학적으로 안정할 것
(8) 자외선에 의해 현상 피막에서 형광을 발하지 않을 것(역형광법을 제외)
(9) 속건식 현상제와 수현탁성 현상제는 현탁성이 좋을 것

3) 현상제의 종류

(1) **건식 현상제**
  ① 산화규소(SiO_2)의 초미립 백색 분말이 사용되며, 시험체에 침적, 분무 방법으로 적용한다.
  ② 분산성이 없어 지시 모양이 선명하며 분해능이 좋고, 표면 조도가 거칠은 제품에 적용하기 쉽다.
  ③ 결함 지시에만 부착되며, 미세 분말이 공기 중에 부유하므로 방진 대책이 필요하다.
(2) **수용성 현상제(습식 현상제 일종)**
  ① 현상제를 물에 완전히 용해시켜 사용하며, 반투명 색채를 갖는다.
  ② 현상제를 도포한 후 건조되면 백색의 배경을 형성하는데, 감도가 수현탁성보다 낮아 염색 침투제와 조합해서 사용하지 않는다.
(3) **수현탁성 현상제(습식 현상제 일종)**
  ① 활성 백토, 벤토나이트 등에 습윤제, 계면활성제, 소포제 등을 첨가하여 현탁시킨 것이다.
  ② 습식법은 현상제 건조 후 모세관 현상이 잘 일어나므로 수현탁성 현상제를 주로 적용한다.
(4) **속건식 현상제**
  ① 유기용제에 분산성과 현탁성이 좋은 백색 미분말(MgO, $CaCO_3$, TiO_2) 등을 알코올에 현탁하고 분산제를 첨가한 것이다.
  ② 습식과 건식 현상제의 장점을 조합한 현상제이다.
  ③ 유기용제는 가연성(알코올 등)과 불연성(염소, 불소계)이 있으나 모두 휘발성이므로 개방형 장치에는 사용이 어렵고, 주로 에어로졸 제품, 분무 제품 등이 사용된다.

④ 용제 제거성 침투 탐상과 조합하여 휴대용으로 현장 이동 검사나 구조물의 부분 탐상을 할 수 있다.

4) 현상제의 역할과 선택

(1) 현상제 역할
① 현상제는 불연속부에 침투된 침투제를 흡출·분산하여 지시 모양의 상을 재현한다.
② 지시 모양과 시험편 배경과의 대비를 높여서 결함 구별을 쉽게 할 수 있도록 한다.
③ 불연속부에 침투된 침투제와 현상제가 작용하여 육안으로 관찰할 수 있는 명암도를 증가시켜 가시성을 높이는 역할을 한다.

(2) 현상제 선택
① 거친 표면에는 건식 현상제를, 매끄러운 시험면에는 건식보다 습식 현상제를 적용하는 것이 좋다.
② 시험체의 크기 및 형태, 수량, 예상 결함의 종류, 작업성, 보유한 현상제의 종류에 따라 현상제를 선택한다.
③ 습식 현상제의 경우 적용 후 건조 시간이 길며, 피막 두께 조절이 어렵기 때문에 선택에 신중을 기해야 된다.
④ 소형의 대량생산 제품은 고감도 형광 침투액을 사용하여 건식 현상제를 적용한다.
⑤ 구조물의 부분 탐상, 소량인 시험체, 압력 용기 등의 용접부 검사, 미세 균열 탐상 등에는 감도가 좋은 속건식 현상제가 좋다.
⑥ 건식 현상제는 결함의 실제 크기를 추정하거나 분해능이 필요할 때 적용하면 좋다.

바. 기타 탐상제

1) 고감도 형광 침투제
(1) 종류에는 수세성, 후유화성, 용제 제거성 3종류의 침투액이 있으며, 높은 형광 휘도가 얻어진다.
(2) 수세성은 보통 감도의 후유화성 형광 침투 탐상 시험보다 더 미세한 결함 검출에 적합하다.
(3) 후유화성 및 용제 제거성 고감도 형광 침투제는 수세성 고감도 형광 침투액보다도 더 미세한 결함 검출에 알맞다.
(4) 거친 시험면이나 형상이 복잡한 시험체에 적용하는 경우 세척 성능이 나쁘므로 세척 처리에 주의가 필요하다.
(5) 무현상법 채택 시에도 사용 가능하다.

2) 고온 탐상제
(1) 일반 염색 침투제는 시험체 온도가 100℃ 정도의 고온에서 적용 시 염료가 퇴색 또는 증발한다.
(2) 고온 탐상제는 용제 제거성 침투 탐상 시험에 적용하며, 100~250℃의 고온에서 적용 가능하다.

3) 수형 에어로졸
(1) 세척 처리 시 물과 에어로졸 분사압력으로 잉여 침투액을 제거하는데 사용한다.
(2) 휴대가 간편하고 수도 및 건조장치가 필요 없으나, 가격이 비싸다.

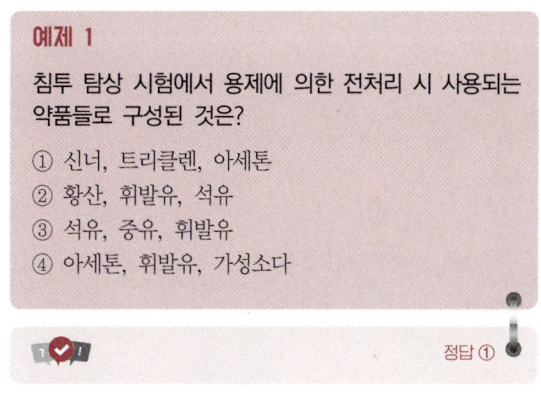

예제 1

침투 탐상 시험에서 용제에 의한 전처리 시 사용되는 약품들로 구성된 것은?

① 신너, 트리클렌, 아세톤
② 황산, 휘발유, 석유
③ 석유, 중유, 휘발유
④ 아세톤, 휘발유, 가성소다

정답 ①

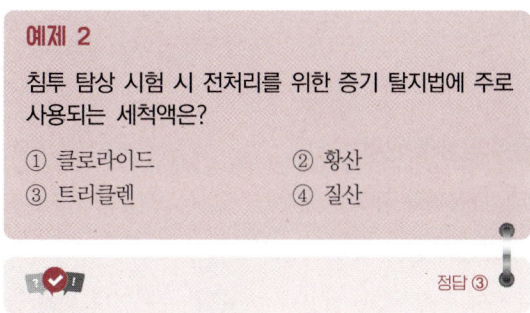

예제 2

침투 탐상 시험 시 전처리를 위한 증기 탈지법에 주로 사용되는 세척액은?

① 클로라이드   ② 황산
③ 트리클렌   ④ 질산

정답 ③

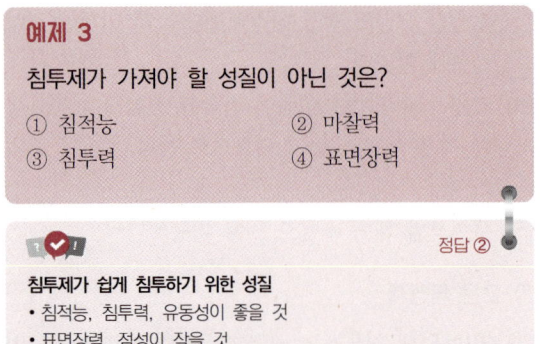

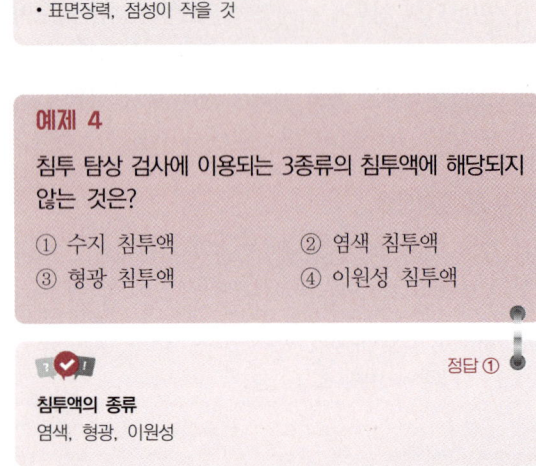

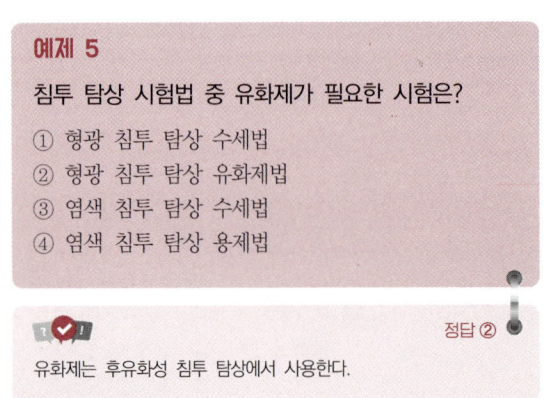

2 탐상제 관리

가. 탐상제의 관리

1) 탐상제 성능 저하의 원인

온도에 의한 열화, 탐상제 간 혼합, 수분이나 먼지 등의 불순물 혼입

2) 탐상제 관리 방법

(1) 반복 사용에 따라 탐상제가 피로가 쌓이게 되어 결함 지시 모양 형성에 영향을 미치므로 정기적인 점검이 필요하다.
(2) 피로 원인은 유지류, 녹, 먼지 등의 혼입에 의한 오염 및 산, 알칼리, 물의 혼입에 의한 변질, 탐상제 속의 용제 증발에 따른 조성 변화 등이 있다.
(3) 탐상제 점검은 새 제품의 탐상 성능과 비교하는 것이 보통이므로 기준 탐상제용으로 구입 시 1리터 정도의 소량을 밀봉 용기에 넣어 직사광선이나 고온을 피하여 어두운 곳에 보관한다.
(4) 사용하지 않는 탐상제도 용기에 밀폐하여 냉암소에 보관한다.
(5) 용제 제거성 침투액제, 세척제 및 속건식 현상제는 밀폐 용기에 넣어서 서늘한 곳에서 보관한다.
(6) 탐상제를 개방형 장치에서 사용할 때는 먼지, 불순물의 혼입, 탐상제의 비산을 방지하도록 해야 한다.
(7) 습식 및 속건식 현상제는 소정의 농도를 유지하고 개방형 용기에 보관할 때는 자동 교반 장치를 이용하여 교반해 주어야 한다.

나. 탐상제의 점검

사용 빈도, 검사 내용, 적용하는 시방서의 요구에 따라 일상 점검, 주 1회 점검, 월 1회 점검, 분기 1회 점검, 년 1회 점검 등으로 실시한다.

1) 침투제 점검

(1) 기준 침투제를 이용한 점검
　① 같은 조건으로 Al 대비 시험편의 한쪽 면에 기준 침투액을 침투시키고 다른 한쪽 면에는 점검용 탐상제를 적용하여 시험을 실시한다.
　② 같은(동일) 조건 : 전처리, 침투 처리 적용 방법, 시험 절차, 적용 시간, 세척 처리 방법, 현상 처리 방법 등 시험절차를 동일하게 적용한다.
　③ 침투제는 성능 검사에서 탐상제의 결함 검출 능력 저하, 침투 지시 모양의 휘도 및 색상이 달라질 경우 폐기한다.

(2) **외관 검사** : 침투액의 외관을 검사하여 침전물이 생겼을 경우, 색깔이 흐리거나, 폐기한다.
(3) **형광 침투제의 경우 퇴색 시험에 의한 점검**
① Al 시험편에 침투제를 도포한 후 종이로 대비 시험편의 한쪽 면을 가린 다음 380cm 거리에서 자외선등을 1시간 조사한 후에, 종이를 제거하고 양쪽 면의 형광성을 비교한다.
② 이 때 노출부의 형광 휘도가 현저하게 나쁘면 침투제를 폐기해야한다.

2) 유화제 점검
(1) **외관(겉모양)검사** : 유화제의 외관을 검사하여 흐릿한 색깔이거나 침전물에 의해 유화 성능이 저하했을 경우 폐기한다.
(2) **기준 유화제를 이용한 점검**
① 대비 시험편의 양쪽에 기준 침투제를 적용하여 침투 시간이 지난 후 한쪽 면에는 기준 유화제를, 다른 쪽에는 비교할 유화제를 적용하여 동일 조건으로 점검한다.
② 성능 검사 결과 유화제의 수세능 저하, 결함 검출 감도가 나쁘면(불량하면) 폐기한다.

3) 현상제 점검
(1) **기준 현상제를 이용한 점검**
① 기준 현상제를 대비 시험편의 양쪽에 적용하고 현상 과정에서 사용 중인 현상제와 기준 현상제를 별개로 적용한 후 지시 모양을 비교한다.
② 이 때, 현상제의 부착 상태가 불균일하거나, 침투 지시 모양의 식별성이 불량하여 현상 성능의 열화가 확실한 경우 폐기한다.
(2) **외관 검사** : 현상제의 외관을 검사하여 응집 입자가 생기고 현상 성능이 매우 낮아진 경우 폐기한다.

다. 안전 관리
1) 탐상제(침투제, 유화제, 현상제 등) 취급법
(1) 탐상제는 대부분 유기 화합물이므로 취급 및 사용 시 각별한 주의가 필요하다.
(2) 침투 탐상 과정에서 발생하는 탐상제의 분산 방지와 흡입 방지를 위한 조치를 취한다.
(3) 탐상제의 증발에 의해 다량의 증기를 흡입하여 중독될 위험성이 있으므로 주의한다.

2) 유기화합물 탐상제 사용 안전수칙(규칙)
(1) 침투 탐상이 끝나면 즉시 탐상제 용기의 덮개를 닫는다.
(2) 탐상제가 바닥, 기타 작업대 등에 오염되지 않도록 한다.
(3) 탐상제가 피부나 피복에 닿지 않도록 보호 장구를 착용하고 작업한다.
(4) 피부에 탐상제가 묻었을 때는 즉시 중성 세제 등으로 세척을 한다.
(5) 작업장 환기 및 방진 마스크 등을 착용하고 작업 준비, 탐상제 적용, 후처리 작업을 실시한다.

3) 분말형 현상제 취급법
(1) 미분말형 현상제로 현상 처리할 때 분진이 발생하므로 흡입에 주의해야 한다.
(2) 항상 실내와 실외의 공기가 순환하도록 창과 개폐 장치 등을 개방한다.
(3) 전체적인 환기가 불가능할 경우에는 국부적으로 배기한다.
(4) 방진 마스크를 착용하고 작업한다.
(5) 작업장 주변의 미세 먼지나 분진의 비산을 방지하기 위해 진공 청소기 등을 이용하여 정기적인 청소를 한다.
(6) 작업 종료 후 의복 및 피부 등을 공기 세척이나 수세척한다.

4) 화재 및 압축가스 취급 시 주의사항
(1) 탐상제는 대부분 가연성의 고압 가스로 충진되어 있으므로 주의해야 한다.
(2) 폭발 위험이 큰 압력 용기, 가스 및 석유 저장 탱크 등의 작업 시 환기 시설 등의 작동 유무와 발화 물질의 존재 여부를 확인하고 작업한다.
(3) 사람의 몸(인체)에 분사나 사용하지 말아야 한다.

(4) 50℃ 이하인 곳이나 직사광선에 노출되지 않는 곳에 보관한다.
(5) 발화 원인 물질 또는 화기 부근 등이 있는 실내에서는 사용하지 않아야 한다.
(6) 완전히 다 사용한 에어로졸 캔이라도 밑면에 구멍을 내어 폐기한다.

예제 1
침투 탐상 시험 재료 관리 방법 중 일상 점검에 해당되는 것들로만 묶여진 것은?
① 외관, 수분 허용도, 감도
② 밝기, 점도, 투과도
③ 감도, 외관, 밝기
④ 수분 허용도, 밝기, 외관

정답 1

일상 점검 사항
외관, 수분 허용도, 감도, 농도, 적심성 등

예제 2
KS W 0914에 규정된 형광 침투제에 대한 형광 휘도의 최소한의 점검 주기는?
① 매일   ② 주 1회
③ 매월   ④ 3개월

정답 ④

KS-W-0914에서 침투액 형광 휘도 점검 주기 : 3개월에 1회

예제 3
침투 탐상 시험에서 사용하지 않는 탐상제의 보관 방법은?
① 20℃의 실내에 보관
② 냉암소에 보관
③ 햇볕이 드는 상온의 장소에 보관
④ 냉동실에 보관

정답 ②

예제 4
KS B 0816에 의해 사용 중인 침투액의 점검 방법이 아닌 것은?
① 세척성이 저하되는지 점검
② 색상의 변화 점검
③ 농도를 굴추계로 점검
④ 침투 지시 모양의 휘도 점검

정답 ③

예제 5
다음 중 결함 검출 효율을 측정하는 가장 좋은 시험은?
① 형광 안정성 시험   ② 형광 밝기 시험
③ 감도 시험   ④ 수세성 시험

정답 ③

결함 검출 효율은 감도 시험을 통하여 측정한다.

3 침투 탐상 검사 장치 및 기구

가. 침투 탐상 장치의 구비 조건

(1) 장치는 시험체 형상, 크기, 처리할 수량, 결함의 종류와 형상, 크기, 작업 환경, 또는 규격의 요구에 따라 선정한다.
(2) 시험체에 존재하는 예상 결함을 정확하게 검출할 수 있을 것
(3) 조작이 쉽고 안전하며, 작업성이 우수할 것
(4) 시험이 신속하고, 운용이 합리적일 것
(5) 탐상 장치의 관리가 용이하고, 환경오염을 방지하는 설계가 되어 있을 것
(6) 내구성이 있으며, 가격이 저렴할 것
(7) 설치형의 경우 설치 면적을 크게 요하지 않을 것

나. 침투 탐상 장치의 종류와 특징

1) 전처리 장치

(1) **전처리** : 시험체 표면에 존재하는 그리스, 기계유 등의 유지류 및 페인트, 녹, 스케일 등을 제거하는 과정

(2) **전처리용 장비** : 샌드블라스터, 수세 장치, 증기 탈지기, 용제 저장 탱크, 산 및 알칼리성 용액 저장 탱크, 증기 세척 장치, 분사 장치

(3) **전처리 장치 요구 조건** : 시험체의 취급 및 운반의 최소화를 위해 검사 장소와 가능한 한 가깝게 설치하며, 전처리 공정 중 오염 물질이 탐상제를 오염시키지 않도록 침투 탐상시설과는 분리하여 설치해야 한다.

(4) **전처리 장소** : 깨끗하고 건조하며, 시험체의 운반 시 2차 오염이 발생하지 않는 장소를 선택하며, 전처리 후 시험면은 수분 및 세척제 등이 제거되고 건조되어야 한다.

(5) 에어로졸 제품을 사용하여 유지, 먼지 등을 제거하는 경우에는 전처리 장치가 필요없다.

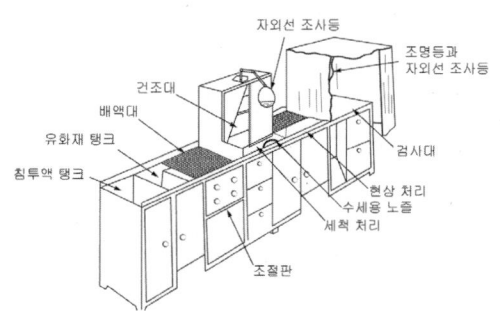

그림 2.1 침투 탐상 시험 장치의 예(소형)

2) 침투 처리 장치

(1) 침투제를 시험체에 도포하는 과정에 사용하는 장치로, 잉여 침투제를 제거할 수 있는 배액대가 포함되어 있어야 한다.

(2) 소형 부품 등 침적(담금)법 사용의 경우 침적 탱크가 필요하고, 대형 부품 등 분무법을 사용하는 경우 분무에 필요한 장치(노즐, 공기 압축 장치 등)가 필요하다.

(3) 침투제 저장 탱크는 침투제 종류(수세성 염색(형광) 침투제, 후유화성 염색(형광) 침투제, 고감도 침투제) 등을 고려하여 시험 방법에 맞게 설치하여 사용한다.

(4) 형광 침투액 탱크에는 수세성, 후유화성, 고감도 수세성 침투액 등이 있으며, 여러 개 사용하는 경우 각각 나란히, 그리고 세척 처리 장치와 조합하여 배치한다.

3) 유화 처리 장치

(1) 유화 처리는 침투 처리 다음 공정이며, 유성 유화제와 수성 유화제가 각각 사용된다.

(2) 물 베이스 유화제를 사용할 때는 유화 처리 전에 잉여 침투제를 제거할 수 있도록 예비처리 장치가 준비되어 있어야 한다.

(3) 기름 베이스 유화제 적용의 경우 유화 시간 정지를 위해 유화제 탱크 다음에 30℃ 이하의 온수 탱크를 사용하기도 한다.

(4) 소량의 경우 세척 처리 장치를 사용하여 유화 시간 경과 후 물 분무로 유화정지를 하는 방법이 사용된다.

(5) 유화제(기름 베이스 유화제, 물 베이스 유화제) 종류에 따라 각각의 유화제 탱크를 나란히 배치하여 사용한다.

4) 세척 처리 장치

(1) 세척 처리 장치는 수세성 침투 탐상 및 후유화성 침투 탐상에 필요한 장치이다.

(2) 수세성 침투액 사용의 경우 침투액 탱크 다음에, 후유화성 침투액 사용의 경우는 유화제 탱크 또는 유화 정지 탱크 다음에 세척 장치를 설치한다.

(3) 세척 수압은 보통 1.5~3kgf/㎠(147~294kPa)로 조절되며, 수온은 16~38℃ 범위로 설정하여 1분간 연속으로 물을 흘려보내도 온도 변화가 일어나지 않아야 한다.

(4) 분무 노즐과 시험체의 거리는 과세척 방지를 위해 30cm 이상 떨어져서 사용할 수 있는 고압 호스를 사용한다.

(5) 암실 및 자외선 전등과 형광 침투 탐상에서 세척 정도를 확인해야 할 수 있는 장치와 수온 및 수압을 조절할 수 있는 장치를 구비해야 한다.

5) 건조 처리 장치

(1) 세척 처리 후나 습식 현상제를 적용한 후 시험면을 건조하기 위한 장비로는 열풍 순환식이 사용된다.

(2) 침투제의 과도한 건조를 막기 위해 온도 조절이 가능해야 하고, 시험체의 온도가 50℃를 넘지 않도록 한다.
(3) 일반적으로 건조기 내의 온도는 70℃ 이하로 사용한다.
(3) 건조기에 부피가 큰 시험체를 넣을 때는 과도한 수분을 압축 공기를 이용하여 제거한 후 건조시킨다.
(4) 소형의 단순한 형태의 시험체는 깨끗한 마른 헝겊 등으로 닦은 후 건조한다.

6) 현상 처리 장치
(1) 현상 처리 장치는 건식 현상제와 습식 현상제를 사용할 때 필요한 장치이다.
(2) 속건식 현상제는 별도 현상 장치가 필요 없다.
(3) 건식 현상제 적용 전이나 습식 현상제 적용 후에는 건조가 필요하므로 현상 처리 장치 전후에 건조처리 장치가 있어야 한다.
(4) 침적법이나 분무법에서 건식 현상제 적용 시에는 미세 분말이 비산하므로 집진 장치가 필요하다.
(5) 침적법이나 분무법에서 습식 현상제 적용 시에는 현상제의 농도 조절을 위해 교반 장치와 분무 설비가 필요하다.
(6) 건조 장치와 현상 장치 배치
  ① 건식 현상제를 사용하는 경우 세척한 후 수분을 말리고 현상해야 되므로 건조 장치 다음에 현상 장치를 배치한다.
  ② 습식 현상제를 사용하는 경우 현상제의 수분을 건조시켜야 하므로 현상 장치 다음에 건조 장치를 배치한다.

7) 검사실과 장치
(1) 검사실은 형광 침투 탐상 시험을 할 경우에 필요하다.
(2) 검사실은 결함 지시 모양을 정확하게 검출하기 위해 가시광선을 차단할 수 있는 가시광선 차단용 암실 커튼 설치와 자외선 조사 장치가 설치되어 있어야 되며, 휴대용 자외선 조사장치도 필요하다.
(3) 검사실(암실) 조명은 형광 침투 탐상 시험에서는 백색 등으로 20lx 이하를 유지해야 하며, 염색 침투탐상 시험에는 500lx 이상의 밝기가 요구된다.
(4) 자외선 조사 장치
  ① 블랙라이트라고도 부르는 파장이 320~400nm인 자외선을 조사할 수 있는 장치
  ② 관찰에 필요한 자외선 강도는 보통 시험체 표면에서 $1000\mu W/cm^2$(KS B 0816에서는 $800\mu W/cm^2$) 이상으로 규정되어 있다.
  ③ 메탈 할라이드 램프를 사용한 자외선 조사장치의 경우 $5000\mu W/cm^2$ 이상의 높은 강도를 나타내며, 주위가 좀 밝아도 지시 모양의 인식에 영향이 미치지 않는다.
(5) **자외선 강도계** : 형광 침투 탐상에서 결함 지시 모양의 휘도(밝기)는 조사되는 자외선등의 강도에 따라 다르다. 이 강도는 육안으로 측정이 어려우므로 빛을 전기로 변환하는 소자인 광전지를 사용하여 측정하며, 셀레늄, 실리콘 광전소자가 이용된다.
(6) **조도계** : 가시광선의 밝기를 측정하는 기기로 조명 조도계라고도 한다.

8) 후처리 장치
(1) 검사가 끝난 시험체는 지시 모양을 기록한 후 합격품과 불합격품을 구분하여 놓아야 된다.
(2) 합격품의 경우 신속히 현상제 및 침투액을 제거가 필요하므로 검사실 가까이에 후처리 장치를 설치해야 된다.
(3) 수세성 형광 침투액-습식 현상제의 경우 30~40℃의 온수에 시험체를 담글 수 있는 물 세척통을 설치한다.
(4) 후유화성 형광 침투액-건식 현상제를 사용할 경우 솔로 현상제를 제거한 후 유기용제 속에 시험체를 넣어 침투액을 제거할 수 있는 통을 설치한다.
(5) 후처리 장치는 시험체가 제품인지, 반제품인지, 보수검사인지 등에 따라 전처리 장치와 겸하거나 생략하기도 한다.

다. 침투 탐상 장치 관리
아무리 우수한 장비라 해도 장시간 사용하면 고장과 사용 성능이 저하하기 때문에 검사의 신뢰성을 위해

적당한 관리가 필요하다.

1) 개방형 탱크 관리
탐상제(침투제, 유화제, 현상제 등) 탱크의 외관의 오염, 누설, 파손 여부를 점검한다.

2) 세척 장치 관리
(1) 세척 장치의 외관 및 작동 상태를 점검한다.
(2) 수압, 유량 및 수온 조절 기능을 가진 장치의 수압계, 유량계, 수온계 등을 정기 점검한다.
　① 수압 : 1.4~2.8kgf/cm² (137~274kPa)
　② 수온 : 16~38℃
　③ 수세성 형광 침투 탐상 장치의 세척 노즐의 규정 유량 : 294kPa에서 1분에 11.5~23ℓ

3) 온도 및 압력 조절 장치 관리
(1) 물의 누설이나 파손 여부, 펌프와 히터의 작동 상태를 점검 관리한다.
(2) 온도 및 압력 조절 장치의 수압 및 수온이 규정값 이내인지 점검 관리한다.
(3) 압력계 및 온도계 정밀도 검사 및 교정

4) 건조기 관리
(1) 건조기 내외에 오물이나 파손이 없는지, 히터와 송풍 팬의 작동 상태를 관리한다.
(2) 건조기의 온도계로 건조기의 온도가 규정값 이내에 있는지 점검 관리한다.
(3) 건조기의 문을 닫은 상태에서 외부 공기 흡입 구멍의 풍속을 풍속계로 측정하여 흡입 체적이 규정값 이내인지 점검한다.
(4) 온도 조절기의 수감부 부근에 온도계를 설치하고 온도 상승이 규정 시간 이내인지 점검한다.
　① 건조기가 작동하여 40분 이내에 실온 20℃에서 107℃로 상승하는 것을 기준으로 한다.
(5) 규정 온도로 1시간 운전 후 수감부 온도계와 각 부분의 온도가 107±5.5℃가 되는지 점검한다.

5) 냉각 팬 관리
외관을 점검하여 오물 및 파손 여부를 점검 관리한다.

6) 검사실 관리
(1) 외관 점검 및 어둡기 등을 점검 관리한다.
(2) 자외선 조사장치의 파손 여부, 작동 상태, 자외선 강도 등을 점검 관리한다.
(3) 조명용 전등의 외관, 조도 등을 점검한다.
(4) 환풍기의 외관, 작동 상태 등을 점검 관리한다.

예제 1

검사 대상 시험체가 매우 커 이동이 어려울 때는 어떤 침투 탐상 시험 장치가 필요한가?
① 대형 장치　② 중형 장치
③ 소형 장치　④ 휴대용 장치

 정답 ④

시험체의 이동이 어려울 경우 휴대용 장치를 사용한다.

예제 2

수세성 침투 탐상 시험 장치에 없어도 되는 것은?
① 침투 탱크　② 유화 탱크
③ 세척 탱크　④ 현상 탱크

 정답 ②

유화 탱크는 수세능이 없는 경우에 사용하므로 수세성 침투 탐상에서는 필요 없다.

예제 3

침투 탐상 시험 장치의 배치 시 고려할 사항으로 가장 거리가 먼 것은?
① 음향 방출 시설　② 시험체의 형상 및 수량
③ 탐상 장치의 크기　④ 환기 시설의 상태

 정답 ①

음향 방출 시설은 침투 탐상 시험과 관련이 없다.

> **예제 4**
> 형광 침투 탐상 시험 장치 중에서 자외선 조사 장치가 반드시 필요한 곳으로만 나열된 것은?
> ① 현상 탱크, 침투 탱크   ② 세척대, 현상 탱크
> ③ 침투 탱크, 검사대   ④ 세척대, 검사대

 정답 ④

세척대에서는 잉여 침투액의 잔존 여부 검사, 검사대는 지시 모양을 검출한다. 자외선 장치는 세척대, 검사대에서 필요하다.

> **예제 5**
> 환경 등의 안전을 고려하여 다음 중 침투 탐상 검사 시스템과 분리하여 설치해야 하는 장치는?
> ① 전처리 장치   ② 현상 장치
> ③ 침투 장치   ④ 유화 장치

 정답 ①

전처리는 주로 트리클렌 증기 세척을 하므로 침투 탐상 장치와 분리하여 설치한다.

4 대비 시험편

가. 대비 시험편 사용

1) 대비 시험편 : 신뢰성이 높은 시험을 위해서는 우수한 성능의 탐상제와 탐상장치를 사용하고, 일정한 결함 검출도가 얻어지도록 적정 탐상 조작을 하게 되는데 이 때 탐상조작의 적정여부, 탐상제 및 설비의 성능을 정량적 또는 정성적으로 평가하기 위한 목적으로 사용되는 시험편이다.

2) 대비 시험편의 사용 목적
(1) 탐상제의 성능 점검 및 조작 방법의 적합 여부
(2) 사용하는 탐상제의 품질과 성능의 유지 관리
(3) 동일한 탐상 조건에서 탐상제의 성능 비교 시험
(4) 탐상제 제작 시 제품의 품질 관리
(5) 조작 방법이나 조작 조건의 적합 여부
(6) 검사원의 교육 및 훈련

3) 탐상제의 성능 점검
(1) 탐상제를 새로 구입하는 경우 여러 종류의 탐상제에 대하여 비교 시험을 실시하여 표준을 얻기 위하여
(2) 동일한 탐상제 구입 시 이전에 구입한 것과 새로 구입한 것과의 품질을 비교하는 경우
(3) 탐상제를 개방형 용기에 넣어 장시간 반복 사용할 때 수분이나 기타 이물질의 혼입이나 증발에 의해 성능 저하가 우려되는 경우

4) 조작 방법의 적합 여부 점검
(1) 조작 방법의 적합 여부를 조사하기 위해 1개 조의 대비 시험편에 동일한 탐상제를 각각 적용하고 서로 다른 조건으로 시험하여 침투 지시 모양을 비교한다.
(2) 선명도가 높은 지시 모양이 검출된 시험면에 적용한 조건으로 침투 탐상 검사를 실시한다.

나. 대비 시험편의 종류와 특성

1) 알루미늄 담금질 균열(A형 대비) 시험편
(1) ASME, JIS, KS에서 채택하고 있는 시험편으로, Al 합금판 시편 표면에 담금질 균열을 발생시킨 것
(2) 재질 및 제작
  ① 두께 10mm에 50 × 75mm인 알루미늄 및 알루미늄 합금판(KS D 6701)으로 A2024P 재질을 사용한다.
  ② 시험편의 한쪽 면 중앙 부위를 가스 토치나 분젠 버너로 520 ~ 530℃로 가열하여 급랭시켜 균열을 발생시킨 후 중앙부에 홈을 기계 가공한다.
(3) 장점
  ① 재질이 Al이므로 열전도율이 좋아 주변 환경에 민감하게 반응할 수 있다.
  ② 시험편 제작이 쉽고, 시험편의 균열이 자연 균열에 가깝다.
  ③ 비교적 미세한 균열과 다양한 치수의 균열을 얻을 수 있다.
(4) 단점
  ① 가열 및 급랭을 이용하여 제작하므로 균열의

치수 조절이 어렵다.
② 여러 번 반복 사용할 경우 재현성이 낮아진다.
③ 사용한 시험편은 잔류된 침투제 및 현상제를 완전하게 제거해야 한다.

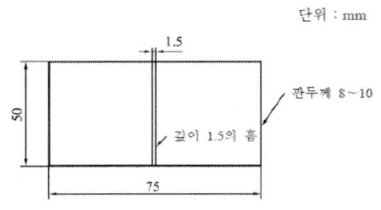
(a) A형 대비 시험편

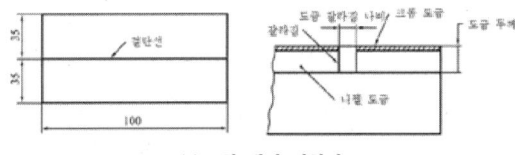
(b) B형 대비 시험편

그림 2.2 대비 시험편의 형상

2) 도금 균열(B형 대비) 시험편

(1) JIS, KS에서 채택하고 있는 시험편

(2) 재질
① 길이 100mm, 너비 70mm인 황동판에 니켈 도금을 한 후 그 위에 보호막 크롬 도금을 실시한 것을 굽혀서 도금층에 미세 균열을 발생시킨 후 본래대로 하여 길이 방향으로 절단하여 사용한다.
② KS D 5201에 규정한 C2600P, C2720P, C2801P의 재질을 사용한다.
③ 시험편 기호는 PT-B00을 사용한다.

기호	도금 두께	도금 갈라짐 너비(목표값)
PT-B50	50±5	2.5
PT-B30	30±3	1.5
PT-B20	20±2	1.0
PT-B10	10±1	0.5

(3) 장점
① A형 대비 시험편보다 미세한 균열을 만드는 것이 용이하다.
② 균열 깊이가 도금층의 두께와 같으므로 도금 두께를 조절하여 균열의 깊이를 만들 수 있다.
③ 장시간 반복하여 사용할 수 있는 재현성이 있다.

(4) 단점
① 자연적인 균열과 차이가 있고 방향성이 없어 비교하기가 어렵다.
② 표면이 매우 미려하고 매끄러워 실제 시험체의 표면과 차이가 있다.
③ 도금과 곡률 가공을 해야 하므로 제작이 어렵고 가격이 비싸다.

3) 별 모양 균열(모니터 패널) 시험편

(1) 수세성 및 후유화성 침투 탐상 시험의 형광 및 염색 침투 탐상의 주요 변화 점검을 위해 사용한다.

(2) 재질
① 두께 2.3mm, 길이와 너비가 100 × 150mm인 직사각형 스테인리스강으로 제작한다.
② 패널의 한쪽면은 길이 방향으로 크롬 도금을 하고, 경도 시험기를 이용해 압입하여 중앙에 같은 간격으로 5개의 별 모양 균열을 발생시켜 크기 순으로 배열한 것이다.

(2) 특징
① 크기가 가장 큰 것은 저감도 탐상제로도 쉽게 검출 가능하지만 매우 작은 결함은 고감도 탐상제로도 검출하기 어렵다.
② 균열이 존재하는 면은 결함 검출 감도를 확인하는데 사용하며, 다른 면은 샌드 블라스팅 또는 그리드 블라스팅하여 표면을 거칠게 만들어 세척 특성을 알아보기 위해서 사용한다.
③ 정상적인 침투액의 제거성을 평가할 수 있다.
④ 결함 크기와 검출성 비교가 어느 정도 가능하다.
⑤ 장시간 반복 사용할 수 있다.
⑥ 시험편의 결함 성상과 표면 상태가 실제 시험체와 동떨어진다.
⑦ 도금과 블라스팅 처리에 기술이 필요하며 제작이 어렵다.

(3) 사용 조건에 영향을 받는 요인
① 침투제 및 유화제의 성분과 불순물의 함유 정도
② 침투제 및 유화제의 적용 시간과 침투 처리,

유화 처리 방법
③ 현상제의 현상 능력
④ 물의 온도(수온) 및 수압, 세척 시간, 건조 온도 및 건조 시간

4) 대비 시험편 사용 방법

(1) 탐상제 비교
  ① 대비 시험편을 이용해 새로운 탐상제나 새로 구입한 탐상제의 성능 확인 : 탐상제의 종류가 다르거나, 제조자가 다를 경우 성능과 차이 비교를 위해 실시한다.
  ② 사용 중인 탐상제의 성능 저하 여부 확인을 위한 성능 점검

(2) 사용 후 대비 시험편 후처리
  ① 시험편은 한 번 사용하면 불연속 속에 침투액, 현상제 등이 잔류하게 되어 반복 사용 시 시험편 기능이 현저히 저하된다.
  ② 대비 시험편은 사용 후 곧 세척하여 잔류 탐상액을 제거해야 된다.
  ③ 제거 방법 : 용제 사용, 화학 반응 이용, 가열법 등이 있으며 시험편 재질에 따라 적절한 방법을 선택한다.
  ④ 제거 시 결함폭을 넓히는 산 세척 등은 피해야 된다.
  ⑤ 가장 많이 사용하는 방법은 유기용제를 사용하는 증기 세척, 담금, 초음파 세척이 있으며, 단독 또는 조합하여 사용한다.

예제 1

침투 탐상 시험의 신뢰성과 관련된 사항 중 재현성의 표준화와 직접 관계가 있는 것은?

① 대비 시험편
② 침투 탐상 검사원
③ 시험체의 형상
④ 시험체의 크기

정답 ①

예제 2

KS 규격에서 침투 탐상 시험에 사용되는 A형 대비 시험편의 재질은?

① 301 스테인리스강
② 크롬강
③ 니켈강
④ 알루미늄과 그 합금

정답 ④

A형 대비 시험편 재질
알루미늄 합금(A2024)

예제 3

침투 탐상 시험 방법 및 침투 지시 모양의 분류(KS B 0816)에서 사용되는 A형 대비 시험편의 기호 표시로 옳은 것은?

① PT - A ② MT - A
③ RT - A ④ UT - A

정답 ①

• A형 대비 시험편 기호 : PT-A
• B형 대비 시험편 기호 : PT-B10, PT-B20, PT-B30, PT-B50

예제 4

KS B 0816에서 규정한 B형 대비 시험편의 재질은?

① 고탄소, 크롬 베어링 강재
② 동 및 동합금판
③ 용접구조용 압연 강재
④ 알루미늄 및 알루미늄 합금판

정답 ②

예제 5

침투 탐상 시험에 사용되는 대비 시험편이 아닌 것은?

① 알루미늄 대비 시험편(A형)
② 니켈 - 크롬 도금 균열 대비 시험편
③ 침투 탐상 시스템 모니터 패널
④ 구리 대비 시험편

 정답 ④

대비 시험편의 종류
B형(황동판에 니켈 - 크롬 도금), 모니터 패널(스테인리스강)

예제 6

KS B ISO 3452 - 3에 따른 비파괴 검사 - 침투 탐상 검사 - 제3부 : 대비 시험편 1형 대비 시험편은 35× 100×2mm 치수의 직사각형으로 되어 있으며, 시험편은 황동판 위에 균일한 니켈 - 크롬층으로 두께별로 도금되어 있다. 다음 중 규정된 도금 두께(μm)가 아닌 것은?

① 20 ② 30
③ 40 ④ 50

 정답 ③

도금층 두께 : 10, 20, 30, 50μm

02 단원별 출제예상문제

SECTION

DIY쌤이 콕! 찝어주는 주요 예상문제 풀어보기!

01 다음 중 침투 속도를 증가시키는 가장 좋은 침투액의 조건은?

① 비중이 클 것
② 외부 압력이 낮을 것
③ 온도가 낮을 것
④ 점성계수가 작을 것

> 점성계수가 작으면 유동성이 커지므로 침투성이 좋아져 침투 속도는 빨라진다.

02 다음 중 침투 탐상 시험과 관련이 없는 용어는?

① 유화 처리
② 전리 작용
③ 모세관 현상
④ 잉여 침투액의 제거

> **전리 작용**
> 방사선 투과 시험 시 물질에 방사선을 쪼이면 물질의 구성 원자로부터 전자를 빼내어 한 쌍의 양이온과 음이온을 만드는 현상

03 모세관 현상을 응용하여 균열을 검출하는 비파괴 검사법은?

① 침투 탐상 시험
② 자분 탐상 시험
③ 방사선 투과 시험
④ 초음파 탐상 시험

> 침투 탐상 시험은 모세관 현상의 원리를 이용한 것이다.

04 형광 침투 탐상법에 비교한 염색(가시 염색) 침투 탐상법의 장점으로 옳은 것은?

① 자외선등이 필요없다.
② 형광 침투 탐상법보다 감도가 더 예민하다.
③ 형광 침투 탐상법보다 침투성이 우수하다.
④ 염색 침투 탐상법은 독성이 없고 형광 침투법은 독성이 있다.

> 염색 침투는 자연광에서 관찰하므로 자외선 조사등(black light)과 같은 별도 조명이 필요하지 않다.

05 형광 침투 탐상 시험에 대한 설명 중 옳은 것은?

① 일반적인 검사체의 표면 온도는 0~40℃에서 적용한다.
② 현상제를 적용한 후 즉시 관찰한다.
③ 어두운 곳에서 자외선 조사등을 켜고 관찰한다.
④ 밝은 실내에서 적용한다.

> 형광 침투 탐상은 20lx 이하의 어두운 실내에서 자외선등을 이용하여 실시한다.

06 다른 침투 탐상 시험에 비해 형광 침투 탐상 시험의 장점은?

① 전원이 필요하다.
② 미세한 표면 결함 검출에 용이하다.
③ 밝은 곳에서도 검사가 용이하다.
④ 표면 바로 밑에 있는 결함 검출이 용이하다.

> 형광 침투 탐상은 염색 침투 탐상보다 미세한 결함의 검출에 용이하다.

정답 01 ④ 02 ② 03 ① 04 ① 05 ③ 06 ②

07 다른 침투 탐상 시험과 비교하였을 때 용제 제거성 염색 침투 탐상 시험의 장점으로 옳은 것은?

① 암실에서 탐상하기에 가장 적합하다.
② 경제적이고 미세 결함 탐상에 적합하다.
③ 세척이 편리하고 탐상 감도가 제일 높다.
④ 휴대성이 좋고 대형 부품의 부분 탐상에 적합하다.

> 염색 침투 탐상은 형광 침투 탐상보다 휴대성이 좋고 장소에 구애를 받지 않기 때문에 대형 부품의 부분 탐상이 가능하다.

08 수도 시설이 없는 장소에서 침투 탐상 검사를 하려고 한다. 다음 중 가장 적합한 방법은? (단, 다른 시설은 모두 동일하게 갖추었다고 가정한다.)

① 수세성 형광 침투 탐상 검사
② 후유화성 염색 침투 탐상 검사
③ 후유화성 형광 침투 탐상 검사
④ 용제 제거성 형광 침투 탐상 검사

> 수도 시설이 없는 경우 수세성이나 후유화성 시험은 실시할 수 없다.

09 용제 제거성 형광 침투 탐상 검사의 특징에 대한 설명으로 옳지 않은 것은?

① 대형 부품, 구조물의 부분 탐상에 적용할 수 있다.
② 형광 침투 탐상법 중 휴대용으로 사용 가능하다.
③ 시험면이 거친 시험체에 적용이 곤란하다.
④ 침투 시간은 다른 방법에 비해 길어야 한다.

> **용제 제거성 형광 침투 탐상의 장·단점**
> ①, ②, ③ 외에 다음과 같다.
> • 결함 검출 감도가 용제 제거성 염색 침투 탐상보다 높다.
> • 용제로 제거하기 때문에 수도 시설이 필요 없다.
> • 세척 처리가 곤란하고 과세척의 우려가 있어 검출 감도가 저하된다.
> • 분무법으로 적용하기 때문에 침투액의 분산과 흡입을 방지해야 한다.
> • 암실 및 자외선 조사 장치가 필요하다.

10 다른 침투 탐상 시험과 비교하여 수세성 형광 침투 탐상 시험의 장점은?

① 밝은 곳에서 작업이 가능하다.
② 대형 단조품 검사에 적합하다.
③ 대량부품 검사에 적합하다.
④ 장비가 간편하고 장소의 제약을 받지 않는다.

> **수세성 형광 침투 탐상의 장점**
> • 시험체의 표면 조도가 거칠은 곳에 적용 가능하다.
> • 나사부와 같은 복잡한 형상의 탐상이 가능하다.
> • 넓은 면적의 시험체를 1회 작업으로 탐상할 수 있다.
> • 부품의 크기에 관계 없이 대량생산 부품의 탐상에 효과적이다.
> • 고감도 침투액을 사용하면 미세 균열의 탐상이 가능하다.

11 다른 침투 탐상 시험에 비하여 수세성 형광 침투 탐상 시험의 장점을 설명한 것으로 옳지 않은 것은?

① 비형광 침투액을 사용할 때보다 결함 지시가 밝게 나타난다.
② 넓은 시험 면적을 단 한 번의 조작으로 탐상할 수 있다.
③ 후유화성 침투액과 달리 유화 시간이 따로 없다.
④ 후유화성 형광 침투 탐상 시험보다 얇고 미세한 결함을 검출하는데 더 효과적이다.

> 수세성 형광 침투 탐상은 사용하기 쉽고 탐상제의 비용이 경제적이나, 과세척의 우려가 있어 미세한 결함의 감도가 떨어진다. 표면이 비교적 거친 시험체에 적합하다.

12 다른 침투 탐상 시험과 비교하여 수세성 형광 침투 탐상 시험의 단점은 어느 것인가?

① 다양한 크기 및 형상의 시험체에 적용하기 어렵다.
② 얕은 표면 결함을 검출하는데 신뢰성이 떨어진다.
③ 거친 시험면에 적용할 수 없다.
④ 다량의 소형 부품을 탐상하는데 시간이 많이 걸린다.

> **수세성 형광 침투 탐상의 단점**
> • 개방형 장치에 있는 침투액에 수분이 혼입되면 성능이 저하된다.
> • 전원 및 수도 시설, 암실 및 자외선 조사 장치가 필요하다.
> • 과세척의 우려가 있어 폭이 넓고 얕은 결함의 탐상이 곤란하다.

13 수세성 염색 침투 탐상 시험법의 단점으로 옳은 것은?

① 전원이 필요하다.
② 표면이 거친 검사품의 탐상에는 부적합하다.
③ 세척 조작이 어렵다.
④ 검출 감도가 낮아 미세한 결함의 검출이 어렵다.

> 수세성 염색 침투 탐상은 검출 감도가 낮은 단점이 있어서 미세한 결함의 검출에는 사용하지 않는다.

14 다음과 같은 침투 탐상 시험의 특징을 가지고 있는 검사법은?

> • 다양한 재질, 크기 및 형상의 시험체와 여러 종류의 결함을 탐상하는데 적용
> • 넓은 시험면을 한 번의 조작으로 탐상이 가능
> • 다량의 소형 부품을 빨리 탐상하는데 적합
> • 얕은 표면의 결함 검출에 신뢰성이 떨어짐
> • 전원, 수도 설비, 자외선등이 필요함

① 용제 제거성 형광 침투 탐상 검사
② 후유화성 형광 침투 탐상 검사
③ 솔벤트 세척형 형광 침투 탐상 검사
④ 수세성 형광 침투 탐상 검사

15 다음 중 자연광에서 검사가 가능한 침투 탐상 시험법은?

① 가시 염색 침투 탐상 시험법
② 수세성 형광 침투 탐상 시험법
③ 후유화성 형광 침투 탐상 시험법
④ 용제 제거성 형광 침투 탐상 시험법

> 염색 침투 탐상은 자연광에서 검사한다.

16 침투 탐상 시험에서 염색 침투액을 사용하는 것이 형광 침투액을 사용하는 것보다 장점인 경우를 설명한 것은?

① 무독성임(형광 침투액은 유독성임)
② 형광 침투액에 비해 더 예민함
③ 침투성이 형광 침투액보다 우수함
④ 블랙라이트를 필요로 하지 않음

> 염색 침투액은 자외선 조사등(black light)의 별도 조명이 필요하지 않다.

17 다음 중 침투 탐상 시험에서 형광 침투액을 사용하는 것보다 염색 침투액을 사용하는 것이 유리한 경우로 옳은 것은?

① 어두운 장소에 적용할 때
② 자연광을 이용하는 장소일 때
③ 수도 시설이 설치되는 장소일 때
④ 전원이 필요한 장소에서 작업할 때

18 다음 중 수분이 혼입되거나 온도에 의한 영향이 적어 고온의 시험체에 적합한 침투 탐상 방법은?

① 수세성 형광 침투 탐상
② 수세성 염색 침투 탐상
③ 후유화성 형광 침투 탐상
④ 용제 제거성 형광 침투 탐상

정답 12 ② 13 ④ 14 ④ 15 ① 16 ④ 17 ② 18 ③

19 침투 탐상 시험으로 시험면이 개방되지 않은 시험체의 표면 아래 불연속을 검출하려 한다. 다음 중 옳은 설명은?

① 후유화성 형광 침투액을 사용한다.
② 가시성 염색 침투액으로 검사한다.
③ 수세성 형광 침투액으로 검사한다.
④ 침투 탐상 시험으로는 검출하기 어렵다.

> 표면 직하의 결함은 침투 탐상법으로 검출할 수 없다.

20 다른 침투 탐상 시험과 비교하여 거친 표면의 탐상에 적합한 침투 탐상 시험은?

① 수세성 형광 침투 탐상 시험법
② 후유화성 형광 침투 탐상 시험법
③ 용제 제거성 형광 침투 탐상 시험법
④ 용제 제거성 염색 침투 탐상 시험법

> 수세성 형광 침투 탐상은 거친 표면 탐상이 가능하여 열쇠 홈, 나사부 등 복잡한 시험체의 탐상에 사용한다.

21 침투 탐상 시험 시 미세한 표면 균열을 검출하는데 가장 감도가 높은 시험법은?

① 수세성 염색 침투 탐상 시험법
② 수세성 형광 침투 탐상 시험법
③ 후유화성 형광 침투 탐상 시험법
④ 용제 제거성 염색 침투 탐상 시험법

22 후유화성 형광 침투 탐상 시험법에 대한 설명으로 적합하지 않은 것은?

① 침투 시간이 단축된다.
② 거친 표면에 적합하다.
③ 미세 결함 검출에 적합하다.
④ 소형 재료나 다량의 검사에 적합하다.

> 거친 표면은 수세성 염색 침투 탐상법을 적용한다.

23 다음 침투액 중 다른 검사 방법에 비해 결함 검출도가 가장 높은 방법으로서 특히 깊이가 얕고 폭이 넓은 결함의 검출에 우수한 탐상액은 어느 것인가?

① 수세성 형광 침투액
② 후유화성 형광 침투액
③ 수세성 염색 침투액
④ 용제 제거성 형광 침투액

24 후유화성 형광 침투제를 사용한 검사법의 장점이 아닌 것은?

① 탐상 감도가 상대적으로 우수하다.
② 비교적 침투 시간을 단축시킬 수 있다.
③ 시험체의 형상이 복잡한 경우에 적용이 용이하다.
④ 얇고 넓은 결함 탐상에 적합하다.

> 나사부와 같이 복잡한 모양의 결함 검사에는 수세성 형광 침투제를 사용한다.

25 침투 탐상에 사용되는 전처리 용액 중 인화점(Flash Point)이 가장 낮은 것은?

① 톨루엔(Toluene)
② 에탄올(Ethanol)
③ 아세톤(Acetone)
④ 케로신(Kerosene)

> ① 톨루엔 : 4.4℃
> ② 에탄올 : 13℃
> ③ 아세톤 : −18℃
> ④ 케로신(등유) : 30~60℃

정답 19 ④ 20 ① 21 ③ 22 ② 23 ② 24 ③ 25 ③

26 침투 탐상 시험에 사용되는 침투액에 대한 설명으로 옳은 것은?

① 용제 제거성 형광 침투액은 대형 부품의 전면 동시 검사에 효율적이다.
② 용제 제거성 염색 침투액은 대형 부품의 부분 탐상에 적합하다.
③ 용제 제거성 형광 침투액은 수도 시설과 전원이 필요 없다.
④ 용제 제거성 염색 침투액은 인화점이 낮으므로 부품의 탐상에 부적합하다.

> 염색 침투액은 인화점이 비교적 높으므로 부품 탐상에 적용해도 된다.

27 침투 탐상 검사에 사용되는 침투제의 성질로 알맞은 것은?

① 침투제는 결함 속에 침투하는 성질과 강산성을 가지고 있어야 한다.
② 침투제는 휘발성이 높으면 높을수록 좋다.
③ 침투제는 얇은 도포막을 형성한다.
④ 침투제는 물에 용해되지 않는 성질이 있다.

> **침투제 성질**
> 물에 용해되며, 휘발성이 낮을 것, 중성일 것

28 침투 탐상 시험용 침투액의 조건이 아닌 것은?

① 부식성이 없을 것
② 형광 휘도나 적색의 색도가 뚜렷할 것
③ 점도가 높을 것
④ 침투성이 좋을 것

> 침투액의 점도가 낮아야 유동성이 좋아서 결함에 쉽게 침투할 수 있다.

29 좋은 침투액의 조건이 아닌 것은?

① 비교적 거칠게 열려진 틈일지라도 남아 있어야 한다.
② 시험 후 표면으로부터 쉽게 제거되어야 한다.
③ 대단히 미세하고 열려진 틈에 빨리 침투할 수 있어야 한다.
④ 시험 후 빨리 증발해야 한다.

> 침투제는 빨리 증발하면 개구부에 침투 전에 증발할 우려가 있으므로 비휘발성이어야 한다.

30 다음 중 침투제의 특징이 아닌 것은?

① 휘발성이 좋아야 한다.
② 침투력이 좋아야 한다.
③ 큰 개구에도 잔류할 수 있어야 한다.
④ 탐상 후 과잉 침투액은 쉽게 제거되어야 한다.

> 침투제는 휘발성이 있으면 안된다.

31 성능이 우수한 침투제의 물리적 특성으로 옳은 것은?

① 표면장력이 커야 한다.
② 점성이 커야 한다.
③ 인화점이 낮아야 한다.
④ 접촉각이 작아야 한다.

32 침투 탐상 시험 시 침투제의 역할을 잘못 설명한 것은?

① 비교적 거칠은 개구부에는 침투제가 스며들지 말아야 한다.
② 열이나 빛 등에 노출되어도 색채와 형광을 잃지 말아야 한다.
③ 시험품에 화학 변화를 일으키지 않아야 한다.
④ 증발이나 건조가 너무 빠르지 않아야 한다.

> 개구부에 침투제가 스며들어야 한다.

33 침투 탐상 시험에 사용되는 침투액의 특성에 해당되지 않는 것은?

① 매우 빨리 증발하여야 한다.
② 색채 콘트라스트가 높아야 한다.
③ 인화점이 높고 온도 안정성이 있어야 한다.
④ 미세한 개구부에도 쉽게 침투할 수 있어야 한다.

> 침투제는 증발하면 안 되므로 비휘발성이어야 한다.

34 침투 탐상 시험 시 침투제가 가져야 할 특성에 해당되지 않는 것은?

① 후처리 시에 표면으로부터 쉽게 씻겨질 수 있는 능력
② 침투 처리 시 비교적 큰 결함에도 남을 수 있는 능력
③ 침투 처리 시 재빨리 증발할 수 있는 능력
④ 미세한 틈 사이에도 침투할 수 있는 능력

> 침투제는 증발하면 안되므로 비휘발성이어야 한다.

35 침투액의 물리적 성질 중 침투 성능의 우수성을 결정하는데 중요한 두 가지 성질은?

① 표면장력 및 탄성
② 적심성 및 표면장력
③ 밀도 및 적심성
④ 중력 및 적심성

> 침투 성능 요인
> 적심성 및 표면장력, 점성, 응집력, 점착력

36 형광 침투 탐상 시험에 사용되는 침투액이 갖추어야 할 사항으로 옳지 않은 것은?

① 적심성이 좋아야 한다.
② 점성이 낮아야 한다.
③ 표면장력이 낮아야 한다.
④ 인화점이 낮아야 한다.

37 비수세성 침투제와 수세성 침투제의 구분으로 옳은 것은?

① 비수세성 침투제는 수세성 침투제보다 형광성이 좋다.
② 침투제의 색채의 차이다.
③ 침투제에 유화제가 포함되어 있는지의 차이다.
④ 침투제의 점성의 차이다.

> 비수세성 침투제에는 계면활성제(유화제)가 혼합되어 있다.

38 가장 널리 사용되고 있는 침투제의 일반적인 비중은?

① 약 0.5
② 약 1.0
③ 약 1.5
④ 약 2.0

> 침투제의 비중은 약 1.0 정도 또는 1보다 작다.
> 침투액이 담겨 있는 탱크에 오염물을 가라앉게 하기 위해 침투액은 물보다 일반적으로 가볍게 한다.

39 고감도 형광 침투제의 특성을 바르게 설명한 것은?

① 색채 대비용 침투제에 비해 흐릿한 자연광에서도 감도가 높아야 한다.
② 색채 대비용 침투제에 비해 흐릿한 자연광에서는 감도가 낮아야 한다.
③ 보통의 형광 침투제보다 감도가 높아야 하지만 자연광 밑에서는 사용이 불가능하다.
④ 암실에서보다 흐릿한 자연광 밑에서 그 감도가 높아야 한다.

40 다음 중 형광 침투액의 성분이 아닌 것은?

① 프탈산 에스테르
② 연질 석유계 탄화수소
③ 적색 아조계 염료
④ 유면 계면활성제

> 적색 아조 염료는 염색 침투제로 사용한다.

정답 33 ① 34 ③ 35 ② 36 ④ 37 ③ 38 ② 39 ① 40 ③

41 일반적인 가시성 염색 침투액은 어떤 색의 염료를 첨가하는가?

① 노란색　　② 파란색
③ 빨간색　　④ 등황색

> 침투액은 적색 아조 염료를 사용한다.

42 다른 침투 탐상 시험에 비하여 후유화성 형광 침투 탐상 시험의 장점이라고 볼 수 없는 것은?

① 눈에 잘 보인다.
② 침투력이 강하다.
③ 거친 표면에 적합하다.
④ 극히 작은 불연속부에 민감하다.

> 후유화성 형광 침투 탐상의 장점
> • 과세척 염려가 적다.
> • 미세 결함이나 폭넓은 얕은 결함 검출이 용이하다.

43 형광 침투제를 사용했을 때 찾아볼 수 있는(나타나는) 가장 공통적인 오염 형태는?

① 물　　　　② 줄질한 금속가루
③ 청정제　　④ 기름

> 형광 침투제를 사용하는 방법의 경우 물에 의한 오염이 공통적으로 나타날 수 있다.

44 형광 침투 탐상 시험과 비교할 때 염색 침투 탐상 시험의 장점으로 옳은 것은?

① 자연광에서 검사가 용이하고 장비의 사용이 간편하다.
② 형광 침투 탐상 시험보다 미세 균열의 검출이 우수하다.
③ 형광 침투제보다 침투력이 뛰어나다.
④ 형광 침투제는 독성인 반면 염색 침투제는 독성이 없다.

> 염색 침투 탐상은 자연광에서 검사할 수 있으며 장비가 간단하고 조작이 용이하다.

45 다음 중 후유화성 염색 침투 탐상 시험과 무관한 것은?

① 블랙 라이트　　② 유화제
③ 현상제　　　　④ 분사 노즐

> 염색 침투액은 자외선 조사등(black light)의 별도 조명이 필요하지 않다.

46 형광 침투 탐상 시험에서 건식 현상제 사용 시 형광을 내는 것은?

① 트리클렌 세척제　　② 현상제
③ 침투액　　　　　　④ 유화제

> 침투액은 형광과 염색으로 나눌 수 있다.

47 다음 중 염색 침투제와 비교할 때 형광 침투제의 장점은?

① 불연속이 오염될 경우 감도가 떨어진다.
② 작은 불연속의 검출이 용이하다.
③ 물을 사용하는 개소에서 유리하다.
④ 관찰 시 밝은 곳에서 할 수 있다.

> 형광 침투제는 결함 검출 감도가 우수하고 미세한 결함의 검출이 가능하다.

48 후유화성 형광 침투액과 수세성 형광 침투액은 외견상 구별이 곤란하다. 다음 중 간단히 구별할 수 있는 가장 좋은 방법은?

① 불태워 본다.
② 만져 본다.
③ 소금물에 섞어 본다.
④ 자외선등으로 관찰해 본다.

> 수세성 형광 침투액은 소금물과 반응한다.

정답　41 ③　42 ③　43 ①　44 ①　45 ①　46 ③　47 ②　48 ③

49 침투 탐상 시험 시 건식 현상법은 다음 중 어떤 효과를 이용한 것인가?

① 삼투압 현상
② 모세관 현상
③ X - 선 감광
④ 브롬화은에서 은의 석출

> 건식 현상제에서는 모세관 현상이 가장 중요하다.

50 수세성 침투 탐상제를 사용하는 것이 후유화성 침투 탐상제를 사용하는 것과 특별히 다른 점은?

① 알루미늄 표면 탐상에만 사용되는 점
② 유화제를 첨가할 필요가 없다는 점
③ 현상하기 위하여 표면에 있는 과잉 침투제를 제거할 필요가 없다는 점
④ 표면 직하(subsurface)에 있는 미세 결함 탐상에 후유화성 침투 탐상제보다 우수한 점

> 후유화성은 유화제를 적용하여 침투제에 수세성을 갖도록 하는 것이다.

51 침투 탐상 시험 결과의 해석과 평가에 대한 설명으로 옳지 않은 것은?

① 형광 침투액을 사용하는 경우에는 자외선 아래에서 지시 모양을 관찰한다.
② 염색 침투액을 사용하는 경우에는 백색 조명 아래에서 지시 모양을 관찰한다.
③ 현상면에 나타나는 지시 모양은 시간의 경과에 관계 없이 일정한 속도와 크기로 형성된다.
④ 지시 모양이 나타나면 그 지시가 관련 지시인지 또는 무관련 지시인지를 먼저 해석한다.

> 지시 모양은 침투 시간 등에 따라 달라진다.

52 수세성 침투제를 사용할 때 가장 주의해야 할 경우는?

① 유화제를 과하게 적용시키지 않아야 한다.
② 과잉 세척을 하지 말아야 한다.
③ 침투 시간은 수압에 따라 달리 적용한다.
④ 과잉 침투제의 제거 시 시험면의 배경이 안 보이도록 완전히 세척되어야 한다.

> 수세성 침투제는 과세척이 되면 침투 지시 모양이 없어지므로 유의해야 한다.

53 다음 중 유화제의 기능으로 올바른 설명은?

① 표면에 있는 침투액과 반응하여 수세성을 용이하게 한다.
② 현상제가 잘 도포될 수 있도록 도와준다.
③ 얕은 개구에 있는 침투액을 빨아낸다.
④ 침투액의 침투 능력을 도와준다.

54 후유화성 침투 탐상 시험에서 유화제를 사용하는 목적으로 옳은 것은?

① 침투제의 침투 작용을 도와준다.
② 현상제의 흡출 작용을 도와준다.
③ 의사지시를 제거시켜 준다.
④ 물로 세척이 용이하도록 도와준다.

> 유제제는 후유화성 침투 탐상 검사 시에 수세능이 없는 침투액에 적용하여 수세성을 갖도록 한다.

55 침투 탐상 시험 시 사용하는 현상제에 관한 설명 중 옳지 않은 것은?

① 흡수력이 있는 물질이어야 한다.
② 형광 물질이어야 한다.
③ 독성이 없어야 한다.
④ 시험편 표면에 얇고 균일한 막을 형성할 수 있어야 한다.

정답 49 ② 50 ② 51 ③ 52 ② 53 ① 54 ④ 55 ②

56 침투 탐상 검사에 사용되는 현상제에 대한 설명 중 옳지 않은 것은?

① 높은 농도의 형광 물질이어야 한다.
② 침투액을 흡출하는 능력이 좋아야 한다.
③ 일반적으로 습식, 건식, 속건식 현상제로 분류한다.
④ 시험 표면에 대한 부착성이 좋고, 현상막을 제거하기 좋아야 한다.

현상제는 형광을 발하면 안 된다.

57 침투 탐상 시험의 현상제에 대한 설명으로 옳지 않은 것은?

① 현상제는 크게 습식 현상제와 건식 현상제로 구분한다.
② 습식 현상제는 건식 현상제와 물의 혼합물이다.
③ 건식 현상제는 흡수성이 있는 백색 분말이다.
④ 현상제는 판독 시 시각적인 차이를 증대시키기 위하여 형광 물질을 도포한 것도 있다.

형광물질은 침투액에 첨가하여 사용한다.

58 침투 탐상 검사에 사용되는 현상제에 대한 설명 중 옳지 않은 것은?

① 현상제는 보통 고도의 형광 물질이다.
② 현상제는 무기 백색 산화물로서 알루미나, 마그네시아, 규사 등으로 되어 있다.
③ 현상제는 불연속부에 남아 있는 침투제를 흡수하거나 빨아들인다.
④ 현상제는 주위 조건과 남아 있는 침투제를 흡수하거나 빨아들인다.

현상제는 형광을 발하면 안 된다.

59 침투 탐상 시험에 사용되는 현상제의 성질이 아닌 것은?

① 현상제는 작업자에게 해로움을 주는 성분이 없어야 한다.
② 현상제는 얇고 균일하게 도포될 수 있어야 한다.
③ 현상제는 흡출 작용이 강해야 한다.
④ 현상제는 형광 침투액과 같이 사용할 때는 형광성이 있어야 한다.

현상제는 형광 성능이 없어야 한다.

60 침투 탐상 시험 시 현상제의 기능으로 옳지 않은 것은?

① 지시 모양의 콘트라스트 증가
② 모세관 현상에 의한 침투제의 흡입
③ 실제의 결함 폭보다 지시를 확대
④ 열전 현상에 의한 현상제의 흡입

현상제는 열전 현상이 발생하지 않는다.

61 다음 중 침투 탐상 시험에서 현상제의 기능에 대한 설명과 가장 거리가 먼 것은?

① 불연속으로부터 침투제를 빨아낸다.
② 빨려 나오는 침투량을 조절해준다.
③ 불연속 지시가 나타나도록 도와준다.
④ 침투제와 형광 성능을 증대시킨다.

현상제는 결함 내부의 침투액을 흡수하여 지시 모양을 나타낸다.

62 현상제가 갖추어야 할 조건이 아닌 것은?

① 침투액을 흡출하는 능력이 좋을 것
② 침투액을 분산시키는 능력이 좋을 것
③ 현상 피막이 균일하고 두껍게 형성될 것
④ 형광 침투액을 사용할 때는 형광을 발하지 말 것

③ 현상제는 너무 두껍게 도포되면 안 된다.
현상제 특징
• 부착성이 좋을 것
• 화학적 안정성이 좋을 것
• 현상제 피막 제거가 용이할 것

정답 56 ① 57 ④ 58 ① 59 ④ 60 ④ 61 ④ 62 ③

63 침투 탐상 시험에서 현상제를 사용하는 주 목적은?

① 남아 있는 유화제를 흡수하기 위하여
② 침투제의 침투력을 막기 위하여
③ 표면을 건조시키기 위해서
④ 결함 내부에 침투제를 흡수하여 잘 보이게 하기 위하여

> 현상제는 결함 내부에 침투액을 흡수하여 지시 모양을 나타낸다.

64 침투 탐상 시험 시 사용되는 건식 현상제의 설명으로 다음 중 옳지 않은 것은?

① 건식 현상제는 거친 표면에 효과적이다.
② 건식 현상제는 덩어리 형태로 적용하여야 한다.
③ 건식 현상제를 적용하기 전에 검사 표면은 반드시 건조하여야 한다.
④ 건식 현상제는 액체와 함께 사용하지 않는다.

> 건식 현상제는 표면에 수분이 존재하면 의사지시가 나타나므로 반드시 제거해야 되며, 극히 미세한 백색 분말을 적용해야 하며 거친 표면에 적합하다.

65 다른 침투액과 비교했을 때 수세성 형광 침투액의 특성으로 옳지 않은 설명은?

① 얕은 개구의 결함을 검출하는데 좋다.
② 규정된 유화 시간이 따로 없다.
③ 침투 시간 경과 후 곧바로 물로 침투액을 제거한다.
④ 비형광 침투액을 사용했을 때보다 검출 능력이 좋다.

> **수세성 형광 침투 탐상의 특징**
> • 과세척의 우려가 있어 폭이 넓고 얕은 결함의 탐상이 곤란하다.
> • 전원 및 수도 시설, 암실 및 자외선 조사 장치가 필요하다.
> • 개방형 장치에 있는 침투액에 수분이 혼입되면 성능이 저하된다.
> • 부품의 크기에 관계 없이 대량생산 부품의 탐상에 효과적이다.
> • 고감도 넓은 면적의 시험체를 1회 작업으로 탐상할 수 있다.
> • 침투액을 사용하면 미세 균열의 탐상이 가능하다.
> • 나사부와 같은 복잡한 형상의 탐상이 가능하다.
> • 시험체의 표면 조도가 거칠은 곳에 적용 가능하다.

66 침투 탐상 시험에서 습식 현상제의 장점이 아닌 것은?

① 침지법을 사용하는 경우 현상제 적용 시간이 적게 소요된다.
② 현상제의 농도를 비중계에 의해 확인할 수 있다.
③ 완전 도포 상태를 육안으로 확인 가능하다.
④ 거친 표면의 시험체에 적용이 용이하다.

> • **건식 현상제** : 거친 표면
> • **습식 현상제** : 매끄러운 표면

67 침투 탐상 시험에서 일반적으로 백색 현상제를 사용하는 주된 이유는?

① 자외선등의 파장을 증가시키기 때문에
② 백색이 모든 색의 기본이기 때문에
③ 침투액과의 색 대비 효과를 높이기 때문에
④ 침투액과 혼합이 용이하기 때문에

> 현상제는 침투액과의 색채 대비 효과와 형광 휘도를 높이기 위해 백색을 사용한다.

68 다음 중 일반적으로 민감도가 가장 좋은 현상제는?

① 불활성 현상제　② 건식 현상제
③ 습식 현상제　　④ 무 현상제

> 습식 현상제 > 건식 현상제 > 속건식 현상제

69 형광 침투 탐상 시험에서 건식 현상제를 사용할 때 형광을 내는 것은?

① 세척제(액)　② 건조제
③ 침투제(액)　④ 유화제

> 침투액이 형광을 나타낸다.

63 ④　64 ②　65 ①　66 ④　67 ③　68 ③　69 ③

70 다음 중 침투 탐상 시험용 현상제에 사용되지 않는 것은?

① 황산칼슘
② 산화티탄
③ 벤토나이트
④ 산화마그네슘

> **현상제 원료**
> 산화규소(SiO₂), 벤토나이트, 활성 백토, 산화마그네슘(MgO), 산화칼슘(CaO), 산화티탄(TiO₂)

71 다음 중 침투제의 점검 방법으로 적절하지 않은 것은?

① 입도를 측정한다.
② 형광 침투제인 경우 퇴색 시험을 한다.
③ 대비 시험편을 이용한다.
④ 겉모양 검사를 한다.

72 탐상제 중 건식 현상제의 상태를 점검하는 방법으로 가장 적절한 것은?

① 용액에 녹여 점도 시험을 한다.
② 보통 육안으로 관찰한다.
③ 비중 측정을 한다.
④ 자외선등으로 형광물질 오염 여부를 확인한다.

> 건식 현상제는 육안으로 겉모양을 검사하여 현저한 형광의 잔류가 생겼을 때, 응집 입자가 생기고 현상 성능의 저하가 인정될 때 폐기한다.

73 침투제의 성능을 유지하기 위해서는 주기적인 관리가 필요하다. 다음 중 가장 자주 점검해야 할 사항은?

① 오염
② 세척성
③ 감도
④ 형광의 밝기

> 침투제의 오염은 성능 저하의 주원인이 된다.

74 침투 탐상 시험에 사용하는 재료나 설비는 사용함에 따라 신뢰성이 떨어진다. 신뢰성을 확보하는 적절한 방법은?

① 별 문제가 되지 않으므로 계속 사용한다.
② 매 1년마다 재료나 설비를 교체한다.
③ 일상 점검 또는 일정 기간 정기 점검으로 관리한다.
④ 매 작업 시마다 재료나 설비를 교체한다.

> 재료나 설비는 일상 점검과 정기 점검으로 관리한다.

75 침투 탐상 시험방법 및 침투 지시 모양의 분류(KS B 0816)에 규정된 탐상제와 점검 내용의 조합으로 옳은 것은?

① 습식 현상제 : 세척성 검사
② 유화제 : 결함 검출 능력 검사
③ 건식 현상제 : 겉모양(응집 입자) 검사
④ 침투액 : 부착 상태 검사

> **탐상제별 점검 내용**
> • 침투액 : 결함 검출 능력
> • 유화제 : 유화 성능 검사
> • 습식 현상제 : 겉모양 검사(농도)

76 침투 탐상 시험 방법 및 침투 지시 모양의 분류(KS B 0816)에서 사용 중인 침투액에 대한 점검 결과 중 폐기 사유에 해당하지 않는 것은?

① 성능 시험 결과 결함 검출 능력 및 침투 지시 모양의 휘도가 저하되었을 때
② 겉모양 검사를 하여 현저한 흐림이나 침전물이 생겼을 때
③ 성능 시험 결과 색상이 변화됐다고 인정된 때
④ 겉모양 검사를 한 후 불충분한 재료에 정량의 재료로 보충하여 혼합하였을 때

> **침투액 점검**
> 휘도 점검, 색상 변화 점검, 세척성 저하 점검, 침전물 점검

정답 70 ① 71 ① 72 ② 73 ① 74 ③ 75 ③ 76 ④

77 KS W 0914 규격에 따라 침투 탐상 시험을 수행할 때 사용 중인 탱크 내에 있는 침투액은 표준 침투액과 비교하여 감도를 확인, 점검하여야 한다. 다음 중 점검 주기로 옳은 것은? (단, 탱크 내에 침투액을 보충할 필요가 없는 경우)

① 1주일 ② 2주일
③ 1개월 ④ 2개월

> KS-W-0914에서 침투액 점검 주기
> 월 1회, 형광 휘도의 경우 3개월에 1회

78 침투 탐상 검사 시 침투액의 감도 시험에 대한 설명 중 옳지 않은 것은?

① 사용하던 침투액이 새 침투액보다 감도가 많이 떨어지면 폐기한다.
② 시험편 반쪽엔 사용하던 침투액을 적용하고 다른 반쪽에는 새 침투액을 사용한다.
③ 침투 시간은 각각 다르게 적용해야 한다.
④ 알루미늄 시험편을 사용한다.

> 침투 시간은 같이 적용해야 한다.

79 KS W 0914에 규정된 사용 중인 침투액은 형광 휘도시험을 하였을 때 성능이 저하되면 폐기 처리한다. 그 기준은?

① 사용하지 않은 침투액 휘도의 50% 미만이었을 때
② 사용하지 않은 침투액 휘도의 90% 미만이었을 때
③ 사용하지 않은 침투액 휘도의 85% 미만이었을 때
④ 사용하지 않은 침투액 휘도의 95% 미만이었을 때

80 KS W 0914에 따르면 염색 침투 탐상장치(타입 II)의 관찰 장소 백색광 조도는 얼마 만에 점검하도록 규정하고 있는가?

① 매일 ② 주 1회
③ 월 1회 ④ 연 1회

> KS W 0914에서 염색 침투(타입 II) 백색광 조도 점검
> 주 1회 점검

81 KS B 0816에 따라 침투 탐상 시험 시 탐상제 및 장치의 점검, 보수에 대한 설명으로 옳지 않은 것은?

① 용제 제거성 침투액, 세척액 및 속건식 현상제는 밀폐한 용기에 보관하여야 한다.
② 암실의 밝기는 조도계를 사용하여 측정, 지시 모양을 관찰하는 장소에서 20lx 이하여야 한다.
③ 기준 탐상제 및 사용하지 않는 탐상제는 상온이 유지되는 장소에 보관하여야 한다.
④ 자외선 강도는 강도계를 사용하여 38cm 떨어져서 $800\mu W/cm^2$ 이상이어야 한다.

> 탐상제 보관
> 용기를 밀폐하여 냉암소에 보관

82 침투제의 고유 특성으로 인하여 대부분의 침투 탐상 검사법은 검사원의 건강을 해치게 할 수 있는데 이의 공통된 내용은?

① 최근 침투제의 기술 개발로 착시현상 이외의 위해 요소는 완전히 제거되었다.
② 침투제에는 주의를 하지 않을 경우 피부염을 유발시킬 수 있는 물질이 들어 있다.
③ 침투제에는 이성 판단을 흐리게 할 수 있는 환각제 성분이 다량 들어 있다.
④ 침투제는 무기용제로 만들어져 있기 때문에 해롭다.

83 수세성 형광 침투제와 건식 현상제를 사용하는 침투 탐상 시험에서 안전 관리에 특히 고려해야 할 사항은?

① 방사선에 의한 피폭
② 발화에 의한 화재
③ 자외선에 의한 안구 손상
④ 유기 용제에 의한 피부 손상

> 형광 침투액은 관찰 시 자외선등이 필요하므로 자외선등에서 나오는 빛을 직접 바라보면 안 된다.

정답 77 ③ 78 ③ 79 ② 80 ② 81 ③ 82 ② 83 ③

84 다음 중 휴대용 용제 제거성 침투 탐상제 세트에 포함되지 않는 것은?

① 현상제　　② 침투제
③ 유화제　　④ 세척제

> 용제 제거성 침투 탐상 시험에서는 유화 처리가 필요하지 않다.

85 전원 공급이 어려운 야외에서 침투 탐상 시험을 행할 때 휴대에 필요한 재료 및 장비로 알맞은 것은?

① 세척제, 후유화성 침투제, 현상제, 자외선등
② 염색 침투제, 세척제, 현상제, 걸레(또는 종이)
③ 세척제, 형광 침투제, 현상제, 자외선등
④ 세척제, 수세성 형광 침투제, 유화제, 걸레

> 전원이 없을 경우는 자외선등을 사용할 수 없으므로 형광 침투 탐상을 실시할 수 없다.

86 수세성 형광 침투액과 습식 현상제를 사용하여 침투 탐상 시험을 할 때 탐상 절차에 따른 장치의 배열 순서로 옳은 것은?

① 전처리대 → 침투조 → 현상조 → 세척조 → 건조대 → 검사대
② 전처리대 → 침투조 → 세척조 → 건조대 → 현상조 → 검사대
③ 전처리대 → 침투조 → 세척조 → 현상조 → 건조대 → 검사대
④ 전처리대 → 세척조 → 침투조 → 현상조 → 건조대 → 검사대

> 수세성 형광 침투액, 습식 현상제를 사용할 경우 시험 순서는 [전처리→ 침투 처리→ 세척 처리→ 현상 처리→ 건조 처리→관찰]의 순서이며, 습식 현상제 적용 후 반드시 건조 처리를 해야 한다.

87 다음 중 수세성 형광 침투 탐상 시험 장치의 배치 순서로 적합한 것은?

① 침투조 → 유화조 → 배액대 → 현상조 → 건조대
② 침투조 → 배액대 → 세척조 → 현상조 → 건조대
③ 침투조 → 배액대 → 유화조 → 현상조 → 건조대
④ 침투조 → 세척조 → 현상조 → 배액대 → 건조대

> 수세성 형광 침투의 순서는 [전처리→ 침투 처리→ 세척 처리 → 현상 처리→ 건조 처리→ 관찰]의 순이다.

88 수세성 침투제와 건식 현상제를 사용하여 침투 탐상 시험을 할 경우 장치의 배열이 옳은 것은?

① 전처리대 → 침투 탱크 → 배액대 → 건조대
　→ 현상탱크 → 세척대 → 검사대
② 세척대 → 침투 탱크 → 배액대 → 건조대
　→ 현상탱크 → 검사대 → 전처리대
③ 전처리대 → 침투 탱크 → 배액대 → 세척대
　→ 건조대 → 현상탱크 → 검사대
④ 세척대 → 전처리대 → 침투 탱크 → 건조대
　→ 배액대 → 현상탱크 → 검사대

> 수세성 침투액, 건식 현상제를 사용할 경우 시험 순서는 [전처리→ 침투 처리→ 세척 처리→ 건조 처리→ 현상 처리→관찰]의 순서이다.

89 후유화성 형광 침투 탐상 시험을 하기 위한 장치의 배열 순서가 옳은 것은? (단, 기름 베이스 유화제이며, 습식 현상제 사용)

① 침투조 → 배액대 → 유화조 → 세척조 → 제거조
　→ 현상조 → 관찰
② 침투조 → 배액대 → 세척조 → 유화조 → 건조 →
　현상조 → 관찰
③ 침투조 → 배액대 → 유화조 → 세척조 → 건조 →
　현상조 → 관찰
④ 침투조 → 배액대 → 유화조 → 세척조 → 현상조
　→ 건조 → 관찰

> 후유화성 형광 침투 탐상(기름 베이스 유화제, 습식 현상) 시험 순서는 [전처리→ 침투 처리(배액) → 유화 처리→ 세척 처리 → 현상 처리→ 건조 처리→ 관찰]의 순서이다.

정답 84 ③　85 ②　86 ③　87 ②　88 ③　89 ④

90 침투 탐상 시험에서 트리클렌(Trichlene) 증기 세척 장치는 다음 중 어느 경우에 주로 사용되는가?

① 전처리 과정
② 과잉 침투액 제거 과정
③ 후처리 과정
④ 유화제 제거 과정

> 대표적인 전처리 장치로는 트리클렌 증기 세척기가 있다.

91 침투 탐상 시험 시 습식 침투조에 꼭 필요한 구성 요소가 아닌 것은?

① 교반기가 부착되어 있다.
② 탱크, 뚜껑으로 되어 있다.
③ 온도 조절 장치가 부착되어 있다.
④ 자외선 탐상등이 부착되어 있다.

> 자외선 탐상등은 검사실 암실에 설치되어 있다.

92 침투 탐상 시험에 사용되는 수세 장치는 수압, 유량, 수온 조정이 가능한 기능을 가져야 하는데 수세 장치를 작동시켰을 때 옳은 설명은?

① 분무 노즐의 각도는 15~30도의 범위로 조절할 수 있어야 한다.
② 유량은 12~25ℓ/분의 범위로 조정할 수 있어야 한다.
③ 수온은 4~15℃의 범위로 조정할 수 있어야 한다.
④ 수압은 0.5~1.0kgf/cm^2의 범위로 조정할 수 있어야 한다.

> **수세장치 점검사항**
> • 수압 : 1.4~2.8kgf/cm^2
> • 수온 : 16~38℃
> • 유량 : 11.5~23ℓ/min

93 수세성 형광 침투 탐상 시험을 할 때 수세 장치에는 분무 노즐이 사용되는데, 분무 노즐의 수압은 특별한 규정이 없는 한 어느 정도이어야 하는가?

① 0.5~1.0kg/cm^2로 조절할 수 있어야 한다.
② 1.5~3.0kg/cm^2로 조절할 수 있어야 한다.
③ 3.5~5.0kg/cm^2로 조절할 수 있어야 한다.
④ 5.5~7.0kg/cm^2로 조절할 수 있어야 한다.

> **스프레이 수세 분무 노즐의 수압 조정 범위**
> 1.5~3.0kg/cm^2 정도

94 침투 탐상 시험 시 소형 부품을 대량 세척할 때 가장 효과적인 세척 장치는?

① 트리클로로에틸렌 증기 세척 장치
② 초음파 세척 장치
③ 수압이 5kg/cm^2 이하인 유수(流水)
④ 100mesh 정도의 모래 분사(sand blasting)

> 소형, 대량 부품의 전처리에는 초음파 세척을 사용한다.

95 침투 탐상 검사로 대량의 부품 검사 시 침지법으로 건식 현상제를 적용할 때 다음 중 탱크에 부착되어 있어야 하는 기구로 필수적인 것은?

① 배기 장치   ② 교반기
③ 현상액 보충기   ④ 정전기 차폐기

> 대량의 부품 검사 시 침지법을 적용할 때는 시험체 표면에 고르게 적용할 수 있도록 교반을 해야 한다.

96 침투 탐상 시험 장치 중 배액대의 주된 역할은?

① 현상액이 충분히 적용되도록 하는 역할
② 전처리 시 오염물을 제거하는 역할
③ 침투액을 여과하는 역할
④ 시험체 표면에 있는 잉여 침투액을 제거하는 역할

정답 90 ① 91 ④ 92 ② 93 ② 94 ② 95 ② 96 ④

97 침투 탐상 장치에서 배액대는 무엇으로 구성되어 있는가?

① 롤러 컨베이어, 배액받이, 뚜껑 등
② 롤러 컨베이어, 히터, 온도 조절기 등
③ 펌프 장치, 온도 조절 장치, 배수 장치 등
④ 온도 조절 장치, 배수장치, 뚜껑 등

98 침투 탐상 시험 시 현상제의 종류에 따라 다음 중 장소가 변경될 수 있는 조합은?

① 침투 탱크, 현상 탱크
② 현상 탱크, 세척 탱크
③ 세척 탱크, 검사대
④ 건조기, 현상 탱크

건식 현상제는 건조 장치가 필요 없다.

99 침투 탐상 시험 시 습식 현상제의 성능을 검사하는 기기는?

① 점도 측정기　② 비커
③ 원심 분리기　④ 비중계

습식 현상제는 대부분 비중이 1보다 작으므로 성능 점검에는 비중계를 사용한다.

100 다음 중 "수세성 염색 침투제 – 습식 현상제" 사용 시 필요 없는 장치는?

① 현상조　② 건조기
③ 유화조　④ 침투액조

유화제는 수세능이 없는 경우에 사용한다.

101 다음 중 후유화성 염색 침투 탐상 시험과 무관한 재료 또는 기구는?

① 유화제　② 분사기
③ 현상제　④ 자외선등

자외선등이나 자외선 강도계는 형광 침투 탐상에 필요하다

102 다음 중 용제 제거성 염색 침투 탐상 검사를 실시하기 위한 기자재로 볼 수 없는 것은?

① 버니어캘리퍼스　② 시계
③ 자외선 강도계　④ 온도계

103 침투 탐상 시험 시 건조 장치의 구비 조건으로 다음 중 가장 필요한 것은?

① 항상 일정한 온도를 유지할 수 있는 릴레이가 부가되어야 한다.
② 온도 조절 장치가 부가되어야 한다.
③ 팬(Fan)이 부가되어야 한다.
④ 타이머(Timer)가 부착되어야 한다.

건조 처리 온도가 너무 높으면 열화로 인해 감도가 저하된다.

104 침투 탐상 시험에 사용되는 다음의 건조 장치 중 가장 효과적인 것은?

① 적외선식 건조 장치　② 백열등식 건조 장치
③ 전열식 건조 장치　④ 열풍식 건조 장치

열풍 순환식 건조 장치가 현상제 건조로 주로 사용된다.

105 고정 설치식(거치식) 침투 탐상 장치에서 건조 장치의 사용에 대한 설명으로 올바른 것은?

① 건조 시간은 최장 시간으로 하여 지시 모양을 완전히 건조시킨다.
② 건조 온도를 고온으로 하면 지시 모양의 색채 대비가 향상된다.
③ 건조 온도는 감도를 높이기 위해 고온으로 유지한다.
④ 건조 시간은 최소 시간으로 하여 수분을 건조하는 정도로 한다.

정답　97 ①　98 ④　99 ④　100 ③　101 ④　102 ③　103 ②　104 ④　105 ④

106 거치식 침투 탐상 시험 장치의 세척 탱크 위에 자외선등이 설치되어 있는 주된 용도는?

① 세척 후 시험체를 건조시키기 위해서
② 침투액에 존재하는 이물질을 제거하기 위해서
③ 초음파 세척을 원활히 하기 위해서
④ 세척 과정에서 잉여 형광 침투액이 제거되었는지를 확인하기 위해서

잉여 형광 침투액은 자외선등을 비추어 확인할 수 있다.

107 침투 탐상 시험 방법 및 침투 지시 모양의 분류(KS B 0816)의 탐상 시험에 대한 설명 중 옳지 않은 것은?

① 대비 시험편은 A형과 B형 대비 시험편이 있다.
② 형광 침투액 사용 시 암실의 밝기는 20룩스 이하이어야 한다.
③ 습식 현상 장치는 교반 등에 따라 현상제를 분산시킬 수 한다.
④ 건식 현상 장치는 현상제가 외부로 비산되어 시험하는 곳을 비산할 수 있는 구조이어야 한다.

건식 현상 장치에서 현상제가 외부로 비산되어서는 안 된다.

108 침투 탐상 장치의 세척 탱크 상부에 자외선등이 설치되어 있는 가장 주된 이유는?

① 세척한 후 건조하기 위함이다.
② 초음파 세척을 돕기 위함이다.
③ 침투액에 형광 염료가 오염되었는가를 점검하기 위함이다.
④ 세척 과정에서 과잉 침투액이 세척되었는가를 확인하기 위함이다.

자외선등을 비추어 잉여 형광 침투액 제거 여부를 관찰할 수 있다.

109 침투 탐상 시험 방법 및 침투 지시 모양의 분류(KS B 0816)에서 스프레이 노즐과 수압 및 유량 조절 기구에 대한 내용과 경우에 따라 온수 제공 장치나 자외선 조사 장치를 갖추어야 하는 탐상 장치로 옳은 것은?

① 현상 장치　　② 관찰 장치
③ 건조 장치　　④ 세척 장치

세척 장치는 수압 및 유량 조절이 가능하고 경우에 따라 온수 공급용 가열 장치나 자외선 장치도 필요하다.

110 다음 중 자외선 조사 장치는 어떤 침투 탐상 시험 방법에 사용되는가?

① 형광 침투 탐상 시험
② 후유화성 염색 침투 탐상 시험
③ 비형광 침투 탐상 시험
④ 염색 침투 탐상 시험

111 형광 침투액을 사용할 때 자외선 조사등이 필요한 이유는?

① 침투액이 형광을 발하도록 한다.
② 침투의 특성인 모세관 작용을 돕는다.
③ 표면의 과잉 침투액을 중화시킨다.
④ 시험체의 표면장력을 감소시킨다.

112 형광 침투 탐상 시험 시 필요한 자외선등의 구성 요소는?

① 백열등, 필터, 콘덴서
② 수은등, 필터, 저항
③ 수은등, 필터, 자동 변압기
④ 백열등, 필터, 스위치

자외선등 조사 장치 구성 요소
고압 수은등(주전극, 보조전극, 석영내관, 보호 반사관), 필터, 안정기(변압기)

113 다음 중 자외선 조사 장치에 사용되는 수은등에서 발생되는 광선이 아닌 것은?

① X선 ② 가시광선
③ 자외선 ④ 적외선

> X선은 별도의 장치에서 발생된다.

113 침투 탐상 시험 시 자외선등에서 필터의 역할은?

① 장파장의 자외선만 여과시킨다.
② 매우 짧은 자외선만 여과시킨다.
③ 어둡게 하기 위함이다.
④ 눈을 보호하기 위해서이다.

> 형광 물질에 잘 감응하는 자외선은 3200~4000Å(320~400nm) 파장을 갖는 UV-A이므로 필터를 통하여 장파장의 UV-A만 통과하도록 한다.

115 자외선등의 전구 수명을 단축시키는 가장 큰 요인은 무엇인가?

① 전구 표면에 먼지가 묻은 것을 사용하였을 때
② 너무 밝은 곳에서 장시간 사용하였을 때
③ 필터(filter)에 금이 간 것을 사용하였을 때
④ 사용 전압의 변동이 심한 경우에 사용하였을 때

> 전구 수명은 전압의 영향을 가장 많이 받으므로 변동이 심하지 않도록 해야 한다.

116 자외선등을 사용할 때 충분히 가열될 때까지는 전 기능을 발휘하지 못한다. 필요한 방전 온도에 이르자면 최소 몇 분의 가열 시간이 지나야 하는가?

① 1분 ② 5분
③ 10분 ④ 15분

> 자외선등은 5분 정도 예열 시간이 필요하다.

117 자외선 조사 장치는 자외선을 조사하여 지시 모양을 뚜렷하게 식별할 수 있는 강도를 갖는 것이어야 하는데 이 때 요구되는 자외선의 파장 범위는?

① 4000 ~ 4550Å ② 3200 ~ 4000Å
③ 3050 ~ 3250Å ④ 2000 ~ 2550Å

> • 자외선(UV-A)의 파장 : 3200 ~ 4000Å(320~400nm)
> • UV-B 파장 : 2800~3200Å(280~320nm)
> • UV-C 파장 : 1000~2800Å(100~280nm)

118 KS B 0816에서 자외선 조사 장치(black light)는 필터 또는 관구의 앞면에서 38cm 되는 거리의 검사 표면에서 자외선 강도가 얼마 이상이어야 하는가?

① $300\mu W/cm^2$ ② $500\mu W/cm^2$
③ $800\mu W/cm^2$ ④ $10,000 W/cm^2$

> 자외선 강도
> 등에서 38cm 떨어진 거리에서 $800\mu W/cm^2$ 이상

119 KS B 0816에 의한 형광 침투 탐상 시 관찰을 위한 자외선의 강도는 얼마로 규정하고 있는가?

① 자외선등에서 38cm 떨어진 거리에서 $800\mu W/cm^2$ 이상
② 시험체 표면에서 $800\mu W/cm^2$ 이하
③ 시험체 표면에서 500lx 이상
④ 자외선등에서 38cm 떨어진 거리에서 500lx 이상

> 자외선 강도
> 등에서 38cm 떨어진 거리에서 $800\mu W/cm^2$ 이상

120 자외선등 기능의 정상 여부를 조사하는데 가장 알맞은 기구는?

① 자외선 저항계 ② 자외선 강도계
③ 자외선 농도계 ④ 자외선 비중계

정답 113 ① 114 ① 115 ④ 116 ② 117 ② 118 ③ 119 ① 120 ②

121 형광 침투 탐상 검사용 자동 스캐닝(Scanning) 장비의 기본적인 구성으로 적절한 것은?

① 자외선 레이저, 증폭기, 볼록 거울, 홀로그램
② 자외선 레이저, 증폭기, 거울, 광검출기
③ 자외선 발생 장치, 진공 증폭기, 볼록 거울, 홀로그램
④ 자외선 발생 장치, 진공 증폭기, 거울, 광검출기

122 침투 탐상 검사용 시험 장치 사용 방법의 설명이 올바른 것은?

① 솔질법에 사용하는 탐상 장치는 대형 시험체나 시험 면적이 넓은 시험체에 적용한다.
② 침지법에 사용하는 탐상 장치는 대형 시험체의 국부적인 탐상에 적용한다.
③ 분무법에 사용하는 탐상 장치는 침지법과 비교하여 장치가 간편하다.
④ 침지법에 사용하는 탐상 장치는 용제 제거성 침투 탐상에 적용한다.

> 용제 제거성 침투 탐상은 분무법을 사용하며 대형 부품의 국부 탐상에 사용하고 장치가 간단하다. 솔질법은 소형 부품에 사용한다.

123 침투 탐상 시험의 후처리 장치로 옳은 것은?

① 시험체에 남아 있는 현상제를 제거하는 수세 탱크
② 시험체에 남아 있는 유화액을 제거하는 샌드브러시 탱크
③ 시험체에 남아 있는 현상제를 제거하는 빙초산 탱크
④ 시험체에 남아 있는 유화액을 제거하는 알칼리 탱크

> 후처리 장치는 시험체에 남아있는 현상제를 물로 세척한다.

124 침투 탐상 시험 방법 및 침투 지시 모양의 분류(KS B 0816)에 의한 탐상제의 품질관리 시험에 굴추계가 사용된다. 다음 중 굴추계는 무엇을 하기 위한 기구인가?

① 침투제 내의 이물질 오염 여부를 확인하기 위한 기구
② 유화제 내의 규정 농도 측정을 위한 기구
③ 현상제 내의 형광 물질 유무를 점검하기 위한 기구
④ 습식 현상제의 특성을 시험하기 위한 기구

> 굴추계는 유화제의 농도를 점검하는 기구로 유화제 농도가 3% 이내이어야 한다.

125 KS B 0816에 의한 침투 탐상 시험 시 대비 시험편을 사용하는 목적은?

① 탐상제의 성능 및 조작 방법의 적합 여부 점검
② 조작 방법의 적합성 및 지시 모양 관찰
③ 조작 방법의 적합성 및 시험 재질에 의한 영향의 확인
④ 탐상제의 적합성 및 검사자의 기량 점검

> 대비 시험편 사용 목적
> 탐상제의 성능 및 조작 방법의 적합 여부를 조사

126 침투 탐상 시험 방법 및 침투 지시 모양의 분류(KS B 0816)에 규정된 대비 시험편의 종류가 아닌 것은?

① A형　② B10형
③ B50형　④ C형

> 대비 시험편 종류
> PT-A, PT-B10, PT-B20, PT-B30, PT-B50

정답　121 ②　122 ③　123 ①　124 ②　125 ①　126 ④

127 침투 탐상 시험에서 탐상에 사용하는 탐상제의 성능 및 조작 방법의 적합 여부 조사에 사용되는 것은?

① I.Q.I
② 링 시험편
③ 대비 시험편
④ 알루미늄 T형 시험편

> 대비 시험편을 사용하여 탐상제의 성능 점검을 한다.

128 KS B 0816에 의한 A형 시험편 제작 시 사용되는 재질은?

① 301 스테인리스강
② A 2024P
③ 니켈강
④ 크롬강

> **대비 시험편 종류**
> A형(알루미늄), B형(황동판에 니켈 - 크롬 도금), 모니터 패널(스테인리스강)

129 KS B 0816의 A형 대비 시험편에 대한 설명으로 옳지 않은 것은?

① 제조는 분젠 버너로 320~330℃로 가열
② 판 두께가 8~10mm
③ 50×75mm의 크기
④ 깊이 1.5mm의 홈

> **A형 대비 시험편**
> 제조는 분젠 버너로 520~530℃로 가열,
> 크기는 50× 75mm, 깊이 1.5cm 홈, 판 두께 8~10mm

130 침투 탐상 시험 방법 및 침투 지시 모양의 분류(KS B 0816)에 규정된 A형 대비 시험편에 대한 설명으로 옳지 않은 것은?

① 제작 시 가열은 분젠 버너로 한다.
② 재료는 A2024로 한다.
③ PT - A의 기호로 표시한다.
④ 한쪽 면만 흐르는 물에 급랭시켜 갈라지게 한다.

> A형 대비 시험편은 급랭할 때는 가열면을 흐르는 물로 급랭한다.

131 A형 대비 시험편은 가로가 75mm, 세로가 50mm인 알루미늄이나 알루미늄 합금판 등으로 제조하는데 판의 두께 범위로 옳은 것은?

① 4~6mm
② 8~10mm
③ 12~14mm
④ 16~18mm

132 KS B 0816에서 A형 대비 시험편 제조를 위해서는 판의 중앙부를 몇 ℃로 가열한 다음 냉수로 급랭해야 하는가?

① 90~125℃
② 250~375℃
③ 520~530℃
④ 700~850℃

> 대비 시험편 가열 온도 : 520~530℃

133 KS B 0816의 B형 대비 시험편에 대한 내용으로 옳은 것은?

① 시험편은 도금 두께 및 도금 갈라짐의 너비를 달리하여 총 6종으로 구성된다.
② 시험편의 치수는 길이 100mm, 너비 60mm로 한다.
③ 니켈 도금과 크롬 도금한 시험편에 균열을 만들고 길이 방향으로 갈라지게 한 후 절단하여 이등분하여 사용한다.
④ 시험편 PT - B10의 도금 두께 및 도금 갈라짐의 너비는 각각 10μm 및 0.5μm이다.

> **B형 대비 시험편**
> • 크기는 길이 100mm, 너비 70mm
> • 동판에 니켈과 크롬 도금하고 도금면 바깥쪽을 굽혀서 도금층이 갈라지게 한 후 굽힌면을 평평하게 한다.
> • PT-B50, PT-B30, PT-B20, PT-B10 4종류로 구성
> • PT-B10은 도금 두께 10±1μm, 도금 갈라짐 너비 0.5μm

정답 127 ③ 128 ② 129 ① 130 ④ 131 ② 132 ③ 133 ④

134 KS B 0816에 의한 침투 탐상 시험 시 B형 대비 시험편의 길이와 너비로 옳은 것은? (단, 단위는 mm이다.)

① 100 × 70
② 100 × 50
③ 70 × 50
④ 50 × 50

> **B형 대비 시험편**
> 동판에 니켈과 크롬 도금, 크기는 길이 100mm, 너비 70mm

135 KS B 0816에 의한 B형 대비 시험편의 종류와 시험편 내의 도금 갈라짐의 너비 값(목표값)이 바르게 연결된 것은?

① PT - B10 : 0.5 μm
② PT - B20 : 1.5 μm
③ PT - B30 : 2.0 μm
④ PT - B50 : 5.0 μm

> **B형 대비 시험편**
>
> | 기호 | 도금 두께(μm) | 도금 갈라짐 너비(μm) |
> |---|---|---|
> | PT-B10 | 10±1 | 0.5 |
> | PT-B20 | 20±2 | 1.0 |
> | PT-B30 | 30±3 | 1.5 |
> | PT-B50 | 50±5 | 2.5 |

136 대비 시험편에 균열을 발생시키기 위하여 열처리를 실시한 후의 다음 작업이 가장 효율적인 것은?

① 가열된 시험편을 공기 중에 놓아둔다.
② 가열된 시험편을 뜨거운 물에 담근다.
③ 가열한 시험면에 차가운 물을 흘린다.
④ 가열된 시험편을 기름에 담근다.

> 대비 시험편에 균열을 발생시키기 위해 열처리 후 급랭을 한다.

137 균열이 있는 비교 시험편의 사용 용도와 관련하여 잘못된 설명은?

① 필요 시마다 나타낼 수 있는 균열의 표준 크기를 설정하기 위하여
② 오염에 따른 형광 침투제의 성능이 저하되었는가를 알아보기 위하여
③ 과잉 침투제를 제거할 경우에 필요한 세척 방법 및 정도를 알기 위하여
④ 서로 다른 두 개의 침투제의 상대적인 감도를 비교하기 위하여

> **대비 시험편 사용 목적**
> • 탐상제의 성능 점검 및 조작 방법의 적합 여부
> • 사용하는 탐상제의 품질과 성능의 유지 관리
> • 동일한 탐상 조건에서 탐상제의 성능 비교 시험
> • 탐상제 제작 시 제품의 품질 관리
> • 조작 방법이나 조작 조건의 적합 여부
> • 검사원의 교육 및 훈련

138 균열 검출에 사용되는 두 종류의 침투제에서 그들의 감도를 비교하는 방법으로 올바른 것은?

① 표면장력을 측정한다.
② 균열이 존재하는 알루미늄 시편을 사용한다.
③ 접촉각을 측정한다.
④ 비중을 측정하기 위해 비중계를 사용한다.

139 침투 탐상 검사 시 인체에 미치는 영향을 고려하여 주의해야 할 사항으로 옳지 않은 것은?

① 가능한 한 침투제가 옷에 묻지 않게 한다.
② 피부에 묻은 침투제는 가능한 한 빨리 물이나 비누로 씻어낸다.
③ 검사 장소는 환기가 잘 되게 한다.
④ 피부에 묻은 현상제는 신너나 휘발유로 씻어낸다.

> 현상제가 피부에 묻었을 경우 중성 세제로 세척을 한다.

140 자외선등의 광선을 직접 보는 것이 좋지 않은 이유는?

① 눈에 색맹을 발생시키기 때문이다.
② 눈에 영구적인 손상이 일어나기 때문이다.
③ 시각 방해를 일으키기 때문이다.
④ 일시적으로도 망막을 태우기 때문이다.

> 자외선등을 직접 바라볼 경우 일시적인 시각 장애를 일으킬 수 있다.

정답 134 ① 135 ① 136 ③ 137 ① 138 ② 139 ④ 140 ③

03 침투 탐상 검사법

1 침투 탐상 검사 방법의 장단점

가. 수세성 침투 탐상 검사

1) 수세성 염색 침투 탐상 검사

(1) 장점
  ① 암실이나 자외선 조사 장치가 필요 없다.
  ② 표면이 거친 제품에 적용이 가능하다.
  ③ 복잡하고 대형인 시험체, 소형이며 다량 부품의 적용에 우수하다.

(2) 단점
  ① 수세성 형광 침투 탐상에 비해 결함 검출도가 낮다.
  ② 미세 결함의 탐상에 적합하지 않다.

2) 수세성 형광 침투 탐상 검사

(1) 장점
  ① 대량생산 부품의 탐상에 효과적이며, 부품의 크기와 관계 없다.
  ② 고감도 침투액 사용 시 미세 결함의 탐상이 가능하다.
  ③ 넓은 면적의 시험체를 1회의 작업으로 탐상할 수 있다.
  ④ 비교적 시험체의 표면 조도가 거친 것, 나사 형상과 같은 복잡한 시험체를 탐상할 수 있다.

(2) 단점
  ① 과세척의 우려가 있어 폭이 넓고 얕은 결함의 탐상이 곤란하다.
  ② 전원, 수도시설, 암실 및 자외선 조사 장치가 필요하다.
  ③ 개방형 장치에 있는 침투액에 수분이 혼입되면 성능이 저하된다.

나. 용제 제거성 침투 탐상 검사

1) 용제 제거성 염색 침투 탐상 검사

(1) 용제 제거성 형광 침투 탐상에 비해 감도가 낮다.
(2) 전원이나 수도 시설이 필요 없어 휴대용으로 현장 이동 검사나 구조물의 부분 탐상에 많이 사용한다.

2) 용제 제거성 형광 침투 탐상 검사

(1) 장점
  ① 용제 제거성 염색 침투 탐상보다 결함 검출 감도가 높다.
  ② 구조물의 부분 탐상, 대형 부품 탐상에 적합하며, 휴대용으로 사용하기 편리하다.
  ③ 용제로 제거하기 때문에 수도 시설(세척용 수도)이 필요없다.

(2) 단점
  ① 세척 처리가 어렵고 과세척될 수 있어 검출감도가 저하되므로 숙련된 기술이 필요하다.
  ② 표면이 거친 시험체에 적용하기 곤란하며, 암실 및 자외선 조사 장치가 필요하다.
  ③ 분무법 적용 때문에 침투액의 분산과 흡입을 방지해야 한다.

다. 후유화성 침투 탐상 검사

1) 후유화성 염색 침투 탐상 검사

후유화성 염색 침투탐상은 후유화성 형광 침투 탐상에 비해 결함 검출도가 현저히 낮아 거의 사용하지 않는다.

2) 후유화성 형광 침투 탐상 검사

(1) 장점
  ① 유화제가 침투액에 함유되어 있지 않기 때문에 수세성 침투액보다 결함에 침투가 빨라 침

투 시간을 단축할 수 있다.
② 수분의 혼입이나 온도에 의한 성능 저하가 적다.
③ 과세척을 방지하여 미세한 결함, 폭이 넓거나 얕은 결함의 탐상에 효과적이다.
④ 침투 성능이 우수하며, 세척성을 조절할 수 있다.

(2) 단점
① 유화 처리가 필요하므로 탐상 시간과 장치의 관리가 필요하며, 유화제 및 유화 시간이 탐상결과에 큰 영향을 미친다.
② 표면 조도가 거친 시험체에 적용하기 어렵다.
③ 형상이 복잡한 시험체의 탐상에 부적합하다.
④ 전원, 수도 시설, 암실 및 자외선 조사 장치가 필요하다.

라. 기타 침투 탐상 검사법

1) 여과 입자법
(1) 흡수, 흡습성이 있는 다공질 재료나 분말 야금법으로 제조된 세라믹 제품 등의 표면에 개구(열린) 결함을 검출하는 방법
(2) **방법** : 극미립자 분말을 현탁시킨 액체를 시험체 표면에 적용하며, 액체는 검사체 전체 표면에 흡입되지만 표면 균열의 개구부에서는 건전부에 비하여 보다 많은 미립자 분말이 잔류되어 축적되므로 결함을 알 수 있다.
(3) 세척, 현상 처리를 할 필요가 없으며 침투와 관찰의 두 공정으로 완료된다.
(4) 결함의 검출도가 불량하며 후처리 비용이 많이 든다.

2) 하전 입자법
(1) 하전 입자의 흡착성을 이용하는 방법이다.
(2) 비전도성 재료의 개구(열린) 결함에 약간의 전도도가 있는 액체를 침투시킨 후 표면의 액체를 제거하고, 현상제 역할을 하는 탄산칼슘($CaCO_3$)의 미립자 분말을 분사하면 탄산칼슘 미립자가 양전하를 갖고 있고 결함 내부에 침투된 액체가 음전하를 가지고 있으므로 지시 모양을 나타낼 수 있다.

(3) 비전도성 재료인 유리, 플라스틱, 세라믹, 페인트 필름, 비다공질 등의 검사에 이용한다.

3) 휘발성 액체법
(1) 알코올 등 휘발성 액체를 이용한 방법이다.
(2) 다공질, 흡습성 재료의 검사에 이용되며, 검사의 신뢰도나 정확성이 떨어지고, 지시 모양의 크기나 형태를 추정할 수 없다.

4) 역형광법
(1) 현상 형광 물질을 이용한 침투 탐상 검사법으로, 음화법의 일종 감도가 매우 높은 검사법이다.
(2) 흡출된 염색 침투제가 현상제의 형광성을 저하시키기 때문에 자외선 조사 장치에서 관찰할 때 배경은 낮은 형광 휘도를 나타낸다.

5) 기체 방사성 동위원소법
(1) 기체 방사선 동위원소인 Kr-85를 이용하므로, 안전 관리에 주의해야 한다.
(2) 기체상 동위원소를 진공 배기한 시험체에 투입하고 공기 세척한 후 β선의 존재 유무를 조사한다.
(3) 공기 세척 후 필름 부착까지의 시간이 많이 걸리면 검사가 불가능해진다.
(4) 현상제의 대용으로 시험체에 공업용 X선 필름을 부착하여 감광된 필름상을 보고 결함을 판정한다.

예제 1

다음 중 수세성 염색 침투 탐상 검사법의 장점이 아닌 것은?

① 암실이나 자외선 조사 장치가 필요 없다.
② 표면이 거친 제품에 적용이 가능하다.
③ 복잡하고 대형인 시험체, 소형이며 다량 부품의 적용에 우수하다.
④ 수세성 형광 침투 탐상에 비해 결함 검출도가 낮다.

 정답 ④

예제 2

용제 제거성 형광 침투 탐상 검사의 단점으로 옳은 것은?

① 용제 제거성 염색 침투 탐상보다 결함 검출 감도가 높다.
② 세척 처리가 어렵고 과세척될 수 있어 검출 감도가 저하되므로 숙련된 기술이 필요하다.
③ 용제로 제거하기 때문에 수도 시설(세척용 수도)이 필요 없다.
④ 구조물의 부분 탐상, 대형 부품 탐상에 적합하며, 휴대용으로 사용하기 편리하다.

 정답 ②

①, ③, ④는 용제 제거성 형광 침투 탐상 검사의 장점에 해당된다.

2 침투 탐상 검사 절차

(1) 침투 탐상 시험의 순서 중 어느 하나라도 부적합하면 시험 능력이 떨어져 신뢰성을 가질 수 없게 된다.
(2) 시험 목적에 따라 정해진 방법과 순서대로 정확히 시험을 실시해야 된다.
(3) **기본 절차** : 전처리 → 침투 처리 → 세척 및 제거 처리 → 현상 처리 → 관찰 → 후처리

가. 시험 전 준비와 전처리

1) 시험 전 준비

이물질 제거 방법에는 크게 표면 세척, 표면 처리, 표면 청소가 있다. 표면 처리는 일반적으로 비파괴검사원이 실시하는 작업이 아니므로 시험 준비 또는 시험 전 준비라 할 수 있으며, 전처리와 구분하고 있다.

(1) **표면 처리** : 금속 표면의 일부를 연삭 가공하거나, 에칭하여 새 금속 표면을 노출시키는 처리
(2) **표면 세척 또는 청소** : 시험체에 부착된 유지류, 수분을 제거하는 처리

2) 전처리란

(1) **전처리** : 침투 탐상 시험에서 가장 중요한 처리로서, 시험 전에 시험체의 표면에 녹, 산화물, 페인트 등이 없도록 준비하는 처리
(2) 전처리가 잘되어야 결함 검출의 신뢰성이 높아질 수 있다.
(3) 전처리가 나쁘면 오염 물질이 침투제의 침투를 방해하는 원인이 되어 의사(허위, 무관련) 지시 등을 나타내기 쉽다.

3) 전처리의 필요성(목적)

(1) 시험체 표면에 침투제를 충분하게 적셔서 결함 속으로 침투하기 위해
(2) 이물질이 침투제와 반응하여 발생하는 의사지시를 억제하기 위해
(3) 결함 식별 능력을 높여 정확한 시험 결과를 얻기 위해
(4) 주위 배경과 결함과의 차이를 증가시키기 위해

4) 전처리 방법

(1) **용제 세척** : 기름막, 그리스, 왁스 등 유지류나 오염물의 제거를 위해 용제 분사식 또는 용제를 적셔 문질러 닦는 방법, 그러나 녹 등 고형화된 오염물 제거는 어렵다.
(2) **세제 처리** : 기계 가공유, 그리스 등 기름류 제거와 시험체의 부식 방지를 위한 중성 세제를 사용하여 세척하는 처리
(3) **증기 탈지와 세척**
  ① 시험체 표면이나 결함 내부에 존재하는 기름류나 그리스 등 오염물을 증기에 의해 제거하는 처리
  ② 대형 부품, 부피가 큰 제품의 전처리와 세척에 사용
  ③ 표면의 오염물 제거는 가능하지만, 깊은 결함 내부의 오염물, 고형 오염물 제거는 어렵거나 불가능하다.
(4) **페인트 제거제 사용**
  ① 페인트 제거용 용제나 도막 처리제를 사용하여 제거
  ② 솔벤트형 제거제 : 분무나 솔질, 침적에 의해 적용

③ **박리제** : 분말 형태이므로 물에 희석하여 적용
(5) **초음파 세척**
① 녹, 오물, 부식물 등을 제거할 때는 물과 함께 사용하여 세척
② 용제 또는 세제와 함께 사용하면 세척 효율 증가와 세척 시간을 단축할 수 있다.
③ 그리스 등의 기름류는 용제와 함께 사용
(6) **기계적 방법**
① 고형 오염물 제거에 효과적이지만 금속 표면을 손상시키므로 연질 재료에는 사용이 불가능하다.
② **방법** : 줄 가공, 스크래핑, 연삭, 와이어 브러싱, 습식 또는 건식 블라스팅, 텀블링, 고압용수 세척 등으로 녹이나 스케일 제거, 탈사
(7) **에칭** : 표면 연마 등 기계 가공에 의한 결함의 개구부를 막고 금속 이물질 제거에 적용
(8) **화학적 방법** : 알칼리 세척, 산 세척(시험체 표면의 스케일 제거), 피클링(Pickling), 화학적 부식법, 염기성 세척 등 계면활성제가 포함된 수용성 화합물로 녹 제거 및 산화성 스케일 제거
(9) **고온 가열** : 세라믹 등 고온에서 강한 제품에 존재하는 수분이나 유지류 제거

5) 전처리법 선택

(1) **선택 시 고려 사항** : 시험체의 재질과 강도, 표면 상태, 부착 오염물의 종류, 세척법의 영향, 실용성 등을 고려하여 선택한다.
(2) **유지류의 전처리** : 유지류 등은 침투제와 혼합되어 의사지시의 원인이 되므로 완전하게 제거해야 한다.
(3) **고형 오염물** : 액상 세척법으로는 제거가 안 되므로 기계적 제거법, 산 또는 알칼리 세척제 등을 이용

6) 전처리시 주의 사항

(1) 기계적 방법 적용 시 개구부를 연삭제로 밀폐시키지 않도록 하며, 연질 재질에는 사용해서는 안 된다.
(2) 화학적 방법 적용 시 응력부식 균열, 수소취성 균열이 발생하기 쉬우므로 세척 후 잔류물은 중화 후 건조한다.
(3) 부식액 등 사용 시 일정 온도로 가열하여 수소를 제거하고 에칭액을 중화 및 건조시킨다.
(4) 연질 재료는 기계 가공 후 에칭을 한다.
(5) 용제 증기 탈지법 사용의 경우 용제가 분해하여 염산, 기타 부식성 물질을 발생시켜 부식될 우려가 있으므로 주의해야 된다.

7) 오염물의 종류와 제거 방법

(1) **피막 표면**
① 결함의 개구부를 폐쇄하여 침투액이 결함 속으로 침투하는 것을 방해할 수 있다.
② 종류 : 코팅막, 페인트, 도료 등
(2) **유기질(기름류) 오염물**
① 침투액의 적심성이 낮아져 결함 내부로 침투를 방해하며 침투제와 반응하여 의사지시를 발생시킬 수 있다.
② 종류 : 기계유, 윤활유, 그리스, 경유 등의 유기 물질
③ 세척액과 유기용제로 세척한다. 소형 시험체는 초음파 세척을 하며, 그리스 등 점성이 큰 오물은 유기용제를 사용하는 증기 세척, 에칭 등으로 탈지한다.
(3) **고형화된 오염물**
① 침투액을 흡수하여 현상제 적용 시 배출되어 분산되기 때문에 주위 배경을 저하시키거나 의사지시를 발생할 수 있다.
② 종류 : 산화물, 탄화물, 녹 등
③ 기계적 처리, 화학적 처리(산 세척, 알칼리 세척, 용제에 의한 증기 탈지, 용제 세척)에 의해 제거한다.
(4) **화학물질 오염물**
① 염색 침투액의 색체를 흐리게 하거나, 형광 침투액의 형광 휘도를 저하시켜 탐상제의 성능을 저하시킬 수 있다.
② 종류 : 산, 알칼리성 화학물질
(5) **무기질 오물**
① 종류 : 먼지, 점토, 진흙, 현상제 부착

② 솔질, 수용성 계면 활성제를 사용한 세제로 세척한다.
(6) 수분
① 유기용제나 유지류 세척 후에 잔류하는 수분
② 건조기 등에 의한 열풍 건조가 효과적이나, 용제 세척의 경우는 자연 건조가 좋다.

나. 침투 처리

1) 침투 처리

(1) **침투 처리** : 전처리로 깨끗하게 청소된 시험체의 표면에 침투액을 적용하여 결함 속으로 충분히 스며들 수 있게 하는 처리
(2) **방법** : 담금(침적)법, 분무법, 솔질법, 정전 도포법, 붓기법 등
(3) 침투 처리는 시험체의 크기와 수량, 형상, 환경 조건(옥내, 옥외 등), 가격, 반복 사용 여부 등에 따라 가장 적합한 방법을 선택한다.
(4) 침투 처리는 침투액 적용과 침투 시간으로 구분할 수 있으며, 침투 시간이 중요하다.

2) 침투액 적용 방법

(1) **침적(담금)법(Dipping Method)**
① **침적법** : 시험체를 침투액 속에 담그어 침투 처리하는 방법, 가장 안전하게 침투 처리할 수 있다.
② 수세성 형광 침투 탐상과 후유화성 형광 침투 탐상법에 많이 적용하고 있다.
③ 소형 다량 부품에 적합하며, 침투액조에 먼지, 수분, 기름 등 이물질이 유입되어 성능을 저해하므로 세심한 관리가 필요하다.
④ 시험체 표면에 침투액이 적용될 때까지 침적시키고 침투 시간 동안 침적해서는 안 된다.
⑤ 침투액 적용 후 배액 처리를 하고 배액된 침투액은 재사용한다.

(2) **분무법(Spray Method)**
① **분무법** : 압축공기 또는 충전된 가스 압력(에어로졸 제품)을 이용하여 분무 노즐을 통해 시험체에 침투액을 분사시켜 도포하는 방법, 도포 효과는 매우 나쁘다.
② 구조물의 부분 탐상에 효과적이나, 침투액의 소모가 크다.
③ 용제 제거성 침투 탐상에 적용하나, 시험 부위 이외에 분산하여 세척성을 저하시킨다.

(3) **솔질(붓칠)법(Brushing Method)**
① **솔질법** : 붓(솔) 등에 침투액을 묻혀 시험면에 침투액을 바르는 방법
② 손으로 도포의 양을 조절할 수 있으며, 침투액의 손실을 최소화할 수 있다.
③ 용제 제거성 침투 탐상에 효과적이다.
④ 밀폐된 공간이나 환기가 어려운 곳의 용접부에 적용할 때 효과적이다.
⑤ 대형 부품, 대형 구조물의 부분 탐상에 가장 적합하나, 전면 탐상에는 적합하지 않다.

(4) **정전 분사법**
① **정전 분사법** : 종래의 분무법과 달리 정전기 분사총을 이용하여 시험체 표면에 침투액을 적용하는 방법
② 침투액 적용 방법 중 가장 안정적인 적용 방법이다.
③ 한쪽에서 분사해도 반대 면까지 침투액이 흡착되므로, 대형 부품의 전면 탐상에 효과적이다.
④ 균일한 도포가 가능하고 침투액의 손실이 적어 경제적이다.

3) 배액(Draining)처리

(1) **배액** : 침투 처리한 후 유화 처리나 세척 처리를 확실하게 하기 위해 시험체를 배액대에 올려놓고 과잉 도포된 침투액을 자연스럽게 흘러내리게 하는 처리
(2) **배액의 목적** : 침적법으로 적용한 시험체에 균일한 도포와 과잉의 침투액을 어느 정도 제거하여 유화 처리나 세척 처리의 효율 증가
(3) **배액 시간** : 배액 시간을 고려하여 침투 시간을 정한다. 배액 시간이 길어지면 침투액이 건조되어 침투 효과가 저하되고 세척 처리가 곤란해진다.
(4) 후유화성 침투 탐상에서는 배액이 불균일하면 유

화 처리를 균일하게 할 수 없어 유화 부족이나 과유화가 발생한다.

4) 침투 시간

(1) **침투 시간** : 침투액 적용 후 잉여 침투액을 세척처리하거나 유화 처리하기 전까지의 시간
① 온도가 15~40℃ 범위에서 5~20분 적용한다.
② 40℃ 이상, 3℃ 이하에서는 침투액의 종류, 시험품의 온도 등을 고려하여 결정한다.

(2) 폭이 좁은 결함(피로 균열, 연마 균열) 등은 기준 침투 시간의 2배 이상을 적용

(3) 항공 부품의 경우 1~2시간

(4) **3~15℃ 범위** : 침투액의 점성이 증가하므로 침투 시간을 늘린다.

(5) 대비 시험편을 이용하여 정확한 침투 시간을 정한다.

(6) 침투 시간과 현상 시간(KS B 0816, 15~50℃)

(7) **침투 시간 결정시 고려 사항** : 시험체의 종류와 재질, 예상되는 결함의 종류와 크기, 시험체와 침투액의 온도

(8) **시험체의 재질** : 시험체의 적심성 정도에 따라 적심성이 나쁘면 침투 시간을 길게 한다.
① 침투 시간 5분, 현상시간 7분 : Al, Mg, Cu, Ti, 강(주조품, 용접품), 카바이드 팁붙이 공구, 플라스틱, 유리, 세라믹
② 침투시간 10분, 현상시간 7분 : Al, Mg, Cu, Ti, 강(압출품, 단조, 압연품)

(9) **예상 결함의 종류와 크기** : 미세 결함은 침투액이 충분하게 스며들기 위해선 침투시간이 길어야 되며, 큰 결함은 짧아도 된다.

(10) **시험체와 침투액의 온도** : 10~50℃ 범위는 10분 전후가 일반적이다. 온도가 높으면 침투시간을 짧게 한다.

다. 유화처리

1) 유화처리의 의미

(1) **유화처리** : 후유화성 침투액은 유화제를 적용하지 않으면 그대로 물 세척이 안되므로 침투처리 후 소정의 침투시간이 경과한 후 수세성을 주기 위해 유화제를 도포처리하는 과정

(2) **유화제의 기본 액체** : 계면 활성제

2) 유화 시간

(1) 유화 시간은 침투액에 대한 유화작용을 결정짓고 세척성에 큰 영향을 주며, 후유화성 침투 탐상에서 가장 중요한 시간이다.

(2) **유화 시간이 부족한 경우** : 시험면의 침투액 일부가 유화되지 않고 세척 처리 후 시험면에 잉여 침투액이 남아 있어 결함 지시 모양의 식별성이 저하되고 의사지시를 발생시킨다.

(3) **유화 시간이 과도한 경우** : 결함 내의 침투액까지 유화되어 세척할 때 결함 내의 침투액까지 과세척을 일으켜 얕은 결함은 검출하기 어렵게 된다.

(4) **유화 시간** : 유화제를 적용하면서부터 다음의 세척처리까지의 시간, 10초~3분

(5) **KS B 0816에 제시된 유화 시간**

유화제 종류	침투액 종류	적용 시간
기름 베이스	형광 침투액	3분
	염색 침투액	30초
물 베이스	염색, 형광 침투액	2분

2) 유화제의 종류

(1) **유성(기름 베이스) 유화제**
① 유성기제와 계면활성제의 혼합액을 사용하며, 담금법(가장 좋은 방법), 흘림법, 붓기법이 있으나 솔질법은 적용해서는 안된다.
② **유화 시간** : 점성이 높은 유화제는 유화시간을 느리게 적용, 낮은 것은 빠르게 적용
③ 침투시간이 경과된 후 예비 세척 없이 적용 가능
④ **수분 허용률** : ASTM E 165에서 5% 이하로 규정

(2) **수성(물 베이스) 유화제**
① 물에 일정한 농도의 유화제를 용해시켜 침투액에 적용하며 치환 작용에 의해 유화가 진행
② 과유화의 염려가 없어 결함 검출능이 좋으므로 항공기용 제품 등 고감도 검사에 적용한다.

③ 침투 시간 경과 후 예비 세척을 하고 적용해야 한다.
④ 적용 농도 : 침적법은 20%, 분무법은 5% 이하 (ASTM E 165)

3) 유화제의 적용 방법
(1) **담금(침적)법** : 가장 일반적이고 안정적이다.
(2) **분무법** : 붓으로 칠하거나 유화제 적용 후 교반하는 방법은 과유화 및 결함 검출 감도 저하를 일으킨다.
(3) 시험할 면에 균일한 유화 시간을 적용하면 유화 부족이나 과유화를 방지할 수 있다.
(4) 침투액과 구분하기 위해 분홍색, 갈색, 연노랑색 등으로 착색하여 사용한다.

4) 유화 정지
(1) 유성의 침투액과 유화제가 접촉하고 있는 유화 시간을 지키지 않으면 과유화되거나 유화되지 않아 결함 검출능이 떨어지게 된다.
(2) 유화 시간 후에 시험체를 물 속에 담그거나 물 분사를 통해 유화의 진행을 정지해야 된다.

라. 세척 및 제거 처리

1) 세척 및 제거 처리의 의미
(1) **세척 처리** : 물을 사용하여 잉여 침투액을 제거하는 처리(수세성, 후유화성 침투탐상 시험)
(2) **제거 처리** : 유기용제(세척액)를 사용하여 잉여 침투액을 제거하는 처리(용제 제거성 침투 탐상 시험)
(3) 과세척은 결함 검출 감도 저하가 발생하고, 세척이 부족하면 의사지시가 발생한다.
(4) **세척 확인 방법** : 수세척 또는 용제 세척
　① 형광 침투액 사용의 경우 : 자외선등 이용
　② 염색 침투액 사용의 경우 : 마른 헝겊으로 닦아보아 옅은 분홍색이 묻어나면 세척이 완료된 것

2) 수 세척
(1) 수세성 침투액, 후유화성 침투액에 사용
(2) **수압** : 275kPa(1.5~3.5kgf/cm^2)

수온 : 32~45℃
(3) **세척 순서** : 구멍이나 복잡한 형상에서 단순한 형상 순으로, 표면이 거친 부분에서 매끄러운 부분 순으로 세척, 세척 후에는 현상처리 전 열풍 건조가 필요

3) 용제 세척(제거 처리)
용제 제거성 침투 탐상에 적용하며, 세척액을 헝겊 등을 사용하여 문질러 제거한다. 다량 사용하면 결함 내의 침투액이 제거되므로 주의한다.

마. 현상 처리

1) 현상 처리
세척 처리를 하고, 건조시킨 후 현상제를 시험체 표면에 적용하여 균일하게 도막을 형성시키고 건조시키면 다공질의 현상 도막이 생기며 이 도막에 결함 속의 침투액이 배어나오게 하여 지시 모양을 형성시키는 처리

2) 현상 처리 목적
(1) 결함 내부의 침투액을 흡출(bleed out)하여 결함의 크기보다 확대된 지시 모양을 만들어 결함 지각성을 높인다.
(2) 염색 침투 탐상 시험의 경우 (1)항 이외에 백색 현상 도막면을 만들어 결함 지시 모양과의 색상의 차를 크게 만든다.

3) 습식 현상법
(1) **수현탁성 현상제 적용** : 백색 미분말의 현상제를 물에 분산시켜 현탁된 상태로 시험체 표면에 적용하는 방법으로 수세성 침투액과 조합시켜 사용하는 경우가 많다.
(2) **수용성 현상제 적용** : 백색 미분말을 형광 침투액과 조합시켜 사용하나, 결함 지각성이 나빠서 거의 사용하지 않는다.
(3) 시험체 표면에 일정한 피막을 형성하여 배경 증대 효과가 있으며, 수세성 침투 탐상과 조합하여 사용하면 효과적이다.
(4) 소형 다량 부품에 적합하며, 침적법으로 적용할

때 일정한 간격으로 배열하면 현상 얼룩을 방지할 수 있다.
(5) 균일한 농도 유지를 위해 교반 장치가 필요하다. (수현탁성 현상제의 경우)
(6) 복잡한 형상의 시험체는 현상제 피막 두께를 균일하게 하기 어렵다.
(7) 현상제 적용 후 건조처리가 필요하며, 건조 시간이 길다.

4) 건식 현상법

(1) **건식 현상** : 세척 처리 후 시험체를 건조 처리하여 수분을 증발시킨 후 건식 현상제를 적용하는 현상법
(2) **방법** : 침적법이나 공기 분무로 시험면에 적용하여 비중이 작은 백색 미분말의 건식 현상제를 적용한다.
(3) 소형 다량의 제품에 적용할 수 있고, 결함의 실제 크기 판정에 용이하다.
(4) 형광 침투 탐상 검사와 함께 사용하며, 시험 종료 후 현상제의 후처리가 쉽다.
(5) 지시 모양의 확대가 적고, 결함 지시 모양이 선명하여 분해능이 향상된다.
(6) 미분말이므로 인체에 흡입될 수 있어 방진 대책과 환기가 필요하다.
(7) 일정한 피막을 형성할 수 없어 배경이 저하되어 감도가 떨어진다.

5) 속건식 현상법

(1) **속건식 현상** : 백색 미분말의 현상제를 휘발성의 유기용제로 현탁한 현상제를 사용하는 방법, 분무법(소형 다량 제품 검사는 곤란), 침적법에 사용한다.
(2) 대형 부품, 구조물의 부분 탐상에 적합(전면 탐상은 곤란)하며, 다른 현상법에 비해 결함 검출 감도가 높다.
(3) 용제 제거성 침투 탐상과 조합하여 현장 이동검사에 효과적이다.
(4) 습식 현상법에서 건조 시간이 길어지는 것과 건식 현상법에서의 피막 형성이 없는 점을 보완한 현상법이다.
(5) 분사하기 때문에 인체에 흡입될 수 있어 방진 대책과 환기 시설이 필요하다.

6) 무현상법

(1) **무현상법** : 현상제를 사용 않고 지시 모양을 현상하는 방법
(2) 세척 처리 후 열풍 건조에 의해 결함 내부에 침투되어 있는 침투액이 팽창하여 시험품 표면으로 표출시켜 지시 모양을 형상한다.
(3) 고감도 침투액을 사용했을 경우에는 효과적이지만, 결함 검출 감도가 떨어져 항공 부품이나 중요 부품 검사에는 적합하지 않다.
(4) 용제 제거 후에도 자연 건조보다는 가열 건조하면 효과적으로 지시 모양을 형성할 수 있다.

7) 플라스틱 필름 현상법

(1) 청정 락카와 콜로이달 수지로 구성되어 있다.
(2) **방법** : 시험체 표면에 얇은 필름상으로 분무시켜 적용하며, 침투제는 플라스틱 필름으로 흡수되는데, 2~3회 도포하며 영구적 기록을 위해서는 5~6회 도포한다.
(3) 감도나 분해능이 높고 현상과 기록을 동시에 할 수 있다.
(4) 후처리하기 위해 고가의 박리제를 사용해야 하며, 가격이 비싸다.

바. 건조 처리

1) 건조 처리와 건조 시기

(1) **건조 처리** : 세척 처리를 행한 후 현상 처리 전 또는 후에 시험면에 남아 있는 세척액 또는 습식 현상제의 수분을 효과적으로 건조하는 처리이다.
(2) **건조 시기**
   ① 건식 현상, 속건식 현상, 무현상법의 경우 : 현상 처리 전에 세척한 물을 건조시킨다.(자연 건조)
   ② 습식 현상법의 경우 : 현상 처리 후에 현상제의 수분을 건조시킨다.

2) 건조처리 장치와 주의사항

(1) 자동 온도 조절이 가능한 순환 열풍식 건조기 사용
(2) **주의** : 고온에서 오랜 시간 건조하면 침투액의 형광 휘도나 색채가 열화되며, 결함 내의 침투액을 증발 건조시키기 때문에 지시 모양의 식별성과 결함의 검출 능력을 저하시킨다.

사. 관찰(판독)

1) 관찰이란

(1) **관찰** : 비파괴 시험에서의 관찰은 결함 지시 모양의 유무를 확인하는 작업
(2) 일반적으로 관찰은 시험의 시작부터 최종 단계까지 이루어진다.
(3) 결함 지시 모양을 검출하여 판독, 평가하여 최종적으로 제품에 대한 적합성을 판단하는 작업이다.
(3) **관찰에서 주의할 점** : 지시 결함인지 의사지시 결함인지를 구별하는 것이므로 판단이 불명확할 때는 재시험을 해야 한다.

2) 침투 탐상법의 종류에 따른 관찰법

(1) 염색 침투 탐상 관찰
 ① 백색광 또는 자연광 아래에서 관찰
 ② 시험면의 밝기는 500lx 이상 요구된다.
(2) 형광 침투 탐상 관찰
 ① 암실 등 어두운 곳에서 자외선을 조사하여 관찰, 대형 시험체는 휴대형 자외선등을 사용
 ② 시작 전 1분 이상 어두움에 적응한 후 관찰한다.
 ③ 암실 조도 : 20lx 이하가 요구된다.

아. 재시험 및 후처리

1) 재시험을 실시하는 경우

(1) 조작 방법이 잘못되었을 때
(2) 판독이나 평가를 내리기 어렵거나, 발생 지시 모양을 정밀하게 확인하고자 할 때
(3) 지시 모양이 '결함 지시'인지, '의사(무관련)지시'인지 판단이 곤란할 때

2) 후처리

(1) **후처리** : 침투제나 현상제가 시험체를 부식시킬 우려가 있거나 환경오염을 일으킬 수 있을 때, 시험체의 마모를 증가시킬 우려가 있을 때 실시하는 처리
(2) 검사 후 시험체에 남아 있는 현상제와 침투제를 완전히 제거하고 표면 처리를 한다.
(3) 후처리법
 ① 침투제 제거법 : 용제 분무나 용제 침적
 ② 현상제 제거법 : 솔질이나 공기 분무, 수세척

자. 시험 결과 기록

1) 기록할 내용

(1) 시험 조건 기록
 ① 검사원의 성명 및 자격 : 시험 기록 전체에 대한 책임과 검사의 신뢰성을 높이기 위해 반드시 기록해야 된다.
 ② 실시 장소, 시험 일시, 시험체 품명, 재질, 모양, 치수, 표면 상태
 ③ 적용 규격 : KS B 0816_2009 또는 ASME 165_2007 등
 ④ 시험 방법, 시험 조건
(2) **탐상제의 종류** : 침투액, 유화제, 세척액, 현상제 명칭
(3) **조작 방법** : 전처리, 침투 처리, 유화 처리, 세척 처리, 제거 처리, 건조 처리, 현상제 적용 방법 등
(4) **조작 조건** : 시험체와 탐상액의 시험 온도, 침투 시간, 유화 시간, 세척수 온도와 수압, 건조 온도와 시간, 현상 시간, 관찰 시간
(5) **시험 결과** : 침투 지시 모양, 갈라짐 유무
(6) **결함의 기록 방법** : 사진 촬영, 전사, 스케치

예제 1
다음 중 침투 탐상 시험 시 가장 적합한 순서는?
① 침투 → 세정 → 건조 → 현상
② 현상 → 세정 → 침투 → 건조
③ 세정 → 현상 → 침투 → 건조
④ 건조 → 침투 → 세정 → 현상

 정답 ①

침투 탐상 기본 절차
전처리 → 침투 → (유화) → 세척 및 제거 → (건조) → 현상 → (건조) → 관찰

예제 2
침투 탐상 시험 시 전처리 과정이 중요한(필요한) 가장 큰 이유는?
① 침투액을 적용하기 쉽게 하기 위해서
② 침투액의 세척을 쉽게 하기 위해서
③ 침투액의 더러움을 적게 하기 위해서
④ 결함 검출을 용이하게 하기 위해서

 정답 ④

전처리 작업은 시험체 표면의 오염 물질 등을 제거하는 것으로 결함 검출을 용이하게 한다.

예제 3
용접부의 침투 탐상 시험 시 전처리할 때 일반적으로 이용되는 방법이 아닌 것은?
① 솔질   ② 증기 세척
③ 연삭   ④ 용제 세척

 정답 ③

전처리 시에 연삭이나 블라스팅을 하면 표면 결함의 열린 부분이 막힐 염려가 있다.

예제 4
KS B 0816에 규정에 의한 침투액을 적용하는 방법의 선정과 관련하여 관계가 없는 것은?
① 시험체의 수량
② 시험체의 모양
③ 시험체의 재질
④ 침투액의 종류

 정답 ③

침투액 선정 시 고려 사항
①, ②, ④ 외에 시험체의 치수

예제 5
KS B 0816에 따른 침투 탐상 시험 방법 및 침투 지시 모양의 분류에서 시험체와 침투액의 온도가 규정 내의 온도일 때 강용접부의 표준 침투 시간으로 옳은 것은?
① 5분   ② 15분
③ 30분   ④ 2시간

 정답 ①

침투 시간 : 용접부 5분

예제 6
에어로졸 캔의 탐상제는 온도가 매우 낮으면 탐상제의 분사 상태가 나빠지게 되는데 이 때 처리 방법으로 적당한 것은?
① 탐상제의 성능 저하가 예상되므로 무조건 폐기한다.
② 불에 가까이 대고 달군다.
③ 캔을 30℃ 정도의 물로 데운다.
④ 시험면을 가열한 후 탐상제를 적용한다.

 정답 ③

온도가 급강하할 경우 에어로졸형 탐상제를 30℃ 정도의 온수에 담근 후 서서히 온도를 올려 사용한다.

3 침투 탐상 검사 종류와 특징

가. 침투 탐상 검사의 종류

1) 염색 침투 탐상법
   ① 수세성 염색 침투액 사용 : VA
   ② 용제 제거성 염색 침투액 사용 : VC

2) 형광 침투 탐상법
   ① 수세성 형광 침투액 사용 : FA
   ② 후유화성 형광 침투액 사용 : FB
   ③ 용제 제거성 형광 침투액 사용 : FC

3) KS B 0816 규정 침투액
   (1) 침투 탐상법 표시 기호
   ① V : 염색 침투액을 사용하는 방법
   ② F : 형광 침투액을 사용하는 방법
   ③ DV : 이원성 염색 침투액을 사용하는 방법
   ④ DF : 이원성 형광 침투액을 사용하는 방법

4) 침투액의 종류와 특징
   (1) 염색 침투액
   ① 적색 염료를 첨가한 침투액을 사용하여 시험하며, 백색등이나, 자연광(가시광선) 아래에서 관찰
   ② 전원이나, 암실, 자외선등이 필요 없어 현장 이동검사가 용이하다.
   (2) 형광 침투액
   ① 형광 물질을 첨가한 침투액을 사용하여 시험하며, 결함 검출 감도가 매우 뛰어나 미세한 표면 결함 탐상에 적합하다.
   ② 암실에서 자외선 조사하면 황록색의 형광색 지시가 나타난다.
   (3) 이원성 침투액
   ① 자외선 장치가 설치된 암실이나, 자연광, 백색등 모두에서 관찰이 가능하다.
   ② 미세한 결함 등은 형광 침투 탐상법을, 큰 결함이나 암실이 없으면 염색 침투 탐상법을 이용한다.
   ③ 염색 염료와 형광 염료가 혼합되어 있어 전용 형광 침투제보다 감도가 떨어진다.

나. 잉여 침투액 제거 방법의 분류

1) KS B 0816 규정 잉여 침투액의 제거 방법 분류
   (1) 수세에 의한 방법 : 기호 A
   (2) 기름 베이스 유화제를 사용하는 후유화에 의한 방법 : 기호 B
   (3) 용제 제거에 의한 방법 : 기호 C
   (4) 물 베이스 유화제를 사용하는 후유화에 의한 방법 : 기호 D

2) 잉여 침투액 제거법의 특징
   (1) 수세성 침투 탐상
   ① 침투액에 유화제(계면활성제)를 미리 함유시킨 것으로, 수세척이 가능하다.
   ② 적용 : 표면이 거친 시험체, 형상이 복잡한 시험체, 소형 다량 제품, 대형 시험체
   (2) 용제 제거성 침투 탐상
   ① 종이나 천의 헝겊에 용제를 적셔서 잉여 침투액을 제거한다.
   ② 적용 : 현장 용접부, 구조물의 부분 탐상
   (3) 후유화성 침투 탐상
   ① 지시 검출 감도를 높이기 위해 침투 시간이 경과한 다음 유화제를 적용하는 방법
   ② 유화 처리 후 잉여 침투액과 유화제가 혼합되어 있는 표면 잔류물을 수세척
   ③ 유화제 종류 : 기름 베이스 유화제, 물 베이스 유화제

다. 현상 방법의 분류

1) KS B 0816 규정 현상 방법 분류
   (1) 건식 현상법(건식 현상제 사용) : 기호 D
   (2) 습식 현상법(습식 현상제 사용)
   ① 수용성 현상제 사용 : 기호 A
   ② 수현탁성(습식) 현상제 사용 : 기호 W
   (3) 속건식 현상제 사용법 : 기호 S
   (4) 무 현상법(현상제 사용 안 함) : 기호 N
   (5) 특수 현상제 사용법 : 기호 E

2) 현상 방법의 종류별 특징

(1) 습식 현상법
① 백색 미분말 현상제를 물, 소포제, 계면활성제 등과 혼합한 것을 침적법, 분무법으로 적용한다.
② 현상제 적용 후 건조하면 백색의 도포막이 형성되어 침투제를 흡출, 지시 모양을 형성시킨다.
③ **수용성 현상제** : 형광 침투 탐상에 적용
④ **수현탁성 현상제** : 수세성 침투 탐상에 적용

(2) 건식 현상법
① 미세하고 비중이 작은 백색 분말을 사용하는 방법으로, 형광 침투 탐상과 조합하여 사용
② 시험체에 침적(담금) 또는 분무하여 적용, 지시 모양의 분산이 없어 명료한 지시 모양을 얻을 수 있다.

(3) 속건식 현상법
① 휘발성이 높은 유기용제에 미세한 분말 현상제를 현탁시켜 사용, 미세 결함의 검출도가 우수
② **적용** : 현장의 용접부, 대형 구조물의 부분 탐상에 용제 제거성 침투 탐상과 조합하여 적용

(4) 무 현상법
① 염색 침투 탐상에는 적용하지 않는다.
② 고감도 형광 침투액을 사용할 때나, 현상제와 반응하는 시험체에 적용하며, 현상제를 사용하지 않는다.

라. 침투 탐상 검사 방법의 분류

1) 시험 방법의 표시
(1) 침투액의 종류, 잉여 침투액의 제거 방법, 현상방법으로 조합하여 표시

(2) 표시 예시

기호	침투 탐상 검사 방법	기호 설명
VC-S	용제 제거성 염색 – 속건식	V : 염색 침투법 C : 용제 제거성 S : 속건식 현상제
DFA-W	수세성 이원성 형광 – 수현탁성	DF : 이원성 형광 침투액 A : 수세성 W : 수현탁성 현상제

2) 검사 순서

사용하는 침투액과 현상법의 종류(기호)	검사 순서										
	전처리	침투처리	예비처리	유화처리	세척처리	제거처리	건조처리	현상처리	건조처리	관찰	후처리
수세성 형광 - 습식 현상법(수현탁성)(FA-W) 수세성 염색 - 습식 현상법(VA-W) 수세성 이원성 형광 - 습식 현상법(DFA-W) 수세성 이원성 염색 - 습식 현상법(DVA-W)	◎	◎			◎			◎	◎	◎	◎
수세성 형광 - 건식 현상법(FA-D) 수세성 이원성 형광 - 건식 현상법(DFA-D)	◎	◎			◎		◎	◎		◎	◎
수세성 형광 - 속건식 현상법(FA-S) 수세성 염색 - 속건식 현상법(VA-S) 수세성 이원성 형광 - 속건식 현상법(DFA-S) 수세성 이원성 염색 - 속건식 현상법(DVA-S)	◎	◎			◎		◎	◎		◎	◎
수세성 형광 - 무 현상법(FA-N) 수세성 이원성 - 무 현상법(DFA-N)	◎	◎			◎		◎			◎	◎
후유화성 형광(기름 베이스) - 습식 현상법(수용성)(FB-A) 후유화성 형광(기름 베이스)-습식 현상법(수현탁성)(FB-W) 후유화성 이원성 형광(기름 베이스) - 습식 현상법(수용성)(DFB-A)	◎	◎		◎	◎			◎	◎	◎	◎
후유화성 형광(기름 베이스) - 건식 현상법(FB-D) 후유화성 이원성 형광(기름 베이스) - 건식 현상법(DFB-D)	◎	◎		◎	◎		◎	◎		◎	◎
후유화성 형광(기름 베이스) - 수현탁성(FB-W) 후유화성 염색(기름 베이스) - 수현탁성(VB-W)	◎	◎		◎	◎			◎	◎	◎	◎
후유화성 형광(기름 베이스) - 속건식 현상법(FB-S) 후유화성 이원성 형광(기름 베이스)-속건식 현상법(DFB-S) 후유화성 염색(기름 베이스) - 속건식 현상법(VB-S)	◎	◎		◎	◎		◎	◎		◎	◎
후유화성 형광(기름 베이스) - 무현상법(FB-N) 후유화성 이원성 형광(기름 베이스) - 무현상법(DFB-N)	◎	◎		◎	◎		◎			◎	◎
용제 제거성 형광 - 건식 현상법(FC-D) 용제 제거성 이원성 형광 - 건식 현상법(DFC-D)	◎	◎				◎	◎	◎		◎	◎
용제 제거성 형광 - 습식 현상법(수용성)(FC-A) 용제 제거성 형광 - 습식 현상법(수현탁성)(FC-W) 용제 제거성 염색 - 습식 현상법(수현탁성)(VC-W) 용제 제거성 이원성 형광 - 습식 현상법(수용성)(DFC-A) 용제 제거성 이원성 형광 - 습식 현상법(수현탁성)(DFC-W) 용제 제거성 이원성 염색 - 습식 현상법(수현탁성)(DVC-W)	◎	◎				◎		◎	◎	◎	◎
용제 제거성 형광 - 속건식 현상법(FC-S) 용제 제거성 염색 - 속건식 현상법(VC-S) 용제 제거성 이원성 형광 - 속건식 현상법(DFC-S) 용제 제거성 이원성 염색 - 속건식 현상법(DVC-S)	◎	◎				◎		◎		◎	◎
용제 제거성 형광 - 무 현상법(FC-N) 용제 제거성 이원성 형광 - 무 현상법(DFC-N)	◎	◎				◎				◎	◎
후유화성 형광(물 베이스) - 습식 현상법(수용성)(FD-A) 후유화성 형광(물 베이스) - 습식 현상법(수현탁성)(FD-W) 후유화성 염색(물 베이스) - 습식 현상법(수현탁성)(VD-W)	◎	◎	◎	◎	◎			◎	◎	◎	◎
후유화성 형광(물 베이스) - 건식 현상법(FD-D)	◎	◎	◎	◎	◎		◎	◎		◎	◎
후유화성 형광(물 베이스) - 속건식 현상법(FD-S) 후유화성 염색(물 베이스) - 속건식 현상법(VD-S)	◎	◎	◎	◎	◎		◎	◎		◎	◎
후유화성 형광(물 베이스) - 무 현상법(FD-N)	◎	◎	◎	◎	◎		◎			◎	◎

예제 1
침투 탐상 시험 방법 및 침투 지시 모양의 분류(KS B 0816)에서 염색 침투액을 사용하는 방법의 분류기호 표시로 옳은 것은?

① DW
② DF
③ F
④ V

 정답 ④

① 이원성 염색 침투액 : DW
② 이원성 형광 침투액 : DF
③ 형광 침투액 : F

예제 2
KS B 0816에 따른 잉여 침투액의 제거 방법에 따른 분류 기호에 대한 설명이 틀리게 연결된 것은?

① A : 수세에 의한 방법
② B : 기름 베이스 유화제를 사용하는 후유화에 의한 방법
③ C : 용제 제거에 의한 방법
④ D : 속건식 유화제를 사용하는 후유화에 의한 방법

 정답 ④

잉여 침투제 제거 방법에 따른 분류
D : 물 베이스 유화제를 사용하는 후유화에 의한 방법

예제 3
KS 규격에 따라 작성된 침투 탐상 시험 절차서를 보니 FA - W라고 적혀 있었다. 어느 방법의 설명인가?

① 수세성 형광 침투액 - 습식 현상제
② 용제 제거성 염색 침투액 - 속건식 현상제
③ 용제 제거성 염색 침투액 - 건식 현상제
④ 후유화성 형광 침투액 - 습식 현상제

 정답 ①

• F : 형광 침투액
• A : 수세성
• W : 수현탁성 습식 현상제

예제 4
"침투 탐상 시험 방법 및 침투 지시 모양의 분류(KS B 0816)"에 따른 수세성 형광 침투액을 사용하고 습식 현상제를 적용하는 경우는 어떤 분류 기호로 표시하는가?

① FB - W
② FC - S
③ FA - W
④ FA - D

 정답 ③

• F : 형광 침투액
• A : 수세성
• W : 수현탁성 습식 현상제

예제 5
KS B 0816에 규정된 현상 방법의 분류에서 D라고 기록되어 있을 때 명칭으로 다음 중 옳은 것은?

① 건식
② 수용성 습식
③ 속건식
④ 특수 용도용

 정답 ①

현상방법
D : 건식 현상제 적용

03 단원별 출제예상문제

DIY쌤이 **콕! 찝어주는 주요 예상문제** 풀어보기!

01 결함의 깊이 또는 시험체 내부의 결함은 알 수 없으나 간단한 교육 및 훈련으로 비교적 숙련의 검사가 가능하여 오래 전부터 표면의 검사에 활용된 비파괴 검사법은?

① 자분 탐상 시험
② 와전류 탐상 시험
③ 침투 탐상 시험
④ 방사선 투과 시험

> 침투 탐상은 표면 결함 검출이 가능하고 조작이 용이하다.

02 다음 설명 중 ( ) 안의 ㉮, ㉯에 알맞은 것은?

> 수세성 침투 탐상 검사는 주로 (㉮) 침투액을 사용하고, 현상제도 비교적 얇은 피막이 가능한 (㉯) 현상제를 많이 사용한다.

① ㉮ 형광 ㉯ 건식
② ㉮ 형광 ㉯ 습식
③ ㉮ 염색 ㉯ 습식
④ ㉮ 염색 ㉯ 건식

> 수세성은 주로 형광 침투액을 사용하며 습식 현상제를 적용한다.

03 일반적인 형광 침투 탐상 시험을 설명한 것으로 옳지 않은 것은?

① 결함은 적색으로 표시한다.
② 형광 물질이 함유된 침투액을 사용한다.
③ 결함은 황록색으로 나타난다.
④ 자외선 조사등을 사용한다.

> 형광 침투 탐상에서 결함은 전수검사는 적갈색으로, 샘플링검사는 황록색으로 표시한다.

04 건식 현상법을 염색 침투 탐상 시험에 이용하지 않는 이유는?

① 가루가 날려서 위생상 나쁘므로
② 대비(contrast)가 나빠서
③ 침투액을 과잉으로 빨아내므로
④ 침투액과 반응하므로

> 염색 침투 탐상 시험 시 실시해서는 안 되는 방법은 건식 현상법(D), 무현상법(N), 수용성 현상제를 사용하는 습식 현상법(A)이 있으며, 이유는 감도 및 대비가 나쁘기 때문이다.

05 다음 비파괴 검사법 중 일반적으로 본 탐상을 하기 전의 전처리 과정이 생략되었을 때 결함의 검출 감도에 가장 크게 영향을 미치는 시험은?

① 침투 탐상 시험
② 방사선 투과 시험
③ 초음파 탐상 시험
④ 와전류 탐상 시험

> 침투액의 침투에 가장 영향을 주는 것은 재료 표면의 상태로 기름류, 녹, 이물질 등을 제거하는 전처리 작업이 필요하다.

06 G 필터를 사용해 시험 결과를 남길 수 있는 비파괴 시험법은?

① 방사선 투과 검사(RT)
② 초음파 탐상 검사(UT)
③ 침투 탐상 검사(PT)
④ 와전류 탐상 검사(ET)

> G 필터를 사용하면 초록색만이 투과되므로 형광 침투 탐상 시험에서 사진법으로 기록할 때 사용하기도 한다.

정답 01 ③ 02 ② 03 ① 04 ② 05 ① 06 ③

07 용제 제거성 염색 침투 탐상 시험 방법의 순서를 가장 옳게 나열한 것은?

① 침투 처리 → 제거 처리 → 전처리 → 현상 처리 → 침투 및 후처리
② 전처리 → 침투 처리 → 현상 처리 → 제거 처리 → 관찰 및 후처리
③ 전처리 → 제거 처리 → 침투 처리 → 현상 처리 → 관찰 및 후처리
④ 전처리 → 침투 처리 → 제거 처리 → 현상 처리 → 관찰 및 후처리

용제 제거성 염색 침투 탐상의 순서 : 전처리 → 침투 처리 → 제거 처리 → 현상 처리 → 건조 처리 → 관찰 → 후처리

08 KS B 0816에 따른 FC – D의 시험 순서로 올바른 것은? (단, 순서에서 전처리와 후처리는 생략한다.)

① 침투 처리 → 현상 처리 → 제거 처리 → 관찰
② 세척 처리 → 유화 처리 → 제거 처리 → 관찰
③ 세척 처리 → 건조 처리 → 현상 처리 → 관찰
④ 침투 처리 → 제거 처리 → 현상 처리 → 관찰

FC-D : 용제 제거성 염색 침투 탐상-건식 현상법

09 침투 탐상 시험방법 및 침투 지시 모양의 분류(KS B 0816)에 따른 분류기호 "FB – W"의 시험 절차로 옳은 것은?

① 침투 처리 → 전처리 → 유화 처리 → 물세척 처리 → 건조 처리 → 건식 현상 처리 → 관찰 → 후처리
② 전처리 → 침투 처리 → 유화처리 → 물세척 처리 → 습식 현상 처리 → 건조 처리 → 관찰 → 후처리
③ 전처리 → 침투 처리 → 유화처리 → 물세척 처리 → 건조 처리 → 건식 현상처리 → 관찰 → 후처리
④ 전처리 → 침투 처리 → 물세척 처리 → 유화 처리 → 습식 현상 처리 → 건조 처리 → 관찰 → 후처리

FB-W는 후유화성 형광 침투제, 수현탁성 습식 현상제이므로 순서는 [침투 → 유화 → 세척 → 현상 → 건조 → 관찰]의 순서이다.

10 KS B 0816에서 후유화성 형광 침투액(기름 베이스 유화제) - 건식 현상법의 시험 절차를 바르게 나타낸 것은?

① 전처리 → 침투 처리 → 유화 처리 → 세척 처리 → 건조 처리 → 현상 처리 → 관찰 → 후처리
② 전처리 → 침투 처리 → 세척 처리 → 유화 처리 → 현상 처리 → 건조 처리 → 관찰 → 후처리
③ 전처리 → 침투 처리 → 유화 처리 → 세척 처리 → 건조 처리 → 관찰 → 후처리
④ 전처리 → 침투 처리 → 유화 처리 → 건조 처리 → 현상 처리 → 관찰 → 후처리

후유화성 시험은 침투 처리 후 유화 처리가 필요하고, 건식 현상제를 사용하면 현상 처리 전에 건조 처리를 해야 하므로 순서는 [침투 → 유화 → 세척 → 건조 → 현상]으로 한다.

11 후유화성 형광 침투 탐상 시험 - 건식 현상법을 조합하여 탐상할 때의 처리 순서는? (단, 전처리, 관찰, 후처리 등은 생략함)

① 침투 → 건조 → 유화 → 세척 → 현상
② 침투 → 현상 → 유화 → 세척 → 건조
③ 침투 → 세척 → 유화 → 현상 → 건조
④ 침투 → 유화 → 세척 → 건조 → 현상

후유화성 시험은 침투 처리 후 유화 처리가 필요하고, 건식 현상제를 사용하면 현상 처리 전에 건조 처리를 해야 하므로 순서는 [침투 → 유화 → 세척 → 건조 → 현상]으로 한다.

12 침투 탐상 시험 방법 및 침투 지시 모양의 분류(KS B 0816)에서 시험 방법의 기호가 VB – S일 때 시험 절차를 옳게 나타낸 것은?

① 전처리 → 침투 처리 → 세척 처리 → 건조처리 → 현상 처리 → 관찰 → 후처리
② 전처리 → 침투처리 → 유화 처리 → 세척 처리 → 건조 처리 → 현상처리 → 관찰 → 후처리
③ 전처리 → 침투 처리 → 세척 처리 → 현상 처리 → 건조 처리 → 관찰 → 후처리
④ 전처리 → 침투 처리 → 유화 처리 → 현상 처리 → 건조 처리 → 세척 처리 → 관찰 → 후처리

VB-S는 후유화성 염색 침투제 속건식 현상법이므로 순서는 [침투 → 유화 → 세척 → 건조 → 현상 → 관찰]의 순으로 한다.

정답 07 ④ 08 ④ 09 ② 10 ① 11 ④ 12 ②

13 건식 현상제(무 현상제)를 사용하는 수세성 형광 침투 탐상 시험의 공정으로 옳은 것은?

① 전처리 → 현상 처리 → 침투 처리 → 세척 처리 → 건조 처리 → 관찰 → 후처리
② 전처리 → 세척 처리 → 현상 처리 → 침투 처리 → 건조처리 → 관찰 → 후처리
③ 전처리 → 현상 처리 → 세척 처리 → 건조 처리 → 침투처리 → 관찰 → 후처리
④ 전처리 → 침투 처리 → 세척 처리 → 건조 처리 → 현상 처리 → 관찰 → 후처리

> 수세성 형광 침투액과 건식 현상제나 속건식 현상제를 사용하는 경우와 무현상법으로 탐상하는 경우는 순서가 동일하다.

14 수세성 형광 침투액 - 속건식 현상제를 사용하여 검사하는 순서는?

① 전처리 → 침투 처리 → 세척 처리 → 현상 처리 → 후처리 → 관찰
② 전처리 → 침투 처리 → 건조 처리 → 세척 처리 → 현상 처리 → 관찰
③ 전처리 → 침투 처리 → 세척 처리 → 건조 처리 → 현상 처리 → 관찰 → 후처리
④ 전처리 → 침투 처리 → 건조 처리 → 세척 처리 → 현상 처리 → 후처리 → 관찰

15 수세성 염색 침투액과 습식 현상법을 조합하여 탐상할 경우의 탐상 순서로 옳은 것은?

① 전처리 → 침투 처리 → 세척 처리 → 현상 처리 → 건조 처리
② 전처리 → 침투 처리 → 세척 처리 → 건조 처리 → 현상 처리
③ 전처리 → 세척 처리 → 건조 처리 → 침투 처리 → 현상 처리
④ 전처리 → 건조 처리 → 침투 처리 → 현상 처리 → 세척 처리

> 습식 현상제를 사용할 경우 현상제 적용 후 반드시 건조 처리를 해야 된다.

16 다음 중 ( ) 안에 들어갈 적절한 용어는?

> 침투 탐상 시험 방법 및 침투 지시 모양의 분류 (KS B 0816)에서 세척 처리 및 제거 처리 시 시험체에 부착된 잉여 침투액은 제거하여야 한다. 이때 ( )에 침투되어 있는 침투액을 유출시키는 과도한 처리를 해서는 안 된다.

① 흠 속   ② 세척제
③ 유화제   ④ 흠 주변

17 KS B 0816에 따른 침투 탐상 시험 방법 및 침투 지시 모양의 시험의 조작에 대한 설명 중 옳지 않은 것은?

① 물 베이스 유화제를 사용할 때는 유화 처리 전에 물 스프레이로 배액을 목적으로 한 예비 세척을 한다.
② 침투 처리 시 표면에 부착되어 있는 잉여 침투액은 유화처리나 세척 처리 후에 배액하여야 한다.
③ 전처리한 후에는 용제, 세척액, 수분 등을 충분히 건조시켜야 한다.
④ 형광 침투액을 사용한 경우의 세척처리시 수온은 일반적으로 10~40℃로 한다.

> 잉여 침투액은 다음 공정인 유화 처리나 세척 처리 전에 배액을 한다.

18 KS B 0816에 의한 침투 탐상 시험 방법 중 유화처리에 앞서 예비 세척 처리가 필요 없는 검사법은?

① 후유화성 형광 침투액(물 베이스 유화제) - 습식 현상법(수현탁성)
② 후유화성 염색 침투액(물 베이스 유화제) - 속건식 현상법
③ 후유화성 형광 침투액(물 베이스 유화제) - 무현상법
④ 후유화성 염색 침투액(기름 베이스 유화제) - 습식 현상법(수현탁성)

정답 13 ④ 14 ③ 15 ① 16 ① 17 ② 18 ④

19 형광 침투 탐상 시험의 전처리 과정에서 시험품의 가성 물질 또는 산성 물질을 완전히 제거치 않으면 어떻게 되는가?

① 현상제의 능력이 감쇠된다.
② 침투 시간이 3배로 길어진다.
③ 침투액의 형광이 감소된다.
④ 침투 탐상이 불가능하다.

> 표면에 불순물이 남아 있으면 침투제의 형광 능력이 떨어진다.

20 가스터빈 블레이드(Blade)의 미세한 결함 검출에 가장 효과적인 검사 방법은?

① 수세성 형광 침투 탐상 검사
② 용제 제거성 염색 침투 탐상 검사
③ 용제 제거성 형광 침투 탐상 검사
④ 후유화성 형광 침투 탐상 검사

> 터빈 블레이드 등에 발생하는 미세한 결함은 후유화성 형광 침투 탐상이 가장 좋다.

21 형광 침투 탐상 시험의 전처리 과정에서 부품에 묻어 있는 강한 산성 물질을 씻어내지 않았을 경우 주요 원인으로 발생되는 것은?

① 얼룩이 오래 동안 남아 있게 된다.
② 침투제의 침투력을 촉진시킨다.
③ 침투 시간이 길어진다.
④ 침투제의 형광성을 감소시켜 결함 식별 능력을 잃게 된다.

> 수세성 형광 침투 탐상 검사에서 산성 잔류물 및 크롬 성분은 물이 있는 곳에서 형광 침투제와 반응하여 형광 염료의 기능을 약하게 한다.

22 침투 탐상 시험에 앞서 시험편 표면을 전처리하는 방법 중 가장 좋은 것은?

① 연마(grinding)
② 쇠솔질(wire brushing)
③ 샌드 블라스팅(sand blasting)
④ 증기 세척(vapor degreasing)

> 샌드 블라스팅, 쇠솔질, 그라인딩 등은 표면의 녹이나 스케일 등을 제거하는 기계적 처리 방법이므로 표면을 손상시킬 우려가 있다.

23 침투 탐상 시험 시 시험 표면의 유지류(유기성 물질)에 대한 전처리(pre-cleaning) 방법으로 가장 효과적인 방법은?

① 브러싱 세척
② 산 세척
③ 세제 세척
④ 증기 탈지

> 유지류 제거에는 세제, 용제 세척, 증기 탈지, 증기 세척 등을 사용하나, 트리클렌 증기 세척이 가장 효과적이다.

24 록크웰 C-40 이상의 경도를 가지는 재료의 침투 탐상 검사를 위한 표면 처리에 위배되지 않는 방법은?

① 샌드 블라스팅
② 에머리 페이퍼
③ 그리트 블라스팅
④ 와이어 브러싱

> 샌드 블라스팅, 사포질, 쇠솔질 등은 결함의 열린 부분을 막을 염려가 있다.

25 시험체의 재질이 연강일 때 자주 사용되는 전처리 방법이 아닌 것은?

① 알칼리 세척
② 모래 분사법
③ 증기 세척
④ 용제 분무법

> 연강은 모래 분사법을 이용할 경우 표면에 흠이 생길 수 있다.

정답 19 ③ 20 ④ 21 ④ 22 ④ 23 ④ 24 ② 25 ②

26 침투 탐상 시험에서 전처리 시 초음파 세척은 다음 중 어느 경우에 주로 이용되는가?

① 자외선등의 표면을 깨끗이 청소하기 위하여 이용된다.
② 유화제를 제거하기 위하여 이용된다.
③ 정교한 부품의 세척을 위하여 이용된다.
④ 대형 부품의 부분 세척을 위하여 이용된다.

> 정교한 부품, 소형의 대량 부품의 전처리에는 초음파 세척을 사용한다.

27 침투 탐상 시험에서 시험편의 전처리로 샌드 블라스팅 한 다음 화학적 에칭(etching)을 하지 않은 경우 탐상에 흔히 어떤 오류가 예상되는가?

① 결함 부위가 막혀 버릴 우려가 있다.
② 현상제의 사용을 쉽게 하여 또 다른 결함이 생길 수 있다.
③ 모래가 결함을 더 크게 만들게 될 우려가 있다.
④ 기름이나 오염물이 결함을 막을 우려가 있다.

> 기계 가공법에 의한 전처리 후에는 반드시 에칭을 실시하여 결함의 개구부를 막고 있는 금속 찌꺼기를 제거해야 한다.

28 침투 탐상할 표면을 전처리하는 방법으로 샌드 블라스팅할 때 문제점을 바르게 설명한 것은?

① 샌드 블라스팅에 사용되는 모래가 불연속의 폭을 넓힐 우려가 종종 있다.
② 화학적으로 반응을 일으켜 오염된 침투제가 불연속부에 들어가게 된다.
③ 불연속부를 가리거나 메꾸어 버린다.
④ 샌드 블라스팅으로 인해 불연속을 만든다.

> 샌드 블라스팅은 표면의 결함 개구부를 막을 우려가 있다.

29 페인트 칠이 되어 있는 금속 표면을 침투 탐상 시험할 때의 첫 단계는?

① 전 표면에 있는 녹이나 기름을 닦아 낸다.
② 비눗물로 전 표면을 세척한 후 침투액을 살포한다.
③ 페인트를 표면으로부터 완전히 제거한다.
④ 증기 탈지법으로 세척, 전처리를 한다.

> 페인트 칠이 되어 있을 경우 전처리 작업으로 페인트를 완전히 제거해야 한다.

30 녹 제거 및 산화 스케일 제거 등에 적용되며 가성소다, 스케일 제거제를 사용한 전처리 방법은?

① 증기 세척   ② 용제 세척
③ 산 세척   ④ 알칼리 세척

> 알칼리 세척은 가성소다 제거제를 사용하는 것이다.

31 다음 침투 탐상 시험의 전처리법 중 텀블링(Tumbling)법에 대한 설명으로 옳지 않은 것은?

① 표면이 연한 알루미늄, 마그네슘 등과 같은 재질에 사용한다.
② 티타늄과 같은 재질이 무른 시험체에는 적용하지 않는다.
③ 금속의 녹과 같은 이물질을 회전 마찰에 의해 제거하는 방법이다.
④ 얇은 스케일 등과 같은 이물질을 제거하는데 효과적이다.

> 텀블링법은 재질이 연한 알루미늄, 마그네슘, 티타늄, 구리 등에는 적용하지 않는다.

정답 26 ③ 27 ① 28 ③ 29 ③ 30 ④ 31 ①

32 KS B 0816 규정에 따른 침투 탐상 시험 방법 및 침투 지시 모양의 분류에서 시험체의 일부분을 시험하는 경우 시험하는 부분의 전처리에 대한 규정으로 옳은 것은?

① 시험하는 부분에서 바깥쪽으로 10mm 넓은 범위를 깨끗하게 한다.
② 시험부 중심에서 바깥쪽으로 25mm 넓은 범위를 깨끗하게 한다.
③ 시험부 중심에서 바깥쪽으로 10mm 넓은 범위를 깨끗하게 한다.
④ 시험하는 부분에서 바깥쪽으로 25mm 넓은 범위를 깨끗하게 한다.

33 KS B 0816에서 시험품의 일부를 시험하는 경우 시험하는 부분의 어느 범위까지 전처리를 해야 하는가?

① 시험하는 부분의 녹, 스케일을 제거한다.
② 시험면이 인접하는 영역에서 오염물에 의한 영향을 받지 않는 넓이까지
③ 시험하는 부분의 바깥쪽으로 최소한 20mm의 넓이까지
④ 시험면이 인접하는 영역에서 최소한 30mm의 넓이까지

34 기온이 급강하하여 에어로졸형 탐상제의 압력이 낮아져서 분무가 곤란할 때 검사자의 조치 방법으로 가장 적합한 것은?

① 일단 언 상태에서는 온도를 상승시켜도 제 기능을 발휘하지 못하므로 폐기한다.
② 온수(30℃ 정도) 속에 탐상 캔을 넣어 서서히 온도를 상승시킨다.
③ 에어로졸형 탐상제를 난로 위에 놓고 온도를 상승시킨다.
④ 새로운 것과 언 것을 교대로 사용한다.

35 다음 중 침투액의 적용 규정(KS W 0914)으로 옳은 것은?

① 특별히 지정하지 않는 한 시험 부품 및 침투액의 온도는 4~49℃ 이내이어야 한다.
② 침투액의 체류 시간은 최소 5분으로 한다.
③ 침투액의 최대 체류 시간은 2시간으로 한다.
④ 침투액을 침지법으로 적용해서는 안 된다.

> KS W 0914에서 침투제 적용은 스프레이, 침지, 붓칠, 온도는 4~49℃(40~120℉), 체류 시간 최소 10분이며 최대는 규정되어 있지 않음

36 침투 탐상 시험으로 가늘고 촘촘한 표면의 갈라진 틈을 탐상하려 할 때 고려할 사항과 거리가 먼 것은?

① 전처리를 철저히 하고 배경과의 대조가 잘 이루어지게 한다.
② 유화제 사용 시에는 보통 때보다 유화 시간을 늘린다.
③ 건조 시간을 가능한 한 짧게 한다.
④ 시험편의 탐상부를 세척한 후 침투액을 사용하기 전에 현상제를 먼저 바른다.

> 침투액을 사용한 후 현상제를 적용해야 한다.

37 수세성 침투액을 사용할 때 중요한 주의점은?

① 유화제의 과도한 사용을 피한다.
② 지시된 침투 시간이 넘지 않는 것을 확인한다.
③ 시험체의 과도한 세척을 피한다.
④ 시험체의 세척 작업 시 완전히 세척된 것을 확인한다.

> 수세성 침투액을 사용할 경우 과도한 세척으로 인하여 침투 지시 모양이 축소되거나 사라질 수 있다.

정답 32 ④ 33 ② 34 ② 35 ① 36 ④ 37 ③

38 다음 중 ( ) 안에 들어갈 내용으로 옳게 짝지어진 것은?

> 침투 탐상 검사는 일반적으로 시험 온도가 15~50℃ 범위는 KS B 0816 규정에 따르고, 3~15℃ 범위에서는 침투액의 점성이 증가하므로 온도를 고려하여 (A). 또한 50℃를 넘는 경우나 3℃ 이하인 경우는 (B), 시험체의 온도 등을 고려하여 정한다.

① A : 세척 시간을 늘린다. B : 침투액의 종류
② A : 침투 시간을 늘린다. B : 침투액의 종류
③ A : 세척 시간을 늘린다. B : 현상액의 종류
④ A : 침투 시간을 늘린다. B : 현상액의 종류

시험 온도가 3~15℃ 범위일 경우 침투 시간을 늘리며, 3℃ 이하이거나 50℃ 이상일 경우 침투액의 종류나 시험 온도 등을 고려하여 정한다.

39 침투 시간이란 침투액을 적용한 후부터 어느 때까지의 시간인가?

① 세척 처리가 완료될 때까지
② 배액 완료 시간까지
③ 유화 처리나 세척 처리 시작 전까지
④ 침투액에서 꺼낼 때까지

40 KS B 0816에 규정한 침투 탐상 시험방법 및 침투 지시 모양의 분류에서 "침투 시간"에 대하여 설명한 것으로 옳은 것은?

① 침투 시간은 검출하여야 할 결함의 종류에 관계없이 일정하게 적용한다.
② 침투 시간은 온도 10~40℃의 범위에서는 규정된 침투 시간을 표준으로 한다.
③ 침투 시간은 침투액의 종류에 관계 없이 일정하게 적용한다.
④ 침투 시간은 시험체의 재질, 시험체의 온도 등을 고려하여 정한다.

41 다음 중 침투액의 침투 시간에 크게 영향을 미치지 않는 인자는?

① 시험품의 재질
② 침투액의 분량과 시험품의 크기
③ 예측되는 결함의 종류와 크기
④ 침투액의 종류

42 KS B 0816에 따른 침투 탐상 시험법 및 침투 지시 모양의 분류에서 침투 시간에 미치는 영향과 무관한 인자는?

① 현상 방법
② 시험체와 침투액의 온도
③ 검출하려는(예측되는) 결함의 종류
④ 재질의 종류(시험체의 재질)

침투시간에 고려할 사항
②, ③, ④ 외에 침투제(액)의 종류

43 침투 탐상 검사 작업에서 적절한 침투 시간을 결정하는데 영향을 미치는 중요한 요인은?

① 탐상면의 표면 거칠기
② 검출 대상 결함의 종류
③ 시험체의 크기
④ 시험체의 모양

침투 탐상 시험은 결함의 종류에 따라 침투 시간을 결정한다.

44 어떤 부품의 침투 탐상 시험 시 요구되는 침투 시간이 10분이라면 이 시간은 무엇을 의미하는가?

① 최소 침투 시간   ② 최대 침투 시간
③ 평균 침투 시간   ④ 추정 침투 시간

침투 시간 10분은 최소 침투 시간이 10분이라는 것을 의미한다.

정답 38 ② 39 ③ 40 ④ 41 ② 42 ① 43 ② 44 ①

45 KS B 0816에 의한 침투 처리에서 시험체의 온도가 3~5℃인 경우 침투 시간은?

① 표준 침투 시간과 같다.
② 표준 침투 시간 안에 하여야 한다.
③ 표준 침투 시간보다 줄인다.
④ 표준 침투 시간보다 늘린다.

> **침투시간**
> 3~15℃에서는 표준 침투 시간 7분에서 늘림

46 미세한 결함(작은 불연속부)을 검출하고자 할 때 침투 시간은?

① 형태에 따라 큰 결함을 탐지할 때보다 길거나 짧을 수 있다.
② 큰 결함을 탐지할 때 소요되는 시간의 절반만 준다.
③ 큰 결함을 탐지할 때 소요되는 시간보다 길게 준다.
④ 큰 결함을 탐지할 때 소요되는 시간보다 적게 준다.

47 다양한 검사체에 존재하는 불연속의 형태에 따라서 침투 시간이 다르다. 일반적으로 미세하고 조밀한 균열이 예상될 때의 침투 시간은?

① 크고 얕은 불연속보다 짧은 침투 시간이 요구된다.
② 크고 얕은 불연속보다 긴 침투 시간이 요구된다.
③ 크고 얕은 불연속과 같은 침투 시간이 요구된다.
④ 침투 시간에 관계 없이 부식 처리 후 발견할 수 있다.

> 미세하고 조밀한 결함은 큰 결함보다 침투 능력이 떨어지므로 침투 시간을 길게 한다.

48 침투 탐상 시험에서 시험체의 온도, 침투액의 종류가 동일하다면 다음 중 어느 결함이 가장 긴 침투 시간을 필요로 하는가?

① 철강 용접부의 융합 불량
② 알루미늄 단조품의 갈라짐
③ 마그네슘 주조품의 기공
④ 유리, 세라믹의 갈라짐

> 침투시간은 금속 재질의 압출, 단조, 압연품 등은 10분으로 하고 나머지는 5분으로 한다.

49 KS B 0816에 따른 침투 탐상 시험 방법 및 침투 지시 모양의 분류의 규정에 의하면 표준 침투 시간에 따라 강 재질의 제품을 침투 처리할 때 다음 중 침투 시간이 다른 경우는?

① 용접부의 갈라짐   ② 단조품의 갈라짐
③ 주조품의 용탕 경계   ④ 용접부의 융합 불량

> **단조품의 침투시간** : 10분

50 다음 결함 중 통상적으로 가장 짧은 침투 시간이 필요한 것은?

① 열처리 균열   ② 라미네이션
③ 표면기공(피트)   ④ 단조 겹침

> 개구부가 넓은 결함은 침투시간을 짧게 적용한다.

51 KS B 0816 규정에 의한 침투 탐상 시험 방법 및 침투 지시 모양의 분류에서 탐상 시험 시 표준으로 하는 시험체와 침투액의 온도 범위로 옳은 것은?

① 5~40℃   ② 15~50℃
③ 25~60℃   ④ 30~80℃

정답 45 ④ 46 ③ 47 ② 48 ② 49 ② 50 ③ 51 ②

52 가시성 염색 침투액을 사용하여 시험할 경우 일반적으로 시험부의 온도는 몇 ℃ 이하로 떨어져서는 안 되는가?

① 30℃ ② 15℃
③ 3℃ ④ -3℃

> 침투 탐상의 시험 온도 : 3~50℃

53 KS B 0816 규정에 의한 침투 탐상 시험 방법 및 침투 지시 모양의 분류에서 시험의 조작 중 세척 처리와 제거 처리에 대한 설명이 옳지 않은 것은?

① 후유화성 침투액은 세척액으로 세척한다.
② 용제 제거성 침투액은 헝겊 또는 종이수건 및 세척액으로 제거한다.
③ 스프레이 노즐을 사용할 때의 수압은 특별한 규정이 없는 한 275kPa 이하로 한다.
④ 형광 침투액을 사용하는 시험에서는 반드시 자외선을 비추어 처리의 정도를 확인하여야 한다.

> 수세성 및 후유화성 침투액은 물로 세척한다.

54 KS B 0816에 따라 침투 탐상 시험 시 수세성 및 후유화성 침투액은 물로 세척한다. 스프레이 노즐을 사용하는 경우 특별한 규정이 없는 한 수압은?

① 275kPa 이하 ② 250kPa 이하
③ 225kPa 이하 ④ 200kPa 이하

55 KS B 0816에 따른 침투 탐상 시험 방법 및 침투 지시 모양의 분류에서 세척 처리와 제거 처리 시 형광 침투액을 사용할 경우 수온의 범위로 옳은 것은?

① 5~20℃ ② 5~25℃
③ 10~40℃ ④ 20~50℃

> • KS B 0816에서 형광 잉여 침투액의 물 세척 시 특별한 규정이 없는 한 세척 수온의 온도 : 10~40℃

56 KS B 0816 규정에 의한 침투 탐상 시험 방법 및 침투 지시 모양의 분류에서 스프레이 노즐에 의한 잉여 형광 침투액의 제거 시 물의 온도는 특별한 규정이 정해지지 않으면 몇 ℃를 넘지 않아야 하는가?

① 20 ② 30
③ 40 ④ 50

> 물의 온도는 50℃를 넘지 않아야 하며 적정 세척 온도는 10~40℃이다.

57 형광 침투액을 사용한 침투 탐상 시험에서 과잉 침투액을 현상 처리에 앞서 제거해야 하는데 그 제거 여부를 확인하는 가장 적당한 조작은?

① 흡착지(absorbent paper)로 표면을 닦아 본다.
② 표면에 화학 처리를 하여 본다.
③ 가압 공기로 표면을 건조시켜 본다.
④ 자외선등 아래에서 표면을 관찰하여 본다.

> 형광 침투액 제거 여부는 자외선등을 비추어 관찰할 수 있다.

58 시편 표면의 과량 침투액을 제거하는데 가장 널리 이용되는 방법은?

① 물에 시편을 담가서 씻는다.
② 호스와 특수 노즐(nozzle)을 써서 제거한다.
③ 수도꼭지에서 흐르는 물에 직접 대어서 씻는다.
④ 젖은 걸레로 닦는다.

> 잉여 침투액 제거는 분사 노즐을 사용한다.

59 후유화성 침투 탐상 시험에 사용되는 가장 적합한 세척 방법은?

① 알칼리 세척 ② 물(수) 세척
③ 솔벤트 세척 ④ 초음파 세척

> 후유화제 적용 후 물로 세척한다.

정답 52 ③ 53 ① 54 ① 55 ③ 56 ④ 57 ④ 58 ② 59 ②

60 침투 시간이 경과한 후 과잉의 수세성 침투액을 제거하는 가장 바람직한 방법은?

① 물과 함께 솔질한다.
② 용제를 이용하여 세척한다.
③ 물과 깨끗한 헝겊으로 닦는다.
④ 물과 스프레이를 이용하여 세척한다.

수세성 침투 탐상에서 침투액 제거는 물을 이용하여 스프레이한다.

61 수세성 침투 탐상 시험에서 세척 처리 시 너무 뜨거운 물로 세척하면 발생되는 주요 문제점은?

① 결함 속의 침투액을 유출시킨다.
② 실제 결함보다 너무 크게 확대시킨다.
③ 미세한 결함 내에 물의 오염을 형성한다.
④ 침투액으로부터의 형광성을 발생시킨다.

세척 온도가 너무 높으면 결함 속의 침투액이 나올 가능성이 있다.

62 침투 탐상 시험에 사용되는 수세 장치는 수압, 유량, 수온 조정이 가능한 기능을 가져야 하는데 수세 장치를 작동시켰을 때 다음 중 옳은 것은?

① 수압은 0.5~1.0kgf/cm²의 범위로 조정할 수 있어야 한다.
② 분무 노즐의 각도는 15~30°의 범위로 조절할 수 있어야 한다.
③ 수온은 4~15℃의 범위로 조정할 수 있어야 한다.
④ 유량은 12~25ℓ/분의 범위로 조정할 수 있어야 한다.

수세 장치 점검 사항
• 수압 : 1.4~2.8kgf/cm²
• 수온 : 16~38℃
• 유량 : 11.5~23ℓ/min

63 다음 중 침투 탐상 시험 시 소형의 정밀한 부품에 알맞은 세척 방법은?

① 솔벤트 세척   ② 알칼리 세척
③ 초음파 세척   ④ 물 세척

정교한 부품의 전처리에는 초음파 세척을 사용한다.

64 다음 시험체 표면의 이물질 중 증기 세척으로 제거하기 어려운 것은?

① 녹   ② 경유
③ 그리스   ④ 중유

녹은 화학적 세척법인 증기 세척으로 제거되지 않으므로 기계적 방법을 이용해야 한다.

65 비수세성 염색 침투제를 시험체 표면으로부터 제거하는 가장 일반적인 방법은?

① 침투제를 불어낸다.
② 용제를 스프레이한다.
③ 용제를 천에 묻혀 직접 닦는다.
④ 용제에 침지시킨다.

66 용제 제거성 과잉 침투제를 제거하는 방법 중 가장 좋은 방법은?

① 깨끗하고 부드러운 천으로 조심스럽게 닦아 낸다.
② 압축공기로 평면을 깨끗하게 불어낸다.
③ 검사물을 뜨거운 세제에 넣고 끓인다.
④ 제거제에 검사물을 여러 차례 담근다.

용제 제거성 침투 탐상에서 잉여 침투액은 용제를 적신 천이나 종이 헝겊을 이용한다.

정답 60 ④ 61 ① 62 ① 63 ③ 64 ① 65 ③ 66 ①

67 형광 침투 탐상 시험 시 현상제를 적용하기 전에 과잉 침투제가 완전히 세척되었는가를 확인하기 위해서는 보편적으로 어떤 방법을 사용하는가?

① 자외선등으로 비춰 본다.
② 냄새를 맡아 본다.
③ 손가락으로 문질러 본다.
④ 확인할 필요까지는 없다.

68 수세성 형광 침투제 및 건식 현상제를 사용하여 반거치식으로 침투 탐상 검사 시 자외선등의 사용 단계로 적당한 곳은?

① 침투제 적용 단계에
② 세척 단계에
③ 건조 단계에
④ 현상제 적용 단계에

> 수세성 형광 세척 단계에서 잉여 침투액을 관찰하기 위해 자외선등이 필요하다.

69 세척 처리는 침투 탐상 시험 조작 순서 중 가장 경험을 필요로 하는 중요한 요소이다. 세척 부족이 원인이 되어 일어나는 현상에 관해서 옳게 서술한 것은?

① 결함 지시 모양의 식별이 곤란해진다.
② 현상 처리가 곤란해진다.
③ 유화 처리가 곤란해진다.
④ 후처리가 곤란해진다.

> 세척이 불량하면 잉여 침투제가 잔존하므로 의사지시 모양이 나타난다.

70 다음 중 침적법으로 침투액을 적용한 후 다음 공정을 쉽고 안전하게 하기 위하여 반드시 필요한 처리는?

① 분무 처리
② 솔질 처리
③ 배액 처리
④ 유화 처리

> 침투액을 적용한 후 배액처리를 실시하면 과잉 침투제를 제거할 수 있어 의사지시 모양이 나타나지 않는다.

71 유화나 세척 전에 보통 시험품 표면의 과잉 침투액은 배액한다. 이 배액 시간은 다음 중 어디에 포함되는가?

① 침투 시간
② 세척 시간
③ 현상 시간
④ 유화 시간

> 배액처리는 침투 시간에 포함한다.

72 침투액을 시험 표면에 적용한 후 표면에 있는 불연속부에 침투액이 침투되게 하고, 과잉 침투액을 제거하기 전까지 침투액이 표면에 머무는 시간을 무엇이라 하는가?

① 유지 시간(dwell time)
② 배액 시간(drain time)
③ 흡수 시간(absorption time)
④ 유화 시간(emulsification time)

> **유지 시간(체류 시간, dwell time)**
> 침투액, 유화제, 제거제, 현상제가 시험체와 접촉하고 있는 총 경과 시간, 즉 시험체에 덮여 있는 시간

73 침투 탐상 시험 중 유화제가 필요한 시험은?

① 형광 침투 탐상 수세법
② 형광 침투 탐상 유화제법
③ 염색 침투 탐상 수세법
④ 염색 침투 탐상 용제법

> 유화제는 후유화성 침투 탐상에서 사용한다.

74 KS B 0816에 따른 침투 탐상 시험 방법 및 침투 지시 모양의 분류에서 FD-A의 시험 방법일 때 예비세척 처리 후 그 다음 단계로 옳은 것은?

① 침투 처리
② 현상 처리
③ 건조 처리
④ 유화 처리

> FD-A에서 F는 형광, D는 후유화성, A는 수세, 즉 후유화성 형광 침투제 습식 현상법이므로 현상 후 예비 세척 처리를 하고 유화 처리를 해야 하므로 순서는 [침투 → 예비 세척 → 유화 → 세척 → 현상 → 건조 → 관찰]의 순으로 한다.

정답 67 ① 68 ② 69 ② 70 ③ 71 ① 72 ① 73 ② 74 ④

75 후유화성 침투액을 사용하여 침투 탐상 시험을 할 때 어느 시간을 맞추는게 가장 중요한가?

① 침투 시간
② 현상 시간
③ 유화 시간
④ 건조 시간

> 후유화성의 경우 유화제 및 유화 시간이 탐상 결과에 가장 큰 영향을 미친다.

76 KS B 0816에 의한 침투 탐상 시험 방법 및 침투 지시 모양의 분류 중 물 베이스 유화제를 사용하는 후유화성 침투 탐상에서 유화제를 적용하는 단계는?

① 전처리 후
② 침투 처리 후
③ 예비 세척 처리 후
④ 세척 처리 후

> 유화제의 적용은 침투 처리 후에 실시한다.

77 다음 중 침투 탐상 시험에서 후유화성 침투액을 사용하는 경우 유화제는 언제 적용하는 것이 적합한가?

① 침투액의 현상 처리 직후
② 침투 시간 경과 직후
③ 침투액의 건조처리 직후
④ 침투 시간 적용 직전

> 유화제는 침투시간 경과 직후 적용하여 수세능이 없는 침투액에 수세성을 갖도록 하는 역할을 한다.

78 후유화제 침투 탐상 시험에서의 유화 시간은?

① 침투 시간과 같다.
② 현상 시간과 같다.
③ 과잉 침투제를 제거할 수 있는 최소한의 시간이다.
④ 침투 시간의 반이다.

> 후유화제의 과잉 침투제를 제거하므로 적용 시간은 과잉 침투제를 제거할 수 있는 최소 시간이다.

79 탐상면에 존재하는 미세하고 긁힘 자국 같은 불연속의 검출에 후유화성 형광 침투 탐상 시험을 할 때 유화 시간은 어떻게 적용하는가?

① 일률적으로 5분을 적용한다.
② 30초 동안 적용한다.
③ 10초 동안 적용한다.
④ 실험에 의해 일정 시간을 정하여 적용한다.

> 유화 시간은 30초~2분 사이로 검사를 시작하기 전에 미리 정해야 한다.

80 KS B 0816에 따른 기름 베이스 유화제를 사용하는 시험에서 형광 침투액을 사용했을 때 침투 탐상 시 유화 시간은 원칙적으로 몇 분 이내를 말하는가?

① 3분
② 2분
③ 1분
④ 0.5분

> 유화 시간
> • 형광 침투액 : 3분 이내
> • 염색 침투액 : 30초 이내
> • 물 베이스 유화제의 경우 : 2분

81 KS B 0816에서 물 베이스 유화제가 침투제로 침투하는데 필요한 최소한의 유화 시간은 원칙적으로 몇 분인가?

① 1분 이내
② 2분 이내
③ 4분 이내
④ 10분 이내

82 KS B 0816에 의해 침투 탐상 시험을 할 때 원칙적으로 제한하는 유화 시간은? (단, 기름 베이스 유화제로서 염색 침투액인 경우)

① 30초 이내
② 1분 이내
③ 3분 이내
④ 5분 이내

> 유화 시간
> • 형광 침투액 : 3분
> • 염색 침투액 : 30초
> • 물 베이스 유화제 : 2분

정답 75 ③ 76 ② 77 ② 78 ③ 79 ④ 80 ① 81 ② 82 ①

83 유화제의 적용 시간을 결정하는데 주로 영향을 미치는 요소는?

① 검사품의 용도
② 검사하고자 하는 결함
③ 재질
④ 표면의 거칠기

> 표면이 거칠면 잉여 침투제가 많이 잔존할 가능성이 있으므로 유화제 적용 시간이 길어진다.

84 후유화성 침투 탐상 시험에서 유화 처리의 주된 목적은?

① 침투액의 용제 제거가 가능하도록 하기 위해
② 침투액의 수세가 가능하도록 하기 위해
③ 침투액의 세척성 확인을 쉽게 하기 위해
④ 침투액의 형광성을 증대시키기 위해

> 유화제는 후유화성 침투 탐상 검사에 적용하는 방법으로 수세 능력이 없는 침투액에 적용하여 수세성(물 세척)을 갖도록 하며, 침투액을 보존하는 역할을 한다.

85 후유화성 침투 탐상 검사 공정 중에서 유화제는 1차적으로 물 세척을 용이하게 하기 위해 적용된다. 또 다른 중요한 용도는 무엇인가?

① 현상제의 적용을 용이하게 한다.
② 결함에 침투된 침투액을 보존토록 한다.
③ 용제 세척이 가능하도록 한다.
④ 침투액의 침투 효과를 증대시킨다.

86 후유화성 침투 탐상 시험 과정에서 다음 중 허용되지 않는 경우는?

① 물을 사용하여 과잉 침투제를 제거한다.
② 분무에 의해 현상제를 살포한다.
③ 담금(dipping)에 의하여 유화제를 적용한다.
④ 솔로 유화제를 바른다.

> 유화제 적용법
> 침지법, 붓기법, 분무법

87 유화제를 적용한 수세성 침투액의 세척 때 분사식 세척이 효과적인 이유는?

① 유화 촉진
② 물방울의 결함 내 침투
③ 표면 온도 상승
④ 표면 기압 변동

> 분사식은 유화를 촉진하여 세척 능력을 향상시킨다.

88 침투 탐상 검사에 후유화법을 적용하려고 한다. 다음 중 가장 엄격히 지켜야 할 시간은?

① 현상 시간   ② 유화 시간
③ 건조 시간   ④ 침투 시간

> 후유화성의 경우 유화제 및 유화시간이 탐상결과에 가장 큰 영향을 미친다.

89 다음 중 유화 처리가 가장 잘된 것은? (단 그림의 /// 부분은 침투액을 나타낸 것이며 ## 부분은 침투액과 유화제의 혼합층을 나타낸 것이다.)

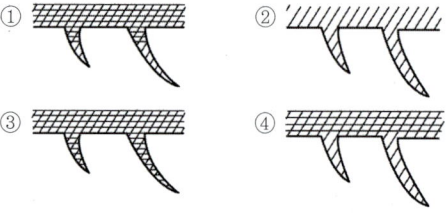

> 유화제는 과잉 침투제를 제거하는 것이므로 결함 내의 침투제는 그대로 있어야 한다.

90 후유화성 침투 탐상 시험에서 검사 무효를 야기시킬 수 있는 제일 중요한 인자는 다음 중 어느 것인가?

① 과잉 전처리 시간   ② 과잉 현상 시간
③ 과잉 유화 시간   ④ 과잉 침투 시간

> 후유화성 침투 탐상에서 유화시간이 과잉되면 침투제가 과다하게 제거되어 침투 지시 모양이 나타나지 않을 수 있다.

정답 83 ④ 84 ② 85 ② 86 ④ 87 ① 88 ② 89 ④ 90 ③

91 KS B 0816에 규정된 건조 처리 과정 중 옳은 것은?

① 건식 또는 속건식 현상제를 사용할 경우에는 물 세척 시 건조온도는 원칙으로 최고 52℃로 한다.
② 건식 또는 속건식 현상제를 사용할 경우, 세척액으로 세척할 시 가열 건조가 필요하다.
③ 건조 온도는 원칙으로 최소 90℃로 한다.
④ 건식 또는 속건식 현상제를 사용할 경우에 있어서 세척액으로 세척할 시 자연 건조한다.

> 건조 처리에서 가열 건조는 하지 않는다.

92 수세성 침투액을 시험편 표면에서 닦아낸 후 일반적으로 시험편을 건조시켜야 한다. 이 때 건조 온도는 250°F를 넘지 않아야 하는데 그 주된 이유는?

① 시험편이 너무 뜨거우면 검사가 곤란하기 때문
② 250°F 이상으로 가열하면 유독가스가 발생하기 때문
③ 과열하면 침투액이 손상되어 탐상 감도가 저하되기 때문
④ 250°F 이상이면 결함 부위에 침투했던 과량의 침투액이 빠져 나오기 때문

> 250°F(121℃) 이상이 되면 침투액이 열화 손상을 입어 감도가 저하된다.

93 KS B 0816에 따른 침투 탐상 시험 방법 및 침투 지시 모양의 분류에서 별도의 건조 조작이 필요하지 않은 침투액은?

① 용제 제거성 염색 침투액
② 후유화성 염색 침투액
③ 후유화성 형광 침투액
④ 수세성 형광 침투액

> 용제 제거성 염색 침투액, 속건식 현상법의 경우 별도의 건조가 필요하지 않으므로 순서는 [침투 → 제거 → 현상 → 관찰]의 순으로 한다.

94 침투 탐상 시험 방법 및 침투 지시 모양의 분류(KS B 0816)에서 세척액으로 제거한 경우 건조 처리에 대한 내용으로 부적당한 것은?

① 종이 수건으로 닦아낸다.
② 가열 건조한다.
③ 마른 헝겊으로 닦아낸다.
④ 자연 건조한다.

> **세척액으로 제거한 후 건조 방법**
> 자연 건조, 종이 수건이나 마른 헝겊으로 닦아내고, 가열 건조해서는 안 됨

95 KS B 0816에서 세척액으로 제거한 경우 건조 처리 방법으로 옳지 않은 것은?

① 마른 헝겊으로 닦아낸다.
② 종이 수건으로 닦아낸다.
③ 자연 건조한다.
④ 가열 건조한다.

96 침투액 탱크에 침지하는 방법으로 침투 탐상 시험을 실시하다가 시험체를 건조대에 너무 오래 두어 침투액을 세척하기 곤란해졌다. 이 경우 세척 가능한 방법은?

① 세척하기 전에 습식 현상제를 쓴다.
② 시험체를 130°F로 가열한다.
③ 시험체를 40°F로 냉각시킨다.
④ 침투액 탱크에 다시 담근다.

> 침투액을 세척하기 곤란할 경우 침투액에 다시 담근 후 꺼내면 제거가 용이해진다.

정답 91 ④ 92 ③ 93 ① 94 ② 95 ④ 96 ④

97 침투 탐상 실험 방법 및 침투 지시 모양의 분류(KS B 0816)에 의해 건식 현상제를 사용할 때, 현상처리 전에 건조 처리를 하여야 한다. 이 때의 건조 처리 온도 규정으로 옳은 것은?

① 최고 250℃인 열풍 건조기를 이용하여 짧은 시간에 건조한다.
② 시험체가 놓여 있는 작업실의 실내 온도가 최고 20℃에서 3분 이내에 건조되도록 한다.
③ 시험체 표면의 온도를 최고 100℃로 하여 빠르게 건조한다.
④ 시험체 표면의 수분을 건조시키는 정도로 한다.

현상 처리 전 건조 처리
부착된 수분을 건조시키는 정도로 한다.

98 침투 탐상 검사에서 건조된 백색 미분말의 현상제를 그대로 사용하는 현상법은?

① 무현상법　　② 건식 현상법
③ 습식 현상법　　④ 속건식 현상법

건식 현상법
건조된 백색 미분말을 사용

99 침투 탐상 시험에서 백색 미세 분말의 현상제를 물에 분산시켜 사용하는 방법은?

① 건식 현상법　　② 속건식 현상법
③ 습식 현상법　　④ 무현상법

습식 현상법은 현상제를 물에 분산시키는 방법이다.

100 침투 처리 과정을 거쳐 세척 처리 후 현상제를 사용하지 않고 열풍 건조에 의해 시험품 불연속부의 침투액이 열팽창으로 인하여 시험품 표면으로 표출되어 지시 모양을 형성하는 현상 방법은?

① 건식 현상법　　② 습식 현상법
③ 속건식 현상법　　④ 무현상법

101 다음 침투 탐상 시험 중 무현상법을 사용할 수 있는 방법은?

① 수세성 염색 침투 탐상법
② 후유화성 염색 침투 탐상법
③ 용제 제거성 형광 침투 탐상법
④ 용제 제거성 염색 침투 탐상법

무현상법은 용제 제거성 형광 침투액에 사용한다.

102 KS B 0816에서 현상제를 적용하는 일반적인 방법으로 옳은 것은?

① 건식 현상은 표면을 균일하게 덮은 후 일정 시간 유지한다.
② 습식 현상제는 침적하여 일정 시간까지 유지한다.
③ 속건식 현상제는 붓칠하여도 되지만 균일하게 한다.
④ 건식 현상제는 스프레이 건으로 균일하게 도포한다.

건식 현상제 적용
시험체 전체를 똑같이 덮도록 하고 소정의 시간을 유지한다.

103 침투 탐상 시험에서 시험 조건에 따른 현상제의 선택이 가장 올바르게 설명된 것은?

① 매우 매끄러운 표면은 건식 현상제가 적합하다.
② 소형의 대량 작업에는 건식 현상제가 적합하다.
③ 매우 거친 표면은 습식 현상제가 적합하다.
④ 미세한 균열 검출에는 속건식 현상제가 적합하다.

104 침투 탐상 시험 시 건식 현상제보다 습식 현상제를 선택하는 것이 탐상 목적에 적합한 시험체는?

① 결함 표면이 닫힌 거친 주물
② 다듬질한 톱니바퀴와 이형(異形) 부분
③ 평평하고 매끄러운 표면의 시험체
④ 습식 현상제는 어느 부분에도 사용할 수 없다.

• **건식 현상제** : 거칠은 표면
• **습식 현상제** : 매끄러운 표면

105 현상법의 차이에 따라 건조 처리의 시기가 다른데 다음 중 건조 처리의 시기가 현상 처리 이후인 현상법은?

① 습식 현상법
② 속건식 현상법
③ 건식 현상법
④ 무현상법

> 습식 현상제는 적용 후에 반드시 건조 처리를 해야 한다.

106 KS B 0816에 따른 침투 탐상 시험 방법 및 침투 지시 모양의 분류에서 현상 방법에 의한 분류에 속하지 않는 것은?

① 건식 현상법
② 수용성 습식 현상법
③ 속건식 현상법
④ 기름 현탁성 습식 현상법

- 건식법 : D
- 습식법(수용성) : A
- 습식법(수현탁성) : W
- 속건식 : S
- 특수 : E
- 무현상 : N

107 다음 중 KS 규격에서 인정하는 현상 방법이 아닌 것은?

① 건식 현상
② 습식 현상
③ 속건식 현상
④ 속습식 현상

현상처리법
습식 현상법, 건식 현상법, 속건식 현상법, 특수 현상법, 무현상법

108 침투 탐상 시험 시 습식 현상제 적용 방법이 가장 부적절한 것은?

① 전 표면에 현상제의 두꺼운 피막을 입힌다.
② 분무기를 사용한다.
③ 브러쉬를 사용한다.
④ 검사체 표면 위에 현상제를 얇게 도포한다.

> 습식 현상제의 도포는 적절한 백그라운드로 덮이는 정도로 한다.

109 다음 중 후유화성 침투액과 습식 현상제를 사용할 때 알맞은 사용 방법은?

① 현상제 적용 후에 건조시킨다.
② 증기 세척 후 도금을 벗겨야 한다.
③ 유화제 적용 전에 과잉 침투액을 제거해야 한다.
④ 현상제 적용 전에 건조시킨다.

> 습식 현상제는 적용 후에 반드시 건조 처리를 한다.

110 다음 중 용제 제거성 염색 침투 탐상 시험 시 현상 처리에 관한 설명으로 가장 적당한 것은?

① 휘발유만 사용한다.
② 건식 현상법을 적용한다.
③ 모든 현상법을 적용할 수 있다.
④ 건식 현상법의 적용이 곤란하다.

> 용제 제거성 염색 침투액을 사용할 경우 습식이나 속건식 현상법을 적용한다.

111 현상 시간의 정의로 옳은 것은?

① 현상제 적용 후 건조까지의 시간
② 현상제 적용 후 관찰할 때까지의 시간
③ 침투제 적용 후 현상제 적용까지의 시간
④ 침투, 현상, 건조까지의 시간

> **현상 시간**
> 현상제를 적용하고 지시 모양의 관찰을 시작하기 전까지의 시간

112 KS B 0816에서 시험면의 온도 15~50℃의 범위에서 현상 시간은 어떻게 규정하고 있는가?

① 건식 현상제를 적용한 경우는 적용 후 10분 이내이다.
② 속건식 현상제를 적용한 경우는 건조 직후부터 10~30분이다.
③ 습식 현상제를 적용한 경우는 건조 직후 10분 이내이다.
④ 건식 및 습식 현상제를 적용한 경우는 모두 7분 이상이다.

> 현상시간 : 7분

정답 105 ① 106 ④ 107 ④ 108 ① 109 ① 110 ④ 111 ② 112 ④

113 KS B 0816에 규정된 침투 탐상 시험 방법 및 침투 지시 모양의 분류시험체 재질이 플라스틱일 때 결함의 종류가 갈라짐이라면 이에 대한 침투 처리 후 표준 현상 시간은? (단, 현상 온도는 15~50℃ 범위이다.)

① 5분　② 7분
③ 10분　④ 15분

- 플라스틱 재질의 침투 시간 : 5분
- 현상 시간 : 7분

114 현상제를 적용하고서 관찰할 때까지의 시간인 현상 시간은 현상제의 종류, 예측되는 결함의 종류와 크기 및 시험품의 온도에 따라 결정이 되는데 알루미늄 단조품의 갈라짐에 대한 표준 침투 시간이 10분이라 할 때 KS규격에서 규정하는 현상 시간은?

① 3분　② 5분
③ 7분　④ 10분

115 KS B ISO 3452에 규정한 비파괴 검사 – 침투 탐상 검사 일반 원리에서 최대 표준 현상 시간은 보통 침투시간의 몇 배인가?

① 1.1배　② 1.2배
③ 1.5배　④ 2배

KS B ISO 3452에서 현상 시간은 침투 시간의 2배

116 KS B 0816에 따라 침투 탐상 시험을 실시할 때 현상 처리 시 온도는 보통 몇 ℃ 이하로 규정하고 있는가?

① 50℃　② 70℃
③ 95℃　④ 125℃

현상 처리 온도 : 15~50℃

117 KS B 0816에 규정된 재질과 형태에 따른 침투 및 현상 시간을 바르게 나타낸 것은?

① 마그네슘 용접부의 표준 현상 시간은 5분
② 티탄 용접부의 표준 침투 시간은 5분
③ 강 용접부의 표준 현상시간은 3분
④ 알루미늄 용접부의 표준 침투 시간은 10분

- 용접부 침투 시간 : 5분
- 현상 시간 : 7분

118 침투 탐상 시험의 시험 조작 과정(KS B 0816 규정) 중에서 특별히 온도에 대한 규제가 있는 것은?

① 유화 처리　② 세척 처리
③ 현상 처리　④ 전처리

현상처리
15~50℃, 유화 처리의 경우 형광 침투액을 사용할 경우만 10~40℃로 규정

119 다음 중 침투 탐상 시험 시 현상제를 적용하는 방법 중 가장 좋은 방법은?

① 헝겊 사용　② 붓칠
③ 스프레이　④ 담금법(침적법)

120 침투 탐상 시 습식(액체) 현상제를 적용하는 일반적인 방법은?

① 현상제가 묻은 헝겊으로 문질러 적용
② 분무용 밸브로 적용
③ 부드러운 솔로 적용
④ 분무 또는 침지법으로 적용

습식 현상제는 침지, 분무, 붓기, 붓칠 등을 사용한다.
- 현상제 분무법 : 탐상면으로부터 25cm 떨어진 거리에서 45~90° 각도로 분무한다.

정답　113 ②　114 ③　115 ④　116 ①　117 ②　118 ③　119 ④　120 ④

121 염색 침투 탐상 시험 시 속건식 현상제를 적용하는 방법으로 가장 일반적인 적용법은?

① 분무법　　② 붓칠
③ 담금법　　④ 헝겊 사용

> 속건식 현상제 적용법으로는 분무, 붓기, 붓칠 등이 있으며 분무법을 가장 많이 사용한다.

122 KS B 0816에서 속건식 현상제를 적용하는 방법으로 가장 좋은 것은?

① 현상제 속에 시험품을 침지시킨다.
② 속건식이므로 같은 곳에 여러 번 반복 도포해야 한다.
③ 스프레이(분무)를 이용하여 얇고 균일하게 도포해야 한다.
④ 붓으로 여러 번 반복 칠해야 한다.

> **속건식 현상제 적용법**
> 스프레이로 적절한 백그라운드로 덮는 정도로 도포

123 침투 탐상 시험 시 현상 조작 후 특별히 건조 조작을 필요로 하는 현상법은?

① 건식 현상법　　② 무현상법
③ 습식 현상법　　④ 속건식 현상법

124 습식 현상제 적용 후 이에 대한 건조 방법으로 다음 중 가장 우수한 것은?

① 실내 온도에서 공기를 불어 넣어 급속히 건조시킨다.
② 실내 온도 근처에서 천천히 건조되도록 방치해 둔다.
③ 흡수가 잘 되는 타월로 표면을 살며시 문질러 현상제를 빨아낸다.
④ 62~93℃의 순환 열풍으로 급속히 건조시킨다.

> 습식 현상제는 적용 후 반드시 건조 처리를 해야 하는데 62~93℃의 열풍으로 급속히 건조시켜야 한다.

125 KS B 0816에서 형광 침투액을 사용하는 시험에서는 특별히 규정이 없는 한 관찰하기 전에 최소한 얼마 정도를 어두운 곳에 눈을 적응시키는 것으로 규정하고 있는가?

① 1분　　② 5분
③ 10분　　④ 30분

126 KS 규격에서 형광 침투 탐상 시험 시 특별한 규정이 없는 한 검사관이 암실에 들어가서 최소한 어느 정도의 시간이 경과해야 결함을 검사할 수 있다고 규정되어 있는가?

① 8분 이상　　② 5분 이상
③ 1분 이상　　④ 10초 이상

127 KS 규격에 의한 침투 탐상 시험 시 형광 침투제를 사용할 때 시험편의 검사는?

① 밝은 실내에서 행해져야 한다.
② 시험편의 온도가 20~50℃ 사이에서 행해져야 한다.
③ 어두운 곳에서 블랙라이트 밑에서 행해져야 한다.
④ 현상제 적용 후 바로 행해져야 한다.

> **형광 침투 검사**
> 20lx 이하의 암실에서 자외선등(black light) 아래에서 관찰

128 KS B 0 816에 따른 침투 탐상 시험 방법 및 침투 지시 모양의 분류에서 형광 침투제를 사용하는 조건으로 옳은 것은?

① 밝은 실내에서 행해져야 한다.
② 현상 처리 적용 후 침투제를 적용하여야 한다.
③ 어두운 곳, 자외선 조사등하에서 행해져야 한다.
④ 시험체 온도가 -20 ~ +4℃ 사이에서 행해져야 한다.

> **형광 침투제 사용 조건** : 어두운 암실, 자외선등

정답 121 ①　122 ③　123 ③　124 ④　125 ①　126 ③　127 ③　128 ③

129 KS B 0816에 규정한 형광 침투 탐상 시험 시 암실의 밝기는 조도계를 사용하여 측정한다. 이 때 침투 지시 모양을 관찰하는 장소의 밝기는?

① 30lx 이상이여야 한다.
② 50lx 이상이여야 한다.
③ 40lx 이하이여야 한다.
④ 20lx 이하이여야 한다.

130 침투 탐상 시험으로 나타나는 지시의 검출과 관찰에 관한 설명으로 옳지 않은 것은?

① 일반적으로 건식 현상제를 적용하는 경우에는 현상제 적용 직후부터 지시가 나타난다.
② 습식 현상제를 적용하는 경우에는 현상제의 건조가 완료된 후부터 지시가 나타난다.
③ 일반적으로 나타나는 지시는 시간이 경과함에 따라 어느 정도까지 형태가 변하고 점점 크게 나타난다.
④ 관찰은 지시가 나타나기 시작한 직후에 수행해야 한다.

> 지시 모양은 어느 정도 시간까지는 형태와 크기도 변하므로 지시가 나타나기 시작한 직후보다는 어느 정도 시간이 지난 후에 관찰한다.

131 KS B 0816에서 관찰 시 염색 침투액을 사용하는 경우 시험체 면의 밝기(조도)에 대하여 규정한 것은?

① 100lx 이상인 자외선광 또는 백색광
② 500lx 이상인 자연광 또는 백색광
③ 1500lx 이상인 자외선광 또는 백색광
④ 5000lx 이상인 자연광 또는 백색광

132 KS B 0888 배관 용접부의 비파괴 시험 방법 중 침투 지시 모양의 관찰에 관한 설명이다. 옳지 않은 것은?

① 자연광 아래에서 관찰한다.
② 시험면의 조도는 1000lx 이상이다.
③ 현상제 적용 후 7~60분 사이에 관찰한다.
④ 의사지시 여부를 확인하기 위하여 확대경을 사용한다.

> KS B 0888에서 시험면의 조도 : 자연광에서 500lx

133 침투 탐상 시험 시 검사체의 결함은 언제 판독하는가?

① 현상제 적용 후 현상 시간이 경과한 직후
② 침투제를 적용한 직후
③ 현상제를 적용한 후 아무 때나
④ 과잉 침투액을 제거한 후 약 5분 이내에

> 결함 판독은 현상제를 적용하여 일정 시간 경과한 후 실시한다.

134 형광 침투 탐상 시험 결과의 신뢰성을 보장하기 위한 작업 조건 중 잘못 규정된 것은?

① 시험은 충분한 자격을 갖춘 자에 의해 수행되어야 한다.
② 자외선 조사 장치의 자외선 강도는 보통 $800\mu W/cm^2$를 넘어야 한다.
③ 특별한 규정이 없는 한 암실에서 결과를 관찰해야 한다.
④ 시험면의 밝기는 500lx 이상이어야 한다.

> 500lx는 염색 침투 탐상의 관찰에 적용한다.

135 KS B 0816에 의한 습식 현상제를 사용하는 수세성 염색 침투 탐상에서 침투 지시를 관찰하는 시기는?

① 현상 처리 후   ② 제거 처리 후
③ 세척 처리 후   ④ 건조 처리 후

> 수세성 염색 침투 탐상 습식 현상제 사용하는 경우 관찰 시 시기
> 현상처리 후 반드시 건조처리를 해야 하므로 건조처리 후 관찰

136 침투 탐상 시험 방법 및 침투 지시 모양의 분류(KS B 0816)에서 침투 지시 모양의 관찰은 현상제 적용 후 언제 하는 것이 바람직하다고 규정하는가?

① 침투제를 적용한 바로 직후
② 현상제를 적용한 후 7분 이내
③ 현상제를 적용한 후 7~60분 사이
④ 침투제를 적용하고 지시가 형성된 직후

> 관찰 시기 : 현상제 적용 후 7~60분 사이

정답 129 ④ 130 ④ 131 ② 132 ② 133 ① 134 ④ 135 ④ 136 ③

137 KS B 0816에 규정된 침투 탐상 시험 방법 및 침투 지시 모양의 분류에서 자외선 조사 장치의 파장 범위로 옳은 것은?

① 250~300nm ② 320~400nm
③ 450~560nm ④ 550~780nm

138 KS B 0816에 따라 형광 침투 탐상 시험 시 잉여 침투액의 제거 확인에 필요한 시험면에서의 최소 자외선 강도는?

① 1W/cm² ② 5W/cm²
③ 3W/cm² ④ 8W/cm²

> 잉여 침투액 확인을 위한 자외선 최소 강도 : 3W/cm²

139 다음 중 검사 표면에서 자외선 강도에 영향을 미치는 요인이라 볼 수 없는 것은?

① 검사원의 옷이나 손에 묻은 형광 침투제
② 검사 장소에서의 주위 광선
③ 전구 또는 필터의 오염
④ 암실 내에 보관하고 있는 건식 현상제의 양

> 보관하고 있는 현상제의 양과 자외선 강도는 아무런 관련이 없다.

140 침투 탐상 검사에서 다음 중 허위 지시가 나타날 수 있는 가장 큰 조건은?

① 침투제의 침투 시 외부 조건이 너무 차가워서
② 현상제의 부적절한 적용
③ 과잉 세척
④ 부주의한 세척 및 오염

141 침투 탐상 시험 결과의 해석에 대한 설명으로 적합한 것은?

① 의사지시의 발생은 세척 처리와는 관계가 없다.
② 표면에 산이 남아 있으면 지시를 약하게 한다.
③ 표면에 스케일이나 녹이 있으면 지시가 확산되어 나타난다.
④ 현상제를 과도하게 적용하면 미세한 불연속을 검출하기 용이하다.

> 표면에 녹이나 스케일 등의 불순물이나 오염 물질이 있으면 의사지시가 나타나거나 지시가 확대되어 결함 검출 능력이 저하된다.

142 침투 탐상 시험 결과의 판독 사항에 대한 설명으로 옳지 않은 것은?

① 결함은 모양과 존재 상태에 의해 분류한다.
② 무관련 지시는 결함으로 분류하지 않는다.
③ 침투 지시 모양을 결함과 무관련 지시로 분류한다.
④ 결함은 지시 모양 그대로 육안만 사용하여 측정한다.

> 침투 지시 모양은 육안, 전사, 사진 촬영을 통하여 결함 크기 등을 측정할 수 있다.

143 알루미늄 합금으로 된 검사체를 침투 탐상 시험 후 완전하게 세척해야 하는 가장 큰 이유는?

① 오래 방치하면 침투액과 알루미늄의 화학 반응으로 화재가 발생하므로
② 대부분의 유화제 및 습식 현상제에 함유된 알칼리가 표면을 부식시키기 때문에
③ 유독성 잔재로 인해 페인트 칠이 안 되므로
④ 침투액에 함유된 산이 심한 부식을 일으키므로

> 알루미늄은 알칼리에 침식되므로 시험 후 완전하게 세척을 해야 한다.

정답 137 ② 138 ③ 139 ④ 140 ④ 141 ② 142 ④ 143 ②

144 KS B 0816에서 시험 종료 후 시험품의 표면에 부착되어 있는 현상제를 제거해야 하는 주된 이유는?

① 시험체를 부식시킬 우려가 있어서
② 침투 탐상 후의 후속 공정에 영향을 줄 수 있어서
③ 시간이 경과하면 시험체 표면에 단단하게 부착되므로
④ 침투제를 오염시키기 때문에

> 현상제가 시험체를 부식시킬 염려가 있거나 시험체 마모를 증가시킬 우려가 있을 경우 후처리를 한다.

145 KS B 0816에 따른 침투 탐상 시험 방법 및 침투 지시 모양의 분류에서 시험 종료 후 후처리시 시험품의 표면에 부착되어 있는 현상제를 제거해야 하는 가장 주된 이유는?

① 탐상 후의 후속 공정에 영향을 줄 수 있으므로
② 시험체의 마모를 발생시키기 때문에
③ 시험체를 부식시킬 우려가 있으므로
④ 세척제를 오염시키기 때문에

146 KS B 0816에 따른 침투 탐상 시험 방법 및 침투 지시 모양의 분류에서 현상제를 제거하기 위한 후처리 과정이 필요한 경우 올바른 방법이 아닌 것은?

① 브러싱으로 제거한다.
② 산 세척으로 제거한다.
③ 물 스프레이로 분사한다.
④ 천으로 닦아낸다.

> 현상제 제거 시 산 세척을 하면 시험체에 부식의 염려가 있다.

147 KS B 0816 규정에 따른 침투 탐상 시험 시 후처리에 관한 설명 중 옳지 않은 것은?

① 현상제가 시험체를 부식시킬 우려가 있을 때 실시한다.
② 현상제가 시험체의 마모를 증가시킬 염려가 있을 때 실시한다.
③ 재시험 시 후처리는 반드시 실시하지 않아야 한다.
④ 후처리 시 현상제 제거는 공기 분무, 물 스프레이, 헝겊 등으로 닦아내는 방법이 있다.

> 재시험 시에는 반드시 후처리를 실시해야 한다.

148 KS 규격에서 침투액의 종류에 의한 시험 방법의 분류기호 중 용제 세척액이 필요한 경우로 다음 중 옳은 것은?

① FA, VA   ② FB, VB
③ FC, VC   ④ VA, VB

> 표시 방법 기호의 앞은 침투액의 종류 기호, 뒤는 세척액의 종류 기호이며, C는 용제 제거성을 의미한다.

149 침투 탐상 시험 방법 및 침투 지시 모양의 분류(KS B 0816)에 규정된 후유화성 형광 침투액(기름 베이스)을 사용하는 경우의 시험 방법 표시로 옳은 것은?

① FA   ② FB
③ VA   ④ VB

- **형광 침투액** : F
- **기름 베이스 후유성** : B

150 KS B 0816 침투 탐상 시험 방법 및 침투 지시 모양의 분류에서 잉여 침투액의 제거 방법이 C라고 되어 있을 때의 방법으로 옳은 것은?

① 용제 제거에 의한 방법
② 수세에 의한 방법
③ 물 베이스 유화제에 의한 방법
④ 기름 베이스 유화제에 의한 방법

정답 144 ① 145 ③ 146 ② 147 ③ 148 ③ 149 ② 150 ①

151 KS B 0816에 의하여 형광 침투 탐상 시험을 할 때 시험 절차로 "전처리 – 침투 처리 – 제거 처리 – 현상 처리 – 관찰" 순으로 시험하는 방법의 표시는?

① FA - W
② FB - W
③ FC - D
④ FC - S

> 침투 처리 후 제거 처리를 하는 것은 용제 제거성(C)이며, 현상처리 후 바로 관찰하므로 건식 현상제(D)이다.

152 KS 규격에 따라 시험의 순서가 "전처리 → 침투 → 용제 세척(무현상법)" 순으로 행해진다면 이 시험 방법의 기호로 옳은 것은?

① FC - N
② FC - D
③ FA - D
④ FA - N

> 무현상법은 형광 침투액만을 사용할 수 있으며, 용제 세척은 용제 제거성에 해당한다. 따라서 형광 침투액 F, 용제 제거성 C, 무현상법 N이므로 FC-N이다.

153 KS B 0816에 의한 잉여 침투액 제거 방법 중 물 베이스 유화제를 사용하는 분류 방법은?

① A
② B
③ C
④ D

> 물 베이스 후유화성 : D

154 KS B 0816에서 침투액의 종류에 의한 시험 방법의 분류 기호로서 DFB란 무슨 방법을 뜻하는가?

① 후유화성 염색 침투 탐상 시험 방법
② 수세성 형광 침투 탐상 시험 방법
③ 수세에 의한 이원성 염색 침투 탐상 시험 방법
④ 후유화에 의한 이원성 형광 침투 탐상 시험 방법

> • DF : 이원성 형광 침투액 사용 방법
> • B : 후유화의 의한 방법

155 KS B 0816에 따른 침투 탐상 시험 방법 및 침투 지시 모양의 분류 기호 중 DFB – S가 있다. DFB를 옳게 나타낸 것은?

① 수세성 이원성 염색 침투액
② 후유화성 염색 침투액
③ 수세성 형광 침투액
④ 후유화성 이원성 형광 침투액

> • DF : 이원성 형광 침투액
> • B : 기름 베이스 후유화성
> • S : 속건식 현상제

156 KS B 0816에서 유화 처리를 해야 검사할 수 있는 시험 방법의 기호는?

① DFA - W
② DVC - W
③ DFA - S
④ DFB - N

> • 수세성 : A
> • 기름 베이스 후유화성 : B
> • 용제 제거성 : C
> • 물 베이스 후유화성 : D

157 KS B 0816에 규정된 침투 탐상 시험 방법 및 침투 지시 모양의 분류기호 중 "VC – S"에서 C가 의미하는 내용은?

① 침투 탐상 시험의 건조 처리 방법을 의미한다.
② 잉여 침투액의 제거 방법을 의미한다.
③ 침투액을 의미한다.
④ 현상액을 의미한다.

> 제거 방법 C
> 용제 제거에 의한 방법(잉여 침투액 제거)

정답 151 ③ 152 ① 153 ④ 154 ④ 155 ④ 156 ④ 157 ②

158 KS B 0816 규정에 따른 침투 탐상 시험 방법 및 침투 지시 모양의 분류에서 현상 방법에 따른 분류와 기호가 서로 옳지 않은 것은?

① 무현상법 : L
② 습식 현상법(수현탁성) : W
③ 습식 현상법(수용성) : A
④ 건식 현상법 : D

- 속건식 현상법 : S
- 특수 현상법 : E
- 무현상법 : N

159 KS B 0816에 따른 침투 탐상 시험 방법 및 침투 지시 모양의 분류에서 현상 방법을 분류할 때 기호 N이 의미하는 것은?

① 건식 현상제를 사용하는 방법이다.
② 속건식 현상제를 사용하는 방법이다.
③ 습식 현상제를 사용하는 방법이다.
④ 현상제를 사용하지 않는 방법이다.

현상 방법 N : 무현상법

160 KS B 0816에 따른 침투 탐상 시험에서 유화 장치와 자외선 조사 장치가 필요한 시험법은?

① FA - D   ② FB - W
③ FC - D   ④ VC - W

자외선 장치는 형광 침투액(F)을 사용하며, 유화 장치는 기름 베이스 후유화성(B)에 해당한다.

정답   158 ①   159 ④   160 ②

04 침투 탐상검사의 결함 평가

1 제품별 침투 탐상 검사

가. 용접 품질 검사

1) 검사 대상 결함의 종류

(1) 언더컷
   ① 용착 금속이 채워지지 않고 흠이 남아 있는 부분
   ② 모재와 용접 비드와의 경계에서 용접선을 따라 모재가 패여 모재 표면보다 낮게 되어 있는 흠

(2) 기공(blow hole) : 용접 금속이 냉각될 때 용접 금속 중에 함유되어 있는 기체가 완전히 빠져나가지 못하고 그대로 응고되어 용접 금속 내에 들어 있는 것

(3) 슬래그 혼입(개재물) : 전층 용접 시 생긴 슬래그를 완전 제거하지 못하여 용착 금속 또는 용접 금속과 모재 사이의 융합부에 슬래그가 남아 있는 것

(4) 용입 부족
   ① 전류가 너무 낮거나 용접속도가 너무 빨라 개선 루트부의 용착이 불완전할 때 뒷면 따내기면 검사에서 자주 발생
   ② 지시 모양이 개선 루트부에서 뚜렷하게 나타난다.

(5) 융합 불량
   ① 용착 금속과 용착 금속 사이 또는 용착 금속과 모재가 충분히 융합되지 않는 것으로 뒷면 따내기 면의 검사에서 발생
   ② 지시 모양은 그다지 예리하지 않게 나타난다.

(6) 균열
   ① 용접 결함 중 가장 위험한 결함으로 용접 금속이 응고 시 구속응력, 수축 등에 의해 발생
   ② 종(세로) 균열 : 용접 비드에 평행하게 생긴 균열
   ③ 횡(가로) 균열 : 용접 비드 또는 열영향부에서 주로 발생하여, 생긴 균열, 용접선에 직각 방향으로 나타나는 균열
   ④ 지단(toe) 균열 : 용접 비드와 모재의 표면이 만나는 지단부에 발생하는 균열
   ⑤ 크레이터 균열 : 용접 비드의 크레이터에 발생하는 균열
   ⑥ 균열(crack)의 침투 지시 모양은 짧은 지시 모양이 뚜렷(선명)하게 나타난다.

2) 용접 전 검사

용접품에 대한 검사는 용접 전, 중, 후 3단계로 구분

(1) 용접 개선면의 가공 상태, 불량, 균열, 이물질 부착 등을 검사
(2) 개선면 가공이 불량하거나 균열, 이물질이 존재하는 상태로 용접하면 용접열에 의해 결함이 성장하거나 용착 금속에 의한 2차 균열 발생한다.

3) 용접 중 검사

(1) 이면 비드(back beed)의 검사
   ① 표면에 결함이 발견되면 연삭 및 침투 탐상 검사를 반복하여 발견된 결함을 완전히 제거한다.
   ② 언더컷, 오버 랩, 균열과 용입 불량을 검출

(2) 용접 중간층 검사
   ① 후판 용접과 같이 다층 용접할 경우 용접 중간층의 균열이나 슬래그 혼입, 기공, 개선면의 표면 결함을 검사한다.
   ② 복잡한 형상의 시험체는 용접 후 RT(방사선 투과)나 UT(초음파 시험)를 적용하기 어려우므로 용접 중 검사를 실시한다.

4) 용접 후 검사

(1) 비드 표면의 기공이나 균열 검사 시 용접부를 연

삭 후 검사하거나, 비드를 그대로 둔 상태에서 검사하는 경우가 있다.
(2) 용접부를 연삭한 후 검사할 경우 결함의 검출 감도와 결함 지시의 관찰이 쉽다.
(3) 용접품의 침투 탐상 검사는 일반적으로 용접 후에 실시한다.

5) 보수 검사
용접품이나 구조물을 사용 중 용접부에서 발생할 수 있는 피로 균열, 응력부식 균열을 고감도 탐상제를 이용하여 검사한다.

6) 재질에 따른 결함 탐상 시기
(1) **일반강** : 용접 완료 후 상온으로 냉각한 후 시험 실시
(2) **고장력강** : 용접이 완료된 후 수소취화에 의해 지연 균열이 발생할 수 있으므로 24시간 경과 후 시험 실시
(3) **담금질한 고장력강** : 48시간 경과 후 시험 실시

7) 침투 검사(시험) 절차
(1) 용제 제거성 침투액 침투 처리
① 용접부에 침투액 캔을 근접시켜 분산을 최소화하여 시험면에 균일하게 도포한다.
② 분무법과 더불어 붓칠을 하여 세척 효과를 높일 경우도 있다.
③ 침투제의 증발과 건조가 빨라 침투 시간 동안 건조될 우려가 있으면 침투제를 재차 적용해야 한다.
(2) 제거 처리
① 침투 시간이 지난 후 깨끗한 걸레로 표면의 잔여 침투액을 제거하고 세척제를 묻힌 헝겊으로 시험부를 닦아낸다.
② 세척제를 직접 분사나 다량 사용하면 과세척의 우려가 있다.
③ 표면이 요철이 심하거나 거칠 경우 일정 거리에서 약간의 분사 압력으로 세척제를 적용하고 즉시 헝겊으로 닦아줘야 한다.

(3) 현상 처리
① 현상제는 소량(적은 양)을 도포하는 것이 유리하므로 시험면이 희미하게 보일 정도로 도포한다.
② 현상제의 도포량이 너무 적으면 침투 지시의 흡출 능력이 떨어지게 되므로 결함 개구부가 막히지 않는 범위에서 재차 도포한다.
③ 30cm 정도의 거리에서 일정한 분사 압력, 일정한 방향, 일정한 속도로 도포한다.
④ 속건식 현상제는 미세 분말이 알코올류에 현탁되어 있으므로 사용 전에 충분히 흔들어 교반하여 사용한다.
⑤ 현탁성이 균일하지 않으면 도포가 불균일하게 되어 결함 검출 감도가 떨어진다.

나. 압연품 및 단조품의 검사

1) 압연품의 결함
(1) **편석** : 용탕이 응고시에 불순물, 합금 원소 등이 응고 시에 균일하게 분포되지 않고 불균일하게 편재되어 있는 것이다.
(2) **심(Seam)** : 압연 중에 강괴 속의 균열이 눌려서 깨진 것으로 균열 표면은 밀착되어 닫혀있는 선 모양으로 나타난다.
(3) **겹침(Lap)** : 압연할 때 기계의 조정 불량이 주원인으로 표면이 부분적으로 겹쳐진 결함으로 심과 비슷하다.
(4) **라미네이션** : 강괴에 존재하는 비금속 개재물, 기포 및 불순물 등의 내부 결함이 압연 중에 압연 방향을 따라서 평행하게 늘어져서 층상을 이룬 결함

2) 단조품의 결함
(1) **표면 결함** : 단조 시 금형이 부적절한 경우 발생하며, 침투 투상 시 결함의 지시 모양은 뚜렷한 모양을 한 미세균열의 그룹으로 나타난다.
(2) **단조 갈라짐(균열, crack)**
① 금속이 취성이 발생하는 온도에서 단조 가공 시에 발생하는 결함이다.
② 내부 결함이므로 표면 검사에서는 나타나지

않지만 표면을 기계 가공하거나 절단하면 나타나게 된다.
③ 침투 지시 모양은 짧은 선 모양이 산란된 모양으로 나타난다.

(3) 백점(은점)
① 내부에 발생하는 미세한 균열로 표면을 기계 가공하면 나타나며, 주로 고합금강의 단조품에서 나타난다.
② 표면의 백점은 침투 탐상 검사의 대상이 되는 결함이다.

(4) **단조 겹침** : 단조 작업 중에 금속 표면이 부분적으로 겹쳐진 결함

3) 보수 검사
(1) 주로 현장에서 검사가 진행되고 구조물의 부분적인 탐상인 경우가 많기 때문에 용제 제거성 침투 탐상과 속건식 현상제를 이용하여 검사한다.
(2) 단조품은 주로 응력이 집중되는 구조용 부품으로 사용되는 경우가 많으므로 피로 균열이나 응력부식 균열의 발생이 예상된다.
(3) 소형 부품의 경우 후유화성 침투 탐상이나 수세성 침투 탐상을 한다.

다. 주조품의 검사
1) 검사 대상 결함의 종류
(1) 수축공
① 공동상의 구멍(결함), 주형에 주입한 용탕이 응고될 때 수축으로 인하여 발생한다.
② 최후에 응고되는 부분의 용탕이 먼저 응고 수축된 부분에 의해 빨려 들어가서 생기는 상당히 큰 공간의 결함이다.

(2) 블로 홀(핀홀, 기포)
① 주형에 용탕 주입 시 가스 배출이 잘 안되어 가스가 완전히 빠져나가지 못하고 응고 금속에 남은 것
② 블로 홀은 2~3mm 이상의 크기이고, 핀홀은 육안으로 겨우 볼 수 있는 바늘 구멍 정도의 크기이다.

(3) 모래(주물사) 개재물
① 주형에 용탕 주입 시 사형 주형의 강도 부족, 주형의 청소 불량, 주입 불량 등에 의해 모래가 떨어져서 주물 내로 혼입된 것이다.
② 주물 내부 또는 표면에 모래가 박혀 있다.

(4) 슬래그 개재물
① 주형에 용탕 주입 시에 용탕과 같이 있던 슬래그가 혼입되어 발생한 결함
② 주물의 표면 또는 내부에 있다.

(5) 균열(crack)
① 용탕의 응고 시 수축응력에 의해서 발생하며, 수축균열, 열간균열 등이 있다.
② **침투 지시 모양** : 매우 작은 균열은 개개의 결함 지시는 잘 보이지 않고 그룹을 이룬 지시 모양으로, 큰 균열인 경우 날카롭고 뚜렷하게 나타난다.

2) 제품 검사
(1) 정밀 주조 제품 이외의 주조품은 표면이 거칠기 때문에 침투 지시 모양의 형성과 관찰이 어려우므로 시험이 가능한 정도로 기계 가공이 된 후 침투 탐상 검사를 실시한다.
(2) 주목적은 균열류 결함을 검출하는 것으로 표면이 열려 있는 결함만을 검출할 수 있다.
(3) **검출 대상** : 표면 기공, 균열, 탕계 등 표면 개구부 결함

예제 1

침투 탐상 시험에서 침투액이 불연속에 침투하는데 가장 영향을 많이 주는 것은?

① 탐상할 시편의 조도
② 탐상할 시편의 합금 상태
③ 탐상할 시편의 전도율
④ 탐상할 시편의 표면 상태

정답 ④

침투액의 침투에 가장 큰 영향을 주는 것은 재료 표면의 상태로 기름류, 녹, 이물질 등을 제거해야 한다.

예제 2
KS B 0816에 의한 결함의 분류에 해당되지 않는 것은?
① 연속 결함   ② 라미네이션
③ 갈라짐   ④ 분산 결함

 정답 ②

침투 지시 모양 분류
독립 침투 지시(갈라짐, 선상, 원형상), 연속 침투 지시, 분산 침투 지시

예제 3
단조품의 표면 결함으로서 침투 탐상 검사에서 주로 검출될 수 있는 불연속은?
① 수축 균열(Shrink Crack)
② 시임(Seam)
③ 기공(Porosity)
④ 겹침(Lap)

 정답 ②

예제 4
다음 중 침투 탐상 시험으로 검출이 불가능한 결함은?
① 단조 랩   ② 열간 균열
③ 용입 부족(X형 용접 시)   ④ 크레이터 균열

 정답 ③

용입 부족은 내부 결함이므로 검출이 불가능하다.

예제 5
다음 중 표면 검사 방법으로서 다른 비파괴 검사법으로는 곤란하여 침투 탐상 검사로만 적용할 수 있는 것은?
① 탄소강   ② 스테인리스강
③ 세라믹   ④ 동합금

 정답 ③

①, ②, ④는 자분 탐상, 침투 탐상이 가능하나, 세라믹의 표면 검사에는 침투 탐상은 이용하지만 자분 탐상은 사용할 수 없다.

2 지시 모양의 검출 및 평가

가. 결함 지시의 관찰 조건

1) 결함 관찰 위치
(1) 전체적으로 시험면의 조도와 자외선 강도는 균일해야 한다.
(2) 결함 지시의 수직 위에서 관찰하는 것이 가장 좋다.
(3) 시험체의 형태에 따라 30° 이내에서 관찰한다.
(4) 자외선등, 백색 등을 직접 육안으로 쳐다보면 일시적인 착시 현상으로 지시 모양을 흐리게 보일 수 있다.
(5) **시험면과의 관찰 거리**
  ① 형광 침투 탐상 검사 시 관찰하기 전에 적어도 1분 이상 어둠에 눈을 적응시킨 후 일정한 강도 이상의 자외선 조사등으로 조사하면서 관찰한다.
  ② 관찰자 눈과 지시와의 거리나 각도가 기준보다 커지면 미세하거나 희미한 지시 모양의 구별이 어렵고, 형상이나 크기도 원래 모양과 다르게 보이므로 거리는 60cm 정도가 적당하다.

2) 현상면의 관찰
(1) **암실 밝기 및 자외선 강도**
  ① 암실의 조도는 20lx 이하이며, 가시광선이 들어오지 않도록 암막을 설치해야 된다.
  ② 형광 침투 탐상에서는 자외선 조사 장치를 이용하여 암실에서 지시를 판독하고 평가한다.
  ③ **조사 장치의 강도** : 필터에서 15인치(38cm) 떨어진 시험체 표면에서 $800\mu W/cm^2$ 이상
  ④ **자외선의 파장** : 320~400nm 범위
(2) **시험면의 밝기**
  ① 색채가 있는 전열등 아래나, 착색된 렌즈를 착용하고 관찰하는 것은 피한다.
  ② 염색 침투 탐상의 경우 조도 500lx 이상의 백색등이나 가시광선 아래에서 관찰한다.

나. 결함의 분류

1) 발생 근원에 따라
(1) **재료(소재) 고유 결함** : 강괴, 주강품, 주물 등에 존재하는 결함
(2) **가공 중 결함** : 기계 가공, 열처리, 연마, 용접 등에 의해 발생하는 결함, 압연, 단조 등 소성 가공 결함
(3) **사용 중 결함** : 응력 부식 균열, 크리프 균열, 피로 균열 등

2) 형태에 따라
(1) 표면의 넓고 벌어진 표면 결함이나 미세하고 빈틈이 없는 결함
(2) 균열, 의사지시 모양

3) 크기 및 형상에 따라
(1) **미세한 결함과 폭이 얇고 넓은 결함** : 결함의 크기 및 깊이와 관계가 있다.
(2) **결함의 형상** : 선형, 원형, 노치형

4) 결함 지시 모양에 따라
(1) 불충분한 세척과 불완전한 침투액 제거, 현상제를 과다 적용 한 경우, 침투 지시 모양이 확산 및 희미하게 나타날 수 있으며, 이러한 경우 시험체를 완전히 세척한 후 재검사한다.
(2) 원형으로 나타나는 지시 모양 : 보통 기공으로 나타난 결함
(3) 작은 점으로 나타나는 지시 모양 : 시험체의 다공성, 핀홀, 주조품의 거친 결정 등에 의해 발생한 결함
(4) 연속적인 선으로 나타나는 지시 모양 : 탕계, 단조 겹침, 파열, 균열, 긁힌 자국에 의한 결함
(5) 간헐적인 선으로 나타나는 지시 모양 : 단조작업, 연마작업, 기계작업 등에 의해 발생한 결함

다. 의사지시(False Indication)

1) 의사(무관련)지시
(1) 시험체의 형태나 표면 거칠기, 외부로부터의 오염, 불연속이나 결함에 의한 지시가 아닌 조작 방법이 적합하지 않을 때에 발생한 지시 모양
(2) 의사지시는 관련 지시의 판독을 어렵게 한다.
(3) 의사지시인지, 결함에 의한 지시인지, 판독하기 어려울 경우 재시험을 실시해야 한다.

2) 의사지시가 발생하는 경우
(1) **시험체의 형상에 따라**
  ① 검사하기 전에 시험체의 재질 및 특성 및 제조 공정을 확인하여 의사지시를 구별해야 한다.
  ② 시험체 내의 흠, 구멍, 예각 부위, 리벳 이음, 용접 표면의 거칠기 등은 세척이나. 제거가 어렵고 침투제가 표면에 강하게 적심되는 경우 의사지시가 나타날 수 있다.
  ③ 결함에 의한 지시는 선명한 선상이나 원형상의 형태로 나타나며, 방향이 불규칙하다.
  ④ 의사지시의 형태는 선명하지 못하고, 일정한 방향과 형태로 되어 있으며 보통 규칙성을 갖고 있기 때문에 쉽게 구별할 수 있다.

(2) **전처리가 부족할 때**
  ① 전처리 작업할 때 이물질을 철저하게 제거해야 한다.
  ② 시험체 표면에 존재하는 녹, 기름류 등을 완전 제거하지 못하면 침투제와 화학 반응을 일으키거나 혼합하여 배경을 오염시키거나 불균일한 지시가 나타나게 된다.

(3) **세척 처리가 부족할 때**
  ① 세척 및 제거 처리할 때 염색 침투제는 깨끗하고 마른 헝겊을 사용하여 깨끗이 제거한다.
  ② 형광 침투제는 자외선등을 비추면서 세척 정도를 확인한다.
  ③ 전처리 또는 세척 처리가 과다하여 과세척이 된 경우 결함 검출도가 떨어지지만 의사지시는 발생하지 않는다.

(4) 외부에서 오염이 있을 때
   ① 검사 장소의 청결과 취급상의 주의로 외부 오염이 없도록 한다.
   ② 검사대 표면 위에 남아 있는 침투제, 검사원의 손에 묻어 있는 침투제, 현상제가 오염되어 있는 경우 의사지시가 발생한다.

라. 결함 지시 모양 평가

1) KS B 0816에 따른 침투 지시 모양의 분류

(1) **연속 지시** : 지시 간의 상호 거리가 2mm 이하인 침투 지시 모양으로 여러 개의 지시 모양이 거의 동일 직선상에 나란히 존재하며, 지시 모양의 길이는 특별히 지정이 없는 경우 침투 지시 모양의 개개의 길이 및 상호거리를 합한 값으로 한다.

(2) **분산 지시** : 일정 면적 내에 다수의 침투 지시 모양이 분산하여 존재하는 지시

(3) **독립 침투 지시**
   ① 균열(개구부 : 갈라짐)에 의한 지시 : 침투 지시를 관찰하여 갈라져 있는 것이 확인된 결함 지시 모양
   ② 원형상 지시 : 갈라짐에 의하지 않는 침투 지시 모양 중에 선상 지시 모양 이외의 원형의 지시 모양
   ③ 선상 지시 : 갈라짐의 침투 지시 모양 중에 그 길이가 나비의 3배 이상인 지시 모양

2) 결함 지시의 평가

(1) 실제 결함 지시는 크게 기공이 원인이 되어 반점 또는 불규칙한 모양을 나타내는 지시 모양과 균열이나 이와 유사한 불연속에 의한 선형 지시 모양으로 구별할 수 있다.

(2) 지시 모양의 크기, 흡출되어 분산된 침투제의 색채 및 강도, 침투제의 분산량 등의 유용한 정보에 의해 결함을 평가하게 된다.

(3) 탐상의 지시가 실제 지시인 경우, 검출된 지시의 원인이 되는 결함의 종류, 크기, 나타난 결함이 제품에 어떤 영향을 미치는가를 평가해야 한다.

(4) 적부 판정은 절차서나 규격에 따라 지시 모양을 판독하여 평가하고 판정한다.

(5) 넓고 깊이가 큰 균열, 큰 기공의 경우는 침투제가 많이 침투되어 있으므로 현상제를 적용하면 지시 모양의 형성이 더 크고 밝으며 빠르게 분산하고, 미세 균열이나 아주 작은 기공 등은 희미한 지시로 나타난다.

(6) 지시를 형성하는 침투제 색의 강도와 분산성에 의해 결함의 크기, 깊이 등을 추정할 수 있다.

마. 재검사

1) 재검사(재시험)

(1) 검사 후 지시 모양이 진짜 결함에 의한 것인지, 의사 모양인지의 판별이 어려울 때나, 검사 순서나 조작에 잘못이 있었다고 판정된 때에는 부분 또는 전체적인 재검사를 실시한다.

(2) 재검사는 전처리를 포함하여 처음부터 각처리 순서에 따라 실시해야 한다.

(3) 재검사를 하기 전에 전처리를 충분히 하여 탐상면의 현상제나 결함 속에 남아 있는 침투액도 잘 세척해야 한다.

(4) 탐상면의 현상제는 솔, 수세미 등으로 제거하고, 공기를 분사시켜 불어내는 등 철저히 세척한 후 재검사를 해야 한다.

2) 후처리

(1) 침투 탐상 후처리의 주된 작업은 검사 후 시험체에 침투액이나 현장제가 남아 있을 경우 시험체가 녹이 슬거나 부식되기 쉬우므로 완전 제거한 후 방청처리를 해야 된다.

(2) 현상제의 제거는 일반적으로 공기 분사나 솔질 등으로 실시한다.

(3) 건식 현상제는 공기 분사로 불어내거나 물로 세척하는 것이 좋고, 습식 현상제의 경우는 솔질을 사용하여 물로 씻는 방법이 좋다.

(4) 물 세척을 실시한 경우 반드시 건조를 해야 한다.

(5) 속건식 현상제는 피막이 건조된 상태에서 솔 등으로 대부분 제거한 후 물 또는 용제를 적신 헝겊이나 종이 수건으로 닦아낸다.

(6) 녹이 슬기 쉬운 재료는 검사(관찰) 중에도 녹이 발생하기 시작하므로 검사가 끝난 즉시 방청 처리를 해야 한다.

예제 1
KS B 0816에서 알루미늄 재질로 생산한 제품을 침투 처리할 때 다음 중 침투 시간이 다른 결함은?
① 용접부의 융합 불량
② 주조품의 쇳물 경계
③ 단조품의 갈라짐
④ 용접부의 갈라짐

 정답 ③

제품별 침투 시간
- 주조품, 용접부의 쇳물 경계, 융합 불량, 틈새, 갈라짐 : 5분
- 압출품, 단조품, 압연품의 랩, 갈라짐 : 10분
- 카바이드 팁붙이 공구 : 5분
- 플라스틱, 유리, 세라믹 : 5분

예제 2
KS B 0816에서 갈라짐 이외의 결함으로 그 길이가 나비의 3배 이상인 것을 무슨 결함이라 하는가?
① 원형상 결함
② 라미네이션
③ 균열
④ 선상 결함

 정답 ④

선상 결함
길이가 나비의 3배 이상인 결함

예제 3
침투 탐상 시험 방법 및 침투 지시 모양의 분류(KS B 0816)에 의한 침투 지시 모양의 결함 분류로만 나열된 것은?
① 연속 결함, 과잉 결함, 갈라짐
② 독립 결함, 유동 결함, 선상 결함
③ 독립 결함, 연속 결함, 분산 결함
④ 독립 결함, 거짓 결함, 분산 결함

 정답 ③

침투 지시 모양 분류
독립 침투 지시(갈라짐, 선상, 원형상), 연속 침투 지시, 분산 침투 지시

예제 4
침투 탐상 시험 방법 및 침투 지시 모양의 분류(KS B 0816)에 따른 탐상 결과로 길이 7mm, 나비 2mm의 침투 지시 모양 1개가 관찰되었다면, 이 결함의 분류로 옳은 것은?
① 분산 결함
② 체적 결함
③ 선상 결함
④ 원형상 결함

 정답 ③

결함의 길이가 나비의 3배 이상이므로 선상 결함으로 분류

예제 5
KS B 0816에서 검사를 한 후에 나타난 지시를 기록하는 방법이 아닌 것은?
① 사진
② 스케치
③ 전사
④ 에칭

 정답 ④

기록 방법
도면, 사진, 스케치, 전사

3 검사의 기록

가. 기록할 검사 조건 및 보고서

1) 기록해야 할 검사 조건

(1) **시험체의 표면 및 전처리 상태** : 연삭(그라인딩), 용제 세척 등
(2) **사용한 탐상제의 종류** : 품명, 제조사, 형식, Batch No 등
(3) **침투액 적용 방법(침투 시간 포함)** : 분무, 에어로졸, 솔질, 담금(침적) 등
(4) **유화제 적용 방법** : 붓기, 담금, 분무 등
(5) **세척(제거) 방법** : 분무, 닦아내기 등
(6) **현상제 적용 방법** : 분무, 담금, 솔질 등
(7) **탐상 장치 및 사용 기자재** : 명칭, 형식, S/N번호 등 세척수의 온도와 수압
(8) **건조 방법** : 닦아내기, 자연 건조, 열풍 건조 등
(9) **시험체 표면의 온도 및 시간** : 침투, 유화, 건조, 현상, 관찰 등
(10) **잉여 침투액의 제거 방법** : 용제를 적신 헝겊, 종이 수건으로 제거하거나 물 세척 등
(11) **검사 결과** : 침투 지시 모양의 기록(지시 모양의 종류, 위치, 길이, 개수 등)

2) 검사 보고서에 반드시 기록해야 할 사항

(1) 시험체의 품명, 모양, 치수, 재질 및 검사 위치
(2) 적용 규격, 검사 방법, 검사조건
(3) 검사원의 성명 및 자격, 검사 장소 및 실시 연월일

3) 탐상 결과의 기록 방법

(1) **스케치**
 ① 가장 많이 사용하는 방법으로, 정확성은 낮지만 간편하게 기록할 수 있다.
 ② 결함의 모양과 위치, 형상을 간단히 스케치하고, 가능하면 결함 모양의 상황 등을 실제와 같이 기록한다.

(2) **전사**
 ① 전사가 거의 불가능하므로 잘 사용하지 않는다.
 ② 염색 침투 탐상 검사의 경우 전사용 테이프를 사용할 수 있다.

(3) **사진 촬영**
 ① 결함 지시 모양을 사진으로 촬영할 때는 자(Scale)을 놓아두고 같이 촬영하여 결함의 크기를 알 수 있게 한다.
 ② 결함 위치를 쉽게 알 수 있도록 시험체의 전체 또는 특징이 있는 부분이 포함하도록 촬영한다.
 ③ 염색 침투 탐상 검사의 경우 밝은 곳에서 촬영하므로 사진 촬영에 문제가 되지 않는다.
 ④ 형광 침투 탐상 검사에서는 암실 안에서 자외선 조사에 의해서만 결함의 지시 모양이 관찰되므로 자외선 차단 필터의 사용 등 노출 조건을 조정하고 촬영한다.

예제 1

KS B 0816에서 분류된 침투 탐상 시험 방법 및 침투 지시 모양(결함)의 분류에 대한 기록 중 포함되어야 할 내용이 아닌 것은?

① 결함 길이   ② 결함 개수
③ 결함 깊이   ④ 결함 위치

 정답 ③

결함의 기록
결함의 종류, 길이, 개수, 위치

예제 2
KS B 0816에 규정된 결함의 기록 내용에 해당되지 않는 것은?
① 결함의 종류　② 결함의 면적
③ 결함의 개수　④ 결함의 위치

 정답 ②

결함의 기록
결함의 종류, 길이, 개수, 위치

예제 5
침투 탐상 검사에 의해 얻어진 결함 지시 모양을 기록하는 방법으로 적당치 않은 것은?
① 사진　② 전사
③ 스케치　④ 주조

 정답 ④

결함지시 모양 기록 방법
도면, 스케치, 전사, 사진

예제 3
침투 탐상 시험 시 검사체의 결함은 언제 판독하는가?
① 현상 시간이 경과한 직후
② 침투 처리를 적용한 직후
③ 현상제를 적용하기 직전
④ 세척 처리를 적용하기 직전

 정답 ①

결함의 판독은 현상 시간이 경과한 후 실시한다.

예제 4
KS B 0816에 규정된 시험보고서 기록 시 포함시켜야 할 내용이 아닌 것은?
① 시험체의 표면 사항　② 시험 결과
③ 시험체의 제조 연월일　④ 시험 기술자

 정답 ③

시험체 제조 연월일은 기록하지 않음

SECTION 04 단원별 출제예상문제

DIY쌤이 콕! 찝어주는 주요 예상문제 풀어보기!

01 고온에 방치되었던 세라믹 제품에 나타난 지시로서 그물 모양(망사 모양)으로 서로 교차한 선으로 나타나는 지시는?

① 피로 균열
② 수축 균열
③ 연삭 균열
④ 열 충격 지시

02 다음 중 발생 유형이 서로 다른 결함은?

① 피로 균열
② 열간 터짐
③ 열처리 균열
④ 연삭 균열

> **발생 근원에 의한 결함의 분류**
> • 소재 고유 결함 : 주물, 주강품, 강괴 등에 존재하는 결함
> • 가공 중 결함 : 단조, 압연, 기계 가공, 열처리, 연마, 용접 등에 의해 발생하는 결함
> • 사용 중 결함 : 피로 균열, 응력 부식 균열, 크리프 균열

03 침투 탐상 시험 시 부적절한 세척에 의하여 놓치기 쉬운 결함은?

① 예리한 선 모양의 표면 균열
② 깊이 패인 결함
③ 얕고 넓은 결함
④ 단조 겹침

> 얕은 결함은 세척이 불량하면 결함 지시 모양이 잘 나타나지 않을 수 있다.

04 다음 중 침투 탐상 시험에서 부적절한 세척 작업으로 인해 가장 검출하기 어려운 불연속은?

① 단조 겹침
② 용입 불량
③ 균열
④ 깊이가 얕은 불연속

05 KS B 0816에 따른 침투 탐상 시험 방법 및 침투 지시 모양의 분류에서 규정된 침투 지시 모양의 결함에 해당되지 않는 것은?

① 갈라짐
② 용입 불량
③ 선상 결함
④ 원형상 결함

> **침투 지시 모양 분류**
> 독립 침투 지시(갈라짐, 선상, 원형상), 연속 침투 지시, 분산 침투 지시

06 화학 플랜트, 발전 플랜트, 항공기 등의 기기 및 구조 부품은 정기적으로 검사를 실시하여 안전성을 확보하여야 한다. 이 때 사용 중 일반적으로 표면에 작용하는 응력과 외부 분위기의 영향에 의하여 발생되는 표면 손상에 대한 검사가 중요하며 이 경우 발생될 수 있는 결함 종류로 볼 수 없는 것은?

① 편석
② 피로 균열
③ 크리프 균열
④ 부식 피로 균열

> 편석은 자체의 결함이다.

07 다음 중 침투 탐상 시험으로 표면 결함을 탐상할 수 없는 대상물은?

① 유리
② 목재
③ 철강
④ 플라스틱

> 금속, 유리, 플라스틱 등은 가능하나, 목재, 세라믹 등의 다공질 제품, 고무 등은 침투 탐상으로 검사하기 어렵다.

정답 01 ④ 02 ① 03 ③ 04 ④ 05 ② 06 ① 07 ②

08 다음 중 침투 탐상 시험으로 검사하기 가장 어려운 시험체는?

① 유리로 만들어진 물질로 된 부품
② 담금질한 알루미늄(aluminium forging)
③ 다공성 물질로 된 부품
④ 주철(iron casting)

> 다공성 세라믹 등 다공성 재료의 경우 침투액이 다공질 부분에 침투되어 의사지시가 나타나므로 결함 검출이 어렵게 된다.

09 침투 탐상 시험은 다공성인 표면을 검사할 때 적합한 시험 방법은 아니다. 그 이유는?

① 초음파 탐상 시험이 가장 좋은 방법이기 때문
② 다공성인 경우 지시의 검출이 어렵기 때문
③ 다공성인 경우 어떤 지시도 생성시킬 수 없기 때문
④ 자분 탐상 시험이 가장 좋은 방법이기 때문

> 다공성 재료의 경우 침투액이 다공질 부분에 침투되어 의사지시가 나타나므로 결함 검출이 어렵게 된다.

10 다음 중 침투 탐상 시험으로 탐상이 가능한 결함은?

① 표면에 열린 결함
② 재질 내부 결함
③ 재질 내부 혼입
④ 재질 내부 기공

> 침투 탐상은 내부 결함은 검출이 불가능하다.

11 다음 중 침투 탐상으로 파악할 수 없는 것은?

① 결함의 형상
② 결함의 깊이
③ 결함의 길이
④ 결함의 존재 여부

> 침투 탐상으로 결함의 깊이는 측정할 수 없다.

12 다음 중 침투 탐상 시험으로 발견할 수 없는 결함은?

① 심(Seam)
② 콜드셧(Cold shut)
③ 균열(crack)
④ 내부 기공(porosity)

13 침투 탐상 시험에서 작업이 잘못된 경우 나타나는 결과를 설명하였다. 이에 대한 내용으로 옳지 않은 것은?

① 세척 처리가 너무 길었을 때 얕은 불연속의 침투액이 제거된다.
② 침투 시간 및 유화 시간이 너무 길었을 때 제거처리가 어렵다.
③ 현상제를 너무 많이 사용하였을 때 거짓 지시가 검출되기 쉽다.
④ 침투액의 온도가 낮았을 때 미세한 불연속을 놓치기 쉽다.

> 현상제를 너무 많이 사용하면 지시 모양이 원래 크기보다 커진다.

14 탐상제의 성능 분석에서 적용하기 전에 황의 함유량에 대하여 분석을 실시해야 하는 금속은?

① 알루미늄
② 티타늄
③ 오스테나이트계 스테인리스강
④ 니켈

> 니켈은 황의 함유량 검사를 반드시 해야 한다.

15 다음 중 결함 지시로 나타나는 염료의 가시성에 영향을 주는 요인이 아닌 것은?

① 염료의 특성
② 염료의 농도
③ 염료의 종류
④ 염료의 가격

> 염료의 가격과는 무관하다.

16 침투 탐상 시험 결과의 판독 사항에 대한 설명으로 옳지 않은 것은?

① 침투 지시 모양을 결함과 무관련 지시로 분류한다.
② 무관련 지시는 결함으로 분류하지 않는다.
③ 결함은 모양과 존재 상태에 의해 분류한다.
④ 결함은 지시 모양 그대로 육안만 사용하여 측정한다.

> 결함 검출은 육안이나 확대경, 에칭 등 적당한 방법을 사용한다.

정답 08 ③ 09 ② 10 ① 11 ② 12 ④ 13 ③ 14 ④ 15 ④ 16 ④

17 침투 탐상 시험의 합격 기준에서 특정 종류의 불연속이 허용되는 경우 그 합격 기준의 설정에는 해당 불연속에 대하여 어떤 내용을 규정해야 하는가?

① 불연속의 목적
② 불연속의 원인
③ 불연속의 깊이
④ 불연속의 허용 가능한 최대 크기 또는 분포

> 침투 탐상 시험에서 불연속의 허용 기준은 불연속의 허용 가능 최대 크기 분포 등을 규정하고 있다.

18 침투 탐상 시험 결과의 해석 및 판정을 하기 위한 조치에 대한 설명으로 옳지 않은 것은?

① 불연속이 사용 시 어떤 영향을 줄 것인지 판단한다.
② 어떤 종류의 불연속에 의한 형성인지 해석한다.
③ 불연속의 크기를 측정한다.
④ 불연속으로 판단되면 합격 불합격의 기준에 관계없이 폐기한다.

> 불연속으로 판단되었어도 합격 기준에 해당하면 P, ⓟ로 표시하고 폐기하지 않는다.

19 KS B ISO 3452에 규정한 비파괴 검사 – 침투 탐상 검사 – 일반 원리 규격의 적용에 대한 설명으로 옳지 않은 것은?

① 합격 또는 불합격의 레벨을 규격에서 규정하고 있다.
② 재료나 기기의 표면으로 열린 겹침, 주름, 균열, 기공 및 틈과 같은 불연속을 검출하기 위해 사용된다.
③ 탐상 표면이 통상적으로 비흡수성이고, 침투 탐상 공정을 적용하는데 적당할 경우 사용할 수 있다.
④ 현장 검사와 같이 제조 및 가동 중 재료와 기기의 침투 탐상 검사에 대한 일반 지침에 대하여 규정한다.

> KS B ISO 3452에서 합격, 불합격 레벨을 지정하지 않고 있다.

20 KS B 0816에 의한 침투 지시 모양의 분류 시 갈라짐에 의하지 않는 침투 지시 모양 중 그 길이가 나비의 3배 이상인 것을 나타내는 지시 모양은?

① 연속 침투 지시 모양
② 원형상 침투 지시 모양
③ 선상 침투 지시 모양
④ 분산 침투 지시 모양

21 다음 중 크기가 1nm인 입자와 동일한 크기를 나타내는 것은?

① 1×10^{-6}m
② 1×10^{-9}m
③ 1×10^{-12}m
④ 1×10^{-15}m

> 1nm = 10^{-9}m

22 KSB ISO 3452 – 2에서 규정한 비파괴검사 – 침투 탐상 검사 – 제2부 : 침투 탐상제의 시험 공정관리 시험에서 수용성 현상제에 대하여 실시할 시험 내용이 아닌 것은?

① 농도
② 온도
③ 적심성 시험
④ 현탁액의 형광성

> KS B ISO 3452에서 수용성 현상제 시험 사항
> 농도, 온도, 적심성 등

23 침투 탐상 시험에서 시험 기록을 작성할 때 시험체의 내용에 포함되지 않는 것은?

① 품명
② 재질
③ 치수
④ 무게

> 기록 시 시험체 내용에 포함될 사항
> 품명, 모양, 치수, 재질, 표면사항

정답 17 ④ 18 ④ 19 ① 20 ③ 21 ② 22 ④ 23 ④

24 KS B 0816에 따른 시험 기록을 작성할 때 시험 기술자에 대한 기록은?

① 성명만 기재한다.
② 성명 및 취득한 자격을 기재한다.
③ 성명 및 자격증 번호를 기재한다.
④ 성명 및 생년월일을 기재한다.

기술자의 기록
성명 및 취득한 관련 자격

25 KS B 0816에서 보고서에 기록하는 내용 중 "시험 시의 온도"가 다음 중 어느 것일 때 반드시 기록하여야 하는가?

① 35℃   ② 58℃
③ 18℃   ④ 25℃

시험 온도가 15℃ 이하, 50℃ 이상일 경우 반드시 기재

26 KS B 0816에 따른 침투 탐상 시험 방법 및 침투 지시 모양의 분류에서 규정된 시험에 대한 내용을 기록서에 작성할 때 시험체에 대하여 기재할 내용에 포함되지 않는 것은?

① 시험체의 품명   ② 시험체의 재질
③ 시험체의 치수   ④ 시험체의 무게

시험체의 무게는 기록하지 않음

27 침투 탐상 시험 방법 및 침투 지시 모양의 분류(KS B 0816)에서 시험 기록의 작성 시 시험 장소의 기온 및 침투액의 온도, 기온 및 액온을 기록할 때 다음 중 반드시 적어야 되는 온도에 해당되는 것은?

① 4℃   ② 20℃
③ 24℃   ④ 38℃

시험 온도가 15℃ 이하, 50℃ 이상이면 기록한다.

28 침투 탐상 시험 방법 및 침투 지시 모양의 분류(KS B 0816)에 규정된 시험 기록 사항 중 시험 시의 온도에 대한 설명으로 올바른 것은?

① 시험 장소에서의 침투액의 온도가 15~50℃일 때의 온도를 반드시 기록하여야 한다.
② 시험 장소에서 기온이 15℃ 이하 또는 50℃이상일 때의 온도를 반드시 기록하여야 한다.
③ 시험 장소에서의 기온이 25~40℃일 때의 온도를 반드시 기록하여야 한다.
④ 시험 장소에서 기온이 20℃ 이하 또는 45℃ 이상일 때의 온도를 반드시 기록하여야 한다.

시험 온도가 15℃ 이하, 50℃ 이상이면 기록한다.

29 침투 탐상 시험 방법 및 침투 지시 모양의 분류(KS B 0816)에 규정된 시험 기록 사항 중 조작 조건에서 시험 시의 온도에 대한 설명으로 옳은 것은?

① 시험 장소에서의 침투액의 온도가 16~49℃일 때의 온도는 반드시 기록하여야 한다.
② 시험 장소에서 기온이 15℃ 이하 또는 50℃ 이상일 때의 온도는 반드시 기록하여야 한다.
③ 시험 장소에서의 기온이 25~40℃일 때의 온도는 반드시 기록하여야 한다.
④ 시험 장소에서 기온이 20℃ 이하 또는 45℃ 이상일 때의 온도는 반드시 기록하여야 한다.

시험 온도
15~50℃, 15℃ 이하나 50℃ 이상은 반드시 기록

30 침투 탐상 시험 방법 및 침투 지시 모양의 분류(KS B 0816)에 따른 탐상제의 점검 방법에서 겉모양 검사를 하였을 때 침투액과 유화제의 폐기 사유에 공통적으로 적용되는 것은?

① 색상의 변화
② 세척성의 저하
③ 형광 휘도의 저하
④ 현저한 흐림이나 침전물 발생

유화제 폐기
현저한 흐림이나 침전물이 생겼을 때, 점도의 상승으로 유화 성능이 저하될 때

정답 24 ③ 25 ② 26 ④ 27 ② 28 ② 29 ② 30 ④

SECTION 05 산업 적용(침투 탐상 실무)

1 침투 탐상 시험에 관한 규격

2002년부터 국제 규격의 부합화를 도모하기 위해 ISO(국제표준화기구)의 규격을 채택하여 기존의 규격과 함께 사용되고 있으며, 검사원은 이들 규격을 잘 알고 있어야 된다.

가. KS(한국산업표준규격)

(1) KS B 0816 : 침투 탐상 시험 방법 및 침투 지시 모양의 분류
(2) KS W 0914 : 항공 우주용 기기의 침투 탐상 검사 방법
(3) KS B ISO 3452 : 비파괴 검사_침투 탐상 검사 일반원리
(4) KS B ISO 3452-2 : 비파괴 검사_침투 탐상 검사-제2부 : 침투 탐상제의 시험
(5) KS B ISO 3452-3 : 비파괴 검사_침투 탐상 검사-제3부 : 침투 탐상 대비시험편
(6) KS B ISO 3452-4 : 비파괴 검사_침투 탐상 검사-제4부 : 침투 탐상 장치
(7) KS B ISO 3453 : 비파괴 검사_침투탐상검사-침투탐상 검증수단
(8) KS B ISO 9935 : 비파괴 검사_침투 탐상 결함 검출기-일반기술요건
(9) KS B ISO 12706 : 비파괴 검사_침투 탐상 검사 용어
(10) KS B ISO 23277 : 용접부 비파괴 시험_침투 탐상 시험 합격기준
(11) KS D ISO 4987 : 주강품 - 침투 탐상 검사
(12) KS D ISO 12095 : 압력용 이음매 없는 용접강관 - 침투 탐상 검사

나. ASTM(미국 재료시험협회) 규격

(1) ASTM E 165 : 표준 침투 탐상 시험방법
(2) ASTM E 433 : 침투 탐상 검사에 대한 표준 비교 사진
(3) ASTM E 1135 : 형광 침투제의 표준 휘도 비교 방법
(5) ASTM E 1208 : 표준 후유화성(기름 베이스) 형광 침투탐상 시험
(6) ASTM E 1209 : 표준 수세성 형광 침투 탐상 시험
(7) ASTM E 1210 : 표준 후유화성(물 베이스) 형광 침투 탐상 시험
(8) ASTM E 1220 : 표준 용제제거성 염색 침투 탐상 시험
(9) ASTM E 1418 : 표준 수세성 염색 침투 탐상 시험

2 강판 용접부의 침투 탐상 시험

용제 제거성 염색(형광) 침투 탐상 검사 - 속건식 현상법 적용의 경우

가. 침투 탐상 시험의 기초

1) 시험 목적

(1) 강판 표면의 침투 지시 모양의 확인 및 의사 모양과의 구별법을 배운다.
(2) 현상제 등 제품의 사용법 숙지와 강판 용접부에 나타나는 침투 지시 모양을 보고 결함 지시 모양을 검출한다.

2) 용접 시험체

(1) 표면 결함이 있는 용접 시험체(예 두께 2 ~ 6mm, 가로 300mm, 세로 300mm)
(2) 사용 재료 및 장치
  ① 재료 : 용제 제거성 염색(형광) 침투액, 용제 제

거성 세척액(에어로졸 세척액), 속건식 현상제
② 시험편 : A 대비 시험편, B 대비 시험편
③ 장치 : 조명등, 온도계, 금속 표면 온도계, 확대경, 자외선 조사 장치, 자외선 강도계, 조도계, 포켓 자장계, 전처리 기구(쇠솔 및 세척액), 마킹 펜, 측정용 스케일, 표면 세척용 종이 수건, 점착성 테이프, 카메라

3) 탐상제 취급 유의사항

(1) 탐상제는 대부분 휘발성이 강하므로 시험(검사) 장소 주의에 화기가 없도록 한다.
(2) 탐상제가 인체의 호흡기 등에 나쁜 영향을 주기 때문에 방독 마스크 등을 착용하고 환기에 주의하며, 시험하는 것이 좋다.
(3) 탐상제는 다른 제조사의 제품과 혼용할 경우 결함 지시의 판별에 오류가 발생할 수 있으므로 혼용을 해서는 안된다.

나. 침투 탐상 시험(검사) 순서

1) 시험 준비

(1) **적용 규격**
① KS B 0816 "침투 탐상 검사 방법 및 침투 지시 모양의 분류"적용
② 시험체에 대한 검사 범위, 검사 방법, 검사 절차, 검사에 필요한 장치, 시험 재료 등을 확인한다.
(2) **시험체 표면 및 검사 환경** : 시험체 표면이 검사에 적당한지 점검하고, 환기 여부, 조명, 추가 전등의 사용 유무에 대하여 점검하고 준비한다.
(3) **탐상제 등 확인** : 용제 제거성 염색(형광) 침투 탐상 검사의 탐상제 및 에어로졸 제품의 분무 상태 등을 점검한다.

2) 전처리

(1) **전처리 범위** : 용접 금속 표면 및 바깥쪽으로 각 25mm 범위로 한다.
(2) **시험체 표면의 유지류, 녹 등 부착물 제거** : 용제 제거성 염색 침투 탐상 검사 시 유지류 제거는 에어로졸 제품인 세척액(제거액)을 사용히고, 스케일, 녹 등은 쇠솔 등을 사용하여 제거한다.
(3) **시험 표면 건조** : 탐상면은 세척 후 자연 건조가 원칙이나, 드라이어로 건조하기도 한다.

3) 침투 처리

(1) **침투액 적용 범위** : 전처리를 실시한 범위로 한다.
(2) **적용 방법** : 침투액은 비산되기 쉽기 때문에 탐상면에 최대한 가까이 하고 분사한다.
(3) **작용 상태** : 침투 시간 중 검사 범위에 침투액이 충분히 도포되어 있는지 확인한다.
(4) **탐상면의 온도와 시간** : 탐상면의 온도는 15~50℃ 범위로 하며, 침투시간은 적정 온도에서 5분 이상으로 한다.
(5) **추가 침투액 적용** : 침투액이 개구부에 충분히 침투되기 전에 건조될 우려가 있을 경우 추가로 침투액을 적용한다.

4) 제거 처리

(1) 침투 시간이 지난 후 잔여액을 제거 처리하며, 이때 탐상면이 밝은 상태에서 제거해야 균일하게 처리할 수 있다.
(2) **제거 방법**
① 보풀이 생기지 않는 종이 수건으로 시험체 표면의 잉여 침투액을 닦아낸 후 새 종이 수건에 세척액을 살짝 뿌려 적셔서 시험체 표면에 남아있는 침투액을 한쪽 방향으로 닦아낸다.
② 탐상면에 세척액을 직접 분사하여 닦아서는 안 된다.
③ 형광 침투액 사용의 경우는 처리 정도를 자외선을 비추어 확인하면서 제거한다.
④ 복잡한 부분에서부터 단순한 부분 순으로 제거 처리한다.

5) 현상 처리

(1) **적용 방법** : 현상제 적용 전에 현상제 분말이 분산 매체에 균일하게 혼합되도록 용기를 잘 흔들어 준 후 노즐을 눌러 분사시킨다.

(2) **적용 횟수와 현상 시간**
 ① 1회에 시험체 표면에 희미하게 보일 정도로 얇고 균일하게 도포한다.
 ② 여러 번 적용할 경우 불필요한 현상제 피막이 두껍게 되어 침투액을 빨아내는 능력이 감소되고, 침투액을 덮어버리는 경우가 있으므로 주의한다.
 ③ 현상 시간은 7분이 적당하다.

(3) **분무 거리 및 각도** : 탐상면으로부터 25cm 떨어진 거리에서 45~90°로 분무한다.

(4) **현상제의 피막 형성** : 도포한 현상제는 휘발성이 큰 용제이므로 비교적 짧은 단시간에 탐상면이 건조되어 흰색의 깨끗하고 균일한 얇은 현상제 피막이 형성된다. 이때 침투 지시 모양과 바탕과의 대비가 잘 되도록 도포해야 한다.

6) 검사면 관찰

(1) 현상제 적용 후 10분 후에 관찰한다. 10분 그 사이에도 지시 모양이 스며 나오는 모양을 확인하는 관찰을 계속한다.

(2) 지시 관찰에 적합한 조도는 500lx 이상, 형광 침투액을 사용한 경우 암실의 조도는 20lx 이하로 하며, 현상제 적용 후 7~60분 사이에 실시한다.

(3) 형광 침투액을 사용한 경우 관찰하기 전에 어두운 곳에서 1분 이상 눈을 적응시킨 후 탐상면에 800μW/cm² 이상의 자외선을 비추면서 관찰한다.

(4) **의사 모양 확인** : 지시 모양이 얻어지면 결함 지시 모양인지 의사 지시 모양인지 확인한다.

(5) **구별이 어려울 경우 재검사한다.**
 ① 검사 방법에 오류가 있었거나, 재검사가 필요하다고 판단되는 경우
 ② 지시 모양이 결함 지시인지 의사지시인지 판단 어려울 때
 ③ 지시 모양이 나타난 부위를 가볍게 그라인더로 연삭한 후 재검사한다.
 ④ 위의 어느 방법으로도 불명확한 경우는 확대경 등을 사용하여 확인한다.

7) 결함과 지시 모양 분류, 스케치

(1) **결함의 분류**
 ① 결함의 모양 및 위치, 분포 상태로부터 결함의 종류를 가정한 다음, 결함의 모양 및 집중성에 따라 분류한다.
 ② 연속 결함, 독립 결함, 분산 결함으로 분류하고, 독립 결함은 선상 결함, 원형상 결함, 균열 등으로 분류한다.

(2) **지시 모양에 따라**
 ① 지시 모양의 상태에 따라 독립된 침투 지시 모양(균열, 선상, 원형상), 연속 침투 지시 모양, 분산 침투 지시 모양으로 분류한다.
 ② 결함의 종류, 길이, 개수, 위치 등을 기록한다.

(3) **지시 모양의 스케치**
 ① 스케치 : 스케치 방법에 따라 결함 지시 모양을 스케치하고, 반드시 실제 치수를 기록한다.
 ② 전사 : 검사 보고서에 투명한 점착성 테이프로 전사하여 부착한다.
 ③ 사진 촬영 : 카메라로 치수 확인용 자를 옆에 놓고 촬영하여 결함 지시 모양을 확인한다.

8) 후처리와 검사보고서 작성

(1) **후처리**

침투 탐상 후 시험체의 부식 방지를 위해 시험체 표면에 부착된 침투제, 현상제 등을 물 또는 종이수건, 솔 또는 공기 분사로 제거한 후 방청 처리를 한다.

(2) **검사 보고서 작성**
 ① 일정 양식의 보고서에 시험체 관련 사항, 사용한 탐상제, 검사 조건, 검사 결과 등을 자세히 기록한다.
 ② 나타난 결함 지시 모양은 검사 보고서에 스케치, 사진 촬영, 점착성 테이프 전사 등을 실시하여 부착한다.

표 5.1 침투 탐상 검사 보고서

침투 탐상 검사 보고서

보고서 번호	

검사 방법의 종류						
시험체	품명	재질	모양·치수	탐상면 온도/기온	적용규격/절차서	
				℃ / ℃		
침투액	제품명	형식	Batch No.	침투 시간	사용한 침투액	
				분	□염색 □형광	
세척액	제품명	형식	Batch No.	세척수 온도/수압	유화 시간	건조 시간/온도
				℃ / kPa		분/ ℃
현상제	제품명	형식	Batch No.	현상 시간/관찰 시간	사용한 현상제	
				/ 분	□습식 □건식 □속건식	
표면 상태 □용접 □연삭 □압연 □단조 □주조 □기계가공			자외선 조사 장치 □사용 □사용 안 함	제조사	형식	S/N

검사 결과					
검사 개소	결함 지시 모양 (○ 원형상, − 선상, ▽ 불명)의 위치	결함	결함 길이	판정	비고
1		□유 □무			
2		□유 □무			
3		□유 □무			

※ 나타난 결함 지시 모양이 1개일 때는 전사하여 이곳에 부착하고, 2개 이상일 때는 부착하지 말 것

검사원 성명 및 자격	/	검사 년 월 일	. . .

예제 1

용접 제품에 대한 침투 탐상 검사를 실시하려고 할 때 주의할 내용으로 옳지 않은 것은?

① 용접 공정에 따라 용접 전, 중, 후의 3단계로 실시할 수 있다.
② 고장력강일 경우 8시간 경과 후 실시한다.
③ 고장력 퀜칭 및 템퍼링 강재의 경우 2일 이상 경과한 후 실시한다.
④ 일반 강재의 경우 상온으로 냉각된 후 실시한다.

 정답 ②

용접 제품은 24시간이 경과한 후 검사를 실시한다.

예제 2

침투 탐상 검사 공정 중 대형 구조물 부분 검사에 가장 적합한 시험 절차는?

① 전처리 - 침투 - 세척 - 건조 - 관찰
② 전처리 - 침투 - 세척 - 현상 - 관찰
③ 전처리 - 침투 - 세척 - 건조 - 현상 - 관찰
④ 전처리 - 침투 - 유화 - 세척 - 현상 - 건조 - 관찰

 정답 ②

대형 구조물의 부분 탐상에는 용제 제거성 염색 침투 탐상을 사용하기 때문에 ②의 순서로 한다.

예제 3

KS B 0816에서 용접 부위에 대한 침투 탐상 시험 시 전처리 과정에서 용접부의 일부분을 시험할 때 시험부의 바깥쪽으로 최소한 몇 mm 이상의 거리를 전처리하여야 하는가?

① 25　　　　② 20
③ 15.7　　　④ 12.7

 정답 ①

일부분 시험의 전처리 범위
시험 부분에서 바깥쪽으로 25mm 넓은 범위

예제 4
용접부를 침투 탐상 검사할 때 나타날 수 있는 결함 지시 형태를 잘 설명한 것은?
① 언더컷에 의한 넓고 희미한 지시
② 기공에 의한 선형 지시
③ 크레이터 균열에 의한 넓고 희미한 지시
④ 오버랩에 의한 원형 지시

 정답 ①

오버랩에 의한 지시는 선형 지시로 나타남, 크레이터 균열은 좁고 가느다란 선형 지시로 나타남, 기공에 의한 지시는 원형 지시로 나타남

예제 5
용접부를 침투 탐상 검사할 때 나타날 수 있는 결함과 지시 모양이 바르게 연결된 것은?
① 탕계 : 넓고 단속된 원형 지시
② 단조 겹침 : 원형 지시
③ 가스 구멍 : 선형 지시
④ 균열성 결함 : 연속된 선형 지시

정답 ④

- 가스 구멍 : 원형 지시
- 단조 겹침 : 선형 지시
- 탕계 : 선형 지시

3 배관 용접부의 침투 탐상 검사

가. 검사 목적 및 준비

1) 목적
(1) 배관 용접부의 침투 지시 모양의 확인 및 의사 지시 모양과의 구별법을 익힌다.
(2) 배관 용접부에 나타난 침투 지시 모양을 보고 결함 지시 모양을 검출한다.

2) 검사 준비
(1) 적용 규격
 ① **적용** : KS B 0888 "배관 용접부의 비파괴 시험 방법"
 ② 시험체에 대한 검사법, 검사 절차, 검사에 필요한 장치, 검사 범위, 재료 등에 대하여 확인한다.
(2) 시험체 표면이 검사에 적당한지 점검한다.
(3) 환기 여부, 조명, 추가 전등의 사용 유무에 대하여 확인한다.
(4) **탐상제 등 재료의 확인** : 속건식 현상법의 탐상제 점검, 용제 제거성 염색 침투 탐상 검사 및 에어로졸 제품의 분무 상태 등을 점검한다.

나. 검사 방법

1) 적용 방법
(1) **적용** : KS B 0888 "용접 제거성 염색 침투 탐상 시험, 속건식 현상법"
(2) 검사 범위
 ① 용접부의 나비에 모재 쪽 관의 살 두께의 1/2의 길이를 양쪽에 더한 범위
 ② 지그 부착 자국의 주변에서 그 외부로 5mm의 길이를 더한 범위

2) 전처리
(1) 전처리 범위는 시험 실시범위의 바깥면에 25mm 넓은 범위로 한다.
(2) 스패터, 슬래그, 스케일, 기름 등의 부착물을 충분히 제거한다.
(3) 시험면 및 홈 안에 잔류하는 용제, 수분 등을 충분히 건조시킨다.

3) 침투 처리 및 온도와 시간
(1) 침투액은 검사 범위에 분무 또는 붓칠로 적용한다.
(2) 침투 시간 내에 그 표면을 침투액으로 적셔두어야 한다.
(3) **온도** : 시험체 및 침투액의 온도가 15~50℃ 범위에서 실시한다.
(4) 3~15℃ 범위에서는 온도를 고려하여 시간을 늘리고, 50℃가 넘을 경우 또는 3℃ 이하의 경우는 침투액의 종류, 시험체의 온도 등을 고려하여 실시한다.

(5) 최소 시간 : 위의 온도에서 5분으로 한다.

4) 제거 및 현상 처리

(1) 제거 처리
① 침투 처리 후 표면에 부착되어 있는 침투액을 처음에 마른 천으로 충분히 닦고, 마지막으로 용제 세정액을 소량 적신 깨끗한 천으로 완전히 닦는다.
② 흠 안에 침투하고 있는 침투액을 유출시키는 다량의 세정액을 사용하여서는 안 된다.

(2) 현상 처리
① 검사면과 분사 노즐과의 거리는 300mm 정도로 한다.
② 잘 교반 분산시킨 속건식 현상제를 분무 상태로 하여 검사면의 표면이 희미하게 비춰 보이는 정도로 얇고, 균일하게 도포한다.

5) 지시 모양의 관찰

(1) 관찰은 현상제 적용 후 7~60분 사이에서 실시하며, 관찰 시 밝기는 500lx 정도로 하고, 자연광 또는 백색광 아래에서 관찰한다.
(2) 침투 지시 모양이 나타난 경우 흠을 기초로 하는 것인지 의사지시인지를 확인한다.
(3) 침투 지시 모양이 불명확한 경우 그 부분을 확대 또는 재검사(시험)한다.

다. 재검사 및 후처리

1) 재검사(시험)가 필요한 경우

(1) 지시 모양이 흠을 바탕으로 한 것인지, 의사지시인지의 판단이 곤란한 경우
(2) 조작 방법이 잘못된 경우
(3) 기타 필요하다고 인정한 경우

2) 후처리

(1) 검사체의 표면에 부착되어 있는 현상제에 따라 시험체가 부식할 염려가 있을 경우 현상제를 제거한다.
(2) 검사 후 재용접을 하는 경우 현상제를 제거한다.

(3) 검사체에 침투액이 남아 있을 경우 제거가 필요한 용제 세정액 분무, 브러싱, 에어의 분무, 물 스프레이, 천이나 종이로 닦는 방법 등으로 제거한다.

3) 검사 결과의 기록

(1) 검사 조건
① 검사 시의 온도 : 시험 장소의 기온
② 탐상제 종류 및 검사 조건 : 침투액, 세정액 및 현상제의 명칭, 침투 시간, 현상 시간, 관찰 시간

(2) 검사 결과
① 지시 모양의 위치와 분류, 길이, 평가점, 보수 전의 시험 결과의 합격 여부
② 용접 보수의 유무와 그 이유
③ 기타 필요한 사항

예제 1

배관 용접부의 비파괴 시험 방법(KS B 0888)에서 비파괴 시험의 기술 구분이 특별한 경우에 적용하는 B 기준일 때 침투 탐상 시험에 의한 합격 판정 기준에 대한 설명 중 옳지 않은 것은?

① 선형 침투 지시 모양은 모두 불합격으로 한다.
② 독립 침투 지시 모양은 1개의 길이가 8mm 이하일 때 합격으로 한다.
③ 연속 침투 지시 모양은 1개의 길이가 8mm 이하일 때 합격으로 한다.
④ 분산 침투 지시 모양에 대하여는 침투 지시 모양을 분류 및 길이를 규정에 따라 평가하고 연속된 용접 길이 300mm 당의 합계점이 10점 이하인 경우 합격으로 한다.

정답 ①

KS B 0888에서 독립 및 연속 지시 모양은 1개의 길이가 8mm 이내일 때 합격으로 판정, 분산 지시 모양은 300mm당 10점 이하인 경우 합격

예제 2

배관 용접부의 비파괴 시험 방법(KS B 0888)에서 도관의 일반 부분인 경우 침투 탐상 시험에 대한 지시 모양의 분류 및 합격 판정 기준으로 옳은 것은?

① 독립 침투 지시 모양 및 연속 침투 지시 모양은 1개의 길이 10mm 이하를 합격으로 한다.
② 연속 침투 지시 모양의 길이는 침투 지시 모양의 개개의 길이 및 상호의 간격을 더한 값으로 한다.
③ 독립 침투 지시 모양은 독립하여 존재하는 개개의 침투 지시 모양으로 3종류로 구분한다.
④ 분산 침투 지시 모양은 연속된 용접 길이 500mm당의 합계점이 10점 이하인 경우를 합격으로 한다.

 정답 ②

KS B 0888에서 합격 판정 기준
- 터짐에 의한 침투 지시는 모두 불합격
- 독립 및 연속지시는 1개의 길이가 8mm 이하일 때 합격
- 분산 지시는 용접 길이 300mm당 합계점이 10점 이하인 경우 합격
- 독립 지시 모양은 선형과 원형 두 가지로 분류
- 연속 지시 모양은 연속된 지시 간격이 2mm 이하인 지시 모양으로 침투 지시 모양의 개개의 길이와 상호 간의 간격을 더한 값으로 한다.

예제 3

KS B 0888에 의한 배관 용접부의 침투 탐상 시험의 기록 사항 중 시험 결과에 기록하여야 할 사항이 아닌 것은?

① 침투 시간
② 침투 지시 모양의 위치
③ 침투 지시 모양의 평가점
④ 침투 지시 모양의 분류와 길이

 정답 ①

KS B 0888에서 기록할 사항
- 시험 조건 : 탐상제 명칭, 시험 온도, 침투 시간, 현상 시간, 관찰 시간
- 시험 결과 : 지시 모양 위치, 분류와 길이, 평가점
- 합격 여부, 용접 보수 여부

4 항공 우주용 기기의 침투 탐상 검사(시험)

가. 적용 침투액계 및 요구사항

1) 적용 침투액계

(1) 침투액계 타입
  ① 타입 Ⅰ : 형광 침투액 계통
  ② 타입 Ⅱ : 염색 침투액 계통
  ③ 타입 Ⅲ : 염색 및 형광 복식 침투액 계통

(2) 침투액계 방법
  ① 방법 A : 수세성 침투액 계통 사용
  ② 방법 B : 후유화성 침투액 계통(친유성 유화제) 사용
  ③ 방법 C : 용제 제거성 침투액 계통 사용
  ④ 방법 D : 후유화성 침투액계(친수성 유화제) 사용

(3) 침투액계 감도 레벨
  ① 레벨 1 : 감도 낮음(저감도)
  ② 레벨 2 : 감도 중간(중감도)
  ③ 레벨 3 : 감도 높음(고감도)
  ④ 레벨 4 : 감도 매우 높음(초고감도)

2) 적용 현상제 및 용제성 제거제

(1) 현상제 종류
  ① 종류 a : 건식 분말 현상제
  ② 종류 b : 수용성 현상제
  ③ 종류 c : 수현탁성 현상제
  ④ 종류 d : 비수성(속건성) 현상제
  ⑤ 종류 e : 특정 용도의 현상제

(2) 용제성 제거제 종류
  ① 클래스(class) (1) : 할로겐화 제거제
  ② 클래스(class) (2) : 비할로겐화 제거제
  ③ 클래스(class) (3) : 특정 용도의 제거제

3) 일반 요구 사항

(1) 표면 처리 방법 : 샌드 블라스트, 거스러미 제거, 연마, 버프 연마, 랩 다듬질, 쇼트 피닝, 액체 호닝(vapor blasting) 등
(2) 액체 산소로 충분히 후청정을 할 수 없는 표면의

경우 ASTM D 2512에서 규정하는 충격 감도 시험에 95J(70lbf·ft){9.7kgf·m} 이상에서 합격한 침투 탐상제를 사용한다.

(3) 관찰용 조명
① 백색광은 검사 대상 구성 부품의 표면에 최소한 1000lx(100lm/ft²)를 방사하여야 한다.
② 정치식 형광 침투 탐상 검사(타입 I)의 경우 주위 배경의 백색광은 20lx(2lm/ft²) 이하이어야 한다.
③ 자외선 조사 장치는 자외선 필터나 관구의 앞면에서 38cm(15in) 거리에서 측정하여 그 방사 조도가 800μW/cm² 이상이 되어야 한다.

나. 항목별 요구 사항

1) 침투액 적용
(1) 특별히 지정하지 않는 한 침투액 및 주위 온도는 모두 4~49℃로, 침투액의 체류 시간은 최소 10분 동안으로 한다.
(2) 체류 시간이 2시간을 초과할 때는 건조되지 않도록 필요에 따라 침투액을 재적용하여야 한다.
(3) 침투액을 침지법으로 적용할 경우에는 구성 부품의 침지 시간은 총 체류 시간의 1/2 이하이어야 한다.

2) 침투액 종류별 적용 방법

(1) 수세성 침투액(방법 A)
① 가능한 한 부품과 분무 노즐 사이를 최소 30cm(12in) 떨어진 곳에서 겨냥하여 분사한다.
② 수동 분사 최대 수압은 275kPa(2.8kgf/cm²)로 한다.
③ 물 분무 노즐은 감도 레벨 1 또는 2의 공정에 대하여만 허용되며 부가 공기압, 최대 172kPa(1.75kgf/cm²)로 사용하여야 한다.
④ 세척 후 구성 부품의 물기를 빼고, 설치 방법을 바꾸거나 빨아 올리거나 깨끗한 흡수제로 흡수하거나 압축 공기를 170kPa(25psi){1.73kgf/cm²} 미만의 압력으로 불어낸다.
⑤ 수동 분사 및 자동 분사법에 의한 경우 물의 온도(수온)는 10~38℃로 유지하여야 한다.

(2) 후유화성 침투액(방법 B)
① 친유성 유화제는 침지 또는 흘림 방법으로 적용하여야 한다.
② 분무 또는 붓칠을 해서는 안 되며, 구성 부품의 표면에 적용하는 동안은 교반해서는 안 된다.
③ 특별한 지시가 없는 한 최대 체류 시간은 타입 I 침투액계는 3분 동안, 타입 II 침투액계는 30초 동안으로 한다.

(3) 용제 제거성 침투액 적용(방법 C)
① 보풀이 없는 깨끗하고 건조한 천 또는 흡수성이 강한 수건을 사용하여 여분의 침투액을 닦아낸다.
② 보풀이 없는 천 또는 수건에 물을 적셔 다시 표면에 남아 있는 침투액을 닦아 낸다.
③ 구성 부품의 표면에 용제를 대량으로 흘리거나 용제를 듬뿍 적신 천 또는 수건을 사용해서는 안 된다.

(4) 친수성 후유화제 침투액 적용(방법 D)
① 친수성 유화제는 침지, 흘림, 거품 내기 또는 분사에 의하여 적용하여야 한다.
② 침지법의 경우 농도는 침투액계 공급자가 지정하는 값을 초과하지 않도록 하고, 부피비로 35% 이하, 분사법의 경우 농도는 5%를 초과해서는 안 된다.
③ 침지에 의할 경우 유화제 또는 부품을 완만하게 움직여야 한다.
④ 체류 시간은 침투액을 적절히 제거하는데 필요한 최소 시간으로 하여야 하며, 특별한 지시가 없는 경우 2분을 초과해서는 안 된다.

3) 검사체 건조
검사체는 실온에서 자연 건조시키거나 건조로에 넣어서 70℃ 이하로 건조시켜야 한다.

4) 품질 표시
(1) **각인** : 적용하는 시방서 또는 도면에 명백히 허용되어 있는 경우에는 부품 번호 또는 검사인에 인접한 곳에 각인을 하여야 한다.
(2) **착색** : 각인 또는 애칭이 허용되지 않는 경우에는

착색 또는 잉크 스탬프에 의해 식별 표시를 하여도 좋다.
(3) 에칭
① 부품에 각인이 허용되지 않는 경우 에칭으로 표시하여도 좋다.
② 적당한 에칭제를 적절한 방법으로 사용하거나 화학적 에칭, 기타 에칭 방법을 이용하여도 좋다.
(4) **기타** : 꼬리표를 붙이거나, 볼트 또는 너트와 같은 품목은 포장마다 잘 보이도록 식별 표시하여도 좋다.
(5) 기호 표시
① 특수 용도인 것을 제외하고 전수 검사에서 합격한 것은 기호 P를 사용하여 표시한다.
② 샘플링 검사에 합격된 로트의 모든 구성 부품에는 기호 P를 타원으로 둘러싼 표시를 한다.
③ 착색에 의한 경우는 전수 검사에서 합격한 구성 부품에는 밤색의 염료, 샘플링 검사에서 합격한 것에는 노란색의 염료를 사용하여야 한다.

5) 품질 보증
(1) 침투액
① 사용 중인 침투액은 최소한 월 1회 이상 점검하여야 한다.
② 수분 함유량 측정치가 부피비로 5%를 초과할 때는 불만족한 것으로 한다.
③ 형광 휘도는 적어도 3개월에 1회 점검하며, 형광 휘도의 값이 사용하지 않은 침투액 휘도의 90% 미만일 경우 불만족한 것으로 한다.
(2) 유화제
① 사용 중인 유화제의 제거성은 최소한 주 1회 점검하여야 한다.
② ASTM D 95에 따라 월 1회, 수분 함유량을 점검하여 수분이 5%를 초과할 때는 불만족한 것으로 한다.
③ 친수성 유화제의 침지 용액에 대하여는 주 1회, 굴절계를 사용하여 농도를 점검하여야 한다. 농도가 사용하지 않은 용액의 최초값에서 3% 이상 변화되었을 때는 불만족한 것으로 한다.
(3) 건식 현상제
① 매일 점검하여 면솜 모양으로 뭉실뭉실하여 굳어져 있지 않음을 확인하여야 한다.
② 반복 사용 중인 건식 현상제는 평탄한 면에 엷게 그 시료를 살포했을 때 지름 10cm(4in)의 원 안에 10개 이상의 형광점이 확인된 경우나, 굳어진 건식 현상제는 불만족한 것으로 한다.
(4) 수성 현상제
① 매일 형광성 및 피복 범위를 점검하여야 한다.
② 나비 약 8cm(3in), 길이 약 25cm(10in)의 깨끗한 알루미늄 패널을 현상제에 침지한 후 꺼내서 건조시키고 자외선 조사 장치(해당될 때)하에서 관찰한다.
③ 패널이 일정하게 젖어 있지 않을 때 또는 형광이 확인되었을 때는 불만족한 것으로 한다.

6) 시험면 현상
(1) 침투액의 체류 시간은 현상제를 사용하지 않는 경우 최소 10분, 최대 2시간으로 한다.
(2) 수성 현상제의 체류 시간은 구성 부품이 건조된 후 최소 10분, 최대 2시간으로 한다.
(3) 비수성 현상제의 체류 시간은 최소 10분, 최대 1시간으로 한다.
(4) 건식 현상제의 체류 시간은 최소 10분, 최대 4시간으로 한다.

예제 1

KS W 0914에 의한 항공 우주용 기기의 침투 탐상 검사 방법에서 사용하는 침투액계의 타입과 계통이 옳지 않은 것은?

① 타입 1 - 형광 침투액의 계통
② 타입 2 - 염색 침투액 계통
③ 타입 3 - 염색 및 형광 복식 침투액 계통
④ 타입 4 - 후유화성 침투액 계통

 정답 ④

KS W 0914에서 침투액계 계통 분류
① 타입 Ⅰ : 형광 침투액
② 타입 Ⅱ : 염색 침투액
③ 타입 Ⅲ : 염색 및 형광 복식 침투액

예제 2

항공 우주용 기기의 침투 탐상 검사 방법(KS W 0914)에서 분류하는 침투액계 중 "타입Ⅱ"는 무엇을 의미하는가?

① 형광 침투액 계통   ② 염색 침투액 계통
③ 복식 침투액 계통   ④ 특수 침투액 계통

 정답 ②

• 타입 Ⅱ : 염색 침투액

예제 3

항공 우주용 기기의 침투 탐상 검사 방법(KS W 0914)에서 침투 탐상제의 종류에 따라 침투 탐상 방법을 분류한다. 타입, 방법, 감도로서 구별되는 탐상제는 무엇인가?

① 현상제   ② 유화제
③ 침투액계   ④ 용제성 제거제

정답 ③

KS W 0914에서 타입, 방법, 감도는 침투액계로 분류한다.

예제 4

KS W 0914에 의한 항공 우주용 기기의 침투 탐상 검사 방법에서 전원이 없는 야외에서 검사체에 부분적인 탐상 시험을 수행할 경우 적합한 검사 방법은?

① 타입 Ⅰ, 방법 B   ② 타입 Ⅰ, 방법 C
③ 타입 Ⅱ, 방법 A   ④ 타입 Ⅱ, 방법 C

 정답 ④

KS W 0914에서 전원이 없을 경우 시험 방법
타입 Ⅱ(염색 침투액), 방법 C(용제 제거성)

예제 5

KS W 0914에 의한 항공 우주용 기기의 침투 탐상 검사 방법에서 현상제의 종류와 명칭이 틀리게 나열된 것은?

① 종류 a : 건식 분말 현상제
② 종류 b : 수용성 현상제
③ 종류 c : 수현탁성 현상제
④ 종류 d : 특정 용도의 현상제

 정답 ④

KS W 0914에서의 현상제 분류
• 종류 d : 비수성(속건식)
• 종류 e : 특정 용도

05 단원별 출제예상문제

DIY쌤이 콕! 찝어주는 주요 예상문제 풀어보기!

01 KS W 0914에서 수세성 침투제에 대한 수분 함유량의 제한치는? (단, 방법 A의 침투액으로서 부피비를 나타냄)

① 1% ② 3%
③ 5% ④ 10%

> KS W 0914에서 **침투제 수분 함유량** : 5%(방법 a의 경우)

02 다음 중 KS B 0816에서 규정한 탐상제의 점검 항목에 포함되지 않는 것은?

① 현상제 ② 침투제
③ 세척제 ④ 유화제

> **탐상제 점검 항목**
> 침투액, 유화제, 현상제

03 KS W 0914에서 침투 탐상 전에 표면이 피복이 되어있는 경우 다음 중 검사를 하여도 무방한 것은?

① 페인팅 ② 양극 처리
③ 화성피막 ④ 도료

> KS W 0914에서 화성피막은 에칭 후 검사할 수 있다.

04 침투 탐상 시험 방법 및 침투 지시 모양의 분류(KS B 0816)에 따라 다음과 같은 경우 침투 지시 모양의 지시 길이로 옳은 것은?

> 거의 동일 선상에 지시 모양이 각각 2mm, 3mm, 2mm 존재하고, 그 사이의 간격이 각각 1.5mm, 1mm이다.

① 2개의 지시 모양으로 지시 길이는 6.5mm, 6mm이다.
② 1개의 연속된 지시 모양으로 지시 길이는 9.5mm이다.
③ 2개의 지시 모양으로 지시 길이는 2mm, 6mm이다.
④ 1개의 연속된 지시 모양으로 지시 길이는 7mm이다.

> 지시 모양의 간격이 1.5mm, 1mm이므로 연속 지시 모양으로 분류할 수 있으며, 길이는 2 + 3 + 2 + 1.5 + 1 = 9.5이다.

05 침투 탐상 시험 결과 가느다란(가늘고 예리한) 선 모양의 지시는 다음 중 어느 것으로 판단되는가?

① 얕고 좁은 균열 ② 깊고 넓은 균열용
③ 주물 표면 기공 ④ 접 기공

> 얕고 좁은 균열의 경우 희미하면서 연속적인 선 모양으로 나타난다.

정답 01 ③ 02 ③ 03 ③ 04 ② 05 ①

06 침투 탐상 시험 결과에서 연속으로 길게 나타나는 결함 지시는 다음 중 어떤 결함인가?

① 결정 구조 ② 비금속 개재물
③ 균열 ④ 기공

> **침투 지시 모양과 결함**
> • 연속적인 선으로 나타나는 모양 : 균열, 탕계, 단조 겹침, 파열, 긁힌 자국
> • 간헐적인 선으로 나타나는 모양 : 시험체의 연마 작업, 단조 작업, 기계 작업 등에 의해 발생
> • 원형으로 나타나는 모양 : 기공
> • 작은 점으로 나타나는 모양 : 핀홀, 시험체의 다공성, 주조품의 거친 결정
> • 확산 및 희미하게 나타나는 모양 : 완전 세척 후 재검사 실시

07 압력이 걸려 있지 않은 대형 연료 탱크 용접부 누설 가능 여부를 확인코자 할 때 다음 중 적합한 비파괴 검사법은?

① 침투 탐상 누설 시험 ② 자분 탐상 시험
③ 와전류 탐상 검사 ④ 방사선 투과 검사

> 누설 여부 검사에는 침투 탐상 누설 시험으로 한다.

08 배관 용접부의 비파괴 시험 방법(KS B 0888)에 따른 침투 처리 내용의 설명 중 옳은 것은?

① 침투 시간은 시험체 및 침투액의 온도가 15~50℃ 범위일 때 3분으로 하였다.
② 시험체 및 침투액의 온도가 3℃ 이하이면 침투 처리를 할 수 없다.
③ 침투에 필요한 시간 동안 그 표면을 침투액으로 적셔 두었다.
④ 침투액의 적용을 위해 침투액조에 침지하였다.

> **KS B 0888에서 침투처리 방법**
> • 침투액 적용은 분무, 붓칠로 한다.
> • 침투에 필요한 시간 중 그 표면을 침투액으로 적셔둔다.
> • 침투시간 온도가 15~50℃ 범위에서 5분, 3~15℃ 범위에서 시간을 연장, 50℃가 넘거나 3℃ 이하일 경우 침투액 종류와 시험체의 온도 등을 고려하여 결정한다.

09 배관 용접부의 비파괴 시험 방법(KS B 0888)의 침투 지시 모양의 관찰에 관한 설명 중 옳지 않은 것은?

① 의사지시 여부를 확인하기 위하여 확대경을 사용할 수 있다.
② 시험면의 밝기는 최소한 100lx 이상이어야 한다.
③ 현상제 적용 후 7~60분 사이에 실시하는 것이 바람직하다.
④ 자연광 또는 백색광 아래에서 관찰한다.

> **KS B 0888에서 시험면의 조도** : 자연광에서 500lx

10 KS D ISO 4987에 따른 주강품 – 침투 탐상 검사의 불연속 지시에 대한 설명으로 옳지 않은 것은?

① 불연속 지시는 선형 지시 또는 연결형 지시, 비선형(군집) 지시 등으로 분류한다.
② 불연속 지시의 치수는 불연속의 실제 치수를 직접 나타내지 못한다.
③ 표면이 열린 불연속을 검출하는 것이 목적이다.
④ 불연속 지시 중 선형 지시는 길이 최대 치수가 폭 최소 치수의 2배 이상인 것이다.

> KS D ISO 4987에서 선형 지시는 길이가 폭의 3배 이상인 것

11 표면이 거친 강주물품의 검사에 적당한 침투 탐상 시험은?

① 수세법 ② 용제법
③ 유화제법 ④ 무현상법

> 거친 강주물은 수세성 염색 침투제를 이용한다.

12 현장에서 KS 규격에 따라 일반 주강품을 용제 제거성 염색 침투 탐상 검사를 하려고 한다. 다음 중 탐상에 적합한 시험면의 최소 조도는?

① 20lx ② 300lx
③ 400lx ④ 500lx

> 염색 침투 탐상의 시험면 조도 : 500lx

정답 06 ③ 07 ① 08 ③ 09 ② 10 ④ 11 ① 12 ④

13 다음 중 주조품에서 발견될 수 있는 결함은?

① 라미네이션(Lamination)
② 백점(Flakes)
③ 탕계(Cold Shut)
④ 단조 터짐(Burst)

14 주조품의 침투 탐상 검사에서 발견되는 균열성 결함으로 주조 단면의 두께가 변하는 부분 근처에서 응고 속도의 차이에 의해서 발생하는 고온 균열의 일종인 결함은?

① 슬래그 개재물(Slag inclusion)
② 언더컷(Under cut)
③ 핫 티어(Hot Tear)
④ 웜홀(Worm hole)

> **Hot Tear**
> 주조품이 냉각할 때 발생되는 높은 응력으로 인한 터짐 현상, 용융 금속이 응고할 때, 두께 차이가 큰 부분에서 발생하는 결함이며 수축 정도의 차이에서 발생하는 터짐의 형태이다.

15 사형(sand) 주조품의 침투 탐상 시험 시 검출할 수 있는 가장 일반적인 표면 불연속의 형태는?

① 터짐   ② 기공
③ 심   ④ 백점

16 다음 중 다량의 열쇠 구멍, 나사부의 복잡한 형상 등의 결함 검출에 가장 적합한 침투 탐상 시험법은?

① 후유화성 염색 침투 탐상 시험
② 수세성 형광 침투 탐상 시험
③ 후유화성 형광 침투 탐상 시험
④ 용제 제거성 형광 침투 탐상 시험

> 수세성 형광 침투 탐상은 열쇠 홈이나 나사부와 같이 형상이 복잡한 시험체의 탐상이 가능하다.

17 KS W 0914에서는 (   ) 및 비금속제 항공 우주 기기용 구성 부품에 대하여 침투 탐상 검사를 하는 경우의 최소한의 요구사항을 규정하고 있다. (   ) 안에 들어갈 알맞은 용어는?

① 주조품   ② 단조품
③ 다공질 금속   ④ 비다공질 금속

> **KS W 0914에서 적용 범위**
> 비다공질 금속 및 비금속제 항공 우주 기기용

18 KS W 0914 규정에 의한 항공 우주용 기기의 침투 탐상 검사 방법의 용어 중 다음 설명에 해당하는 것은?

> 휘발성 용제(물 이외) 중에 용해 또는 현탁된 상태로 공급되고 급속히 건조되어 흡착성(또는 흡수성)의 피복이 되는 현상제

① 건식 현상제   ② 비수성 현상제
③ 수용성 현상제   ④ 수현탁성 현상제

> **KS W 0914에서 현상제 종류**
> • 건식 현상제 : 공급 상태 그대로 사용하는 자유 유동성을 가진 미세한 분말 형태의 현상제
> • 비수성(속건성) 현상제 : 휘발성 용제(물 이외) 중에 용해 또는 현탁된 상태로 공급되고 급속히 건조되어 흡착성 또는 흡수성의 피복이 되는 현상제
> • 수용성 현상제 : 건조 농축물로 공급되어 물에 완전히 용해되고 건조되면 흡착성 또는 흡수성의 피복이 되는 현상제
> • 수현탁성 현상제 : 건조 분말 모양 농축물로 공급되어 물에 현탁되고 건조되면 흡착성 또는 흡수성의 피복이 되는 현상제

19 KS W 0914에 의한 탐상제의 분류 중 수용성 습식 현상제를 사용할 때의 기호는?

① b   ② a
③ d   ④ c

정답 13 ③ 14 ③ 15 ① 16 ② 17 ④ 18 ② 19 ①

20 KS W 0914에 따른 침투 탐상 검사 방법을 설명한 것이다. 옳지 않은 것은?

① 자외선 조사 장치는 근자외선 파장 범위(320~400nm)의 전자파를 방사하는 조사 장치를 말한다.
② 타입 II의 침투 탐상 검사는 동일면에 대하여는 타입 I의 침투 탐상 검사 전에 사용해도 된다.
③ 체류 시간(dwell time)이란 침투액, 유화제, 제거제 또는 현상제가 구성 부품과 접촉하고 있는 총 경과 시간을 말한다.
④ 레벨 I의 검사원이 탐상 공정을 담당할 경우에는 레벨 II 이상 검사원의 직접 감독 또는 감시 하에서 하여야 한다.

> KS W 0914에서 타입 II(염색 침투액)의 침투 탐상 검사는 동일면에 대하여는 타입 I(형광 침투액)의 침투 탐상 검사 전에 사용해서는 안 된다.

21 KS W 0914의 타입 I의 공정에 대한 설명 중 옳지 않은 것은?

① 영구 착색렌즈를 사용해서는 안 된다.
② 자외선의 강도는 구성 부품 표면에서 최소 800 $\mu W/cm^2$ 이상이어야 한다.
③ 검사하기 전 적어도 1분 동안 암실에 적응해야 한다.
④ 배경이 과잉으로 형광을 발하는 구성 부품은 청정화하여 재처리하여야 한다.

> KS W 0914에서 타입 I(형광 침투액)의 자외선 조도
> 구성 부품 표면에서 1200 $\mu W/cm^2$ 이상

22 KS W 0914에 규정된 항공 우주용 기기의 침투 탐상 검사 방법의 적용 대상이 아닌 것은?

① 시료 검사 ② 정비 검사
③ 최종 검사 ④ 공정 중 검사

> KS W 0914에서 적용 대상
> 공정 중 검사, 최종 검사, 정비 검사(운용 중 검사)

23 KS W 0914에 따른 항공 우주용 기기의 침투 탐상 검사 방법에서 수세성 침투액의 제거 규정으로 옳은 것은?

① 손 작업의 천으로 여분의 침투액을 닦아낼 때는 현상액으로 적신 천 또는 타월을 사용하여야 한다.
② 저감도가 요구되는 시험에서는 부품을 물에 담가 교반하여 제거해도 된다.
③ 자동의 물 스프레이로 세척할 때 물의 수온은 5~52℃로 유지하여야 한다.
④ 수세성 침투액은 수동의 물 스프레이를 사용하여 제거해서는 안 된다.

24 KS W 0914에 따른 항공 우주용 기기의 침투 탐상 검사 방법에서 수성(수용성, 수현탁성) 현상제에 대한 설명으로 옳지 않은 것은?

① 수성 현상제는 스프레이, 흘려 보내기 또는 침지에 의해 적용하여야 한다.
② 수용성 현상제는 특별한 지시가 없는 한 형광 침투 방법에는 적용하지 않는다.
③ 수성 현상제의 체류 시간은 구성 부품이 건조되고 나서 최소 10분 동안 최대 2시간으로 한다.
④ 수성 현상제는 구성 부품의 수세 후에 적용하거나 또는 구성 부품이 건조되고 나서 적용하여도 좋다.

> KS W 0914에서 수성 현상제(수용성 및 수현탁성) 사용 방법
> • 수용성 현상제는 특별한 지시가 없는 한 타입 II(염색 침투 탐상)의 침투액계 또는 타입 I, 방법 A(염색 침투 탐상, 수세성 침투액)의 침투액계에는 사용하지 않는다.
> • 수현탁성 현상제는 특별한 지시가 없는 한 타입 I(형광 침투 탐상)에는 사용하지 않는다.
> • 적용은 스프레이, 흘려 보내기, 침지에 의해 적용한다.
> • 적용한 현상제는 뭉개서는 안 되며, 현상제는 검사하고자 하는 전체 표면을 완전히 덮어야 한다.
> • 구성 부품은 자연 건조시키거나 건조로에 넣어 건조시킨다.
> • 체류 시간은 구성 부품이 건조되고 나서 최소 10분, 최대 2시간으로 한다.

정답 20 ② 21 ② 22 ① 23 ② 24 ②

25 KS W 0914에 따른 항공 우주용 기기의 침투 탐상 검사 방법에서 정치식 형광 침투 탐상 장치를 사용하는 경우 검사 장소의 점검에 관한 내용 중 옳지 않은 것은?

① 주 1회, 청정도에 대하여 점검하여야 한다.
② 배경의 백색광은 20lx(lm/ft^2) 이하이어야 한다.
③ 검사 장소는 난잡하거나 형광 오염이 없어야 한다.
④ 검사 장소에는 자외선 조사 장치가 수세 장소에 1개, 건조 장소에 1개 등 최소한 2개 이상이 설치되어야 한다.

> **KS W 0914에서 정치식 형광 침투 탐상 장치 점검 사항**
> • 검사 장소는 주 1회 점검
> • 청정도, 형광 오염 유무 및 배경상의 잔류 백색광에 대하여 점검
> • 백색광은 20lx 이하
> • 검사 장소는 난잡하거나 형광 오염이 없어야 함

26 KS W 0914에 따른 항공 우주용 기기의 침투 탐상 검사 방법에서 일반 요구 사항 중 관찰 조건에 대한 설명으로 옳지 않은 것은?

① 정치식 형광 침투 탐상 검사인 경우 주위 배경의 백색광은 20lx 이하이어야 한다.
② 자외선 조사 장치는 자외선 필터의 바로 앞면의 방사 조도가 180μW/cm^2 이상이 되어야 한다.
③ 염색 침투 탐상 검사인 경우 조명 장치는 검사 대상 구성 부품의 표면에 적어도 1000lx의 백색광을 방사하는 것이어야 한다.
④ 이동식 형광 침투 탐상 장치를 사용하는 경우 검사 중 배경의 백색광을 암막 등으로 최저 가시 레벨로 낮춘 상태에서 자외선 강도를 적절히 유지해야 한다.

> **KS W 0914에서 관찰 방법**
> • 염색 침투 탐상 : 구성 품목 표면에 1000lx 백색광 방사
> • 형광 침투 탐상 : 주위 배경이 백색광 20lx 이하, 필터 또는 관구의 앞면에서 38cm 떨어진 거리에서 방사조도가 800μW/cm^2 이상
> • 이동식 형광 침투 탐상 : 암막 등을 이용하여 배경을 최저 가시 레벨로 낮추고 자외선 강도를 적절히 유지

27 KS W 0914에 따른 항공 우주용 기기의 침투 탐상 검사 방법에서 침투액에 타입 I의 공정에 대한 설명 중 옳지 않은 것은?

① 영구 착색렌즈를 사용해서는 안 된다.
② 검사하기 전 적어도 1분 동안 암실에 적응해야 한다.
③ 자외선에 강도는 구성 부품 표면에 최소 800μW/cm^2 이상이어야 한다.
④ 배경이 과잉으로 형광을 발하는 구성 부품은 청정화하여 재처리하여야 한다.

> KS W 0914에서 타입 I의 공정에서 자외선 강도는 구성 부품 표면에 최소 1200μW/cm^{2}이다.

28 KS W 0914에 따른 항공 우주용 기기의 침투 탐상 검사 방법 중 염색 침투 탐상 검사에서 조명 장치의 조도로 옳은 것은?

① 15인치 거리에서 100lm/ft^2 이상
② 15인치 거리에서 1000lm/ft^2 이상
③ 시험체의 표면에서 100lm/ft^2 이상
④ 시험체의 표면에서 1000lm/ft^2 이상

> **KS W 0914에서 염색 조명장치 조도**
> 시험체 표면에서 1000lx(100lm/ft^2) 이상

29 KS W 0914에 따른 항공 우주용 기기의 침투 탐상 검사 방법에 따라 사용 중인 침투액에 대하여는 규정된 점검을 통해 성능이 불만족할 때는 침투액을 교환하든지 시정조치를 취해야 한다. 다음 중 용제 제거성 형광 침투액의 성능 점검 사항에 해당하는 것은?

① 형광 휘도와 제거성 ② 형광 휘도와 감도
③ 수분 함유량과 제거성 ④ 수분 함유량과 감도

> **KS W 0914에서 침투액 점검 항목**
> 형광 휘도(90% 미만), 감도, 제거성, 수분 함유량(5% 이상)

30 KS W 0914에 따른 항공 우주용 기기의 침투 탐상 검사 방법에서 에칭한 표면이 피복되어 있는 경우에 최종 침투 탐상 검사를 실시하여도 되는 것은?

① 도금
② 도료
③ 화성피막
④ 양극 처리

> KS W 0914에서 화성피막은 에칭 후 검사할 수 있다.

31 KS W 0914에 따른 항공 우주용 기기의 침투 탐상 검사 방법 중 항공용 부품을 비수성 현상제로 침투 지시 모양을 관찰할 때 현상제의 체류 시간(Dwell Time)으로 옳은 것은?

① 최소 7분, 최대 1시간
② 최소 7분, 최대 2시간
③ 최소 10분, 최대 1시간
④ 최소 10분, 최대 2시간

> KS W 0914에서 침투액 체류 시간
> 최소 10분, 최대 2시간

32 KS W 0914에 따른 항공 우주용 기기의 침투 탐상 검사 방법에서 수세성 침투 탐상 검사를 1일 1교대의 완전 조업으로 설비를 가동 시, 사용 중인 침투액 점검 주기에 관한 내용 중 옳지 않은 것은?

① 형광 휘도 시험은 적어도 월 1회 하여야 한다.
② 수분 함유량 측정은 적어도 월 1회 하여야 한다.
③ 제거성 시험은 적어도 월 1회 하여야 한다.
④ 감도 시험은 적어도 월 1회 하여야 한다.

> KS W 0914에서 침투액 점검 주기
> 형광 휘도는 3개월에 1회, 감도와 제거성과 수분 함유량은 월 1회

33 KS W 0914의 규정에 따른 항공 우주용 기기의 침투 탐상 검사 방법에서 형광 침투제에 대한 형광 휘도의 최대 점검 주기로 옳은 것은?

① 매일 1회
② 매주 1회
③ 매월 1회
④ 3개월에 1회

> KS W 0914에서 침투액 형광 휘도 점검 주기
> 3개월에 1회

34 KS W 0914에 따른 항공 우주용 기기의 침투 탐상 검사 방법에서 사용 중인 침투액의 수분 함유량 최소 점검 주기는 얼마인가?

① 1개월
② 2개월
③ 3개월
④ 6개월

> KS W 0914에서 침투액 수분 함유량 점검 주기 : 월 1회

35 KS B 0816에서 전수 검사를 실시한 경우 시험체에 표시하는 방법으로 옳지 않은 것은?

① 착색
② 도금
③ 부식
④ 각인

> 전수 검사인 경우
> 각인, 부식, 착색(적갈색)으로 P 표시 또는 적갈색으로 착색하여 표시

36 KS B 0816에 따른 침투 탐상 시험 방법 및 침투 지시 모양의 분류에서 전수 검사에 의한 합격품은 어떠한 색깔로 착색 표시하는가?

① 적갈색
② 청색
③ 적색
④ 황색

37 KS B 0816에 따라 샘플링(Sampling) 검사의 경우 합격된 로트(Lot)의 모든 시험품에 대하여 착색할 때의 색은?

① 황색
② 적갈색
③ 적색
④ 흰색

> 샘플링 검사인 경우
> Ⓟ 기호 또는 황색으로 표시

38 시험 결과에 대한 표시로 전수 검사의 경우 합격품에 대하여 각인 또는 부식에 의한 표시로 KS B 0816에 규정한 것은?

① P의 기호를 사용
② Ⓟ의 기호를 사용
③ O의 기호를 사용
④ Ⓞ의 기호를 사용

> 전수 검사인 경우
> 각인으로 P 표시, 부식 또는 적갈색으로 착색하여 표시

정답 30 ③ 31 ④ 32 ① 33 ④ 34 ① 35 ② 36 ① 37 ① 38 ①

39 KS W 0914에서 침투 탐상 검사에 합격한 부품의 표시 방법 중 옳지 않은 것은?

① 착색에 의한 샘플링 검사 합격 부품은 노란색의 염료를 사용한다.
② 특수 용도의 것을 제외하고 전수 검사에서 합격한 것을 표시하려면 기호 P를 사용한다.
③ 착색에 의한 전수 검사 합격 부품은 청색 염료를 사용한다.
④ 에칭 또는 각인에 의할 경우에는 기호를 사용하여야 한다.

> 전수 검사 합격품은 적갈색(밤색) 염료로 표시하거나 P로 각인한다.

40 KS B 0816에 따른 침투 탐상 시험 방법 및 침투 지시 모양의 분류에서 전수 검사 후 합격한 부품에 대하여 시험체에 표시를 하는 경우 표시 방법에 대한 설명으로 옳은 것은?

① 시험체 주위를 청테이프로 감는다.
② 합격 부위를 흰색 분필로 표시한다.
③ 각인, 부식 또는 적갈색으로 시험체에 P의 기호를 표시한다.
④ 시험체에 P의 표시를 하기가 곤란한 경우에는 파란색으로 착색하여 표기한다.

41 KS B 0816 침투 탐상 시험 방법 및 지시 모양의 분류 중 표시에 대한 설명이다. 전수 검사인 경우 표시 방법에 해당되지 않는 것은?

① 부식에 의해 시험체에 P라는 기호를 표시하였다.
② 시험체에 P의 기호를 황색으로 착색하였다.
③ 표시할 수 없어 시험 기록에 기재하였다.
④ 시험체에 P의 기호를 각인한다.

42 침투 탐상 시험 방법 및 침투 지시 모양의 분류(KS B 0816)에서 샘플링 검사인 경우 합격한 로트의 모든 시험체에 대한 표시 방법으로 옳은 것은?

① P의 기호로 각인 또는 적갈색으로 착색
② ⓟ의 기호로 각인 또는 황색으로 착색
③ 적갈색으로 착색 또는 적갈색 밴드 부착
④ 노란색으로 각인 또는 노란색 밴드 부착

43 KS B 0816에 의한 침투 탐상 시험 시 샘플링 검사의 경우 합격한 로트의 모든 시험품에 대하여 착색으로 표시할 때 다음 중 옳은 것은?

① 적색으로 표시한다.
② 황색으로 표시한다.
③ 청색으로 표시한다.
④ 엷은 다색으로 표시한다.

> • **샘플링 검사인 경우** : ⓟ 기호 또는 황색으로 표시
> • **전수 검사인 경우** : 각인, 부식, 착색(적갈색)으로 P 표시 또는 적갈색으로 착색하여 표시

44 KS W 0914에 규정된 항공 우주용 기기의 침투 탐상 검사 방법 중 탐상 검사에 합격한 각각의 구성 부품의 표시법에 대한 설명으로 옳지 않은 것은?

① 적용하는 시방서에 명백히 허용되어 있는 경우에는 각인을 사용하여야 한다.
② 부품에 각인이 허용되지 않는 경우에는 에칭으로 표시를 하여도 좋다.
③ 착색에 의한 전수 검사 합격 부품은 청색 염료를 사용한다.
④ 착색에 의한 샘플링 검사에서 합격한 것을 표시하려면 노란색의 염료를 사용하여야 한다.

> **KS W 0914에서 전수 검사**
> P 표시, 밤색(적갈색) 염료 표시

45 KS W 0914에 따른 항공 우주용 기기의 침투 탐상 검사법에서 합격한 경우 표시 방법의 우선순위로 옳은 것은?

① 각인 > 에칭 > 착색 > 꼬리표 부착
② 에칭 > 각인 > 착색 > 꼬리표 부착
③ 착색 > 각인 > 에칭 > 꼬리표 부착
④ 착색 > 에칭 > 각인 > 꼬리표 부착

> **KS W 0914에서 합격 표시 순서**
> 각인 > 에칭 > 착색 > 꼬리표 부착

46 KS W 0914에 따른 항공 우주용 기기의 침투 탐상 검사 방법에서 과거에 실시한 청정화, 표면 처리 또는 실제의 사용에 의해 검사의 유효성을 저하시키는 표면 상태를 생성하고 있는 징후가 인정되는 경우에 어떤 처리를 하도록 규정하는가?

① 에칭
② 물리적 청정화
③ 기계적 청정화
④ 용제에 의한 청정화

> KS W 0914에서 전처리에 에칭을 하여 검사의 유효성을 저하시키는 원인을 제거할 수 있다.

47 KS W 0914에 따른 항공 우주용 기기의 침투 탐상 검사 방법에서 친유성 유화제의 최대 체류 시간의 특별한 지시가 없을 때, 타입 I 침투액계와 타입 II 침투액계의 체류 시간을 가장 잘 짝지어 놓은 것은?

① 타입 I - 3분, 타입 II - 10초
② 타입 I - 3분, 타입 II - 30초
③ 타입 I - 10초, 타입 II - 3분
④ 타입 I - 30초, 타입 II - 3분

> KS W 0914에서 친유성 유화제의 체류 시간
> 타입 I 침투액계는 3분, 타입 II 침투액계는 30초

48 KS B 0816에 따른 침투 탐상 시험에서 지시 모양의 분류 중 결함으로 볼 수 없는 것은?

① 갈라짐에 의한 침투 지시 모양
② 연속 침투 지시 모양
③ 재질 경계 지시 모양
④ 선상 침투 지시 모양

> 침투 지시 모양 분류
> 독립 침투 지시(갈라짐, 선상, 원형상), 연속 침투 지시, 분산 침투 지시

49 침투 탐상 시험에서 현상이 잘 되었을 경우에 나타나는 결함 지시 모양의 크기는 실제 결함 크기와 비교할 때 일반적으로 어떠한가?

① 실제 크기와는 무관하다.
② 실제 크기보다 항상 작다.
③ 실제 크기보다 일반적으로 크다.
④ 실제 크기와 똑같다.

> 결함 지시 모양은 실제 결함 크기와 같거나 약간 크게 나타난다.

50 KS B 0816에서 결함의 모양 및 존재 상태를 크게 3가지로 분류를 하는데 다음 중 아닌 것은?

① 밀집된 흠
② 연속된 흠
③ 분산된 흠
④ 독립된 흠

> 침투 지시 모양 분류
> 독립 침투 지시(갈라짐, 선상, 원형상), 연속 침투 지시, 분산 침투 지시

51 KS B 0816에 의한 침투 지시의 모양 중 연속 침투 지시에 해당하는 것은?

① 일정한 면적 내에 여러 개의 침투 지시가 거의 동일 직선상에 나란히 존재할 때
② 상호 거리가 2mm 이하인 여러 개의 지시 모양이 거의 동일 직선상에 나란히 존재할 때
③ 길이가 나비의 3배 이상인 여러 개의 침투 지시가 거의 동일 직선상에 나란히 존재할 때
④ 여러 개의 원형상 침투 지시 모양이 거의 동일 직선상에 나란히 존재할 때

> 연속 침투 지시
> 여러 개의 지시 모양이 거의 동일 선상에 존재하면서 상호 거리가 2mm 이내인 지시 모양

정답 46 ① 47 ② 48 ③ 49 ③ 50 ① 51 ②

52 KS B 0816에 따른 침투 탐상 시험 방법 및 침투 지시 모양의 분류에서 결함 지시의 평가에 대한 설명으로 옳은 것은?

① 지시 모양이 사각형인 것은 선상 침투 지시이다.
② 지시 모양이 가는 세선일 때는 원형상 침투 지시이다.
③ 갈라짐 이외의 결함으로, 그 길이가 나비의 3배 이상일 때는 선상 침투 지시 모양이다.
④ 갈라짐 이외의 지시의 길이가 나비의 3배 미만일 때는 선상 침투 지시 모양이다.

> 선형 지시는 길이가 폭의 3배 이상인 것

53 KS B 0816에서 두 개의 선상 결함 지시 모양이 떨어져서 나타났지만 연장선상에 나란히 있을 때에는 상호 거리가 어떤 경우에 한 개의 결함으로 보는가?

① 6mm 이하인 때
② 4mm 이하인 때
③ 2mm 이하인 때
④ 긴쪽 결함 지시 모양 길이가 어느 것보다도 길 때

> **연속 침투 지시**
> 다수의 지시 모양이 거의 동일 선상에 존재하면서 상호 거리가 2mm 이내인 지시 모양

54 KS B 0816에 의한 침투 지시 모양 분류 명칭으로 올바르게 묶은 것은?

① 독립 지시, 분산 지시
② 독립 지시, 거짓 지시
③ 연속 지시, 과잉 지시
④ 독립 지시, 유동 지시

> **침투 지시 모양 분류**
> 독립 침투 지시(균열, 선상, 원형상), 연속 침투 지시, 분산 침투 지시

55 침투 탐상 시험 방법 및 침투 지시 모양의 분류(KS B 0816)에 의한 침투 지시 모양을 3종류로 분류할 때 이것에 해당되지 않는 것은?

① 의사 침투 지시 모양
② 독립 침투 지시 모양
③ 연속 침투 지시 모양
④ 분산 침투 지시 모양

> **침투 지시 모양 분류**
> 독립 침투 지시(갈라짐, 선상, 원형상), 연속 침투 지시, 분산 침투 지시

56 침투 탐상 시험 시 지시의 길이가 5mm, 폭이 3mm인 관련 지시가 관찰되었다면 이 지시의 분류로 가장 적당한 것은?

① 선형 지시
② 군집 지시
③ 원형 지시
④ 분산 지시

> 길이가 폭의 3배 이내는 원형상 결함으로 분류한다.

57 침투 탐상 시험 시 세라믹의 기공에 의한 불연속 지시는 어떻게 나타나겠는가? (단, 다른 검사 조건은 모두 동일)

① 금속의 기공에 의한 지시보다 덜 선명하게
② 재료에 크게 관계 없이 근본적으로 거의 동일하게
③ 금속의 기공에 의한 지시보다 더욱 선명하게
④ 균열의 지시 모양처럼 선형으로

> 세라믹의 기공에 의한 지시는 재료 전체에 걸쳐 동일한 형태로 나타난다.

58 침투 탐상 시험 시 의사지시가 생기는 원인이 아닌 것은?

① 현상제에 침투액이 묻었을 때
② 외부 물질에 의해 오염이 됐을 때
③ 부적절한 세척을 했을 때
④ 방사선 투과 시험을 먼저 했을 때

> 방사선 투과 시험과 침투 탐상 시험과는 관계가 없고, 전처리의 영향을 받는다.

정답 52 ③ 53 ③ 54 ① 55 ① 56 ③ 57 ② 58 ④

59 다음 중 침투 탐상 시험에서 의사지시 모양을 발생시키는 원인이 아닌 것은?

① 검사대의 잔여 침투액이 시험체 표면에 묻은 경우
② 불연속의 균열성 지시가 나타난 경우
③ 시험체의 형상이 복잡한 홈이 있는 경우
④ 제거 처리가 부적당한 경우

> **의사지시 발생 원인**
> ① 전처리, 세척 및 제거 처리가 부족한 경우
> ② 시험체의 형상 : 시험체 자체의 홈, 예각 부위, 구멍, 리벳 이음, 표면 거칠기 등
> ③ 외부 오염 : 손에 묻었던 침투제에 의한 오염, 현상제에 침투제가 오염 등

60 다음 중 무관련 지시(Nonrelevant Indication)의 원인이 될 수 있는 것은?

① 표면 균열로부터의 지시
② 부분 용접으로 조립된 부품 사이의 틈새에 의한 지시
③ 세척용 헝겊에서 떨어진 실 조각으로부터의 지시
④ 표면 기공으로부터의 지시

> 전처리 불량, 부적절한 세척이 의사지시(무관련 지시)의 주원인이 된다.

61 다음 중 무관련 지시가 나타나는 원인이 아닌 것은?

① 외부 경로를 통한 오염이 있는 경우
② 제거 처리가 부적당한 경우
③ 시험체의 형상이 단순한 경우
④ 전처리가 부족한 경우

> 무관련(의사) 지시는 시험체의 형상과 관련이 없다.

62 침투 탐상 시험 시 무관련(의사) 지시가 생기는 가장 큰 이유는?

① 결함이 많기 때문에
② 부적당한 열처리 때문에
③ 침투 시간이 충분하였을 때
④ 잉여 침투제의 불충분한 제거 때문에

> 전처리 불량, 부적절한 세척, 잉여 침투액이 잔존하면 의사지시 모양(무관련 지시)이 나타난다.

63 다음 중 의사지시 모양(무관련 혹은 비관련 지시 모양)은 현상제를 적용한 면에 어떤 것이 남아있을 경우 나타날 가능성이 가장 높은가?

① 침투액   ② 세척액
③ 유화액   ④ 트리클렌

> 침투액이 남아 있으면 현상제와 반응하여 의사지시 모양을 나타낸다.

64 침투 탐상 시험 방법 및 침투 지시 모양의 분류(KS B 0816)에 따른 탐상제의 점검에서 침투액을 성능 시험하여 결함의 검출 능력이 저하된다고 판단될 때 그 침투액은 어떻게 하여야 하는가?

① 폐기한다.
② 가열하여 수분을 제거하고 재사용한다.
③ 사용하지 않은 새 제품의 침투액과 혼합하여 사용한다.
④ 규정된 값이 되도록 열풍 건조하여 농도를 측정하고 사용한다.

> 성능이 저하되면 폐기한다.

65 침투 탐상 시험 방법 및 침투 지시 모양의 분류(KS B 0816)에 따른 재시험을 실시하여야 하는 경우는 무엇인가?

① 기준보다 침투 시간을 초과하였을 경우
② 기준보다 유화 시간을 초과하였을 경우
③ 의사지시가 발생하였을 경우
④ 실제 지시와 의사지시가 혼재되었을 경우

> 유화 시간이 초과하면 지시에 침투되었던 침투액이 빠져나와 침투 지시 모양이 불분명해지므로 재시험을 실시해야 한다.
>
> **재시험을 하는 경우**
> • 조작 방법에 잘못이 있을 경우
> • 침투 지시 모양인지 의사지시 모양인지 판단이 곤란할 경우
> • 기타 필요하다고 인정하는 경우

정답 59 ② 60 ③ 61 ③ 62 ④ 63 ① 64 ① 65 ②

DO IT
YOURSELF

과년도 기출문제 / 05

과년도 기출문제

01 약 1mm 정도 두께의 자동차용 다듬질 강판에 존재하는 라미네이션을 탐상하고자 할 때 가장 적합하게 작용할 수 있는 비파괴 시험법은?

① 누설 검사
② 침투 탐상 시험
③ 자분 탐상 시험
④ 초음파 탐상 시험

> **라미네이션**
> 판의 내부에 있는 층상 결함으로 초음파 탐상으로 검출할 수 있다.

02 각종 비파괴 시험의 특징을 설명한 것으로 옳은 것은?

① 용접부의 언더컷 검출에는 음향 방출 시험이 적합하다.
② 강재의 내부 균열 검출에는 자분 탐상 시험이 적합하다.
③ 강재의 표면 결함 검출에는 초음파 탐상 시험이 적합하다.
④ 파이프 등의 표면 결함 고속 검출에는 와전류 탐상 시험이 적합하다.

> UT, RT 탐상은 내부 결함 검사에, PT, MT, ET 탐상은 표면 결함 검사에 적합하다.

03 전자 유도 시험의 적용 분야로 적합하지 않은 것은?

① 세라믹 내의 미세 균열
② 비철금속 재료의 재질 시험
③ 철강 재료의 결함 탐상 시험
④ 비전도체의 도금막 두께 측정

> 부도체인 세라믹, 유리 등은 전자 유도 시험으로는 결함 검사가 적합하지 않다.

04 침투 탐상 시험은 다공성인 표면을 검사하는데 적합한 시험 방법이 아니다. 그 이유로 가장 옳은 것은?

① 누설 시험이 가장 좋은 방법이기 때문에
② 다공성인 경우 지시의 검출이 어렵기 때문에
③ 초음파 탐상 시험이 가장 좋은 방법이기 때문에
④ 다공성인 경우 어떤 지시도 생성시킬 수 없기 때문에

> PT(침투탐상)은 다공질 제품의 다공 부분에서 거짓(의사)지시가 나타나므로 적합하지 않다.

05 침투 탐상 시험과 비교하였을 때 자분 탐상 시험의 장점으로 틀린 것은?

① 표면 결함 및 표면하의 결함 검출에 우수하다.
② 검사 표면이 도금되어 있을 때도 검사가 가능하다.
③ 검사 표면에 이어진 미세한 기공의 검출에 우수하다.
④ 표면이 거친 검사 표면일 경우 자분 탐상 시험이 더 우수한 결과를 얻을 수 있다. 자분 탐상에서 이어진 미세한 결함 검출을 하지 못한다.

> MT 탐상은 이어진 미세한 기공 등의 결함 검출이 곤란하여 정확한 판단이 어렵다.

06 물질과 상호 작용하여 물질에 따라 투과하고 흡수되는 정도가 다른 성질을 이용하는 비파괴 시험법은?

① 방사선 투과 시험
② 초음파 탐상 시험
③ 자분 탐상 시험
④ 침투 탐상 시험

> RT는 물질과 방사선이 상호 작용하여 투과, 반사, 흡수하며, 물질에 따라 상호작용은 다르다.

정답 1 ④ 2 ④ 3 ① 4 ② 5 ③ 6 ①

07 공기 중에서 초음파의 주파수가 5MHz일 때 물속에서의 파장은 몇 mm가 되는가? (단, 물에서의 초음파 음속은 1500m/s이다.)

① 0.1　　② 0.3
③ 0.5　　④ 0.7

$$파장 = \frac{속도}{진동수} = \frac{1500000mm/s}{5000000Hz} = 0.3mm$$

08 시험체의 도금 두께 측정에 가장 적합한 비파괴 시험법은?

① 침투 탐상 시험법　　② 음향 방출 시험법
③ 자분 탐상 시험법　　④ 와전류 탐상 시험법

ET
lift-off 효과로 인해 피막의 두께, 도금층 두께 측정이 가능하다.

09 강용접부의 자분 탐상 시험으로 가장 간편한 시험 방법은?

① 극간(Yoke)법　　② 코일(Coil)법
③ 전류 관통법　　　④ 축 통전법

극간법에 사용하는 요크는 휴대가 쉽다.

10 자분 탐상 시험 결과 부품의 수명에 나쁜 영향을 주는 불연속을 무엇이라 하는가?

① 결함　　　　② 의사지시
③ 건전 지시　　④ 단면급변 지시

11 누설 검사에 사용되는 단위인 1atm과 값이 틀린 것은?

① 760mmHg　　② 760torr
③ 980kg/cm²　　④ 1013mbar

1atm = 760Torr = 760mmHg
　　 = 1013mbar = 1.033kgf/cm²
　　 = 14.696psi = 101.3kPa

12 침투 탐상 시험에서 후유화성 침투액의 유화제 역할을 설명한 것 중 옳은 것은?

① 형광을 더욱 밝게 해준다.
② 건식 현상제의 접촉을 용이하게 해준다.
③ 침투액과 섞이지 않도록 막을 형성시킨다.
④ 잉여 침투액을 물로 씻을 수 있도록 해준다.

유화제
침투액의 침투 직후에 적용하여 잉여 침투액에 수세성을 갖게 하는 역할을 한다.

13 누설 개소와 누설량을 알 수 있으며, 밀봉 부품이나 가스 용품에 탐상 가능하고 폭발의 위험이 없는 누설 검사법은?

① 기포 누설 시험　　② 헬륨 누설 시험
③ 할로겐 누설 시험　④ 암모니아 누설 시험

불활성 가스인 헬륨은 폭발 위험이 없다.

14 일반적으로 방사선 투과 시험으로 결함을 판별할 때 가장 어려운 경우는?

① 결함의 수　　② 결함의 종류
③ 결함의 깊이　④ 결함의 크기

결함 깊이나 층상 결함은 방사선 탐상으로는 알기 어려우며 초음파 시험으로 알 수 있다.

15 침투 탐상 검사에서 의사지시 모양을 발생시키는 경우가 아닌 것은?

① 제거 처리가 부적당한 경우
② 불연속의 균일성 지시가 나타난 경우
③ 시험체의 형상에 복잡한 홈이 있는 경우
④ 검사대의 잔여 침투액이 시험체 표면에 묻은 경우

불연속 균일성의 지시는 의사지시가 아니고 결함 지시이다.

정답 7 ② 8 ④ 9 ① 10 ① 11 ③ 12 ④ 13 ② 14 ③ 15 ②

16 다음 중 잉여 침투액의 제거 방법으로 틀린 것은?

① 수세성 잉여 침투액을 물을 사용하여 제거한다.
② 후유화성 잉여 침투액을 유화제 적용 후 물을 사용하여 제거한다.
③ 용제 제거성 잉여 침투액을 유기용제의 세척제를 사용하여 제거한다.
④ 용제 제거성 잉여 침투액 제거는 물 베이스와 기름 베이스 적용 방법이 있다.

> ④항은 용제 제거성 잉여 침투액 제거법이 아니라 후유화성에 적용한다.

17 침투 탐상 검사의 전처리에 사용되는 세척제 중 녹이나 스케일을 제거하는데 적합하지 않은 것은?

① 황산
② 아세톤
③ 가성소다
④ 중크롬산소다

> 유기물 제거에 아세톤을 사용한다.

18 수세성 염색 침투액과 속건식 현상제를 사용하는 경우 시험 절차 순서가 올바른 것은?

① 전처리 → 침투 처리 → 제거 처리 → 건조 처리 → 현상 처리 → 관찰 → 후처리
② 전처리 → 침투처리 → 세척 처리 → 건조 처리 → 현상 처리 → 관찰 → 후처리
③ 전처리 → 침투 처리 → 제거 처리 → 현상 처리 → 건조 처리 → 관찰 → 후처리
④ 전처리 → 침투 처리 → 세척 처리 → 현상 처리 → 건조 처리 → 관찰 → 후처리

19 침투 탐상 검사의 표준 시험온도로 적합하지 않은 것은?

① 5℃
② 15℃
③ 25℃
④ 35℃

> 표준시험온도 : 15~50℃

20 현상제가 가져야 할 요구 특성에 해당하지 않는 것은?

① 침투액을 흡출하는 능력이 좋아야 한다.
② 침투액을 분산시키는 능력이 좋아야 한다.
③ 가능한 한 두껍게 도포할 수 있어야 한다.
④ 형광 침투제에 적용할 때는 형광성이 아니어야 한다.

> **현상제의 요구 조건**
> ①, ②, ④ 외에 부착성, 화학적 안정성이 좋을 것, 현상 피막에서 형광을 발하지 않을 것, 현상제 피막 제거가 용이할 것

21 수세성 염색 침투 탐상 검사로 검사가 가능한 표면 거칠기는 최대 어느 정도까지인가?

① 1300μm
② 1000μm
③ 300μm
④ 200μm

> 수세성 염색 침투 탐상법은 매끄러운 표면에 적합하므로 표면 거칠기가 300μm 정도 되어야 한다.

22 모세관 현상을 관찰하기 위하여 액체로 물과 수은을 사용할 경우, 유리관을 액체 내에 담갔을 때 유리관 내외부와 액체 표면과의 관계를 옳게 설명한 것은?

① 물과 수은에서 모두 올라간다.
② 물과 수은에서 모두 내려간다.
③ 물에서는 내려가고 수은에서는 올라간다.
④ 물에서는 올라가고 수은에서는 내려간다.

> 물보다 수은의 표면장력이 훨씬 크므로 수은은 내려가고, 물은 올라간다.

23 후유화성 형광 침투액의 피로 시험 항목에 속하지 않는 것은?

① 감도 시험
② 점성 시험
③ 수세성 시험
④ 수분 함유량 시험

> **후유화성 형광 침투액 점검 사항**
> 감도, 점성(도), 수세성 시험

정답 16 ④ 17 ② 18 ② 19 ① 20 ③ 21 ③ 22 ④ 23 ④

24 감도와 분해능이 우수한 현상법으로 현상과 기록을 동시에 할 수 있는 장점을 가지고 있으며, 청정 랙커 성분과 콜로이달 수지(Colloidal resin)로 이루어져 있는 현상법은?

① 무 현상법
② 건식 현상법
③ 습식 현상법
④ 플라스틱 필름 현상법

> 플라스틱 필름 현상법은 감도와 분해능이 우수하고 동시에 현상과 기록이 가능한 특수 현상법이다.

25 환경 등의 안전을 고려하여 다음 중 침투 탐상 검사 시스템과 분리하여 설치해야 하는 장치는?

① 전처리 장치   ② 침투 장치
③ 유화 장치   ④ 현상 장치

> 전처리 장치를 침투 탐상 장치와 분리해야 하는 이유는 전처리 장치는 주로 트리클렌 증기 세척을 하기 때문이다.

26 금속의 균열을 침투 탐상 검사할 때 일반적으로 검사 결과에 가장 큰 영향을 주는 것은?

① 검사물의 경도   ② 침투제의 색깔
③ 검사물의 열전도도 ④ 검사물의 표면 조건

> 균열은 검사물의 경도나 열전도, 침투제의 색깔보다는 검사물의 표면 상태(표면 거칠기, 언더컷 등)의 영향이 크다.

27 다음 중 모세관 현상을 결정하는 인자와 가장 거리가 먼 것은?

① 점성   ② 점착력
③ 표면장력   ④ 자속밀도

> 모세관 현상을 결정하는 요인
> 응집력, 점착력, 표면 장력, 점성

28 침투 탐상 시험 방법 및 침투 지시 모양의 분류(KS B 0816)에 따른 침투 지시 모양의 관찰은 언제 하는 것이 바람직한가?

① 현상제 적용 후 1~5분 사이
② 현상제 적용 후 7~60분 사이
③ 현상제 적용 전 1~5분 사이
④ 현상제 적용 전 7~60분 사이

> 침투 탐상시 지시 모양 관찰 시기
> 현상제 적용 후 7~60분 사이가 적당하다.

29 침투 탐상 시험 방법 및 침투 지시 모양의 분류(KS B 0816)에 따라 탐상 시험 시의 온도 기록에 있어서 시험체와 침투액의 온도가 몇 ℃ 이하의 경우 반드시 기재하여야 하는가?

① 10℃   ② 15℃
③ 25℃   ④ 37℃

> 시험체와 침투액의 시험 온도가 15℃ 이하일 때, 또는 50℃ 이상일 경우 기재해야 한다.

30 침투 탐상 시험 방법 및 침투 지시 모양의 분류(KS B 0816)에 따라 다음과 같은 탐상 순서를 갖는 시험 방법의 기호로 옳은 것은?

| 전처리 → 침투 처리 → 제거 처리 → 현상 처리 → 관찰 → 후처리 |

① FA - W   ② FB - W
③ FC - D   ④ FC - N

> 처리 순서에 용제 제거 C와 건식 현상 D에 해당하므로 FC - D이다.

정답 24 ④ 25 ① 26 ④ 27 ④ 28 ② 29 ② 30 ③

31 침투 탐상 시험 방법 및 침투 지시 모양의 분류(KS B 0816)에 따른 탐상제의 점검에서 침투액을 성능 시험하여 결함의 검출 능력이 저하된다고 판단될 때 그 침투액은 어떻게 하여야 하는가?

① 폐기한다.
② 가열하여 수분을 제거하고 재사용한다.
③ 사용하지 않은 새 제품의 침투액과 혼합하여 사용한다.
④ 규정된 값이 되도록 열풍 건조하여 농도를 측정하고 사용한다.

> 침투액의 침투 성능이 나빠 결함 검출 능력이 저하될 경우 폐기해야 된다.

32 침투 탐상 시험 방법 및 침투 지시 모양의 분류(KS B 0816)에 따라 후유화성 염색 침투 탐상 시험 시 유화 시간은 세척 처리를 확실히 실시할 수 있는 범위 내의 최소 시간으로 하여야 하는데 원칙적으로 몇 분 이내로 하여야 하는가?

① 2분　　② 5분
③ 10분　　④ 15분

> • 형광 침투액의 유화시간 : 3분
> • 염색 침투액 물 베이스 유화시간 : 2분
> • 염색 침투액의 유화시간 : 30초

33 침투 탐상 시험 방법 및 침투 지시 모양의 분류(KS B 0816)에 따라 형광 침투제에 사용되는 자외선등의 파장 범위로 적합한 것은?

① 220 ~ 300mm　　② 320 ~ 400mm
③ 420 ~ 480mm　　④ 520 ~ 580mm

> 형광 침투 탐상 결함 검사에 사용하는 자외선등의 적정 파장 범위 : 320 ~ 400mm

34 침투 탐상 시험 방법 및 침투 지시 모양의 분류(KS B 0816)에 따라 수세성 및 후유화성 침투액은 무엇으로 세척하는가?

① 물　　② 공기
③ 알코올　　④ 유기용제

> 침투 탐상시 수세성, 후유화성 침투액 사용 후 잉여 침투액 세척은 물을 사용한다.

35 항공 우주용 기기의 침투 탐상 검사 방법(KS W 0914)에서 침투액의 제거를 위한 자동 스프레이법의 수온은 몇 ℃ 범위를 유지하도록 하는가?

① 0 ~ 4℃　　② 5 ~ 8℃
③ 10 ~ 38℃　　④ 40 ~ 68℃

> 침투 탐상 검사 방법(KS W 0914)에서 자동 스프레이(분무)법에 의한 침투액 제거시 적당한 수온(물의 온도) : 10 ~ 38℃

36 침투 탐상 시험 방법 및 침투 지시 모양의 분류(KS B 0816)에 따른 플라스틱 재질의 갈라짐에 대한 탐상시 상온에서의 표준 침투 시간과 현상 시간의 규정으로 옳은 것은?

① 침투시간 : 5분, 현상시간 : 7분
② 침투시간 : 3분, 현상시간 : 7분
③ 침투시간 : 5분, 현상시간 : 5분
④ 침투시간 : 3분, 현상시간 : 5분

> • KS B 0816에 따른 플라스틱이나, 세라믹, 유리 등의 적정 침투시간은 5분, 현상시은 7분이다.

37 침투 탐상 시험 방법 및 침투 지시 모양의 분류(KS B 0816)에 따라 현상제를 적용한 후 관찰할 때까지의 시간인 현상 시간은 현상제의 종류, 예측되는 결함의 종류와 크기 및 시험품의 온도에 따라 결정되는데 온도가 15 ~ 50℃인 경우 알루미늄 단조품의 갈라짐 검출에 대해 규정한 표준 현상시간은?

① 3분　　② 5분
③ 7분　　④ 10분

> 알루미늄 단조품의 시험 온도가 15 ~ 50℃인 경우 적정 침투 시간은 10분, 적정 현상 시간은 7분

정답　31 ①　32 ①　33 ②　34 ①　35 ③　36 ①　37 ③

38 침투 탐상 시험 방법 및 침투 지시 모양의 분류(KS B 0816)에 따라 합격한 시험체에 표시를 필요로 할 때 전수 검사인 경우 각인 또는 부식에 의한 표시 기호로 옳은 것은?

① P
② ⓟ
③ OK
④ ⓞ

> 전수 검사인 경우 각인, 부식의 착색은 적갈색으로, 또는 기호로 P로 표시

39 침투 탐상 시험 방법 및 침투 지시 모양의 분류(KS B 0816)에 따라 샘플링 검사에 합격한 로트에 표시할 착색으로 옳은 것은?

① 황색
② 흰색
③ 적색
④ 녹색

> KS B 0816에 따른 샘플링 검사에 합격한 로트에 황색으로 착색하거나, ⓟ 기호로 표시한다.

40 침투 탐상 시험 방법 및 침투 지시 모양의 분류(KS B 0816)에 따른 결함의 분류는 모양 및 존재 상태에 따라 정한다. 이에 의한 결함에 해당되지 않는 것은?

① 독립 결함
② 연속 결함
③ 분산 결함
④ 불연속 결함

> (KS B 0816)에 따른 결함의 모양 및 존재 상태에 따른 분류
> 독립 결함(갈라짐, 선상, 원형상), 연속 결함, 분산 결함

41 침투 탐상 시험 방법 및 침투 지시 모양의 분류(KS B 0816)에 따른 A형 대비 시험편에 대한 설명으로 옳은 것은?

① 시험편의 재료는 A2024P이다.
② 시험편의 결함 재료는 C2600P이다.
③ 520~530℃로 가열한 후 급랭시켜 터짐을 발생시킨다.
④ 950~975℃로 가열한 후 급랭시켜 터짐을 발생시킨다.

> KS B 0816에 따른 A형 대비 시험편
> 재질은 알루미늄 합금(두랄루민) (A2024P), 시험편 크기는 50×75mm, 깊이 1.5cm 홈, 판두께 8~10mm

42 침투 탐상 시험 방법 및 침투 지시 모양의 분류(KS B 0816)에 대한 B형 대비 시험편 종류의 기호와 도금 두께, 도금 갈라짐 나열이 옳지 않은 것은? (단, 도금 두께, 도금 갈라짐 너비의 단위는 μm 이다.)

① PT - B50 : 50±5, 2.5
② PT - B40 : 40±3, 2.0
③ PT - B20 : 20±2, 1.0
④ PT - B10 : 10±1, 0.5

> PT - B40형은 B형 대비 시험편이 아니다.

43 4%Cu, 2%Ni 및 1.5%Mg이 첨가된 알루미늄 합금으로 내연기관용 피스톤이나 실린더 헤드 등으로 사용되는 재료는?

① Y 합금
② Lo - Ex 합금
③ 라우탈(Lautal)
④ 하이드로날륨(Hydronallum)

> • Y 합금 : Al - Cu - Mg - Ni계 주조용 합금
> • Lo - Ex 합금 : Al - Si - Ni - Mg - Cu계
> • 라우탈 : Al - Cu - Si계
> • 하이드로날륨 : Al - Mg계

44 고탄소 크롬 베어링강의 탄소 함유량의 범위(%)로 옳은 것은?

① 0.12 ~ 0.17%
② 0.21 ~ 0.45%
③ 0.95 ~ 1.10%
④ 2.20 ~ 4.70%

> 고탄소 크롬 베어링강
> 0.95 ~ 1.10%C의 과공석강을 사용한다.

45 금속의 표면에 Zn을 침투시켜 대기 중 청강의 내식성을 증대시켜 주기 위한 처리법은?

① 세라다이징
② 크로마이징
③ 칼로라이징
④ 실리코나이징

> ② 크로마이징 : Cr 침투
> ③ 칼로라이징 : Al 침투
> ④ 실리코나이징 : Si 침투

정답 38 ① 39 ① 40 ④ 41 ① 42 ② 43 ① 44 ③ 45 ①

46 탄소강의 표준조직에 해당하는 것은?

① 펄라이트와 마텐사이트
② 페라이트와 소르바이트
③ 펄라이트와 페라이트
④ 페라이트와 베이나이트

> **탄소강 표준(기본) 조직**
> 페라이트, 시멘타이트, 펄라이트

47 흑연을 구상화시키기 위해 선철을 용해하여 주입 전에 첨가하는 것은?

① Cs
② Cr
③ Mg
④ Na_2CO_3

> **흑연의 구상화 접종 처리제** : Mg, Ce

48 α고용체 + 용융액 $\leftrightarrow$ β고용체의 반응을 나타내는 것은?

① 공석 반응
② 공정 반응
③ 포정 반응
④ 편정 반응

> **포정 반응**
> 액체 + 고용체 1 = 고용체 2

49 다음 중 반자성체에 해당하는 금속은?

① 철(Fe)
② 니켈(Ni)
③ 안티몬(Sb)
④ 코발트(Co)

> **반자성체**
> 자성의 성질이 없는 재질, Sb, Si, Zn, Cu, Sn

50 라우탈은 Al – Cu – Si 합금이다. 이중 3~8% Si를 첨가하여 향상되는 성질은?

① 주조성
② 내열성
③ 피삭성
④ 내식성

> 알루미늄 합금에 규소(Si)를 첨가하면 유동성이 좋아져서 주조성이 좋아진다.

51 백선철을 900~1000℃로 가열하여 탈탄시켜 만든 주철은?

① 칠드 주철
② 합금 주철
③ 편상 흑연 주철
④ 백심 가단 주철

> **주철을 풀림 탈탄 처리하여 만든 주철** : 백심 가단 주철

52 다음 중 용융점이 가장 낮은 금속은?

① Zn
② Sb
③ Pb
④ Sn

> ① **Zn** : 420℃
> ② **Sb** : 630.5℃
> ③ **Pb** : 327.5℃
> ④ **Sn** : 231.9℃

53 고속 베어링에 적합한 것으로 주요 성분이 Cu + Pb인 합금은?

① 톰백
② 포금
③ 켈밋
④ 인청동

> **톰백**
> Cu + 5~20%Zn

54 금속 간 화합물에 대한 설명으로 옳은 것은?

① 변형하기 쉽고, 인성이 크다.
② 일반적으로 복잡한 결정구조를 갖는다.
③ 전기저항이 낮고, 금속적인 성질이 우수하다.
④ 성분 금속 중 낮은 용융점을 갖는다.

> **금속 간 화합물**
> 취성이 크며, 복잡한 결정구조를 가지며, 용융점이 높고, 금속적 성질이 좋지 않으며, 변형이 잘 안 된다.

정답 46 ③ 47 ③ 48 ③ 49 ③ 50 ① 51 ④ 52 ④ 53 ③ 54 ②

55 알루미늄(Al)의 특성을 설명한 것 중 옳은 것은?

① 온도에 관계 없이 항상 체심 입방 격자이다.
② 강(Steel)에 비하여 비중이 가볍다.
③ 주조품 제작 시 주입 온도는 1000℃이다.
④ 전기전도율이 구리보다 높다.

> **알루미늄의 특성**
> 면심 입방 격자(FCC)이며, 비중은 2.67(철의 1/3), 전기전도율은 구리보다 낮다.

56 문쯔메탈(Muntz Metal)이라 하며 탈아연 부식이 발생하기 쉬운 동합금은?

① 6 : 4 황동   ② 주석 황동
③ 네이벌 황동   ④ 애드미럴티 황동

> 6 : 4 황동(문쯔메탈)은 탈아연 부식성이 큰 동합금이다.

57 소성 변형이 일어나면 금속이 경화하는 현상을 무엇이라 하는가?

① 가공경화   ② 탄성경화
③ 취성경화   ④ 자연경화

58 AW 240 용접기를 사용하여 용접했을 때 허용 사용률은 얼마인가? (단, 실제 사용한 용접 전류는 200A이었으며 정격 사용률은 40%이다.)

① 33.3%   ② 48.0%
③ 57.6%   ④ 83.3%

> 허용 사용률 $= \dfrac{(\text{정격 2차 전류})^2}{(\text{실제 사용 전류})^2} \times \text{정격 사용률}$
> $= \dfrac{240^2}{200^2} \times 40 = 57.6\%$

59 다음 중 용접 후 잔류응력이 제품에 미치는 영향으로 가장 중요한 것은?

① 언더컷이 생긴다.
② 용입 부족이 생긴다.
③ 용착 불량이 생긴다.
④ 변형과 균열이 생긴다.

> 용접부에 잔류응력이 존재하면 사용 중에 변형이나 균열의 원인이 된다.

60 다음 중 가스 용접 토치 취급시 주의사항으로 적합하지 않은 것은?

① 점화되어 있는 토치는 함부로 방치하지 않는다.
② 토치를 망치나 갈고리 대용으로 사용해서는 안 된다.
③ 팁이 과열되었을 때는 산소 밸브와 아세틸렌 밸브가 모두 열려있는 상태로 물 속에 담근다.
④ 작업 중에는 역류, 역화, 인화 등에 항상 주의하여야 한다.

> **팁이 과열 시 조치**
> 아세틸렌 밸브는 닫고, 산소 밸브만 열고 냉각해야 한다.

정답 55 ② 56 ① 57 ① 58 ③ 59 ④ 60 ③

01 광자와 물질과의 상호 작용에서 전자쌍 생성이 일어나려면 광자는 최소한 얼마의 에너지를 가져야 하는가?

① 1.42MeV   ② 1.22MeV
③ 1.02MeV   ④ 0.82MeV

> **전자쌍 생성에 필요한 최소한의 에너지**
> 1.02MeV 이상의 에너지가 필요하다.

02 표면 코일을 사용하는 와전류 탐상 시험에서 시험코일과 시험체 사이의 상대 거리의 변화에 의해 지시가 변화하는 것을 무엇이라 하는가?

① 공진 효과   ② 표피 효과
③ 리프트 오프 효과   ④ 카이저 효과

> **lift-off(리프트 오프) 효과**
> 시험편과 표면코일 사이의 거리가 변화할 때마다 자기 커플링의 변화로 인한 탐상장비의 출력이 관찰되는 효과로 피막 두께나 도금층 두께 측정에 이용한다.

03 방사선 투과 시험에 대한 설명으로 옳은 것은?

① 방사선 투과 방향에 두께차가 있는 시험편인 경우 작은 결함도 비교적 검출이 쉽다.
② 블로 홀이나 슬래그 혼입 등의 결함은 방사선 투과 시험으로 검출하기는 매우 어렵다.
③ 텅스텐 혼입은 두께가 매우 얇은 결함이기 때문에 방사선 투과 시험으로는 검출이 불가능하다.
④ 라미네이션은 결함 방향에 영향을 받지 않으므로 결함 검출이 쉽다.

> 방사선 투과 시험은 두께 차이에 의한 명암 관계에 의해 결함을 판별하므로 블로 홀, 슬래그 혼입, 텅스텐 혼입 등이 검출이 가능하지만 라미네이션은 검출하기 어렵다.

04 방사선 투과 시험(RT)과 초음파 탐상 시험(UT)을 비교 설명한 내용 중 틀린 것은?

① 결함 형상 판별에는 RT가 더 유리하다.
② 체적 결함 검출에는 UT가 더 유리하다.
③ 결함 위치 판정에는 UT가 더 유리하다.
④ 결함 길이 판정에는 RT가 더 유리하다.

> • RT : 체적 결함, 결함 형상, 결함 길이 검출에 유리
> • UT : 결함 위치, 결함 깊이 검출에 유리하다.

05 자분 탐상 시험의 특징을 설명한 것 중 틀린 것은?

① 시험체의 전도체이어야만 측정할 수 있다.
② 표면 및 표면 근처의 결함을 찾을 수 있다.
③ 결함 모양이 표면에 나타나므로 육안으로 관찰할 수 있다.
④ 사용되는 자분은 시험체 표면의 색과 잘 대비를 이루어야 한다.

> MT(자분) 탐상에 적용되는 재질은 강자성체이어야 되며, 전도체의 경우 일부는 비자성체이므로 답이 될 수 없다.

06 누설 검사에서 온도가 화씨온도(°F)로 규정되어 섭씨온도(°C)로 환산할 때 사용할 공식으로 옳은 것은?

① $°C = \dfrac{9}{5}°F + 32$ ② $°C = \dfrac{9}{5}(°F - 32)$

③ $°C = \dfrac{5}{9}°F + 32$ ④ $°C = \dfrac{5}{9}(°F - 32)$

> • 섭씨를 화씨로 환산식 : $°F = \dfrac{9}{5}°C + 32$
> • 화씨를 섭씨로 환산식 : $°C = \dfrac{5}{9}(°F - 32)$

정답 1 ③ 2 ③ 3 ① 4 ② 5 ① 6 ④

07 침투 탐상 시험에 대한 설명으로 옳은 것은?
① 침투 탐상 시험은 내부 결함을 검출할 수 없다.
② 침투 탐상 시험은 시험편의 크기에 큰 제한을 받는다.
③ 침투 탐상 시험은 와전류 탐상 검사보다 형상에 제한을 더 받는다.
④ 침투 탐상 시험은 자분 탐상 검사보다 표면 직하의 결함을 찾아내는데 더 확실하고 빠르며 경제적이다.

> 침투 탐상, 자분 탐상 시험은 표면의 개구부 결함만 검출할 수 있다.

08 와전류 탐상 시험으로 시험체를 탐상한 경우 검사 결과를 얻기 어려운 경우는?
① 재질 검사
② 피막 두께 검사
③ 표면 직하의 결함 위치
④ 내부 결함의 깊이와 모양

> **와전류 탐상**
> 표면 및 표면 직하 결함 검사, 피막이나 도금층 두께 측정은 가능하지만 기공 등 내부 결함의 깊이와 모양은 검출할 수 없다.

09 강용접부를 통상의 방법으로 초음파 탐상 검사할 때 검출이 곤란한 것은?
① 블로 홀   ② 홈면 융합 불량
③ 내부 용입 불량   ④ 횡 균열

10 침투 탐상 시험에서 침투액이 가장 잘 침투되려면 그림의 접촉각 θ의 조건은?

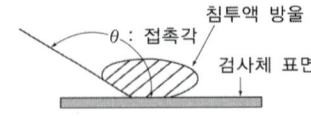

① $\theta = 180°$
② $90° < \theta < 180°$
③ $\theta = 90°$
④ $\theta < 90°$

> 침투액의 응집력, 즉 접촉각이 작을수록 젖음성이 좋아 침투 능력이 좋다.

11 자기 탐상 검사에서 자화 방법에 따라 검출할 수 있는 결함의 방향이 틀린 것은?
① 축 통전법 : 축 방향의 결함
② 직각 통전법 : 축에 직각인 결함
③ 전류 관통법 : 축에 직각인 결함
④ 자속 관통법 : 원주 방향의 결함

> **자화 방법에 따른 검출 결함**
> • 전류 관통법 : 도체와 평행의 방향 결함
> • 극간법 : 양자극에 직각인 방향 결함
> • 코일법 : 축에 직각인 결함
> • 근접 도체법 : 도체와 평행한 방향의 결함
> • 프로드법 : 자력선과 직각으로 교차하는 결함

12 절대온도(K)를 환산하는 식으로 옳은 것은?
① K = 273 + ℃   ② K = 27 − ℃
③ K = 473 + ℃   ④ K = 473 − ℃

13 음향 방출 시험에서 계측시스템에 해당되지 않는 것은?
① 필터   ② 증폭기
③ AE 변환자   ④ 스트레인 게이지

> 스트레인 게이지는 물체 표면에 부착하여 변형량을 검사하는 스트레인 검사에 사용된다.

14 초음파 탐상 검사에 대한 설명으로 틀린 것은?
① 일반적으로 펄스 반사법이 적용된다.
② 표피 효과가 발생하기도 한다.
③ 시험체의 두께 측정이 가능하다.
④ 용접부, 주조품 등의 내부 결함 검출에 이용된다.

> 표피 효과란 시험체에 가한 교번전류나 교번자속이 시험체 표면에 집중되는 현상으로 교류에서 많이 발생하며, 자분 탐상이나 와전류 탐상에서 나타난다.

15 수세성 형광 침투액 - 속건식 현상법에서 건조 처리가 되어야 할 시기는?
① 현상 처리   ② 현상 처리 후
③ 침투 처리 전   ④ 침투 처리 후

정답 7 ① 8 ④ 9 ① 10 ④ 11 ③ 12 ① 13 ④ 14 ② 15 ①

16 다음 중 침투액이 지녀야 할 특성에 관한 설명으로 틀린 것은?

① 인화점이 낮아야 한다.
② 침투성이 좋아야 한다.
③ 세척성이 좋아야 한다.
④ 부식성이 없어야 한다.

> 침투액은 인화점이 낮으면 폭발의 위험이 있으므로 인화점이 높아야 된다.

17 다음 중 용제 제거성 염색 침투 탐상 검사에 관한 설명으로 틀린 것은?

① 조작 순서가 다른 검사법에 비해 간단하다.
② 구조물이나 대형 시험체의 부분적인 탐상에 적합하다.
③ 매우 거친 탐상면을 가진 시험체의 검사에 적합하다.
④ 전원 및 수도 설비가 필요 없고 휴대형으로 사용할 수 있다.

> 용제 제거성 염색 침투 탐상은 매우 거친 탐상면에서는 거짓지시가 발생하므로 탐상 표면이 매끄러워야 한다.

18 침투 탐상 시험의 무관련 지시에 대한 설명으로 틀린 것은?

① 무관련 지시는 주의 깊게 관찰하면 판단이 가능하다.
② 무관련 지시는 표면 상태에 원인이 있는 경우가 많다.
③ 무관련 지시라고 확인되지 못한 지시는 불연속 지시로 간주한다.
④ 시험체에 숏 블라스팅을 실시하면 대부분의 경우 무관련 지시가 발생한다.

> 무관련 지시(거짓, 의사지시)는 숏 블라스팅 후 에칭을 하면 거의 나타나지 않는다.

19 침투 탐상 시험 시 의사지시가 생기는 원인이 아닌 것은?

① 부적절한 세척을 했을 때
② 현상제에 침투액이 묻었을 때
③ 방사선 투과 시험을 먼저 했을 때
④ 외부 물질에 의하여 오염되었을 때

> 방사선 투과 시험은 X선, 또는 γ선을 사용하는 비파괴 시험이기 때문에 의사지시와는 전혀 관계가 없다.

20 온도가 20°C로 동일한 경우 점성이 가장 큰 물질은?

① 물
② 케로신
③ 에틸알코올
④ 에틸렌글리콜

> 보기 중에 점성이 가장 큰 물질 : 에틸렌글리콜

21 다음 중 접촉각이 θ일 때 적심성이 가장 좋은 것은?

① $\theta < 90°$
② $\theta > 90°$
③ $\theta = 90°$
④ $\theta = 180°$

> 적심성, 모세관 현상은 접촉각이 작을수록 좋다.

22 침투 탐상 검사에서 침투처리에 관한 설명으로 옳은 것은?

① 수세성 침투 탐상의 침투 시간은 후유화성 침투 탐상의 침투 시간보다 일반적으로 길다.
② 침투액과 시험체 온도는 침투 시간과 무관한 관계이다.
③ 침투 시간은 시험체의 재질과는 무관하다.
④ 침투제가 흘러내려서 표면이 침투 시간 내에 건조되어도 재시험은 하지 않는다.

> 침투시간은 침투액의 종류에 따라 다르며, 후유화성은 유화 처리를 하기 때문에 수세성 침투액보다 침투 시간을 적게 해도 된다.

정답 16 ① 17 ③ 18 ④ 19 ③ 20 ④ 21 ① 22 ①

23 침투 탐상 시험에서 침투제와 혼합화하여 수세가 가능하도록 하는 물질을 무엇이라 하는가?

① 유화제 ② 용제
③ 배액제 ④ 세척제

> **유화제**
> 수세능이 없는 침투액에 수세성을 갖게 하는 물질로 후유화성 침투 탐상 검사에 적용한다.

24 다른 비파괴 검사와 비교한 침투 탐상 검사의 장점으로 틀린 것은?

① 거의 모든 재료의 표면에 사용이 용이하다.
② 표면에 존재하는 불연속부의 검출이 가능하다.
③ 내부의 결함 검출에 용이하고 비용도 적게 든다.
④ 고도의 전문적인 기술이 적은 사람이라도 작업할 수 있다.

> 침투 탐상, 자분 탐상 검사는 표면 개구부 등의 결함 검사에 적용하며, 내부 결함은 검출이 곤란하다.

25 다음 중 침투 탐상 검사의 적심의 정도를 나타내는 공식에 해당하는 것은? (단, 침투액의 표면장력 : A, 시험체의 표면장력 : B, 고체/액체 계면의 표면장력 : C이다.)

① A-B ② B-C
③ C-A ④ B-A

> 적심성 = 시험체 표면장력 B - 계면의 표면장력 C

26 침투 탐상 시험에서 침투액 세척 또는 제거 방법에 대한 설명으로 틀린 것은?

① 형광 침투액 세척 확인은 자외선등을 이용한다.
② 염색 침투액 세척 확인은 흰 마른 헝겊으로 닦아 옅은 분홍색이 묻어나면 세척이 완료된 것으로 간주한다.
③ 수세성 침투 탐상 검사의 세척하는 방법으로 수세척을 한다.
④ 후유화성 침투 탐상의 세척하는 방법으로 용제를 사용한다.

> 수세성이나, 후유화성의 잔여 침투액 세척은 물이 적당하다.

27 침투제를 쉽게 관찰할 수 있도록 가시성을 증가시키는 과정을 침투 탐상 검사에서는 무엇이라 하는가?

① 침투 처리 ② 세척 처리
③ 건조 처리 ④ 현상 처리

> 지시 모양의 상을 재연하고 가시성을 증가시키기 위한 처리를 현상 처리라 한다.

28 침투 탐상 시험 방법 및 침투 지시 모양의 분류(KS B 0816)에서 현상 처리 후에 건조 과정이 필요한 탐상 방법은 무엇인가?

① FB - W ② FA - D
③ FC - S ④ FB - D

> **FB - W**
> 후유화성 형광 침투 탐상, 수현탁성 습식 현상법, 현상처리 후 건조 처리를 하는 경우 수용성 A, 또는 수현탁성 W(습식 현상법)에 적용한다.

29 침투 탐상 시험 방법 및 침투 지시 모양의 분류(KS B 0816)에서 잉여 침투액의 제거 방법에 따른 분류 기호에 대한 설명이 틀리게 연결된 것은?

① A : 수세에 의한 방법
② B : 기름 베이스 유화제를 사용하는 후유화에 의한 방법
③ C : 용제 제거에 의한 방법
④ D : 속건식 유화제를 사용하는 후유화에 의한 방법

> D : 후유화법의 일종으로, 물 베이스 유화제를 사용하는 방법

30 침투 탐상 시험 방법 및 침투 지시 모양의 분류(KS B 0816)에서 스프레이 노즐을 사용하여 세척 처리할 때의 수압 규정은?

① 175kPa 이하 ② 275kPa 이하
③ 375kPa 이하 ④ 475kPa 이하

정답 23 ① 24 ③ 25 ② 26 ④ 27 ④ 28 ① 29 ④ 30 ②

31 비파괴 시험 용어(KS B 0550)에서의 용어 설명으로 틀린 것은?

① 기름 베이스 유화제 : 물을 첨가하지 않고 사용하는 유화제
② 습식 현상제 : 물에 분산시켜 사용하는 백색 미분말 상태의 현상제
③ 세척제 : 전처리나 제거 처리에 사용하는 용제
④ 유화 시간 : 유화제 적용 후 현상 할 때까지의 시간

> **유화시간**
> 유화제가 혼합된 침투액을 분사한 후 잉여 침투제를 제거할 수 있는 최소한 시간

32 항공 우주용 기기의 침투 탐상 검사 방법(KS W 0914)에서 규정한 침투제의 최소 잔류 시간은 10분이다. 침지법으로 적용할 때 시험품의 침지 시간은 얼마인가?

① 1분 이하
② 3분 이하
③ 5분 이하
④ 10분 이하

> KS-W-0914에서 침투제 체류 시간은 10분이며, 침지법을 적용할 경우 총 체류시간의 50%(1/2)로 한다.

33 침투 탐상 시험 방법 및 침투 지시 모양의 분류(KS B 0816)에서 규정한 세척 및 제거에 대한 설명 중 옳은 것은?

① 과세척을 방지하기 위해 흐르는 물을 사용한다.
② 염색 침투액은 제거 처리 후 깨끗한 헝겊으로 닦아 세척을 확인한다.
③ 제거 처리는 세액제에 침지할 때 효과적이다.
④ 세척 효과를 위해 수압은 275kPa 이상으로 한다.

> 염색 침투액의 잉여 침투액 제거 처리는 275kPa 이하의 수압의 물로 하며, 잉여액 제거 처리 후 헝겊으로 닦아 상태를 확인한다.

34 침투 탐상 시험 방법 및 침투 지시 모양의 분류(KS B 0816)에서 시험체의 일부분을 시험하는 경우 전처리의 범위는?

① 시험하는 부분에서 바깥쪽으로 15mm 넓은 범위
② 시험하는 부분에서 바깥쪽으로 20mm 넓은 범위
③ 시험하는 부분에서 바깥쪽으로 25mm 넓은 범위
④ 시험하는 부분에서 바깥쪽으로 50mm 넓은 범위

35 자외선등에서 적정한 주파수를 넘어 높은 주파수가 발생할 때 생체에 미치는 영향으로 맞는 것은?

① 탈모 현상이 일어난다.
② 장기에 영향을 준다.
③ 피부를 태우고 눈에 해가 된다.
④ 설사 및 구토가 일어난다.

> 자외선등은 형광물질 감지에 사용되나, 주파수가 높을 경우 피부 화상이나 눈의 착시현상을 일으킬 수 있으므로 주의해야 된다.

36 침투 탐상 시험 방법 및 침투 지시 모양의 분류(KS B 0816)에서 다음가 같은 경우 침투 지시 모양의 지시 길이로 옳은 것은?

> 거의 동일 선상에 지시 모양이 각각 2mm, 3mm, 2mm가 존재하고, 그 사이의 간격이 각각 1.5mm, 1mm이다.

① 1개의 연속된 지시 모양으로 지시 길이는 7mm이다.
② 1개의 연속된 지시 모양으로 지시 길이는 9.5mm이다.
③ 2개의 지시 모양으로 지시 길이는 각각 2mm, 6mm이다.
④ 2개의 지시 모양으로 지시 길이는 각각 6.5mm, 6mm이다.

> **지시길이**
> 2 + 3 + 2 + 1.5 + 1 = 9.5
> 지시 모양의 간격이 1.5mm, 1mm로 좁아서 연속지시 모양으로 나타날 수 있다.

정답 31 ④ 32 ③ 33 ② 34 ③ 35 ③ 36 ②

37 침투 탐상 시험 방법 및 침투 지시 모양의 분류(KS B 0816)에 의하여 침투 탐상 시험 방법을 선정할 때 고려해야 할 내용과 관계가 먼 것은?

① 시험체에 예상되는 결함의 종류
② 시험하는 날의 날씨
③ 시험체의 용도
④ 탐상제의 성질

> **시험 방법 고려 사항**
> ①, ③, ④ 외에 크기, 표면 거칠기 등이다.

38 침투 탐상 시험 방법 및 침투 지시 모양의 분류(KS B 0816)에 따른 재시험을 실시하여야 하는 경우는 무엇인가?

① 기준보다 침투 시간을 초과하였을 경우
② 기준보다 유화 시간을 초과하였을 경우
③ 의사지시가 발생하였을 경우
④ 실제 지시와 의사지시가 혼재되었을 경우

> 규정 유화 시간이 넘으면 결함에 침투되었던 침투액이 표면으로 나와서 결함 판별이 곤란하므로 재시험해야 한다.
> **재시험이 필요한 경우**
> • 지시 모양이 의사지시 모양인지 결함 지시인지 판단이 곤란할 경우, 조작 방법이 잘못된 경우

39 침투 탐상 시험 방법 및 침투 지시 모양의 분류(KS B 0816)에 의한 침투 탐상 시험 결과를 시험품에 표시하는 방법으로 맞는 것은?

① 전수 검사의 경우 합격품에 대해 P로 각인한다.
② 전수 검사의 경우 불합격품에 대해 노란색으로 표시한다.
③ 전수 검사의 경우 합격품에 대해 W로 각인한다.
④ 샘플링 검사의 경우 합격품에 대해 빨간색으로 표시한다.

> • **전수 검사인 경우** : 부식, 착색으로 적갈색으로 표시 또는 P 로 표시
> • **샘플링 검사인 경우** : 황색 또는 ⓟ 로 표시

40 배관 용접부의 비파괴 시험 방법(KS B 0888)에서 비파괴 시험의 기술 구분이 특별한 경우에 적용하는 B기준일 때 침투 탐상 시험에 의한 합격 판정기준에 대한 설명 중 틀린 것은?

① 선형 침투 지시 모양은 모두 불합격으로 한다.
② 연속 침투 지시 모양은 1개의 길이가 8mm 이하를 합격으로 한다.
③ 독립 침투 지시 모양은 1개의 길이가 8mm 이하를 합격으로 한다.
④ 분산 침투 지시 모양에 대하여는 침투 지시 모양을 분류 및 길이를 규정에 따라 평가하고 연속된 용접 길이 300mm 당의 합계점이 10점 이하인 경우 합격으로 한다.

> 선형 결함, 균열(터짐)은 모두 불합격으로 판정한다.

41 항공 우주용 기기의 침투 탐상 검사 방법(KS W 0914)에서 사용 중인 수세성 침투액의 수분 함유량은 수분이 부피비로 몇 %를 초과할 때부터 불만족한 것으로 규정하는가?

① 1%   ② 3%
③ 5%   ④ 10%

42 침투 탐상 시험 방법 및 침투 지시 모양의 분류(KS B 0816)에 규정된 시험 기록 사항 중 조작 조건에서 시험 시의 온도에 대한 설명으로 옳은 것은?

① 시험 장소에서 침투액의 온도가 16~49℃일 때의 온도는 반드시 기록하여야 한다.
② 시험 장소에서 기온이 15℃ 이하 또는 50℃ 이상일 때의 온도는 반드시 기록하여야 한다.
③ 시험 장소에서 기온이 25~40℃일 때의 온도는 반드시 기록하여야 한다.
④ 시험 장소에서 기온이 20℃ 이하 또는 45℃ 이상일 때의 온도는 반드시 기록하여야 한다.

> 침투 탐상 시 적정 시험 온도는 5~50℃이므로, 15℃ 이하나 50℃ 이상은 반드시 기록해야 된다.

정답 37 ② 38 ② 39 ① 40 ① 41 ③ 42 ②

43 자기 변태에 대한 설명으로 옳은 것은?
① 자기적 성질의 변화를 자기 변태라 한다.
② 결정격자의 결정구조가 바뀌는 것을 자기 변태라 한다.
③ 일정한 온도에서 급격히 비연속적으로 일어나는 변태이다.
④ 원자 배열이 변하여 두 가지 이상의 결정구조를 갖는 것이 자기 변태이다.

> **자기 변태**
> 어느 일정 온도에서 금속의 결정 구조는 변하지 않고 자기적 성질만 변화하는 것

44 소결 초경질 공구강의 금속 탄화물에 해당되지 않는 것은?
① WC
② TaC
③ TiC
④ MaC

> **소결(초경) 합금**
> WC, TaC, TiC 등 금속 탄화물(금속 간 화합물)을 코발트(Co)를 결합제로 하여 고온에서 소결시킨 합금

45 기계적 성질 및 유동성이 우수하며, 얇고 복잡한 모래형 주물에 많이 사용되는 알루미늄 합금인 실루민의 공정 온도인 577℃에서의 Si의 고용한계는 약 몇 %인가?
① 1.65%
② 2.55%
③ 4.33%
④ 5.75%

> 실루민(Al - Si) 합금에서 공정점 Si 고용한도는 1.65%이다.

46 조성은 Al - 4%Cu - 2%Ni - 1.5%Mg 합금으로 열전도율이 크고, 고온에서 기계적 성질이 우수하여 내연기관용 피스톤, 공랭 실린더 헤드 등에 널리 사용되는 알루미늄 합금은?
① Y합금
② 두랄루민
③ 알클래드
④ 하이드로날륨

> • **두랄루민** : Al + Cu + Mg + Mn계
> • **알클래드** : Al 표면에 Al 합금판을 피복한 합금판재
> • **하이드로날륨** : Al + Mg계

47 주철 제조 시 탈황제로 가장 적합한 것은?
① C
② Mn
③ Fe
④ Si

> **Mn(망간)**
> 황(S)과 반응하여 유화망간(MnS)을 형성하여 황의 해를 제거(탈황)한다.

48 Rimmed 강 제조 시 Rimming action을 일으키는 가스는?
① H_2
② CO
③ O_2
④ CH_4

49 형상기억합금에 관한 설명으로 틀린 것은?
① 열탄성형 변태이다.
② 대표적인 합금계는 Sb - Cu이다.
③ 센서와 각종 접속판 재료로 사용된다.
④ 고온에서의 상은 대부분 규칙 구조를 갖는다.

> **형상기억합금의 대표 합금** : Ni + Ti(니티놀).

50 경도를 부여하기 위한 재료 중 담금질 온도가 가장 높은 것은?
① STS3
② SM45C
③ STD11
④ SKH51

> SKH(고속도강)의 담금질 온도가 1350℃로 가장 높다.

51 상온에서 910℃까지 존재하는 α - Fe의 원자 배열은?
① 체심 입방 격자
② 면심 입방 격자
③ 조밀 육방 격자
④ 단순 입방 격자

> • α철 : 상온 ~ A_3 변태점 사이에서 존재
>   체심 입방 격자(BCC)
> • γ철 : A_3 ~ A_4 변태점 사이에서 존재
>   면심 입방 격자(FCC)
> • δ철 : A_4 ~ 용융점 직전 사이에서 존재
>   체심 입방 격자(BCC)

정답 43 ① 44 ④ 45 ① 46 ① 47 ② 48 ② 49 ② 50 ④ 51 ①

52 원 단면적이 40mm²인 시험편을 인장시험한 후 단면적이 35mm²로 측정되었을 때 이 시험편의 단면 수축률은?

① 4.5% ② 6.5%
③ 12.5% ④ 21.1%

단면 수축률 $= \dfrac{A_0 - A_1}{A_0} \times 100 = \dfrac{40-35}{40} \times 100 = 12.5\%$

53 실용되는 공업용 황동의 상태도에서 나타나는 상온 조직은?

① α단상 ② β단상
③ α 및 $\alpha+\beta$상 ④ β 및 $\alpha+\beta$상

- 황동의 조직
  α상, $\alpha+\beta$상, β상(아연 45% 이상은 취성이 큼)

54 Ni-28%Mo-5%Fe 합금으로 염산에 대하여 내식성이 있고, 가공성과 용접성을 겸비한 합금은?

① 퍼멀로이(Permalloy)
② 모넬메탈(Monel Metal)
③ 콘스탄탄(Constantan)
④ 하스텔로이 비(Hastelloy B)

- **하스텔로이 B** : Ni + Mo + Fe + Cr계 합금, 내식성, 가공성 우수
- **퍼멀로이** : Ni + Fe계
- **모넬메탈** : Ni + Cu계
- **콘스탄탄** : Ni + 60%Cu계

55 금속 침투법에서 고온 산화 방지에 적합한 것으로 Al을 침투시키는 것은?

① 세라다이징 ② 칼로라이징
③ 크로마이징 ④ 보로나이징

- **세라다이징** : Zn 침투
- **크로마이징** : Cr 침투
- **보로나이징** : B(붕소) 침투

56 마그네슘(Mg)의 성질을 설명한 것 중 틀린 것은?

① 용융점은 약 650℃ 정도이다.
② Cu, Al보다 열전도율은 낮으나 절삭성은 좋다.
③ 알칼리에는 부식되나 산이나 염류에는 잘 견딘다.
④ 실용 금속 중 가장 가벼운 금속으로 비중이 약 1.74 정도이다.

- Mg
  산이나 염류에는 약하나, 알카리에는 강하다.

57 고온에서 크리프 강도를 가장 높게 하는 원소는?

① V ② Mo
③ Cr ④ Mg

Mo(몰리브덴)은 용융점이 높아 크리프 강도를 크게 한다.
(Mo 2610℃, V 1900℃, Cr 1800℃, Mg 650℃)

58 AW-200 교류용접기에서 2차 무부하 전압이 80V, 아크전압이 20V일 때 용접기의 효율은 얼마인가? (단, 내부 손실은 4kW이다.)

① 45% ② 50%
③ 55% ④ 60%

효율 $= \dfrac{\text{아크출력(kW)}}{\text{소비전력(kW)}} \times 100$
$= \dfrac{(20 \times 200)}{(20 \times 200) + 4000} \times 100 = 50\%$

59 다음 중 산소-아세틸렌 가스 용접에서 사용하는 아세틸렌 가스에 관한 설명으로 틀린 것은?

① 물보다 아세톤에 용해가 잘 된다.
② 일정 온도 이상이 되면 자연 폭발한다.
③ 압력을 가하여도 폭발의 위험이 적다.
④ 구리와 접촉하면 폭발성이 있는 화합물을 생성한다.

아세틸렌 가스(C_2H_2)는 대기 중에서 2기압 이상의 압력을 가하면 폭발할 위험이 크다.

정답 52 ③ 53 ③ 54 ④ 55 ② 56 ③ 57 ② 58 ② 59 ③

60 다음 중 전기 저항열에 의해 용접되는 것이 아닌 것은?

① 산소 - 수소 용접　② 점 용접
③ 심 용접　④ 프로젝션 용접

①은 가스 용접법의 일종이다.

60 ①

과년도 기출문제

01 자기 비교형 - 내삽 코일을 사용한 관의 와전류 탐상 시험에서 관의 처음에서 끝까지 동일한 결함이 연속되어 있을 경우 신호는 어떻게 되는가?

① 신호가 나타나지 않는다.
② 신호가 단속적으로 나타난다.
③ 신호가 주기적으로 나타난다.
④ 관의 중간 지점에서만 신호가 나타난다.

> 동일한 결함이 처음부터 끝까지 이어져 있을 경우 신호가 나타나지 않아 결함을 검출할 수 없다.

02 침투 탐상 검사에서 침투액의 종류를 구분하는 방법은?

① 침투액의 침투 능력과 깊이
② 침투액의 확산 속도에 따른 침투 시간
③ 잉여 침투액의 제거 방법
④ 사용하는 현상제와의 조합 방법

> 잉여 침투액 제거 방법에 따른 침투액의 종류 : A, B, C, D

03 초음파 탐상 검사에 쓰이는 탐촉자의 표시 방법에서 형식을 나타내는 기호가 틀린 것은?

① 진동자 : T   ② 표면파 : S
③ 사각 : A   ④ 수직 : N

> 탐촉자 형식 기호
> • D : 진동자
> • LA : 파사각
> • I : 침
> • T : 께 측정용
> • W : 이어

04 시험체를 자르거나 큰 하중을 가하여 재료의 기계적, 물리적 특성을 확인하는 시험 방법은?

① 파괴 시험   ② 비파괴 시험
③ 위상 분석 시험   ④ 임피던스 시험

05 다음 중 절대압력에 대한 식으로 옳은 것은?

① 절대압력 = 계기압력 - 대기압력
② 절대압력 = 대기압력 - 진공압력
③ 절대압력 = 진공압력 + 대기압력
④ 절대압력 = 진공압력 - 대기압력

> 절대압력 = 게이지압력 + 대기압력 = 대기압력 - 진공압력

06 다른 비파괴 검사법과 비교했을 때 와전류 탐상 검사의 장점에 속하지 않는 것은?

① 고속으로 자동화된 전수 검사에 적합하다.
② 표면 아래 깊숙한 위치의 결함 검출이 용이하다.
③ 비접촉법으로 검사 속도가 빠르고 자동화에 적합하다.
④ 결함 크기 변화, 재질 변화 등의 동시 검사가 가능하다.

> 와전류 탐상은 표면 또는 표면 직하 결함 검출에 적용하며, 시험체 내부 깊은 곳의 결함은 검출할 수 없다.

07 자분 탐상 시험을 적용할 수 없는 것은?

① 강 재질의 표면 결함 탐상
② 비금속 표면 결함 탐상
③ 강용접부 흠의 탐상
④ 강구조물 용접부의 표면 터짐 탐상

> 자분 탐상 시험은 비금속(비자성체)에는 적용할 수 없다.

정답 1 ① 2 ③ 3 ① 4 ① 5 ② 6 ② 7 ②

08 방사선 투과 시험에 대한 설명으로 틀린 것은?

① 체적 결함에 대한 검출 감도가 높다.
② 결함의 깊이를 정확히 측정할 수 있다.
③ 결함의 종류 및 형상에 대한 정보를 알 수 있다.
④ 건전부와 결함부에 대한 투과선량의 차이에 따라 필름상의 농도차를 이용하는 시험 방법이다.

> RT(방사선 투과 시험)로는 결함의 깊이는 알 수 없고, UT(초음파 탐상 시험)로 알 수 있다.

09 누설 검사 중 압력변화 시험에 대한 설명으로 틀린 것은?

① 특별히 추적가스가 필요하지 않다.
② 누설위치와 누설 량을 쉽게 찾을 수 있다.
③ 시험시간이 타 검사법에 비해 긴 편이다.
④ 대형 압력용기도 압력게이지를 이용하여 검사가 가능하다.

> 압력 변화 시험은 내부와 외부 압력 차에 의해 누설 유무를 판단하는 시험이므로, 누설 위치와 누설량은 알 수 없다.

10 다음 중 단강품에 대한 비파괴 검사에 주로 이용되지 않는 것은?

① 방사선 투과 검사   ② 초음파 탐상 검사
③ 침투 탐상 검사   ④ 자분 탐상 검사

> 압연이나 단강품은 주로 초음파 탐상 시험으로 검사한다.

11 필름에 입사된 빛의 강도가 100이고, 필름을 투과한 빛의 강도가 1이라면 방사선 투과사진의 농도는?

① 1   ② 2
③ 3   ④ 4

> RT 사진농도 = $\log_{10}\left(\dfrac{L0}{L}\right) = \log_{10}\left(\dfrac{100}{1}\right) = \log_{10}100 = 2$

12 초음파 탐상 시험에 의해 결함 높이를 측정할 때 결함 길이를 측정하는 방법은?

① 표면파를 이용하여 측정한다.
② 결함 에코의 높이를 측정한다.
③ 횡파, 종파의 모드 변환을 측정한다.
④ 탐촉자의 이동 거리에 따라 측정한다.

> UT에 의한 결함 길이 측정 방법은 탐촉자를 이동하면서 이동 거리에 따라 측정하여 계산하고 있다.

13 축 통전법으로 반지름이 0.18m인 시험체를 20A의 자화 전류를 가하여 자기 탐상 검사를 하려고 한다. 시험면에 발생하는 원형자계의 세기는?

① 17.68A/m   ② 35.37A/m
③ 55.56A/m   ④ 111.11A/m

> 원형자계 = $\dfrac{\text{자화 전류(A)}}{\text{둘레길이}(2\pi R)} = \dfrac{20}{2 \times 3.14 \times 0.18} = 17.69$

14 형광 침투액을 사용한 침투 탐상 시험의 경우 자외선 등 아래에서 결함지시가 나타나는 일반적인 색은?

① 적색   ② 자주색
③ 황록색   ④ 황색

15 침투 탐상 시험 시 건식 현상제에 의한 현상은 다음 중 어떤 효과를 이용한 것인가?

① 삼투압 현상
② 모세관 현상
③ X-선 감광
④ 브롬화은에서 은의 석출

16 침투 탐상 장치에서 배액대는 무엇으로 구성되어 있는가?

① 롤러 콘베이어, 배액받이, 뚜껑 등
② 롤러 콘베이어, 히터, 온도조절기 등
③ 펌프장치, 온도조절장치, 배수장치 등
④ 온도조절장치, 배수장치, 뚜껑 등

정답 8 ② 9 ② 10 ① 11 ② 12 ④ 13 ① 14 ③ 15 ② 16 ①

17 다음의 전처리 방법에 관한 과정에서 세척제 선정에 관한 설명 중 옳지 않은 것은?

① 기계유, 경유 등은 유기용제 세척제를 주로 사용한다.
② 중유, 그리스 등은 수용성 세척제가 효과적이다.
③ 무기오염물의 경우 수용성 세척제가 적합하다.
④ 연질 재료의 표면 그라인딩 후에는 산세가 효과적이다.

> 중유, 그리스 등의 제거는 유기용제인 벤젠이나, 트리클렌 등을 사용하여야 한다.

18 다음 중 침적법을 이용한 수세성 형광 침투 탐상 검사 시 필요로 하는 장치가 아닌 것은?

① 암실
② 유화조
③ 건조기
④ 침투액조

> 수세성 형광 침투법은 유화 처리를 하지 않기 때문에 유화조가 필요 없다.

19 다음 중 모세관 현상을 결정하는 요인이 아닌 것은?

① 액체의 접촉각
② 액체의 점도(성)
③ 액체의 표면장력
④ 액체의 부력

> 모세관 현상 결정 인자
> ①, ②, ③외에, 적심성, 응집력, 점착력

20 현상제의 종류에 대한 설명으로 옳지 않은 것은?

① 건식 현상제는 주로 산화규소의 미세한 분말로 이루어져 있다.
② 속건식 현상제는 산화마그네슘, 산화칼슘 등의 백색 분말로 이루어져 있다.
③ 속건식 현상제는 휘발성 용제에 현탁되어 있으므로 개방형 장치에는 사용이 곤란하다.
④ 습식 현상제는 벤토나이트 등의 분말제로 농도와 상관없이 물에 현탁하여 사용한다.

> 습식 현상제
> 활성 백토나 벤토나이트에 계면활성제, 소포제, 습윤제 등을 혼합하여 현탁시킨 현상제

21 침투 탐상 시험 시 탐상제의 점검 중 습식 현상제의 농도 측정에 사용되는 기기는?

① 점도 측정기
② 굴절계
③ 원심 분리기
④ 비중계

22 침투 탐상 시험의 적심성(wettability)과 관계가 깊은 접촉각에 대한 설명으로 틀린 것은?

① 표면장력이 큰 수은은 접촉각이 90° 이상이 된다.
② 침투액은 가능한 한 접촉각이 큰 값을 갖도록 만든다.
③ 접촉각이 90° 이상인 때에는 모세관 내부에서 하향의 힘이 작용된다.
④ 액면에 작은 관을 세웠을 때 접촉각이 클수록 관 내에 올라가는 높이가 낮아진다.

> 침투력은 적심성이 크고 접촉각이 작아야 한다.

23 침투 탐상 시험에서 콜드 셧(Cold shut)은 일반적으로 어느 모양으로 나타나는가?

① 완만한 곡선
② 뾰족한 직각형
③ 예리한 칼날형
④ 깊고 넓은 균열

> 콜드 셧
> 완만한 곡선 모양으로 나타나는 주조 결함의 일종이다.

24 침투액 적용 방법 중 다량의 소형 부품을 한 번에 침투 처리하는데 적합한 것은?

① 분무법
② 침적법
③ 붓칠법
④ 정전 분무법

25 침투 탐상 시험에서 시험편의 전처리로 샌드블라스팅 한 다음 화학적 에칭(etching)을 하지 않은 경우 탐상에 흔히 어떤 오류가 예상되는가?

① 결함 부위가 막혀 버릴 우려가 있다.
② 기름이나 오염물이 결함을 막을 우려가 있다.
③ 모래가 결함을 더 크게 만들게 될 우려가 있다.
④ 현상제의 사용을 쉽게 하여 또 다른 결함이 생길 수 있다.

> 샌드 블라스팅 후 반드시 에칭을 하여 개구부를 확보해야 한다.

정답 17 ② 18 ② 19 ④ 20 ④ 21 ④ 22 ② 23 ① 24 ② 25 ①

26 이상적인 침투제가 구비해야 하는 성질을 적합하게 나타낸 것은?

① 탐상면을 균일하고 충분하게 적셔야 한다.
② 인화점이 낮아야 한다.
③ 시험품과 화학반응을 잘 일으켜야 한다.
④ 색채 콘트라스트나 형광휘도가 낮아야 한다.

> **침투제 구비 조건**
> 인화점이 높고, 시험품과 반응성이 없을 것, 형광휘도나 콘트라스트가 높을 것

27 다음 중 전원을 사용하지 않고 검사할 수 있는 침투 탐상 시험은?

① 수세성 형광 침투 탐상 시험
② 용제 제거성 염색 침투 탐상 시험
③ 후유화성 형광 침투 탐상 시험
④ 용제 제거성 형광 침투 탐상 시험

> 용제 제거성 염색 침투 탐상은 자연광에서 관찰이 가능하므로 전기가 필요한 자외선등을 사용하지 않는다.

28 침투 탐상 시험 방법 및 침투 지시 모양의 분류(KS B 0816)에서 알루미늄이나 강의 용접부 결함을 검출하기 위한 표준 침투 시간과 현상 시간으로 바르게 나타낸 것은? (단, 온도는 15~50℃이다.)

① 침투 시간 : 5분, 현상 시간 : 5분
② 침투 시간 : 5분, 현상 시간 : 7분
③ 침투 시간 : 10분, 현상 시간 : 7분
④ 침투 시간 : 10분, 현상 시간 : 10분

29 침투 탐상 시험 방법 및 침투 지시 모양의 분류(KS B 0816)에서 전수 검사에 의해 합격한 시험체에 표시를 하는 방법으로 올바른 것은?

① 황색으로 착색하여 시험체에 p의 기호를 표시
② 황색으로 착색하여 시험체에 0의 기호를 표시
③ 각인, 부식 또는 착색으로 시험체에 p의 기호를 표시
④ 각인, 부식 또는 착색으로 시험체에 0의 기호를 표시

30 침투 탐상 시험 방법 및 침투 지시 모양의 분류(KS B 0816)에 따른 탐상제의 관리에 대한 설명으로 틀린 것은?

① 기존 탐상제 및 사용하지 않는 탐상제는 용기에 밀폐하여 냉암소에 보관한다.
② 탐상제를 개방형의 장치에서 사용할 때는 먼지, 불순물의 혼입, 탐상제의 비산을 방지하도록 처리하여야 한다.
③ 수세능 침투액, 세척액 및 속건식 현상제는 밀폐한 용기에 보관하여야 한다.
④ 습식 및 속건식 현상제는 소정의 농도로 유지하여야 한다.

> 수세성이 아니라, 용제 제거성 침투액, 세척액, 속건식 현상제는 밀폐 용기에 넣어서 시원한 곳에 보관한다.

31 침투 탐상 시험 방법 및 침투 지시 모양의 분류(KS B 0816)에 따른 탐상제의 점검 방법에서 겉모양 검사를 하였을 때 침투액과 유화제의 폐기 사유에 공통적으로 적용되는 것은?

① 색상의 변화
② 세척성의 저하
③ 형광휘도의 저하
④ 현저한 흐림이나 침전물 발생

> **유화제의 폐기 사유**
> 현저한 흐림, 침전물 생성, 점도 상승 등으로 유화 성능이 저하될 때는 사용하지 말고 폐기해야 된다.

32 침투 탐상 시험 방법 및 침투 지시 모양의 분류(KS B 0816)에 의한 결함의 분류에 해당되지 않는 것은?

① 갈라짐
② 라미네이션
③ 연속 결함
④ 분산 결함

> 내부 결함인 라미네이션은 침투 탐상으로는 검출이 안 된다.

정답 26 ① 27 ② 28 ② 29 ③ 30 ③ 31 ④ 32 ②

33 침투 탐상 시험 방법 및 침투 지시 모양의 분류(KS B 0816)에서 시험 방법을 분류하는 기호 중 염색 침투액을 사용하는 방법의 표시기호는?

① V ② F
③ DV ④ DF

- F : 형광 침투액
- DV : 이원성 염색 침투액
- DF : 이원성 형광 침투액

34 항공 우주용 기기의 침투 탐상 검사 방법(KS W 0914)에 따른 탐상제 재료 및 공정의 제한에 관한 내용으로 틀린 것은?

① 염색 침투액계의 탐상 시 수용성의 현상제는 사용해서는 안 된다.
② 염색 침투 탐상 검사는 항공 우주용 제품의 최종 수령검사에 이용해서는 안 된다.
③ 동일한 검사면에 사용되는 형광 침투 탐상 검사는 염색 침투 탐상 검사 전에 사용해서는 안 된다.
④ 터빈 엔진의 중요 구성 부품 정비 검사는 친수성 유화제를 사용하는 초고감도 형광 침투액을 사용한다.

KS-W-0914 규정에 의하면 동일 검사면에 형광 침투 탐상 전에 염색 침투 탐상을 사용해서는 안된다.

35 항공 우주용 기기의 침투 탐상 검사 방법(KS W 0914)에 따른 탐상 검사 시 건식 현상제에 관한 사항 중 틀린 것은?

① 건식 현상제는 염색 침투액계에 사용해서는 안 된다.
② 구성 부품은 건식 현상제를 적하기 전에 건조 시켜야 한다.
③ 건식 현상제의 체류시간은 최소 10분, 최대 4시간으로 하여야 한다.
④ 여분의 건식 현상제는 체류 시간 전에 가볍게 두드려서 제거하는 것이 좋다.

건식 현상제는 체류 시간 전이 아니라 체류 후에 가볍게 두드려서 제거해야 한다.

36 침투 탐상 시험 방법 및 침투 지시 모양의 분류(KS B 0816)에서 용접 시험품의 일부분을 전처리할 때 그 범위는?

① 용접부 중심에서 20mm 범위에서
② 용접부 가장자리에서 20mm 범위에서
③ 용접부 중심에서 25mm 범위에서
④ 용접부 가장자리에서 25mm 범위에서

일부분 전처리 범위
용접부 시험 부분에서 바깥쪽으로 25mm 범위

37 침투 탐상 시험 방법 및 침투 지시 모양의 분류(KS B 0816)에서 연속 침투 지시 모양으로 분류하기 위해 규정되어 있는 지시 사이의 상호거리는?

① 1mm 이하 ② 2mm 이하
③ 4mm 이하 ④ 5mm 이하

38 침투 탐상 시험 방법 및 침투 지시 모양의 분류(KS B 0816)의 규정에 따라 시험을 한 후 처음부터 다시 시험을 해야 할 경우와 관계가 먼 것은?

① 조작방법에 잘못이 있었을 때
② 필요하다고 인정될 때
③ 침투 지시 모양이 흠에 기인한 것인지 의사지시인지 판단이 곤란할 때
④ 재질이 두껍다고 인정될 때

침투 탐상 시 재시험을 하는 경우
- 잘못된 조작이 있을 경우
- 침투 지시 모양의 판단이 곤란할 경우
- 기타의 경우

39 침투 탐상 시험 방법 및 침투 지시 모양의 분류(KS B 0816)에 규정된 건식 현상제를 이용한 용제 제거성 형광 침투액의 시험순서로 올바른 것은?

① 전처리 → 침투 처리 → 제거 처리 → 현상 처리 → 관찰 → 후처리
② 전처리 → 침투 처리 → 수세 처리 → 현상 처리 → 관찰 → 후처리
③ 전처리 → 침투 처리 → 제거 처리 → 건조 처리 → 현상 처리 → 관찰 → 후처리
④ 전처리 → 침투 처리 → 수세 처리 → 건조 처리 → 현상 처리 → 관찰 → 후처리

정답 33 ① 34 ③ 35 ④ 36 ④ 37 ② 38 ④ 39 ①

> 용제 제거성이므로 침투 처리 후 제거 처리를, 건식 현상법 이므로 현상 처리 후 관찰을 한다.

40 항공 우주용 기기의 침투 탐상 검사 방법(KS W 0914)에 따라 합격한 부품에 각인을 사용할 때 표시하는 위치로 옳은 것은?

① 검사인에 인접한 곳
② 결함지시 무늬가 있는 곳
③ 침투 탐상 검사를 시작한 기준점에 인접한 곳
④ 침투 탐상 검사를 적용한 중앙의 잘 보이는 곳

41 침투 탐상 시험 방법 및 침투 지시 모양의 분류(KS B 0816)에 따라 후유화성 형광 침투액을 사용하고 무 현상법으로 현상할 때 자외선등의 사용 단계로 옳은 것은?

① 세척 단계
② 형광 침투액 적용 단계
③ 건조 단계
④ 유화제 적용 단계

> 후유화성 형광 침투 시 잉여 침투액 세척이 올바르게 되었는지 확인하기 위해 자외선등으로 확인한다.

42 침투 탐상 시험 방법 및 침투 지시 모양의 분류(KS B 0816)에서 규정한 기록해야 할 조작방법의 항목이 아닌 것은?

① 지시의 관찰 방법
② 전처리 방법
③ 침투액 적용 방법
④ 건조 방법

> **조작 방법 항목**
> ②, ③, ④외에 유화제 적용 방법, 세척 또는 제거 방법, 현상제 적용 방법

43 각종 금속의 변태점을 측정하는 방법이 아닌 것은?

① 브래그법
② 열분석법
③ 열팽창 측정법
④ 전기저항 측정법

> 브래그법은 X-선 분석법에 적용한다.

44 귀금속에 해당되는 금(Au)의 순도는 주로 캐럿(Carat, K)으로 나타낸다. 22K에 함유된 순금의 순도는 약 얼마인가?

① 53%
② 75%
③ 83%
④ 92%

> Au에서 24K는 100% Au이므로 22K는
> $\frac{22}{24} \times 100 = 91.7\%$

45 활자금속에 대한 설명으로 틀린 것은?

① 응고할 때 부피 변화가 커야 한다.
② 주요 합금 조성은 Pb - Sn - Sb이다.
③ 내마멸성 및 상당한 인성이 요구된다.
④ SnPb 화합물이 있어 그 양으로 경도를 조절한다.

> 활자금속은 응고할 때 부피 변화가 없거나 적은 것이 좋다.

46 Fe - C계 평형 상태도상에서 탄소 0.18%를 함유하는 포정점의 온도는?

① 210℃
② 768℃
③ 1490℃
④ 1539℃

47 주철에 대한 설명으로 옳은 것은?

① 단조 가공이 쉽다.
② 강에 비해 주조성이 나쁘다.
③ 인장강도에 비해 압축강도가 낮다.
④ 고온에서 가열과 냉각을 반복하면 부피가 증가한다.

> ④의 현상을 주철의 성장이라 한다.

48 오스테나이트(Austenite) 상태의 강을 로 중에서 천천히 냉각시킬 때 나타나는 조직은?

① 마텐사이트
② 펄라이트
③ 소르바이트
④ 트루스타이트

정답 40 ① 41 ① 42 ① 43 ① 44 ④ 45 ① 46 ③ 47 ④ 48 ②

49 냉간가공에 의하여 금속이 변화하는 성질 중 틀린 것은?

① 인장강도의 증가　② 연신율의 감소
③ 전기저항의 감소　④ 경도의 증가

> 냉간가공을 하면 가공 경화에 의해 경도, 인장강도 증가, 연신율 감소, 전기저항이 증가한다.

50 탄소의 함량이 0.12% 이하로 철사, 못, 철판, 와이어 등으로 사용되는 것은?

① 연강　② 극연강
③ 경강　④ 탄소공구강

> 0.12%C 이하를 극연강, 0.2%C 이하를 연강이라 한다.

51 조밀 육방 격자 금속으로 청백색의 저용융점 금속이며 도금용, 전지, 다이캐스팅용 및 기타 합금용으로 사용되는 금속은?

① Zn　② Cr
③ Cu　④ Mo

> **Zn(아연)**
> 저융점 금속으로 도금용이나 다이캐스팅용으로 사용하며, 조밀 육방 격자이다.

52 Al - Cu 나 Al - Mg 같은 알루미늄 합금에서 용질원자가 용체화 처리 → 퀜칭 → 시효 처리의 순으로 진행되는 재료 강화(경화) 기구는?

① 용해연화　② 고용취화
③ 석출경화　④ 결정립 조대화 연화

> **Al 합금의 경화 방법**
> 석출경화, 시효경화가 있다.

53 1차 결합에 해당되지 않는 것은?

① 금속 결합　② 이온 결합
③ 공유 결합　④ 반데르발스 결합

> 반데르발스 결합은 2차 결합이다.

54 금속의 소성변형에서 마치 거울에 나타나는 상이 거울을 중심으로 하여 대칭으로 나타나는 것과 같은 현상을 나타내는 변형은?

① 쌍정변형　② 전위변형
③ 벽계변형　④ 딤플변형

> **쌍정 변형**
> 원자가 일정 면을 기준으로 경면적(대칭)으로 일어나는 변형

55 강에 특수원소를 첨가하여 절삭할 때 칩을 잘게 하고 피삭성을 좋게 하는 원소는?

① Ag, Ni　② Cr, Ni
③ Pb, S　④ Na, Mo

> **절삭(피삭)성 향상 원소**
> 연성이 큰 금속으로 Pb, P, S, Sn 등을 첨가하여 쾌삭강을 제조한다.

56 비자성체이고 열전도율이 좋으며 비중이 약 8.9인 금속은?

① Cu　② Al
③ Fe　④ Na

> **구리(Cu)**
> 면심 입방 격자 구조이며, 비중이 8.9이고, 비자성체, 열 및 전기전도율이 우수하다.

57 다음 중 $1kgf/mm^2$를 MPa로 환산한 값으로 옳은 것은?

① 약 0.98　② 약 9.8
③ 약 100　④ 약 1000

> $1kgf/mm^2 = 9.8MPa$

정답 49 ③　50 ②　51 ①　52 ③　53 ④　54 ①　55 ③　56 ①　57 ②

58 다음 중 일반적으로 산소-아세틸렌 가스 용접에 있어 산소가 반대로 흐르는 현상에 대한 원인과 가장 거리가 먼 것은?

① 팁이 막혔다.
② 팁과 모재가 접촉되었다.
③ 토치의 기능이 불량이었다.
④ 아세틸렌 호스에 물이 들어갔다.

> 아세틸렌 호스에 물이 들어가면 아세틸렌 가스가 반대로 흐른다.

59 정격 2차 전류가 300A인 용접기에서 실제로 200A의 전류로 용접한다고 가정한다면, 허용 사용률은 약 몇 %인가? (단, 정격 사용률은 50%로 한다.)

① 76%   ② 98%
③ 112% ④ 225%

> 허용 사용률 = $\dfrac{(\text{정격 2차 전류})^2}{(\text{실제 사용 전류})^2} \times \text{정격 사용률}$
> $= \dfrac{300^2}{200^2} \times 50 = 112.5$

60 다음 중 용접 변형을 줄이는 방법으로 적절하지 않은 것은?

① 용접 지그를 이용한다.
② 예열과 후열을 하지 않는다.
③ 적정한 용접 조건을 선택한다.
④ 용접 순서를 충분히 고려한다.

> 용접 중이나 용접 완료 후 발생하는 열응력에 의한 변형이나 균열 방지를 위해 예열과 후열을 실시해야 된다.

정답 58 ④   59 ③   60 ②

2013 제1회 과년도 기출문제

01 자분 탐상 시험 중 시험제를 먼저 자화시킨 다음 자분을 뿌려 검사하는 방법을 무엇이라 하는가?
① 연속법　　② 잔류법
③ 습식법　　④ 건식법

> **자분 적용방법**
> • 연속법 : 자분의 적용을 자화 전류가 흐르는 도중에 실시하는 방법
> • 습식법 : 액체에 자분을 분산 현탁시켜 적용하는 방법
> • 건식법:건조 상태에서 자분을 시험체의 표면에 적용하는 방법

02 와전류 탐상 검사에서 사용하는 시험 코일이 아닌 것은?
① 내삽형 코일　　② 표면형 코일
③ 침투형 코일　　④ 관통형 코일

03 결함 검출 확률에 영향을 미치는 요인이 아닌 것은?
① 결함의 이방성
② 균질성이 있는 재료 특성
③ 검사 시스템의 성능
④ 시험체의 기하학적 특징

> 균질성이 있는 재료는 결함 검출이 되지 않는다.

04 가동 중인 열교환기 튜브의 전체 벽 두께를 측정할 수 있는 초음파 탐상 검사법은?
① EMAT　　② IRIS
③ PAUT　　④ TOFD

> • EMAT : 금속 표면에 발생된 와전류와 자계와의 사이에서 작용하는 상호 작용에 의해 초음파를 송신 또는 수신하는 탐촉자를 사용하는 방법
> • PAUT : 위상배열 초음파 시험, 여러 진폭을 갖는 초음파를 물체에 투과 2차원 영상을 실시간으로 제공하는 검사 기법
> • TOFD : 결함의 높이 등을 결함 끝부분에서의 회절 초음파를 이용하여 측정하는 방법

05 X선 필름에 영향을 주는 후방산란을 방지하기 위한 가장 적당한 조작은?
① X선관 가까이 필터를 끼운다.
② 필름의 표면과 피사체 사이를 막는다.
③ 두꺼운 마분지로 필름 카세트를 가린다.
④ 두꺼운 납판으로 필름 카세트 후면을 가린다.

> **후방 산란선의 영향을 줄이는 법**
> ④ 외에 후면 스크린, 마스크, 필터, 콜리미터, 다이어프램, 콘 등을 사용

06 초음파의 발생에서 음속(C), 주파수(F), 파장(λ)과의 관계를 옳게 표현한 것은?
① $C = \dfrac{\lambda}{f}$　　② $C = \dfrac{f}{\lambda}$
③ $C = f\lambda$　　④ $C = \dfrac{1}{f\lambda}$

> $f = \dfrac{1}{T}$ 이므로, $C = \dfrac{\lambda}{\left(\dfrac{1}{f}\right)} = \lambda \cdot f$

07 시험체에 있는 도체에 전류가 흐르도록 한 후 형성된 시험체 중의 전위분포를 계측해서 표면부의 결함을 측정하는 시험법은?
① 광탄성 시험법
② 전위차 시험법
③ 응력 스트레인 측정법
④ 적외선 서모그래픽 시험법

정답　1 ②　2 ③　3 ②　4 ②　5 ④　6 ③　7 ②

- **광탄성 시험** : 하중을 피측정물에 가해 표면 또는 내부의 응력을 측정하여 응력 집중부의 해석에 적용하는 방법
- **응력 스트레인 측정법** : 물체 표면에 스트레인 게이지를 부착하여 변형량을 검사하는 방법
- **적외선 서모그래프 시험법** : 적외선 발광체의 변화를 측정함으로써 시험체의 표면 위에 겉보기 온도의 변화를 표시하는 방법

08 표면 또는 표면 직하 결함 검출을 위한 비파괴 검사법과 거리가 먼 것은?

① 중성자 투과 검사
② 자분 탐상 검사
③ 침투 탐상 검사
④ 와전류 탐상 검사

중성자 투과 시험은 방사선 탐상의 일종으로 내부 결함 검출에 적합하다.

09 누설 비파괴 검사법 중 헬륨 질량 분석 시험의 종류가 아닌 것은?

① 검출기 프로브법
② 침지법
③ 진공 후드법
④ 압력 변화법

헬륨 질량 분석법의 종류
검출기 프로브법, 침지법, 진공 후드법 외에 추적 프로브법(진공 분무법), 검출 프로브법(가압법), 진공 적분법, 가압 적분법(스니퍼 프로브법), 흡인법, 진공 용기법 등이 있다.

10 시험체의 양면이 서로 평행해야만 최대의 효과를 얻을 수 있는 비파괴 검사법은?

① 방사선 투과 시험의 형광 투시법
② 자분 탐상 시험의 선형 자화법
③ 초음파 탐상 시험의 공진법
④ 침투 탐상 시험의 수세성 형광 침투법

공진법은 초음파 탐상법의 일종으로 주로 두께 측정에 사용되며, 양면이 서로 평행해야 측정 효과가 높아진다.

11 다음 중 와전류 탐상 시험으로 측정할 수 있는 것은?

① 절연체인 고무막 두께
② 액체인 보일러의 수면 높이
③ 전도체인 파이프의 표면 결함
④ 전도체인 용접부의 내부 결함

12 침투 탐상 시험을 위한 침투액의 조건이 아닌 것은?

① 침투성이 좋을 것
② 형광휘도나 색도가 뚜렷할 것
③ 점도가 높을 것
④ 부식성이 없을 것

침투액은 유동성이 좋아야 침투가 용이하게 되므로 점도가 낮아야 유동성이 좋아진다.

13 용제 제거성 형광 침투 탐상 검사의 장점이 아닌 것은?

① 수도 시설이 필요 없다.
② 구조물의 부분적인 탐상이 가능하다.
③ 표면이 거친 시험체에 적용할 수 있다.
④ 형광 침투 탐상 검사 방법 중에서 휴대성이 가장 좋다.

용제 제거성 형광 침투 탐상은 표면이 거칠면 의사지시가 많아 결함 판별이 어려우므로 표면이 매끄러운 시험체에 적용한다.

14 누설 검사 시험 중 누설량의 값을 쉽게 알 수 있는 방법은?

① 발포법
② 헬륨법
③ 방치법
④ 암모니아법

헬륨법은 질량 분석에 의해 헬륨의 누설량을 직접 측정하는 방법이다.

15 다음 재료 및 장치 중 후유화성 염색 침투 탐상 시험과 무관한 것은?

① 자외선 조사 장치
② 유화제
③ 현상제
④ 분사 노즐

염색 침투 탐상의 관찰은 자외선 조사 장치가 필요 없고, 자연광이나 백색광하에서 결함 검출을 실시한다.

정답 8 ① 9 ④ 10 ③ 11 ③ 12 ③ 13 ③ 14 ② 15 ①

16 다음 중 잉여 침투액의 제거 처리에 관한 설명으로 틀린 것은?

① 수세 시 수압은 275kPa를 초과하지 않도록 한다.
② 수세 시 40℃ 이하의 온수를 사용하는 것이 효과적이다.
③ 용제 제거 시 용제를 시험체에 직접 적용하여 제거한다.
④ 용제 제거 시 별도의 건조 처리는 필요하지 않다.

> 용제 제거성 침투액의 침투 처리 후 잉여액 제거는 헝겊이나 종이 수건으로 닦아낸다.

17 형광 침투액은 몇 nm 파장의 자외선을 받아 연두색의 가시광선을 내는가?

① 200nm ② 365nm
③ 500nm ④ 1000nm

18 다음 중 금속 표면에 열린 결함의 입구를 폐쇄하여 침투 탐상 검사의 효율을 저하시킬 수 있는 전처리법은?

① 증기 세척 ② 기계적 세척
③ 알칼리 세척 ④ 초음파 세척

> 샌드 블라스팅, 쇠솔질, 그라인딩 등 기계적 세척 처리는 표면의 녹이나 스케일 등을 제거 시 시험체 표면을 손상시킬 우려가 있다.

19 다음 결함 중 발생 생성 요인이 다른 것은?

① 텅스텐 혼입 ② 고온 균열
③ 용입부족 ④ 콜드 셧

> 콜드 셧은 주조 결함, ①, ②, ③은 용접 결함이다.

20 다음 침투액 중 특히 깊이가 얕고 폭이 넓은 결함의 검출에 우수한 탐상액은 어느 것인가?

① 수세성 형광 침투액
② 후유화성 형광 침투액
③ 수세성 염색 침투액
④ 용제 제거성 형광 침투액

> 미세 결함이나 폭넓은 얕은 결함 검출에는 후유화성 형광 침투 탐상법이 우수하다.

21 침투액의 침투성은 침투 탐상 시험에서 어떤 물리적 현상을 이용한 것인가?

① 습도와 끓는 점 ② 압력과 대기압
③ 표면장력과 적심성 ④ 원자번호와 밀도차

> 침투 탐상 시 침투력에 영향을 미치는 요소는 표면장력, 적심성, 모세관 현상 등이 있다.

22 건식 현상법을 염색 침투 탐상 시험에 이용하지 않는 이유는?

① 침투액과 반응하므로
② 대비(contrast)가 나빠서
③ 침투액을 과잉으로 빨아내므로
④ 가루가 날려서 위생상 나쁘므로

> 염색 침투 탐상 시 건식 현상제는 현상피막이 생기지 않아서 판독하기 어렵다.

23 다음 중 결함 검출 감도가 가장 낮은 현상법은?

① 무 현상법 ② 건식 현상법
③ 습식 현상법 ④ 속건식 현상법

> 결함 검출 감도 크기 순서
> 습식 현상법 > 건식 현상법 > 속건식 현상법 > 무 현상법

24 침투 탐상 시험에 적용되는 원리에 해당되지 않는 내용은?

① 침투액은 어떤 지시를 나타내기 위해 결함에 침투해야 한다.
② 모든 침투 탐상 시험에 있어서 결함의 지시 모양을 발광시켜 식별하기 위해 자외선등을 사용하여야 한다.
③ 조그만 결함에 대해서는 평소보다 많은 침투 시간이 필요하다.
④ 결함 속의 침투액이 모두 세척되면 결함에서도 지시가 나타나지 않는다.

정답 16 ③ 17 ② 18 ② 19 ④ 20 ② 21 ③ 22 ② 23 ① 24 ②

백색광 또는 자연광하에서 결함 검출을 실시하는 염색 침투 탐상법은 자외선 조사 장치가 필요 없다.

25 수세성 침투액을 시험편 표면에서 닦아낸 후 시험편을 건조시켜야 하는데 이 때 건조 온도는 71℃를 넘지 않아야 한다. 그 주된 이유는 무엇인가?

① 시험편의 온도가 71℃를 넘으면 검사할 결함이 없어지기 때문이다.
② 71℃ 이상이면 결함 부위에 침투했던 과량의 침투액이 빠져 나오기 때문이다.
③ 71℃를 넘으면 결함 지시 모양의 색채가 열화되거나 건조되어 탐상감도가 낮아지기 때문이다.
④ 71℃ 이상으로 가열하면 유독가스가 발생하기 때문이다.

26 다음 중 후유화성 침투 탐상 시험에서 유화제를 적용하는 시기는?

① 침투제를 사용하기 전에
② 제거 처리 후에
③ 침투 처리 후에
④ 현상 시간이 어느 정도 지난 후에

27 다음 중 용제 세척에 대한 설명으로 틀린 것은?

① 용제 제거성 침투액을 사용하는 경우에 행하는 세척 방법이다.
② 에어로졸 제품의 세척액은 검사면에 직접 분무해서 세척 처리하는게 가장 이상적이다.
③ 세척액 자체가 휘발성이 높기 때문에 세척 처리 후 건조 처리는 하지 않아도 된다.
④ 염색 침투액의 경우 세척에 사용한 헝겊에 묻어 있는 침투액, 색의 정도로 세척 상태를 확인할 수 있다.

에어로졸 제품의 세척은 종이 수건이나 헝겊을 사용하여 닦아낸다.

28 침투 탐상 시험 방법 및 침투 지시 모양의 분류(KS B 0816)에 규정된 잉여 침투액 제거 방법에 따른 분류와 기호가 다른 것은?

① 수세에 의한 방법 - A
② 용제 제거에 의한 방법 - C
③ 물 베이스 유화제를 사용하는 후유화에 의한 방법 - W
④ 기름 베이스 유화제를 사용하는 후유화에 의한 방법 - B

D : 물 베이스 후유화성 기호

29 침투 탐상 시험 방법 및 침투 지시 모양의 분류(KS B 0816)에 따른 시험 방법의 분류 기호 중 DFA-S로 옳은 것은?

① 수세성 이원성 형광 침투액
② 수세성 형광 침투액
③ 수세성 이원성 염색 침투액
④ 후유화 이원성 형광 침투액

• DF : 이원성 형광 침투액
• A : 수세성
• S : 속건식 현상제

30 항공 우주용 기기의 침투 탐상 검사방법(KS W 0914)에 따른 침투 탐상시 사용되는 자외선 조사 장치의 파장은?

① 근자외선 파장 범위는 320~400nm이다.
② 근자외선 파장 범위는 390~450nm이다.
③ 원자외선 파장 범위는 320~400nm이다.
④ 원자외선 파장 범위는 390~450nm이다.

31 항공 우주용 기기의 침투 탐상 검사 방법(KS W 0914)에서 비수성 현상제를 적용하는 구성 부품의 현상제 적용 방법은?

① 침지법
② 거품내기법
③ 붓칠
④ 스프레이

25 ③   26 ②   27 ②   28 ③   29 ①   30 ①   31 ④

32 침투 탐상 시험 방법 및 침투 지시 모양의 분류(KS B 0816)에 의한 침투 지시 모양을 3종류로 분류할 때 이것에 해당되지 않는 것은?

① 의사 침투 지시 모양
② 독립 침투 지시 모양
③ 연속 침투 지시 모양
④ 분산 침투 지시 모양

33 침투 탐상 시험 방법 및 침투 지시 모양의 분류(KS B 0816)에 따라 시험품의 일부를 시험하는 경우 어느 범위까지 전처리를 해야 하는가?

① 시험하는 부분의 녹, 스케일을 제거한다.
② 시험면이 인접하는 영역에서 오염물에 의한 영향을 받지 않는 넓이까지
③ 시험면이 인접하는 영역에서 최소한 30mm의 넓이까지
④ 시험하는 부분에서 바깥쪽으로 최소한 25mm의 넓이까지

> 시험품의 일부분 전처리 시 적정 범위는 시험 부분에서 바깥쪽으로 25mm 넓은 범위까지이다.

34 항공 우주용 기기의 침투 탐상 검사 방법(KS W 0914)에서 규정한 형광 침투액을 세척할 때 수온과 수압은?

① 수온 50~100°F, 수압 275kPa 이하
② 수온 50~125°F, 수압 275kPa 이하
③ 수온 50~100°F, 수압 275kPa 이상
④ 수온 50~125°F, 수압 275kPa 이상

> KS-W-0914에서 수온 10~38℃(50~100°F), 수압 275kPa 이하

35 비파괴 검사-침투 탐상 검사-일반원리(KS B ISO 3452)에 규정한 최대 표준 현상 시간은 보통 침투 시간의 몇 배인가?

① 1.1배
② 1.2배
③ 1.5배
④ 2배

36 침투 탐상 시험 방법 및 침투 지시 모양의 분류(KS B 0816)에 따라 갈라짐 이외의 결함으로 그 길이가 나비의 3배 이상인 것을 무슨 결함이라 하는가?

① 분산 결함
② 연속 결함
③ 선상 결함
④ 원형상 결함

> 결함의 길이가 나비의 3배 이상을 선상 결함이라 한다.

37 항공 우주용 기기의 침투 탐상 검사 방법(KS W 0914)에 따라 침투액을 침지법으로 적용할 경우 구성 부품의 총 체류 시간이 20분일 때 침지 시간으로 옳은 것은?

① 7분 이하
② 7분 초과
③ 10분 이하
④ 10분 초과

> KS-W-0914에 따른 침투제의 침지 시간은 총 체류시간의 1/2 이하, 즉 10분 이하로 한다.

38 침투 탐상 시험 방법 및 침투 지시 모양의 분류(KS B 0816)에서 검사 표면의 온도가 15~50℃일 때 표준 침투 시간은?

① 1~5분
② 5~10분
③ 10~15분
④ 15~20분

39 침투 탐상 시험 방법 및 침투 지시 모양의 분류(KS B 0816)에 규정된 시험의 순서에서 현상처리 후에 건조 처리를 수행하는 침투액과 현상법으로 옳은 것은?

① 수세성 형광 침투액 건식 현상법
② 수세성 염색 침투액 속건식 현상법
③ 수세성 이원성 형광 침투액 습식 현상법
④ 후 유화성 이원성형광 침투액 건식 현상법

> ③의 경우 현상 후 반드시 건조 처리해야 한다.

40 침투 탐상 시험 방법 및 침투 지시 모양의 분류(KS B 0816)에 의한 형광 침투 탐상에서 암실의 밝기로 옳은 것은?

① 20룩스 이하
② 80룩스 이하
③ 500룩스 이하
④ 800룩스 이하

정답 32 ① 33 ④ 34 ① 35 ④ 36 ③ 37 ③ 38 ② 39 ③ 40 ①

41 항공 우주용 기기의 침투 탐상 검사 방법(KS W 0914)에 의한 현상제의 종류와 명칭이 다르게 나열된 것은?

① 종류 a : 건식 분말 현상제
② 종류 b : 수용성 현상제
③ 종류 c : 수현탁성 현상제
④ 종류 d : 특정 용도의 현상제

> KS - W0914
> • e : 특정 용도 현상제
> • d : 비수성 현상제

42 항공 우주용 기기의 침투 탐상 검사 방법(KS W 0914)에서 규정한 침투 탐상 검사에 합격한 구성 부품의 식별 방법 중 착색에 의한 표시로 옳은 것은?

① 전수 검사에 합격한 구성 부품에는 밤색 염료로 표시한다.
② 전수 검사에 합격한 구성 부품에는 노란색 염료로 표시한다.
③ 샘플링 검사에 합격한 구성 부품에는 밤색 염료로 표시한다.
④ 샘플링 검사에 합격한 구성 부품에는 적색 염료로 표시한다.

> KS - W - 0914에서 합격품 표시는 전수 검사인 경우 P 기호 또는 밤색 염료로 표시, 샘플링 검사인 경우 ⓟ 기호 또는 노란색 염료로 표시한다.

43 열팽창계수가 아주 작아 줄자, 표준자 재료에 적합한 것은?

① 인바
② 센더스트
③ 초경합금
④ 바이메탈

> 열팽창계수가 작은 금속(불변강)은 인바, 엘린바, 초인바, 플래티나이트 등이 있으며, 인바는 줄자, 표준자 재료에 적합하다.

44 실용되고 있는 주철의 탄소 함유량(%)으로 가장 적합한 것은?

① 0.5 ~ 1.0%
② 1.0 ~ 1.5%
③ 1.5 ~ 2.0%
④ 3.2 ~ 3.8%

> 실용 주철의 탄소량
> 3.2 ~ 4.5%C

45 특수강에서 함유량이 증가하면 자경성을 주는 원소로 가장 좋은 것은?

① Cr
② Mn
③ Ni
④ Si

> 자경성이 큰 원소의 순서
> Cr > Mn > Ni > Mo > W

46 처음에 주어진 특정한 모양의 것을 인장하거나 소성 변형한 것이 가열에 의해 원래의 상태로 돌아가는 현상은?

① 석출경화 효과
② 시효경화 효과
③ 형상기억 효과
④ 자기 변태 효과

> 형상기억 효과
> 소성 변형에 의해 변형된 것이 열에 의해 원상태로 회복되는 효과

47 Fe - C 평형 상태도에서 α(고용체) + L(융체) ⇌ γ(고용체)로 되는 반응은?

① 공정점
② 포정점
③ 공석점
④ 편정점

48 탄소강 중에 포함되어 있는 망간(Mn)의 영향이 아닌 것은?

① 고온에서 결정립 성장을 억제시킨다.
② 주조성을 좋게 하고 황(S)의 해를 감소시킨다.
③ 강의 담금질 효과를 증대시켜 경화능을 크게 한다.
④ 강의 연신율은 그다지 감소시키지 않으나 강도, 경도, 인성을 감소시킨다.

> Mn
> 강도, 경도, 인성을 증가시키며, 유황에 의한 고온 취성을 방지하는 효과가 있다.

정답 41 ④ 42 ① 43 ① 44 ④ 45 ① 46 ③ 47 ② 48 ④

49 Al – Si계 합금에 금속나트륨, 수산화나트륨, 플루오르화알칼리, 알칼리염류 등을 첨가하면 조직이 미세화되고 공정점이 내려간다. 이러한 처리 방법은 무엇인가?

① 시효 처리
② 개량 처리
③ 실루민 처리
④ 용체화 처리

> **개량 처리**
> Al – Si합금에 Na 등을 첨가하여 공정점을 낮추어 조직을 미세화시키는 처리를 말하며, 대표적으로 실루민이 있다.

50 금속의 성질 중 전성에 대한 설명으로 옳은 것은?

① 광택이 촉진되는 성질
② 소재를 용해하여 접합하는 성질
③ 얇은 박으로 가공할 수 있는 성질
④ 원소를 첨가하여 단단하게 하는 성질

> **전성**
> 단조 등을 할 때 넓게 퍼지는 성질

51 다음 중 진정강(Killed Steel)이란?

① 탄소(C)가 없는 강
② 완전 탈산한 강
③ 캡을 씌워 만든 강
④ 탈산제를 첨가하지 않은 강

> **킬드강**
> 용탕에 Al, Si 등 강력한 탈산제를 사용하여 완전 탈산시킨 강

52 라우탈(Lautal) 합금의 특징을 설명한 것 중 틀린 것은?

① 시효경화성이 있는 합금이다.
② 규소를 첨가하여 주조성을 개선한 합금이다.
③ 주조 균열이 크므로 사형 주물에 적합하다.
④ 구리를 첨가하여 피삭성을 좋게 한 합금이다.

> **라우탈**
> Al + Cu + Si계의 시효 경화성 합금, 주조 균열이 적어 주물용으로 사용

53 오스테나이트계 스테인리스강의 대표적인 18 – 8 스테인리스강의 합금 원소와 그 함유량이 옳은 것은?

① Ni(18%) - Mn(8%)
② Mn(18%) - Ni(8%)
③ Ni(18%) - Cr(8%)
④ Cr(18%) - Ni(8%)

> 18 – 8강이란 Cr 18%, Ni 8%인 오스테나이트계 스테인리스강을 말한다.

54 황동에 납(Pb)을 첨가하여 절삭성을 좋게 한 황동으로 스크류, 시계용 기어 등의 정밀가공에 사용되는 합금은?

① 리드 브라스(Lead brass)
② 문쯔메탈(Muntz metal)
③ 틴 브라스(Tin brass)
④ 실루민(Silumin)

> **리드 브라스**
> 황동 + Pb계의 쾌삭황동이다.

55 강대금(Steel back)에 접착하여 바이메탈 베어링으로 사용하는 구리(Cu) – 납(Pb)계 베어링 합금은?

① 켈밋(Kelmet)
② 백동(Cupronickel)
③ 베빗메탈(Babbit metal)
④ 화이트메탈(White metal)

56 Fe – C계 평형 상태도에서 냉각 시에 Acm 선이란?

① δ고용체에서 γ고용체가 석출하는 온도선
② γ고용체에서 시멘타이트가 석출하는 온도선
③ α고용체에서 펄라이트가 석출하는 온도선
④ γ고용체에서 α고용체가 석출하는 온도선

> **Acm 선**
> γ고용체(오스테나이트)에서 시멘타이트가 석출하기 시작하는 온도선

57 동(Cu) 합금 중에서 가장 큰 강도와 경도를 나타내며 내식성, 도전성, 내피로성 등이 우수하여 베어링, 스프링, 전기 접선 및 전극 재료 등으로 사용되는 재료는?

① 인(P) 청동
② 베릴륨(Be) 동
③ 니켈(Ni) 청동
④ 규소(Si) 동

> **베릴륨 청동**
> Cu + Be계 청동, 청동 중 가장 강도가 우수하여 베어링, 스프링, 전기 접선 등에 사용된다.

58 정격 2차 전류가 200A, 정격 사용률이 50%인 아크 용접기로 120A의 용접 전류를 사용하여 용접하였을 때 허용 사용률은 약 얼마인가?

① 83%
② 100%
③ 139%
④ 167%

> 허용 사용률 $= \dfrac{(\text{정격 2차 전류})^2}{(\text{실제 사용 전류})^2} \times \text{정격 사용률}$
> $= \dfrac{200^2}{120^2} \times 50 = 138.9$

59 가스 용접봉의 성분 중 강의 강도를 증가시키나, 연신율, 굽힘성 등이 감소되는 성분은?

① C
② Si
③ P
④ S

> C : 강도, 경도 증가, 인성 저하

60 납땜을 연납땜과 경납땜으로 구분할 때의 융점 온도는?

① 100℃
② 212℃
③ 450℃
④ 623℃

57 ② 58 ③ 59 ① 60 ③

과년도 기출문제

01 강자성체 철(Fe)의 자기적 성질이 변하는 온도인 퀴리점은?
① 450℃ ② 768℃
③ 915℃ ④ 1200℃

순철의 자기 변태점(A₂ 변태점) : 768℃(퀴리점)

02 방사선 투과 시험용 투과도계(KS A 4054)에서 호칭번호 F02형 선형 투과도계는 7개로 배열되어 있다. 가운데 4번째 선의 지름은 얼마인가?
① 0.1mm ② 0.2mm
③ 0.4mm ④ 0.8mm

투과도계 규격

형의 종류	사용재료 두께범위		선경의 배열		
	보급	특급	1	2	3
F02	20 이하	30 이하	0.10	0.125	0.16
F04	10~40	15~60	0.20	0.25	0.32
F08	20~80	30~130	0.40	0.50	0.64
F16	40~160	60~300	0.80	1.00	1.25

선경의 배열				선의 중심간 거리(D)	선의 길이(L)
4	5	6	7		
0.20	0.25	0.32	0.40	20 이하	F02
0.40	0.50	0.64	0.80	10~40	F04
0.80	1.00	1.25	1.60	20~80	F08
1.60	2.00	2.50	3.20	40~160	F16

03 방사선 투과 검사와 비교하여 일반적인 초음파 탐상 검사의 특성을 옳게 설명한 것은?
① 결함의 종류를 쉽게 구별할 수 있다.
② 제품의 형상에 구애를 받지 않는다.
③ 결함의 깊이를 쉽게 측정할 수 있다.
④ 1mm 이하의 얇은 판 검사에 효과적이다.

초음파 탐상은 결함의 깊이를 쉽게 알 수 있으나 결함의 종류는 알기 어렵다.

04 각종 비파괴 검사법과 그 원리가 틀리게 짝지어진 것은?
① 방사선 투과 검사 - 투과성
② 초음파 탐상 검사 - 펄스 반사법
③ 자분 탐상 검사 - 자분의 침투력
④ 와전류탐상 검사 - 전자 유도작용

자분 탐상 - 자분의 응집력

05 항공기 터빈 블레이드의 균열검사에 적용할 수 있는 와전류 탐상 코일은 무엇인가?
① 표면형 코일 ② 내삽형 코일
③ 회전형 코일 ④ 관통형 코일

• **표면형 코일** : 표면 균열 탐상
• **내삽형 코일** : 관 내경, 볼트 구멍
• **관통형 코일** : 관, 봉

06 자분 탐상 검사와 비교한 침투 탐상 검사의 장점이 아닌 것은?
① 비금속 재료에도 적용이 가능하다.
② 결함 방향의 영향을 받지 않는다.
③ 결함에 대한 확대 비율이 높다.
④ 온도의 영향이 적다.

침투 탐상 검사의 적정 시험 온도는 5~50℃이며, 온도의 영향을 받는다.

07 원형 봉강 등을 원형 자화시켜 자분 탐상 검사할 때 효과적인 방법은 무엇인가?
① 극간법 ② 코일법
③ 축 통전법 ④ 전류 관통법

정답 1 ② 2 ② 3 ③ 4 ③ 5 ① 6 ④ 7 ③

축 통전법
원형 자화를 형성시켜 봉강 등의 축류의 외경부 표면 검사에 적용한다.

08 섭씨 98.6℃를 화씨(℉)로 환산한 값은?

① 209.4   ② 37
③ 20.9   ④ 19.5

$$℉ = \frac{9}{5} \times 98.6 + 32 = 209.4$$

09 완전 진공일 때를 0으로 하고 표준 대기압이 1.033일 때 압력은?

① 게이지 압력   ② 대기 압력
③ 절대 압력   ④ 증기 압력

10 와전류 탐상 검사에서 신호 지시를 검출하는데 영향을 주는 시험체 – 시험 코일 연결 인자가 아닌 것은?

① 리프트 오프(Lift off)
② 충진율(Fill factor)
③ 표피 효과(Skin effect)
④ 모서리 효과(Edge effect)

표피 효과
시험체 – 시험 코일 연결 인자와는 관계가 없으며, 전류의 주파수가 증가함에 따라 전도체 내부로의 전류 침투 깊이가 감소하고 표층부에 집중하는 현상

11 비파괴 시험법 중 체적 검사에 해당하는 것은?

① 초음파 탐상 검사
② 자기 탐상 검사
③ 와전류 탐상 검사
④ 침투 탐상 검사

체적 검사
초음파 탐상 검사, 방사선 투과 탐상 검사 등 시험체의 전 체적을 시험하여 내부의 불연속을 검출하는 검사

12 누설 검사에서 누설 여부를 확인할 때 검출기를 사용하지 않는 방법은?

① 암모니아 누설 시험
② 헬륨 질량 분석기 누설 시험
③ 할로겐 누설 시험
④ 기체방사성 동위원소법

암모니아 누설 시험은 별도의 검출기 없이 시험체에 암모니아 검지제를 도포하여 누설되는 암모니아와 반응하여 착색이 되는 상태로 누설 여부를 판단하는 시험이다.

13 다음 중 초음파 탐상 검사의 장점이 아닌 것은?

① 미세한 균열의 검출에 대한 감도가 낮다.
② 내부 결함의 위치 측정이 가능하다.
③ 검사 결과를 신속히 알 수 있다.
④ 내부 결함의 크기 측정이 가능하다.

UT 검사는 미세 균열의 검출 감도가 높다.

14 방사선 투과 시험 시 공업용으로 쓰이는 X – 선 발생 장치의 초점의 크기는 대략 얼마인가?

① 0.25mm   ② 2.5mm
③ 25mm   ④ 250mm

15 현상제에 대한 설명으로 옳지 않은 것은?

① 현상제 피막으로 침투제가 빨려 나오는 것은 모세관 현상에 해당한다.
② 현상제는 색 대비를 향상시킨다.
③ 짧은 시간 내에 지시 모양을 관찰하게 한다.
④ 현상제는 액체상 물질로 구성되어 있으며 시험체 표면에 두껍게 도포된다.

현상제
백색 미세분말 형태이며, 시험체 표면에 균일하게 적당한 두께로 도포해야 된다.

정답 8 ① 9 ③ 10 ③ 11 ① 12 ① 13 ① 14 ② 15 ④

16 침투 탐상 시험에서 후유화성 침투제와 작용하여 물로 씻을 수 있도록 해주는 물질은?

① 유화제　　② 현상제
③ 물　　　　④ 알코올

> 유화제는 수세능이 없는 침투액에 수세성을 갖도록 하는 역할을 하며, 침투 시간 경과 직후 적용한다.

17 침투 탐상 시험에서 시험체 표면이 오염되었을 때 이를 제거하는 전처리 방법으로 틀린 것은?

① 세제(Detergent), 용제 세척(Solvent cleaning)
② 증기 탈지(Vapor degreasing), 침투 시간(Dwell time)
③ 페인트 제거제(Paint remover), 초음파 세척(Ultrasonic cleaning)
④ 기계적 방법(Mechanical method), 고온 가열(Air firing)

> 증기 탈지는 유지류 탈지에 사용

18 균열 내부에 있던 침투제가 현상제 도포 후 표면으로 이동해 나오는 원리는?

① 역삼투압 현상　　② 모세관 현상
③ 누설자장　　　　④ 접촉매질

> **모세관 현상**
> 작은 관을 액체 중에 집어넣었을 때 액체가 관 내를 상승하거나 하강하는 현상

19 다음 중 침투제를 적용하는 방법으로 틀린 것은?

① 담그기(침적법)
② 붓으로 칠하기
③ 스프레이로 뿌리기
④ 침탄법

> **침투액 적용 방법**
> 침지, 분무(spray), 붓칠

20 적심성과 어떤 액체를 고체표면에 적용할 때 액체와 고체표면이 이루는 각도인 접촉각 사이의 상관관계에 대한 설명으로 옳은 것은?

① 접촉각이 90°보다 클수록 적심 능력이 제일 양호하다.
② 접촉각이 90°일 때 적심능력이 제일 양호하다.
③ 접촉각이 90°보다 작을수록 적심능력이 양호하다.
④ 접촉각과 적심 능력은 서로 상관이 없다.

21 다음 중 침투제의 성질로 옳은 것은?

① 일반적으로 침투제는 표면장력이 작은 것이 바람직하다.
② 침투제의 점성이 클수록 침투율(침투 속도)이 크다.
③ 침투제의 비중은 통상 1보다 크며 비중이 클수록 모세관의 상승 높이가 크다.
④ 침투제는 비활성이 바람직하다.

> 침투제는 비중이 1보다 낮고, 적당한 표면장력이 있으며, 점성이 작고, 비활성이어야 한다.

22 침투제의 침투력에 영향을 주는 요인으로 틀린 것은?

① 시험체의 청결도
② 개구부의 형태
③ 개구부의 청정도
④ 시험체의 분자량

> 침투력은 ①, ②, ③에 따라 달라지나, 시험체의 분자량과는 관계가 없다.

23 침투 탐상 시험 시 연결된 선형 지시 모양이 나타났다면 다음 중 어떤 결함으로 추정하는 것이 가장 적합한 것인가?

① 다공질의 구멍　　② 슬래그 혼입
③ 수축공　　　　　 ④ 갈라진 틈

정답 16 ① 17 ② 18 ② 19 ④ 20 ③ 21 ④ 22 ④ 23 ④

24 침투 탐상 시험으로 검사가 가장 어려운 시험체는?
① 주철
② 담금질한 알루미늄
③ 유리로 만들어진 부품
④ 다공성 물질로 된 부품

25 다음 중 표면장력에 관한 설명으로 옳은 것은?
① 표면장력은 액체의 온도가 상승하면 증가한다.
② 표면장력은 액체의 고체 표면 적심 능력에 영향을 미친다.
③ 액체가 스스로 팽창하여 표면적을 가장 크게 가지려고 하는 힘이다.
④ 액체의 표면장력은 첨가하는 물질에 의해 아무런 영향을 받지 않는다.

> **표면장력**
> 액체 표면의 단면적을 최소화하려는 힘을 말하며, 적심 능력에 영향이 미친다.

26 침투 탐상 시험에서 의사지시 모양이 나타나는 원인이 아닌 것은?
① 전처리가 부족한 경우
② 제거 처리가 부적당한 경우
③ 시험체의 형상이 단순한 경우
④ 외부 경로를 통한 오염이 있는 경우

> 의사지시(무관련 지시)는 시험체의 형상과는 무관하다.

27 다음 중 침투 비파괴 검사의 단점은?
① 자석에 붙는 재료에 한하여 검사가 가능하다.
② 표면에 노출된 결함만 검사할 수 있다.
③ 자성 재료에 한하여 검사가 가능하다.
④ 전기가 통하는 재료에 한하여 검사가 가능하다.

> 침투 탐상 검사는 내부 결함 검출은 불가능하며, 표면의 결함(개구부, 균열, 피트 등)만 검출이 가능하다.

28 항공 우주용 기기의 침투 탐상 검사 방법(KS W 0914)에서 용제성 제거제로 쓰이는 할로겐화 제거제는 다음 클래스 중 어디에 속하는가?
① 클래스(1)   ② 클래스(2)
③ 클래스(3)   ④ 클래스(4)

> **용제성 제거제 클래스**
> • 클래스(2) : 비할로겐화 클래스
> • 클래스(3) : 특정 용도의 제거제

29 침투 탐상 시험 방법 및 침투 지시 모양의 분류(KS B 0816)에서 VC-S 시험법의 시험 순서를 바르게 나열한 것은?
① 전처리 → 침투 처리 → 제거 처리 → 현상 처리 → 관찰
② 전처리 → 침투 처리 → 세척 처리 → 건조 처리 → 현상 처리 → 관찰
③ 전처리 → 침투 처리 → 세척 처리 → 제거 처리 → 건조 처리 → 현상 처리 → 관찰
④ 전처리 → 침투 처리 → 유화 처리 → 세척 처리 → 제거 처리 → 건조 처리 → 현상 처리 → 관찰

30 침투 탐상 시험 방법 및 침투 지시 모양의 분류(KS B 0816)에서 규정된 B형 대비 시험편은 몇 종류인가?
① 2종류   ② 3종류
③ 4종류   ④ 6종류

> **KS B 0816에 규정된 B형 대비 시험편**
> PT-B10, PT-B20, PT-B30, PT-B50 4종류

31 침투 탐상 시험 방법 및 침투 지시 모양의 분류(KS B 0816)에서 분류된 결함에 대한 기록 중 포함되어야 할 내용이 아닌 것은?
① 결함 길이   ② 결함 개수
③ 결함 깊이   ④ 결함 위치

정답   24 ④   25 ②   26 ③   27 ②   28 ①   29 ①   30 ③   31 ③

32 항공 우주용 기기의 침투 탐상 검사 방법(KS W 0914)에 따른 수세성 침투 탐상 검사를 1일 1교대의 완전 조업으로 설비를 가동 시, 사용 중인 침투액 점검 주기에 관한 내용 중 틀린 것은?

① 형광 휘도 시험은 적어도 월 1회 하여야 한다.
② 수분 함유량 측정은 적어도 월 1회 하여야 한다.
③ 제거성 시험은 적어도 월 1회 하여야 한다.
④ 감도 시험은 적어도 월 1회 하여야 한다.

> KS-W-0914 규정에 의한 침투액 형광휘도 시험은 사용하지 않은 침투액의 시료를 대비 기준으로 형광휘도 값이 90% 이하인 경우 폐기해야 한다.

33 침투 탐상 시험 방법 및 침투 지시 모양의 분류(KS B 0816)에서 보고서에 기록하는 내용 중 "시험 시의 온도"가 다음 중 어느 온도일 때 반드시 기록하여야 하는가?

① 18℃
② 25℃
③ 35℃
④ 58℃

> 시험 온도는 15~50℃이며, 그 이상이나 이하인 경우 그 온도를 기록해야 된다.

34 침투 탐상 시험 방법 및 침투 지시 모양의 분류(KS B 0816)에서 전수 검사를 실시한 경우 시험체에 표시하는 방법이 아닌 것은?

① 각인
② 도금
③ 부식
④ 착색

> 전수 검사인 경우
> 각인, 부식, 적갈색으로 착색, 또는 P 표시

35 침투 탐상 시험 방법 및 침투 지시 모양의 분류(KS B 0816)에서 침투 탐상 검사에 현상제의 적용 방법으로 옳은 것은?

① 잉여 침투액의 제거 후 즉시
② 잉여 침투액의 제거 후 5분 뒤
③ 침투제의 적용 후 즉시
④ 침투제의 적용 후 5분 뒤

36 항공 우주용 기기의 침투 탐상 검사 방법(KS W 0914)의 침투액계 타입 I의 공정에 대한 설명 중 틀린 것은?

① 영구 착색 렌즈를 사용해서는 안 된다.
② 검사하기 전 적어도 1분 동안 암실에 적응해야 한다.
③ 자외선의 강도는 구성 부품 표면에서 최소 800 $\mu W/cm^2$ 이상이어야 한다.
④ 배경이 과잉으로 형광을 발하는 구성 부품은 청정화하여 재처리하여야 한다.

> KS-W-0914 규정에 의한 타입 I의 자외선 조사 장치는 구성 부품 표면에 최소 1200$\mu W/cm^2$ 방사조도를 유지해야 된다.

37 항공 우주용 기기의 침투 탐상 검사 방법(KS W 0914)에서 친유성 유화제의 최대 체류 시간의 특별한 지시가 없을 때, 타입 I 침투액계와 타입 II 침투액계의 체류 시간을 가장 잘 짝지어 놓은 것은?

① 타입 I - 3분, 타입 II - 10초
② 타입 I - 3분, 타입 II - 30초
③ 타입 I - 10초, 타입 II - 3분
④ 타입 I - 30초, 타입 II - 3분

38 침투 탐상 시험 방법 및 침투 지시 모양의 분류(KS B 0816)에서 시험 조작 중 전처리 방법에 속하지 않는 것은?

① 용제에 의한 세척
② 증기 세척
③ 알칼리 세척
④ 기계 가공에 의한 세척

> 기계 가공에 의한 표면 세척은 표면 결함의 개구부를 손상시킬 염려가 있으므로 적용을 삼가야 된다.

39 침투 탐상 시험 방법 및 침투 지시 모양의 분류(KS B 0816)에서 예비 세척이 필요한 침투 탐상 방법은 무엇인가?

① FC-S
② FB-N
③ FD-D
④ VC-S

정답 32 ① 33 ④ 34 ② 35 ① 36 ③ 37 ② 38 ④ 39 ③

FD - D
후유화성 형광(물 베이스) - 건식 현상법

40 침투 탐상 시험 방법 및 침투 지시 모양의 분류(KS B 0816)에 의한 시험자의 자격 요건 사항으로 틀린 것은?

① 필요한 자격을 가진 자
② 해당 시험에 대하여 충분한 지식을 가진 자
③ 침투 탐상제의 화학 성분 분석 능력을 가진 자
④ 해당 시험에 대하여 충분한 기능 및 경험을 가진 자

시험자의 자격 요건
해당 시험에 대하여 필요한 자격, 상당한 지식, 기능, 경험을 가진 자

41 항공 우주용 기기의 침투 탐상 검사 방법(KS W 0914)에 따른 침투액계의 감도 레벨 4가 의미하는 것은?

① 저감도   ② 중감도
③ 고감도   ④ 초고감도

KS - W - 0914 규정에 의한 침투액계의 감도
- 저감도 : 감도 레벨 1
- 중감도 : 감도 레벨 2
- 고감도 : 감도 레벨 3
- 초고감도 : 감도 레벨 4

42 침투 탐상 시험 방법 및 침투 지시 모양의 분류(KS B 0816)에 따른 전수 검사에 의한 합격품은 어떠한 색깔로 착색 표시하는가?

① 적갈색   ② 황색
③ 적색   ④ 청색

43 합금 공구강 중 게이지용 강이 갖추어야 할 조건으로 틀린 것은?

① 경도는 HRC 55 이하를 가져야 한다.
② 팽창계수가 보통강보다 작아야 한다.
③ 담금질에 의한 변형 및 균열이 없어야 한다.
④ 시간이 지남에 따라 치수의 변화가 없어야 한다.

게이지강은 표면 경도가 HRC 55 이상 높아야 한다.

44 구상흑연 주철을 만들 때 구상화제로 주로 사용되는 것은?

① P, S   ② N, B
③ Cr, Ni   ④ Ca, Mg

흑연의 구상화를 위한 접종제 : Mg, Ce, Ca

45 다음 중 순산소에 의해 산화열로 정련하는 제강법은?

① 전로   ② 전기로
③ 유동로   ④ 도가니로

전로
용강에 공기나 순산소를 분출하여 불순물을 산화시켜 정련하는 제강로

46 금속의 일반적인 특성을 설명한 것 중 틀린 것은?

① 열과 전기에 도체이다.
② 전성과 연성이 나쁘다.
③ 금속 고유의 광택을 가진다.
④ 고체 상태에서 결정구조를 가진다.

금속의 일반적 특성
①, ③, ④ 외에 전성과 연성이 좋으며, 상온에서 고체이며, 결정체이고, 금속 고유의 색깔이 있으며, 빛을 반사한다.

47 주조한 그대로 사용되는 스텔라이트의 주요 함유성분에 포함되지 않는 것은?

① Cu   ② Co
③ Cr   ④ W

스텔라이트
Co + Cr + W + C를 주성분으로 하는 대표적인 주조경질합금

정답 40 ③ 41 ④ 42 ① 43 ① 44 ④ 45 ① 46 ② 47 ①

48 Ai – Si계 합금을 주조할 때 금속 나트륨, 알칼리 염류 등을 첨가하여 조직을 미세화시키기 위한 처리의 명칭으로 옳은 것은?
① 심랭 처리 ② 개량 처리
③ 용체화 처리 ④ 페이딩 처리

49 비정질 재료의 제조 방법 중 액체 급랭법에 의한 제조법이 아닌 것은?
① 단롤법 ② 쌍롤법
③ 화학 증착법 ④ 원심법

> **비정질 합금 제조법**
> • 액체 급랭법 : 단롤법, 쌍롤법, 원심법
> • 기체 급랭법 : 진공 증착법, 이온 도금법, 스퍼터링법, 화학 증착법
> • 금속 이온법 : 전해 코팅법, 무전해 코팅법

50 황동에서 탈아연 부식이란 무엇인가?
① 황동 중의 구리가 염분에 녹는 현상
② 황동 중에 탄소가 용해되는 현상
③ 황동이 수용액 중에서 아연이 용해하는 현상
④ 황동 제품이 공기 중에 부식되는 현상

51 다음 중 Mg에 대한 설명으로 틀린 것은?
① 상온에서 비중은 약 1.74이다.
② 구상흑연주철 제조 시 첨가제로 사용한다.
③ 절삭성은 양호하고, 산이나 염수에 잘 견디나 알칼리에는 침식된다.
④ Mg은 용융점 이상에서 공기와 접촉하여 가열되면 폭발 및 발화되기 때문에 주의가 필요하다.

> Mg은 산이나 염수에는 녹지만, 알칼리에는 잘 견딘다.

52 유압식 브리넬 경도기의 조작 방법이 아닌 것은?
① 시험면에 압입자를 접촉시킨다.
② 시험면이 시험기 받침대와 평행이 되게 한다.
③ 유압밸브를 조이고 하중 중추가 떠오를 때까지 유압 레버를 작동시켜 하중을 가한다.
④ 시험면에 현미경의 일정 배율로 초점을 맞추고 시험 위치를 결정한다.

> 브리넬 경도 시험은 현미경이 부착되어 있지 않으며, 비커스 경도시험은 현미경으로 시험 위치를 결정한다.

53 금속의 상변태에 대한 설명으로 틀린 것은?
① 어떤 결정구조에서 다른 결정구조로 바뀌는 것을 상변태라 한다.
② 상변태를 일으키기 위해서는 핵 생성과 핵 성장이 필요하다.
③ 순철에서의 자기 변태는 A_3 변태이며, 동소 변태는 A_2와 A_4 변태가 있다.
④ 핵 성장은 본래의 상으로부터 새로운 상으로 원자가 이동함으로써 진행된다.

> • 순철의 자기 변태점 : A_2
> • 순철의 동소 변태점 : A_3, A_4

54 Fe – C 평형 상태도에서 펄라이트의 조직은?
① 페라이트
② 페라이트 + 시멘타이트
③ 오스테나이트 + 시멘타이트
④ 페라이트 + 오스테나이트

> **펄라이트**
> 페라이트 + 시멘타이트의 층상조직

55 다음 중 청동(Bronze) 합금에 해당되는 조성은?
① Sn - Be ② Zn - Mn
③ Cu - Zn ④ Cu - Sn

> • 청동 : Cu + Sn
> • 황동 : Cu + Zn

56 티타늄 탄화물(TiC)과 Ni 또는 Co 등을 조합한 재료로 만드는데 응용하며, 세라믹과 금속을 결합하고 액상 소결하여 만들어진 절삭공구로도 사용되는 고경도 재료는?
① 서멧(Cermet)
② 인바(Invar)
③ 두랄루민(Duralumin)
④ 고속도강(High speed steel)

정답 | 48 ② | 49 ③ | 50 ③ | 51 ③ | 52 ④ | 53 ③ | 54 ② | 55 ④ | 56 ①

서멧
탄화타이타늄(TiC)에 Ni, Co, Mo 등을 조합한 세라믹 재료로서 고온 강도가 우수하여 고온용 절삭공구에 사용된다.

57 초강 두랄루민(ESD)계의 주성분으로 옳은 것은?

① Al - Cu계 합금
② Al - Si계 합금
③ Al - Cu - Si계 합금
④ Al - Mg - Zn계 합금

② 실루민
③ 라우탈

58 피복 아크 용접에서 아크열에 의해 용접봉이 녹아 금속증기 또는 용적으로 되어 녹은 모재와 융합하여 용착금속을 만드는데, 용융물이 모재에 녹아 들어간 깊이를 무엇이라 하는가?

① 용융지
② 용입
③ 용착
④ 용적

59 단면적이 500mm²인 연강봉에 500kgf의 인장하중을 받아 이 재료의 허용 인장응력에 도달하였다. 이 봉의 인장강도가 500kgf/cm²이라면 안전율은?

① 1
② 5
③ 10
④ 50

$$\text{안전율} = \frac{\text{허용응력(인장하중} \times \text{단면적)}}{\text{인장강도}}$$
$$= \frac{500\text{kgf} \times 5\text{cm}^2}{500\text{kgf/cm}^2} = 5$$

60 연강용 가스 용접봉에 함유된 금속 성분 중에서 용접부의 저항력을 감소시키고 기공의 발생의 원인이 되는 것은?

① 탄소(C)
② 규소(Si)
③ 유황(S)
④ 인(P)

S(유황)
고온 취성의 원인이 되며, 용접부 강도를 약화시키고 기공 발생의 원인이 된다.

정답 57 ④ 58 ② 59 ② 60 ③

 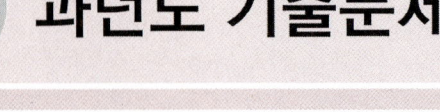

01 기계나 구조물을 설계할 때 부재의 치수, 형상, 재료의 적부를 판단하거나, 제작된 기계나 구조물이 사용 중 파손 및 변형되지 않도록 감시하는데 이용되는 비파괴 검사법은?

① 음향 방출 시험
② 응력 스트레인 측정
③ 전위차 시험
④ 적외선 서모그래프

02 방사선 작업 종사자가 착용하는 개인 피폭 선량계에 속하지 않는 것은?

① 서베이 미터
② 필름 배지
③ 포켓 도시미터
④ 열형광 선량계

개인 피폭 선량계
②, ③, ④ 외에 유리 선량계, OSL 선량계, 전자 선량계

03 와전류 탐상 시험에서 검사 코일의 임피던스 변화에 미치는 영향이 제일 작은 것은?

① 시험 속도
② 시험 주파수
③ 시험체의 전도율
④ 시험체의 투자율

04 초음파 탐상 시험에 대한 설명 중 틀린 것은?

① 오스테나이트강에서는 종파에 비해 횡파의 경우 감쇠가 크다.
② 시험체의 결정입계에서 탄화물을 석출하면 산란 감쇠가 증가한다.
③ 오스테나이트강에서 횡파는 때때로 주상정의 성장 방향에 따라 진행한다.
④ 스테인리스강 재질은 탄소강 재질과 초음파 속도가 같으므로 대비 시험편은 어느 것을 사용하여도 무방하다.

스테인리스강과 탄소강은 재질이 다르므로 초음파 속도도 다르다. 따라서 대비 시험편도 다르다.

05 초음파 탐상법을 원리에 의해 분류할 때 해당하지 않는 것은?

① 펄스 반사법
② 투과법
③ A - 주사법
④ 공진법

표시방법에 의한 분류
• A : 스캔(주사)법
• B : 스캔(주사)법
• C : 스캔(주사)법

06 누설 검사에서 추적가스로 사용할 수 없는 것은?

① 수소
② 할로겐
③ 헬륨
④ 암모니아

07 침투 탐상 검사에 대한 설명 중 틀린 것은?

① 표면 균일 검사에 효과적이다.
② 시험품 표면 온도가 검사 결과에 영향을 준다.
③ 구조물의 부분 탐상에는 후유화법이 효과적이다.
④ 철, 비철 등 금속제품 검사에 효과적이다.

구조물의 부분탐상에는 용제 제거성이 효과적이다.

08 침투 탐상 검사로 검출이 어려운 결함은?

① 언더컷
② 오버랩
③ 피로균열
④ 슬래그 혼입

내부 결함인 슬래그 혼입(섞임)은 침투 탐상법으로 검출할 수 없다.

정답 1 ② 2 ① 3 ① 4 ④ 5 ③ 6 ① 7 ③ 8 ④

09 어떤 물체의 온도가 56℃이었다. 이를 화씨(℉)로 전환하면 얼마인가?

① 약 132℉ ② 약 13℉
③ 약 1.3℉ ④ 약 17℉

$$℉ = \frac{9}{5} \times 56 + 32 = 132.8$$

10 자분 탐상 시험으로 고리 모양의 제품을 탐상할 때 가장 좋은 자화 방법은?

① 프로드법 ② 극간법
③ 축 통전법 ④ 전류 관통법

11 자분 탐상 시험법에 사용되는 시험 방법이 아닌 것은?

① 축 통전법 ② 직각 통전법
③ 프로드법 ④ 단층 촬영법

단층 촬영법은 방사선 탐상법의 일종이다.

12 자화 전류와 자분의 관계에서 표면 직하 결함 검출에 좋은 조합은 다음 중 무엇인가?

① 교류 - 습식 자분
② 교류 - 건식 자분
③ 반파 직류 - 습식 자분
④ 반파 직류 - 건식 자분

13 내부 기공의 결함 검출에 가장 적합한 비파괴 검사법은?

① 음향 방출 시험 ② 방사선 투과 시험
③ 침투 탐상 시험 ④ 와전류 탐상 시험

내부 결함 검출
방사선 탐상이나 초음파 탐상으로 검출할 수 있다.

14 비파괴 검사에 대한 일반적인 설명으로 틀린 것은?

① 자분 탐상 시험은 표면 결함 검출에 적용된다.
② 초음파 탐상 시험은 작업자의 숙련도에 크게 좌우된다.
③ 침투 탐상 시험은 강자성체에만 적용할 수 있다.
④ 방사선 투과 시험은 검사체 내부 결함 검출에 유용하다.

침투 탐상은 다공질 재료를 제외하고는 거의 모든 재료에 검사가 가능하며, 자분 탐상은 강자성체 재료에만 적용한다.

15 침투 탐상 시험 시 형광 침투액에 비해 염색 침투액의 장점은?

① 작은 지시들을 더 잘 볼 수 있다.
② 크롬산 표면에 사용할 수 있다.
③ 거친 표면에 대조색이 적다.
④ 특별한 조명을 필요로 하지 않는다.

염색 침투 탐상의 관찰은 백색광 또는 자연광에서 실시한다.

16 다음 중 침투제의 침투력에 영향을 주는 요인으로 틀린 것은?

① 개구부의 표면에 열려진 크기
② 침투제의 표면장력
③ 침투제의 적심성
④ 시험체의 재질

17 침투의 원리에서 액체 분자 사이의 응집력은 액체가 스스로 수축하여 표면적을 가장 작게 가지려고 하는 힘을 표현한 것은?

① 표면장력 ② 모세관 현상
③ 적심성 ④ 접촉각

18 형광 침투 탐상 시험에 사용되는 자외선 조사 장치에 장시간 노출되었을 때 가장 먼저 장해를 받는 것은?

① 인체 근육조직 ② 인체의 염색체
③ 인체 혈관세포 ④ 인체의 눈

정답 9 ① 10 ④ 11 ④ 12 ④ 13 ② 14 ③ 15 ④ 16 ④ 17 ③ 18 ④

> 자외선에 오랫동안 노출되면 눈에 착시현상이 일어나므로 주의해야 된다.

19 탐상제 중에 염색 침투액보다 형광 침투액이 좋은 점은?

① 일반 광선으로 검사할 수 있다.
② 작은 지시라도 쉽게 검출 가능하다.
③ 물이 묻은 부품에 사용이 용이하다.
④ 자외선등을 이용하므로 장비가 단순, 간편하다.

> 형광 침투액은 자은 지시(미세한 결함)의 검출 능력이 좋다.

20 침투 탐상 시험에서 현상제가 갖추어야 할 조건으로 옳은 것은?

① 휘발성이 높아야 한다.
② 세척성이 좋아야 한다.
③ 침투성이 좋아야 한다.
④ 침투액의 분산력이 좋아야 한다.

> **현상제 특징**
> • 흡출된 침투액의 분산능력이 우수할 것
> • 부착성, 화학적 안정성이 좋을 것
> • 침투액의 흡출 능력이 좋을 것
> • 현상제 피막 제거가 용이할 것
> • 현상 피막에서 형광을 발하지 않을 것

21 형광 침투 탐상 시험을 할 때 과잉 침투제를 제거한 직후 행하여야 할 사항으로 옳은 것은?

① 표면을 압축공기로 불어 건조시킨다.
② 흡수지를 사용하여 표면에 남아 있는 액체를 빨아낸다.
③ 자외선등으로 과잉 침투액이 제거되었는가 점검한다.
④ 열풍식 건조기로 표면을 건조시킨다.

22 염색 침투 비파괴 검사에 가장 적합한 조명은?

① 20룩스 이하
② 20룩스부터 30룩스 사이
③ 500룩스 이상
④ 10W/m²

23 침투 탐상 시험 시 침투제가 가져야 할 특성이 아닌 것은?

① 미세한 틈 사이에도 침투할 수 있는 능력
② 침투 처리 시 비교적 큰 결함에도 남을 수 있는 능력
③ 침투 처리 시 재빨리 증발할 수 있는 능력
④ 후처리 시에 표면으로부터 쉽게 씻겨질 수 있는 능력

> 침투 처리 시 침투제의 증발이 바르면 개구부에 침투하기 전에 증발하게 되므로 증발이나 휘발성이 낮아야 한다.

24 의사지시 모양은 현상제를 적용한 면에 어떤 것이 남아있을 경우 나타날 가능성이 가장 높은가?

① 침투액
② 세척액
③ 유화액
④ 트리클렌

25 다음 중 접촉각만의 관점에서 볼 때 적심성이 가장 좋은 침투액은?

① 접촉각이 10°인 침투액
② 접촉각이 30°인 침투액
③ 접촉각이 45°인 침투액
④ 접촉각이 90°인 침투액

> 접촉각이 작을수록 표면장력이 작아져 적심성이 좋아져 개구부에 침투 능력이 높아진다.

26 침투 탐상 검사에서 침투에 영향을 미치는 요인은?

① 검사 대상물의 크기
② 결함의 방향성
③ 검사 대상물의 화학성분
④ 결함의 폭

> 침투 능력은 침투제와 결함 폭의 영향을 받는다.

정답 19 ② 20 ④ 21 ③ 22 ③ 23 ③ 24 ① 25 ① 26 ④

27 주조품에서 수축균열이 발생하는 부위는 주로 어느 곳인가?

① 얇은 부재 쪽
② 두꺼운 부재 쪽
③ 두께 변화가 심한 곳
④ 주물 내부의 기공이 있는 곳

> 주물의 수축 균열은 두꺼운 부분과 얇은 부분의 팽창과 수축력의 차가 크므로 두께 변화가 심한 부분에서 나타난다.

28 항공 우주용 기기의 침투 탐상 검사 방법(KS W 0914)에서 염색 침투 탐상 장치의 관찰 장소의 백색광 조도는?

① 최소 100lx 이하
② 최소 100lx 이상
③ 최소 1000lx 이하
④ 최소 1000lx 이상

29 침투 탐상 시험 방법 및 침투 지시 모양의 분류(KS B 0816)에 의한 시험 분류 방법 중 "후유화성 형광 침투액 수현탁성 현상제"의 표시는?

① FB - W
② FB - A
③ VB - W
④ VB - A

30 침투 탐상 시험 방법 및 침투 지시 모양의 분류(KS B 0816)에서 규정한 A형 대비 시험편의 크기와 대비 시험편 흠의 깊이로 옳은 것은?

① 크기 : 75×50mm, 흠의 깊이 : 1.5mm
② 크기 : 75×50mm, 흠의 깊이 : 2mm
③ 크기 : 100×75mm, 흠의 깊이 : 1.5mm
④ 크기 : 100×75mm, 흠의 깊이 : 2mm

31 항공 우주용 기기의 침투 탐상 검사 방법(KS W 0914)에서 적용하는 침투액계의 타입에 대한 설명으로 옳지 않은 것은?

① 타입 1 - 형광 침투액의 계통
② 타입 2 - 염색 침투액 계통
③ 타입 3 - 염색 및 형광 복식 침투액 계통
④ 타입 4 - 후유화성 염색 형광 복식 침투액 계통

32 침투 탐상 시험 방법 및 침투 지시 모양의 분류(KS B 0816)에서 시험 방법 중 후유화성 형광 침투액(기름 베이스 유화제) - 수현탁성 습식 현상제를 사용하였을 때 유화 처리 후 다음 단계에 수행하여야 하는 처리 방법은?

① 세척 처리
② 침투 처리
③ 건조 현상 처리
④ 습식 현상 처리

33 침투 탐상 시험 방법 및 침투 지시 모양의 분류(KS B 0816)에서 B형 대비 시험편 제작 시 규정하는 재료로 틀린 것은?

① C2024P
② C2600P
③ C2720P
④ C2801P

34 항공 우주용 기기의 침투 탐상 검사 방법(KS W 0914)의 방법 B에 따라 친유성 유화제를 시편에 적용하려 한다. 설명으로 틀린 것은?

① 침지법에 의해 적용해야 한다.
② 흘림에 의해 적용해야 한다.
③ 붓칠을 이용하여 적용해야 한다.
④ 적용 중 교반은 불허한다.

> **유화제 적용 방법**
> ①, ②, ④ 외에 분무법, 붓기로 적용하고 붓칠이나 적용 중 교반은 금지한다.

35 침투 탐상 시험 방법 및 침투 지시 모양의 분류(KS B 0816)에 따른 현상제의 적용 방법 중 열풍 순환식 건조기를 사용하지 않는 것은?

① 수용성 현상제
② 물 현탁성 현상제
③ 습식 현상제
④ 건식 현상제

36 침투 탐상 시험 방법 및 침투 지시 모양의 분류(KS B 0816)에 규정된 B형 대비 시험편의 종류 기호가 아닌 것은?

① PT - B10
② PT - B20
③ PT - B40
④ PT - B50

> **KS B 0816에 규정된 B형 대비 시험편 종류**
> PT - B10, PT - B20, PT - B30, PT - B50 4가지

정답 27 ③ 28 ④ 29 ① 30 ① 31 ④ 32 ① 33 ① 34 ③ 35 ④ 36 ③

37 침투 탐상 시험 방법 및 침투 지시 모양의 분류(KS B 0816)에 의한 시험 방법의 분류 중 수용성 습식 현상법을 사용할 때의 기호는?

① B
② A
③ D
④ C

> KS B 0816에 규정된 수용성 습식 현상제 : A

38 침투 탐상 시험 방법 및 침투 지시 모양의 분류(KS B 0816)에서 강용접부 시험체와 침투액의 온도가 22℃일 때 표준 현상시간은?

① 2분
② 5분
③ 7분
④ 15분

39 침투 탐상 시험 방법 및 침투 지시 모양의 분류(KS B 0816)에서 일반 주강품에 대해 형광 침투 탐상할 때 관찰에 필요한 자외선의 강도는?

① 25cm 거리에서 1000W/cm² 이상
② 25cm 거리에서 800W/cm² 이상
③ 시험체 표면에서 500μW/cm² 이상
④ 시험체 표면에서 800μW/cm² 이상

> KS B 0816에 규정된 자외선등의 강도
> 시험체 표면에서 800μW/cm² 이상 요구된다.

40 침투 탐상 시험 방법 및 침투 지시 모양의 분류(KS B 0816)에 따른 침투 탐상 시험에서 시험 보고서에 시험 장소에서의 기온 및 침투액의 온도를 기록하지 않아도 좋은 경우는?

① 15℃ 이하일 때
② 15~50℃일 때
③ 50℃ 이상일 때
④ 90℃ 이상일 때

> KS B 0816에 규정된 시험 온도는 15~50℃이므로, 15℃ 이하나 50℃ 이상은 그 온도를 기록한다.

41 배관 용접부의 비파괴 시험 방법(KS B 0888)에서 규정하는 지그 부착 자국에 대한 침투 탐상 시험에서 시험의 최소 실시 범위는?

① 지그 부착 자국 주변에서 그 외부로 5mm의 길이를 더한 범위로 한다.
② 지그 부착 자국 주변에서 그 외부로 10mm의 길이를 더한 범위로 한다.
③ 관의 살 두께를 주변에 더한 범위로 한다.
④ 관의 살 두께의 1/2의 길이를 주변에 더한 범위로 한다.

42 배관 용접부의 비파괴 시험 방법(KS B 0888)에서 도관의 일반 부분인 경우 침투 탐상 시험에 대한 지시 모양의 분류 및 합격 판정 기준으로 옳은 것은?

① 독립 침투 지시 모양은 독립하여 존재하는 개개의 침투 지시 모양으로 3종류로 구분한다.
② 연속 침투 지시 모양의 길이는 침투 지시 모양의 개개의 길이 및 상호의 간격을 더한 값으로 한다.
③ 독립 침투 지시 모양 및 연속 침투 지시 모양은 1개의 길이 10mm 이하를 합격으로 한다.
④ 분산 침투 지시 모양은 연속된 용접 길이 500mm 당의 합계점이 10점 이하인 경우를 합격으로 한다.

> KS-B-0888에서 지시 모양
> • 독립 침투 지시 : 선형 침투 지시, 원형 침투 지시
> • 독립 침투 지시와 연속 침투 지시에서 1개의 길이가 8mm 이하면 합격
> • 분산 침투 지시가 연속 용접 길이 300mm당 합계점이 10점 이하면 합격
> • 균열(터짐)에 의한 지시는 모두 불합격

43 로크웰 경도를 시험할 때 처음 기준 하중은 몇 kgf으로 하는가?

① 5
② 10
③ 30
④ 50

> • HR의 기준하중 : 10kgf
> • HRB의 시험하중 : 100kgf
> • HRC의 시험하중 : 100kgf

44 다음 중 2500℃ 이상의 고용융점을 가진 금속이 아닌 것은?

① Cr ② W
③ Mo ④ Ta

- W : 3410℃
- Mo : 2610℃
- Ta : 2996℃
- Cr : 1800℃

45 다음 중 초경합금과 관계없는 것은?

① TiC ② WC
③ Widia ④ Lautal

Lautal(라우탈)
Al + Cu + Si계 합금

46 금속에 열을 가하여 액체 상태로 한 후에 고속으로 급랭하면 원자가 규칙적으로 배열되지 못하고 액체 상태로 응고되어 고체 금속이 된다. 이와 같이 원자들의 배열이 불규칙한 상태의 합금을 무엇이라 하는가?

① 비정질 합금 ② 형상기억 합금
③ 제진 합금 ④ 초소성 합금

비정질 합금
용용된 금속이 응고되면 원자 배열이 불규칙적인 상태로 이루어진 합금

47 강의 서브제로 처리에 관한 설명으로 틀린 것은?

① 퀜칭 후의 잔류 오스테나이트를 마텐사이트로 변태시킨다.
② 냉각제는 드라이아이스 + 알코올이나 액체질소를 사용한다.
③ 게이지, 베어링, 정밀금형 등의 경년변화를 방지할 수 있다.
④ 퀜칭 후 실온에서 장시간 방치하여 안정화시킨 후 처리하면 더욱 효과적이다.

서브제로 처리(심랭 처리, 영점하 처리)
퀜칭(담금질) 후 잔류 오스테나이트를 마텐사이트로 바꾸기 위해 드라이아이스나 액체질소 등 영하의 온도에서 일정 시간 유지하는 방법. 경년변화를 억제할 수 있다.
④는 시효 처리를 말한다.

48 다음 상태도에서 액상선을 나타내는 것은?

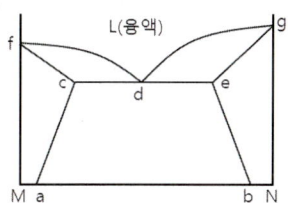

① a, c, f ② c, d, e
③ f, d, g ④ b, e, g

액상선
액체와 접하고 있는 부분으로 이 선 이상에서는 액체가, 이하에서는 응고가 진행되어 고체가 된다.

49 주물용 마그네슘(Mg) 합금을 용해할 때 주의해야 할 사항으로 틀린 것은?

① 주물 조각을 사용할 때에는 모래를 투입하여야 한다.
② 주조 조직의 미세화를 위하여 적절한 용탕 온도를 유지해야 한다.
③ 수소가스를 흡수하기 쉬우므로 탈가스 처리를 해야 한다.
④ 고온에서 취급할 때는 산화와 연소가 잘되므로 산화 방지책이 필요하다.

Mg(마그네슘) 합금 용해 시 주의사항
고온에서 연소나 산화가 일어나기 쉬우므로 산화 방지 대책이 필요하며, 주조 작업 후 주물사를 잘 제거해야 한다.

50 60%Cu − 40%Zn 황동으로 복수기용 판, 볼트, 너트 등에 사용되는 합금은?

① 톰백(Tombac)
② 길딩메탈(Gilding metal)
③ 문쯔메탈(Muntz metal)
④ 애드미럴티메탈(Admiralty metal)

- 톰백 : Cu + Zn(5~20%)
- 길딩메탈 : Cu + Zn(5%)
- 애드미럴티 : Cu + Zn(20%) + Sn(1%)

정답 44 ① 45 ④ 46 ① 47 ④ 48 ③ 49 ① 50 ③

51 주철의 물리적 성질은 조직과 화학 조성에 따라 크게 변화한다. 주철을 600℃ 이상의 온도에서 가열과 냉각을 반복하면 주철이 성장한다. 주철 성장의 원인으로 옳은 것은?

① 시멘타이트(Cementite)의 흑연화로 발생한다.
② 균일 가열로 인하여 발생한다.
③ 니켈의 산화에 의한 팽창으로 발생한다.
④ A_4 변태로 인한 부피 팽창으로 발생한다.

> **주철의 성장**
> 주철을 가열과 냉각을 반복하면 팽창하게 되는데 이것을 성장이라 하며, 그 원인은 Si의 산화에 의한 팽창, 시멘타이트의 흑연화, 불균일 가열, A_3변태에 의한 부피 팽창 등에 의한다.

52 내식성 알루미늄(Al) 합금이 아닌 것은?

① 하스텔로이(Hastelloy)
② 하이드로날륨(Hydronalium)
③ 알클래드(Alclad)
④ 알드리(Aldrey)

> **하스텔로이**
> Ni + Cr + Fe + Mo계 내식 합금

53 다음 [보기]의 성질을 갖추어야 하는 공구용 합금강은?

> [보기]
> • HRC 55 이상의 경도를 가져야 한다.
> • 팽창계수가 보통 강보다 작아야 한다.
> • 시간이 지남에 따라 치수 변화가 없어야 한다.
> • 담금질에 의하여 변형이나 담금질 균열이 없어야 한다.

① 게이지용 강
② 내충격용 공구강
③ 절삭용 합금 공구강
④ 열간 금형용 공구강

> **게이지강**
> 게이지강은 팽창계수가 작고 치수 변화가 없는 인바, 초인바 등 불변강을 사용한다.

54 구조용 특수강 중 Cr – Mo 강에서 Mo의 역할로 가장 옳은 것은?

① 내식성을 향상시킨다.
② 산화성을 향상시킨다.
③ 절삭성을 양호하게 한다.
④ 뜨임 취성을 없앤다.

> **Mo(몰리브덴)**
> 용융점이 높은 체심 입방 격자 금속으로 뜨임 취성 방지, 고온강도 증가 효과가 있다.

55 다음 중 니켈 황동에 대한 설명으로 옳은 것은?

① 양은 또는 양백, 백동이라 한다.
② 5 : 5 황동에 Sn을 첨가한 합금을 니켈 황동이라 한다.
③ Zn이 30% 이상이 되면 냉간가공성이 좋아진다.
④ 스크루, 시계톱니 등과 같은 제품의 재료로 사용한다.

56 T.T.T 곡선에서 하부 임계냉각 속도란?

① 50% 마텐사이트를 생성하는데 요하는 최대의 냉각 속도
② 100% 오스테나이트를 생성하는데 요하는 최소의 냉각 속도
③ 최초의 소르바이트가 나타나는 냉각 속도
④ 최초의 마텐사이트가 나타나는 냉각 속도

57 다음 중 용융금속이 가장 늦게 응고하여 불순물이 가장 많이 모이는 부분은?

① 금속의 모서리 부분
② 결정입계 부분
③ 결정 입자 중심 부분
④ 가장 먼저 응고하는 금속 표면 부분

> **결정입계**
> 용융금속이 핵의 생성과 성장을 거쳐 마지막 액막이 응고하는 부분으로 가장 늦게 응고하는 부분이므로 용융점이 낮은 불순물 등이 많이 모여 취약하게 된다.

58 용접법 중 열원으로 미세한 금속 분말의 반응열을 이용하여 용접하는 방식은?

① 프라즈마 용접
② 테르밋 용접
③ 프로젝션 용접
④ 불활성 가스 아크 용접

> **테르밋 용접**
> 미세한 알루미늄 분말과 산화철 분말을 3~4 : 1로 혼합한 후 Mg 등의 반응 촉진제를 넣고 가열하면 약 2800℃까지 올라가며 산화물과 용융금속이 얻어진다. 이 금속을 용접부에 부어 용접하는 화학 반응열을 이용한 용접법이다.

59 용해 아세틸렌 취급 시 주의사항으로 틀린 것은?

① 용기는 수평으로 놓은 상태에서 사용한다.
② 저장실의 전기 스위치는 방폭 구조로 한다.
③ 토치 불꽃에서 가연성 물질을 가능한 한 멀리 한다.
④ 용기 운반 전에 밸브를 꼭 잠근다.

> 아세틸렌 용기는 눕히면 아세톤이 흘러나올 수 있으므로 수직으로 세워야 한다.

60 피복 아크 용접에서 용접 전류는 150A, 아크 전압이 30V이고, 용접 속도가 10cm/min일 때 용접입열은 몇 J/cm인가?

① 2700
② 27000
③ 270000
④ 2700000

> **용접입열**
> $$H = \frac{60 \cdot E \cdot I}{V} = \frac{60 \cdot 150 \cdot 30}{10} = 27000 \text{J/cm}$$

58 ② 59 ① 60 ②

 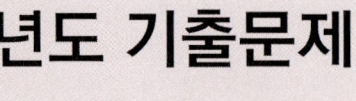

01 페인트가 칠해 표면에 침투 탐상 시험을 해야 할 때의 첫 단계 작업은?
① 표면에 조심스럽게 침투액을 뿌린다.
② 페인트를 완전히 제거한다.
③ 세척제로 표면을 완전히 닦아낸다.
④ 페인트로 매끄럽게 칠해진 면을 거칠게 하기 위하여 철솔질을 한다.

02 두께 100mm인 강판 용접부에 대한 내부균열의 위치와 깊이를 검출하는데 가장 적합한 비파괴 검사법은?
① 방사선 투과 시험
② 초음파 탐상 시험
③ 누설 탐상 시험
④ 침투 탐상 시험

> **초음파 탐상 검사**
> 내부 결함의 위치와 깊이를 알 수 있는 시험법, 방사선 투과 시험은 결함의 종류는 알 수 있으나 깊이나 위치 판별은 안 된다.

03 다음 중 와전류 탐상 시험 방법이 아닌 것은?
① 펄스에코 검사
② 임피던스 검사
③ 위상 분석 시험
④ 변조분석 시험

> 펄스에코 검사는 초음파 탐상 시험법의 일종이다.

04 금속 재료의 결함 탐상에 일반적으로 사용되는 초음파 탐상 시험의 주파수 범위에 해당하는 것은?
① 0.5kHz
② 1kHz
③ 2MHz
④ 20MHz

> 초음파 탐상 시 적정 주파수 : 1~10MHz

05 침투 탐상 시험에서 침투액이 고체 표면에 적용될 액체와 고체 표면이 이루는 각을 접촉각이라 하며, 액체가 고체 표면을 적시는 능력을 무엇이라고 하는가?
① 밀도
② 적심성
③ 점성
④ 표면장력

06 다음 중 자분 탐상 시험 방법만으로 조합된 것은?
① 관통법과 공진법
② 투과법과 건식법
③ 극간법과 코일법
④ 내삽법과 프로브법

> **자분 탐상 시험법 종류**
> 극간법, 코일법, 축 통전법, 프로드법, 전류 관통법, 직각 통전법, 자속 관통법

07 비파괴 검사법 중 철강 제품의 표면에 생긴 미세한 균열을 검출하기에 가장 부적합한 것은?
① 방사선 투과 시험
② 와전류 탐상 시험
③ 침투 탐상 시험
④ 자분 탐상 시험

> 방사선 투과 시험은 표면 결함은 검출할 수 없고, 내부 결함 검출이 용이하다.

08 납(Pb)과 같이 비중이 큰 재료에 효율적으로 작용할 수 있는 비파괴 검사법은?
① 적외선 검사(IRP)
② 음향 방출 시험(AE)
③ 방사선 투과 검사(RT)
④ 중성자 투과 검사(NRT)

> 중성자 투과 검사는 방사선 투과 검사의 일종으로, 비중이 큰 재료의 검사에 효율적이다.

09 다음 중 와전류 탐상 시험에서 와전류의 분포 및 강도의 변화에 영향을 주는 인자와 가장 거리가 먼 것은?

① 시험체의 전도도
② 시험체의 크기와 형태
③ 접촉매질의 종류와 양
④ 코일과 시험체 표면 사이의 거리

> 접촉매질은 초음파 탐상 시험 시 물질과 물질 사이에 반사를 방지하기 위해 사용한다.

10 누설 시험의 "가연성 가스"의 정의로 옳은 것은?

① 폭발 범위 하한이 20%인 가스
② 폭발 범위 상한과 하한의 차가 10%인 가스
③ 폭발 범위 하한이 10% 이하 또는 상한과 하한의 차가 20% 이상인 가스
④ 폭발 범위 하한이 20% 이하 또는 상한과 하한의 차가 10% 이상인 가스

> **누설 시험용 가연성 가스**
> 가연성 가스란 연소가 가능한 가스로 누설 시험용은 폭발한계의 하한이 10% 이하의 것과 폭발한계의 상한과 하한의 차가 20% 이상의 것을 말한다.

11 시방서의 요구에 맞는 검사를 수행하기 위해 특정 기법의 적용을 순서대로 상세하게 기술한 문서를 무엇이라 하는가?

① 검사 사양서
② 검사 지침서
③ 검사 요구서
④ 검사 절차서

> **검사 절차서**
> 실제로 현장에서 결함 검사를 하는데 필요한 사용 장치나 사용 재료, 시험 조건, 시험 순서 등을 기록한 문서를 말한다.

12 다음 중 누설 검사법에 해당되지 않는 것은?

① 가압법
② 감압법
③ 수직법
④ 진공법

13 방사선 투과 시험에서 필름 현상 온도를 15.5℃에서 24℃로 상승시킴에 따라 현상 시간은 어떻게 해야 하는가?

① 항상 5분으로 한다.
② 15.5℃ 때보다 시간을 길게 한다.
③ 15.5℃ 때보다 시간을 짧게 한다.
④ 현상 온도와 현상 시간은 서로 무관한 함수이므로 15.5℃ 때와 같은 시간으로 한다.

> 현상 시간은 현상 온도에 따라 달라지며, 현상 온도가 높아지면 현상 시간을 짧게 한다.

14 자분 탐상 검사에서 자화 방법 중 원형자계를 발생시키는 방법이 아닌 것은?

① 축 통전법
② 극간법
③ 직각 통전법
④ 프로드법

> **극간법**
> 선형자화를 형성한다.

15 침투 비파괴 검사의 전처리 장비로 틀린 것은?

① 증기 탈지기
② 샌드 블라스터
③ 수세 장치
④ 자외선등

> 전처리란 검사 결과를 양호하게 하기 위해 시험 전에 표면을 깨끗이 하는 처리이며, 자외선등은 형광 침투 탐상 시 사용하는 검사 장치이다.

16 침투 탐상 시의 온도가 표준 온도보다 낮은 3~15℃의 범위일 때 일반적으로 표준 침투 시간과 비교하여 어떻게 하는 것은 옳은 것인가?

① 표준 침투 시간과 같게 한다.
② 표준 침투 시간보다 시간을 줄인다.
③ 표준 침투 시간보다 시간을 늘린다.
④ 표준 침투 시간보다 시간을 줄였다가 다시 늘린다.

> 적정 온도보다 침투 온도가 낮으면 침투 시간이 길어진다.

정답 9 ③ 10 ③ 11 ④ 12 ③ 13 ③ 14 ② 15 ④ 16 ③

17 침투 탐상 시험의 특징에 대한 설명으로 틀린 것은?

① 비철재료, 플라스틱 등의 표면 결함 검출이 가능하다.
② 시험체의 결함이 개구되어 있지 않으면 검출이 불가능하다.
③ 형태가 복잡한 시험체라도 거의 전 표면의 탐상이 가능하다.
④ 큰 시험체는 탐상이 불가능하므로 작은 규모의 시험체로 분리하여야만 적용된다.

> 침투 탐상 시험은 시험체의 크기에 제한이 없다.

18 침투 처리 과정을 거쳐 세척 처리 후 현상제를 사용하지 않고 열풍 건조에 의해 시험체 불연속부의 침투액이 열팽창으로 인하여 시험체 표면으로 표출되어 지시 모양을 형성시키는 현상 방법은?

① 무 현상법　　② 습식 현상법
③ 속건식 현상법　　④ 건식 현상법

19 침투 탐상 검사의 결과로 나타난 지시 중 선형 지시의 의미는?

① 지시의 길이가 깊이의 3배 이하인 지시
② 지시의 길이가 깊이의 3배를 초과한 지시
③ 지시의 길이가 폭의 3배 이하인 지시
④ 지시의 길이가 폭의 3배를 초과한 지시

20 다른 비파괴 검사와 비교 시 침투 탐상 검사만의 장점인 것은?

① 검사 속도가 빠르고 경제적이다.
② 시험체의 국부적인 검사가 가능하다.
③ 한 번에 시험체 전체를 검사할 수 있다.
④ 시험체의 재질에 크게 제한을 받지 않는다.

> 침투 탐상은 크기나 재질에 상관 없이 거의 모든 재료에 검사가 가능하나, 다공질 재료는 곤란하다.

21 형광 침투 탐상 검사에 필요한 장비가 아닌 것은?

① 자외선을 비추는 자외선등
② 빛의 세기를 측정하는 조도계
③ 잔류 자장을 측정하는 자장계
④ 표면 온도계

> **자장계**
> 자분 탐상 검사에 필요한 장비

22 다음 중 침투액의 적심성에 대한 설명으로 옳은 것은?

① 접촉각이 작으면 적심성이 좋다고 본다.
② 접촉각이 0°이면 적심성이 없다고 본다.
③ 접촉각이 180°이면 적심성이 좋다고 본다.
④ 적심성이 좋으면 침투가 잘 되지 않는다.

23 침투 탐상 시험에서 여러 개의 흐트러진 점으로 된 지시가 나타났다면 이것은 다음 중 어떤 불연속으로 판단하는 것이 적합한가?

① 얇고 넓은 균열
② 내부 깊숙한 균열
③ 용접 후 발생한 냉간균열
④ 주물 표면의 다공성 기공

> 주조품은 대체로 다공성 기공이 많이 존재하므로 침투 탐상이 곤란한 경우가 많다.

24 다음 침투 탐상 시험 중 거친 표면에 있는 결함을 탐상할 때 가장 적합한 방법은?

① 유화제법에 의한 형광 침투 탐상 시험
② 용제법에 의한 형광 침투 탐상 시험
③ 수세법에 의한 형광 침투 탐상 시험
④ 유화제법에 의한 염색 침투 탐상 시험

> **수세성 형광 침투 탐상**
> 열쇠 홈이나 나사부와 같이 형상이 복잡한 시험체의 탐상 등 거친 표면의 탐상이 가능하다.

25 침투 탐상 시험에서 트리클렌 증기 세척장치는 다음 과정 중 어느 경우에 주로 사용되는가?

① 전처리 과정
② 유화제 제거 과정
③ 건조 처리 과정
④ 과잉 침투액 제거 과정

26 수세성 염색 침투제와 습식 현상제를 사용하는 침투 탐상 시험에서 요구되지 않는 기구나 장치는?

① 현상조   ② 건조기
③ 유화조   ④ 침투액조

> 수세성 염색 침투제는 유화 처리를 하지 않으므로 유화조가 필요 없다.

27 일반적으로 사용되는 수세성 형광 침투액에 대한 설명으로 틀린 것은?

① 형광 염료가 첨가되어 있다.
② 세척수를 사용한다.
③ 점도가 낮을수록 시험 시간이 길어진다.
④ 수세성 염색 침투액보다 검출 능력이 좋다.

> 점도가 낮으면 유동성이 좋아 적심성이 높아지므로 침투탐상 시험 시간이 짧아진다.

28 항공 우주용 기기의 침투 탐상 검사 방법(KS W 0914)에서 규정한 사용 중인 형광 침투액의 형광 휘도 시험은 MIL 규격에 따라 사용하지 않은 침투액의 시료를 기준으로 비교하여 어느 정도를 유지하여야 하는가?

① 75% 이상   ② 80% 이상
③ 85% 이상   ④ 90% 이상

> KS-W-0914 규정에 따른 침투액 점검 주기에서 대비 기준으로 사용하지 않은 침투액의 시료의 형광휘도 값이 90% 미만의 것은 불만족으로 폐기해야 한다.

29 침투 탐상 시험 방법 및 침투 지시 모양의 분류(KS B 0816)에서 침투 시간을 정할 때 고려하는 인자가 아닌 것은?

① 침투액의 종류
② 시험체의 재질
③ 시험체와 침투액의 온도
④ 시험체의 치수와 수량

30 항공 우주용 기기의 침투 탐상 검사 방법(KS W 0914)에서 지름 10cm 원 안에 존재하는 형광점의 확인으로 성능 점검하는 현상제는?

① 속건식 현상제   ② 수용성 현상제
③ 수현탁성 현상제   ④ 건식 현상제

> **건식 현상제(KS-W-0914 규정)**
> 지름 10cm 원 안에 10개 이상의 형광점 확인으로 성능 점검하는 현상제

31 침투 탐상 시험 방법 및 침투 지시 모양의 분류(KS B 0816)에서 강단조품을 검사할 때 표준 온도 범위에서의 표준 현상 시간은?

① 5분   ② 7분
③ 10분   ④ 15분

32 침투 탐상 시험 방법 및 침투 지시 모양의 분류(KS B 0816)에서 규정하는 암실의 밝기 기준은?

① 10lx 이하   ② 20lx 이하
③ 30lx 이하   ④ 50lx 이하

33 침투 탐상 시험 방법 및 침투 지시 모양의 분류(KS B 0816)에서 수세성 염색 침투액 – 습식 현상법(수현탁성)을 사용하는 시험 방법을 표시하는 기호는?

① VA-S   ② VA-W
③ FA-W   ④ DVA-S

> • V : 염색 침투액
> • A : 수세성
> • W : 습식 현상법(수현탁성)

정답   25 ①   26 ③   27 ③   28 ④   29 ④   30 ④   31 ②   32 ②   33 ②

34 침투 탐상 시험 방법 및 침투 지시 모양의 분류(KS B 0816)에 따른 과잉 침투액을 세척하는 방법이 다른 것은?

① FB - S ② DFB - S
③ FA - S ④ FC - S

> **과잉 침투액 세척법**
> • 물 세척 : A(수세성), B, D(후유화성)
> • 헝겊이나 종이수건으로 닦거나 세척액 사용 : C(용제 제거성)

35 침투 탐상 시험 방법 및 침투 지시 모양의 분류(KS B 0816)에 규정한 B형 대비 시험편의 재질로 옳은 것은?

① 니켈 강판
② 동 및 동합금의 판
③ 304 스테인리스 강판
④ 알루미늄 및 알루미늄 합금의 판

36 침투 탐상 시험 방법 및 침투 지시 모양의 분류(KS B 0816)의 B형 대비 시험편에 대한 내용으로 맞는 것은?

① 시험편의 치수는 길이 100mm, 나비 60mm로 한다.
② 니켈 도금과 크롬 도금을 하고, 도금면을 안쪽으로 하여 굽혀서 도금층이 갈라지게 한 후 굽힌 면을 평평하게 한다.
③ 시험편은 도금 두께 및 도금 갈라짐의 나비를 달리하여 총 6종으로 구성된다.
④ 시험편 PT - B10의 도금 두께 및 도금 갈라짐의 나비는 각각 10μm 및 0.5μm이다.

> **B형 대비 시험편**
> • 크기 : 길이 100mm 나비 70mm
> • 재질 : 동판에 니켈과 크롬 도금한 후 도금면 바깥쪽을 굽혀서 도금층이 갈라지게 한 후 굽힌 면을 평평하게 한다.
> • 시험편 종류 : PT – B50, PT – B30, PT – B20, PT – B10 4종류

37 침투 탐상 시험 방법 및 침투 지시 모양의 분류(KS B 0816)에 따라 샘플링 검사를 통해 합격한 로트의 시험체를 착색에 의한 표시를 할 때 올바른 색깔은?

① 적갈색 ② 흰색
③ 적색 ④ 황색

> **샘플링 검사를 통해 합격한 로트 표시**
> 황색 또는 ⓟ 기호로 표시

38 침투 탐상 시험 방법 및 침투 지시 모양의 분류(KS B 0816)에서 규정한 절차서의 내용 중 옳은 것은?

① 세척 시 수압은 최소 275kPa을 유지한다.
② 알루미늄 단조품의 침투 시간은 최소 10분을 유지한다.
③ 자외선등의 강도는 15인치 거리에서 최소 1000 μm/cm^2 이상을 유지한다.
④ 암실의 조도는 자외선등 수직 아래 시험품 표면에서의 조도를 말한다.

> **침투 지시 모양의 분류(KS B 0816)에서 규정한 절차서의 내용** : 세척 수압 275kPa 이하, 단조품 침투 시간 10분, 자외선등 강도 38cm 떨어져서 800μW/cm^2

39 침투 탐상 시험 방법 및 침투 지시 모양의 분류(KS B 0816)에서 규정하고 있는 전처리 방법 중 권고하고 있지 않은 것은?

① 물 세척 ② 도막 박리제
③ 산 세척 ④ 용제에 의한 세척

> **KS B 0816 규정에 의한 전처리 방법**
> 물세척하지 않고 용제나, 산, 도막 박리제 등을 이용하여 세척한다.

40 침투 탐상 시험 방법 및 침투 지시 모양의 분류(KS B 0816)에서 잉여 침투액을 제거하는 방법 중 기호 C로 표시되는 것은?

① 수세에 의한 방법
② 물 베이스 유화제를 사용하는 후유화에 의한 방법
③ 용제 제거에 의한 방법
④ 기름 베이스 유화제를 사용하는 후유화에 의한 방법

① A, ④ D, ② B

정답 34 ④ 35 ② 36 ④ 37 ④ 38 ② 39 ① 40 ③

41 침투 탐상 시험 방법 및 침투 지시 모양의 분류(KS B 0816)에 따른 침투 탐상 시험 결과의 판정에서 선상 결함에 대한 설명으로 가장 옳은 것은?

① 갈라짐 이외의 결함으로 길이가 나비의 3배 이하인 지시
② 갈라짐 이외의 결함으로 길이가 나비의 3배 이상인 지시
③ 갈라짐 이외의 결함으로 길이가 나비의 2배 이상인 지시
④ 갈라짐 이외의 결함으로 길이가 나비의 2배 이하인 지시

42 침투 탐상 시험 방법 및 침투 지시 모양의 분류(KS B 0816)에서 VC-S 시험 방법에 관한 설명으로 옳은 것은?

① 형광 침투액을 사용한다.
② 잉여 침투액은 용제로 제거한다.
③ 수용성 현상제를 사용하여 현상한다.
④ 수현탁성 현상제를 사용하여 현상한다.

> VC-S
> • V : 염색 침투액
> • C : 용제 제거성
> • S : 속건식 현상제이므로 ②항이 된다.

43 비금속 개재물에 관한 설명 중 틀린 것은?

① 재료 내부에 점 상태로 존재한다.
② 인성을 증가시키나, 메짐의 원인이 된다.
③ 열처리를 할 때에 개재물로부터 균열이 발생한다.
④ 비금속 개재물에는 Fe_2O_3, FeO, MnO, SiO_2 등이 있다.

> 비금속 개재물이 존재하면 ①, ③. ④ 외에 인성이 저하하며, 메짐의 원인이 된다.

44 고속도 공구강의 특징을 설명한 것 중 틀린 것은?

① 고속도 공구강은 2차 경화강이다.
② 고온에서 경도의 감소가 적은 것이 특징이다.
③ 표준 고속도 공구강은 0.8~1.5%C, 18%W, 4%Cr, 1%V 그 외 Fe이다.
④ Mo계 고속도 공구강은 열전도율이 나빠 열처리가 잘 되지 않는 특징이 있다.

> Mo계 공구강
> Mo이 담금질성을 개선하므로 담금질 열처리가 잘된다.

45 Cu에 Pb을 28~42%, 2% 이하의 Ni 또는 Ag, 0.8% 이하의 Fe, 1% 이하의 Sn을 함유한 Cu 합금으로 고속 회전용 베어링 등에 사용되는 합금은?

① 켈밋 메탈   ② 코슨 합금
③ 델타 메탈   ④ 애드미럴티 합금

> kelmet(켈밋)
> Cu에 30% 전후의 Pb과 미량의 Sn, Ni을 첨가하여 만든 베어링 합금

46 면심 입방 격자를 나타내는 기호로 옳은 것은?

① HCP   ② BCC
③ FCC   ④ BCT

> ① 조밀 육방 격자
> ② 체심 입방 격자
> ④ 체심 정방 격자

47 비중 7.14, 용융점 419℃, 조밀 육방 격자인 금속으로 주로 도금, 건전지, 인쇄판, 다이캐스팅용 및 합금용으로 사용되는 것은?

① Ni   ② Cu
③ Zn   ④ Al

> ①, ②, ④는 면심 입방 격자이다.

48 금속의 재결정 온도, 가공도 등에 대한 설명으로 옳은 것은?

① 가공도가 클수록 재결정 온도는 낮다.
② 가열 시간이 길수록 재결정 온도는 높아진다.
③ 재결정 입자의 크기는 가공도에 영향을 받지 않는다.
④ 금속 및 합금은 종류에 관계없이 재결정온도가 같다.

> 가공도가 크거나, 가열 시간이 길어지면 재결정 온도는 낮아진다.

정답 41 ② 42 ② 43 ② 44 ④ 45 ① 46 ③ 47 ③ 48 ①

49 비정질 합금에 대한 설명으로 옳은 것은?
① 균질하지 않은 재로로써 결정 이방성이 있다.
② 강도가 낮고 연성이 작고, 가공경화를 일으킨다.
③ 제조법에는 단롤법, 쌍롤법, 원심 급랭법 등이 있다.
④ 액체 급랭법에서 비정질 재료를 용이하게 얻기 위해서는 합금에 함유된 이종원소의 원자 반경이 같아야 한다.

> **비정질 합금 제조법**
> 단롤법, 쌍롤법, 원심 급랭법 등이 있다. 액체 금속이 급랭 시 원자 배열이 불규칙적인 상태로 이루어진 합금이다.

50 표준 저항선, 열전쌍용 선으로 사용되는 Ni 합금인 콘스탄탄(constantan)의 구리 함유량은?
① 5 ~ 15%   ② 20 ~ 30%
③ 30 ~ 40% ④ 50 ~ 60%

51 금속의 결정격자에서 공간격자는 무엇으로 구성되어 있는가?
① 분자   ② 쌍정
③ 전위   ④ 단위격자

52 6 : 4 황동으로 상온에서 $\alpha + \beta$ 조직을 갖는 재료는?
① 알드리   ② 알클래드
③ 문쯔메탈 ④ 플래티나이트

53 저용융점 합금(Fusible alloy)의 원소로 사용되는 것이 아닌 것은?
① W   ② Bi
③ Sn   ④ In

> **저융점 합금**
> Sn의 용융점(232℃)보다 낮은 금속의 합금. W(텅스텐)은 3410℃의 고용융점 금속이다.
> • Bi : 271℃
> • In : 156℃

54 다음 중 주철의 주 합금원소로 옳은 것은?
① Fe - C   ② Cu - Mn
③ Al - Cu   ④ Co - Ti

> **주철의 주요 원소**
> Fe, C, Si, Mn 등

55 황동의 합금 주성분을 옳게 표시한 것은?
① Cu - Ti   ② Cu - Zn
③ Cu - Ni   ④ Cu - Sb

56 다음 중 부식에 대한 저항성이 가장 강한 것은?
① 순철   ② 연강
③ 경강   ④ 고탄소강

> 철에 탄소 함유량이 작을수록 내식성이 증가하며, 탄소 함유량이 증가할수록 저하한다.

57 다음 중 주철의 성장 원인이라 볼 수 없는 것은?
① Si 산화에 의한 팽창
② 시멘타이트의 흑연화에 의한 팽창
③ A_4 변태에서 무게 변화에 의한 팽창
④ 불균일한 가열로 생기는 균열에 의한 팽창

> **주철의 성장**
> ①, ②, ④ 외에 A_3변태에 의한 부피 팽창으로 입자가 조대해지는 현상

58 직류 용접 시 정극성과 비교한 역극성(DCRP)의 특징에 대한 설명으로 올바른 것은?
① 모재의 용입이 깊다.
② 비드 폭이 좁다.
③ 용접봉의 용융이 느리다.
④ 주철, 고탄소강, 합금강 용접 시 적당하다.

> **역극성(DCRP)**
> 모재를 -, 전극을 +에 연결한 극성을 말하며, 모재의 용입이 얕고 비드 폭은 넓으며, 봉의 녹는 속도가 빠르다. 박판, 주철, 합금강, 비철금속 용접시 적당하다.

정답 49 ③ 50 ④ 51 ④ 52 ③ 53 ① 54 ① 55 ② 56 ① 57 ③ 58 ④

59 33.7리터의 산소 용기에 150kgf/cm² 로 산소를 충전하여 대기 중에서 환산하면 산소는 몇 리터인가?

① 5055
② 6015
③ 7010
④ 7055

> 산소용적 = VP = 33.7ℓ × 150기압 = 5055ℓ

60 수직 자세나 수평 필릿 자세에서 운봉법이 나쁘면 수직 자세에서는 비드 양쪽, 수평 필릿 자세에서는 비드 위쪽 토우(Toe)부에 모재가 오목한 부분이 생기는 것은?

① 오버랩
② 스패터
③ 자기불림
④ 언더컷

> **undercut(언더컷)**
> 용접 끝단에 파인 가는 홈, 용접 전류가 과대하거나 운봉 속도가 빠를 때, 운봉 불량 시 발생한다.

과년도 기출문제

01 기포 누설 시험에 사용되는 발포액의 특성으로 옳지 않은 것은?
① 점도가 높을 것
② 적심성이 좋을 것
③ 표면장력이 작을 것
④ 시험품에 영향이 없을 것

> 누설 시험의 발포액 조건은 ②, ③, ④ 외에 점도가 낮아야 되며, 점도가 높으면 표면장력이 높아져 적심성이 낮아지므로 누설 시험에 부적합하다.

02 내마모성이 요구되는 부품의 표면 경화층 깊이나 피막 두께를 측정하는데 쓰이는 비파괴 시험법은?
① 적외선 분석 검사(IRT)
② 방사선 투과 검사(RT)
③ 와전류 탐상 검사(ECT)
④ 음향 방출 검사(AE)

> **와전류 탐상법**
> 침탄, 질화 등 표면경화 깊이나 피막 두께 측정에 주로 사용한다.

03 자분 탐상 시험의 특징에 대한 설명으로 틀린 것은?
① 핀홀과 같은 점 모양의 결함은 검출이 어렵다.
② 자속 방향이 불연속 위치와 수직하면 결함 검출이 어렵다.
③ 시험체 두께 방향의 결함 깊이에 관한 정보는 얻기가 어렵다.
④ 표면으로부터 깊은 곳에 있는 결함의 모양과 종류를 알기는 어렵다.

> 자속 방향이 수평 방향일 경우 결함 검출이 어렵고, 불연속 위치와 수직할수록 결함 검출이 쉽다.

04 비파괴 검사법 중 일반적으로 결함의 깊이를 가장 정확히 측정할 수 있는 시험법은?
① 자분 탐상 시험
② 침투 탐상 시험
③ 방사선 투과 시험
④ 초음파 탐상 시험

05 표면코일을 사용하는 와전류 탐상 시험에서 시험 코일과 시험체 사이의 상대 거리의 변화에 의해 지시가 변화하는 것을 무엇이라 하는가?
① 오실로스코프 효과
② 표피 효과
③ 리프트 오프 효과
④ 카이저 효과

> **표피 효과**
> 전류 주파수의 증가에 따라 전도체 내부로의 전류의 침투 깊이가 감소하고 표면층에 집중되는 효과

06 형광 침투액을 사용한 침투 탐상 시험의 경우 자외선 등 아래에서 결함지시가 나타내는 일반적인 색은?
① 갈색
② 자주색
③ 황록색
④ 청색

> 자외선등으로 형광 침투액에 비추면 황록색 빛이 난다.

07 다른 비파괴 검사법과 비교했을 때 방사선 투과 시험의 특징에 대한 설명으로 틀린 것은?
① 표면 균열만을 검출할 수 있다.
② 반영구적인 기록이 가능하다.
③ 내부 결함의 검출이 가능하다.
④ 방사선 안전관리가 요구된다.

> ①은 침투 탐상 시험, 자분 탐상 시험으로 할 수 있다.

정답 1 ② 2 ③ 3 ② 4 ③ 5 ③ 6 ③ 7 ①

08 시험체를 가압 또는 감압하여 일정한 시간이 지난 후 압력 변화를 계측하여 누설 검사하는 방법을 무엇이라 하는가?

① 헬륨 누설 검사
② 암모니아 누설 검사
③ 압력 변화 누설 검사
④ 전위차에 의한 누설 검사

09 비파괴 검사의 신뢰도를 향상시킬 수 있는 내용을 설명한 것으로 틀린 것은?

① 비파괴 검사를 수행하는 기술자의 기량을 향상시켜 검사의 신뢰도를 높일 수 있다.
② 제품 또는 부품에 적합한 비파괴 검사법의 선정을 통해 검사의 신뢰도를 향상시킬 수 있다.
③ 제품 또는 부품에 적합한 평가기준의 선정 및 적용으로 검사의 신뢰도를 향상시킬 수 있다.
④ 검출 가능한 모든 지시 및 불연속을 제거함으로써 검사의 신뢰도를 향상시킬 수 있다.

> 검사의 신뢰도 향상을 위해서는 불연속을 제외한 지시를 제거해야 한다.

10 방사선 투과 시험 시 농도가 짙은 사진이 나오는 일반적인 이유 두 가지가 모두 옳은 것은?

① 초과 노출과 과현상
② 불충분한 세척과 과현상
③ 초과 노출과 오염된 정착액
④ 오염된 정착액과 불충분한 세척

> 방사선 투과 사진은 과현상이나 노출 시간이 길어지면 광의 흡수량 과다로 농도가 짙어진다.

11 단면적 $1m^2$인 환봉을 10kgf의 하중으로 인장할 경우 인장응력은?

① 0.098Pa
② 9.8Pa
③ 98Pa
④ 980Pa

> 인장응력 = $\dfrac{하중 P}{단면적 A} = \dfrac{9.8 \times 10}{1} = 98Pa$

12 직선 도체에 500A의 전류를 통했을 때 도선의 중심에서 50cm 떨어진 위치에서의 자계의 세기는 얼마인가?

① 약 1.6A/m
② 약 3.2A/m
③ 약 160A/m
④ 약 320A/m

> 자계의 세기
> $H = \dfrac{I}{2\pi\rho} = \dfrac{500}{2 \times 3.14 \times 0.5} = 159.2 A/m$
> (H : 자계 세기, I : 전류, ρ : 거리)

13 자분 탐상 시험에서 자력선 성질이 아닌 것은?

① N극에서 나와서 S극으로 들어간다.
② 자력선의 밀도가 큰 곳은 자계가 세다.
③ 자력선의 밀도는 그 점에서 자계의 세기를 나타낸다.
④ 자력선은 도중에서 갈라지거나 서로 교차한다.

> 자력선은 결함을 만나면 결함을 피해 지나간다.

14 초음파 진동자에서 초음파의 발생 효과는 무엇인가?

① 진동 효과
② 압전 효과
③ 충돌 효과
④ 회절 효과

> 압전 효과
> 진동자에 기계적 변화를 주면 전기적 신호가 생기고, 이 전기적 신호를 가하면 기계적인 변화가 생기는 현상

15 다음 중 침투액의 침투 시간에 크게 영향을 미치는 인자와 거리가 먼 것은?

① 침투액의 종류
② 시험체의 무게
③ 시험체의 재질
④ 예측되는 결함의 종류

> 침투 탐상 시험에서 침투 시간에 영향을 미치는 인자
> ①, ③, ④ 외 시험체의 온도, 침투액의 온도

정답 8 ③ 9 ④ 10 ① 11 ③ 12 ③ 13 ④ 14 ② 15 ②

16 다음 중 알루미늄 대비 시험편의 특성에 관한 설명으로 틀린 것은?

① 시험편의 제작이 간편하다.
② 비교적 미세한 균열을 만들 수 있다.
③ 균열의 폭 및 깊이를 조정할 수 있다.
④ 장시간 반복하여 사용하면 균열의 재현성이 나빠진다.

> Al A형 대비 시험편은 가열 및 급랭에 의해 만들기 때문에 균열의 치수 조절이 어렵다.

17 다음 중 모세관 현상에서 관 속의 액면의 높이가 낮은 물질은?

① 물   ② 수은
③ 기름   ④ 알콜

> 수은은 응집력, 표면장력이 너무 커서 액면의 높이가 낮아지며, 물은 그 반대이다.

18 침투 탐상 시험에서 침투액이 시험체 표면의 결함 속으로 침투하는데 영향을 미치는 인자로 옳은 것은?

① 모세관 현상, 적심성, 표면장력
② 모세관 현상, 시험면의 청결도, 조명의 밝기
③ 모세관 현상, 결함의 형상, 강자성 시험체
④ 모세관 현상, 표면장력, 자장의 세기

> **침투력에 영향을 미치는 요인**
> ① 외에 표면의 청결도, 결함의 형상, 개구부의 크기

19 침투 탐상 시험에서 적심성을 측정하는 방법은?

① 표면장력
② 모세관 현상
③ 점성
④ 접촉각

> 적심성은 접촉각을 측정하여 적심성을 알 수 있다.

20 형광 침투액의 구성 성분 중 가장 높은 함유량을 갖는 성분은?

① 유형광 염료
② 유성 계면활성제
③ 연질 석유계 탄화수소
④ 프탈산에스테르

21 다공질이나 흡수성 재료의 검사에 이용되지만 검사의 신뢰성이나 정확도를 기대하기 어려운 침투 탐상 방법은?

① 기체 방사성 동위원소법
② 후유화성 침투 탐상 검사
③ 휘발성 액체법
④ 하전 입자법

> 휘발성 액체법은 침투액의 휘발로 인해 신뢰성과 정확도가 떨어진다. 다공질 재료나 흡수성 재료의 탐상에 사용한다.

22 침투액의 성질에 관한 설명으로 틀린 것은?

① 낮은 인화점을 가져야 한다.
② 점성은 침투 속도에 영향을 준다.
③ 접촉각은 작을수록 적심성이 좋다.
④ 휘발되는 속도가 너무 빠르지 않아야 한다.

> **침투액의 구비 조건**
> ②, ③, ④ 외에 인화점이 높아야 한다. 인화점이 낮으면 쉽게 연소하므로 폭발의 위험성이 있다.

23 다음 중 침투 탐상 검사로 검출이 가능한 결함이 아닌 것은?

① 단조품의 겹침
② 주조품의 열간 터짐
③ 용접부의 표면 균열
④ 주조품의 내부 수축공

> 침투 탐상 검사는 내부 수축공은 검사할 수 없으며, 표면의 결함만 관찰이 가능하다.

정답 16 ③ 17 ② 18 ① 19 ④ 20 ③ 21 ③ 22 ① 23 ④

24 기온이 급강하하여 에어로졸형 탐상제의 압력이 낮아져서 분무가 곤란할 때 검사자의 조치 방법으로 가장 적합한 것은?

① 새 것과 언 것을 교대로 사용한다.
② 온수 속에 탐상 캔을 넣어 서서히 온도를 상승시킨다.
③ 에어로졸형 탐상제를 난로 위에 놓고 온도를 상승시킨다.
④ 일단 언 상태에서는 온도를 상승시켜도 제 기능을 발휘하지 못하므로 폐기한다.

25 수용성 습식 현상제는 물에 백색 현상 분말을 현탁하여 사용한다. 이 현상액의 농도를 측정하는 기구는?

① pH 미터   ② 비중계
③ 점도계   ④ 룩스미터

26 침투 탐상 시험에서 시험체에 침투액을 적용한 후 배액시간이 너무 길어지면 나타나는 현상으로 틀린 것은?

① 침투액이 건조하게 된다.
② 침투 효과가 저하된다.
③ 세척 처리가 곤란하다.
④ 현상이 쉬워진다.

> 배액시간이 길면 침투액의 건조로 침투 효과가 적고 세척이 곤란해져 현상이 잘 안 된다.

27 다음 중 현상제가 지녀야 할 특성에 관한 설명으로 틀린 것은?

① 현상액을 제거하기 쉬워야 한다.
② 건식 현상제는 투명도가 있는 것이어야 한다.
③ 염색 침투 탐상에 사용하는 현상제는 백색도가 낮아야 한다.
④ 형광 침투액을 사용할 때는 자외선에 의해 형광을 발하지 않아야 한다.

> 염색 침투 탐상용 현상제는 백색도가 높아야 배경과 지시 모양 차이를 쉽게 알아볼 수 있다.

28 침투 탐상 시험 방법 및 침투 지시 모양의 분류(KS B 0816)에 규정한 속건식 현상제의 적용법으로 틀린 것은?

① 분무   ② 붓기
③ 침지   ④ 붓칠

29 침투 탐상 시험 방법 및 침투 지시 모양의 분류(KS B 0816)에 따른 침투 탐상 시험 중 "전처리 – 제거 처리 – 현상 처리 – 관찰 – 후처리"의 순서로 하는 시험 방법은?

① 용제 제거성 염색 침투액 – 속건식 현상법
② 용제 제거성 형광 침투액 – 수현탁성 습식 현상법
③ 후유화성 형광 침투액(물 베이스 유화제) – 속건식 현상법
④ 후유화성 형광 침투액(물 베이스 유화제) – 수현탁성 습식 현상법

> '세척'이 없으므로 용제 제거성이며, '건조'가 없으므로 속건식에 해당한다.

30 침투 탐상 시험 방법 및 침투 지시 모양의 분류(KS B 0816)에서 기름 베이스 유화제와 형광 침투액을 함께 쓸 때 유화 시간의 규정으로 옳은 것은?

① 침투제 적용 후 즉시
② 침투제 적용 후 3분 이내
③ 유화제 적용 후 즉시
④ 유화제 적용 후 3분 이내

> **유화 시간**
> 형광 침투액 3분 이내, 물 베이스 유화제를 사용할 경우 2분, 염색 침투액 30초

31 침투 탐상 시험 방법 및 침투 지시 모양의 분류(KS B 0816)에서 잉여 침투액의 제거 방법 중 잘못된 것은?

① 적절한 헹구기 기법을 사용한다.
② 수온이 80° 정도인 물을 사용한다.
③ 깨끗한 천을 사용한다.
④ 깨끗한 종이(휴지)를 사용한다.

정답 24 ② 25 ② 26 ④ 27 ③ 28 ③ 29 ① 30 ④ 31 ②

잉여 침투액 제거 시 물의 온도(수온)은 10 ~ 38℃로 규정되어 있다.

32 침투 탐상 시험 방법 및 침투 지시 모양의 분류(KS B 0816)에서 침투 지시 모양의 분류에 대한 설명으로 틀린 것은?

① 모양 및 존재 상태에 따라 분류한다.
② 연속 지시의 크기는 개개의 길이 및 상호 거리를 합한 값이다.
③ 선상 침투 지시 모양은 길이가 나비의 3배 미만인 것이다.
④ 선상 침투 지시 이외의 것은 갈라짐이나 원형상 지시이다.

선상 침투 지시 모양은 균열(터짐, 갈라짐)의 길이가 나비의 3배 이상의 지시 모양을 말한다.

33 침투 탐상 시험 방법 및 침투 지시 모양의 분류(KS B 0816)에서 용제 세척액이 필요한 경우의 시험 방법은?

① FA - D, VA - W
② FB - A, VB - W
③ FA - D, FB - A
④ FC - A, VC - W

FC - A, VC - W에서 C는 용제 제거성 침투 탐상 검사법이므로 용제 제거를 위한 세척액이 필요하다.

34 침투 탐상 시험 방법 및 침투 지시 모양의 분류(KS B 0816)에서 물에 의한 잉여 형광 침투액의 제거 시 특별한 규정이 없는 경우 수온은 몇 ℃를 넘지 않도록 규정하고 있는가?

① 40
② 60
③ 75
④ 100

형광 침투액 세척 시 물의 온도 : 10 ~ 40℃

35 침투 탐상 시험 방법 및 침투 지시 모양의 분류(KS B 0816)에서 규정한 필요 시 침투 결함의 기록 방법에 속하지 않는 것은?

① 도면
② 사진
③ 스케치
④ 전사

탐상 결과의 기록 방법은 스케치나, 전사, 사진에 의한 방법 등이 있다.

36 항공 우주용 기기의 침투 탐상 검사 방법(KS W 0914)에서 침투액을 침지법으로 적용할 경우 총 체류 시간은?

① 총 체류 시간의 1/3
② 총 체류 시간의 1/2
③ 총 체류 시간의 2/3
④ 총 체류 시간의 3/4

37 침투 탐상 시험 방법 및 침투 지시 모양의 분류(KS B 0816)에 의한 다음 시험 방법 중 암실이 필요하지 않은 것은?

① 수세성 형광 침투액 사용
② 용제 제거성 형광 침투액 사용
③ 용제 제거성 염색 침투액 사용
④ 후유화성 형광 침투액 사용

38 침투 탐상 시험 방법 및 침투 지시 모양의 분류(KS B 0816)에서 사용되는 A형 대비 시험편에 관한 설명으로 틀린 것은?

① 시험편의 재료는 A2024P이다.
② 시험편의 두께는 8 ~ 10mm이다.
③ 시험편의 크기는 길이 75mm, 너비 50mm이다.
④ 시험편의 중앙부에 깊이 2mm의 흠을 기계 가공한다.

A형 대비 시험편
흠의 폭은 15mm, 깊이는 1.5mm로 중앙 부분에 기계 가공한다.

39 항공 우주용 기기의 침투 탐상 검사 방법(KS W 0914)에서 규정한 친유성 유화제의 점검 주기와 수분 함유량의 범위가 옳게 연결된 것은?

① 주 1회 - 3% 이하   ② 주 1회 - 5% 이하
③ 월 1회 - 3% 이하   ④ 월 1회 - 5% 이하

40 침투 탐상 시험 방법 및 침투 지시 모양의 분류(KS B 0816)에서 사용하는 A형 대비 시험편의 재료는?

① 철   ② 구리
③ 니켈   ④ 알루미늄

> **A형 대비 시험편**
> A2024P(2024계, 두랄루민)

41 항공 우주용 기기의 침투 탐상 검사 방법(KS W 0914)에 따라 지시 모양 관찰에 대한 사항 중 틀린 것은?

① 염색 침투 탐상 검사의 경우 조명장치는 검사 대상품의 표면에 최소 1000lx의 백색광을 방사하는 것일 것
② 형광 침투 탐상 검사의 경우 주위 배경의 백색광은 20lx 이하일 것
③ 자외선 조사 장치는 자외선 필터 앞면에서 38cm 되는 거리에서 방사조도가 $800\mu W/cm^2$ 이상일 것
④ 염색 침투 탐상장치의 관찰 장소는 월 1회 점검할 것

> 탐상장치의 관찰 장소는 항상 청결을 유지할 수 있도록 점검해야 한다.

42 항공 우주용 기기의 침투 탐상 검사 방법(KS W 0914)에서 과거에 실시한 청정화, 표면 처리 또는 실제의 사용에 의해 검사의 유효성을 저하시키는 표면 상태를 생성하고 있는 징후가 인정되는 경우에 어떤 처리를 하도록 규정하는가?

① 에칭   ② 물리적 청정화
③ 기계적 청정화   ④ 용제에 의한 청정화

> 표면 상태가 유효성 저하의 원인이 되거나 과거에 청정화, 표면 처리를 실시한 경우는 에칭을 해야 한다.

43 다음 중 볼트, 너트, 전동기축 등에 사용되는 것으로 탄소 함량이 약 0.2 ~ 0.3% 정도인 기계 구조용 강재는?

① SM25C   ② STC4
③ SKH2   ④ SPS8

> • **STC** : 탄소 공구강
> • **SKH** : 고속도강
> • **SPS8** : 스프링강재 6종

44 보통 주철(회주철) 성분에 0.7 ~ 1.5% Mo, 0.5 ~ 4.0% Ni을 첨가하고 별도로 Cu, Cr을 소량 첨가한 것으로 강인하고 내마멸성이 우수하여 크랭크축, 캠축, 실린더 등의 재료로 쓰이는 것은?

① 듀리론   ② 니 - 레지스트
③ 애시큘러 주철   ④ 미하나이트 주철

> **애시큘러 주철**
> 베이나이트 조직을 가지고 있으며 내마모성이 우수하다.

45 다음 합금 중에서 알루미늄 합금에 해당되지 않는 것은?

① Y합금   ② 콘스탄탄
③ 라우탈   ④ 실루민

> **콘스탄탄**
> Cu - Ni계 합금, 열전대 등에 사용된다.

46 체심 입방 격자(BCC)의 근접 원 자간 거리는? (단, 격자상수는 a이다.)

① a ② $\frac{1}{2}a$
③ $\frac{1}{\sqrt{2}}a$ ④ $\frac{\sqrt{3}}{2}a$

> 체심 입방 격자의 근접 원자 거리는 [111] 방향이므로 $4R = \sqrt{3}a$, 최인접 원자 간 거리는 $2R$에 해당하므로 $4R = \sqrt{3}a$, $\frac{\sqrt{3}}{2}a$이 된다.

정답 39 ④　40 ④　41 ④　42 ①　43 ①　44 ③　45 ②　46 ④

47 탄소강에 포함된 구리(Cu)의 영향으로 옳은 것은?

① 내식성을 저하시킨다.
② Ar1의 변태점을 저하시킨다.
③ 탄성한도를 감소시킨다.
④ 강도, 경도를 감소시킨다.

48 주철의 물리적 성질을 설명한 것 중 틀린 것은?

① 비중은 C, Si 등이 많을수록 커진다.
② 흑연편이 클수록 자기 감음도가 나빠진다.
③ C, Si 등이 많을수록 용융점이 낮아진다.
④ 화합 탄소를 적게 하고 유리 탄소를 균일하게 분포시키면 투자율이 좋아진다.

> 비중이 작은 원소인 C, Si 등을 주철에 첨가하면 전체적인 비중은 낮아진다.

49 6 : 4 황동에 철을 1% 내외 첨가한 것으로 주조재, 가공재로 사용되는 합금은?

① 인바   ② 라우탈
③ 델타메탈   ④ 하이드로날륨

50 다음 중 슬립(slip)에 대한 설명으로 틀린 것은?

① 슬립이 계속 진행하면 변형이 어려워진다.
② 원자밀도가 최대인 방향으로 슬립이 잘 일어난다.
③ 원자밀도가 가장 큰 격자면에서 슬립이 잘 일어난다.
④ 슬립에 의한 변형은 쌍정에 의한 변형보다 매우 작다.

> 쌍정은 원자들이 일정면을 기준으로 동시에 움직이는 것이기 때문에 국부적으로 발생하게 되므로 변형이 매우 작으나, 슬립 변형은 전체적으로 일어난다.

51 다음 중 형상기억합금으로 가장 대표적인 것은?

① Fe - Ni   ② Ni - Ti
③ Cr - Mo   ④ Fe - Co

> 형상기억합금의 가장 대표적인 것은 Ni - Ti 합금(니티놀)이다.

52 다음 중 소성가공에 해당되지 않는 가공법은?

① 단조   ② 인발
③ 압출   ④ 표면 처리

> **소성가공**
> 재료의 소성 변형을 이용하여 압연, 단조, 인발, 압출, 프레스, 전조 가공 등을 하는 가공을 말한다.

53 주철에서 어떤 물체에 진동을 주면 진동에너지가 그 물체에 흡수되어 점차 약화되면서 정지하게 되는 것과 같이 물체가 진동을 흡수하는 능력은?

① 감쇠능   ② 유동성
③ 연신능   ④ 용해능

54 비중 7.14, 용융점 약 419℃이며 다이캐스팅용으로 많이 이용되는 조밀 육방 격자 금속은?

① Cr   ② Cu
③ Zn   ④ Pb

> **아연(Zn)**
> 비중이 7.14, 용융점이 419℃로 용융점이 낮아 다이캐스팅 주조에 많이 사용한다.

55 Fe - C 평형 상태도에서 자기 변태만으로 짝지어진 것은?

① A_0 변태, A_1 변태   ② A_1 변태, A_2 변태
③ A_0 변태, A_2 변태   ④ A_3 변태, A_4 변태

> • A_0 변태 : 시멘타이트의 자기 변태점
> • A_2 변태 : 순철의 자기 변태점

56 분말상 Cu에 약 10% Sn 분말과 2% 흑연 분말을 혼합하고, 윤활제 또는 휘발성 물질을 가한 후 가압 성형하여 소결한 베어링 합금은?

① 켈밋 메탈   ② 배빗 메탈
③ 앤티프릭션   ④ 오일리스 베어링

> **오일리스 베어링**
> 주유하기 곤란한 부분에 사용되는 베어링으로, 흑연 자체의 고체 윤활제 역할과 기름이 적을 때는 내보내고, 오일이 많을 때는 빨아들이는 베어링이다.

정답 47 ② 48 ① 49 ③ 50 ④ 51 ② 52 ④ 53 ① 54 ③ 55 ③ 56 ④

57 다음 중 시효 경화성이 있는 합금은?

① 실루민　　② 알팍스
③ 문쯔메탈　④ 두랄루민

두랄루민
대표적인 시효 경화 Al합금으로 용체화 처리 후 상온에서 방치하면 경화가 일어나며, 150~170℃로 가열하면 경화 현상이 촉진된다.

58 진유납이라고도 말하며 구리와 아연의 합금으로 그 융점이 820~935℃ 정도인 것은?

① 은납　　② 황동납
③ 인동압　④ 양은납

황동납을 진유납이라 하며, Cu와 Zn의 합금이다.

59 셀룰로오스(유기물)를 20~30% 정도 포함하고 있어 용접 중 가스를 가장 많이 발생하는 용접봉은?

① E4311　　② E4316
③ E4324　　④ E4327

- E4301 : 일미나이트계
- E4303 : 라임티탄계
- E4313 : 고산화티탄계
- E4316 : 저수소계
- E4324 : 철분 산화티탄계
- E4327 : 철분 산화철계

60 산소-아세틸렌 가스 용접기로 두께가 2mm인 연강판의 용접에 적합한 가스 용접봉의 이론적인 지름(mm)은?

① 1　　② 2
③ 3　　④ 4

$D = \dfrac{T}{2} + 1 = \dfrac{2}{2} + 1 = 2$
(D : 용접봉 지름, T : 용접판 두께)

57 ④　58 ②　59 ①　60 ②

과년도 기출문제

01 금속 내부 불연속을 검출하는데 적합한 비파괴 검사법의 조합으로 옳은 것은?

① 와전류 탐상 시험, 누설 시험
② 누설 시험, 자분 탐상 시험
③ 초음파 탐상 시험, 침투 탐상 시험
④ 방사선 투과 시험, 초음파 탐상 시험

> 와전류 탐상, 자분 탐상, 침투 탐상 등은 표면의 결함(불연속) 검출에 적용한다.

02 수세성 형광 침투액과 건식 현상제를 사용하여 검사하는 방법을 표현한 것은?

① FA - D
② FB - D
③ FA - S
④ FB - S

> FA - D
> • A : 수세성 형광 침투액
> • D : 건식 현상제

03 수세성 염색 침투 탐상 검사에서 습식 현상제를 사용할 때의 시험 순서로 옳은 것은?

① 전처리 → 침투 처리 → 제거 처리 → 건조 처리 → 현상 처리 → 관찰
② 전처리 → 침투 처리 → 세척 처리 → 현상 처리 → 건조 처리 → 관찰
③ 전처리 → 침투처리 → 세척 처리 → 유화 처리 → 제거 처리 → 현상 처리 → 건조 처리 → 관찰
④ 전처리 → 세척 처리 → 침투 처리 → 현상 처리 → 건조 처리 → 관찰

04 기포 누설 검사의 특징에 대한 설명으로 옳은 것은?

① 누설 위치의 판별이 빠르다.
② 경제적이나 안전성에 문제가 많다.
③ 기술의 숙련이나 경험을 크게 필요로 한다.
④ 프로브(탐침)나 스니퍼(탐지기)가 반드시 필요하다.

> 기포 누설 검사
> 별도의 탐지 장치가 필요 없고, 경제적이며 안정적이고, 특별한 기술을 요하지 않으며, 위치 판별이 빠른 이점이 있다.

05 코일법으로 자분 탐상 시험을 할 때 요구되는 전류는 몇 A인가? (단, $\frac{L}{D}$은 3, 코일의 감은 수는 10회, 여기서 L은 봉의 길이이며, D는 봉의 외경이다.)

① 40
② 700
③ 1167
④ 1500

> $I = \dfrac{H}{n} = \dfrac{45000}{L/D} = \dfrac{45000}{\frac{3}{10}} = 1500A$
> (H : 자계 강도, n : 코일 감은 수)

06 방사선 투과 시험(RT)과 초음파 탐상 시험(UT)을 비교 설명한 내용 중 틀린 것은?

① 결함 형상 판별에는 UT가 더 유리하다.
② 체적 결함 검출에는 RT가 더 유리하다.
③ 결함 위치 판정에는 UT가 더 유리하다.
④ 결함 길이 판정에는 RT가 더 유리하다.

> RT는 결함형상이나 길이, 체적 결함 등을 판별하는데 UT보다 유리하나 위치나 깊이 판별은 어렵다.

정답 1 ④ 2 ① 3 ② 4 ① 5 ④ 6 ①

07 누설을 통한 기체의 흐름에 영향을 미치는 인자가 아닌 것은?

① 기체의 분자량
② 기체의 점도
③ 압력의 차이
④ 기체의 색

08 초음파 탐상 검사에 대한 설명으로 틀린 것은?

① 펄스 반사법이 많이 이용된다.
② 내부 조직에 따른 영향이 적다.
③ 불감대가 존재한다.
④ 미세균열에 대한 감도가 높다.

> 초음파 탐상 검사는 내부 조직이나 내부 결함의 상태에 따른 영향을 받는다.

09 전자기 원리를 이용한 비파괴 시험법은?

① 와전류 탐상 시험
② 침투 탐상 시험
③ 방사선 투과 시험
④ 초음파 탐상 시험

10 초음파 탐상 시험법의 분류 중 송·수신 방식의 분류가 아닌 것은?

① 반사법
② 투과법
③ 경사각법
④ 공진법

> 경사각법은 수직 탐상법과 같이 탐상 방법의 일종이다.

11 자분 탐상 시험의 일반적 특징이 아닌 것은?

① 시험체는 강자성체가 아니면 적용할 수 없다.
② 자속은 가능한 한 결함면에 수직이 되도록 한다.
③ 일반적으로 깊은 결함 검출이 곤란하다.
④ 시험체 두께 방향의 결함 높이와 형상에 관한 정보를 얻을 수 있다.

> 자분 탐상 시험법은 표면 결함의 위치는 검출이 가능하지만 결함 높이나 형상에 관한 정보는 알 수 없다.

12 방사선 투과 시험 시 관용도(Latitude)가 큰 필름을 사용했을 때 나타나는 현상은?

① 관전압이 올라간다.
② 관전압이 내려간다.
③ 콘트라스트가 높아진다.
④ 콘트라스트가 낮아진다.

> **방사선 투과 필름의 관용도**
> 탐상기의 노출에 대한 감광 범위를 나타내는 것으로 관용도가 큰 경우 콘트라스트가 낮아진다.

13 와전류 탐상 시험의 탐상 코일 중 외삽 코일과 같은 의미에 속하는 것은?

① 내삽 코일(inner coil)
② 표면 코일(surface coil)
③ 프로브 코일(probe coil)
④ 관통 코일(encircling coil)

> • **내삽 코일** : 보빈 코일, 인너 프로브
> • **표면 코일** : 팬케익 코일, 프로브 코일

14 원자핵의 분류 중 ^1_1H와 ^2_1H는 무엇으로 분류되는가?

① 동중핵
② 동위원소
③ 동중성자핵
④ 핵이성체

> **동위원소**
> 원자번호는 같고 질량수가 다른 원소를 말한다.

15 침투 탐상 시험에서 속건식 현상법의 특징이 아닌 것은?

① 검출 강도가 비교적 높다.
② 현상제의 도막을 형성한다.
③ 현상제에 휘발성 용매를 사용한다.
④ 현상 후에 반드시 건조 처리를 해야 한다.

> 건식, 속건식 현상법이나 무 현상법 등은 건조 처리를 하지 않는다.

정답 7 ④ 8 ② 9 ① 10 ③ 11 ④ 12 ④ 13 ④ 14 ② 15 ④

16 침투 탐상 시험 시 단조품에서 발생될 수 있는 결함은?

① 탕계(Cold shut)
② 겹침(Forging lap)
③ 블로 홀(Blow hole)
④ 수축공(Shrinkage cavity)

> ①, ③, ④항은 주조품에서 주로 생기는 결함이다.

17 다음 중 침투제의 특징이 아닌 것은?

① 휘발성이 좋아야 한다.
② 침투력이 좋아야 한다.
③ 큰 개구에도 잔류할 수 있어야 한다.
④ 과잉 침투액은 쉽게 제거되어야 한다.

> 침투제가 휘발성이면 침투제가 개구부로 잘 스며들지 못해 결함 검출이 잘 안된다.

18 침투 탐상 시험에서 습식 현상제를 사용한 후 가장 필요한 장비는?

① 건조기   ② 현상탱크
③ 세척탱크   ④ 침투탱크

> 습식 현상제의 사용 후에는 바로 건조 작업을 해야 한다.

19 침투 탐상 시험에서 성능에 영향을 미치는 침투액의 온도가 16℃일 때 상대밀도의 범위로 옳은 것은?

① 0.26 ~ 0.46   ② 0.56 ~ 0.76
③ 0.86 ~ 1.06   ④ 1.26 ~ 1.46

20 다음 중 유화제의 주요 기능에 대한 가장 올바른 설명은?

① 표면에 있는 잉여 침투액과 반응하여 수세성을 용이하게 한다.
② 침투액의 침투 능력을 도와준다.
③ 얕은 개구부에 있는 침투액을 빨아낸다.
④ 현상제가 잘 도포될 수 있도록 도와준다.

> **유화제의 기능**
> 침투시간이 지난 후 사용하여 수세능이 없는 침투액에 수세성을 갖게 한다.

21 형광 침투 탐상 검사에 사용되는 자외선 조사 장치의 시험품 표면에서의 강도가 적절하지 않은 것은? (단, 자외선 조사 장치 전면 필터에서 시험품 표면까지의 거리는 83cm이다.)

① $500\mu W/cm^2$ ② $800\mu W/cm^2$
③ $900\mu W/cm^2$ ④ $1000\mu W/cm^2$

> 시험품 표면에서 자외선등 간 거리가 83cm일 경우 자외선등의 강도는 $800\mu W/cm^2$ 이상을 유지해야 한다.

22 침투 탐상 검사에서 현상제를 사용하는 목적과 거리가 먼 것은?

① 지시의 흡출
② 지시의 분산
③ 가시성 증대
④ 의사지시 발생 억제

> 현상제는 ①, ②, ③ 외에 지시 모양과의 대비를 높여 결함을 쉽게 구별할 수 있도록 한다.

23 침투 탐상 검사를 하기 전 시험체의 표면을 깨끗하게 하는 전처리 공정이 왜 필요한지에 대한 설명으로 틀린 것은?

① 결함과 주위 배경과의 식별 능력을 향상시킨다.
② 침투제가 이물질과 반응하여 의사지시를 발생시키는 것을 방지한다.
③ 침투제가 시험체 표면을 충분히 적시고 결함 속으로 잘 침투하도록 한다.
④ 침투제가 도금, 코팅, 페인트에도 잘 투과되도록 하여 결함 식별 능력을 향상시키게 한다.

> 침투 탐상 표면부에 도금, 코팅, 페인트 등이 있으면 침투제의 침투가 잘 스며들지 안는다.

정답 16 ② 17 ① 18 ① 19 ③ 20 ① 21 ① 22 ④ 23 ④

24 침투 비파괴 검사 방법으로 잘 검사하지 않는 재료는?

① 표면이 거칠고 기공이 많은 세라믹스
② 구리
③ 알루미늄
④ 탄소강

> 거친 표면, 다공성 재료는 지시와 의사지시의 구별이 곤란하므로 적용하기 어렵다.

25 침투 탐상 시험이 누설 시험을 대체할 수 없는 경우에 대한 설명으로 적합한 것은?

① 검사체의 온도가 30℃이면 곤란하다.
② 표면이 깨끗하면 누설 시험이 곤란하므로
③ 염색 침투액보다는 형광 침투액을 사용해야 하므로
④ 검사체의 한 면만으로는 관찰 또는 접근이 곤란하므로

> 침투 탐상 시험은 침투액을 적용한 쪽만 지시 모양 관찰이 가능하다.

26 침투액을 적용하는 방법 중 정전(electrostatic) 분무에 관한 설명으로 가장 거리가 먼 것은?

① 고속 분무가 가능하다.
② 과잉 분무가 되지 않는다.
③ 소형 또는 좁은 면적의 시험체의 적용에 적합하다.
④ 필요한 최소한의 침투액만 균일하게 도포할 수 있어 경제적이다.

> **정전 분무법**
> 소형이 아니라 대형 부품의 전면 탐상에 효과가 크다.

27 침투 탐상 시험 시 소형 부품을 대량 세척할 때 가장 효과적인 세척 장치는?

① 초음파 세척 장치
② 트리클로로에틸렌 증기 세척 장치
③ 수압이 5kg/cm² 이하의 유수
④ 100mesh 정도의 모래분사(sand blasting)

> 초음파 세척 장치는 대량 세척에 가장 우수하다.

28 침투 탐상 시험 방법 및 침투 지시 모양의 분류(KS B 0816)에 따른 탐상제의 점검 방법에서 겉모양 검사를 하였을 때 침투액과 유화제의 폐기 사유에 공통적으로 적용되는 것은?

① 점도의 변화
② 세척성의 저하
③ 형광휘도의 저하
④ 현저한 흐림이나 침전물 발생

> **KS B 0816에 따른 유화제 폐기 사유**
> 현저한 침전물이나, 흐림 발생 시, 규정 농도와 3% 이상 차이가 날 때

29 항공 우주용 기기의 침투 탐상 검사 방법(KS W 0914)에서 규정하고 있는 침투 탐상 검사의 적용 대상이 아닌 것은?

① 공정 중 검사
② 최종 검사
③ 정비 검사
④ 소재 검사

> 항공 우주용 기기의 침투 탐상 검사 대상은 ①, ②, ③이다.

30 항공 우주용 기기의 침투 탐상 검사 방법(KS W 0914)에서 탐상 결과의 검사 기록에 요구되는 최소한의 내용에 포함되어 있지 않은 것은?

① 의뢰처 및 검사 장소
② 사용한 개개 순서의 인용
③ 결함 지시 무늬의 위치, 종류 및 조치
④ 검사원의 서명 및 기량 인정 레벨과 검사일

> KS-W-0914에서 침투 탐상 검사 결과의 최소한의 기록 사항 : ②, ③, ④

31 항공 우주용 기기의 침투 탐상 검사 방법(KS W 0914)에 따라 검사할 때 타입 II인 경우 조명장치의 조도는?

① 시험편 표면에서 1000lx 이하
② 시험편 표면에서 1000lx 이상
③ 시험편 표면에서 20lx 이하
④ 시험편 표면에서 20lx 이상

정답 24 ① 25 ④ 26 ③ 27 ① 28 ④ 29 ④ 30 ① 31 ②

32 침투 탐상 시험 방법 및 침투 지시 모양의 분류(KS B 0816)에서 규정한 시험체의 전처리 방법으로 틀린 것은?

① 용제에 의한 세척
② 도막 박리제에 의한 제거 처리
③ 산 세척
④ 그라인딩에 의한 제거 처리

> 시험체의 전처리 시 그라인딩, 샌드 블라스팅 등 기계적 처리는 개구부를 매꿀 수 있다.

33 항공 우주용 기기의 침투 탐상 검사 방법(KS W 0914)에 따른 정치식 형광 침투 탐상 장치(타입 I)를 사용하는 경우 검사 장소의 점검으로 옳은 것은?

① 매일 점검하고 청정도, 형광 오염의 유무를 점검하여야 한다.
② 매일 점검하고 배경상의 잔류 백색광에 대하여 점검하여야 한다.
③ 검사 장소는 난잡하거나 형광 오염이 일부 남아있어도 된다.
④ 주 1회 점검하고 청정도, 형광 오염의 유무를 점검하여야 한다.

34 침투 탐상 시험 방법 및 침투 지시 모양의 분류(KS B 0816)에 의한 형광 침투 탐상 시 관찰을 위한 자외선 강도는 어떻게 규정하고 있는가?

① 시험체 표면에서 $800\mu W/cm^2$ 이상
② 시험체 표면에서 $800\mu W/cm^2$ 이하
③ 시험체 표면에서 500lx 이상
④ 자외선등에서 38cm 떨어진 거리에서 500lx 이상

> **형광 침투 탐상부 관찰을 위한 자외선등의 강도**
> 시험체 표면에서 $800\mu W/cm^2$ 이상

35 항공 우주용 기기의 침투 탐상 검사 방법(KS W 0914)에 따라 탐상 시 재료 및 공정의 제한에 관한 내용으로 틀린 것은?

① 염색 침투액계의 탐상 시 수용성의 현상제는 사용해서는 안 된다.
② 염색 침투 탐상 검사는 항공 우주용 제품의 최종 수령 검사에 이용해서는 안 된다.
③ 동일한 검사면에 적용되는 형광 침투 탐상 검사는 염색 침투 탐상 검사 전에 사용해서는 안 된다.
④ 터빈 엔진의 중요 구성 부품 정비 검사는 친수성 유화제를 사용하는 초고강도 형광 침투액을 사용한다.

> KS-W-0914 규정에 따른 공정의 제한에서 동일 검사면에 적용하는 타입 I 염색 침투 탐상 검사는 타입 II 형광 침투 탐상 검사 전에 사용해서는 안된다.

36 침투 탐상 시험 방법 및 침투 지시 모양의 분류(KS B 0816)에 따라 시험할 때 온도가 3~15℃ 범위에 있을 경우 침투 시간은?

① 표준온도에서의 침투 시간과 동일하게 적용한다.
② 온도를 고려하여 침투 시간을 늘린다.
③ 온도를 고려하여 침투 시간을 줄인다.
④ 침투시간은 온도에 영향을 받지 않는다.

> 시험온도가 낮을 경우 침투시간을 증가시킨다.

37 침투 탐상 시험 방법 및 침투 지시 모양의 분류(KS B 0816)에 따른 시험 결과, 길이 3mm인 둥근 형태의 지시와 1.5mm 떨어진 동일 선상에 길이 10mm의 균열에 의한 지시가 관찰되었다. 이 지시는 어떤 결함으로 분류되는가?

① 갈라짐　　② 선상 결함
③ 연속 결함　④ 분산 결함

> **연속 결함**
> 동일 선상에 있는 지시의 상호 거리가 2mm 이하인 결함 (균열)

정답　32 ④　33 ④　34 ①　35 ③　36 ②　37 ③

38 침투 탐상 시험 방법 및 침투 지시 모양의 분류(KS B 0816)에서 시험 방법의 기호가 FC – N일 때 적용하는 침투액과 현상법의 종류로 옳은 것은?

① 수세성 이원성 형광 침투액 - 무 현상법
② 용제 제거성 이원성 형광 침투액 - 무 현상법
③ 후유화성 형광 침투액(물 베이스 유화제) - 무 현상법
④ 후유화성 이원성 형광 침투액(기름 베이스 유화제) - 무 현상법

> RC – N
> • C : 용제 제거에 의한 방법
> • N : 현상제를 사용하지 않는 무현상법

39 침투 탐상 시험 방법 및 침투 지시 모양의 분류(KS B 0816)에 의해 강용접부를 탐상 시험했더니 그림과 같은 결함이 거의 동일 선상에 나타났다. 이 결함은 어떻게 판정하며, 또한 결함 길이는 몇 mm인가?

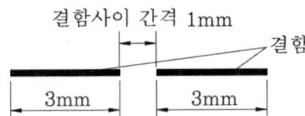

① 2개로 판정하며, 각각 길이는 3, 3
② 1개로 판정하며, 길이는 6
③ 1개로 판정하며, 길이는 7
④ 3개로 판정하며, 각각 길이는 3, 1, 3

> 결함 상호 거리가 2mm 이하인 연속 결함의 경우 상호 거리를 합친 값으로 하므로, 1개의 결함 길이는 7mm이다.

40 VD – S의 방법으로 침투 탐상 검사를 할 때 시험 공정의 순서로 맞는 것은?

① 전처리 - 침투처리 - 예비 세척처리 - 유화처리 - 세척처리 - 건조처리 - 현상처리 - 관찰 - 후처리
② 전처리 - 침투처리 - 유화처리 - 세척처리 - 건조처리 - 현상처리 - 관찰 - 후처리
③ 전처리 - 침투처리 - 예비 세척처리 - 유화처리 - 건조처리 - 현상처리 - 관찰 - 후처리
④ 전처리 - 침투처리 - 예비 세척처리 - 유화처리 - 세척처리 - 건조처리 - 현상처리 - 건조처리 - 관찰 - 후처리

41 항공 우주용 기기의 침투 탐상 검사 방법(KS W 0914)에서 검사품에 대한 표시 방법의 우선순위로 맞는 것은?

① 각인 - 에칭 - 착색 순
② 에칭 - 착색 - 각인 순
③ 착색 - 에칭 - 각인 순
④ 에칭 - 각인 - 착색 순

> KS – W – 0914 규정에 따른 검사품 표시 우선순위
> 각인 – 에칭 – 착색 – 꼬리표 순이다.

42 침투 탐상 시험 방법 및 침투 지시 모양의 분류(KS B 0816)에 따른 침투 탐상 검사 시험 방법의 조합으로 틀린 것은?

① VC – D
② DVA – W
③ FB – A
④ VB – S

> VC – D에서 V는 용제 제거성, C는 염색 침투, D는 건식 현상법을 의미하는데, 건식 현상법은 주로 형광 침투 탐상과 조합하여 사용하므로 VC – D는 틀린 조합이다.

43 비정질 합금의 제조법 중 기체 급랭법에 해당되는 것은?

① 단롤법
② 원심법
③ 스퍼터링법
④ 스프레이법

> 기체 급랭법
> 스퍼터링법, 진공 증착법

44 압력이 일정한 Fe – C 평형 상태도에서 공정점의 자유도는?

① 0
② 1
③ 2
④ 3

> 자유도$(F) = n - P + 1 = 1 - 2 + 1 = 0$
> (n : 성분 수, P : 상의 수)

정답 38 ② 39 ③ 40 ① 41 ① 42 ① 43 ③ 44 ①

45 두 가지 이상의 금속 또는 원소가 간단한 원자비로 결합되어 성분금속과는 다른 성질을 갖는 물질을 무엇이라 하는가?

① 공공 2원 합금 ② 금속 간 화합물
③ 침입형 고용체 ④ 전율 가용 고용체

> **금속 간 화합물**
> 두 가지 이상의 금속과 원소가 일정 원자비로 결합한 화합물로 용융점이 높고, 매우 단단하며, 취성이 매우 크다.

46 원자의 배열이 불규칙한 상태를 하고 있으며, 결정입계, 전위, 편석 등 결정의 결함이 없고 표면 전체가 균일하고 내식성이 우수한 합금은?

① 형상기억 합금 ② 초소성 합금
③ 초탄성 합금 ④ 비정질 합금

> **비정질 합금**
> 액체 금속이 급랭하면 불규칙적인 원자 배열 상태를 갖게 되는데 이 합금을 말한다.

47 7-3 황동에 주석을 1% 첨가한 것으로 전연성이 좋아 관 또는 판을 만들어 증발기, 열교환기 등의 재료로 사용되는 것은?

① 양은 ② 델타 메탈
③ 네이벌 황동 ④ 애드미럴티 황동

> **애드미럴티 황동**
> 7-3황동 + 1% Sn의 황동으로 인장강도, 경도, 내식성이 높고 전연성이 우수하다. 또한 탈아연 부식의 억제 효과가 크므로 증발기, 열교환기 등에 사용한다.

48 금속 조직학상으로 철강재료를 분류할 때 탄소 함유량이 0.8~2.0%인 것은?

① 아공석강 ② 아공정 주철
③ 과공석강 ④ 과공정 주철

> • 0.025~0.8%C : 아공석강
> • 0.8%C : 공석강
> • 2.0~4.3%C : 아공정 주철
> • 4.3%C : 공정 주철
> • 4.3~6.67%C : 과공정 주철

49 금형 또는 칠 메탈이 붙어 있는 모래형에 주입하여 표면은 단단하고 내부는 회주철로 강인한 성질을 가지는 주철은?

① 칠드 주철 ② 흑심 가단 주철
③ 백심 가단 주철 ④ 구상 흑연 주철

> **칠드 주철**
> 표면은 급랭에 의해 칠층(시멘타이트)이 형성되고 내부 조직은 서랭에 의해 펄라이트기지를 가진 주철로 내마모성과 강인성이 우수하다.

50 다음의 재료 중 불순한 물질 또는 부식성 물질이 녹아 있는 수용액의 작용에 의해 표면 또는 내부에서 탈아연되는 것은?

① 황동 ② 엘린바
③ 퍼멀로이 ④ 코슨합금

> **탈아연 부식**
> 부식성 물질 수용액 등에서 황동의 표면이나 내부에서 아연이 외부로 빠져나가 황동의 역할을 못하는 현상

51 탄성률이 좋아 스프링 등 고탄성을 요하는 재료로 통신기기, 계기 등에 사용되는 것은?

① 인청동 ② 망간청동
③ 니켈청동 ④ 알루미늄청동

> **인청동(PBS)**
> 청동에 인을 첨가한 청동, 탄성과 강인성, 내마모성 등이 우수하다.

52 다음 중 대표적인 시효경화성 합금은?

① 주강 ② 두랄루민
③ 화이트메탈 ④ 흑심가단 주철

53 기지조직이 거의 페라이트(Ferrite)로 된 것은?

① 스프링강 ② 고망간강
③ 공구강 ④ 순철

> • **스프링강** : 소르바이트
> • **고망간강** : 오스테나이트
> • **공구강** : 마텐사이트

54 고용융점 금속이 아닌 것은?
① W
② Ta
③ Zn
④ Mo

- W : 3410℃
- Ta : 2996℃
- Mo : 2450℃
- Zn : 419℃

55 금속에 냉간 가공도가 커질수록 기계적 성질의 변화로 틀린 것은?
① 경도가 커진다.
② 연신율이 커진다.
③ 인장강도가 커진다.
④ 단면 수축률이 감소한다.

냉간 가공도가 커지면 연신율은 감소하고, 경도, 인장강도, 단면수축률은 커진다.

56 피아노 선재, 레일 등을 제조할 때 사용되는 최경강인 이 재료의 탄소 함량으로 옳은 것은?
① 0.13 ~ 0.20%C
② 0.30 ~ 0.40%C
③ 0.50 ~ 0.70%C
④ 1.50 ~ 2.0%C

피아노 선재나 레일 등은 중탄소강을 사용한다.

57 조성은 30 ~ 32% Ni, 4 ~ 6% Co 및 나머지 Fe를 함유한 합금으로 20℃에서 팽창계수가 0(Zero)에 가까운 합금은?
① 알민(almin)
② 알드리(aldrey)
③ 알클래드(alclad)
④ 슈퍼인바(super invar)

불변강
열팽창계수가 0에 가까운 합금, 인바, 슈퍼인바, 엘인바 등이 있다.

58 알루미늄 분말과 산화철 분말의 화학반응열을 이용하여 철도 레일의 맞대기 용접에 적합한 용접법은?
① 테르밋 용접
② TIG 용접
③ 탄산가스 아크 용접
④ 일렉트로 슬래그 용접

테르밋 용접
Al 분말과 산화철 분말을 약 1 : 3 ~ 4의 중량비로 혼합하여 로에 넣고 Mg 등의 점화 촉진제에 점화하면 화학 반응에 의해 용탕이 얻어지며 이 용탕을 용접부에 부어 용착시키는 용접법

59 정격 2차 전류가 200A이고 정격 사용률이 40%인 아크 용접기로 150A의 전류를 사용할 경우 허용 사용률은 약 얼마인가?
① 71%
② 75%
③ 81%
④ 85%

$$허용\ 사용률 = \frac{(정격\ 2차\ 전류)^2}{(실제\ 사용\ 전류)^2} \times 정격\ 사용률$$
$$= \frac{200^2}{150^2} \times 40 = 71.7\%$$

60 아크 용접법 중 용극식에 해당되지 않는 것은?
① 피복 아크 용접법
② 서브머지드 아크 용접법
③ 불활성 가스 텅스텐 아크 용접법
④ 이산화탄소 실드 아크 용접법

용극식
소모식이라고도 하며, 전극이 소모되며 용접하는 방식
③ 불활성 가스 텅스텐 아크 용접법(TIG)은 비용극식에 해당한다.

정답 54 ③ 55 ② 56 ③ 57 ④ 58 ① 59 ① 60 ③

과년도 기출문제

01 시험체 내부 결함이나 구조적인 이상 유무를 판별하는데 이용되는 방사선의 특성은?

① 회절 특성
② 분광 특성
③ 진동 특성
④ 투과 특성

02 볼트류 등 소형이며 다량의 제품을 검사하기 좋은 침투 탐상 검사 방법은 무엇인가?

① 용제 제거성 침투 탐상
② 수세성 침투 탐상
③ 후유화성 침투 탐상
④ 이원성 침투 탐상

03 와전류 탐상 시험에서 표준 침투 깊이를 구할 수 있는 인자와의 비례 관계를 옳게 설명한 것은?

① 표준 침투 깊이는 파장이 클수록 작아진다.
② 표준 침투 깊이는 주파수가 클수록 작아진다.
③ 표준 침투 깊이는 투자율이 작을수록 작아진다.
④ 표준 침투 깊이는 전도율이 작을수록 작아진다.

> 표준 침투 깊이는 주파수와 반비례하여 주파수가 클수록 침투 깊이는 작아진다.

04 침투 탐상 시험에서 접촉각과 적심성 사이의 관계를 옳게 설명한 것은?

① 접촉각이 클수록 적심성이 좋다.
② 접촉각이 작을수록 적심성이 좋다.
③ 접촉각과 적심성과는 관련이 없다.
④ 접촉각이 90° 이상일 경우 적심성이 좋다고 한다.

05 굴삭기의 몸체에 칠해진 페인트 막의 품질을 비파괴 시험하기 위하여 막 두께를 측정하고자 할 때 가장 적합한 검사법은?

① 자분 탐상시험
② 침투 탐상 시험
③ 방사선 투과 시험
④ 와전류 탐상 시험

> **와전류 탐상 시험**
> 페인트 막 두께, 피막 두께, 도금층 두께 등의 측정

06 초음파 탐상 시험에 의해 결함 높이를 측정할 때 결함의 깊이를 측정하는 방법은?

① 표면파로 변환하여 측정한다.
② 최대 결함 에코의 높이부터 최대 에코 높이까지 측정한다.
③ 횡파, 종파의 모드를 변환하여 측정한다.
④ 6dB drop법에 따라 측정한다.

07 누설 검사에서 추적체로 사용되지 않는 기체는?

① 수소
② 헬륨
③ 암모니아
④ 할로겐 가스

> **누설 검사용 가스**
> 헬륨, 암모니아, 할로겐 가스 외에 공기, 질소 등

08 누설 탐상 검사를 할 때 여러 이상 기체 방정식을 알아야 한다. 이 중 물질의 양에 따른 부피의 변화를 나타낸 법칙(원리)은?

① 보일의 법칙
② 샤를의 법칙
③ 아보가드로의 원리
④ 돌턴의 분압법칙

> • **보일의 법칙** : 압력에 따른 부피의 변화
> • **샤를의 법칙** : 온도에 따른 부피의 변화
> • **보일 – 샤를의 법칙** : 온도와 압력에 따른 부피의 변화

정답 1 ④ 2 ② 3 ② 4 ② 5 ④ 6 ④ 7 ① 8 ③

09 비파괴 검사에서 허용할 수 있는 결함과 허용할 수 없는 결함을 분류하는 기준 또는 근거에 해당되지 않는 것은?

① 설계 개념에 근거한 파괴역학
② 사용된 검사 시스템의 성능
③ 요소의 위험도
④ 높은 검출한계의 설정

> 허용 결함과 검출한계의 기준과는 무관하다.

10 방사성 동위원소의 비강도에 대한 설명 중 옳은 것은?

① 비강도가 클수록 촬영 시간을 단축할 수 있다.
② 비강도가 커야 불선명도가 감소된다.
③ 비강도의 단위는 Ci/m²이다.
④ 비강도가 클수록 피폭 우려가 적다.

11 물질 중 반자성체를 자화시키면 자화곡선(B－H 곡선)은 어떤 형태로 나타나는가?

① 곡선 　　　　② 파형
③ 직선 　　　　④ 나타나지 않는다.

> 반자성체가 자화되면 자화곡선은 직선적으로 형성된다.

12 각종 비파괴 시험의 특징을 설명한 것으로 옳은 것은?

① 용접부의 언더컷 검출에는 음향 방출 시험이 적합하다.
② 강재의 내부 균열 검출에는 침투 탐상 시험이 적합하다.
③ 강재의 표면 결함 검출에는 초음파 탐상 시험이 적합하다.
④ 파이프 등의 표면 결함 고속 검출에는 와전류 탐상 시험이 적합하다.

> 초음파 탐상이나 방사선 탐상은 내부 결함 검출에, 침투 탐상이나 자분 탐상이나 와전류 탐상은 표면 결함 검출에 적합하다.

13 비파괴 검사법 중 강자성체에만 적용되는 것은?

① 자분 탐상 시험법
② 침투 탐상 시험법
③ 초음파 탐상 시험법
④ 방사선 투과 시험법

14 초음파 탐상 검사의 단점이 아닌 것은?

① 표면의 결함을 검출하기 쉽다.
② 접촉매질을 써야 탐상이 쉽다.
③ 검사자의 다양한 경험이 필요하다.
④ 검사자의 폭넓은 지식이 필요하다.

> ①은 침투, 자분 탐상의 장점이다.

15 다른 침투액과 비교하여 수세성 형광 침투액의 특성으로 틀린 것은?

① 얇은 개구의 결함을 검출하는데 탁월하다.
② 다량의 소형 부품을 신속하게 시험할 수 있다.
③ 침투 시간 경과 후 바로 물로 침투액 제거가 가능하다.
④ 비형광 침투액을 사용했을 때보다 검출 능력이 좋다.

> 후유화성 형광 침투액은 얇은 개구부의 결함 검출에 유용하다.

16 침투 탐상 시험 시 습식 현상제를 대상물에 적용할 때 가장 좋은 방법은?

① 침전된 천으로 문지른다.
② 침적 또는 분무한다.
③ 부드러운 솔로 바른다.
④ 어떤 방법을 사용해도 관계 없다.

> **습식 현상제 적용방법**
> 침적, 분무, 붓기, 붓칠

정답 9 ④　10 ②　11 ③　12 ④　13 ①　14 ①　15 ①　16 ②

17 침투액이 불연속부에 침투할 때까지 방치하여 둔 시간을 무엇이라 하는가?
① 유화 시간
② 적용 시간
③ 침투 시간
④ 배수 시간

> **침투 시간**
> 침투에 소요되는 최소 시간

18 침투 속도를 증가시킬 수 있는 침투액의 조건은?
① 접촉각이 클 것
② 낮은 온도일 것
③ 외부 압력이 낮을 것
④ 점성계수가 작을 것

> **침투 속도 증가 조건**
> • 침적능과 침투력이 좋을 것
> • 점성이 작고 유동성이 좋을 것
> • 표면장력이 작을 것

19 침투 탐상 시험에서 침투액이 가져야 할 일반적인 성질이 아닌 것은?
① 쉽게 제거될 수 있어야 한다.
② 침투력이 높아야 한다.
③ 쉽게 건조되어야 한다.
④ 쉽게 적용할 수 있어야 한다.

> 침투액이 휘발성이나 건조성이 좋으면 개구부에 침투액의 침투가 불완전하여 결함 검출이 잘 안 된다.

20 연한 금속의 전처리시 도료, 스케일 등 고형오염물의 제거방법에 대한 설명으로 옳은 것은?
① 기계적 제거방법이 가장 우수하다.
② 화학적 제거방법이 일반적으로 적용된다.
③ 기계적 제거방법 적용시 결함의 개구부를 막아야 한다.
④ 화학적 제거방법 적용시 시험체의 손상에 유의하지 않아도 된다.

> 기계적 제거 방법은 결함 개구부를 손상시킬 수 있다.

21 침투 탐상 시험 시 건조장치의 구비 조건으로 가장 필요한 것은?
① 타이머(Timer)가 있어야 한다.
② 온도 조절 장치가 있어야 한다.
③ 팬(Fan)이 있어야 한다.
④ 항상 일정한 온도를 유지할 수 있는 릴레이가 있어야 한다.

> 건조 장치는 온도가 가장 중요하므로 온도 조절 장치가 있어야 한다.

22 다음 중 침투액을 세척방법에 따라 분류한 것이 아닌 것은?
① 형광 침투액
② 용제 제거성 침투액
③ 수세성 침투액
④ 후유화성 침투액

> **세척방법 분류**
> 용제 제거성 침투액, 수세성 침투액, 후유화성 침투액(기름 베이스, 물 베이스)

23 침투 탐상 시험의 유화제에 대한 설명 중 틀린 것은?
① 일종의 계면활성제이다.
② 침투액과 서로 잘 섞인다.
③ 자연광에서 침투액과는 다른 색이다.
④ 자외선등 아래에서는 침투액과 같은 색이다.

> **유화제의 색**
> 오렌지색 또는 핑크색으로 착색되어 있음

24 유화제 중에서 유성 유화제에 대한 설명으로 틀린 것은?
① 유성 유화제에는 기름 베이스에 용해되어 있는 유성 침투액으로 확산되어 유화된다.
② 점성이 높은 유화제는 비교적 느린 유화 시간이 적용된다.
③ 침투 시간이 경과된 직후 예비세척을 한 후에 적용한다.
④ 점성이 낮은 유화제는 유화 시간을 짧게 한다.

> 예비 세척은 침투 처리 후 물 베이스 유화제에 적용한다.

정답 17 ③ 18 ④ 19 ③ 20 ② 21 ② 22 ① 23 ④ 24 ③

25 침투 탐상 검사에 의해 얻어진 결함 지시 모양을 기록하는 방법과 거리가 먼 것은?

① 착색
② 전사
③ 스케치
④ 사진 촬영

26 형광 침투액을 사용하는 침투 탐상 시험에서 자외선 조사 장치의 강도를 측정하는 부위로 옳은 것은?

① 필터 표면에서 측정한다.
② 광원에서 측정한다.
③ 시험체 표면에서 측정한다.
④ 광원과 시험체 중간 지점에서 측정한다.

27 다음 중 침투 탐상 시험에서 대비 시험편 및 결함 검출감도 확인 등의 목적으로 사용되지 않는 것은?

① 구리 대비 시험편
② 알루미늄 대비 시험편
③ 침투 탐상 시스템 모니터 패널
④ 니켈-크롬 도금 균열 대비 시험편

28 침투 탐상 시험 방법 및 침투 지시 모양의 분류(KS B 0816)에서 건식 현상제를 사용할 때, 현상 처리 전에 건조 처리를 한다. 다음 중 건조 처리 온도에 대한 내용으로 옳은 것은?

① 시험체 표면의 수분을 건조시키는 정도로 한다.
② 최고 250℃의 열풍 건조기로 짧은 시간에 건조한다.
③ 시험체 표면 온도를 최고 100℃로 하여 빠르게 건조한다.
④ 작업실의 온도를 최고 80℃로 하여 3분 이내에 건조한다.

> 건조시 시험체 표면 온도가 너무 높을 경우 침투액 성능의 열화, 증발로 인해 결함 검출 감도가 저하한다.

29 침투 탐상 시험 방법 및 침투 지시 모양의 분류(KS B 0816)에 의한 연속 침투 지시 모양에 대한 설명으로 가장 옳은 것은?

① 여러 개의 원형상 침투 지시 모양이 거의 동일 직선상에 3mm 간격으로 나란히 존재할 때
② 상호 거리가 2mm 이하인 여러 개의 지시 모양이 거의 동일 직선상에 나란히 존재할 때
③ 길이가 나비의 3배 이상인 여러 개의 침투 지시가 거의 동일 직선상에 나란히 존재할 때
④ 일정한 면적 내에 여러 개의 침투 지시가 2mm 이상 떨어져 각각 분산되어 독립된 상태로 존재할 때

> **연속 침투 지시**
> 다수의 지시 모양이 거의 동일 선상에 있고, 상호거리가 2mm 이내인 지시

30 침투 탐상 시험 방법 및 침투 지시 모양의 분류(KS B 0816)에 의한 관찰조건에서 시험면에서의 자외선 강도 값은?

① $500\mu W/cm^2$ 이상
② $800\mu W/cm^2$ 이상
③ $1500\mu W/cm^2$ 이상
④ $3000\mu W/cm^2$ 이상

> **자외선등에 의한 관찰 조건**
> 시험면에서 자외선등까지 38cm 떨어진 거리에서 $800\mu W/cm^2$ 이상이 되어야 한다.

31 침투 탐상 시험 방법 및 침투 지시 모양의 분류(K B 0816)에서 유화 시간을 정할 때 고려해야 할 사항과 가장 거리가 먼 것은?

① 사용 침투액의 종류
② 시험체의 표면 거칠기
③ 시험체 및 시험 시의 온도
④ 시험체의 재질 및 제거 처리 상태

32 침투 탐상 시험 방법 및 침투 지시 모양의 분류(KS B 0816)에서 샘플링 검사인 경우 합격한 시험체에 착색하여 표시할 때의 색으로 옳은 것은?

① 적갈색
② 황록색
③ 빨간색
④ 황색

> 샘플링 검사인 경우 황색 또는 ⓟ 기호로 표시한다.

정답 25 ① 26 ③ 27 ① 28 ① 29 ② 30 ② 31 ④ 32 ④

33 침투 탐상 시험 방법 및 침투 지시 모양의 분류(KS B 0816)에 따라 A형 대비 시험편을 제작할 때 판의 한 면 중앙부를 분젠 버너로 어느 온도 범위까지 가열한 다음 급랭시켜 균열을 발생시키는가?

① 100~250℃
② 320~330℃
③ 520~530℃
④ 720~750℃

34 항공 우주용 기기의 침투 탐상 검사 방법(KS W 0914)에 따른 구성품의 건조 실시 시기에 대한 설명으로 틀린 것은?

① 수성 현상제 사용 시는 적용 후 건조 실시
② 건식 분말 현상제 사용 시는 적용 후 건조 실시
③ 현상제를 사용하지 않을 때는 검사 전 건조 실시
④ 비수성(속건식) 현상제 사용 시는 적용 전 건조 실시

비수성(속건식) 현상제나 건식분말 현상제를 사용할 경우 적용 전에 건조를 해야 한다.

35 침투 탐상 시험 방법 및 침투 지시 모양의 분류(KS B 0816)에서 전수 검사에 의해 합격한 시험체에 표시하는 방법으로 옳은 것은?

① 황색으로 착색하여 시험체에 P의 기호를 표시
② 황색으로 착색하여 시험체에 ⓟ의 기호를 표시
③ 각인, 부식 또는 착색으로 시험체에 P의 기호를 표시
④ 각인, 부식 또는 착색으로 시험체에 ⓟ의 기호를 표시

36 침투 탐상 시험 방법 및 침투 지시 모양의 분류(KS B 0816)에서 이원성 염색 침투액을 사용하는 방법을 나타낸 기호는?

① V ② F
③ DV ④ DF

- V : 염색 침투제
- F : 형광 침투제
- DF : 이원성 형광 침투제

37 침투 탐상 시험 방법 및 침투 지시 모양의 분류(KS B 0816)에서 탐상제의 조합이 "FA - W"일 때 첫 번째인 "F"가 의미하는 것은?

① 형광 침투액
② 염색 침투액
③ 건식 현상제
④ 속건식 현상제

- V : 염색 침투제
- F : 형광 침투제
- DF : 이원성 형광 침투제

38 형광 침투 탐상에서 시험 장소 주위의 밝기는?

① 20lx 이하 ② 30lx 이하
③ 40lx 이하 ④ 50lx 이하

39 침투 탐상 시험 방법 및 침투 지시 모양의 분류(KS B 0816)에 따른 시험 조작의 온도 조건에 대한 설명으로 옳은 것은?

① 침투 처리는 3~15℃ 범위가 최적 조건이다.
② 현상 처리는 15~40°F 범위가 최적 조건이다.
③ 건조 온도는 시험품의 표면 온도가 52℃를 초과하여야 한다.
④ 건조 처리는 세척액으로 제거한 경우는 자연 건조하고 가열 건조해서는 안 된다.

- **침투 처리 온도** : 15~50℃
- **현상 처리 온도** : 15~50℃
- **건조 처리 온도** : 시험체 표면 온도가 50℃ 이하

40 잉여 침투제를 제거하기 위한 예비 세척 처리 공정이 필요하지 않은 방법은?

① FD - N
② VD - S
③ FD - A
④ DFC - N

DFC - N
용제 제거성 이원성 형광 침투 - 무 현상법이므로, 침투 처리 후 물 베이스 유화제(D)에 적용하는 예비 세척은 필요치 않다.

정답: 33 ③ 34 ② 35 ③ 36 ④ 37 ① 38 ① 39 ④ 40 ④

41 침투 탐상 시험 방법 및 침투 지시 모양의 분류(KS B 0816)에서 규정한 시험 방법의 분류인 DFB – D 의 분류로 옳은 것은?

① 후유화성 이원성 형광 침투액(기름 베이스 유화제)수용성 습식 현상법
② 후유화성 이원성 형광 침투액(물 베이스 유화제) 수현탁성 현상법
③ 후유화성 이원성 형광 침투액(기름 베이스 유화제) 건식 현상법
④ 후유화성 형광 침투액 건식 현상법

> **DFB – D**
> • DF : 용제 제거성 이원성 형광 침투액
> • B 기름 베이스 후유화성
> • D 건식 현상제

42 침투 탐상 시험 방법 및 침투 지시 모양의 분류(KS B 0816)에 따른 재시험을 실시하여야 하는 경우는?

① 기준보다 침투 시간을 초과하였을 경우
② 기준보다 유화 시간을 초과하였을 경우
③ 의사지시가 발생하였을 경우
④ 지시 모양과 의사지시가 혼재되었을 경우

> **재시험을 실시해야 되는 경우**
> • 침투 지시 모양인지 의사지시 모양인지 판단이 곤란할 경우
> • 조작 방법에 잘못이 있을 경우
> • 유화 시간이 길어 침투되었던 액이 배출되어 지시 모양 검출이 어렵게 될 경우

43 산화성, 염류, 알칼리, 함황 가스 등에 우수한 내식성을 가진 Ni – Cr 합금은?

① 엘린바 ② 인코넬
③ 콘스탄탄 ④ 모넬메탈

44 Al – Cu – Si계 합금으로 Si를 넣어 주조성을 좋게 하고 Cu를 넣어 절삭성을 좋게 한 합금의 명칭은?

① 라우탈 ② 알민 합금
③ 로엑스 합금 ④ 하이드로날륨

45 Y 합금의 조성으로 옳은 것은?

① Al – Cu – Mg – Si ② Al – Si – Mg – Ni
③ Al – Cu – Ni – Mg ④ Al – Mg – Cu – Mn

> **Y합금**
> 주조용 합금

46 베어링용 합금에 해당되지 않는 것은?

① 루기 메탈 ② 배빗 메탈
③ 화이트메탈 ④ 엘렉트론 메탈

> **엘렉트론**
> Mg – Al – Zn계 합금, 내연기관의 피스톤 등에 쓰임

47 금속에 열을 가하여 액체 상태로 한 후 고속으로 급랭시켜 원자의 배열이 불규칙한 상태로 만든 합금은?

① 제진 합금 ② 수소저장 합금
③ 형상기억 합금 ④ 비정질 합금

48 Fe – Fe₃C 상태도에서 포정점 상에서의 자유도는? (단, 압력은 일정하다.)

① 0 ② 1
③ 2 ④ 3

> 자유도(F) = $n - P + 1 = 1 - 2 + 1 = 0$
> (n : 성분 수, P : 상의 수)

49 금속의 응고에 대한 설명으로 옳은 것은?

① 결정입계는 가장 먼저 응고한다.
② 용융금속이 응고할 때 결정을 만드는 핵이 만들어진다.
③ 금속이 응고점보다 낮은 온도에서 응고하는 것을 응고잠열이라 한다.
④ 결정입계에 불순물이 있는 경우 응고점이 높아져 입계에는 모이지 않는다.

> **용융액의 응고 순서**
> 결정 핵 생성 → 핵 성장 → 결정 성장 → 결정립 형성

정답 41 ③ 42 ② 43 ② 44 ① 45 ③ 46 ④ 47 ④ 48 ① 49 ②

50 다음의 금속 중 재결정 온도가 가장 높은 것은?

① Mo
② W
③ Ni
④ Pt

> 용융점이 높을수록 재결정 온도도 높다. 동일 금속의 경우도 가공도가 크거나 결정립이 미세할수록 재결정 온도는 낮아진다.

51 7 – 3 황동에 대한 설명으로 옳은 것은?

① 구리 70%에 주석을 30% 합금한 것이다.
② 구리 70%에 아연을 30% 합금한 것이다.
③ 구리 100%에 아연을 70% 합금한 것이다.
④ 구리 100%에 아연을 30% 합금한 것이다.

52 금속의 일반적인 특성이 아닌 것은?

① 전성 및 연성이 나쁘다.
② 전기 및 열의 양도체이다.
③ 금속 고유의 광택을 가진다.
④ 수은을 제외한 고체 상태에서 결정구조를 가진다.

> 금속은 전연성(전성과 연성)이 우수하다.

53 공업적으로 생산되는 순도가 높은 순철 중에서 탄소 함유량이 가장 적은 것은?

① 전해철
② 해면철
③ 암코철
④ 카보닐철

> 순철의 탄소 함유량 순서
> 전해철 < 암코철 < 해면철 < 카보닐철

54 다음 중 재료의 연성을 파악하기 위하여 실시하는 시험은?

① 피로 시험
② 충격 시험
③ 커핑 시험
④ 크리프 시험

> 연성 측정
> 커핑 시험, 에릭센 시험

55 주철명과 그에 따른 특징을 설명한 것으로 틀린 것은?

① 가단 주철은 백주철을 열처리로에 넣어 가열해서 탈탄 또는 흑연화 방법으로 제조한 주철이다.
② 미하나이트 주철은 저급 주철이라고 하며, 흑연이 조대하고, 활 모양으로 구부러져 고르게 분포한 주철이다.
③ 합금 주철은 합금강의 경우와 같이 주철에 특수원소를 첨가하여 내식성, 내마멸성, 내충격성 등을 우수하게 만든 주철이다.
④ 회주철은 보통주철이라고 하며, 펄라이트 바탕조직에 검고 연한 흑연이 주철의 파단면에서 회색으로 보이는 주철이다.

> 미하나이트 주철은 흑연이 미세한 고급 주철이다.

56 Cu – Pb계 베어링 합금으로 고속 고하중 베어링으로 적합하여 자동차 항공기 등에 쓰이는 것은?

① 켈밋(kelmet)
② 백동(cupronickel)
③ 베빗메탈(babbit metal)
④ 화이트메탈(white metal)

> 켈밋
> Cu – Pb(30 – 40%)계 베어링 합금, 고속 고하중용 베어링에 쓰임

57 구상흑연 주철이 주조 상태에서 나타나는 조직의 형태가 아닌 것은?

① 페라이트형
② 펄라이트형
③ 시멘타이트형
④ 헤마타이트형

> 철광석에 헤마타이트형이 있다.

58 판 두께 10mm의 연강판 아래 보기 맞대기 용접 이음 10m와 판 두께 20mm의 연강판 수평 맞대기 용접이음 20m를 용접하려 할 때 환산 용접 길이는? (단, 현장 용접으로 환산계수는 판 두께 10mm인 경우 1.32, 판 두께 20mm인 경우 5.04이다.)

① 약 30.0m ② 약 39.6m
③ 약 114m ④ 약 213m

환산 용접 길이(환산 용접장)
= $L_1 \times \rho_1 + L_2 \times \rho_2$
= 10m × 1.32 + 20m × 5.04 = 114m

59 용접기가 설치되어서는 안 되는 장소는?

① 먼지가 매우 적은 곳
② 옥외의 비바람이 없는 곳
③ 수증기 또는 습도가 낮은 곳
④ 주위 온도가 −10℃ 이하인 곳

용접기를 설치해서는 안 되는 장소
- 먼지가 많은 곳
- 옥외 비바람이 치는 곳
- 수증기 습도가 높은 곳
- 폭발 위험이 있는 가스나 유체가 있는 곳
- 주위 온도가 −10℃ 이하인 곳

60 다음 용접법 중 금속 전극을 사용하는 보호 아크 용접법은?

① MIG 용접 ② 테르밋 용접
③ 심 용접   ④ 전자 빔 용접

- **테르밋 용접** : 전극 없음, Al 분말과 산화철 분말의 화학 반응열 이용
- **심 용접** : 회전 전극 사용
- **전자 빔 용접** : 전자 빔 사용

정답 58 ③ 59 ④ 60 ①

과년도 기출문제

01 비파괴 검사법 중 대상 물체가 전도체인 경우에만 검사가 가능한 시험법은?
① 침투 탐상 시험
② 방사선 투과 시험
③ 초음파 탐상 시험
④ 와전류 탐상 시험

02 누설 검사에 이용되는 가압 기체가 아닌 것은?
① 공기
② 황산 가스
③ 헬륨 가스
④ 암모니아 가스

> **누설 검사 가스**
> 공기, 헬륨 가스, 암모니아 가스, 질소 등

03 초음파 탐상 시험법을 원리에 따라 분류할 때 포함되지 않는 것은?
① 투과법
② 공진법
③ 종파법
④ 펄스 반사법

04 자속밀도(B)와 자화 세기(H)의 관계식으로 옳은 것은? (단, μ는 투자율이다.)
① $B = \dfrac{1}{\mu} \cdot H$
② $B = \dfrac{1}{H} \cdot \mu$
③ $B = \mu^2 \cdot H^2$
④ $B = \mu \cdot H$

05 방사선 투과 시험에 대한 설명으로 틀린 것은?
① 체적 결함에 대한 검출감도가 높다.
② 오스테나이트 스테인리스강에 적용이 곤란하다.
③ 결함의 종류 및 형상에 대한 정보를 알 수 있다.
④ 건전부와 결함부에 대한 투과선량의 차이에 따라 필름 상의 농도차를 이용하는 시험 방법이다.

> 방사선 투과 시험은 거의 모든 재질의 탐상이 가능하며, 오스테나이트계 스테인리스강의 경우 자분 탐상이 안 된다.

06 누설 검사에서 실제로 가장 많이 사용되는 추적 가스는?
① 공기
② 산소
③ 암모니아
④ 헬륨

> 공기는 누설 검사에서 가압 기체로 가장 많이 사용되는 실용적인 가스이다.

07 표면 근처의 결함 검출, 박막 두께 측정 및 재질 식별 등의 검사가 가능한 비파괴 시험법은?
① 자분 탐상 시험
② 침투 탐상 시험
③ 와전류 탐상시험
④ 음향 방출 시험

> **와전류 탐상**
> 표면 및 표면 직하 결함, 박막 두께, 도금층 두께 측정 및 재질 식별이 가능하다.

08 침투 탐상 시험 시 유화제의 적용 시간을 정상 시간보다 오래 두면 어떤 검사 결과가 나타나는가?
① 결함 지시 모양이 더욱 선명하게 나타난다.
② 가늘고 얕은 결함 지시 모양을 잃기 쉽다.
③ 세척 후에도 과잉 세척액이 남는다.
④ 전혀 결함이 나타나지 않는다.

> 유화 시간이 길면 미세한 결함 부위의 침투액까지 세척이 될 수 있어 결함 검출이 안 될 수 있다.

09 방사선 투과 시험과 비교하여 자분 탐상 시험의 특징을 설명한 것으로 옳지 않은 것은?
① 모든 재료에 적용이 가능하다.
② 탐상이 비교적 빠르고 간단한 편이다.
③ 표면 및 표면 바로 밑의 균열 검사에 적합하다.
④ 결함 모양이 표면에 직접 나타나므로 육안으로 관찰할 수 있다.

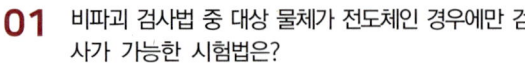

자분 탐상은 강자성체 금속의 결함 검출에만 가능하다.

10 초음파 탐상기에 요구되는 성능 중 수신된 초음파 펄스의 음압과 브라운관에 나타난 에코 높이의 관계를 나타내는 것은?
① 시간축의 직진성
② 분해능
③ 증폭의 직선성
④ 감도

11 필름 특성 곡선에 대한 설명 중 옳은 것은?
① 필름의 종류에 따른 현상 시간의 변화를 나타낸 곡선
② 필름을 투과하는 방사선의 세기 또는 투과 비율을 나타낸 곡선
③ 필름에 조사된 방사선량과 사진 농도와의 관계를 나타낸 곡선
④ 필름의 종류에 따른 입도특성을 나타낸 곡선

12 음향 방출 검사에서 관찰되는 AE 신호파형으로 짝지어진 것은?
① 연속형 - 돌발형
② 연속형 - 회전형
③ 돌발형 - 회전형
④ 돌발형 - 톱니형

13 주강품에 대한 방사선 투과 시험에서 발견할 수 없는 결함은?
① 슬래그 혼입
② 블로 홀
③ 수축공
④ 라미네이션

라미네이션
강괴의 큰 기공 등이 압연 가공 등에 의해 층상으로 갈라져 있는 결함으로 수평 상태로 되어 있기 때문에 방사선 투과 시험으로는 검출할 수 없고 초음파 탐상으로 가능하다.

14 시험체 표면에 넓고 얇게 발생한 결함의 검출에 수세성 형광 침투액의 적용이 적절하지 않은 이유는?
① 세척 처리가 부족하여 결함 주위에 지시 모양이 생기기 쉽기 때문이다.
② 세척 처리로 인해 결함이 침투해 있는 침투액이 씻겨나가기 쉽기 때문이다.
③ 침투액의 점도가 높아 표면에 잔류하기 쉽고, 세척 처리가 어렵기 때문이다.
④ 결함의 지시 모양이 표면의 요철에 의한 지시와 차이가 나기 쉽기 때문이다.

얇고 넓은 결함에 침투한 침투액을 수세척할 경우 침투액이 씻겨나가 결함 검출이 곤란하게 된다.

15 용접 시 개선면 검사, 용접 중간층 표면검사, 용접 완료 후의 표면검사 다음 단계로 침투 탐상 검사가 요구될 때 휴대가 용이해 가장 적합하게 사용할 수 있는 검사법은?
① 건식 현상법에 의한 수세성 형광 침투 탐상 검사
② 속건식 현상법에 의한 용제 제거성 염색 침투 탐상 검사
③ 무 현상법에 의한 용제 제거성 형광 침투 탐상 검사
④ 건식 형상법에 의한 후유화성 형광 침투 탐상 검사

용제 제거성은 별도의 장치가 필요없다.

16 침투 탐상 시험에서 후유화성과 수세성의 차이를 구별하는 가장 주된 내용은?
① 물이 포함되어 있는지의 여부
② 알루미늄 합금에 사용할 수 있는지의 여부
③ 침투액에 유화제가 포함되어 있는지의 여부
④ 현상하기 전 표면의 과잉 침투액 제거 필요 여부

후유화성은 유화제가 필요하다.

정답 10 ③ 11 ② 12 ① 13 ④ 14 ② 15 ② 16 ③

17 5개 별 모양의 균열이 존재하고, 세척 성능을 점검하기 위해 두 개의 영역으로 분리된 침투 탐상 시험편은 무엇인가?

① A형 대비 시험편
② PSM 모니터 패널
③ B형 대비 시험편
④ C형 표준 시험편

> **모니터 패널**
> 스테인리스강으로 5개 별 모양의 균열을 만들어 넣은 것으로 주로 세척능 검사에 활용한다.

18 용제 제거성 침투제 도포 후, 현상 전에 잉여 침투제를 제거하는 제일 좋은 방법은?

① 용제 제거성 스프레이를 시편에 직접 분사한다.
② 물에 담가 초음파 세척기를 가동시킨다.
③ 식기 세척용 세제를 물에 풀고, 스폰지로 거품을 내어 닦아낸다.
④ 세척제를 스며들게 한 천 또는 종이로 닦아낸다.

> 용제 제거성 침투제는 천이나 종이로 잉여 침투제를 닦아낸다.

19 다음 중 암실의 밝기를 측정하기 위한 장비는?

① 농도계
② 열량계
③ 조도계
④ 자외선 강도계

> **밝기 측정**
> 조도계

20 무관련 지시란 침투 탐상 시험 때 나타난 어떤 지시를 묘사한 것이다. 다음 중 어떤 것이 무관련 지시인가?

① 외부 균열에 의하여 생긴 지시
② 응력 또는 입계부식에 의하여 생긴 지시
③ 부품의 형태 또는 구조에 의하여 생긴 지시
④ 연마 균열(grinding cracks)에 의하여 생긴 지시

> 부품의 형태나 구조에 따라 특히 다공질일 경우 의사지시(무관련 지시)가 나타날 수 있다.

21 침투 탐상 시험에서 일반적으로 흰색의 배경에 빨간색의 대조(contrast)를 이루게 하여 관찰하는 침투액과 현상제의 조합으로 옳은 것은?

① 염색 침투액 - 현상
② 염색 침투액 - 습식 현상제
③ 형광 침투액 - 건식 현상제
④ 형광 침투액 - 습식 현상제

> 흰색 바탕은 염색 침투제를 사용하며, 적색과 대조를 이루려면 습식 현상제 적용

22 다음 중 모세관의 상승 높이와 비례하는 것은?

① 표면장력
② 접촉각
③ 비중
④ 모세관 직경

> 물처럼 표면장력이 작으면 상승 높이가 높아지고 수은처럼 표면장력이 크면 내려간다.

23 침투제가 그 역할을 수행하기 위한 주된 현상은?

① 건조
② 세척작용
③ 후유화 현상
④ 모세관 현상

> 침투제는 접촉각이 작아 적심성이 좋으면 모세관 현상에 의해 결함 내로 침투가 용이해진다.

24 침투 탐상 검사에서 현상제를 선택하는 기준으로 적절한 것은?

① 용접부 검사에는 습식 현상제가 효과적이다.
② 작업 시간 단축을 위해 무 현상법을 적용한다.
③ 거친 표면에는 습식 현상제가 효과적이다.
④ 구조물 부분 탐상에는 속건식 현상제가 효과적이다.

> • **속건식 현상제** : 부분 탐상에 적합
> • **건식 현상제** : 거친 표면에 적합
> • **습식 현상제** : 매끄러운 표면에 적합

정답 17 ② 18 ④ 19 ③ 20 ③ 21 ② 22 ① 23 ④ 24 ④

25 다음 중 침투 탐상 검사 방법과 적용 시험품의 연결이 옳은 것은?

① 수세성 침투 탐상 - 대형 구조물 부분 탐상
② 수세성 침투 탐상 - 석유 저장탱크 용접부
③ 용제 제거성 침투 탐상 - 대형 구조물 검사
④ 용제 제거성 침투 탐상 - 용접 개선면 검사

26 침투 탐상 시험에 사용되는 현상제의 특징이 아닌 것은?

① 침투액을 분산시키는 능력이 우수하여야 한다.
② 화학적으로 안정된 백색 미분말을 주로 사용한다.
③ 형광 침투액 사용 시 현상제는 형광성을 가져야 한다.
④ 건식 현상제는 주로 산화규소 분말로 구성되어 있다.

현상제는 형광 성능이 없어야 한다.

27 침투 탐상 시험에서 현상이 잘 되었을 때 나타난 결함 지시 모양과 실제 결함의 크기를 비교한 것으로 가장 옳은 설명은?

① 결함 지시 모양의 크기는 항상 실제 결함 크기와 같다.
② 결함 지시 모양의 크기는 항상 실제 결함 크기보다 작다.
③ 결함 지시 모양의 크기는 실제 결함 크기보다 크거나 같다.
④ 결함 지시 모양의 크기는 실제 결함 크기보다 작거나 같다.

28 침투 탐상 시험 방법 및 침투 지시 모양의 분류(KSB 0816)에 따른 탐상제 관리에 대한 설명으로 틀린 것은?

① 기준 탐상제 및 사용하지 않는 탐상제는 용기에 밀폐하여 냉암소에 보관한다.
② 탐상제를 개방형의 장치에서 사용할 때는 먼지, 불순물의 혼입, 탐상제의 비산을 방지하도록 처리하여야 한다.
③ 수세성 침투액, 세척액 및 속건식 현상제는 개방형 용기에 보관하여야 한다.
④ 습식 및 속건식 현상제는 소정의 농도로 유지하여야 한다.

각종 검사액은 적정 용기에 넣어 밀폐해서 냉암소에 두어야 된다.

29 항공 우주용 기기의 침투 탐상 검사 방법(KS W0914)에서 공정 제한 사항으로 틀린 것은?

① 항공 우주용 제품의 최종 수렴 검사에는 형광 침투액 계통의 침투액을 사용할 수 없다.
② 염색 침투액을 사용하는 검사는 동일한 면에 대하여 형광 침투액을 사용하는 검사 전에 사용할 수 없다.
③ 건식 및 수용성 현상제는 염색 침투액에 사용할 수 없다.
④ 터빈 엔진의 중요 부품 정비검사는 후유화성 형광 침투액과 친수성 유화제를 사용한다.

KS-W-0914 규정에 의하면 최종 수렴 검사에는 염색(타입 I) 침투액을 사용할 수 없다고 되어있다.

30 항공 우주용 기기의 침투 탐상 검사 방법(KS W0914)에서 사용 중인 유화제의 제거성은 최대 얼마의 주기마다 점검하여야 하는가?

① 일 1회   ② 주 1회
③ 월 1회   ④ 연 1회

31 침투 탐상 시험 방법 및 침투 지시 모양의 분류(KS B 0816)에 따라 침투 지시 모양이 동일선상이고 상호 간의 거리가 몇 mm 이하일 때 연속 침투 지시 모양으로 규정하고 있는가?

① 1   ② 2
③ 3   ④ 4

32 침투 탐상 시험 방법 및 침투 지시 모양의 분류(KS B 0816)에 따라 대비 시험편을 사용하는 경우로 가장 부적합한 것은?

① 탐상제의 성능 비교
② 탐상 조작 조건의 결정
③ 탐상 조작 적부의 점검
④ 시험편의 화학성분 결정

시험편의 성분은 침투 탐상 시험으로 알 수 없다.

정답 25 ③   26 ③   27 ③   28 ③   29 ①   30 ②   31 ②   32 ④

33 침투 탐상 시험 방법 및 침투 지시 모양의 분류(KS B 0816)에서 규정한 자외선 조사 장치의 강도와 파장으로 옳은 것은?

① 시험체 표면에서 $1000\mu W/cm^2$ 이상 및 320~400nm인 자외선 파장을 만족해야 한다.
② 시험실에서 $1000\mu W/cm^2$ 이하 및 320~400nm 이하인 자외선 파장을 만족해야 한다.
③ 시험실에서 $800\mu W/cm^2$ 이상 및 320~400nm 이하인 자외선 파장을 만족해야 한다.
④ 시험체 표면에서 $800\mu W/cm^2$ 이상 및 320~400nm인 자외선 파장을 만족해야 한다.

34 침투 탐상 시험 방법 및 침투 지시 모양의 분류(KS B 0816)에서 현상 처리 후에 건조 과정이 필요한 탐상 방법은 무엇인가?

① FB - W ② FA - D
③ FC - S ④ FB - S

수용성 A, 수현탁성 W 등의 습식 현상제의 경우 반드시 건조 처리를 해야 한다.

35 항공 우주용 기기의 침투 탐상 검사 방법(KS W 0914)에서 침투액의 적용에 대한 설명으로 틀린 것은?

① 침투액의 침투 시간은 특별한 지시가 없는 한 최소 10분이다.
② 침투액의 침투 시간이 2시간을 초과하면 건조되지 않도록 다시 도포한다.
③ 침투액을 침지법으로 적용할 경우에는 침지 시간은 침투 시간의 1/3 이상으로 한다.
④ 침투 시간 중 침투액이 국부적으로 모이지 않도록 시험품을 회전시키거나 움직이게 한다.

침지 시간은 침투 시간의 1/2 이상으로 한다.

36 항공 우주용 기기의 침투 탐상 검사 방법(KS W 0914)에서 규정한 침투액의 제거에서 방법 A의 공정 중 수동 스프레이법의 부가 공기압으로 옳은 것은?

① 최소 172kPa ② 최대 172kPa
③ 최소 275kPa ④ 최대 275kPa

37 침투 탐상 시험 방법 및 침투 지시 모양의 분류(KS B 0816)에서 규정한 세척 및 제거에 대한 설명 중 옳은 것은?

① 형광 침투액을 사용할 경우 수온은 특별한 규정이 없을 때는 5~50℃로 한다.
② 염색 침투액은 제거 처리 후 깨끗한 헝겊으로 닦아 세척을 확인한다.
③ 제거 처리는 세척액에 침지할 때 효과적이다.
④ 세척 효과를 위해 수압은 300kPa 이상으로 한다.

염색 침투액은 헝겊으로 세척하며, 세척 수온은 15~50℃, 수압은 275kPa 이하로 한다.

38 항공 우주용 기기의 침투 탐상 검사 방법(KS W 0914)에 따라 샘플링 검사에 합격된 로트의 표시 방법으로 옳은 것은?

① 별도의 표시를 하지 않는다.
② 착색의 경우 밤색 염료를 사용한다.
③ 에칭의 경우 전수 검사와 똑같은 방법으로 표시한다.
④ 각인의 경우 기호 P를 타원으로 둘러싼 표시를 한다.

KS - W - 0914에서 샘플링 검사의 합격품 표시는 노란색 염료 또는 ⓟ 기호로 표시, 전수 검사인 경우 밤색 염료 또는 P 표시

39 항공 우주용 기기의 침투 탐상 검사 방법(KS W 0914)에서 종류 C는 어떤 현상제인가?

① 수현탁성 현상제
② 수용성 현상제
③ 속건성 현상제
④ 건식 분말 현상제

KS - W - 0914
• 종류 A : 건식 분말 현상제
• 종류 B : 수용성 현상제
• 종류 D : 비수성 현상제
• 종류 E : 특정 용도용 현상제

정답 33 ④ 34 ① 35 ③ 36 ② 37 ② 38 ④ 39 ①

40 침투 탐상 시험 방법 및 침투 지시 모양의 분류(KSB 0816)에서 사용하는 탐상제 중 침투액의 제거 방법에서 유기용제를 사용하는 방법의 기호는?

① A
② B
③ C
④ D

- A : 수세성
- B : 기름 베이스 후유화성
- D : 물 베이스 후유화성

41 침투 탐상 시험 방법 및 침투 지시 모양의 분류(KSB 0816)에서 염색 침투 탐상 시 자연광 또는 백색광 아래에서의 조도는?

① 시험면에서 500lx 이하
② 시험면에서 500lx 이상
③ 시험면에서 10W/m² 이상
④ 시험면에서 10W/m² 이하

42 침투 탐상 시험 방법 및 침투 지시 모양의 분류(KSB 0816)에서 규정한 시험체 및 탐상제의 일반적인 온도 범위를 벗어난 경우 조치 사항으로 옳은 것은?

① 시험체의 온도가 3~15℃인 범위에서는 온도를 고려하여 침투 시간을 줄인다.
② 시험체의 온도가 50℃를 넘는 경우 규정된 침투시간을 늘린다.
③ 시험체의 온도가 3℃ 이하인 경우 규정된 침투 시간보다 줄인다.
④ 시험체의 온도가 5℃ 이하인 경우 규정된 침투 시간보다 늘린다.

침투 온도가 3~15℃로 낮을 때는 침투 시간을 늘려야 한다.

43 황동에 10~20% 니켈을 넣은 것으로 색깔이 은과 비슷하여 예부터 장식, 식기 등으로 사용되어 온 것은?

① 양은
② 켈밋
③ 콘스탄탄
④ 플라티나이트

양은
Cu + Zn + Ni 합금, 식기, 악기, 장식용으로 사용

44 내열강의 내열성 증대와 탄화물의 생성을 쉽게 하기 위해 합금 원소로 첨가되는 대표적인 금속은?

① Si
② Al
③ Cr
④ Ni

45 침입형 고용체가 될 수 없는 원소는?

① B
② N
③ Cu
④ H

침입형 고용체 원소
원자 크기가 다른 원자보다 15% 이상 차이가 나는 작은 물질

46 Cu에 40~50% Ni을 함유한 합금으로 전기 저항선이나 열전쌍에 많이 사용되는 것은?

① 모넬메탈
② 콘스탄탄
③ 니크롬
④ 인코넬

콘스탄탄
Cu + Ni(40~50%) 합금, 전기저항이 매우 큼, 발열용, 열전 쌍에 사용함

47 구리(Cu)의 특징을 설명한 것 중 틀린 것은?

① 자성체이며, 주조가 가능하다.
② 구리의 비중은 약 8.9이다.
③ 결정격자는 면심 입방 격자이다.
④ 관, 선, 플랜지 등으로 가공하여 사용한다.

구리는 비자성체이며, 순구리는 주조가 어렵다.

48 다음 중 원자로용 1차 금속군에 해당되는 것은?

① Na, Cs
② W, Ta
③ Ge, Si
④ U, Tr

원자로용 1차 금속군(원료)은 U, Tr이다.

정답 40 ③ 41 ② 42 ④ 43 ① 44 ③ 45 ③ 46 ② 47 ① 48 ④

49 Y – 합금에 대한 설명으로 옳은 것은?
① 주성분은 Al - Cu - Mo - Mn이며, 응고성이 좋다.
② 주성분은 Al - Cu - Mg - Ni이며, 내열성을 갖는다.
③ 주성분은 Al - Cr - Mg - Ni이며, 용해성이 좋다.
④ 주성분은 Al - W - Mg - Ni - Mo이며, 취성이 있다.

50 금속재료에 외부의 힘을 가하여 원하는 형태로 변형시킴과 동시에 재료의 기계적 성질을 개선하는 가공법을 무엇이라 하는가?
① 용접 ② 절삭 가공
③ 소성 가공 ④ 분말 야금

51 금속재료의 고강도화 4가지 기구에 해당되지 않는 것은?
① 형상강화 ② 고용강화
③ 입계강화 ④ 석출강화

> **강화기구**
> 고용강화, 입계강화, 석출강화, 분산강화, 시효강화

52 금속 가공에서 재결정 온도보다 낮은 온도에서 가공하는 것을 무엇이라고 하는가?
① 풀림가공 ② 열간가공
③ 고온가공 ④ 냉간가공

> • **열간가공** : 재결정 온도보다 높은 온도에서 가공하는 것
> • **냉간가공** : 재결정 온도보다 낮은 온도에서 하는 가공

53 용융된 금속이 실제의 응고점보다 낮은 온도에서 응고가 시작되는 것을 무엇이라 하는가?
① 과랭 ② 급랭
③ 서랭 ④ 방열

> **과랭(supercooling)**
> 일반적으로 용융점에서 응고가 시작된다고 생각하고 있으나 실제는 금속의 응고점보다 낮은 온도에서 응고가 일어난다.

54 공구강의 구비조건을 설명한 것으로 틀린 것은?
① 마모성이 클 것
② 상온 및 고온경도가 클 것
③ 가공 및 열처리성이 양호할 것
④ 강인성 및 내충격성이 우수할 것

> 공구강은 내마모성이 커야 한다.

55 회주철의 인장강도 범위는 10~40kgf/mm^{2}이다. 이를 MPa로 환산하면 몇 MPa인가?
① 9.8~39.2MPa ② 98~392MPa
③ 980~3920MPa ④ 9800~39200MPa

> 10×9.8 = 98, 40×9.8 = 392

56 그림과 같이 변형 후 수백 % 이상의 연신율을 나타내는 재료는?

(A) 변형 전

(B) 변형 후

① 수소저장합금 ② 금속 초미립자
③ 초소성 합금 ④ 반도체 재료

> **초소성 합금**
> 금속의 연신율(변형량)이 수백%가 되는 합금

57 비중이 약 7.13 정도이며 도금용, 전기 방식용 양극 재료 등에 사용되고, 또한 합금으로는 황동, 다이캐스팅 용도로 많이 쓰이는 금속은?
① Mg ② Ti
③ Sn ④ Zn

> **Zn**
> 면심 입방 격자, 비중 7.14, 용융점 419℃, 도금 및 다이캐스팅용으로 사용

정답 49 ② 50 ③ 51 ① 52 ④ 53 ① 54 ① 55 ② 56 ③ 57 ④

58 피복 아크 용접봉의 피복제의 주된 역할 설명 중 틀린 것은?

① 전기 전도를 양호하게 한다.
② 슬래그를 제거하기 쉽게 하고, 파형이 고운 비드를 만든다.
③ 용착금속의 냉각 속도를 느리게 하여 급랭을 방지한다.
④ 스패터의 발생을 적게 한다.

> 피복제는 전기 전도와는 무관하다.

59 연납용으로 사용되는 용제가 아닌 것은?

① 염화아연　　② 붕사
③ 인산　　　　④ 염산

> 붕사는 주로 동합금 등 경납용으로 쓰인다.

60 아크 용접기의 사용률(%)을 구하는 식은?

① $\dfrac{\text{아크시간}}{\text{아크시간} + \text{휴식시간}} \times 100$

② $\dfrac{\text{아크시간}}{\text{휴식시간}} \times 100$

③ $\dfrac{\text{아크시간} + \text{휴식시간}}{\text{아크시간}} \times 100$

④ $\dfrac{\text{휴식시간}}{\text{아크시간}} \times 100$

> 사용률 = $\dfrac{\text{아크시간}}{\text{아크시간} + \text{휴식시간}} \times 100$

정답 58 ① 59 ② 60 ①

과년도 기출문제

01 방사선 투과 시험과 초음파 탐상 시험을 비교하였을 때 초음파 탐상 시험의 장점은?

① 블로 홀 검출
② 라미네이션 검출
③ 불감대가 존재
④ 검사자의 능숙한 경험

> 라미네이션은 초음파 탐상 검사에서 수직 탐상법을 이용하면 검출할 수 있다.

02 시험면을 사이에 두고 한 쪽의 공간을 가압하거나 진공이 되게 하여 양쪽 공간에 압력차를 만들어 시험하는 비파괴 검사법은?

① 육안 시험
② 누설 시험
③ 음향 방출 시험
④ 중성자 투과 시험

> 누설 시험 중 압력법의 설명이다. 방법은 기체나 액체를 담고 있는 용기 내외부의 압력차를 이용한다.

03 위상 배열을 이용한 초음파 탐상 검사법은?

① EMAT
② IRIS
③ PAUT
④ TOFD

> - **EMAT** : 전자적으로 금속 표면에 발생된 자계와 와전류 사이에서 작용하는 상호 작용에 의해 초음파를 송수신하는 탐촉자를 사용하는 방법
> - **IRIS** : 열교환기 튜브의 벽두께 등을 측정
> - **TOFD** : 결함 끝부분에서의 회절 초음파를 이용하여 결함의 높이 측정

04 다음 중 침투 탐상 원리와 가장 관계가 깊은 것은?

① 틴틸 현상
② 대류 현상
③ 용융 현상
④ 모세관 현상

05 다른 침투 탐상 시험과 비교하여 수세성 형광 침투 탐상 시험의 장점은?

① 밝은 곳에서 작업이 가능하다.
② 대형 단조품 검사에 적합하다.
③ 소형 대량 부품 검사에 적합하다.
④ 장비가 간편하고 장소의 제약을 받지 않는다.

> **수세성 형광 침투 탐상의 장점**
> - 넓은 면적의 시험체를 1회로 탐상할 수 있다.
> - 나사부 등 복잡한 형상의 탐상이 가능하다.
> - 소형 대량 생산 부품의 탐상에 효과적이다.
> - 고감도 침투액 사용 시 미세균열 탐상이 가능하다.
> - 거친 표면 조도의 시험체에 적용 가능하다.

06 비파괴 검사법 중 반드시 시험 대상물의 앞면과 뒷면 모두 접근 가능하여야 적용할 수 있는 것은?

① 방사선 투과 시험
② 초음파 탐상 시험
③ 자분 탐상 시험
④ 침투 탐상 시험

> 방사선 투과 시험은 대상물의 앞면에서 방사선을 조사하고 뒷면에는 필름으로 설치한다.

07 자분 탐상 시험에 대한 설명 중 틀린 것은?

① 표면 결함 검사에 적합하다.
② 반자성체에 적용할 수 있다.
③ 시험체의 크기에는 크게 영향을 받지 않는다.
④ 침투 탐상 시험만큼 엄격한 전처리가 요구되지는 않는다.

> 자분 탐상 시험은 강자성체에만 적용된다.

정답 1 ② 2 ② 3 ③ 4 ④ 5 ③ 6 ① 7 ②

08 두께 방향 결함(수직 크랙)의 경우 결함 검출 확률과 크기의 정량화에 관한 시험으로 가장 우수한 검사법은?

① 초음파 탐상 검사(UT)
② 방사선 투과 검사(RT)
③ 스트레인 측정 검사(ST)
④ 와전류 탐상 검사(ECT)

09 관의 보수검사를 위해 와전류 탐상 검사를 수행할 때 관의 내경을 d, 시험코일의 평균 직경을 D라고 하면 내삽코일의 충전율을 구하는 식은?

① $\left(\dfrac{D}{d}\right)^2 \times 100\%$
② $\left(\dfrac{D}{d}\right) \times 100\%$
③ $\left(\dfrac{D}{d+D}\right) \times 100\%$
④ $\left(\dfrac{d+D}{D}\right) \times 100\%$

> 충전율(η) = $\left(\dfrac{\text{내삽 코일의 평균 직경}}{\text{시험체의 내경}}\right)^2 \times 100$
> = $\left(\dfrac{D}{d}\right)^2 \times 100$

10 비파괴 검사의 목적이라 볼 수 없는 것은?

① 안전관리
② 사용 기간의 연장
③ 출하 가격의 인하
④ 제품의 신뢰성 향상

> 비파괴 검사는 제품가격과는 관련이 없고, 제품의 결함 검출이 목적이다.

11 시험체에 가압 또는 감압을 유지한 후 발포 용액에 의해 기포를 형성하는 기포 누설 시험 검사 방법의 장점으로 틀린 것은?

① 지시 관찰이 용이하다.
② 감도가 높다.
③ 실제 지시의 구별이 쉽다.
④ 가격이 저렴하다.

> **기포 누설 검사의 장점**
> • 큰 누설을 쉽게 찾을 수 있으며 안전하다.
> • 기술이나 경험이 크게 필요하지 않다.
> • 누설 위치 판별이 빠르다.
> • 한 번에 전면을 검사할 수 있다.
> • 프로브, 스니퍼가 필요 없다.

> **기포 누설 검사의 단점**
> • 발포액의 특성에 좌우된다.
> • 감도가 낮고, 교정 수단이 정확히 없다.
> • 온도, 바람, 습도 등 주변 환경에 민감하다.
> • 매우 작거나 매우 큰 누설의 검사가 곤란하다.

12 자분 탐상 검사에 관련된 용어로 틀린 것은?

① 투자율
② 자속밀도
③ 접촉각
④ 반자장

> 접촉각은 침투 탐상 검사에 적용되는 용어이다.

13 시험체의 도금 두께 측정에 가장 적합한 비파괴 검사법은?

① 침투 탐상 시험법
② 음향 방출 시험법
③ 자분 탐상 시험법
④ 와전류 탐상 시험법

14 자분 탐상 시험으로 크랭크 샤프트를 검사할 때 가장 적합한 자화 방법은?

① 축 통전법과 코일법
② 극간법과 프로드법
③ 전류 관통법과 자속 관통법
④ 직각 통전법과 극간법

15 침투 탐상 시험의 장점에 대한 설명 중 틀린 것은?

① 지시 판독이 간편하다.
② 제품의 크기에 구애 받지 않는다.
③ 비철재료나 세라믹 등에도 적용 가능하다.
④ 검사체의 온도에는 전혀 영향을 받지 않는다.

> 침투액은 시험체 온도에 민감하다.

정답 8 ① 9 ① 10 ③ 11 ② 12 ③ 13 ④ 14 ① 15 ④

16 침투 탐상 시험에서 후유화성 침투제와 작용하여 물로 씻을 수 있도록 해주는 물질은?

① 유화제 ② 현상제
③ 물 ④ 정착제

유화제는 후유화성 침투제가 수세능을 갖도록 한다.

17 수세성 형광 침투액과 습식 현상제를 사용하여 침투 탐상 시험할 때 탐상 절차에 따른 장치의 배열 순서로 옳은 것은?

① 전처리대 → 세척조 → 침투조 → 현상조 → 건조대 → 검사대
② 전처리대 → 침투조 → 세척조 → 건조대 → 현상조 → 검사대
③ 전처리대 → 침투조 → 세척조 → 현상조 → 건조대 → 검사대
④ 전처리대 → 침투조 → 현상조 → 세척조 → 건조대 → 검사대

18 섭씨 25℃는 화씨(℉) 온도로 몇 도인가?

① 13℉ ② 46℉
③ 77℉ ④ 248℉

$℉ = \frac{9}{5}℃ + 32 = \frac{9}{5}25 + 32 = 77℉$

19 침투액이 균열이나 갈라진 틈과 같은 미세한 개구부로 침투하려는 성질은?

① 포화 현상
② 모세관 현상
③ 모서리 현상
④ 수적 방지 현상

침투 탐상에 영향을 주는 요소
모세관 현상이 가장 큰 영향을 주며, 그 외에 침투액의 표면 장력, 적심성, 시험면의 청결도, 결함 형상, 개구부의 크기 등이 있다.

20 다음 그림에서 침투 탐상 시험의 세척 처리와 현상 처리가 실시된 것은?

- 그림 (1)은 자연적인 결함부와 탐상 표면이다.
- 그림 (2), (3), (4)의 검은 부분은 침투 처리된 것을 나타낸 것이다.
- 그림 (1), (2), (3), (4)의 사선은 시험체이다.

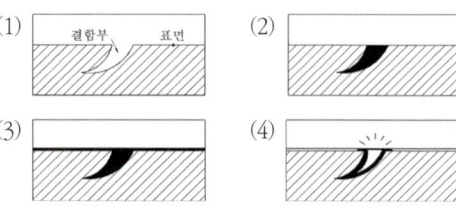

① 그림 (1)과 (2) ② 그림 (2)와 (3)
③ 그림 (3)과 (4) ④ 그림 (2)와 (4)

그림에서
(1) 전처리, (2) 세척 처리, (3) 침투 처리, (4) 현상 처리

21 침투 탐상 시험에 사용되는 다음 재료 중 솔로 도포할 수 없는 것은?

① 유화제 ② 침투제
③ 습식 현상제 ④ 속건식 현상제

유화 처리는 3분 이내의 짧은 시간에 해야 된다.

22 다음 중 형광 침투액의 성분이 아닌 것은?

① 프탈산 에스테르
② 유성 계면활성제
③ 적색 아조계 염료
④ 연질 석유계 탄화수소

③은 염색 침투 탐상용 침투액이다.

정답 16 ① 17 ③ 18 ③ 19 ② 20 ④ 21 ① 22 ③

23 다음 중 침투 탐상 시험의 의사지시 발생 요인이 아닌 것은?

① 잘못된 세척
② 자기펜 흔적
③ 현상제 오염
④ 검사자 손에 묻은 침투제

> 자기 탐상 시험에서 나오는 의사지시가 자기펜 흔적이다.

24 결함의 길이가 나비의 몇 배 이상일 때 선상 침투 지시 모양이라 하는가?

① 1배 ② 2배
③ 3배 ④ 5배

25 침투 탐상 검사를 수행한 후 결함의 판정이 의심스러워 재검사를 실시하는 경우 탐상 검사 공정 중 어느 과정부터 다시 시작하여야 하는가?

① 관찰 ② 전처리
③ 현상 처리 ④ 침투 처리

> 재검사는 전처리를 하여 모든 용액을 제거해야 한다.

26 감도와 분해능이 우수한 현상법으로 현상과 기록을 동시에 할 수 있는 장점을 가지고 있으며 청정 랙커 성분과 콜로이달 수지(colloidal resin)로 이루어져 있는 현상법은?

① 무 현상법
② 건식 현상법
③ 습식 현상법
④ 플라스틱 필름 현상법

> **플라스틱 필름 현상법**
> 특수 현상법의 하나, 감도와 분해능이 우수하고 현상과 기록이 동시에 가능하다.

27 다음 중 침투액의 침투 시간을 결정하는 가장 직접적인 인자의 조합으로 옳은 것은?

① 시험체의 크기와 전도성
② 시험체의 전도성과 온도
③ 시험체의 온도와 결함의 종류
④ 시험체의 원자번호와 체적밀도

28 침투 탐상 시험 방법 및 침투 지시 모양의 분류(KS B 0816)에 따라 현상 방법에 따른 분류 기호가 "D"일 때 이에 대한 설명으로 옳은 것은?

① 건식 현상법 ② 습식 현상법
③ 속건식 현상법 ④ 특수 현상법

> • 건식 현상법 : D
> • 습식 수용성 현상법 : A
> • 습식 수현탁성 현상법 : W
> • 속건식 현상법 : S
> • 특수 현상법 : E
> • 무현상법 : N

29 침투 탐상 시험 방법 및 침투 지시 모양의 분류(KS B 0816)에 따른 기록 중 결함의 기록 항목에 속하지 않는 것은?

① 결함의 종류
② 결함의 길이 및 개수
③ 결함의 위치
④ 결함 발생 시 온도

> 결함 발생 시 온도는 기록하지 않는다.

30 침투 탐상 시험 방법 및 침투 지시 모양의 분류(KS B 0816)에서 샘플링 검사 시 합격한 로트의 시험체에 표시하는 착색의 색깔로 옳은 것은?

① 적색 ② 황색
③ 적갈색 ④ 청색

정답 23 ② 24 ③ 25 ② 26 ④ 27 ③ 28 ① 29 ④ 30 ②

31 침투 탐상 시험 방법 및 침투 지시 모양의 분류(KS B 0816)에 의한 침투 지시 모양의 결함 분류로만 나열된 것은?

① 연속 결함, 과잉 결함, 언더컷
② 독립 결함, 용입 부족, 선상 결함
③ 독립 결함, 연속 결함, 분산 결함
④ 독립 결함, 거짓 결함, 라미네이션

> **침투 결함 모양의 종류**
> 갈라짐, 선상, 원형상 등의 독립 결함, 연속 결함, 분산 결함

32 침투 탐상 시험 방법 및 침투 지시 모양의 분류(KS B 0816)에 규정한 B형 대비 시험편의 재질로 옳은 것은?

① 동 및 동 합금판
② 용접구조용 압연 강재
③ 고탄소, 크롬 베어링 강재
④ 알루미늄 및 알루미늄 합금판

> **대비 시험편 종류**
> A형(알루미늄 합금), B형(동 및 동합금판 = 황동판에 니켈 – 크롬 도금), 모니터 패널(스테인리스강)

33 침투 탐상 시험 방법 및 침투 지시 모양의 분류(KS B 0816)에서 연속 침투 지시 모양으로 분류하기 위해 규정되어 있는 지시 사이의 상호 거리는?

① 1mm 이하
② 2mm 이하
③ 4mm 이하
④ 5mm 이하

34 침투 탐상 시험 방법 및 침투 지시 모양의 분류(KS B 0816)에서 규정한 조작 조건에 대한 기록 중 온도를 반드시 기록해야 할 조건으로 틀린 것은?

① 시험 장소에서의 기온 및 침투액의 온도, 기온 및 액온이 0℃ 이하 또는 80℃ 이상일 경우
② 시험 장소에서의 기온 및 침투액의 온도, 기온 및 액온이 20~45℃일 경우
③ 시험 장소에서의 기온 및 침투액의 온도, 기온 및 액온이 10℃ 이하 또는 80℃ 이상일 경우
④ 시험 장소에서의 기온 및 침투액의 온도, 기온 및 액온이 40~75℃일 경우

> 적정 시험 온도가 15~50℃, 15℃ 이하나, 50℃ 이상은 그 온도를 기록한다.

35 침투 탐상 시험 방법 및 침투 지시 모양의 분류(KS B 0816)에 따라 알루미늄 단조품의 랩(Lap) 결함을 검출하고자 할 때 규정하는 침투 시간은 얼마인가?

① 10분
② 5분
③ 7분
④ 8분

36 침투 탐상 시험 방법 및 침투 지시 모양의 분류(KS B 0816)에 따른 보고서에 시험체의 정보를 기록할 때 반드시 포함하여야 하는 내용과 거리가 먼 것은?

① 로트 번호
② 표면 상태
③ 모양 및 치수
④ 품명 및 치수

> 로트 번호는 기록하지 않아도 된다.

37 침투 탐상 시험 방법 및 침투 지시 모양의 분류(KS B 0816)에 따른 자외선 조사 장치를 점검할 때, 장치가 갖추어야 할 최소한의 성능은?

① 자외선 강도계로 측정하여 시험체 표면에서 $800\mu W/cm^2$ 이하이어서는 안 된다.
② 자외선 강도계로 측정하여 시험체 표면에서 $1000\mu W/cm^2$ 이하이어서는 안 된다.
③ 자외선 강도계로 측정하여 38cm 거리에서 시험체 표면에서 $800\mu W/cm^2$ 이하이어서는 안 된다.
④ 자외선 강도계로 측정하여 38cm 거리에서 시험체 표면에서 $1000\mu W/cm^2$ 이하이어서는 안 된다.

38 침투 탐상 시험 방법 및 침투 지시 모양의 분류(KS B 0816)에서 기름 베이스 유화제를 사용하는 형광 침투 탐상의 경우 최대 유화 시간으로 옳은 것은?

① 1분
② 2분
③ 3분
④ 7분

> **유화 시간**
> 형광 침투액 사용 후 3분 이내, 염색 침투액 사용 후 30초 이내, 물 베이스 유화제의 경우는 2분 이내에 해야 된다.

정답 31 ③ 32 ① 33 ② 34 ② 35 ① 36 ① 37 ③ 38 ③

39 침투 탐상 시험 방법 및 침투 지시 모양의 분류(KS B 0816)에 따라 침투 탐상 시험을 실시할 때 침투액의 종류에 의한 시험 방법을 분류하는데 기호 FB의 의미는?

① 수세성 형광 침투액을 사용하는 방법
② 후유화성 형광 침투액을 사용하는 방법
③ 수세성 염색 침투액을 사용하는 방법
④ 용제 제거성 염색 침투액을 사용하는 방법

> **FB**
> • F : 형광 침투제
> • B : 기름 베이스 후유화성

40 침투 탐상 시험 방법 및 침투 지시 모양의 분류(KS B 0816)에서 B형 대비 시험편의 갈라짐 깊이를 결정하는 것은?

① 가열 및 급랭 온도
② 도금 두께
③ 가공 깊이
④ 대비 시험편의 재질

> **B형 대비 시험편**
> • 동판에 Ni과 Cr 도금하고 도금면 바깥쪽을 굽혀서 도금층이 갈라지게 한 후 굽힌 면을 평평하게 한다.
> • 크기는 길이 100mm 나비 70mm
> • B형 대비 시험편 종류 : PT–B50, PT–B30, PT–B20, PT–B10 4종

41 침투 탐상 시험 방법 및 침투 지시 모양의 분류(KS B 0816)에서 규정한 다음 시험 순서에 해당하는 시험 공정으로 옳은 것은?

> 전처리 - 침투 처리 - 유화 처리 - 세척 처리 - 건조 처리 - 현상 처리 - 관찰 - 후처리

① DFA - N
② DFB - D
③ DFB - A
④ DFB - W

> 유화 처리(B)하고, 또한 건조 후 건식 현상제(D)로 현상 처리하는 것을 나타내므로 DFB – D가 된다.

42 침투 탐상 시험 방법 및 침투 지시 모양의 분류(KS B 0816)에서 시험 방법 중 예비 세척 처리가 반드시 필요하지 않는 검사 방법은?

① FD - W
② DFC - W
③ VD - W
④ FD - D

> 형광 침투액(DF) 후 용제 제거성(C) 전처리하고 습식 현상(W)할 경우 예비 처리가 필요하지 않기 때문에 DFC – W가 된다.

43 구조용 합금강 중 강인강에서 Fe_3C 중에 용해하여 경도 및 내마멸성을 증가시키며 임계냉각속도를 느리게 하여 공기 중에 냉각하여도 경화하는 자경성이 있는 원소는?

① Ni
② Mo
③ Cr
④ Si

> **Cr**
> 경도가 커서 내마멸성이 우수하고 자경성이 있는 원소이다.

44 물의 상태도에서 고상과 액상의 경계선 상에서의 자유도는?

① 0
② 1
③ 2
④ 3

> **자유도**
> $F = n - P + 2 = 1 - 2 + 2 = 1$ (n : 성분 수, P : 상의 수)
> 즉 변수가 온도 하나이며, 온도에 따라 얼음(고체)과 물(액체) 또는 수증기가 되는 것이다.

45 전극 재료를 제조하기 위해 전극 재료를 선택하고자 할 때의 조건으로 틀린 것은?

① 비저항이 클 것
② SiO_2와 밀착성이 우수할 것
③ 산화 분위기에서 내식성이 클 것
④ 금속 규화물의 용융점이 웨이퍼 처리 온도보다 높을 것

> 전극 재료는 비저항 즉 저항이 작아서 전류가 잘 통해야 한다.

정답 39 ② 40 ② 41 ② 42 ② 43 ③ 44 ② 45 ①

46 열간가공한 재료 중 Fe, Ni과 같은 금속은 S와 같은 불순물이 모여 가공 중에 균열이 생겨 열간가공을 어렵게 하는데 이것은 무엇 때문인가?

① S에 의한 수소 메짐성 때문이다.
② S에 의한 청열 메짐성 때문이다.
③ S에 의한 적열 메짐성 때문이다.
④ S에 의한 냉간 메짐성 때문이다.

47 금속의 일반적 특성에 관한 설명으로 틀린 것은?

① 수은을 제외하고 상온에서 고체이며 결정체이다.
② 일반적으로 강도와 경도는 낮으나 비중이 크다.
③ 금속 특유의 광택을 갖는다.
④ 열과 전기의 전도체이다.

> 금속은 일반적으로 강도와 경도가 크고 비중과 용융점이 높으며, 상온에서 결정체이다.

48 불변강이 다른 강에 비해 가지는 가장 뛰어난 특성은?

① 대기 중에서 녹슬지 않는다.
② 마찰에 의한 마멸에 잘 견딘다.
③ 고속으로 절삭할 때에 절삭성이 우수하다.
④ 온도 변화에 따른 열팽창계수나 탄성률의 성질 등이 거의 변하지 않는다.

> **불변강**
> ④의 성질을 갖는 강으로 인바, 슈퍼인바, 엘린바, 플래티나이트 등이 있다.

49 니켈을 60~70% 함유한 모넬메탈은 내식성, 화학적 성질 및 기계적 성질이 매우 우수하다. 이 합금에 소량의 황(S)을 첨가하여 쾌삭성을 향상시킨 특수 합금에 해당하는 것은?

① H - monel
② K - Monel
③ R - Monel
④ KR - Monel

> • H - 모넬 : 모넬 + Si
> • K - 모넬 : 모넬 + Al
> • KR - 모넬 : 모넬 + C

50 주철의 일반적인 성질을 설명한 것 중 옳은 것은?

① 비중은 C와 Si 등이 많을수록 커진다.
② 흑연편이 클수록 자기 감응도가 좋아진다.
③ 보통주철에서는 압축강도가 인장강도보다 낮다.
④ 시멘타이트의 흑연화에 의한 팽창은 주철의 성장 원인이다.

> 주철은 C, Si양이 많아질수록 비중이 낮아지며, 압축강도가 인장강도보다 약 3배 더 크다.

51 공구용 합금강이 공구 재료로서 구비해야 할 조건으로 틀린 것은?

① 강인성이 커야 한다.
② 내마멸성이 작아야 한다.
③ 열처리와 공작이 용이해야 한다.
④ 상온과 고온에서의 경도가 높아야 한다.

> 공구강은 경도, 강도가 커서 내마멸성이 좋아야 한다.

52 다음 중 Sn을 함유하지 않은 청동은?

① 납 청동
② 인청동
③ 니켈 청동
④ 알루미늄 청동

> **알루미늄 청동**
> Cu - Al계 청동으로 Sn(주석)이 함유되지 않은 동합금

53 Al의 실용합금으로 알려진 실루민(Silumin)의 적당한 Si 함유량은?

① 0.5 ~ 2%
② 3 ~ 5%
③ 6 ~ 9%
④ 10 ~ 13%

> **실루민**
> Al - Si계 합금으로 10~13%Si 함유된 내열용 합금이다.

정답 46 ③ 47 ② 48 ④ 49 ③ 50 ④ 51 ② 52 ④ 53 ④

54 Ti 및 Ti 합금에 대한 설명으로 틀린 것은?

① Ti은 비중은 약 4.54 정도이다.
② 용융점이 높고 열전도율이 낮다.
③ Ti은 화학적으로 매우 반응성이 강하나 내식성은 우수하다.
④ Ti의 재료 중에 O_2와 N_2가 증가함에 따라 경도는 감소되나 전연성은 좋아진다.

> Ti(타이타늄) 중에 O_2나 N_2이 증가하면 전연성이 떨어지고 취성이 커진다.

55 비정질 합금의 제조는 금속을 기체, 액체, 금속 이온 등에 의하여 고속 급랭하여 제조한다. 기체 급랭법에 해당하는 것은?

① 원심법
② 화학 증착법
③ 쌍롤(Double roll)법
④ 단롤(Single roll)법

> ①, ③, ④는 액체 급랭법에 해당된다.

56 귀금속에 속하는 금은 전연성이 가장 우수하며 황금색을 띤다. 순도 100%를 나타내는 것은?

① 24캐럿(carat, K) ② 48캐럿(carat, K)
③ 50캐럿(carat, K) ④ 100캐럿(carat, K)

> 귀금속의 순도는 캐럿(carat, K)으로 나타내며, 24K는 금이 100%에 가깝게 함유되었음을 나타낸 것이다.

57 Ni과 Cu의 2성분계 합금 중 용액 상태에서나 고체 상태에서나 완전히 융합되어 1상이 된 것은?

① 전율 고용체   ② 공정형 합금
③ 부분 고용체   ④ 금속 간 화합물

> **전율 고용체**
> 2성분계 합금 중 원자 반경이 비슷한 경우 용액 상태나 고체상태에서 완전히 융합되어 1상이 된 고용체이다.

58 불활성 가스 금속 아크 용접법의 특징에 대한 설명으로 틀린 것은?

① 수동 피복 아크 용접에 비해 용착효율이 높아 능률적이다.
② 박판의 용접에 가장 적합하다.
③ 바람의 영향으로 방풍 대책이 필요하다.
④ CO_2 용접에 비해 스패터 발생이 적다.

> 불활성 가스 금속 아크 용접은 MIG(GMAW)를 말하며 후판 용접에 적용한다. 박판의 용접은 불활성 가스 텅스텐 아크 용접법(TIG)이 적합하다.

59 아세틸렌 가스의 양이 계산되는 공식에 따른 설명으로 옳지 않은 것은? (공식: $C = 905(A-B)\ell$)

① C : 15℃ 1기압 하에서의 C_2H_2 가스의 용적
② B : 사용 전 아세틸렌이 충전된 병 무게[kgf]
③ A : 병 전체의 무게(빈병 무게 + C_2H_2의 무게)[kgf]
④ ℓ : 아세틸렌 가스의 용적 단위

> B는 충전되기 전 빈 병 무게

60 피복 금속 아크 용접봉의 취급 시 주의사항에 대한 설명으로 틀린 것은?

① 용접봉은 건조하고 진동이 없는 장소에 보관한다.
② 용접봉은 피복제가 떨어지는 일이 없도록 통에 담아 넣어서 사용한다.
③ 저수소계 용접봉은 300~350℃에서 1~2시간 정도 건조 후 사용한다.
④ 용접봉은 사용하기 전에 편심 상태를 확인한 후 사용하여야 하며, 이때의 편심률은 20% 이내이어야 한다.

> 일반적으로 피복 아크 용접봉의 편심 허용률은 3% 이내이다.

정답 54 ④ 55 ② 56 ① 57 ① 58 ② 59 ② 60 ④

2015 제2회 과년도 기출문제

01 와전류 탐상 검사에서 신호 대 잡음비(S/N비)를 변화시키는 것이 아닌 것은?
① 진동 제거
② 필터(filter) 회로 부가
③ 모서리 효과(edge effect)
④ 충전율 또는 리프트 오프(lift - off)의 개선

> **신호 대 잡음비(S/N) 증가시키는 방법**
> ①, ②, ④ 외에 주파수의 변화, 위상식별, 잡음 요인 개선

02 검사할 부위를 전자석의 자극 사이에 놓고 검사하는 자분 탐상 시험 중 가장 간편한 시험 방법은?
① 극간(Yoke)법
② 코일(Coil)법
③ 전류 관통법
④ 축 통전법

> **극간법**
> 검사할 부위를 자석(전자석 또는 영구자석)의 자극 사이에 놓고 탐상하는 방법

03 시험체를 자르거나 큰 하중을 가하여 재료의 기계적, 물리적 특성을 확인하는 시험 방법은?
① 파괴 시험
② 비파괴 시험
③ 위상 분석 시험
④ 임피던스 시험

> **파괴 시험**
> 재료에 기계적 또는 물리적 힘을 가해서 강도, 경도, 인성 등과 연신율, 단면 수축률 등 물성을 시험하는 방법

04 다음 중 비금속 재료에 대한 비파괴 검사를 실시하기에 적합하지 않은 시험 방법은?
① 방사선 투과 시험
② 초음파 탐상 시험
③ 자분 탐상 시험
④ 침투 탐상 시험

> 비금속 재료는 자성이 없기 때문에 자분 탐상 시험이 안 되고, 강자성체만 시험이 가능하다.

05 누설 탐상 검사 시 기포를 형성시키는 용액으로 발포액을 액상세제, 글리세린, 물로 혼합하여 사용한다. 일반적인 혼합비율은?
① 1 : 1 : 1
② 2 : 1.5 : 3
③ 4 : 2 : 1
④ 1 : 1 : 4.5

06 자기 탐상 검사에서 자화 방법에 따라 검출할 수 있는 결함의 방향이 틀린 것은?
① 축 통전법 : 축에 직각인 결함
② 직각 통전법 : 축에 직각인 결함
③ 전류 관통법 : 축 방향의 결함
④ 자속 관통법 : 원주 방향의 결함

> **축 통전법**
> 축에 평행한 결함을 검출할 수 있다.

07 두꺼운 금속제의 용기나 구조물의 내부에 존재하는 가벼운 수소 화합물의 검출에 가장 적합한 검사 방법은?
① X - 선 투과 검사
② 감마선 투과 검사
③ 중성자 투과 검사
④ 초음파 투과 검사

08 다음 비파괴 검사 방법 중 시험체나 주변의 온도가 낮을 때 탐상 시간에 가장 영향을 많이 받는 것은?
① 방사선 투과 시험
② 와전류 탐상 시험
③ 자분 탐상 시험
④ 침투 탐상 시험

> 침투 탐상 검사는 시험체의 온도나 결함 종류에 따라 적용 시간의 영향이 달라진다.

정답 1 ③ 2 ① 3 ① 4 ③ 5 ④ 6 ① 7 ③ 8 ④

09 켈빈온도(K)를 환산하는 식으로 옳은 것은?
① K = 273 + ℃
② K = 273 - ℃
③ K = 473 + ℃
④ K = 473 - ℃

10 초음파 탐상 검사법의 하나인 두께 측정에 가장 적합한 초음파는?
① 종파
② 판파
③ 횡파
④ 표면파

> 종파를 이용하는 수직탐상으로 측정할 수 있다.

11 방사선 투과 검사 필름의 상질의 알아보기 위해 사용하는 촬영도구는 무엇인가?
① 증감지
② 투과도계
③ 콜리미터
④ 농도측정기

> 투과도계는 방사선의 투과 시험 기법의 적정성, 투과 사진의 상질을 점검하기 위해 시험체 표면 위의 측정부 옆에 놓고 촬영한다.

12 침투 탐상 시험에서 사용하는 A형 대비 시험편의 재질은?
① 알루미늄 합금
② 크롬 합금
③ 니켈 합금
④ 동 합금

13 와전류 탐상 시험의 특징에 대한 설명으로 옳은 것은?
① 주로 표면 및 표면 직하의 결함을 검출하는 시험법이다.
② 가는 선, 고온에서의 시험 등에는 부적합하다.
③ 접촉법을 이용하므로 고속 자동화된 검사가 어렵다.
④ 수 Hz에서 수백 Hz의 교류를 주로 이용하므로 잡음 인자의 영향이 적다.

14 초음파 탐상 시험법 중 일반적으로 결함 검출에 가장 많이 사용되는 것은?
① 투과법
② 공진법
③ 연속파법
④ 펄스 반사법

15 후유화성 침투 탐상 시험에서의 유화 시간으로 옳은 것은?
① 침투 시간과 같다.
② 현상 시간과 같다.
③ 침투 시간과 반이다.
④ 잉여 침투제를 제거할 수 있는 최소한의 시간이다.

16 침투 탐상 시험의 접촉각에 영향을 미치는 인자와 가장 거리가 먼 것은?
① 청결도
② 표면 거칠기
③ 검사면의 재질
④ 침투제의 질량

17 침투 탐상 시험에 사용되는 자외선 조사 장치에 대한 설명으로 옳은 것은?
① 자외선 조사 장치는 고전압이 걸리므로 과열되지 않도록 수시로 스위치를 껐다가 다시 켜두는 것이 좋다.
② 전압의 변동이 심하지 않도록 전압 조정기를 병용하여야 한다.
③ 어두운 곳에서 사용하면 전구 수명이 단축되므로 밝은 곳에서 사용해야만 한다.
④ 수은이 응고하지 않도록 0℃ 이하의 온도에서 사용을 제한해야 한다.

> 자외선 조사 장치는 전압의 변동이 심하지 않도록 전압 조정기를 사용해야 한다.

18 다음 중 침투 탐상 시험에 대한 설명으로 옳은 것은?
① 현상 시간은 침투 시간의 약 5배 이상이어야 한다.
② 침투제는 시험체에 적용한 후 반드시 가열하여야 한다.
③ 건조기는 온도가 너무 높으면 그 영향으로 침투효과가 저하된다.
④ 샌드 블라스팅은 침투 탐상할 표면을 세척하는 데 가장 일반적으로 사용되는 전처리 방법이다.

> 건조 온도를 너무 높게 하면 침투액이 열화되어 형광휘도나 색체가 나빠지며, 결함 속의 침투액을 증발시켜 검출 능력이 감소한다.

정답 9 ① 10 ① 11 ② 12 ① 13 ① 14 ④ 15 ④ 16 ④ 17 ② 18 ③

19 침투 탐상 시험 결과의 해석과 평가에 대한 올바른 설명은?

① 염색 침투액을 사용하는 경우에는 자외선 아래에서 지시 모양을 관찰한다.
② 형광 침투액을 사용하는 경우에는 백색 조명 아래에서 지시 모양을 관찰한다.
③ 현상면에 나타나는 지시 모양은 시간의 경과에 관계 없이 일정한 속도와 크기로 형성된다.
④ 지시 모양이 나타나면 그 지시가 관련 지시인지 또는 무관련 지시인지를 먼저 해석한다.

20 결함 검출 온도가 저하되는 단점과 건조 시간의 단축을 위해 개발된 현상제로 조합된 침투 탐상 방법은 무엇인가?

① FA - S
② FA - N
③ FA - W
④ FA - A

> FA - S(수세 형광성 - 속건식 현상법)
> 건조 시간 단축, 미세 결함 검출도 우수

21 다음 중 침투 탐상 시험을 적용하기 곤란한 것은?

① 일반 주강품
② 플라스틱 제품
③ 알루미늄 단조물
④ 다공성 물질로 만든 부품

> 다공성 표면이나 다공질 부분을 침투 탐상할 경우 의사지시가 많이 나타나므로 결함 검출이 불가능하다.

22 수세성 침투 탐상 시험에서 시험품의 표면에 필요 이상으로 도포되어 있는 침투액을 제거하기 위하여 설치하는 설비는?

① 에어 분무대
② 교반대
③ 수세대
④ 배액대

> 배액대
> 시험체에 도포된 잉여 침투액을 제거하기 위한 장치이다.

23 다음 중 휴대성이 좋고 부분 검사에 큰 장점을 가지고 있어 구조물이나 기계부품 등의 일반적인 시험 부재의 국부적인 공장 및 현장 검사에 주로 사용하며, 현상 처리 시 주로 속건식 현상법을 채택하는 침투액은?

① 수세성 형광 침투액
② 용제 제거성 염색 침투액
③ 수세성 염색 침투액
④ 후유화성 형광 침투액

> 용접 현장에서 침투 시험을 할 경우 염색 침투액을 사용하고 용제를 사용하여 잉여액을 제거해야 한다.

24 다음 중 침투 탐상 검사로 다량의 부품 검사 시 침지법으로 건식 현상제를 적용할 때 미분말체가 비산되는 것을 방지하기 위하여 필요한 장치는?

① 자외선 조사 장치
② 교반기
③ 현상액 보충기
④ 집진 장치

> 집진 장치
> 미세 분말이나 먼지 등을 제거하는 장치

25 다음 설명 중 옳지 않은 것은?

① 표면장력은 액체의 종류에 따른 상수이고 온도에 따라 변하지 않는다.
② 표면장력은 액체의 자유표면에서 표면을 작게 하려고 작용하는 장력을 말하며 계면장력이라고도 한다.
③ 모세관 현상은 액체의 응집력과 모세관과 액체 사이의 부착력의 차이에 의해 일어난다.
④ 액체 속에 폭이 좁고 긴 관을 넣었을 때, 관 내부의 액체 표면이 외부의 표면보다 높거나 낮아지는 현상을 모세관 현상이라 한다.

> 표면장력은 시험체의 온도에 따라 온도가 상승하면 표면장력이 낮아지고, 온도가 하강하면 표면장력이 높아진다.

정답 19 ④ 20 ① 21 ④ 22 ④ 23 ② 24 ④ 25 ①

26 다음 중 침투액이 갖추어야 할 특성으로 옳지 않은 것은?

① 온도에 대한 열화가 낮아야 한다.
② 휘발성이 낮아야 한다.
③ 인화점이 낮아야 한다.
④ 침투능이 높아야 한다.

> 침투액은 인화점이 높아야 한다. 낮으면 발화가 쉬워서 증발이 빨라 결함 검출이 잘 안 될 수 있다.

27 다음 중 건조 처리의 시기가 현상 처리 이후인 현상법은?

① 무 현상법 　　② 건식 현상법
③ 습식 현상법 　④ 속건식 현상법

> 습식 현상제 사용의 경우 현상제 사용 후에 건조 처리를 반드시 해야 한다.

28 침투 탐상 시험 방법 및 침투 지시 모양의 분류(KS B 0816)에 따라 탐상 결과가 길이 7mm, 나비 2mm의 침투 지시 모양 1개가 관찰되었다면 이 결함의 분류로 옳은 것은?

① 분산 결함 　　② 체적 결함
③ 선상 결함 　　④ 원형상 결함

> 결함의 폭 2mm, 길이 7mm이면 길이가 폭의 3배가 넘으므로 선상 결함이다.

29 침투 탐상 시험 방법 및 침투 지시 모양의 분류(KS B 0816)에 따른 분류 기호 중 DFB-S가 있다. DFB를 옳게 나타낸 것은?

① 수세성 형광 침투액
② 후유화성 염색 침투액
③ 수세성 이원성 염색 침투액
④ 후유화성 이원성 염색 침투액

> DFB-S
> • DF : 이원성
> • B : 기름 베이스 후유화제
> • S : 속건식 현상제

30 침투 탐상 시험 방법 및 침투 지시 모양의 분류(KS B 0816)에서 시험체에 온도가 15~50℃일 때 표준으로 정한 현상시간은 몇 분으로 규정하고 있는가?

① 2분 　　② 4분
③ 5분 　　④ 7분

31 침투 탐상 시험 방법 및 침투 지시 모양의 분류(KS B 0816)에 따라 시험체의 온도가 15~50℃에서 결함의 종류에 따른 표준 침투 시간이 가장 긴 결함은?

① 유리의 갈라짐
② 강주조품의 갈라짐
③ 강단조품의 랩(Lap)
④ 강용접부의 융합 불량

> 침투 시간
> • 용접부의 쇳물 경계, 융합 불량, 틈새, 갈라짐, 주조품 : 5분
> • 압연, 압출, 단조품의 겹침, 갈라짐 : 10분
> • 플라스틱, 세라믹, 유리 : 5분

32 침투 탐상 시험 방법 및 침투 지시 모양의 분류(KS B 0816)에 따라 결함을 분류할 때 다음 중 독립 결함에 속하지 않는 분류는?

① 분산 결함 　　② 갈라짐
③ 선상 결함 　　④ 원형상 결함

> 침투 결함 모양 분류
> 독립 결함(갈라짐, 선상, 원형상), 연속 결함, 분산 결함, ②, ③, ④는 독립 결함에 해당됨

33 침투 탐상 시험 방법 및 침투 지시 모양의 분류(KS B 0816)에 따라 샘플링 검사에 합격한 로트의 표시 기호로 옳은 것은?

① Ⓟ 　　② P
③ K 　　④ Ⓚ

> 샘플링 검사인 경우
> 황색 또는 Ⓟ 기호로 표시

정답　26 ③　27 ③　28 ③　29 ④　30 ④　31 ③　32 ①　33 ①

34 침투 탐상 시험 방법 및 침투 지시 모양의 분류(KS B 0816)에서 사용 중인 침투액의 겉모양 검사 항목이 아닌 것은?

① 침전물 생성 여부
② 침투 지시 모양의 휘도
③ 침투 지시 모양의 색상
④ 결함 검출 능력

> 결함 검출 능력은 별도의 성능 검사를 해야 한다.

35 침투 탐상 시험 방법 및 침투 지시 모양의 분류(KS B 0816)에서 시험체의 일부분을 탐상하는 경우, 시험하는 부분의 전처리에 대한 규정으로 옳은 것은?

① 시험부 중심에서 바깥쪽으로 10mm 넓은 범위를 깨끗하게 한다.
② 시험부 중심에서 바깥쪽으로 25mm 넓은 범위를 깨끗하게 한다.
③ 시험하는 부분에서 바깥쪽으로 10mm 넓은 범위를 깨끗하게 한다.
④ 시험하는 부분에서 바깥쪽으로 25mm 넓은 범위를 깨끗하게 한다.

36 침투 탐상 시험 방법 및 침투 지시 모양의 분류(KS B 0816)에 따라 사용 중인 침투액에 대한 점검 결과 중 폐기 사유에 해당하지 않는 것은?

① 성능 시험 결과 색상이 변화했다고 인정된 때
② 겉모양 검사를 하여 현저한 흐림이나 침전물이 생겼을 때
③ 성능 시험 결과 결함 검출 능력 및 침투 지시 모양의 휘도가 저하되었을 때
④ 겉모양 검사를 한 후 침투액이 불충분하여 규정된 재료로 보충하여 혼합하였을 때

> ④의 경우 사용에 문제가 없으니 폐기 사유가 되지 않는다.

37 침투 탐상 시험 방법 및 침투 지시 모양의 분류(KS B 0816)에서 사용 중인 유화제의 점검 방법으로 틀린 것은?

① 성능 시험을 하여 성능 저하가 되었을 경우에는 폐기한다.
② 겉모양 검사를 하여 현저한 흐림이나 침전물이 생겼을 때는 폐기한다.
③ 점도가 상승하여 성능 저하가 되었을 경우에는 폐기한다.
④ 물 베이스 유화제는 규정 농도보다 2% 이상 차이가 나면 폐기한다.

> 유화제 농도가 규정 농도와 3% 이상 차이가 나면 폐기해야 된다.

38 침투 탐상 시험 방법 및 침투 지시 모양의 분류(KS B 0816)에 따라 결함을 분류할 때 다음과 같은 경우를 무엇이라 하는가?

> 정해진 면적 안에 존재하는 1개 이상의 결함

① 연속 결함
② 선상 결함
③ 분산 결함
④ 원형상 결함

> **분산 결함**
> 일정 면적 안에 1개 이상의 여러 개의 지시가 분산하여 존재하는 결함

39 침투 탐상 시험 방법 및 침투 지시 모양의 분류(KS B 0816)에 규정된 "침투 시간"에 대하여 바르게 설명한 것은?

① 침투 시간은 침투액의 종류에 관계 없이 일정하게 적용한다.
② 침투 시간은 온도 10~40℃의 범위에서는 규정된 침투시간을 표준으로 한다.
③ 침투 시간은 검출하여야 할 결함의 종류에 관계 없이 일정하게 적용한다.
④ 침투 시간은 시험체의 재질, 시험체의 온도 등을 고려하여 정한다.

> **침투시간에 고려할 사항**
> ④ 외에 침투제의 종류, 예상되는 결함의 종류와 크기

정답 34 ④ 35 ④ 36 ④ 37 ④ 38 ③ 39 ④

40 침투 탐상 시험 방법 및 침투 지시 모양의 분류(KS B 0816)에 따라 시험 방법의 기호가 FC – S일 때 이에 대한 설명으로 옳은 것은?

① 수세성 형광 침투액을 사용하고, 습식 현상제를 적용하는 방법이다.
② 용제 제거성 형광 침투액을 사용하고, 속건식 현상제를 적용하는 방법이다.
③ 수세성 염색 침투액을 사용하고, 건식 현상제를 적용하는 방법이다.
④ 후유화성 염색 침투액을 사용하고 현상제를 적용하지 않는 방법이다.

> FC – S
> • F : 형광 침투액
> • C : 용제 제거성
> • S : 속건식 현상법

41 침투 탐상 시험 방법 및 침투 지시 모양의 분류(KS B 0816)에 의해 탐상 검사를 한 후에 나타난 지시를 기록하는 방법이 아닌 것은?

① 사진   ② 에칭
③ 전사   ④ 스케치

> 기록 방법
> ①, ③, ④ 외에 도면

42 침투 탐상 시험 방법 및 침투 지시 모양의 분류(KS B 0816)에서 결함에 대하여 기록할 때 기록의 대상이 아닌 것은?

① 결함의 종류   ② 결함의 면적
③ 결함의 개수   ④ 결함의 위치

> 결함의 기록
> ①, ③, ④ 외에 결함 길이

43 헤드필드(Hadfield)강에 해당되는 것은?

① 저P강   ② 저Ni강
③ 고Mn강   ④ 고Si강

> 헤드필드강
> 12 ~ 14%Mn이 함유된 고Mn강, 오스테나이트 조직

44 연질 자성 재료에 대한 설명으로 옳은 것은?

① 보자력이 크다.
② 투자율이 낮다.
③ 연질 자성 재료에는 알니코, 페라이트 자석 등이 있다.
④ 외부 자장의 변화에도 자화의 변화가 크게 나타나는 이력 손실이 작다.

> 연질 자성 재료
> 자기 이력 손실이 작은 고투자율 재료이며, 보자력이 작고 투자율이 높아서 외부 자계의 미세한 변화에도 크게 자화되는 자석, 종류에는 퍼멀로이, 센더스트, 페라이트 자석 등이 있다.

45 Al – Si 합금의 강도와 인성을 개선하기 위해 금속 나트륨, 불화알칼리 등을 첨가하여 공정의 Si상을 미세화시키는 처리는?

① 고용화 처리   ② 시효 처리
③ 탈산 처리   ④ 개량 처리

> 실루민(Al – Si합금)은 Na, 불화알칼리 등을 첨가하여 개량 처리하여 조직의 미세화와 인성을 개선한 합금이다.

46 청동에 소량의 인(P)을 첨가하면 탈산작용, 용탕 유동성 개선 및 강도와 내마모성의 증대가 가능하며, 스프링용으로 사용될 때는 어떤 특성이 향상되는가?

① 탄성   ② 전연성
③ 접합성   ④ 메짐성

47 저용융점 합금이란 약 몇 ℃ 이하에서 용융점이 나타나는가?

① 232℃   ② 350℃
③ 450℃   ④ 550℃

> 주석의 용융점(232℃)을 기준으로 그 이상이면 고융점 금속, 그 이하이면 저융점 금속이라 한다.

정답 40 ② 41 ② 42 ② 43 ③ 44 ④ 45 ④ 46 ① 47 ①

48 금속의 결정구조에 대한 설명으로 옳은 것은?

① 모든 금속의 결정 구조는 체심 입방 격자이다.
② 금속은 대부분 결정이 하나인 단결정체이다.
③ 원자의 규칙적인 배열인 결정은 용해 중에 형성된다.
④ 금속은 고체 상태에서 규칙적인 결정구조를 가진다.

> **금속의 공통 성질**
> 상온에서 고체이며, 결정체이다.

49 주형이 직각으로 되어 있는 부분에 인접부의 주상정이 충돌하여 경계가 생기므로 약하게 되는 것은?

① 핀홀(Pin hole)
② 수축(Shrinkage)
③ 약점(Weak point)
④ 표면 균열(Surface crack)

> **약점(Weak point) 또는 약면(Weak plane)**
> 주형의 직각 부분에 인접부의 주상정이 서로 충돌하여 경계가 생기므로 약하게 되는 경계부

50 다음 금속 중 용해도가 가장 낮은 것은?

① Ag
② Al
③ Sn
④ Mg

> • Sn : 232℃
> • Mg : 650℃
> • Al : 660℃
> • Ag : 960℃

51 다음의 특수원소 중 탄화물 형성 원소가 아닌 것은?

① Ni
② Ti
③ Ta
④ W

> Ni은 탄화물(C와의 화합물)을 형성하지 않는다.

52 청동 및 황동 및 그 합금에 대한 설명으로 틀린 것은?

① 청동은 구리와 주석의 합금이다.
② 황동은 구리와 아연의 합금이다.
③ 포금은 구리에 8~12% 주석을 함유한 것으로 포신의 재료 등에 사용되었다.
④ 톰백은 구리에 5~20%의 철을 함유한 것으로, 강도는 높으나 전연성은 없다.

> **톰백**
> Cu에 5~20%의 Zn을 합금한 황동으로 전연성이 좋고 금색에 가까우므로 모조 금이나 장식품에 많이 사용한다.

53 Fe, Ni과 같은 금속에 S의 불순물이 모여 있으면 가공 중에 균열이 생기고 잘 부스러져 가공이 곤란해지는 성질이 있다. 이러한 성질을 무엇이라고 하는가?

① 청열 메짐
② 적열 메짐
③ 가공 경화
④ 상온 시효

> • S : 고온(적열) 메짐(취성)
> • P : 청열 메짐(취성)

54 구조적으로 장거리 규칙성이 없고, 원자의 배열이 불규칙한 합금은?

① 제진 합금
② 비정질 합금
③ 형상기억 합금
④ 분산강화 합금

55 Ni 및 Ni 합금에 대한 설명으로 옳은 것은?

① Ni는 비중이 약 8.9이며, 융점은 1455℃이다.
② Fe에 36%Ni 합금을 백동이라 하며, 열간가공성이 우수하다.
③ Cu에 10~30%Ni 합금을 인바라 하며, 열팽창계수가 상온 부근에서 매우 작다.
④ Ni는 대기 중에서는 잘 부식되나, 아황산가스를 품은 공기에는 부식되지 않는다.

> • Cu-Ni 합금 : 백동, Ni은 내식성 우수
> • Fe-Ni 합금 : 인바

정답 48 ④ 49 ③ 50 ③ 51 ① 52 ④ 53 ② 54 ② 55 ①

56 강의 합금원소 중 담금질 깊이를 깊게 하고 크리프 저항과 내식성을 증가시키며, 뜨임 메짐을 방지하는 것은?

① Mn
② Mo
③ Si
④ Cu

> **Mo(몰리브덴)**
> 내식성 및 내크리프성, 뜨임 취성 방지 효과가 우수하며, 조직의 미세화로 강도가 증가하고, 강의 담금질 깊이를 깊게 한다.

57 합금 주철에 Cr을 0.2 ~ 1.5% 정도 첨가할 때 나타나는 성질은?

① 흑연화 촉진
② 경도 증가
③ 내식성 감소
④ 펄라이트 조대화

> 주철에 Cr을 첨가하면 경도, 강도 및 내마모성이 증가된다.

58 연납땜의 용제로 사용되는 것은?

① 붕사
② 붕산
③ 산화제일구리
④ 염화아연

> **연납땜의 용제**
> 염화아연, 염화암모늄, 송진 등

59 용접봉에서 모재로 용융금속이 옮겨가는 용적이행 형식이 아닌 것은?

① 단락형
② 블록형
③ 스프레이형
④ 글로뷸러형

> 볼록형은 필릿 용접 등에서 볼록 비드 등을 말한다.

60 용접의 일반적인 단점이 아닌 것은?

① 재질의 변형
② 잔류응력의 존재
③ 품질 검사의 곤란
④ 작업 공수의 감소

> ④는 장점에 해당한다.

정답 56 ② 57 ② 58 ④ 59 ② 60 ④

과년도 기출문제

01 비접촉, 고속 및 자동탐상이 가능하고 표면 결함 검출 능력이 우수한 비파괴 검사 방법은?

① 방사선 투과 검사(RT)
② 와전류 탐상 검사(ECT)
③ 자분 탐상 검사(MT)
④ 적외선 검사(TT)

> ECT(ET, 와전류 탐상 시험)
> 비접촉 자동 탐상, 도금층 및 피막 두께, 담금질 경화층 두께, 침탄층 두께 측정이 가능함

02 암모니아 누설 검사에 대한 설명으로 틀린 것은?

① 검지제가 알칼리성 물질과 반응하기 쉽다.
② 동 및 동합금 재료에 대한 부식성을 갖는다.
③ 암모니아는 유독성이 있다.
④ 암모니아는 물에 흡수시켜 시험체에 가압한다.

> 암모니아는 물에 흡수시키는 것이 아니라 가스 상태로 가압한다.

03 강자성 물질에서 자화력을 증가시켜도 자계가 더 이상 증가되지 않는 점에 도달했을 때 이 검사체는 어떻게 되었다고 하는가?

① 보자력
② 자기 포화
③ 항자력
④ 자기 자력

> 자기 포화
> 자력을 증가시켜도 자계(자속 밀도)가 커지지 않는 상태

04 자기적 성질을 이용한 콘크리트 구조물의 비파괴 검사 대상으로 적합한 것은?

① 콘크리트 속의 철근 탐사
② 콘크리트의 압축강도 측정
③ 콘크리트의 인장강도 측정
④ 콘크리트의 두께, 내부 결함 측정

> 콘크리트 내부의 철근은 강자성체이므로 자분 탐상이 가능하다.

05 와전류 탐상 시험에 대한 설명 중 틀린 것은?

① 시험 코일의 임피던스 변화를 측정하여 결함을 식별한다.
② 접촉식 탐상법을 적용함으로써 표피 효과를 발생시킨다.
③ 철, 비철 재료의 파이프, 와이어 등 표면 또는 표면 근처 결함을 검출한다.
④ 시험체 표층부의 결함에 의해 발생된 와전류의 변화를 측정하여 결함을 식별한다.

> 와전류 탐상 시험은 비접촉식법을 적용한다.

06 침투 탐상 검사에서 속건식 현상제의 특징과 가장 거리가 먼 것은?

① 용제 제거성 염색 침투 탐상법과 함께 이용되는 경우가 많다.
② 피막의 두께를 조절할 수 있다.
③ 침투액의 얼룩이 비교적 크다.
④ 근접 결함에 대한 분리 식별이 쉽다.

> 침투 탐상 검사는 근접 결함의 분리 식별이 어렵다.

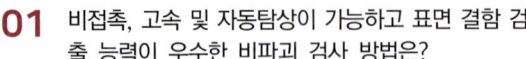

정답 1 ② 2 ④ 3 ② 4 ① 5 ② 6 ④

07 자분 탐상 검사의 특징을 설명한 것 중 옳은 것은?
① 시험체는 강자성체가 아니면 적용할 수 없다.
② 시험체의 크기, 형상 등에 제한적이다.
③ 시험체의 10mm 정도의 내부 깊은 곳의 결함을 검출한다.
④ 시험체 표면에 페인트, 도금 등의 두꺼운 표면 처리가 되어 있어도 제거하지 않고 검사가 가능하다.

08 다른 침투 탐상 시험과 비교하여 수세성 형광 침투 탐상 시험의 장점을 설명한 것으로 틀린 것은?
① 후유화성 침투액과 달리 유화 시간이 따로 없다.
② 넓은 시험 면적을 단 한 번의 조작으로 탐상하기 쉽다.
③ 비형광 침투액을 사용할 때보다 결함 지시가 밝게 나타난다.
④ 후유화성 형광 침투 탐상 시험보다 얕고 미세한 결함을 검출하는데 더 효과적이다.

> 후유화성 형광 침투 탐상이 수세성 침투 탐상보다 얕고 미세한 결함 검출에 더 효과적이다.

09 다음 중 자분 탐상 시험과 관련된 용어의 설명으로 옳은 것은?
① "자분"이란 여러 가지 색을 지니고 있는 비자성체의 미립자이다.
② "자화"란 비자성체의 시험체에 자속을 흐르게 하는 작업을 말한다.
③ "자분의 적용"이란 자분을 시험체 내에 침투시키는 작업을 말한다.
④ "관찰"이란 결함부에 형성된 자분 모양을 찾아내는 작업을 말한다.

> **MT 용어**
> • 자분 : 각종 색을 지니고 있는 자성체의 미립자
> • 자화 : 자성체의 시험체에 자속을 흐르게 하는 작업
> • 자분 적용 : 시험체 표면에 자분을 적용시키는 작업

10 다음 초음파 탐상 시험 방법 중 불연속의 존재가 CRT 상에 불연속지시의 형태로 나타나지 않는 것은?
① 수직법   ② 투과법
③ 표면파법 ④ 경사각법

> 투과법은 별도의 장치로 표현된다.

11 두꺼운 금속 용기 내부에 존재하는 경수소 화합물을 검출할 수 있고, 특히 핵연료봉과 같이 높은 방사성 물질의 결함 검사에 적용할 수 있는 비파괴 검사법은?
① 감마선 투과 검사   ② 음향 방출 검사
③ 중성자 투과 검사   ④ 초음파 탐상 검사

> **중성자 투과 검사**
> 원자핵과 중성자가 반응하는 원리를 이용한 검사법, 분해능도 뛰어나며, 침투 깊이가 깊고, 화합물 등의 복합물질, 핵연료봉 등의 고방사성 물질의 결함 검사에 적용

12 적외선 열화상 검사시 온도의 분해능에 대한 설명으로 옳은 것은?
① 식별 가능한 결함의 크기
② 인접한 결함의 분리 능력
③ 식별 가능한 겉보기의 최소 온도차
④ 적외선 방사계에서 영상화할 수 있는 최소 시야각

13 X선 발생 장치에서 시험체의 투과력을 좌우하는 것은?
① 관 전압
② 관 전류
③ 노출 시간
④ 초점과 필름 간 거리

> 관 전압을 높이면 투과력이 커진다.

정답 7 ① 8 ④ 9 ④ 10 ② 11 ③ 12 ③ 13 ①

14 다음 중 음향 임피던스(Z)와 재질 음속과의 관계가 올바른 것은?

① Z = 질량×음속
② Z = 질량÷음속
③ Z = 밀도×음속
④ Z = 밀도÷음속

> **음향 임피던스**
> 초음파가 진행하는 것을 방해하는 저항, 매질의 밀도와 음속에 따라 임피던스가 달라진다.

15 침투 탐상 시험은 어떤 현상 또는 원리를 이용한 것인가?

① 투과의 원리
② 모세관 현상
③ 보자력 현상
④ 전도성의 원리

16 침투 탐상 시험 시 시험 표면의 유지류에 대한 전처리 방법으로 가장 효과적인 것은?

① 산 세척
② 세제 세척
③ 증기 탈지
④ 브러싱 세척

> 유지류(기름, 유기성) 물질의 전처리는 트리클렌 증기 탈지법이 매우 효과가 크다.

17 비파괴 시험 방법 중에 침투 탐상 검사는 어떠한 결함을 찾기 위한 검사 방법인가?

① 시험체 내부의 결함
② 시험체 표면 직하의 결함
③ 시험체 표면에 열려 있는 결함
④ 시험체에 있는 모든 결함

18 침투 속도에 큰 영향을 미치는 인자는?

① 점성
② 연성
③ 인장력
④ 증발성

> **침투 속도에 영향을 미치는 요인**
> 점성, 표면장력, 적심성, 응집력, 점착력

19 유화나 세척 전에 보통 시험체 표면의 잉여 침투액은 배액한다. 이 배액시간은 다음 중 어디에 포함되는가?

① 침투시간
② 세척시간
③ 현상시간
④ 유화시간

> 침투시간에는 배액처리시간이 포함되어 있다.

20 수세성 침투 탐상에서 과잉 세척을 방지하기 위해 침투제와 혼합하여, 수세성을 갖도록 하고 감도를 높이기 위해 사용되는 탐상제는?

① 세척제
② 유화제
③ 현상제
④ 박리제

> 유화제는 수세능이 없는 후유화성 침투액에 적용하여 수세성을 갖도록 한다.

21 침투 탐상 시험에서 건조처리를 필요로 하는 현상법은?

① 건식 현상법
② 무 현상법
③ 습식 현상법
④ 속건식 현상법

> 습식 현상 후에는 반드시 건조 처리를 해야 한다.

22 침투 탐상 시험에서 결함 지시 모양의 일반적인 기록 방법이 아닌 것은?

① 사진
② 전사
③ 각인
④ 스케치

> **기록 방법**
> ①, ②, ④ 외에 도면에 의한 법이 있다.

23 용제 제거성 염색 침투액 – 속건식 현상법의 순서를 옳게 나열한 것은?

① 침투 처리 → 제거 처리 → 전처리 → 현상 처리 → 침투 및 후처리
② 전처리 → 침투 처리 → 현상 처리 → 제거 처리 → 관찰 및 후처리
③ 전처리 → 제거 처리 → 침투 처리 → 현상 처리 → 관찰 및 후처리
④ 전처리 → 침투 처리 → 제거 처리 → 현상 처리 → 관찰 및 후처리

정답 14 ③ 15 ② 16 ③ 17 ③ 18 ① 19 ① 20 ② 21 ③ 22 ③ 23 ④

용제 제거성(C), 염색 침투액(V), 속건식 현상법(S)의 경우 별도의 건조가 필요하지 않다.

24 침투 탐상 방법 FA-N 시험에서 필요한 장치들로 조합된 것은?

① 침투처리 장치, 유화처리 장치, 건조처리 장치
② 침투처리 장치, 세척처리 장치, 유화처리 장치
③ 침투처리 장치, 세척처리 장치, 건조처리 장치
④ 침투처리 장치, 유화처리 장치, 현상처리 장치

FA-N
수세성 형광성 무 현상법은 '전처리 → 침투(침투 장치)→ 세척(세척장치) → 건조(건조장치) → 관찰'의 순으로 한다.

25 침투 탐상 시험에서 탐상에 사용하는 탐상제의 성능 및 조작 방법의 적합 여부 조사에 사용되는 것은?

① I.Q.I
② 링 시험편
③ 대비 시험편
④ 알루미늄 T형 시험편

26 침투 탐상 시험으로 표면 바로 밑의 열려 있지 않은 결함을 검출하는 경우의 설명으로 맞는 것은?

① 용제 제거성 염색 침투 탐상법
② 수세성 형광 침투 탐상법
③ 후유화성 형광 침투 탐상법
④ 침투 탐상 시험 방법으로는 표면 밑의 결함은 검출할 수 없다.

침투 탐상 시험은 표면의 개구부(표면 결함)만 검출할 수 있다.

27 다음 중 물을 사용하지 않고 솔벤트 성분의 세척액을 사용하는 침투 탐상 방법은?

① FA-N   ② FB-S
③ FD-S   ④ FC-S

솔벤트 세척액은 용제 제거성(C)이다.

28 침투 탐상 시험 방법 및 침투 지시 모양의 분류(KS B 0816)에 대한 B형 대비 시험편 종류의 기호와 도금 두께, 도금 갈라짐 나비의 나열이 틀린 것은? (단, 도금 두께, 도금 갈라짐 나비의 단위는 μm이다.)

① PT-B50 : 50±5, 2.5
② PT-B40 : 40±3, 2.0
③ PT-B20 : 20±2, 1.0
④ PT-B10 : 10±1, 0.5

B형 대비 시험편은 ①, ③, ④ 외에 PT-B30 : 30±3, 1.5가 있다.

29 침투 탐상 시험 방법 및 침투 지시 모양의 분류(KS B 0816)에 따라 잉여 침투액을 제거할 때 물을 사용하지 않는 침투액은?

① 수세성 염색 침투액
② 후유화성 형광 침투액
③ 용제 제거성 염색 침투액
④ 후유화성 염색 침투액

용제 제거성은 용제로 세척 처리한다.

30 침투 탐상 시험 방법 및 침투 지시 모양의 분류(KS B 0816)에서 시험 방법의 기호가 VB-S일 때 시험 절차를 옳게 나타낸 것은?

① 전처리 → 침투 처리 → 세척 처리 → 건조 처리 → 현상 처리 → 관찰 → 후처리
② 전처리 → 침투 처리 → 유화 처리 → 세척 처리 → 건조 처리 → 현상 처리 → 관찰→ 후처리
③ 전처리 → 침투 처리 → 세척 처리 → 현상 처리 → 건조 처리 → 관찰 → 후처리
④ 전처리 → 침투 처리 → 유화 처리 → 현상처리 → 건조 처리 → 세척 처리 → 관찰→ 후처리

VB-S
후유화성 염색 침투제 속건식 현상법이다.

정답 24 ③ 25 ③ 26 ④ 27 ④ 28 ② 29 ③ 30 ②

31 침투 탐상 시험 방법 및 침투 지시 모양의 분류(KS B 0816)에 따른 탐상제와 그 점검 내용의 조합으로 옳은 것은?

① 침투액 : 부착 상태 검사
② 유화제 : 결함 검출 능력 검사
③ 건식 현상제 : 겉모양 검사
④ 습식 현상제 : 세척성 검사

> **탐상제 종류와 점검 내용**
> • 침투액 : 결함 검출 능력
> • 유화제 : 유화 성능 검사
> • 습식 현상제 : 겉모양 검사(농도)

32 침투 탐상 시험 방법 및 침투 지시 모양의 분류(KS B 0816)에서 전처리 방법 중 개구부를 덮을 우려가 있어 권장하지 않는 방법은?

① 용제 세척
② 숏 블라스트
③ 증기 세척
④ 산, 알칼리 세제에 의한 세척

> 숏 블라스팅 등 기계적 처리를 하면 결함 개구부가 눌러질 우려가 있으므로 반드시 에칭하여 개구부를 복구해야 한다.

33 침투 탐상 시험 방법 및 침투 지시 모양의 분류(KS B 0816)에 따라 전수 검사 후 합격한 시험체를 표시하는 방법으로 적합하지 않은 것은?

① 각인   ② 부식
③ 착색   ④ 스케치

> **전수 검사인 경우**
> ①, ②, ③ 외에 적갈색으로 표시 또는 P 표시를 한다.

34 침투 탐상 시험 방법 및 침투 지시 모양의 분류(KS B 0816)에 따른 자외선 조사 장치를 사용하지 않는 시험 방법의 기호로 옳은 것은?

① FA - W   ② FC - N
③ FB - D   ④ VC - S

> **VC - S**
> 염색 침투 탐상(V)은 자외선등이 필요 없이 자연광이나 백색 등하에서 관찰한다.

35 침투 탐상 시험 방법 및 침투 지시 모양의 분류(KS B 0816)에 따른 탐상제, 장치의 보수 및 점검에 대한 설명으로 틀린 것은?

① 침투액의 색상이 변화했다고 인정된 때는 폐기한다.
② 암실은 조도계로 측정하여 밝기가 20lx 이하여야 한다.
③ 유화제의 유화 성능이 저하되었다고 인정된 때는 폐기한다.
④ 기준 탐상제 및 사용하지 않는 탐상제는 그 상태대로 암실에 보관한다.

> **침투 탐상제 관리**
> 용기를 밀폐하여 냉암소에 보관해야 된다.

36 침투 탐상 시험 방법 및 침투 지시 모양의 분류(KS B 0816)에 따른 결함 지시의 평가에 대한 설명으로 옳은 것은?

① 지시 모양이 원형 모양은 선상 침투 지시이다.
② 지시 모양이 가는 세선일 때는 원형상 침투 지시이다.
③ 갈라짐 이외의 결함으로, 그 길이가 나비의 3배 이상일 때는 선상 침투 지시 모양이다.
④ 갈라짐 이외의 지시의 길이가 나비의 2배 미만일 때는 선상 침투 지시 모양이다.

> **KS - B - 08888에서 지시 모양 합격 판정 규정**
> • 독립 침투 지시 : 선형, 원형 침투 지시
> • 연속 침투 지시 : 간격이 2mm 이하, 길이는 침투 지시 모양 개개의 길이 더하기 상호 간격
> • 독립 지시와 연속 침투 지시 합격 기준 : 1개의 길이가 8mm 이하
> • 분산 침투 지시 합격 기준 : 연속 용접 길이 300mm당 합계점이 10점 이하
> • 균열(터짐)의 지시는 모두 불합격

37 침투 탐상 시험 방법 및 침투 지시 모양의 분류(KS B 0816)에서 침투 지시 모양의 관찰은 현상제 적용 후 언제 하는 것이 바람직하다고 규정하는가?

① 1분 이내
② 5분 이내
③ 7분 ~ 60분 사이
④ 시간의 구분 없이 적절한 시기

정답 31 ③ 32 ② 33 ④ 34 ④ 35 ④ 36 ③ 37 ③

관찰시기
현상처리 후 7~60분 사이가 적당하다.

38 압력용 이음매 없는 강관 및 용접강관 - 침투 탐상 검사(KS D ISO 12095)에 따른 시험 결과 허용되는 것보다 더 큰 지시가 무관련 지시라고 믿어지는 경우 조치 사항으로 옳은 것은?

① 무관련 지시이므로 합격시킨다.
② 허용 치수를 초과하므로 불합격시킨다.
③ 감독관과 협의 후 결정한다.
④ 실제 결함의 존재 유무를 입증하기 위해 재검사한다.

39 침투 탐상 시험 방법 및 침투 지시 모양의 분류(KS B 0816)에서 FD-A의 시험 방법일 때 예비 세척처리 후 그 다음 단계로 옳은 것은?

① 침투 처리   ② 현상 처리
③ 건조 처리   ④ 유화 처리

FD-A(후유화성, 물 베이스 형광 침투액, 습식 현상제)이므로 예비 세척 후 유화 처리를 해야 한다.

40 침투 탐상 시험 방법 및 침투 지시 모양의 분류(KS B 0816)에 따른 재시험의 대상이 아닌 경우는?

① 침투 지시 모양이 불명확한 때
② 조작 방법에 잘못이 있었을 때
③ 침투 지시 모양이 전혀 나타나지 않았을 때
④ 침투 지시 모양이 흠에 기인한 것인지 의사지시인지의 판단이 곤란할 때

41 침투 탐상 시험 방법 및 침투 지시 모양의 분류(KS B 0816)에 따라 시험체의 일부분을 시험하는 경우 전처리해야 하는 범위의 규정으로 옳은 것은?

① 시험부 중심에서 바깥쪽으로 25mm까지
② 시험부 중심에서 바깥쪽으로 50mm까지
③ 시험하는 부분에서 바깥쪽으로 25mm 넓은 범위
④ 시험면이 인접하는 영역에서 오염물에 의한 영향을 받지 않는 50mm 이상의 넓이

42 침투 탐상 시험 방법 및 침투 지시 모양의 분류(KS B 0816)에 따라 별도의 규정이 없는 경우 형광 침투액을 사용하는 시험의 관찰 시 관찰 전 1분 이상 어두운 곳에서 눈을 적응시킨 후, 시험체 표면에서 몇 $\mu W/cm^2$ 이상의 자외선을 비추며 관찰하도록 규정하고 있는가?

① 500   ② 800
③ 1600   ④ 6000

43 동소 변태에 대한 설명으로 틀린 것은?

① 결정격자의 변화이다.
② 원자 배열의 변화이다.
③ A_0, A_2 변태가 있다.
④ 성질이 비연속적으로 변화한다.

A_0 변태는 시멘타이트의 자기 변태, A_2 변태는 순철의 자기 변태이며, 순철의 동소 변태는 A_3, A_4 변태가 있다.

44 알루미늄의 방식을 위해 표면을 전해액 중에서 양극 산화 처리하여 치밀한 산화 피막을 만드는 방법이 아닌 것은?

① 수산법   ② 황산법
③ 크롬산법   ④ 수산화암모늄법

45 상온일 때 순철의 단위격자 중 원자를 제외한 공간의 부피는 약 몇 %인가?

① 26   ② 32
③ 42   ④ 46

순철은 상온에서 체심 입방 격자(BCC)이며, 체심 입방 격자의 충진율이 68%이므로 공간은 32%이다.

46 오일리스 베어링(Oilless bearing)의 특징이라고 할 수 없는 것은?

① 다공질의 합금이다.
② 급유가 필요하지 않은 합금이다.
③ 원심 주조법으로 만들며 강인성이 좋다.
④ 일반적으로 분말 야금법을 사용하여 제조한다.

오일리스 베어링은 주조로 만들지 않는다.

정답 38 ④ 39 ④ 40 ③ 41 ③ 42 ② 43 ③ 44 ④ 45 ② 46 ③

47 금속을 부식시켜 현미경 검사를 하는 이유는?
① 조직 관찰
② 비중 측정
③ 전도율 관찰
④ 인장강도 측정

48 냉간가공한 재료를 풀림 처리하면 변형된 입자가 새로운 결정입자로 바뀌는데 이러한 현상을 무엇이라 하는가?
① 회복
② 복원
③ 재결정
④ 결정 성장

49 5～20% Zn 황동으로 강도는 낮으나 전연성이 좋고, 색깔이 금색에 가까워 모조금이나 판 및 선에 사용되는 합금은?
① 톰백
② 네이벌 황동
③ 알루미늄 황동
④ 애드미럴티 황동

> **톰백**
> 구리에 5～20%의 아연을 합금한 황동, 장식품에 많이 사용한다.

50 금속이 탄성 변형 후에 소성 변형을 일으키지 않고 파괴되는 성질은?
① 인성
② 취성
③ 인발
④ 연성

51 활자 금속에 대한 설명으로 틀린 것은?
① 응고할 때 부피 변화가 커야 한다.
② 주요 합금 조성은 Pb - Sn - Sb이다.
③ 내마멸성 및 상당한 인성이 요구된다.
④ 비교적 용융점이 낮고, 유동성이 좋아야 한다.

> 활자 금속은 용해 후 응고 시 부피 변화가 없어야 된다.

52 불변강(invariable steel)에 대한 설명 중 옳은 것은?
① 불변강의 주성분은 Fe와 Cr이다.
② 인바는 선팽창계수가 크기 때문에 줄자, 표준자 등에 사용한다.
③ 엘린바는 탄성률 변화가 크기 때문에 고급 시계, 정밀 저울의 스프링 등에 사용한다.
④ 코엘린바는 온도 변화에 따른 탄성률의 변화가 매우 적고 공기나 물 속에서 부식되지 않는 특성이 있다.

> **불변강**
> Fe - Ni계 합금으로 선팽창이 작고, 탄성률 변화가 적어 줄자, 계측기, 시계 태엽 등에 사용된다.

53 다음 중 비중이 가장 가벼운 금속은?
① Mg
② Al
③ Cu
④ Ag

> **금속의 비중**
> • Mg : 1.74
> • Al : 2.67
> • Cu : 8.9
> • Ag : 10.5

54 공구용 재료가 구비해야 할 조건을 설명한 것 중 틀린 것은?
① 내마멸성이 커야 한다.
② 강인성이 작아야 한다.
③ 열처리와 가공이 용이해야 한다.
④ 상온 및 고온에서 경도가 높아야 한다.

> **공구용 재료의 구비 조건**
> ①, ③, ④ 외에 강인성이 크고, 가격이 저렴해야 된다.

55 수소 저장합금에 대한 설명으로 옳은 것은?
① $LaNi_5$계는 밀도가 낮다.
② $TiFe$계는 반응로 내에서 가열 시간이 필요하지 않다.
③ 금속수소화물의 형태로 수소를 흡수 방출하는 합금이다.
④ 수소 저장 합금은 도가니로, 전기로에서 용해가 가능하다.

정답 47 ① 48 ③ 49 ① 50 ② 51 ① 52 ④ 53 ① 54 ② 55 ③

56 단조되지 않으므로 주조한 그대로 연삭하여 사용하는 재료는?

① 실루민　　② 라우탈
③ 헤드필드강　　④ 스텔라이트

> **스텔라이트**
> Co를 주성분으로 하는 주조경질합금, 담금질 열처리를 하지 않아도 고속도강보다 경도가 크다.

57 Fe-C 평형 상태도는 무엇을 알아보기 위해 만드는가?

① 강도와 경도값
② 응력과 탄성계수
③ 융점과 변태점, 자기적 성질
④ 용융 상태에서의 금속의 기계적 성질

58 아세틸렌 가스의 자연 발화 온도는?

① 305~307℃　　② 406~408℃
③ 505~515℃　　④ 780~782℃

> 505~515℃에서 폭발, 780℃ 이상에서는 산소가 없어도 자연 폭발한다.

59 용접시 피닝의 목적으로 가장 적합한 것은?

① 인장응력을 완화한다.
② 모재의 재질을 검사한다.
③ 응력을 강하게 하여 변형을 만든다.
④ 페인트 막을 없앤다.

> 피닝은 용접 표면에 소성 변형을 주어 인장응력을 완화하여 균열을 방지한다.

60 AW-300인 용접기로 전체 작업 시간 10분 중 4분을 용접하였다면 이때의 용접기 사용률은 얼마인가?

① 40%　　② 50%
③ 60%　　④ 70%

> 사용률 $= \dfrac{\text{아크시간}}{\text{아크시간}+\text{휴식시간}} \times 100 = \dfrac{4}{4+6} \times 100 = 40\%$

정답 56 ④　57 ③　58 ②　59 ①　60 ①

2015 제5회 과년도 기출문제

01 와전류 탐상 검사에서 시험체를 시험 코일 내부에 넣고 시험을 하는 코일로서, 선 및 직경이 작은 봉이나 관의 자동검사에 널리 이용되는 것은?

① 표면 코일
② 프로브 코일
③ 관통 코일
④ 내삽 코일

02 고체가 소성 변형하며 발생하는 탄성파를 검출하여 결함의 발생, 성장 등 재료 내부의 동적 거동을 평가하는 비파괴 검사법은?

① 누설 검사
② 음향 방출 시험
③ 초음파 탐상 시험
④ 와전류 탐상 시험

> **음향 방출 시험(AE)**
> 재료에 결함 생성이나 질량의 급격한 변화에 의해 생긴 탄성파를 변환자로 진동을 포착, 분석하여 재료의 동적 거동 파악과 결함의 성질과 상태를 파악하는 비파괴 시험 방법

03 금속 내부 불연속을 검출하는데 적합한 비파괴 검사법의 조합으로 옳은 것은?

① 와전류 탐상 시험, 누설 시험
② 누설 시험, 자분 탐상 시험
③ 초음파 탐상 시험, 침투 탐상 시험
④ 방사선 투과 시험, 초음파 탐상 시험

> **표면 결함**
> 침투 탐상 시험, 와전류 탐상 시험, 자기 탐상시험

04 시험체의 내부와 외부 즉, 계와 주위의 압력차가 생길 때 주위의 압력은 대기압으로 두고, 계에 압력을 가압하거나 감압하여 결함을 탐상하는 비파괴 검사법은?

① 누설 시험
② 침투 탐상 시험
③ 초음파 탐상 시험
④ 와전류 탐상 시험

05 높은 원자번호를 갖는 두꺼운 재료나 핵연료봉과 같은 물질의 결함 검사에 적용되는 비파괴 검사법은?

① 적외선 검사(TT)
② 음향 방출 검사(AET)
③ 중성자 투과 검사(NRT)
④ 초음파 탐상 검사(UT)

06 철강 제품의 방사선 투과 검사 필름상에 나타나는 결함 중 건전부보다 결함의 농도가 밝게 나타나는 것은?

① 슬래그 혼입
② 융합 불량
③ 텅스텐 혼입
④ 용입 부족

> **RT에 따른 결함 형태**
> • 슬래그 혼입 : 상대적으로 좁고 길게 나타난다.
> • 텅스텐 혼입 : 필름에 흰 점으로 나타난다.
> • 융합 불량 : 용접선 방향으로 선형으로 나타나는 것이 일반적이다.
> • 용입 부족 : 보통 용접선에 대해 평행되고 중심부에 똑바르게 명료하게 나타난다.

07 탐촉자의 이동 없이 고정된 지점으로부터 대형 설비 전체를 한 번에 탐상할 수 있는 초음파 탐상 검사법은?

① 유도 초음파법
② 전자기 초음파법
③ 레이저 초음파법
④ 초음파 음향 공명법

08 초음파 탐상 검사에서 보통 10mm 이상의 초음파 빔 폭보다 큰 결함 크기 측정에 가장 적합한 기법은?

① DGS 선도법
② 6dB drop법
③ 20dB drop법
④ PA법

 정답   1 ③   2 ②   3 ④   4 ①   5 ③   6 ③   7 ①   8 ②

09 침투 탐상 시험의 특성에 대한 설명 중 틀린 것은?

① 큰 시험체의 부분 검사에 편리하다.
② 다공성인 표면의 불연속 검출에 탁월하다.
③ 표면의 균열이나 불연속 측정에 유리하다.
④ 서로 다른 탐상액을 혼합하여 사용하면 감도에 변화가 생긴다.

> 다공성 표면을 가진 제품은 다공질 부분에 침투액이 침투되어 결함 검출이 어렵다.

10 누설 검사에 사용되는 단위인 1atm과 값이 다른 것은?

① 760mmHg
② 760Torr
③ 10.33kg/cm²
④ 1013mbar

> 1atm = 760mmHg = 760Torr
> = 1013mbar(hPa) = 1.033kgf/cm²
> = 101.3kPa = 14.696psi

11 자분 탐상 검사 방법 중 선형자계를 형성하는 검사법은?

① 축 통전법, 자속 관통법
② 코일법, 극간법
③ 전류 관통법, 축 통전법
④ 코일법, 전류 관통법

12 다음 중 침투 탐상 시험에서 쉽게 찾을 수 있는 결함은?

① 표면 결함
② 표면 밑의 결함
③ 내부 결함
④ 내부 기공

> 침투 탐상 시험은 표면의 열린 결함 검출에, 표면 밑의 결함은 자기 탐상이나 와전류 탐상이 적합하다.

13 자분 탐상 시험법의 적용에 대한 설명으로 틀린 것은?

① 강용접부의 표면 결함 검사에 적용된다.
② 철강 재료의 터짐 등 표면 결함의 검출에 적합하다.
③ 오스테나이트 스테인리스강에 적합하다.
④ 표면직하의 결함 검출이 가능하다.

> 오스테나이트 스테인리스강은 비자성체이며, 자분 탐상은 강자성체에만 적용할 수 있다.

14 전자 유도 시험의 적용 분야로 적합하지 않은 것은?

① 세라믹 내의 미세 균열
② 비철금속 재료의 재질 시험
③ 철강 재료의 결함 탐상 시험
④ 비전도체의 도금막 두께 측정

> 전자 유도 시험은 도체 시험품에 전류를 통하게 하여 전류의 변화를 측정하는 시험이다.

15 침투 지시 모양의 생성에 대한 설명으로 옳은 것은?

① 지시 모양이 생성되는 속도는 불연속의 특성을 평가하는데 도움이 되지 않는다.
② 지시 모양으로 두께의 정보를 정량화할 수 있다.
③ 침투 지시 모양은 시험체의 재질이나 불연속의 발생 원인에 관계 없이 균일하게 나타난다.
④ 지시 모양의 크기는 불연속 내부의 체적과 밀접한 관계가 있다.

16 침투 탐상 시험에 사용하는 재료나 설비는 계속 사용함에 따라 신뢰성이 떨어진다. 신뢰성을 확보하기 위한 방법으로 가장 효과적인 것은?

① 작업 시마다 새로운 재료와 설비를 사용한다.
② 1년마다 재료나 설비를 새 것으로 사용한다.
③ 일상 점검 또는 일정 기간마다 정기 점검으로 관리한다.
④ 작업 시마다 수세성, 후유화성, 용제 제거성 등 시험 방법을 달리하여 사용한다.

> 침투 탐상 용액은 정기 점검을 통해 이상 유무를 확인해야 된다.

정답 9 ② 10 ③ 11 ② 12 ① 13 ③ 14 ① 15 ④ 16 ③

17 수세성 염색 침투액과 습식 현상법을 조합하여 탐상할 경우의 탐상순서로 옳은 것은?

① 전처리 → 침투 처리 → 세척 처리 → 현상 처리 → 건조처리
② 전처리 → 침투 처리 → 세척 처리 → 건조 처리 → 현상 처리
③ 전처리 → 세척 처리 → 건조 처리 → 침투 처리 → 현상 처리
④ 전처리 → 건조 처리 → 침투 처리 → 현상 처리 → 세척 처리

18 형광 침투 탐상 시험 시 현상체를 적용하기 전에 잉여 침투액이 제거되었는가를 확인하는 방법으로 가장 적합한 것은?

① 손가락으로 문질러 본다.
② 자외선등으로 비추어 본다.
③ 물에 적신 붓으로 칠해 본다.
④ 제거 용지로 표면을 닦아 본다.

19 침투 탐상 시험에 대한 설명으로 틀린 것은?

① 검사체의 표면 상태는 침투 시간 결정에 도움이 된다.
② 예상 불연속부의 종류에 따라 침투 시간은 5~30초 정도이다.
③ 전처리 시 폴리싱(polishing)하는 것은 좋은 방법이 아니다.
④ 침투액이 담긴 용기 내에 탐상 시험 할 부품을 침적시켜 침투 처리하는 경우도 있다.

> 침투 시간은 재질에 따라 5~10분 이내로 한다.

20 침투 탐상 시험에 사용되는 현상제에 대한 설명으로 틀린 것은?

① 형광 물질을 첨가한다.
② 결함으로부터의 침투액을 빨아낸다.
③ 결함의 영상이 나타나도록 도와준다.
④ 침투제가 흘러나오는 양을 조절해준다.

> **현상제 역할**
> ①, ②, ③ 외에 침투제 지시 모양을 흡출, 분산작용과 지시 모양과 배경과의 대비를 높여서 결함 판별을 쉽게 할 수 있게 하며, 침투제와 작용하여 명암도를 증가시켜 관찰이 쉽도록 한다.

21 후유화성 침투 탐상 시험에 사용되는 가장 적합한 세척 방법은

① 물 세척   ② 솔벤트 세척
③ 알칼리 세척   ④ 초음파 세척

> 후유화성(용제 제거성. C) 유화제를 솔벤트 세척액으로 제거한다.

22 금속의 균열을 침투 탐상 검사할 때 일반적으로 검사 결과에 가장 큰 영향을 주는 것은?

① 검사물의 경도
② 침투제의 색깔
③ 검사물의 열전도도
④ 검사물의 표면 조건

> 검사 결과는 검사물의 표면 상태 즉 불균일한 표면이나, 다공질일 경우 의사지시가 나타나므로 검사가 곤란하다.

23 침투 탐상 시험 시 무관련 지시가 생기는 가장 큰 이유는?

① 결함이 많기 때문에
② 부적당한 열처리 때문에
③ 침투 시간이 충분하였을 때
④ 잉여 침투제의 불충분한 제거 때문에

> 잉여 침투제를 불충분하게 제거하면 잔액이 현상제와 작용하여 의사지시(무관련 지시)를 나타내게 된다.

24 다음 중 결함 검출도가 가장 높은 침투 탐상 방법은 무엇인가?

① 용제 제거성 염색 침투 탐상 검사
② 용제 제거성 형광 침투 탐상 검사
③ 후유화성 염색 침투 탐상 검사
④ 후유화성 형광 침투 탐상 검사

정답 17 ① 18 ② 19 ② 20 ④ 21 ② 22 ④ 23 ④ 24 ④

후유화성 형광 침투제는 미세한 결함의 검출이 가능하여 결함 검출 감도가 우수하다.

- **염색 침투액** : V
- **이원성 형광 침투액** : DF
- **이원성 염색 침투액** : DV

25 다음 중 대량의 열쇠구멍, 나사부의 복잡한 형상 등의 결함 검출에 가장 적합한 침투 탐상 시험법은?

① 수세성 형광 침투 탐상 시험
② 후유화성 염색 침투 탐상 시험
③ 후유화성 형광 침투 탐상 시험
④ 용제 제거성 형광 침투 탐상 시험

수세성 형광 침투 탐상은 열쇠 홈이나 나사부 등 복잡한 형상의 시험체의 탐상, 거친 표면의 탐상이 가능하다.

26 침투 탐상 시험 시 침투액이 가져야 할 특성이 아닌 것은?

① 미세한 틈 사이에도 침투할 수 있는 능력
② 침투 처리 시 비교적 큰 결함에도 남을 수 있는 능력
③ 침투 처리 시 재빨리 증발할 수 있는 능력
④ 후처리 시에 표면으로부터 쉽게 씻겨질 수 있는 능력

침투제가 빨리 증발하면 개구부에 스며들기 전에 증발해서 검출 능력이 저하되므로 비휘발성이어야 한다.

27 후유화성 형광 침투액을 뿌리고 난 뒤 과잉 침투액을 쉽게 제거하기 위해 수세하기 전에 적용하는 것은?

① 침투제   ② 현상제
③ 유화제   ④ 세척제

28 침투 탐상 시험 방법 및 침투 지시 모양의 분류(KS B 0816)에서 사용하는 침투액에 따른 분류 방법과 기호를 옳게 나타낸 것은?

① 염색 침투액을 사용하는 방법 : A
② 이원성 염색 침투액을 사용하는 방법 : W
③ 형광 침투액을 사용하는 방법 : F
④ 이원성 형광 침투액을 사용하는 방법 : SF

29 침투 탐상 시험 방법 및 침투 지시 모양의 분류(KS B 0816)에서 침투 탐상 시험의 기록 사항 중 "시험 결과"에 기록하여야 할 사항이 아닌 것은?

① 침투시간
② 침투 지시 모양의 위치
③ 침투 지시 모양의 평가점
④ 침투 지시 모양의 분류와 길이

KS B 0888 규정에 따른 기록할 사항
- 시험 조건 : 탐상제 명칭, 시험 온도, 침투 시간, 현상 시간, 관찰 시간
- 시험 결과 : ②, ③, ④
- 합격 여부, 용접 보수 여부

30 침투 탐상 시험 방법 및 침투 지시 모양의 분류(KS B 0816)에서 "VC – S"로 표시된 경우 "C"에 알맞은 분류는?

① 침투액의 종류
② 현상 방법
③ 유화제의 종류
④ 잉여 침투액의 제거 방법

침투 탐상 기호 표시 방식
(침투액 분류 V)(잉여 침투액 제거 방법 C) – (현상 방법 S)

31 침투 탐상 시험 방법 및 침투 지시 모양의 분류(KS B 0816)에 따라 후유화성 형광 침투액을 사용하고 무 현상법으로 현상할 때 자외선등의 사용단계로 옳은 것은?

① 세척 단계
② 형광 침투액 적용단계
③ 건조 단계
④ 유화제 적용단계

후유화성 형광 침투 시 잉여 침투액 세척이 올바르게 되었는지 확인하기 위해 자외선등으로 확인한다.

정답 25 ① 26 ③ 27 ③ 28 ③ 29 ① 30 ④ 31 ①

32 침투 탐상 시험 방법 및 침투 지시 모양의 분류(KS B 0816)에서 현상 방법에 따른 분류에 속하지 않는 것은?

① 건식 현상법
② 수용성 습식 현상법
③ 속건식 현상법
④ 기름 현탁성 습식 현상법

33 침투 탐상 시험 방법 및 침투 지시 모양의 분류(KS B 0816)에서 별도의 건조 조작이 필요하지 않은 침투액은?

① 용제 제거성 염색 침투액
② 수세성 형광 침투액
③ 후유화성 형광 침투액
④ 후유화성 염색 침투액

> 용제 제거성 염색 침투액은 용제를 적신 종이나 천으로 잉여 침투액을 제거하므로 건조 처리를 하지 않는다.

34 침투 탐상 시험 방법 및 침투 지시 모양의 분류(KS B 0816)에 따라 기름 베이스 유화제를 사용하는 시험에서 염색 침투액일 경우 유화 시간으로 옳은 것은?

① 10초 이내
② 30초 이내
③ 2분 이내
④ 3분 이내

> **유화 시간**
> 물 베이스 유화제 2분, 형광 침투액 3분

35 침투 탐상 시험 방법 및 침투 지시 모양의 분류(KS B 0816)에서 샘플링 검사에 합격한 로트의 모든 시험체에 사용되는 표시로 옳은 것은?

① Ⓟ의 기호 또는 황색으로 착색
② P의 기호 또는 적갈색으로 착색
③ 착색(황색)으로 시험체에 P의 기호를 기록
④ 착색(적갈색)으로 시험체에 Ⓟ의 기호를 기록

36 침투 탐상 시험 방법 및 침투 지시 모양의 분류(KS B 0816)에 의해 압력용기를 탐상하였더니 그림과 같은 결함이 나타났다. 이 결함의 해석으로 옳은 것은?

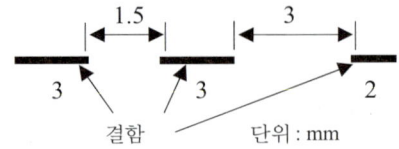

① 1개의 결함이며, 길이는 8mm이다.
② 1개의 결함이며, 길이는 12.5mm이다.
③ 2개의 결함이며, 길이는 각각 7.5mm, 2mm이다.
④ 3개의 결함이며, 길이는 각각 3mm, 3mm, 2mm이다.

> 첫 번째 결함과 두 번째 결함의 간격이 1.5이므로 3 + 1.5 + 3 = 7.5mm 하나로, 세 번째 결함의 간격은 3mm이므로 2mm를 별개 결함으로 판정하므로 결함은 2개, 길이는 각각 7.5mm, 2mm이다.

37 침투 탐상 시험 방법 및 침투 지시 모양의 분류(KS B 0816)에서 침투액의 적용 방법을 선정하기 위해 고려할 내용과 가장 거리가 먼 것은?

① 시험체의 모양
② 시험체의 수량
③ 시험체의 자성
④ 침투액의 종류

38 침투 탐상 시험 방법 및 침투 지시 모양의 분류(KS B 0816)에 따라 독립 결함 중 갈라짐 이외의 것으로 결함의 길이가 2mm, 나비가 1mm라면 어떤 결함으로 분류되는가?

① 선상 결함
② 원형상 결함
③ 연속 결함
④ 분산 결함

> **분산 결함**
> 일정 면적 안에 1개 이상의 여러 개의 지시가 분산하여 존재하는 결함

정답 32 ④ 33 ① 34 ② 35 ① 36 ③ 37 ③ 38 ④

39 침투 탐상 시험 방법 및 침투 지시 모양의 분류(KS B 0816)에 의한 시험의 조작 중 세척 처리와 제거 처리에 대한 설명이 틀린 것은?

① 후유화성 침투액은 기름 세척액으로 세척한다.
② 용제 제거성 침투액은 헝겊 또는 종이수건 및 세척액으로 제거한다.
③ 스프레이 노즐을 사용할 때의 수압은 특별한 규정이 없는 한 275kPa 이하로 한다.
④ 형광 침투액을 사용하는 시험에서는 반드시 자외선 조사등을 비추어 처리의 정도를 확인하여야 한다.

> 수세성 침투액이나 후유화성 침투액은 물로 세척해야 된다.

40 침투 탐상 시험 방법 및 침투 지시 모양의 분류(KS B 0816)에 따라 침투 시간을 정할 때 고려할 사항과 가장 거리가 먼 것은?

① 침투액의 종류
② 침투액의 온도
③ 시험체의 무게
④ 예측되는 결함의 종류

> **침투 시간을 정할 때 고려 사항**
> ①, ②, ④ 외에 시험체 재질, 시험체의 온도

41 침투 탐상 시험 방법 및 침투 지시 모양의 분류(KS B 0816)에서 기름 베이스 유화제 – 수용성 습식 현상제를 사용하는 후유화성 형광 침투 탐상 시험을 하기 위한 장치의 배열 순서로 옳은 것은?

① 침투조 → 배액대 → 세척조 → 현상조 →제거조 → 유화조
② 침투조 → 배액대 → 세척조 → 유화조 → 건조기 → 현상조
③ 침투조 → 배액대 → 유화조 → 현상조 → 세척조 → 건조기
④ 침투조 → 배액대 → 유화조 → 세척조 →현상조 → 건조기

> **후유화성 형광(기름 베이스) – 습식 현상법(수용성)**
> FB – A : 침투 처리 후 배액처리, 후유화 처리 다음에 세척 처리하고, 습식 현상 처리한 후에 건조를 해야 한다.

42 침투 탐상 시험 방법 및 침투 지시 모양의 분류(KS B 0816)에서 규정한 시험 조작 중 형광 침투액의 기름 베이스 유화제를 사용하는 시험에서 유화 처리 시간으로 옳은 것은?

① 1분 이내   ② 2분 이내
③ 3분 이내   ④ 4분 이내

> 물 베이스 유화제 유화시간 2분, 염색 침투액 유화 처리 시간 30초

43 실용 합금으로 Al에 Si이 약 10~13% 함유된 합금의 명칭으로 옳은 것은?

① 라우탈   ② 알니코
③ 실루민   ④ 오일라이트

44 다음 중 탄소 함유량이 가장 많은 것은?

① 공정주철   ② α – Fe
③ 전해철   ④ 아공석강

> 주철은 2.01%~6.67%C이며 강은 0.025~2.01%C이다.

45 원 표점 거리가 50mm이고, 시험편이 파괴되기 직전의 표점 거리가 60mm일 때 연신율은?

① 5%   ② 10%
③ 15%   ④ 20%

> 연신율 = $\dfrac{\text{시험 후 거리} - \text{시험 전 거리}}{\text{시험 전 거리}} \times 100$
> = $\dfrac{60-50}{50} \times 100 = 20\%$

46 Fe – C 상태도에 나타나지 않는 변태점은?

① 포정점   ② 포석점
③ 공정점   ④ 공석점

정답 39 ① 40 ③ 41 ④ 42 ② 43 ③ 44 ① 45 ④ 46 ②

47 다음 중 경금속에 해당하지 않는 것은?
① Na
② Mg
③ Al
④ Ni

> **경금속**
> 비중이 4.5 이하, 중금속은 4.5 이상을 말함. Ni의 비중은 8.9로 중금속에 해당한다.

48 절삭성이 우수한 쾌삭황동(Free cutting brass)으로 스크류, 시계의 톱니 등으로 사용되는 것은?
① 납 황동
② 주석 황동
③ 규소 황동
④ 망간 황동

> **쾌삭 황동**
> 황동에 P, Pb, S 등을 함유시켜 절삭성을 향상시킨 황동

49 Fe에 0.8~1.5%C, 18%W, 4%Cr 및 1%V을 첨가한 재료를 1250℃에서 담금질하고 550~600℃로 뜨임한 합금강은?
① 절삭용 공구강
② 초경 공구강
③ 금형용 공구강
④ 고속도 공구강

> **표준 고속도 공구강**
> 18%W – 4%Cr – 1%V

50 금속재료의 표면에 강이나 주철의 작은 입자를 고속으로 분사시켜, 표면층을 가공경화에 의하여 경도를 높이는 방법은?
① 금속 용사법
② 하드 페이싱
③ 쇼트 피닝
④ 금속 침투법

51 다음 중 1~5μm 정도의 비금속 입자가 금속이나 합금의 기지 중에 분산되어 있는 재료를 무엇이라 하는가?
① 합금공구강 재료
② 스테인리스 재료
③ 서멧(Cermet) 재료
④ 탄소공구강 재료

> **서멧**
> 탄화타이타늄(TiC)에 Ni, Co, Mo 등을 첨가한 세라믹 재료, 고온 강도가 우수하여 절삭공구 등에 사용됨

52 주석의 성질에 대한 설명 중 옳은 것은?
① 동소 변태를 하지 않는 금속이다.
② 13℃ 이하의 주석(Sn)은 백주석이다.
③ 주석은 상온에서 재결정이 일어나지 않으므로 가공경화가 용이하다.
④ 주석(Sn)의 용융점은 232℃로 저융점 합금의 기준이다.

> **주석(Sn)**
> 13℃에서 백주석이 회색주석으로 변태하며, 재결정 온도가 상온 이하이다.

53 금속의 성질 중 연성에 대한 설명으로 옳은 것은?
① 광택이 촉진되는 성질
② 가는 선으로 늘일 수 있는 성질
③ 얇은 박으로 가공할 수 있는 성질
④ 원소를 첨가하여 단단하게 하는 성질

> **전성**
> 두드리면 퍼지는 성질, 얇은 박을 만들 수 있는 성질

54 톰백(Tombac)의 주성분으로 옳은 것은?
① Au + Fe
② Cu + Zn
③ Cu + Sn
④ Al + Mn

> **톰백**
> Cu + Zn(5~20%)의 황동, 전연성이 우수하고 금색에 가까우므로 모 조금, 장식품에 많이 사용한다.

55 과공석강에 대한 설명으로 옳은 것은?
① 층상 조직인 시멘타이트이다.
② 페라이트와 시멘타이트의 층상조직이다.
③ 페라이트와 펄라이트의 층상조직이다.
④ 펄라이트와 시멘타이트의 혼합조직이다.

> **과공석강**
> 탄소가 0.85~2.01%인 강

정답 47 ④ 48 ① 49 ④ 50 ③ 51 ③ 52 ④ 53 ② 54 ② 55 ④

56 고Cr계보다 내식성과 내산화성이 더 우수하고 조직이 연하여 가공성이 좋은 18-8 스테인리스강의 조직은?

① 페라이트 ② 펄라이트
③ 오스테나이트 ④ 마텐사이트

> **18-8 스테인리스강**
> 비자성체이며, 내식성, 내산화성, 강인성이 우수한 강

57 금속의 결정구조에서 다른 결정보다 취약하고 전연성이 작으며 Mg, Zn 등이 갖는 결정격자는?

① 체심 입방 격자 ② 면심 입방 격자
③ 조밀 육방 격자 ④ 단순 입방 격자

58 산소와 아세틸렌에 의한 가스 용접 시 발생하는 산화불꽃과 탄화불꽃에 관한 설명으로 옳은 것은?

① 산화불꽃은 고온이 필요한 금속에 사용하고, 탄화불꽃은 구리, 황동에 사용한다.
② 탄화불꽃은 고온이 필요한 금속에 사용하고, 산화불꽃은 연강, 고탄소강 등의 금속에 사용한다.
③ 산화불꽃은 간단한 가열이나 가스 절단에 사용하고, 탄화불꽃은 산화를 방지할 필요가 있는 금속의 용접에 사용한다.
④ 산화불꽃은 산화되기 쉬운 알루미늄에 사용하고, 탄화불꽃은 일반적인 청동, 황동 등에 사용한다.

> • **산화불꽃** : 산소의 양이 많은 불꽃, 융착금속이 산화 또는 탈탄될 우려가 많음
> • **탄화불꽃** : 산소가 적고 아세틸렌이 많은 때의 불꽃, 스테인리스강, 스텔라이트, 모넬메탈 등의 용접에 사용함

59 납땜부 이음 부분에 납재를 고정시켜 납땜 온도로 가열 용융시켜 화학약품에 담가 침투시키는 납땜법은?

① 노내 납땜 ② 유도가열 납땜
③ 담금 납땜 ④ 저항 납땜

60 연속 용접작업 중 아크 발생 시간 6분, 용접봉 교체와 슬래그 제거 시간 2분, 스패터 제거 시간이 2분으로 측정되었다. 이 때 용접기 사용률은?

① 50% ② 60%
③ 70% ④ 80%

$$\text{사용률} = \frac{\text{아크시간}}{\text{아크시간} + \text{휴식시간}} \times 100$$
$$= \frac{6}{6+2+2} \times 100 = 60\%$$

2016 제1회 과년도 기출문제

01 자분 탐상 시험의 선형 자화법에서 자계의 세기(자화력)을 나타내는 단위는?
① 암페어
② 볼트(volts)
③ 웨버(weber)
④ 암페어/미터

- 전류 : 암페어 A
- 전압 : 볼트 V

02 자기 탐상 검사에서 자분의 적용에 관한 설명 중 틀린 것은?
① 시험면을 흐르는 검사액의 유속이 빠를수록 휘발성이 적어 미세 결함의 검출이 용이하다.
② 검사액의 농도가 너무 진하면 시험면에 부착되는 자분이 많아져서 결함 검출을 어렵게 한다.
③ 콘트라스트를 크게 할수록 미세한 결함을 검출하기가 용이하다.
④ 검사액의 농도는 형광 자분이 비형광 자분보다 현저하게 작아야 한다.

침투액의 점성이 적으면 유속이 빠르게 되며, 그만큼 휘발성이 높기 때문에 결함 지시가 불분명해져 결함 검출이 어렵게 된다.

03 초음파 탐상 시험과 비교한 방사선 투과 시험의 장점은?
① 결함의 깊이를 정확히 알 수 있다.
② 시험체의 한쪽 면만으로도 탐상이 가능하다.
③ 탐상 현장에 판독자가 입회하지 않아도 된다.
④ 일반적으로 시험에 필요한 장비가 가볍고 소규모이다.

04 표면 균열을 검사하는데 가장 효과적인 자화 전류와 자분은 무엇인가?
① 반파 직류 - 건식 자분
② 전파 직류 - 습식 자분
③ 교류 - 습식 자분
④ 교류 - 건식 자분

자분 탐상에 의한 표면 직하 결함 검출에는 건식 자분을 사용하며, 교류를 사용한다.

05 CRT에 나타난 에코의 높이가 스크린 높이의 80%일 때 이득 손잡이를 조정하여 6dB을 낮추면 에코 높이는 CRT 스크린 높이의 약 몇 %로 낮아지는가?
① 16.7%
② 20%
③ 40%
④ 50%

6dB drop법은 최대 결함 에코 높이의 1/2 에코 높이로 나타내므로 80%는 40%로 낮아진다.

06 육안 검사에 대한 설명 중 틀린 것은?
① 표면 검사만 가능하다.
② 검사의 속도가 빠르다.
③ 사용 중에도 검사가 가능하다.
④ 분해능이 좋고 가변적이지 않다.

07 후유화성 형광 침투 탐상 검사를 할 때 가장 적합한 세척 방법은?
① 솔벤트 세척
② 수 세척
③ 알칼리 세척
④ 초음파 세척

후유화제 적용 후 물(水)로 세척한다.

정답 1 ④ 2 ① 3 ③ 4 ④ 5 ③ 6 ④ 7 ②

08 자기 비교형 – 내삽 코일을 사용한 관의 와전류 탐상 시험에서 관의 처음에서 끝까지 동일한 결함의 연속되어 있을 경우 발생되는 신호는 어떻게 되는가?

① 신호가 나타나지 않는다.
② 신호가 연속으로 나타난다.
③ 신호가 간헐적으로 나타난다.
④ 관의 양끝 지점에서만 신호가 나타난다.

> 내삽형 코일을 사용하면 축 방향으로 길게 늘어난 결함의 검출이 곤란하며, 축 방향의 짧은 균열, 미세균열, 롤마크 등은 검출 가능하다. 길게 늘어난 결함의 검출은 표면형 코일을 이용한다.

09 대상물 내부에서 반사된 빔(beam)을 검출하여 분석하고, 결함의 길이 및 위치를 알아낼 수 있는 비파괴 검사법은?

① 누설 검사
② 굽힘 시험
③ 초음파 탐상 시험
④ 와전류 탐상 시험

> 내부 결함의 위치와 깊이를 검출하려면 초음파 탐상 검사가 가장 효과적이다.

10 최종 건전성 검사에 주로 사용되는 검사 방법으로써, 관통된 불연속만 탐지 가능한 검사 방법은?

① 방사선 투과 검사
② 침투 탐상 검사
③ 음향 방출 검사
④ 누설 검사

> 누설 검사는 시험체 내외부의 압력차를 이용한다.

11 비파괴 검사에서 봉(bar) 내의 비금속 개재물을 무엇이라 하는가?

① 겹침(lap)
② 용락(burn though)
③ 언더컷(under cut)
④ 스트링거(stringer)

> **스트링거(stringer)** : 환봉 내의 개재물
> – 겹침, 용락, 언더컷은 용접 불량이다.

12 제품이나 부품의 동적 결함 발생에 대한 전체적인 모니터링(monitoring)에 적합한 비파괴 검사법은?

① 육안 시험
② 적외선 검사
③ X선 투과 시험
④ 음향 방출 시험

13 각종 비파괴 검사에 대한 설명 중 틀린 것은?

① 방사선 투과 시험은 기록의 보관이 용이하나 방사선 피폭 등의 위험이 있다.
② 초음파 탐상 시험은 대상물의 내부 결함을 검출할 수 있으나 숙련된 기술이 필요하다.
③ 침투 탐상 시험은 표면 홈에 침투액을 침투시키는 방법이므로 흡수성인 재료는 탐상에 적합하지 않다.
④ 육안 검사는 인간 시감을 이용한 시험으로 보어스코프나 소형 TV 등을 사용할 수 없어 파이프 내면의 검사는 할 수 없다.

> 파이프 내면 검사는 소형 카메라를 투입하여 육안 검사를 할 수 있다.

14 침투 탐상 시험은 다공성인 표면을 검사하는데 적합한 시험 방법이 아니다. 그 이유로 가장 옳은 것은?

① 누설 시험이 가장 좋은 방법이기 때문에
② 다공성인 경우 지시의 검출이 어렵기 때문에
③ 초음파 탐상 시험이 가장 좋은 방법이기 때문에
④ 다공성인 경우 어떤 지시도 생성시킬 수 없기 때문에

15 후유화성 침투 탐상 시험에서 유화제를 사용하는 주된 목적으로 옳은 것은?

① 의사지시를 제거시켜 준다.
② 현상제의 흡출작용을 도와준다.
③ 침투제의 침투작용을 도와준다.
④ 물로 세척이 용이하도록 도와준다.

> 유화제는 후유화성 침투 탐상 검사에 적용하는 방법으로 수세능이 없는 침투액에 적용하여 수세성을 갖도록 한다.

정답 8 ① 9 ③ 10 ④ 11 ④ 12 ④ 13 ④ 14 ② 15 ④

16 다음 중 미세한 결함 탐상에 가장 검출감도가 높은 침투 탐상 시험법은?

① 후유화성 형광 침투 탐상 시험
② 수세성 형광 침투 탐상 시험법
③ 용제 제거성 염색 침투 탐상 시험법
④ 수세성 염색 침투 탐상 시험법

> 용제 제거성 염색 침투 탐상 검사
> 용제 제거성 형광 침투 탐상에 비해 감도는 떨어진다.

17 현상제 역할로 탄산칼슘을 사용하는 침투 탐상 방법은 무엇인가?

① 여과 입자법
② 역 형광법
③ 하전 입자법
④ 휘발성 침투액법

> 여과 입자법
> 시험체 표면에 극미립자 분말을 현탁시킨 액체를 적용하면 액체는 검사체 전체 표면에 흡입되지만 표면 균열의 개구부에서는 건전부에 비하여 보다 많은 미립자 분말이 잔류되어 축적되므로 결함을 알 수 있다. 결함의 검출도가 떨어지며 후처리 비용이 많이 든다.

18 다음 중 액체의 적심 현상(모양)에 해당하지 않는 것은?

① 부수적심
② 침적적심
③ 확장적심
④ 부착적심

19 침투액 적용 방법 중 다량의 소형 부품을 한 번에 침투 처리 하는데 가장 적합한 것은?

① 분무법
② 침적법
③ 붓칠법
④ 정전 분무법

> 침적법이나 분무법에서 건식 현상제 적용 시에는 미세 분말이 비산하므로 집진 장치가 필요하다.

20 시험체 표면의 과잉의 수세성 침투액을 제거하는데 가장 널리 이용되는 방법은?

① 젖은 걸레로 닦는다.
② 분사 노즐을 통한 적당한 수압으로 제거한다.
③ 수도 꼭지에서 흐르는 물에 직접 적셔서 제거한다.
④ 특수 용제를 담은 용기에 시험체를 침지하여 씻는다.

> 과잉 침투액 제거에는 물과 스프레이를 이용한다.

21 형광 침투액에 자외선을 조사할 때 외관상 주로 나타나는 색깔은?

① 빨간색   ② 노란색
③ 황록색   ④ 검정색

22 수세성 침투액을 시험편 표면에서 닦아낸 후 시험편을 건조시켜야 하는데 이 때 건조 온도는 71℃를 넘지 않아야 한다. 그 주된 이유는 무엇인가?

① 시험편의 온도가 71℃를 넘으면 검사할 결함이 없어지기 때문이다.
② 71℃ 이상이면 결함 부위에 침투했던 과량의 침투액이 빠져 나오기 때문이다.
③ 71℃를 넘으면 결함 지시 모양의 색체가 열화되거나 건조되어 탐상 감도가 낮아지기 때문이다.
④ 71℃ 이상으로 가열하면 유독가스가 발생하기 때문이다.

23 다음 중 자외선 조사 장치는 어떤 침투 탐상 시험 방법에 사용되는가?

① 형광 침투 탐상 시험
② 염색 침투 탐상 시험
③ 비형광 침투 탐상 시험
④ 후유화성 염색 침투 탐상 시험

> 자외선 조사 장치는 근자외선 파장 범위(320~400nm)의 전자파를 방사하는 조사 장치를 말한다.

정답 16 ① 17 ③ 18 ① 19 ② 20 ② 21 ③ 22 ③ 23 ①

24 침투 비파괴 검사 시 표면 온도에 대한 올바른 내용은?

① 저온에선 점도가 낮아진다.
② 16℃부터 50℃ 사이가 검사하기 적합하다.
③ 인화점이 낮을수록 좋다.
④ 표면 온도를 측정할 필요 없다.

> 침투제 및 시험체 표면 온도의 영향이 커서 표면 온도가 낮으면 점성이 높아지고 표면장력은 낮아져 침투 속도가 저하하여 침투제가 결함 속으로 침투하는 시간이 길어진다.

25 침투 탐상 시험 후 시험체의 합격, 불합격에 대한 판정 기준으로 가장 중요한 것은?

① 검사원의 학력
② 침투 탐상 범위
③ 시험체의 재질 및 관련 규격
④ 후처리 및 주변의 정리 정돈

26 염색 침투 탐상 시험에서 속건식 현상제를 적용하는 가장 일반적인 방법은?

① 붓칠
② 분무법
③ 담금법
④ 헝겊으로 문지름

> 침적법이나 분무법에서 습식 현상제 적용 시에는 현상제의 농도 조절을 위해 교반 장치와 분무 설비가 필요하다.

27 침투 탐상 시험 시 의사지시가 생기는 원인이 아닌 것은?

① 부적절한 세척을 했을 때
② 현상제에 침투액이 묻었을 때
③ 방사선 투과 시험을 먼저 했을 때
④ 외부 물질에 의하여 오염되었을 때

> 의사 지시는 방사선 투과 검사를 먼저 한 것과 무관하다.

28 침투 탐상 시험 방법 및 침투 지시 모양의 분류(KS B 0816)에서 강용접부의 결함 검출을 위해 5분의 표준 침투 시간을 필요로 하는 온도 범위는?

① 5~50℃
② 10~50℃
③ 15~50℃
④ 20~55℃

29 비파괴 검사 – 침투 탐상 검사 – 일반 원리(KS B ISO 3452)에 규정한 최대 표준 현상 시간은 보통 침투 시간의 몇 배인가?

① 1.1배
② 1.2배
③ 1.5배
④ 2배

30 침투 탐상 시험 방법 및 침투 지시 모양의 분류(KS B 0816)에서 시험 방법의 기호 VC–W에서 'W'가 의미하는 것은?

① 특수한 현상제를 사용하는 방법
② 수현탁성 현상제를 사용하는 방법
③ 수세성 염색 침투액을 사용하는 방법
④ 수세성 형광 침투액을 사용하는 방법

> VC–W에서 C는 용제 제거성 침투 탐상 검사법, W는 수현탁성 W을 의미한다.

31 침투 탐상 시험 방법 및 침투 지시 모양의 분류(KS B 0816)에 따른 플라스틱 재질의 갈라짐에 대한 탐상 시 상온에서의 표준 침투 시간과 현상 시간의 규정으로 옳은 것은?

① 침투 시간 : 5분, 현상 시간 : 7분
② 침투 시간 : 3분, 현상 시간 : 7분
③ 침투 시간 : 5분, 현상 시간 : 5분
④ 침투 시간 : 3분, 현상 시간 : 5분

32 침투 탐상 시험 방법 및 침투 지시 모양의 분류(KS B 0816)에 규정된 B형 대비 시험편의 종류 기호가 아닌 것은?

① PT–B10
② PT–B20
③ PT–B40
④ PT–B50

> • A형 대비 시험편 기호 : PT–A
> • B형 대비 시험편 기호 : PT–B10, PT–B20, PT–B30, PT–B50

정답 24 ② 25 ③ 26 ② 27 ③ 28 ③ 29 ④ 30 ② 31 ① 32 ③

33 침투 탐상 시험 방법 및 침투 지시 모양의 분류(KS B 0816)에 의하여 재시험을 해야 할 경우는?

① 지시 모양이 흠인지 의사지시인지 판단이 곤란한 경우
② 현상 시간이 충분히 지나지 않은 상태에서부터 관찰하기 시작하였을 경우
③ 전처리를 하고 30분이 경과한 후 침투제를 적용했을 경우
④ 터짐의 폭이 커서 지시 모양이 너무 명확할 경우

> 결함에 의한 지시인지, 의사지시인지 판독이 어려우면 재시험을 실시해야 한다.

34 침투 탐상 시험 방법 및 침투 지시 모양의 분류(KS B 0816)에 대한 설명으로 틀린 것은?

① 암실을 이용할 경우 어둡기는 30룩스 미만이어야 한다.
② 세척 처리 시 수세성 및 후유화성 침투액은 물로 세척한다.
③ 침투 지시 모양의 관찰은 현상제 적용 후 7~60분 사이에 하는 것이 바람직하다.
④ 잉여 침투액의 제거 시 흠 속에 침투되어 있는 침투액을 유출시키는 과도한 처리를 해서는 안된다.

> 형광 침투액 사용시 암실의 밝기는 20룩스 이하이어야 한다.

35 침투 탐상 시험 방법 및 침투 지시 모양의 분류(KS B 0816)에서 VC-S 시험 방법에 관한 설명으로 옳은 것은?

① 형광 침투액을 사용한다.
② 잉여 침투액은 용제로 제거한다.
③ 수용성 현상제를 사용하여 현상한다.
④ 수현탁성 현상제를 사용하여 현상한다.

> • VC-S : 용제 제거성 염색 침투법-속건식 현상제
> • V : 염색 침투법
> • C : 용제 제거성
> • S : 속건식 현상제

36 침투 탐상 시험 방법 및 침투 지시 모양의 분류(KS B 0816)에서 B형 대비 시험편 제작 시 규정하는 재료로 틀린 것은?

① C2024P　　② C2600P
③ C2720P　　④ C2801P

> 재료는 KS D 5201(동 및 동합금판)에 규정되어 있으며, ②, ③, ④ 외에 2680이 있으며, 2024는 없다.

37 침투 탐상 시험 방법 및 침투 지시 모양의 분류(KS B 0816)에서 형광 침투제를 사용하는 조건으로 옳은 것은?

① 밝은 실내에서 행해져야 한다.
② 현상 처리 적용 후 침투제를 적용하여야 한다.
③ 어두운 곳, 자외선조사등 하에서 행해져야 한다.
④ 시험체 온도가 -20~+4℃ 사이에서 행해져야 한다.

> **형광 침투제 사용 조건**
> 어두운 암실과 자외선 등이 있어야 된다.

38 침투 탐상 시험 방법 및 침투 지시 모양의 분류(KS B 0816)에 따라 수세성 및 후유화성 침투액 사용 시 시험체에 남아 있는 과잉 침투액을 스프레이 노즐을 사용하여 물로 세척할 때 수압은 얼마로 규정하고 있는가?

① 275kPa 이하　　② 340kPa 이하
③ 500kPa 이하　　④ 1000kPa 이하

39 침투 탐상 시험 방법 및 침투 지시 모양의 분류(KS B 0816)에서 침투 지시의 모양 중 독립 침투 지시의 모양을 나타내는 것이 아닌 것은?

① 갈라짐　　② 선상 지시
③ 원형상 지시　　④ 연속 지시 모양

> 독립 침투 지시에는 ①, ②, ③이 있으며, ④는 대분류에 속한다.
> • **연속 침투 지시 모양** : 여러 개의 지시 모양이 거의 동일 직선상에 나란히 존재하고 그 상호 거리가 2mm 이하인 침투 지시 모양

정답 33 ①　34 ①　35 ②　36 ①　37 ③　38 ①　39 ④

40 침투 탐상 시험 방법 및 침투 지시 모양의 분류(KS B 0816)에서 사용 중인 탐상제의 점검 항목은?

① 성능 시험과 보관 변화 시험
② 성능 시험과 환경 변화 시험
③ 성능 시험과 대비 시험편 비교 시험
④ 성능 시험과 겉모양 시험

41 침투 탐상 시험 방법 및 침투 지시 모양의 분류(KS B 0816)에 따른 과잉 침투액을 세척하는 방법이 다른 것은?

① FB - S
② DFB - S
③ FA - S
④ FC - S

①, ②, ③은 후유화성 침투액으로서 물로 세척하며, FC - S는 용제 제거성 형광 침투액으로서 용제로 세척해야 된다.

42 침투 탐상 시험 방법 및 침투 지시 모양의 분류(KS B 0816)에서 현상제를 적용하기 전에 건조 공정이 필요하지 않은 방법은?

① DFA - D
② DFB - W
③ FD - N
④ DFB - N

• DF : 이원성 형광 침투액 사용방법
• B : 후유화에 의한 방법
②는 후유화성 이원성 형광 침투액 - 수현탁성 습식 현상법으로 현상 후 건조한다.

43 흑연을 구상화시키기 위해 선철을 용해하여 주입 전에 첨가하는 것은?

① Cs
② Cr
③ Mg
④ Na_2CO_3

주철의 흑연 구상화를 위해 Mg, Ce 등을 첨가한다.

44 냉간가공과 열간가공을 구별하는 기준이 되는 것은?

① 변태점
② 탄성한도
③ 재결정 온도
④ 마무리 온도

재결정 온도 이상에서 가공하는 것을 고온(열간) 가공, 이하에서 가공하는 경우를 냉간(상온) 가공이라 한다.

45 내열성과 내식성이 요구되는 석유 화학 장치, 약품 및 식품 공업용 장치에 사용하는 Ni - Cr 합금은?

① 인바
② 엘린바
③ 인코넬
④ 플래티나이트

①, ②, ④는 불변강이다.
• **인코넬** : Ni에 Cr 12 - 21%, Fe 6.5%를 첨가한 내열용 합금이다.

46 Fe - C 평형 상태도에 대한 설명으로 옳은 것은?

① 공정점의 탄소량은 약 0.80%이다.
② 포정점의 온도는 약 1490℃이다.
③ A_0를 철의 자기 변태점이라 한다.
④ 공석점에서는 레데브라이트가 석출된다.

Fe - C 상태도에서 공정점은 4.3%C, 1130℃, 자기 변태점은 768℃, 공석점에서는 펄라이트 조직이 석출한다.

47 형상기억합금의 대표적인 실용합금 성분으로 옳은 것은?

① Fe - C 합금
② Ni - Ti 합금
③ Cu - Pd 합금
④ Pd - Sb 합금

48 저융점 합금으로 사용되는 금속 원소가 아닌 것은?

① Pb
② Bi
③ Sn
④ Mo

저융점 합금은 일반적으로 Sn의 용융점 232℃를 기준으로 하며, 이 온도 이하에서 녹는 금속을 저융점 합금이라 한다.

49 Ti 및 Ti 합금에 대한 설명으로 틀린 것은?

① 고온에서 크리프 강도가 낮다.
② Ti금속은 TiO_2로 된 금홍석으로부터 얻는다.
③ Ti은 산화성 수용액에서 표면에 안정된 산화티탄의 보호 피막이 생겨 내식성을 가지게 된다.
④ Ti 합금은 순티타늄보다 열전도도는 약 40~70% 작으며, 전기 저항은 2~3배 크다.

Ti 합금은 고온에서 크리프 강도가 높다

정답 40 ④ 41 ④ 42 ② 43 ③ 44 ③ 45 ③ 46 ② 47 ② 48 ④ 49 ①

50 독성이 없어 의약품, 식품 등의 포장형 튜브 제조에 많이 사용되는 금속으로 탈색 효과가 우수하며, 비중이 약 7.3인 금속은?

① Sn　② Zn
③ Mn　④ Pt

51 금속의 부식에 대한 설명으로 옳은 것은?

① 공기 중 염분은 부식을 억제시킨다.
② 황화수소, 염산은 부식과는 관계가 없다.
③ 이온화 경향이 작을수록 부식이 쉽게 된다.
④ 습기가 많은 대기 중일수록 부식되기 쉽다.

52 6-4 황동에 Sn을 1% 첨가한 것으로 판, 봉으로 가공되어 용접봉, 밸브대 등에 사용되는 것은?

① 톰백　② 니켈 황동
③ 네이벌 황동　④ 애드미럴티 황동

①은 동에 아연을 5~20% 첨가한 합금으로 금 대용품으로 활용할 정도로 아름다운 색을 갖고 있다.
④는 7-3 황동에 Sn을 1~2% 첨가한 합금이다.

53 Si이 10~13% 함유된 Al-Si계 합금으로 녹는점이 낮고 유동성이 좋아 크고 복잡한 사형 주조에 이용되는 것은?

① 알민　② 알드리
③ 실루민　④ 알클래드

실루민
알팩스(alpax)라고도 하며 Al에 10~14% Si를 함유시킨 합금으로 수축이 비교적 적고 기계적 성질이 우수하다.

54 암모니아 가스 분해와 질소의 내부 확산을 이용한 표면 경화법은?

① 염욕법　② 질화법
③ 염화바륨법　④ 고체 침탄법

질화법
철강 재료를 500~550℃의 암모니아(NH_3) 기류 중에서 50~100시간 가열하여 FeN 등 질화물을 형성시켜 0.4~0.8mm 정도의 질화층을 만드는 열처리

55 절삭 공구강의 일종으로 500~600℃까지 가열하여도 뜨임에 의해서 연화되지 않고, 또 고온에서도 경도 감소가 적은 것이 특징으로 기본 성분은 18%W, 4%Cr, 1%V이고, 0.8~1.5%C를 함유하고 있는 강은?

① 고속도강　② 금형용강
③ 게이지용강　④ 내 충격용 공구강

고속도강
합금 공구강으로 표준형은 18W-4Cr-1V 강이다. 종류에는 W계, Mo계, Co계 외에 저탄소 고코발트계, 저텅스텐계가 있다.

56 두랄루민의 주성분으로 옳은 것은?

① Ni-Cu-P-Mn　② Al-Cu-Mg-Mn
③ Mn-Zn-Fe-Mg　④ Ca-Si-Mg-Mn

두랄루민
Al-4% Cu-0.5% Mg-0.5% Mn계로 시효 경화의 대표적인 합금, 대기 중에서는 내식성이 우수하나 해수에는 약하고 부식 균열이 생기기 쉽다. 비중이 작아 자동차나 항공기 부품에 이용

57 스프링강에 대한 설명으로 틀린 것은?

① 담금질 온도는 1100~1200℃에서 수랭이 적당하다.
② 스프링강은 탄성 한도가 높고 충격 및 피로에 대한 저항이 커야 한다.
③ 경도는 HB 340 이상이며, 열처리된 조직은 소르바이트 조직이다.
④ 탄소 함량에 따라 0.65~0.85%C의 판 스프링과 0.85~1.05%C의 코일 스프링으로 나눌 수 있다.

58 내용적 50리터 산소 용기의 고 압력계가 150기압(kgf/cm^2)일 때 프랑스식 250번 팁으로 사용압력 1기압에서 혼합비 1:1을 사용하면 몇 시간 작업할 수 있는가?

① 20시간　② 30시간
③ 40시간　④ 50시간

산소량 = 내용적 × 고압력계 눈금 = 50 × 150 = 7500
사용 시간 = 산소량/프랑스식 팁 번호 = 7500/250 = 30시간

정답 50 ①　51 ④　52 ③　53 ③　54 ②　55 ①　56 ②　57 ①　58 ②

59 직류 정극성 열 분배는 용접봉 쪽에 몇 % 정도의 열이 분배되는가?

① 30   ② 50
③ 70   ④ 80

> 정극성에서 + 쪽(모재)에 70%, − 쪽(용접봉)에 30%의 열이 난다.

60 용접작업에서의 용착법 중, 박판 용접 및 용접 후의 비틀림을 방지하는데 가장 효과적인 것은?

① 전진법   ② 후진법
③ 캐스케이드법   ④ 스킵법

> **캐스케이드법**
> 한 부분의 몇 층을 용접하다가 이것을 다음 부분의 층으로 연속시켜 전체가 단계를 이루도록 용착시키는 방법

정답: 59 ① 60 ④

과년도 기출문제

01 다음 비파괴 시험 중 표면 결함 또는 표층부에 관한 정보를 얻기 위한 시험으로 맞게 조합된 것은?

① 침투 탐상 시험, 자분 탐상 시험
② 침투 탐상 시험, 방사선 투과 시험
③ 자분 탐상 시험, 초음파 탐상 시험
④ 와류 탐상 시험, 초음파 탐상 시험

> **내부 결함 검사법**
> 방사선 투과 시험, 초음파 탐상 시험

02 다음 침투 탐상 검사 방법 중 예비 세척과 유화 처리가 필요한 것은?

① FB - S
② FD - S
③ FA - S
④ FC - S

> 위 기호에서 S는 속건식 현상법을 의미하며
> • **FA - S**(수세성 형광) : 세척 처리
> • **FB - S**(후유화성 형광(기름 베이스)) : 유화 처리 후 세척 처리
> • **C - S**(용제 제거성 형광) : 제거 처리
> • **FD - S**(후유화성 형광(물 베이스)) : 예비 처리 후 유화 처리 – 세척 처리

03 비파괴 검사법 중 철강 제품의 표면에 생긴 미세한 균열을 검출하기에 가장 부적합한 것은?

① 방사선 투과 시험
② 와전류 탐상 시험
③ 침투 탐상 시험
④ 자분 탐상 시험

> 방사선 투과 시험은 기공, 슬래그 섞임 등 내부 결함 검사에 적합하다.

04 관(Tube)의 내부에 회전하는 초음파 탐촉자를 삽입하여 관의 두께 감소 여부를 알아내는 초음파 탐상 검사법은?

① EMAT
② IRIS
③ PAUT
④ TOFD

> • **EMAT** : 전자기 초음파
> • **PAUT** : 위상 배열 초음파 검사
> • **TOFD** : 회절파 시간 측정법
> • **IRIS** : 초음파 튜브 검사 시스템

05 와전류 탐상 시험의 기본 원리로 옳은 것은?

① 누설 흐름의 원리
② 전자 유도의 원리
③ 인장강도의 원리
④ 잔류자계의 원리

> **잔류자계의 원리**
> 자계를 제거해도 시험체에 잔존하는 자기. 강자성체를 자화한 후 자계를 제거해도 자화는 없어지지 않고 자속이 남는 자기

06 누설 검사의 한 방법인 내압시험에서 가압기체로 가장 많이 사용되며 실용적인 것은?

① 공기
② 질소
③ 헬륨
④ 암모니아

07 비파괴 시험법 중 자외선등이 필요하지 않은 조합으로만 짝지어진 것은?

① 방사선 투과 시험과 초음파 탐상 시험
② 초음파 탐상 시험과 자분 탐상 시험
③ 자분 탐상 시험과 침투 탐상 시험
④ 방사선 투과 시험과 침투 탐상 시험

> 자분 탐상이나 침투 탐상에서 형광 자분이나, 침투액을 사용하는 경우 자외선등이 필요하다.

정답 1 ① 2 ② 3 ① 4 ② 5 ② 6 ① 7 ①

08 각종 비파괴 검사에 대한 설명 중 옳은 것은?
① 자분 탐상 시험은 일반적으로 핀홀과 같은 점 모양의 검출에 우수한 검사 방법이다.
② 초음파 탐상 시험은 두꺼운 강판의 내부 결함 검출이 우수하다.
③ 침투 탐상 시험은 검사할 시험체의 온도와 침투액의 온도에 거의 영향을 받지 않는다.
④ 육안 검사는 인간의 시감을 이용한 시험으로 보어스코프나 소형 TV 등을 사용할 수 없어 파이프 내면의 검사는 할 수 없다.

09 선원 – 필름 간 거리가 4m일 때 노출 시간이 60초였다면 다른 조건은 변화시키지 않고 선원 – 필름 간 거리만 2m로 할 때 방사선 투과 시험의 노출시간은 얼마이어야 하는가?
① 15초
② 30초
③ 120초
④ 240초

노출시간 = $\dfrac{\text{전류(mA)} \times \text{시간}}{\text{거리}^2}$ 에서 전류는 동일하다고 보고

시간만 보면 $\dfrac{60}{2^2} = 15$초

10 다음 중 와전류 탐상 시험으로 측정할 수 있는 것은?
① 절연체인 고무막 두께
② 액체인 보일러의 수면 높이
③ 전도체인 파이프 표면 결함
④ 전도체인 용접부의 내부 결함

와전류 탐상 시험은 전도체인 표면 또는 표면 부근의 결함 검출에 적용한다.

11 누설 비파괴 검사(LT)법 중 할로겐 누설 시험의 종류가 아닌 것은?
① 추적 프로그램
② 가열 양극법
③ 할라이드 토치법
④ 전자 포획법

추적 프로그램
피검사 프로그램이 올바르게 동작하고 있는지를 조사하기 위해 실행 과정에 있어서 필요한 정보를 출력시키는 프로그램

12 초음파가 두 매질의 경계면에 입사할 경우 굴절각은? (단, 입사파 : 12°, 입사파의 속도 : 1500m/s, 굴절파의 속도 : 5100m/s이다.)
① 60°
② 45°
③ 20°
④ 3.5°

샤넬의 법칙 = $\dfrac{\sin\alpha}{\sin\beta} = \dfrac{V1}{V2}$ 에서 $\sin\alpha$는 입사각, $\sin\beta$는 굴절각, $V1$은 제1 매질에서의 음속, $V2$는 제2 매질에서의 음속이며 $\sin 12$는 0.2079이다.

$\sin\beta = \dfrac{\sin 12 \times 5100}{1500} = \dfrac{0.2079 \times 5100}{1500} = 0.7068$

$\beta = \sin^{-1} 0.7068 = 45°$

13 자분 탐상 검사에 사용되는 자분에 대한 설명 중 가장 거리가 먼 것은?
① 형광 자분은 콘트라스트가 좋아 자분 지시의 발견이 쉽다.
② 검사액은 자분 입자를 분산시킨 액체이다.
③ 큰 결함에는 미세한 입도의 자분을 사용한다.
④ 자분은 낮은 보자력을 가져야 한다.

MT에서 큰 결함의 경우 조대한 입도의 자분이 적합하다.

14 자분 탐상 시험 방법의 단점이 아닌 것은?
① 시험체 표면 근처만 검사가 가능하다.
② 전기가 접촉되는 부위에 손상이 발생할 수 있다.
③ 전처리 및 후처리가 필요한 경우가 있다.
④ 시험체의 크기 및 형태에 큰 영향을 받는다.

자분 탐상의 경우 시험체의 크기나 형태엔 거의 영향이 적다.

15 후유화성 형광 침투액의 피로 시험 항목에 속하지 않는 것은?
① 감도 시험
② 점성 시험
③ 수세성 시험
④ 수분 함유량 시험

16 온도가 20°C로 동일한 경우 점성이 가장 큰 물질은?
① 물
② 케로신
③ 에틸알코올
④ 에틸렌글리콜

정답 8 ② 9 ① 10 ③ 11 ① 12 ② 13 ③ 14 ④ 15 ④ 16 ④

17 다음 중 유화제가 갖추어야 할 일반 요건이 아닌 것은?

① 후유화성 침투액과 서로 잘 녹아야 한다.
② 유화 및 세척성이 좋아야 한다.
③ 침투액의 혼입에 의한 유화제의 성능 저하가 적어야 한다.
④ 침투성이 높아야 한다.

> **유화제의 구비 조건**
> ①, ②, ③ 외에 수세능이 좋아야 하며, 인화점이 높고, 온도 변화에 안정해야 한다. 중성으로 부식성이 없어야 하고, 독성이 없어야 한다. 그러나 침투성이 높으면 침투액 속으로 들어갈 우려가 있다.

18 다른 침투 탐상과 비교하여 용제 제거성 염색 침투액을 사용하는 장점에 대한 설명으로 옳은 것은?

① 간편하고 휴대성이 좋다.
② 10~100℃에서 사용할 수 있다.
③ 타 검사법보다 탐상 감도가 우수하다.
④ 대량 부품 검사를 한 번에 탐상하는 것이 용이하다.

19 침투 탐상 시험 시 검사체의 결함은 언제 판독하는가?

① 현상 시간이 경과한 직후
② 침투 처리를 적용한 직후
③ 현상제를 적용하기 직전
④ 세척 처리를 적용하기 직전

20 다음 중 용제 세척법으로 전처리할 경우 제거가 곤란한 오염물은?

① 왁스 및 밀봉제
② 그리스 및 기름막
③ 페인트와 유기성 물질
④ 용접 플럭스 및 스패터

> 용제는 유지나 페인트 등을 용해 제거할 수 있으나 용접 플럭스나 스패터는 용해시킬 수 없다.

21 침투 탐상 시험에서 의사지시가 아닌 허위지시가 나타날 수 있는 가장 큰 요인은?

① 과잉 세척
② 부주의한 세척 및 오염
③ 현상제의 부적절한 적용
④ 침투제 적용 시 온도가 너무 낮음

22 일반적인 가시성 염색 침투액은 어떤 색의 염료를 첨가하는가?

① 노란색　　　　② 파란색
③ 빨간색　　　　④ 등황색

> 백색 현상액에 대비되도록 적색(빨간색) 염료 침투액을 주로 사용한다.

23 다음 중 침투제의 침투력에 영향을 주는 요인으로 틀린 것은?

① 개구부의 표면에 열려진 크기
② 침투제의 표면장력
③ 침투제의 적심성
④ 시험체의 밀도

> 침투제의 침투력과 시험체의 밀도(비중)는 전혀 무관하다.

24 적심성과 어떤 액체를 고체 표면에 적용할 때 액체와 고체 표면이 이루는 각도인 접촉각 사이의 상관관계에 대한 설명으로 옳은 것은?

① 접촉각이 90도보다 클수록 적심 능력이 제일 양호하다.
② 접촉각이 90도일 때 적심 능력이 제일 양호하다.
③ 접촉각이 90도보다 작을수록 적심 능력이 양호하다.
④ 접촉각과 적심 능력은 서로 상관이 없다.

25 후유화성 침투 탐상 시험 중 세척 처리를 행할 때 적용해서는 안 되는 처리 방법은?

① 침적　　　　② 붓기
③ 붓칠　　　　④ 분무

정답 17 ④　18 ①　19 ①　20 ④　21 ②　22 ③　23 ④　24 ③　25 ③

후유화성 침투 탐상 시험의 세척 시 붓칠을 적용해서는 안 되며, 구성 부품의 표면에 적용하고 있는 동안은 교반해서도 안 된다.

26 다음 중 후유화성 형광 침투 탐상 검사에 관한 설명으로 틀린 것은?

① 결함 검출 감도가 다른 검사법에 비해 우수하다.
② 침투액의 침투 성능이 우수하여 침투 시간이 단축된다.
③ 유화시간은 탐상 감도에 크게 영향을 미치지 않는다.
④ 후유화성 과정이 분리되어 있어 추가의 시간, 인력 및 장치가 필요하다.

유화 시간의 적정 여부는 탐상 감도와 관계가 높다.

27 다음 중 침투 탐상 시험에서 일반적인 시험편의 표면을 전처리하는 방법으로 가장 좋은 것은?

① 연마(Grinding)
② 쇠솔질(Wire Brushing)
③ 증기 세척(Vapor Degreasing)
④ 샌드 블라스팅(Sand Blasting)

시험편에 연마나 쇠솔질, 샌드 블라스팅 등의 전처리는 결함 부분을 매꿀 우려가 크므로 적합하지 않다.

28 침투 탐상 시험 방법 및 침투 지시 모양의 분류(KS B 0816)에 따라 강용접부를 탐상할 때 시험체와 침투제의 표준온도 범위로 옳은 것은?

① 4～25℃
② 15～50℃
③ 20～60℃
④ 25～70℃

29 침투 탐상 시험 방법 및 침투 지시 모양의 분류(KS B 0816)에서 평가가 끝난 후 잔류하고 있는 침투 탐상제를 제거하는 것은?

① 전청정
② 후처리
③ 지시무늬
④ 에칭

현상제 등 침투제가 잔류할 경우 부식 등의 우려가 있으므로 시험 후 제거해야 하는데 이 처리를 후처리라 한다.

30 침투 탐상 시험 방법 및 침투 지시 모양의 분류(KS B 0816)에 따라 시험체와 침투액의 온도가 20℃일 경우 침투 시간이 5분일 때 표준 현상 시간은 얼마인가?

① 3분
② 7분
③ 30분
④ 침투 시간의 1/2

강재의 현상 표준시간은 7분이다.

31 침투 탐상 시험 방법 및 침투 지시 모양의 분류(KS B 0816)에 따른 자외선 조사 장치 강도계 측정 시 필터면에서 몇 cm 떨어져서 측정하는가?

① 15cm
② 30cm
③ 38cm
④ 48cm

32 침투 탐상 시험 방법 및 침투 지시 모양의 분류(KS B 0816)에 따른 결함의 분류는 모양 및 존재 상태에 따라 정한다. 이에 의한 결함에 해당되지 않는 것은?

① 독립 결함
② 연속 결함
③ 분산 결함
④ 불연속 결함

지시 모양 분류에 불연속 결함의 용어는 사용하지 않는다.

33 침투 탐상 시험 방법 및 침투 지시 모양의 분류(KS B 0816)에 의한 잉여 침투액의 제거 방법과 명칭의 조합이 틀린 것은?

① 용제 제거에 의한 방법 : 방법 C
② 휘발성 세척액을 사용하는 방법 : 방법 A
③ 물 베이스 유화제를 사용하는 후유화에 의한 방법 : 방법 D
④ 기름 베이스 유화제를 사용하는 후유화에 의한 방법 : 방법 B

34 침투 탐상 시험 방법 및 침투 지시 모양의 분류(KS B 0816)에 따라 반드시 재시험을 하여야 하는 경우로 옳은 것은?

① 후처리를 하지 않았을 때
② 의사지시로 판명이 난 경우
③ 조작 방법에 잘못이 있었을 때
④ 지시 모양이 흠이라고 판명된 경우

35 침투 탐상 시험 방법 및 침투 지시 모양의 분류(KS B 0816)에 사용되는 A형 대비 시험편의 판 두께 범위 및 흠 깊이는?

① 판 두께 범위 : 5~8mm, 흠 깊이 : 2.5mm
② 판 두께 범위 : 8~10mm, 흠 깊이 : 1.5mm
③ 판 두께 범위 : 10~12mm, 흠 깊이 : 2.0mm
④ 판 두께 범위 : 10~15mm, 흠 깊이 : 1.5mm

36 침투 탐상 시험 방법 및 침투 지시 모양의 분류(KS B 0816)에 따라 강 재질의 제품을 침투 처리할 때 표준 침투 시간이 다른 경우는?

① 용접부의 갈라짐   ② 단조품의 갈라짐
③ 주조품의 용탕 경계 ④ 용접부의 융합 불량

> 단조, 압연, 압출품 등은 용접부나 주조부의 침투 시간의 배로 한다.

37 침투 탐상 시험 방법 및 침투 지시 모양의 분류(KS B 0816)에서 전수 검사의 경우 합격품에 대하여 각인을 하고자 하였으나 부품의 모양 때문에 각인이 어려웠다. 다음 중 어떻게 하는 것이 옳은가?

① 황색으로 착색하여 표시한다.
② 적갈색으로 착색하여 표시한다.
③ 하얀색으로 착색하여 표시한다.
④ 검은색으로 착색하여 표시한다.

> 착색에 의한 전수 검사 합격 부품은 밤색(적갈색) 염료로 표시하거나 P로 각인한다.

38 침투 탐상 시험 방법 및 침투 지시 모양의 분류(KS B 0816)에 따라 탐상 시험을 수행 중 현상제를 적용하고 보니 형광 잔류가 현저히 나타나 있음을 발견하였다. 이 현상제를 어떻게 처리해야 하는가?

① 폐기하고 재시험한다.
② 침전관에 침지시킨 후 재사용한다.
③ 증류수를 첨가하여 형광 물질을 제거한다.
④ 분산매를 50ml가량 첨가 보충시키고 사용한다.

39 침투 탐상 시험 방법 및 침투 지시 모양의 분류(KS B 0816)에 따라 탐상 시험 시의 온도 기록에 있어서 시험체와 침투액의 온도가 몇 ℃ 이하인 경우 반드시 기재하여야 하는가?

① 10℃   ② 15℃
③ 25℃   ④ 37℃

> 시험 온도가 15℃ 이하, 50℃ 이상일 경우 반드시 기재해야 된다.

40 침투 탐상 시험 방법 및 침투 지시 모양의 분류(KS B 0816)에 따른 시험 방법의 분류 기호 FC-S에서 "FC"의 의미는?

① 수세성 형광 침투액을 사용하는 방법
② 용제 제거성 형광 침투액을 사용하는 방법
③ 후유화성 염색 침투액을 사용하는 방법
④ 용제 제거성 염색 침투액을 사용하는 방법

> • F : 형광 침투액
> • C : 용제 제거성

41 침투 탐상 시험 방법 및 침투 지시 모양의 분류(KS B 0816)에서 연속 침투 지시의 모양 중 지시의 간격이 얼마일 때 서로 간의 거리까지 지시의 길이로 산정하는가?

① 동일 직선 위에 있으며 2mm
② 동일 직선 위에 있으며 4mm
③ 동일 직선이 아니어도 2mm
④ 동일 직선이 아니어도 4mm

정답 34 ③ 35 ② 36 ② 37 ② 38 ① 39 ② 40 ② 41 ①

연속 침투 지시
상호거리가 2mm 이하인 여러 개의 지시 모양이 거의 동일 직선상에 나란히 존재할 때

42 침투 탐상 시험 방법 및 침투 지시 모양의 분류(KS B 0816)에 의해 탐상 시험할 때 시험체의 일부분을 시험하는 경우, 전처리는 시험하는 부분에서 바깥쪽으로 최소한 몇 mm 범위까지 깨끗하게 하여야 하는가?

① 20　② 25
③ 30　④ 35

침투 탐상 시험 시 전처리는 시험 부분에서 바깥쪽으로 최소 25mm 이상 깨끗이 해야 된다.

43 다음의 강 중 탄소 함유량이 가장 높은 강재는?

① STS11　② SM45C
③ SKH51　④ SNC415

- **SNC 415** : 0.12 ~ 0.18%C
- **SM45C** : 0.42 ~ 0.48%C
- **SKH 51** : 0.8 ~ 0.88%C

44 b계 청동 합금으로 주로 항공기, 자동차용의 고속 베어링으로 많이 사용되는 것은?

① 켈밋　② 톰백
③ Y합금　④ 스테인리스

켈밋
Cu + Pb 30 ~ 40% 합금, 고속 베어링으로 사용됨

45 면심 입방 격자(FCC)에 관한 설명으로 틀린 것은?

① 원자는 2개이다.
② Ni, Cu, Al 등은 면심 입방 격자이다.
③ 체심 입방 격자에 비해 전연성이 좋다.
④ 체심 입방 격자에 비해 가공성이 좋다.

면심 입방 격자
Ag, Au, γ철 등 원자의 수는 4개이다.

46 Cu에 3 ~ 5% Ni, 1% Si, 3 ~ 6% Al을 첨가한 합금으로 CA 합금이라 하며 스프링 재료로 사용되는 것은?

① 문쯔메탈　② 콜슨합금
③ 길딩메탈　④ 커트리지 브라스

콜슨 합금
Ni 3 ~ 4%, Si 0. 8 ~ 1.0%의 Cu 합금. 도전성이 크므로 고력 통신선, 장경간 송전선, 고력 트롤리선에 사용된다.

47 1성분계 상태도에서 3중점에 대한 설명으로 옳은 것은?

① 세 가지 기압이 겹치는 점이다.
② 세 가지 온도가 겹치는 점이다.
③ 세 가지 상이 같이 존재하는 점이다.
④ 세 가지 원소가 같이 존재하는 점이다.

3중점이란 고체, 액체, 기체가 한 점에서 일어나는 점을 말한다.

48 주철의 주조성을 알 수 있는 성질로 짝지어진 것은?

① 유동성, 수축성　② 감쇠능, 피삭성
③ 경도성, 강도성　④ 내열성, 내마멸성

주조성
주조를 잘 할 수 있는 성질의 정도이며, 용탕의 유동성과 수축률이 크게 영향을 미친다.

49 계(system)의 구성원을 나타내는 것은?

① 성분　② 상률
③ 평형　④ 복합상

성분에 따라 1성분계, 2성분계 등으로 부른다.

50 표준 상태에서 탄소강의 5대 원소 중 강의 조직과 성질에 크게 영향을 주는 것은?

① C　② P
③ Si　④ Mn

철강(탄소강)의 5원소
C, Si, Mn, P, S, 이중에서 탄소가 가장 중요한 원소로서 경도, 강도에 크게 영향을 미친다.

정답　42 ②　43 ①　44 ①　45 ①　46 ②　47 ③　48 ①　49 ①　50 ①

51 두랄루민은 알루미늄에 어떤 금속원소를 첨가한 합금인가?

① Fe - Sn - Si ② Cu - Mg - Mn
③ Ag - Zn - Ni ④ Pb - Ni - Mg

- **두랄루민** : Al – Cu – Mg – Mn (아이구마망 둬라)
- **Y합금** : Al – Cu – Ni – Mg (아이구니마 와이리 좋나)

52 Fe – C 평형 상태도에 존재하는 0.025%C ~ 0.8%C를 함유한 범위에서 나타나는 아공석강의 대표적인 조직에 해당하는 것은?

① 페라이트와 펄라이트
② 펄라이트와 레데브라이트
③ 펄라이트와 마텐사이트
④ 페라이트와 레데브라이트

- **공석강 조직** : 펄라이트
- **과공석강 조직** : 펄라이트 + 시멘타이트

53 탄소 함유량으로 철강 재료를 분류한 것 중 틀린 것은?

① 강은 약 0.2% 이하의 탄소 함유량을 갖는다.
② 순철은 약 0.025% 이하의 탄소 함유량을 갖는다.
③ 공석강은 약 0.8% 정도의 탄소 함유량을 갖는다.
④ 공정 주철은 약 4.3% 정도의 탄소 함유량을 갖는다.

- **순철** : 0.025C 이하
- **강** : 0.025 ~ 2.01%C
- **주철** : 2.01 ~ 6.67%C

54 텅스텐은 재결정에 의해 결정립 성장을 한다. 이를 방지하기 위해 처리하는 것을 무엇이라고 하는가?

① 도핑(Doping) ② 라이닝(Lining)
③ 아말감(Amalgam) ④ 비탈리움(Vitallium)

도핑(Doping)
반도체 결정 중에 필요한 불순물을 희망하는 양만큼 첨가하는 것. 반도체의 전기 전도가 불순물의 영향을 받게 되므로 함유 불순물을 조절할 필요가 있다. 도핑 방법은 결정 중에 균일하게 불순물을 포함하고 있을 때는 결정 성장 과정에서 첨가한다. 가장 널리 이용되는 방법은 확산, 이온 주입 방법이다.

55 압입 자국으로부터 경도값을 계산하는 경도계가 아닌 것은?

① 쇼어 경도계 ② 브리넬 경도계
③ 비커스 경도계 ④ 로크웰 경도계

쇼어 경도계
일정 높이에서 추를 낙하시켜 그 반발 높이의 정도로 경도를 측정하는 경도계

56 용탕의 냉각과 압연을 동시에 하는 방법으로 리본 형태의 비정질 합금을 제조하는 액체 급랭법은?

① 쌍롤법 ② 스퍼터법
③ 이온 도금법 ④ 전해 코팅법

스퍼터링(Sputtering)
집적회로 생산라인 공정에서 많이 쓰이는 진공 증착법의 일종, 비교적 낮은 진공도에서 플라즈마로 이온화된 아르곤 등의 가스를 가속하여 타겟에 충돌시키고, 원자를 분출시켜 웨이퍼나 유리 같은 기판상에 막을 만드는 방법을 뜻한다.

57 다음 중 실루민의 주성분으로 옳은 것은?

① Al - Si ② Sn - Cu
③ Ni - Mn ④ Mg - Ag

실루민
알루미늄에 규소를 첨가하여 금속 나트륨, 불화물, 가성 소다 등으로 개량 처리한 내열 합금

58 피복 아크 용접을 할 때 용접봉의 위빙(Weaving) 운봉 폭은 어느 정도가 가장 좋은가?

① 비드 폭의 2 ~ 3배
② 루트 간격의 1 ~ 2배
③ 비드 높이의 1 ~ 2배
④ 심선 지름의 2 ~ 3배

피복 아크 용접 시 위빙 폭은 일반적으로 심선 지름의 2 ~ 3배로 한다.

정답 51 ② 52 ① 53 ① 54 ① 55 ① 56 ① 57 ① 58 ④

59 다음 그림과 같이 맞대기 용접에서 강판의 두께 20mm, 인장하중 50000N, 용접부의 허용인장응력을 50N/mm²로 할 때 용접 길이는 몇 mm인가?

① 50
② 100
③ 500
④ 1000

$$\sigma = \frac{P}{A},\ 50 = \frac{500}{20 \times l},\ l = \frac{5000}{50 \times 20} = 50$$

60 다음 중 야금적 접합 방법이 아닌 것은?

① 융접
② 압접
③ 납땜
④ 리벳 이음

기계적 접합 방법
핀, 나사, 코터, 리벳 이음, 심, 접어잇기

정답 59 ① 60 ④

과년도 기출문제

01 초음파 탐상 시험시 금속재료의 결함 탐상에 일반적으로 사용되는 주파수 범위로 옳은 것은?
① 1Hz ~ 1kHz
② 0.5kHz ~ 50kHz
③ 10kHz ~ 1MHz
④ 0.5MHz ~ 10MHz

02 기포 누설 시험에서 사용되는 발포액의 구비조건으로 옳은 것은?
① 표면장력이 클 것
② 발포액 자체에 거품이 많을 것
③ 유황 성분이 많을 것
④ 점도가 낮을 것

발포액의 구비조건
표면장력이 작고, 발포액 자체의 거품과 유황 성분이 적을 것

03 비파괴 검사에 대한 설명으로 옳은 것은?
① 비파괴 검사는 결함의 검출과 인장시험으로 대별된다.
② 경금속 재료의 표면 결함 검출에는 침투 탐상 시험을 적용할 수 있다.
③ 표면 결함 검출에 적합한 비파괴 검사는 방사선 투과 시험과 초음파 탐상 시험이다.
④ 변형량을 구하는 스트레인 측정에는 화학적 원리를 이용한 스트레인게이지 등이 있다.

04 납(Pb)과 같이 비중이 큰 재료에 효율적으로 적용할 수 있는 비파괴 검사법은?
① 적외선 검사(IRT)
② 음향 방출 검사(AE)
③ 방사선 투과 검사(RT)
④ 중성자 투과 검사(NRT)

중성자 투과 검사
중성자가 원자핵과 반응하는 원리를 이용한 검사, 침투 깊이가 깊고, 분해능도 뛰어나며, 화합물 등의 복합물질, 핵연료봉 등의 고방사성 물질의 결함 검사에 사용한다.

05 방사선 투과 검사에 사용되는 X선 필름의 특성 곡선은?
① X선의 노출량과 사진 농도와의 상관관계를 나타내 곡선이다.
② 필름의 입도와 사진 농도와의 상관관계를 나타낸 곡선이다.
③ 필름의 입도와 X선 노출량과의 상관관계를 나타낸 곡선이다.
④ X선 노출 시간과 필름의 입도의 상관관계를 나타낸 곡선이다.

06 지름 20cm, 두께 1cm, 길이 1m인 관에 열처리로 인한 축 방향의 균열이 많이 발생하고 있다. 이러한 시험체에 자분 탐상 검사를 실시하고자 할 때 가장 적합한 방법은?
① 프로드(Prod)에 의한 자화
② 요크(Yoke)에 의한 자화
③ 전류 관통법(Central Conductor)에 의한 자화
④ 코일(Coil)에 의한 자화

- **프로드법** : 시험체의 국부에 2개의 전극(프로드)을 접촉시키고 전류를 흘려 자화하며, 원형 자계 검사에 적합하다.
- **코일법** : 시험체를 코일 속에 넣고 코일에 전류를 흘려 자화하며, 선형 자계 검사에 적합하다.

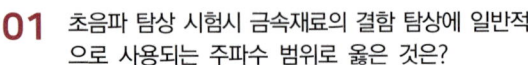

07 자분 탐상 검사 방법으로 결함 검출에 가장 적합한 것은?

① 큰 내부 기공
② 큰 내부 균열
③ 미세한 표면 균열
④ 라미네이션

> 침투 탐상, 자분 탐상은 미세한 표면 결함(균열) 검출에 적합하나, 자분 탐상은 자성체 금속에 한하며, 침투 탐상은 자성, 비자성 관계 없이 표면 개구부 결함 검사에 적용한다.

08 물 세척이 불가능하고, 암실의 확보가 어려울 경우에 적용할 수 있는 침투 탐상 검사 방법은?

① 후유화성 염색 침투 탐상 검사
② 수세성 형광 침투 탐상 검사
③ 용제 제거성 염색 침투 탐상 검사
④ 이원성 형광 침투 탐상 검사

> **염색 침투 탐상**
> 형광 침투 탐상보다 휴대성이 좋고, 장소에 구애를 받지 않기 때문에 대형 부품의 부분 탐상이 가능하다.

09 자기 이력 곡선(hysteresis loop)과 관계 있는 비파괴 검사법을 나열한 것으로 옳은 것은?

① 자분 탐상 검사(MT)와 육안 검사(VT)
② 초음파 탐상 검사(UT)와 와전류 탐상 검사(ECT)
③ 와전류 탐상 검사(ECT)와 육안 검사(VT)
④ 자분 탐상 검사(MT)와 와전류 탐상 검사(ECT)

> **자기 이력 곡선**
> 자력의 힘(H)과 자속 밀도(B)의 관계를 나타낸 곡선

10 시험체를 가압하거나 감압하여 일정한 시간이 경과한 후 압력의 변화를 계측해서 누설을 검지하는 비파괴 시험법은?

① 압력 변화에 의한 누설 시험법
② 암모니아 누설 시험법
③ 기포 누설 시험법
④ 헬륨 누설 시험법

> **암모니아 누설 시험법**
> 수조(물통)에 시험체를 담고 누설이 있는 곳에서 거품의 형태로 누설을 지시하는 기체가 들어있는 밀폐체의 누설 시험 형태

11 초음파의 특이성을 기술한 것 중 옳은 것은?

① 파장이 길기 때문에 지향성이 둔하다.
② 고체 내에서 잘 전파하지 못한다.
③ 원거리에서 초음파 빔은 확산에 의해 약해진다.
④ 고체 내에서는 횡파만 존재한다.

12 전자 유도의 법칙을 이용하여 표면 또는 표면 가까운 부분(Sub-Surface)의 균열을 탐상하는 시험법은?

① 침투 탐상 시험
② 방사선 투과 시험
③ 초음파 탐상 시험
④ 와전류 탐상 시험

> **와전류 탐상 시험**
> 교류 코일을 도체에 가까이 하면 도체의 내부에는 와(맴돌이)전류가 발생하며, 이 와전류가 검사체 표면 근방의 균열, 부식 등의 불연속에 의하여 변화하는 것을 관찰함으로써 결함을 찾아내는 방법

13 형광 침투액과 비교할 때 염색 침투액의 장점으로 옳은 것은?

① 침투력이 뛰어나다.
② 미세 균열의 검출에 우수하다.
③ 자연광에서 검사가 용이하고 장비의 사용이 간편하다.
④ 형광 침투액은 독성인 반면 염색 침투액은 독성이 없다.

14 시험체의 매질 내에서 파의 진행 방향과 입자의 운동이 수직일 때 발생되는 초음파는?

① 종파
② 횡파
③ 표면파
④ 판파

> **종파**
> 입자의 진동 방향이 파의 진행 방향에 평행으로 압축 및 희박이 반복되며 진행하는 파형

정답 7 ③ 8 ③ 9 ④ 10 ① 11 ③ 12 ④ 13 ③ 14 ②

15 침투 탐상 검사에서 침투시간에 미치는 영향과 무관한 인자는?

① 현상 방법
② 재질의 종류
③ 검출하려는 결함의 종류
④ 시험체와 침투액의 온도

> 최소 침투 시간은 10분 이상으로 하지만, 재질, 시험 방법, 결함의 종류, 시험체와 침투액의 온도 등에 따라 달라진다.

16 침투 탐상 검사 결과의 올바른 관찰 조건으로 틀린 것은?

① 자외선 조사등의 자외선이 직접 눈에 들어오지 않도록 기구의 위치를 조정한다.
② 관찰할 때는 빠트리는 면이 없도록 순서를 정하여 실시한다.
③ 지시 모양이 발견되면 반드시 그 곳에 표시해야 한다.
④ 판단이 곤란한 것은 무시한다.

> 판단이 어려운 경우 재시험하거나, 다른 검사법으로 검사하여 결함 상태를 파악해야 된다.

17 미세 결함으로 침투제가 침투하는 과정의 기본 원리는?

① 모세관 현상　② 계면 활성
③ 적심성　　　④ 치환 작용

18 침투 탐상 검사를 할 때 수은 자외선등의 최소 예열 시간은?

① 30초　　② 5분
③ 30분　　④ 60분

19 전처리가 필요한 표면 오염 종류인 유기성 물질이 아닌 것은?

① 기계유　　② 윤활유
③ 그리스　　④ 산화물

> 유기성 물질은 기름류를 말한다.

20 침투 탐상 검사에서 침투액의 특성으로 틀린 것은?

① 온도 안정성이 있어야 한다.
② 세척성이 좋아야 한다.
③ 부식성이 없어야 한다.
④ 강한 산성이어야 한다.

> 침투액은 부식성이 없는 중성이어야 한다.

21 현상제가 가져야 할 요구 특성으로 틀린 것은?

① 침투액을 흡출하는 능력이 좋아야 한다.
② 침투액을 분산시키는 능력이 좋아야 한다.
③ 가능한 한 두껍게 도포할 수 있어야 한다.
④ 형광 침투제에 적용할 때는 형광성이 아니어야 한다.

> 현상제 도포는 가급적 얇게 도포하여야 한다.

22 기온이 급강하하여 에어로졸형 탐상제의 압력이 낮아져 분무가 곤란할 때 검사자의 조치 방법으로 가장 적합한 것은?

① 새 것과 언 것을 교대로 사용한다.
② 온수 속에 탐상 캔을 넣어 서서히 온도를 상승시킨다.
③ 에어로졸형 탐상제를 난로 위에 놓고 온도를 상승시킨다.
④ 일단 언 상태에서는 온도를 상승시켜도 기능을 발휘하지 못하므로 폐기한다.

> 에어로졸형 탐상제가 얼어 있거나 온도가 낮은 경우 에어로졸형 탐상제를 물에 넣고 온도를 서서히 올려 따뜻하게 데운 상태에서 사용해야 된다.

23 침투 탐상 검사에서 습식 현상제를 적용하는 방법으로 가장 적합한 것은?

① 현상제를 칫솔로 칠한다.
② 용기에 현상제를 넣어 담근다.
③ 현상제를 부드러운 솔로 칠한다.
④ 현상제를 젖은 걸레에 묻혀 문지른다.

정답 15 ① 16 ④ 17 ① 18 ② 19 ④ 20 ④ 21 ③ 22 ② 23 ②

24 침투 탐상 검사에서 발견되는 결함 중 통상적으로 원형의 지시로써 짧은 침투 시간이 필요한 것은?

① 단조 겹침
② 미세 균열
③ 표면 기공
④ 열처리 균열

> 침투액 적용 후 잉여 침투액을 세척 처리하거나 유화 처리하기 전까지의 시간, 온도가 15~40℃ 범위에서 침투 시간은 5~20분 적용한다. 단조 결함의 침투 시간이 가장 길다.

25 유화 처리 과정에서 유화제를 적용하는 방법으로 사용할 수 없는 것은?

① 침적법
② 분무법
③ 붓기법
④ 붓칠법

> 유화제 적용 시 붓칠을 하는 법은 결함 지시를 제거해버릴 우려가 있다.

26 후유화성 침투액과 건식 현상제를 사용할 때 탐상 방법의 설명으로 옳은 것은?

① 유화제 적용 후에 건조시킨다.
② 현상제 적용 전에 건조시킨다.
③ 증기 세척 후 도금을 벗겨야 한다.
④ 유화제 적용 후에 과잉 침투액을 제거해야 한다.

> 후유화성 건식 현상제를 사용할 경우 현상 전에 건조가 필요하다.

27 전처리를 수행한 시험체에 침투 처리를 할 때 영향을 미치는 변수로 틀린 것은?

① 결함의 표면으로 열린 입구의 크기와 형상
② 침투액 자체의 표면장력
③ 침투액과 탐촉면이 접촉하는 접촉각
④ 침투액 자체의 인화점

28 침투 탐상 시험 방법 및 침투 지시 모양의 분류(KS B 0816)에 의한 B형 대비 시험편의 종류 중 PT-B30의 도금 두께는? (단, 단위는 μm이다.)

① 도금 두께 - 30±3
② 도금 두께 - 30±2
③ 도금 두께 - 20±2
④ 도금 두께 - 10±1

29 침투 탐상 시험 방법 및 침투 지시 모양의 분류(KS B 0816)에서 일반 주강품에 대해 형광 침투 탐상할 때 관찰에 필요한 자외선의 강도는?

① 25cm 거리에서 $1000W/cm^2$ 이상
② 25cm 거리에서 $800W/cm^2$ 이상
③ 시험체 표면에서 $500\mu W/cm^2$ 이상
④ 시험체 표면에서 $800\mu W/cm^2$ 이상

30 침투 탐상 시험 방법 및 침투 지시 모양의 분류(KS B 0816)에 따른 분류기호 "FB-W"의 시험절차로 옳은 것은?

① 침투처리 → 전처리 → 유화 처리 → 물세척 처리 → 건조 처리 → 건식 현상 처리 → 관찰 → 후처리
② 전처리 → 침투 처리 → 유화 처리 → 물세척 처리 → 습식 현상 처리 → 건조 처리 → 관찰 → 후처리
③ 전처리 → 침투 처리 → 유화 처리 → 물세척 처리 → 건조 처리 → 건식 현상 처리 → 관찰 → 후처리
④ 전처리 → 침투 처리 → 물세척 처리 → 유화 처리 → 습식 현상 처리 → 건조 처리 → 관찰 → 후처리

> **FB-W**
> 후유화성 형광(기름 베이스) - 습식 현상법(수현탁성)

31 침투 탐상 시험 방법 및 침투 지시 모양의 분류(KS B 0816)에서 A형 대비 시험편의 제작 시 급랭시켜 갈라짐 발생을 위한 가열 온도 범위로 옳은 것은?

① 220~330℃
② 250~375℃
③ 520~530℃
④ 700~850℃

> **A형 대비 시험편**
> 알루미늄 및 합금판으로 제조하며, 시험편의 한쪽 면 중앙부위를 가스 토치나 분젠 버너로 520~530℃로 가열하여 급랭시켜 균열을 발생시킨 후 중앙부에 홈을 기계 가공한다.

정답 24 ③ 25 ④ 26 ② 27 ④ 28 ① 29 ③ 30 ② 31 ③

32 침투 탐상 시험 방법 및 침투 지시 모양의 분류(KS B 0816)의 대비 시험편에 대한 설명으로 틀린 것은?

① A형 대비 시험편은 탐상제의 성능 및 조작 방법의 적합 여부를 조사하기 위하여 사용한다.
② B형 대비 시험편은 갈라짐의 홈 깊이가 다른 4개의 종류가 있어서 시험체의 결함 깊이를 추정할 수 있다.
③ 탐상제의 성능 시험은 1조 대비 시험편 각각의 면에 비교할 탐상제를 동일 조건으로 적용 한다.
④ 조작방법의 적합성 여부는 1조의 대비 시험편 각각의 면에 동일 탐상제를 다른 조건으로 적용 한다.

B형 대비 시험편
황동판에 니켈 도금과 크롬 도금한 것으로, 시험편을 곡률 가공하여 절단선에 직각 방향으로 균열을 만들어 길이 방향으로 절단하여 사용한다.

33 침투 탐상 시험 방법 및 침투 지시 모양의 분류(KS B 0816)에서 시험체와 침투액의 온도가 규정 내의 온도일 때 강용접부의 표준 침투 시간으로 옳은 것은?

① 5분
② 15분
③ 30분
④ 2시간

침투 시간
온도가 15~40℃ 범위에서 침투 시간은 5~20분 적하며, 압출품, 단조품 압연품은 10분, 주조품, 용접품, 플라스틱, 유리 등은 5분 정도이다.

34 침투 탐상 시험 방법 및 침투 지시 모양의 분류(KS B 0816)에 의해 유화제를 점검한 결과 반드시 폐기하지 않아도 되는 것은?

① 유화 성능의 저하가 인정되었을 때
② 현저한 흐림이나 침전물이 생겼을 때
③ 규정 농도에서의 차이가 3% 미만일 때
④ 점도의 상승에 의해 유화 성능의 저하가 인정될 때

35 침투 탐상 시험 방법 및 침투 지시 모양의 분류(KS B 0816)에 의한 시험자의 자격 요건 사항으로 틀린 것은?

① 필요한 자격을 가진 자
② 해당 시험에 대하여 충분한 지식을 가진 자
③ 침투 탐상제의 화학 성분 분석 능력을 가진 자
④ 해당 시험에 대하여 충분한 기능 및 경험을 가진 자

36 침투 탐상 시험 방법 및 침투 지시 모양의 분류(KS B 0816)에서 규정한 시험을 하여 합격한 시험체의 표시 방법 중 샘플링 검사인 경우에 대하여 표시 방법으로 옳은 것은?

① 시험체의 기호 표시가 어려운 경우 적갈색으로 착색한다.
② 각인, 부식 또는 착색(적갈색)으로 시험체에 P의 기호로 표시한다.
③ 합격한 로트의 모든 시험체에 기호 표시가 어려운 경우 황색으로 착색한다.
④ 합격한 로트의 일부 시험체에 각인 또는 착색(황색)으로 시험체에 ⓟ의 기호로 표시한다.

37 침투 탐상 시험 방법 및 침투 지시 모양의 분류(KS B 0816)에서 잉여 침투액의 제거방법에 따른 분류 기호에 대한 설명이 틀리게 연결 된 것은?

① A : 수세에 의한 방법
② B : 기름 베이스 유화제를 사용하는 후유화에 의한 방법
③ C : 용제 제거에 의한 방법
④ D : 속건식 유화제를 사용하는 후유화에 의한 방법

• D : 형광(물 베이스)을 사용하는 후유화에 의한 방법

38 침투 탐상 시험 방법 및 침투 지시 모양의 분류(KS B 0816)에 따라 시험 기록을 작성할 때 조작 조건에 기재하지 않아도 되는 것은?

① 침투 시간
② 전처리 시간
③ 시험 시의 온도
④ 현상 시간 및 관찰 시간

시험 기록 작성 요소
①, ③, ④ 외에 침투액의 온도, 지시 모양의 종류, 길이, 개수 위치 등이다.

39 침투 탐상 시험 방법 및 침투 지시 모양의 분류(KS B 0816)에서 후유화성 형광 침투액과 속건식 현상제를 사용할 때 시험기호는?

① FD - S
② FB - S
③ FD - A
④ FB - A

FD - S는 후유화성 형광(물 베이스) - 속건식 현상제를 사용하는 방법이고, FB - S도 같으나 형광(기름 베이스)을 사용하는 법인데 질문 내용만으로는 답이 ①, ②가 될 수 있다.

40 침투 탐상 시험 방법 및 침투 지시 모양의 분류(KS B 0816)에서 규정한 세척 처리에서 물 스프레이 노즐을 사용할 때 특별히 규정이 없는 한 수온은?

① 10 ~ 30℃
② 10 ~ 40℃
③ 15 ~ 40℃
④ 15 ~ 50℃

41 침투 탐상 시험 방법 및 침투 지시 모양의 분류(KS B 0816)에서 형광 침투방법에서의 암실의 최대 조도는?

① 10lx
② 15lx
③ 20lx
④ 30lx

형광 침투 방법에서는 자외선등을 사용하므로 암실의 조도는 최대 20lx 이상이 되어야 한다.

42 배관 용접부의 비파괴 시험 방법(KS B 0888)에서 침투 탐상 시험에 의한 합격의 판정에서 "B 기준"일 경우 독립 침투 지시 모양 및 연속 침투 지시 모양은 1개의 길이가 몇 mm 이하일 때 합격인가?

① 4
② 8
③ 12
④ 16

43 소성가공에 대한 설명으로 옳은 것은?

① 재결정 온도 이하에서 가공하는 것을 냉간가공이라고 한다.
② 열간가공은 기계적 성질이 개선되고 표면산화가 안 된다.
③ 재결정은 결정을 단결정으로 만드는 것이다.
④ 금속의 재결정 온도는 모두 동일하다.

열간 가공은 재결정 온도 이상에서 가공하는 것을 말하며, 표면의 산화가 심하다.

44 다음 중 경질 자성 재료에 해당되는 것은?

① Si 강판
② Nd 자석
③ 센더스트
④ 퍼멀로이

Al 4 ~ 8%, Si 6 ~ 11%, Fe로 조성된 고투자율의 합금. 투자율이 높아 압분자심이나 자기헤드(磁氣head) 재료 등에 사용된다.

45 용강 중에 Fe - Si, Al 분말을 넣어 완전히 탈산한 강괴는?

① 킬드강
② 림드강
③ 캡드강
④ 세미킬드강

- **림드강** : 탈산을 거의 하지 않았거나 약간 실시한 강
- **세미킬드강** : 킬드강과 림드강의 중간 정도 탈산처리한 강

46 페라이트형 스테인리스강에서 Fe 이외의 주요한 성분 원소 1가지는?

① W
② Cr
③ Sn
④ Pb

페라이트형이나 마텐사이트형 스테인리스강은 Fe 외에 Cr이 주성분이며, 마텐사이트형이 탄소 함유량이 더 많다.

47 비정질 합금의 제조법 중에서 기체 급랭법에 해당되지 않는 것은?

① 진공 증착법
② 스퍼터링법
③ 화학 증착법
④ 스프레이법

정답 39 ①, ② 40 ② 41 ③ 42 ① 43 ① 44 ② 45 ① 46 ② 47 ④

48 스프링강에 요구되는 성질에 대한 설명으로 옳은 것은?

① 취성이 커야 한다.
② 산화성이 커야 한다.
③ 큐리점이 높아야 한다.
④ 탄성한도가 높아야 한다.

> 스프링은 탄성이 커야 된다.

49 편정반응의 반응식을 나타낸 것은?

① 액상 + 고상(S1) → 고상(S2)
② 액상(L1) → 고상 + 액상(L2)
③ 고상(S1) → 고상(S2) + 고상(S3)
④ 액상 → 고상(S1) + 고상(S2)

> ③ 공석반응
> ④ 공정반응

50 다음 중 대표적인 시효 경화성 경합금은?

① 주강
② 두랄루민
③ 화이트메탈
④ 흑심가단주철

> **두랄루민**
> Al - Cu - Mg - Mn 합금으로 시간이 지남에 따라 경화되는 시효경화성이 있는 합금이다.

51 다음 중 내열용 알루미늄 합금이 아닌 것은?

① Y - 합금
② 코비탈륨
③ 플래티나이트
④ 로엑스(Lo - Ex)합금

> **플래티나이트**
> 열팽창계수가 9×10^{-6}으로 유리나 백금선과 비슷하므로 전극의 봉입선에 사용되는 비철 금속

52 조성은 30 ~ 32% Ni, 4 ~ 6% Co 및 나머지 Fe을 함유한 합금으로 20℃에서 팽창계수가 0(zero)에 가까운 합금은?

① 알민(Almin)
② 알드리(Aldrey)
③ 알클래드(Alclad)
④ 슈퍼 인바(Super Invar)

> 불변강의 일종으로 선팽창계수가 0에 가까워 게이지류 등의 제작에 쓰인다.

53 액체 금속이 응고할 때 응고점(녹는점)보다 낮은 온도에서 응고가 시작되는 현상은?

① 과랭 현상
② 과열 현상
③ 핵 정지 현상
④ 응고 잠열 현상

> **과랭**
> 액체가 응고할 때 실질적으로 응고점보다 약간 낮은 온도에서 응고가 시작하게 되는데 이 현상을 과랭 현상이라 한다.

54 오스테나이트 조직을 가지며, 내마멸성과 내충격성이 우수하고 특히 인성이 우수하기 때문에 각종 광산기계의 파쇄 장치, 임펠라 플레이트 등이나 굴착기 등의 재료에 사용되는 강은?

① 고 Si강   ② 고 Mn강
③ Ni - Cr강 ④ Cr - Mo강

> **고망간강**
> 망간을 10 ~ 14% 함유한 것으로 오스테나이트 망간강, 하드필드강, 수인강이라고도 부른다.

55 저용융점 합금의 금속원소가 아닌 것은?

① Mo   ② Sn
③ Pb   ④ In

> 저용융점 합금은 일반적으로 Sn의 용융점(232℃) 이하의 것을 말한다. 따라서 Mo의 융점은 2610℃로 고융점 금속에 속한다.

정답 48 ④ 49 ② 50 ② 51 ③ 52 ④ 53 ① 54 ② 55 ①

56 다음 중 베어링 합금의 구비조건으로 틀린 것은?

① 마찰계수가 커야 한다.
② 경도 및 내압력이 커야 한다.
③ 소착에 대한 저항성이 커야 한다.
④ 주조성 및 절삭성이 좋아야 한다.

> 베어링 합금은 마찰계수가 작아야 된다.

57 금속의 기지에 1 ~ 5 μm 정도의 비금속 입자가 금속이나 합금의 기지 중에 분산되어 있는 것으로 내열재료로 사용되는 것은?

① FRM   ② SAP
③ cermet   ④ kelmet

> **서멧(cermet)**
> 초내열강은 900℃ 이상 고온에서 견딜 수 없어 경질 및 고융점을 가진 산화물(Al_2O_3), 탄화물(TaC, WC), 붕화물(TaB_2, CrB) 등과 Co, Ni 분말과의 복합체

58 아크전압이 30V, 아크전류가 200A, 용접 속도가 20cm/min인 경우 용접 입열은 몇 J/cm인가?

① 15000   ② 18000
③ 25000   ④ 36000

$$H = \frac{60EI}{V} \times \frac{60 \times 30 \times 200}{20} = 18000$$

59 가스충전 용기는 불씨로부터 몇 m 이상 거리를 두는가?

① 1   ② 2
③ 3   ④ 5

> 고압가스 충전 용기와 불씨와의 거리는 최소 5m 이상 두어야 안전하다.

60 다음 중 용접법의 선택에 있어 이음 형상에 대한 용접방법이 적합하지 않은 것은?

① TIG 용접 - T 이음
② 가스 용접 - 맞대기 이음
③ 피복 아크 용접 - 모서리 이음
④ 서브머지드 아크 용접 - 겹치기 필릿 이음

> 문제 자체가 잘못된 것 같음

정답 56 ① 57 ③ 58 ② 59 ④ 60 ①

DO IT YOURSELF

- CBT 시행문제란?
2016년 5회부터 반영되는 CBT시행에 따라 저자께서 수검자들의 도움으로
최대한 유형에 가깝게 복원한 문제입니다.
앞으로도 높은 적중률을 위해 노력하겠습니다.

필기 CBT 시행문제

제1회 필기 CBT 시행문제

01 다음 중 각종 비파괴 시험의 특징을 설명한 것으로 옳은 것은?
① 파이프 등의 표면 결함 고속 검출에는 와전류 탐상 시험이 적합하다.
② 강재의 표면 결함 검출에는 초음파 탐상 시험이 적합하다.
③ 용접부의 언더컷 검출에는 음향 방출 시험이 적합하다.
④ 강재의 내부 균열 검출에는 자분 탐상 시험이 적합하다.

02 수세성 염색 침투 탐상 검사로 검사가 가능한 표면 거칠기는 최대 어느 정도까지인가?
① 1300μm   ② 1000μm
③ 300μm   ④ 200μm

03 침투 탐상 시험 방법 및 침투 지시 모양의 분류(KS B 0816)에 따른 A형 대비 시험편에 대한 설명으로 옳은 것은?
① 520~530℃로 가열한 후 급랭시켜 터짐을 발생시킨다.
② 시험편의 재료는 A2024P이다.
③ 시험편의 결함 재료는 C2600P이다.
④ 950~975℃로 가열한 후 급랭시켜 터짐을 발생시킨다.

04 백선철을 900~1000℃로 풀림 처리하여 탈탄시켜 만든 주철을 무엇이라 하는가?
① 합금 주철   ② 편상 흑연 주철
③ 칠드 주철   ④ 백심 가단 주철

05 AW 300 용접기를 사용하여 용접 전류 200A로 용접했을 때 허용 사용률은 얼마인가? (단, 정격 사용률은 40%이다.)
① 57.6%   ② 68.0%
③ 87.6%   ④ 90%

06 물질과 광자의 상호 작용에서 전자쌍의 생성이 일어나려면 광자는 최소한 얼마의 에너지를 가져야 하는가?
① 1.42MeV   ② 1.22MeV
③ 1.02MeV   ④ 0.72MeV

07 다음 중 접촉각 θ이 몇 °일 때 적심성이 가장 좋겠는가?
① $\theta < 90°$ ② $\theta > 90°$
③ $\theta = 90°$ ④ $\theta = 180°$

08 KS B 0550에 따른 비파괴 시험 용어 설명으로 틀린 것은?
① 습식 현상제 : 물에 분산시켜 사용하는 백색 미말 상태의 현상제
② 유화 시간 : 유화제를 적용 후 현상을 할 때까지의 시간
③ 기름 베이스 유화제 : 물을 첨가하지 않고 사용하는 유화제
④ 세척제 : 전처리나 제거 처리에 사용하는 용제

09 항공 우주용 기기의 침투 탐상 검사 방법(KS W 0914)에서 사용 중인 수세성 침투액의 수분 함유량은 부피비로 몇 %를 넘으면 불만족한 것으로 규정하고 있는가?
① 3%   ② 5%
③ 7%   ④ 10%

10 다음 중 자기 변태에 대한 설명으로 옳은 것은?
① 자기적 성질의 변화를 말한다.
② 자기 변태 시에 결정격자의 결정구조가 바뀐다.
③ 일정한 온도에서 급격히 비연속적으로 일어나는 변태이다.
④ 원자 배열이 변하여 두 가지 이상의 결정구조를 갖는다.

11 다음 중 전기 저항열에 의해 용접되는 방법에 속하지 않는 것은?
① 프로젝션 용접
② 점 용접
③ 심 용접
④ 산소 - 수소 용접

12 자기 비교형 - 내삽 코일을 사용한 관의 와전류 탐상 시험에서 관의 처음에서 끝까지 동일한 결함이 연속되어 있을 경우 신호는 어떻게 되는가?
① 관의 중간 지점에서만 신호가 나타난다.
② 신호가 나타나지 않는다.
③ 신호가 주기적으로 나타난다.
④ 신호가 단속적으로 나타난다.

13 침투 탐상 시험 시 탐상제의 점검 중 습식 현상제의 농도 측정에 사용되는 기기는?
① 원심분리기
② 굴절계
③ 점도 측정기
④ 비중계

14 침투 탐상 시험 방법 및 침투 지시 모양의 분류(KS B 0816)에 따른 탐상제의 점검 방법에서 겉모양 검사를 하였을 때 침투액과 유화제의 폐기 사유에 공통적으로 적용되는 것은?
① 색상의 변화
② 세척성의 저하
③ 형광휘도의 저하
④ 현저한 흐림이나 침전물 발생

15 KS B 0816에 따른 침투 탐상 시험 방법 및 침투 지시 모양의 분류에서 후유화성 형광 침투액을 사용하고 무 현상법으로 현상할 때 자외선등의 사용단계로 옳은 것은?
① 건조 단계
② 형광 침투액 적용 단계
③ 유화제 적용 단계
④ 세척 단계

16 청백색의 저용융점 금속이며 조밀 육방 격자 금속으로 도금용, 전지, 다이캐스팅용 및 기타 합금용으로 사용되는 금속은?
① Zn
② Cr
③ Cu
④ Mo

17 자분 탐상 시험 시 시험체를 먼저 자화시킨 후에 자분을 뿌려 검사하는 방법을 무엇이라 하는가?
① 건식법
② 잔류법
③ 연속법
④ 습식법

18 침투 탐상 시험에서 침투액의 침투성은 어떤 물리적 현상을 이용한 것인가?
① 습도와 끓는 점
② 압력과 대기압
③ 표면장력과 적심성
④ 원자번호와 밀도차

19 항공 우주용 기기의 침투 탐상 검사 방법(KS W 0914)에서 비수성 현상제를 적용하는 구성 부품의 현상제 적용방법은?
① 침지법
② 거품내기법
③ 붓칠
④ 스프레이

20 항공 우주용 기기의 침투 탐상 검사 방법(KS W 0914)에 의한 현상제의 종류와 명칭이 다르게 나열된 것은?
① 종류 a : 건식 분말 현상제
② 종류 b : 수용성 현상제
③ 종류 c : 수현탁성 현상제
④ 종류 d : 특정 용도의 현상제

21 다음 중 진정강(Killed Steel)이란?
① 탈산제를 첨가하지 않은 강
② 완전 탈산한 강
③ 탄소(C)가 없는 강
④ 캡을 씌워 만든 강

22 납땜을 연납땜과 경납땜으로 구분할 때 융점은 얼마인가?
① 100℃
② 212℃
③ 450℃
④ 623℃

23 방사선 투과 검사와 비교하여 일반적인 초음파 탐상 검사의 특성을 옳게 설명한 것은?
① 1mm 이하의 얇은 판 검사에 효과적이다.
② 결함의 깊이를 쉽게 측정할 수 있다.
③ 결함의 종류를 쉽게 구별할 수 있다.
④ 제품의 형상에 구애를 받지 않는다.

24 다음 비파괴 시험법 중 체적 검사에 해당하는 것은?
① 초음파 탐상 검사
② 자기 탐상 검사
③ 와전류 탐상 검사
④ 침투 탐상 검사

25 다음 중 침투제의 성질로 옳은 것은?
① 일반적으로 침투제는 표면장력이 작은 것이 바람직하다.
② 침투제의 점성은 클수록 침투율(침투 속도)이 크다.
③ 침투제의 비중은 통상 1보다 크며 비중이 클수록 모세관의 상승 높이가 크다.
④ 침투제는 비활성이 바람직하다.

26 침투 탐상 시험 방법 및 침투 지시 모양의 분류(KS B 0816)에서 분류된 결함에 대한 기록 중 포함되어야 할 내용이 아닌 것은?
① 결함 위치
② 결함 개수
③ 결함 깊이
④ 결함 길이

27 합금 공구강 중 게이지용 강이 갖추어야 할 조건으로 틀린 것은?
① 시간이 지남에 따라 치수의 변화가 없어야 한다.
② 팽창계수가 보통강보다 작아야 한다.
③ 담금질에 의한 변형 및 균열이 없어야 한다.
④ 경도는 HRC 55 이하를 가져야 한다.

28 다음 중 Mg에 대한 설명으로 틀린 것은?
① Mg은 용융점 이상에서 공기와 접촉하여 가열되면 폭발 및 발화되기 때문에 주의가 필요하다.
② 구상흑연 주철 제조 시 첨가제로 사용한다.
③ 상온에서 비중은 약 1.74이다.
④ 절삭성은 양호하고, 산이나 염수에 잘 견디나 알칼리에는 침식된다.

29 구조물이나 기계를 설계할 때 부재의 치수, 형상, 재료의 적부를 판단하거나, 제작된 기계나 구조물이 사용 중 파손 및 변형되지 않도록 감시하는데 이용되는 비파괴 검사법은?
① 적외선 서모그래프
② 응력 스트레인 측정
③ 전위차 시험
④ 음향 방출 시험

30 다음 중 자분 탐상 시험법에 사용되는 시험 방법이 아닌 것은?
① 단층 촬영법
② 축 통전법
③ 프로드법
④ 직각 통전법

31 형광 침투 탐상 시험을 할 때 과잉 침투제를 제거한 직후 실시하여야 할 사항으로 옳은 것은?
① 자외선등으로 과잉 침투액이 제거되었는가 점검한다.
② 수지를 사용하여 표면에 남아 있는 액체를 빨아낸다.
③ 표면을 압축공기로 불어 건조시킨다.
④ 열풍식 건조기로 표면을 건조시킨다.

32 침투 탐상 검사 방법(KS W 0914)에서 항공 우주용 기기에 적용하는 침투액계의 타입에 대한 설명으로 옳지 않은 것은?

① 타입 1 - 형광 침투액의 계통
② 타입 2 - 염색 침투액 계통
③ 타입 3 - 염색 및 형광 복식 침투액 계통
④ 타입 4 - 후유화성 염색 형광 복식 침투액 계통

33 비파괴 시험 방법(KS B 0888)에서 규정하는 배관 용접부의 지그부착 자국에 대한 침투 탐상 시험에서 시험의 최소 실시 범위는?

① 지그 부착 자국 주변에서 그 외부로 5mm의 길이를 더한 범위로 한다.
② 관의 살 두께의 1/2의 길이를 주변에 더한 범위로 한다.
③ 관의 살 두께를 주변에 더한 범위로 한다.
④ 지그 부착 자국 주변에서 그 외부로 10mm의 길이를 더한 범위로 한다.

34 로크웰 경도(HR) 시험을 할 때 처음 기준 하중은 몇 kgf으로 하는가?

① 5 ② 10
③ 30 ④ 50

35 주철의 물리적 성질은 조직과 화학 조성에 따라 크게 변화한다. 주철을 600℃ 이상의 온도에서 가열과 냉각을 반복하면 주철이 성장한다. 주철 성장의 원인으로 옳은 것은?

① 시멘타이트(Cementite)의 흑연화로 발생한다.
② 균일 가열로 인하여 발생한다.
③ 니켈의 산화에 의한 팽창으로 발생한다.
④ A_4 변태로 인한 부피 팽창으로 발생한다.

36 페인트가 칠하여진 표면에 침투 탐상 시험을 해야 할 때의 첫 단계 작업은?

① 표면에 조심스럽게 침투액을 뿌린다.
② 페인트를 완전히 제거한다.
③ 세척제로 표면을 완전히 닦아낸다.
④ 페인트로 매끄럽게 칠하여진 면을 거칠게 하기 위하여 철솔질을 한다.

37 시방서의 요구에 맞는 검사를 수행하기 위해 특정 기법의 적용을 순서대로 상세하게 기술한 문서를 무엇이라 하는가?

① 검사 사양서 ② 검사 지침서
③ 검사 요구서 ④ 검사 절차서

38 형광 침투 탐상 검사에 필요한 장비가 아닌 것은?

① 빛의 세기를 측정하는 조도계
② 표면 온도계
③ 자외선을 비추는 자외선등
④ 잔류 자장을 측정하는 자장계

39 침투 탐상 시험 방법 및 침투 지시 모양의 분류(KS B 0816)에서 강단조품을 검사할 때 표준온도 범위에서의 표준 현상시간은?

① 5분 ② 7분
③ 10분 ④ 15분

40 비금속 개재물에 관한 설명 중 틀린 것은?

① 재료 내부에 점 상태로 존재한다.
② 인성을 증가시키나, 메짐의 원인이 된다.
③ 열처리할 때에 개재물로부터 균열이 발생한다.
④ 비금속 개재물에는 Fe_2O_3, FeO, MnO, SiO_2 등이 있다.

41 금속의 결정격자에서 공간격자는 무엇으로 구성되어 있는가?

① 분자 ② 쌍정
③ 전위 ④ 단위격자

42 기포 누설 시험에 사용되는 발포액의 특성으로 옳지 않은 것은?

① 시험품에 영향이 없을 것
② 표면장력이 작을 것
③ 적심성이 좋을 것
④ 점도가 높을 것

43 단면적 1m²인 환봉을 10kgf의 하중으로 인장할 경우 인장응력은?

① 0.098Pa
② 9.8Pa
③ 98Pa
④ 980Pa

44 다공질이나 흡수성 재료의 검사에 이용되지만 검사의 신뢰성이나 정확도를 기대하기 어려운 침투 탐상 방법은?

① 휘발성 액체법
② 후유화성 침투 탐상 검사
③ 기체 방사성 동위원소법
④ 하전 입자법

45 침투 탐상 시험 방법 및 침투 지시 모양의 분류(KS B 0816)에서 잉여 침투액의 제거 방법 중 잘못된 것은?

① 적절한 헹구기 기법을 사용한다.
② 수온이 80도 정도인 물을 사용한다.
③ 깨끗한 천을 사용한다.
④ 깨끗한 종이(휴지)를 사용한다.

46 항공 우주용 기기의 침투 탐상 검사 방법(KS W 0914)에 따라 지시 모양 관찰에 대한 사항 중 틀린 것은?

① 형광 침투 탐상 검사의 경우 주위 배경의 백색광은 20lx 이하일 것
② 염색 침투 탐상 검사의 경우 조명장치는 검사 대상품의 표면에 최소 1000lx의 백색광을 방사하는 것일 것
③ 염색 침투 탐상장치의 관찰 장소는 월 1회 점검할 것
④ 자외선 조사 장치는 자외선 필터 앞면에서 38cm되는 거리에서 방사조도가 $800\mu W/cm^2$ 이상일 것

47 다음 중 볼트, 너트, 전동기축 등에 사용되는 것으로 탄소 함량이 약 0.2~0.3% 정도인 기계 구조용 강재는?

① SM25C
② STC4
③ SKH2
④ SPS8

48 다음 중 형상기억합금으로 가장 대표적인 것은?

① Fe - Ni
② Ni - Ti
③ Cr - Mo
④ Fe - Co

49 금속 내부 불연속을 검출하는데 적합한 비파괴 검사법의 조합으로 옳은 것은?

① 와전류 탐상 시험, 누설 시험
② 누설 시험, 자분 탐상 시험
③ 초음파 탐상 시험, 침투 탐상 시험
④ 방사선 투과 시험, 초음파 탐상 시험

50 자분 탐상 시험의 일반적 특징이 아닌 것은?

① 시험체 두께 방향의 결함 높이와 형상에 관한 정보를 얻을 수 있다.
② 자속은 가능한 한 결함 면에 수직이 되도록 한다.
③ 시험체는 강자성체가 아니면 적용할 수 없다.
④ 일반적으로 깊은 결함 검출이 곤란하다.

51 형광 침투 탐상 검사에 사용되는 자외선 조사 장치의 시험품 표면에서의 강도가 적절하지 않은 것은? (단, 자외선 조사 장치 전면 필터에서 시험품 표면까지의 거리는 38cm이다.)

① $500\mu W/cm^2$
② $800\mu W/cm^2$
③ $900\mu W/cm^2$
④ $1000\mu W/cm^2$

52 침투 탐상 검사 방법(KS W 0914)에 따라 항공 우주용 기기를 검사할 때 타입 II인 경우 조명장치의 조도는?

① 시험편 표면에서 1000lx 이하
② 시험편 표면에서 1000lx 이상
③ 시험편 표면에서 20lx 이하
④ 시험편 표면에서 20lx 이상

53 항공 우주용 기기의 침투 탐상 검사 방법(KS W 0914)에서 검사품에 대한 표시 방법의 우선순위로 맞는 것은?

① 각인 - 에칭 - 착색 순
② 에칭 - 착색 - 각인 순
③ 착색 - 에칭 - 각인 순
④ 에칭 - 각인 - 착색 순

54 압력이 일정한 Fe – C 평형 상태도에서 공정점의 자유도는?

① 0
② 1
③ 2
④ 3

55 탄성률이 좋아 스프링 등 고탄성을 요하는 재료로 통신기기, 계기 등에 사용되는 것은?

① 인청동
② 망간청동
③ 니켈청동
④ 알루미늄청동

56 시험체 내부 결함이나 구조적인 이상 유무를 판별하는데 이용되는 방사선의 특성은?

① 회절 특성
② 분광 특성
③ 진동 특성
④ 투과 특성

57 침투 탐상 시험 시 건조장치의 구비조건으로 가장 필요한 것은?

① 타이머(Timer)가 있어야 한다.
② 온도 조절장치가 있어야 한다.
③ 팬(Fan)이 있어야 한다.
④ 항상 일정한 온도를 유지할 수 있는 릴레이가 있어야 한다.

58 산화성, 염류, 알칼리, 함황 가스 등에 우수한 내식성을 가진 Ni – Cr 합금은?

① 엘린바
② 인코넬
③ 콘스탄탄
④ 모넬메탈

59 침투 탐상 시험에서 일반적으로 흰색의 배경에 빨간색의 대조(contrast)를 이루게 하여 관찰하는 침투액과 현상제의 조합으로 옳은 것은?

① 염색 침투액 - 현상
② 염색 침투액 - 습식 현상제
③ 형광 침투액 - 건식 현상제
④ 형광 침투액 - 습식 현상제

60 황동에 10 ~ 20% 니켈을 넣은 것으로 색깔이 은과 비슷하여 예부터 장식, 식기 등으로 사용되어 온 것은?

① 양은
② 켈밋
③ 콘스탄탄
④ 플래티나이트

제1회 정답 및 해설

침투비파괴검사기능사 필기 CBT 시행문제

정답

01	①	02	③	03	②	04	④	05	④	06	③	07	①	08	②	09	②	10	①
11	④	12	②	13	④	14	④	15	④	16	①	17	②	18	③	19	④	20	④
21	②	22	③	23	②	24	①	25	④	26	③	27	④	28	④	29	②	30	①
31	①	32	④	33	④	34	④	35	④	36	④	37	①	38	④	39	②	40	②
41	④	42	④	43	③	44	①	45	②	46	③	47	①	48	②	49	④	50	①
51	①	52	②	53	①	54	①	55	①	56	④	57	②	58	②	59	②	60	①

01 해설
UT, RT 탐상은 내부 결함 검사에, PT, MT, ET 탐상은 표면 결함 검사에 적합하다.

02 해설
수세성 염색 침투 탐상법은 매끄러운 표면에 적합하므로 표면 거칠기가 300μm 정도 되어야 한다.

03 해설
KS B 0816에 따른 A형 대비 시험편
재질은 알루미늄 합금(두랄루민)(A2024P), 시험편 크기는 50×75mm, 깊이 1.5cm 흠, 판 두께 8~10mm

04 해설
백심 가단 주철
백주철을 풀림 처리하여 탈탄시킨 것

05 해설
허용 사용률 $= \dfrac{(\text{정격 2차 전류})^2}{(\text{실제 사용 전류})^2} \times \text{정격 사용률}$
$= \dfrac{300^2}{200^2} = 90\%$

06 해설
물질과 광자의 상호 작용에서 전자쌍 생성을 위해 1.02MeV 이상의 높은 에너지가 필요하다.

07 해설
접촉각이 작을수록 적심성이 좋다.

08 해설
유화 시간
잉여 침투제를 제거할 수 있는 최소한의 시간

09 해설
KS - W - 0914에서 침투액 수분 함유량
5% 이상은 불만족

10 해설
자기 변태
금속의 자기적 성질이 변화하는 것

11 해설
산소 - 수소 용접
가스 용접의 일종

13 해설
현상제 농도 측정 : 비중계
유화제 농도 측정 : 굴추계

14 해설
유화제 폐기
현저한 흐림, 침전물이 생겼을 때, 점도의 상승에 따른 유화 성능 저하 시

15 해설
후유화성 형광 침투시 잉여 침투액 세척이 올바르게 되었는지 확인하기 위해 자외선등으로 확인한다.

16 해설
아연
조밀 육방 격자, 저융점 금속으로 도금용이나 다이캐스팅용으로 사용

17 해설
자분 적용법
- 건식법 : 건조 상태에서 자분을 시험체의 표면에 적용하는 방법
- 습식법 : 액체에 자분을 분산 현탁시켜 적용하는 방법
- 연속법 : 자화 전류가 흐르는 중에 자분의 적용을 마치는 방법
- 잔류법 : 자화 전류를 끊은 후에 잔류 자화를 이용하는 방법

18 해설
침투 탐상 원리의 물리적 현상
모세관 현상, 표면장력, 적심성, 점성

20 해설
KS – W0914
- d : 비수성 현상제
- e : 특정 용도 현상제

21 해설
진정강(킬드강)
Al 등 강력 탈산제를 사용하여 완전 탈산시킨 강

23 해설
초음파 탐상은 결함의 깊이는 알 수 있으나, 결함의 종류는 알기 어렵다.

24 해설
체적 검사
초음파 탐상 검사, 방사선 투과탐상 검사 등 시험체의 전 체적을 시험하여 내부의 불연속을 검출하는 검사법

25 해설
침투제 조건
비활성이며 비중은 1보다 낮고, 점성이 작으며, 적당한 표면장력을 가지고 있어야 한다.

27 해설
게이지강은 표면경도가 높아서 내마모성이 커야 하므로 HRC 55 이상 되어야 한다.

28 해설
Mg은 산이나 염수에 녹으나, 알칼리에는 잘 견딘다.

29 해설
응력 스트레인 측정
전체적인 모니터링을 통해 재료의 파손 및 변형 여부 검사가 가능

30 해설
단층 촬영법은 방사선 탐상법의 일종이다.

31 📝 해설
형광 침투 탐상의 경우 잉여 침투액 제거 후 자외선등을 이용하여 잉여 침투액의 잔류 여부를 확인해야 한다.

34 📝 해설
- HRB : 기준 하중 10kgf, 시험 하중 100kgf
- HRC : 기준 하중 10kgf, 시험 하중 150kgf

35 📝 해설
주철의 성장
시멘타이트의 흑연화로 발생, 불균일 가열, A_3 변태에 의한 부피 팽창, Si의 산화에 의한 팽창

36 📝 해설
침투 탐상 첫 단계는 전처리에 의해 시험체 표면의 불순물을 제거해야 한다.

37 📝 해설
검사 절차서
검사를 실시하는데 필요한 사용 장치, 사용 재료, 시험 조건, 시험 순서 등을 기재한 문서

38 📝 해설
자장계
자분 탐상 검사에 필요한 장비

40 📝 해설
비금속 개재물이 존재하면 인성이 떨어져 메짐(취성)의 원인이 된다.

42 📝 해설
점도가 높으면 표면장력이 높아져 적심성이 낮아지므로 누설 시험에 적합하지 않다.

43 📝 해설
$$인장응력 = \frac{하중}{단면적} = \frac{9.8 \times 10}{1} = 98\text{Pa}$$

44 📝 해설
휘발성 액체법은 다공질 재료나 흡수성 재료의 탐상에 사용하지만 침투액의 휘발로 인해 신뢰성과 정확도가 낮다.

45 📝 해설
잉여 침투액 제거 시 수온은 10~38℃가 적당하다.

46 📝 해설
KS-W-0914에서 탐상 장치의 관찰 장소는 항상 깨끗이 유지할 수 있도록 관리해야 한다.

47 📝 해설
- STC : 탄소 공구강
- SKH : 고속도강

48 📝 해설
형상기억합금의 대표적인 합금
니티놀(Nitinol)은 Ni-Ti의 합금이다.

49 📝 해설
침투 탐상, 자분 탐상, 와전류 탐상 등은 표면 결함 검출에 사용한다.

50 📝 해설
자분 탐상 시험
결함 위치는 판별이 가능하지만 결함 높이와 형상은 판별할 수 없다.

51 ▶ 해설
거리가 83cm일 경우 자외선 조사 장치의 강도는 800μW/cm² 이상을 유지해야 한다.

53 ▶ 해설
KS – W – 0914에서 검사품 표시 우선순위
각인 > 에칭 > 착색 > 꼬리표 부착

54 ▶ 해설
금속의 자유도
$F = n - P + 1 = 1 - 2 + 1 = 0$

55 ▶ 해설
인청동(PBS)
청동에 인을 첨가한 청동으로 탄성, 내마모성, 강인성이 우수하여 스프링용으로 사용

57 ▶ 해설
건조에서 온도가 가장 중요하므로 온도 조절장치는 필수이다.

58 ▶ 해설
인코넬
Ni – Cr – Fe계의 내식성 합금

59 ▶ 해설
흰색 바탕은 염색 침투제를 사용하며, 적색과 대조를 이루려면 습식 현상제를 적용한다.

60 ▶ 해설
양은
니켈을 함유한 황동으로 장식, 식기, 악기용으로 사용

제2회 필기 CBT 시행문제

01 침투 탐상 시험과 비교하였을 때 자분 탐상 시험의 장점으로 틀린 것은?
① 검사 표면이 도금되어 있을 때도 검사가 가능하다.
② 표면 결함 및 표면하의 결함 검출에 우수하다.
③ 검사 표면에 이어진 미세한 기공의 검출에 우수하다.
④ 표면이 거친 검사 표면일 경우 자분 탐상 시험이 더 우수한 결과를 얻을 수 있다.

02 침투 탐상 검사에서 의사지시 모양을 발생시키는 경우가 아닌 것은?
① 제거 처리가 부적당한 경우
② 불연속의 균일성 지시가 나타난 경우
③ 시험체의 형상에 복잡한 홈이 있는 경우
④ 검사대의 잔여 침투액이 시험체 표면에 묻은 경우

03 환경 등의 안전을 고려하여 다음 중 침투 탐상 검사 시스템과 분리하여 설치해야 하는 장치는?
① 전처리 장치   ② 침투 장치
③ 유화 장치   ④ 현상 장치

04 항공 우주용 기기의 침투 탐상 검사 방법(KS W 0914)에서 침투액의 제거를 위한 자동 스프레이법의 수온은 몇 ℃ 범위를 유지하도록 하는가?
① 0~4℃   ② 5~8℃
③ 10~38℃   ④ 40~68℃

05 금속의 표면에 Zn을 침투시켜 대기 중 청강의 내식성을 증대시켜 주기 위한 처리법은?
① 세라다이징   ② 크로마이징
③ 칼로라이징   ④ 실리코나이징

06 알루미늄(Al)의 특성을 설명한 것 중 옳은 것은?
① 온도에 관계 없이 항상 체심 입방 격자이다.
② 강(Steel)에 비하여 비중이 가볍다.
③ 주조품 제작 시 주입 온도는 1000℃이다.
④ 전기 전도율이 구리보다 높다.

07 자분 탐상 시험의 특징을 설명한 것 중 틀린 것은?
① 시험체가 전도체이어야만 측정할 수 있다.
② 표면 및 표면 근처의 결함을 찾을 수 있다.
③ 사용되는 자분은 시험체 표면의 색과 잘 대비를 이루어야 한다.
④ 결함 모양이 표면에 나타나므로 육안으로 관찰할 수 있다.

08 수세성 형광 침투액 – 속건식 현상법에서 건조처리가 되어야 할 시기는?
① 현상 처리 전   ② 현상 처리 후
③ 침투 처리 전   ④ 침투 처리 후

09 다음 중 침투 탐상 검사의 적심의 정도를 나타내는 공식에 해당하는 것은? (단, 침투액의 표면장력 : A, 시험체의 표면장력 : B, 고체/액체 계면의 표면장력 : C 이다.)
① A - B   ② B - C
③ C - A   ④ B - A

10 자외선 등에서 적정한 주파수를 넘어 높은 주파수가 발생할 때 생체에 미치는 영향으로 맞는 것은?

① 장기에 영향을 준다.
② 탈모 현상이 일어난다.
③ 피부를 태우고 눈에 해가 된다.
④ 설사 및 구토가 일어난다.

11 소결 초경질 공구강의 금속 탄화물에 해당되지 않는 것은?

① WC ② TaC
③ TiC ④ MaC

12 Ni - 28%Mo - 5%Fe 합금으로 염산에 대하여 내식성이 있고, 가공성과 용접성을 겸비한 합금은?

① 퍼멀로이(Permalloy)
② 모넬메탈(Monel Metal)
③ 콘스탄탄(Constantan)
④ 하스텔로이 비(Hastelloy B)

13 AW - 200 교류용접기에서 2차 무부하 전압이 80V, 아크전압이 20V일 때 용접기의 효율은 얼마인가? (단, 내부 손실은 4kW이다.)

① 45% ② 50%
③ 55% ④ 60%

14 다음 중 절대압력에 대한 식으로 옳은 것은?

① 절대압력=진공압력+대기압력
② 절대압력=대기압력-진공압력
③ 절대압력=계기압력-대기압력
④ 절대압력=진공압력-대기압력

15 침투 탐상 시험 시 건식 현상제에 의한 현상은 다음 중 어떤 효과를 이용한 것인가?

① 삼투압 현상
② 모세관 현상
③ X - 선 감광
④ 브롬화은에서 은의 석출

16 침투 탐상 시험에서 시험편의 전처리로 샌드 블라스팅한 다음 화학적 에칭(etching)을 하지 않은 경우 탐상에 흔히 어떤 오류가 예상되는가?

① 결함 부위가 막혀 버릴 우려가 있다.
② 기름이나 오염물이 결함을 막을 우려가 있다.
③ 모래가 결함을 더 크게 만들게 될 우려가 있다.
④ 현상제의 사용을 쉽게 하여 또 다른 결함이 생길 수 있다.

17 항공 우주용 기기의 침투 탐상 검사 방법(KS W 0914)에 따른 탐상 검사 시 건식 현상제에 관한 사항 중 틀린 것은?

① 구성 부품은 건식 현상제를 적하기 전에 건조시켜야 한다.
② 건식 현상제의 체류 시간은 최소 10분 동안 최대 4시간으로 하여야 한다.
③ 여분의 건식 현상제는 체류 시간 전에 가볍게 두드려서 제거하는 것이 좋다.
④ 건식 현상제는 염색 침투액계에 사용해서는 안 된다.

18 활자금속에 대한 설명으로 틀린 것은?

① 응고할 때 부피 변화가 커야 한다.
② 주요 합금 조성은 Pb - Sn - Sb이다.
③ 내마멸성 및 상당한 인성이 요구된다.
④ SnPb 화합물이 있어 그 양으로 경도를 조절한다.

19 강에 특수원소를 첨가하여 절삭할 때 칩을 잘게 하고 피삭성을 좋게 하는 원소는?

① Ag, Ni ② Cr, Ni
③ Pb, S   ④ Na, Mo

20 X선 필름에 영향을 주는 후방 산란을 방지하기 위한 가장 적당한 조작은?

① 두꺼운 납판으로 필름 카세트 후면을 가린다.
② 두꺼운 마분지로 필름 카세트를 가린다.
③ X선관 가까이 필터를 끼운다.
④ 필름의 표면과 피사체 사이를 막는다.

21 다음 재료 및 장치 중 후유화성 염색 침투 탐상 시험과 무관한 것은?

① 자외선 조사 장치
② 유화제
③ 현상제
④ 분사 노즐

22 수세성 침투액을 시험편 표면에서 닦아낸 후 시험편을 건조시켜야 하는데 이 때 건조 온도는 71℃를 넘지 않아야 한다. 그 주된 이유는 무엇인가?

① 시험편의 온도가 71℃를 넘으면 검사할 결함이 없어지기 때문이다.
② 71℃ 이상이면 결함 부위에 침투했던 과량의 침투액이 빠져 나오기 때문이다.
③ 71℃를 넘으면 결함 지시 모양의 색체가 열화되거나 건조되어 탐상감도가 낮아지기 때문이다.
④ 71℃ 이상으로 가열하면 유독가스가 발생하기 때문이다.

23 비파괴 검사 – 침투 탐상 검사 – 일반원리(KS B ISO 3452)에 규정한 최대 표준 현상 시간은 보통 침투 시간의 몇 배인가?

① 1.1배
② 1.2배
③ 1.5배
④ 2배

24 특수강에서 함유량이 증가하면 자경성을 주는 원소로 가장 좋은 것은?

① Cr
② Mn
③ Ni
④ Si

25 강대금(Steel back)에 접착하여 바이메탈 베어링으로 사용하는 구리(Cu) – 납(Pb)계 베어링 합금은?

① 베빗메탈(Babbit metal)
② 백동(Cupronickel)
③ 화이트메탈(White metal)
④ 켈밋(Kelmet)

26 항공기 터빈 블레이드의 균열 검사에 적용할 수 있는 와전류 탐상 코일은 무엇인가?

① 표면형 코일
② 관통형 코일
③ 내삽형 코일
④ 회전형 코일

27 현상제에 대한 설명으로 옳지 않은 것은?

① 현상제는 색 대비를 향상시킨다.
② 현상제는 액체상 물질로 구성되어 있으며 시험체 표면에 두껍게 도포된다.
③ 짧은 시간 내에 지시 모양을 관찰하게 한다.
④ 현상제 피막으로 침투제가 빨려 나오는 것은 모세관 현상에 해당한다.

28 다음 중 표면장력에 대하여 바르게 설명한 것은?

① 표면장력은 액체의 고체 표면 적심 능력에 영향을 미친다.
② 액체의 표면장력은 첨가하는 물질에 의해 아무런 영향을 받지 않는다.
③ 액체가 스스로 팽창하여 표면적을 가장 크게 가지려고 하는 힘이다.
④ 표면장력은 액체의 온도가 상승하면 증가한다.

29 침투 탐상 시험 방법 및 침투 지시 모양의 분류(KS B 0816)에서 침투 탐상 검사에 현상제의 적용 방법을 바르게 설명한 것은?

① 침투제의 적용 후 즉시
② 잉여 침투액의 제거 후 즉시
③ 침투제의 적용 후 5분 뒤
④ 잉여 침투액의 제거 후 5분 뒤

30 다음 중 순산소에 의해 산화열로 정련하는 제강법은?

① 아크로
② 전로
③ 유동로
④ 평로

31 Fe – C 평형 상태도에서 펄라이트의 조직은 어느 것인가?
① 페라이트
② 페라이트 + 오스테나이트
③ 페라이트 + 시멘타이트
④ 오스테나이트 + 시멘타이트

32 피복 아크 용접에서 아크열에 의해 용접봉과 모재가 녹아 있는 부분을 무엇이라 하는가?
① 용융지   ② 용입
③ 용착   ④ 용적

33 원리에 의해 초음파 탐상법을 분류할 때 해당하지 않는 것은?
① 공진법   ② A - 주사법
③ 투과법   ④ 펄스 반사법

34 침투 탐상 시험 시 형광 침투액에 비해 염색 침투액의 장점으로 옳은 것은?
① 특별한 조명을 필요로 하지 않는다.
② 거친 표면에 대조색이 적다.
③ 크롬산 표면에 사용할 수 있다.
④ 작은 지시들을 더 잘 볼 수 있다.

35 침투 탐상 검사에서 침투에 영향을 미치는 요인은 무엇인가?
① 결함의 폭
② 결함의 방향성
③ 검사 대상물의 화학성분
④ 검사 대상물의 크기

36 침투 탐상 시험 방법 및 침투 지시 모양의 분류(KS B 0816)에 따른 현상제의 적용 방법 중 열풍 순환식 건조기를 사용하지 않는 것은?
① 습식 현상제
② 물 현탁성 현상제
③ 수용성 현상제
④ 건식 현상제

37 다음 중 초경합금과 관계 없는 것은?
① Lautal   ② WC
③ Widia   ④ TiC

38 T.T.T 곡선에서 하부 임계냉각 속도란?
① 최초의 소르바이트가 나타나는 냉각 속도
② 최초의 마텐사이트가 나타나는 냉각 속도
③ 50% 마텐사이트를 생성하는데 요하는 최대의 냉각속도
④ 100% 오스테나이트를 생성하는데 요하는 최소의 냉각 속도

39 용해 아세틸렌 취급시 주의사항으로 틀린 것은?
① 용기는 수평으로 눕혀 놓은 상태에서 사용한다.
② 저장실의 전기 스위치는 방폭 구조로 한다.
③ 토치 불꽃에서 가연성 물질을 가능한 한 멀리 한다.
④ 용기 운반 전에 밸브를 꼭 잠근다.

40 다음 중 자분 탐상 시험 방법만으로 조합된 것은?
① 관통법과 공진법   ② 투과법과 건식법
③ 극간법과 코일법   ④ 내삽법과 프로브법

41 침투 비파괴 검사의 전처리 장비로 틀린 것은?
① 증기 탈지기   ② 샌드 블라스터
③ 수세 장치   ④ 자외선등

42 침투 탐상 시험에서 트리클렌 증기 세척 장치는 다음 과정 중 어느 경우에 주로 사용되는가?
① 과잉 침투액 제거 과정
② 전처리 과정
③ 건조 처리 과정
④ 유화제 제거 과정

43 침투 탐상 시험 방법 및 침투 지시 모양의 분류(KS B 0816)에 규정한 B형 대비 시험편의 재질은 무엇인가?
① 알루미늄 및 알루미늄 합금의 판
② 동 및 동합금의 판
③ 304 스테인리스 강판
④ 니켈 강판

44 체심 입방 격자를 나타내는 기호로 옳은 것은?
① HCP
② BCC
③ FCC
④ BCT

45 다음 중 부식에 대한 저항성이 가장 강한 것은?
① 순철
② 연강
③ 경강
④ 고탄소강

46 와전류 탐상 시험에서 시험 코일과 시험체 사이의 상대 거리의 변화에 의해 지시가 변화하는 것을 무엇이라 하는가?
① 리프트 오프 효과
② 카이저 효과
③ 오실로스코프 효과
④ 표피 효과

47 다음 중 침투액의 침투시간에 크게 영향을 미치는 인자와 거리가 먼 것은?
① 침투액의 종류
② 시험체의 무게
③ 시험체의 재질
④ 예측되는 결함의 종류

48 수용성 습식 현상제는 물에 백색 현상 분말을 현탁하여 사용한다. 이 현상액의 농도를 측정하는 기구는?
① pH 메타
② 비중계
③ 점도계
④ 룩스메타

49 침투 탐상 시험 방법 및 침투 지시 모양의 분류(KS B 0816)에서 규정한 필요 시 침투 결함의 기록 방법에 속하지 않는 것은?
① 도면
② 사진
③ 스케치
④ 전사

50 다음 합금 중에서 알루미늄 합금에 해당되지 않는 것은?
① Y합금
② 콘스탄탄
③ 라우탈
④ 실루민

51 분말상 Cu에 약 10% Sn 분말과 2% 흑연 분말을 혼합하고, 윤활제 또는 휘발성 물질을 가한 후 가압 성형하여 소결한 베어링 합금은?
① 오일리스 베어링
② 배빗 메탈
③ 실루민
④ 켈밋 메탈

52 코일법으로 자분 탐상 시험을 할 때 요구되는 전류는 몇 A인가? (단, $\frac{L}{D}$은 3, 코일의 감은 수는 10회, 여기서 L은 봉의 길이이며, D는 봉의 외경이다.)
① 40
② 700
③ 1167
④ 1500

53 침투 탐상 시험에서 속건식 현상법의 특징이 아닌 것은?
① 현상제의 도막을 형성한다.
② 검출 강도가 비교적 높다.
③ 현상 후에 반드시 건조 처리를 해야 한다.
④ 현상제에 휘발성 용매를 사용한다.

54 침투 탐상 시험이 누설 시험을 대체할 수 없는 경우에 대한 설명으로 적합한 것은?
① 검사체의 온도가 30°C이면 곤란하다.
② 검사체의 한 면만으로는 관찰 또는 접근이 곤란하다.
③ 염색 침투액보다는 형광 침투액을 사용해야 한다.
④ 표면이 깨끗하면 누설 시험이 곤란하다.

55 침투 탐상 검사 방법(KS W 0914)에 따라 항공 우주용 기기의 탐상 시 재료 및 공정의 제한에 관한 내용으로 틀린 것은?

① 동일한 검사면에 적용되는 형광 침투 탐상 검사는 염색 침투 탐상 검사 전에 사용해서는 안 된다.
② 염색 침투 탐상 검사는 항공 우주용 제품의 최종 수령 검사에 이용해서는 안 된다.
③ 염색 침투액계의 탐상시 수용성의 현상제는 사용해서는 안 된다.
④ 터빈 엔진의 중요 구성 부품 정비 검사는 친수성 유화제를 사용하는 초고강도 형광 침투액을 사용한다.

56 두 가지 이상의 금속 또는 원소가 간단한 원자비로 결합되어 성분 금속과는 전혀 다른 성질을 갖는 물질을 무엇이라 하는가?

① 전율가용 고용체
② 공공 2원 합금
③ 침입형 고용체
④ 금속간 화합물

57 금속의 냉간 가공도가 커질수록 기계적 성질의 변화로 틀린 것은?

① 단면수축률이 감소한다.
② 인장강도가 커진다.
③ 연신율이 커진다.
④ 경도가 커진다.

58 굴삭기의 몸체에 칠해진 페인트 막의 품질을 비파괴 시험하기 위하여 막 두께를 측정하고자 할 때 가장 적합한 검사법은?

① 와전류 탐상 시험
② 침투 탐상 시험
③ 방사선 투과 시험
④ 자분 탐상 시험

59 유화제 중에서 유성 유화제에 대한 설명으로 틀린 것은?

① 점성이 낮은 유화제는 유화 시간을 짧게 한다.
② 유성 유화제는 기름 베이스에 용해되어 있는 유성 침투액으로 확산되어 유화된다.
③ 점성이 높은 유화제는 비교적 느린 유화 시간이 적용된다.
④ 침투 시간이 경과된 직후 예비 세척을 한 후에 적용한다.

60 침투 탐상 시험 방법 및 침투 지시 모양의 분류(KS B 0816)에서 탐상제의 조합이 "FA – W"일 때 첫 번째인 "F"가 의미하는 것은?

① 염색 침투액
② 형광 침투액
③ 속건식 현상제
④ 건식 현상제

정답

01	③	02	②	03	①	04	③	05	①	06	②	07	①	08	①	09	②	10	③
11	④	12	④	13	②	14	②	15	②	16	①	17	②	18	①	19	③	20	①
21	①	22	③	23	④	24	①	25	④	26	①	27	②	28	①	29	②	30	②
31	③	32	①	33	②	34	①	35	①	36	④	37	①	38	③	39	①	40	③
41	④	42	②	43	②	44	②	45	②	46	①	47	②	48	②	49	①	50	②
51	①	52	④	53	③	54	②	55	①	56	④	57	③	58	①	59	④	60	②

01 해설
자분 탐상에서는 검사 표면에 이어진 미세한 기공을 검출하지 못한다.

02 해설
불연속 균일성의 지시는 결함 지시이다.

03 해설
전처리는 주로 트리클렌 증기 세척을 하므로 침투 탐상 장치와 분리하여 설치한다.

04 해설
KS - W - 0914에서 침투액 제거 시 자동 스프레이법의 적당한 수온 : 10 ~ 38℃

05 해설
- Cr : 크로마이징
- Al : 칼로라이징
- Si : 실리코나이징

06 해설
Al
결정구조는 FCC(면심 입방 격자), 비중은 철(7.89)의 1/3 (2.67), 주입 온도 700℃ 정도, 전도율은 구리보다 낮음

07 해설
자분 탐상은 시험체가 강자성체이어야 한다.

09 해설
적심성 = 시험체 표면장력 - 계면의 표면장력

10 해설
자외선 등의 주파수가 높을 경우 피부가 화상을 입으며, 눈에 착시현상을 일으키는 등 인체에 악영향을 준다.

11 해설
소결합금
WC, TaC, TiC 금속 탄화물을 CO를 결합제로 사용하여 고온에서 소결한 것

12 해설
- 퍼멀로이 : Ni + Fe계
- 모넬메탈 : Ni + Cu계
- 콘스탄탄 : Ni + 60%Cu계
- 하스텔로이 B : Ni + Mo + Fe + Cr계 합금으로 내식성, 가공성 우수

13 해설
$$효율 = \frac{아크출력(kW)}{소비전력(kW)} \times 100$$
$$= \frac{아크출력 \times 아크전류}{아크출력 + 내부손실} \times 100$$
$$= \frac{(20 \times 200)}{(20 \times 200) + 4000} \times 100 = 50\%$$
- 아크출력 = 아크전압 × 아크전류
- 소비전력 = 아크출력 + 내부손실

14 해설
절대압력 = 대기압력 − 진공압력 = 게이지압력 + 대기압력

15 해설
건식 현상은 모세관 현상에 의해 침투액과 현상제가 반응한다.

16 해설
샌드 블라스팅 등 기계적 전처리를 하면 결함의 개구부가 막힐 수 있으므로 반드시 에칭을 통하여 개구부를 확보해야 한다.

17 해설
KS − W − 0914에서 건식 현상제는 체류 시간 후에 두드려서 제거한다.

18 해설
활자금속은 응고할 때 부피 변화가 적어야 한다.

19 해설
파삭성 향상
Pb, P, S

20 해설
후방 산란선 영향 감소 방법
후면 스크린 사용, 마스크 사용, 필터 사용, 납 증감지 사용, 콜리미터, 다이어프램, 콘 등을 사용

21 해설
후유화성 염색 침투 탐상의 관찰은 백색광 또는 자연광에서 실시하므로 자외선 조사 장치가 필요 없다.

22 해설
침투 탐상 시험에서 건조 처리 시 온도가 너무 높으면 열화되어 감도가 저하한다.

24 해설
자경성 원소
Cr > Mn > Ni > Mo > W

25 해설
켈밋
Cu + Pb계 베어링 합금

26 해설
- 표면형 코일 : 표면 균열 탐상
- 관통형 코일 : 관, 봉
- 내삽형 코일 : 관 내경, 볼트 구멍

27 해설
현상제는 백색 미세 분말로 되어 있으며, 시험체 표면에 균일하게 적당한 두께로 도포한다.

28 🅟 해설
표면장력은 액체 표면의 단면적을 최소화하려는 힘으로 적심성에 영향을 미친다.

29 🅟 해설
현상제 적용 시기
침투액 제거 후 즉시

30 🅟 해설
전로
순산소나 공기를 불어넣어 용강 내 불순물의 산화에 의한 정련을 하는 제강로

31 🅟 해설
펄라이트는 페라이트 + 시멘타이트의 층상조직

32 🅟 해설
용입
용융물이 모재에 녹아 들어간 깊이

33 🅟 해설
- 원리에 의한 초음파 탐상의 분류
  펄스 반사법, 투과법, 공진법
- 표시 방법에 의한 분류
  A – 스캔법, B – 스캔법, C – 스캔법

35 🅟 해설
침투 능력은 침투제와 결함 폭의 영향을 받는다.

37 🅟 해설
라우탈
Al + Cu + Si계 합금

39 🅟 해설
아세틸렌 용기는 수직으로 세워야 한다.

40 🅟 해설
자분 탐상 시험 방법
극간법, 코일법, 축 통전법, 프로드법, 전류 관통법, 직각 통전법, 자속 관통법

41 🅟 해설
자외선등은 검사 장치이다.

43 🅟 해설
B형 대비 시험편 재질 : 동판에 니켈과 크롬 도금

44 🅟 해설
- 면심 입방 격자 : FCC
- 조밀 육방 격자 : HCP

45 🅟 해설
철의 탄소 함유량이 증가할수록 내식성이 나빠진다.

46 🅟 해설
lift – off(리프트 오프) 효과
시험편과 표면코일 사이의 거리가 변화할 때마다 자기 커플링의 변화로 인한 탐상 장비의 출력이 관찰되는 효과로 피막 두께나 도금층 두께 측정에 이용한다.

47 🅟 해설
침투 탐상 시험에서 침투시간에 미치는 인자
①, ③, ④ 외 시험체의 온도, 침투액의 온도

48 🅟 해설
현상액의 농도는 비중을 측정하여 알 수 있다.

49 🅟 해설
탐상 결과의 기록은 스케치, 전사, 사진에 의한 방법으로 한다.

50 🅟 해설
콘스탄탄
Cu – Ni계 합금

51 🅟 해설
오일리스 베어링
주유하기 곤란한 부분에 사용되는 베어링으로, 흑연 자체의 고체 윤활제 역할과 기름이 적을 때는 내보내고, 오일이 많을 때는 빨아들이는 베어링

52 🅟 해설
$I = \dfrac{H}{n}$, H(자계 강도) $= \dfrac{45000}{\dfrac{L}{D}}$

$\therefore I = \dfrac{\dfrac{45000}{L/D}}{n} = \dfrac{\dfrac{45000}{3}}{10} = 1500\mathrm{A}$

(n : 코일 감은 수)

53 🅟 해설
건식 현상법, 속건식 현상법, 무 현상법 등은 건조 처리가 필요없다.

54 🅟 해설
침투 탐상 시험은 한 면만 관찰이 가능하다.

55 🅟 해설
KS – W – 0914에서 타입 I(동일한 검사면에 적용되는 염색 침투 탐상 검사)은 타입 II(형광 침투 탐상 검사) 전에 사용해서는 안 된다.

56 🅟 해설
금속 간 화합물
두 가지 이상의 금속과 원소가 일정 원자비로 결합, 매우 단단하고, 용융점이 높으며, 메짐(취성)이 매우 크다.

57 🅟 해설
냉간가공도가 커지면 연신율은 감소하고, 경도, 인장 강도, 단면수축률은 증가한다.

58 🅟 해설
와전류 탐상 시험
피막 두께, 도금층 두께 등의 측정

59 🅟 해설
침투 처리 후 예비 세척은 물 베이스 유화제에 적용한다.

60 🅟 해설
- V : 염색 침투제
- DV : 이원성 염색 침투제
- DF : 이원성 형광 침투제

제3회 필기 CBT 시행문제

01 방사선 투과시험에서 투과도계를 사용하는 주 목적은?
① 식별도를 측정하기 위함이다.
② 피사체 콘트라스트를 측정하기 위함이다.
③ 필름 콘트라스트를 측정하기 위함이다.
④ 필름 입상성을 측정하기 위함이다.

02 KS B 0816 침투 탐상 시험방법 및 침투 지시모양의 분류에 따라 탐상 결과가 길이 7mm, 나비 2mm의 침투 지시모양 1개가 관찰되었다면 이 결함의 분류로 옳은 것은?
① 분산 결함   ② 체적 결함
③ 선상 결함   ④ 원형상 결함

03 다음 중 자분 탐상 시험과 관련한 용어의 설명으로 옳은 것은?
① "자분"이란 여러 가지 색을 지니고 있는 비자성체의 미립자이다.
② "자화"란 비자성체의 시험체에 자속을 흐르게 하는 작업을 말한다.
③ "자분의 적용"이란 자분을 시험체 내에 침투시키는 작업을 말한다.
④ "관찰"이란 결함부에 형성된 자분모양을 찾아내는 작업을 말한다.

04 형광 침투 탐상 시험장치 중에서 자외선 조사장치가 반드시 필요한 곳으로만 나열된 것은?
① 세척대, 검사대
② 현상탱크, 침투탱크
③ 침투탱크, 검사대
④ 세척대, 현상탱크

05 현미경 관찰을 위해 철강 시험편을 연마할 때 사용하는 연마제는?
① 산화납   ② 산화크롬
③ 산화구리   ④ 유리가루

06 전자 서명(digital signature)의 특징과 거리가 먼 것은?
① 인증성 : 서명된 메시지가 반드시 메시지의 송신자에 의해 서명된 것인지 확인할 수 있어야 한다.
② 위조 불가성 : 서명자 이외에 사람이 어떤 방법으로도 서명을 위조할 수 없어야 한다.
③ 부인 봉쇄 : 서명자는 자신의 서명에 대해 서명한 사실을 부인할 수 없어야 한다.
④ 재사용 가능성 : 한번 사용한 서명은 다음에 또 사용할 수 있어야 한다. 즉 복사가 가능해야 한다.

07 와전류 탐상시험 기기에서 게인(Gain)이란 조정 장치의 역할로 옳은 것은?
① 진동수(frequency) 조정
② 평형(balance) 조정
③ 감도(sensitivity) 조정
④ 위상(phase) 조정

08 다음의 각종 비파괴 검사의 특징에 대한 설명으로 옳은 것은?

① 와전류 탐상시험은 도금층의 두께나 표층부의 결함 검출에 적용할 수 있다.
② 자분 탐상시험은 표면이 열린 결함만을 대상으로 하며, 침투 탐상시험은 표면 바로 밑의 열려 있지 않는 결함이 가능하다.
③ 미세 표면 결함의 검출에 침투탐상시험이 자분 탐상시험에 비해 검출 능력이 우수하나 강자성체 재료에만 적용이 가능하다.
④ 방사선 투과시험은 초음파 탐상시험보다 결함의 깊이 측정에 대한 검출 능력이 우수하다.

09 다음 중 후유화성 염색 침투 탐상시험과 무관한 재료 또는 기구는?

① 유화제
② 분사기
③ 현상제
④ 자외선등

10 웹상의 일정공간을 할당하여 자료를 저장할 수 있는 것을 의미하는 것은?

① FTP
② P2P
③ Web Hard
④ Telnet

11 침투 탐상 시험방법 및 침투 지시모양의 분류(KS B 0816)에서 유화제의 적용 방법으로 권장하고 있지 않은 것은?

① 침지
② 붓기
③ 분무
④ 붓칠

12 티타늄 탄화물(TiC)과 Ni 또는 Co 등을 조합한 재료를 만드는데 응용하며, 세라믹과 금속을 결합하고 액상 소결하여 만들어진 절삭 공구로도 사용되는 고경도 재료는?

① 서멧(cermet)
② 인바(inval)
③ 두랄루민(duralumin)
④ 고속도강(high speed steel)

13 다음 중 시험체의 표면 및 표면직하 결함을 검출하기에 적합한 비파괴 검사법만으로 나열된 것은?

① 초음파 탐상시험, 침투 탐상시험
② 방사선 투과시험, 누설 검사
③ 자분 탐상시험, 와전류 탐상시험
④ 중성자 투과시험, 초음파 탐상시험

14 다음 중 자극에 관련된 설명으로 옳지 않은 것은?

① 자력선은 자석의 내부에서 S극에서 N극으로 이동한다.
② 같은 극끼리 반발하는 힘을 척력이라고 한다.
③ 다른 극끼리 잡아 당기는 힘을 중력이라고 한다.
④ 물질 내 자구는 자극을 갖고 있다.

15 침투시간이 경과한 후 과잉의 수세성 침투액을 제거하는 가장 바람직한 방법은?

① 물과 함께 솔질한다.
② 용제를 이용하여 세척한다.
③ 물과 깨끗한 헝겊으로 닦는다.
④ 물 스프레이를 이용하여 세척한다.

16 컴퓨터 통신에서 일정 길이의 전송 단위 데이터를 송신축 교환기에 기억시켰다가 수신측 주소에 따라 적당한 통신경로를 선택하여 수신축에 전송하는 방식은?

① 메시지 교환방식(message-switched)
② 패킷 교환방식(packet-switched)
③ 회선 교환방식(circuit-switched)
④ 코드 분할방식(code division multiple accessed)

17 KS W 0914 항공 우주용 기기의 침투 탐상 검사방법에 따른 수성(수용성, 수현탁성) 현상제에 대한 설명으로 틀린 것은?

① 수성 현상제는 스프레이, 흘려보내기 또는 침지에 의해 적용하여야 한다.
② 수용성 현상제는 특별한 지시가 없는 한 형광 침투방법에는 적용하지 않는다.
③ 수성 현상제의 체류시간은 구성 부품이 건조되고 나서 최소 10분 동안 최대 2시간으로 한다.
④ 수성 현상제는 구성 부품의 수세 후에 적용하거나 또는 구성부품이 건조되고 나서 적용하여도 좋다.

18 재료에 고온강도를 주기 위한 주요 강화 방법이 아닌 것은?

① 연성 강화   ② 고용 강화
③ 석출 강화   ④ 입계 강화

19 다음 중 금속의 균열을 침투 탐상시험할 때 검사 결과에 가장 큰 영향을 주는 것은?

① 검사물의 경도
② 침투제의 색깔
③ 검사물의 열전도도
④ 검사물의 표면 조건

20 다음 중 Cr-Mo 합금강 재료를 절삭하고 표면을 매끈하게 연삭하였을 때 이 공정에서 발생한 표면 결함 검출에 적합한 비파괴 검사법의 조합만으로 옳게 나타낸 것은?

① 초음파 탐상검사와 누설 검사
② 자분 탐상검사와 침투 탐상검사
③ 침투 탐상검사와 방사선 투과검사
④ 방사선 투과검사와 초음파 탐상검사

21 인터넷에서 주소역할을 하는 이름을 도메인이라 한다. 최상위 수준의 도메인과 그에 해당하는 기관명으로 옳은 것은?

① gov : 개인회사   ② edu : 교육기관
③ mil : 웹 관리기관   ④ org : 국제기구

22 침투 탐상 시험방법 및 침투 지시모양의 분류(KS B 0816)에서 시험체의 일부분을 탐상하는 경우, 시험하는 부분의 전처리에 대한 규정으로 옳은 것은?

① 시험부 중심에서 바깥쪽으로 10mm 넓은 범위를 깨끗하게 한다.
② 시험부 중심에서 바깥쪽으로 25mm 넓은 범위를 깨끗하게 한다.
③ 시험하는 부분에서 바깥쪽으로 10mm 넓은 범위를 깨끗하게 한다.
④ 시험하는 부분에서 바깥쪽으로 25mm 넓은 범위를 깨끗하게 한다.

23 애드미럴티 포금(admiralty gun metal)의 주요 성분으로 옳은 것은?

① Fe – Ca – Sb   ② Al – Pb – Si
③ Mg – Si – Mn   ④ Cu – Sn – Zn

24 다음 중 침투 탐상시험에서 형광 침투액을 사용하는 것보다 염색 침투액을 사용하는 것이 유리한 경우로 옳은 것은?

① 전원이 필요한 장소에서 작업할 때
② 자연광을 이용하는 장소일 때
③ 수도시설이 설치되는 장소일 때
④ 어두운 장소에 적용할 때

25 다음 중 침적법으로 침투액을 적용한 후 다음 공정을 쉽고 안전하게 하기 위하여 반드시 필요한 처리는?

① 분무처리   ② 솔질처리
③ 배액처리   ④ 유화처리

26 다음 중 컴퓨터의 파일을 압축하는 프로그램이 아닌 것은?

① V3 PRO   ② ALZip
③ ARJ   ④ WinZip

27 KS W 0914 항공 우주용 기기의 침투 탐상 검사방법에서 분류하는 침투액계 중 "타입II"는 무엇을 의미 하는가?
① 형광 침투액 계통
② 염색 침투액 계통
③ 복식 침투액 계통
④ 특수 침투액 계통

28 다음 중 압입 자국으로부터 경도 값을 계산하는 경도계가 아닌 것은?
① 쇼어 경도계
② 브리넬 경도계
③ 비커즈 경도계
④ 로크웰 경도계

29 다음 중 침투 탐상시험에서 후유화성 침투액을 사용하는 경우 유화제는 언제 적용하는 것이 적합한가?
① 침투액의 현상처리 직후
② 침투시간 경과 직후
③ 침투액의 건조처리 직후
④ 침투시간 적용 직전

30 KS B 0816 침투 탐상 시험방법 및 침투 지시모양의 분류에서 A형 대비 시험편의 제작을 위한 갈라짐 발생을 위해 가열할 온도 범위로 옳은 것은?
① 90 ~ 125℃
② 250 ~ 375℃
③ 520 ~ 530℃
④ 700 ~ 850℃

31 KS W 0914 항공 우주용 기기의 침투 탐상 검사방법에서 정치식 형광 침투 탐상장치를 사용하는 경우 검사장소의 점검에 관한 내용 중 틀린 것은?
① 주 1회, 청정도에 대하여 점검하여야 한다.
② 배경의 백색광은 20ℓx(lm/ft^2) 이하이어야 한다.
③ 검사장소는 난잡하거나 형광 오염이 없어야 한다.
④ 검사 장소에는 자외선 조사장치가 수세장소에 1개, 건조 장소에 1개 등 최소한 2개 이상이 설치되어야 한다.

32 다음 중 침투액의 침투시간에 크게 영향을 미치는 인자와 거리가 먼 것은?
① 침투액의 종류
② 시험체의 무게
③ 시험체의 재질
④ 예측되는 결함의 종류

33 KS B 0816 침투탐상 시험방법 및 침투 지시모양의 분류에서 샘플링 검사인 경우 합격한 로트의 모든 시험체에 대한 표시방법으로 옳은 것은?
① P의 기호로 각인 또는 적갈색으로 착색
② ⓟ의 기호로 각인 또는 황색으로 착색
③ 적갈색으로 착색 또는 적갈색 밴드 부착
④ 노란색으로 각인 또는 노란색 밴드 부착

34 냉간 가공한 재료를 가열했을 때 가열 온도가 높아짐에 따라 재료의 변화 과정을 순서대로 바르게 나열한 것은?
① 회복 → 재결정 → 결정립 성장
② 회복 → 결정립 성장 → 재결정
③ 재결정 → 회복 → 결정립 성장
④ 재결정 → 결정립 성장 → 회복

35 순철의 변태 중 A_2변태는 결정구조의 변화 없이 강자성체가 상자성체로 변한다. 이러한 변태를 무엇이라고 하는가?
① 동소 변태
② 자기 변태
③ 전단 변태
④ 마텐자이트 변태

36 다음 침투 탐상시험 중 거친 표면에 있는 결함을 탐상할 때 가장 적합한 방법은?
① 유화제법에 의한 염색 침투 탐상시험
② 용제법에 의한 형광 침투 탐상시험
③ 수세법에 의한 형광 침투 탐상시험
④ 유화제법에 의한 형광 침투 탐상시험

37 와전류 탐상시험에 대한 설명으로 옳은 것은?

① 자성인 시험체, 베크라이트 목재가 적용 대상이다.
② 전자 유도시험이라고도 하며 적용 범위는 좁으나 결함 깊이와 형태의 측정에 이용된다.
③ 시험체 와전류 흐름이나 속도가 변하는 것을 검출하여 결함의 크기, 두께 등을 측정하는 것이다.
④ 기전력에 의해 시험체 중에 발생하는 소용돌이 전류로 결함이나 재질 등의 영향에 의한 변화를 측정한다.

38 KS B 0816 침투 탐상 시험방법 및 침투 지시모양의 분류에 규정된 형광 침투 탐상시험에서 암실의 밝기는 몇 ℓx 이하 여야 하는가?

① 20　　② 50
③ 100　④ 500

39 KS B 0816 침투 탐상 시험방법 및 침투 지시모양의 분류에 따른 침투 지시 모양의 관찰은 언제 하는 것이 바람직한가??

① 침투제를 적용한 바로 직후
② 현상제를 적용한 후 7분 이내
③ 현상제를 적용한 후 7~60분 사이
④ 침투제를 적용하고 지시가 형성된 직후

40 다음 그림은 면심입방격자이다. 단위격자에 속해 있는 원자의 수는 몇 개인가?

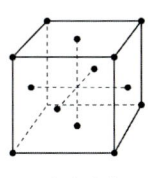 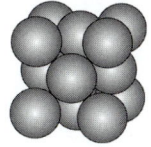
　단위격자　　　원자배열

① 2　　② 3
③ 4　　④ 5

41 KS B 0816 침투 탐상 시험방법 및 침투 지시모양의 분류에서 결함에 대하여 기록할 때 기록의 대상이 아닌 것은?

① 결함의 종류　② 결함의 면적
③ 결함의 개수　④ 결함의 위치

42 Fe-C 평형 상태도에 대한 설명으로 옳은 것은?

① Fe의 자기 변태점은 768℃이다.
② Fe_3C의 자기 변태점은 910℃이다.
③ γ 고용체 + Fe_3C를 펄라이트라 한다.
④ α 고용체 + Fe_3C를 레데뷰라이트라 한다.

43 후유화성 침투 탐상시험에 사용되는 가장 적합한 세척 방법은?

① 물 세척　　② 솔벤트 세척
③ 알칼리 세척　④ 초음파 세척

44 다음 비파괴 검사법 중 시험체 내부 깊은 결함을 검출할 수 있는 것으로만 짝지어진 것은?

① 자분 탐상시험, 침투 탐상시험
② 초음파 탐상시험, 자분 탐상시험
③ 침투 탐상시험, 방사선 투과시험
④ 방사선 투과시험, 초음파 탐상시험

45 KS B 0816 침투 탐상 시험방법 및 침투 지시모양의 분류에서 시험 종료 후 후처리시 시험품의 표면에 부착되어 있는 현상제를 제거해야 하는 가장 주된 이유는?

① 세척제를 오염시키기 때문에
② 시험체의 마모를 발생시키기 때문에
③ 시험체를 부식시킬 우려가 있으므로
④ 탐상 후의 후속공정에 영향을 줄 수 있으므로

46 KS B 0816 침투 탐상 시험방법 및 침투 지시모양의 분류에 규정된 탐상제와 점검 내용의 조합으로 옳은 것은?
① 침투액 : 부착상태 검사
② 유화제 : 결함 검출능력 검사
③ 건식 현상제 : 겉모양 검사
④ 습식 현상제 : 세척성 검사

47 용접의 장점이 아닌 것은?
① 제품의 성능과 수명이 향상된다.
② 이음형상을 자유롭게 할 수 있다.
③ 기밀, 수밀은 우수하나 이음 효율이 낮다.
④ 재료의 두께에 제한이 없다.

48 강에 특수원소를 첨가하여 절삭할 때, 칩을 잘게 하고 피삭성을 좋게 하는 원소는?
① Ag, Ni   ② Cr, Ni
③ Pb, S   ④ Na, Mo

49 다음 중 연질 자성재료가 아닌 것은?
① 알니코 자석   ② Si 강판
③ 퍼멀로이   ④ 센더스트

50 후유화성 침투 탐상시험에서 유화제를 사용하는 주된 목적으로 옳은 것은?
① 의사지시를 제거시켜 준다.
② 현상제의 흡출작용을 도와준다.
③ 침투제의 침투작용을 도와준다.
④ 물로 세척이 용이하도록 도와준다.

51 15℃ 15kgf/cm² 하에서 아세톤 30ℓ가 들어있는 아세틸렌 용기에 용해된 최대 아세틸렌의 양은?
① 3000ℓ   ② 4500ℓ
③ 6750ℓ   ④ 11250ℓ

52 다음 중 방사선 투과시험과 초음파 탐상시험에 대한 비교 설명으로 틀린 것은?
① 방사선 투과시험은 시험체 두께에 영향을 많이 받으며, 초음파 탐상시험은 시험체 조직 크기에 영향을 받는다.
② 방사선 투과시험은 방사선 안전관리가 필요하고, 초음파 탐상시험은 방사선 안전관리가 필요하지 않다.
③ 방사선 투과시험은 촬영 후 현상과정을 거쳐야 판독 가능하고, 초음파 탐상시험은 검사 중 판독이 가능하다.
④ 방사선 투과시험은 결함의 3차원적 위치 확인이 가능하고, 초음파 탐상시험은 2차원적 위치 확인만 가능하다.

53 KS B 0816 침투탐상 시험방법 및 침투 지시모양의 분류에서 사용 중인 침투액에 대한 점검결과 중 폐기 사유에 해당하지 않는 것은?
① 성능시험 결과 색상이 변화됐다고 인정된 때
② 겉모양 검사를 하여 현저한 흐름이나 침전물이 생겼을 때
③ 성능시험 결과 결함검출 능력 및 침투지시모양의 휘도가 저하되었을 때
④ 겉모양 검사를 한 후 불충분한 재료에 정량의 재료로 보충하여 혼합하였을 때

54 미세한 결정립을 가지고 있으며, 어느 응력하에서 파단에 이르기까지 수백 % 이상의 연신율을 나타내는 합금은?
① 제진 합금   ② 비정질 합금
③ 형상기억 합금   ④ 초소성 합금

55 KS B 0888 배관 용접부의 비파괴 시험방법에 따른 침투처리 내용의 설명 중 옳은 것은?
① 침투액의 적용을 위해 침투액조에 침지하였다.
② 시험체 및 침투액의 온도가 3℃ 이하이면 침투처리를 할 수 없다.
③ 침투에 필요한 시간 동안 그 표면을 침투액으로 적셔 두었다.
④ 침투시간은 시험체 및 침투액의 온도가 15~50℃ 범위일 때 3분으로 하였다.

56 용접 중 가스를 가장 많이 발생하는 용접봉은?
① E4311   ② E4316
③ E4324   ④ E4327

57 다음 누설 검사법 중 미세한 누설 검출율이 가장 높은 것은?
① 기포 누설검사법
② 헬륨 누설검사법
③ 할로겐 누설검사법
④ 암모니아 누설검사법

58 다음 결함 중 통상적으로 원형의 지시로서 짧은 침투 시간이 필요한 것은?
① 단조 겹침   ② 미세 균열
③ 표면 기공   ④ 열처리 균열

59 다음 중 기포 누설검사의 특징에 대한 설명으로 옳은 것은?
① 누설 위치의 판별이 빠르다.
② 경제적이나 안전성에는 문제가 있다.
③ 기술의 숙련이나 경험을 크게 필요로 한다.
④ 프로브(탐침)나 스니퍼(탐지기)가 반드시 필요하다.

60 수세성 염색 침투액과 습식 현상법을 조합하여 탐상할 경우의 탐상순서로 옳은 것은?
① 처리 → 침투처리 → 세척처리 → 현상처리 → 건조처리
② 처리 → 침투처리 → 세척처리 → 건조처리 → 현상처리
③ 처리 → 세척처리 → 건조처리 → 침투처리 → 현상처리
④ 처리 → 건조처리 → 침투처리 → 현상처리 → 세척처리

제3회 침투비파괴검사기능사 필기 CBT 시행문제 정답 및 해설

정답

01	①	02	③	03	④	04	①	05	②	06	④	07	③	08	①	09	④	10	③
11	④	12	①	13	③	14	③	15	④	16	②	17	②	18	①	19	④	20	②
21	②	22	④	23	④	24	②	25	③	26	①	27	②	28	①	29	②	30	③
31	④	32	②	33	②	34	①	35	②	36	③	37	④	38	①	39	③	40	④
41	②	42	①	43	①	44	②	45	③	46	③	47	③	48	③	49	①	50	④
51	④	52	①	53	②	54	④	55	③	56	①	57	②	58	③	59	①	60	①

01 해설
투과도계는 방사선의 투과시험 기법의 적정성, 투과 사진의 상질을 점검하기 위해 시험체 표면위의 측정부 옆에 놓고 촬영한다.

02 해설
결함의 폭 2mm, 길이 7mm이면 길이가 폭의 3배가 넘기 때문에 선상 결함으로 판별한다.

03 해설
MT 용어
- 자분 : 각종 색을 지니고 있는 자성체의 미립자
- 자화 : 자성체의 시험체에 자속을 흐르게 하는 작업
- 자분 적용 : 시험체 표면에 자분을 적용시키는 작업

04 해설
자외선 조사 장치는 근자외선 파장 범위(320~400nm)의 전자파를 방사하는 조사 장치를 말하며, 형광 침투 탐상시 세척대나 검사대에 필요하다.

08 해설
와전류 탐상
표면 및 표면 직하 결함, 박막두께, 도금층 두께 측정 및 재질식별이 가능하다.

09 해설
유화제는 수세능이 없는 후유화성 침투액에 적용하여 수세성을 갖도록 한다.

11 해설
후유화성 침투 탐상 시험의 세척 또는 유화제 적용시 붓칠을 해서는 안 되며, 구성 부품의 표면에 적용하고 있는 동안은 교반해서도 안된다.

12 해설
서멧(cermet)
초내열강은 900℃ 이상 고온에서 견딜 수 없어 경질 및 고융점을 가진 산화물(Al_2O_3), 탄화물(TaC, WC), 붕화물(TaB_2, CrB) 등과 Co, Ni 분말과의 복합체이다.

17 🅿 해설
수용성 현상제
건조 농축물로 공급되어 물에 완전히 용해되고 건조되면 흡착성 또는 흡수성의 피복이 되는 현상제

22 🅿 해설
침투 탐상 시험의 전처리는 시험 부분에서 바깥쪽으로 최소 25mm 이상 깨끗이 해야 된다.

23 🅿 해설
애드미럴티 황동(포금)
7-3황동 + 1% Sn의 황동으로 인장강도, 경도, 내식성이 높고 전연성이 우수하다. 또한 탈아연 부식의 억제 효과가 크므로 증발기, 열교환기 등에 사용한다.

25 🅿 해설
배액처리
시험체에 도포된 잉여 침투액을 제거하는 처리이며, 이를 위한 장치가 배액대이다.

27 🅿 해설
- 타입 Ⅰ : 형광 침투액의 계통
- 타입 Ⅲ : 염색 및 형광 복식 침투액 계통

28 🅿 해설
쇼어 경도계
일정 높이에서 추를 낙하시켜 그 반발 높이의 정도로 경도를 측정하는 경도계

29 🅿 해설
후유화성 잉여 침투액을 침투시간 경과 직후에 유화제 적용 후 물을 사용하여 제거한다.

32 🅿 해설
침투액의 침투 시간에 시험체의 무게는 아무런 관계가 없다.

33 🅿 해설
KS-W-0914, KS B 0816에서 샘플링 검사의 합격품 표시는 노란(황)색 염료 또는 ⓟ 기호로 표시, 전수 검사인 경우 밤색 염료 또는 P 표시

34 🅿 해설
회복(recovery)
상온 가공에 의하여 내부 응력(변형)을 일으킨 결정 입자가 가열에 의하여 그 모양은 변하지 않고 내부 응력이 감소되는 현상

35 🅿 해설
동소변태(격자변태)
같은 원소가 고체 상태에서의 원자 배열의 변화, 즉 고체 상태에서 서로 다른 공간격자 구조를 갖는 변태

37 🅿 해설
와전류 탐상 시험은 전도체인 표면 또는 표면 부근의 결함 검출에 적용한다.

38 🅿 해설
형광 침투방법에서는 자외선 등을 사용하므로 암실의 조도는 최대 20lx 이상이 되어야 한다.

40 🅿 해설
면심 입방 격자
배위수는 12, 격자 내의 총 원자수가 4개{(격자점의 원자 1/8×8) + (면심에 있는 원자 1/2×3)}, 원자 충진율은 74%이며, 전연성, 전기 전도도가 크며 소성 가공성이 우수하다.

41 🅿 해설
기록 대상에서 결함의 종류나 개수, 위치 등은 기록하지만 결함의 면적은 기록 사항이 아니다.

42 ▶ 해설
Fe$_3$C의 자기 변태점은 210℃, 레데뷰라이트 조직은 γ 고용체 + Fe$_3$C이다.

44 ▶ 해설
시험체 내부 결함 여부를 판별하는 시험에는 방사선 투과시험과 초음파 탐상시험이 있다.

46 ▶ 해설
침투 탐상시 지시 모양 관찰 시기
현상제 적용 후 7~60분 사이가 적당하다.

47 ▶ 해설
용접법은 기밀, 수밀, 유밀성이 우수하고 이음 효율이 높다.

48 ▶ 해설
쾌삭강
특별히 고온에서 사용하지 않는 부품의 경우 톱작업 등 절단시 쉽게 절단이 가능한 원소를 첨가하여 쾌삭성을 높일 필요가 있을 때 연질 금속을 첨가하여 제조하고 있다.

51 ▶ 해설
아세틸렌은 아세톤에 상압에서 25배 용해되므로, 용해된 아세틸렌의 양 계산 = 25×30×15 = 11250ℓ가 된다.

52 ▶ 해설
방사선 투과 시험은 필름에 의해 판별되기 때문에 2차원적인 위치만 확인되며, 초음파 탐상은 음파의 속도와 거리에 의해 판별되므로 3차원적 위치 확인을 할 수 있다.

53 ▶ 해설
침투액의 폐기 사유
- 성능 시험 결과 색상이 변화했다고 인정된 때
- 겉모양 검사를 하여 현저한 흐림이나 침전물이 생겼을 때
- 성능 시험 결과 결함 검출 능력 및 침투 지시 모양의 휘도가 저하되었을 때

54 ▶ 해설
비정질 합금
액체 금속이 급랭하면 불규칙적인 원자 배열 상태를 갖게 되는데 이 합금을 말한다.
- 초소성 합금 : 금속의 연신율(변형량)이 수 백%가 되는 합금

56 ▶ 해설
E4311은 고셀룰로오스계 피복 아크 용접봉으로 아크 발생시 피복제의 연소에 따른 가스가 다량 배출되는 봉이다.

침투비피괴검사 기능사 필기

초 판 인 쇄	2020년 1월 2일
초 판 발 행	2020년 1월 10일
초 판 2쇄 발 행	2021년 1월 5일

저 자	비파괴검사전문위원회
발 행 인	조규백
발 행 처	도서출판 **구민사** (07293) 서울특별시 영등포구 문래북로 116 604호(문래동3가, 트리플렉스)
전 화	(02) 701-7421(~2)
팩 스	(02) 3273-9642
홈 페 이 지	www.kuhminsa.co.kr
신 고 번 호	제2012-000055호(1980년 2월 4일)
I S B N	979-11-5813-750-2 [13530]
값	24,000원

※ 낙장 및 파본은 구입하신 서점에서 바꿔드립니다.
※ 본서를 허락없이 부분 또는 전부를 무단복제, 게재행위는 저작권법에 저촉됩니다.